中国互联网发展报告

2005

中国互联网协会
中国互联网络信息中心 编

人民邮电出版社

图书在版编目（CIP）数据

中国互联网发展报告. 2005 / 中国互联网协会，中国互联网络信息中心编. —北京：人民邮电出版社，2005.8
ISBN 7-115-13710-2

I. 中… II. ①中…②中… III. 因特网—调查报告—中国—2005 IV. TP393.4

中国版本图书馆 CIP 数据核字（2005）第 086116 号

中国互联网发展报告（2005）

◆ 编 中国互联网协会
中国互联网络信息中心
责任编辑 杨 璐 魏雪萍

◆ 人民邮电出版社出版发行 北京市崇文区夕照寺街 14 号
邮编 100061 电子函件 315@ptpress.com.cn
网址 http://www.ptpress.com.cn
北京顺义振华印刷厂印刷
新华书店总店北京发行所经销

◆ 开本：880×1230 1/16
印张：57.5 彩插：1
字数：1797 千字 2005 年 8 月第 1 版
印数：1 – 2 050 册 2005 年 8 月北京第 1 次印刷

ISBN 7-115-13710-2/TP · 4830

定价：￥1280.00 / US$ 200.00

读者服务热线：（010）67132692 印装质量热线：（010）67129223

《中国互联网发展报告》
编辑委员会名单

何加正	人民网总裁、中国互联网协会副理事长
季金奎	信息产业部信息化推进司司长、中国互联网协会副理事长
蒋林涛	信息产业部电信研究院总工程师
蒋志培	最高人民法院民三庭庭长
寇晓伟	新闻出版总署音像管理司副司长、中国互联网协会副理事长
雷震洲	原信息产业部电信研究院总工程师
冷荣泉	中国电信集团公司副总经理 、中国互联网协会副理事长
李国杰	中国科学院计算技术研究所所长
李乃岑	信息产业部综合规划司副处长
李伍峰	国务院新闻办网络局局长、中国互联网协会副理事长
李欲晓	中国互联网协会秘书处处长
李正茂	中国联合通信有限公司副总经理、中国互联网协会副理事长
林　源	中国铁路通信网络有限公司副总经理
林建华	北京大学副校长、中国互联网协会副理事长
刘韵洁	中国联合通信有限公司科技委主任
刘正荣	国务院新闻办网络局副局长
鲁向东	中国移动通信公司副总经理、中国互联网协会副理事长
吕廷杰	北京邮电大学研究生院常务副院长、博士生导师
吕晓春	人民邮电出版社副社长、总编辑
马　宁	中国互联网协会副秘书长
倪翼丰	中国通信广播卫星公司副总经理
钱华林	中国科学院计算机网络信息中心研究员、中国互联网协会副理事长
孙枕戈	中兴通讯股份有限公司副总裁、中国互联网协会副理事长
汪　延	新浪网首席执行官、中国互联网协会副理事长
魏茂洪	人民邮电报社社长
吴建平	中国教育和科研计算机网网络中心主任、中国互联网协会副理事长
许　勤	国家发展和改革委员会高技术产业司司长
阎保平	中国科学院计算机网络信息中心主任
于慈珂	新闻出版总署政策法规司副司长
张朝阳	搜狐公司董事局主席兼首席执行官、中国互联网协会副理事长

赵　波　　信息产业部电子信息产品管理司副司长

赵继东　　中国网络通信集团公司副总经理、中国互联网协会副理事长

赵小凡　　国务院信息化工作办公室推广应用组副组长

郑京平　　国家统计局国民经济综合统计司司长

周锡生　　新华网总裁、中国互联网协会副理事长

总编辑：

黄澄清

副总编辑：

毛　伟　　钱华林　　雷震洲　　李欲晓

执行主编：

王恩海　　杨君佐

撰稿人（按姓名拼音排序）：

陈　卉	陈明奇	陈素忺	陈　涛	陈　文	陈玉龙	戴　炜	戴　宇
杜跃进	段建甫	高新民	高燕婕	龚炳铮	郝晓伟	贺　丰	侯自强
黄　蕾	黄林莉	纪玉春	焦绪录	李崇荣	李　红	李建辉	李　沁
李　婷	李欲晓	梁尤能	林　松	栾晓荣	马志刚	钱　恒	宋奇慧
孙国锋	孙含会	孙巍敏	石现升	孙小宁	汤文侃	王存肃	王恩海
王　锋	王　宏	王明涛	王荣显	王　旭	王艳峰	王志勤	邬贺铨
吴建平	吴丽凤	武晓鹏	谢非非	徐宝贵	徐　玉	许丕盛	阎宏强
杨风雷	杨家海	杨君佐	姚正凡	余晓晖	俞　阳	袁成琛	张　斌
张　冰	张成海	张共鸣	张浩生	张少彤	张小林	赵延超	赵志云
郑朝辉	周宏仁	周　华	周勇林	周　镇	祝建华	左齐伟	

序

2005年是中国正式接入互联网的第2个10年的起始年，《中国互联网发展报告（2005）》的如期推出，既是对中国互联网2004年发展状况的全面描述，也是对中国互联网10年发展成就的展示和总结。因此，可以说这部《报告》的出版具有双重意义，具有重要的参考、研究和收藏价值。

《中国互联网发展报告》是由中国互联网协会和中国互联网络信息中心（CNNIC）联合组织编写的一部编年系列文献，每年编写出版一卷，今年为第三卷。

本年度《报告》结构合理，内容丰富，分为环境篇、应用篇、资源篇、技术篇、统计篇和附录篇等6篇，共有28章和8个附录，约180万字。《报告》对2004年我国互联网发展的新特点、新应用、新技术等内容从现状、存在问题、与国际发展水平的比较、发展趋势等方面进行了详细论述，并注重以权威数据为佐证，配以大量的图表，清晰地勾勒出我国互联网的方方面面。

在前两卷编写经验的基础上，本年度《报告》内容重点突出了互联网治理、电子政务、政府网站评估、电子商务、网络文化和互联网增值应用等领域，并对互联网新技术在2004年的进展情况进行了描述和前瞻性探讨，这些新技术包括互联网地址资源Enum、VoIP、3G、无线射频识别RFID和中国下一代互联网CNGI等。

本年度《报告》的编写工作得到了社会各界的关心、支持和参与。《报告》中各章节的作者均是其所写文章领域里的权威人士，或者是政府管理部门的主管人士。来自国务院信息化工作办公室、信息产业部、文化部、教育部、卫生部、中国科学院、中国工程院、国家信息中心、国务院国资委信息中心、国家计算机网络应急技术处理协调中心、中国互联网协会、中国互联网络信息中心（CNNIC）、清华大学，以及中国电子信息产业发展研究院、计世资讯等许多机构的专门人士共70多人参与了本《报告》的编写。这些专家文章中的分析和观点，增强了本《报告》的准确性和权威性，也使得本《报告》更具参考价值，对我国社会各界更具指导意义。

在此，我们谨向那些为本《报告》的编写付出辛勤劳动的各位撰稿人，向支持本《报告》编写出版工作的各有关单位和社会各界表示衷心的感谢。

由于我们的力量和水平还很有限，《报告》中难免会存在一些缺陷甚至错误，恳请广大专家和读者予以批评指正，以便我们在今后的编撰工作中不断学习和改进，将更高质量的《中国互联网发展报告》奉献给大家。

《中国互联网发展报告》编委会

二〇〇五年六月

Preface

China Internet Development Report was published on time in the year 2005, the first year of the 2nd decade since China was officially connected to the Internet. The report is not only the overall description of China Internet development in 2004, but also the presentation and summary of the achievements in China Internet development in the past 10 years. Therefore, the publishing of the report is of great dual significance, which has high value of reference, research and collections.

China Internet Development Report, the serial documents in annalistic style, was jointly edited by Internet Society of China (ISC) and China Internet Network Information Center (CNNIC). The report is published annually, and this is the third volume.

The report is consisted of 6 parts, including Environment Part, Application Part, Resources Part, Technology Part, Statistics Part, and Appendix, made up of 28 chapters and 8 appendices, about 1.8 million of words totally. It discusses in details the state-of-the-art characteristics, applications and technologies emerged in the course of China Internet development in 2004, from aspects such as the current situation, existing problems, comparisons with international Internet development, new trends of the Internet development, etc. With lots of authoritative data, and plenty of graphs, it has clearly sketched all sides of China Internet development.

On the basis of the past 2 volumes, the report is focused on the fields of Internet governance, E-governance, evaluation of governmental websites, E-commerce, Internet culture, value-added Internet applications and such. Besides, it also describes and proactively discusses the development of latest Internet technologies in 2004, including ENUM, VOIP, 3G, RFID and China next-generation Internet (CNGI).

The editing work of the report was greatly supported by government, scientific research institutes, enterprises and other social groups. Authors of each chapter in the Report are either the authority of the field, or the supervisors of related governmental departments. More than 70 experts have participated in the editing of the report, who came from the State Council Informatization Office, Ministry of Information Industry, Ministry of Culture, Ministry of Education, Ministry of Health, China Academy of Science, China Academy of Engineering, National Information Center, Information Center of the State Assets Administration Commission, CNCERT, Internet Society of China, CNNIC, Tsinghua University and Research Institute of China Electronic Information Industry. The analysis and opinions of the experts have enhanced the depth and authoritativeness of the report, making the report of high referential value and also very directive in understanding and studying the Internet development in China.

Hereby, the editorial committee wishes to express our sincerest gratefulness to the writers and the editors of the report, and relevant organizations and social groups, which gave much support for the writing and the editing of the report.

There might be some defects or even errors in the report, therefore all suggestions and opinions from experts and readers are welcome, so that we can improve the quality of the China Internet Development Report in the future.

Editorial Committee of China Internet Development Report

June, 2005

目　录

第一篇　环　境　篇

第二篇 应 用 篇

第三篇　资　源　篇

第四篇 技 术 篇

第五篇 统 计 篇

第六篇 附 录 篇

CONTENTS

Part 1 Environment

Part 2 Application

Part 3 Resource

Part 4　Technology

Part 5 Statistics

Part 6 Appendix

第一篇

环境篇

第 1 章　2004 年互联网的发展特点

1.1　概述

中国的互联网经济继 2003 年的复苏之后，2004 年进一步继续升温，互联网在中国的发展基础得到了前所未有的拓展。基本面的各项指标显示，主要领域均呈现健康、乐观的发展态势。从网络基础设施建设、技术服务创新、资本市场以及各个应用领域需求的增长态势等方面来看，互联网产业环境中的积极因素越来越多，新的发展机遇期有望化势为实。

2005 年中国互联网保持快速发展的势头。CNNIC 第 15 次互联网统计报告显示：截至 2004 年底，中国内地网民总数 9 400 万，宽带上网人数 4 280 万，拨号上网人数 5 240 万，网站数 668 900 个，CN 下注册的域名数 432 077 个，网络国际出口带宽 74 429Mbit/s。网民总数较 2003 年底增加 1 500 万户，略低于 2001 年以来平均每年增加 2 000 万户的平均值，但是宽带用户数目出现了急剧增加的态势，宽带上网人数从 1 700 万增加到 4 280 万。电信运营商统计，注册宽带用户数从 1 000 万户增加到 2 340 万户，增长了近一倍半。互联网国际出口带宽从 27Gbit/s 扩展到 74Gbit/s，这表明互联网基础设施的带宽性能有巨大改进。

2004 年我国互联网服务市场达到 300 亿元。较 2003 年有 30%的增长。其中电信运营商提供互联网基础服务业务收入达到 180 亿元（其中接入服务 150 亿元），互联网服务业市场 113 亿元。

2003 年我国主要门户网站普遍盈利，股价大幅度攀升。在此带动下，除门户网站之外的其他网站开始受到互联网投资者的青睐。2004 年这些网站纷纷成功在海外上市。可以说 2004 年是中国互联网网站翻身和扬眉吐气的一年。2003 年以前上市的互联网网站公司只有 4 个门户网站和 2003 年底上市的携程和慧聪。2004 年有 8 家中国互联网公司在纳斯达克成功上市，包括盛大网络、Tom、e 龙、第九城市、掌上灵通、空中网、前程无忧和金融界。除 Tom 是门户外，这些公司涉及游戏、旅行、移动增值、人力资源和证券服务各个领域。这表明我国互联网经济走向成熟，在更多应用领域实现盈利。

宽带接入互联网业务的快速发展使得互联网接入已经占到固网运营商总收入的 8.7%,随着宽带接入用户快速增长，这个比例还要快速上升，将要取代话音成为固网运营商的主流业务。为此，中国电信和中国网通都将发展宽带业务作为其主攻业务。移动通信的 2.5 代数据通信 GPRS 和 CDMA1X 在 2004 年进一步发展，具备了无线接入互联网的能力，促进了移动通信与互联网的融合。虽然 3G 移动通信的牌照还没有发放，人们已经在发展试验新的宽带无线接入技术（如 WiMax 等）。一个新兴的宽带无线接入市场正在兴起。

2003 年启动的 CNGI 计划在 2004 年进入全面实施阶段,各个运营商网络建设工程已经启动，其中 CERNET2 已经开通提供服务。

2004 年中国电信业两个最常出现的名词是第三代移动通信 3G 和下一代网 NGN。3G 与 2G 相比，除空中无线电的改进外，主要是增加了互联网多媒体系统 IMS，话音也将转变为 IP 话音。2004 年 ITU 决定 NGN 在 IMS 的基础上发展，这进一步推进移动和固定通信系统的融合。这一切都是电信业在互联网的推动下向全 IP 化演化的结果。互联网的快速发展为电信运营商提供了开拓业务的市场机会，以包月互联网电话为代表的互联网运营模式也正在对电信运营商产生强烈冲击。

1.2 宽带接入快速发展走向普及

目前我国宽带接入用户能够快速增长的原因是收费标准符合消费能力（如图 1.1 所示）。4 280 万宽带用户中，有 2340 万注册家庭用户（包月费 80～120 元/月），其余主要为在网吧上网的低收入群体。而据 2004 年底的调查，拨号上网用户中有 78%准备在 2005 年改为宽带上网。

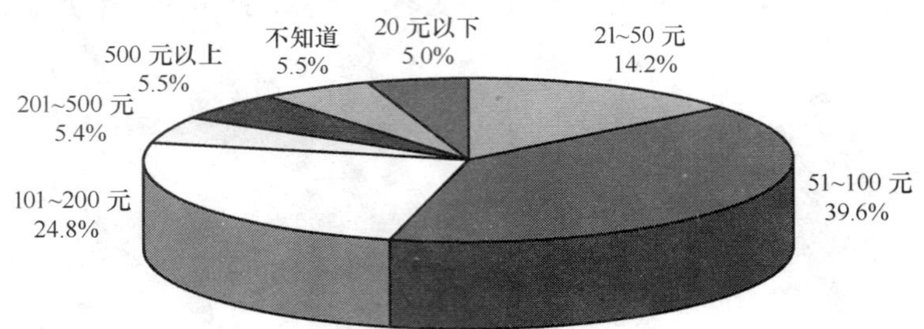

图 1.1 宽带接入用户过去一年内平均每月宽带使用费用

2004 年底我国注册宽带用户数仅次于美国，居世界第 2 位；ADSL 用户数居世界首位。由于渗透率还很低，进一步发展潜力很大。一种乐观的预测，中国宽带用户 2005 年将达到 9 000 万户，到 2007 年底有可能超过 2 亿户（如图 1.2 所示）。

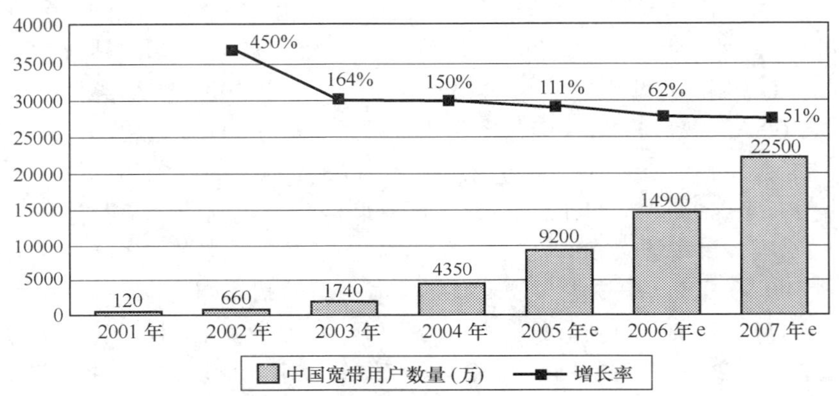

图 1.2 中国宽带用户发展情况及预测

基于包月模式的宽带接入的快速发展和普及，使得越来越多的用户能够长时间连接互联网，无限制地使用。这就为发展各种互联网应用提供了基础。

互联网所有的商业模式都是以信息传递为基础的，因此信息传输率将影响商业模式的发展。从 1996 年到 2000 年互联网快速发展，诞生了门户网站、搜索、游戏、电子商务等传统商业模式。那时的接入速率是 Kbit/s 量级。2000 年互联网泡沫破灭到现在，经过 5 年时间的务实行进，现在的互联网产业无论是从产品、技术角度，还是从整体层面看都有很大进步，网络电话、网络电视、手机电视、即时通信、网络音乐、网络电影等业务模式正在确立，这一切实现是基于 Mbit/s 宽带的发展和普及的。今后的发展趋势是逐渐进入接入速率高达 Gbit/s 数量级的高速互联网时代，移动和固定融合，通信和广播电视与互联网融合，真正体现无所不在的新时代。

1.3 互联网应用市场分细做精

2004 年中国互联网服务业开始走上市场细分、做精的发展道路，应用业务总体市场规模达 113 亿元。其中网络游戏占 35%，短信和无线增值业务占 29%，网络广告占 20%，搜索引擎和电子邮箱各占 7%。2004 年上市的 8 个互联网公司中，盛大网络和第九城市从事网络游戏业务，掌上灵通和空中网从事无线增值业务。e 龙、前程无忧和金融界分别从事旅行、人力资源和证券服务，这些公司在细分的垂直市场上做精，虽然规模不大仍然得以上市。

1.3.1 短信和无线增值业务

中国全年手机短信发送量达 2 200 亿条。除短信业务继续火爆外，彩铃、彩信和 WAP 等非短信类增值业务也发展迅猛，新的增长点正在逐渐形成。移动数据（含主叫号码显示）占移动通信总收入的比重为 16.2%（图 1.3 给出中国移动数据业务市场规模）。

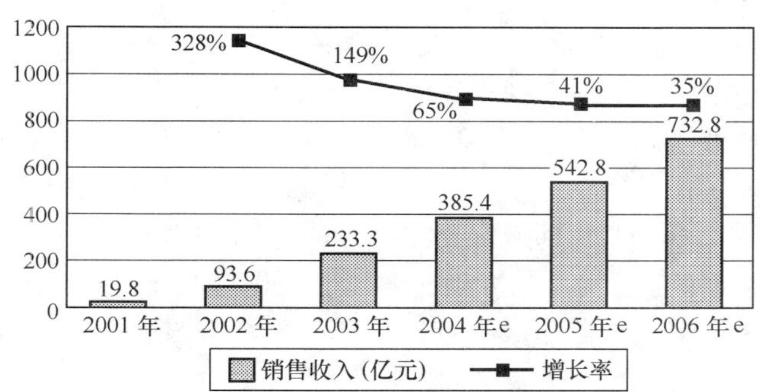

图 1.3 中国移动数据业务市场规模

移动数据业务带动了无线移动增值业务市场的发展，如图 1.4 所示。

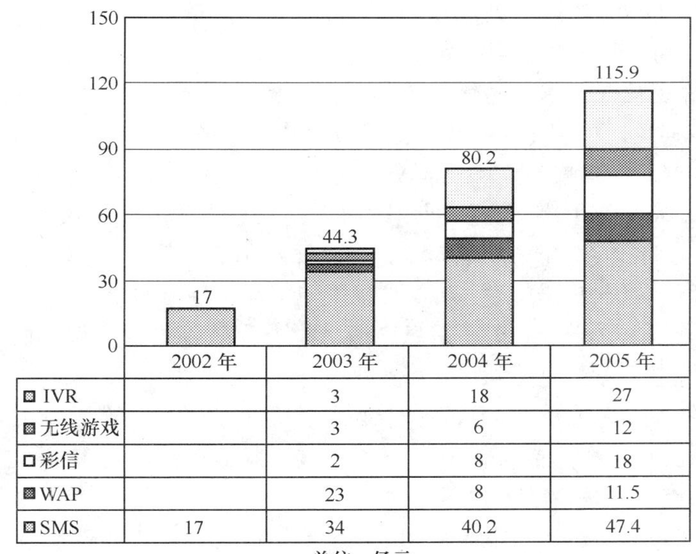

	2002 年	2003 年	2004 年	2005 年
IVR		3	18	27
无线游戏		3	6	12
彩信		2	8	18
WAP		23	8	11.5
SMS	17	34	40.2	47.4

单位：亿元

图 1.4 中国无线移动增值市场规模

由图 1.4 中可以看出，无线增值市场中短信所占的比重已经从 2002 年的 100%降低到 2004 年的 50%，但是短信收入还在继续增长。无线移动增值新业务、新应用层出不穷。彩信作为短信的升级，以声、像、图、文并茂的多媒体形式弥补了短信的单调形式；WAP 服务可以使用户随时、随地接入互联网。截至 2004 年 10 月底，中国移动 WAP 注册用户超过 3 000 万户，是 2003 年同期的 5.8 倍，彩铃用户月均复合增长率达到 39%，彩信业务的使用用户数是上年同期的 17 倍。交互式语音应答系统 IVR 可以实现一点接入，全网服务；Java 应用可以把第三方的应用程序下载到手机上使用，提供游戏、娱乐、商务和生活等方面的应用；BREW 应用的开发商超过 200 家，下载应用达到 400 多种。无线增值业务造就了一些门户网站之后，WAP、彩铃等业务在 2004 年又造就了两家互联网上市公司。

无线移动数据业务已经形成了较完整的产业链。移动运营商在这条产业居主导地位，一方面捆绑连接用户负责收费，另外一方面连接增值服务商 SP。SP 的所有内容和服务要通过移动运营商向用户提供，用户要通过移动运营商门户连接 SP。移动运营商负责收费，再和各个 SP 结算。基于互联网平台的网站短信息服务迅速形成规模，并成为许多网站收入的重要来源，这种服务非常具有中国特色。CNNIC 2003 年 10 月份完成的网站短信息调查显示，使用网站短信息服务的互联网用户平均每周使用网站发送短信息 10.9 条，58.4%的用户每月使用网站短信息服务的花费不超过 10 元。随着中国互联网的快速发展和网民规模的增长，网站短信息服务带来的市场效益也进一步扩大。

目前这条产业链存在一些问题，一些 SP 提供不良内容和设置收费的“短信陷阱”往往被误认为是移动运营商的问题，责任不清。如果移动不管收费，SP 要另外自建收费渠道。移动运营商要对内容负责，使用自主品牌，SP 只提供内容由移动运营商分发，SP 的盈利空间将大大下降。

移动数据业务和移动增值数据业务与公共互联网业务不同，基本上还是一个封闭的系统，电信系统按使用量收费，已经形成了一个产业链和生态系统。目前我国移动通信系统支持宽带接入互联网的能力还很弱，互联网业务模型对移动数据业务影响很小。在日本，随着 3G 移动通信系统的普及，无线宽带接入互联网的市场开始启动，为了发展用户，日本的移动运营商在 2004 年先后开始提供无线移动宽带接入互联网包月收费。这种模式将对今后移动数据的运营模式产生强烈冲击。采用互联网包月为主的收费模式，将使电信业按使用量收费的模式不能生存。移动运营商和增值服务商将面临与宽带固网运营商和增值服务商同样的问题。

1.3.2 网络游戏

2004 年中国网络游戏市场规模达到 24.7 亿元，而电信业务由此产生的直接收入则达到 150.7 亿元，此收入是网络游戏市场规模的 6.1 倍。据 IDC 的调查，网络游戏用户虽然仍然以年轻人为主，但用户受众年龄跨度正在向两端扩展，且 2004 年高收入群体的玩家有所增长。因此，网络游戏市场在一段时期内无疑将成为运营商、开发商及其他产业经营者最为关注的领域之一。

2004 年，民族网络游戏发挥了本土文化底蕴的天然优势，在质与量上都有了很大的突破。在 2004 年中国十大最受欢迎的网络游戏排行榜上，国产自主研发游戏已有 4 款，在一定程度上体现了本土研发力量。但是目前韩国产品依然占据着中国网络游戏产品的主要位置，新的产品攻势不减，国内自主产品要想超越还需要通过长期的努力。2004 年下半年，新闻出版总署正式启动了“中国民族网络游戏出版工程”，宣布从 2004 年开始到 2008 年，将投资 10～20 亿元人民币，开发 100 种优秀大型民族网络游戏出版物，凡列入工程的选题将得到包括管理、税收、资金等方面的政策扶持。信息产业部也宣布，把网络游戏列为信息产业发展基金 19 个重点招商项目之一。同时，信息产业部举办了软件设计大赛，积极倡导健康游戏。国家体育总局也在 2004 年年初将电子竞技列为第 99 个体育项目。

2004 年十大最受欢迎的网络游戏中，只有两款网游产品是 2004 年的新品。大部分运营商只依靠一款产品作为主要的利润来源，且主打产品生命周期回落，这无疑为运营商带来很大的风险。各开发商及运营商纷纷寻求新的利益增长点，以规避运作风险。

上海盛大网络公司开始是靠代理韩国游戏《传奇》起家的，2004 年在资本运作层面寻求发展模式的突破。2004 年 4 月底，盛大在上市前，收购了全球两大游戏引擎研发公司之一的美国 ZONA 公司，9 月收购中国最大移动设备游戏提供商数位红软件公司，不久后又相继收购了起点中文网和边锋游戏网站，并且成功收购了韩国 ACTOZSOFT 公司的多数股份，成为第一股东。盛大以其成功的资本运作模式，成为国内最大的网络游戏运营商。

2004 年网络游戏市场的另外一个不可忽视的利润来源是虚拟物品交易。据调查，2004 年有大约 20%的网络游戏用户购买虚拟物品，年人均消费为 700 元左右。虚拟物品交易的市场规模巨大。

1.3.3 即时通信

2004 年 10 月，TOM 在线正式宣布与 Skype 合作，推出即时通信工具 TOM-Skype。至此，包括此前网易推出的“网易泡泡”，搜狐推出的“搜 Q”，新浪通过收购朗玛 UC 进行改造后推出的“新浪 UC”，以及雅虎在中国推出的“雅虎通”，几乎所有在中国的门户网站都开通了自己的即时通信工具（IM）。

作为一个可以与内容、社区、无线增值服务、网络游戏等业务加以整合的通信平台，即时通信工具无疑是门户网站进军多元化业务的一个最主要和最有力的手段。到2004年底，在中国市场上，腾讯QQ的市场占有率为65%，MSN为20%。腾讯开始向门户演化，QQ.COM在2003年底开始服务。QQ.COM不仅包括网络游戏在内的互动娱乐服务，还包括了多媒体、音乐、电子杂志、通讯录、博客等几乎所有门户网站的网络服务。

从IM的运营模式来看，C2C将是下一个应用领域。IM本身就基于P2P技术架构的，在设计之初是为一对一的个体之间的沟通来服务的。而C2C也正是电子商务中最有价值的一个领域，充分降低个人交易成本将激发市场的潜力。

1.3.4　电子商务

2004年电子商务市场发展迅速，交易额达到4 800亿元人民币。伴随着国内物流、支付、信用体系的逐步建立和完善，信息基础设施的发展，以及企业和个人用户上网需求的不断开发和培养，中国电子商务市场已经进入到务实发展阶段，扭转了概念炒作和短期利益行为，正在为盈利和长期发展积极准备。电子商务将成为中国互联网发展的下一个热点和盈利点。国内电子商务市场进一步细分，新型商业模式不断涌现，呈现了多元化趋势。

专业化物流、支付体系和信用机制仍是制约电子商务发展的3个瓶颈。结果导致在不同的细分市场中，对物流、支付、信用依赖少的业务市场发展状况最好，如网上订票，因为旅游类电子商务对物流、支付的依赖不大。2004年上市的携程网和e龙都是属于这一类。另外两家上市公司前程无忧和金融界属于服务业，基本不受上述瓶颈约束。

B2B电子商务的企业交易平台模式，其主要职能在于提供信息沟通的环境，并辅以基本的信用支持，对物流、交易支付体系的依赖少，处于市场的上升期。目前阿里巴巴的交易平台拥有300万注册用户，慧聪网的买卖网的注册用户超过100万。

国内提供B2C电子商务服务的网络机构已超过12 000家，其中半数以上是由传统商业企业开设的，他们在传统商业领域有竞争力。然而，尽管传统商家有明显的进销存优势，能够保证产品丰富、库存充足、价格便宜，且售后服务完全跟得上，但进货、销售、配送和售后服务一条龙的经营模式却并不适宜进行网络营销，从而使得其网站投入不少却效果不佳。

更大的问题是这12 000家B2C网站中的绝大多数还不为人所知。实际上，大多数消费者所熟知的购物网站一般不超过5个。一些网站开始利用门户概念，以免收加盟费的方式将综合性百货、数码电器类产品等各类商业企业聚集到一起，并为其提供统一的支付、物流、信用保障等服务。这种网上商城联盟体能够改变以往单一网站商品范围相对狭小的局限性。

打破配送、支付、信用瓶颈是发展B2C电子商务的关键。目前通过与中移动和银联结盟，可以提供包括网上支付、货到付款和手机钱包等在内的60多种支付方式。尽管如此，目前在线支付仍然不够发达，反而电话银行等离线支付手段更为用户信任，发展较为迅速。 此外，物流配送网络也是制约B2C电子商务发展的另外一个因素。一旦支付、配送等瓶颈有所改善，标准和规范得以统一，电子商务的发展将是意料之中的。

1.3.5　搜索引擎

在2003年各个门户网站和专门的搜索网站大干快上，到2004年8月，搜狐推出自有品牌“搜狗”之后，只剩下网易、TOM在线两家还没有推出独立品牌的搜索引擎，但他们也都已经对搜索功能进行了全新的调整。

长期以来，搜索引擎业都将主要精力放在“找到目标文本”上，而随着文本检索技术达到一个瓶颈，这个行业开始更多地关注用户的个性化需求。对于绝大部分普通的互联网用户来说，找到更精确的答案远比得到更多冗余的搜索结果重要得多。

搜索引擎正在越来越多地选择与互联网产业链上游的内容提供商进行深度合作。尤其是掌握着各行业知识库的内容提供商，将成为搜索引擎业并购的新目标。

在中文搜索领域，Google 与其他国际搜索引擎都不可避免地面对中文分词这个棘手的问题，但拥有雄厚资本的 Google 正在进行新的资本运作；国内最大的中文搜索网站百度也正在酝酿新一轮的融资行动，但无论如何百度都将继续加大对搜索技术开发的投入，这也会给整个市场增添更多的不确定性。

1.4 互联网上的新应用、新增长点：P2P、Blog、RSS、IPTV

如前所述，2004 年中国互联网的产业格局发生了一些显著的变化，从门户到搜索，从电子邮件到即时通信，从网络游戏到电子商务，几乎每个领域都已形成了看似稳定的力量配比。此外，也还存在一些新的应用，尽管目前还没有形成盈利模式，但是有可能成为未来的新的增长点，可能改变目前形成的格局，产生新的机会。这些新的应用包括 P2P 应用、普及化的网络日志 Blog（博客）、简单供稿 RSS，以及 IPTV 等。

1.4.1 P2P 应用

近年来互联网上对等连接 P2P 应用发展迅速，MP3 和视频文件共享下载的 P2P 流已经成为宽带用户流量的主体。基于 P2P 的即时通信和互联网电话发展迅速，对等广播正在兴起。P2P 协同计算和网格方兴未艾。P2P 应用支持网络通信的对象从人－人、人－机发展到机－机，其应用从家庭网络和传感器/执行器网络到军事上网络中心战/全球信息网格 GIG。

计算机网络发展演化过程是在集中和分布之间摆动。早期的计算机使用模式是众多用户共享大型计算机，后来个人计算机发展，从集中走向分布。在互联网上也存在类似情况，开始采用客户机（浏览器）/服务器方式，使用网站上集中的服务器。进一步发展将走向分布式，集中的服务器将变成分布的，每一个用户终端既是客户机又是服务器，这就是对等连接（P2P，peer to peer 模式）。

P2P 技术将各个用户互相结合成一个网络，共享其中的带宽，共同处理其中的信息。与传统的客户机/服务器模式不同，P2P 工作方式中，每一个客户终端既是客户机又是服务器。以共享下载文件为例，下载同一个文件的众多用户中，每一个用户终端只需要下载文件的一个片段，然后互相交换，最终每个用户都得到完整的文件。

实现 P2P 的第一步是在互联网上进行检索，找到拥有所需内容和计算力的节点的地址；第二步是通过互联网实现对等连接。为了充分发挥互联网无所不在的优势，不能对互联网协议进行任何修改。解决的方法是在基础的互联网上架设一个 P2P 重叠网。

P2P 重叠网分为“无组织的 P2P 重叠网”和“有组织的 P2P 重叠网”两大类。目前在互联网上广泛使用的大多是无组织的 P2P 重叠网。当今宽带用户流量中一半以上是这种 P2P 流。而有组织的 P2P 重叠网目前还处于学术界研究阶段。如 Tapestry、Chord、Pastry 和 CAN 等。正在研究的新一代的 P2P 应用包括多播、网络存储等，都运行在这种有组织 P2P 重叠网上。

无组织的 P2P 重叠网已经演进了四代。第一代 P2P 网络采用中央控制网络体系结构。早期的 Napster 就采用这种结构。第二代 P2P 采用分散分布网络体系结构，适合在自组织（Ad-hoc）网上的应用，如即时通信等。第三代 P2P 采用混合网络体系结构，这种模式综合第一代和第二代的优点，用分布的超级节点取代中央检索服务器。第四代 P2P 目前还处于发展中，主要发展技术有动态口选择和双向下载。目前常用的 P2P 软件 BT 等都属于第三代混合型。每天全球都有数以千万计的网民用 BT 等软件下载整部电影、MP3 和大型软件等，其数据流量已占全球因特网总数据流量的 70%以上。在我国情况类似，宽带用户中的大部分流量是 P2P。

P2P 文件共享下载可以用于文件的合法分发和传播，有利于发挥互联网无所不在的优势。但是它也可以被用于内容的非法复制传播，这就产生了知识产权保护问题。2004 年以美国电影工业协会、美国唱片工业协会为首的好莱坞巨头们对 P2P 发起诉讼，指控这种软件方便了盗版者，侵犯版权。美国一些著名“BT”网站已经被迫关闭，包括英特尔在内的公司也被诉上法庭。美国消费者联盟则认为，P2P 下载软件有利于消费者权益，有利于音乐的传播，这种文件共享形式还有利于传播政治家讲话等，方便人们参与选举。反之，美国电影工业和唱片工业自20世纪90年代以来过度强调版权，不利于市场竞争。而英特尔等公司则认为，他们的软件以合法应用为主，软件编写者也不能为使用者的行为负责。在美国P2P软件是否合法的问题，可能最终将由国会以法案的形式决定。

在我国面临同样的问题，兴利去弊，处理好知识产权保护和方便分发这对矛盾，形成健康的网络系统，才能促进各种P2P的健康发展。此外还需要发展适应P2P应用的分布式管理系统。

1.4.2 互联网电话

近年来IP电话有了很快的发展，但是主要用于长途电话，并且不经过公共互联网，在专门的线路上传输，以保证服务质量。电信业界坚持认为商业运营的IP电话必须由可运营、可管理的IP电信网络承载，才能提供接近于PSTN（公用电话交换网）服务质量的语音业务。但随着互联网技术的进步，带宽增加，延迟不断降低，2004年出现了商用的、架构在公共互联网上的IP电话（互联网电话），它可以以用户能够接受的服务质量提供包月收费的市内电话和国内长途电话业务。

这种互联网收费模式正在强烈冲击电信收费模式。电信收费模式的基本原则是按量（时长、流量、距离、带宽等）计费，在此基础上发展套餐服务（定值限量、超过按量计费）服务。而目前已经形成的互联网收费模式是包月服务或基本业务免费而增值业务收费。

Skype使用第三代混合P2P技术，建立超级节点重叠网络构成全球分布式用户数据库，节点对接交换资料。不使用服务器等中央控制设备不仅减少搜索的时间，还可以降低成本。由于这种P2P网络使用了终端电脑的处理能力，整个网络的处理能力随着终端数目增加而增加。在全球范围内，Skype用户可以不受限地免费通电话，音质优良，比普通电话好，可以与所有防火墙、NAT和路由器一起使用，无需进行任何配置。Skype用户在线并且准备通话或聊天时，显示朋友列表，通话采用“端到端”加密，极具保密性。Skype自2003年8月推出以来，已经发展了2300万注册用户，2004年7月进一步提供互联网到传统电话之间的通话廉价商业服务。Skype还有PDA的软件版本。正在发展移动电话和WiFi双模手机，用它可以选择用移动电话通话或通过WiFi用Skype通话。这样以来Skype公司将电话公司变为软件和宽带运营商，不按时间和距离收取电话费，在全球范围内提供不受限的高质量免费电话呼叫，基本业务免费，增值业务（并行多个会晤、定制铃声、呼叫日志、呼叫等待、聊天信箱、语音信箱、消息转发等）收费。

早期的IM系统，个人即时消息的信息交换并非直接互通，而是通过即时消息服务器实现信息交换。采用集中服务器交换信息，不仅增加成本，浪费资源而且不安全。目前即时消息系统向对等连接模式P2P演化。消息格式使用XML，具有有效的出席管理，可以提供异步、并行、可靠和近似实时通信。它支持移动出席管理和移动即时消息。使用IETF标准保证互通互用；QQ有上亿的用户，在这个平台上嫁接任何针对个人用户的应用模式都有成功的可能。同样，即将正式进军国内互联网市场的MSN与其他已颇具规模的IM软件如雅虎通、网易泡泡也都有上千万的用户，具备了在自身平台上再嫁接其他应用的能力。

1.4.3 网志（博客）Blog

网志是一个网页，通常是由简短且经常更新的帖子所构成。这些张贴的文章都按照年份和日期倒序排列，从对其他网站的链接、评论，有关公司、个人构想的新闻，到日记、照片、诗歌、散文，甚至科幻小说的发表或张贴都有。许多网志只是记录着博客个人所见、所闻、所想，还有一些网志则是一群人基于某个特定主题或共同利益领域的集体创作。撰写这些网志的人就叫博客。博客网站有3种类型：一是托管博客，无需自己注册域名，只要去免费注册即可拥有自己的博客空间；二是自建独立网站的博客，有自己的域名、空间和页面风格，需要一定的条件；三是附属博客，将自己的博客作为某一个网站的一部分（如一个栏目、一个频道或者一个地址）。

互联网社会化的核心是个人网络化，而随着“博客”的崛起，以个人为主体的知识过程开始在互联网中兴起，并将为人类社会带来革命性的影响。

网志的出现集中体现了互联网时代媒体界所体现的商业化垄断与非商业化自由、大众化传播与个性化（分众化，小众化）表达、单向传播与双向传播3个基本矛盾、方向和互动。虽然网志依然在大多数人的视野之外，但它们改变历史的征程已经启动。博客世界的“颠覆性力量”正在崛起。网志具有五“零”特征，即通过一些软件工具，可以帮助任何一个普通用户实现零体制、零编辑、零技术、零成本、零形式的网上个人发表。人人都是知识工作者，人人可以参与知识管理，每一个行业和每一个企业都可以成为知识型企业，进一步发展知识社会。

对于企业来讲，网志是电子邮件、新闻组、局域网和即时通信之外的又一个工具。在人们眼里，网志独立于企业控制，因此能引发并促进交流。一些企业已经向博客世界进军，通过公司网站向公众发布帖子，使外界可以一瞥原本无法逾越的防火墙内部。网志是开发人员和客户深入直接开展双向交流的好机会。企业能获得有关产品的重要实时反馈。同时，客户也能更好地了解关键技术的发展状况，以此补充在线论坛、新闻组和以客户为目标的邮件发送。网志也成为企业内部共享知识的有效渠道。

1.4.4 简易供稿 RSS（新闻聚合）

互联网的产业格局在酝酿着一种变化，RSS 的技术正在逐渐改变全球网民的浏览习惯，在未来的 3～5 年内，互联网很可能面临着又一次革新。XML 格式将成为网上新闻与内容聚合的普遍工具，而广告商们甚至已经准备用 RSS 来投放广告，到 2004 年年底，美国 RSS 用户数已近千万，而提供 RSS 订阅服务的网站超过了 20 万个，RSS 终于突破专业领域，开始向大众化的 Web 服务迈进。 全新的新闻聚合服务将使互联网用户能够控制他们的内容，迫使依靠内容获得用户的门户和电子商务网站重新考虑它们的业务方法。

RSS 是一种基于“推送”方式的本地化浏览工具，跟随网志的发展而产生。用户查找和阅读需要的博客时，需要大量的搜索和点击许多网站，通过使用 RSS，用户能够自动搜集到来自博客其他信息源的内容。电子商务企业也在迫不急待地加入网络日志潮流，使博客通过搜索、付费搜索服务索引到他们的站点。

2004 年底和 2005 年初已经出现了几种适合中国用户的免费 RSS 阅读器：一点通、周博通和新浪点点通等。越来越多的网站将支持 RSS 订阅功能。

与一些收费的英文版 RSS 阅读器不同，以免费为主的中文 RSS 阅读器将具备很多更超前的功能。2004 年底开始在国内的博客中流传的“周博通-博客伴侣”已经将单一的 RSS 阅读器改造成具备网志内容上传功能的博客工具，并且植入了国内所有主要的 RSS 源。当类似的工具逐渐从中文博客的圈子里向边缘用户扩散时，提供综合新闻浏览业务的门户网站就遇到了威胁。

通过对源文件发布作者及日期等相关信息的提取，RSS 阅读器还可能解决一个困扰网络媒体多年的问题——保留转载内容的版权信息并使其以有限授权的形式进行合理合法的传播，而这是内容提供商非常乐意看到的。

如果把 RSS 订阅看作一种新闻阅读的“直销”模式，则门户网站在这次“新闻发布渠道扁平化”的运动中采取的立场就显得很尴尬了：迎合潮流，就意味着要降低页面广告的浏览效果；但若不支持 RSS，就可能在未来失去很多用户，尤其是一些高端读者。

当 RSS 与其他 Web 应用有了更多接触之后，很多现在仍难以想象的新的应用模式将在以博客为主要群体的高端网民中孕育出来，当然，这些新的应用在 2005 年可能只是以小范围试用的方式存在于某几个博客站点上，但这些星星之火确实有燎原之势的潜力。

1.4.5 IPTV

截至 2004 年底我国宽带用户已经达到 4 280 万，其中注册用户达到 2 340 万，而我国计算机拥有量为 4000 多万台。进一步发展宽带用户将受到计算机拥有量的限制。2004 年电信运营商积极推动在宽带互联网上发展网络电视 IPTV，用电视机作为终端上网。第一步是采用流媒体技术和多播在宽带互联网上提供数字电视质量的电视广播和点播。电视信号的封装格式可以是 IP 也可以是 DVB，传输网络可以是 IP 网也可以是 DVB 信道。按需要采用 DVB over IP 和 IPTV over DVB 技术。

IPTV 的优势是采用新的编码算法如 MV9、MPEG-4、H.264（AVC）、AVS 等，其压缩比是 MPEG2 的 3 倍。IPTV 可以使用互联网的认证授权计费系统，不必再用专门的条件接收系统，便于使用统一的核心网，方便与家庭网络连接实现各种信息消费设备的互通。IPTV 适合发展点播等个性化业务，充分发挥互联网的交互能力和通达性优势。

数字电视广播的优势在于容量大（数百个频道），成本低，频道切换快，远优于 IPTV。更重要的是已经有巨大的客户群。在广播电视网覆盖的地区，数字电视广播与 IPTV 可以在用户终端处融合，优势互补。IPTV 利用互联网无所不在的通运性在广播电视不能覆盖的地区提供服务。

网络电视宽带互联网和广播电视网的融合发生在应用层，体现在用户终端上。用户终端连接多种接入网，根据内容和服务需求自动选择接入网络。比如交互性强的点播节目通过宽带互联网传输，实时高质量电视广播通过电视网传输。

这种融合不仅发生在有线电视网和宽带互联网之间，还将发生在地面/卫星数字电视和移动通信之间，能够接收地面/卫星数字电视广播的移动电话手机将成为下一个发展亮点。移动/固定宽带接入网、有线/地面/卫星数字电视广播网连接统一的 IP 网，共享各种内容和服务商，IPTV 单纯提供与数字电视类似的功能是没有发展前途的。IPTV 必须充分发挥互联网的优势，将广播频道媒体和互联网媒体融合：发挥互联网无所不在的优势，提高 IPTV 的通达性；利用互联网用户体验和颠覆性创新技术和业务，如 P2P、RSS、网志等，发展宽带交互新媒体。

采用颠覆性的创新技术——P2P，IPTV 可以实现媒体平移，将用户从集中控制的节目表中解放出来。媒体平移的重要性在于改变了电视的播出和分发只能由专门机构按照预先制定的节目表进行。P2P 共享下载和 P2P 流媒体降低了网络电视播出和转播的门槛，模糊了专业/业余之间的区别，使得用户自制视频分发成为可能。P2P 使得内容制造商（可能包括频道包装商）绕过传统电视广播运营商直接连接最终用户。

P2P（视频内容共享）结合网志、RSS 将产生视频内容分发的新运营模式，推动视频专业和细分市场出现，可以满足各种个性化的需求，成为广播之外的新渠道，实现直接销售路径和零成本。RSS 为用户提供需要的新闻和网志的线索。用户根据 RSS 提供的线索通过 P2P 可得到需要的视频内容，RSS 使用户能够收集订阅这些资料。两种结合作用倍增。如果再增加搜索效果会更好。

P2P 对等广播有两种工作方式：视、音频文件共享下载和 P2P 流媒体。共享文件下载方式电视视频节目除现场直播以外，都是事先录制好存储在服务器中的。用户可以先用 P2P 方式下载内容存储在自己的计算机中，再回放观看。这种方法对网络要求低，成本低，最适合互联网应用，如 BBC 提供 creative archive 业务，用户可以（无限制的许可证）接入 BBC 存档资料，进行消费、共享和使用，采用 BBC 的 P2P 交互媒体播放器 iMP 下载电视/广播节目。P2P 流媒体工作方式中，用户以 P2P 方式共享网络流媒体。目前有一种流行的 P2P 流媒体软件——Coolstreaming。这是一种全新的流媒体播放软件，它的核心技术是 P2P，类似 BitTorrent，但是不需要全部下载完再播放，是一种 P2P 流媒体。春节联欢晚会当天，利用该软件收看 CCTV－1 的人数超过 8 000 人。该软件现在已经支持凤凰卫视、ESPN、HBO 电影、CCTV 等多个电视台的实时转播，同时还提供一些广播节目的转播。Coolstreaming 可以实现电视视频信号的网络转播。不能大范围接收覆盖的电视台可以利用该技术建立实时的网络转播（免费或 DRM 付费），提供通达性。不能安排电视台直播的节目可以在网上直播。例如新浪等网络门户可以提供独家的媒体见面会、娱乐体育盛事、名人网络聊天的实况转播。大型企业利用该技术辅以其他 P2P 语音手段可以实现高质量的网络会议转播等。此外还可以开辟个人网络电视台/电台，作为私人媒体向网络大众广播以及发展校园 IPTV。

IPTV 和宽带交互媒体的发展将经历一个过程，不可能一蹴而就。要解决一系列技术、政策、体制问题，要形成产业链。加强电信和广电业的合作是非常重要的，目前双方都认识到了合作的重要性，已经开始了合作；处理得好，这种融合对于广电和电信可以是双赢的。

1.5 国际资本和互联网公司大举进入中国互联网市场

2004 年更多的风险投资也源源不断地注入了更多的中国网络公司。美国 IDG、日本软银、韩国科技等不下 20 家国际知名风险投资商，纷纷投资我国多媒体产业、网络游戏和电子商务等网络企业。国内多数网络公司，如携程、阿里巴巴、卓越、当当和淘宝网等，或多或少地成为了风险投资的受益者。

与此同时，国际大互联网公司通过投资、收购进入中国互联网市场。2004 年 8 月美国电子商务网站亚马逊宣布收购卓越有限公司。这次交易价值约为7500万美元。6月百度公司正式宣布，包括Google、DFJ（美国前三大风险投资商之一）等在内的8家投资机构、风险投资公司对百度进行的策略融资已经完成。Google作为投资人之一注资百度1000万美元，探路中国市场。

日本的网络零售商乐天（Rakuten）从公开市场中以1.1亿美元收购携程网20.4%的股份，成为公司第二大股东。

韩国互联网门户集团NHN与中国最大的游戏门户海虹控股签署了一项合作协议：NHN将投资1亿美元与海虹控股建立一个名为“Ourgame Assets”（联众资产）的合资公司。韩国流行的游戏门户网站的运营商Plenus决定与新浪共享服务。

与此同时，雅虎携新浪合建“一拍网”，进军中国网上拍卖市场。微软采用另外一种方法进入中国市场，它推出了与Windows捆绑且集Xbox、Hotmail、MSN Messenger于一身的MSN全新版本，实施将内容频道转包给国内7家专业网站并与之共享流量的做法，从而将触角合情合理地伸向游戏、无线、电子商务、网上订票、搜索等多个领域，与携程、易趣、盛大、百度等这些国内一流的专业网站直接交锋。

雅虎在中国市场也力图通过雅虎中国网站将搜索、短信、邮箱、IM、电子商务及内容等多媒体业务整合到一起，去占领中国三大门户的地盘。Google也在中国启动了新闻搜索业务——这一门户的变形。

中国互联网市场正在成为国际互联网市场的一部分，中国互联网公司将面临来自国际互联网公司的竞争。

1.6 IPv6和CNGI

地址数目、服务质量QoS保证、可管理性、赢利模型和生态系统以及安全性是制约互联网发展的主要因素。这也是导致2000年互联网泡沫破裂的原因之一。

互联网进一步发展演化主要是在保持互联网开发自治的前提下解决上述存在的问题。IPv6是互联网向下一代演化的第一步，IPv6在解决地址问题之外，还给出QoS保证、移动性MIPv6和强制性IPsec安全性解决机制。

IPv6最重要的改变是增加地址空间到128 bit，这可以足够为所有终端设备分别提供一个地址。由于现在链路愈来愈可靠，从网络层中除去目前强制性的检验，这样可以减少路由器的负荷，便于用硬件实现，便于IP第三层交换。

目前的IPv4网由于地址不足，大量采用地址变换器NAT，这导致丧失了端到端连接的透明性。使导致网络成本上升，安全性降低。例如，因为存在NAT需要提供地址给对方，需要用第三方注册服务器以发现对方；因为NAT改变IP地址，保证安全的IPSec不能工作，在P2P应用中由于使用NAT用户真实地址被隐藏，不能使用实名，增加不安全因素。采用IPv6，有充足的IP地址，取消了NAT，可以恢复端到端的透明性，这样不仅可以降低网络成本，还可以运行实名制，为平等对接P2P应用提供安全环境，实行强制性的Ipsec，大大提高网络的安全性。

IPv6可以提供网络无状态和有状态即插即用，用户在接入时不再需要专门设置，方便使用。简单的网络行政管理，进一步降低网络维护成本。IPsec扩展到IP协议组，在IP层工作，对应用是无形的，它将保护所有的上层协议。

IPv6移动性是IPv6的重要特征。IPv6被设计成能支持移动性，移动性不是后“加”上的特征，没有单点故障，有更多的可扩展性，具有更好的性能。

IPv6提供嵌入的服务质量QoS。IPv6支持区分服务DiffServ（Differentiated Service），也支持综合服务IntServ（Integrated Service）。

IPv6支持多播，比IPv4网效率更高。

由于IPv6具有上述能力和优势，它克服了IPv4网络的局限性，更能够发挥互联网无所不在的优势。随着宽带无线接入的发展，克服了固定有线接入的局限性，这种优势将得到进一步的发挥。互联网应用将突破客户机－服务器、人－机和人－人交互为主的应用模式，发展对等连接P2P和机－机交互的新应用。各种家电、汽车电子、射频标签RFID、传感器和执行器都将上网，网络节点将从目前的亿个增加到上万亿个。

IPv6商用化进程所面临的主要挑战是应用与业务创新和网络的平滑过渡。单纯依靠研究机构和企业的个体能力来完成庞大的IPv4网向IPv6的过渡是非常困难的。为了促进这一过渡，我国正在实施中国下一代互联网示范工程（CNGI)。CNGI是由国家发改委牵头，信息产业部、科技部等8个部委联合发起并经国务院批准启动的。2005年，在政府支持下，中国5大电信运营商和教育网CERNET、科技网CASNET将建设成6个IPv6骨干网络（覆盖全国20个城市39个重要节点），通过北京和上海两个交换中心（IX）实现互联互通，并且连接国际出口。进一步建设300个宽带IPv6接入网。基于这一全国性的大规模IPv6网络平台，各大运营商将配合国家的IPv6攻关课题，并根据各自的网络条件及业务发展需求进行IPv6关键技术试验、开发、重大应用示范以及应用推广。

CNGI还包括关键技术与设备的开发和产业化以及各种应用示范工程。CNGI将优先使用国产设备，各个运营商将在开展应用示范的基础上，逐步开展商业应用。

2004年12月，中国下一代互联网示范工程CNGI核心网——CERNET2主干网正式开通，这是世界上规模最大的IPv6互联网。这标志着我国下一代互联网建设全面拉开序幕，在世界下一代互联网发展上取得了先机。

1.7 NGN和电信变革

1.7.1 互联网业务模式冲击NGN/IMS业务模式

中国电信和中国网通等固网运营商目前受到来自移动通信和互联网运营模式的巨大压力，出现固网话音（不含小灵通）通话量负增长、离网率上升、未来增长乏力等现象，结果是收入增长呈逐年下降趋势，低于行业平均水平，乃致出现负增长。为了扭转这一趋势，中国电信提出转型战略。实际上整个电信业正面临变革，用“电信变革”一词描述目前的状况可能更贴切。

随着移动通信和宽带无线接入技术的发展，不同技术殊途同归以及NGN和IMS的融合/固定和移动通信的融合，未来运营商向全业务运营商演化已经是大势所趋。随着这方面的变革的深入发展，来自移动通信的压力将得到缓解。相对来说，这种变革比较容易。

真正的压力来自互联网运营模式的挑战，这将是一场更深刻的变革。表1.1给出中国电信2003年上半年和2004年上半年收入组成的比较。从表中可以看出，话音业务的增长主要依靠小灵通，但是其所占比重仍然从73.6%下降到73.1%。如果不计小灵通固定话音业务所占比重则是大幅度下滑。而宽带互联网业务（包括接入和网际结算）收入则从6.3%增长到8.7%（未包括互联网互联收入），可管理的数据业务和专线出租业务从6.1%下降到4.8%。

表1.1 中国电信各种业务收入

人民币百万	1H2003	1H2004		
初装费	1 301	1 432	1.9	
月租	13 829	15 023	19.8	话音73.1%
市话	22 486	24 072	31.6	
国内长途	12 693	13 145	17.3	
国际长途	1 951	1 906	2.5	
互联网宽带	4 355	6 602	8.7	公共互联网8.7%
可管理数据	1 628	1 524	2	
互连结算	4 095	5 013	6.6	
专线出租	2 608	2 112	2.8	可管理IP和专线4.8%
其他	4 236	5 152	6.8	
总收入	69 182	75 981	100	其他6.8%

从上述分析中可以看出固网运营商主要的业务增长点是宽带互联网业务。宽带互联网接入业务的主要运营模式是包月，2003 年宽带接入采用包月制以后出现了快速增长的局面。包月制和电信业长期以来实行的按服务质量和使用量（计时或计流量）是完全不同的，它彻底改变了电信业务模型。为了应付这一局面，中国电信和中国网通都将宽带接入的公共互联网与为企业大客户 VIP 服务的可管理数据业务使用的可管理的宽带 IP 网从物理上分开。中国电信新建 ChinaNet2，中国网通则在原网通控股的 CNCNet 上发展可管理的 IP 网。从上面的数据可以看出，目前可管理的数据的收入和增长速率与宽带互联网相比都差得多。

移动通信长期以来一直采用电信按量计费的模式，按条收费的短信数据业务形成了价值链，带来了丰厚的利润。随着 3G 的兴起，移动通信进入移动互联网业务，按使用量收费的业务成为制约发展的因素。日本移动通信运营商的移动互联网数据业务经历长期徘徊之后，从 2004 年中开始，DoCoMo 等三大运营商被迫先后采用 3 900 日元包月的模式，结果导致用户数目和流量剧增，出现新的发展高潮，被称为移动互联网业务的第三波。

1.7.2 电信转型（变革）势在必行

目前电信业重点发展代表未来的 NGN/IMS 体系，它是运行在可管理的 IP 承载网上的，其基础是电信业按质量、按使用量收费的模式。NGN/IMS 体系不可能采用包月模式。NGN/IMS 将主要用于企业大客户 VIP。对于普通消费者宽带用户的业务主要运行在互联网上。那么今后的 IP 话音业务是运行在公共互联网上还是运行在可管理的 IP 网上。目前 NGN/IMS 体系要求 IP 话音业务运行在可管理的 IP 网上，继续维持目前话音业务的收费模型。问题是如何面对作为增值业务运行在公共互联网上的免费或包月的互联网电话的挑战。尽管我国目前规定 IP 话音业务是基础业务，只允许电信运营商运营，但是国外（美国等）明确 VoIP 是开放增值业务，而互联网是没有国界的。从另外一方面看，中国电信和中国网通等运营商已经进行了多年软交换实验，目前正准备进行商业部署。软交换 IP 电话的主要应用是替代传统的电路交换机。以中国电信为例，每年有 2 000 万线扩容和 1 000 多万线报废替换。电路交换机改为软交换可以降低运维成本，但并不能增加收入，扭转话音业务下滑的局面。同样，网络电视如果运行在可管理的 IP 网上，很可能也是没有发展前途的。相反，如果以 P2P 方式运营在公共互联网上将可能开辟出新天地。

电信变革最重要的是回应互联网模式的挑战。在互联网模式冲击下，今天固网运营商的日子不好过，明天移动运营商的日子会更不好过。面对互联网冲击，发展新应用、建立新的业务模型是电信变革的主要任务。目前 NGN 的全部工作集中在电信业务网上，而将互联网接入仅仅作为一种业务，没有做任何工作。实际上由于宽带包月模式，很可能未来主要盈利点将出现在公共互联网上。NGN 是从以人－人为主的传统通信模式演化来的，不能有效支持这种概括起来可以称之为无所不在的互联网的新应用新模式。研究在互联网上以无缝和持续演进的方式建立智能节点重叠网，支持各种新的 P2P 应用，并且发展分布式管理，探索建立新的业务模式和产业链，应该是电信变革的重要内容。

（中国科学院　侯自强）

第 2 章　我国互联网的应用状况及存在问题

自 1994 年 4 月中国被国际上正式承认为真正拥有全功能 Internet 的国家以来[1]，互联网在我国的普及应用和发展已有 10 年的历史。根据 CNNIC 的调查[2]，截止到 2004 年 12 月 31 日，我国的上网用户总人数已达 9 400 万人，与 1997 年 10 月第一次调查结果的 62 万人相比，增加了 150 倍。上网计算机总数已达 4 160 万台，是 1997 年 10 月第一次调查结果（29.9 万台）的 139 倍。我国互联网的部分指标近 3 年更呈现出快速增长的态势。其中，宽带上网用户数今年和上一年同期相比增长了 146%，达到 4 280 万人。我国网民每月实际花费的年上网费用超过 1 054 亿元，与 2002 年我国软件产业的产值大体相当。这个数值尚未包括互联网上提供的各类增值服务和网络产品所产生的巨额附加价值在内。由此可见，互联网对我国国民经济和社会发展的影响与日俱增，互联网应用状况已经成为我国经济和社会生活中的大事，互联网在政治、经济、社会、文化生活中的地位亦愈显重要。

2.1　关于我国互联网应用状况的分析

根据中国互联网络信息中心调查报告所提供的材料，可以从以下几个方面对我国目前互联网的应用状况进行一些分析。

一、作为获取信息的工具

以“获取信息”为最主要目的上网者占到用户总数的 39.1%。这说明，作为获取信息的工具，互联网得到了许多用户的认可。这种信息查询以新闻信息居多（74.2%），休闲娱乐（44.6%）、生活服务（42.3%）信息次之。同时，绝大部分的用户（85.6%）使用互联网收发电子邮件。值得注意的是，用户获取、浏览的中文网站的信息占到全部信息的 89.6%，而获取、浏览我国以外的英文网站的信息仅占全部信息的 5.6%。由于互联网上 90%的信息资源都在英文网站之中，因此，我们对于互联网上信息资源的利用事实上是极不充分的。从调查结果看，在互联网上经常查找各种科技信息、教育信息、商贸信息的上网者并不多（各占用户总数的 26.5%、23.9%、12.1%），这说明许多用户还没有以互联网作为获取与本身职业或者业务相关信息的主要工具。对大多数用户而言，互联网还没有与其日常的业务工作发生紧密的联系。

二、作为学习的工具

从互联网用户的职业分布来看，学生占总用户总数的 31.9%，加上专业技术人员（12.6%），教师（7.0%）和公司业务的管理人员（9.3%），有一定的潜在学习需求的用户实际上占到互联网用户总数的 61.8%。然而，以“学习”为上网的最主要目的的用户只占用户总数的 8.4%。与此同时，认为网上教育信息和科技信息还不能满足用户需要的用户只占用户的少数（21.3%和 12.7%）。由此可见，互联网还没有被多数人当做是一种非常有用的学习工具，许多用户也没有意识到可以通过互联网来开展终生学习，不断地完善自我，提高自我的社会竞争力。

三、作为商务/经济活动的工具

调查资料显示，以商务/经济活动为主要目的的上网用户，如网上金融（1.2%）、商务活动（0.3%）、网

1 中国互联网络信息中心：《中国互联网发展大事记》，2004 年 5 月，www.cnnic.cn
2 中国互联网络信息中心：《中国互联网络发展状况统计报告》，2004 年 12 月，www.cnnic.cn

上购物（0.1%）等，为数极少。经常使用网上各种与商务/经济活动相关的服务功能的用户，如网络购物（6.7%）、网上银行（5.1%）、网上炒股（3.4%）、网上拍卖（0.7%）、票务及旅店预定（0.5%）、网上销售（1.6%）等，也相应较少。即使与商务/经济活动有关的信息，如金融保险（12.1%）、房地产（9.4%）、商贸（12.1%）等，也不在用户经常查询的主要信息范围之内。因此，以互联网作为商务/经济活动的工具，包括电子商务的工具，在我国还没有受到许多用户的重视。这种状况的存在，一方面与我国企（商）业信息化发展较为缓慢有关，另一方面也与网上交易的安全性、产品质量、售后服务、社会诚信以及个人隐私保障等一系列问题有关。

四、作为休闲娱乐的工具

互联网改变了人们休闲和娱乐的方式，这一点在我国互联网的应用发展中反映尤为明显。从调查结果看，以休闲娱乐为上网最主要目的的用户占到用户总数的35.7%，可谓“三分天下有其一”。经常查阅休闲娱乐信息的用户也几近一半，占到用户总数的46.5%。

五、作为学术研究的工具

调查数据显示，把学术研究作为上网的最主要目的的用户只占到用户总数的0.4%。考虑到网民中专业技术人员占用户总数的12.6%，如果以用户总数中30.7%的用户具有本科以上的文化程度为基数，则将互联网作为学术研究工具的高学历用户就更少了。出现这种情况的原因并不是网上现有的可供学术研究的知识资源不足，而是许多人还没有意识到互联网的知识传播功能。

上述分析表明，我国互联网用户目前以获取信息及休闲娱乐为上网的最主要目的。在获取的信息中以新闻信息为主；而在休闲娱乐中以网络游戏为主。这种情况与国际上对于互联网应用发展的预期有着相当大的差距。这种差距主要表现在以下几个方面。

1．互联网必将成为人们获取信息的主要手段，这是毋庸置疑的。但是，获取的信息并不仅限于新闻信息。互联网上数以百亿计的网页所蕴含的大量信息，事实上是促进经济和社会发展的一个宝贵的资源。如何把互联网上的信息变为知识，进而把知识变为财富，是应用互联网的最重要、最基本的方向，也是信息社会、知识经济最核心的内涵。这方面，我国不仅应用上相对落后，而且用户在很大程度上对此仍然缺乏足够的认识。

2．电子商务和网络经济的发展是20世纪90年代互联网的重大应用成果之一。与国际上的发展相比，我国在这方面的进展仍然相当迟缓。以商务活动（如股票交易，网上购物，商务活动）为上网最主要目的的用户仅占到用户总数的1.5%。即使大多数用户来自与经济活动密切相关的行业，其上网的主要目的却并不是为了商务/经济活动的需要。从国际的发展趋势来看，下一代互联网发展的主要目标就是为了满足在互联网上完成各种商务/业务活动的应用需求，因此，我国互联网在这方面的应用和发展仍须加快脚步，加大力度。

3．所谓互联网改变人们休闲和娱乐的方式，一方面是指为人们的休闲娱乐提供各种相关的信息和后勤服务，如外出旅行的衣食住行的安排等；另一方面也包括通过互联网提供诸如MP3、MP4之类的，多媒体、互动的听觉和视觉享受，特别是由电脑、电视、电话三合一带来的各种新的娱乐方式的变化。网络游戏显然并不是互联网改变人们休闲和娱乐方式的主要内容和主要方向。

综上所述，我国目前互联网的应用发展仍然处于一个比较初级的水平，其状况与互联网的历史使命相距甚远，并不令人满意。就以互联网促进我国经济与社会发展而言，我们还有很长的路要走，还需要政府、企业、媒体、公众一起做出艰苦的努力。

2.2 互联网的发展和应用需要向农村倾斜

尽管我国网民的总数已经达到9400万，但在将近13亿的总人口中只占7.2%。这说明虽然我国的互联网用户总数已经居世界第二位，但是互联网应用的普及程度仍然很低，还有很大的发展空间。

地域发展极不平衡是我国互联网发展的一个重要特征。从CN下注册互联网域名的地域分布来看，华北、华东和华南分别占了24.8%、32.9%和20.8%，而东北、西南和西北则仅占了5.4%、4.8%和2.5%。从WWW

站点总数的地域分布来看，华北、华东和华南的站点数各占 23.3%、40.2%和 25.3%，合计占我国 WWW 站点总数的 88.8%；而东北、西南和西北的 WWW 站点数则各占 4.9%、4.5%和 1.8%。

行业发展极不平衡是我国互联网应用发展的另一个重要特征。从用户的行业分布来看，农、林、牧、渔行业的用户数仅占互联网用户总数的 1.3%，而我国目前仍有 70%的农业人口。从用户的职业分布来看，从事农、林、牧、渔业的工作人员仅占到用户总数的 1.0%。制造业的行业用户占到了用户总数的 14.6%，比较令人庆幸。这说明信息化的发展和互联网的应用比较受到制造业用户的关注，在制造业有比较好的基础。总的说来，我国的互联网用户依然主要集中在城市，是一个主要为城市人群所服务的网络，与农业、农村、农民关联甚少。

众所周知，“三农”问题是我国经济与社会发展中最突出的问题之一。作为一个现代社会的信息基础设施，我国互联网的应用和发展如果继续与“三农”无关，我国的“三农”问题就很难得到有效的解决，我国的经济与社会发展也不可能从互联网得到最大程度的受益。因此，如何贯彻落实中央“统筹城乡发展、解决三农问题”的战略思想，更好地利用互联网和现代信息技术手段，进而实现农业和农村的科学发展与可持续发展，是一个非常值得研究的重要问题。

我国的信息化和互联网的发展不能将“三农”问题排除在外。长期以来，很多人认为信息化应该发达地区先行。这种观点实际上忽视了当代信息革命的重要成果之一，就是消除了信息获取和使用的时空限制，给偏远和不发达地区提供了前所未有的发展机遇。发达地区和不发达地区之间的数字鸿沟实际上是二者的经济鸿沟在信息化方面的表现。缩小数字鸿沟归根结底是要缩小二者之间的经济鸿沟。信息化正是通过缩小两者在获取和使用信息方面的差异，既达到缩小数字鸿沟，又达到缩小经济鸿沟的目的的一种手段。可以肯定的是，如果现在不设法缩小城乡之间的数字鸿沟的话，那么，信息化的分配效应一定会更加显著，它们之间的经济鸿沟一定会以比从前更快的速度加大。因此，在欠发达地区，信息化不是一个“缓行”问题，而是一个“怎样推行”的问题，是怎样利用信息化缩小经济鸿沟、加快不发达地区经济和社会发展的问题。

我国“三农”问题的历史和现实原因很多。但追本溯源，人的因素是制约“三农”问题解决的最大障碍。而解决人的问题，提升农民（尤其是青少年）的素质，固然有赖于教育的发展和普及，但信息的获取和随之而来的、与时俱进的观念转变也起着十分重要的作用。我国农村不仅信息和知识十分贫乏，而且缺少信息和知识的传播体系。现有的农业发展所需的知识，包括技术知识和经营管理知识，不能向农民有效转移；农产品市场的信息不能直达农民手中，指导农民的生产活动；许多农村甚至十分闭塞，对外部世界所知甚少。把获取和使用信息的能力赋予农民，特别是农村青少年，对于开启民智，弱化信息化的分配效应，缩小数字鸿沟，加快我国“三农”问题的解决，意义十分深远，同时，也是落实以人为本的科学发展观的具体表现。

因此，我国推进互联网发展和应用的政策应该开始向农村倾斜。国家要鼓励地方政府、企业和个人采用各种方式和方法，大力加快农村信息基础设施的建设，尽早实现农村“家家通电话，村村能上网”的战略目标。近年来，我国农业信息化在“金农”工程的引导下获得了很大的发展，取得了许多重要的应用成果。然而，如果不能在农村普及互联网的接入和应用，许多极为有用的产、供、销信息和各种应用系统就不能送到农民手中。因此，毫无疑问，在全国农村尽可能地普及互联网的接入服务是实现农村信息化的基本前提之一。在这方面，充分利用和进一步扩充我国已有的教育网络，首先使农村的每一所小学和中学都能根据当地的实际情况选用适当的方式接入互联网，是加快实现农村信息化的重要战略之一。村镇里的小学或中学是当地的“最高学府”，是知识分子最集中的地方，是最容易学习和掌握互联网技术与推广应用互联网的地方。农村的中、小学不仅应该是农村的教育中心，而且还应该发展成为农村的信息中心和知识中心，成为实现农村信息化的“桥头堡”。

实现农村互联网普遍接入服务的根本目的之一，是让农村的青少年也可以使用最好的教材，享受最好的授课服务，了解和接受外界新的知识和观念，同时把与“三农”发展相关的信息和知识送到农民手中，特别是青少年农民的手中。为此，有关的政府部门可以围绕实现农村信息化这个目标，在已经完成的大量工作的基础上，进一步有组织地开发一系列适合农村中小学的网络教材和学习参考资料，为农村青少年提供各种能够促进农村经济和社会发展所必需的网上知识读物，引导农村青少年学会以互联网作为学习和进取、发家致富、求得个人发展的重要工具。广大的农村青少年如果能在“获取信息与知识”上与城市的青少年站在同一条起跑线上，我国农村的发展和“三农”问题的解决也就指日可待了。

只有把农村的信息基础设施搞好了，互联网的接入服务普及到农村了，农业信息化的许多应用系统，如各种植物生产的专家系统、农业生产的管理信息系统、市场的农产品供销系统等，才能够直接为广大农民提供服务。也只有这样，才有可能面向广大农村，构造直接面向农民的各种农业服务系统，全面开发适合我国国情的农业信息资源体系、农业知识传播体系与农业信息和知识开发应用平台，为解决“三农”问题开辟一条捷径。

还有一点值得关注的是，2003 年我国农村外出打工劳动力总数达 1.1 亿人。其中，前往地级以上大中城市打工的达 6 910 万人。这些人的 69.9%在东部地区就业，15%在中部地区就业，15.1%在西部地区就业。近年来，与农村存在大量富余劳动力同时，东南沿海地区却存在“民工荒”的现象。究其原因，劳动力市场信息的沟通存在严重障碍无疑是因素之一。因此，使用信息化的手段为数以亿计的农村外出打工者服务，提供用工信息，引导他们有序流动；提供与外出打工衣食住行有关的各种信息，帮助他们解决打工过程中的各种难题；提供农民工所需要的各种网上培训服务，使他们尽快适应市场需求；提供政府力所能及的各种其他服务，如社会保障、医疗保险等，不仅有利于推进社会就业、优化配置生产资源，而且对于加快我国的城市化进程也意义深远。利用我国目前已有的信息基础设施和信息系统，开发这样一个直接面向农村和农民的进城打工服务系统，条件是完全具备的。

在广大农村地区普及互联网的接入服务，对于加快农村社会主义民主政治的建设也具有十分重要的意义。互联网，可以把党中央和国务院关于农业和农村发展的政策和规定直接送到农民手中，同时农民也可以直接上网查阅中央的相关政策精神，并进而以此为武器，捍卫自身的权益。互联网还可以向农民提供一个直接向上级政府、向舆论媒体，甚至向中央反映农村各种问题的渠道，实现中央和地方各级政府与农民的直接沟通和互动。互联网的普及应用有可能起到维护广大农村的社会稳定与促进农村经济和社会发展的作用。

当然，农村信息化的实现不可能一蹴而就。像农村与城市的发展不平衡一样，农村与农村的发展也是不平衡的。互联网在农村的普及应用和信息化在农村的发展需要从实际效益出发，要对目前我国各地农村的发展状况和信息化需求进行认真的分析和研究，将长期的战略目标和近期的实施计划结合起来，将国家和地方用于“三农”发展的各种不同资源协调调度，充分发挥国家、地方、企业和农民各方面的积极性，根据各地的情况区别对待，有计划、有步骤地推进农村信息化的发展。

2.3 关注互联网的最大用户——青少年

近两年来，以获取信息为目的的用户由 2 180 万人增加至 3 675.4 万人，但在用户总数中所占的比例则呈下降趋势（由 47.6%降至 39.1%）；而以休闲娱乐为目的的用户急剧增加，由 865.62 万人猛增至 3 355.8 万人，在两年半的时间内净增 2 489.98 万人。与此同时，年龄在 35 岁以下的用户由 3 755.6 万人急剧上升至 7 595 万人，净增 3 839.4 万人。把这两组数据联系起来分析，有理由推断，近年来增加的互联网用户大部分是年轻人，而且相当大一部分青少年用户上网的主要目的就是休闲娱乐，是冲着网络游戏来的。

调查表明，经常和偶尔玩网络游戏的用户平均每周上网玩网络游戏的时间为 10.9 小时，与我国网民平均每周上网的小时数（13.2 小时）接近。而且，一半以上的用户（45.7%）认为玩网络游戏对其学习、工作、生活产生了负面的影响，其中认为负面影响较大的达到 20.6%，负面影响非常大的达到 7.5%。青少年是国家和民族的未来。如果他们并不把互联网当作一个汲取知识的工具，而更多地只是沉溺于各种互联网上的游戏和娱乐的话，那么互联网对于他们的成长的意义就不是正面的，而是负面的。真正的问题还在于，即使有这么多人认识到了这种负面影响的存在，仍然还有很多人沉迷于网络游戏而不能自拔。网络游戏像是一种“精神鸦片”，正在侵蚀和消磨我国年轻一代网民的精力和意志。这种情况非常值得教育部门和其他与青少年教育有关的部门密切关注。

当我们沾沾自喜于我国网民人数、上网计算机数、网络带宽不断增加的时候，如果与之伴随的只是沉溺于网络游戏的年轻人的大量增加，而不是互联网的应用向着促进我国经济与社会进步的深层次发展，那么互联网对我们的国家和民族来说或许并不是一件好事。因此，对于互联网的应用和发展，舆论需要加以引导，特别是要加强对青少年的引导，使广大公众认识到互联网发展和应用的真谛之所在，使更多的网民意识到互联网并不仅仅是游戏的获取信息的工具，更是汲取知识的工具、学术研究的工具，以及进行商务/经济活动的工具，从而促进全社会利用互联网的学习风气的盛行，营造一个学习型的社会，推动知识经济和网络经济的形成和发展，使互联网真正完成其所肩负的历史使命。

截至 2004 年 6 月 30 日，从我国互联网用户的年龄分布来看，30 岁以下的用户占到用户总数的 69.4%。18 岁以下的未成年用户占 16.4%，即 1 541 万人。学生占用户总数的 31.9%，达到 3 045.6 万人。调查结果还表明，在 8 700 万的互联网用户中，文化程度在高中（含中专）水平的人数最多，占到用户总数的 30.6%；而文化程度在高中（含中专）以下的则占 12.6%。两项相加高达 43.2%。互联网上的内容如何为这类文化程度的用户服务，是值得政府和全社会高度关注的问题。互联网上应该有比网络游戏更吸引他们的内容；要使他们认识到，互联网对他们来说，并不只是意味着休闲、娱乐、交友、聊天，更不仅仅是网络游戏，而是益智上进的伙伴。

根据 CNNIC 的调查，2004 年底全国现有的 30.6 万多个在线数据库中，企业库占了 50.9%，商业网站占了 16.9%，教育和科研系统的网站占了 7.5%。这说明，商业性的产品和广告是目前我国互联网上的信息内容的主体，我国互联网上的内容开发存在问题。其中，特别缺乏适合于文化程度在中等水平的青少年阅读和利用的、有利于他们健康成才的信息内容。这一点非常值得与青少年教育有关的各部门的重视。如果不能在互联网上提供充分的、适合各个不同社会阶层和职业、行业需要的信息内容，特别是青少年需要的信息内容，就不能引导互联网的应用向着有利于我国经济和社会进步的方向发展，各种黄色的、不健康的、颓废的信息内容就会在互联网上大行其道，泛滥成灾。

针对目前我国网络游戏急剧发展和越来越多的青少年沉溺于网络游戏的现象，国家需要尽早出台对于游戏产业发展的政策，以引导游戏产业的健康发展。对于游戏产业所含的内容，宜从有利于广大青少年健康成长出发，按“有益”、“无害”、“有害”进行分类，分别从行政上、经济上、法律上采取不同的鼓励或限制措施，以抑恶扬善，变网络游戏的消极因素为积极因素，做到既有利于青少年的健康成长，又有利于网络游戏及其所带来的网络经济的发展。

（国家信息化专家咨询委员会 周宏仁）

第3章　互联网政策法规建设状况

3.1　概述

自从20世纪90年代，党和国家非常重视互联网的监督与管理，制定、颁布并施行了大量的规范性文件以及法律、行政法规、部门规章、地方性法规和地方政府规章。据不完全统计，截至目前，我国颁布、施行的有关互联网管理方面的各种文件与法规共有100多件。其中，按法律效力层级进行统计，规范性文件有20多件，法律有10多件，行政法规有20多件，部门规章有40多件，地方性法规有50多件。2004年到2005年初，以《电子签名法》为代表，国家共颁布有关互联网的法律、法规、司法解释和部门规章10多件。

3.2　《中华人民共和国电子签名法》的颁布实施

2004年是我国信息化立法具有标志性的一年;《中华人民共和国电子签名法》(以下简称《电子签名法》)的公布，为电子商务、电子政务和其他网上业务的发展奠定了重要的法律基础。根据国务院立法工作计划，国务院法制办会同信息产业部、国务院信息化工作办公室自2003年4月开始着手电子签名法起草工作。《中华人民共和国电子签名法（草案)》于2004年3月24日国务院第45次常务会议讨论通过，提交全国人大常委会审议。2004年8月28日《中华人民共和国电子签名法》由十届人大常委第十一次通过，2005年4月1日起施行。

3.2.1　《电子签名法》的特点

我国《电子签名法》，采用了联合国及其他一些国家电子签名法常用的立法技巧，既考虑了技术的发展趋势，同时也规避了复杂的技术问题。它具有3个方面特征。

一、技术问题复杂，但法律问题却相对简单

电子签名涉及的技术问题比较复杂，但这些技术本身并不属于法律要解决的问题。电子签名法所要解决的法律问题相对比较简单，因为商务活动的绝大多数法律问题在传统法律中已经解决，电子签名法只需解决因商务活动信息载体的变化所涉及的法律问题，而这些问题大多采用“功能等同”的办法做出相应规定即可。

二、具有很强的国际统一趋势

电子商务最显著的优势，就在于可以利用不受国界限制的全球性互联网方便地进行网上交易，这就必然要求电子签名法律制度应当是国际统一的。联合国有关机构制定了电子签名示范法。许多国家有关数据电文和电子签名的法律都参照了示范法，主要规定基本一致，以便同电子商务的国际化接轨。我国电子签名法的基本规定也同示范法的规定大体一致。

三、实行“技术中立”的立法原则

法律只规定作为安全可靠的电子签名所应达到的标准；至于采用何种技术手段实现标准，法律不做规定，以避免影响新技术的开发使用。联合国示范法和不少国家、地区的电子签名法都采取了这个原则。我国电子签名法也采取了“技术中立”的立法原则。

电子签名法同时还具有 3 个特点。一是对电子签名采用第三方认证的要求是引导性而不是强制性，就是说电子签名活动既可以根据约定不采用第三方认证，也可以采用第三方认证。需要第三方认证的必须由依法设立的电子认证服务提供者提供认证服务。二是对电子签名及电子认证适用范围的规定是开放性而不是封闭性，即主要适用于商务活动，但又不限于商务活动。同时，考虑到经济、社会等方面的行政管理活动中使用数据电文、电子签名的特殊情况，授权国务院依法制定政务活动和其他社会活动中使用电子签名、数据电文的具体办法。三是对电子认证服务规定的条文大多是原则性的而不是具体化。比如，对提供电子认证服务所具备的条件都是定性的要求，没有定量的规定；对电子认证服务业管理的具体办法授权国务院信息产业主管部门制定，法律不再增加政府监管的具体规定等。

总之，《电子签名法》具有一定的前瞻性和包容性，为今后新技术的使用留下了法律空间。这是维护法律统一和尊严的内在要求，同时也给行政许可实施机关的科学民主决策和依法行政提出了很高的工作要求。

3.2.2　《电子签名法》主要内容

一、确立电子签名的法律效力

电子签名法通过对电子签名进行定义，要求电子签名必须起到两个作用，即识别签名人身份、保证签名人认可文件中的内容。在此基础上，明确规定了电子签名具有与手写签名或者盖章同等的效力。在解决什么条件下电子签名具有效力的问题上，参照联合国贸易法委员会《电子签名示范法》的规定，以目前国际公认的成熟签名技术所具备的特点为基础，明确规定了与手写签名或者盖章同等有效的电子签名应当具备的具体条件。

二、对数据电文做了相关规定

电子签名法明确规定电子文件与书面文件具有同等效力，才能使现行的民事法律同样适用于电子文件。为此，电子签名法做了 3 个方面的规定：一是规定了电子文件在什么情况下才具有法律效力；二是规定了电子文件在什么情况下可以作为证据使用；三是规定了电子文件发送人、发送时间和发送地点的确定标准。

三、设立电子认证服务市场准入制度

电子签名法对电子认证服务设立了市场准入制度。同时，为了确保电子签名人身份的真实可靠，要求认证机构为电子签名人发放证书前，必须对签名人申请发放证书的有关材料进行形式审查，同时还必须对申请人的身份进行实质性查验。此外，为了防止认证机构擅自停止经营，造成证书失效，使电子签名人和交易对方遭受损失，还规定了认证机构暂停、终止认证服务的业务承接制度。

四、规定电子签名安全保障制度

电子签名法明确了有关各方在电子签名活动中的权利、义务。对于电子签名人一方，规定了两方面义务：一是要求其妥善保管进行电子签名所使用的私人密码。当获悉密码已经失密或者可能失密时，应当及时告知有关各方，并终止使用；二是要求其向认证机构申请电子签名证书时，提供的有关个人身份的信息必须是真实、完整和准确的。对于认证机构一方，规定了 3 方面义务：一是要求其制定和公布包括责任范围、作业操作规范、信息安全保障措施等事项在内的电子认证业务规则，并向国务院信息产业主管部门备案；二是要求其必须保证所发放的证书内容完整、准确，并使交易对方能够从证书中证实或者了解有关事项；三是要求其妥善保存与认证相关的信息。

五、关于电子认证服务

《中华人民共和国电子签名法》规定电子签名需要第三方认证的，由依法设立的电子认证服务提供者提供认证服务。提供电子认证服务，应当具备下列条件：（一）具有与提供电子认证服务相适应的专业技术人员和管理人员；（二）具有与提供电子认证服务相适应的资金和经营场所；（三）具有符合国家安全标准的技术和设备；（四）具有国家密码管理机构同意使用密码的证明文件；（五）法律、行政法规规定的其他条件。《电子签名法》还详细规定了从事电子认证服务的申请及申请材料、审查与批准程序，工商注册登记置后程序；信息产业部在许可或不予许可前，应当征求国务院商务主管部门等有关部门的意见。

电子签名人向电子认证服务提供者申请电子签名认证证书，应当提供真实、完整和准确的信息。电子认证服务机构应当承担如下义务：（一）企业信息和许可信息的网上披露义务；（二）制定、公布电子认证业务规则（包括责任范围、作业操作规范、信息安全保障措施等事项），并向信息产业部备案的义务；（三）对申请人的身份进行查验，并对有关材料进行审查的义务；（四）保证电子签名认证证书内容在有效期内完整、准确，并保证电子签名依赖方能够证实或者了解电子签名认证证书所载内容及其他有关事项的义务。电子认证服务提供者签发的电子签名认证证书应当准确无误，并应当载明下列内容：（一）电子认证服务提供者名称；（二）证书持有人名称；（三）证书序列号；（四）证书有效期；（五）证书持有人的电子签名验证数据；（六）电子认证服务提供者的电子签名；（七）国务院信息产业主管部门规定的其他内容。

《电子签名法》规定，国务院或者国务院规定的部门可以依据本法制定政务活动和其他社会活动中使用电子签名、数据电文的具体办法。信息产业部依照本法制定电子认证服务业的具体管理办法，对电子认证服务提供者依法实施监督管理。

3.3 《电子认证服务管理办法》

2005年1月28日，信息产业部通过并发布了《电子认证服务管理办法》（信息产业部令第35号）共8章43条，以下简称《办法》，规定信息产业部依法对电子认证服务机构和电子认证服务实施监督管理。所谓电子认证服务，是指为电子签名相关各方提供真实性、可靠性验证的公众服务活动；所谓电子认证服务提供者，是指为电子签名人和电子签名依赖方提供电子认证服务的第三方机构。《办法》详细规定了电子认证服务机构应当具备的条件，申请电子认证服务许可应当向信息产业部提交的材料，《电子认证服务许可证》的申请、受理、批准程序，《电子认证服务许可证》的有效期限以及颁发《电子认证服务许可证》时应予社会公示的有关信息，商业登记注册后的程序，开业前通过互联网应向社会公示的企业信息和许可信息，《电子认证服务许可证》续展程序等规范性内容。《办法》特别规定，具有国家密码管理机构同意使用密码的证明文件是电子认证服务机构申请《电子认证服务许可证》的必备条件和法定提交材料的内容之一；信息产业部在颁发《电子认证服务许可证》之前，对与申请人有关事项应当书面征求商务部等有关部门的意见。

《办法》规定，电子认证服务机构提供的电子认证服务法定业务范围为，（一）制作、签发、管理电子签名认证证书；（二）确认签发的电子签名认证证书的真实性；（三）提供电子签名认证证书目录信息查询服务；（四）提供电子签名认证证书状态信息查询服务。《办法》规定，电子认证服务机构在提供电子认证服务时，应当承担如下义务：（一）按照信息产业部公布的《电子认证业务规则规范》的要求，制定本机构的电子认证业务规则，并在提供电子认证服务前予以公布，并向信息产业部备案；（二）电子认证业务规则发生变更的，电子认证服务机构应当予以公布，并自公布之日起30日内向信息产业部备案；（三）按照公布的电子认证业务规则提供电子认证服务；（四）保证电子签名认证证书内容在有效期内完整、准确；（五）保证电子签名依赖方能够证实或者了解电子签名认证证书所载内容及其他有关事项；（六）妥善保存与电子认证服务相关的信息；（七）建立完善的安全管理和内部审计制度，并接受信息产业部的监督管理；（八）遵守国家的保密规定，建立完善的保密制度；（九）对电子签名人和电子签名依赖方的资料，负有保密的义务；（十）在受理电子签名认证证书申请前，向申请人告知下列事项电子签名认证证书和电子签名的使用条件、服务收费的项目和标准、保存和使用证书持有人信息的权限和责任、电子认证服务机构的责任范围、证书持有人的责任范围及其他需要事先告知的事项；（十一）受理电子签名认证申请后，与证书申请人签订合同，明确双方的权利义务。

《办法》还详细列举了电子签名认证证书的法定记载事项，规定有下列情况之一的，电子认证服务机构可以撤销其签发的电子签名认证证书：（一）证书持有人申请撤销证书；（二）证书持有人提供的信息不真实；（三）证书持有人没有履行双方合同规定的义务；（四）证书的安全性不能得到保证；（五）法律、行政法规规定的其他情况。有下列情况之一的，电子认证服务机构应当对申请人提供的证明身份的有关材料进行查验，并对有关材料进行审查：（一）申请人申请电子签名认证证书；（二）证书持有人申请更新证书；（三）证书持有人申请撤销证书。电子认证服务机构更新或者撤销电子签名认证证书时，应当予以公告。

3.4 《关于加快电子商务发展的若干意见》

2005 年 1 月 8 日，国务院发布《国务院办公厅关于加快电子商务发展的若干意见》（国办发［2005］2 号），指出发展电子商务是以信息化带动工业化，转变经济增长方式，提高国民经济运行质量和效率，走新型工业化道路的重大举措，对实现全面建设小康社会的宏伟目标具有十分重要的意义。

《意见》提出要完善政策法规环境，规范电子商务发展。（一）加强统筹规划和协调配合。加紧编制电子商务发展规划，明确电子商务发展的目标、任务和工作重点。建立健全相互协调、紧密配合的组织保障体系和工作机制。（二）推动电子商务法律法规建设。认真贯彻实施《中华人民共和国电子签名法》，抓紧研究电子交易、信用管理、安全认证、在线支付、税收、市场准入、隐私权保护和信息资源管理等方面的法律法规问题，尽快提出制订相关法律法规的意见；根据电子商务健康有序发展的要求，抓紧研究并及时修订相关法律法规；加快制订在网上开展相关业务的管理办法；推动网络仲裁、网络公证等法律服务与保障体系建设；打击电子商务领域的非法经营以及危害国家安全、损害人民群众切身利益的违法犯罪活动，保障电子商务的正常秩序。（三）研究制定鼓励电子商务发展的财税政策。有关部门应本着积极稳妥推进的原则，加快研究制定电子商务税费优惠政策，加强电子商务税费管理；加大对电子商务基础性和关键性领域研究开发的支持力度；采取积极措施，支持企业面向国际市场在线销售和采购，鼓励企业参与国际市场竞争。政府采购要积极应用电子商务。（四）完善电子商务投融资机制。建立健全适应电子商务发展的多元化、多渠道投融资机制，研究制定促进金融业与电子商务相关企业互相支持、协同发展的相关政策。加强政府投入对企业和社会投入的带动作用，进一步强化企业在电子商务投资中的主体地位。

意见还提出要加快信用、认证、标准、支付和现代物流建设，形成有利于电子商务发展的支撑体系。（一）加快信用体系建设。加强政府监管、行业自律及部门间的协调与联合，鼓励企业积极参与，按照完善法规、特许经营、商业运作、专业服务的方向，建立科学、合理、权威、公正的信用服务机构；建立健全相关部门间信用信息资源的共享机制，建设在线信用信息服务平台，实现信用数据的动态采集、处理、交换；严格信用监督和失信惩戒机制，逐步形成既符合我国国情又与国际接轨的信用服务体系。（二）建立健全安全认证体系。按照有关法律规定，制订电子商务安全认证管理办法，进一步规范密钥、证书、认证机构的管理，注重责任体系建设，发展和采用具有自主知识产权的加密和认证技术；整合现有资源，完善安全认证基础设施，建立布局合理的安全认证体系，实现行业、地方等安全认证机构的交叉认证，为社会提供可靠的电子商务安全认证服务。（三）建立并完善电子商务国家标准体系。提高标准化意识，充分调动各方面积极性，抓紧完善电子商务的国家标准体系；鼓励以企业为主体，联合高校和科研机构研究制订电子商务关键技术标准和规范，参与国际标准的制订和修正，积极推进电子商务标准化进程。（四）推进在线支付体系建设。加紧制订在线支付的业务规范和技术标准，研究风险防范措施，加强业务监督和风险控制；积极研究第三方支付服务的相关法规，引导商业银行、中国银联等机构建设安全、快捷、方便的在线支付平台，大力推广使用银行卡、网上银行等在线支付工具；进一步完善在线资金清算体系，推动在线支付业务规范化、标准化并与国际接轨。（五）发展现代物流体系。充分利用铁道、交通、民航、邮政、仓储、商业网点等现有物流资源，完善物流基础设施建设；广泛采用先进的物流技术与装备，优化业务流程，提升物流业信息化水平，提高现代物流基础设施与装备的使用效率和经济效益；发挥电子商务与现代物流的整合优势，大力发展第三方物流，有效支撑电子商务的广泛应用。

3.5 关于通信线路安全保护的司法解释

2004 年 8 月 26 日，最高人民法院通过了《最高人民法院关于审理破坏公用电信设施刑事案件具体应用法律若干问题的解释》（法释）［2004］21 号），规定对于采用截断通信线路、损毁通信设备或者删除、修改、增加电信网计算机信息系统中存储、处理或者传输的数据和应用程序等手段，故意破坏正在使用的公用电信设施的行为，适用《刑法》第 124 条“破坏广播电视设施、公用电信设施罪”有关规定进行定罪量刑；故意破坏正在使用的公用电信设施尚未危害公共安全，或者故意毁坏尚未投入使用的公用电信设施，造成财物损失，构成犯罪的，依照《刑法》第 275 条规定，以故意毁坏财物罪定罪处罚；盗窃公用电信设施价值数额不大，但是构成危害公共安全犯罪的，依照《刑法》第 124 条的规定定罪处罚；盗窃公用电信设施同时构成盗窃罪和破坏公用电信设施罪的，依照处罚较重的规定定罪处罚。

3.6 关于计算机网络著作权保护的司法解释

2004 年 1 月，最高人民法院公布了修订后的《关于审理涉及计算机网络著作权纠纷案件适用法律若干问题的解释》。根据 2001 年 10 月 27 日全国人大常委会修订的《中华人民共和国著作权法》，《关于审理涉及计算机网络著作权纠纷案件适用法律若干问题的解释》做了如下重要修订。一、由于著作权法已经规定信息网络传播权属于著作权人享有的著作财产权，故删除了原规定第二条第二款关于网络传播作品属于作品的使用的规定。二、增加了一条“网络服务提供者明知专门用于故意避开或者破坏他人著作权技术保护措施的方法、设备或者材料，而上载、传播、提供的，人民法院应当根据当事人的诉讼请求和具体案情，依据著作权法第四十七条第（六）项的规定，追究网络服务提供者的民事侵权责任”。有了上述规定，人民法院处理网络上发生的提供破坏技术措施的方法、设备和材料的行为时有了依据。三、增加了“诉前临时措施”的规定，即允许著作权人和与著作权有关的权利人在规定的情况下，可以在诉前向人民法院申请采取停止有关行为（国外称为临时禁令）和保全证据的措施。四、删除了网络著作权纠纷如何使用法律和赔偿数额的规定，因为著作权法有了明确的规定。修订后的《关于审理涉及计算机网络著作权纠纷案件适用法律若干问题的解释》内容更详实，逻辑更严密，用语更规范，在国务院制定的网络版权法规出台之前，该解释无疑是网络版权保护的有力的司法利器。

3.7 《非经营性互联网信息服务备案管理办法》

2005 年 1 月 28 日，信息产业部通过并发布了《非经营性互联网信息服务备案管理办法》（信息产业部令第 33 号），规定在境内提供非经营性互联网信息服务，应当依法履行备案手续；未经备案，不得在境内从事非经营性互联网信息服务。信息产业部对全国非经营性互联网信息服务备案管理工作进行监督指导，省、自治区、直辖市通信管理局具体实施非经营性互联网信息服务的备案管理工作。拟从事非经营性互联网信息服务的，应当向其住所所在地省通信管理局履行备案手续。省通信管理局通过信息产业部备案管理系统，采用网上备案方式进行备案管理。所谓在境内提供非经营性互联网信息服务，是指在我国境内的组织或个人利用能通过互联网域名访问的网站或者利用仅能通过互联网 IP 地址访问的网站，提供非经营性互联网信息服务。

《办法》规定，非经营性互联网信息服务提供者具有下列义务：（一）真实填写《非经营性互联网信息服务备案登记表》；（二）非经营性互联网专项信息服务提供者履行备案手续时应当提交相关主管部门审核同意的文件；（三）非经营性电子公告服务提供者在履行备案手续时应当提交电子公告服务专项备案材料；（四）标明、披露备案编号以及提示信息产业部备案管理系统网址链接标识、以供公众查询核对；（五）将备案电子验证标识放置在其网站的指定目录下；（六）信息内容合法性的保证义务；（七）在限期内登陆备案管理系统、履行年度审核手续的义务。《办法》规定，互联网接入服务提供者具有如下义务：（一）记录非经营性互联网信息服务提供者的备案信息；（二）做好用户信息动态管理、记录留存、有害信息报告等网络信息安全管理工作；（三）对所接入用户进行监督。《办法》规定，互联网接入服务提供者等备案履行手续代理人不得具有下列行为：（一）明知或应知备案信息不真实，依然代为履行备案、备案变更、备案注销等手续；（二）为未经备案者提供互联网接入服务；（三）对被处暂时关闭网站或关闭网站处罚或者非法从事非经营性互联网信息服务的组织或者个人提供互联网接入服务。

《办法》规定了备案履行手续的代理制度，拟通过接入经营性互联网络从事非经营性互联网信息服务的，可以委托因特网接入服务业务经营者、因特网数据中心业务经营者和以其他方式为其网站提供接入服务的电信业务经营者代为履行备案、备案变更、备案注销等手续；拟通过接入中国教育和科研计算机网、中国科学技术网、中国国际经济贸易互联网、中国长城互联网等公益性互联网络从事非经营性互联网信息服务的，可以由为其网站提供互联网接入服务的公益性互联网络单位代为履行备案、备案变更、备案注销等手续。《办法》还详细规定了备案受理、审查程序，备案电子验证标识和备案编号的发放程序，备案信息的社会公示程序，《备案登记表》填报信息申请变更程序，终止提供服务时的备案注销手续，备案制度的行政监督管理机制，暂停或终止提供互联网接入服务的法定情形，年度审核和采用备案管理系统实施网上审核的方式，各方应当承担的法律责任等规范性内容。

3.8 《关于规范短信息服务有关问题的通知》

2004年4月15日，信息产业部发布《关于规范短信息服务有关问题的通知》，规定各移动通信企业应当与已取得相应经营许可的信息服务业务经营者合作提供移动短信服务，不得为未取得相应经营许可的信息服务业务提供者提供相关接入服务；各移动通信企业及信息服务业务经营者应立即采取有效措施，完善移动短信服务流程，明确各方的权利、义务及责任，同时建立双方约束机制，规范相应的服务提供和收费行为；移动通信企业及信息服务业务经营者在为提供短信服务进行各种形式的业务宣传时，应突出提醒用户收费标准、方式和退订方法；在提供短信息服务时，包月类、订阅类短信服务，必须事先向用户请求确认，且请求确认消息中必须包括收费标准，若用户未进行确认反馈，视为用户撤销服务要求；严格按照用户要求的服务内容向用户提供短信息服务，不得擅自改变发送短信的数量和频次，不得擅自改变收费方式和降低服务质量，对用户要求的单条即时短信息服务，如因传输容量等原因需要回送多条短信内容的，只能收取一条相应信息的信息费；信息服务业务经营者在采集、开发、处理、发布短信息时，应对短信息的内容进行审查，短信息中不得含有国家明令禁止的内容；各移动通信企业及信息服务业务经营者的服务系统应当自动记录短信息的发送与接收时间、发送端和接收端的电话号码或者代码并保存5个月；各移动通信企业及信息服务业务经营者的服务系统在发送短信息时，应当将发送端电话号码或者代码一并传送，使接收端能够显示发送端相关信息，不得发送缺少发送端电话号码或者代码的短信息；用户要求退订所定制的短信息服务的，信息服务业务经营者应当按照约定停止收费，未就收费停止时间做出约定的，信息服务业务经营者应立即停止收费。《通知》同时规定了未获许可者的补办手续义务、在全国范围内实现方便用户退订短信的各项措施、代收信息费须向用户提供被代理人相关情况的义务、信息服务收费清单免费提供义务、用户投诉处理程序、通信短信息行政监督检查权等问题。

3.9 《互联网等信息网络传播视听节目管理办法》

2004年7月6日，国家广播电影电视总局颁布的《互联网等信息网络传播视听节目管理办法》明确了哪些机构可以经营信息网络传播视听节目，哪些被排除在门槛之外。外商独资、中外合资、中外合作机构依然不能从事信息网络传播视听节目，从事信息网络传播新闻类节目的只能是经广电总局批准设立的广播电台、电视台或依法享有互联网新闻发布资格的网站，从事以电视机作为接收终端的信息网络传播节目集成运营服务的只能是经广电总局批准设立的省、自治区、直辖市及省会市、计划单列市级以上的广播电台、电视台、广播影视集团（总台）。此外，还明确了申请许可证的条件和程序，业务监管制度以及罚则。

3.10 关于互联网上网服务营业场所的管理

2004年2月17日，国务院转发文化部等部门《关于开展网吧等互联网上网服务营业场所专项整治意见的通知》（国办发［2004］019 号），指出网吧等互联网上网服务营业场所违法接纳未成年人现象屡禁不止，网上传播有害文化信息问题日益突出，危害了未成年人的身心健康，特别是黑网吧已成为社会公害，因此决定于2004年2月至8月在全国开展网吧等互联网上网服务营业场所专项整治工作，并从专项整治工作重点、严厉查处接纳未成年人进入行为、坚决取缔黑网吧、严厉打击利用网吧等互联网上网服务营业场所传播淫秽色情信息等违法犯罪活动、工作步骤和时间安排、实行群防群治和加大舆论宣传力度、建立长效机制坚决防止反弹等方面提出了要求，指出这次专项整治的工作重点是，坚决取缔无证照或证照不全的黑网吧，整治以电脑学校、劳动职业技术培训班、电子阅览室、计算机房等名义变相经营网吧的行为；严厉查处网吧违法接纳未成年人进入的行为；打击网上传播有害文化信息行为，净化和规范网络文化经营活动。

3.11 《互联网文化管理暂行规定》

2004 年 7 月，文化部颁布的《互联网文化管理暂行规定》是我国互联网文化事业发展历程中的一件大事，该规定打破了部门保护和所有制壁垒，允许国内各种所有制形式的企业合法的进入网络文化市场。该规定明确了互联网文化产品的内涵，互联网文化产品包括原有的音像制品、游戏产品、演出剧（节）目、艺术品、动画，还增加了漫画。明确了文化部的审批职责，审批设立经营性互联网文化单位、对互联网文化单位进口的互联网文化产品内容审查。按照行政许可法的规定，明确了审批时间。强化了对有不良信息的文化产品的查处和处罚力度。

3.12 电子和网络游戏出版管理

新闻出版总署、国家版权局为进一步规范电子和互联网游戏出版市场联合发出《关于落实国务院归口审批电子和互联网游戏出版物决定的通知》，在《通知》中就出版著作权管理提出明确要求。该通知规定，电子出版单位出版引进版电子游戏出版物，互联网游戏出版机构出版引进版互联网游戏出版物，均应由所在地省、自治区、直辖市出版行政部门对内容进行审查，并提出审核意见；符合出版条件的，报新闻出版总署审批。新闻出版总署根据有关法律法规，对申报的引进版电子游戏出版物或引进版互联网游戏出版物进行审查，并做出批准或者不批准的决定。该通知还要求，出版引进版电子游戏出版物或引进版互联网游戏出版物前应按照《著作权法》的有关规定，取得合法授权，签订出版合同，并履行著作权合同备案手续。该通知还对引进版电子和互联网游戏出版物审批、著作权合同备案的依据、条件、程序、期限、需要提交的材料、运营接入服务等事项做出了具体规定。

3.13 《互联网药品信息服务管理办法》

2004 年 7 月，国家食品药品监督管理局发布了《互联网药品信息服务管理办法》。该办法规定，国家食品药品监督管理局将不再对经营性互联网药品信息服务的申请直接受理审核。互联网药品信息服务管理工作遵循属地管理的原则，由各省、自治区、直辖市食品药品监督管理局（药品监督管理局）负责对本行政区域内拟提供互联网药品信息服务（经营性和非经营性）的申请予以受理审核。为了提高行政审批工作效率，该办法还规定，各省、自治区、直辖市食品药品监督管理局（药品监督管理局）要通过电子审批系统对互联网药品信息服务进行审核。申请提供互联网药品信息服务的申请单位应在国家食品药品监督管理局政府网站（网址：http://www.sda.gov.cn）在线申请。该办法对于网上药品交易提出了新的要求，提供互联网药品信息服务的网站，除已取得药品招标代理机构资格的单位所开办的网站外，一律不得提供药品交易服务，不得以提供互联网药品信息服务的名义开办网上药店、为消费者提供网上采购药品等电子商务活动。依据《行政许可法》的要求，该办法规定，从事互联网药品信息服务单位应该具备的条件，以及行政主管机关审批的具体时间。

3.14 关于互联网域名和 IP 地址方面的规章

3.14.1 关于域名根服务器运行机构

2004 年 9 月 28 日，信息产业部通过并公布施行了修订后的《中国互联网络域名管理办法》（信息产业部令第 30 号），规定在境内设置域名根服务器及设立域名根服务器运行机构，应当经信息产业部批准。申请设置互联网域名根服务器及设立域名根服务器运行机构，应当具备以下条件：（一）具有相应的资金和专门人员；（二）具有保障域名根服务器安全可靠运行的环境条件和技术能力；（三）具有健全的网络与信息安全保障措施；（四）符合互联网络发展以及域名系统稳定运行的需要；（五）符合国家其他有关规定。申请设置域名根服务器及设立域名根服务器运行机构，应向信息产业部提交以下书面申请材料：（一）申请单位的基本情况；（二）拟运行维护的域名根服务器情况；（三）网络技术方案；（四）网络与信息安全技术保障措施的证明。

3.14.2　关于域名注册管理机构

2004 年 9 月 28 日，信息产业部通过并公布施行了修订后的《中国互联网络域名管理办法》（信息产业部令第 30 号），规定在境内设立域名注册管理机构，应当经信息产业部批准。《办法》对域名注册管理机构的市场准入法定条件进行了增补，规定申请成为域名注册管理机构，应当具备以下条件：（一）在中华人民共和国境内设置顶级域名服务器（不含镜像服务器），且相应的顶级域名符合国际互联网域名体系和我国互联网域名体系；（二）有与从事域名注册有关活动相适应的资金和专业人员；（三）有从事互联网域名等相关服务的良好业绩和运营经验；（四）有为用户提供长期服务的信誉或者能力；（五）有业务发展计划和相关技术方案；（六）有健全的域名注册服务监督机制和网络与信息安全保障措施；（七）符合国家其他有关规定。《办法》增修规定，申请成为域名注册管理机构的，应当向信息产业部提交下列材料：（一）有关资金和人员的说明材料；（二）对境内的顶级域名服务器实施有效管理的证明材料；（三）证明申请人信誉的材料；（四）业务发展计划及相关技术方案；（五）域名注册服务监督机制和网络与信息安全技术保障措施；（六）拟与域名注册服务机构签署的协议范本；（七）法定代表人签署的遵守国家有关法律、政策和我国域名体系的承诺书。《办法》还增加规定了域名注册管理机构提出申请、受理、审查和批准的程序。

《办法》同时增加规定，域名注册管理机构应当自觉遵守国家相关的法律、行政法规和规章，保证域名系统安全、可靠地运行，公平、合理地为域名注册服务机构提供安全、方便的域名服务。无正当理由，域名注册管理机构不得擅自中断域名注册服务机构的域名注册服务。域名注册管理机构应当配置必要的网络和通信应急设备，制定切实有效的网络通信保障应急预案，健全网络与信息安全应急制度。因国家安全和处置紧急事件的需要，域名注册管理机构应当服从信息产业部的统一指挥与协调，遵守并执行信息产业部的管理要求。域名注册管理机构应当设立用户投诉受理热线或采取其他必要措施，及时处理用户对域名注册服务机构提出的意见；难以及时处理的，必须向用户说明理由和相关处理时限。对于向域名注册管理机构投诉没有处理结果或对处理结果不满意，或者对域名注册管理机构的服务不满意的，用户或域名注册服务机构可以向信息产业部提出申诉；域名注册管理机构和域名注册服务机构有义务配合国家主管部门开展网站检查工作，必要时按要求暂停或停止相关的域名解析服务。

3.14.3　关于域名注册服务机构

《中国互联网络域名管理办法》规定在境内设立域名注册服务机构，应当经信息产业部批准。《办法》对域名注册服务机构的市场准入法定条件进行了修正，将原 24 号令中规定的“须具有与从事域名注册活动相适应的资金和专门人员”修改为“注册资金不得少于人民币 100 万元，在中华人民共和国境内设置有域名注册服务系统，且有专门从事域名注册服务的技术人员和客户服务人员”，并且增加了“有健全的域名注册服务退出机制”的条件要求。《办法》对域名注册服务机构申请成为域名注册服务机构时应当向信息产业部提交的书面材料进行了修正，将原 24 号令中规定的“拟提供注册服务的域名项目”修正为“拟提供注册服务的域名项目及技术人员、客户服务人员的情况说明”，“与相关域名注册管理机构签订的合作协议”修正为“与相关域名注册管理机构或境外的域名注册服务机构签订的合作意向书或协议”，并且增加了“证明申请人信誉的有关材料”、“法定代表人签署的遵守国家有关法律、政策的承诺书”两项材料的提交内容。《办法》还增加规定了域名注册服务机构提出申请、受理、审查和批准的程序。

《办法》同时增加规定，域名注册服务机构应当自觉遵守国家相关法律、行政法规和规章，公平、合理地为用户提供域名注册服务。域名注册服务机构不得采用欺诈、胁迫等不正当的手段要求用户注册域名。因国家安全和处置紧急事件的需要，域名注册服务机构应当服从信息产业部的统一指挥与协调，遵守并执行信息产业部的管理要求。域名注册管理机构和域名注册服务机构有义务配合国家主管部门开展网站检查工作，必要时按要求暂停或停止相关的域名解析服务。信息产业部应当加强对域名注册服务机构的监督检查，纠正监督检查过程中发现的违法行为。《办法》将原 24 号令《附则》中规定的“在本办法施行以前已经开展互联网域名注册服务的域名注册服务机构，应当自本办法施行之日起 60 日内，按照本办法的规定办理备案手续”修改为“在本办法施行前已经开展互联网域名注册服务的域名注册管理机构和域名注册服务机构，应当自本办法施行之日起 60 日内，到信息产业部办理登记手续”。

3.14.4 关于域名争议

《中国互联网络域名管理办法》规定域名注册管理机构可以指定中立的域名争议解决机构解决域名争议。任何人就已经注册或使用的域名向域名争议解决机构提出投诉，并且符合域名争议解决办法规定的条件的，域名持有者应当参与域名争议解决程序。域名争议解决机构做出的裁决只涉及争议域名持有者信息的变更。域名争议解决机构做出的裁决与人民法院或者仲裁机构已经发生法律效力的裁判不一致的，域名争议解决机构的裁决服从于人民法院或者仲裁机构发生法律效力的裁判。域名争议在人民法院、仲裁机构或域名争议解决机构处理期间，域名持有者不得转让有争议的域名，但域名受让方以书面形式同意接受人民法院裁判、仲裁裁决或争议解决机构裁决约束的除外。

3.14.5 关于互联网 IP 地址

2005 年 1 月 28 日，信息产业部通过并发布施行了《互联网 IP 地址备案管理办法》（信息产业部令第 34 号），规定国家对 IP 地址的分配使用实行备案管理，凡直接从亚太互联网信息中心等具有 IP 地址管理权的国际机构获得 IP 地址的单位和具有分配 IP 地址供其他单位或者个人使用的单位，均应当实行 IP 地址备案制。信息产业部对基础电信业务经营者、公益性互联网络单位和中国互联网络信息中心的 IP 地址备案实施监督管理；各省、自治区、直辖市通信管理局对本行政区域内其他各级 IP 地址分配机构的 IP 地址备案活动实施监督管理。信息产业部统一建设并管理全国的互联网 IP 地址数据库，制定和调整 IP 地址分配机构需报备的 IP 地址信息；各省通信管理局通过使用全国互联网 IP 地址数据库管理本行政区域内各级 IP 地址分配机构报备的 IP 地址信息。

直接从亚太互联网信息中心等具有 IP 地址管理权的国际机构获得 IP 地址自用或分配给其他用户使用的单位统称为第一级 IP 地址分配机构。直接从第一级 IP 地址分配机构获得 IP 地址除自用外还分配给本单位互联网用户以外的其他用户使用的单位为第二级 IP 地址分配机构（以下各级 IP 地址分配机构的级别依此类推）。各级 IP 地址分配机构应当通过信息产业部指定的网站，按照 IP 地址备案的要求以电子形式报备 IP 地址信息。各级 IP 地址分配机构在进行 IP 地址备案时，应当如实、完整地报备 IP 地址信息。各级 IP 地址分配机构应自取得 IP 地址之日起 20 个工作日内完成 IP 地址信息的第一次报备。各级 IP 地址分配机构申请和分配使用的 IP 地址信息发生变化的，IP 地址分配机构应自变化之日起 5 个工作日内通过信息产业部指定的网站，按照 IP 地址备案的要求以电子形式提交变更后的 IP 地址信息。各级 IP 地址分配机构的联系人或联系方式发生变更的，应自变更之日起 10 个工作日内报备变更后的信息。IP 地址分配机构同时是互联网接入服务提供者的，应当如实记录和保存由其提供接入服务的使用自带 IP 地址的用户的 IP 地址信息，并自提供接入服务之日起 5 日内，填报 IP 地址备案信息，进行备案。

基础电信业务经营者 IP 地址信息的报备，由各基础电信业务经营者集团公司（总公司）和基础电信业务经营者的省级公司共同完成。各基础电信业务经营者集团公司（总公司）按照本办法的规定完成由其申请、使用和分配到省级公司的 IP 地址信息的报备。各基础电信业务经营者的省级公司按照本办法的规定统一完成该省级公司及其所属公司（分支机构）申请、使用和分配的 IP 地址信息的报备。中国教育和科研计算机网、中国科学技术网、中国国际经济贸易互联网、中国长城互联网等公益性互联网的网络管理单位应当按照本办法的规定，统一完成其申请、使用和分配的 IP 地址信息的报备。各级 IP 地址分配机构应当建立健全本单位的IP地址管理制度。各级IP地址分配机构分配IP地址时，应当通知其下一级IP地址分配机构报备IP地址信息。本办法实施前直接从亚太互联网信息中心等具有IP地址管理权的国际机构获得IP地址供本单位使用或者分配IP地址供其他单位或个人使用的，应自本办法施行之日起45个工作日内，按照本办法的规定完成备案手续。

信息产业部和省通信管理局及其工作人员对IP地址分配机构报备的IP地址信息，有保密的义务。信息产业部和省通信管理局及其工作人员不得向他人提供IP地址分配机构报备的IP地址信息，但法律、行政法规另有规定的除外。《办法》并规定了备案义务人应当承担的各项法律责任。

（国务院信息办　马志刚
信息产业部信息化推进司　王宏
中国互联网络信息中心　孙含会）

第4章 互联网治理

4.1 互联网国际治理和中国的立场

4.1.1 互联网国际治理的背景

互联网是20世纪人类文明的辉煌成果。经过30多年的发展，它已经从一个学术和军事的专用网络演变为全球重要的信息基础设施，渗透到经济、贸易、文化、媒体、教育和政治等各个社会领域并产生巨大的影响，它给人们的工作、生活带来极大的便利，成为人类社会必不可少的组成部分。

互联网发展经历了独特的历程。最初，互联网主要是在民间力量的推动下、经过自下而上的技术创新与应用推广而发展起来的，并最终形成了平面化的开放式参与空间。互联网的现有规则大多也是通过自下而上、非集中化（bottom-up，decentralized）的方式形成的，这种模式重视发挥民间团体、企业界和个人的作用，注重不受现实社会传统观念约束限制的个性，鼓励创新精神，注重规则的开放性和有效性，强调没有政府参与的自由和平等。这种治理模式在互联网发展初期，对于全球互联网的繁荣和发展确曾起到积极的推动作用。但是随着互联网的快速发展壮大，它已经演变为重要的全球信息基础设施，并已经全面渗透到社会的各个方面，关系到国家的主权和公众的利益，涉及众多公共政策和公共利益，如应对和打击垃圾邮件、网络犯罪等问题。而从互联网诞生以来至今所形成的互联网治理机制，在新的形势下已经逐渐暴露出诸多缺陷，其中最主要的是互联网治理缺乏各国政府的必要参与，或者说政府在互联网公共政策领域中基本缺位，这在互联网国际治理层面表现尤为明显。

互联网国际治理问题第一次在联合国层面进行全面、深入的讨论和协调，始于2003年的信息社会世界峰会（WSIS）。2003年12月联合国召开了信息社会世界峰会日内瓦阶段（Phase I）的会议，在该次会议及之前的筹备会上，互联网治理成为与会各方关注的焦点问题之一。当时主要有三方面观点。一是以美国和一些发达国家为代表的意见，认为互联网治理的范畴仅仅限于ICANN从事的“技术协调”工作；在互联网治理领域应继续坚持由企业界主导，反对政府的介入。二是以中国、巴西、南非、印度和埃及等发展中国家为代表的意见，认为应以广义的观点来看待互联网治理问题，它不仅包括地址、域名和根服务器等互联网资源的管理，而且涉及垃圾邮件、知识产权、不良信息管理等诸多公共政策问题，因此需要各国政府的介入，互联网治理应纳入联合国框架，由政府发挥主导作用，也有一些国家明确建议以国际电联（ITU）作为联合国下面的专门管理互联网的机构。三是一些民间团体既强烈批评ICANN的垄断，也不支持政府间组织管理互联网的方案，而希望采用非集中的治理机制，使有关各方均能在互联网治理中发挥作用。

与会各方经充分协商，最终达成了原则共识，承认互联网治理包括技术和公共政策等问题，包括政府在内的各利益相关方（即政府、企业和民间团体）均应参与治理；互联网治理过程应是开放和包容的，是多边的、透明的、民主的；与互联网管理有关的公共政策问题是各成员国主权范围内的事情，成员国政府有权和有责任对与互联网有关的国际公共政策事宜进行管理。作为WSIS第一阶段的成果，这些基本原则被写入WSIS第一阶段的主要文件，即“原则宣言（WSIS Declaration of Principles）”和“行动计划（Plan for Actions）”。这标志着互联网治理的国际化迈出了历史性的第一步，互联网的国际治理中首次有了联合国的声音。为了进一步讨论互联网治理问题，信息社会峰会日内瓦阶段会议责成联合国秘书长安南建立 WGIG（联合国互联网治理工作组），其主要任务是研究、阐述：（1）互联网治理的工作定义；（2）互联网治理中公共政策的范畴和内涵；（3）各利益相关方（政府、企业和民间团体）在互联网治理中的责任和作用；在 2005 年 11 月 WSIS 第二阶段突尼斯峰会之前，写出报告提交联合国秘书长，并向 WSIS 第二阶段会议提出建议。

4.1.2 我国关于互联网国际治理的基本立场

我国在互联网国际治理的公共政策问题上的基本立场是，主张“政府主导，多方参与，民主决策，透明高效”和“在联合国框架下建立合法、权威的国际治理体系”。

首先，主权国家政府代表着包括企业界、民间团体乃至广大网民在内的各方的共同利益，在互联网公共政策制订过程中应发挥主导作用；企业界、民间团体正在并将继续在这一进程中发挥积极的推动作用。互联网公共政策的制订不能超越国际法和国家主权，正如峰会《原则宣言》第 49 条所述：“与互联网有关的公共政策问题的决策权是各国的主权。对于与互联网有关的国际公共政策问题，各国拥有权力并负有责任”。因此，互联网公共政策的制定是各主权国家政府的共同责任和天赋权力，政府在公共政策问题上居主导地位，具有决策权。当然，在政策制定过程中政府应充分咨询企业界和民间团体等利益相关方的意见。一方排斥其他各方独揽互联网治理的观点是不对的，不加区别地对待各方职责、作用的观点也是不对的。

其次，目前互联网战略资源管理的单边化，以及政府作用缺位的现状不符合我国及广大发展中国家的利益。我们的主张是：多边化，各利益相关方广泛参与，政府主导。这个主张不仅受到发展中国家的支持，而且也得到一些发达国家的理解。这里有两个最主要的因素。一是由于历史的原因，目前得到各国政府合法授权的互联网资源管理主体缺位，由美国政府授权的互联网地址域名资源管理机构 ICANN，法律上仅对美国政府负责。对于负责互联网地址域名资源分配，特别是拥有全球互联网域名解析顶级服务器的修改和运行之权的机构 ICANN，各国政府和公众并没有合法的问责权。在互联网已经成为全球重要基础设施的今天，这就不能不给世界多数国家带来政治上深深的不安全感和不信任感，因而也不利于互联网的可持续安全发展和稳定。二是在互联网事务上还没有建立政府间的有效协调合作机制，因此在有关互联网公共政策问题上，例如反垃圾邮件、跨国网络犯罪、对发展中国家不利的接入主干网结算办法、侵犯知识产权、儿童色情、种族歧视等，缺乏各国之间的协调与合作。

中国作为拥有一亿网民的一个大国，积极参与了峰会第一阶段并发挥了重要作用。争取建立起符合中国及广大发展中国家利益的新的互联网国际治理体系是我们的目标。2004 年 11 月 11 日，联合国秘书长安南宣布了 WGIG 的 40 名成员名单，我国政府推荐的中国互联网协会理事长胡启恒院士成功入选，并在其后的 WGIG 过程中发挥了重要的作用。

互联网的国际治理，通过联合国召开 WSIS 和授权成立 WGIG 的进程来实现全球大讨论，这在互联网发生和发展的历史上是第一次。下面将通过简要介绍 WSIS 和 WGIG 的活动来反映这个历史性的过程。

4.1.3 WSIS/WGIG 的会议进程

一、2003 年 12 月 WSIS 第一阶段会议（日内瓦）

2002 年 1 月 31 日联合国大会第五十六届会议通过 A/RES/56/183 号决议，决定召开信息社会世界高峰会议（WSIS），以期制定信息社会协调发展的战略目标和具体措施，共同努力缩小发展中国家同发达国家之间的“数字鸿沟”。WSIS 分两个阶段召开，即 2003 年 12 月的日内瓦阶段会议和 2005 年 11 月的突尼斯阶段会议。日内瓦会议提出了同信息社会相关的广泛议题，通过了《原则声明》和《行动计划》；突尼斯会议将重点讨论发展议题，以及对 2003 年峰会《行动计划》执行进展的审议。

WSIS 是一次各国领导人最高级别的会议，是一个真正广泛接纳各利益相关方参与的进程，其中包括政府、政府间和非政府组织、企业界和民间团体。WSIS 的目标是“建设一个以人为本、具有包容性和面向发展的信息社会。在这样一个社会中，人人可以创造、获取、使用和分享信息和知识，使个人、社区和各国人民均能充分发挥各自的潜力，促进实现可持续发展并提高生活质量。”

出席WSIS日内瓦阶段会议的有来自175个国家的高层代表，其中包括近50位国家和政府的首脑以及副总统。我国派出了以信息产业部王旭东部长为团长的代表团。

峰会就信息和通信基础设施、信息和知识的获取、政府/私营团体/民间部门在互联网发展中的作用、网络与信息环境、语言和文化的多样性保护、数字鸿沟等问题进行了讨论。

WSIS日内瓦阶段会议引发了全球对互联网治理问题的广泛讨论（具体各方意见如前述）。其中最受关注的是，ICANN的地位与现有互联网资源的管理模式的争论。另外，围绕网络与信息安全、知识产权、信息自由流动等问题，各方也存在不同观点的交锋。

在日内瓦阶段会议上，各国领导人通过了题为“建设信息社会：新千年的全球性挑战”的《原则宣言》，从而为蕴育形成中的信息社会奠定了基础。同时还通过了《行动计划》，为将建设具有包容性的、公正的信息社会的构想转化为现实设定了多项有期限的目标。会议责成安南秘书长成立联合国互联网治理工作组（WGIG），对相关问题广泛征求各方意见、进行深入研究，形成报告，提交WSIS第二阶段会议（2005年11月突尼斯）讨论。

二、2004年9月WGIG成立磋商会

为组建联合国互联网治理工作组（WGIG），受联合国秘书长安南的委托，前联合国副秘书长德赛召集各成员国政府、企业界、民间团体等于2004年9月20～21日在日内瓦召开了WGIG成立磋商会，就工作组的成员构成、工作方法和工作范畴进行了讨论。德赛在会议中明确，WGIG所有成员均以个人身份参会，工作组不是一个谈判组，而是一个进行研究的工作组。与会各方更多地倾向于宽泛地看待互联网治理，工作组应有政府和其他各利益相关方的广泛参与；工作组的人员规模大致在30～40人之间，在组成上应考虑区域平衡、利益相关方平衡、性别平衡、发达国家与发展中国家的平衡，以及不同学术思想的平衡；工作组的活动应做到开放、透明和广泛包容性。磋商会后，在11月11日安南秘书长指定了一个由40人组成的WGIG工作组。我国胡启恒院士成功入选。

三、2004年11月WGIG第一次会议

WGIG于2004年11月23～25日在日内瓦召开第一次会议，会上讨论WGIG向WSIS第二阶段会议提交报告的结构和框架，初步界定互联网及互联网治理的定义，讨论与互联网治理相关的公共政策范畴，并明确公共政策问题的处理优先级，提出工作组今后的工作计划。

WGIG每次会议都包含工作组的封闭会议和工作组倾听各利益相关方意见的开放会议两个部分。胡启恒理事长以工作组成员身份与会，另由信息产业部、外交部派员组成政府代表团参加每次WGIG会议期间举行的开放咨询会议。

在11月的开放会议上，中国政府发表的核心观点是：“互联网国际治理要政府主导，多方参与，民主决策，透明高效”和“在联合国框架下建立合法的、权威的国际治理体系”。埃及、巴西、巴基斯坦和印度等发展中国家与我方观点一致。美方主张维持现有体制，但是可以对ICANN进行必要的改革，并在会下非正式散布消息，说美国政府考虑在2006年10月以后与ICANN终止MOU（备忘录），使ICANN成为一个独立的民间国际组织（政府的作用依然仅限在GAC框架下，各国政府将只有建议权，没有表决权）。欧盟一方面反对美国对互联网的单边管理，另一方面又不希望政府介入互联网的管理后，把互联网管得过死。

WGIG封闭会议初步确定了报告的结构框架和工作步骤。会议决定推迟讨论互联网及其治理的定义，而采用基于事实的工作方法，首先对现行的互联网治理状况做出客观公正符合事实的说明，从基础作起。会议根据WSIS《原则宣言》和WGIG成员的圈选，确定了互联网治理公共政策的优先顺序，被列在首位的优先领域包括互联网资源（域名、地址和根服务器）管理机制，其他有方便所有人接入、互联网的稳定安全运行、信息的自由流动、多语言化和内容治理，以及反垃圾邮件等共21个问题。

会议要求WGIG成员自选公共政策问题，在2004年12月15日前提交研究分析报告。会后，胡启恒院士提交了4篇文稿，即“互联网全球治理机制”、“IP地址分配策略”、“根服务器管理机制”、“多语种域名”等。很多WGIG成员均表示我们提交的“互联网全球治理机制”中阐明的立场非常重要，其内容将是WGIG在下一阶段（具体行动和建议阶段）必须重点讨论的议题。这些文稿的主要意见很多都被采纳进了WGIG的系列研究文稿中。

在第二次会议之前，WGIG 公布了 21 篇背景文章，以阐述现行治理机制的事实为主。

四、2005 年 2 月底 WGIG 第二次会议

WGIG 于 2005 年 2 月 14～18 日在日内瓦召开第二次会议。WGIG 全体成员以及来自各国政府、企业界、民间团体以及相关国际组织等近 200 名代表参加了本次会议的公开征询意见部分。绝大多数代表均表达了这样一个共同的观点：目前的互联网治理机制存在很多问题，ICANN 本身也必须进行改革，但这种改革并不是推翻重建，而应该突出革新，在进行体制革新的过程中必须将维护互联网的安全与稳定放在首位。ICANN 的生存过度依赖于其与美国商务部签署的 MOU 这一事实，已引起了与会各方和很多 WGIG 成员的关注。要求各国能够拥有平等参与互联网资源管理的呼声非常强烈。

本次会议结束后，WGIG 形成了提交峰会第二次筹备会的阶段性工作小结报告。明确对互联网治理优先公共政策问题分为 4 类：（1）有关互联网基础设施的问题（例如资源管理）；（2）有关互联网应用的问题（例如垃圾邮件、不良信息）；（3）互联网对社会的外延影响（例如侵犯知识产权、网上犯罪）；（4）互联网本身的发展问题（例如消除数字鸿沟、人人都能接入的互联网）。WGIG 决定在此次会议后要求 WGIG 成员在掌握基本事实的基础上，分别针对 4 类问题，对现行治理机制的优缺点和存在的主要问题进行分析；对照“原则宣言”的“多边、民主、透明、包容、协调”等原则对现有的治理机构进行评估，并期达成一项更深入的有关各方“各自作用和责任的共识”。此外，WGIG 将继续就互联网和互联网治理的定义开展工作。这次会议取得了重要的进展。从此次会议开始，WGIG 正式进入对互联网治理中存在问题的实质性探讨。

五、2005 年 4 月 WGIG 第三次会议

WGIG 于 2005 年 4 月 18 日～20 日在日内瓦召开第三次会议，讨论互联网治理中各利益相关方的地位作用和互联网治理机制改革的行动建议。其中 18 日为开放咨询会议，来自各国政府、企业界、民间团体的代表共 200 多人与会；19、20 日为工作组内部的封闭会议。在这次的开放咨询会议上，中国政府正面阐述了对互联网治理的观点。中国互联网协会也派代表参加了开放咨询会议，并介绍了中国的垃圾邮件治理状况，同时呼吁各国政府重视对于垃圾邮件的治理，在立法和公共政策制订方面做出积极的努力；呼吁建立各国政府间的协调机制，以促进国际反垃圾邮件机制的建立并保护各国企业和网民的合法权益。

欧盟立场出现新动向。强调了政府在公共政策制定中应发挥突出作用，强调了互联网核心资源管理国际化的重要性。提出应基于现有的互联网治理架构，而不是取代现有的机制和机构，构建新的公私合作模式。在新的合作模式下，政府应致力于解决公共政策的原则问题，而不应陷于日常具体操作，各利益相关方作用相互补充，并强调互联网治理的改革进程不应影响互联网的安全稳定运行。

沙特、叙利亚和印度等继续批评互联网治理中存在的单边管理机制，以及排斥其他国家政府参与的互联网治理现状，提出应由政府间组织协调互联网公共政策事宜。美国予以低调回应，称当前现状是历史上形成的，美国并无阴谋。挪威、南非明确表示联合国应在互联网治理中发挥特殊作用，印度、叙利亚则支持 ITU 管理互联网资源。

会议对政府与其他利益相关方的作用分工问题形成原则共识，但政府在具体哪些公共政策领域发挥作用各方理解有很大偏差。针对个别工作组成员提出政府间机制和多方参与机制不相容的问题，印度、叙利亚代表以 ITU 中企业界参与标准制定、国际劳工组织中的三方（政府、雇主和雇员）机制为例，说明联合国框架下的政府间机制，并不排斥企业界的作用，而且企业界在一些问题上也可参与决策。同时指出，即使在多方参与机制下，各方的角色、职责、权力、合法性也是不同的，企业界和民间团体在代表性、合法性上存在不足，不获得与政府平等的地位。

WGIG 主席德赛在开放咨询会议的小结发言中对充分发挥政府作用、多方参与的观点予以肯定，并强调了发展中国家政府在互联网发展中的重要作用。还特别针对互联网社群（Community）指出，互联网的公共政策不仅仅是互联网社群内部的问题，而是现实世界公共政策的组成部分，因为互联网社群本身也是社会公众的组成部分。

WGIG 第三次会议后的核心任务是提出下一步的行动建议，由于各方对现有机制的评价立场差异很大，因此提出的建议也五花八门。预计 WGIG 报告提出的行动建议将是一个多元的结果，将会作为峰会突尼斯

阶段谈判和协调的基础发挥重要作用。

WGIG 对全球互联网治理现状进行了多层面、多角度的深入分析，使全世界不论是发达国家的互联网资深专家，还是发展中国家的民众，都可以对互联网国际治理的现状有一个清晰的认识。这对促进发展中国家权益保护意识的觉醒，对于一个新的互联网国际治理体系的建立具有长期的影响和深远的意义。

（信息产业部电信管理局　阎宏强）

4.2　中国互联网行业自律综述

互联网的管理、规范和发展是全世界的难题。中国互联网协会自成立以来，通过组织业内的沟通交流，积极探索互联网管理和发展的内在规律，广泛开展国际合作，在全社会掀起了净化网络环境、营造健康网络的热潮，以大量的基础性工作努力营造行业健康发展的良好国际、国内环境，在短短的 3 年时间里，逐步建立了互联网行业自律的良好环境。

一、签署发布《中国互联网行业自律公约》

2002 年 3 月 26 日在人民大会堂由我国互联网行业 131 家著名从业机构共同签署并公布《中国互联网行业自律公约》（以下简称《公约》）。中国互联网协会作为公约的执行机构，于 2002 年 3 月组建了“责任与道德工作委员会”，负责组织落实《公约》的具体工作。目标是通过贯彻执行《公约》，在中国互联网业界倡导“自我管理、自我约束、互相监督、共同发展”的行业自律机制，努力为中国的互联网行业营造一个健康的发展环境。目前已有 30 个省、市、自治区互联网协会组织各地 1 500 多家互联网行业从业单位签署了《公约》。绝大多数签约单位信守诺言，按照行业自律的基本原则，在互联网运行服务、应用服务、网络产品和网络信息资源的开发特别是网络信息服务等领域严格自律。中国互联网协会还开展了签约单位的自查自纠行动，调查结果表明，国内互联网信息环境在自律公约发布实施以来有了显著改观，绝大多数签约单位能够自觉遵守公约的规则，做到严于律己。广大从业者加强自律和管理、维护网络安全的主动性和责任意识明显提升，一种文明上网、健康上网的社会氛围也正在网民群体中形成。为进一步系统深入推动行业自律工作，中国互联网协会于 2004 年 12 月 27 日将责任与道德工作委员会更名为行业自律工作委员会，并下设无线信息服务专业委员会和网络版权联盟。

二、成立“违法和不良信息举报中心”，促进全国净化网络环境的行动的开展

在国务院新闻办和信息产业部的指导和支持下，我会于 2003 年 12 月成立了“新闻信息服务工作委员会”，拟定并公布了《互联网新闻信息服务自律公约》和《互联网站禁止传播淫秽、色情等不良信息自律规范》，并由该工作委员会组织组织实施。到目前为止，共有 165 家互联网新闻信息服务单位签署了《互联网新闻信息服务自律公约》。2004 年 6 月 10 日，该工作委员会正式开通“违法和不良信息举报中心”网站。举报中心充分发挥人民群众的举报力量，发挥公众监督的作用。到 2005 年 5 月底为止，已接到各类公众举报 143 000 多。向国家有关执法部门和行政机关转交公众举报 1878 件，其中涉及淫秽色情网站 1 264 个，赌博网站 307 个。针对公众举报反映的突出问题，中央及时做出决定，在全国范围内开展了打击淫秽色情网站专项行动，1800 多家淫秽色情网站被依法关闭，400 多名违法犯罪分子受到法律的制裁，有力地促进了净化网络环境的工作。

三、组织开展互联网信息内容服务自查互查专项自律活动

为配合全国打击色情淫秽网站专项治理活动，中国互联网协会于 2004 年 8 月底开始组织全国《中国互联网行业自律公约》签约单位开展了为期 3 个月的互联网信息内容服务自查互查专项自律活动。本次专项自律活动分为宣传动员、自查互查和总结整改 3 个阶段，全国有 25 个省、自治区、直辖市的 1 600 多家互联网行业从业机构参加了专项自律活动，整个活动取得了较为显著的成效。

为确保本次自查互查专项自律活动有计划、有步骤地推动和实施，2004 年 8 月 30 日，中国互联网协会组织全国各省级互联网协会负责人在北京召开了互联网信息内容服务自查互查工作专题会议，制定了互

联网信息内容服务自查互查专项自律活动实施方案。

这次自查互查活动的主要内容集中在互联网信息内容服务的“管理制度”、“信息内容”、“BBS 和个人主页”以及“链接”等 4 个方面。在组织自查互查的过程中，绝大多数签约单位能够自觉按照《中国互联网行业自律公约》的规定，对网络信息内容服务实现严格自律，采取有效措施，防止出现非法和色情网页链接，并主动清除不良信息链接。

在本次自查互查专项自律活动中，做到了多方结合：即自查互查与举报相结合，自查互查与打击整顿相结合，自查互查和行业监管相结合，管理手段与技术手段相结合。中国互联网协会原责任与道德工作委员会将“违法不良信息举报中心”收到的举报及时与有关地方互联网协会进行协调，通报有关签约单位，及时进行整改。被举报对象不属于《自律公约》签约单位的，由举报中心直接移交有关行业监管部门进行依法查处和整顿。

四、组织开展“短信 3・15”消费维权活动，进一步推动行业自律工作

在 2005 年“3・15”来临之际，中国互联网协会行业自律工作委员会无线信息服务专业委员会发起并联合全国近千家无线信息产品服务提供商（SP），正式拉开“短信 3・15”消费维权活动序幕。同时开通了主题网站（www.wissc.org.cn）、投诉热线（86-10-66412310）和举报信箱（wissc@wissc.org.cn）。

在此次活动中，国内主要 SP 企业自愿、主动接受消费者的监督，其无线信息服务产品的退订方式在网站上全面予以公布，并在网站显著位置常年开设消费者在线投诉窗口。消费者可以登陆主题网站 www.wissc.org.cn，按企业名称、企业代码、定制方式或服务代码查询到相关企业的短信息等主要无线信息服务产品的退订方式，也可以通过投诉热线电话和电子邮件与中国互联网协会无线信息服务专业委员会“短信 3・15”消费维权主题活动工作小组取得联系。

“短信 3・15”行动是无线信息服务专业委员会成立以来所开展的行业自律工作的一部分。中国互联网协会希望通过此举为用户解决短信息消费领域退订服务方面存在的问题。一方面可以维护消费者权益，另一方面也可以进一步推动无线信息服务行业快速、健康、持续发展。

五、尊重知识产权，推动社会进步

为推动互联网行业信息网络版权自律，促进网络版权立法建立，开展信息网络版权的理论研究与学术交流，促进我国信息网络版权制度的不断完善，维护权利人、传播者以及使用者的合法权益，中国互联网协会于 2005 年 1 月 28 日成立了中国互联网协会行业自律工作委员会网络版权联盟。“网络版权联盟”的宗旨是：遵守国家相应的法律法规和行业规范，通过行业自律维护网络版权，推动信息网络版权法律的实施，为中国互联网用户提供具有合法授权的内容和服务。配合有关部门的执法工作，遏制互联网私服外挂等侵权行为，营造和维护互联网行业健康有序发展的良好环境。

“联盟”成立后，先后举办了《关于办理侵犯知识产权刑事案件具体应用法律若干问题的解释》和《互联网著作权行政保护办法》讲座，全面介绍了与网络版权企业有关的一些实际问题。电信运营商、互联网企业、权利人代表纷纷结合自己实际工作中遇到的难题和疑点提出问题，并得到了满意的答复。

中国互联网协会在行业自律方面虽然做了很多工作，取得一定的效果，但这仅仅是阶段性的，互联网行业自律的道路还很长。中国互联网协会将继续完善和贯彻实施《自律公约》等行业自律规范，进一步健全互联网行业自律机制，以推动企业自律为重点，弘扬正面典型，抵制网络滥用行为和低俗之风，团结广大互联网从业人员，诚信创业，守法经营，文明服务，倡导网络文明，共同促进我国互联网行业的健康有序的发展。

（中国互联网协会　戴炜）

4.3　上网服务营业场所治理状况

2004 年对于网吧管理工作来说，是不平凡的一年。自网吧在中国出现以来，一场规模最大、力度最大、范围最广的网吧专项整治在全国展开，其对中国网吧行业的发展影响也是深远的。

一、开展网吧专项整治

2002 年 9 月国务院颁布了《互联网上网服务营业场所管理条例》，实现了网吧管理有法可依。但由于网吧等互联网上网服务营业场所违法接纳未成年人等现象屡禁不止，网上传播有害文化信息等问题日益突出，危害了未成年人的身心健康。特别是黑网吧已成为社会公害，人民群众反应十分强烈。为使网吧市场尽快走上健康有序发展的轨道，为青少年的健康成长创造良好的社会环境。2004 年 1 月 12 日文化部发出《关于加强春节、寒假期间互联网上网服务营业场所管理工作的紧急通知》（文明电字［2004］2 号），拉开了 2004 年全国网吧专项整治的序幕。

2004 年 2 月 17 日，国务院办公厅印发了《关于转发文化部等部门关于开展网吧等互联网上网服务营业场所专项整治意见的通知》（国办发［2004］19 号，以下简称 19 号文件），决定于 2004 年 2 月至 8 月在全国开展网吧专项整治工作。此次专项整治工作的重点是坚决取缔无证照或证照不全的黑网吧，整治以电脑学校、劳动职业技术培训班、电子阅览室、计算机房等名义变相经营网吧的行为；严厉查处网吧违法接纳未成年人进入的行为；打击网上传播有害文化信息行为，净化和规范网络文化经营活动。同时，从专项整治之日起，暂停审批新的网吧。19 号文件还对网吧接纳未成年人进入行为的处罚进行了细化，对加强对网吧的互联网接入服务管理做了具体规定。文件还特别强调了建立健全专项整治工作组织保障体系，成立全国网吧专项整治工作协调小组，文化部部长孙家正任组长。此外，文件还就实行群防群治、加大舆论宣传力度和建立长效机制提出了要求。

2004 年 2 月 19 日，文化部等部门联合召开全国网吧等互联网上网服务营业场所专项整治工作电视电话会议，2 月 26 日中共中央国务院印发《关于进一步加强和改进未成年人思想道德建设的若干意见》（中发［2004］8 号），要求取缔非法、控制总量、加强监管、完善自律、创新体制，切实加强对网吧的整治和管理。

2004 年 6 月 18 日，文化部、工商总局、教育部、团中央发出《关于暑假期间开展禁止未成年人进入网吧特别行动的通知》（文明电字［2004］17 号）。针对农村网吧管理这一整治工作中出现的新问题，协调小组于 7 月召开了部分省农村网吧管理座谈会，分析农村网吧市场情况和存在问题，交流各地管理经验，研究管理对策。

在总结阶段性工作经验的基础上，根据网吧整治工作的形势和问题，2004 年 10 月 18 日，文化部等九部门联合发出了《关于进一步深化网吧专项整治工作的意见》（文市发［2004］38 号），决定将网吧专项整治工作延长到 12 月 31 日，并就整治延期和整治结束以后的网吧管理工作做出全面部署。特别是提出了切实加强对农村地区网吧的管理，严防黑网吧向城乡结合部、农村转移蔓延。在严格执法的同时，要充实完善长效管理机制。各级网吧专项整治工作协调（领导）小组在本次专项整治结束后，将及时调整为网吧管理工作协调（领导）小组或联席会议，保持原有的工作体系和工作机制；加强社会监督，坚持群防群治；向投资者宣传网吧市场准入政策；继续推进网吧连锁，改善市场结构；强化学校、家庭的教育监护责任，指导教师、未成年人的监护人有效防止、矫治未成年人的不良行为；充分发掘网络资源对未成年人开放，抓紧落实学校计算机网络资源对学生开放。

二、网吧市场秩序好转

经过近一年的艰苦努力，网吧专项整治工作已取得明显成效。目前，在大城市，网吧市场秩序已经得到扭转，中小城市和农村网吧市场面貌也大有改观，基本实现了预期目标。

1．网吧总量得到控制，规模得到提高，结构得到调整。到 2004 年底全国网吧总数为 11 万家。截至 2004 年 8 月 31 日，全国网吧计算机终端总数为 462 万台，平均每个网吧计算机终端数为 42.1 台。北京的规模化程度最高，平均每个网吧计算机终端数为 117.3 台。平均每个网吧计算机终端数 60 台以上的还有上海（88.0 台）、陕西（79.7 台）、天津（66.5 台）、广东（60.6 台）、福建（60.5 台）。陕西、广东、福建三省全省网吧平均规模超过 60 台，显示当地网吧规模化程度已相当高。除西藏外，全国其他各省、自治区、直辖市网吧的平均规模均已超过 30 台。

2．黑网吧受到沉重打击，网吧接纳未成年人、传播有害信息等违法违规经营行为得到有效治理。据统计，专项整治期间，全国各级文化行政部门共检查网吧 225 万家次，责令停业整顿 2.1 万家，吊销《网络文化经营许可证》2 131 家。全国工商行政管理部门取缔无照经营的黑网吧 4.7 万家次，查封违法经营场所

2.1 万处，向司法机关移交案件 444 起。全国公安机关查破各类违法犯罪案件 6489 起，处罚违法人员 6883 人次。

3．网吧长效管理机制开始探索建立。各地加大新闻宣传力度，向社会公布举报电话，鼓励群众举报。全国各级文化行政部门共受理群众举报近 8 万件。全国文化行政部门共聘请网吧社会监督员 8.2 万名，广泛发动社会力量监督网吧经营。一些地区成立了行业协会，倡导行业自律，全国已成立网吧行业协会 948 个。目前，各地正在探索建立分工负责与齐抓共管、条块结合与以块为主、日常巡查与技术监管、宏观调控与市场机制、行业自律与社会监督相结合的网吧管理的长效机制，为进一步健全网吧管理长效机制打下了良好基础。

4．专项整治工作赢得了人民群众的拥护和支持。广大人民群众特别是学生家长、老师普遍认为这是一项得民心、顺民意的民心工程。人民群众积极参与专项整治工作，全社会自觉监督和抵制网吧违法经营的气氛日渐浓厚，同时社会各界对网吧及网络的认识也更加理性和深入。仅文化部就接到群众举报电话 1 000 余个，反映网吧存在的问题，对网吧管理提出意见建议。受中央文明办委托，2004 年 10 月～11 月国家统计局对全国 12 个省进行了加强和改进未成年人思想道德建设调查，调查表明 89.8%的未成年人最近一段时间没有去过网吧。2004 年，全国人大常委会办公厅将加强网吧管理确定为八项人大代表重点建议之一。11 月，部分全国人大代表赴湖南专题视察网吧管理工作。通过深入的调查，代表们对网吧整治工作给予了肯定。

三、网吧专项整治后的思考

1．解决未成年人进入网吧问题需要家庭、学校、社会的共同努力。这是网吧管理工作的重点和难点问题。一方面，一些经营者受经济利益驱使，把关不严或有意容留，造成未成年人进入网吧屡禁不止。另一方面，由于上网已经成为未成年人的一种新型生活方式，一些未成年人抵御不了网吧的吸引，不顾家长、学校和社会及法规的限制，千方百计混进网吧。一些青少年辍学、逃学，成为“问题少年”，经常游荡于网吧，沉溺于网络游戏，有的甚至违法犯罪。这些青少年进入网吧的原因比较复杂，有着家庭教育、学校教育、社会教育等多方面的原因，最后往往以进入网吧甚至引发犯罪的形式表现出来。特别是当前有相当多一批 15～18 岁的未成年人，他们已经完成九年义务制教育的学业，但又不能升入更高一级的学校就学，暂时又没有稳定的工作，于是就通过网吧消磨时光。

应根据未成年人的生理、心理特点，开展多种形式的宣传教育活动，引导未成年人增强自我保护意识，加强自我管理。同时，应强化学校、家庭的教育监护责任，指导教师、未成年人的监护人有效防止、矫治未成年人的不良行为。对违反《未成年人保护法》、《预防未成年人犯罪法》，不履行监护职责的未成年人的监护人，应由公安机关依法予以训诫，责令其严加管教。医学、心理学研究已经证明，严重沉溺网络游戏等网络成瘾就是心理疾病。对网络游戏成瘾的预防和控制，仅靠政府难以奏效。应加强科学研究，提高全民的精神卫生意识，对网络游戏成瘾症患者，积极予以心理矫治。

2．农村网吧成为管理中的新问题。近年来，随着电信网络在农村地区的不断建设，农村信息化也有了长足的发展，我国绝大多数农村地区已实现了村村通电话，部分农村地区已实现了互联网宽带接入。广大农民对互联网的需求持续增长，农民通过互联网与外界进行交往沟通和文化娱乐的需求愈加旺盛。在市场需求的导引下，一些农民抓住农村市场对互联网的持续高涨的需求开办网吧。但不少农村网吧由于规模小，无法通过行政管理部门的行政许可。由于利益驱动，经营者无照经营网吧现象突出。农村地区青少年是上网的主要人群，一些经营者为牟取利益，大肆接纳未成年人，严重影响青少年健康成长。

目前，对农村网吧市场的准入政策还比较粗放，有必要进一步研究。应当从统筹城乡发展的高度，从促进农村信息化和满足农民日益增长的文化生活需求的角度，充分考虑城乡差别和农村实际，有疏有堵，实事求是地制定农村网吧准入政策和市场监管措施。

3．网吧管理中市场机制未充分发挥作用，部分管理规定脱离实际，合法经营者税费负担过于沉重。当前网吧市场中出现的诸多问题，某种程度上是由于市场机制未充分发挥作用，有关管理规定脱离实际造成的。如有关条例规定网吧每日营业时间限于 8 时～24 时，但各地超时营业的现象不同程度的存在。在实践中解决网吧超时营业的问题难度很大，行政管理成本过高，致使规定很难落实，法规的严肃性受到影响。不少舆论认为，《条例》颁布以来，网吧经营秩序已大为改观。既然《条例》已明确规定禁止网吧接纳未成年人，网吧的消费者都是成年人，成年人能够也应该对自己的行为负责，就不应限制成年人夜间的文化生活，不应对网吧的营业时间做出限制。因此，无论是从行政执法实践，还是从文化经营企业和消费者的呼声来看，《条例》关于网吧营业时间的规定都有必要调整。

网吧交纳税费过高，在一定程度上影响到经营者合法经营。2003 年 1 月，网吧的税率从原来的 3%～5%骤然提高到 20%，个别地区甚至更高。网吧不属于《娱乐场所管理条例》的管理范围，但却按娱乐业征税。尤其是在网吧禁止未成年人进入和禁止超时营业以后，这一税率使得网吧经营企业较难承受。此外，在一些地区针对网吧乱收费的现象还比较突出。乱收费挫伤了经营者的合法经营的积极性，损害了政府的管理权威，增加了经营者的经营成本，也使得一些经营者铤而走险，违法经营。

可喜的是，2004 年的网吧整治从一开始就注意到了这方面的问题，19 号文件提出要认真探索、总结网吧管理的经验，从有利于加强对网吧的管理出发，进一步调整和完善有关政策法规，建立网吧的长效管理机制，坚决防止反弹。38 号文件提出，在认真执行《互联网上网服务营业场所管理条例》的同时，对执行中存在的问题进行全面分析、研究；属于立法问题的，要及时反映。同时，对网吧的税收政策积极开展调研。可以预见，在不久的将来，网吧管理的政策法规必将更加健全，网吧市场也将更加强健康有序。

（文化部文化市场司网络文化处　马力）

4.4 电子邮件服务与垃圾邮件的治理

电子邮件是互联网上应用最广泛的服务，也是互联网上最基本的通信工具，具有技术简单、使用方便的鲜明特点。但是近年来垃圾邮件等网络滥用行为的出现严重干扰了正常的电子邮件业务，并导致了人们对互联网业务和应用可信度的怀疑，成为制约这一产业发展的毒瘤。2004 年中国的电子邮件服务业经历了各种艰难，在垃圾邮件治理和电子邮件业务的发展中走向成熟。

4.4.1 电子邮件服务

2004 年中国的电子邮件服务已经由杂乱无序开始走向成熟，在用户数量、业务种类、服务规范方面都有了一定的进步，从整体上得到用户的肯定。在 2005 年初中国互联网协会举办的电子邮件用户满意度调查中，整体满意度指数为 7.2（满分为 10）。

（一）庞大的用户数量造就了大型的邮件服务企业

据中国互联网协会统计，2004 年中国用户使用电子邮箱数量（指在 3 个月内使用过的有效电子邮箱）超过了 3 亿个，比 2003 年增长了 20%以上。其中网易、新浪、搜狐、世纪龙（21CN）、TOM、中华网、雅虎中国、Hotmail、腾讯等均拥有 1000 万以上的免费用户，263、世纪龙、新浪等还拥有百万以上的收费邮件用户。

（二）超大容量的电子邮箱和大容量附件功能给电子邮件带来更广泛的应用。

2004 年以前无论收费邮箱还是免费邮箱的空间都不超过 200MB，邮件携带的附件大小也不超过 2MB；大量垃圾邮件占用了有限的空间，邮件用户怨声载道。这种情况在 2004 年有了巨大的变化。由于服务器产品价格的下降和网络带宽的迅速增加，使得大规模增加邮箱空间成为可能。在 GOOGLE 和 YAHOO 相继推出 1GB 的邮箱之后，中国的网易、新浪等企业相继推出了 1GB、2GB 的超大容量的免费邮箱。邮件附件也达到了 50MB 以上。与此同时，收费邮箱的容量也迅速拓展到百兆以上（100MB）。这样，以往以文字通信为主的电子邮件业务就非常迅速地进入到可以传递语音、视频、文字等多种信息业务的阶段。邮件业务进一步拓展，针对邮件业务出现了大量相关的业务，比如广告和搜索信息出现在用户浏览的邮件信息的旁边；专门针对企业用户的企业邮局也得到了快速的发展。

（三）经营模式多样化，消费心理趋于理性

在进行免费、收费的多番讨论之后，无论是从业者还是消费者都接受了免费电子邮箱、收费电子邮箱并存的现实。而免费和收费并存确实给了消费者更多的选择空间。国内主要邮件服务企业也不再拘泥于一种经营模式，往往既提供免费电子邮件，又提供收费电子邮件业务。用户也不再盲从于“概念”，而是根据自己的需要和喜好来选择电子邮件服务，整个电子邮件业务的经营和消费观念都趋于理性、成熟。

4.4.2 垃圾邮件治理

一、2004 年垃圾邮件的特点

1．病毒邮件比例大幅度上升

2004 年初，病毒制造者利用人们对邮件病毒疏于防范的状态，大肆通过邮件传播病毒，造成垃圾邮件数量猛增。病毒邮件传播速度快、影响范围广、“变种”频率高、破坏性强，在短短 3 个月内，已经由原来占垃圾邮件的不到 5%迅速增长到将近 25%，而且成为最具有危害性的垃圾邮件，受到用户的厌恶。反病毒厂商为此开始研究在其反病毒软件中增加防范垃圾邮件的功能。

2．垃圾邮件群发软件和邮件地址列表仍然泛滥

由于没有法律约束，在网上可以轻易找到数百种垃圾邮件的群发软件和邮件地址列表，这些软件针对邮件服务商采取的反垃圾邮件措施，更新和升级很快。通过群发软件发出的垃圾邮件占国内用户收到垃圾邮件数量的一半以上。而且在发送时间、频率、伪造地址等方面智能化程度越来越高。通过行业自律和技术措施难以解决，必须有法律措施予以制裁。

3．垃圾邮件发送的手段更加隐蔽和狡猾

国内众多电子邮件服务商采取了各种反垃圾邮件措施，迫使垃圾邮件发送者难以从公共电子邮件服务器大批量发出垃圾邮件，转而采取集团化、分散化、专业化的方式发送垃圾邮件。以往单兵作战的方式改变为有组织的、系统化、流水线式的组织形态；发送地址也从原来的各大型网站的邮箱改变为分散注册多个小型（包括境外）邮件服务器的邮箱；发送数量从原来的一个地址发送上百万封邮件改为小批量多频次发送的方式；以自架服务器的方式采用伪造 IP 地址和域名的做法非常普遍；为对付垃圾邮件黑名单经常改变服务器 IP 地址（甚至两天换一次）等。

通过黑客手段控制他人计算机实施网络犯罪的行为也被用在发送垃圾邮件上面。从 2004 年第二季度开始，在病毒肆虐之后，以网络诈骗为目的的“钓鱼”（Phishing）垃圾邮件大量出现，同时在全球各地相继发现“僵尸网络”（Botnet）和被操纵的计算机纵队（Zombie Army）成为垃圾邮件新的平台。网络安全组织开始深入介入垃圾邮件的治理之中。

4．全球垃圾邮件逐步形成网络，利用网络安全漏洞发送垃圾邮件的行为大幅度上升

全球最主要的垃圾邮件制造者集中于北美、中东欧，并通过亚太、南美洲的合作者向全球发送垃圾邮件。我国由于没有反垃圾邮件方面的法律，被当作了一个理想的转发地。境内外垃圾邮件发送者互相勾结，利用网络安全管理和邮件服务器管理的漏洞，大量转发垃圾邮件。尤其是各省 IDC（互联网数据中心）的管理和安全性较弱，给了他们以可乘之机。2004 年中国主要网络运营商的部分省公司，曾经长期位居国外反垃圾邮件组织公布的黑名单前列，在他们相继采取了比较严格的反垃圾邮件措施之后，垃圾邮件发送者正在逐步转移到一些新兴的网络安全管理不严格的运营商的网络上来。

5．各国反垃圾邮件立法的不同着眼点对垃圾邮件泛滥与否影响巨大

毋庸置疑，2004 年年初美国开始实施的《控制未经请求的侵犯性色情与行销消息法》（以下简称为 CAN-SPAM）在全球反垃圾邮件立法中具有重要的标志性的意义。但是，由于其采用的 OPT-OUT 机制（即如果收信方拒绝，仍然向其发送商业邮件即属违法）过于宽松，导致很多惧怕该法案出台而准备歇业的美国垃圾邮件发送者重操旧业，美国的垃圾邮件比例也在该法案实施后平均每月上升 1%。截止到目前，美国仍然是世界上最大的垃圾邮件输出国。与此同时，美国的垃圾邮件发送者加紧了建立全球垃圾邮件网络的步伐，并集中向网络管理和网络安全落后地区寻找代理商和合伙人，目前已经形成了覆盖北美、南美、大洋、东欧、东亚的垃圾邮件营销网络。

澳大利亚在 2004 年 4 月底公布了反垃圾邮件法案（Anti-Spam Act）。该法案以严格的 OPT-IN 机制（未经收信方同意，向其发送商业邮件即违法）为核心基础，设立专门的办事机构处理垃圾邮件投诉，同时要求所有网络业者必须配合提供必要的帮助。这些措施使得该国垃圾邮件比例迅速下降到 20%左右，该法案

受到广泛赞誉。

美国、澳大利亚两种机制的反垃圾邮件法案出台后的不同效果引起全球法律界和互联网界人士的热烈讨论，大家特别对居于互联网大国行列的中国将要采用何种机制对付垃圾邮件甚为关注。

中国互联网协会一直在各种国际场合提出建立反垃圾邮件的国际规范和协调机制，通过综合治理的措施有效遏制垃圾邮件。一个重要的原因是国际上反垃圾邮件的不平等现实。目前国际上流行的防范垃圾邮件的做法是黑名单过滤，但是反垃圾邮件组织往往发现一个垃圾邮件源就将其所在的整个 IP 段列入黑名单进行封杀。这对于中国这样一个由于 IP 地址分配的历史原因，资源较为匮乏而用户众多的国家而言，常常造成大量无辜用户的正常通信被中断。而且数百个反垃圾邮件组织各自的黑名单既没有统一的认定标准和投诉处理规则，又不提供多种语言版本，作为非英语国家的邮件服务器管理员很难与他们沟通，这是中国的 ISP/ESP 受到投诉而无法很好解决的一个重要原因。中国网民和企业为此损失惨重。

二、中国反垃圾邮件工作的特点和成效

1．政府部门采取了专项行动，取得一定效果

2004 年 5 月信息产业部以行业标准形式出台了《防范互联网垃圾电子邮件技术要求》和《互联网广告电子邮件格式要求》，为相关企业建设反垃圾邮件系统和开发反垃圾邮件产品提供了技术指导。2004 年 1～6 月由公安部、信息产业部、教育部、国务院新闻办公室组织开展了垃圾邮件专项整治工作。整治工作要求拥有 1 000 个用户以上的邮件服务提供商必须安装反垃圾邮件软件，估计有 90%以上的企业安装了相应的产品，取得了一定的效果。

2．行业组织发挥了重要的作用

2004 年中国互联网协会反垃圾邮件协调小组本着加强协调，研究垃圾邮件产生的特点；宣传普及垃圾邮件知识，推动邮件服务器安全性技术的实施；制定规范，提高电子邮件服务业的服务质量；加强交流，与国际反垃圾邮件组织密切联系，努力提升国际形象的原则，以组织、协调、指导、监督为主线，分别从立法、治理、技术、国际合作、宣传教育等方面采取了以下各项有针对性的措施，减少垃圾电子邮件的泛滥和危害。

在组织协调方面，协会作为反垃圾邮件体系的主体，呼吁并邀请政府、网络服务提供商、邮件服务提供商和相关软件制造商等单位共同加入到反垃圾邮件队伍中来，先后组织召开了大小 17 次研讨会议，从立法、技术、管理等多角度研究治理垃圾邮件。邀请电子邮件发明人等国际专家交流了新技术措施，研讨了反垃圾邮件综合治理方案。

在制度规范方面，在推进立法工作的同时为规范电子邮件服务市场、提高我国电子邮件服务提供商的整体服务水平，保证用户享受到有质量保证的电子邮件服务，协会组织草拟并公布了《中国互联网协会互联网公共电子邮件服务规范》。该规范被国际电信联盟作为中国反垃圾邮件工作的重要文献专门翻译放在该组织网站上。2004 年中国互联网协会反垃圾邮件小组共计公布了 5 期“垃圾邮件服务器 IP 地址名单”，涉及 1327 个 IP 地址，其中境外 1 094 个，境内 237 个，开设了反垃圾邮件专业门户网站——中国反垃圾邮件中心（www.spam.com.cn）。

在国际合作方面，2004 年协会致力于建立国际间的互信机制、沟通机制、协调处理机制与澳大利亚互联网协会、美国的 eBay、微软、AOL 和雅虎公司签署了反垃圾邮件谅解备忘录，组织召开美中反垃圾邮件电话会议。参加了国际电信联盟（ITU）反垃圾邮件专题会议，亚太反垃圾邮件联盟（Apcauce）召开的国际反垃圾邮件会议和美、英等联合召开的反垃圾邮件执法研讨会、微软反垃圾邮件会议等系列国际会议。协会还与 OECD、美国 FTC、spamhaus、澳大利亚互联网协会反垃圾邮件组织等国际反垃圾邮件组织建立了联系。

根据 CNNIC 发布的“第十五次中国互联网络发展状况统计报告”分析发现，中国的垃圾邮件比例已经呈下降趋势，垃圾邮件的治理工作初见成效。调查结果显示，中国网民平均每周收到的电子邮件数量为 4.4 封，较上半年的 4.6 封略有下降，而网民平均每周收到的垃圾邮件数量由上半年的 9.2 封下降到了 7.9 封，下降的幅度较大；垃圾邮件所占的比例也呈现下降趋势，由上半年的 66.67%下降到 2004 年年底的 64.23%。

3．中国的反垃圾邮件工作得到全社会的参与

反垃圾邮件已经成为电子邮件从业者的必修功课。中国的主要电子邮件从业者和绝大多数互联网用户

都对垃圾邮件深恶痛绝并积极投身于反垃圾邮件工作之中。大型电子邮件企业每年用于反垃圾邮件工作的资金都在百万以上甚至达到数千万。国内从事反垃圾邮件技术研究和产品研究的单位也达到数十家。其中既有美讯智、敏讯、博威特等专业从事反垃圾邮件产品和服务的公司，也有启明星辰等一批从事网络安全的厂商。此外大量的反病毒软件企业也纷纷加入反垃圾邮件领域，如金山、瑞星、Symantec、趋势等都在其反病毒软件中单独或者增加了防范垃圾邮件的功能。2004 年业内相继召开了多次技术研讨会，在邮件头提取、垃圾邮件模式识别、发信方身份认证、黑名单机制、用户举报处理等方面进行了广泛而深入的探讨。而广大网民也纷纷为反垃圾邮件工作献计献策。在 2005 年初由中国互联网协会组织的反垃圾邮件调查中有 26 000 多位网民提出了意见和建议。

4．受到国际社会的高度关注

协会组织、政府支持、企业参与，以行业自律的方式开展的反垃圾邮件工作成为中国互联网的一个特殊的风景，受到国际社会的高度关注。

由于中国境内的一些垃圾邮件发送者与境外组织互相勾结，利用中国互联网的管理和安全漏洞大量发送垃圾邮件，同时中国的电子邮件企业与国外的反垃圾邮件组织缺乏有效沟通，所以造成以往国际上对中国的反垃圾邮件工作存在误解，认为中国没有采取任何措施治理垃圾邮件，进而将大量中国的 IP 地址列入垃圾邮件黑名单予以封杀。2004 年中国互联网协会通过走出去、请进来，先后邀请数十名国际专家为中国的反垃圾邮件工作出主意、想办法，同时积极在国际反垃圾邮件组织、国际电信联盟、亚太地区的各种会议和活动中宣传中国已经开展的工作，改善国际形象，取得了较好的效果。中国互联网协会已经和全球主要的反垃圾邮件组织建立了密切的联系，并在国际上赢得了他们的尊重和赞誉。

三、今后的工作

目前国内用户收到的垃圾邮件仍然占用了大量的网络带宽和用户邮箱空间，损害了广大电子邮件的合法权益，给邮件服务提供商带来沉重的经济负担和社会压力。且中国仍然是全球主要的垃圾邮件输出国之一的形象也严重损害了中国在国际互联网界的形象和地位。通过 2004 的反垃圾邮件工作开展，我们认识到垃圾邮件是一个涉及法律、技术、管理、国际合作等多方面的社会问题，光凭借一个方面的力量是远远不够的，要彻底解决垃圾邮件需要建立反垃圾邮件综合治理体系，需要全社会的关注与参与。

2005 年中国的反垃圾邮件工作仍将以行业自律为主线，完善从业规范，推动相关企业自觉遵守国家法律法规规定；继续公布发送垃圾邮件黑名单实施封堵；组织开展电子邮件服务器管理员的教育培训，提高电子邮件服务从业单位的网络安全防范能力；开展电子邮件服务从业单位的服务自律规范和服务质量评定工作；组织开展系统深入的垃圾邮件数据调查，以便在舆论宣传中有事实、有依据；通过宣传教育提高互联网用户保护自身电子邮件地址的意识。通过各方面的共同努力来遏制垃圾邮件。

（中国互联网协会　李欲晓　陈素忺）

第 5 章　中国互联网络发展状况分析报告

5.1　中国互联网络宏观状况

上网计算机数、上网用户人数、CN 下注册的域名数、WWW 站点数、网络的国际出口带宽，以及 IP 地址数等信息可以从整体上反映互联网络在我国的发展程度和普及程度。对 CNNIC 历次调查中这些基础性统计数据的深入分析，有助于从宏观的角度更深刻地认识互联网络在中国的发展状况。

一、上网计算机数

截至 2004 年 12 月 31 日，我国的上网计算机总数达到了 4 160 万台，同上一次调查结果相比，我国的上网计算机总数半年增加了 530 万台，增长率为 14.6%，和 2003 年同期相比增长 34.7%，是 1997 年 10 月第一次调查结果 29.9 万台的 139.1 倍（如图 5.1 所示）。可见我国上网计算机总数呈现出比较快的增长态势。

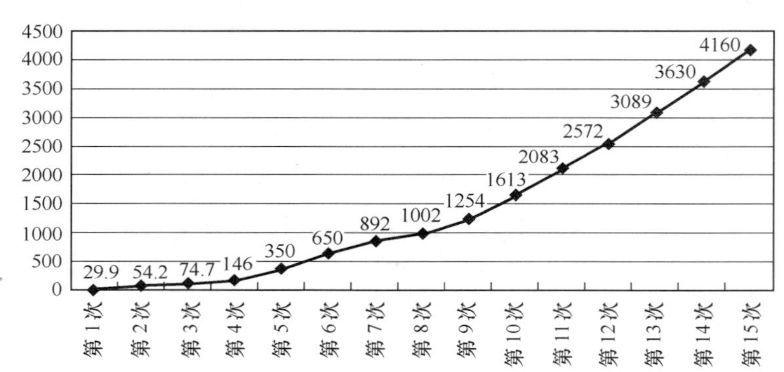

图 5.1　历次调查上网计算机总数（万台）

其中，专线上网计算机数为 700 万台，同上一次调查结果相比，专线上网计算机数半年内增加了 48 万台，增长率为 7.4%，和 2003 年同期相比增长 17.6%，是 1997 年 10 月第一次调查结果 4.9 万台的 142.9 倍。拨号上网计算机数为 2140 万台，同上一次调查结果相比，拨号上网计算机数半年内增加了 43 万台，增长率为 2.1%，和 2003 年同期相比增长 10.0%，是 1997 年 10 月第一次调查结果 25 万台的 85.6 倍。其他方式上网计算机数为 1320 万台，同上一次调查结果相比，其他方式上网计算机数半年内增加了 439 万台，增长率为 49.8%，和 2003 年同期相比增长 140.4%（如图 5.2 所示）。可见，在上网计算机总数保持增长的同时，拨号上网计算机、专线上网计算机数也都有一定的增长，尤其是其他方式上网计算机数增长非常明显。

但同上一次调查结果相比，本次调查结果中上网计算机总数、专线上网计算机数、拨号上网计算机数、其他方式上网计算机数的增长率均有不同程度的降低，增长速度减慢（如图 5.3 所示）。这种情况的出现与互联网发展中各种方式上网计算机数的基数增大有一定的关系。

二、上网用户人数

截至 2004 年 12 月 31 日，我国的上网用户总人数为 9 400 万人。同上一次调查相比，我国上网用户总人数半年增加了 700 万人，增长率为 8.0%，和 2003 年同期相比增长 18.2%，同 1997 年 10 月第一次调查结果 62 万上网用户人数相比，现在的上网用户人数已是当初的 151.6 倍（如图 5.4 所示）。可见我国上网用户总数增长仍比较快。

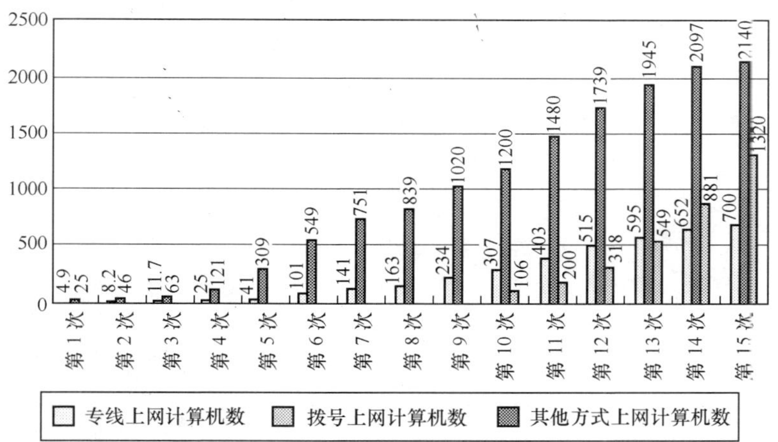

图 5.2　历次调查不同方式上网计算机数（万台）

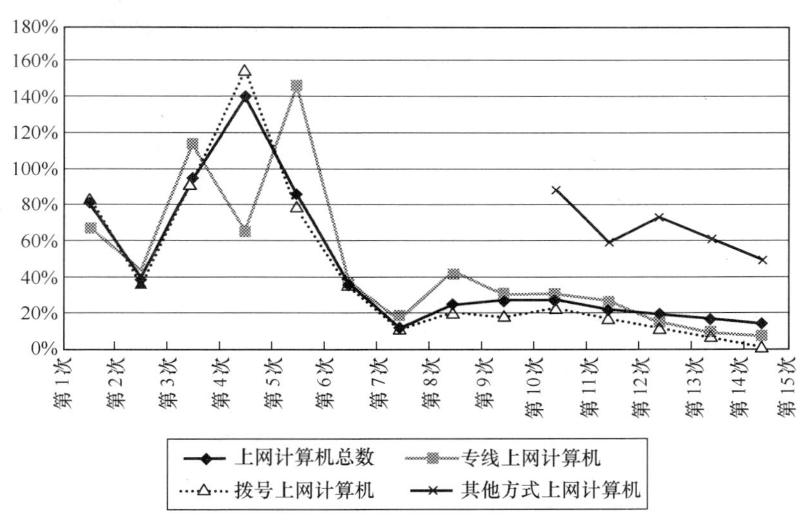

图 5.3　历次调查上网计算机数增长率

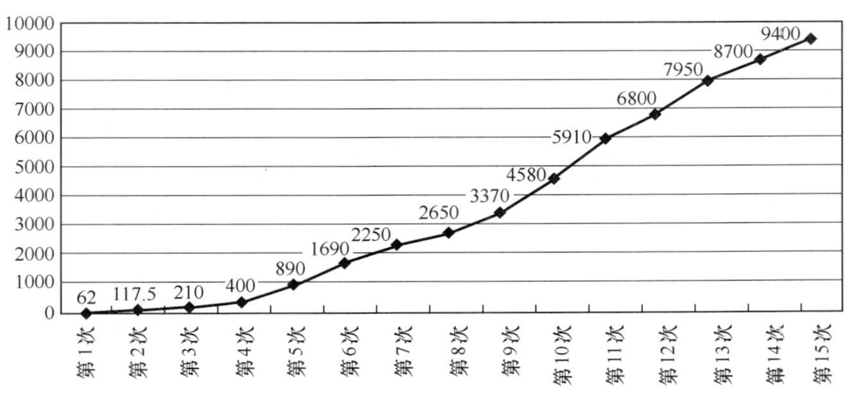

图 5.4　历次调查上网用户总数（万人）

其中，专线上网用户人数为 3 050 万人，同上一次调查相比，专线上网用户人数半年增加 180 万人，增长率为 6.3%，和 2 003 年同期相比增长 14.7%，是 1997 年 10 月第一次调查结果 15.5 万的 196.8 倍。拨号上网用户人数为5240万人，同上一次调查相比，拨号上网用户人数半年增加85万人，增长率为1.6%，和2003年同期相比增长6.6%，是1997年10月第一次调查结果46.5万的112.7倍。ISDN上网用户人数为640万人，同上一次调查相比，ISDN上网用户人数半年增加了40万人，增长率为6.7%，和2003年同期相比增长15.9%。宽带上网用户人数为4280万人，同上一次调查相比，宽带上网用户人数半年增加了1170万人，增长率为37.6%，和2003年同期相比增长146.0%（如图5.5所示）。可以看出，在上网用户总数增长的同时，拨号上网用户人数、专线上网用户人数、ISDN上网用户人数和宽带上网用户人数都呈现出增长的趋势。其中，拨号上网用户数的增长趋势趋缓，而宽带上网用户人数的增长趋势非常强劲。

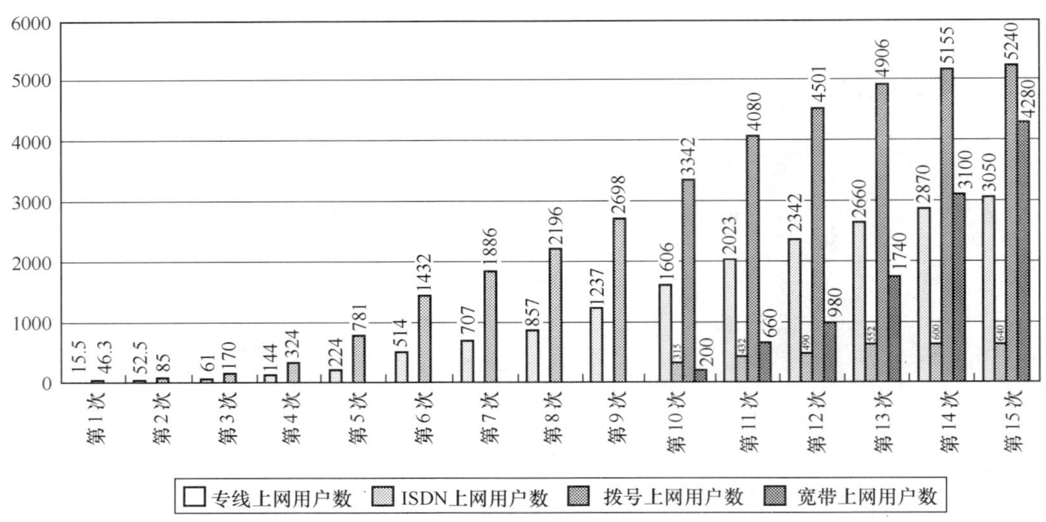

图5.5　历次调查不同方式上网用户人数（万人）

分析上网用户人数增长率的变化趋势（如图5.6所示）可以看出，这半年上网用户人数的增长率达到历年调查的最低值。增长率降低与上网用户总数的增大有一定的关系，同时也反映了我国互联网已经发展到一定水平。

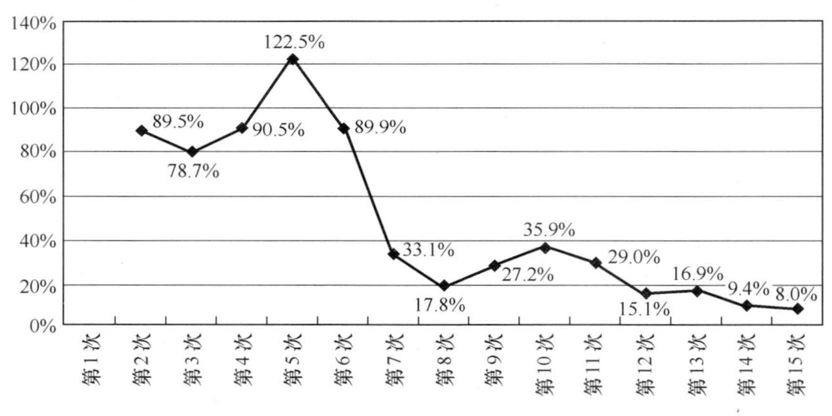

图5.6　历次调查上网用户人数增长率（%）

我国网民总数的快速增长已被世界所瞩目，但9400万网民在我国13亿的总人口中还仅占7.2%，比半年前调查的6.7%略有提高。这说明尽管我国的互联网用户总数很大，增长速度较快，但互联网络的普及程度目前还很低，还存在很大的发展空间。

三、CN下注册的域名数

截至2004年12月31日，我国CN下注册的域名数为432077个，与半年前相比增加49861个，增长率为13.0%，与2003年同期相比增长了27.1%，同1997年10月第一次调查结果相比，域名总数已是当初

4066 个的 106.3 倍。从分类的角度来看，以 AC.CN 结尾的英文域名总数为 628 个，与半年前相比增加 4 个，增长率为 0.6%。以 COM.CN 结尾的英文域名总数为 173 649 个，与半年前相比增加 15 356 个，增长率为 9.7%。以 EDU.CN 结尾的英文域名总数为 2 226 个，与半年前相比增加 153 个，增长率为 7.4%。以 GOV.CN 结尾的英文域名总数为 16 326 个，与半年前相比增加 2 363 个，增长率为 16.9%。以 NET.CN 结尾的英文域名总数为 20 145 个，与半年前相比增加 1 771 个，增长率为 9.6%。以 ORG.CN 结尾的英文域名总数为 9 415 个，与半年前相比增加 1 064 个，增长率为 12.7%。以行政区域.CN 结尾的英文域名总数为 15 765 个，与半年前相比增加 12 063 个，增长率为 325.9%。CN 二级域名数为 193 869 个，与半年前相比增加 17 087 个，增长率为 9.7%（如图 5.7 所示）。整体而言，CN 下注册域名数有着较快的增长。

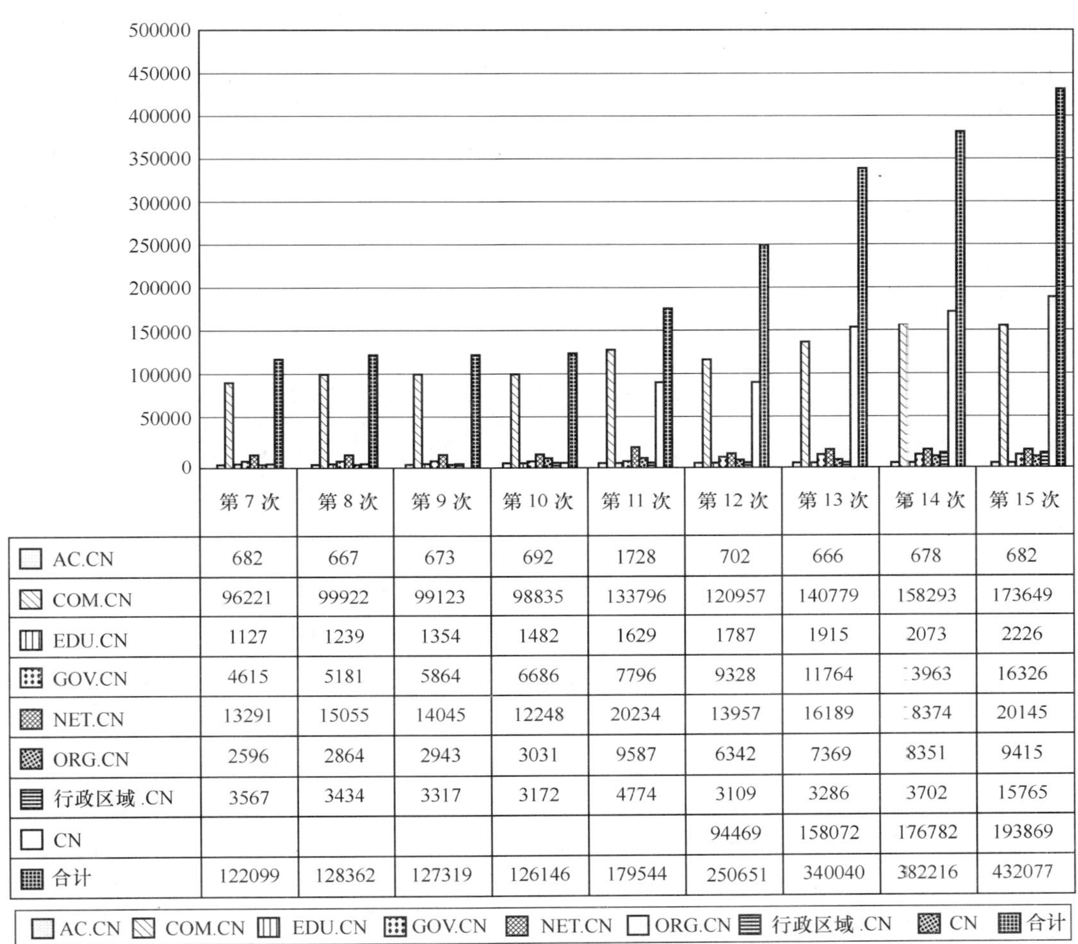

	第 7 次	第 8 次	第 9 次	第 10 次	第 11 次	第 12 次	第 13 次	第 14 次	第 15 次
AC.CN	682	667	673	692	1728	702	666	678	682
COM.CN	96221	99922	99123	98835	133796	120957	140779	158293	173649
EDU.CN	1127	1239	1354	1482	1629	1787	1915	2073	2226
GOV.CN	4615	5181	5864	6686	7796	9328	11764	13963	16326
NET.CN	13291	15055	14045	12248	20234	13957	16189	18374	20145
ORG.CN	2596	2864	2943	3031	9587	6342	7369	8351	9415
行政区域 .CN	3567	3434	3317	3172	4774	3109	3286	3702	15765
CN						94469	158072	176782	193869
合计	122099	128362	127319	126146	179544	250651	340040	382216	432077

图 5.7　历次调查 CN 下注册的域名数（个）

CN 下注册域名数的这种增长趋势一方面反映了国家域名注册管理机构和各家域名注册服务机构共同大力推进 CN 域名的发展取得初步成效，另一方面也说明了 CN 域名的优势和价值已经得到我国各单位和互联网用户的广泛认可。

从 CN 下注册域名的地域分布可以看出，华北、华东、华南的 CN 下注册域名比例为 78.5%，东北、西南、西北的 CN 下注册域名比例为 12.7%，与历次调查结果比较，本次调查结果没有出现大的变化，（如图 5.8 所示）。这在一定程度上反映了我国的互联网发展水平仍存在着地区差异。

四、WWW 站点数

截至 2004 年 12 月 31 日，我国 WWW 站点数为 668 900 个，半年内增加 42 300 个，增长率为 6.8%，和 2003 年同期相比增长 12.3%（如图 5.9 所示）。WWW 站点数的增长在一定程度上说明了我国互联网应用水平正在提高。

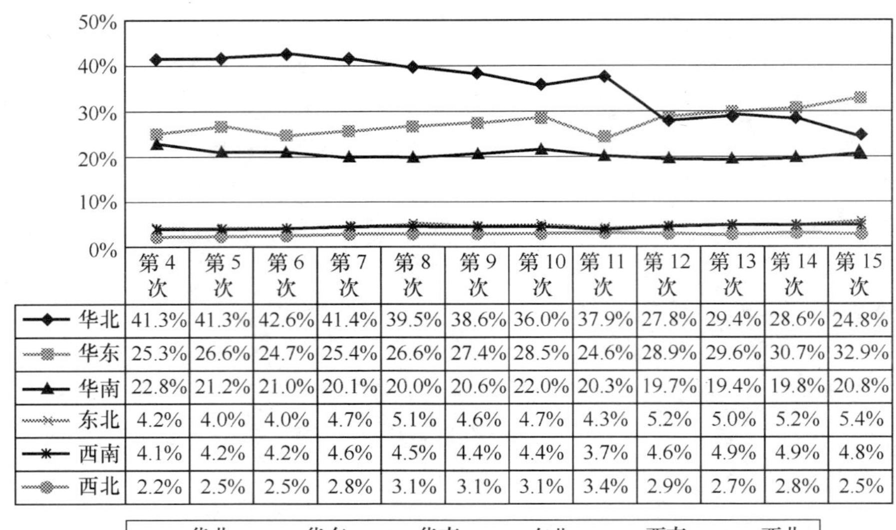

	第4次	第5次	第6次	第7次	第8次	第9次	第10次	第11次	第12次	第13次	第14次	第15次
华北	41.3%	41.3%	42.6%	41.4%	39.5%	38.6%	36.0%	37.9%	27.8%	29.4%	28.6%	24.8%
华东	25.3%	26.6%	24.7%	25.4%	26.6%	27.4%	28.5%	24.6%	28.9%	29.6%	30.7%	32.9%
华南	22.8%	21.2%	21.0%	20.1%	20.0%	20.6%	22.0%	20.3%	19.7%	19.4%	19.8%	20.8%
东北	4.2%	4.0%	4.0%	4.7%	5.1%	4.6%	4.7%	4.3%	5.2%	5.0%	5.2%	5.4%
西南	4.1%	4.2%	4.2%	4.6%	4.5%	4.4%	4.4%	3.7%	4.6%	4.9%	4.9%	4.8%
西北	2.2%	2.5%	2.5%	2.8%	3.1%	3.1%	3.1%	3.4%	2.9%	2.7%	2.8%	2.5%

图 5.8　CN 下注册域名地域分布

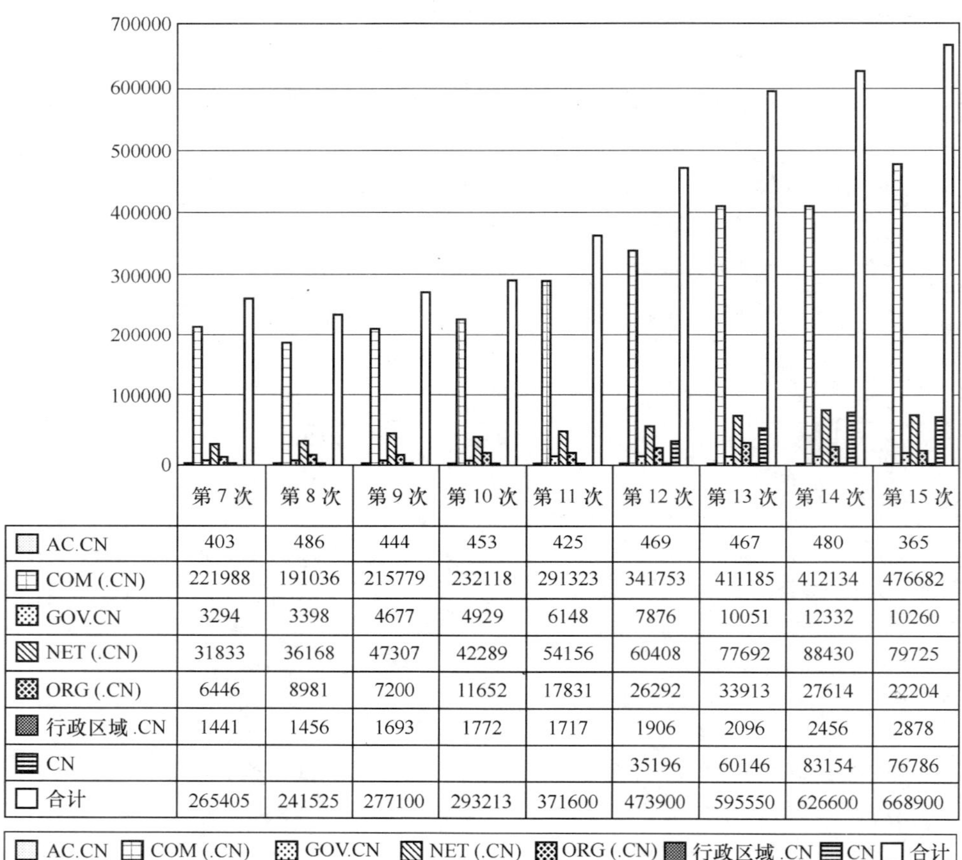

	第7次	第8次	第9次	第10次	第11次	第12次	第13次	第14次	第15次
AC.CN	403	486	444	453	425	469	467	480	365
COM (.CN)	221988	191036	215779	232118	291323	341753	411185	412134	476682
GOV.CN	3294	3398	4677	4929	6148	7876	10051	12332	10260
NET (.CN)	31833	36168	47307	42289	54156	60408	77692	88430	79725
ORG (.CN)	6446	8981	7200	11652	17831	26292	33913	27614	22204
行政区域 .CN	1441	1456	1693	1772	1717	1906	2096	2456	2878
CN						35196	60146	83154	76786
合计	265405	241525	277100	293213	371600	473900	595550	626600	668900

图 5.9　历次调查 WWW 站点数（个）

从 WWW 站点数的地域分布可以看出，同历次调查 WWW 站点数的地域分布一致，华北、华东、华南的 WWW 站点数比例占 88.8%，仍占据主要地位。东北、西南、西北 WWW 站点数所占的比例同以往调查结果相比有所减少，从上次的 11.6%下降到本次的 11.2%，所占比例还是较小（如图 5.10 所示）。这一方面说明我国中东部地区的互联网应用水平的快速发展，另一方面说明了目前我国东西部在互联网领域的“数字鸿沟”有进一步加大的趋势。

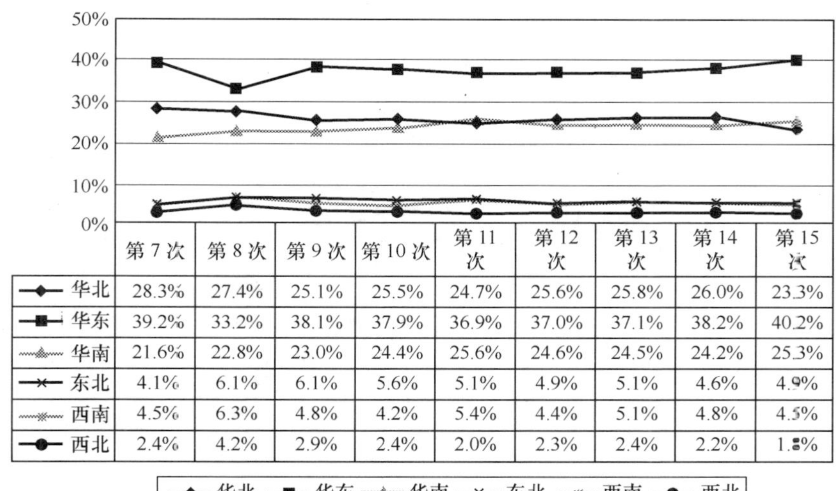

	第 7 次	第 8 次	第 9 次	第 10 次	第 11 次	第 12 次	第 13 次	第 14 次	第 15 次
华北	28.3%	27.4%	25.1%	25.5%	24.7%	25.6%	25.8%	26.0%	23.3%
华东	39.2%	33.2%	38.1%	37.9%	36.9%	37.0%	37.1%	38.2%	40.2%
华南	21.6%	22.8%	23.0%	24.4%	25.6%	24.6%	24.5%	24.2%	25.3%
东北	4.1%	6.1%	6.1%	5.6%	5.1%	4.9%	5.1%	4.6%	4.9%
西南	4.5%	6.3%	4.8%	4.2%	5.4%	4.4%	5.1%	4.8%	4.5%
西北	2.4%	4.2%	2.9%	2.4%	2.0%	2.3%	2.4%	2.2%	1.8%

图 5.10　历次调查 WWW 站点数（%）

五、网络国际出口带宽数

截至 2004 年 12 月 31 日，我国国际出口带宽的总容量为 74 429 Mbit/s，与半年前相比增加了 20 488M，增长率为 38.0%，和 2003 年同期相比增加 173.5%，是 1997 年 10 月第一次调查结果 25.408M 的 2 929.4 倍（如图 5.11 所示）。可见，我国国际出口带宽增长速度非常快。

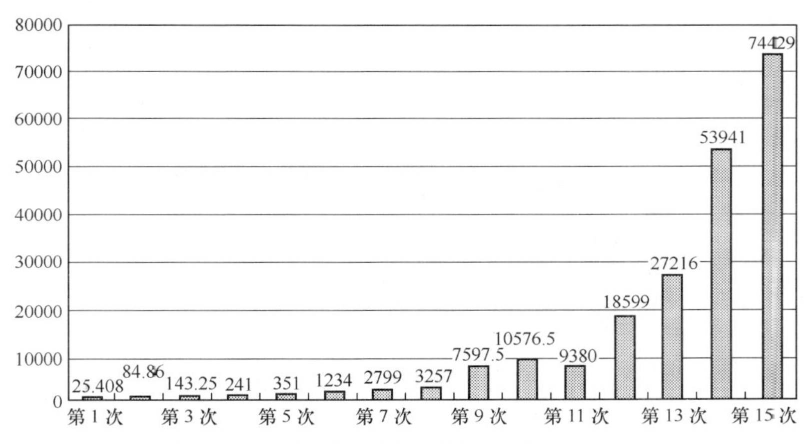

图 5.11　历次调查我国国际出口带宽（M）

六、IPv4 地址数

截至 2004 年 12 月 31 日，中国大陆 IPv4 地址数已达 59 945 728 个，与半年前相比增加 10 523 904 个，增长率为 21.3%，和 2003 年同期相比增长 44.6%（如图 5.12 所示）。可见，中国的 IP 地址资源近几年增长较快，在数量上达到了一定的规模，但是这些 IP 地址资源目前仍不能完全满足中国互联网络运营单位发展的需要。随着我国网民人数的大幅增加，网络应用的逐步加强，IP 地址发展与我国互联网络发展的不匹配会更加明显。因此我国各 ISP 应积极了解 APNIC 及 CNNIC 的 IP 地址分配政策，大力推进我国 IP 地址资源的发展。

综上所述，通过分析历次调查结果可以看出，从 1997 年 10 月第一次调查到现在，我国互联网络在上网计算机数、上网用户人数、CN 下注册的域名数、WWW 站点数、网络国际出口带宽、IP 地址数等方面皆有不同程度的变化，基本上呈现出增长态势。其中上网用户数的增长率和上网计算机数的增长率同上次调查结果相比都有所下降；CN 下注册域名数、WWW 站点数、网络国际出口带宽等方面则依然呈增长趋势；IP 地址数在数量上达到了一定的规模。但我国的互联网发展还存在一些问题，比如从地域分布上看，地区之间仍然存在一定的差距。所有这一切表明，我国的互联网络继续处于发展态势之中，当然其中也不乏一些不完全合理和不尽人意的地方，相信随着政府和社会各界的推动，各项基础设施的不断完善以及网络应用服务的不断多样化和实用化，中国的互联网络必将得到更快、更合理地发展。

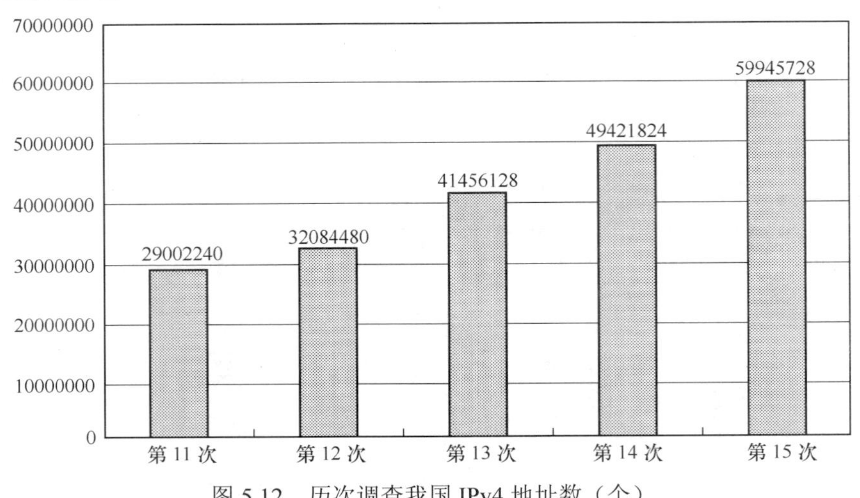

图 5.12　历次调查我国 IPv4 地址数（个）

5.2　网民特征结构

从 2004 年 6 月的 8700 万网民到 2004 年底的 9400 万网民，互联网网民数量持续增长。随着互联网在我国的发展和普及，网民的特征结构也发生了相应的变化。深入分析、了解网民的特征结构，探求其变化趋势和规律，可以较好地把握住“谁在使用互联网”这一问题，从而更深入的理解互联网在我国的发展状况。

一、用户性别

第 15 次 CNNIC 调查结果显示，男性网民占 60.6%，女性网民占 39.4%（如图 5.13 所示）。男性依然占据网民主体。

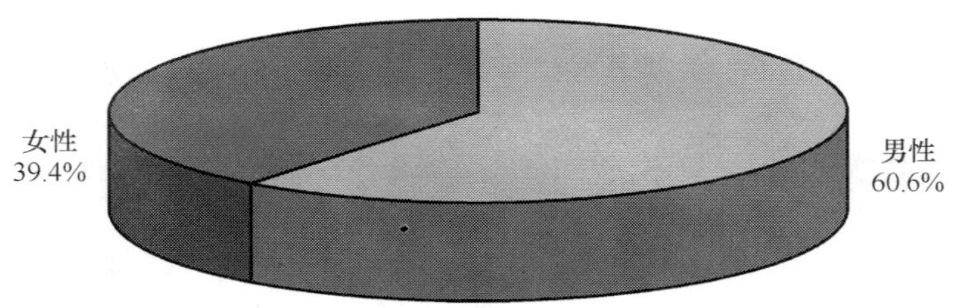

图 5.13　网民性别

与半年前相比，男女网民所占比例略有变化。男性网民占全体网民的比例从 59.3%上升为 60.6%，涨幅为 1.3%；女性网民所占的比例下降了 1.3%，比例为 39.4%（如图 5.14 所示）。截至 2004 年 12 月 31 日，我

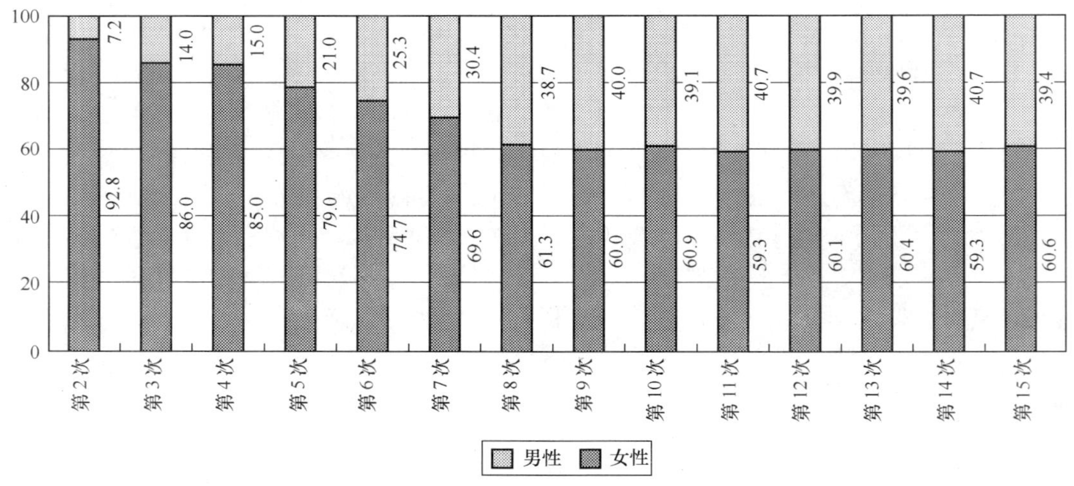

图 5.14　历次调查网民性别分布（%）

国男性网民 5696 万，比半年前增加了 537 万，增长率为 10.4%；女性网民 3704 万，比半年前增加 163 万，增长率为 4.6%（如图 5.15 所示）。从普及率的角度来看，男性网民占我国男性总人口的 8.6%，女性网民占女性总人口的 5.9%。互联网在男性中的普及程度仍然要高于女性。

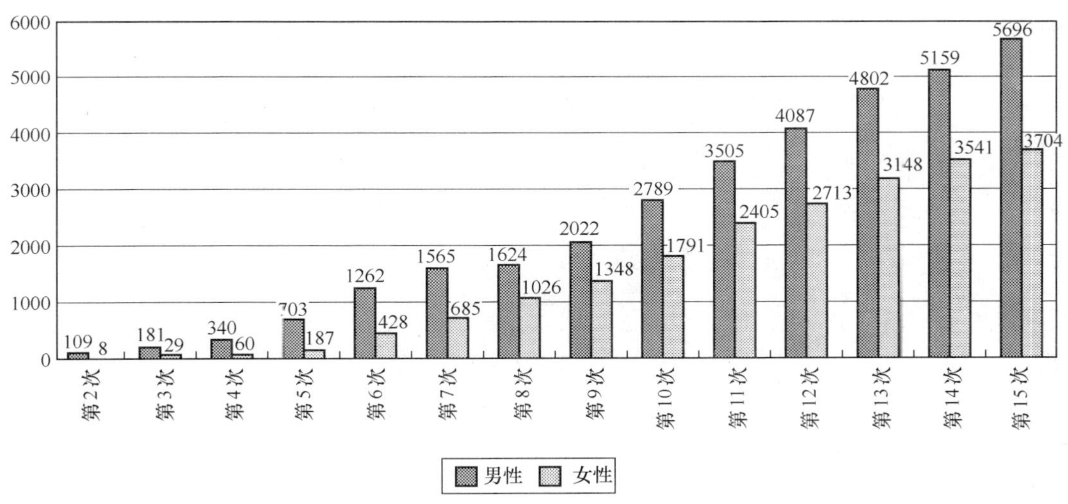

图 5.15 历次调查不同性别网民的数量（万人）

二、户婚姻状况

第 15 次 CNNIC 调查结果显示，未婚网民占 57.2%，已婚网民占 42.8%（如图 5.16 所示）。未婚者在目前仍然是我国网民的主体。这与我国人口分布中已婚人口占据主体的情况不太一致。

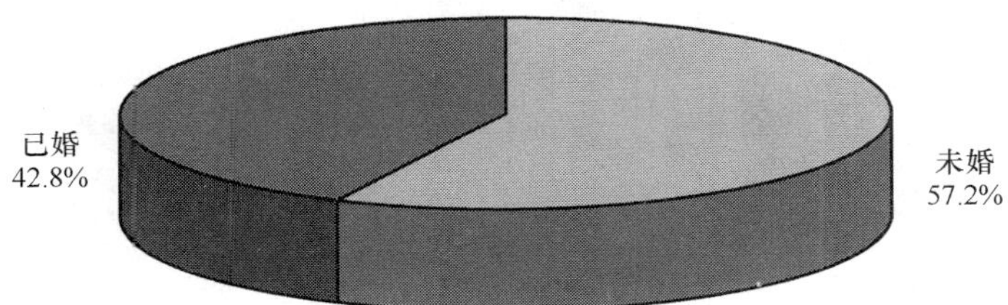

图 5.16 网民婚姻状况分布

与半年前相比，已婚网民所占比例增加了 2.9%，未婚网民所占比例相应有所减少（如图 5.17 所示）。从绝对数看，已婚网民增加了 553 万，达到 4024 万，与半年前相比增幅为 15.9%；未婚网民增加了 147 万，达到 5 376 万，与半年前相比增加了 2.8%（如图 5.18 所示）。在这半年间已婚网民的增长速度明显高于未婚网民。

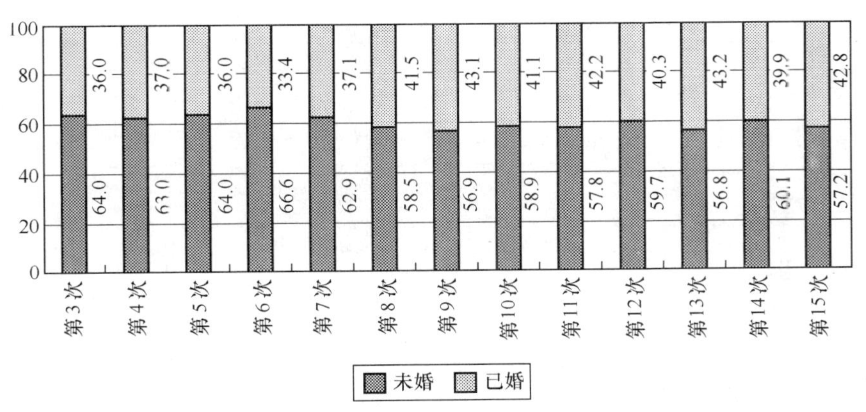

图 5.17 历次调查网民婚姻状况分布（%）

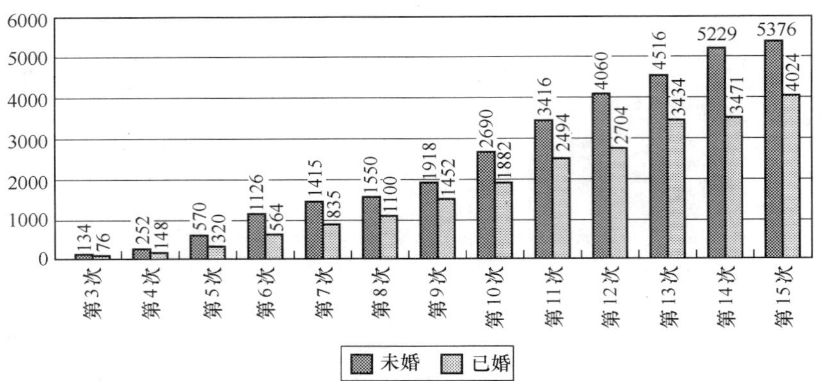

图 5.18　历次调查不同婚姻状况网民的数量（万人）

三、用户年龄

第 15 次 CNNIC 调查结果显示，网民中 18～24 岁的年轻人所占比例最高，达到 35.3%，其次是 25～30 岁的网民（17.7%）和 18 岁以下的网民（16.4%），30 岁以上的网民随着年龄的增加所占比例相应减少，31～35 岁的网民占到 11.4%，36～40 岁的占到 7.6%，41～50 岁的为 7.6%，还有 4.0%的网民在 50 岁以上（如图 5.19 所示）。35 岁及以下的网民占 80.8%，35 岁以上的网民占 19.2%，网民在结构上仍然呈现低龄化的态势。

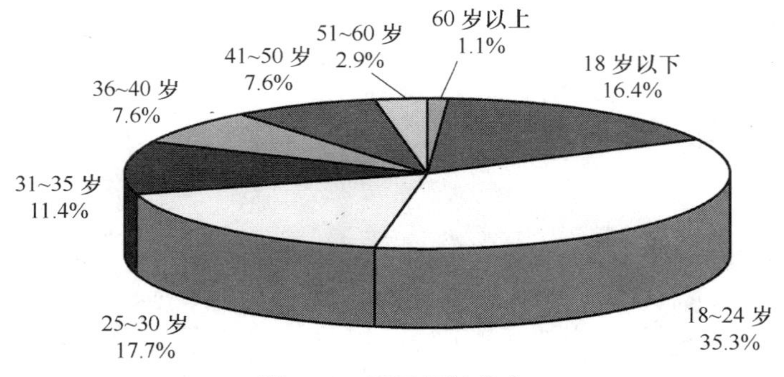

图 5.19　网民年龄分布

历次调查结果都显示，网民中 18～24 岁的年轻人最多，远远高于其他年龄段的网民而占据绝对优势。但与上次调查结果相比，18～24 岁的网民所占比例略有下降。35 岁及以下的网民达到了 7 596 万，比半年前增加了 462 万人，增长率为 6.5%；35 岁以上的网民所占比例为 19.2%，达到 1 804 万，比半年前增加了 238 万人，增长率为 15.2%（如图 5.20～图 5.22 所示）。

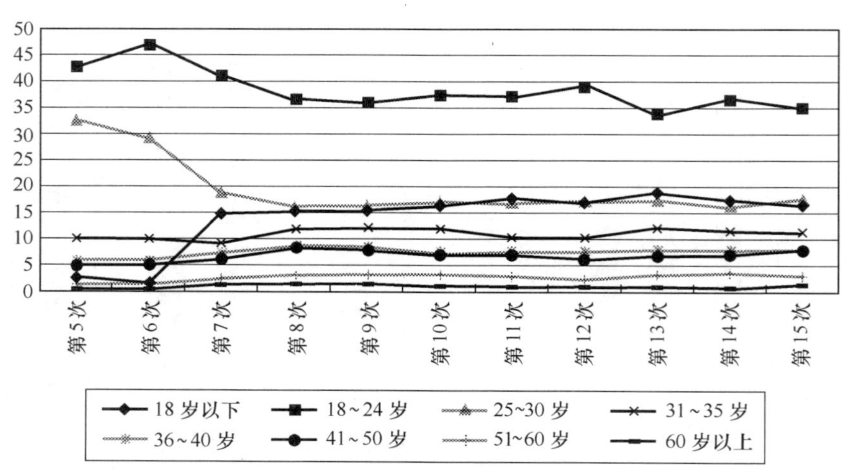

图 5.20　历次调查网民年龄分布（%）

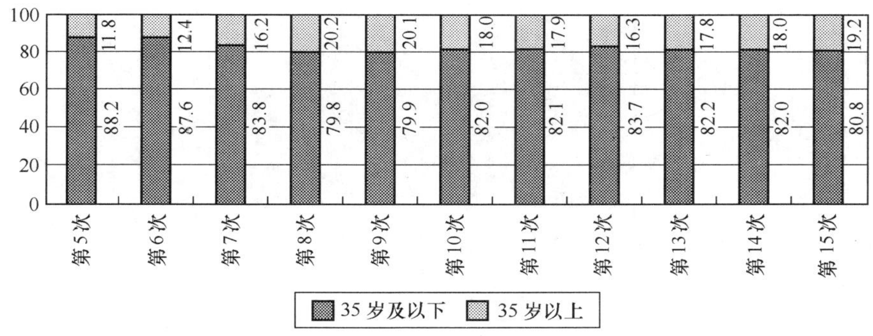

图 5.21　历次调查网民年龄分布（%）

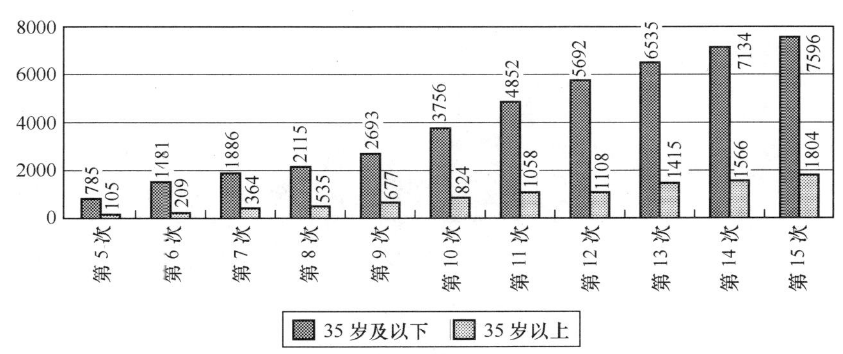

图 5.22　历次调查不同年龄网民的数量（万人）

四、用户受教育程度

第 15 次 CNNIC 调查结果显示，网民中受教育程度为高中（中专）的比例最高，占到 29.3%，其次是本科（27.6%）和大专（27.0%）。本科及以上受教育程度的网民比例为 30.7%，本科以下受教育程度的网民比例达到了 69.3%（如图 5.23 所示）。本科以下受教育程度的网民占据大多数。

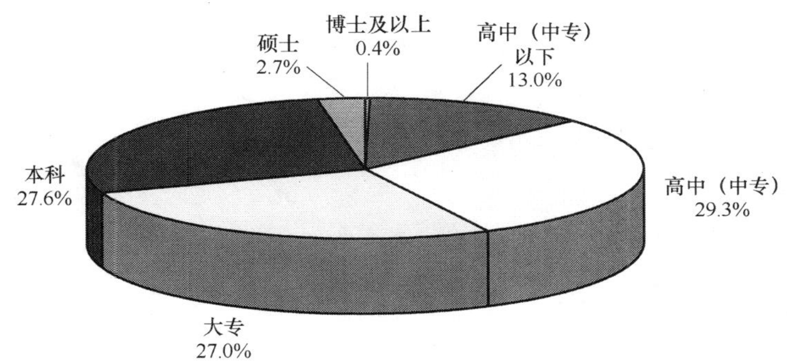

图 5.23　网民受教育程度分布

与半年前相比，大学本科以下受教育程度的网民所占比例略有增加，达到 69.3%。从绝对数上看，大学本科以下受教育程度的网民增加了 494 万，达到 6 514 万，与半年前相比增加了 8.2%；大学本科及以上受教育程度的网民增加了 206 万，达到 2 886 万，比半年前增加了 7.7%（如图 5.24、图 5.25 所示）。大学本科以下受教育程度的网民在这半年内的增长速度要高于受教育程度为大学本科及以上的网民。

五、用户个人月收入

第 15 次 CNNIC 调查结果显示，个人月收入在 500 元以下（包括无收入）的网民所占比例最高，达到 34.2%，其次是月收入为 501～1 000 元和 1 001～1 500 元的网民（比例分别为 19.0%、16.7%），10.7%的网民个人月收入在 1501～2 000 元，个人月收入在 2 000 元以上的网民为 19.4%（如图 5.26 所示）。低收入网民仍然占据主体。

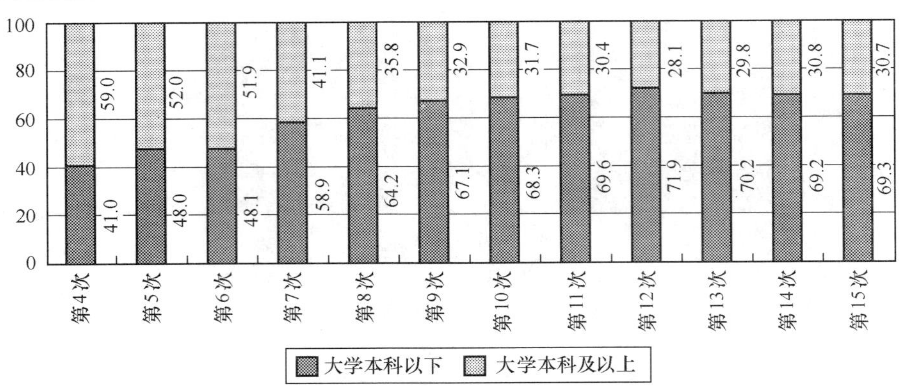

图 5.24 历次调查网民受教育程度分布（%）

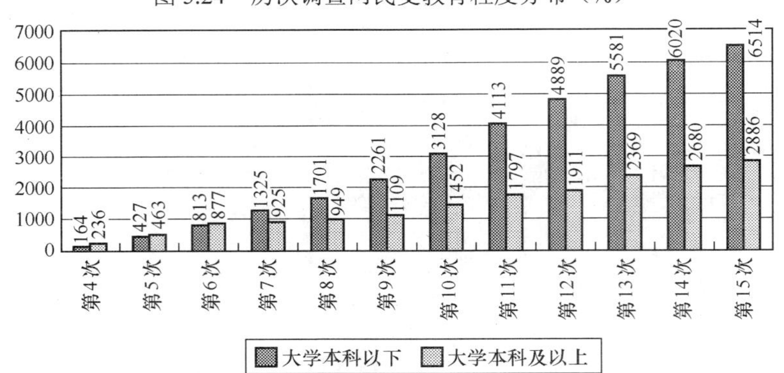

图 5.25 历次调查不同教育程度网民的数量（万人）

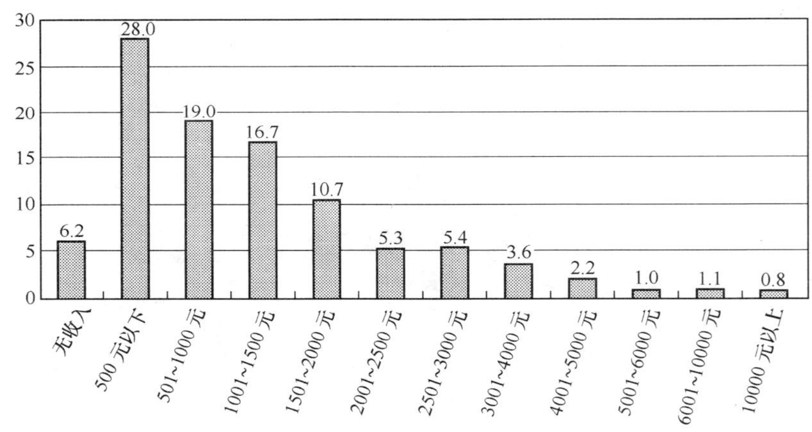

图 5.26 网民个人月收入分布（%）

与半年前相比，个人月收入 2 000 元及以下的网民所占比例增加了 2.5%，达到 80.6%。从绝对数量看，个人月收入 2 000 元及以下的网民从 6 795 万增加到 7 651 万，增长率为 12.6%；个人月收入 2 000 元以上的网民从 1 905 万减少到 1 749 万（如图 5.27 和图 5.28 所示）。

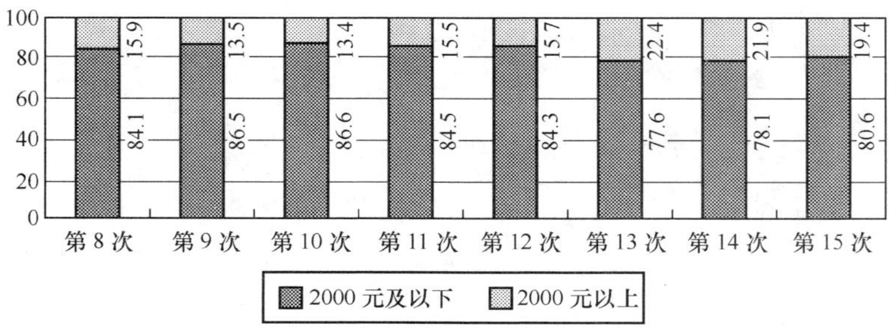

图 5.27 历次调查网民个人月收入分布（%）

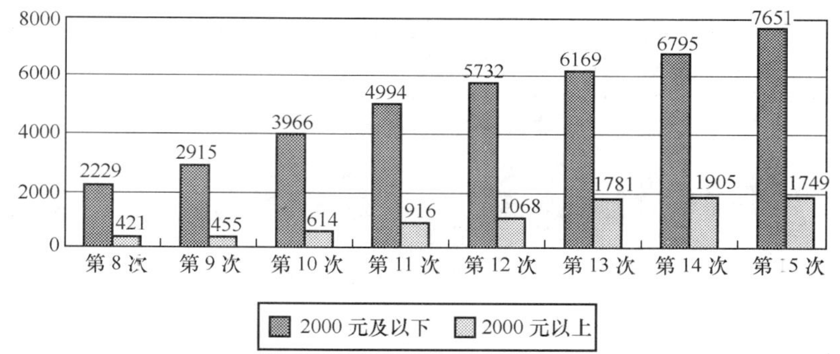

图 5.28　历次调查网民个人月收入网民的数量（万人）

六、用户职业

第 15 次 CNNIC 调查结果显示，网民中学生所占比例最多，达到了 32.4%，其次是专业技术人员，占总数的 12.6%，排在其后的是商业、服务业人员，所占比例为 9.4%，企事业单位管理人员、国家机关/党群组织工作人员、教师所占比例也较多，分别为 9.3%、7.4%和 7.0%。军人所占比例最少，只有 0.5%（如图 5.29 所示）。

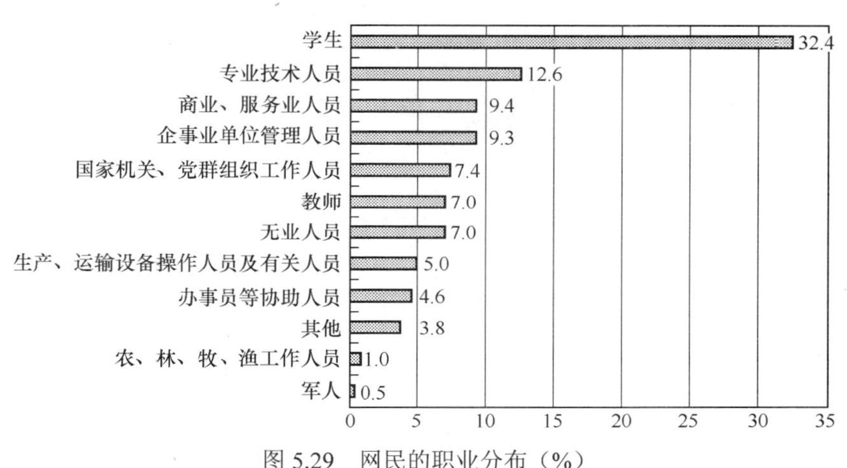

图 5.29　网民的职业分布（%）

与半年前相比，学生、商业、服务业人员所占比例均有所增加，而专业技术人员、企事业单位管理人员的比例略有下降（如图 5.30 所示）。在绝对数量上，同前半年相比，学生增加了 270 万，增长率为 9.7%；专业技术人员增加了 36 万，增长率为 3.1%；商业、服务业人员增加了 153 万，增长率为 20.9%；企事业单位管理人员增加了 39 万，增长率为 4.7%（如图 5.31 所示）。

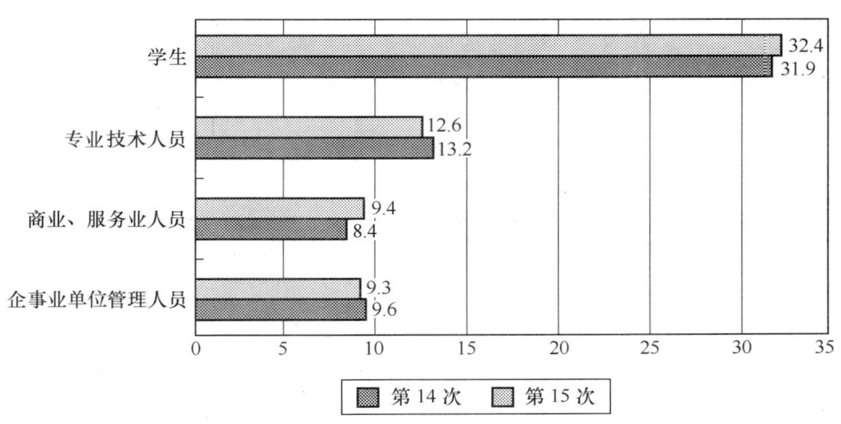

图 5.30　近两次调查网民在几种主要职业的比例分布（%）

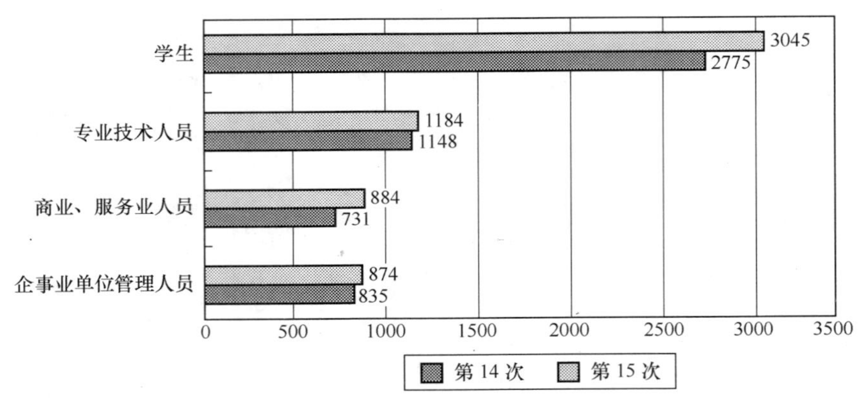

图 5.31　近两次调查网民在几种主要职业的数量分布（万人）

七、用户行业

第 15 次 CNNIC 调查结果显示，网民中从事制造业的人最多，占到 14.6%，其次是教育业（13.0%）和公共管理和社会组织（11.9%），IT 业所占比例也较多，达到 9.3%（如图 5.32 所示）。

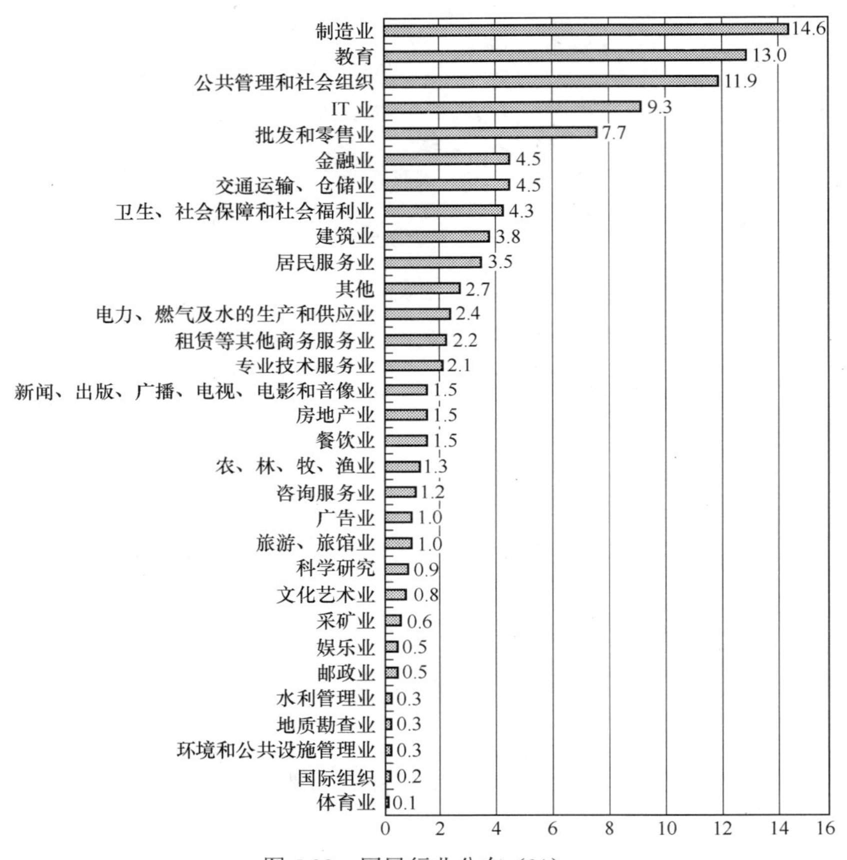

图 5.32　网民行业分布（%）

与半年前相比，制造业从第三位升至第一位，公共管理和社会组织则由第一位降至第三位。制造业、教育的网民所占比例均有所上升，而金融、卫生、社会保障和社会福利业的网民所占比例均有所下降（如图 5.33 所示）。在绝对数量上，从事制造业的网民增加了 667 万，增长将近一倍；教育行业网民增加了 134 万，增长率为 12.3%；IT 业网民增加了 4 万，增长率为 0.5%；交通运输、仓储业网民增加了 145 万，增长率为 52.2%（如图 5.34 所示）。

综上所述，目前我国的网民仍然以男性、未婚者、35 岁及以下的年轻人为主体，但与前半年相比，女性网民减少 1.3 个百分点，已婚者网民的比例、网民中 35 岁以上所占比例都有所上升；受教育程度为本科以下的仍然占据网民的大多数，并且与半年前相比，这一比例略有上升；从网民个人月收入来看，个人月收入在 2 000 元以上的网民所占比例略有下降。学生仍然比其他职业的人要多，并且在网民总体中所占比例在上升；制造业、教育业、公共管理和社会组织以及 IT 业成为网民相对比较集中的行业。

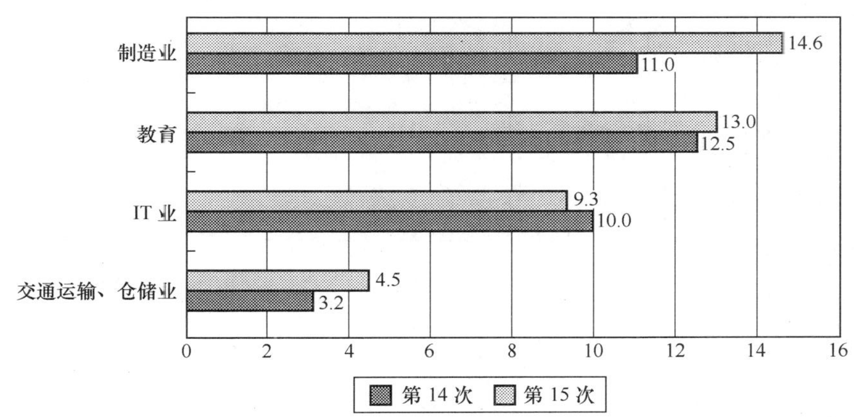

图 5.33 近两次调查网民在几种主要行业的比例分布（%）

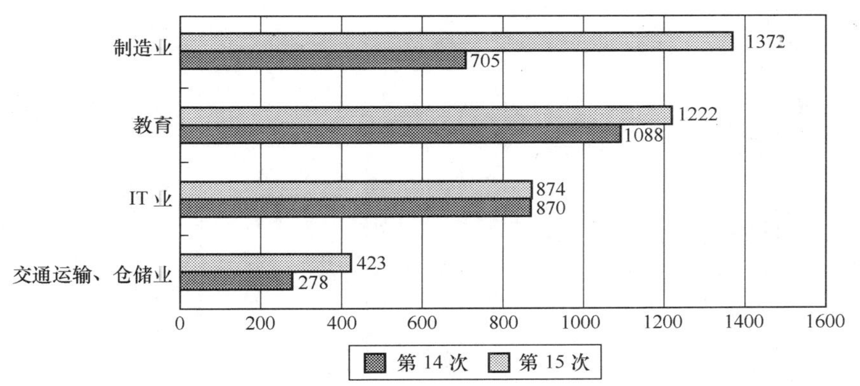

图 5.34 近两次调查网民在几种主要行业的数量分布（万人）

5.3 网民上网途径

随着网络技术的进步和互联网的发展，我国网民在上网地点、上网设备以及上网方式方面均有不同程度的扩展和变化。对 CNNIC 调查结果中这些数据的深入分析，有助于更加清楚地了解网民的上网途径，从而更全面地认识我国互联网的发展情况。

一、用户上网地点

第 15 次 CNNIC 调查结果显示，67.9%的网民在家里上网，41.1%的网民在单位上网，24.5%的网民在网吧、网校、网络咖啡厅上网，18.2%的网民在学校上网，2.1%的网民移动上网、地点不固定，0.4%的网民在公共图书馆上网，0.5%的网民通过其他方式上网（如图 5.35 所示）。通过调查结果可以看出，家里和单位依然是网民上网的主要地点。

将 CNNIC 最近几次的调查数据进行比较可以看出，在家里上网的网民比例同上两次调查相比继续呈稳步增长趋势，从 66.1%、67.0%增加到 67.9%；在单位上网的网民比例同上两次调查相比有所减少，从 43.6%、42.7%减少到 41.1%（如图 5.36 所示）；在学校上网的网民比例从第 13 次调查的 18.4%增加到第 14 次的 20.6%，本次又减少到 18.2%；在网吧上网的网民比例同前两次调查结果相比有所增加，从 20.3%、22.0%增加到 24.5%；在公共图书馆上网的网民比例同前两次调查结果相比有所下降，从 0.5%、1.8%减少到 0.4%；移动上网、地点不固定的网民比例从第 13 次调查的 0.6%增加到第 14 次的 2.2%，本次调查中没有出现大的变化，比例为 2.1%；在其他地点上网的网民比例从前两次的 0.1%增加到了 0.5%（如图 5.37 所示）。这一方面说明随着家庭电脑的普及、小区宽带的铺设以及互联网使用成本的降低，越来越多的家庭接入了网络，相应地家里成为网民上网最主要的地点；另一方面也在一定程度上说明，随着我国信息化建设的不断深入，上网场所在不断扩展，上网条件在不断改善，上网变得更为便捷。

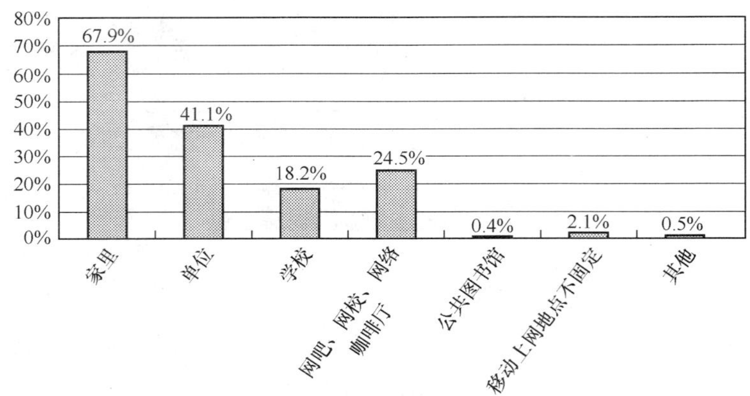

图 5.35　网民上网地点分布（%）

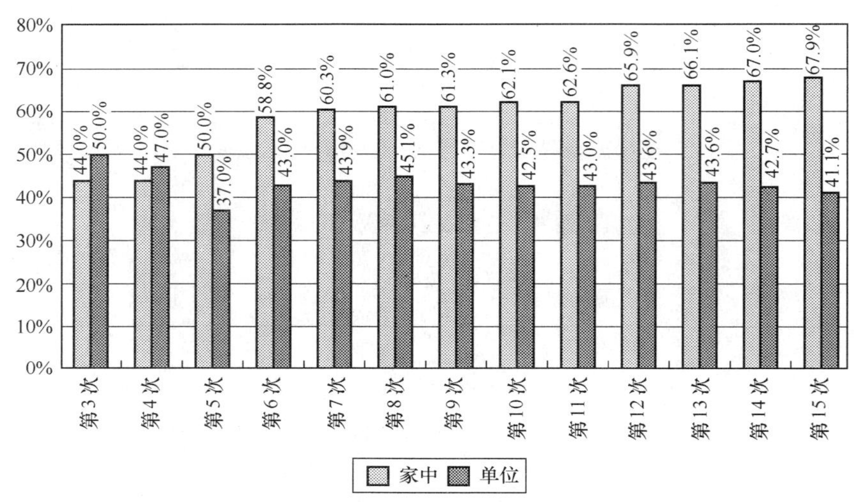

图 5.36　历次调查网民在家中/单位上网的比例（%）

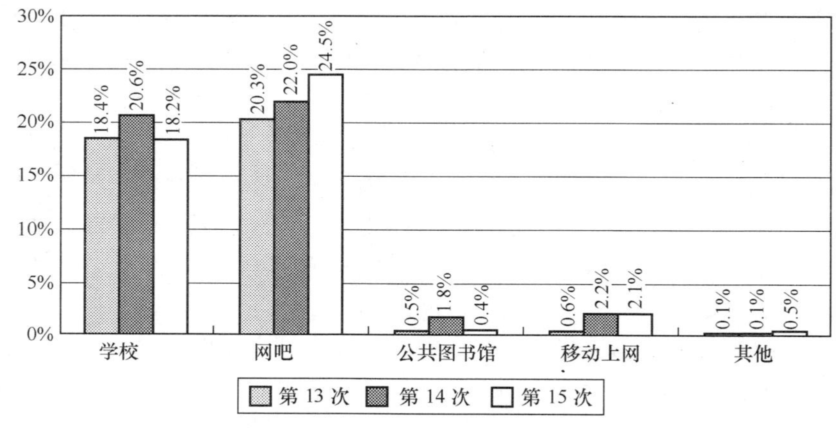

图 5.37　最近 3 次调查网民在学校、网吧等地上网的比例（%）

二、用户上网设备

第 15 次 CNNIC 调查结果显示，使用台式计算机上网的网民比例为 95.3%，使用笔记本电脑上网的网民比例为 12.5%。可以看出，用户上网的主要设备是台式计算机，也有部分网民在使用计算机上网的同时使用移动终端、信息家电等设备上网。

从 CNNIC 共 11 次的调查数据来看，在使用计算机上网的同时，使用移动终端、信息家电等设备上网的用户人数在逐渐增多，从 2000 年 1 月调查的 20 万人增加到现在的 350 万人，5 年的时间内增加了 330 万人；与半年前相比增加了 90 万人，增长率为 34.6%；与 2003 年同期相比增加了 136 万人，增长率为 63.6%（如图 5.38 所示）。可以看出，尽管使用计算机上网的网民占绝大多数，但使用移动终端、信息家电等新上网设备的网民正在快速增加，说明网民的上网设备日趋多样化。

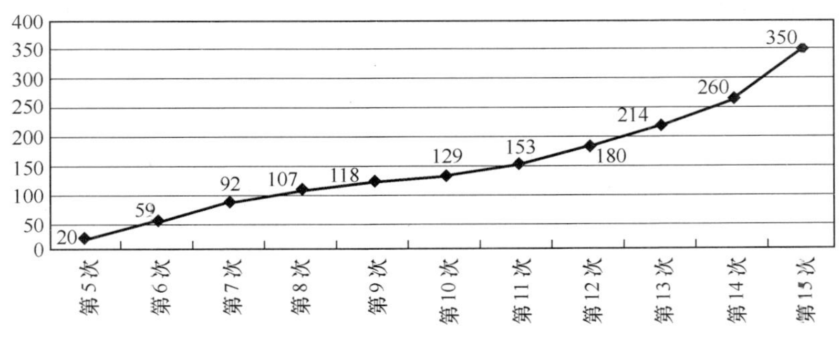

图 5.38　历次调查使用其他设备上网用户人数（万人）

三、用户上网方式

用户的上网方式可以通过不同方式上网的网民数和不同接入方式的上网计算机数来反映。

第 15 次 CNNIC 调查结果显示，在我国 9400 万上网用户中，使用专线上网的用户数为 3050 万人，使用拨号上网的用户数为 5240 万人，使用 ISDN 方式上网的用户数为 640 万人，使用宽带方式上网的用户数为 4280 万人（如图 5.39 所示）。而在我国 4160 万台上网计算机中，通过专线接入互联网的计算机为 700 万台，通过拨号方式接入互联网的计算机为 2140 万台，通过其他方式接入互联网的计算机为 1320 万台（如图 5.40 所示）。网民的情况及上网计算机的情况都表明拨号上网是到目前为止用户上网的主要方式，同时使用宽带上网方式的用户数和计算机数也呈现出了高速增长的趋势。

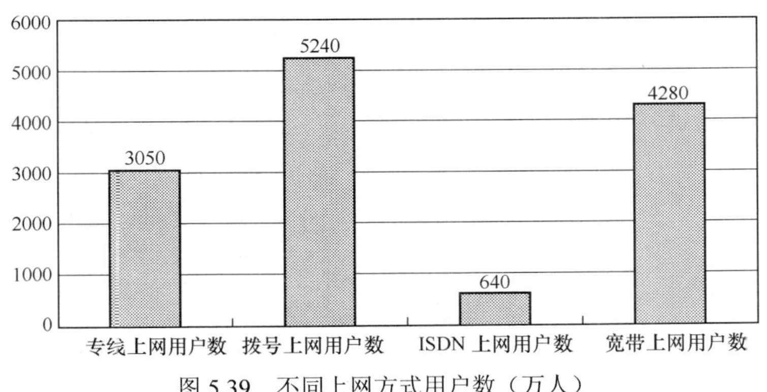

图 5.39　不同上网方式用户数（万人）

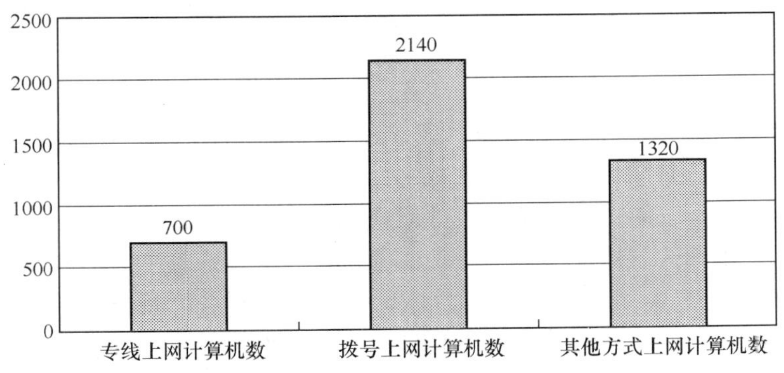

图 5.40　不同上网方式计算机数（万台）

从 CNNIC 近几次的调查数据来看，在上网用户数方面，通过专线上网的用户人数同上次调查相比，半年增加 180 万人，和 2003 年同期相比增加了 390 万人；通过拨号上网的用户人数同上次调查相比，半年增加 85 万人，和 2003 年同期相比增加了 324 万人；通过 ISDN 上网的用户人数同上次调查相比，半年增加 40 万人，和 2003 年同期相比增加了 88 万人；通过宽带上网的用户人数同上次调查相比，半年增加 1 170 万人，和 2003 年同期相比增加了 2 540 万人（如图 5.41）。可以看出，拨号上网用户人数虽然一直处于主导地位并继续增长，但增长趋势走缓，专线上网用户人数、ISDN 上网用户人数呈稳步增长的状态，宽带上网用户人数则出现较快的增长，幅度极为明显。

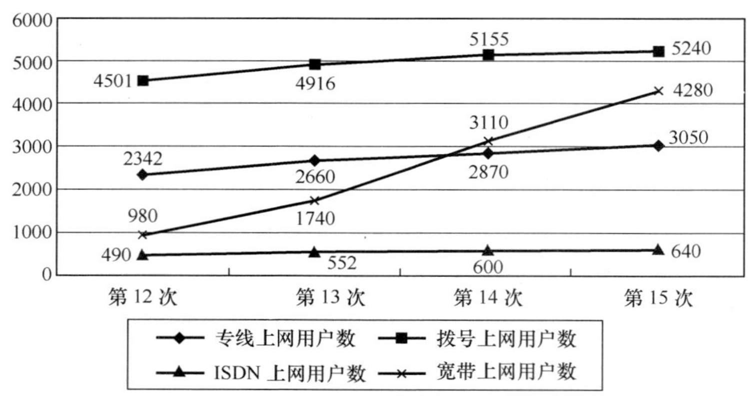

图 5.41　最近 4 次调查不同上网方式网民人数（万人）

从 CNNIC 近几次的调查数据来看，在上网计算机方面，专线上网计算机数同上一次调查相比，半年增加 48 万台，和 2003 年同期相比增加 105 万台；拨号上网计算机数同上一次调查相比，半年增加 43 万台，和 2003 年同期相比增加 195 万台；其他方式上网计算机数同上一次调查相比，半年增加 439 万台，和 2003 年同期相比增加 771 万台（如图 5.42 所示）。可见，在拨号上网计算机数保持主体但增长趋缓的同时，专线上网计算机数和其他方式上网计算机数呈现较快的增长状态，尤其是其他方式上网计算机数增长迅速。

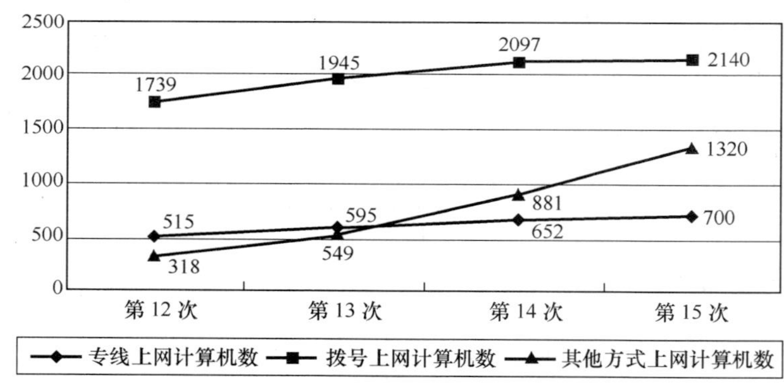

图 5.42　最近 4 次调查不同上网方式上网计算机数（万台）

第 15 次 CNNIC 调查结果显示，在上网用户数增长率方面，专线上网用户人数增长率为 6.3%，同前两次调查的 13.6%、7.9%相比，增长率有所降低；拨号上网用户人数增长率为 1.6%，同前两次调查的 9.2%、4.9%相比，增长率有所降低；ISDN 上网用户人数增长率为 6.7%，同前两次调查的 12.7%、8.7%相比，增长率有所降低；宽带上网用户人数增长率为 37.6%，同前两次调查的 77.6%、78.7%相比，增长率有所降低。（如图 5.43 所示）。虽然不同方式上网用户人数增长程度不同，但从横向比较可以看出，专线上网用户人数的增长率、ISDN 上网用户人数的增长率、宽带上网用户人数的增长率都高于拨号上网用户人数的增长率，并且宽带上网用户人数的增长速度最快。

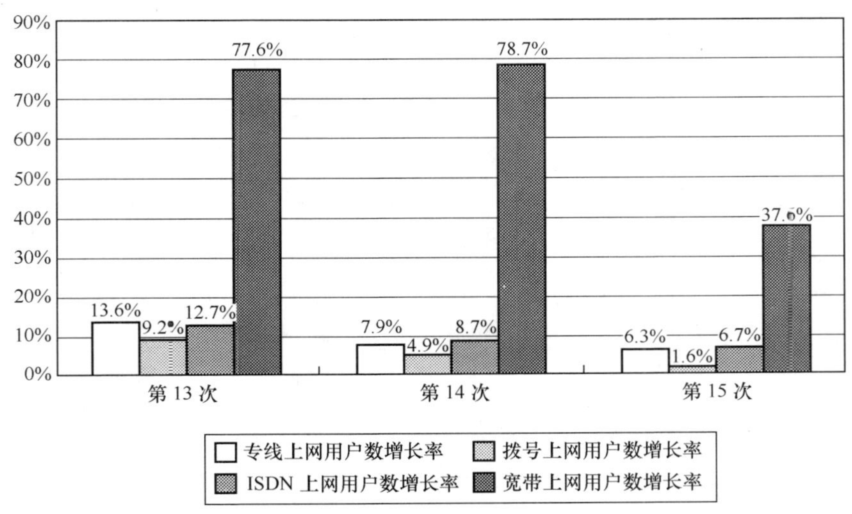

图 5.43　最近 3 次调查不同方式上网用户数增长率

第 15 次 CNNIC 调查结果显示，在上网计算机增长率方面，专线上网计算机数增长率为 7.4%，同前两次调查的 15.5%、9.6%相比，增长率有所降低；拨号上网计算机数增长率为 2.1%，同前两次调查的 11.8%、7.8%相比，增长率有所降低；其他方式上网计算机数增长率为 49.8%，通前两次调查的 72.6%、60.5%相比，增长率有所降低，（如图 5.44 所示）。虽然不同方式上网计算机数增长程度不同，但从横向对比可以看出，其他方式上网计算机数的增长率和专线上网的计算机数增长率均高于拨号上网计算机数的增长率。

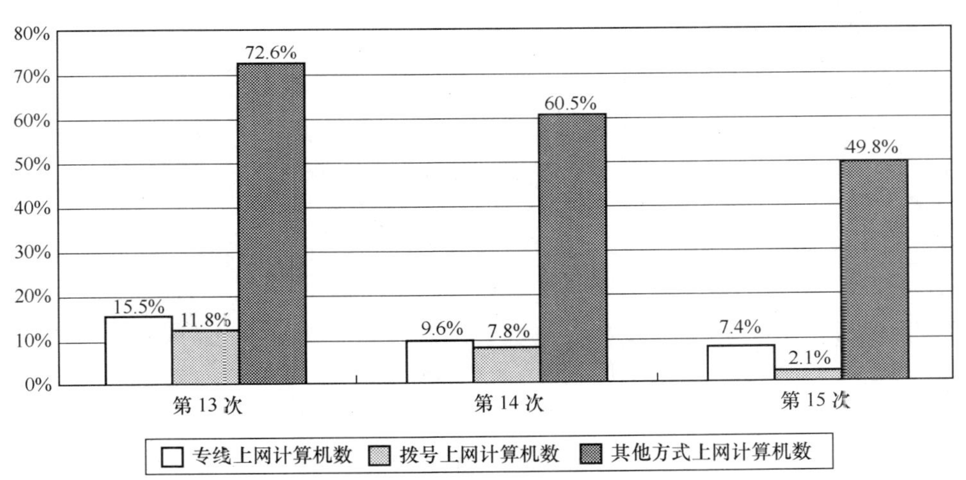

图 5.44　最近 3 次调查不同方式上网计算机数增长率

通过对 CNNIC 最新统计数据的计算（如图 5.45 所示），可以看出，在上网计算机数中，拨号上网计算机数所占比例为 51.4%，同上一次调查结果 57.7%相比，半年内减少 6.3 个百分点，和 2003 年同期调查结果 63.0%相比，一年内减少 11.6 个百分点；专线上网计算机数所占比例为 16.8%，同上一次调查结果 18.2%相比，半年内减少 1.4 个百分点，和 2003 年同期调查结果 19.2%相比，一年内减 2.4 个百分点；其他方式上网计算机数所占比例为 31.7%，同上一次调查结果 24.3%相比，半年内增加 7.4 个百分比，和 2003 年同期调查结果 17.8%相比，一年内增加了 13.9 个百分点。可以看出，虽然目前拨号上网为上网计算机的主流方式，但是拨号上网计算机数所占比例却在逐渐减少，专线上网计算机数在最近 3 次调查中也出现减少趋势，而其他方式上网计算机数所占比例在逐渐增加。

通过对上网用户数和上网计算机数的绝对数量、相对数量、增长率，以及不同方式上网计算机数所占比例等数据的分析可以发现：在网民的上网方式中，虽然拨号方式一直占主流地位但增长趋势走缓，而专线、宽带等其他上网方式正逐渐被网民接受和使用，上网方式多元化的趋势日益明显。

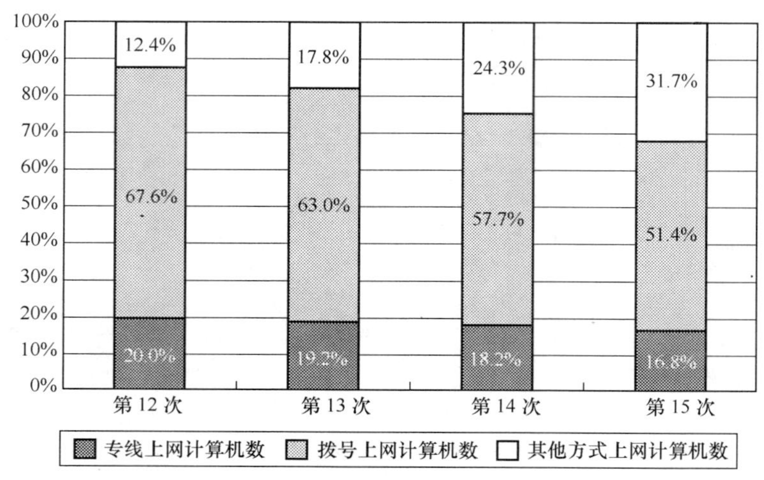

图 5.45　最近 4 次调查不同方式上网计算机所占比例

综上所述，网民上网的主要地点是家中，上网的首选设备是台式计算机，上网的主流方式是拨号上网。但是网民上网的场所正不断扩展，新的上网设备和上网方式正在逐渐被网民所接受和使用。可以预见，随着网络技术的不断发展、互联网的进一步发展普及，网民的上网途径将不断扩展，人们将在多种场所、利用多种设备、通过多种方式，更方便地使用互联网。

5.4　网民上网行为

随着我国互联网的发展，越来越多的人开始接触互联网，网民的队伍逐渐壮大，人们对互联网的使用也越来越频繁。通过分析网民对互联网的使用行为习惯，可以较好的了解互联网与人们日常学习、工作、生活的结合程度，从而更准确的把握互联网在我国的发展和普及状况。

一、用户使用互联网的时间段

第 15 次 CNNIC 调查结果显示，网民一天中使用互联网的时间波动非常大：凌晨 1 点至早上 7 点是网民最少上网的时间，从早上 8 点起上网的人逐渐增加，到上午 10 点达到一天中的第一个高峰，有 25.5%的网民在这一时间上网；到 11 点略有回落，从中午 12 点开始回升，下午 15 点时达到一天当中的第二个高峰，有 33.0%的网民在这一时间上网，此后上网人数开始下降；从晚上 19 点开始上网人数激增，到晚上 20 点的时候达到一天中的顶峰，有 51.8%的网民在这一时间上网，此后上网人数逐渐减少；到 22 点之后上网人数急剧减少（如图 5.46 所示）。可以看出，人们日常生活的作息时间在一定程度上影响着人们使用互联网的时间。与以往调查结果类似，网民使用互联网的高峰时间仍然在晚上。

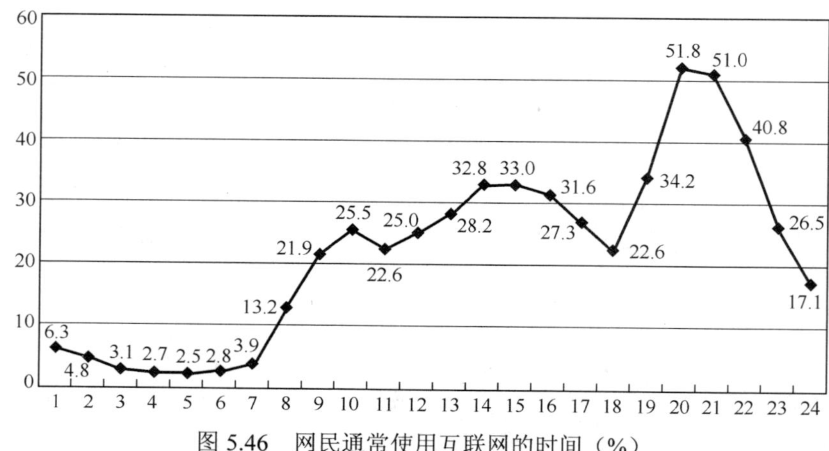

图 5.46　网民通常使用互联网的时间（%）

与半年前相比，从上午 11 点以后一直到凌晨 2 点这段时间上网的网民比例都有所增加，而在其他时间上网的网民比例相差很小（如图 5.47 所示）。

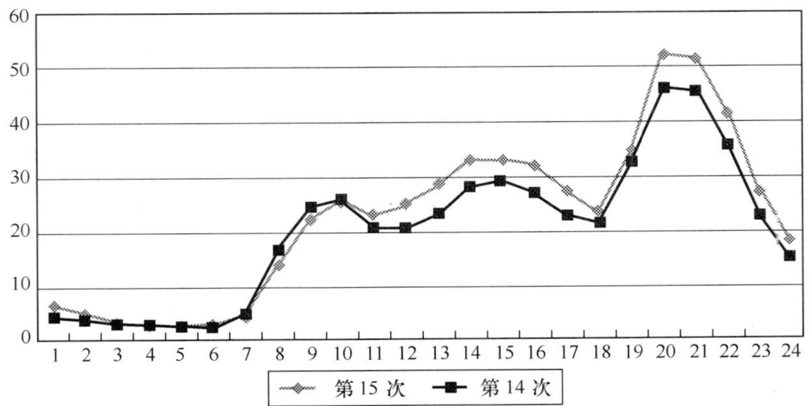

图 5.47　近两次调查网民通常使用互联网的时间（%）

二、用户上网时间

第 15 次 CNNIC 调查结果显示，网民平均每周上网 4.1 天，13.2 个小时。与半年前相比，网民每周上网天数略有下降，而每周上网小时数有所上升。

历次调查结果对比可以看出，网民每周上网时间的变化很大，从最开始的每周 17 个小时逐渐减少至每周 8～9 个小时；网民的上网时间从两年前开始增加；这一次与半年前相比每周上网时间增加了 0.9 个小时（如图 5.48 所示）。最近几次调查显示，网民每周上网天数保持在 4 天以上，此次为 4.1 天（如图 5.49 所示）。从网民每周上网时间可以看出，人们对互联网的使用越来越频繁，而互联网对人们日常生活的渗透性也越来越强。

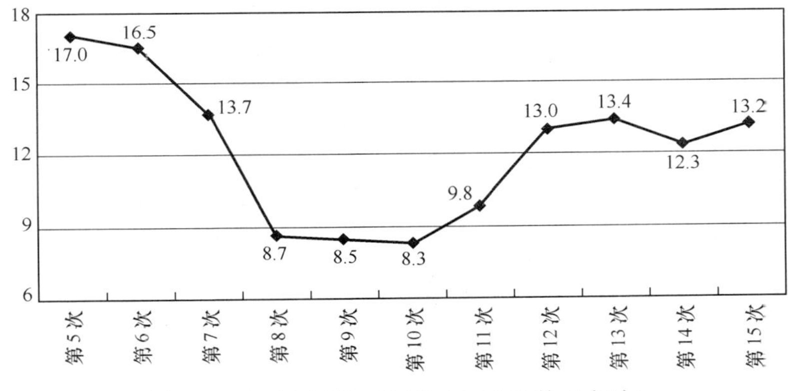

图 5.48　历次调查网民每周上网小时数（小时）

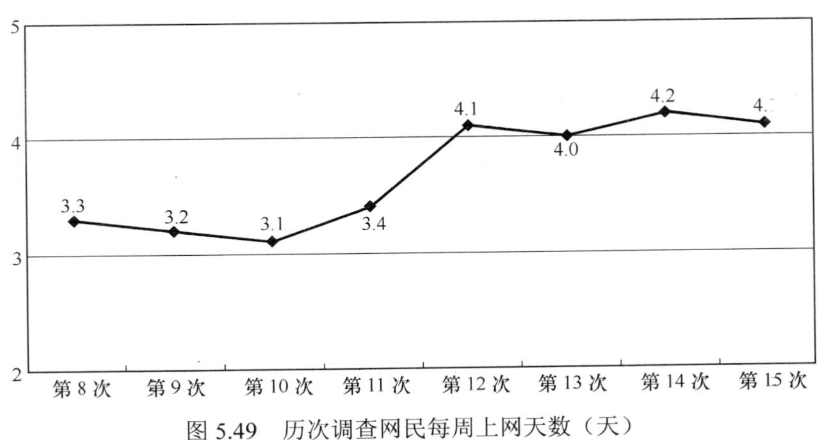

图 5.49　历次调查网民每周上网天数（天）

三、用户每月实际花费的上网费用

第 15 次 CNNIC 调查结果显示，每月实际花费的上网费用（仅限于上网费及上网电话费，不包括使用网络服务的费用）在 51～100 元的网民最多，达到 37.2%；其次是花费低于 50 元的网民，占 31.2%；25.5%的网民每月花费的上网费用在 101～200 元；每月花费超过 200 元的网民则很少，只有 6.1%（如图 5.50 所示）。网民每月实际花费的上网费用主要集中在 100 元及以下。

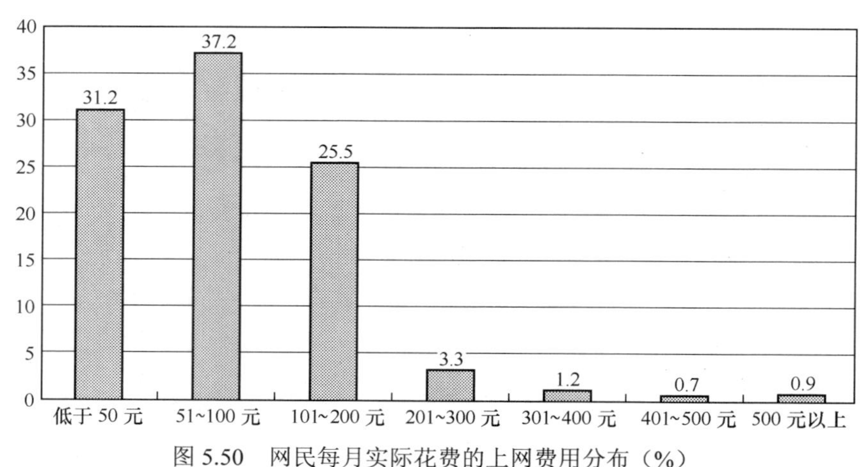

图 5.50　网民每月实际花费的上网费用分布（%）

与上一次调查结果相比可以看出，每月花费在 100 元及以下的网民比例有所增加，增幅为 2.6%，而每月花费超过 100 元的网民比例则略有减少，达到 31.6%（如图 5.51 所示）。

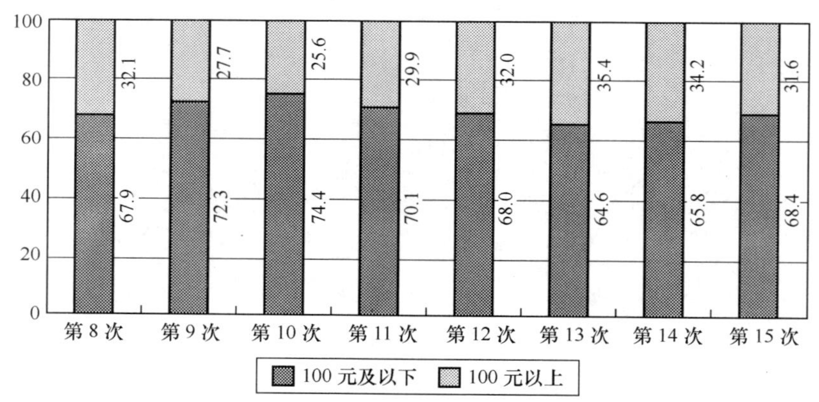

图 5.51　历次调查网民每月实际花费的上网费用分布（%）

四、用户拥有 E-mail 账号数

第 15 次 CNNIC 调查结果显示，网民人均拥有 1.5 个 E-mail 账号，其中免费的 E-mail 账号为 1.4 个。网民人均拥有 E-mail 账号的数目与半年前相比基本没有变化。

对比历次调查结果可以看出，网民最开始拥有的 E-mail 账号较多，达到人均 4 个，此后呈递减趋势，逐渐稳定在人均 1～2 个（如图 5.52 所示）。从网民人均 E-mail 账号数可以看出网民在电子邮箱的使用上比较理性，常用的一两个邮箱已经完全可以满足用户对外通信联络的需要。

五、用户每周收发电子邮件数

第 15 次 CNNIC 调查结果显示，网民平均每周收到 4.4 封电子邮件（不包括垃圾邮件），收到垃圾邮件 7.9 封，每周发出电子邮件 3.6 封。

与半年前相比，网民每周收到的电子邮件数、收到的垃圾邮件数以及发出的电子邮件数都有所减少。同时，在第 14 次调查中网民每周收到的垃圾邮件数是收到的正常电子邮件数的两倍，而在此次调查中这一比例已下降（如图 5.53 所示）。

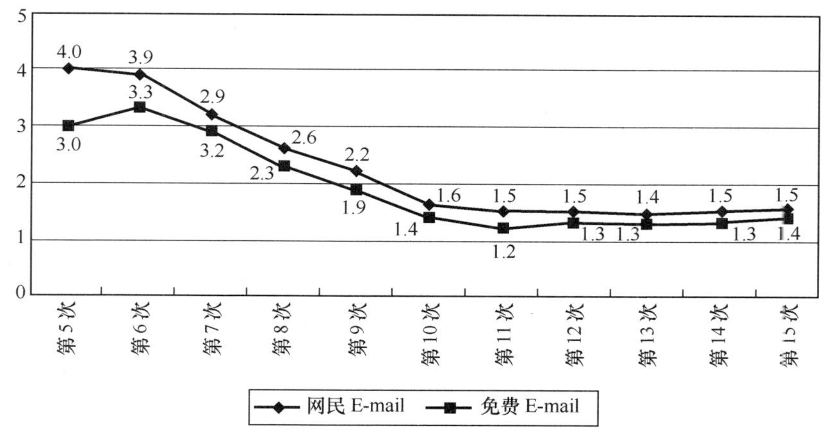

图 5.52 历次调查网民拥有 E-mail 账号及免费 E-mail 账号平均值（个）

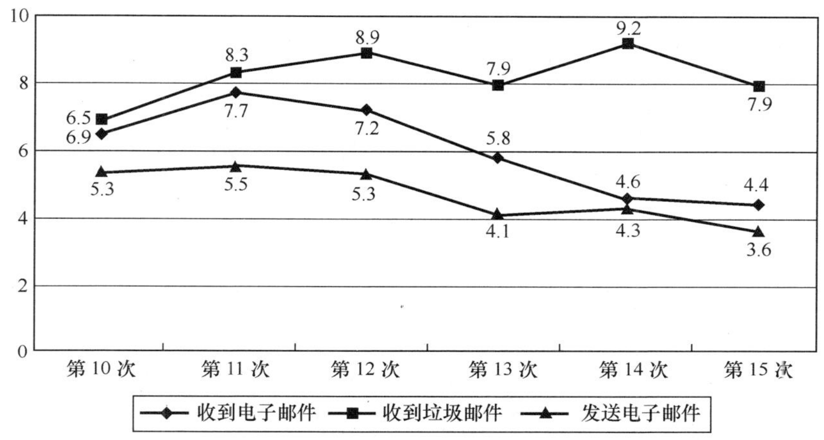

图 5.53 近几次调查网民每周收到和发出的电子邮件数（封）

六、用户上网目的

第 15 次 CNNIC 调查结果显示，将获取信息作为上网最主要目的的网民所占比例最多，达到 39.1%；其次是休闲娱乐，有 35.7%的网民选择；排在第三的是学习，有 8.4%的网民选择；选择其他上网目的的网民所占比例则很小（如图 5.54 所示）。

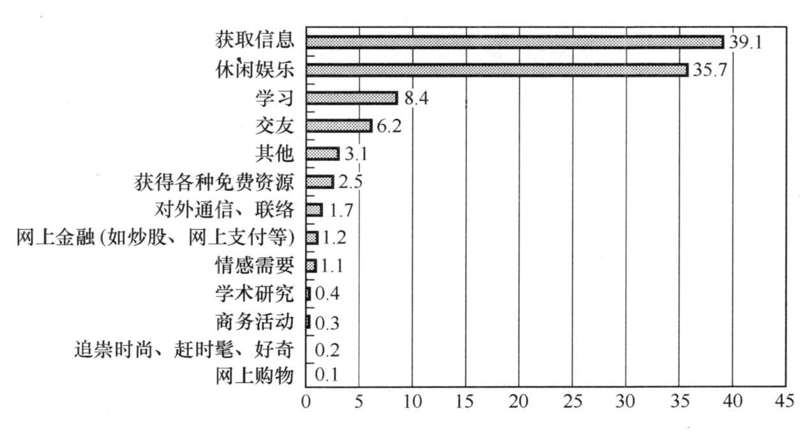

图 5.54 网民上网最主要的目的（%）

近几次调查结果对比可以看出，以获取信息作为上网最主要目的的网民所占比例一直遥遥领先，但近几次调查显示其所占比例有下降趋势；休闲娱乐成为继获取信息之后的第二大主要目的，并且其所占比例呈递增趋势；以学习为目的的网民比例比前半年略有下降；以交友为目的的网民比例比前半年略有增加；

选择其他上网目的的网民比例变化不大（如图 5.55 所示）。网民上网目的的变化在一定程度上表明网民对互联网的使用更加多元化，不再只集中于某一项活动和功能。

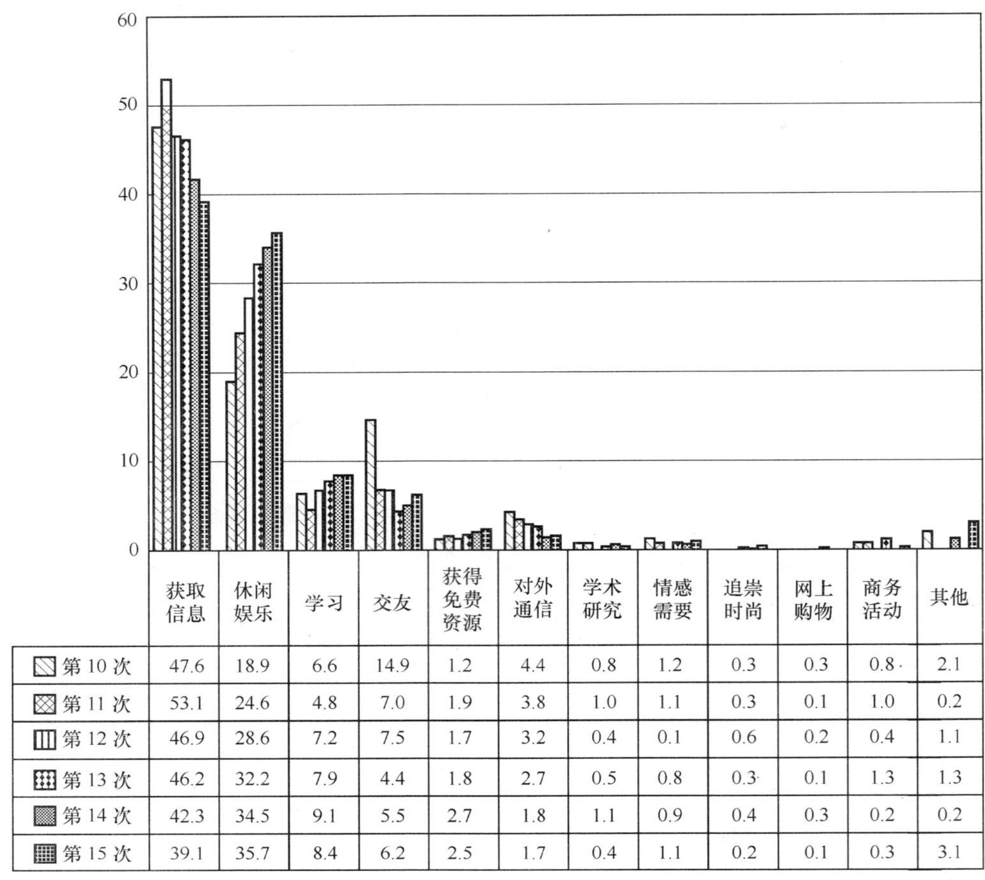

	获取信息	休闲娱乐	学习	交友	获得免费资源	对外通信	学术研究	情感需要	追崇时尚	网上购物	商务活动	其他
第 10 次	47.6	18.9	6.6	14.9	1.2	4.4	0.8	1.2	0.3	0.3	0.8	2.1
第 11 次	53.1	24.6	4.8	7.0	1.9	3.8	1.0	1.1	0.3	0.1	1.0	0.2
第 12 次	46.9	28.6	7.2	7.5	1.7	3.2	0.4	0.1	0.6	0.2	0.4	1.1
第 13 次	46.2	32.2	7.9	4.4	1.8	2.7	0.5	0.8	0.3	0.1	1.3	1.3
第 14 次	42.3	34.5	9.1	5.5	2.7	1.8	1.1	0.9	0.4	0.3	0.2	0.2
第 15 次	39.1	35.7	8.4	6.2	2.5	1.7	0.4	1.1	0.2	0.1	0.3	3.1

图 5.55　近几次调查网民上网最主要的目的（%）

随着互联网与人们日常生活的关系日益密切，网民的上网行为习惯也发生了相应的变化，具体表现为：晚上八九点钟是网民上网的高峰期；网民每周上网 13.2 个小时和 4.1 天，每周上网小时数与半年前相比略有增加；网民每月花费的上网费用有所减少；网民人均 E-mail 账号数基本未变，但每周收到和发出的电子邮件数减少；获取信息仍然是网民上网最主要的目的，但所占比例继续下降，而以休闲娱乐为目的的网民比例有了明显的增加，上网目的进一步多元化。

5.5　非网民状况

第 15 次调查结果显示，我国网民人数从 2004 年 6 月的 8700 万增长到目前的 9400 万，半年时间增长 700 万，网民占我国人口的比例从半年前的 6.7%增长为 7.2%，增长 0.5%，同时我国仍有超过 90%的人口没有上网。因此，对 2004 年年底没有上网的人群（称之为非网民）不上网的原因、预期上网的时间、预期可能上网的非网民的部分特征进行分析，将为政府、企业和社会各界更好地了解我国非网民状况、制定相关政策提供一些参考。

一、非网民不上网的原因与预期上网的时间

1．非网民不上网的原因

第 15 次 CNNIC 调查结果显示，非网民不上网的主要原因有：不懂电脑/网络，40.1%的非网民选择；没有上网设备，23.1%的非网民选择；觉得上网没用/不需要，16.1%的非网民选择；没时间上网，15.9%的非网民选择；认为上网费用贵，10.5%的非网民选择。此外，不感兴趣、年龄太大/太小、当地无法连接互联网、对孩子影响不好、家长/老师不许上网等亦是妨碍非网民上网的原因，分别有 7.2%、7.0%、3.2%、1.9%、1.2%的非网民选择（如图 5.56 所示）。可见，不懂电脑/网络是影响我国非网民不上网的最主要因素。

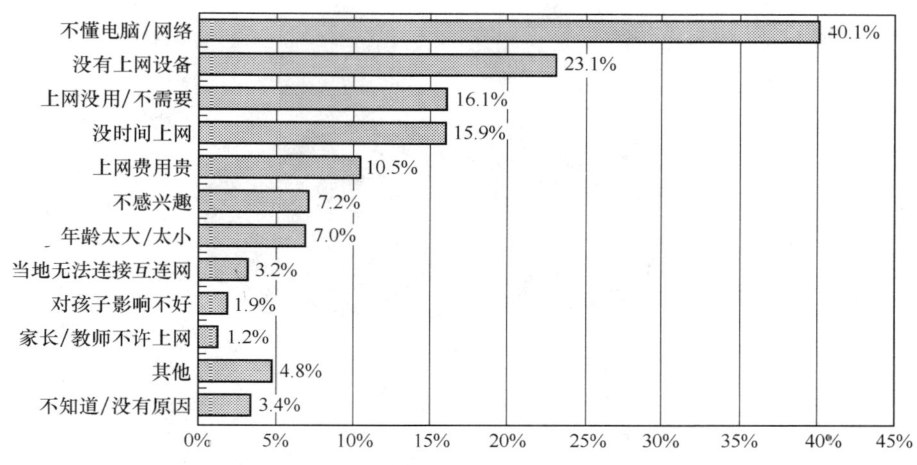

图 5.56 非网民不上网原因

与前两次调查结果相比，在不上网的原因中，选择不懂电脑/网络的非网民比例比半年前高 1.7%，比 2003 年同期高 2.4%；选择没有上网设备的非网民比例比半年前高 3.0%，比 2003 年同期高 1.8%；选择上网没用/不需要的非网民比例比半年前高 1.9%，比 2003 年同期高 1.3%；选择没时间上网的非网民比例比半年前高 1.6%，比 2003 年同期高 1.6%；选择上网费用贵的非网民比例比半年前高 2.6%，比 2003 年同期高 4.9%；选择不感兴趣的非网民比例比半年前高 2.0%，比 2003 年同期高 2.7%；选择年龄太大/太小的非网民比例比半年前高 0.2%，比 2003 年同期高 0.2%；选择当地无法连互联网的非网民比例比半年前高 0.5%（如图 5.57 所示）。与历次相比，不懂电脑/网络依旧是非网民不上网的最主要原因，其比例呈现增长的趋势。

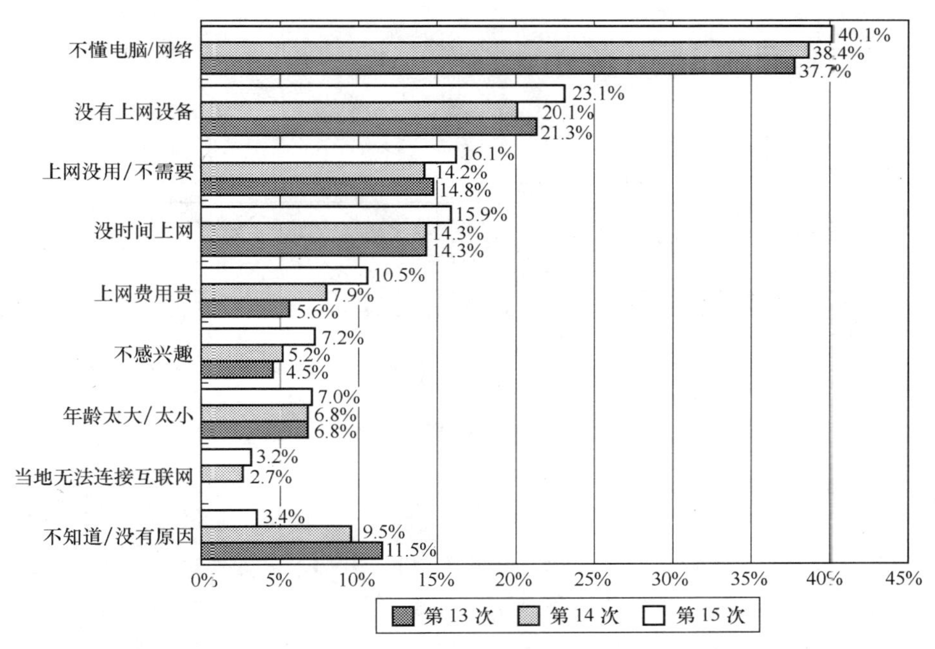

图 5.57 近 3 次调查中非网民不上网的原因

2．非网民预期上网的时间

第 15 次 CNNIC 调查结果显示，我国 2.7%的非网民预期 1 个月内可能上网，3.3%的非网民预期 1～3

个月内可能上网，2.3%的非网民预期3～6个月内可能上网，3.3%的非网民预期6个月到1年内可能上网，17.4%的非网民预期1年以后才可能上网，另有47.4%的非网民根本不打算上网，23.6%的非网民不知道或无法预计自己预期上网时间（如图5.58所示）。预期一年内可能上网的非网民比例为11.6%。

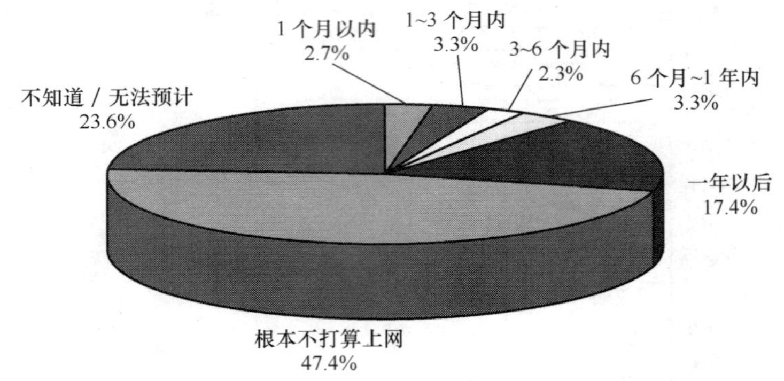

图5.58　非网民预期上网时间

与前两次调查结果相比，预期未来1个月内可能上网的非网民比例比半年前低2.8%，与2003年同期相等；预期未来1～3个月内可能上网的非网民比例比半年前高0.5%，比2003年同期高1.1%；预期未来3～6个月内可能上网的非网民比例比半年前高0.7%，比2003年同期高1.3%；预期未来6个月到1年内可能上网的非网民比例比半年前高1.7%，比2003年同期高1.8%；预期未来1年以后可能上网的非网民比例比半年前高9.5%，比2003年同期高11.1%（如图5.59所示）。预期未来1年内可能上网的非网民比例比半年前低0.3%，比2003年同期高4.2%，预期1年以后上网的非网民比例有明显增长。

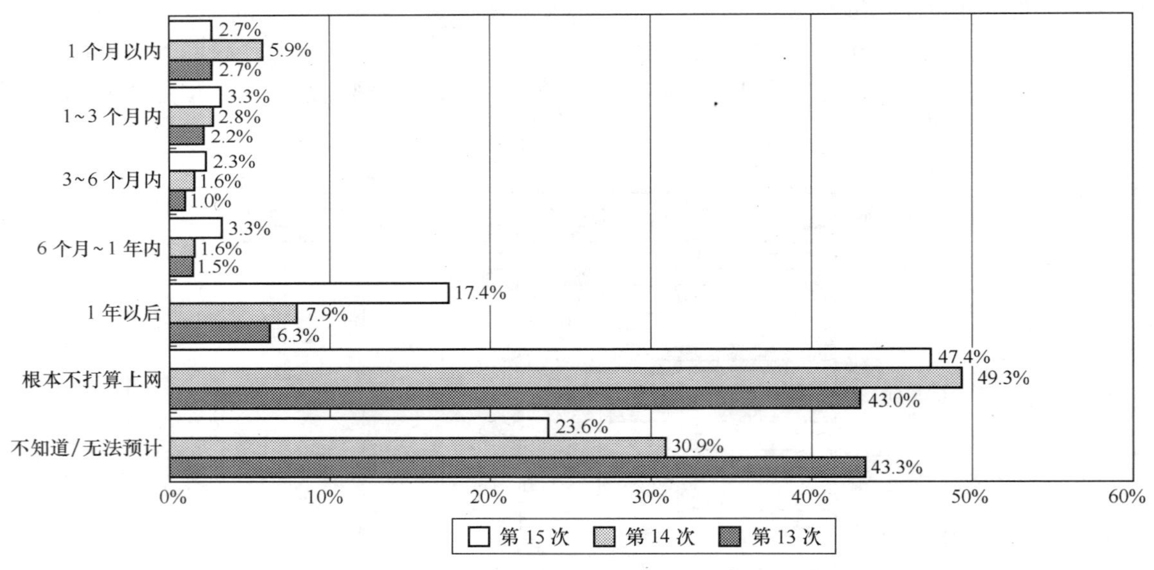

图5.59　近3次调查中非网民预期上网时间对比

二、预期可能上网的非网民部分特征

1．性别

第15次CNNIC调查结果显示，预期可能上网的非网民中男性与女性的比例持平；网民中男性60.6%，女性占39.4%（如图5.60所示）。结合网民与预期可能上网的非网民中各自男女性别比例，可以预见在一定时期内我国网民中男性网民仍将是多数，但男女网民的比例之差可能会有所减小。

2．年龄

第15次CNNIC调查结果显示，预期可能上网的非网民中，11.6%的非网民年龄低于18岁，7.5%的非网民年龄在18～24岁之间，10.2%的非网民年龄为25～30岁，年龄在31～35岁、36～40岁、41～50岁的非网民分别为 12.4%、13.2%、22.0%，年龄在 51～60 岁和超过 60 岁的非网民分别有 14.0%和 9.1%（如图 5.61 所示）。预期可能上网的非网民中年龄低于 30 岁的非网民为 29.3%，年龄高于 30 岁的非网民达到 70.7%。可以预见，未来我国网民中年龄高于 30 岁的网民比例可能会有一定的增长。

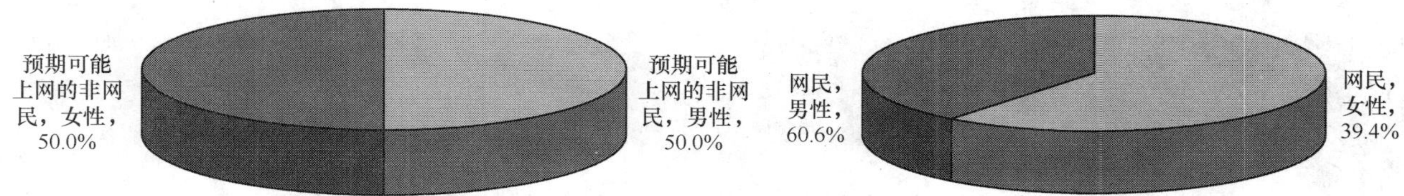

图 5.60 预期可能上网的非网民与网民性别状况

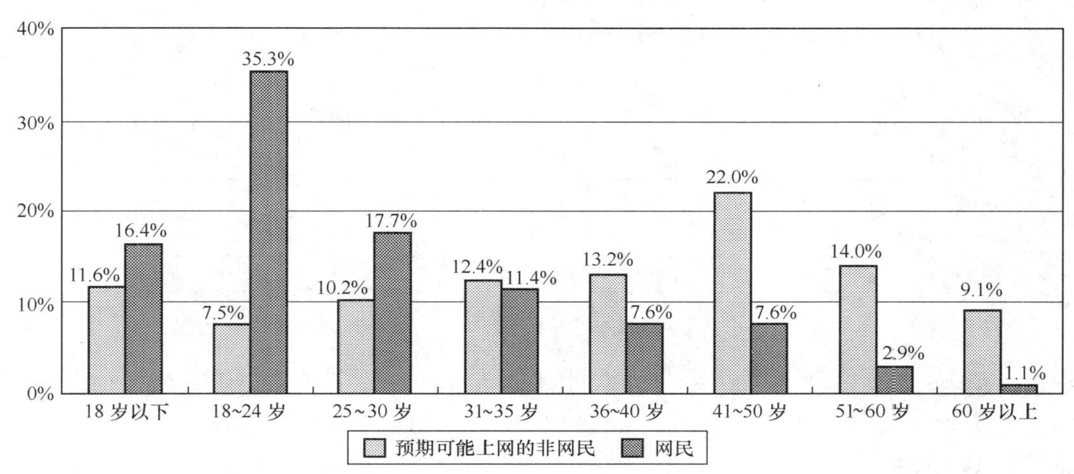

图 5.61 预期可能上网的非网民与网民年龄状况

3．婚姻状况

第 15 次 CNNIC 调查结果显示，预期可能上网的非网民中已婚的比例为 82.5%，未婚的比例为 17.5%；我国网民中已婚的比例为 42.8%，未婚的比例为 57.2%（如图 5.62 所示）。预期可能上网的非网民中多数已婚，可以预见，未来我国网民中已婚网民的比例可能会有增长。

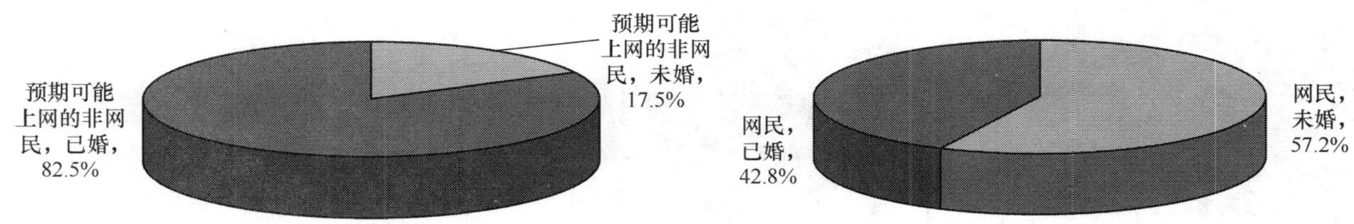

图 5.62 预期可能上网的非网民与网民婚姻状况

综上所述，不懂电脑/网络是妨碍非网民上网的最主要原因；预期未来 1 年内可能上网的非网民比例达到 11.6%，比半年前低 0.3%，比 2003 年同期高 4.2%。；在预期可能会上网的非网民中，男性与女性的比例持平，已婚、年龄高于 30 岁的非网民为多数。可以预见，近期内我国网民人数的增长速度可能会有所减缓，网民中男性占多数的状况仍将继续，但网民中已婚、年龄高于 30 岁的网民所占比例可能会有一定的增长。

5.6 网民、非网民对互联网的看法

随着互联网的普及和我国网民人数的增长，互联网对人们的生活、学习、工作等方面的影响日益增加。为进一步了解互联网的社会影响，从第 12 次调查开始，我们在问卷中设置了一些要求网民和非网民都回答

的、表达对互联网相关看法的观点问题，期望通过对这些数据的分析能部分地反映互联网的社会影响，从而为我国的政府、企业等社会各界更好的理解互联网在我国的发展状况提供一些参考。

一、关于“使用互联网可以提高工作/学习和生活的效率”

第 15 次 CNNIC 调查结果显示，关于“使用互联网可以提高工作/学习和生活的效率”观点，26.8%的网民非常赞成，61.5%的网民比较赞成，8.7%的网民一半赞成一半反对，2.8%的网民不太赞成，0.2%的网民很不赞成；而在非网民中，39.5%的非网民非常赞成，46.1%的非网民比较赞成，7.5%的非网民一半赞成一半反对，4.9%的非网民不太赞成，2.0%的非网民很不赞成（如图 5.63 所示）。

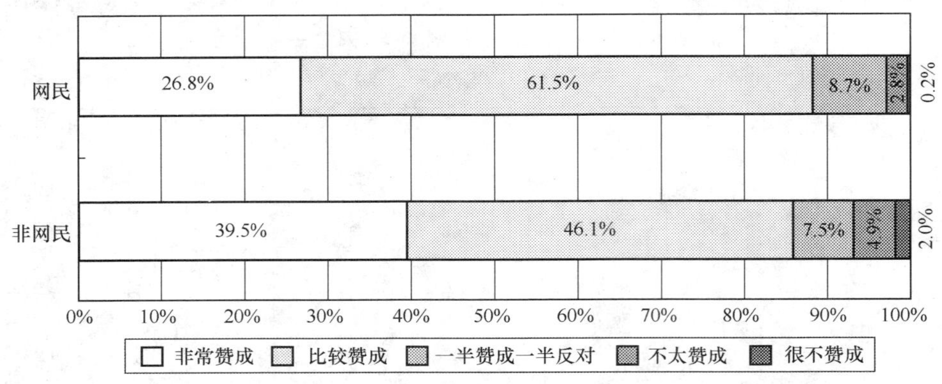

图 5.63　对“使用互联网可以提高工作/学习和生活的效率”观点的看法

总体而言，88.3%的网民赞成此观点，3.0%的网民不赞成此观点，非网民中 85.6%赞成此观点，6.9%反对此观点，这表明网民与非网民中绝大部分都认同“使用互联网可以提高工作/学习和生活的效率”的观点。相比而言，非网民中非常赞成此观点的比例比网民高 12.7%，与网民相比，非网民对互联网在工作/学习和生活上的作用有着更高的期望。

二、关于“在单位/学校/邻里中，会上网的人好像高人一等”

第 15 次 CNNIC 调查结果显示，关于“在单位/学校/邻里中，会上网的人好像高人一等”观点，3.6%的网民非常赞成，13.0%的网民比较赞成，9.0%的网民一半赞成一半反对，50.2%的网民不太赞成，24.2%的网民很不赞成；而在非网民中，23.6%的非网民非常赞成，24.8%的非网民比较赞成，8.5%的非网民一半赞成一半反对，29.5%的非网民不太赞成，13.6%的非网民很不赞成（如图 5.64 所示）。

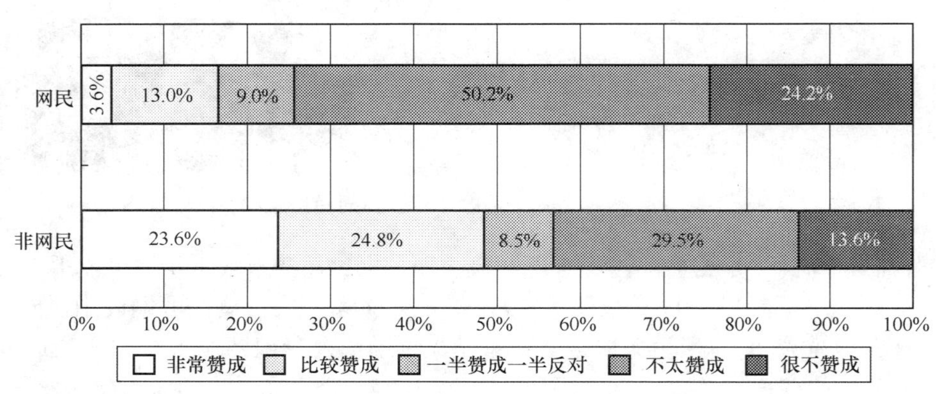

图 5.64　对“在单位/学校/邻里中，会上网的人好像高人一等”观点的看法

总体而言，16.6%的网民赞成此观点，74.4%的网民不赞成此观点，非网民中 48.4%赞成此观点，43.1%不赞成此观点，网民赞成此观点的比例比非网民低 31.8%，不赞成的比例比非网民高 31.3%。可见，网民和非网民对此观点的看法有明显的差异。比较而言，非网民中非常赞成的比例比网民高 20.0%，比较赞成的比例比网民高 11.8%，与网民相比，更多的非网民认为上网有助于提高自己在别人心目中的地位。

三、关于“使用互联网容易结交不好的朋友”

第15次CNNIC调查结果显示，关于“使用互联网容易结交不好的朋友”观点，4.5%的网民非常赞成，19.4%的网民比较赞成，15.2%的网民一半赞成一半反对，46.3%的网民不太赞成，14.6%的网民很不赞成；而在非网民中，10.7%的非网民非常赞成，19.6%的非网民比较赞成，13.8%的非网民一半赞成一半反对，31.8%的非网民不太赞成，24.1%的非网民很不赞成（如图5.65所示）。

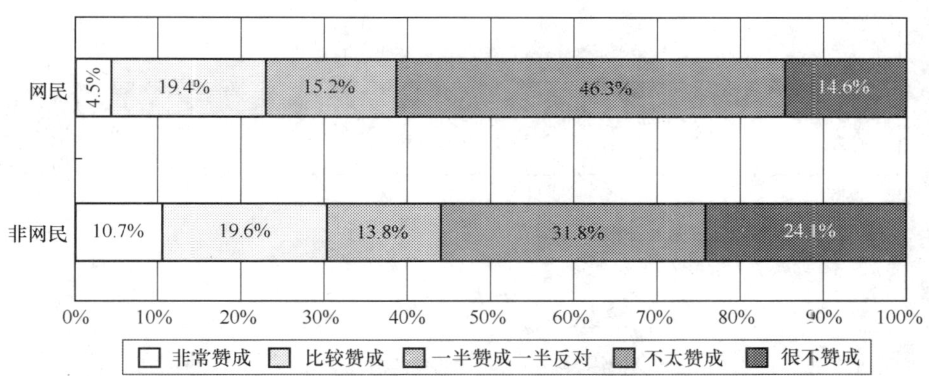

图5.65　对“使用互联网容易结交不好的朋友”观点的看法

总的来说，23.9%的网民赞成此观点，60.9%的网民不赞成此观点，非网民中30.3%赞成此观点，55.9%不赞成此观点，网民和非网民中多数不赞成此观点者。比较而言，网民中非常赞成的比例比非网民低6.2%，比较赞成的比例比非网民低0.2%，不太赞成的比例比非网民高14.5%，与非网民相比，更多的网民反对“使用互联网容易结交不好的朋友”这一观点。

四、关于“使用互联网容易暴露隐私”

第15次CNNIC调查结果显示，关于“使用互联网容易暴露隐私”观点，3.7%的网民非常赞成，23.2%的网民比较赞成，15.2%的网民一半赞成一半反对，45.4%的网民不太赞成，12.5%的网民很不赞成；而在非网民中，9.4%的非网民非常赞成，18.6%的非网民比较赞成，10.2%的非网民一半赞成一半反对，38.1%的非网民不太赞成，23.7%的非网民很不赞成（如图5.66所示）。

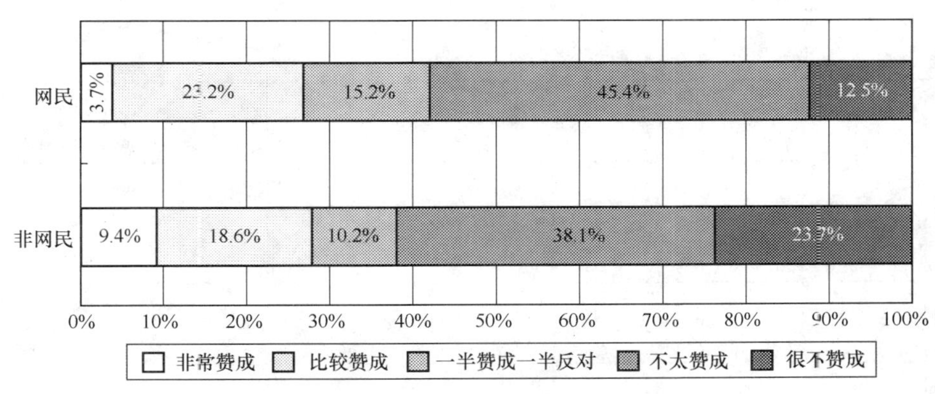

图5.66　对“使用互联网容易暴露隐私”观点的看法

总体而言，26.9%的网民赞成此观点，57.9%的网民不赞成此观点，非网民中28.0%赞成此观点，61.8%不赞成此观点，网民和非网民对此观点的看法较为一致，二者中多数不赞成此观点。

五、关于“使用互联网容易受不良信息影响”

第15次CNNIC调查结果显示，关于“使用互联网容易受不良信息影响”观点，7.0%的网民非常赞成，31.4%的网民比较赞成，14.9%的网民一半赞成一半反对，35.7%的网民不太赞成，11.0%的网民很不赞成；而在非网民中，11.1%的非网民非常赞成，23.1%的非网民比较赞成，11.2%的非网民一半赞成一半反对，30.9%的非网民不太赞成，23.7%的非网民很不赞成（如图5.67所示）。

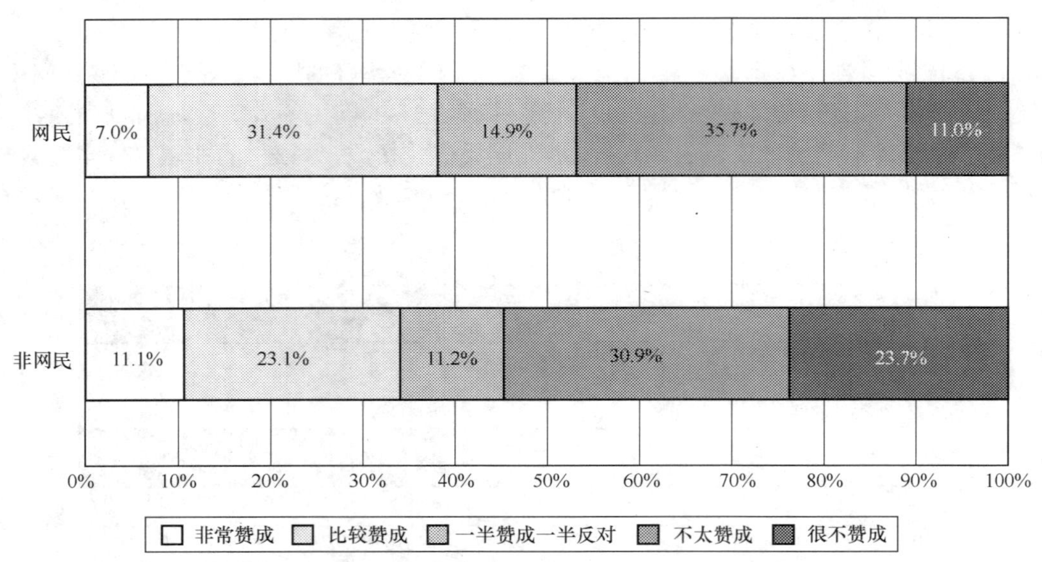

图 5.67　对“使用互联网容易受不良信息影响”观点的看法

总体而言，38.4%的网民赞成此观点，46.7%的网民不赞成此观点，非网民中 34.2%赞成此观点，54.6%不赞成此观点，网民和非网民中不赞成的比例高于赞成的比例，同时，网民中赞成的比例比非网民高 4.2%，不赞成的比例比非网民低 7.9%，网民和非网民对此观点的看法存在一定的差异。相比而言，网民中比较赞成的比例比非网民高 8.3%，很不赞成的比例比非网民低 12.7%，网民对“使用互联网容易受不良信息影响”观点的认同程度高于非网民。

六、对互联网的信任程度

第 15 次 CNNIC 调查结果显示，对互联网的信任程度，3.9%的网民完全信任，48.3%的网民比较信任，39.3%的网民半信半疑，7.9%的网民不太信任，0.6%的网民完全不信；而在非网民中，17.1%的非网民完全信任，36.1%的非网民比较信任，32.5%的非网民半信半疑，10.6%的非网民不太信任，3.7%的非网民完全不信（如图 5.68 所示）。

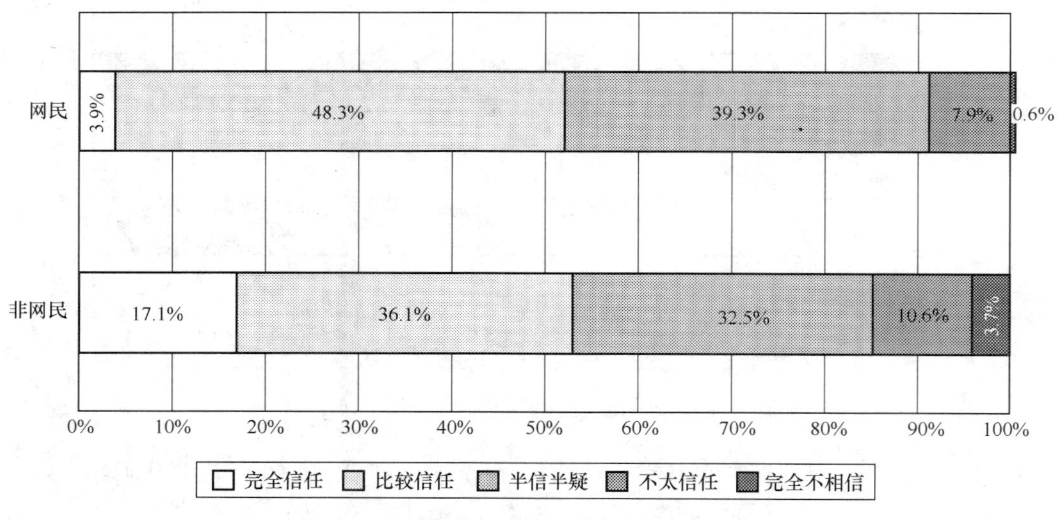

图 5.68　网民和非网民对互联网的信任程度

总体而言，网民中选择信任互联网的比例为 52.2%，选择不信任互联网的比例为 8.5%，非网民中选择信任互联网的比例为 53.2%，选择不信任互联网的比例为 14.3%，这表明网民和非网民对互联网的信任程度一致，网民和非网民中多数对互联网持信任的看法。

综上所述，对“使用互联网可以提高工作/生活和学习的效率”观点，网民和非网民中绝大部分都赞成；

对“使用互联网容易结交不好的朋友”、“使用互联网容易暴露隐私”等观点，网民和非网民中多数均不赞成；对“使用互联网容易受不良信息影响”观点，网民和非网民中不赞成的比例高于赞成的比例，但二者对这一观点的看法存在一定的差异；对“在单位/学校/邻里中，会上网的人好像高人一等”观点，网民和非网民的看法有着明显的差异；在对互联网的信任问题上，持信任态度的网民和非网民均是多数。

（中国互联网络信息中心（CNNIC））

第二篇

应用篇

第6章　电子政务发展状况

2004年是中国电子政务建设历程中不寻常的一年。2004年年初，国务院办公厅召开的“全国政府系统政务信息化工作会议”指出，2004年我国电子政务建设要围绕“加快推进电子政务示范工程建设”等四项任务全面推进。建设的总体思路是：继续推进以“三网一库”为基本架构的政府系统政务信息化枢纽框架及应用体系建设；以实施电子政务示范工程为先导，加快建设和整合统一的全国政府系统办公业务资源网络平台；加快推进政府门户网站建设。其中具体包括：1．加快推进电子政务试点示范工程建设；2．加快推进政府门户网站建设；3．努力搞好网络平台建设，其中重点是办公业务资源网和内网平台的整合建设与升级；4．切实抓好办公业务资源系统建设。

2004年，电子政务建设的总体战略布局初步完成，并在此基础上实现了电子政务建设的整体性加速推进。2004年11月，联合国发布了对成员国电子政务的测评结果，结果显示，中国在191个成员国中排名第67位，比2003年的第74位前进了7位，分值首次超过了全球平均分。从这个角度来说，我国电子政务建设在2004年的确取得了长足的进步。同时，电子政务基础设施投资继续保持快速增长势头，电子政务建设更趋合理，中央及各级政府门户政府网站建设、信息安全、政府软件采购、信息资源开发利用等与电子政务相关的市场也活跃起来。

6.1　2004年政府网站评估报告

【编者按】中国的电子政务目前正转向绩效评估阶段，2004年有多家单位在做这种评估工作，如2005年3月，国务院信息化工作办公室发布了委托赛迪顾问股份有限公司实施的《2004年中国政府网站绩效评估报告》，而计世资讯（CCW Research）则推出了《2004年中国政府公众网站评估研究报告》，这些报告分别采用不同指标体系和评估方法，从不同侧面来反映、分析中国政府网站的电子政务发展状况，各具特色。

6.1.1　2004年中国政府网站绩效评估报告

一、报告说明

2004年，我国电子政务稳步推进，在信息资源、公共服务等方面取得了积极的进展，政府门户网站作为政府面向社会公众的“窗口”，是政务公开和电子政务公共服务的重要平台，政府门户网站绩效水平一定程度上是我国电子政务绩效水平的度量。为全面掌握我国政府门户网站发展现状，受国务院信息化工作办公室委托，赛迪顾问股份有限公司继2003年对全国政府网站进行调查评估后，2004年11～12月对我国各级政府网站开展了2004年年度的绩效评估工作。本次仍然通过人工访问政府网站采集数据的评估方式，评估范围包括4类网站：国务院部委及相关单位的部门网站、省级政府门户网站、地级政府门户网站和县级政府门户网站，其中前3类网站进行全样本评估，第4类网站进行20%抽样评估。评估数据截至2004年12月30日。

（一）有关术语与相关定义

表 6.1 有关术语与相关定义

术　语	定　义
政府门户网站	政府网站的一种，指我国一级政府（如中央人民政府、省级人民政府、地级人民政府、县级人民政府等）履行政府职能、面向社会提供服务的官方网站，是政府实现政务公开和社会公众、企业获取政府服务的重要渠道。政府门户网站是一级政府行政管辖区域内所有政府部门网站的统一入口网站，具有惟一性、综合性的特征 本报告中所指政府门户网站除包括省级政府门户网站、地级政府门户网站、县级政府门户网站外，还包括国务院部委及直属机构（单位）网站
政府网站绩效	通过政府网站实现电子政务功能的程度，本评估中电子政务功能主要包括公共服务、政务公开以及公共参与
政务信息公开	简称“政务公开”，指通过政府网站定期或不定期公开政府工作的相关信息，包括各种政策法规、政府机构组成、政府人事财政、政府工作动态等信息
网站公共服务	公共服务是指以服务形式存在的公共物品，同时具备非竞争性和非排他性两种属性。本报告中所指公共服务主要是指通过政府网站提供的公共服务，主要由政府部门直接生产和提供，还可由非政府/非营利机构或企业参与生产和提供
信息发布服务	相对于“在线互动服务”而言，指通过政府网站发布的信息类服务，服务提供者与服务接受者之间不存在任何的信息交互行为
在线互动服务	相对于“信息发布服务”而言，指通过政府网站提供的信息交互类服务，服务提供者与服务接受者之间存在信息交互行为，包括单向作用（信息单向传递）服务、双向互动（信息双向传递）服务。本报告涉及到的常见“在线互动服务”包括表格下载、在线查询、在线投诉、在线咨询、在线申请/报/办等

（二）政府门户网站绩效与发展层次定义

1．政务公开与公共服务构成政府门户网站的核心绩效

政府门户网站绩效主要是指通过政府门户网站实现电子政务功能的程度，基于以人为本精神，电子政务功能实现程度主要是指电子政务服务对象的受益程度。根据我国政府行政体系改革和创建服务型政府要求，我国电子政务功能主要包括政务公开、公共服务和公共参与。

本次评估的政府门户网站绩效特指通过政府门户网站开展政务公开深度、提供公共服务水平及公共参与情况，提供政府公开和公共服务构成政府门户网站的核心绩效，评估中将考察政府门户网站“以用户为中心”的意识水平。

2．基于绩效的政府门户网站发展层次定义

表 6.2 赛迪顾问基于绩效的政府门户网站发展层次定义

发展层次		绩效区间	阶 段 特 征
一	准备阶段	0≤绩效＜10	政府门户网站建设准备过程中，网站没有开通或者网站刚开通但还看不出是政府门户网站
二	起步阶段	10≤绩效＜30	① 政府门户网站内容简单，基本是一个孤立政府网站，没有发挥门户对其他网站的整合功能 ② 电子政务尚处在尝试之中，政府门户网站功能单一，以宣传政府和发布信息为主要功能
三	发展阶段	30≤绩效＜60	① 电子政务公共服务有了一定发展，政府门户网站仍然以发布政务信息为主，但是能够提供少量的面向社会公众和企业的公共服务 ② 政府门户网站尝试整合相关部门网站的资源，政府门户网站整合资源的功能逐步体现 ③ 政府门户网站与电子政务应用系统的整合明显不足，制约了电子政务一站式服务的发展

续表

发展层次		绩效区间	阶段特征
四	成熟阶段	60≤绩效＜80	① 电子政务发展目标明确，电子政务公共服务有了长足的发展，政府门户网站以政务公开和公共服务并重，明显体现出服务型政府门户的特点 ② 政府门户网站加强了对政府部门网站资源和各对外电子政务应用系统的整合力度 ③ 政府门户网站成为“一站式”电子政务公共服务平台，从服务数量上基本能够涵盖用户的全部生命周期，但服务深度和质量有待加强 ④ 电子政务有了明显的关注用户需求的意识，政府门户网站建设基本以用户为中心
五	领先阶段	80≤绩效≤100	① 电子政务水平在国内处于领先水平，电子政务处于良性发展之中，对全国起到示范作用 ② 电子政务公共服务功能突出，政府门户网站做到“以公众和企业为对象，以服务为中心” ③ 门户网站充分整合了相关部门资源和电子政务应用系统，“一站式”服务功能较为完善 ④ 完全以用户为中心建设政府门户网站，政府门户网站绩效以用户满意度作为主要衡量标准

（三）2004 年中国政府门户网站绩效评估体系构成

1．部委网站评估指标体系

表 6.3　　部委网站绩效评估指标体系

一级指标	二级指标	
公共服务（权重 25%）	信息类服务	行业信息
		服务指南
	办理类服务	在线咨询
		在线申报
		表格下载
		进程查询
		在线投诉
政务公开（权重 50%）	机构设置	
	领导分工	
	人事任免	
	国际交流	
	政府会议	
	政策法规	
	统计数据	
	政府工作	
	政府采购	
	财政投资	
	民愿处理	
	决策公开	

续表

<table>
<tr><th>一 级 指 标</th><th colspan="2">二 级 指 标</th></tr>
<tr><td rowspan="12">客户意识
（权重 20%）</td><td colspan="2">首页区域布局，考察公共服务内容所占区域</td></tr>
<tr><td colspan="2">服务分类程度，考察按照主题进行服务分类的状况</td></tr>
<tr><td colspan="2">公共参与程度，考查公共参与方式和参与结果</td></tr>
<tr><td rowspan="3">网站无碍程度</td><td>页面浏览兼容性</td></tr>
<tr><td>颜色及对比色处理</td></tr>
<tr><td>非文本内容的文字提示</td></tr>
<tr><td rowspan="2">个性定制程度</td><td>信息定制</td></tr>
<tr><td>栏目定制</td></tr>
<tr><td colspan="2">特殊服务程度，考查弱势群体服务内容的全面性</td></tr>
<tr><td colspan="2">个人隐私保护，考查网站隐私保护声明</td></tr>
<tr><td rowspan="2">网站使用帮助</td><td>功能使用帮助</td></tr>
<tr><td>常见问题回答</td></tr>
<tr><td rowspan="7">其他指标
（权重 5%）</td><td rowspan="2">信息检索</td><td>检索方式</td></tr>
<tr><td>检索范围</td></tr>
<tr><td rowspan="2">网站导航</td><td>站点地图</td></tr>
<tr><td>栏目导航</td></tr>
<tr><td rowspan="2">其他语种</td><td>外文版本内容丰富性</td></tr>
<tr><td>外文版本内容时效性</td></tr>
<tr><td colspan="2">网站域名，考查英文域名的规范性</td></tr>
</table>

2．地方政府门户网站评估体系

表 6.4　　地方政府门户网站绩效评估指标体系

<table>
<tr><th>一 级 指 标</th><th colspan="2">二 级 指 标</th></tr>
<tr><td rowspan="17">网上服务
（权重 40%）</td><td rowspan="11">面向居民服务</td><td>户籍、证件</td></tr>
<tr><td>婚姻、生育</td></tr>
<tr><td>教育、培训</td></tr>
<tr><td>住房、社区</td></tr>
<tr><td>就业、转业</td></tr>
<tr><td>交通、车辆</td></tr>
<tr><td>法律、救助</td></tr>
<tr><td>旅游、娱乐</td></tr>
<tr><td>医疗、保健</td></tr>
<tr><td>社保、低保</td></tr>
<tr><td>其他</td></tr>
<tr><td rowspan="6">面对企业服务</td><td>设立、变更</td></tr>
<tr><td>税务、保险</td></tr>
<tr><td>雇工、劳动</td></tr>
<tr><td>质监、检验</td></tr>
<tr><td>进口、出口</td></tr>
<tr><td>环保、绿化</td></tr>
</table>

续表

<table>
<tr><th>一级指标</th><th colspan="2">二级指标</th></tr>
<tr><td rowspan="7">网上服务
（权重 40%）</td><td rowspan="5">面对企业服务</td><td>公安、司法</td></tr>
<tr><td>土地、城建</td></tr>
<tr><td>新闻、出版</td></tr>
<tr><td>破产、注销</td></tr>
<tr><td>其他</td></tr>
<tr><td rowspan="2">其他群体服务</td><td>三农服务</td></tr>
<tr><td>其他服务</td></tr>
<tr><td rowspan="10">政务公开
（权重 35%）</td><td colspan="2">机构设置</td></tr>
<tr><td colspan="2">领导分工</td></tr>
<tr><td colspan="2">人事任免</td></tr>
<tr><td colspan="2">政策法规</td></tr>
<tr><td colspan="2">政府会议</td></tr>
<tr><td colspan="2">政府工作</td></tr>
<tr><td colspan="2">政府采购</td></tr>
<tr><td colspan="2">财政投资</td></tr>
<tr><td colspan="2">民愿处理</td></tr>
<tr><td colspan="2">决策公开</td></tr>
<tr><td rowspan="12">客户意识
（权重 20%）</td><td colspan="2">首页区域布局，考查公共服务内容所占区域</td></tr>
<tr><td colspan="2">服务分类程度，考查按照用户进行服务分类的状况</td></tr>
<tr><td colspan="2">公共参与程度，考查公共参与方式和参与结果</td></tr>
<tr><td rowspan="3">网站无碍程度</td><td>页面浏览兼容性</td></tr>
<tr><td>颜色及对比色处理</td></tr>
<tr><td>非文本内容的文字提示</td></tr>
<tr><td rowspan="2">个性定制程度</td><td>信息定制</td></tr>
<tr><td>栏目定制</td></tr>
<tr><td colspan="2">特殊服务程度，考查弱势群体服务内容的全面性</td></tr>
<tr><td colspan="2">个人隐私保护，考查网站隐私保护声明</td></tr>
<tr><td rowspan="2">网站使用帮助</td><td>功能使用帮助</td></tr>
<tr><td>常见问题回答</td></tr>
<tr><td rowspan="7">其他指标
（权重 5%）</td><td rowspan="2">信息检索</td><td>检索方式</td></tr>
<tr><td>检索结果呈现方式</td></tr>
<tr><td rowspan="2">网站导航</td><td>站点地图</td></tr>
<tr><td>栏目导航</td></tr>
<tr><td rowspan="2">其他语种</td><td>外文版本内容丰富性</td></tr>
<tr><td>外文版本内容时效性</td></tr>
<tr><td colspan="2">网站域名，考查英文域名的规范性</td></tr>
</table>

二、2004 年中国政府门户网站绩效宏观情况

（一）概述

1．我国政府门户绩效较低，总体上处于起步和发展阶段。省市县三者之间“门户鸿沟”明显，省级门户绩效居首，县级门户绩效最低，省级绩效约为县级绩效的 3 倍。

评估结果显示（如图 6.1 所示），我国部委网站绩效平均得分为 40.7，省级政府门户网站绩效平均得分为 43.4，地级政府门户网站绩效平均得分为 27.2，县级政府门户网站绩效平均得分为 14.8。地方政府（省级、地级和县级政府）门户网站中，省级政府门户网站绩效最高，地级居中，县级最低，三级门户绩效差距明显，地级约为县级 2 倍，省级约为县级 3 倍。

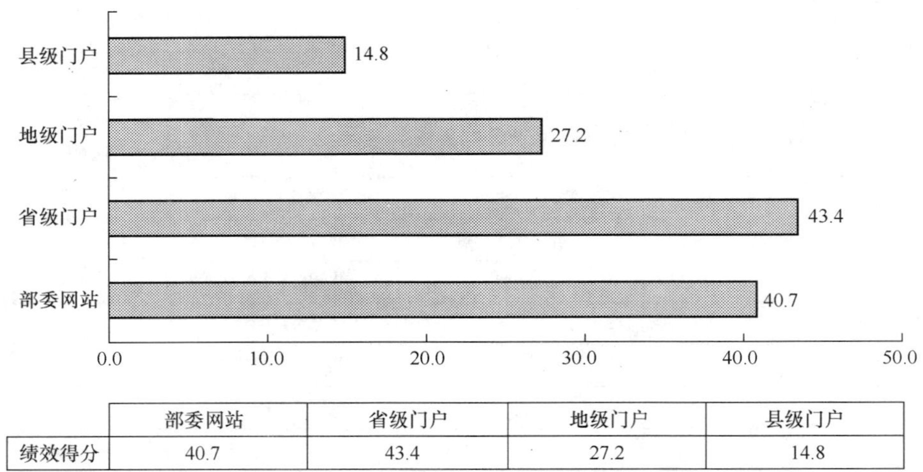

	部委网站	省级门户	地级门户	县级门户
绩效得分	40.7	43.4	27.2	14.8

图 6.1　2004 年我国各级政府门户网站绩效得分总体情况

2．93.4%的部委拥有部门网站，72.9%的地方政府（省、地、县）拥有门户网站。地方政府门户总体数量年度增长 47.03%，其中县级门户数量增长最快，年度增长率达 58.98%。

国务院部委、直属特设机构、直属机构、办事机构、直属事业单位及国务院部委管理的国家局 76 个单位（不含国务院办公厅）中共有 71 个单位拥有部门网站（本报告中将这些单位的部门网站定义为“部委网站”），31 个省级政府（22 个省、4 个直辖市和 5 个自治区）中 29 个省级政府拥有门户网站，全国 333 个地级政府（284 个地市、17 个地区、29 个自治州、3 个盟）中 310 个地级政府拥有门户网站（地级政府门户网站拥有率为 93.1%），全国县级政府抽样（20%）414 个县级政府中 287 个县级政府拥有门户网站（县级政府门户网站拥有率为 69.3%），省、地、县级政府门户网站平均拥有率为 72.9%（如图 6.2 所示）。

省级政府门户网站域名全部符合规范，地级政府门户网站中 283 个网站（91.3%的网站）域名符合规范，县级政府门户网站中 191 个网站（66.6%的网站）域名符合规范，说明我国地级和县级政府门户网站域名规范性仍有待进一步加强，尤其是县级政府门户网站。

从政府门户网站数量增长情况来看，所有政府门户网站均有不同程度的增长，地方政府门户总体数量较 2003 年增长 47.03%，其中县级门户数量增长最快，年度增长率达 58.98%（如图 6.3 所示）。

3．部委和省级门户发展较快，多数处于“发展阶段”。地县级门户发展相对落后，地级门户主要处于“起步阶段”和“发展阶段”，县级门户主要处于“准备阶段”和“起步阶段”（如图 6.4 所示）。

（二）各级政府门户网站绩效水平

1．部委门户网站平均绩效为 40.7

部委网站平均绩效 40.7，三类功能指标中以“政务公开指数”最高（如图 6.5 所示），政务公开指数为 0.48，网上服务指数为 0.32，用户意识指数为 0.28。

2．省级门户网站平均绩效为 43.4

省级政府门户网站平均绩效 43.4，三类功能指标中以“政务公开指数”最高（如图 6.6 所示），政务公开指数为 0.52，网上服务指数为 0.36，用户意识指数为 0.39。

3．地级门户网站平均绩效为 27.2

地级政府门户网站平均绩效 27.2，三类功能指标中以“政务公开指数”最高（如图 6.7 所示），政务公开指数为 0.37，网上服务指数为 0.21，用户意识指数为 0.19。

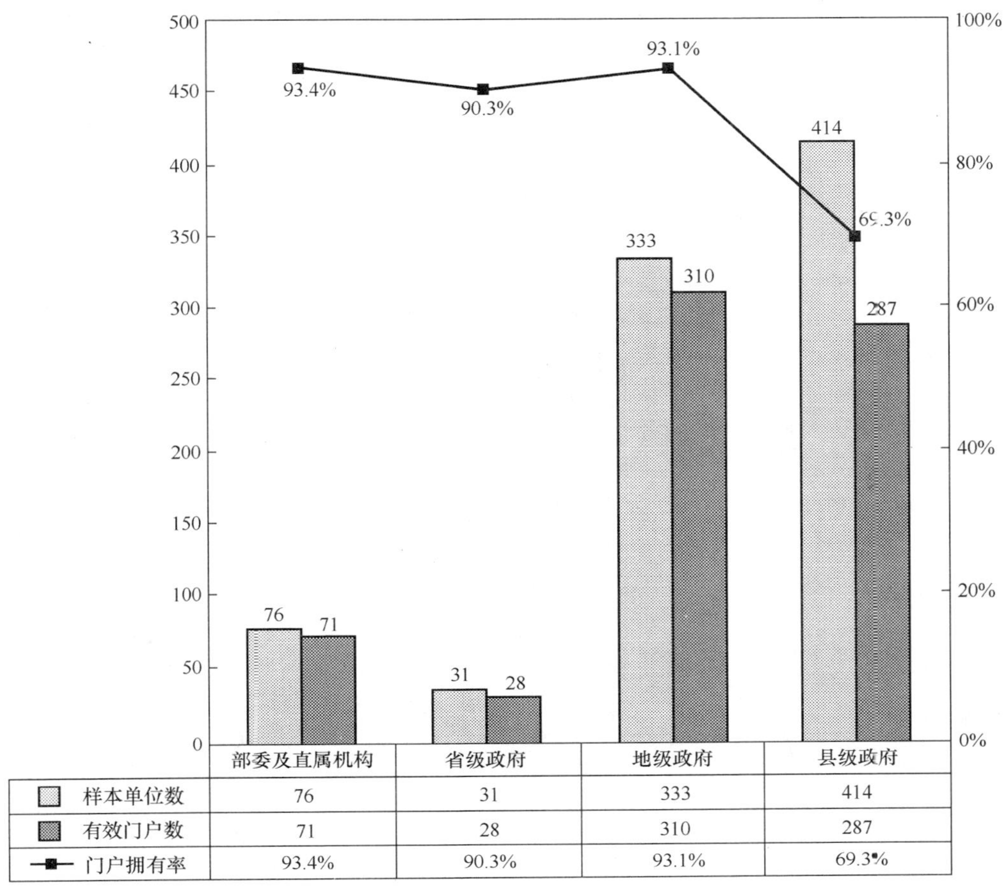

图 6.2　各级政府门户网站拥有率情况

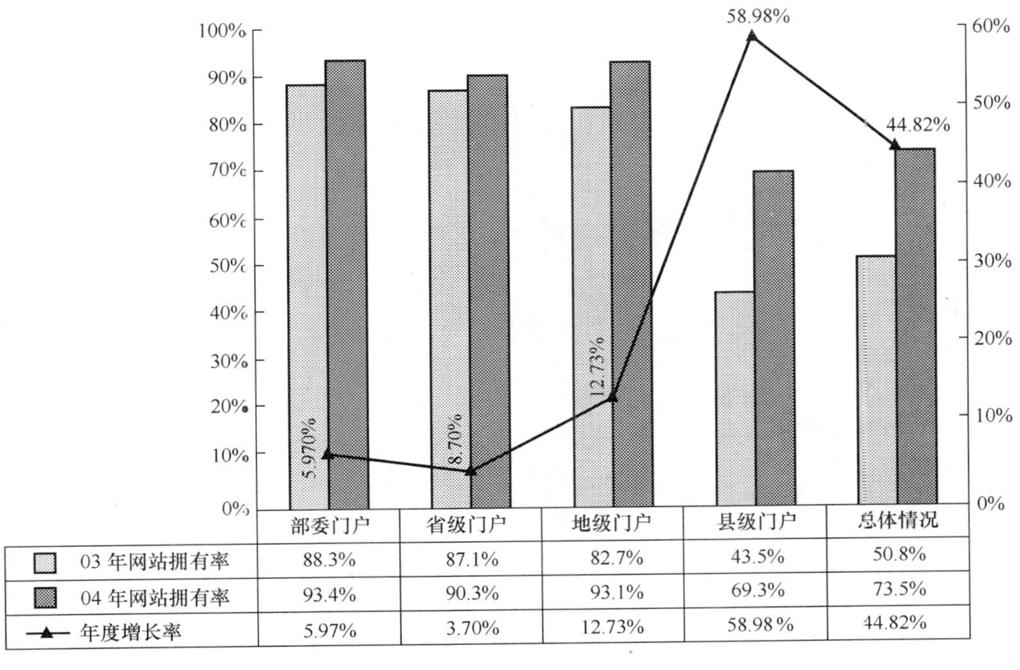

图 6.3　各级政府门户网站数量年度增长情况

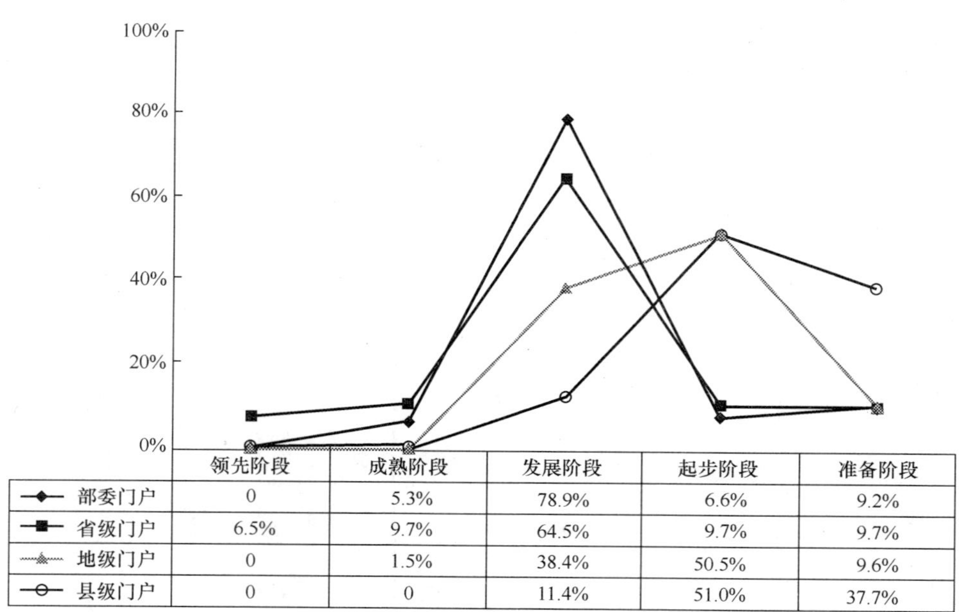

	领先阶段	成熟阶段	发展阶段	起步阶段	准备阶段
部委门户	0	5.3%	78.9%	6.6%	9.2%
省级门户	6.5%	9.7%	64.5%	9.7%	9.7%
地级门户	0	1.5%	38.4%	50.5%	9.6%
县级门户	0	0	11.4%	51.0%	37.7%

图 6.4　各级政府门户网站发展层次情况

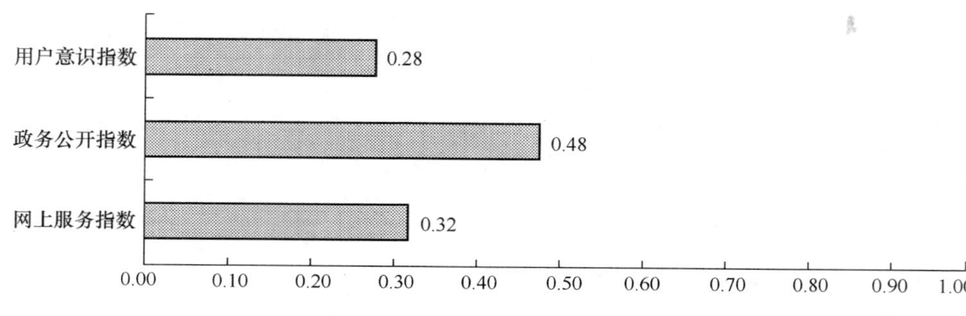

图 6.5　部委网站主要功能指标得分

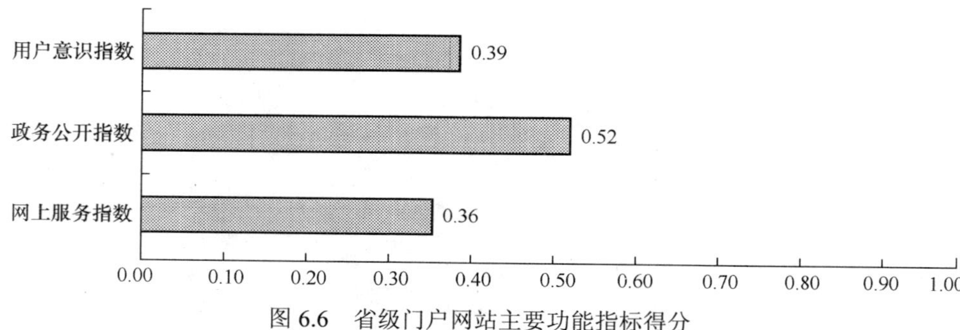

图 6.6　省级门户网站主要功能指标得分

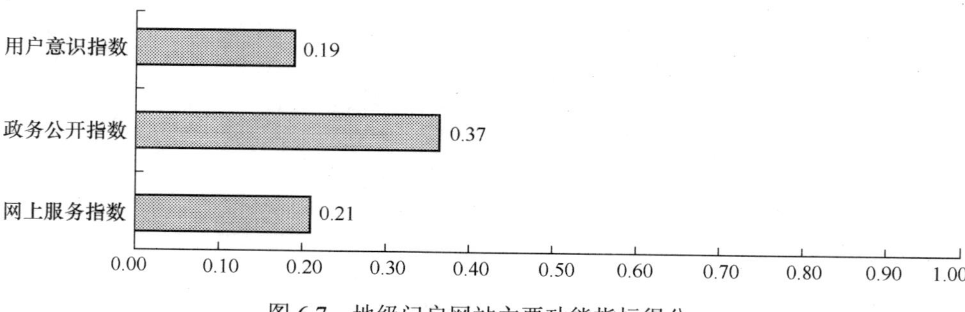

图 6.7　地级门户网站主要功能指标得分

4．县级门户网站平均绩效为 14.8

县级政府门户网站平均绩效 14.8，三类功能指标中以“政务公开指数”最高（如图 6.8 所示），政务公开指数为 0.20，网上服务指数为 0.10，用户意识指数为 0.13。

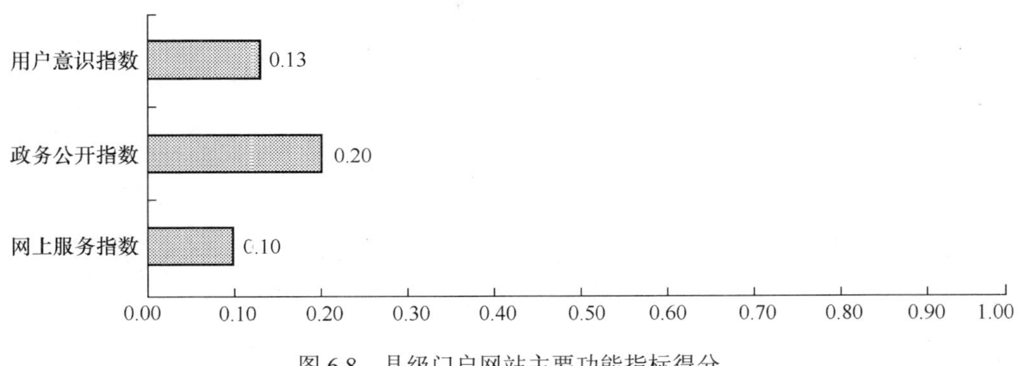

图 6.8　县级门户网站主要功能指标得分

（三）各级政府门户数量拥有情况

1．部委门户网站拥有率为 93.4%

网站拥有率为 93.4%。

缺失网站的部门为国防部、国家安全部、国家宗教事务局、国家信访局、国务院研究室。

2．省级门户网站拥有率为 90.3%

门户拥有率为 90.3%。

缺失门户的省份为山东省、西藏自治区、宁夏回族自治区。

3．地级门户网站拥有率为 93.1%

全国地级政府门户网站拥有率为 93.1%，全国 27 个省和自治区中，江苏、浙江、山东、广东、江西、海南、安徽、黑龙江、吉林、陕西、河南、青海 12 个省的地级政府门户网站拥有率为 100%（全部地级市均拥有政府门户网站），各省份地级门户拥有率情况如图 6.9 所示。

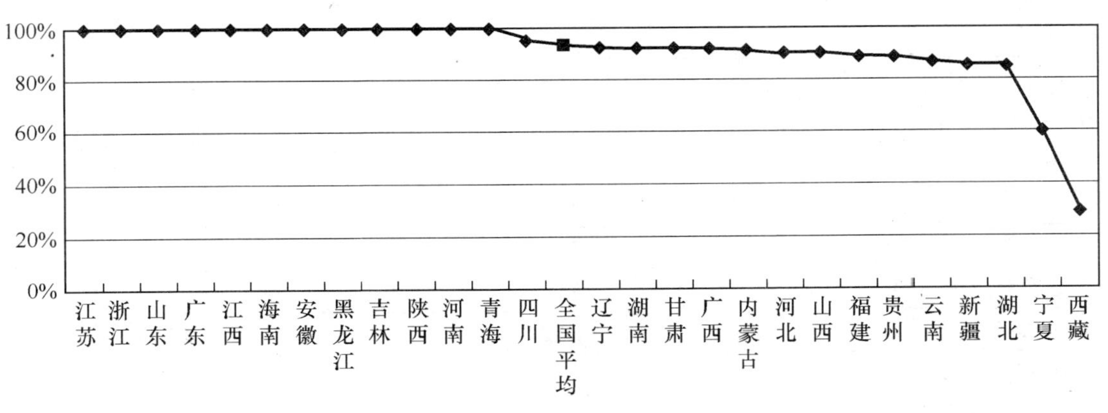

图 6.9　各省地级政府门户网站拥有率比较

4．县级门户网站拥有率为 69.3%

全国县级政府门户网站拥有率为 69.3%，全国 27 个省和自治区中，仅江苏、浙江、海南、吉林、辽宁 5 个省的县级政府门户网站拥有率为 100%（全部县级市均拥有政府门户网站），各省份县级门户拥有率情况如图 6.10 所示。

（四）各级政府门户网站绩效总排名

1．部委网站绩效得分排名如表 6.5 所示。

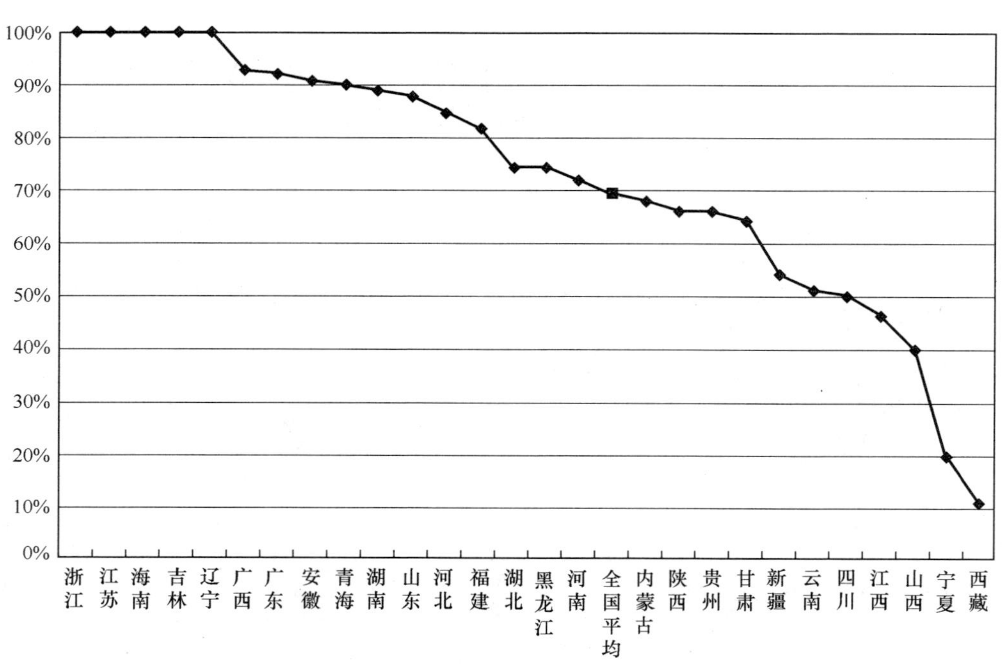

图 6.10　各省县级政府门户网站拥有率比较

表 6.5　部委及直属机构网站绩效得分排名表

排　名	部　　门	绩效得分	网上服务	政务公开	用户意识
1	商务部	79.9	0.80	0.86	0.64
2	国家食品药品监督管理局	68.0	0.73	0.70	0.56
3	国土资源部	61.3	0.70	0.62	0.45
4	科学技术部	60.7	0.64	0.61	0.49
5	国家环境保护总局	57.5	0.44	0.69	0.39
6	外交部	57.4	0.66	0.53	0.54
7	国家税务总局	57.3	0.63	0.57	0.48
8	国家安全生产监督管理局	56.7	0.47	0.67	0.40
9	卫生部	55.9	0.46	0.64	0.40
10	国家知识产权局	54.5	0.59	0.60	0.28
11	交通部	54.2	0.19	0.81	0.28
12	国家旅游局	53.8	0.50	0.55	0.48
13	建设部	53.4	0.31	0.63	0.50
14	司法部	52.2	0.63	0.52	0.36
15	国家工商行政管理总局	52.2	0.75	0.48	0.27
16	教育部	51.9	0.42	0.60	0.45
17	海关总署	51.5	0.63	0.54	0.26
18	国家统计局	51.0	0.31	0.66	0.34
19	国家外汇管理局	51.0	0.35	0.72	0.15
20	审计署	50.6	0.48	0.55	0.34
21	国家林业局	50.4	0.43	0.58	0.34
22	国家文物局	50.1	0.58	0.52	0.32
23	国家粮食局	50.1	0.51	0.58	0.25

续表

排　名	部　　门	绩效得分	网上服务	政务公开	用户意识
24	水利部	50.0	0.14	0.65	0.48
25	国务院侨务办公室	49.3	0.56	0.49	0.34
26	国家自然科学基金委员会	49.2	0.36	0.62	0.26
27	农业部	49.1	0.36	0.56	0.42
28	国家体育总局	49.1	0.36	0.63	0.25
29	全国社会保障基金理事会	48.4	0.36	0.59	0.30
30	国家行政学院	47.3	0.51	0.56	0.17
31	国家电力监管委员会	47.1	0.36	0.60	0.26
32	劳动和社会保障部	46.7	0.48	0.52	0.28
33	中国科学院	46.6	0.32	0.56	0.35
34	国有资产监督管理委员会	46.4	0.36	0.59	0.25
35	人事部	46.2	0.14	0.64	0.31
36	公安部	45.9	0.48	0.45	0.29
37	信息产业部	45.7	0.36	0.57	0.32
38	国家发展和改革委员会	45.6	0.48	0.50	0.29
39	中国民用航空总局	44.4	0.50	0.49	0.35
40	中国保险监督管理委员会	44.4	0.43	0.57	0.12
41	国家中医药管理局	44.4	0.36	0.55	0.27
42	国家质量监督检验检疫总局	44.2	0.22	0.60	0.25
43	国家广播电影电视总局	43.3	0.33	0.51	0.28
44	国务院法制办公室	42.6	0.36	0.49	0.26
45	中国气象局	42.5	0.32	0.49	0.32
46	新华通讯社	39.5	0.19	0.51	0.27
47	国家外国专家局	35.6	0.12	0.49	0.26
48	国家邮政局	35.5	0.30	0.45	0.19
49	国务院港澳事务办公室	35.1	0.12	0.52	0.26
50	国家海洋局	34.9	0.18	0.51	0.18
51	国家版权局	34.0	0.12	0.50	0.18
52	国家民族事务委员会	33.7	0.06	0.40	0.44
53	财政部	33.6	0.24	0.39	0.27
54	民政部	33.5	0.06	0.45	0.31
55	中国银行业监督管理委员会	33.3	0.06	0.53	0.16
56	文化部	33.3	0.24	0.41	0.24
57	中国证券监督管理委员会	33.1	0.06	0.48	0.19
58	监察部	33.0	0.30	0.35	0.27
59	铁道部	32.7	0.36	0.40	0.18
60	国家烟草专卖局	31.7	0.12	0.43	0.21
61	国务院机关事务管理局	31.4	0.18	0.37	0.30
62	国家测绘局	31.3	0.06	0.42	0.29
63	国家人口和计划生育委员会	30.2	0.12	0.38	0.25

续表

排　名	部　　门	绩效得分	网上服务	政务公开	用户意识
64	中国人民银行	30.0	0.06	0.44	0.18
65	新闻出版总署	29.9	0.06	0.49	0.13
66	中国社会科学院	29.6	0.42	0.25	0.22
67	国务院发展研究中心	28.4	0.30	0.34	0.13
68	国务院参事室	25.9	0.07	0.41	0.10
69	国防科学技术工业委员会	23.7	0.07	0.23	0.35
70	中国地震局	9.8	0.07	0.06	0.18
71	中国工程院	9.5	0.07	0.11	0.05

备注：有 5 个部委及相关单位没有发现存在部门网站。

2．省级门户绩效得分排名如表 6.6 所示。

表 6.6　　省级政府门户绩效得分排名表

排　名	省（直辖市、自治区）	最终得分	网上服务	政务公开	用户意识
1	上　海	82.1	0.83	0.86	0.69
2	北　京	80.1	0.76	0.90	0.66
3	浙　江	65.7	0.61	0.77	0.48
4	安　徽	62.6	0.54	0.81	0.48
5	江　苏	61.9	0.55	0.75	0.48
6	广　东	59.2	0.48	0.71	0.54
7	河　北	56.9	0.51	0.70	0.41
8	天　津	56.3	0.47	0.61	0.58
9	云　南	52.3	0.46	0.60	0.49
10	重　庆	51.5	0.42	0.62	0.44
11	吉　林	49.6	0.39	0.62	0.43
12	海　南	47.7	0.36	0.57	0.53
13	陕　西	47.6	0.38	0.57	0.48
14	四　川	47.3	0.49	0.49	0.44
15	辽　宁	46.6	0.29	0.68	0.45
16	青　海	44.2	0.35	0.51	0.47
17	贵　州	43.2	0.27	0.62	0.48
18	甘　肃	43.1	0.34	0.53	0.38
19	新　疆	43.1	0.34	0.51	0.40
20	福　建	42.4	0.35	0.60	0.24
21	江　西	39.9	0.40	0.51	0.14
22	河　南	38.4	0.31	0.53	0.28
23	黑龙江	37.2	0.18	0.55	0.44
24	湖　北	36.4	0.19	0.57	0.37
25	内蒙古	33.2	0.32	0.29	0.37
26	山　西	28.2	0.20	0.24	0.39

续表

排　名	省（直辖市、自治区）	最终得分	网上服务	政务公开	用户意识
27	湖　南	26.7	0.20	0.30	0.26
28	广　西	21.2	0.13	0.24	0.29

备注：有 3 个省级政府没有发现存在政府门户网站。

3．地级门户绩效得分排名如表 6.7 所示。

表 6.7　　地级政府门户绩效得分排名表

排　名	城　市	绩效得分	网上服务	政务公开	客户意识
1	青岛市	72.3	0.73	0.77	0.56
2	杭州市	66.3	0.71	0.63	0.57
3	武汉市	65.8	0.72	0.64	0.52
4	大连市	64.4	0.70	0.58	0.55
5	温州市	63.0	0.66	0.63	0.56
6	无锡市	59.6	0.61	0.64	0.44
7	烟台市	57.4	0.59	0.56	0.46
8	广州市	54.6	0.54	0.62	0.39
9	成都市	54.3	0.55	0.55	0.41
10	苏州市	54.1	0.51	0.59	0.42
11	南京市	52.9	0.51	0.57	0.39
12	汕头市	52.6	0.54	0.61	0.25
13	东营市	52.5	0.55	0.61	0.32
14	黄石市	52.1	0.53	0.59	0.32
15	威海市	48.4	0.35	0.60	0.47
16	哈尔滨市	48.3	0.42	0.58	0.32
17	襄樊市	47.9	0.49	0.61	0.20
18	济南市	47.3	0.48	0.52	0.30
19	深圳市	46.8	0.45	0.52	0.30
20	泰州市	46.3	0.49	0.56	0.20
20	珠海市	46.3	0.47	0.54	0.20
22	常州市	46.0	0.47	0.56	0.19
23	佛山市	45.9	0.36	0.61	0.29
24	潍坊市	45.7	0.46	0.54	0.29
25	海口市	45.1	0.37	0.57	0.34
25	淄博市	45.1	0.36	0.66	0.22
27	扬州市	44.4	0.47	0.58	0.19
28	盘锦市	44.3	0.37	0.62	0.20
29	湖州市	44.2	0.45	0.51	0.24
30	舟山市	44.0	0.46	0.46	0.30
30	宁波市	44.0	0.42	0.50	0.28
32	九江市	43.8	0.33	0.61	0.32
33	惠州市	43.7	0.35	0.60	0.29
34	漳州市	43.6	0.46	0.54	0.19

续表

排　名	城　市	绩效得分	网上服务	政务公开	客户意识
35	淮安市	43.5	0.45	0.50	0.26
36	六安市	42.9	0.41	0.53	0.27
37	茂名市	42.4	0.36	0.58	0.23
38	南通市	42.2	0.52	0.37	0.19
39	嘉兴市	42.1	0.39	0.50	0.26
40	长春市	41.9	0.48	0.41	0.25
41	泰安市	41.8	0.48	0.43	0.24
42	石家庄市	41.6	0.35	0.58	0.21
43	江门市	41.2	0.42	0.48	0.23
44	南昌市	40.9	0.43	0.46	0.24
45	连云港市	40.7	0.38	0.50	0.18
45	银川市	40.7	0.34	0.57	0.29
47	荆门市	40.5	0.39	0.47	0.30
48	昆明市	40.1	0.39	0.52	0.25
48	乐山市	40.1	0.36	0.66	0.08
48	新余市	40.1	0.45	0.38	0.23
51	衡水市	39.7	0.34	0.55	0.23
52	鄂尔多斯市	39.6	0.21	0.74	0.20
52	泸州市	39.6	0.40	0.46	0.29
54	乌鲁木齐市	39.4	0.33	0.51	0.27
55	怀化市	39.1	0.31	0.56	0.26
56	东莞市	38.9	0.29	0.55	0.23
57	柳州市	38.4	0.41	0.40	0.27
57	湛江市	38.4	0.25	0.60	0.24
59	延边州	38.1	0.34	0.49	0.27
60	本溪市	37.7	0.47	0.38	0.16
61	呼和浩特市	37.6	0.37	0.43	0.24
61	鞍山市	37.6	0.35	0.49	0.16
61	丽水市	37.6	0.25	0.53	0.30
64	厦门市	37.5	0.31	0.42	0.30
65	绵阳市	37.2	0.44	0.33	0.24
66	鹰潭市	37.1	0.24	0.62	0.17
67	莱芜市	37.0	0.38	0.40	0.30
67	太原市	37.0	0.30	0.50	0.23
69	贵阳市	36.7	0.34	0.58	0.14
70	昌吉州	36.5	0.20	0.58	0.27
71	黔东南州	36.2	0.19	0.58	0.25
72	沈阳市	36.0	0.17	0.73	0.14
72	镇江市	36.0	0.17	0.64	0.19
74	德阳市	35.7	0.34	0.40	0.27

续表

排　　名	城　　市	绩效得分	网上服务	政务公开	客户意识
74	宿迁市	35.7	0.30	0.53	0.21
74	吉安市	35.7	0.38	0.38	0.23
77	十堰市	35.6	0.21	0.58	0.22
78	鹤岗市	35.3	0.19	0.64	0.16
79	玉溪市	34.9	0.48	0.24	0.22
79	日照市	34.9	0.34	0.42	0.20
81	芜湖市	34.8	0.51	0.24	0.20
82	西安市	34.7	0.30	0.47	0.24
82	佳木斯市	34.7	0.35	0.36	0.28
84	黄冈市	34.4	0.16	0.59	0.23
85	宜宾市	34.1	0.19	0.50	0.28
85	伊犁州	34.1	0.30	0.46	0.20
87	乌海市	34.0	0.35	0.40	0.14
88	长治市	33.9	0.39	0.29	0.22
88	肇庆市	33.9	0.27	0.42	0.22
90	赣州市	33.8	0.24	0.49	0.23
90	廊坊市	33.8	0.35	0.39	0.17
92	晋城市	33.7	0.24	0.47	0.25
93	常德市	33.6	0.12	0.62	0.25
94	榆林市	33.3	0.18	0.57	0.28
95	淮南市	33.1	0.25	0.39	0.32
96	保定市	32.8	0.31	0.42	0.22
97	黄山市	32.7	0.19	0.47	0.28
98	阳江市	32.4	0.14	0.64	0.14
98	聊城市	32.4	0.17	0.51	0.22
100	阿克苏地区	32.2	0.27	0.46	0.14
101	赤峰市	32.1	0.17	0.56	0.17
101	大兴安岭地区	32.1	0.29	0.46	0.14
103	巴音郭楞州	32.0	0.31	0.46	0.15
104	广元市	31.9	0.21	0.58	0.14
105	眉山市	31.8	0.25	0.49	0.15
106	上饶市	31.7	0.31	0.36	0.25
106	益阳市	31.7	0.23	0.55	0.14
108	内江市	31.5	0.27	0.35	0.29
108	潮州市	31.5	0.37	0.31	0.17
108	张家界市	31.5	0.21	0.46	0.19
111	玉林市	31.4	0.38	0.30	0.15
111	阜阳市	31.4	0.18	0.51	0.23
111	陇南地区	31.4	0.15	0.55	0.17
114	云浮市	31.3	0.20	0.47	0.27

续表

排　名	城　市	绩效得分	网上服务	政务公开	客户意识
114	楚雄州	31.3	0.20	0.50	0.12
116	衡阳市	31.2	0.14	0.50	0.24
116	宝鸡市	31.2	0.14	0.59	0.18
118	安顺市	31.1	0.26	0.42	0.21
118	鄂州市	31.1	0.07	0.57	0.28
120	邵阳市	31.0	0.11	0.54	0.25
121	唐山市	30.9	0.21	0.46	0.20
122	宣城市	30.8	0.23	0.39	0.25
123	梧州市	30.7	0.33	0.34	0.20
123	菏泽市	30.7	0.23	0.46	0.19
125	恩施州	30.6	0.10	0.52	0.30
126	盐城市	30.5	0.42	0.22	0.17
126	西宁市	30.5	0.33	0.35	0.17
128	焦作市	30.4	0.35	0.32	0.18
129	邯郸市	30.2	0.18	0.46	0.22
129	通化市	30.2	0.17	0.50	0.19
131	娄底市	30.1	0.28	0.32	0.23
131	克拉玛依市	30.1	0.21	0.46	0.14
131	锡林郭勒盟	30.1	0.27	0.39	0.26
134	安庆市	29.9	0.15	0.53	0.20
134	固原市	29.9	0.25	0.41	0.23
136	漯河市	29.8	0.16	0.49	0.21
136	天水市	29.8	0.18	0.46	0.20
138	濮阳市	29.7	0.18	0.50	0.19
138	周口市	29.7	0.10	0.54	0.22
138	衢州市	29.7	0.18	0.46	0.23
138	沧州市	29.7	0.13	0.54	0.15
142	和田地区	29.5	0.16	0.52	0.16
143	喀什地区	29.4	0.19	0.50	0.15
143	来宾市	29.4	0.17	0.50	0.14
143	金华市	29.4	0.12	0.51	0.20
143	哈密地区	29.4	0.10	0.57	0.19
147	石嘴山市	29.2	0.18	0.46	0.23
147	铜陵市	29.2	0.09	0.54	0.26
149	三明市	29.1	0.12	0.47	0.26
149	西双版纳州	29.1	0.33	0.32	0.16
151	德州市	29.0	0.22	0.46	0.15
152	洛阳市	28.9	0.27	0.38	0.17
153	平顶山市	28.8	0.33	0.22	0.21
153	株洲市	28.8	0.16	0.47	0.20

续表

排　　名	城　　市	绩效得分	网上服务	政务公开	客户意识
155	合肥市	28.5	0.31	0.24	0.21
156	遂宁市	28.4	0.10	0.47	0.24
157	七台河市	28.3	0.24	0.34	0.22
158	亳州市	28.2	0.27	0.28	0.25
158	梅州市	28.2	0.26	0.30	0.22
158	马鞍山市	28.2	0.23	0.33	0.21
161	文山州	28.1	0.26	0.42	0.15
161	拉萨市	28.1	0.08	0.60	0.14
161	鹤壁市	28.1	0.17	0.44	0.21
164	锦州市	28.0	0.15	0.48	0.18
164	黔西南州	28.0	0.12	0.44	0.25
166	清远市	27.8	0.16	0.49	0.15
166	日喀则地区	27.8	0.10	0.52	0.22
168	朔州市	27.6	0.32	0.22	0.23
169	宁德市	27.5	0.29	0.28	0.21
169	四平市	27.5	0.45	0.17	0.12
171	黄南州	27.3	0.08	0.54	0.14
171	中山市	27.3	0.19	0.43	0.14
173	景德镇市	27.2	0.15	0.38	0.23
174	凉山州	27.1	0.41	0.21	0.12
174	白银市	27.1	0.20	0.39	0.22
176	牡丹江市	26.9	0.17	0.39	0.17
177	福州市	26.8	0.29	0.19	0.24
178	绍兴市	26.7	0.18	0.31	0.26
179	龙岩市	26.6	0.20	0.39	0.16
179	宿州市	26.6	0.18	0.32	0.27
181	阿拉善盟	26.5	0.16	0.36	0.20
181	萍乡市	26.5	0.15	0.41	0.23
183	咸宁市	26.1	0.05	0.59	0.11
183	郴州市	26.1	0.14	0.47	0.12
185	蚌埠市	25.9	0.20	0.34	0.20
186	铜仁地区	25.8	0.12	0.48	0.16
187	六盘水市	25.5	0.30	0.28	0.17
187	延安市	25.5	0.17	0.38	0.14
187	徐州市	25.5	0.25	0.23	0.28
190	永州市	25.3	0.15	0.42	0.17
190	铁岭市	25.3	0.18	0.34	0.19
192	阿坝州	25.2	0.22	0.35	0.14
192	思茅地区	25.2	0.27	0.30	0.11
194	营口市	25.1	0.06	0.52	0.15

续表

排　　名	城　　市	绩效得分	网上服务	政务公开	客户意识
195	安康市	25.0	0.15	0.37	0.23
196	酒泉市	24.9	0.07	0.51	0.15
196	汉中市	24.9	0.08	0.51	0.12
196	铜川市	24.9	0.11	0.45	0.17
196	南阳市	24.9	0.27	0.18	0.30
200	湘潭市	24.8	0.04	0.46	0.23
200	台州市	24.8	0.04	0.57	0.16
202	金昌市	24.7	0.31	0.31	0.06
203	大同市	24.3	0.14	0.46	0.14
204	攀枝花市	24.2	0.18	0.31	0.23
205	张掖市	24.1	0.20	0.37	0.14
205	南宁市	24.1	0.22	0.14	0.30
207	韶关市	24.0	0.11	0.44	0.14
207	莆田市	24.0	0.27	0.17	0.25
207	随州市	24.0	0.10	0.43	0.17
207	遵义市	24.0	0.09	0.49	0.11
211	岳阳市	23.7	0.07	0.41	0.21
212	河源市	23.6	0.23	0.26	0.20
212	阳泉市	23.6	0.24	0.20	0.20
214	丽江市	23.5	0.03	0.43	0.20
214	郑州市	23.5	0.22	0.23	0.26
216	临沂市	23.3	0.14	0.30	0.23
217	阿勒泰地区	23.2	0.21	0.34	0.14
217	泉州市	23.2	0.18	0.30	0.18
219	伊春市	23.0	0.24	0.30	0.09
219	巢湖市	23.0	0.15	0.23	0.30
221	宜春市	22.9	0.24	0.19	0.25
222	嘉峪关市	22.7	0.13	0.38	0.16
222	荆州市	22.7	0.04	0.44	0.22
224	邢台市	22.6	0.30	0.11	0.17
225	揭阳市	22.5	0.33	0.14	0.14
226	朝阳市	22.4	0.31	0.18	0.19
227	临汾市	22.2	0.03	0.49	0.08
227	许昌市	22.2	0.10	0.33	0.18
229	驻马店市	22.0	0.16	0.27	0.24
230	抚顺市	21.9	0.42	0.00	0.12
231	平凉市	21.8	0.12	0.36	0.20
232	汕尾市	21.5	0.06	0.43	0.14
233	迪庆州	21.3	0.12	0.35	0.15
234	临沧地区	21.1	0.13	0.34	0.13

续表

排　名	城　市	绩效得分	网上服务	政务公开	客户意识
234	自贡市	21.1	0.13	0.30	0.19
234	临夏州	21.1	0.11	0.37	0.14
237	新乡市	21.0	0.09	0.37	0.15
237	昭通市	21.0	0.09	0.37	0.12
239	包头市	20.9	0.27	0.09	0.25
239	信阳市	20.9	0.05	0.39	0.17
239	抚州市	20.9	0.28	0.10	0.23
242	辽源市	20.8	0.27	0.18	0.17
242	淮北市	20.8	0.11	0.34	0.21
244	葫芦岛市	20.7	0.29	0.10	0.20
244	枣庄市	20.7	0.09	0.31	0.19
246	池州市	20.6	0.14	0.30	0.17
247	毕节地区	20.4	0.07	0.38	0.15
248	甘孜州	20.0	0.07	0.39	0.11
249	曲靖市	19.9	0.10	0.31	0.19
250	资阳市	19.5	0.02	0.42	0.12
251	达州市	19.4	0.06	0.34	0.17
251	广安市	19.4	0.13	0.26	0.15
253	黑河市	19.3	0.33	0.05	0.15
254	齐齐哈尔市	19.0	0.16	0.19	0.23
254	雅安市	19.0	0.10	0.20	0.27
254	开封市	19.0	0.04	0.29	0.23
254	白城市	19.0	0.17	0.30	0.08
254	济宁市	19.0	0.12	0.25	0.20
259	双鸭山市	18.9	0.15	0.19	0.19
259	乌兰察布盟	18.9	0.23	0.14	0.14
261	三亚市	18.8	0.26	0.00	0.24
262	松原市	18.7	0.01	0.43	0.11
263	渭南市	18.5	0.09	0.30	0.15
264	巴中市	18.0	0.02	0.40	0.11
265	安阳市	17.9	0.10	0.18	0.24
265	红河州	17.9	0.05	0.34	0.09
267	运城市	17.7	0.19	0.15	0.16
268	绥化市	17.5	0.11	0.26	0.12
269	大庆市	17.1	0.12	0.19	0.15
270	北海市	17.1	0.10	0.22	0.17
271	白山市	16.7	0.07	0.32	0.12
272	塔城地区	16.6	0.06	0.33	0.12
273	阜新市	16.5	0.13	0.17	0.16
274	贺州市	16.4	0.00	0.30	0.16

续表

排　　名	城　　市	绩效得分	网上服务	政务公开	客户意识
274	兰州市	16.4	0.10	0.26	0.16
274	武威市	16.4	0.07	0.26	0.17
274	三门峡市	16.4	0.10	0.26	0.17
278	长沙市	16.1	0.00	0.29	0.23
278	大理州	16.1	0.08	0.24	0.12
280	咸阳市	15.9	0.09	0.26	0.12
281	百色市	15.7	0.03	0.27	0.19
281	桂林市	15.7	0.04	0.26	0.14
283	鸡西市	15.6	0.14	0.22	0.12
283	定西地区	15.6	0.12	0.19	0.14
285	张家口市	15.5	0.24	0.00	0.17
286	海东地区	15.2	0.03	0.30	0.09
287	滁州市	15.1	0.06	0.26	0.12
288	商洛市	14.2	0.09	0.18	0.14
288	滨州市	14.2	0.10	0.18	0.17
288	忻州市	14.2	0.14	0.12	0.20
291	防城港市	13.6	0.06	0.25	0.14
292	贵港市	13.2	0.08	0.15	0.14
293	商丘市	12.2	0.08	0.17	0.09
294	兴安盟	11.9	0.13	0.09	0.11
294	果洛州	11.9	0.07	0.18	0.07
296	吉林市	11.4	0.04	0.18	0.12
297	晋中市	10.8	0.15	0.03	0.12
298	德宏州	10.5	0.00	0.23	0.06
299	承德市	10.3	0.14	0.00	0.12
300	呼伦贝尔市	10.1	0.17	0.03	0.09
301	丹东市	10.0	0.01	0.18	0.06
302	博尔塔拉州	9.8	0.02	0.18	0.08
303	崇左市	9.5	0.03	0.17	0.10
304	河池市	9.2	0.04	0.16	0.06
305	玉树州	8.5	0.02	0.16	0.08
306	海南州	7.8	0.02	0.14	0.08
306	海北州	7.8	0.02	0.14	0.08
308	海西州	7.6	0.02	0.14	0.08
309	甘南州	7.1	0.04	0.07	0.11
310	通辽市	1.4	0.00	0.04	0.00

备注：有 23 个地级政府没有发现存在政府门户网站。

4．县级门户绩效得分排名如表 6.8 所示。

表 6.8　　县级政府门户绩效得分排名表

排　名	地　名	绩效得分	网上服务	政务公开	客户意识
1	常熟市	52.9	0.51	0.58	0.49
2	余姚市	50.1	0.46	0.56	0.48
3	晋江市	48.5	0.45	0.52	0.42
4	瑞安市	46.1	0.44	0.48	0.52
5	双流县	45.3	0.45	0.45	0.42
6	苍南县	45.1	0.42	0.48	0.50
6	饶平县	45.1	0.48	0.40	0.42
8	郯城县	41.8	0.36	0.59	0.17
9	龙泉市	41.6	0.42	0.46	0.22
10	建水县	41.5	0.45	0.41	0.28
11	江都市	41.4	0.43	0.46	0.22
11	即墨市	41.4	0.42	0.40	0.39
13	武夷山市	41.3	0.47	0.44	0.26
14	莱阳市	38.8	0.40	0.38	0.32
15	响水县	38.2	0.40	0.45	0.24
16	昌吉州	38.1	0.30	0.45	0.35
17	桐乡市	37.8	0.46	0.40	0.18
18	靖江市	36.7	0.25	0.45	0.35
19	福清市	36.4	0.45	0.31	0.29
20	阳谷县	36.0	0.23	0.55	0.24
21	石门县	34.9	0.14	0.50	0.36
22	连江县	34.8	0.36	0.33	0.37
23	新郑市	34.7	0.43	0.26	0.32
23	霍邱县	34.7	0.22	0.44	0.35
25	启东市	34.4	0.30	0.35	0.45
26	武义县	34.3	0.29	0.44	0.30
26	阿勒泰市	34.3	0.29	0.51	0.22
28	蒙城县	33.5	0.32	0.46	0.22
28	莒南县	33.5	0.32	0.29	0.43
30	泗洪县	33.1	0.24	0.48	0.25
31	玉山县	33.0	0.20	0.51	0.26
32	乐东黎族自治县	32.9	0.39	0.28	0.26
33	新昌县	32.8	0.22	0.57	0.20
34	江山市	32.7	0.39	0.26	0.37
35	无为县	32.5	0.30	0.33	0.27
36	当阳市	32.3	0.47	0.23	0.20
37	思茅市	31.7	0.38	0.27	0.20
37	萧县	31.7	0.32	0.33	0.34
39	新乡县	31.6	0.49	0.27	0.11
40	文山县	31.5	0.12	0.64	0.20

续表

排　名	地　名	绩效得分	网上服务	政务公开	客户意识
40	大田县	31.5	0.17	0.59	0.13
42	安宁市	31.2	0.19	0.45	0.22
42	寿光市	31.2	0.12	0.55	0.23
44	台安县	31.1	0.18	0.50	0.23
45	灵台县	30.5	0.16	0.57	0.19
46	乌兰浩特市	30.1	0.37	0.28	0.20
46	阿克苏市	30.1	0.39	0.19	0.22
48	临江市	29.8	0.17	0.38	0.28
49	平山县	29.7	0.39	0.32	0.12
49	句容市	29.7	0.32	0.26	0.31
49	汶上县	29.7	0.11	0.48	0.25
52	瓦房店市	29.5	0.18	0.46	0.30
53	沁阳市	29.4	0.13	0.48	0.29
54	赤壁市	29.2	0.32	0.26	0.26
55	天长市	29.1	0.33	0.26	0.21
56	固镇县	29.0	0.26	0.37	0.20
56	铜山县	29.0	0.19	0.48	0.22
58	顺平县	28.9	0.15	0.45	0.25
59	宜君县	28.8	0.11	0.56	0.17
60	富民县	28.7	0.33	0.30	0.22
61	邛崃市	28.6	0.19	0.41	0.28
62	金湖县	28.5	0.11	0.42	0.30
62	和田市	28.5	0.24	0.33	0.25
64	天峨县	28.3	0.43	0.12	0.24
64	安吉县	28.3	0.28	0.20	0.30
66	商河县	27.9	0.16	0.51	0.17
67	讷河市	27.8	0.11	0.55	0.22
68	南康市	27.7	0.23	0.38	0.23
69	本溪满族自治县	27.6	0.13	0.42	0.24
70	无极县	27.4	0.17	0.44	0.25
70	南县	27.4	0.11	0.45	0.28
72	临河市	26.6	0.14	0.30	0.32
73	衡东县	26.5	0.07	0.48	0.26
74	婺源县	26.4	0.10	0.55	0.14
74	桐城市	26.4	0.18	0.28	0.33
74	垦利县	26.4	0.26	0.29	0.20
74	辛集市	26.4	0.19	0.32	0.24
78	宁陕县	26.2	0.32	0.16	0.23
78	温岭市	26.2	0.26	0.26	0.24
80	庆元县	25.9	0.21	0.26	0.25

续表

排　　名	地　　名	绩效得分	网上服务	政务公开	客户意识
80	哈密市	25.9	0.15	0.34	0.30
82	定陶县	25.7	0.12	0.37	0.23
83	克山县	25.5	0.27	0.33	0.10
84	岳阳县	25.4	0.20	0.29	0.28
84	阳西县	25.4	0.20	0.36	0.14
86	双城市	25.1	0.06	0.52	0.12
86	麻阳苗族自治县	25.1	0.01	0.41	0.32
88	昌黎县	25.0	0.11	0.41	0.20
89	延津县	24.9	0.12	0.48	0.18
89	界首市	24.9	0.05	0.40	0.30
91	无棣县	24.7	0.15	0.42	0.12
91	浠水县	24.7	0.09	0.44	0.19
93	日喀则市	24.6	0.14	0.28	0.36
94	株洲县	24.5	0.08	0.42	0.24
95	喀什市	24.3	0.28	0.18	0.24
95	平原县	24.3	0.08	0.49	0.12
97	长治县	24.2	0.16	0.23	0.30
97	邵东县	24.2	0.19	0.31	0.19
99	广德县	24.1	0.06	0.46	0.19
100	宁安市	24.0	0.11	0.45	0.17
101	定安县	23.9	0.18	0.28	0.33
101	台山市	23.9	0.19	0.26	0.27
103	洪江市	23.7	0.08	0.45	0.21
103	乾安县	23.7	0.11	0.46	0.14
105	乌鲁木齐县	23.4	0.11	0.35	0.17
106	望江县	23.3	0.16	0.26	0.24
107	克什克腾旗	23.1	0.14	0.32	0.22
107	范县	23.1	0.00	0.52	0.15
109	襄城县	23.0	0.23	0.26	0.22
109	谷城县	23.0	0.13	0.35	0.25
111	临夏市	22.7	0.16	0.28	0.23
112	宁阳县	22.6	0.11	0.39	0.11
112	海原县	22.6	0.13	0.37	0.15
114	格尔木市	22.5	0.11	0.34	0.23
114	安西县	22.5	0.13	0.44	0.10
114	察哈尔右翼中旗	22.5	0.14	0.41	0.12
117	临沧县	22.4	0.18	0.24	0.20
118	高平市	22.3	0.14	0.39	0.12
119	龙南县	22.1	0.06	0.51	0.10
120	博爱县	22.0	0.13	0.35	0.18

续表

排　名	地　名	绩效得分	网上服务	政务公开	客户意识
121	灵宝市	21.9	0.23	0.27	0.12
121	上杭县	21.9	0.12	0.38	0.13
121	乳山市	21.9	0.14	0.28	0.17
124	定西县	21.6	0.15	0.28	0.23
125	民勤县	21.5	0.29	0.10	0.29
126	遂溪县	21.4	0.18	0.17	0.31
127	韶山市	21.3	0.13	0.31	0.24
128	双辽市	21.2	0.10	0.42	0.13
128	华蓥市	21.2	0.18	0.23	0.20
130	湟源县	21.1	0.07	0.41	0.20
130	南和县	21.1	0.16	0.25	0.25
132	洮南市	20.9	0.07	0.42	0.15
132	苏尼特右旗	20.9	0.00	0.44	0.23
134	伊宁县	20.8	0.08	0.37	0.22
135	丰顺县	20.7	0.18	0.22	0.21
135	任丘市	20.7	0.27	0.20	0.15
137	房县	20.5	0.17	0.26	0.23
137	永城市	20.5	0.08	0.39	0.17
137	依兰县	20.5	0.08	0.37	0.19
140	梅河口市	20.4	0.05	0.44	0.15
140	博罗县	20.4	0.09	0.26	0.21
140	寿宁县	20.4	0.04	0.44	0.14
143	开远市	20.0	0.18	0.27	0.15
143	剑河县	20.0	0.23	0.20	0.20
145	汤原县	19.5	0.08	0.35	0.19
145	弥勒县	19.5	0.07	0.33	0.18
147	那曲县	19.4	0.11	0.30	0.20
147	麻江县	19.4	0.11	0.29	0.15
147	留坝县	19.4	0.20	0.18	0.17
150	丹寨县	19.2	0.10	0.33	0.07
150	额尔古纳市	19.2	0.06	0.38	0.09
152	绥中县	19.1	0.06	0.35	0.12
152	浏阳市	19.1	0.11	0.27	0.17
152	阳山县	19.1	0.22	0.08	0.22
152	建德市	19.1	0.16	0.18	0.22
152	灵寿县	19.1	0.27	0.13	0.17
157	武山县	19.0	0.07	0.31	0.10
157	南召县	19.0	0.12	0.30	0.11
159	封开县	18.8	0.26	0.16	0.12
159	民乐县	18.8	0.08	0.28	0.08

续表

排　　名	地　　名	绩效得分	网上服务	政务公开	客户意识
161	泸水县	18.7	0.07	0.33	0.11
161	剑阁县	18.7	0.11	0.24	0.22
161	张北县	18.7	0.13	0.27	0.17
164	温宿县	18.6	0.11	0.35	0.10
165	澄海市	18.3	0.19	0.15	0.25
166	凌源市	18.2	0.00	0.37	0.25
166	德化县	18.2	0.14	0.29	0.10
166	高陵县	18.2	0.11	0.31	0.15
166	昌宁县	18.2	0.11	0.20	0.24
166	托克托县	18.2	0.13	0.19	0.16
171	凯里市	18.1	0.11	0.21	0.23
171	香格里拉县	18.1	0.08	0.28	0.11
171	新干县	18.1	0.15	0.24	0.19
171	汝南县	18.1	0.05	0.39	0.12
171	阳新县	18.1	0.07	0.31	0.20
171	芦山县	18.1	0.15	0.22	0.20
177	玉屏侗族自治县	18.0	0.15	0.17	0.22
177	敦煌市	18.0	0.08	0.22	0.19
179	蒲城县	17.9	0.05	0.31	0.17
180	常山县	17.8	0.00	0.33	0.21
180	安仁县	17.8	0.07	0.38	0.08
180	共和县	17.8	0.07	0.28	0.18
183	塔城市	17.7	0.09	0.28	0.19
183	武强县	17.7	0.04	0.35	0.10
183	德令哈市	17.7	0.07	0.35	0.13
186	嵩县	17.6	0.12	0.31	0.10
187	嫩江县	17.5	0.04	0.34	0.10
188	沙河市	17.2	0.13	0.22	0.21
188	普安县	17.2	0.07	0.32	0.14
188	达拉特旗	17.2	0.10	0.22	0.09
188	偃师市	17.2	0.03	0.33	0.15
192	中方县	16.8	0.08	0.19	0.24
193	松滋市	16.7	0.15	0.12	0.28
194	同江市	16.6	0.16	0.17	0.21
194	汤阴县	16.6	0.06	0.29	0.12
194	瑞昌市	16.6	0.17	0.11	0.21
194	霍州市	16.6	0.11	0.21	0.15
198	大理市	16.5	0.05	0.29	0.07
199	礼泉县	16.4	0.07	0.25	0.14
199	横县	16.4	0.13	0.23	0.14

续表

排　名	地　名	绩效得分	网上服务	政务公开	客户意识
201	邹平县	16.3	0.09	0.28	0.09
202	望都县	16.2	0.05	0.26	0.17
203	鄂伦春自治旗	16.0	0.00	0.46	0.00
203	周宁县	16.0	0.06	0.26	0.22
205	普定县	15.9	0.11	0.19	0.17
205	武鸣县	15.9	0.08	0.26	0.17
207	海晏县	15.8	0.07	0.25	0.17
207	满城县	15.8	0.08	0.18	0.22
207	乌兰县	15.8	0.06	0.25	0.17
210	丽江市	15.7	0.04	0.25	0.20
211	大洼县	15.5	0.00	0.29	0.17
211	调兵山市	15.5	0.04	0.33	0.10
213	玛沁县	15.4	0.07	0.22	0.20
213	罗定市	15.4	0.09	0.12	0.20
215	卓资县	15.2	0.03	0.36	0.08
216	凌海市	15.1	0.00	0.35	0.15
217	滦南县	14.8	0.06	0.18	0.22
217	凌云县	14.8	0.13	0.17	0.16
219	邵阳县	14.7	0.00	0.16	0.28
219	毕节市	14.7	0.06	0.25	0.15
221	韩城市	14.6	0.11	0.12	0.20
222	昔阳县	14.5	0.07	0.21	0.09
222	邯郸县	14.5	0.08	0.21	0.17
222	大新县	14.5	0.11	0.20	0.14
222	舞钢市	14.5	0.06	0.31	0.04
226	南皮县	14.2	0.07	0.16	0.27
227	九台市	14.1	0.04	0.17	0.31
228	仁化县	14.0	0.13	0.08	0.20
229	库尔勒市	13.6	0.07	0.17	0.21
230	同仁县	13.5	0.04	0.28	0.06
230	广平县	13.5	0.08	0.19	0.18
232	象州县	13.4	0.10	0.17	0.15
233	隆林各族自治县	13.3	0.10	0.16	0.17
234	苍梧县	13.2	0.13	0.12	0.16
235	临西县	12.9	0.04	0.27	0.07
236	富县	12.7	0.03	0.25	0.15
236	成县	12.7	0.13	0.12	0.15
236	和田县	12.7	0.08	0.10	0.21
239	北川县	12.6	0.10	0.14	0.17
240	广水市	12.5	0.02	0.25	0.10

续表

排　　名	地　　名	绩效得分	网上服务	政务公开	客户意识
241	大厂回族自治县	12.4	0.04	0.19	0.19
241	华宁县	12.4	0.07	0.15	0.13
243	华阴市	12.1	0.06	0.17	0.15
243	上思县	12.1	0.05	0.19	0.15
245	电白县	11.8	0.03	0.20	0.07
245	献县	11.8	0.03	0.21	0.14
247	东源县	11.7	0.07	0.17	0.12
248	铜仁市	11.6	0.04	0.17	0.10
248	宁晋县	11.6	0.04	0.20	0.16
250	资源县	11.5	0.06	0.20	0.10
251	孝昌县	11.3	0.06	0.11	0.22
251	乌拉特前旗	11.3	0.03	0.22	0.05
253	故城县	11.2	0.03	0.19	0.08
253	宝兴县	11.2	0.03	0.21	0.05
255	固安县	11.0	0.01	0.23	0.10
256	永昌县	10.9	0.06	0.14	0.10
257	北流市	10.1	0.00	0.25	0.07
258	崇仁县	10.0	0.04	0.19	0.09
259	清涧县	9.9	0.07	0.10	0.18
260	个旧市	9.7	0.00	0.19	0.13
260	楚雄市	9.7	0.02	0.21	0.06
260	宣威市	9.7	0.04	0.18	0.08
260	大同县	9.7	0.04	0.16	0.12
264	融水苗族自治县	9.6	0.02	0.16	0.07
265	米易县	9.3	0.03	0.17	0.10
266	澧县	9.2	0.03	0.16	0.07
267	灌云县	9.1	0.004	0.101	0.000
268	田林县	9.0	0.09	0.07	0.12
268	西充县	9.0	0.00	0.26	0.00
270	绛县	8.6	0.00	0.12	0.14
271	泸溪县	8.5	0.02	0.14	0.06
272	景洪市	7.9	0.05	0.11	0.05
273	赫章县	7.9	0.03	0.11	0.10
274	甘孜县	7.7	0.02	0.16	0.05
275	简阳市	7.6	0.00	0.14	0.14
276	东安县	7.2	0.00	0.12	0.07
277	密山市	6.7	0.04	0.12	0.03
277	滦平县	6.7	0.00	0.17	0.05
279	永善县	6.4	0.00	0.18	0.00
280	达县	6.3	0.00	0.16	0.01

续表

排　名	地　名	绩效得分	网上服务	政务公开	客户意识
281	平安县	5.3	0.07	0.03	0.08
282	柘城县	5.0	0.00	0.08	0.11
283	全州县	4.8	0.00	0.07	0.10
284	合作市	4.7	0.00	0.10	0.01
285	巧家县	4.0	0.00	0.00	0.20
286	阆中市	3.8	0.03	0.00	0.11
287	越西县	2.9	0.00	0.07	0.02

备注：抽样 414 个县级政府进行门户网站评估，共有 287 个县级政府拥有门户网站，有 127 个县级政府没有发现存在政府门户网站。

三、2004 年中国政府门户网站具体功能情况

（一）概述

1．政务信息公开是目前我国政府门户网站的主要内容，电子政务公共服务内容相对滞后，网站用户意识淡薄，地、县级政府门户网站尤为明显（如图 6.11 所示）。

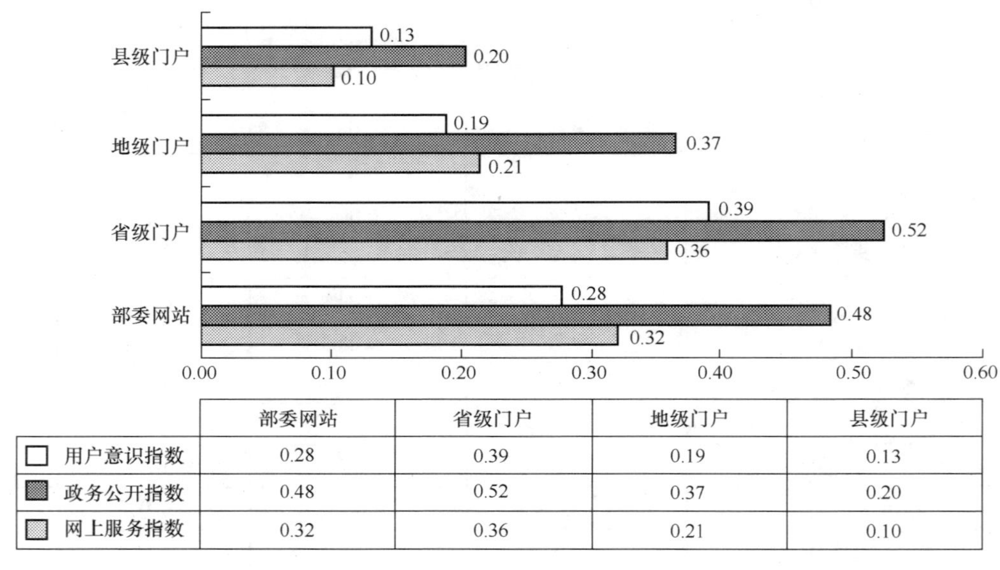

	部委网站	省级门户	地级门户	县级门户
用户意识指数	0.28	0.39	0.19	0.13
政务公开指数	0.48	0.52	0.37	0.20
网上服务指数	0.32	0.36	0.21	0.10

图 6.11　各级政府门户网站主要功能指标得分

2．政务信息公开在数量上有了明显增多，但是在广度和质量上远不够，大多数信息集中在政府介绍、政务动态和政策文件等上面，公众关心的办事类和公众参与类内容较为缺乏，公众知情权有待进一步提高。

3．政府网站公共服务得到一定发展，少数政府门户网站，公共服务的范围已经能够覆盖居民和企业的大部分生命周期。但是全国政府网站总体上公共服务的范围过于狭隘，并且在服务的实用性和质量上还亟待增强。

4．政府门户网站的“用户中心意识”开始被关注，少数网站开始尝试提供个性化服务。但对绝大多数网站而言，用户意识仍然非常淡薄，尤其表现在关注弱势群体、网站无障碍使用、个人隐私保护、个性化服务等方面。

（二）政务公开各项指标情况

1．部委网站政务公开

在所有设定的 12 项政务内容中（如图 6.12 所示），政策法规、国际交流、政府会议、机构设置 4 项内容公开情况较好，领导分工、统计数据、人事任免、政府工作 4 项内容公开情况居中，而关于财政投资、

政府采购、民愿处理和决策公开4项内容公开情况不太理想。

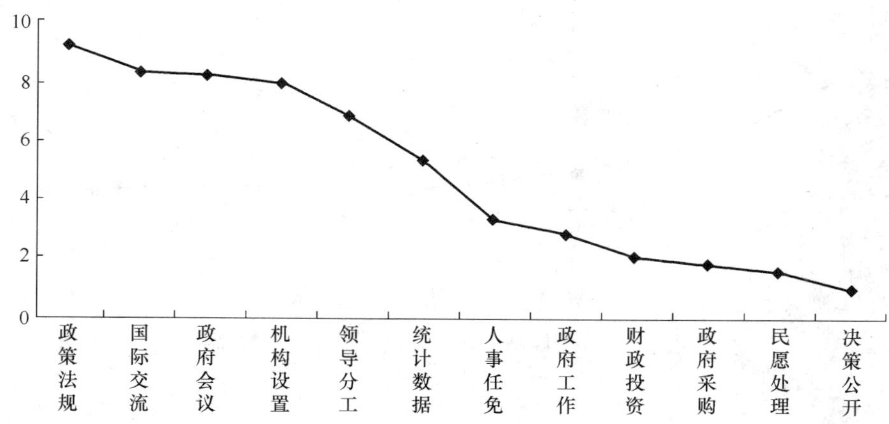

图6.12 部委网站政务公开各项指标得分情况

评估结果显示，政策法规公开的重要性已经得到共识，同时关于政府决策过程和公众意见建议处理情况的公开还有待进一步公开。

2．地方政府门户政务公开

在所有设定的10项政务内容中（如图6.13所示），机构设置、政策法规、领导分工、人事任免4项内容公开情况相对较好，政府会议、政府工作、政府采购3项内容公开情况居中，而关于财政投资、民愿处理和决策公开3项内容公开情况不太理想。

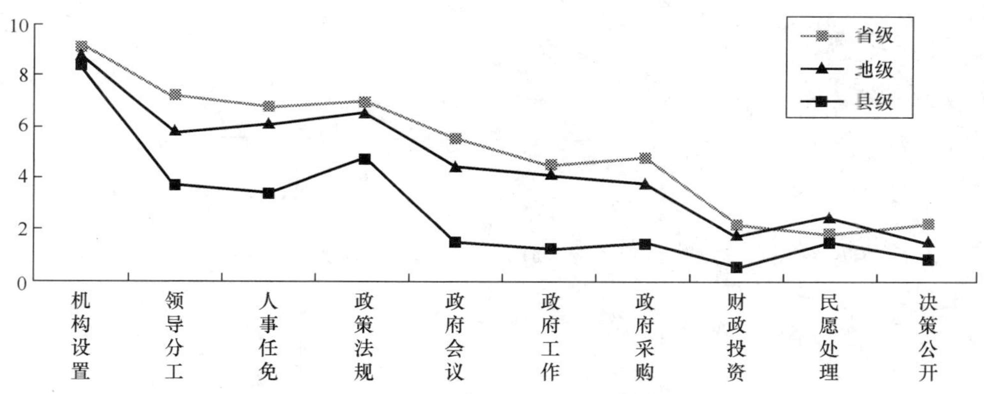

图6.13 地方政府门户网站政务公开各项指标得分情况

从评估结果来看，公开较多的内容主要集中在政策法规和政府机构、政府人事情况，而关于政府财政、政府采购以及公众参与类的信息公开较为薄弱。

（三）公共服务各项指标情况

1．部委网站公共服务

从部委网站提供服务情况（如图6.14所示）来看，以信息发布服务为主，包括行业信息和办事指南信息；关于在线咨询、在线申报、办事进程查询及在线投诉等交互式服务，总体上刚刚起步。

2．地方政府门户公共服务

评估中选择了对于公众和企业常用的10个公共服务领域，考察各政府门户网站提供这些领域服务的情况，包括每个领域服务的宽度（涵盖的广度）和服务的深度（质量）。

从评估结果来看，省、地、县三级门户公共服务绩效均不高，处于刚刚起步阶段。比较而言，其中省级绩效最高，县级绩效最低。省级、地级和县级政府门户网站，面向公众和面向企业的各领域服务，宽度得分均高于深度得分，如图6.15和图6.16所示。

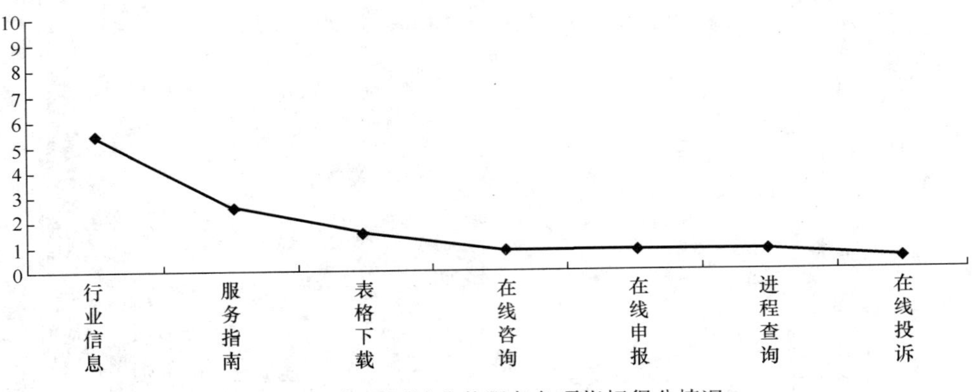

图 6.14　部委网站公共服务各项指标得分情况

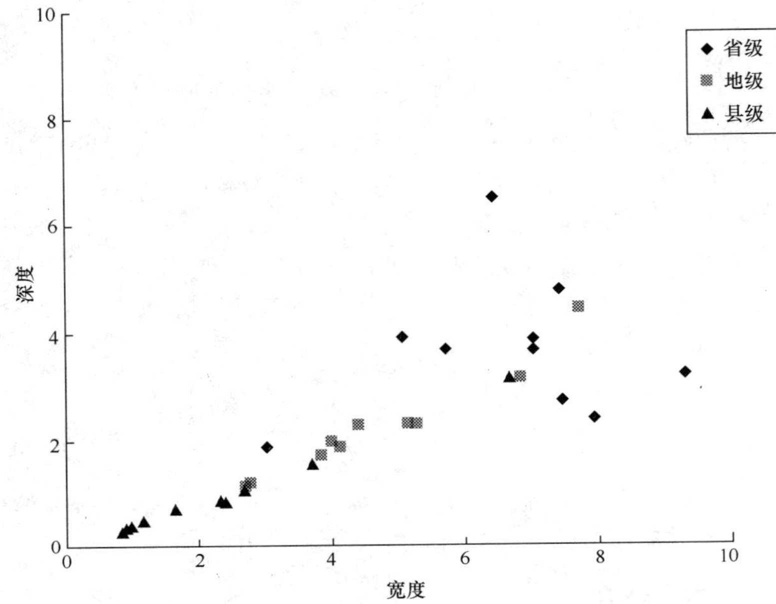

图 6.15　地方政府门户面向公众服务的宽度和深度比较

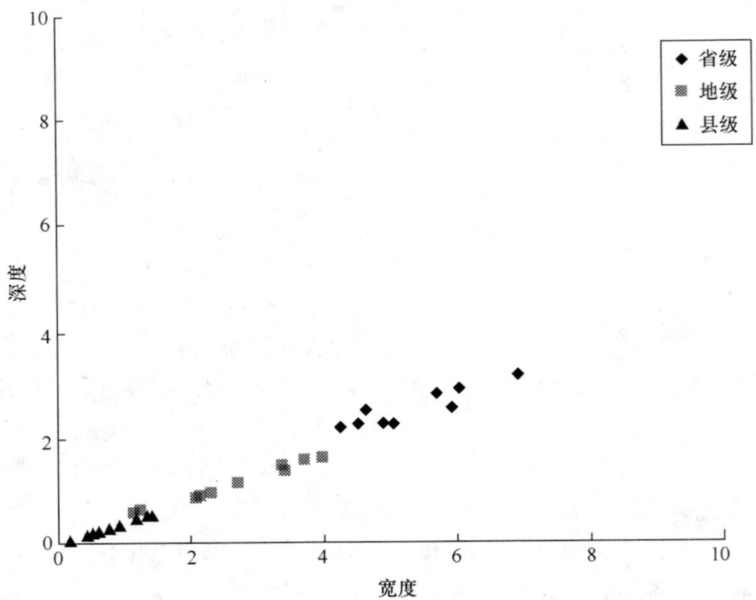

图 6.16　地方政府门户面向企业服务的宽度和深度比较

从面向公众的 10 个服务领域看（如图 6.17 所示），总体上水平均较低。相对而言，10 项服务中，教育培训、交通车辆、旅游娱乐相关服务相对好些。

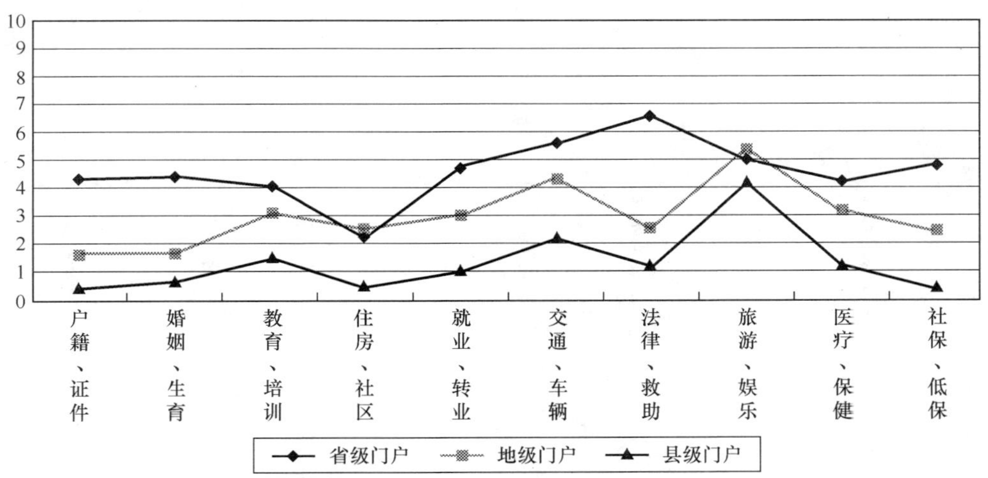

图 6.17　地方政府门户面向公众的各项服务指标得分

从面向企业的 10 个服务领域看（如图 6.18 所示），平均绩效低于面向公众的服务绩效。相对而言，10 项服务中，税务保险、环保绿化、公安司法、土地城建服务绩效高些。

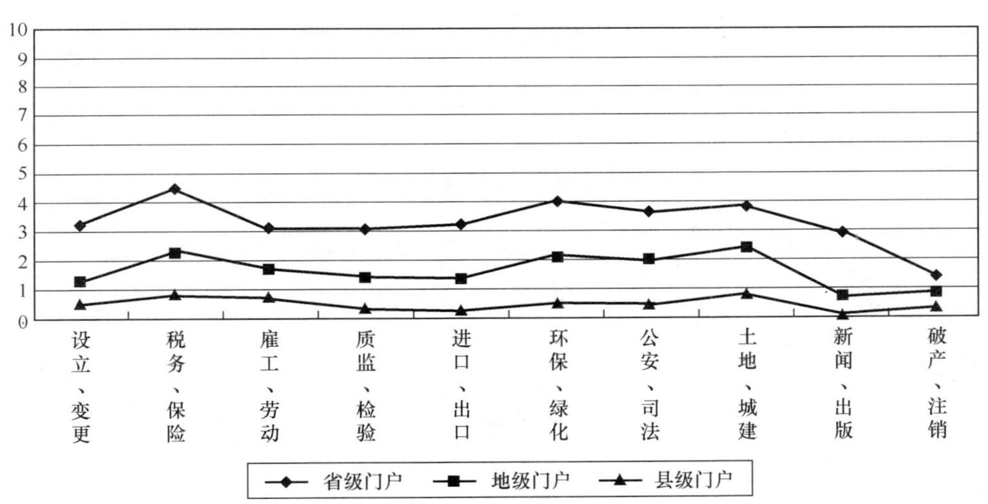

图 6.18　地方政府门户面向企业的各项服务指标得分

（四）用户意识各项指标情况

1．部委网站客户意识

部委网站（如图 6.19 所示）中，“网站无障碍程度”指数较高，说明我国部委网站建设基本能够做到无障碍，能够照顾到特殊群体对网站易用性的要求。“公共参与程度”指数相对于其他指标较高，说明我国部委网站建设能够在一定程度上重视用户意见。除此外，部委网站在个性化服务、个人隐私尊重及网站易用性等方面均有待改善。

2．地方政府门户客户意识

对于地方政府门户（如图 6.20 所示），仍然是“网站无障碍程度”指数较高，说明我国地方政府门户建设也基本做到了无障碍，能够照顾到特殊群体对网站易用性的要求。从“服务分类程度”和“公共参与程度”指数得分情况来看，我国部分地方政府门户开始从服务对象角度出发进行服务分类，并且出现公众参与电子政务建设的措施。但是，地方政府门户在个性化服务、个人隐私尊重及网站易用性等方面同部委网站类似，仍然亟待改善。

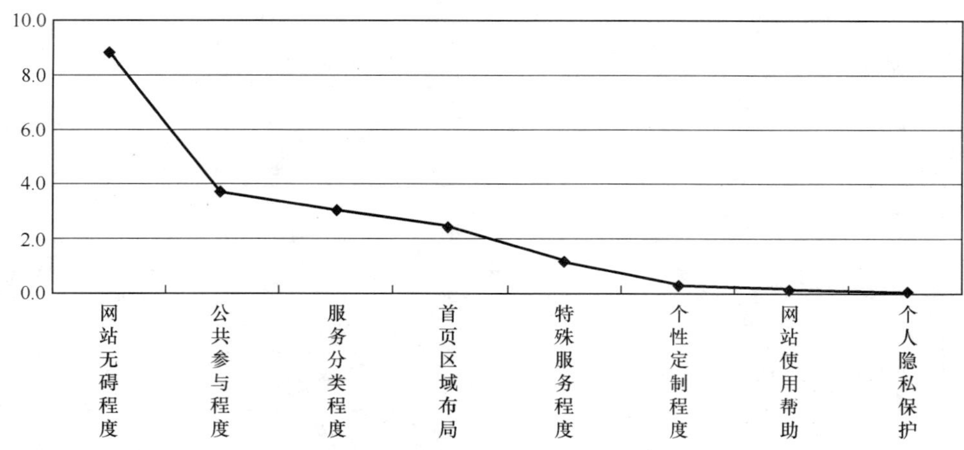

图 6.19　部委网站“客户意识”指标比较

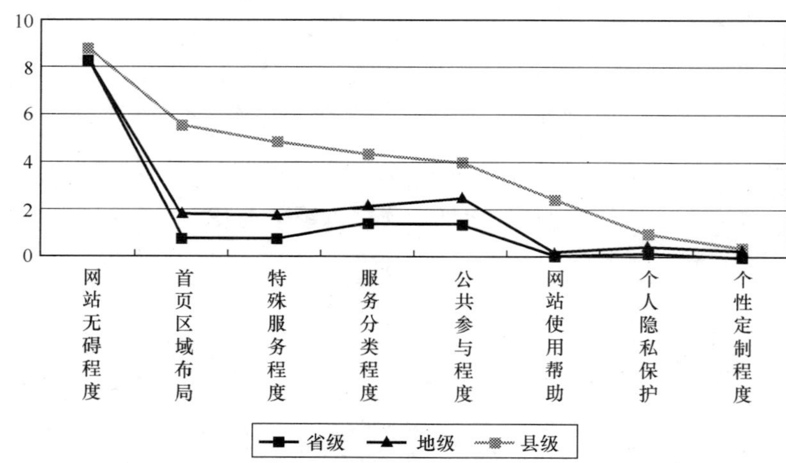

图 6.20　地方政府门户网站“客户意识”指标比较

四、2004 年中国政府门户网站发展比较分析

（一）概述

1．部委和省级门户发展较快，多数处于“发展阶段”。地县级门户发展相对落后，地级门户主要处于“起步阶段”和“发展阶段”，县级门户主要处于“准备阶段”和“起步阶段”（如图 6.21 所示）。

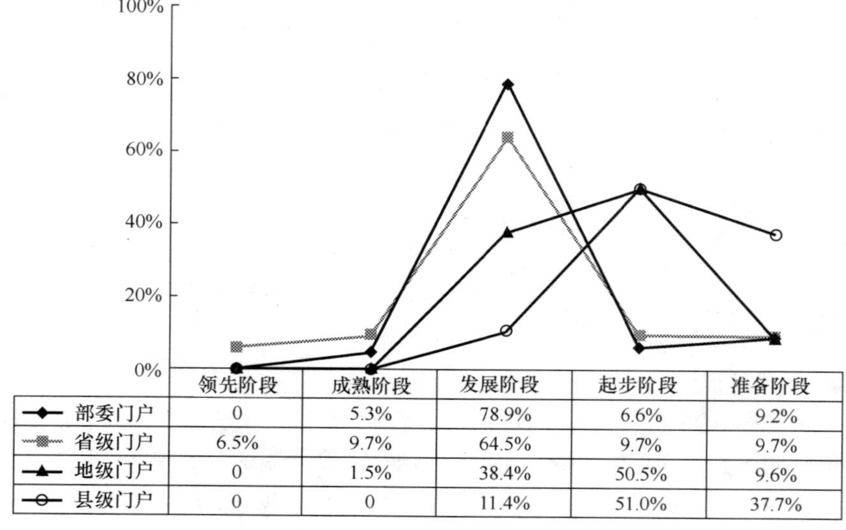

	领先阶段	成熟阶段	发展阶段	起步阶段	准备阶段
部委门户	0	5.3%	78.9%	6.6%	9.2%
省级门户	6.5%	9.7%	64.5%	9.7%	9.7%
地级门户	0	1.5%	38.4%	50.5%	9.6%
县级门户	0	0	11.4%	51.0%	37.7%

图 6.21　全国各级政府门户网站发展层次对比

2．东部、中部、西部地区政府门户发展差距明显，并且差距随省地县逐级扩大。东部地区的省、地、县级政府门户绩效分别为西部地区的 1.5、1.6 和 2.3 倍。

3．同级政府门户发展不均衡，绩效突出的政府门户主要集中在上海、北京、江苏、山东、浙江、广东等经济发展较快地区，“标竿”政府门户在省、地、县三级门户中均已呈现。

（二）省、地、县分类比较分析

1．省级政府门户网站发展比较

评估结果（如图 6.22 所示）显示，省级政府门户平均绩效要高于地县级政府门户绩效。从省级不同门户网站之间比较情况来看，上海和北京较为突出，形成“第一梯队”，成为省级门户中的“标竿”；位于“第二梯队”的门户为浙江、安徽、江苏、广东、河北和天津政府门户网站。

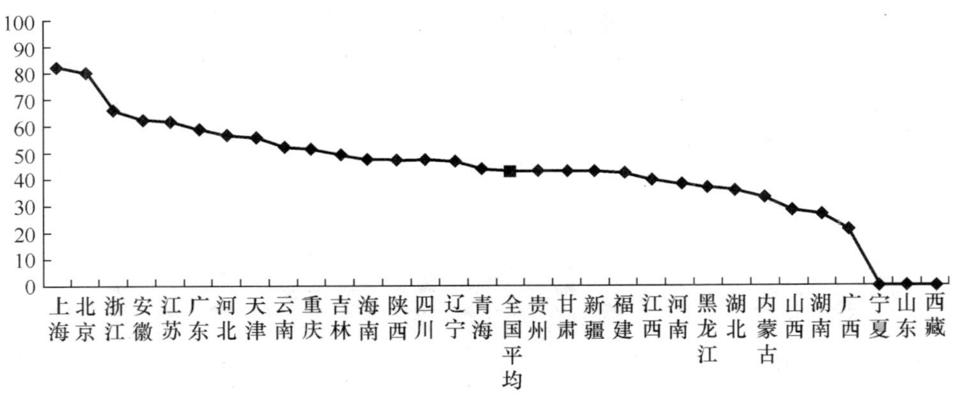

图 6.22　全国省级政府门户网站绩效比较

从省级门户网站发展层次比较来看，如图 6.23 所示，省级门户主要集中在“发展阶段”，集中度为 64.5%，其他发展层次的门户数量基本均匀分配，上海和北京处于“领先阶段”，山东、宁夏和西藏处于“准备阶段”。

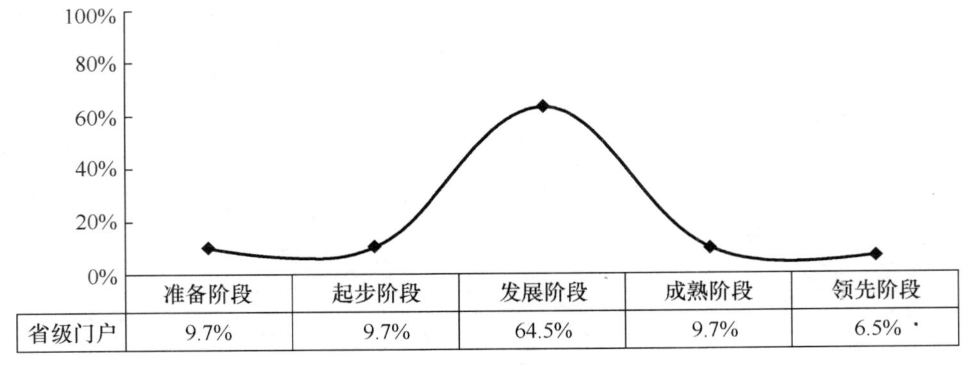

	准备阶段	起步阶段	发展阶段	成熟阶段	领先阶段
省级门户	9.7%	9.7%	64.5%	9.7%	6.5%

图 6.23　省级政府门户网站发展层次分析

2．地级政府门户网站发展比较

评估结果（如图 6.24 所示）显示，地级政府门户平均绩效处于省级和县级之间，从各省份的地级政府门户平均绩效对比结果来看，江苏、浙江、山东和广东四省地级门户平均绩效领先于全国其他省份，而西藏、青海、广西、甘肃、内蒙古、宁夏等省份处于全国各省落后水平。

从全国地级政府门户排名前 10 和前 50 名中地区分布情况（如图 6.25 所示）来看，江苏、山东、广东和浙江四省所占席位数居全国前列。前 10 名中，江苏、山东、广东和浙江四省分占 2、2、1、2 个席位，前 50 名中，江苏、山东、广东和浙江四省分占 9、8、8、6 个席位。这 4 个省进入全国前 50 名的地级数量占本省所有地级数的比例分别为 69.2%、47.1%、38.1%、54.5%。

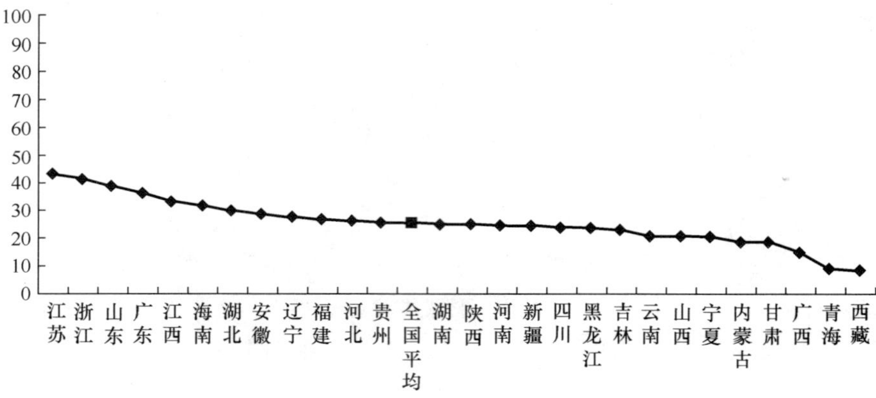

图 6.24　各省的地级政府门户平均绩效比较

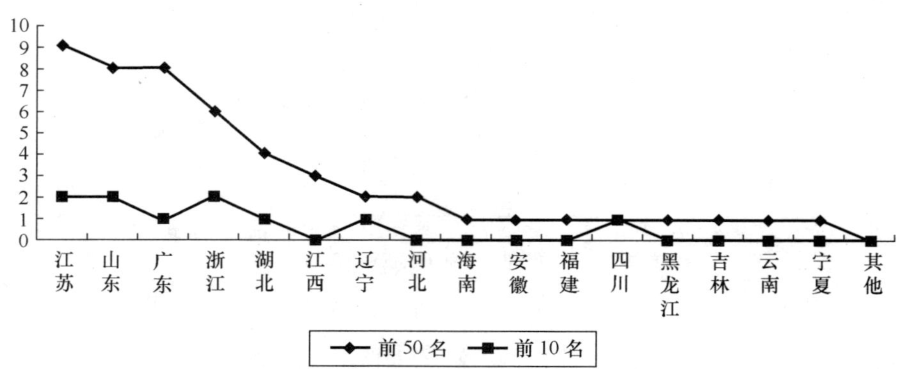

图 6.25　全国地级政府门户绩效前 10 和 50 名在各省的分布

表 6.9　各省的地级门户平均绩效排名表

排　　名	省　　份	地级门户平均绩效
1	江　苏	42.9
2	山　东	38.3
3	广　东	35.9
4	浙　江	41.1
5	湖　北	31.6
6	江　西	32.8
7	辽　宁	27.9
8	四　川	27.5
9	河　北	26.1
10	海　南	31.9
11	安　徽	28.3
12	福　建	26.5
13	黑龙江	25.9
14	吉　林	24.9
15	云　南	21.3
16	宁　夏	19.9
17	贵　州	25.3
18	陕　西	24.8
19	湖　南	26.6

续表

排　　名	省　　份	地级门户平均绩效
20	河　南	23.8
21	新　疆	24.4
22	山　西	22.3
23	内蒙古	21.9
24	甘　肃	20.2
25	广　西	18.9
26	青　海	14.6
27	西　藏	8.0

各省排在全国地级门户绩效前 50 名的地级市数量和城市名称如表 6.10 所示。

表 6.10　　**全国地级门户绩效前 50 名在各省的分布**

排　　名	省　　份	排在全国地级门户绩效前 50 名的地级市	
		地级市数	地级市名称
1	江　苏	9	无锡市（6）、苏州市（10）、南京市（11）、泰州市（20）、常州市（22）、扬州市（27）、淮安市（35）、南通市（38）、连云港市（45）
2	山　东	8	青岛市（1）、烟台市（7）、东营市（13）、济南市（18）、威海市（15）、潍坊市（24）、淄博市（26）、泰安市（41）
3	广　东	8	广州市（8）、汕头市（12）、深圳市（19）、珠海市（20）、佛山市（23）、惠州市（33）、茂名市（37）、江门市（43）
4	浙　江	6	杭州市（2）、温州市（5）、湖州市（29）、舟山市（30）、宁波市（30）、嘉兴市（39）
5	湖　北	4	武汉市（3）、黄石市（14）、襄樊市（17）、荆门市（47）
6	江　西	3	九江市（32）、南昌市（44）、新余市（48）
7	辽　宁	2	大连市（4）、盘锦市（28）
8	四　川	2	成都市（9）、乐山市（48）
9	河　北	1	石家庄市（42）
10	海　南	1	海口市（25）
11	安　徽	1	六安市（36）
12	福　建	1	漳州市（34）
13	黑龙江	1	哈尔滨市（16）
14	吉　林	1	长春市（40）
15	云　南	1	昆明市（48）
16	宁　夏	1	银川市（45）
17	贵　州	0	/
18	陕　西	0	/
19	湖　南	0	/
20	河　南	0	/
21	新　疆	0	/
22	山　西	0	/
23	内蒙古	0	/

续表

排名	省份	排在全国地级门户绩效前 50 名的地级市	
		地级市数	地级市名称
24	甘肃	0	/
25	广西	0	/
26	青海	0	/
27	西藏	0	/

从全国地级门户网站发展层次比较（如图 6.26 所示）来看，地级门户主要集中在“起步阶段”和“发展阶段”，集中度分别为 50.5%和 38.4%，而“成熟阶段”和“领先阶段”几乎空白。全国仅有青岛市、杭州市、武汉市、大连市、温州市等少数几个地级门户正在由“发展阶段”向“成熟阶段”过渡。

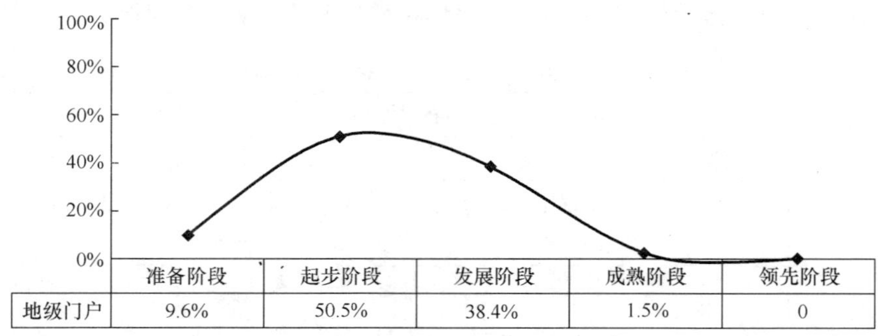

图 6.26　全国地级政府门户发展层次分析

3．县级政府门户网站发展比较

县级政府门户平均绩效在省地县三级门户中最低，从门户建设情况（如图 6.27 所示）看，总体上我国县级电子政务建设水平与地级电子政务有较大差距，很多省份的县级电子政务还没有起步，从门户绩效得分看，县级几乎为地级的一半。全国各省份中，浙江、江苏两省县级门户平均绩效明显高于其他省份，而西藏、宁夏、山西、四川、云南等省份县级门户尚处在“准备阶段”，门户建设处于“零星”状态，说明这些省份的县级电子政务几乎没有起步。

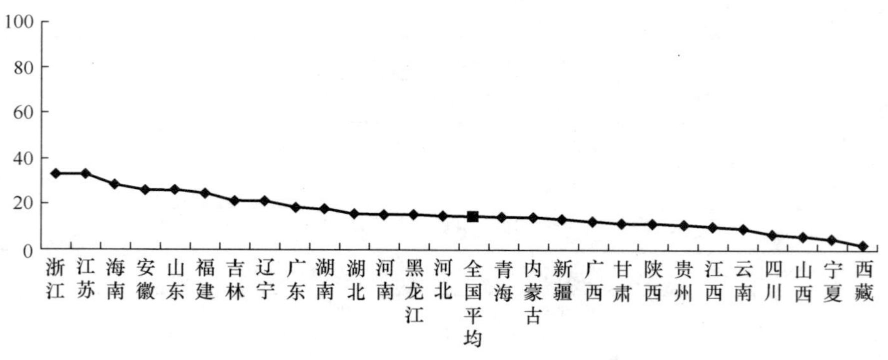

图 6.27　各省的县级政府门户平均绩效对比

各省的县级门户平均绩效排名情况如表 6.11 所示，浙江、江苏和海南分列第 1、2、3 名。

表 6.11　各省的县级门户平均绩效排名表

排名	省份	县级门户平均绩效
1	浙江	33.7
2	江苏	33.3
3	海南	28.4

续表

排　名	省　份	县级门户平均绩效
4	吉　林	21.7
5	辽　宁	21.5
6	广　西	12.5
7	广　东	19.0
8	安　徽	26.3
9	青　海	14.5
10	湖　南	18.1
11	山　东	26.0
12	河　北	15.0
13	福　建	24.4
14	湖　北	15.7
15	黑龙江	15.3
16	河　南	15.4
17	内蒙古	13.8
18	陕　西	11.7
19	贵　州	10.8
20	甘　肃	11.9
21	新　疆	13.1
22	云　南	9.6
23	四　川	7.2
24	江　西	10.3
25	山　西	6.4
26	宁　夏	4.5
27	西　藏	2.4

从全国县级政府门户抽样排名的前 10 和前 50 名中地区分布情况（如图 6.28 所示）来看，浙江、江苏、山东、福建等东部地区明显好于其他地区。

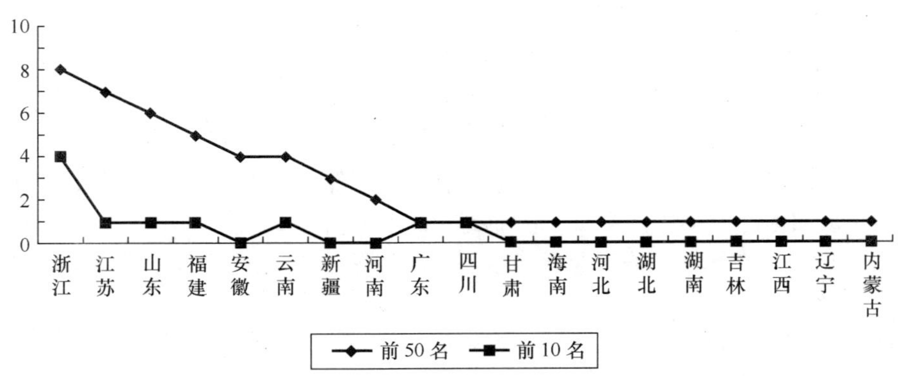

图 6.28　全国县级政府门户（抽样）绩效前 10 和 50 名在各省的分布

从全国县级门户网站发展层次（如图 6.29 所示）比较来看，县级门户主要集中在“准备阶段”和“起步阶段”，集中度分别为 37.7%和 51.0%，仅有 11.4%的县级政府门户迈入“发展阶段”，而“成熟阶段”和“领先阶段”为空白。

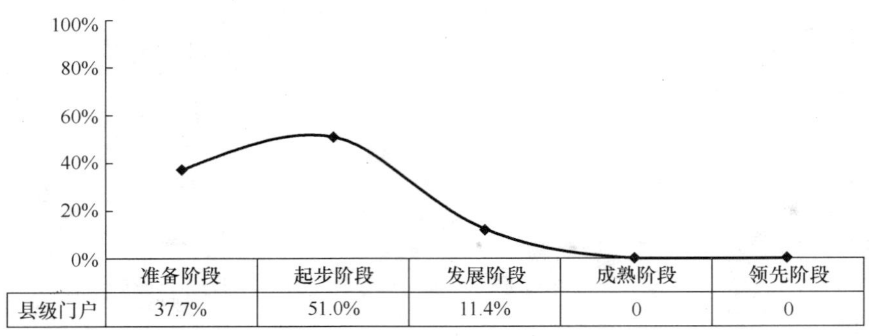

	准备阶段	起步阶段	发展阶段	成熟阶段	领先阶段
县级门户	37.7%	51.0%	11.4%	0	0

图 6.29　全国县级政府门户发展层次分析

（三）东部、中部、西部之间比较分析

表 6.12　　本报告中关于东部、中部、西部地区的省份定义

地　　区	省份数量	包括的省份（含直辖市、自治区）名称
东　部	8 省 3 市	辽宁、河北、天津、北京、山东、江苏、上海、浙江、福建、广东、海南
中　部	8 省	黑龙江、吉林、山西、河南、安徽、湖北、湖南、江西
西　部	6 省 1 市 5 自治区	陕西、甘肃、宁夏、青海、新疆、四川、重庆、云南、贵州、西藏、内蒙古、广西

1．省级政府门户网站发展比较

评估结果（如图 6.30 所示）显示，我国东部省份的省级门户平均绩效明显高于中部和西部省份门户平均绩效，东部地区绩效为西部地区绩效的 1.5 倍。西部地区门户绩效为东部、中部、西部地区门户绩效中最低，中部地区略高于西部地区。

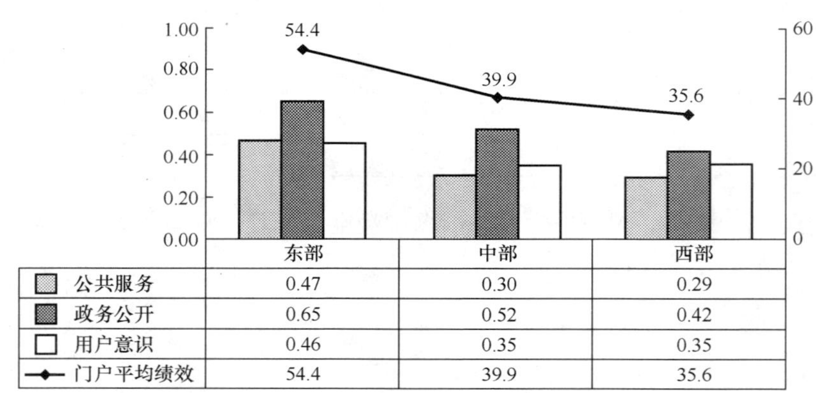

	东部	中部	西部
公共服务	0.47	0.30	0.29
政务公开	0.65	0.52	0.42
用户意识	0.46	0.35	0.35
门户平均绩效	54.4	39.9	35.6

图 6.30　我国东部、中部、西部地区的省级政府门户绩效比较

从门户发展层次（如图 6.31 所示）看，东部、中部、西部门户均集中于“发展阶段”，对于“成熟阶段”和“领先阶段”，东部地区的集中度要高于中部地区和西部地区，反之对于“准备阶段”和“起步阶段”，西部地区的集中度要高于中部地区和东部地区。整体形势显示，东部地区发展层次最高、西部地区发展层次最低。

2．地级政府门户网站发展比较

东部、中部、西部地区的地级门户平均绩效逐步递减（如图 6.32 所示），分别为 34.6、27.0 和 21.7，东部为中部的 1.3 倍，中部为西部的 1.2 倍。

将东部、中部、西部的地级门户进行层次分析，结果（如图 6.33 和图 6.34 所示）显示中部和西部地区的地级门户的最高集中度处于“起步阶段”，其次是“发展阶段”；而东部地区的地级门户的最高集中度处于“发展阶段”，其次是“起步阶段”，中部、西部和东部门户的层次分布特征正好相反。结果说明，我国东部、中部、西部地区地级门户发展存在较大的“鸿沟”。

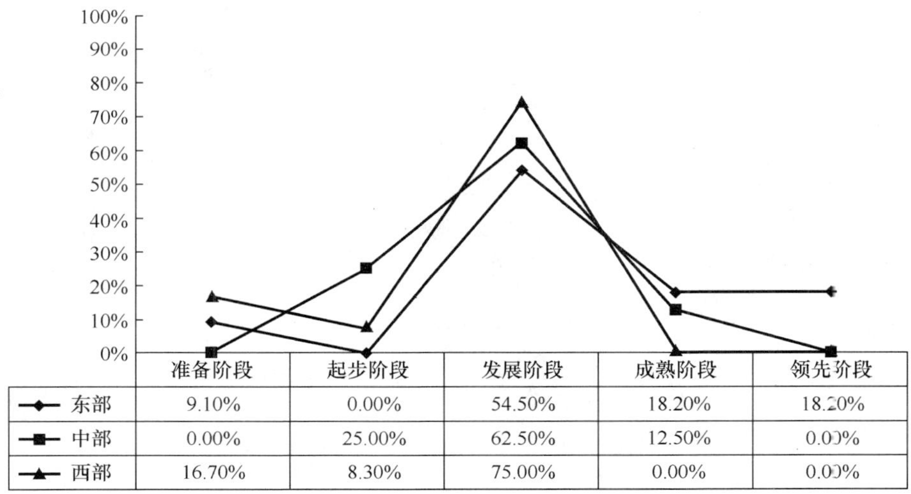

	准备阶段	起步阶段	发展阶段	成熟阶段	领先阶段
东部	9.10%	0.00%	54.50%	18.20%	18.20%
中部	0.00%	25.00%	62.50%	12.50%	0.00%
西部	16.70%	8.30%	75.00%	0.00%	0.00%

图 6.31　我国东部、中部、西部地区的省级政府门户发展层次分析

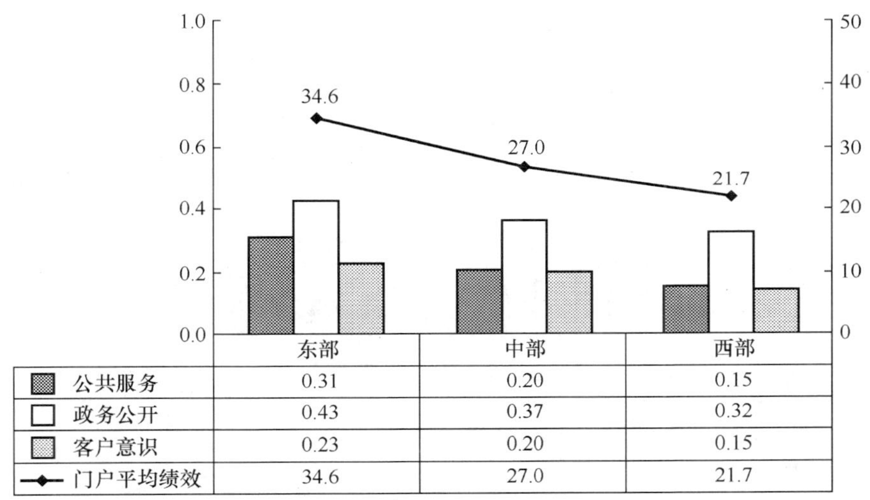

	东部	中部	西部
公共服务	0.31	0.20	0.15
政务公开	0.43	0.37	0.32
客户意识	0.23	0.20	0.15
门户平均绩效	34.6	27.0	21.7

图 6.32　我国东部、中部、西部地区的地级政府门户绩效比较

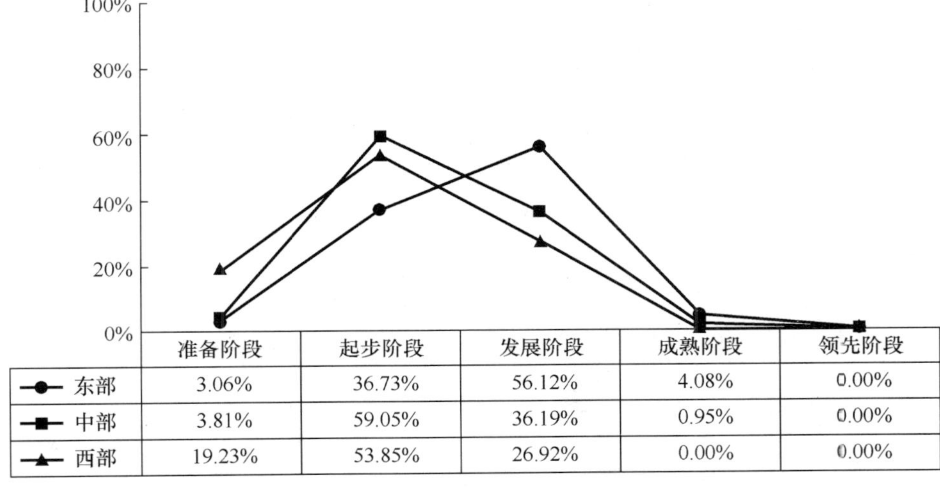

	准备阶段	起步阶段	发展阶段	成熟阶段	领先阶段
东部	3.06%	36.73%	56.12%	4.08%	0.00%
中部	3.81%	59.05%	36.19%	0.95%	0.00%
西部	19.23%	53.85%	26.92%	0.00%	0.00%

图 6.33　我国东部、中部、西部地区的地级政府门户发展层次分析

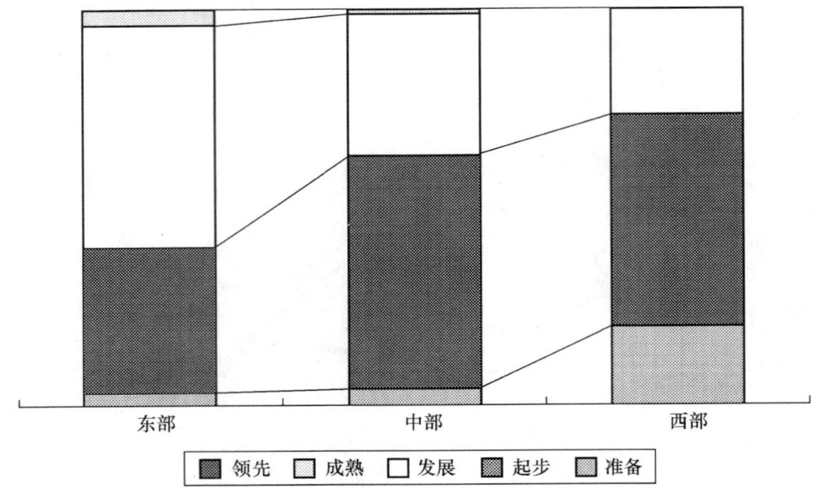

图 6.34　我国东部、中部、西部地区的地级政府门户发展层次对比

3．县级政府门户网站发展比较

同地级门户绩效的地区比较规律类似，东部、中部、西部地区的地级门户平均绩效逐步递减，分别为 23.3、15.4 和 10.1，东部为中部的 1.5 倍，而中部又为西部的 1.5 倍（如图 6.35 所示）。相比较地级门户而言，县级门户的东部、西部间差距要大于地级门户的东西部间差距。

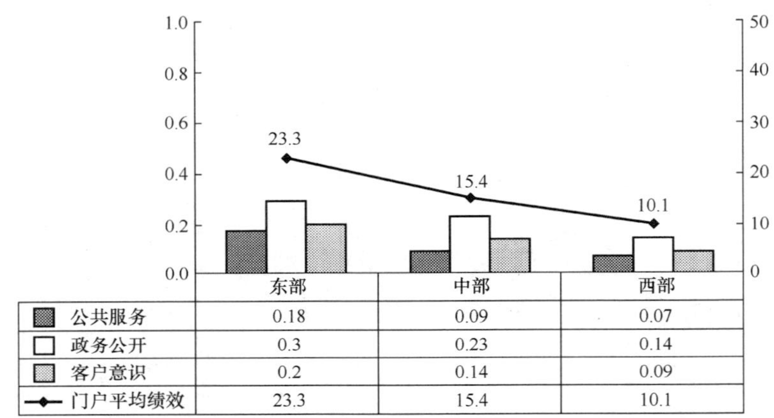

	东部	中部	西部
公共服务	0.18	0.09	0.07
政务公开	0.3	0.23	0.14
客户意识	0.2	0.14	0.09
门户平均绩效	23.3	15.4	10.1

图 6.35　我国东部、中部、西部地区的县级政府门户绩效比较

结合图 6.36 和图 6.37 来看，可以发现县级门户发展层次从东部、中部到西部呈明显变化规律，从东、

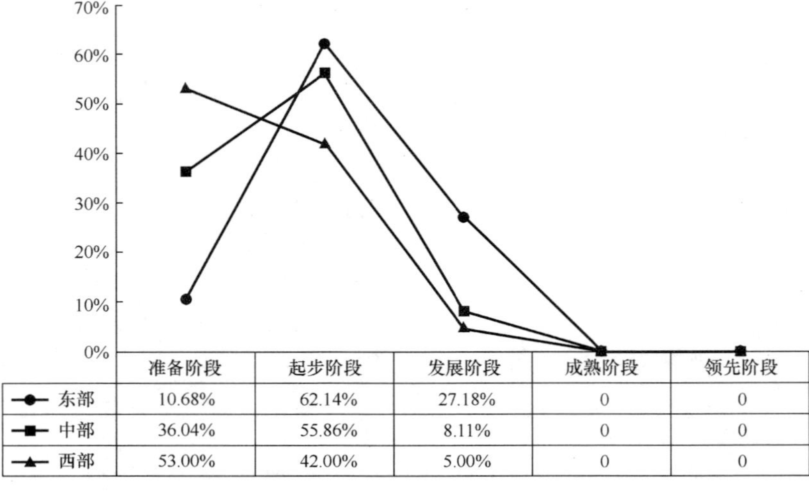

	准备阶段	起步阶段	发展阶段	成熟阶段	领先阶段
东部	10.68%	62.14%	27.18%	0	0
中部	36.04%	55.86%	8.11%	0	0
西部	53.00%	42.00%	5.00%	0	0

图 6.36　我国东部、中部、西部地区的县级政府门户发展层次分析

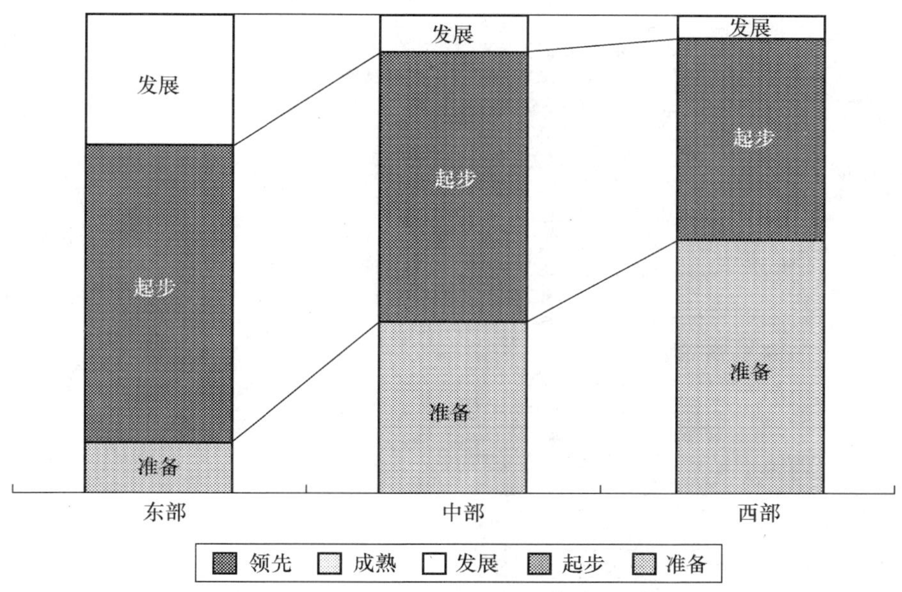

图6.37　我国东部、中部、西部地区的县级政府门户发展层次对比

中到西，“准备阶段”的集中度在逐步提高，“起步阶段”和“发展阶段”的集中度在逐步减小，东部地区县级门户以“起步阶段”和“发展阶段”为主，中部地区县级门户以“起步阶段”和“准备阶段”为主，西部地区县级门户以“准备阶段”和“起步阶段”为主。以上结果说明，我国东部、中部、西部地区县级门户发展存在更大的“鸿沟”。

（四）直辖市、计划单列市、省会城市之间比较分析

1．主要城市政府门户网站绩效比较

本报告中将我国直辖市、计划单列市和省会城市定义为“主要城市”，我国主要城市均拥有政府门户网站。从这些主要城市的政府门户发展比较（如图6.38所示）来看，上海、北京、青岛、杭州、武汉、大连、天津、广州、成都、南京的政府门户分列36个主要城市的前10名，领先的政府门户网站主要分布在国民经济和社会发展水平领先的城市。

2．主要城市政府门户网站发展层次

将36个主要城市进行发展层次分析，上海市和北京市政府门户处于全国“领先阶段”，青岛市、杭州市、武汉市和大连市4个城市的政府门户处于“成熟阶段”，天津市、广州市、成都市、南京市等23个城市的政府门户处于“发展阶段”，合肥、拉萨等7个城市的政府门户处于“起步阶段”，如表6.13所示。

五、中国政府门户网站存在问题与发展建议

（一）我国政府门户网站存在问题

1．网站定位不科学，政府网站与电子政务发展相脱节

网站定位是指关于网站对服务对象和内容的定义，从本次评估总体情况来看，大多数的政府门户网站在定位问题上较为模糊，甚至是不符合发展要求。例如，有的地方将政府门户网站做成了一张“报纸”，发布大量新闻，包括从商业网站上转载来的社会性和娱乐性新闻；还有的政府门户网站做成了政府机构的“宣传栏”，主要围绕政府机构和当地社会进行宣传；大量的政府门户网站将本地政府领导作为政府门户网站的最主要服务对象。

归根到底，问题在于没有认真思考我国电子政务发展的目标，没有将政府门户网站与电子政务发展统筹考虑，更没有思考“门户”的涵义，只是就政府网站而做政府网站。网站的定位不科学，不仅影响到政府门户网站自身的可持续发展，更将影响到电子政务的深入应用，影响到对信息资源的利用能力。

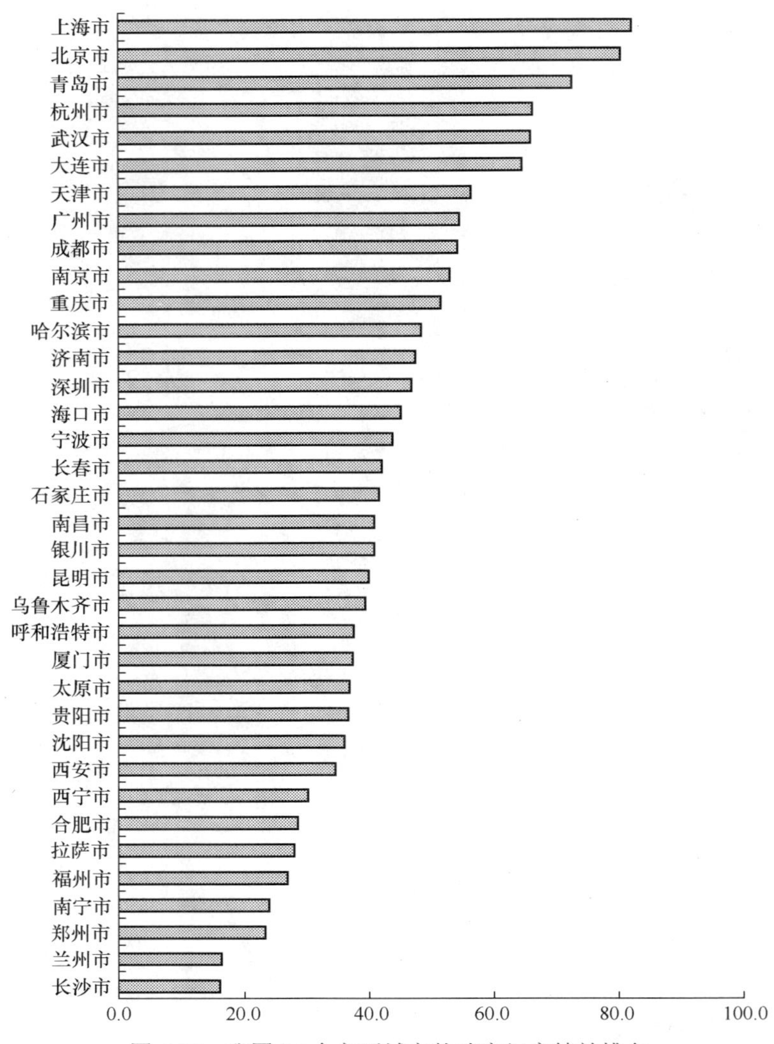

图 6.38　我国 36 个主要城市的政府门户绩效排名

表 6.13　　我国 36 个主要城市的政府门户发展层次分析

发展层次	城市名称	绩效得分
领先阶段	上海市	82.1
	北京市	80.1
成熟阶段	青岛市	72.3
	杭州市	66.3
	武汉市	65.8
	大连市	64.4
发展阶段	天津市	56.3
	广州市	54.6
	成都市	54.3
	南京市	52.9
	重庆市	51.5
	哈尔滨市	48.3
	济南市	47.3
	深圳市	46.8

续表

发展层次	城市名称	绩效得分
发展阶段	海口市	45.1
	宁波市	44.0
	长春市	41.9
	石家庄市	41.6
	南昌市	40.9
	银川市	40.7
	昆明市	40.1
	乌鲁木齐市	39.4
	呼和浩特市	37.6
	厦门市	37.5
	太原市	37.0
	贵阳市	36.7
	沈阳市	36.0
	西安市	34.7
	西宁市	30.5
起步阶段	合肥市	28.5
	拉萨市	28.1
	福州市	26.8
	南宁市	24.1
	郑州市	23.5
	兰州市	16.4
	长沙市	16.1

2．“以政府为中心”痕迹严重，“以用户为中心”意识没有建立

政府门户网站“以政府为中心”主要表现在从政府角度出发，按照政府机构设置提供服务项目；“以用户为中心”则主要体现在从网站使用对象角度出发，按照用户需求提供服务项目，方便用户迅速获取所需服务，而不需要用户依次造访各个政府部门。

从本次评估结果来看，我国各级政府门户网站“政府中心”的痕迹依然很重。据评估统计，能够基本做到按用户进行服务分类的地级和县级政府门户分别占同级门户网站的 8.7%和 3.2%，而基本按照政府部门进行服务分类的两级门户比例分别高达 48.1%和 50.4%。以上数据说明，我国政府门户网站的“以用户为中心”的意识还没有建立。

3．政务公开内容狭窄，真正需要公开的内容公开不够

从政府门户网站内容比较来看，政务信息公开要强于网上公共服务，但是由于我国绝大多数地区缺乏相关法规作为政务公开的依据，使得我国政府门户的政务公开内容不够深入，公开的政务信息主要集中在基本的政务信息领域，对公众最需要了解到的政府决策信息和办事类信息远远不够，公众的知情权仍有待提高。

具体而言，评估结果显示，在机构设置、领导分工、人事任免、政策法规等方面，政务公开程度相对较高，而对于深入政府内部、敏感性较强的信息，如财政投资、决策公开、民愿处理及政府采购等，指标得分情况非常不理想。

4．需求把握不好，用户针对性不强，网站服务不实用

本次评估发现，大量的门户网站服务内容杂乱无章，超过 90%的政府门户上的主要服务内容没有明确的用户指向。即使对于绩效较好的少数门户，网站的使用率也并不理想。在目前我国互联网网民普及率不

高的情况下，很多服务内容所针对的用户还没有上网条件。

总结我国政府门户服务项目，主要存在两个问题：第一，网站服务建设没有贯彻需求导向的原则，尽管很多网站服务项目规划得较为全面，但是很多公共服务项目好比“花瓶”，无人问津，不实用；第二，服务分类不科学，服务内容的用户针对性不强，使得用户获取网上服务较为困难。

5．网站栏目复杂，页面布局不科学，不便于用户使用

对比我国政府门户网站与加拿大、美国、新加坡等全球知名的政府门户网站，可以发现在栏目设置和页面布局上存在明显的差别。这些国际上知名的政府门户首页非常简洁，栏目设置的非常有条理，但是在这些简洁的首页后面却整合了大量的服务内容，用户使用网站寻找内容非常方便。

对比而言，我国政府门户网站栏目设计普遍复杂，频道和栏目名称的含义模糊，栏目之间往往纵横交错，内容重叠。首页内容琳琅满目，两、三个页面也难以呈现出全部内容，但背后却“囊中羞涩”，服务内容非常贫瘠。

6．门户网站与部门网站内容整合度差，二者相互脱节

门户网站是提供“一站式”公共服务和整合发布政务信息的窗口，是区域内所有政府网站的统一入口，因而对服务资源整合要求非常高，门户发展必须基于区域内所有政府部门网站资源的整合之上。

本次评估发现，门户网站内容匮乏和信息维护难，是大多数门户网站面临的共同难题。究其原因，根源在于门户网站与部门网站之间的脱节，很多门户网站的内容来自于维护人员逐一去各部门网站搜寻，经常出现内容缺失和更新不及时的情况，门户与部门网站之间并没有形成有效的协同机制，各部门信息资源无法得到有效整合，门户网站与部门网站形成了“两张皮”。严格意义上讲，这些政府门户网站并没有发挥“门户”的作用。如何在门户网站和部门网站之间建立有效的协同机制，使得门户网站与部门网站实现互动，是我国各级政府门户网站建设中存在的突出问题。

（二）我国政府门户网站发展建议

1．科学定位，充分认识门户的“龙头”作用

结合我国政府职能转变和创建服务型政府的要求，正确理解政府门户网站在电子政务发展中的“龙头”作用。电子政务的最大价值在于服务于社会、服务于纳税人，由于政府门户网站是电子政务面向公众的主要窗口，门户内容将是电子政务服务绩效的最直接体现。为提供“一站式”的门户服务，政府服务理念和行政管理制度同时将会得到创新。

要从战略高度上认识政府门户在我国电子政务发展过程中的“龙头”作用，将政府门户作为电子政务实施水平的重要度量。同时根据行政体制改革和电子政务发展方向，给予政府门户科学的定位，促进我国政务透明度、服务满意度和政府决策的公众参与度的提高。

2．改变观念，坚决树立“用户中心”的意识

电子政务的本质是通过技术应用实现制度和管理的创新，是一种变革。

为了建设人民群众满意的政府门户，彻底消除政府“脸难看、门难进”现象，各级政府必须进一步解放思想，牢牢树立以人为本和全面、协调、可持续发展的科学发展观，首先从意识上和制度上予以变革，在门户建设过程中坚决树立“以用户为中心”意识，建立“以服务为中心”的原则，主动换位思考。

3．用户需求，门户建设的出发点，也是落脚点

用户需求是政府门户网站可持续发展的动力，用户满意是门户网站的落脚点，是维持政府门户网站生命力的保障，而对用户需要的把握是保证用户满意度的基础。因此，用户需求既是门户建设的出发点，也是落脚点。

目前我国政府门户网站普遍存在用户使用率低、用户满意度低的现象。为了解决这个问题，就政府门户建设而言，除了建立“以用户为中心”意识以外，还必须建立门户网站的需求机制，做好用户的需求和偏好分析，做好用户的意见、建议收集工作，做好与用户的交流沟通等。积极思考如何使得政府门户深入人心，如何使得政府门户服务被社会认同和接受。

4．把握“实用、好用和够用”的“三用”原则

按照生命周期规划服务内容是发展方向，值得肯定。但就我国目前实际情况而言，门户首先需要保证“大多数用户”的“大多数需求”，因此现阶段我国政府门户在全面规划服务的同时，应围绕“大多数用户”

重点开发建设实用性较强的服务。

其次，政府门户要好用，这一原则对于我国公众互联网应用水平普遍不高的现实条件而言尤为重要。“好用”主要体现在门户的栏目设置、版面布局、内容层次、浏览操作等方面。“够用”主要体现在技术选择上，以安全、适用为主。

5．建立共享制度，加强跨部门、跨区域资源整合

政府门户网站的建设重点是内容建设，门户内容需要相关政府部门的协同共建，协同共建的基础是信息资源共享体系。政府门户网站可作为整合政府部门可公开资源的纽带，各级政府要加快建设政府网站信息资源共享目录体系，根据法律规定和为社会提供公共服务的需要，明确相关政府部门信息资源共享的内容、方式和责任，形成政府门户网站信息资源整合共享、共同维护规定或制度，彻底解决政府门户网站资源匮乏、维护不力的局面。

政府门户网站要以整合资源尤其是跨部门、跨区域资源为重，通过门户建设，促进地区跨部门、跨区域的电子政务应用，切切实实发挥“门户”的功能，为社会公众提供“一站式”“一窗式”信息和服务。

6．将门户建设与部门网站绩效评估工作相结合

门户的发展离不开部门网站的发展，部门网站是门户网站发展的基础。各级政府应统筹推进门户网站与部门网站的建设，将门户网站与部门网站形成一个网站群体系，视部门网站为门户网站的子网站。建议将门户建设工作与部门网站绩效评估工作进行结合，实现本地政府网站群体系的统筹发展，并且通过促进部门网站的建设有效推进门户的发展。在对部门网站进行评估时，可以将部门网站对门户网站的贡献程度纳入评估范围。

（本文是赛迪顾问股份有限公司受国务院信息化工作办公室委托项目的报告。报告指导：陈小筑、杨天行。报告策划：张向宏、孙国锋。报告主笔：孙国锋。参与报告撰写：张少彤、黄林莉、武晓鹏、黄蕾）

6.1.2 2004年中国政府公众网站评估研究报告

一、政府网站评估指标体系

在研究政府网站评估指标时，课题组采用的研究方法有：深入了解、分析地方省市政府网站及部委网站的特点，总结共性、提炼评估标准；并参考相关成熟、专业的网站评估方法；借鉴开展电子政务较为先进的国家政府网站的经验成果；征询专家意见；同时参照个别地方政府已经进行的政府网站评估的成功案例。但由于电子政务是与时俱进的系统工程，本次研究也还是探索性研究，本着该指标体系既适用于各政府网站之间的横向可比、又适用于不同发展时期网站评估的纵向可比原则，最终确定了政府网站评估指标体系的框架。

在设计政府网站评估指标时，计世资讯（CCW Research）主要考虑两个方面：一方面，网站提供了哪些电子政务服务；另一方面，网站为保证这些服务实现，相关的网站建设质量如何。电子政务的服务体现在两方面：以政务公开为核心的内容服务和以网上办公为核心的功能服务。为了突出政务，计世资讯在设计政府网站评估指标体系时，一级指标确定为网站内容服务指标、网站功能服务指标和网站建设质量指标。其中前两项指标反映政府网站的电子政务服务状况；网站建设质量指标则反映政府网站为实现相关电子政务服务的基础设施建设水平。具体指标体系框架如表6.14所示。

表6.14　政府网站评估指标体系概况

一 级 指 标	二 级 指 标	三 级 指 标
网站内容服务指标	政务公开	政府公报
		政策法规
		政务新闻
		机构设置与职责
		办事规程
		网站背景

续表

一级指标	二级指标	三级指标
网站内容服务指标	本地概览	———
	特色内容	———
网站功能服务指标	网上办公	导航服务
		办事指南
		网上咨询
		网上查询
		网上申报
		网上审批
		政府网上采购
		相关机构链接
	网上监督	———
	公众反馈	政府信箱
		网上调查
		交流论坛
	特色功能	———
网站建设质量指标	设计特性	美观性
		专业性
		易用性
		通用性
	信息特性	时效性
		全面性
		条理性
		多媒体
	网络特性	连接/浏览速度
		站点可用性
		网络安全

注：单元格内添注“———”表明对应的二级指标没有进一步分解。二级指标中，本地概览仅对应省级政府、省会城市及计划单列市政府、地级市和县级市政府，而国务院组成部门的指标不包括该指标。

二、政府网站评估指标的描述与评估标准

（一）网站内容服务指标描述及评估标准

网站的内容服务是每一个网站所具备的基本功能，也是电子政务中最基本的一项服务。内容应该包括政务公开、本地概况（或本部门概览）和特色内容3大类，基本涵盖政府核心服务内容的全貌，结构清晰，以达到便捷查询、方便使用的效果。

1．政务公开

政务公开的内容包括政府公报、政策法规、政务新闻、机构设置与职责、办事规程及网站背景等。

（1）政府公报

指标描述：包括对外公开的政府工作报告、简报、公告和通知等。

评价标准：种类、数量及时效性。在评估时，如果没有政府公报，则本项指标的得分为0分；如果有政府公报，且内容包括本年度的公报，则得分在6～10分，根据数量、种类和时效性的不同，评估相应分数；如果没有本年度的公报，则得分在1～5分之间。

（2）政策法规

指标描述：包括中央及地方的条例、政策和行为规范。

评价标准：种类、数量及时效性。在评估时，如果没有政策法规，则本项指标的得分为 0 分；如果有政策法规，则得分在 1～10 分，根据数量、种类和时效性的不同评估相应分数。6 分以上（含 6 分）必须提供近期的政策法规。

（3）政务新闻

指标描述：政府重要活动、会议、工作动态、外事活动及人事任免等。

评价标准：种类、数量及时效性。在评估时，如果没有政务新闻，则本项指标的得分为 0 分；如果有政务新闻，则得分在 1～10 分，根据数量、种类和时效性的不同评估相应分数。6 分以上（含 6 分）必须提供最近两日的政务新闻。

（4）机构设置与职责

指标描述：政府领导介绍，下属部门单位名称、职能介绍，下属市、县简介，及联系方式（通讯地址、邮政编码、办公时间、工作电话、传真、监督电话、电子邮件、联系人等）。

评价标准：部门是否完整、介绍是否详尽及联系方式是否便捷和多样化。在评估时，如果没有相关内容，则本项指标的得分为 0 分；如果有相关内容，则得分在 1～10 分，根据内容的多少、信息是否详细完整、是否便于使用，评估相应分数。6 分以上（含 6 分）必须至少包含部门及职责介绍。

（5）办事规程

指标描述：行政审批事项、办事程序介绍、审批程序介绍、办事机构及联系方式等。

评价标准：内容是否完整、程序介绍是否清晰明了，是否有联系方式，是否便于使用。在评估时，如果没有相关内容，则本项指标的得分为 0 分；如果有相关内容，则得分在 1～10 分，根据数量、种类和时效性的不同评估相应分数。6 分以上（含 6 分）必须至少包含办事机构和审批事项。

（6）网站背景

指标描述：网站的主办单位、制作单位或维护单位，突出网站的政府背景，并有相关的联系方式。

评价标准：是否包含上述内容，是否明确了这是正式的官方网站。在评估时，如果没有相关内容，则本项指标的得分为 0 分；如果有相关内容，则得分在 1～10 分，6 分以上（含 6 分）必须至少明确相应的网站官方背景。

2．本地概览

指标描述：当地的自然地理、人口、社会、经济等基本信息。

评价标准：类别是否完整、信息是否全面及时效性。在评估时，如果没有相关内容，则本项指标的得分为 0 分；如果有相关内容，则得分在 1～10 分，6 分以上（含 6 分）必须至少包含最新的当地经济状况或本部门业务概况。

3．特色内容

根据本地情况，开设特色内容或者栏目。

指标描述：招商引资、旅游、便民服务、网上地图、专题资料等结合本地或本部门特点的内容。

评价标准：栏目数量，内容是否丰富、详尽。在评估时，如果没有相关内容，则本项指标的得分为 0 分；如果有相关内容，则得分在 1～10 分。

（二）网站功能服务指标描述及评估标准

网站功能服务指标主要针对在网上实现的政府职能进行评估。

1．网上办公

指标描述：政府职能上网，为公众提供足够多的网络链接，方便公众迅速地建立起与相关政府部门的联系，实现各项行政事务在网上直接办理或部分处理。

（1）导航服务

指标描述：对网页上所有频道内容起指引浏览作用的功能和服务，有助于浏览者快速找到自己想要查看的内容，譬如“关键字检索”、“网站地图”、“本站导航”等。另外，通过该功能界面可对网站提供的全部内容服务一目了然，有助于对网站的综合评估。

评价标准：基本上是从该功能使用的有效性和便捷性进行评估。6分以上必须至少具备检索功能。

（2）办事指南

指标描述：指导个人与企业到政府有关部门办理政务的具体程序步骤、方式方法。此功能服务版块也是对政府网站数据库中相关政策、法规、文件、信息是否全面清晰进行考察。

评价标准：首先考察网页上的办事指南包含行政事项的数量，其次针对每一项内容考察其是否详细、全面、清晰，能够对个人或企业起到切实的帮助指导作用。如果没有相关指南，则本项指标的得分为0分；6分以上必须包括有关部门办事的具体程序及所需材料。

（3）网上咨询

指标描述：个人或企业可通过政府官方网站就办事程序、方式等问题直接向政府有关部门或人员进行咨询，并在政府承诺的时间段内得到反馈，这也可以理解成办事指南的一种互动形式，或者说是通常在线下进行的政务咨询职能真正在网上得以实现。此功能也可从侧面反映政府办公自动化的实现程度。

评价标准：评估此功能服务可就电子政务建设的不同时期分别从多角度进行考察，可就实现形式（在线交流、在线答疑、邮件、交流论坛或其他）和开通此服务的部门数量进行考核，也可从信息反馈的速度快慢和质量全面、详细、准确与否进行评估。如果无法提供网上咨询，则本项指标的得分为0分；6分以上必须至少提供网上咨询指导服务和一种实现形式。

（4）网上查询

指标描述：个人或企业可通过网上对可公开的政策文件和报批的事务进程进行查询，随着政府职能在网上实现的增多，还会有其他事项的查询服务。

评价标准：目前多数政府网站都有对政策文件的查询功能，但对文件报批进程的查询服务较少，关于其他事项的查询则更少，在具体评估时，鼓励开通文件报批进程的查询服务功能。如果无法提供网上查询，则本项指标的得分为0分；6分以上必须至少提供对政策及办事程序的查询。

（5）网上申报

指标描述：个人或企业通过Internet，借助Web浏览技术填写、下载申报表格，并向特定的政府主管部门提交申报资料的一种方法，如网上报税等。该项功能为网上办公的重要指标，是功能服务指标考核的重点。

评价标准：由于各部委、各省市电子政务建设的差异性很大，具备网上申报职能服务的，有的多达几百项，有的寥寥无几。目前评估的最低标准是，要有此项功能服务，然后，通过对同级别政府网站进行横向比较，综合评分。如果无法提供网上申报功能，则本项指标的得分为0分；已经提供网上申报功能，但还没有开通服务，或者只能提供申报表格下载，则得分在1～5分，6分以上必须至少提供一项网上申报服务。

（6）网上审批

指标描述：政府主管部门对个人或企业递交的事项申请在网上直接进行审批、审核。该项功能为网上办公的重要指标，是功能服务指标考核的重点。

评价标准：由于各部委、各省市电子政务建设的差异性很大，具备网上审批职能服务的，有的多达几百项，有的则寥寥无几。目前评估的最低标准是，要有此项功能服务，然后，通过对同级别政府网站进行横向比较，综合评分。如果无法提供网上审批功能，则本项指标的得分为0分；已经提供网上审批功能，但还没有开通服务，或者仅提供相关审批文件下载，则得分在1～5分，6分以上必须至少提供一项网上审批服务。

（7）政府网上采购

指标描述：政府网上采购涉及多个程序环节，如信息发布、征集供应商、招标、评标、开标等，目前根据可操作性而言，只有有限的几个环节可以在网上顺利实现。

评价标准：鉴于现阶段电子政务开展的实际情况，只要政府网上采购的任一环节在网上进行即可得分。如果无法提供政府网上采购功能，则本项指标的得分为0分；6分以上必须至少提供投招标信息服务。

（8）相关机构链接

指标描述：上级主管部门、下属各委办局和平级相关政府机构网站的链接。

评价标准：要求相关链接要正确有效。如果无法提供相关机构链接功能，则本项指标的得分为 0 分；6 分以上必须至少提供本地其他区县政府或相关政府职能部门的链接。

2．网上监督

指标描述：政府有关部门对公众在网上的监督、投诉、举报进行直接受理；另一方面对企业和个人的行为在网上进行监督，如企业不良行为网上警示。目的在于增加政府办事透明度，加强群众监督和企业监管力度，此功能服务的实现形式可以是信箱、留言板、政务论坛、公告等多种形式。

评价标准：评估主要从两点考察：一是信息反馈的时间速度；二是信息反馈的质量，一般应给予明确答复。如果无法提供网上监督功能，则本项指标的得分为 0 分；6 分以上（含 6 分）必须至少提供一种网上投诉举报形式。

3．公众反馈

指标描述：通过网络实现政府与公众的快速、有效、全面、直接的交流互动。

（1）政府信箱

指标描述：一般为主管领导或各部门领导的公众信箱，方便普通群众与领导的直接沟通交流。

评价标准：评估主要关注两方面，一是是否开通了此项功能服务，二是对普通群众的邮件是否认真予以反馈。如果无法提供政府信箱，则本项指标的得分为 0 分；6 分以上（含 6 分）必须至少提供市长信箱，及能够在承诺的时间内做出反馈。

（2）网上调查

指标描述：在网上实现有关政务的民意调查。

评价标准：主要从调查的内容、形式进行评估。如果无法提供网上调查，则本项指标的得分为 0 分；6 分以上（含 6 分）必须至少提供调查问题。

（3）交流论坛

指标描述：政府通过在线论坛实现与公众的交流互动，是增加政府与群众或群众之间交流沟通的一种功能。

评价标准：主要考察其内容、形式，以及公众参与的情况。如果无法提供交流论坛，则本项指标的得分为 0 分；6 分以上（含 6 分）必须至少有论坛功能，并且有公众近期内关于政务的交流内容。

4．特色功能

指标描述：本指标体系未涵盖的，或各省部级网站根据自己的政务特色所实现的功能服务，如网上培训、电子邮件服务、网络翻译等。

评价标准：本项在于考察各网站的建设特色。如果没有特色功能，则本项指标的得分为 0 分；6 分以上（含 6 分）必须至少提供一项易用、有效的特色功能。

（三）网站建设质量指标描述及评估标准

网站建设质量包含了网站的设计、内容发布特点、网络技术等状况。本指标是衡量政府网站为保证和完善电子政务的实施应用的基础设施工作。本指标将分解为 3 个二级指标：设计特性、内容特性和网络特性。

1．设计特性

指标描述：网站表现出的设计上的独特性质，包括网页设计、网页布局等因素表现出的差异性。设计特性又分解为美观性、专业性、易用性和通用性。

评价标准：网页设计及布局的美观性、专业性；网站的易用性和通用性。

（1）美观性

指标描述：网站通过网页设计，如颜色、字体、图案等元素的适当运用，给使用者视觉上的愉悦感受。这也从一个侧面反映政府形象。

评价标准：使用者对网页设计的视觉体验及评价，以及同类网站的对比。评分在 0～10 分之间。

（2）专业性

指标描述：政府网站设计的规范化、专业化程度。

评价标准：网站设计是否规范、专业。评分在 0～10 分之间。

（3）易用性

指标描述：从使用者的角度看，网站的网页设计与布局的使用方便、容易、界面友好等特性。

评价标准：使用者使用是否方便，是否容易，易用程度。评分在0～10分之间。

（4）通用性

指标描述：指网站对不同使用者的支持与兼容程度，如网站的多语言支持、浏览器兼容性等。

评价标准：站点支持中文简体、中文繁体、英语、日语等；站点兼容IE、Opera、MyIE等浏览器。在评估中，如果只支持中文简体则网站的通用性指标将低于6分，支持两种语言以上，则得分在6～10分之间。

2．信息特性

指标描述：网站内容建设的特点。细分为时效性、全面性、条理性和多媒体4个指标。

评价标准：网站内容的时效性、全面性、条理性和多媒体的采用。

（1）时效性

指标描述：网站信息对使用者的实际有效程度。包括网站信息更新的频度，以及网站所提供信息的有效时间、新旧程度等。

评价标准：网站信息的有效性、新旧程度，以及保持较高的更新的速度。评分在0～10分之间。6分以上必须保证至少提供当年的政府公报及最近的政务新闻。

（2）全面性

指标描述：网站提供的政务信息及相关信息在类别和具体内容上，达到政务公开所要求的程度。

评价标准：网站信息类别是否全、内容是否丰富、在多大程度上满足了政务公开。评分在0～10分之间。

（3）条理性

指标描述：网站的频道及内容设置合理，分类清晰，对不同使用者在内容上做针对性的划分，如把个人与企业的办事内容细分开。

评价标准：主要依据是网站内容设置是否合理，分类是否清晰。如果内容上针对个人与企业做了明显的划分，则在评估时适当加分。评分在0～10分之间。

（4）多媒体

指标描述：网站提供的包括音频、视频下载，以及流媒体在线播放等与政务有关的内容。

评价标准：除常规的文字、图像等静态信息外，还提供动态图像、滚动文字、视频、音频、Flash动画等动态信息，则本项指标得分。评分在0～10分之间。6分以上则至少以一种形式提供与政务有关的动态信息。

3．网络特性

指标描述：网站网络的质量特征。通过连接/浏览速度、站点可用性和网络安全3个指标反映。

评价标准：网站的连接/浏览速度、站点可用性和网络安全状况。

（1）连接/浏览速度

指标描述：使用者在连接政府网站时的网络连接速度，以及浏览网站时网络速度。连接/浏览速度是影响政府网站使用的一个重要因素。

评价标准：评分在0～10分之间。6分以上必须保证使用者以不低于56kbit/s的网络带宽连接和浏览相关政府网站时，延迟时间不超过5s。

（2）站点可用性

指标描述：政府网站在技术手段和管理上能保证在任何时间都正常运行，不死机、不停机，实时可用；使用者在任何时间都可以连接到网站，包括周末。

评价标准：网站在任何时间都能连通，否则将在评估时扣分。评分在0～10分之间。如果站点超过一天不能联通，则站点可用性的评分在0～5之间；6分以上必须至少保证在工作时间内都能访问，而10分则意味着必须保证网站24小时正常运行，实时可用。

（3）网络安全

指标描述：网站采取较完善的安全措施，如认证、防病毒、防火墙等，确保政府及使用者的信息网络安全。

评价标准：根据网站采取的网络安全的措施及效果给出评估分数。评分在0～10分之间。

三、评估对象

本次评估对象包括 67 个国务院组成部门、31 各省级政府、32 个省会城市及计划单列市政府、201 个地级市和 129 个县级政府的网站。

四、中央部委政府网站各项指标总体评估分析

本次评估结果表明，目前各中央部委的政府网站的各项指标发展很不均衡，重内容服务轻功能服务。其中，在一级指标中，网站内容服务和网站建设质量的平均得分分别为 6.2 分和 6.8 分，成绩远高于网站功能服务。网站功能服务的平均得分仅为 4.0，成绩较差。二级指标中，网上办公、公众反馈、网上监督、特色功能等指标的平均成绩属较差水平。可见，功能缺失和交互性较差是中央部委网站目前的主要问题。各指标的平均得分如表 6.15 所示。

表 6.15　　中央部委政府网站各项指标评估平均得分情况

一级指标	平均得分	二级指标	平均得分	三级指标	平均得分
网站内容服务指标	6.2	政务公开	6.0	政府公报	7.0
				政策法规	6.5
				政务新闻	6.7
				机构设置与职责	6.4
				办事规程	3.8
				网站背景	6.6
		特色内容	6.8	———	———
网站功能服务指标	4.0	网上办公办事	4.8	导航服务	6.8
				办事指南	4.0
				网上咨询	3.1
				网上查询	4.2
				相关机构链接	6.8
		网上监督	3.8	———	———
		公众反馈	2.2	政府信箱	2.4
				网上调查	2.1
				交流论坛	2.1
		特色功能	4.9	———	———
网站建设质量指标	6.8	设计特性	6.6	美观性	7.1
				专业性	6.6
				易用性	7.1
				通用性	5.7
		信息特性	6.8	时效性	7.2
				全面性	6.7
				条理性	7.2
				多媒体	5.8
		网络特性	7.0	连接/浏览速度	7.7
				站点可用性	7.7
				网络安全	6.0

数据来源：CCW Research，2004/10

（一）中央部委政府网站总体得分评估分析

表 6.16 所示是各中央部委政府网站总体得分情况，中央部委政府网站的平均分为 5.4 分。其中，商务

部、国家食品药品监督管理局、科学技术部、国家税务总局、国家安全生产监督管理局等21中央部委成绩相对较好，达到6分以上。

表 6.16　　中央部委政府网站评估总体得分情况

中央部委政府网站	总 体 得 分
商务部	7.4
国家食品药品监督管理局	7.3
科学技术部	7.1
国家税务总局	6.8
国家安全生产监督管理局	6.8
民政部	6.6
国家环境保护总局	6.5
农业部	6.5
国家林业局	6.4
审计署	6.4
国家测绘局	6.3
国家文物局	6.2
卫生部	6.2
国土资源部	6.2
国家烟草专卖局	6.2
国家质量监督检验检疫总局	6.2
国家统计局	6.1
中国证券监督管理委员会	6.0
中国科学院	6.0
国家民族事务委员会	6.0
外交部	6.0
平均	5.4

数据来源：CCW Research，2004/10

（二）中央部委政府网站内容服务指标评估（如表6.17所示）分析

表 6.17　　中央部委政府网站内容服务得分情况

中央部委政府网站	网站内容服务
国家环境保护总局	8.0
农业部	7.9
商务部	7.9
国家食品药品监督管理局	7.8
国家质量监督检验检疫总局	7.8
科学技术部	7.5
国家安全生产监督管理局	7.4
国家税务总局	7.3
国家广播电影电视总局	7.3

续表

中央部委政府网站	网站内容服务
国家知识产权局	7.2
国家林业局	7.2
中国科学院	7.1
审计署	7.1
国家统计局	7.0
民政部	7.0
国务院法制办公室	6.9
国家工商行政管理总局	6.9
中国证券监督管理委员会	6.9
国有资产监督管理委员会	6.9
国家烟草专卖局	6.9
中国人民银行	6.9
国家体育总局	6.8
海关总署	6.8
国家测绘局	6.8
教育部	6.8
国家文物局	6.8
国家自然科学基金委员会	6.7
国土资源部	6.7
人事部	6.7
外交部	6.6
国家外汇管理局	6.4
国家发展和改革委员会	6.4
卫生部	6.4
中国工程院	6.4
国家邮政局	6.3
国家旅游局	6.3
铁道部	6.3
司法部	6.3
中国民用航空总局	6.2
建设部	6.2
国家民族事务委员会	6.1
中国银行业监督管理委员会	6.0
劳动和社会保障部	6.0
国家粮食局	6.0
公安部	6.0
平均	6.2

数据来源：CCW Research，2004/10

从现阶段看，政府网站的内容服务应该是起步最早、应用最为广泛的公众服务，也是本次评估的重点指标之一。从评估结果看，中央部委政府网站的内容服务水平较好，平均分为6.2分，达到一般水平。

（三）中央部委政府网站政务公开指标评估分析

政务公开是网站内容服务中最为重要的组成部分，也是各级政府近期推进电子政务的工作重点。表6.18是中央部委政府网站的政务公开指标评估得分情况。中央部委政府网站的政务公开平均得分为6.0，达到及格水平。国家食品药品监督管理局、农业部、国家环境保护总局、商务部、国家质量监督检验检疫总局等40个中央部委政府网站达到一般水平以上。

表6.18　　中央部委政府网站政务公开服务得分情况

中央部委政府网站	政务公开得分
国家食品药品监督管理局	8.1
农业部	7.9
国家环境保护总局	7.9
商务部	7.8
国家质量监督检验检疫总局	7.7
科学技术部	7.5
国家知识产权局	7.3
国家税务总局	7.2
国家工商行政管理总局	7.2
国务院法制办公室	7.1
审计署	7.1
国家广播电影电视总局	7.1
国家安全生产监督管理局	7.0
民政部	7.0
国家烟草专卖局	6.9
国家林业局	6.9
国土资源部	6.9
国家测绘局	6.9
国家外汇管理局	6.9
中国证券监督管理委员会	6.9
人事部	6.9
国家统计局	6.8
国有资产监督管理委员会	6.8
国家文物局	6.7
国家自然科学基金委员会	6.7
中国科学院	6.6
教育部	6.6
外交部	6.5
中国人民银行	6.5
国家体育总局	6.5
海关总署	6.5

续表

中央部委政府网站	政务公开得分
铁道部	6.4
国家邮政局	6.3
国家发展和改革委员会	6.1
司法部	6.1
国家旅游局	6.0
建设部	6.0
中国民用航空总局	6.0
卫生部	6.0
中国工程院	6.0
中国银行业监督管理委员会	5.9
国家粮食局	5.9
文化局	5.8
国家民族事务委员会	5.7
水利部	5.7
劳动和社会保障部	5.7
中国保险监督管理委员会	5.6
国防科学技术工业委员会	5.5
交通部	5.5
监察部	5.5
公安部	5.4
中国气象局	5.4
国务院机关事务管理局	5.3
国家中医药管理局	5.2
国家外国专家局	5.2
国家海洋局	5.2
国家行政学院	5.1
中国社会科学院	4.7
国家电力监管委员会	4.6
国家人口和计划生育委员会	4.4
财政部	4.4
信息产业部	4.2
全国社会保障基金理事会	4.1
中国地震局	3.5
国务院发展研究中心	2.7
新闻出版总署（国家版权局）	1.5
国务院参事室	1.3
平均	6.0

数据来源：CCW Research，2004/10

（四）中央部委政府网站功能服务指标评估分析

政府网站作为一个电子政务服务平台，其为公众提供的功能服务非常重要，也是各级政府正在逐步加强的方面。各级领导对此也非常重视，国信办把政府门户网站的建设作为 2004 年政府信息化的重要工作之一，着重强调网站要体现为民服务的功能。虽然说由于体制、意识、安全等方面因素的影响，现阶段还不能过分强调功能服务，但从长远的角度看，政府网站要体现电子政务门户的作用，功能服务的改善是必由之路，不容回避。

本次的评估结果表明，中央部委政府网站的功能服务（如表 6.19 所示）总体水平亟待加强，平均得分为 4.0，仅有商务部、国家食品药品监督管理局、科学技术部、国家税务总局、国家安全生产监督管理局等 5 家政府网站达到及格水平。

表 6.19　中央部委政府网站功能服务得分情况

中央部委政府网站	网站功能服务得分
商务部	6.9
国家食品药品监督管理局	6.8
科学技术部	6.6
国家税务总局	6.1
国家安全生产监督管理局	6.1
民政部	5.9
卫生部	5.7
国家测绘局	5.6
公安部	5.3
国家文物局	5.3
国家民族事务委员会	5.3
国土资源部	5.3
国家林业局	5.2
审计署	5.2
中国社会科学院	5.2
国家人口和计划生育委员会	5.1
国家烟草专卖局	5.1
水利部	5.1
中国工程院	5.0
国家旅游局	4.9
司法部	4.8
农业部	4.8
中国证券监督管理委员会	4.8
国家环境保护总局	4.7
外交部	4.6
国家统计局	4.4
国务院机关事务管理局	4.4
文化局	4.4
交通部	4.3
国务院法制办公室	4.2
中国银行业监督管理委员会	4.2

续表

中央部委政府网站	网站功能服务得分
中国科学院	4.2
国家质量监督检验检疫总局	4.1
国家广播电影电视总局	4.0
国家发展和改革委员会	3.9
国家邮政局	3.7
国家粮食局	3.7
中国保险监督管理委员会	3.7
国家体育总局	3.7
劳动和社会保障部	3.7
国有资产监督管理委员会	3.5
国家自然科学基金委员会	3.5
国家知识产权局	3.4
国家外汇管理局	3.3
监察部	3.3
海关总署	3.2
财政部	3.2
国家行政学院	3.1
国家工商行政管理总局	3.1
中国民用航空总局	3.1
建设部	3.0
信息产业部	2.9
人事部	2.7
国家外国专家局	2.7
中国地震局	2.6
国家电力监管委员会	2.5
国家海洋局	2.4
中国人民银行	2.4
教育部	2.3
国防科学技术工业委员会	2.2
铁道部	2.2
中国气象局	2.0
国家中医药管理局	1.9
全国社会保障基金理事会	1.6
国务院发展研究中心	1.5
国务院参事室	0.8
新闻出版总署（国家版权局）	0.7
平均	4.0

数据来源：CCW Research，2004/10

（五）中央部委政府网站网上办公指标评估分析

网上办公是网站功能服务中非常重要的组成部分，也是今后电子政务努力的方向。本次研究发现，中央部委政府网站的网上办公服务（如表 6.20 所示）总体水平较低，平均得分为 4.8。其中，仅有国家食品药品监督管理局、商务部等 15 家政府网站的网上办公服务达到一般水平以上。可见，中央部委政府网站的网上办公服务总体水平提高还任重道远。

表 6.20　中央部委政府网站网上办公服务得分情况

中央部委政府网站	网上办公得分
国家食品药品监督管理局	7.8
商务部	7.3
国家文物局	7.0
国家税务总局	6.6
中国社会科学院	6.4
国家工商行政管理总局	6.4
科学技术部	6.3
国家旅游局	6.3
农业部	6.2
国家知识产权局	6.2
国家外汇管理局	6.1
民政部	6.1
国家自然科学基金委员会	6.1
中国证券监督管理委员会	6.0
国家林业局	6.0
中国工程院	5.9
国家测绘局	5.9
国家烟草专卖局	5.8
外交部	5.8
国家环境保护总局	5.7
国土资源部	5.7
国务院法制办公室	5.7
国家统计局	5.7
审计署	5.5
国家安全生产监督管理局	5.5
国家质量监督检验检疫总局	5.5
国家广播电影电视总局	5.4
国家民族事务委员会	5.4
国务院机关事务管理局	5.2
劳动和社会保障部	5.1
中国科学院	5.1
人事部	5.1
国家人口和计划生育委员会	4.8
公安部	4.8
国家行政学院	4.8
卫生部	4.8

续表

中央部委政府网站	网上办公得分
国家邮政局	4.7
中国人民银行	4.6
国家体育总局	4.6
司法部	4.6
国家粮食局	4.6
国防科学技术工业委员会	4.4
建设部	4.3
水利部	4.3
国家外国专家局	4.3
海关总署	4.2
教育部	4.2
监察部	4.1
中国民用航空总局	4.1
交通部	4.1
中国气象局	4.0
中国银行业监督管理委员会	3.7
国有资产监督管理委员会	3.6
文化局	3.6
国家发展和改革委员会	3.5
国家海洋局	3.5
财政部	3.5
铁道部	3.4
中国地震局	3.4
中国保险监督管理委员会	3.3
全国社会保障基金理事会	3.2
国家电力监管委员会	3.1
国务院发展研究中心	2.7
国家中医药管理局	2.2
信息产业部	2.1
国务院参事室	2.0
新闻出版总署（国家版权局）	1.7
平均	4.8

数据来源：CCW Research，2004/10

（六）中央部委政府网站网上监督指标评估分析

网上监督是政府网站的重要功能，是体现政府执政为民的有力手段。从表 6.21 可看出目前中央部委政府网站的此项功能还无法令人满意，平均分仅为 3.8 分。其中，国家食品药品监督管理局、国家安全生产监督管理局、卫生部、水利部、商务部等 20 家政府网站达到一般水平以上。

表 6.21　　中央部委政府网站网上监督服务得分情况

中央部委政府网站	网上监督得分
国家食品药品监督管理局	7.3

续表

中央部委政府网站	网上监督得分
国家安全生产监督管理局	7.3
卫生部	7.3
水利部	7.3
商务部	7.0
科学技术部	7.0
公安部	7.0
国家发展和改革委员会	7.0
民政部	6.7
国家林业局	6.7
审计署	6.7
国家民族事务委员会	6.7
国家人口和计划生育委员会	6.7
司法部	6.7
国家旅游局	6.3
国家测绘局	6.3
中国保险监督管理委员会	6.3
国家税务总局	6.0
文化局	6.0
信息产业部	6.0
中国工程院	5.7
国土资源部	5.7
中国银行业监督管理委员会	5.7
交通部	5.3
监察部	5.0
中国社会科学院	4.3
外交部	4.3
国家烟草专卖局	4.0
国家统计局	4.0
国家文物局	3.7
国家环境保护总局	3.7
中国民用航空总局	3.7
国家广播电影电视总局	3.3
国务院机关事务管理局	3.3
国家邮政局	3.3
海关总署	3.3
国有资产监督管理委员会	3.3
国家质量监督检验检疫总局	3.0
国家粮食局	3.0

续表

中央部委政府网站	网上监督得分
财政部	3.0
国家电力监管委员会	3.0
农业部	2.7
中国证券监督管理委员会	2.7
劳动和社会保障部	2.7
中国科学院	2.3
国家体育总局	2.3
国家知识产权局	2.0
国务院法制办公室	2.0
建设部	2.0
人事部	1.3
教育部	1.3
国家工商行政管理总局	1.0
国家外汇管理局	1.0
国家自然科学基金委员会	1.0
国家行政学院	1.0
中国人民银行	1.0
中国气象局	1.0
国家海洋局	1.0
中国地震局	1.0
全国社会保障基金理事会	1.0
国家中医药管理局	1.0
国防科学技术工业委员会	0.7
国家外国专家局	0.7
国务院发展研究中心	0.7
铁道部	0.0
国务院参事室	0.0
新闻出版总署（国家版权局）	0.0
平均	3.8

数据来源：CCW Research，2004/10

（七）中央部委政府网站公众反馈指标评估分析

公众反馈是功能服务中很重要的一环，是体现政府通过政府信箱、网上调查和交流论坛等与公众的双向或多向交流及公众参政议政的重要指标。但从现阶段的评估结果（如表 6.22 所示）看，中央部委政府网站的此项指标还处于较低水平，平均得分为 2.2 分。其中，仅有科学技术部的公众反馈服务达到一般水平以上。

表 6.22　　中央部委政府网站公众反馈服务得分情况

中央部委政府网站	公众反馈得分
科学技术部	6.5

续表

中央部委政府网站	公众反馈得分
商务部	5.9
国家安全生产监督管理局	5.7
司法部	5.6
国家税务总局	5.3
卫生部	5.2
国家人口和计划生育委员会	5.0
公安部	4.9
中国证券监督管理委员会	4.6
审计署	4.5
国家食品药品监督管理局	4.5
民政部	4.4
国家烟草专卖局	4.1
农业部	4.0
国家测绘局	4.0
国家文物局	3.8
水利部	3.6
国土资源部	3.5
国家民族事务委员会	3.2
中国科学院	3.2
国务院法制办公室	3.2
中国社会科学院	3.1
国务院机关事务管理局	3.1
文化局	3.0
国家环境保护总局	3.0
交通部	2.7
国家林业局	2.5
财政部	2.5
中国工程院	2.4
中国银行业监督管理委员会	2.4
国家体育总局	2.2
外交部	2.0
国有资产监督管理委员会	1.9
中国民用航空总局	1.9
国家质量监督检验检疫总局	1.8
国家统计局	1.8
国家知识产权局	1.7
国家粮食局	1.5
国家外国专家局	1.3

续表

中央部委政府网站	公众反馈得分
国务院发展研究中心	1.2
国家海洋局	1.2
国家电力监管委员会	1.1
国家邮政局	0.9
劳动和社会保障部	0.9
信息产业部	0.9
国家广播电影电视总局	0.9
国家行政学院	0.8
国家工商行政管理总局	0.6
中国气象局	0.6
中国地震局	0.6
建设部	0.6
中国保险监督管理委员会	0.5
监察部	0.5
国家发展和改革委员会	0.4
国家旅游局	0.4
国家外汇管理局	0.4
国家自然科学基金委员会	0.4
全国社会保障基金理事会	0.4
国家中医药管理局	0.4
铁道部	0.2
海关总署	0.0
人事部	0.0
教育部	0.0
中国人民银行	0.0
国防科学技术工业委员会	0.0
国务院参事室	0.0
新闻出版总署（国家版权局）	0.0
平均	2.2

数据来源：CCW Research，2004/10

（八）中央部委政府网站网站建设质量指标评估（如表 6.23 所示）分析

表 6.23　中央部委政府网站建设质量得分情况

中央部委政府网站	网站建设质量得分
中国科学院	7.6
国家食品药品监督管理局	7.4
国家统计局	7.4
国家环境保护总局	7.4
商务部	7.4

续表

中央部委政府网站	网站建设质量得分
外交部	7.4
国务院法制办公室	7.3
国家林业局	7.3
国家税务总局	7.3
国家质量监督检验检疫总局	7.2
审计署	7.2
水利部	7.2
民政部	7.2
国有资产监督管理委员会	7.2
教育部	7.1
科学技术部	7.1
农业部	7.1
国家知识产权局	7.1
国家民族事务委员会	7.1
国土资源部	7.1
国家体育总局	7.0
卫生部	7.0
国家广播电影电视总局	7.0
中国社会科学院	7.0
文化局	7.0
中国工程院	7.0
中国人民银行	7.0
建设部	7.0
国家烟草专卖局	7.0
国家外汇管理局	7.0
国防科学技术工业委员会	6.9
公安部	6.9
国家文物局	6.9
中国气象局	6.9
国家测绘局	6.9
海关总署	6.9
中国证券监督管理委员会	6.9
交通部	6.9
中国银行业监督管理委员会	6.8
国家邮政局	6.8
国家安全生产监督管理局	6.8
中国保险监督管理委员会	6.8
监察部	6.8

续表

中央部委政府网站	网站建设质量得分
国家电力监管委员会	6.8
劳动和社会保障部	6.8
人事部	6.7
国家旅游局	6.7
国家行政学院	6.7
司法部	6.7
国家发展和改革委员会	6.7
中国地震局	6.7
国家海洋局	6.7
国家工商行政管理总局	6.6
国家中医药管理局	6.6
中国民用航空总局	6.6
国家粮食局	6.6
国家人口和计划生育委员会	6.6
国家自然科学基金委员会	6.6
国务院机关事务管理局	6.5
财政部	6.5
全国社会保障基金理事会	6.4
国家外国专家局	6.3
铁道部	6.3
信息产业部	6.2
国务院发展研究中心	5.9
国务院参事室	5.3
新闻出版总署（国家版权局）	4.9
平均	6.8

数据来源：CCW Research，2004/10

网站建设质量包括网站的设计特性、信息特性和网络特性，是保证政府政府网站内容服务和功能服务的基础，它在政府网站建设与应用中占据重要位置。需要指出的是，在连接浏览速度、站点可用性和网络安全这 3 个网络特性的下级指标中，网络安全需要有关部门的大力支持和更为专业的评估手段。受客观条件制约，目前本次评估还很难对其给出精确的评分，在评估操作中，采用了预先指定数值的做法，假定现有的政府网站的网络安全的分数均为 6.0 分，以使其不会对整体评估产生影响。中央部委政府网站的该项指标得分普遍较好，平均分为 6.8 分。仅有 3 家中央部委政府网站的得分在一般水平以下。

五、省级政府网站评估分析

本次评估结果表明，总体看来，目前各省级的政府网站的各项指标发展很不均衡，功能服务缺失较为严重。其中，在一级指标中，网站内容服务和网站建设质量的平均得分均为 6.6 分，成绩远高于网站功能服务；网站功能服务的平均得分仅为 4.4 分，成绩较差。二级指标中，网上办公、公众反馈、网上监督、特色功能等指标的平均成绩属较差水平。各指标的平均得分如表 6.24 所示。

表 6.24　　省级政府网站各项指标评估平均得分情况

一级指标	平均得分	二级指标	平均得分	三级指标	平均得分
网站内容服务指标	6.6	政务公开	6.5	政府公报	6.9
				政策法规	6.8
				政务新闻	7.1
				机构设置与职责	6.1
				办事规程	5.8
				网站背景	6.5
		本地概览	6.7	———	———
		特色内容	6.8		
网站功能服务指标	4.4	网上办公	4.3	导航服务	6.2
				办事指南	6.1
				网上咨询	5.3
				网上查询	4.7
				网上申报	2.8
				网上审批	1.9
				政府网上采购	3.7
				相关机构链接	7.1
		网上监督	5.5	———	———
		公众反馈	3.6	政府信箱	4.7
				网上调查	3.5
				交流论坛	2.4
		特色功能	4.5	———	———
网站建设质量指标	6.6	设计特性	6.5	美观性	6.8
				专业性	6.6
				易用性	6.9
				通用性	5.3
		信息特性	6.7	时效性	6.9
				全面性	6.8
				条理性	7.0
				多媒体	5.8
		网络特性	6.5	连接/浏览速度	7.0
				站点可用性	7.1
				网络安全	5.6

数据来源：CCW Research，2004/10

（一）省级政府网站总体得分评估分析

表 6.25 是各省级政府网站总体得分情况，省级政府网站的平均分为 5.7 分。其中，北京、上海、浙江、江苏和重庆等 18 省级政府的总体成绩达到一般水平以上。山东和西藏在评估期间还未提供政府公众网站。

表 6.25　　省级政府网站评估总体得分情况

省级政府网站	总体得分
北　京	8.0

续表

省级政府网站	总 体 得 分
上　海	8.0
浙　江	7.1
江　苏	7.1
重　庆	6.8
吉　林	6.7
湖　北	6.6
河　北	6.6
新　疆	6.5
江　西	6.5
青　海	6.4
天　津	6.4
甘　肃	6.2
广　东	6.2
海　南	6.2
贵　州	6.2
四　川	6.2
陕　西	6.1
广　西	5.9
福　建	5.8
内蒙古	5.8
安　徽	5.8
湖　南	5.7
辽　宁	5.7
黑龙江	5.4
云　南	5.2
河　南	4.5
山　西	4.5
宁　夏	3.1
山　东	0.0
西　藏	0.0
平　均	5.7

数据来源：CCW Research，2004/10

（二）省级政府网站内容服务指标总体评估分析

从评估结果（如表 6.26 所示）看，省级政府网站的内容服务水平较好，平均分为 6.6 分，仅有 4 家省级政府网站未能达到及格水平。

表 6.26　　省级政府网站内容服务得分情况

省级政府网站	网站内容服务
北　京	8.7

续表

省级政府网站	网站内容服务
上　海	8.6
浙　江	7.9
重　庆	7.7
天　津	7.7
江　苏	7.5
江　西	7.5
甘　肃	7.3
河　北	7.3
湖　北	7.2
吉　林	7.2
青　海	7.2
广　西	7.2
新　疆	7.2
安　徽	7.1
贵　州	7.1
陕　西	7.1
云　南	7.1
福　建	7.0
湖　南	7.0
广　东	7.0
河　南	7.0
四　川	6.9
海　南	6.8
内蒙古	6.8
辽　宁	6.7
黑龙江	6.3
山　西	5.9
宁　夏	2.2
山　东	0.0
西　藏	0.0
平　均	6.6

数据来源：CCW Research，2004/10

（三）省级政府网站政务公开指标评估分析

政务公开是网站内容服务中最为重要的组成部分，也是各级政府近期推进电子政务的工作重点。表 6.27 所示的是省级政府网站的政务公开指标评估得分情况。省级政府网站的政务公开平均得分为 6.8，已经接近良好水平。

表 6.27　　省级政府网站政务公开服务得分情况

省级政府网站	政务公开得分
北　京	8.7

续表

省级政府网站	政务公开得分
上 海	8.5
浙 江	8.0
重 庆	7.8
江 西	7.5
天 津	7.5
湖 南	7.5
江 苏	7.4
青 海	7.4
甘 肃	7.4
河 北	7.4
广 西	7.2
陕 西	7.2
湖 北	7.2
贵 州	7.2
吉 林	7.1
福 建	7.0
安 徽	7.0
云 南	7.0
新 疆	7.0
广 东	6.9
河 南	6.8
四 川	6.7
内蒙古	6.6
辽 宁	6.5
海 南	6.1
黑龙江	6.0
山 西	5.3
宁 夏	1.0
山 东	0.0
西 藏	0.0
平 均	6.5

数据来源：CCW Research，2004/10

（四）省级政府网站功能服务指标总体评估分析

本次的评估结果（如表 6.28 所示）表明，省级政府网站的功能服务总体水平亟待加强，平均得分为 4.4，未能达到一般水平。仅有上海、北京、江苏、浙江和吉林等 5 家政府网站达到一般水平。

表 6.28　　省级政府网站功能服务得分情况

省级政府网站	网站功能服务得分
上 海	7.5

续表

省级政府网站	网站功能服务得分
北　京	7.4
江　苏	6.5
浙　江	6.2
吉　林	6.0
湖　北	5.7
重　庆	5.6
新　疆	5.6
河　北	5.6
海　南	5.3
青　海	5.2
广　东	5.1
江　西	5.1
四　川	5.0
天　津	4.8
甘　肃	4.7
陕　西	4.7
贵　州	4.7
内蒙古	4.4
福　建	4.3
辽　宁	4.3
黑龙江	4.0
广　西	3.9
湖　南	3.8
安　徽	3.6
宁　夏	3.2
云　南	2.4
山　西	1.8
河　南	1.0
山　东	0.0
西　藏	0.0
平　均	4.4

数据来源：CCW Research，2004/10

（五）省级政府网站网上办公指标评估分析

网上办公是网站功能服务中非常重要的组成部分，也是今后电子政务努力的方向。本次研究发现，省级政府网站的网上办公服务（如表 6.29 所示）总体水平较低，平均得分仅为 4.3。其中，仅有上海、北京、吉林、天津、广东、江苏和湖北等 7 家政府网站达到一般水平，可见，省级政府网站的网上办公服务总体水平提高还任重道远。

表 6.29　　　　省级政府网站网上办公服务得分情况

省级政府网站	网上办公得分
上　海	7.7
北　京	7.7
吉　林	6.4
天　津	6.4
广　东	6.3
江　苏	6.1
湖　北	6.1
河　北	5.8
青　海	5.5
陕　西	5.4
浙　江	5.3
新　疆	5.2
江　西	5.1
四　川	4.8
安　徽	4.5
云　南	4.4
重　庆	4.3
贵　州	3.9
海　南	3.7
广　西	3.7
福　建	3.4
甘　肃	3.3
湖　南	3.2
内蒙古	3.2
辽　宁	3.0
黑龙江	2.5
宁　夏	1.9
山　西	1.9
河　南	1.8
山　东	0.0
西　藏	0.0
平　均	4.3

数据来源：CCW Research，2004/10

（六）省级政府网站网上监督指标评估分析

省级政府网站的平均分为 5.5 分，如表 6.30 所示，未能达到一般水平。其中，上海、北京、江苏、重庆和海南等 19 家政府网站达到一般水平，而其他政府网站仍处于较差水平。

表 6.30　　　　省级政府网站网上监督服务得分情况

省级政府网站	网上监督得分
上　海	8.0
北　京	7.7

续表

省级政府网站	网上监督得分
江　苏	7.3
重　庆	7.3
海　南	7.3
吉　林	7.0
湖　北	7.0
陕　西	7.0
四　川	7.0
甘　肃	7.0
广　东	6.7
河　北	6.7
浙　江	6.7
贵　州	6.7
福　建	6.7
新　疆	6.3
江　西	6.3
内蒙古	6.3
青　海	6.0
湖　南	5.7
辽　宁	5.7
天　津	5.3
广　西	5.0
黑龙江	5.0
宁　夏	5.0
安　徽	2.3
云　南	2.0
山　西	1.7
河　南	0.7
山　东	0.0
西　藏	0.0
平　均	5.5

数据来源：CCW Research，2004/10

（七）省级政府网站公众反馈指标评估分析

公众反馈是功能服务中很重要的一环，是体现政府通过政府信箱、网上调查和交流论坛等与公众的双向或多向交流及公众参政议政的重要指标。但从现阶段的评估结果（如表6.31所示）看，省级政府网站的此项指标还处于较低水平，平均得分为3.6分。其中，仅有浙江、北京、江苏、上海的公众反馈服务达到一般水平以上，其他省级政府网站的公众反馈服务仍处于较差水平。

表6.31　　省级政府网站公众反馈服务得分情况

省级政府网站	公众反馈得分
浙　江	7.1
北　京	7.0

续表

省级政府网站	公众反馈得分
江　苏	7.0
上　海	6.8
重　庆	5.9
甘　肃	5.8
福　建	5.4
海　南	5.3
新　疆	5.2
吉　林	4.4
黑龙江	4.3
河　北	3.9
辽　宁	3.9
湖　北	3.7
内蒙古	3.7
陕　西	3.6
天　津	3.5
贵　州	3.4
江　西	3.3
青　海	3.0
四　川	2.7
山　西	2.5
湖　南	2.4
广　东	2.4
安　徽	2.2
宁　夏	1.8
广　西	1.3
云　南	0.8
河　南	0.2
山　东	0.0
西　藏	0.0
平　均	3.6

数据来源：CCW Research，2004/10

（八）省级政府网站网站建设质量指标评估分析

网站建设质量包括网站的设计特性、信息特性和网络特性，是保证政府网站内容服务和功能服务的基础，它在政府网站建设与应用中占据重要位置。省级政府网站的该项指标得分（如表 6.32 所示）普遍较好，平均分为 6.6 分。

表 6.32　　省级政府网站建设质量得分情况

省级政府网站	网站建设质量得分
北　京	8.0

续表

省级政府网站	网站建设质量得分
上　海	7.9
浙　江	7.6
青　海	7.4
重　庆	7.3
吉　林	7.3
江　苏	7.3
广　西	7.3
安　徽	7.2
陕　西	7.2
贵　州	7.2
江　西	7.2
天　津	7.1
河　北	7.1
甘　肃	7.1
山　西	7.0
湖　北	7.0
新　疆	7.0
四　川	7.0
湖　南	6.9
云　南	6.9
广　东	6.9
海　南	6.8
河　南	6.7
内蒙古	6.6
福　建	6.6
辽　宁	6.6
黑龙江	6.5
宁　夏	4.9
山　东	0.0
西　藏	0.0
平　均	6.6

数据来源：CCW Research，2004/10

（计世资讯（CCW Research））

6.2　网上行政审批发展状况

6.2.1　网上行政审批的含义及发展概述

行政许可是指行政机关根据公民、法人或者其他组织的申请，经依法审查，准予其从事特定活动的行为，通俗的说就是行政审批。网上行政审批的最终目标是实现审批全过程的电子化，届时用户可以利用互联网就地、就近申报，而承办单位在网上予以受理，用户通过互联网获得反馈结果或查询进度，从而使用户彻底免受“跑审批”的辛苦。

自 1999 年开始政府上网工程以来，从国家到地方逐渐认识到了电子政务对于政府管理体制改革的影响。党的十六届三中全会以后，我国的政府职能逐渐从“全能型”转向“服务型”，而“服务型”政府的形成正是电子政务建设中的精髓所在。电子政务的重要使命就是提升公共服务水平，让社会公众真正享受到政府“一站式”服务的便利。行政审批制度改革是政府职能转变的核心问题，我国电子政务之所以步履维艰、发展缓慢，其中一个重要原因就在于行政许可环节过多、手续繁琐、时限过长。因此能否真正实现“一站式”的网上行政审批服务是衡量电子政务发展程度的一个关键因素。

2004 年 7 月 1 日《中华人民共和国行政许可法》（下称《行政许可法》）正式实施，标志着我国政府职能从“管理型”向“服务型”的转变，是我国全面推进依法行政、建设法治政府的重要里程碑。业内人士认为，《行政许可法》的颁布和实施，在催化行政管理机构“自我革命”的同时，也为刚刚起步的电子政务带来了蓬勃发展的契机，是从法律的高度对电子政务的认可和推进，必将大力推进网上行政许可的发展。

我国电子政务基本处于起步和发展阶段，政府门户网站绩效较低，仍以信息发布服务为主，网上行政许可等政务服务总体上刚刚起步。在目前政府门户网站提供的网上行政审批服务中，大多数还只是停留在“公布行政许可事项”和“共享有关行政许可信息”上，还不是真正的电子政务，还有一些实现了“网上项目申报”和“审批结果查询”，但距离审批全过程的网络化、数字化还有一定距离。这一方面是因为我国电子政务建设的水平不够高，电子政务相关技术还不是特别成熟，相关法律法规也还不健全。另一方面，电子政务的推进从根本上依赖于体制改革的推进，但是我国体制改革肯定有一个过程，不可能一步到位。只有把《行政许可法》落到实处，加快审批制度改革，简化办事程序，实施一站式服务战略，才有可能实现真正意义上的网上行政许可，如果没有这个基础，网上行政审批就只是用网络的方式把网下审批固化下来，并不能真正达到服务社会、服务纳税人的目的。

总的来看，尽管面临一些困难，网上行政审批在我国还是有很好的发展前景。我国政府非常重视电子政务的发展，《行政许可法》的实施为网上行政许可的发展提供了良好的契机。同时社会公众乃至地方政府对于落实《行政许可法》的要求，真正实现网上审批有着强烈的愿望，这些都是有利的促进因素。

6.2.2 《行政许可法》的实施为电子政务带来发展契机

我国的政府上网工程是从 1999 年开始的，在电子政务建设初期，很大一部分工作重点放在了内部建设上，“重电子、轻政务”的现象较普遍。近几年我国的电子政务有了明显进步，但发展仍不均衡：“政务公开”方面发展得较快，主要以信息发布服务为主；而“网上服务”发展比较滞后，办事类和公众参与类内容公开较少；在线咨询、在线申报、办事进程查询及在线投诉等交互式服务总体上刚刚起步。《2004 年中国政府网站绩效评估报告》显示，我国政府门户绩效较低，基本处于起步和发展阶段。部委网站平均绩效 40.7，三类功能指标中以“政务公开指数”最高，政务公开指数为 0.48，网上服务指数为 0.32，用户意识指数为 0.28。

2004 年 7 月 1 日《行政许可法》正式实施，《行政许可法》从法律上大大减少了行政许可事项，简化了行政审批手续，取消了不必要的限制。人们普遍认为这是我国行政法治建设的重要里程碑，标志着我国政府职能从“管理型”向“服务型”的转变，是推进政府管理创新和职能转变的重要契机，无异于中国政府的一场“自我革命”。特别值得指出的是，这部法律的若干条款还对推行行政许可进行了规定，这将对行政许可系统的开发建设、升级换代、直至全面电子化办理行政许可提供良好的契机。业内人士认为，这部法律对电子政务建设有着极为重要的意义，是从法律的高度对电子政务的认可和推进，这部法律为电子政务建设破除了两个方面的观念障碍：一是传统行政观念的障碍；二是重“电子”、轻“政务”观念的障碍。

《行政许可法》第二十九条规定：“行政许可申请可以通过信函、电报、电传、传真电子数据交换和电子邮件等方式提出”。

《行政许可法》第三十三条规定：“行政机关应当建立和完善有关制度，推行电子政务，在行政机关的网站上公布行政许可事项，方便申请人采取数据电文等方式提出行政许可申请；应当与其他行政机关共享有关行政许可信息，提高办事效率。”

《行政许可法》实施后，各地各级政府在采取应对措施时，大都朝着加快审批制度改革，简化办事程序，实施一站式服务战略的方向努力。为最终实现行政审批一站式服务的目标，一般会分 3 步走：一是在 2004 年 7 月 1 日前后，为落实行政许可法，各级政府多采用行政干预的方式，限期清理现存行政审批事项，并在“物理上”将相关审批部门的受理功能集中于一处，统一对外办公，体现便民；二是为集中办公的各窗口单位创建统一的数据交换平台，实现网上并联审批，简化手续，优化程序，提高时效；三是实现审批全过程的电子化，届时用户可利用因特网就地、就近申报，承办单位在网上予以受理，经政务外网加上政务内网办理，后从因特网上反馈结果或查询进度。

6.2.3 我国网上行政审批的发展现状

由于我国电子政务还处于起步和发展阶段，目前尚没有真正意义上的网上行政审批，但是上有政府的高度重视，下有民众的强烈愿望，其发展态势迅猛，发展前景乐观。纵观《行政许可法》实施后各地各级政府在进行网上行政审批方面的进展程度，主要有以下几种情况。

一、将相关审批部门集中起来形成办公大厅

为了方便企业和群众办事，提高行政效率，一些政府及其职能部门在“物理上”将相关审批部门的办公地点集中起来，并使管理部门集中为办公的各窗口单位。虽然真正意义的“一站式”网上行政审批服务是指网上“一站式”服务，而不是物理实体的“一厅式”。但这样不但简化了手续、优化了程序，同时通过创建统一的数据交换平台、调整政府机构设置，对尽快真正地实现网上并联审批、提高政务时效提供了充分的可能性，是朝着“一站式”网上行政审批服务的最终目标迈出的重要一步。

例如，2004 年 6 月具有统一数据交换平台的深圳市市民中心竣工后，原本四散的深圳市各局办机构陆续迁入，从而使相关审批部门集中于一处，成为办公的各窗口单位。江苏省国土资源厅有一个宽敞、现代化的电子政务中心，中心大厅的大屏幕滚动显示国土资源服务指南、服务承诺、办事程序，以及行政为民措施等。中心设置了建设用地审批、矿权审批、行政收费、公文处理、政策咨询等窗口，统一受理报省厅的各项审批报件、公文公函和咨询业务，各项审批均实行窗口接待，封闭运行，接办分离，限时办结。大大提高了工作效率，方便了基层和群众。

二、大部分政府网站在网上行政审批方面还只是做到了“政务信息公开”

目前我国电子政务的发展还处于初级阶段，《行政许可法》第三十三条对于网上行政审批也没有提出太高的要求，只是规定“在行政机关的网站上公布行政许可事项”和“与其他行政机关共享有关行政许可信息”。实际上，“公布行政许可事项”和“共享有关行政许可信息”并非真正的电子政务，而只是电子政务发展的初级阶段的“政务信息公开”。国家部委、北京、上海、江苏以及其他一些较发达地区的政府网站都很重视电子政务的开展，开设了一些与行政许可有关的窗口，但大多数还只是做到了“政务信息公开”，对于行政审批的程序、需要的材料等进行说明，并和提供下载服务。

三、部分政府网站向着网上行政审批更进一步，实现了“网上项目申报”和“审批结果查询”等

目前部分政府网站针对一些审批过程不太复杂，牵扯的部门和流程也相对简单的项目提供了“网上项目申报”和“审批结果查询”等网上行政审批服务，不过这些服务也只是起到了简单申请和辅助审批功能，目前还无法在网上实现完整的行政审批流程。

例如，国土资源部网站设立政务公开栏目，通过门户网站把国土资源管理的行政事务和主要措施向全社会公开。用户可以通过政务公开栏目查询到土地利用总体规划和矿产资源规划的主要内容；土地、矿产方面依法收费的项目、标准、依据和缴纳时限等与国计民生密切相关的政务信息。国土资源部网站上设立的网上办事大厅提供网上办公业务受理，可实现农转用地审批、征地审批、建设用地电子备案、探矿权申请和采矿权申请等行政审批事项的网上项目申报和审批结果查询，方便项目上报工作，提高办事效率，节约成本。

在商务部的网站上，公众可以直接进入商务部的网上政务平台，比如“对外贸易经营者备案登记”、“加

工贸易管理”和“出口管制政务平台”等系统，在线办理登记、申报等有关事项。国家食品药品监督管理局网站在网上行政审批方面除了提供信息发布，各种表格下载的服务，也可以接受公众网上申报。

6.2.4 影响网上行政审批发展的关键因素

要真正推动网上行政审批的发展，实现真正意义上的“一站式服务”，就要重视影响网上行政审批发展的关键因素，解决面临的问题。

一、必须真正实现各政府网站间的互联互通

业内专家认为，实现网上互联互通是目前我国政府信息化的最大难题。而在网上行政审批处理过程中，需要有关各方做到信息共享、互联审批，真正在网上将各审批部门许可证审批与工商行政管理登记机关注册登记集中于一体，跨地区、跨行业、无纸化地快捷完成互联审批各环节。因此政府部门急需了解和利用其他政府部门所掌握的数据资源、同时需要与其他政府部门进行联合审批事项，数据整合、资源共享、协同工作非常重要。

由于政府上网工程之初我国政府各部门网站建设没有统一规划，没有制定统一标准和格式，对各类电子政务项目的功能划分、业务处理、数据格式、技术手段等的确定千差万别，对各类相关政府职能、业务流程、法律法规的理解程度也不一致，成为制约网上行政审批持续发展的重要瓶颈。为使公众真正享受到电子政务的“一站式”服务，必须要建立统一的政府网站，在门户网站与部门网站之间建立有效的协同机制，整合各部门的信息资源，避免政府网站成为信息孤岛。

二、提高政务信息系统的技术水平

贯彻落实《行政许可法》，对行政机关电子政务系统提出了诸多的新需求，无论从功能指标、性能指标，还是应用的深度、广度都提出了很高的要求，除了要保证行政许可程序的正常进行，还要保证信息安全和个人隐私等。就国内现有政务信息系统的技术水平和应用的现状而言，在短期内不可能全部满足，肯定会有压力。必须下大力气提高我国政务信息系统的技术水平，为网上行政审批在软硬件上提供可靠的保障。

三、建立起完善的信用体系

真正意义上的网上行政审批必须以信用机制为依托，舍此则隐患无穷。如何尽快确立公民、企业法人、组织机构的身份认证、数字签名、数据文档等的法律地位极为重要。这就要求从中央到地方对相关立法和相关技术、产品的认定工作要提速，以便为电子政务乃至中国的数字化保驾护航。2005年4月1日《电子签名法》正式实施，电子文档的法律地位被确定，电子存储替代传统介质的障碍被消除，这将会对电子政务产生巨大的影响。

四、把政府职能转变落在实处

从根本上来说，行政许可网上办公系统只是协助政府推动其职能的转变，但真正要发挥作用，还是要依靠政府自身认识的转变。而这才是一个电子政务系统能够实施成功的关键。只要《行政许可法》的实施能够落到实处，各级政府确实简化行政环节、缩减政府规模、提高公共服务质量和公众满意度、提高政府行政执法的法制化和规范化水平，那么以《行政许可法》为动力，将实现政府职能的重新整合和一体化、行政组织的扁平化，政府信息化的建设将逐步由一个部门、一个单位的事情转化为整个社会共同的事情，全民参与、立体推动整个电子政务的发展成为可能。

6.2.5 企业争夺网上市场

尽管我国的网上行政许可还处于初级阶段，业内人士估计，行政许可网上办公市场要真正成熟起来至少需要两到三年的时间。但国内的电子政务企业认为《行政许可法》的实施是企业经营外部环境的一次重大变化，电子政务建设有望出现规范化的标准，他们非常看好这一市场前景，纷纷推出自己的网上行政许可软件系统。

开普互联信息有限公司在2004年8月1日推出《开普政通行政许可系统2.0版》并举行“回报社会，千万大赠送”活动，从2004年8月1日～8月31日向30多家“行政许可办公室”等行政许可专门机构赠送了价值1 000万的该软件产品。开普互联公司称这套自行研发的产品是国内第一套完全适用于《行政许可法》的软件产品。

赛迪时代也表示已率先开发出了国内首个行政许可管理系统，该系统结合当前国家电子政务建设标准和《行政许可法》的具体要求，为政府机关按照行政许可法实施行政许可业务提供了一个完善、可靠、规范的应用平台。可以实现从申请人提出申请到行政许可实施机关进行受理、审查、决定、变更、延续等行政许可事项的全过程管理。

多年来一直积极参与我国政府信息化建设的浪潮也表示，在平台化理念指导下，浪潮目前已成功地研发出“对等网格式互联审批系统”，这将有力地推动网上互联，有助于政府部门间的公文流程和审批。

美髯公科技承建的天津塘沽区政府行政许可服务中心是目前国内同级部门规模最大、功能最全、最具人性化的政府行政许可服务中心。由美髯公科技承建的塘沽区网上审批系统也同时在中心正式上线启用。

（中国互联网协会　李沁）

6.3 我国电子税务发展状况

电子税务，就是把税务机关的各项职能搬到网上，无论是征管、稽查、服务、专用发票认证等，都通过网络来完成。电子税务本质上是利用信息技术和其他技术对税务机关的内部组织结构和业务运行方式进行重大或根本改造，使税收征管更加科学、合理、严密、高效，使税收管理由金字塔式向扁平化的结构转变，使对纳税人的管理与服务更加透明、便捷。在政府上网工程中，“金税工程”被誉为增值税的“生命线”，它的建设也成为国民经济信息化的重点之一。我国以金税工程为代表的电子税务建设已经顺利完成了一、二期建设，正按计划展开三期建设。目前许多西方发达国家也都在积极建设电子税务工程，大部分国家实现了网上税务申报，有一部分国家已经成功实现了在线支付。他们的经验值得发展中的中国电子税务借鉴。

6.3.1 我国电子税务工程发展历史与现状

作为电子政务的一个重要组成部分，从 20 世纪 80 年代起，我国就开始逐步建设电子税务工程。启动于 1994 年的“金税工程”，自诞生之日起就倍受 IT 业界瞩目。作为第一个覆盖全国范围的网络系统，“金税工程”为我国税收创造了巨大的增长空间，做出了巨大的贡献。

一、金税工程之前我国税务电子化发展历程

税收电子化工作在我国始于 20 世纪 80 年代初，当时已经可以用计算机处理汉字信息，使大量的报表稽核从手工处理转为计算机处理。20 世纪 80 年代末期，税务管理部门开始了税收征收管理的电子化工作。最初的尝试是从一个个分局开始，然后由分局推广到市、省，这其中的每一个过程都花费了 4～5 年的时间。到目前为止，全国的税收征收都已经实现了电子化管理，税收征收管理系统也由最开始的单机版，经不断完善，发展到支持 LAN 的版本和支持 WAN 的版本。所应用的数据库也由最初单机版的 dBaseII 和支持局域网操作的 FoxPro，发展到了今天的大型关系数据库。

二、CTAIS 系统和金税工程一期、二期实施情况

从 1993 年左右开始，国税总局开始着重推出数个大型电子税务系统，其中大范围推行的应用系统有两个：税收征收管理信息系统（CTAIS）以及金税一、二期工程。CTAIS 系统是国税总局与世界银行合作开发的一个项目，也是第一个包含了整个税务征管业务的综合系统，从税务登记到税务检查再到税款入库，全部涵盖在内。该系统首先在全国部分省市试点应用，通过逐步推广，目前全国已经有 100 多个城市用上了 CTAIS 系统。其中浙江省、山东省、河南省等全省推行了该系统。第二项内容是金税一、二期工程，其主要涉及的就是增值税发票的管理，包括开票、认证，到报税、稽核、稽查等环节。相对于 CTAIS，该系统涉及的环节少，也仅仅覆盖增值税领域，但它是第一个覆盖全国范围的网络系统，在一定程度上实行了数据联网。这一阶段的建设也缺乏一些总体设计方案，只是先选取了税收业务中的几个重要内容开展了建

设，除了以上两个最重要的应用系统之外，各地的税务部门还建立网站并开发了许多应用系统。尽管这些大大小小的系统的覆盖面和应用范围都不一样，但每个系统都取得了一定的效果，提高了税收执法水平、强化了征管、减少了漏洞。

“金税工程”由 4 个子系统组成：增值税一般纳税人防伪税控发票子系统、增值税防伪税控发票认证子系统、计算机交叉稽核子系统和发票协查子系统。

1．增值税防伪税控开票子系统

增值税防伪税控开票子系统是运用数字密码和电子信息存储技术，通过强化增值税专用发票的防伪功能，监控企业的销售收入，解决销项发票信息真实性问题的计算机管理系统。这一系统将推行到所有增值税一般纳税人，也就是说，将来所有的增值税一般纳税人必须通过这一系统开票增值税发票。

2．防伪税控认证子系统

税务征收机关利用防伪税控认证子系统，对增值税一般纳税人申请抵扣的增值税发票抵扣联进行解密还原认证。经认证无误的，才能作为纳税人合法的抵扣凭证。凡是不能通过认证子系统的发票一律不能抵扣。

3．增值税稽核子系统

为了保证发票信息准确性，销项发票信息由防伪税控开票子系统自动生成，并由企业向税务机关进行电子申报；进项发票数据通过税务机关认证子系统自动生成。进项销项发票信息采集完毕后，通过计算机网络将抵扣联和存根联进行比对。

4．发票协查信息管理子系统

发票协查子系统是对有疑问的和已证实虚开的增值税发票案件协查信息，认证子系统和稽核子系统发现有问题的发票，以及协查结果信息，通过税务系统计算机网络逐级传递，总局通过这一系统对协查工作实现组织、监控和管理。

1994 年，“金税工程”一期的增值税计算机交叉稽核系统在 50 个大中城市试点，对加强增值税征收管理起到了积极作用。1998 年，以“一个平台、四个系统”为内容的金税工程二期正式立项。2000 年，在总结实践经验的基础上，完善金税工程二期的建设思路，提出了整体方案，加快了建设步伐。国家税务总局到省、市、县国税局的四级网络全部联通。2001 年 1 月 1 日，4 个系统在辽宁、江苏、浙江、山东、广东和北京、天津、上海、重庆“五省四市”开通运行。2001 年 7 月 1 日，4 个系统在其他 22 省区开通运行，金税工程二期基本建成，取得了重大成效。2001 年底，防伪税控开票系统已推行约 40 万户，百万元版、十万元版和部分万元版专用发票不再用手工方式而改由该系统开具。自 2002 年 4 月 1 日起，万元版手工发票一律不得作为增值税扣税凭证。2002 年完成增值税税控系统的全面推行工作。自 2003 年 1 月 1 日起，所有增值税一般纳税人必须通过增值税防伪税控系统开具专用发票，同时全国统一废止手写版专用发票。自 2003 年 4 月 1 日起，手写版专用发票一律不得作为增值税的扣税凭证。

三、税收信息化建设投资情况

随着信息化应用的深入，税务行业在注重硬件投入的同时，也加强了在软件和服务方面的投资。具体表现在服务器、信息安全设备、应用软件和中间件软件等 IT 产品的投入逐渐加大。

2004 年税务行业在 IT 硬件方面采购量最大的产品依次为台式 PC、服务器和网络设备。虽然税务行业在 IT 软件产品上的采购规模只有 5.1 亿元，但其占整个 IT 投入的份额从上年的 18.22%上升到了 20.86%。软件采购的重点主要集中在数据库软件、应用软件和操作系统软件上，税务行业对专业服务的需求也正在逐渐加大。

2004 年税务行业市场的一个突出表现就是地税系统的信息化投资明显增大。2004 年地税系统的投资规模达到了 13.93 亿元。随着地方政府的投入加大，尤其是各省市地税系统实施的广域网络改造、省级数据集中和“一窗式”纳税大厅等信息化建设项目的实施，带动了各地区地税局信息化的投资规模，地税和国税的信息化水平差距正在减小。相比之下，国税系统由于受金税二期的收尾工作结束等因素的影响，2004 年国税信息化建设的投入有所减小，但规模仍然达到了 10.49 亿元，主要用于广域网的改造和应用软件网络版的开发，这些都是在为“金税工程”三期的启动做好充分的准备。根据 IT 咨询机构计世资讯（CCW

Research）的预计，2005 年国税 IT 投资将达到 12.02 亿元，占 IT 投资的 46.6%，同比增长 14.6%；而地税的 IT 投资为 13.79 亿元，占 IT 投资的 53.4%，同比增长下降 1.01%。2005 年中国税务行业 IT 投资规模为 25.81 亿元人民币，比 2004 年增长 5.7%。预计 2008 年税务行业信息化投入规模将达到 29.38 亿元，2003 年～2008 年复合增长率为 3.1%。中国税务行业 IT 投资规模将保持稳步增长的趋势。

根据 2004 年 12 月 1 日中国第五届税收电子化展览会暨研讨会透露的信息，2005 年～2008 年，全国税务信息化产品主要需求为 UNIX 主机系统、网络管理系统、存储备份系统、安全系统，以及一些涉及税收业务的软件系统。目前国家税务信息化投资大致分为 3 个层次，一是现有应用系统的提升；二是提升跨省交叉稽核系统为两级稽核，到省级集中，技术平台采用 UNIX 系统；三是省级技术平台建设。面对 2005 年税控收款机的推广，税控收款机的后台管理系统也将是下一阶段税务信息化的重点。

四、电子税务建设回报显著

在过去的数年里，以“金税工程”为代表的电子税务建设为我国税收收入（无论征收额还是收入规模）的历史性突破做出了巨大的贡献。

国家税务总局主要负责人称，“金税工程”实施以来，每年增收税款有一半应归功于“金税工程”。电子税务还极大提高了税务机关依法治税的能力，加强了 100 万名税务干部的职业素养，大大减少了不正之风、法制腐败发生的几率。他指出，“金税工程”为我国统一税法、公平税负、简化税制、合理分权、理顺分配关系、规范分配方式、保障财政收入，起到了至关重要的作用。据国家税务总局 2005 年 3 月的公布数据，2004 年，全国税收累计完成 25 718 亿元（不含关税和农业税收），比 2003 年增长 25.7%，增收 5 256 亿元，总收入和增收额双双实现历史性突破。

2003 年 7 月底，“金税工程”二期工程既定任务全部完成以后，纳入监控的增值税专用发票数量大大增加。到 2004 年 7 月底的一年间，全国认证增值税专用发票 28 963 万份，全国销项发票报税 31664 万份，存根联采集率基本上在 99.99%以上。虚开发票案件数量呈明显下降趋势。认证发现的涉嫌违规发票占全部认证发票的比例从 2001 年 1 月辽宁、江苏、浙江、山东、广东和北京、天津、上海、重庆五省四市的 0.227%下降到 2004 年 7 月全国的 0.002%。稽核发现的涉嫌违规发票占稽核票总数的比例从 2001 年初五省四市的 8.5%下降为 2004 年 7 月全国的 0.053%。“金税工程”二期开通运行后，税务人员参与虚开增值税专用发票案件数量大幅下降。1998 年～2002 年，全国国税系统共立案 3 653 件，涉案人数为 4 536 人，税务人员参与增值税专用发票案件人数 784 人。其中，1998 年立案总人数 732 人，税务人员参与增值税专用发票案件人数 79 人，占立案总人数的 10.79%；2002 年立案总人数 887 人，税务人员参与增值税专用发票案件人数 10 人，占立案总人数的 1.13%。（数字来源：“中国税网”）

五、电子税务建设存在的问题

尽管迄今为止的税收信息化建设基本上达到了预期目标，但其中也暴露出某些不足和缺漏。“金税工程”一期未能解决好信息录入的准确性和完整性问题，网络也没有覆盖全国，没有完全实现规划效果。二期工程成效明显，由于做到了企业进项与销项的网上比对，卖假发票等偷逃国家税款的行为明显减少，税收系统内部人员涉案也由 2000 年的 2 000 多人下降至 2002 年的 12 人。但工程未能杜绝虚开发票和假发票等犯罪行为，而且偷逃税款的犯罪案件涉案金额呈逐年上升之势。国家税务总局 2005 年 1 月 13 日公布了一系列特大虚开、骗税案件，涉案金额高达 28 亿元，税额 4.3 亿元。由于系统不能核对受票单位，工程二期所采用的新系统还给新型的假发票——“克隆票”以可乘之机。所谓“克隆票”，就是已经开出的一张机打发票被无限制地复制使用。这种“克隆票”如在税务局的网上查询，其发票号码、开票单位和金额均核对无误，无法验证发票的真假。

六、“金税工程”三期的准备情况和重大意义

在一、二期顺利实施的基础上，“金税工程”三期的各项准备工作也已有条不紊地展开。税务系统近期将对现有的财务、人事等应用系统进行升级，以便更好地整合相关信息。此外，“金税工程”三期近期将完成立项工作，并出台具体框架。国家税务总局近期还将对涉外审计、出口退税管理系统的升级、存储备份管理系统以及主机系统等进行陆续招标。

正在建设中的“金税工程”三期的基本任务是在技术进一步升级普及的基础上，更好地整合税务信息，

以实现更大效益。三期工程将把“金税工程”二期系统与 1996 年开发的用于整体税收管理的“中国税收征管信息系统”相结合，同时开发七八套并行软件，形成更为先进、全面的税务管理系统。“金税工程”三期建设一方面是对“金税工程”二期系统功能的拓展，另一方面是对现有各类系统的分析和整合，建立一个统一、规范、网络化的涉税信息综合处理平台，全面支撑各级税务部门行政管理、税收业务、决策支持、外部信息处理等方面的应用需求。通过三期的实施，税务信息化系统将在 5 年内覆盖全国的税收工作，使国家税收征收率达到 75%～80%。

“金税工程”三期主要的任务是：用 4～5 年的时间，完成“一个平台，两级处理，三个覆盖，四个系统”的建设。

（1）“一个平台”是指建立一个包含网络硬件和基础软件的统一的技术基础平台，即逐步建立覆盖总局、国地税各级机关以及与其他政府部门的网络互联，形成基于互联网的纳税人服务网络平台；对业务处理、在线分析、存储系统、数据交换、网络、安全和系统管理等 7 部分充实配备相应的硬件设备；并建立覆盖从物理环境、网络层、系统层、数据库层、应用层信息安全的安全管理体系和安全技术体系等，以保证税务工作在统一、安全、稳定的网络化平台支撑下平稳运行。

（2）“两级处理”是指依托统一的技术基础平台，逐步实现税务系统的数据信息在总局和省局集中处理，即在“一个平台”的支撑下，建立总局、省局两级数据处理中心和以省局为主、总局为辅的数据处理机制，逐步实现涉税电子数据在总局、省局两级的集中存储、集中处理和集中管理。

（3）“三个覆盖”是指应用内容逐步覆盖所有税种，覆盖所有工作环节，覆盖各级国、地税机关，并与有关部门联网。促进信息技术和管理方法在全国税务系统得到广泛应用，逐步实现税务管理信息系统对国税、地税机关管理的所有税种，税务工作环节的全过程进行全面、有效的电子化监控。

（4）“四个系统”是指通过业务的重组、优化和规范，逐步形成一个以征管业务为主，包括行政管理、外部信息和决策支持在内的 4 个信息管理应用系统。建立以税收业务为主要处理对象的税收业务管理应用系统；以税务系统内部行政管理事务为处理对象的税务行政管理应用系统；以外部信息交换和为纳税人服务为主要处理对象的外部信息管理应用系统和面向各级税务机关税收经济分析、监控和预测的税务决策支持管理应用系统，以全面满足税务工作多层面、全方位的应用需求。

“金税工程”三期建设将最终实现国、地两税税务管理业务的全面网络化运行，实现国、地税以及与外部门间的信息共享，实现对纳税人的综合管理和监控，实现上级对下级机关征管业务的全面监督，促进税务机关职能的转变，强化机关廉政建设和队伍建设，全面提高税务机关的税收管理质量和纳税服务水平。

6.3.2　数据大集中——国家电子税务的总体构想

目前，在“金税工程”的基础上，国家电子税务的总体构想也已经形成。电子税务的总体目标为：根据一体化原则，用 10 年时间，建立基于统一规范的应用系统平台，依托计算机网络，国家税务总局和省局高度集中处理信息，覆盖所有税种、所有工作环节以及国地税局，并与有关部门联网，从而形成包括征管业务、行政管理、外部信息、决策支持等四大子系统的功能齐全、协调高效、信息共享、监控严密、安全稳定、保障有力的税收管理信息系统。

国税总局谢旭人局长提出，“金税工程”三期最重要的一点就是要充分利用现有的信息资源，整合现有的信息资源，促进信息一体化，即实现税务信息的“大集中”。

数据大集中是一个非常有针对性的建设：税务部门的应用系统很多，在运行中也取得了很好的效果，但是一方面这些系统之间资源分散，同时在不同的系统里有很多的重复信息存在。信息一体化建设既包括对总局一级信息资源的整合，也包含对各省的信息资源的整合；既包括存在于应用系统中信息资源，也涵盖了整个基础设施建设和数据仓库里的各种资源，将这种分散化状态的信息资源整合起来。

要实现“数据大集中”，必须要取得 7 个环节的突破，首先是涉税信息的获取，即税源控管，根据发达国家税源控管的经验，仅靠多元化电子申报和现有的征管系统已经不够，必须在新的系统中把对纳税人的个性化服务、电子支付、在线登记注册和审批、纳税人电子档案等都涵盖进来，进而形成一站式、一户式的管理与服务模式。在这个系统中，纳税人不仅是被管理对象，而且还是顾客，由此形成现代纳税人服务体系的基本理念和内涵。

第二是涉税信息的传输，这里“互联互通”是关键，包括国、地税网络的互联互通；税务网络与工商、金融等其他部门的网络互联互通；税务内联网、外联网与社会公网的互联互通。这是提高“大集中”信息共享效率的关键。目前信息共享的关键难点在于银行与税务之间对业务模式的不同理解，以及两大系统的数据交换标准与接口标准的现实差异，因此亟待提高信息化建设中各政府部门之间的相互协调。

第三是涉税信息流的存储。这是保障税收数据安全和长期有效利用的关键。需要重点考虑的问题是：数据分布模式，业务数据量的增长规模，数据库与数据仓库的建立与使用，投资巨大的数据中心与灾备中心，数据维护和规章制度。

第四是涉税信息流的校验。其目的是保证涉税信息的完整性、及时性、真实性和准确性，需要重点考虑的问题是比对、校验、审计的方法、模型和系统实现。

第五是涉税信息流的管理。主要指的是静态数据和动态数据的不同分布及其管理模式。

第六是涉税信息流的分配。其实质是机构重组，需要重点考虑信息使用权限、政务公开和信息共享的制度安排，涉及系统内部的岗位责任体系建设、相关政府部门信息披露机制、纳税人以及社会公众信息获取能力等方面。

第七是涉税信息流的使用。

基于以上思路，2003 年和 2004 年，国税总局和地方税务机构着力推动各项税收申报纳税实行“一窗式”管理，纳税人信息资料实行“一户式”储存。2004 年的工作重心是“一户式”管理，并取得了显著成果。“一户式”管理是纳税人涉税档案资料袋的管理，其核心是将征管系统、增值税管理信息系统和出口退税系统等在数据层进行整合，将分散在各个不同系统、不同业务模块中的查询功能按照“一户式”的要求进行整理、筛选、归并，实现对纳税人信息“一户式”查询、管理和存储。税务机关工作人员依据纳税人名称或识别号为线索，可以全面、快速和准确地查询出该纳税人的涉税信息。“一户式”管理的数据整合表现在其涉及的数据包括税收征收管理系统、“金税工程”系统、出口退税系统以及其他应用系统所采集的数据，同时也包括税务系统外的数据，如工商信息和银行信息等。

目前，“一户式”管理和其他数据大集中措施正在一部分省级税务系统得到稳步推广，并积累了一些成功经验。比如广东省地税的征管大集中、深圳市国税的整合信息系统、南京市地税的全方位大集中、青岛市国税的监管大集中、山东省地税的市级集中处理建设方案以及北京市国税的 N+1 模式等。从某种角度来看，这些试点单位在现阶段已经基本完成了数据集中和系统整合的工作，将率先进入“后大集中时代”。

6.3.3 发达国家电子税务发展现状

目前许多发达国家都实现了网上税务申报，有一部分国家已经成功实现了在线支付。

美国从 20 世纪 60 年代起逐步在全国范围内建立了税收征管网络。全国共有 4 个征收中心，可以处理数以亿计的纳税申报表，实现了从税收预测、税务登记、纳税申报、税款征收、税务稽查、税源控制、纳税资料的收集、存储、检索等一系列工作环节的信息化。目前，美国的税收收入中有 82%是通过计算机系统征收上来的。在税收信息化的建设过程中，重视先进技术的运用，是美国的一大特色。比如 1997 年联邦政府用于税务局技术更新拨付的 3.36 亿美元中，仅改造税务信息系统就花费了 2.06 亿美元。1999 年，美国开始运用信用卡技术，支付预估的税款。2000 年，美国开始采用顾客账户方式，纳税人通过国税局电子报税系统支付的税款可以直接从其银行账户中扣除。最近，美国又启用了一种运用“数据挖掘”信息技术的新的征管软件，极大地保障了信息的真实性，减少了偷漏税现象。在信息安全管理上，美国也十分重视信息安全法制的建设和信息安全管理体制的健全。

澳大利亚已在全国税务机关内部全面运用计算机系统管理纳税申报，办理出口退税等日常工作，并实现了与政府相关部门如海关、工商、保险、金融及大企业的网络互联，有效地对税源进行控制，有针对性地开展税务审计。同时，澳大利亚开发了大量的税收征管应用软件，包括税款征收管理软件、办公自动化管理软件、纳税服务管理软件等。特别是在纳税申报环节上，税务局提供了数十种表格，供用户下载，以完成申报工作。另外，在安全方面，澳大利亚税务系统也采取了一些措施，比如为防止灾难性毁坏而设计建立了数据库备份运行系统，以备不时之需；为防止计算机病毒感染而安装了杀毒软件。在保密机制上，采用了口令或密码、电子通行证等机制，同时使系统具有了屏幕保护功能、权限保护功能和追踪查询功能。

在欧洲国家中，意大利拥有最成功、最大的税收信息管理系统——ITIS（Italy Tax Information System）。财政部通过 ITIS 对全国税收工作进行管理，同时，通过意大利公用数据网和欧洲公用数据网实现税收环节相关部门的信息交换和资源共享。ITIS 包括 16 个子系统，主要有：税务登记注册系统、所得税子系统、增值税子系统、税务检查子系统、技术支持与培训子系统等。这些子系统相互配合、相互辅助，各种资料集中存放，各地区、各系统之间十分频繁地进行信息交换，构成了遍布意大利全国的税务信息网络。

法国在很多年前就开始运用电子化税务系统，法国在互联网上建立了一个名为“哥白尼”的税务信息系统，使纳税人在网上就可以完成全部申报纳税手续，结果纳税人自行按时进行纳税申报的比例出现了明显的提高。但法国面向网络平台的在线服务的转移并不是太成功。

在西班牙，居民和企业可以成功实现网上税务申报、在线支付以及退税补税，同时还运用了数字签名技术。德国与芬兰也成功地开发了针对居民与企业的在线税务支付系统。爱尔兰引进了在线增值税支付。挪威税务局在收入税、财产税务及营业税方面实现了在线交易。

日本的税收信息管理系统也有其自身的特点。首先，国税局及税务署的系统根据征管工作的需要统一开发运行。国税局接收税务署传送的纳税人信息，并对银行传送的税款入库信息进行核对后，再传送给税务署，后者采用统一的定型统计，从而实现了国税局与税务署系统在统一的状态下运行。

加拿大的电子政府是世界上最为先进的电子政府之一，除提供双语的门户外，还提供了大量的、友好用户的高效服务。加拿大税务系统在全国建立了一套完整的居民报税自我评估和审核系统，为纳税人提供税收咨询服务，指导纳税人进行自我评估和填写纳税申报表，有效地提高了纳税申报效率。

（中国互联网协会　姚正凡）

6.4　政府网上公共服务发展状况

6.4.1　政府网上公共服务范围的界定

政府网上公共服务是与电子政府（E-government）密切相关的一个概念。电子政府是西方国家对政府信息化的一个通用概念，主要是指在政府内部行政电子化与自动化的基础上，利用现代计算机和通信技术，建立起网络化的政府信息系统并通过不同的信息服务设施（电话、网络和公共电脑站等），为企业、社会组织和公民，在其方便的时间、地点及方式下，提供政府信息和服务。如何将政府的管理、服务职能通过整合、优化转移到网络上来完成，使政府对企业、社会的管理效率大幅度提高，极大地方便社会公众和企业，目前已成为世界各国共同探讨的问题，也是电子政府建设的主要内容。

从国外电子政府发展的情况来看，目前电子政府的内涵模式主要包含 4 个方面：第一，政府和公务员（G2E），利用局域网（Intranet）建立有效的行政办公体系，为提高政府效率服务，内容包括电子公文、电子邮件、电子人事、电子财务等；第二，政府部门与政府部门（G2G），通过政府间、部门间信息交流沟通，达到资源共享，促进协同办公，包括并联审批等；第三，政府和企业（G2B），利用互联网为企业提供信息化支持，包括电子商务、工商、税务、金融、海关、法律等服务；第四，政府与公民（G2C），利用公共网络为公民提供范围广泛的服务，包括保健医疗、教育、就业、税务、证照等一系列公共服务内容。

在广义上，政府网上公共服务是指政府向社会公众提供的各类公共服务，其范围包括上述电子政府中的 G2B 与 G2C 的内容。本节所讨论的政府网上公共服务的范围限于政府利用公共网络为公民提供的保健医疗、教育、就业、培训、公共信息等一系列内容。

6.4.2　政府网上公共服务平台建设情况

互联网是政府提供网上公共服务的重要平台，政府网上公共服务的开展是以网络基础设施的建设和发展为前提的。目前，我国从中央到地方各级政府的政府上网工程相继开展并已经取得了极大的进展，政府网上公共服务平台已经具备了初步的规模。2003 年各级政府机构信息化建设项目中电子政府业务应用系统所占比重达到了 43.1%，表明目前我国政府网上公共服务正在由平台建设阶段转向业务和服务的推广阶段。

目前，我国政府公共服务平台主要包括各地方政府的门户网站以及相关国家部委和地方政府各职能部门的公共服务平台。

一、各级地方政府的门户网站

地方各级政府负责管理一定地域范围内的政治、经济、文化和各项社会事务，直接管理着当地人民群众日常生活中的衣食住行等各项事务，与人民群众的联系较为紧密。因此。从公共服务的效用角度来看，地方各级政府所提供的网上公共服务对社会公众具有更为直接的影响。

目前，地方各级政府提供网上公共服务的平台主要是地方政府的门户网站。随着我国电子政务进程的发展，地方政府门户网站的建设出现了突飞猛进的发展势头。目前，我国绝大多数地方政府已经建立了自己的政府门户网站。尽管这些政府门户网站中的多数尚处于起步和转型阶段，但其网站的内容架构已经具有一定的规模。据“中国城市电子政务发展研究”课题组所发表的“2003～2004 中国城市政府门户网站排行榜”显示，截至 2004 年 1 月 30 日，中国内地 90%以上的地级市建立了政府门户网站。从发展水平上来看，中国城市政府门户网站绝大多数处于起步、探索、转型和发展阶段，电子政务门户网站的服务力与应用力水平很低。从地域分布上来看，中国城市政府门户网站的发展东高西低呈阶梯状，地区间不均衡，东部城市在政网发展中处于相对较高的层次。一些地方的政府门户网站，如北京的“首都之窗”、上海的“中国上海”等，已经具备了较强的交互服务功能。

二、相关国家部委和地方政府各职能部门的公共服务平台

目前，我国一些国家部委陆续开展了“金字工程”的建设，并且逐渐向地方政府扩散。这些工程已经或者即将成为相关领域内政府网上公共服务的重要平台。此外，一些国家部委和地方政府相关部门开通的网站也成为政府网上公共服务的重要平台。

1．金保工程

2003 年 8 月，经国务院批准，“金保工程”立项。“金保工程”工程以部、省、市 3 级网络为依托，提供覆盖全国的统一的劳动和社会保障电子政务平台。

2．“中国劳动力市场网”、“人才市场公共信息网”及“高校毕业生就业指导网”

目前，劳动就业领域的全国性政府公共服务平台主要包括劳动部的“中国劳动力市场网”、人事部的“人才市场公共信息网”和教育部“高校毕业生就业指导网”。从今后的发展趋势来看，“中国劳动力市场网”、“人才市场公共信息网”及“高校毕业生就业指导网”将有可能发展为相互贯通的人才市场公共信息服务平台。

3．金卫工程

目前，在医疗保健领域的全国性政府公共服务平台是卫生部直接负责的“金卫工程”。该工程主要包括两个方面的内容。第一，医疗卫生信息网络，该网络是全国性的远程医疗信息传输系统，可为各个医疗机构开展远程会诊、远程医学教学、国内外学术交流、医学情报资料查询、医疗影像资料信息化等业务提供网络平台；第二，金卫卡，该卡是为服务对象提供的一张能随身携带的、可长久保存个人医疗保健信息资料的激光卡，它保存个人 4～6MB 的体检资料、急救信息、医疗病历和医学影像等，还可用于医疗费用结算和医疗保险。持卡人可在本地、异地进行普通就诊或突发事件就诊。

6.4.3　相关领域政府网上公共服务的开展状况

一、社会保障

目前，我国社会保障网上公共服务的发展还处于起步阶段。由于全国性的社会保障网上公共服务平台建设尚未完成，社会保障网上公共服务主要是在一些社会保障电子政务发展水平相对较高的地区展开的。目前各地开展的网上社会保障公共服务主要包括：第一，各种社会保障卡发放和网上申领、挂失。目前，

金保工程进展较快的一些地方已经开始进入发放统一的社会保障 IC 卡，居民通过这种社会保障卡不仅可以方便地办理劳动就业、社会保险、社会救助、优待抚恤等基本的社保服务，还可以实现异地养老、异地报销等。上海市则在“中国上海”门户网站上推出医疗保险卡网上挂失业务。第二，医疗保险、失业保险和工伤保险业务的网上办理。深圳市开始从 2004 年 9 月试点推行工伤保险偿付金网上支付，在短短一个月的时间内网上支付工伤保险金的数量就达到 115 笔，共 86.8 万元。天津市从 2004 年下半年开始试行医疗保险急诊和医疗费网上结算，同时扩大医保定点医院联网，使得网上住院确认率达到 90%以上，有效保护了参保患者的利益。第三，各类社会保障信息的网上查询。目前在国内多数地区都可以在网上进行个人住房公积金、医疗保险、失业保险和养老保险金账户查询、医保定点医院和医保范围药品等信息的查询。

二、劳动就业

目前，由劳动部、人事部和教育部主办的“中国劳动力市场网”、“人才市场公共信息网”、“高校毕业生就业指导网”和各地地方政府的就业网站均可免费向社会公众各类市场需求信息、发布人才市场信息统计调查情况，宣传有关人才市场和人才流动的政策法规等。

目前，各地开展的劳动就业领域的网上公共服务主要包括以下两点。

第一，网上职业介绍。2004 年 8 月 5 日，劳动和社会保障部网上公共职业介绍服务应用系统开始上线运行。目前，全国有大连、济南、青岛、苏州等 6 个劳动力市场网上职介的试点城市开始使用该系统为公众提供就业服务。用人单位和求职人员登录该系统即可完成招聘和求职。登录系统的求职人员既可以在网上发布自己的求职信息，也可以了解全国各地的岗位信息；用人单位可通过这个系统向全国发布招聘信息。为了保证网上操作的信任可靠，该系统以公钥基础设施技术为支撑，实现了对机构用户基于实体数字证书的身份认证、数字签名和数据加密，进而保证机构用户操作的安全，保证招聘单位和岗位信息的真实可靠。在北京、上海等地网上招聘和职业介绍已经成为求职者广泛使用的一种方式。上海市职介中心 2004 年 4 月进行的一项抽样调查显示，在 3 537 名被调查者中，有超过 70%的被访者表示曾经在网上找过工作，而经常使用网络寻找工作的被访者高达 34%。36.6%的被访者表示喜欢“网上应聘”，理由是网上应聘不受时空限制，选择余地大。

第二，劳动纠纷的网上投诉和处理。江苏省从 2005 年 7 月开通了劳资纠纷网上投诉举报系统，在半年的时间内就接到网络投诉 218 件，占总投诉案件的比例从最初的 6.9%上升到了 28.9%。对于这类网上投诉，江苏省劳动监察部门采取直接受理、通过电话和电子邮件答复等方式进行了处理。此外，随着 2004 年以来各地拖欠农民工工资的现象日渐严重，广东、黑龙江等地还在劳动部门的网站上刊登用工企业信用状况曝光等信息。

三、医疗保健

目前，我国医疗保健行业网上公共服务的开展主要是通过医院与社会保障部门联网，推行医保门诊治疗费用的网上结算、网上住院确认等。除此以外，各地推出的医疗保健网上公共服务内容还包括：第一，传染病与突发公共卫生事件网络直报，2004 年 1 月 1 日起，我国开始实行传染病与突发公共卫生事件网络直报，目前，全国 31 个省、直辖市、自治区的 2 767 县已经通过这一网络实现了传染病疫情的网上直报；第二，网上挂号等便民服务，北京市卫生局在“首都之窗”网站上推出了网上预约挂号服务，受到市民的欢迎。

四、教育培训

2004 年我国网上教育培训领域公共服务发展迅猛。主要表现在以下两个方面。

第一，网络教育发展迅速。2004 年，网络大学在我国发展势头迅猛，学生人数已从 2003 年的 160 万增加到近 250 万，网络大学发展为 68 所。教育部办公厅发出的《关于做好 2004 年现代远程教育试点高校网络教育招生工作的通知》规定，从 2004 年 7 月开始，网络教育学院要以在职人员的继续教育为主，不得招收全日制高等教育学生。根据 CNNIC 历年发布的《中国互联网络发展状况统计报告》的调查结果显示，从 2002 年 1 月到 2005 年 1 月，我国经常使用网上教育服务的网民数量有所上升，由 2002 年 1 月的 371 万上升到了 2005 年 1 月的 592 万。

第二，相关政府部门推出的一系列网络培训服务项目进展情况良好，包括以下几个项目。

1．国家发改委中小企业司 2003 年 7 月启动“银河培训工程”。2004 年国家发改委联合财政部拨出 8 000 万专款培训中小企业，主要采用远程培训方式对中小企业经营管理者、中小企业管理人员、中小企业从业人员、中小企业服务机构从业人员进行培训，以促进中小企业发展，提高其市场竞争力。

2．2004 年 2 月农业部启动的全国乡镇企业“蓝色证书”培训工程。这一工程主要采用网上培训的方式，对乡镇企业在职人员开展岗前及在岗培训，对转移到乡镇企业的农民工进行职业技能培训，经培训合格者由乡镇企业行政管理部门颁发“蓝色证书”。根据规划，到 2008 年，工程将定向转移培训 500 万农民成为具备专业技能的蓝领技术工人。

3．2004 年国务院西部开发办和国家发改委、财政部、世界银行共同发起，利用英国和澳大利亚赠款、世界银行贷款，初步建成了包括 1 个培训中心和西部 11 个省市远程学习中心在内的中国西部开发远程学习网。中国西部开发远程学习网能够实现视频互动交流，单次培训规模达 800 人，并与世界银行全球发展学习网直接连接，可以与其他国家和地区共享国际教育培训资源。今后国务院西部开发办将更多地以远程学习网为依托，通过培训、咨询、对话、视频会议等知识共享活动，为西部培训更多的人才。

6.4.4　我国政府网上公共服务存在的问题

一、一些地方政府对电子政务的认识存在误差，政府网站的服务功能薄弱

“电子政务”发展有 4 个阶段，第一阶段是信息上网；第二阶段是整理信息使之便于利用；第三阶段是提供在线交互服务；第四阶段是建立面向公众基于网站的服务型政府。目前我国电子政务的发展已经取得了较大的进展，很多地方都建设了政府的门户网站。但是，仍有相当一部分地方政府缺乏对电子政务的了解，仍简单地将网站视作形象宣传的需要，因此在网站建设中存在重建设、轻服务的现象。除了上述政府门户网站，如“首都之窗”、“中国上海”等具备了比较完善的在线服务功能外，多数政府网站的服务功能还显得较为薄弱。

“中国城市电子政务发展研究”课题组 2004 年 8 月公布的调查结果显示，参加统计的 336 个城市平均电子政务实现度为 38.5%，已建政府门户网站的 303 个城市平均电子政务实现度为 42.7%。信息服务仍是网站主体，双向互动和网上事务处理整体薄弱。江苏《扬子晚报》2004 年 11 月公布的调查结果显示，在江苏省 62 个政府部门网站中，有 59 个建立了在线交互式服务，个别政府还开设互动式网上办公等服务功能。但在开设交互服务的政府网站中，绝大多数的交互服务都流于形式，真正能做到、用好交互服务的网站数量有限。没有一家提供全程式服务（全部政务功能网上实现为 0），也没有一家能实现“一站式整合”网络服务。

二、网上服务部分环节不规范，不能完全体现便民的特点

便民是政府网上公共服务所应当遵循的首要原则，但是目前一部分政府在开展网上服务的过程中由于各种原因，导致网上公共服务难以体现便民的特点。第一，在政府网站的域名等环节存在的不规范问题。有的政府部门使用非政府域名，政府域名有的用英文全称、英文缩写，也有用拼音全称、拼音缩写，有的加上了所属行政区域的缩写；同一类机关从域名上看不出任何关联，即使是上下级单位域名也缺乏衔接和统一，给使用者造成了很大的混乱。第二，政府网站缺乏内容检索，网上公共服务的集成度不够。一些政府的网站设计不够合理，用户往往需要经过多次链接才能找到所需的服务项目和信息；还有一些政府门户网站缺乏一站式的服务大厅，用户只能在相关部门的网站或链接中寻找相关信息，给一些不太了解政府相关职能划分的用户造成了较大的不便。

三、与政府网上公共服务相关的各项法律、法规仍需进一步完善

由于我国目前还缺乏相应的立法，因此对于一些政府业务流程和行政行为在网上运行的规范和效力认定还缺乏相应的法律依据。网上运行的业务流程和行政行为包括：申请和诉愿的网上受理、相关信息的网上提供（公示、告知等）、金钱和其他福利的网上收付、电子交易（包括物品供应、招投标和服务对价支付等）、公众对政府决策的参与（听证会、电子投票等）、公共信息的开放和利用等。从目前各国的电

子政府立法情况看，一些国家为了推动政府网上公共服务的开展，不仅制定了包括《电子政府法》、《电子交易法》、《电子签章法》、《远距离医疗法》、《电子投票法》、《政府信息公开法》、《个人信息保护法》等法律规范在内的完善的电子政府法律体系，同时还包括对《民法》、《著作权法》、《海关法》、《税法》、《刑法》、《民事诉讼法》等法律规范相关条款的修改完善和废止。目前，我国政府网上公共服务的相关立法任务仍非常艰巨。

6.4.5　完善政府网上公共服务的方向

一、尽快出台并完善电子政务的评估标准，促进政府网上公共服务的规范化

从发达国家的经验来看，政府网上公共服务的规范发展需要对网络基础设施建设以及各项网上服务的实施进行科学的评估，促进其规范发展，同时确定每一个业务上网的先后时间安排等。评估的标准包括实现的技术难度、与公民要求的密切程度等。目前全球政府电子政务的评价标准体系主要有 3 种：第一，著名管理咨询机构 Accenture 公司的电子政务评价指标体系，该体系以 169 项政府在线服务项目作为评价指标，并将其分为 9 大类进行分类评估；第二，著名 IT 咨询机构 Gartner 的电子政府战略评估体系，这一体系从对公民的服务水平、运行效益以及政治回报 3 个方面进行评估，而每个大类又包含一系列具体参数；第三，联合国公共经济与公共管理局电子政务评估系统，从“政府网站建设现状”、“信息基础设施建设”以及“人力资源素质”3 个方面计算了衡量一国电子政务发展水平的“电子政务指数”。

为了规范政府网上公共服务的发展，我国可以借鉴国外的经验，尽快出台自己的电子政府评价标准。

二、营造政府网上公共服务发展的法律环境

目前，我国与政府网上公共服务相关的法律法规体系正在建立之中，《电子签名法》已于 2004 年 8 月 28 日由第十届全国人民代表大会常务委员会第十一次会议通过，并于 2005 年 4 月 1 日生效。此外，在电子数据保护、政府信息以及公民个人信息保护等方面仍需政府进行立法。相关行政程序的规定也需要进行完善，从而进一步明确网上进行的信息交流方式在行政程序中的效力。

三、整合政府各部门的业务流程，提高政府网上公共服务的效率

政府开展网上公共服务的目的是为社会公众提供高效便捷的服务。为了实现这一目的，就要求政府在网上提供的各项服务必须是一站式、双向互动和无缝链接的。然而，由于目前我国各级政府结构体系存在纵向的层级划分和横向的权限划分，在这种条块分割的模式基础上建立起来的电子政府，在信息、资源和业务流程的协调和共享方面必然存在着问题。因此，各级政府有必要围绕网上公共服务的开展和电子政府的建设进行政府业务流程的再造。

（中国互联网协会　赵志云）

6.5　政府网上监管体系发展状况

政府在履行监管职能时，需要投入大量的人力和物力，而效率往往不高。随着信息时代的来临，计算机技术的日益普及，以依靠人力和手工作业为主的旧的监管体系越来越难以满足社会发展的需要，因此，建立和完善政府网上监管体系成为电子政务发展的重要一环。通过电子政务，提高政府服务与监管水平，提高行政效率，促进政府信息和决策透明化，一直是政府致力的目标。

据赛迪顾问数据统计，到 2004 年底，全国省级政府门户觉得多数均建立自己政府门户网站，市级政府机构全国已经达到了 90%以上，并且在县级单位也已达到 70%左右。政府门户网站的日益完善为建立和健全网上监管体系奠定了基础，本节将重点从审计、公共安全和交通等领域介绍目前我国政府网上监管体系的发展状况。

6.5.1　审计

审计的基本职能是通过对账簿的检查，监督财政、财务收支的真实、合法、效益。但是随着信息技术

在社会上的广泛应用，被审计单位管理财务、存储财务信息的手段和介质发生了变化，熟悉的账簿、资料被计算机及其他媒介所代替，审计人员面对信息化的审计对象，几乎“进不了门、打不开账”，以查账为主要手段的审计职业遇到了来自计算机技术的挑战。金融、财政、海关、税务等部门和民航、铁道、电力、石化等关系国计民生的重要行业开始广泛运用计算机、数据库、网络等现代信息技术进行管理，国家机关、企事业单位会计电算化趋向普及。

审计对象的信息化，客观上要求审计机关的作业方式必须及时做出相应的调整，要运用计算机技术，全面检查被审计单位经济活动，发挥审计监督的应有作用。四川省审计厅副厅长蔡文强指出，“如果审计机关不能跟上时代发展的要求，那么审计面临的不仅仅是失落的尴尬，而是失去审计资格的巨大行业风险。”1998 年，审计署提出审计信息化建设的意见，并开始筹备“金审工程”。

一、“金审工程”的基本情况

“金审工程”是审计信息化系统建设项目的简称，目的是实现审计方式的革新和审计效率的全面提升。由审计署负责组织实施的“金审工程”，是国家决定加快建设的电子政务 12 个重点业务系统建设项目之一。“金审工程”的实施，将增强审计机关在计算机环境下查错纠弊、规范管理、揭露腐败、打击犯罪的能力，维护经济秩序，促进廉洁高效政府的建设，更好地履行审计法定监督职责。

“金审工程”的总体目标是建成对财政、银行、税务、海关等部门和重点国有企业事业单位的财务信息系统及相关电子数据进行密切跟踪，对财政收支或者财务收支的真实、合法和效益实施有效审计监督的信息化系统。逐步实现审计监督的 3 个“转变”，即从单一的事后审计转变为事后审计与事中审计相结合，从单一的静态审计转变为静态审计与动态审计相结合，从单一的现场审计转变为现场审计与远程审计相结合。增强审计机关在计算机环境下查错纠弊、规范管理、揭露腐败、打击犯罪的能力，维护经济秩序，促进廉洁高效政府的建设，更好地履行审计法定监督职责。

二、“金审工程”的建设情况

2002 年 7 月 28 日，国家计委批准审计署申请，下达 2002 年中央预算内基建投资 5 000 万元，专项用于审计信息化系统一期工程建设。从 2002 年开始，“金审工程”将总投资 1.92 亿元人民币用于 3 部分系统的建设：网络、应用和安全。计划用 5 年左右的时间，建成对财政、银行、税务、海关等部门和重点国有企事业单位的财务信息系统及相关电子数据进行密切跟踪，对财政收支及其真实、合法和效益实施有效监督的信息化系统，建立起一个适应信息化的崭新审计模式——“预算跟踪＋联网核查”。截至 2002 年 10 月底，第一笔建设资金已经到位，“金审工程”建设项目开工。

2004 年是“金审工程”一期建设的最后一年，审计信息化的总体目标是完成“金审工程”一期的任务，在 2005 年初启动“金审工程”二期。“金审工程”一期已初步建成了审计署 18 个特派办的局域网；建成了审计急需的 3 大数据库：被审计单位资料库、审计专家经验库、审计文献资料库。以网络建设为重点的金审工程一期已基本结束，即将全面开始的二期工程将以审计应用系统的建设为主，计算机联网审计将成为趋势。在 2004 年全国审计工作座谈会上，国家审计署制订了《2004 年～2007 年审计信息化发展规划》，提出到 2007 年，全国利用计算机技术开展的审计项目将达到年度计划项目的 60%以上。

三、2004 年是审计信息化推进年

2004 年是国家审计署确定的审计信息化推进年。2004 年 4 月，《中国审计报》撰文指出，“今年，审计行业电子政务一个重要的趋势就是实现从单一事后审计转变为事后、事中相结合的审计；实现从单一静态审计转变为静态与动态相结合的审计；实现从单一的现场审计转变为现场与远程相结合的审计。同时，通过计算机辅助审计、审计预警、审计支持、审计办公自动化等业务应用系统的全面整合，实现电子政务全面应用。”

数据显示，2004 年我国审计行业信息化投资明显加快。计世资讯（CCW Research）研究显示：2004 年中国审计行业的信息化总体投资为 4.4 亿元，比 2003 年的 3.9 亿元增长 12.8%。其中国家审计署及其 18 个特派办 2004 年与 2003 年的投资水平相当，审计行业投资增长主要来源于地方审计机关，尤其经济发达地区的省级审计机关。计世资讯预测，2005 年审计行业 IT 投资规模将继续保持高速增长，将达到 5.5 亿元，投资增长比例达到 25.0%，远高于 2004 年 12.8%的增长率（如图 6.39 所示）。

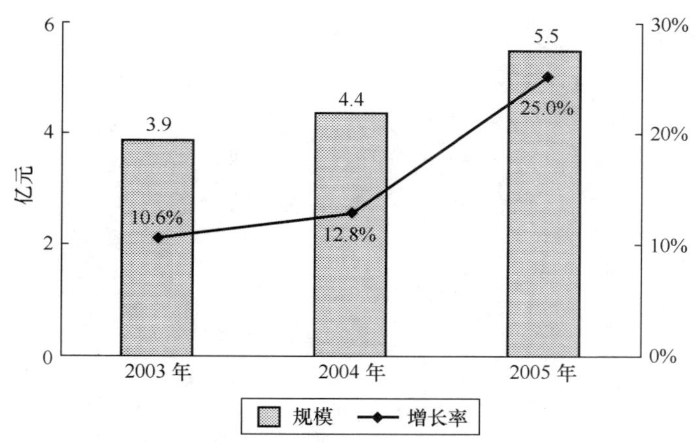

图 6.39　2005 年中国审计行业信息化投资规模

四、"金审工程"初见成效

审计署副审计长刘家义指出，事实证明，计算机技术在审计业务、管理中的运用将大大提高工作效率，提升审计成果。据对四大国有独资商业银行审计情况统计，1999 年，在以手工审计方式为主的情况下，全国共组织了 2.3 万名审计人员对工商银行和建设银行进行审计。而在 2003 年对工商银行的审计中，由于运用计算机技术，全部参审人员仅为 1999 年的 1.1%，人均发现违纪违规问题却是 1999 年的 38 倍。

6.5.2　公共安全

20 世纪 90 年代以来，随着科学技术的进步、信息化水平的提高、计算机网络技术的普及，全球范围内，犯罪分子采用的技术越来越先进，犯罪手段也越来越多。在我国，为了更好地保障国家人民生命、财产安全，保证社会主义现代化建设的顺利进行，也迫切需要用现代化的技术和手段来装备人民警察的力量。俗话说，"魔高一尺，道高一丈"，党和国家领导人高瞻远瞩，适时提出了"科技强警"的口号。我国公安信息化建设经历了从无到有，从小到大，从单项业务到综合业务，从单一网点到系统联网的发展过程，初步建立起了公安电子化服务体系。

一、"金盾工程"的建设背景

1998 年，公安部为适应我国在现代经济和社会条件下实现动态管理和打击犯罪的需要，实现"科技强警"，增强公安系统统一指挥、快速反应、协调作战、打击犯罪的能力，提高公安工作效率和侦察破案水平，提出建设"金盾工程"。

"金盾工程"是以公安信息网络为先导，以各项公安工作信息化为主要内容，建立统一指挥、快速反应、协同作战机制，在全国范围内开展公安信息化的工程，主要包括建设公安综合业务通信网、公安综合信息系统、全国公安指挥调度系统以及全国公共网络监控中心等。目的是实现以全国犯罪信息中心（CCIC）为核心，以各项公安业务应用为基础的信息共享和综合利用，为各项公安工作提供强有力的信息支持。

二、"金盾工程"的建设情况

2001 年 4 月，"金盾工程"立项。2003 年 9 月 2 日，"金盾工程"正式全面启动，一期工程到 2005 年底结束。期间，中央和地方将安排专项建设资金，加快建设和完善维护稳定、打击犯罪、服务群众和行政管理等方面急需的应用系统，加快建设和完善共享性强、覆盖面广、使用频率高的公安信息资源库以及部、省、市三级公安信息中心和主干网。从 2004 年上半年开始，这一工程将逐步向全国公安系统提供信息服务，2005 年底基本实现全国联网查询和综合开发利用，期间逐步满足其他政法部门、有关部委和社会用户对公安信息资源的共享需求。到 2007 年基本实现公安工作信息化。

随着"金盾工程"的深入进行，2004 年中国公安行业信息化的总体应用水平有了较大提升，应用的范围也越来越广泛，虽然还没有达到充分地享用信息化的便利，但是已经一改过去应用不完全、不充分的局面。计世资讯（CCW Research）研究显示：2004 年"金盾工程"一期工程建设投资约为 25.3 亿元，2005 年为 24.7 亿元，相对于 2004 投资规模在总体持平中略有下降，下降幅度约为 2.4%（如图 6.40 所示）。2005

年为“金盾工程”一期建设的最后一年，将在2004年“金盾工程”全面推进的基础上全力冲刺。

此外，根据计世资讯的调查：截至2004年9月，我国中西部还有11个省份的“金盾工程”建设尚未正式开始，占全国进展情况的34.4%（如图6.40所示）。东部和中西部发展的不平衡，将使信息系统很难发挥整体作用。根据公安部的统一规划，“金盾工程”一期将到2005年底完工。因此，2005年，中西部地区必然会在有限的时间内突击建设“金盾工程”，追赶东部已开展的地区。

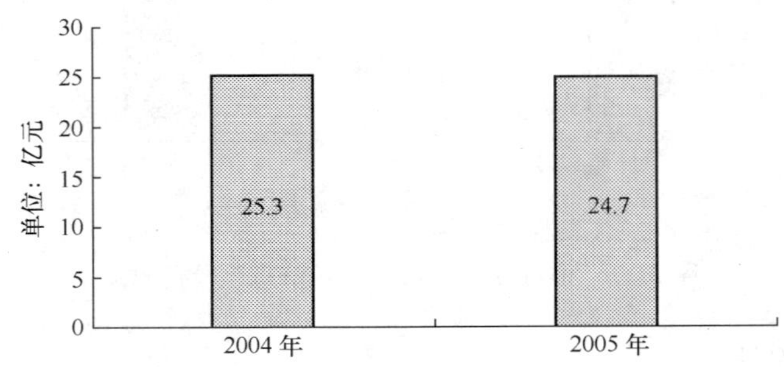

图6.40　2004年～2005年“金盾工程”投资规模

6.5.3　交通管理

交通作为国民经济基础性产业，大力推进信息化，对于实现交通新的跨越式发展具有十分重要的意义。信息化是实现交通现代化的必然选择。据统计，2003年中国交通行业IT市场投资规模为83.5亿元，与2002年相比增长21%；2004年中国交通行业IT投资额达到100亿元，与2003年相比增长19.8%。

一、交通电子政务的具体内容

交通电子政务系统是“十五”期间我国交通信息化的建设重点。2004年，为推进全行业的信息化建设步伐，交通部下发了《交通电子政务建设总体方案》、《交通（公路水路）信息化建设指南》，进一步向全行业明确了交通信息化建设的重点，交通电子政务建设的目标是：建设两个基础——网络基础设施、安全信任基础设施；一个平台——电子政务平台；两类应用系统——业务应用系统、信息服务系统。

交通电子政务分政务内网、外网两大部分。内网、外网之间实行物理隔离，其中，交通政务内网是交通部门的内部办公网，由交通部、各省厅的内部办公局域网以及内部政务网站组成，是通过国务院提供的国家电子政务平台实现联接。交通政务外网是由交通政务外网管理中心和4个子网组成。4个子网是政务办公子网、水上安全监督子网、行业管理子网、公众服务子网。政务外网与互联网之间实行逻辑隔离，通过互联网、采用适当加密方式后互相联接。

交通电子政务将重点整合、开发10个业务系统，即公路管理系统、水运管理系统、体改法规管理系统、发展规划管理系统、科技教育管理系统、财务管理系统、人事劳动管理系统、水上安全监督系统、救助打捞系统以及交通部政府门户网站。同时，整合、完善、建立车辆库、船舶库、路网库、航道库、港口库、企业库、建设项目库、计划统计库、科技项目库、法规规范库、船员库、人力资源库等12个交通基础信息资源库。

二、交通电子政务的发展状况

2004年年初，全国交通工作会议提出，要加快交通电子政务建设，增强交通行业管理的信息收集、报送、发布及行政审批等功能。同时，交通部也对交通信息化工作提出了新的要求。

2004年，交通部、各地方交通厅（局、委）及交通企事业单位普遍重视信息化建设，大力推进交通信息化建设，取得了较大成果。全国所有省交通厅都在互联网上建立了自己的网站，从体现便民服务、政务公开的角度看，越来越多的网站增加了文件及表格下载、公开办事程序、路况信息报送系统、交通服务热线系统、资费查询系统、网上审批公示等内容。有19个省厅在网上提供了便民服务和文件表格下载服务，8个省厅试行了在网上开展行政审批业务。

交通部网站的功能也进一步完善，并为配合部里的重点工作，开展了全国治理车辆超载超限和公路安保工程的宣传、黄金周出行信息服务、公路“零公里”标志征集与投票等工作。特别是在加强治理车辆超载超限的网上宣传工作方面，与新华网、新浪网签署合作协议，合作进行治超宣传，取得了良好的效果。

另外，有 22 个省厅制定了交通信息化规划或方案，23 个省厅开发了 OA 系统，20 个省厅建设了道路运输管理系统或运政系统，6 个省厅建设了港航运输管理系统，17 个省厅建设了行业信息网络，6 个省厅建立了视频会议系统，19 个省厅实现了与省政府网络的连接。

在行业信息化建设方面，高速公路收费、监控、通信系统，运政管理系统，港航管理系统，交通地理信息系统，客运联网售票系统的建设正蓬勃开展。尤其是在京沈高速公路联网收费开始实施以及国务院今年颁布《收费公路管理条例》以来，各省市都积极加快高速公路联网收费系统建设，开通省内联网收费的省市已由一年前的 7 个增加到 17 个。

交通部信息化办公室相关负责人透露，2005 年交通部将重点建设交通行业业务应用网，在安全认证的基础上，实现部与各省交通厅政务外网的连通；建设网络视频会议系统、公路管理信息系统、公众服务信息系统、水运管理信息系统和行政审批系统等。实现快速、灵敏、安全的网上信息传送，提高行业管理工作效率和应急指挥能力，为社会公众提供便利的出行服务。

三、部分城市交通电子政务应用实例

1．北京——e 交通预知车况路况

在闹市区停车是件很头疼的事，常常是到了停车场才发现没车位，只好调头再找。现在，提前知道车位信息，让司机早做打算，在北京的王府井和西单已经成为现实。通过北京通信的宽带网络，王府井街口和西单商业街的滚动大屏幕实时提示着各个地下停车场的车位信息。

北京通信还给公安交通管理局搭建了交通电视监控系统，使交通管理局能够对 23 个监控点的交通状况实时监控。随着整个城市信息化的推进，北京通信将不断为智能化交通提供网络支持。

2．杭州——交通质量安全网上申办质监手续系统启用

2005 年初，浙江省杭州市交通质量安全监督总站的网上办理系统顺利通过验收，正式启用。该系统于 2004 年 12 月 1 日完成并投入试运行，取得了良好的使用效果。各施工企业和项目业主通过上网下载取得相应的表格，免除了来回往返报送表格的麻烦，提高了办事效率。"网上申办质量监督手续系统"技术构架合理，流程设置灵活，功能比较完整，操作设计简便、直观，基本能满足质量监督申办业务的需求，达到方便用户、办事公开、加强监督的预期目标。

3．成都——交通综合信息服务系统初见成效

成都现已开通了交通 3W 政府网站、成都交通信息港网站、成都交通物流网站、成都交通货运网站、成都交通安全公示网、成都交通行政执法公示网等，并且与交通部、省交通厅等网站实现双向链接各级交通网站已成为行业管理者公告政务、行业管理信息的重要舞台和社会了解交通的重要窗口。同时，以交通网站为依托，又初步建成了电子商务系统、网上旅游客运车辆查询系统、交通电子地图查询系统、网上投诉系统等。开通了交通热线，可以实现交通咨询、交通信息查询、汽车救援报修、投诉等社会服务功能。

（中国互联网协会　孙小宁）

6.6　城市电子政务应用案例

6.6.1　上海电子政务与百姓

城市信息化已经成为 21 世纪城市发展的新主题、新动力。上海要成为国际经济、金融、贸易和航运中心，必须首先成为现代化的信息中心。早在 1994 年，上海就提出建设"信息港"。1996 年上海正式部署建设上海信息港，力求用 10 年～15 年时间基本实现城市信息化。2000 年，上海又把优先发展城市信息化确立为未来发展的基本战略之一，把城市信息化作为增强城市综合竞争力的重要途径和步骤，走出一条以信息化带动工业化、带动产业全面升级的发展道路。

电子政务作为城市信息化发展的一个重要标志，在城市社会生活中发挥着越来越重要的作用。所谓电

子政务，就是政府机构应用现代信息和通信技术，将管理和服务通过网络技术进行集成，在互联网上实现政府组织结构和工作流程的优化重组，超越时间和空间及部门之间的分隔限制，向社会提供优质和全方位的、规范而透明的、符合国际水准的管理和服务。在事关市民生活的教育培训服务、就业服务、电子医疗服务、社会保险网络服务、公民信息服务、交通管理服务、公民电子税务、电子证件服务等方面发挥重要作用。

经过十多年的建设，上海的电子政务已经初具规模，全面打造服务型政府和 “贴近市民，服务发展”的建设理念，确保电子政务让老百姓享受到真正的便利和实惠。“中国上海”门户网站的设立，集中了上海 40 多个政府部门的网上便民服务功能，开辟了市民参政议政的新途径，增强了政府工作透明度，保障了公民知情权。门户网站为公民和企业提供了涉及所有政府部门事务的办事指南，并提供表格下载、网上咨询和投诉、网上政务受理、日常信息查询等信息服务，日均访问量超过 10 万人次。目前，全市已有 80%以上的政府部门在内部网络上开发了办公自动化系统，各类业务数据库初具规模，一些部门还建立了基于网络方式的信息服务系统和决策辅助系统，极大地提高了工作效率，方便了市民的工作和生活。

便民为民是上海电子政务贯穿始终的“魂”。比如“中国上海”在网站设计上，打破原来服务内容按委办局条块分割的格局，开辟“市民办事”和“企业办事”两大板块。前者，从一个人出生开始，生老病死、婚姻就业、求学维权……信息一应俱全。后者，从一个企业申办到破产注销，所有审批登记、保险财税事项也是一目了然。企业申请开业变更、个人申请经纪人、广告经营许可证不用再跑工商局了，只需坐在家里点击鼠标，上网提交文件即可。网上报税‘一办到底’服务项目范围涵盖了车船税、自行车税、契税等。12315、12358、12365 等信息服务热线和维权热线随时接受市民的咨询和投诉，为老百姓提供随时随地的服务，解答市民生活中可能遇到的各种各样的现实问题。电子政务让老百姓享受到了真正的实惠。

1．通过网络参政议政

徐汇人大网站、区政府门户网站联手打造“上海徐汇 2005 年‘人代会’专题网页”。“专题网页”实时将大会的内容及时、高效地作了详细报道。内容包括重要新闻、会议进程、文件决议、代表团动态、热点话题及人物访谈等。“一府两院”及人大常委会的工作报告被全面、完整地在网站中发布出来；“视频点播”、“图片要闻”将大会进展过程、重要图片传输给公众。另外，“徐汇人大”网站，还将人大工作动态、各类刊物、代表风采等对外进行宣传、公开。定期公布议案和书面意见的办理结果，供公众浏览和反馈意见。“徐汇人大”网站的开通，在互联网上开辟宣传人大制度和人大工作的新阵地，架设了密切联系人大代表和人民群众的新桥梁，使区人大常委会能更好地体察民情、反映民意、集中民智，推进人大工作的民主化、科学化和透明度，扩大人民群众的知情知政渠道，有利于人民群众参与管理国家事务。“徐汇人大”网站上开设的“代表信息交流平台”使代表们可以在网上进行议案、书面意见的登记、交流、提交和查询；人大可以通过信息交流平台给代表发送相关通知通告；代表通过专用账号登录信息交流平台浏览信息；代表之间可以相互发送电子邮件、在电子论坛中进行交流；还可通过“资料中心”浏览徐汇人大共享给代表们的资料、简报、刊物等信息，促进了代表之间的合作与交流。人大议案管理系统同区府办议案督察系统的有机结合，则大大提高了对人大议案、书面意见的管理水平。本次大会上，代表们的议案、书面意见被逐一、实时地记录在系统中。同时，系统自动生成回执，告知相关代表；该系统将跟踪议案、书面意见办理的全过程，并最终将办理结果通过多种途径反馈给代表及公众。在人大网上，市民参与的活动每时每刻都在进行中。除了基本的人大概览、立法动态、重大事项之外，网站收到最多的就是公众的意见了。人大代表在网络上面对面的交流就是一个很好的参政议政的形式。人大代表应约到网站上与主持人一起主持见面会，就像小组讨论一样，气氛友好，使每个对话题感兴趣的来客都可以随时加入讨论，大家各抒己见，畅所欲言。探讨的题目可以大至国家政策、政府政策，小到百姓生活，办事规程等，其中聊天的内容还会被记录下来，保存在网上，以备查询。

2．通过网络找市长

2002 年 5 月“中国上海”《市长信箱》开通以来，收到电子邮件 3 万多封，基本上全部得到认真答复。市民通过这条热线将自己所遇到的各种问题都向市长进行反映，提出自己对城市建设和管理方面的建议和意见，这些问题和建议都会通过政府相关部门进行及时地整理解答，给市民一个清楚的交待。老百姓通过这种渠道可以解决好多自己生活中的疑问，更加方便了群众，也提高了政府与百姓的沟通效率，提高了百姓对政府的信任度。网站推出“民意调查百姓评议”，连续 3 年，市政府实事工程项目在此征集；凡市政府将出台的规章制度（草案）都要在“中国上海”上征询民众意见，这已成为一项不成文的制度，2003 年 5 月以来已有 30 多个草案经此亮相。

3．通过网络办实事

市民办事是最贴近老百姓生活的一个内容，也是被点击最频繁的一个板块。财税、劳动就业、公共事业，以及出入境、证照申领等大约 20 个不同方面的事情，都可以在网上预约、解决。其中有不少都是过去需要排长队申请的项目。网上办事轻松省事的优势得到很好的体现。另外，这个板块还提供实用的在线服务或在线查询，对某些政策不理解的人，可以在网上详细阅读办事规则，还可以在线向工作人员发邮件求助。比如，医疗保健板块中就有药品价格咨询、医疗费用分担模拟计算器等实用工具，能计算出在新的医疗保险制度下，医疗费怎么分摊等。“持卡生活”对上海居民来说早已不是新鲜事。凭一张身份证大小的社会保障卡，上海市民无论是求职、看病，还是结婚登记、护照办理，只需刷卡就能轻松解决。社会保障卡记录持卡人的基础信息和相关业务信息。持卡人可以持社会保障卡通过联机或脱机办理个人相关社会事务。持卡人可以通过社会保障卡服务网点的读卡设备，查询本人的基础信息和养老、失业、医疗保险、公积金、社会救助及优待抚恤等方面的信息。在加拿大工作的彭先生办理户籍转入本市手续，市公证处受理了他在网上提出的“未受刑事处罚”和“出生”两项证明申请，一经证实，公证书很快寄到彭先生手中，总花费不到 50 美元。如今，“中国上海”集聚了大量网上办事和服务项目，总数已达 857 项，不少项目均可在网上一办到底。市外经贸委的外商来沪签证，已有 99%通过网上直接办理。

4．通过网络解决问题

市民在日常生活中碰到的问题各式各样，要像原先那样去找人解决，费时又费力，有时甚至连要找什么人都不知道。现在通过政府的电子政务服务系统可以足不出户就解决头痛的问题。某市民一家人平常各自非常忙碌，当他们为水管发生滴漏却没有时间找人修理犯愁时，想到了政府的电子门户网站，于是上网找到“水务报修服务”，填上基本信息和维修项目后点击鼠标将报修信息发送出去。递交完单子的 10min 之后，就有工作人员来确认信息了，像这样的报修工作在政府网站上可轻松实现。当需要办理家人户口调动等涉及人事方面的事务时，可以到政府的电子政务人事服务网站去。在那里可以先咨询与办理事项有关的人事政策，而后再了解办事程序，当对要办的事做到心中有数后，就可以直接在网上填写或下载有关表格，填写完成后同样点击鼠标发送出去即可进入人事系统的办事流程。相关部门会在规定的工作日内对你的申请做出明确的答复。像这样办事省去了盲目性和来回办事的诸多麻烦，为人们的生活带来了很大的便利。

5．通过网络共享信息

通过电子政务系统的信息共享和发布功能，使百姓可以方便地查询到自己日常工作生活中所遇到的有关政策法规、交通旅游、教育就业、天气预报以及各种各样的商业信息，极大地方便了群众的生活，同时也节省了政府的资源，提高了城市的效率。现在用户可以到所有的政府网站上去了解所需信息。“中国上海”门户网站上的“实用信息查询”集聚了大量百姓经常查询的信息，包括电子警察违章记录查询、住房公积金查询、个人医疗账户查询等。“公众热线”囊括了教育收费、社会救助、政府采购、土地权出让等多种信息。网站还通过整合政府、社会资源为公众服务，比如有资质律师事务所的名单一览、义工团体服务信息、社区文化活动公告，推而广之到开辟专区，介绍“食、住、行、游、购、乐”等多方面生活信息。自 2004 年 5 月 1 日至 12 月 31 日，上海市各级政府机关共主动公开政府信息 10.6 万条，其中与百姓密切相关的重大事项信息占多数，政府法规类占 14.3%，规划计划类占 3%，业务类占 57.3%，机构设置类及其他占 25.4%。平均每个市级机关主动公开政府信息 1368 条，平均每个区县政府主动公开政府信息 2160 条。“中国上海”门户网站政府信息公开专栏页面访问量高达 1.46 亿人次，成为政府信息公开 4 种主要形式（互联网、公共查阅点、政府公报、市政府新闻发布会）中最受欢迎的平台。在政府主动公开的信息中，城市管理规范和发展计划、与公众密切相关的重大事项、公共资金使用和监督、政府机构和人事、重大决策草案排名前 5 位。目前全市政府机关共设置公共查阅点 287 个，全市社区信息已建成 100 个，市郊各区县也拥有了 50 个农村基层政府信息服务站。每月 5 日和 20 日出版的政府公报每期发放 20 万份。重大决定草案公开制度已成为信息公开的重点，这意味着涉及公民、法人和其他组织的重大利益或者有重大社会影响的决策、规定、规划、计划、方案等草案，将成为政府信息公开中重要的内容，以便充分听取社会公众的意见，进一步推进政府决策的民主化。从 2004 年 5 月 1 日至 12 月 31 日，上海市政府按照信息公开规定，公开了《2004 年国民经济和社会发展计划草案》、《上海市企业信用征信管理办法（草案）》、《上海市住房公积金管理若干规定（草案）》、《上海市人事争议处理办法（草案）》、《上海市社会福利彩票发行销售若干规定（草案）》等。

在上海，电子政务就像现代政府的翅膀，已经成为现代化城市建设的助推器。通过电子政务有效地提升了政府的工作效率，加强了政府的管理能力，架起了一座便民亲民的新的桥梁，老百姓也从中享受到了真正的实惠。

（上海电信科学技术第一研究所 汤文侃）

6.6.2 西安政府与市民网上互动案例

一、受政府评选“十大新闻”启发，网民评选“十大教训”

西安一位网名叫做“秦透社”的网友在网上对 “提高了政府公信力”提出了自己的看法，认为政府应该从“宝马彩票案”中吸取教训。该网民认为网民有义务为政府的工作提出意见和建议，于是该网民随后以“秦透社”的名义在“华商网新西安论坛”网页发起了“2004 年西安发展十大教训”的评选活动。帖子发出后，得到当地广大网友热情参与，在“华商网新西安论坛”、“古城热线西安聚焦论坛”和“白鸽网古城西安论坛”三家网站该活动同时得到响应。短短几天内，该活动在相关网站上的独立 IP 访问量就突破了一万人次，回帖数超过了一万人次。评选结果于 2005 年 1 月 1 日在网上公布，在归纳了网友们提出的西安市 2004 年的“20 个教训”中，评选出了“十大教训”。其中西安宝马彩票案、市政工程缺乏计划、规划多变等问题名列榜上，均被认为是政府工作应当从中汲取教训之处。这次评选活动，成为西安历史上首个由网民发起和参与的参政议政事件，从另一个角度鼓励了广大网民的参政意识和主人翁意识，反映出互联网在我国网民素质提高的基础上所起到的以网络发展带动社会进步的重要作用。

一位网民发表评论说：“这次评选是网民对政府 2004 年工作的年终总结。”网民“秦透社”说：“最终成了民意对政府务实精神的一次检阅。”

二、市政府领导迅速做出回应，展开政府与市民的网上互动

西安市政府通过互联网及时捕捉到了这个动态，注意到这个评选活动对该市政务发展的积极意义，并及时对广大关心政府工作的网民给予了肯定和鼓励。帖子发布的第 3 天，西安市市长孙清云就在网上做出了回应，网友“秦透社”收到了市政府的来信，信中说这个活动非常富有创意，希望广大网友积极支持这次活动，并鼓励网民对政府工作提出自己的意见和建议。

西安市委、市政府对此次活动倍加关注，认为这是互联网在西部发展给政府工作补充的新鲜动力。陕西省委副书记、西安市委书记袁纯清，西安市市长孙清云非常重视该项工作，要求市政府研究室全程跟踪，把这次活动当作了解广大网民和市民心声的一个良好契机。2005 年 1 月 13 日，西安市政府召开常务工作会议，专题研究了“2004 年西安发展十大教训”评选结果，要求相关部门和区县针对网民提出的意见和建议，积极改进工作，寻找差距和不足，并在一周内提出整改措施。市政府专题会议刚过 7 天，西安的媒体就刊出了相关单位有针对性的整改措施，经西安市政府督察室综合检查，各单位整改措施立刻付诸落实，大部分正在改进之中，有的已经初见成效，对于那些暂时不能见效的事项，也都建立了长效机制，力求使广大市民满意。

西安市委市政府积极回应评选活动，不仅体现出政府领导的开明，还表现出电子政务在政府工作中的地位日显重要。“秦透社”说，“如果当时政府官员不及时出面表态，这次评选很有可能会演变为一些群众对政府的攻击和谩骂，给社会带来不好的影响，同时政府工作也将陷入被动局面。政府对民意的重视和对他们意见、建议的正确疏导和合理采纳是政府官员领导人民建造和谐社会的一个最基本的能力。”

“十大教训”评选活动，反映了市民的素质在不断提高，同时也是对政府执政水平的一份考验。这次网

上互动活动不仅提高了西安市政府在网民心中的地位，也起到了鼓励更多的市民与政府进行建设性政务沟通的作用。许多网民表示，在这样善于听取百性意见的政府领导下，市民愿意多与政府相互沟通和理解。政府部门也表示要利用互联网这个现代化工具加强与市民沟通的能力，勇于接受批评，提高执政能力和水平。从市长到具体部门，对网民提出的意见，要持认真分析、合理采纳、并积极改进的态度。这件网上互动案例给政府和市民双方带来的都是积极而正面的效应，同时体现了互联网在电子政务的发展中所起到的不可低估的作用。

（陕西省互联网协会秘书处）

第 7 章　大型集团企业信息化发展状况

坚持深入地推进企业信息化，是贯彻党的十六大精神的表现，是走新型工业化道路、提升企业竞争力和促进国有资产保值增值的重要突破口。从集团企业来说，信息化是实现扁平化管理，优化业务结构，减少管理层次，缩短管理链条，克服信息阻隔、信息传递速度衰减或内容失真等“大企业病”，降低经营成本和经营风险，提高企业运作效率，增强核心竞争力的重要途径。近年来，许多集团企业的信息化建设取得了显著成效，特别值得总结交流；也有不少企业面临着一些困惑，正在探求和摸索信息化建设的路子。

为研究制定进一步加强企业管理和推进企业信息化建设的政策措施，促进企业切实以信息化为突破口，带动各项工作的创新和升级，国务院国资委信息中心于 2003 年 9 月开展了中央企业信息化状况调查，189 家中央企业及下属一级企业共 2 232 家反馈了问卷。2004 年 9 月，又对地方国资委监管的重点企业（以下简称“重点企业”）进行了信息化补充调查，共回收 150 多份问卷。参加调查的中央企业和重点企业，基本上都是集团型企业，并在资产总额、销售收入等方面处于行业排头兵的位置。这批企业的信息化发展状况，在一定程度上反映了我国大型集团企业信息化建设的总体水平。

7.1　调查结果分析

大型集团企业信息化总体发展状况

（一）信息化投资巨大并快速增长

总体上看，中央企业信息化累计投资相当巨大。根据 2003 年的调查，在 2 232 家中央企业及下属一级企业中，共有 1 412 家企业提供了有效的信息化累计投入数据。中央企业总部和下属企业是分别填报调查问卷的，数据表明，到 2003 年 6 月底，这些企业的信息化累计投入总额为 2 581 亿元，平均每家为 1.8 亿元，如表 7.1 所示。

表 7.1　　中央企业及下属一级企业信息化累计投入估算情况

企业数（家）	累计投入总额（万元）	平均值（万元）
1 412	25 810 285.16	18 279.24

注：1．根据 2003 年的调查作表，以 2003 年 6 月底为截止日期调查累计投入；

2．企业总数为 2232 家，提供有效数据的有 1412 家；

3．汇总数据以集团总部和下属企业分别投资、单独报数为假设前提。

自 2003 年以来，重点企业信息化投资也表现出数额大、增长快的特点。根据调查，150 家重点企业中，共有 136 家企业报送了 2003 年的信息化经费总投入，合计 99 151.36 万元，平均为 729.05 万元。这 136 家企业中，有 124 家填报了 2004 年信息化经费预算总额，合计 121 099.34 万元，在企业数减少 12 家的前提下比 2003 年增长 22.14%；平均预算为 976.61 万元，同比增长 33.96%，如表 7.2 所示。

表 7.2　　重点企业信息化经费总投入情况

	企业数（家）	总投入（万元）	平均值（万元）
2003 年经费投入	136	99 151.36	729.05

续表

	企业数（家）	总投入（万元）	平均值（万元）
2004年预算投入（与2003年同批的企业）	124	121 099.34	976.61
2004年比2003年增减	−12	22.14%	33.96%

但是，不同企业之间的投资差距极大，信息化投资主要集中在少数企业。1412家中央企业及下属一级企业信息化累计总额，主要是由316家（占22.4%）投资在1 000万元以上的企业组成的。1096家企业投资1000万元以下的投资总额仅占9.3%，平均不到220万元，如表7.3所示。

表7.3　　中央企业及下属一级企业信息化累计投资水平分类情况

序　　号	信息化累计投资水平（至2003年6月底）	企业数（家）	比例（%）
1	[300万元，1 000万元）	316	22.38
2	[1 000万元，5 000万元]	198	14.02
3	（5 000万，1亿元]	45	3.19
4	（1亿元，5亿元]	54	3.82
5	（5亿元，10亿元）	9	0.64
6	[20亿元，50亿元）	7	0.50
7	大于50亿元	3	0.21
	合计（1～7）	632	44.76
8	（0，300万元）	780	55.24

同样，重点企业2003年的信息化投资也集中于投资超过1000万元的31家企业（占22.8%）。这些企业投资额合计73 416万元，占136家企业投资总额的74%。2004年信息化预算的高速增长主要由投资预算超过1000万元的34家企业（占27.4%）带动的，这批企业的预算合计97 700.16万元，占124家企业预算总额的80.7%。

（二）重点领域信息化应用进展明显

从资金投向看，中央企业的信息化投资重点投向ERP、财务管理、CIMS和OA等应用领域。根据2003年的调查，在9个主要信息化应用领域中，中央企业及下属企业共有293个投资超过500万元的信息化应用项目。其中，ERP有72个，财务管理有69个，CIMS（含CAD、CAM、CAPP等）有65个，OA有39个，合计为245个，占项目总数的83.6%，如表7.4所示。

表7.4　　中央企业投资超过500万元的信息化项目分布情况

应用领域	企　业　数	投资合计	投资平均值
ERP	72	1 452 677	19 899.68
财务管理（FM）	69	113 996.8	1 652.13
CIMS	65	131 165.9	2 017.94
OA	39	54 236	1 390.67
CRM	26	596 659	22 948.42
EC	10	15 102	1 510.2
SCM	5	7 884	1 576.8
项目管理	4	2 700	675
HRM	3	8 453	2 817.67
总计	293	2 382 874	8 132.68

从应用水平看，在中央企业中，财务管理、办公自动化（OA）、人力资源管理、企业资源计划（ERP）是应用较多、进展明显的应用系统。在2232家中央企业及下属一级企业中，1765家企业有财务管理信息

系统（占 79.1%）；1 536 家企业实现办公自动化（占 68.8%）；1 004 家（约占 45%）实现人力资源管理信息化；1/3 的企业全部或部分实现 ERP，主要应用财务、库存和采购管理等功能模块，如表 7.5 所示。

表 7.5　　中央企业及下属一级企业重点信息化应用情况

	OA	HRM	ERP	FM
全部实现（家）	284	58	66	
部分实现（家）	1 252	946	689	
有（家）				1 765
合计	1 536	1 004	755	1 765
合计比例（%）	68.82	44.98	33.83	79.08

注：1．HRM 为人力资源管理系统，FM 为财务管理系统；

2．以 2 232 家为基数计算合计比例。

重点企业应用比较多的同样是财务管理、办公自动化（OA）、企业资源计划（ERP）、人力资源管理等信息系统。150 多家重点企业中，分别有 73%、53.3%、42.1%、35.5%的企业建立了这些系统。从资金投向看，重点企业信息化资金主要投向 ERP 系统。重点企业有 35 个投资 500 万元以上的已建和在建信息化项目，其中的 18 个是 ERP 项目（占 51.4%）。具体数字如表 7.6 所示。

表 7.6　　重点企业管理信息系统应用情况

应用管理系统	企　业　数	比例（%）
财务管理（FM）	111	73.0
办公自动化（OA）	81	53.3
企业资源计划（ERP）	64	42.1
人力资源管理（HRM）	54	35.5
客户关系管理（CRM）	15	9.9
供应链管理（SCM）	12	7.9
物流管理	12	7.9
电子商务（EC）	6	3.9

（三）信息化应用成效显著

一是企业生产经营活动实现网络化管理。根据 2003 年的调查，在 2 232 家中央企业及下属一级企业中，分别有 69.7%、43.5%、33.8%、28.8%的企业部分或完全使用网络进行财务管理、人力资源管理、生产管理和采购管理。此外，1/5 左右的企业在项目管理、研发管理、决策管理和客户关系管理等方面，部分或完全实现网络化管理。具体数字如表 7.7 所示。

表 7.7　　中央企业及下属一级企业使用网络化管理情况

	部分使用	完全使用	合　　计	比例（%）
财务管理	922	634	1 556	69.7
人力资源	876	95	971	43.5
生产管理	669	86	755	33.8
采购管理	545	97	642	28.8
项目管理	452	46	498	22.3
研发管理	450	47	497	22.3
决策管理	444	21	465	20.8
客户关系管理	380	33	413	18.5

注：以 2 232 家为基数计算比例。

二是提高了生产经营效率和经济效益。2004 年的调查显示，150 多家重点企业的信息化建设取得了显著效果。其中，有 110 家企业（占 73.3%）节约了成本，82 家（占 54.7%）降低了库存，81 家（占 54%）加快资金周转，64 家扩大销售收入，59 家缩短了生产周期。例如，保定天威集团有限公司反映，2003 年信息化投资产生了显著的经济效益，其中节约成本 1 000 万元，降低库存 2 000 万元，扩大销售收入 8 000 万元，缩短生产周期 1/4，加快资金周转 1/4。

（四）普遍面临的主要问题

从信息化发展要求和管理创新的角度看，作为集团企业，中央企业和重点企业共同面临的问题主要是，集团总部与下属企业之间、信息化主管部门和业务管理部门之间、不同应用系统之间的统筹规划、统一管理、协同建设、信息集成等。

1．集团企业信息化管理体制创新成果

管理体制是集团企业推进信息化建设的关键环节。对中央企业和重点企业信息化调查数据的分析表明：企业信息化进展与企业信息化工作负责人职位高低、CIO 职位是否设立、信息化主管部门定位等因素密切相关。从这些因素看，中央企业和重点企业的信息化管理体制创新取得了明显进展。

（1）大多数企业由副总经理分管信息化工作

据不完全统计，在目前的 187 家中央企业中，共有 181 家明确了分管信息化工作的负责人。其中，总经理（总裁、院长、所长）分管信息化工作的企业有 14 家（占 7.5%）；大多数企业是由副总经理（副总裁、副董事长、副院长、副局长）分管，共有 131 家（占 70.1%）；总经济师、总会计师、总工程师、财务总监或副总工程师分管的有 16 家（占 8.6%）；总经理助理（总裁助理、院长助理）分管的有 10 家（占 5.3%）。另有 9 家中央企业（占 4.8%）的信息化工作是由党委书记或副书记分管的。具体数据如表 7.8 所示。

表 7.8　　187 家中央企业信息化工作负责人情况

中央企业分管信息化工作的负责人职位	企　业　数	比例（%）
总裁/总经理/院长/所长	14	7.5
副总裁/副总经理/副董事长/副院长/副局长	131	70.1
党委书记/党委副书记	9	4.8
总经济师/总会计师/总工程师/财务总监/副总工程师	16	8.6
总裁助理/总经理助理/院长助理	10	5.3
高级顾问	1	0.53
NA	6	3.21

注：1．此表为 2003 年的调查数据，NA 表示缺乏信息；

2．以 187 家为基数计算比例。

相比之下，重点企业由总经理（总裁）担任信息化工作负责人的比例明显高于中央企业。2004 年的调查显示，在 150 家重点企业中，共有 46 家企业由总经理（总裁）分管信息化工作，所占比例达 30.67%，是中央企业的 4 倍；一半的企业（75 家）由副总经理（副总裁、副厂长）担任信息化工作负责人。此外，还有 24 家企业（占 16%）设立了 CIO 职位。具体数据如表 7.9 所示。

表 7.9　　150 家重点企业信息化工作负责人情况

重点企业分管信息化工作的负责人职位	企　业　数	比例（%）
总裁/总经理	46	30.67
副总裁/副总经理/副厂长/CIO	75	50
总工程师/总会计师	6	4.00
总经理助理	2	1.33
副总工程师	2	1.33

续表

重点企业分管信息化工作的负责人职位	企　业　数	比例（%）
其他	19	12.67

注：此表为2004年的调查数据。

（2）信息化主管部门以管理机构为主

大多数中央企业由管理部门负责信息化工作。调查显示，187家中央企业中，绝大多数（178家，占95.2%）确立了负责信息化工作的职能部门。这些部门可以分为3类。①专职管理。有28家企业（占15.7%）设置信息系统管理部等信息化工作专职管理机构，其中的8个机构直接以“信息化”命名。②兼职管理。有126家企业（占70.8%）的信息化工作由办公行政、规划发展、企业管理或科技管理等部门兼管。管理部门合计占86.5%。③直属单位。有24家企业（占13.5%）由信息中心等单位承担信息化职能。此外，有的中央企业成立了由集团总部、子公司、控股公司、分公司组成的信息化领导小组等议事机构，统筹协调企业信息化工作。具体情况如表7.10所示。

表7.10　　187家中央企业信息化职能部门设置情况

中央企业信息化职能部门	企　业　数	比例（%）
办公（48）、行政（4）、综合（13）部门	65	36.5
信息（系统）管理部门	20	11.2
规划发展部门	18	10.1
企业管理（16）、企业文化（1）部门	17	9.6
科技管理（13）、技术管理（4）部门	17	9.6
以“信息化”命名的管理部门	8	4.5
生产管理（3）、质量管理（3）、市场管理（2）部门	8	4.5
管理信息开发部	1	0.6
信息中心（17）、电脑中心（1）、技术中心（1）、计算机处（1）、网络中心（1）	21	11.8
下属实体（生产力促进中心、通讯站、信息技术所）	3	1.7

注：1．缺乏9家中央企业的相关信息；

2．以178家为基数计算比例。

在反馈调查的2 043家中央企业下属一级企业中，1 398家（占68.4%）有信息化主管部门。其中，234家（占16.7%）为专职管理部门，753家（占53.9%）为兼职管理部门，340家（占24.3%）为服务性部门，还有15家（占1.1%）企业由下属IT公司负责信息化工作。具体数据见表7.11。可见，不管是集团总部，还是下属一级企业，中央企业的信息化工作大多数由管理部门负责，由服务部门负责的只是少数企业。

表7.11　　2 043家中央企业下属一级企业信息化主管部门分类情况

	有	无	NA	专管	兼管	直属单位	IT公司
企业数	1 398	431	214	234	753	340	15
比例（%）	68.4	21.1	10.5	16.7	53.9	24.3	1.1

注：1．NA表示缺乏信息；

2．在比例中，前3项以2 043为基数，后4项以1 398为基数。

从重点企业看，尽管半数以上的企业由管理部门负责信息化工作，但仍有相当多的企业由服务部门承担。在150家重点企业中，141家（占94%）企业有信息化主管部门。其中，专职管理部门（信息化办公室、信息技术部等）占9.9%，兼职管理部门（行政办公、企业管理等）占41.1%，均少于中央企业的相应比例；而服务性直属单位占据45.4%。具体数据如表7.12所示。

表 7.12　　**150 家重点企业信息化主管部门分类情况**

	专职管理部门	兼职管理部门	直属单位
企业数	14	58	64
比例（%）	9.9	41.1	45.4

注：1．有 9 家企业缺乏相关信息；

2．以 141 家为基数计算比例。

综合起来看，不论是中央企业，还是重点企业，信息化主管部门都可以分为专职管理、兼职管理、服务机构等类型，各有千秋。一般来说，专职管理部门兼有专业化和权责分明的优势；兼职管理部门熟悉企业应用需求，但专业管理力量偏弱；服务机构长于技术，却难于协调各部门。不同企业适用不同的类型，关键是取长补短。

（3）信息化整体规划得到重视

统筹制定整体规划，是集团企业在信息化进程中，解决集团总部与下属企业之间、不同业务管理部门之间、不同应用系统之间协同建设和信息集成共享等问题的重要基础。从调查结果看，超过半数的中央企业有信息化总体规划。在 2 232 家中央企业及下属一级企业中，1 239 家企业（占 55.6%）制定了信息化总体发展规划，其中，大多数是自主编制，少数（占 17.19%）实行外包。但是，约 1/3 的企业（750 家）没有信息化总体规划。具体数据如表 7.13 所示。

表 7.13　　**中央企业及下属一级企业信息化整体规划情况**

	有	无	自主规划	外包规划
企业数	1 239	750	800	213
比例（%）	55.6	33.6	64.6	17.2

注：1．部分企业缺乏信息；

2．以 1 239 家为基数计算自主和外包比例。

（4）信息化管理体制创新面临的问题

一是集团总部与下属企业之间、信息化主管部门与业务管理部门之间的权责关系尚未理顺。二是下属企业与集团总部的信息化工作归口不同，管理难度偏大。比如，企业集团由综合管理部分管信息化工作，而下属一级企业则分别是规划发展、技术质量、科研管理、技术开发、信息中心等部门，权责不同，较难协调。三是缺乏自上而下的总体规划。集团总部有信息化总体规划，而下属企业则或有或缺。

2．集团企业信息安全建设水平

信息化应用的不断深入，使企业生产经营、技术创新、管理创新、市场营销等活动，越来越离不开信息网络系统的支持。信息网络系统已成为企业机体的一部分，企业对信息网络系统依存度不断提高，信息网络系统的瘫痪、信息数据的丢失，都可能造成难以挽回的经济损失。为此，中央企业和重点企业高度重视信息安全工作。

（1）积极成立信息安全管理部门

确立管理部门是搞好信息安全工作的组织保障。根据 2003 年的调查，当年的 189 家中央企业中，共有 93 家企业成立了信息安全管理部门，占 49.2%。在 2 043 家中央企业下属一级企业中，共有 760 家企业设立信息安全管理部门，占 37.2%。

（2）防病毒软件和防火墙成为信息安全主要手段

不论是中央企业，还是重点企业，采取网络安全防护措施的企业所占比例都在 90%以上。在 2 232 家中央企业及下属一级企业中，1 257 家建立了企业内部网，其中的 93.2%设有网络安全防护措施；已建立外部网的 920 家企业中，93.9%采取安全措施；已接入互联网的 1 889 家企业中，已有安全防护措施的占 90.6%。在 150 家重点企业中，相应指标均超过 95%。具体数据如表 7.14 和表 7.15 所示。

表 7.14　2 232 家中央企业及下属一级企业网络安全防护情况

	内部网（有，A1）	安全措施（有，B1）	外部网（有，A2）	安全措施（有，B2）	互联网（有，A3）	安全措施（有，B3）
企业数	1 257	1 172	920	864	1 889	1 711
比例（%）	56.3（A1/2232）	93.2（B1/A1）	41.2（A2/2232）	93.9（B2/A2）	84.6（A3/2232）	90.6（B3/A3）

注：此表为 2003 年调查数据。

表 7.15　150 家重点企业网络安全防护情况

	内部网（有，A1）	安全措施（有，B1）	外部网（有，A2）	安全措施（有，B2）	互联网（有，A3）	安全措施（有，B3）
企业数	121	118	107	105	142	136
比例（%）	80.7（A1/150）	97.5（B1/A1）	71.3（A2/150）	98.1（B2/A2）	94.7（A3/150）	95.8（B3/A3）

注：此表为 2004 年的调查数据。

防病毒软件和防火墙仍然是网络安全的主要手段。根据 2003 年的调查，在 2232 家中央企业及下属一级企业中，使用频率最多的前 3 种网络安全防护措施依次为：防病毒软件、防火墙、定期检测。2004 年调查显示，150 家重点企业的前两种措施与中央企业相同，第 3 种则是使用数据备份系统。调查的 9 种安全措施中，用得最少的是网站自动恢复系统，应用企业仅占 5%左右。具体数据如表 7.16 所示。

表 7.16　中央企业和重点企业使用网络安全防护措施情况

网络安全防护措施	中央企业及下属一级企业（总数：2232 家）		重点企业（总数：147 家）	
	企业数	比例（%）	企业数	比例（%）
防病毒软件	1 792	80.29	137	88.96
防火墙	1 374	61.56	125	81.17
定期检测	711	31.85	47	30.52
使用数据备份系统	688	30.82	57	37.01
使用代理服务器	592	26.52	53	34.42
身份认证/识别	533	23.88	32	20.78
防入侵检测	384	17.20	42	27.27
数字加密	263	11.78	15	9.74
网站自动恢复系统	99	4.44	9	5.84

注：中央企业为 2003 年调查数据，重点企业为 2004 年调查数据。

（3）企业数据库和网络服务器是信息安全建设的重点

随着信息化应用的深入，企业数据库和网络服务器在企业运行过程中发挥着越来越重要的作用，中央企业和重点企业都十分重视加强企业数据库、网络服务器等方面的信息安全建设。在 2 232 家中央企业（含下属一级企业）和 150 家重点企业中，计划加强企业数据库安全和网络服务器安全的企业都超过了半数。具体数据如表 7.17 所示。

表 7.17　中央企业和重点企业信息安全计划

信息安全计划	中央企业及下属一级企业（总数：2232 家）		重点企业（总数：147 家）	
	企业数	比例（%）	企业数	比例（%）
企业数据库安全	1 390	62.3	108	72.0

续表

信息安全计划	中央企业及下属一级企业（总数：2 232 家）		重点企业（总数：147 家）	
	企业数	比例（%）	企业数	比例（%）
网络服务器安全	1 243	55.7	87	58.0
互联网安全	998	44.7	75	50.0
PC 机安全	976	43.7	64	42.7
业务服务器安全	888	39.8	69	46.0
用户安全	704	31.5	44	29.3

注：中央企业为 2003 年调查数据，重点企业为 2004 年调查数据。

7.2　大型集团企业信息化发展成效及特点

一、基本实现真正意义上的领导重视

一是许多集团企业一把手挂帅，成立信息化领导小组，加强对信息化工作的领导。例如，中国通用技术集团公司坚决贯彻“一把手工程”原则，由集团董事长、总经理亲自担任集团信息化建设领导小组组长。集团领导亲自组织信息化建设，总体把握信息化建设的方向，并在全集团范围内为信息化建设组织各方面的资源。二是明确信息化建设由企业副总经理（副总裁）分管，成立专门的信息化主管部门。例如，中国航空工业第一集团公司、哈尔滨电站设备集团公司、中国电子科技集团公司、中国通用技术集团公司等集团企业都设立了名字带“信息化”字样的专门管理部门，并抽调了一批懂管理、懂业务的骨干人员进入信息化管理部门，优化信息化建设队伍。三是由技术人员呼吁，变成领导主动抓。不少集团企业领导亲自从战略层面对信息化建设作出了重要部署，对信息化建设的目标、过程和结果都提出了明确的要求。

二、高起点统筹规划，重实效分步实施

集团企业的信息化建设正在规避重硬件轻软件、重建设轻应用的做法，转向从企业发展战略出发，着眼于实现管理创新和提高集团企业整体竞争力，高起点、高水准地研究制定信息化建设总体规划。在统筹规划的基础上，从企业实际出发，积极稳妥地分步推进信息化建设，力求取得实效。总体规划从内部制定，转向充分利用外部专业管理咨询机构的专业知识、技术力量和丰富经验，提高规划编制的专业化水平。例如，国家开发投资公司认识到“一个好的经营机制、一个管理先进的公司必须有强大的信息系统作为支持”，提出“要按照信息化建设的总体规划，统筹安排，分步实施，以信息化推动管理变革与创新，全面提升公司现代化管理水平。”并邀请国际著名咨询公司进行了信息化建设总体规划。

三、形成一批具有示范效果的信息化成功案例

一是信息化增强企业核心竞争力。比如，中国远洋运输集团公司顺应信息时代要求，加强信息化管理体系和人才资源的建设，推进企业管理创新和技术创新，实现企业管理信息化，增强了企业的核心竞争力。中远集团提出“信息化是中远集团发展壮大的‘灵魂’”的理念。中远集团信息化建设战略和成果入选了北京大学光华管理学院案例库。再如，中国海运（集团）总公司投入数亿元资金，建立了全球化联网、全天候运转、全过程服务的集装箱信息技术网络，成为集装箱运输的神经中枢；为确保信息安全，还在香港建立了信息容灾备份系统，应对突发事件，确保万无一失。

二是信息化支持集团企业经营管理战略大转型。为了克服由贸易为主向多元化发展过程中引发的层次结构庞杂、财务管理分散、投资担保决策权失控、同类业务分散经营、核心业务不稳定等众多问题，华润集团在电子信息系统平台上，建立了利润中心编码体系、管理报告体系、预算体系、评价体系、审计体系、经理人考核体系等 6S 管理体系。通过编码体系，利润点得以被清晰识别，集团层面可以清晰地看到一级利润中心下面有多少业务单元，防止了下属公司无序盲目地多元化扩张。由于财务状况信息电子系统化、透明化，加上内部严格的审计，有效防止了内部贪污和资金漏洞的产生。

三是信息化实现管理创新，创造竞争优势。例如，宝钢集团始终坚持信息化建设与工程建设同步、管理信息系统与管理发展同步的指导思想，在建设产品生产线的同时完成工艺设备和过程控制的自动化，实

现从各控制系统到公司级制造管理系统的无缝集成，实现管理模式与管理手段的高效整合。管理信息化建设为宝钢创造了 10 大竞争优势。目前，宝钢正在各相关企业中以管理信息化建设为重点，优化管理流程，推进管理的结构性变革。

再如，武钢集团发挥财务信息化在会计系统控制中的信息集成作用。从 1995 年开始推行财务信息化工作，通过统一会计核算软件，规范会计科目、会计报表和账表取数关系，提高了会计信息的及时性和准确性。同时，武钢开发了以会计信息为中心的整体产销资讯系统，通过会计信息系统及时收集市场、生产、材料、设备、资金、人力等生产经营活动信息，达到物流、价值流和信息流的统一。

又如，中远集团实施 SAP 财务管理信息系统后，逐步实现财务信息的集中管理，理顺衔接业务处理、资金结算、成本核算和财务管理等流程，从而提高了集装箱运输成本核算精确度。该项目已被 SAP 公司总部列为成功案例。

招商局集团从 2001 年起致力于强化总部的战略决策和资源配置的功能。为此，首先推动集团信息化建设，以全集团财务系统为突破口，实现总部对全集团财务资料的实时联网。目前，财务信息系统基本建立，为集团总部实施战略决策的功能提供了基础。

四是信息化降低企业经营管理成本。例如，中国石油天然气集团公司在 2000 年建成“能源一号”石油网站，充分利用电子商务，实行油气田生产使用的大宗物资、大型工程项目物资集中在网上统一进行采购交易。这不仅精简了采购机构、节省了人力资源，而且规范了管理、降低了企业管理成本。2001 年以来，全集团每年网上总交易额都在 150 亿元以上。仅石油专用管材实施网上竞价交易、集中采购后，价格下降了 10%左右。另外，中国石油化工集团公司的电子商务也取得了显著成效。

7.3 促进大型集团企业信息化发展的思考

2004 年 10 月 27 日，温家宝总理在国家信息化领导小组第四次会议上强调指出，大力推进国民经济和社会信息化，是覆盖现代化建设全局的重大战略举措。要紧紧抓住信息化发展的机遇，进一步增强加快信息化进程的紧迫感和使命感，以信息化带动工业化，以工业化促进信息化，走新型工业化道路，推进经济结构调整和经济增长方式转变，推进经济社会全面协调可持续发展。

集团企业是国民经济的主力军，是国家竞争力的主力军。从一定意义上讲，国家与国家之间的竞争是企业之间的竞争，特别是集团企业之间的竞争。党的十六届三中全会再次强调，要积极培育和发展具有国际竞争力的大公司大企业集团。集团企业的发展具有巨大的带动作用。同样，集团企业的信息化，不论是对于集团企业的内部成员，还是对于集团企业的合作伙伴，甚至对于集团企业的竞争对手，都具有重要的示范带头作用。从这个意义上讲，集团企业信息化是以信息化带动工业化，走新型工业化道路的龙头，是国家信息化发展战略的重要组成部分。因此，集团企业有效推进信息化建设，不仅是企业提升竞争力，在全球化竞争中不断发展壮大的根本需要，也肩负着加快国家信息化进程，推进经济结构调整和经济增长方式转变，提升国家竞争力的光荣使命。

集团企业信息化发展是一个长期的、系统性的工作，在它的发展过程中，应始终注意把握几个关键环节。

第一，领导是关键。企业信息化不单纯是技术问题，从更大意义上讲，它是企业管理和创新问题。企业信息化的过程是一个由“人治”向“法治”转变的过程。企业主要领导高度重视、直接决策、宣传推动和组织实施，对企业信息化发展至关重要。另一方面，即使企业信息化取得一定进展，也有一个不断发展、不断适应、不断完善的过程。集团企业要不断发展，企业的组织框架、生产流程就会不断重组、再造。今天还是一些创新的成果，明天可能就会成为落后的习惯，进一步推进信息化就会面临着权力和利益的再分配。

第二，推进信息化管理体制创新。企业信息化，领导是关键，而体制和机制则是根本保障。企业信息化持续健康发展，必须建立一个稳固的长效机制，真正实现由领导推动向制度和机制推动、由“人治”向“法治”的转变。目前一些集团企业并不是由一把手亲自抓信息化工作，或者今天的领导重视，明天换了新领导就不够重视。我们认为，其中的一个原因就是一把手的兴趣偏好和认知水平不同。领导兴趣浓厚、认识深刻的，推动力度大；缺乏兴趣和知识的，推动力度小。而在一些企业，一把手亲自抓信息化工作了，但效果还是不尽人意。原因之一，或者由于一把手重视，而其他领导和业务管理部门不够重视；或者集团总部重视，而下属企业不够重视。集团企业信息化涉及不同管理部门、不同子公司、不同控股公司、不同分公司，涉及是否统一规划、统一投资、统一管理等问题，往往由于权力和利益矛盾造成“管理孤岛”，又由于“管理孤岛”导致数据不集成、信息不共享等“信息孤岛”。有效解决企业负责人的认知局限、因人而异和业务部门的“管理孤岛”等问题，需要不断探索以建立健全、权责明确、各方联动、协调一致的信息化管理体制和运行机制。

第三，人才是根本。人才资源是企业发展的第一资源。集团企业信息化能否持续健康发展，人才问题非常关键。一个优秀的企业信息化主管，除了要懂信息技术之外，还必须对企业的业务有很深入和广泛的理解，对集团企业的发展战略、管理理念、管理流程也要有深刻的领悟和敏锐的洞察力。同时，又要具备很强的沟通协调能力和应对企业变革的能力。信息化事关企业的发展，必须靠企业大多数员工的主动参与和大力支持才能真正取得实效，不可能靠一两个人来实现。因此，集团企业要建设一支专业化、高素质的职工队伍，来保障企业信息系统的正常安全运行和信息化的持续发展。

第四，坚持需求主导、整体规划、分步实施的信息化发展战略。在信息化进程中，有不少投入大、效果小，或进展缓慢的“半拉子”信息化工程。造成“半拉子”工程的原因是多方面的，刨去人为因素不讲，盲目跟风，不切实际地高投入，应该是主要原因。不能为了信息化而搞信息化，不能搞没有效益的信息化，更不能搞“花架子”。每个企业都是一个独立的个体，其信息化的状况、信息化建设的水平、信息化的需求都有其独特性。信息化实施必须以企业实际为背景，结合本企业的业务实际、管理水平和人才资源来设计方案。同时，又要尽力把企业当前需求和长远发展结合起来，统筹规划，在统筹规划的前提下分步实施。每一个企业都要核算效益，投入要适当，即使企业效益好，有钱投，也要合理规划。

第五，始终高度重视信息安全工作。信息安全关系到企业的生存和发展。信息网络系统是集团企业的神经中枢，信息化不断发展，信息化程度不断提高，使集团企业对信息网络系统的依赖程度不断提高，信息网络系统故障对企业正常生产经营管理的威胁越来越大。从调查结果来看，还有一部分企业对信息安全的重要性和迫切性仍然缺乏认识，表现为：信息安全管理机构不明确；建立内部网和外部网，特别是接入互联网以后，缺乏相应的网络安全防护措施；网络安全防护措施相对简单，难以应对信息安全隐患。信息网络不安全，不仅不能提升企业竞争力，反而可能给企业造成重大损失。因此，企业在整个信息化进程中，始终要高度重视信息安全工作，从管理、技术等方面采取切实有效的措施，保障企业信息网络系统的正常运行。

第六，努力创造良好的企业信息化投资环境。集团企业信息化建设一般具有项目大、投入大、风险大等特点，一方面要求企业科学规划、慎重决策、严格管理、稳步推进，另一方面也需要国家大力支持，分担风险。近年来，各级政府和各部门积极贯彻实施以信息化带动工业化的发展战略，采取贷款贴息等政策措施支持部分国有企业的信息化技术改造，促进了国有企业的技术创新和管理创新。我们认为，这些政策对于全国企业特别是集团企业的信息化建设来说，还是杯水车薪。各级政府和全社会要站在以信息化带动工业化的战略高度，牢固树立企业信息化就是企业技术创新活动，而不是简单的信息技术消费活动的理念。而技术创新既能促进社会共同进步，也是有风险的。要加快研究制定企业信息化税收返还和减免政策，把企业用于信息技术、产品和服务的投资列为技术创新成本，在企业纳税后给予一定比例的返还，在征收投资税时给予适当减免，以作为对企业信息化建设的支持和鼓励。我们愿意积极推动和配合有关部门，为集团企业信息化的持续健康发展，创造良好的外部环境。

（国务院国资委信息中心　许丕盛）

第 8 章　中国电子商务发展状况

我国电子商务从 1990 年～1993 年开展 EDI 应用起步，经过 1993 年～1997 年政府领导组织开展“三金工程”阶段，为电子商务发展打下基础；1998 年开始进入互联网电子商务发展阶段，经历了网络公司概念炒作、泡沫洗礼和摸索，2000 年以来我国电子商务进入了务实发展阶段。

电子商务逐渐以传统产业 B2B 为主体。电子商务服务商（dotcom 公司）正经历从风险资本市场转向现实市场需求的变化，有的与传统企业结合，出现一些较为成功、开始赢利的电子商务应用，2004 年我国电子商务环境继续改善，一直困扰电子商务的诚信、物流、支付等问题，通过政府、社会和各厂商的共同努力，正在逐步得到解决并已初见成效。中国电子商务已经进入全面启动稳步发展阶段。

8.1　中国电子商务的环境继续改善

中国发展电子商务的环境（网络基础建设等运行环境，法律环境，市场环境，网上支付、信息安全、认证中心建设等条件）逐步完善，已为电子商务的发展提供了基本的条件。

8.1.1　法律政策环境不断完善

2004 年，与电子商务相关的法规、法律也趋于成熟。2004 年 8 月，十届全国人大常委会第十一次会议表决通过了《中华人民共和国电子签名法》(以下简称《电子签名法》)，这部法律规定，可靠的电子签名与手写签名或者盖章具有同等的法律效力。《电子签名法》对电子认证服务设立了市场准入制度，规定电子认证服务机构从事相关业务，应当向国务院信息产业主管部门提出申请，并提交相关材料。国务院信息产业主管部门接到申请后经依法审查，征求国务院商务主管部门等有关部门的意见后，做出许可或者不予许可的决定。同时，《电子签名法》要求国务院信息产业主管部门制定电子认证服务业的具体管理办法，对电子认证服务提供者依法实施监督管理，从而明确了电子认证服务业的主管部门，信息产业主管部门将对行业管理出台具体的办法。《电子签名法》已于 2005 年 4 月 1 日起施行。

2004 年有关部门颁布的信息化与电子商务相关法律、法规有：最高人民法院、最高人民检察院公布的《关于办理利用互联网、移动通讯终端、声讯台制作复制、出版、贩卖、传播淫秽电子信息刑事案件具体应用法律若干问题的解释》，国家食品药品监督管理局公布了《互联网药品信息服务管理办法》，信息产业部制定的《中国互联网络域名管理办法》，交通部办公厅发出的《关于实施电子舱单数据接收工作的通知》和《关于启用国际海运网上备案系统的通知》，国家发展和改革委员会、商务部、公安部、铁道部、交通部、海关总署、国家税务总局、中国民用航空总局、国家工商行政管理总局联合发出的《关于促进我国现代物流业发展的意见的通知》。部分地方政府颁布的信息化与电子商务相关法律、法规有：《上海市政府信息公开规定》、《上海市商品房销售合同网上备案和登记办法》、《天津市电子政务管理办法》、《湖南省信息化条例》等。

2004 年 10 月 27 日召开的国家信息化领导小组第四次会议，讨论通过了《关于加快电子商务发展的若干意见》，共分 8 章 25 条。第一章着重阐述了电子商务对国民经济和社会发展的重要作用；第二章提出了电子商务发展的指导思想和基本原则；第三章提出完善政策法规环境；第四章提出加快标准、认证、支付、信用等支撑体系建设；第五章提出发挥企业主体作用大力推进电子商务应用；第六章提出提升电子商务技术和服务水平推动相关产业发展；第七章提出加强宣传教育工作、提高公民电子商务意识，阐述了电子商务发展的社会基础和社会环境问题；第八章提出加强交流合作。《关于加快电子商务发展的若干意见》是发展电子商务的纲领性文件，对中国电子商务今后的发展具有十分重要的指导意义。

8.1.2　网络基础设施及支付环境进一步改善

中国电子商务的基础设施逐渐完善。2004 年底，中国通信光缆线路长度已达 338.4 万公里，中国有线电视用户超过 1 亿户，广播电视网络总长度已达 400 多万公里。2004 年，固定电话新增 4 970 万户，达到 31 244 万户；移动电话新增 6 487 万户，达到 33 482 万户。电话用户总数达 6.5 亿户。2004 年底，我国网民达到 9 400 万人，上网计算机台数 4 160 万台，CN 域名数 43.2 万个，网站 66.9 万个。互联网服务器端口达 332 万，网络带宽增加，国际出口带宽总量已达 74 429 Mbit/s。宽带接入大幅度增长，用户数达 4 280 万人。全年上网计算机数、CN 下注册的域名数、网站数等都继续保持了超过 20%的高增长速度。中国用户的互联网使用率、网民的分布和层次都有了较大的改善和提高。

截至 2004 年 12 月底，中国内地发卡总量超过 8 亿张，同比增长幅度约 25%。其中，贷记卡超过 1 000 万张，同比增长幅度约 100%；准贷记卡 2 200 万张，借记卡约 7.8 亿张，同比增长约 25%。通过银行卡的交易总笔数达到 50 亿笔，交易金额达 26.65 万亿元。银行卡特约商户达到约 34 万户，各金融机构装备的自动柜员机总计 6.7 万台，销售点终端机 51.7 万台。全国银行卡受理环境有改善，初步建成了一个全国性的跨银行、跨地区的银行卡信息交换网络，中国跨行支付系统运行质量得到有效提升，2004 年大额实时支付系统已推广到全部省会城市及深圳共 32 个城市，它和全国所有金融机构联网并实现实时交易清算和结算。随着银联卡的推行，移动支付也迅速在广东、浙江、湖南、江西、上海、天津等地得到推广，为移动电子商务的开展奠定了基础。

一些第三方大型电子商务支付平台的电子支付日趋完善。如首信公司于 1999 年创建了中国首家跨银行、跨地域、提供多种银行卡在线交易的网上支付服务平台，向电子商务公司提供统一的第三方支付网关服务，支持全国 19 家银行的 60 余种银行卡和 4 种国际信用卡在线支付，可以通过 PC 机、手机、U 盘、电话等多种终端进行支付操作，形成了比较完善的电子支付平台，入驻商户数量比 2003 年增加了 50%，支付平台的成交额比 2003 年增长 133%。目前已拥有搜狐、网易、新浪、卓越、当当、北大、清华、人民网、新华社、天天在线、中国人民财产保险公司、中国万网、8 848、中商网等 800 余家合作商户。2004 年，首信支付平台增加了工行手机银行支付、会员短信支付、手机支付等支付服务项目，并且与更多家商业银行实现“直连”，丰富了支付手段，提高了支付速度与准确性，2004 年与 VISA 国际组织、Master 国际组织、中国农业银行联手，建立了国内第一个国际卡验证的实时支付系统，并大力开展国际卡支付业务。2004 年 10 月，全国研究生考试北京区网上报名交费工作圆满结束，在一个月的时间里，约 10 万名考生通过首信支付平台报考了在京的 150 所高校并成功报名交费。

全国已建立电子商务安全认证机构约 60 多个，上海、北京、广东等众多省、市和银行、电信等行业都建立电子商务认证中心。截至 2004 年底，由国家密码管理委员会办公室批准立项的有 23 家。其中，通过安全性审查的 15 家，通过安全性审查后又通过了技术鉴定的 10 家。有关电子商务安全认证标准初步形成。中国信息安全产品测评认证中心全面开展信息安全产品认证、信息系统安全认证、信息安全服务资质认证和信息安全人员资质认证等 4 类认证服务。

我国行业认证中心，如电信、海关、中国人民银行牵头组织的安全认证中心及北京、上海、广州等城市的认证中心已经运行，各机构签发证书 1 000～60 万张，差异较大。所签发证书中，免费证书占 22%，收费证书占 78%。但是，有接近 50%的机构，其发放的免费证书数量大于收费证书数量。个人证书占 24%，机构证书占 75%，设备证书占 1%。在电子政务领域的证书应用占 80%以上。

CA 互联互通示范工程启动，将建立 CA 中心，解决不同 CA 中心互联互通问题。与安全标准、密码系统等相关安全技术的开发也得到重视并加大了投入力度。

个人征信系统建设有了重要进展，2004 年 12 月 15 日由中国人民银行组织商业银行建设的全国统一的个人信用信息基础数据库开始试运行，北京、重庆、深圳、西安、南宁、绵阳和湖州等7个城市对各有关银行开通联网查询。

8.1.3 物流配送基础条件逐步改善

物流信息化技术，诸如全球卫星定位系统（GPS）、电子订货系统（EOS）、射频识别（RFID）技术开始推广；制造业物流趋向一体化管理，供应链管理的理念已经在许多企业中得到重视；第三方物流企业发展发展迅速。第三方物流市场规模已超过600亿元。国内专业化的物流企业，如中国储运总公司、中邮物流有限责任公司、中国外运总公司、中国远洋运输总公司等，营业范围已涉及全国配送、国际物流服务、多式联运和邮件快递等，并在不同程度上进行了综合物流代理运作模式和网络交互式功能的探索实践。物流企业对建设物流信息系统的重视程度增加，拥有物流信息系统的企业比例由2001年调查的不足40%，提高到了2003年的接近60%。

当前，我国一些先行的物流企业，如山东海尔集团、神龙集团、广州宝供等积极利用EDI、互联网等技术，通过网络平台和信息技术将企业经营网点连接起来，既可以优化企业内部资源配置，又可以通过网络与用户、制造商、供应商及相关单位联结。其中，以由中国著名的物流系统集成商昆明船舶设备集团有限公司承建的红河卷烟厂物流系统，具有一定代表性。该系统体现了在对企业业务的统一集成下的现代实时物流集成系统基本框架。该框架针对制造业工业企业的所有主要业务，使集成系统中各类应用系统（产品设计与开发、经营管理、行政办公管理、后勤支持、生产制造、监测控制和合作工作等）进行信息集成、功能集成和过程集成。该框架概括地将企业物流业务溶于企业的物资、制造、销售、财务、行政、技术、机械、电气等8大运行系统之中。这些运行系统在统一的运行平台，完成各个业务信息的输入、处理、传递和存储。

但是，最新的调查显示，物流企业信息化的总体情况不尽乐观。

根据中国物流信息中心2005年1～3月的摸底调查显示，行业物流信息平台的建设有力地促进了我国现有物流企业利用互联网进行电子商务的进程。一些优秀的行业平台，如亮成物流信息网（http://www.lc56.net）、全国物流信息网（http://www.56888.net）等，作为企业商务信息源的作用，十分突出。中、小企业上网的比重已经达到70%以上，但是，在深入利用互联网开展网络营销和商务活动方面，却没有可喜的成果。中、大型物流企业多数在网上开设了主页和电子邮件地址，但是，由于缺乏经营意识，使用率很低。中、小型物流企业互联网应用主要是处理电子邮件和进行信息发布。Internet作为商业信息社会的神经系统的功能有所显现，但传统的商业信息仍然举足轻重。其中的原因既来自物流业对电子商务的认识存在不足，也受行业自身发展现状的约束。

物流配送出现了一些新进展，拥有我国最大传递网络的中国邮政加盟电子商务领域，一些专门为电子商务项目服务的专业配送企业也相继出现。

8.1.4 标准建设得到高度重视

2004年，根据国标委高新函［2004］1号文件规定，全国信息安全标准化技术委员会负责统一直辖市申报信息安全国家标准年度计划项目，并组织国家标准的送审、报批工作。从2004年1月起，各有关部门在申报信息安全国家标准计划项目时，必须经信息安全标委会提出工作意见，协调一致后由信息安全标准化技术委员会组织申报；在标准制定进程中，标准工作组或主要起草单位要与信息安全标准化技术委员会积极合作，并由信息安全标准化技术委员会组织完成国家标准送审、报批工作。

信息安全标委会主要以工作组形式开展工作，初步拟订成立11个工作组。近期的工作重点是数字签名、PKI/PMI技术、信息安全评估、信息安全管理、应急响应等关键性标准的研究、制定。

商务部启动了《电子商务应用标准建设与发展研究》，构架中国电子商务的标准体系，并完成了以《中华人民共和国进出口企业代码》为核心的代码标准、外贸单证标准、电子报文标准等三大类20种国家标准。科技部开始实施cnXML标准，这是一个基于联合国ebXML的标准，且符合中国大陆商业习惯和商业流程的电子商务集成规范。中国标准研究院、中国标准协会、中国物品编码中心、中国电子商务协会等一直在跟踪RosettaNet、CommerceNet、全球统一标识EAN.UCC等标准，并准备在电子商务中推广。

我国在 2004 年积极跟踪和研究 UBL 的成果，在此基础上根据我国电子商务建设的实际需求，研究并形成了《基于 XML 的电子单证格式》、《电子商务业务信息实体字典》等国家标准的征求意见稿，预计在 2005 年底之前形成报批稿。

2004 年初，随着“十五”国家科技攻关计划项目“我国电子商务与现代物流标准体系及关键标准的研究与制定”的顺利完成和通过验收，产出了一系列电子商务关键技术标准，包括全国产品分类与代码及其维护和管理、基于 EDIFACT 报文实施指南的 XML schema 生成规则、基于 XML 的商业流程和数据交换格式等。该项目在 2004 年底继续启动了包括电子商务业务流程和 EPC 方面的标准研究和制定，预计在 2005 年 10 月形成包括电子商务业务流程设计规则、电子商务业务流程组件设计指南、电子商务业务流程组件目录、目录的动态维护机制和平台以及 EPC 在我国的应用研究等国家标准和研究报告。

上述研究成果的取得，将会保障我国现在和未来制定的电子商务标准与国际接轨，完善我国现有的电子商务标准体系，满足迅速发展的信息技术对电子商务标准的需求，同时也为各行业研究和制定相关电子商务标准指明了方向，提供了实用的原则和方法。

我国 2004 年在电子商务标准化方面的主要研究成果和标准制定情况如下。

GB/T 19256.1-2003 基于 XML 的电子商务 第 1 部分：技术体系结构。

基于 XML 的电子商务 协同规程轮廓和协议（征求意见稿），等同采用 ISO 15000.1-2004。

基于 XML 的电子商务 消息服务（征求意见稿），等同采用 ISO 15000.2-2004。

基于 XML 的电子商务 注册信息模型（征求意见稿），等同采用 ISO 15000.3-2004。

基于 XML 的电子商务 注册服务规范（征求意见稿），等同采用 ISO 15000.4-2004。

基于 XML 的电子商务 核心构件技术规范（征求意见稿），等同采用 ISO 15000.5-2004。

基于 XML 的电子商务业务过程规范设计方法（征求意见稿），等同采用 ebXML 技术规范。

电子商务业务流程和信息建模指南（征求意见稿），修改采用 UMM 技术规范。

基于 XML 的电子商务标准数据资源的维护和管理 第 1 部分：技术评审规则。开始启动。

基于 XML 的电子商务标准数据资源的维护和管理 第 2 部分：技术评审组织和程序。开始启动。

基于 XML 的电子单证格式设计指南（征求意见稿）。

电子商务业务信息实体字典（征求意见稿）。

电子商务业务信息实体字典维护与管理。

基于 EDIFACT 报文实施指南的 XML schema 生成规则（报批稿）。

数据元和交换格式 信息交换 日期和时间表示法（报批稿）。

GB/T 7635 全国主要产品分类与代码。

全国主要产品分类与代码目录维护与管理。

基于 XML 的商业流程和数据交换格式。

电子商务业务流程组件设计指南；开始启动。

电子商务业务流程组件目录；开始启动。

电子商务业务流程设计规则；开始启动。

电子商务业务流程组件目录动态维护管理机制和平台开发；开始启动。

EPC 读写设备与网络系统连接中间件开发指南；开始启动。

8.1.5 人文环境有了改善

2004 年 12 月据 CNNIC 调查，我国 9400 万网民中，经常利用网络购物的人群已近 630 万人，在最近一年内通过网站购买过商品和服务的达到了 40.4%，打算在未来一年内利用网络购物（有网上购物意向）的达到了 57.7%，超过 5400 万网民。

电子商务教育和培训发展较快。2003 年，设有电子商务专业的高等院校达到了 181 所，网络学院达到 68 所，数百所高职高专类院校以及高等自学考试也设置了相应专业。教育部组织了全国高校电子商务专业核心课程骨干教师培训班。国家电子商务师职业资格考试全面推向社会。由此初步形成了全方位、多层次的电子商务职业教育和培训体系。

各部委举办了各种形式的电子商务培训。商务部通过跨地区和跨国别的交流项目、各类培训班和研讨会，如电子口岸执法系统培训班、现代物流区域规划暨流通企业管理与发展研讨会等，提高了商务干部从事电子商务工作的素质。科技部多次举办电子商务与现代物流学习班。信息产业部加强了对电子商务技术人才的培养工作。

由中国电子商务协会主办的首届全国大学生电子商务竞赛于2004年5月14日拉开帷幕，8月24日在人民大会堂胜利闭幕，历时3个多月，全国共有667所高等院校的在校本科生参加，竞赛由团体赛、个人网上创业赛与十大高校网上创业巡讲等3部分组成，通过知识、技能与创业等多方面的考核评选出团体赛前3名及多个专项奖。另外，为通过实践上网开店的个人创业赛设立了高达19万元的创业奖学金，吸引了全国33个城市近8000名学子报名参赛。经过3个月的比拼，个人创业赛成绩优异，选手们共创造了681万元的交易额。

根据《中华人民共和国劳动法》的有关规定，为了进一步完善国家职业标准体系，规范电子商务职业行为，大力推进国家职业资格证书制度，为职业教育和职业培训提供科学、规范的依据，劳动和社会保障部组织国家职业技能鉴定专家委员会电子商务专业委员会专家，于2001年开发并颁布了《电子商务师国家职业标准（试行）》，并开展国家职业资格电子商务师职业全国统一培训鉴定工作。2004年，在北京中鸿网略信息技术有限公司（国家职业资格电子商务师职业全国统一培训鉴定技术支持单位）支持下，国家职业技能鉴定专家委员会电子商务专业委员会开展《电子商务师国家职业标准》修订工作，经过11次研讨和论证，于2004年11月通过劳动和社会保障部组织的专家评审，《电子商务师国家职业标准》完成修订工作。电子商务师职业共设4个等级，分别为电子商务员（国家职业资格四级），助理电子商务师（国家职业资格三级），电子商务师（国家职业资格二级），高级电子商务师（国家职业资格一级）。

劳动和社会保障部主办的中国首届电子商务大赛于2004年7月～2004年11月已在全国举行，来自全国各地大中专院校电子商务及相关专业的在校学生及社会从业人员热情参与。个人赛分资格赛、技能赛、选拔赛和决赛4个阶段，全国25个省、直辖市、自治区注册报名参与个人赛的选手达到41027人次，全国各地有83所高等院校对大赛作了有组织的校内宣传；全国决赛产生5名金牌获得者，获得了高级电子商务师国家职业资格证书，45名银牌获得者，获得了电子商务师国家职业资格证书。

8.2 中国电子商务市场现状与规模

8.2.1 市场总规模

一、商务网站总量规模

2004年中国电子商务网站总量为4 486个，比2003年增加不到1%。其中有影响且持续运营的有1 421个，比2003年减少了17%。电子商务网站在2004年经历了竞争盘整。进入者增加的同时，也有更多的网站被淘汰。并且一些有影响力的网站竞争力越来越强，同样，有一部分曾经很有影响力的网站在竞争中逐渐被削弱了竞争力，退出了有影响且持续运营的队伍。具体数据如图8.1所示。

二、电子商务交易额

2004年中国电子商务交易额继续快速增长，按赛迪顾问调查统计，2004年全年交易额共计4800亿人民币，比2003年增长73.7%。2000年～2004年中国电子商务总交易额增长状况如图8.2所示。

由于目前缺乏全国统一的电子商务交易额的统计标准，以及全国电子商务交易额的权威统计数据，本文介绍的有关电子商务交易额的数据仅供参考。

8.2.2 细分市场

一、B2B电子商务市场

1．2004年B2B市场总量与结构

截至2004年年底，中国共有B2B网站1 811个，比2003年的1 705个增长6.2%，能够有效、持续运营的有 908 个，比 2003 年的 874 个增长 3.9%，如图 8.3 所示。

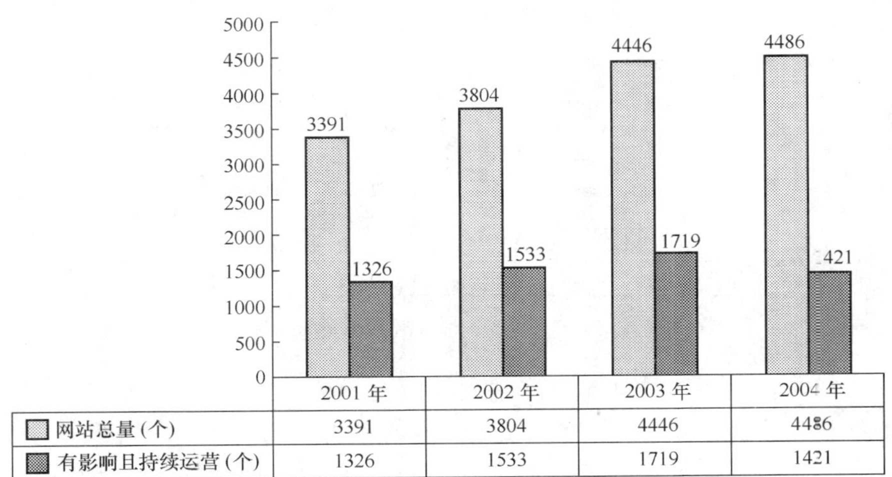

（数据来源：赛迪顾问　2005 年 2 月）

图 8.1　2001 年～2004 年中国电子商务网站总量

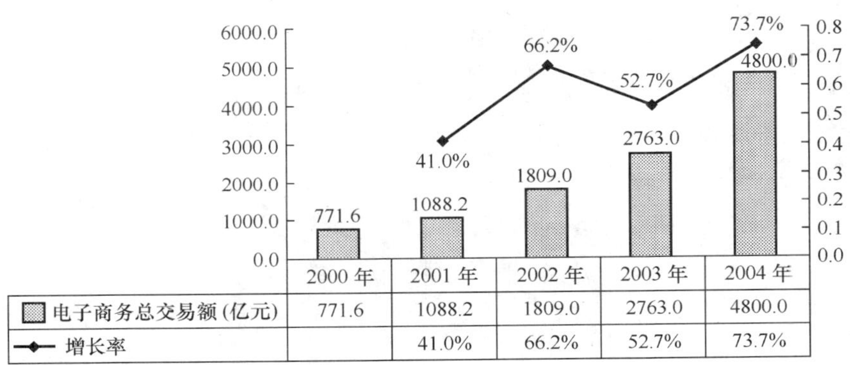

图 8.2　2000 年～2004 年中国电子商务总交易额增长状况

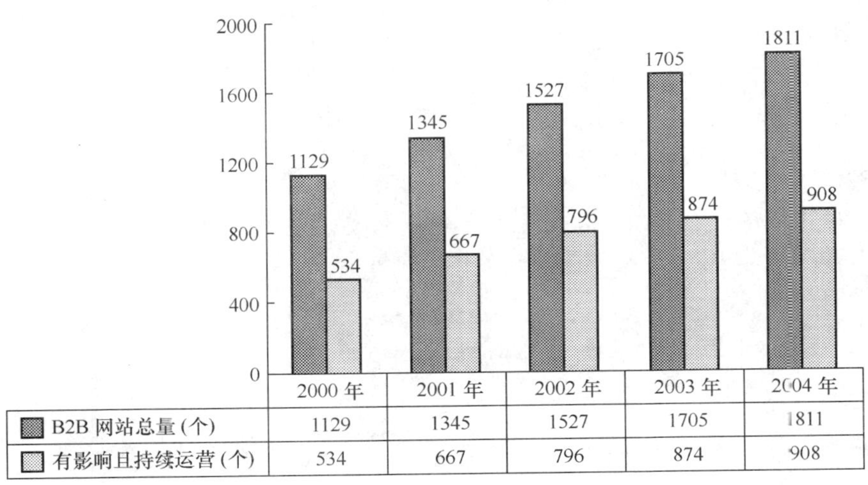

（数据来源：赛迪顾问　2005 年 2 月）

图 8.3　2004 年中国电子商务 B2B 网站总量

2．2004 年 B2B 市场交易总量

2004 年中国 B2B 市场的交易额增长翻番，2004 年全年 B2B 市场交易额共计 4 701.0 亿人民币，比 2003 年增长 73.9%。近几年 B2B 交易额的变化如图 8.4 所示。

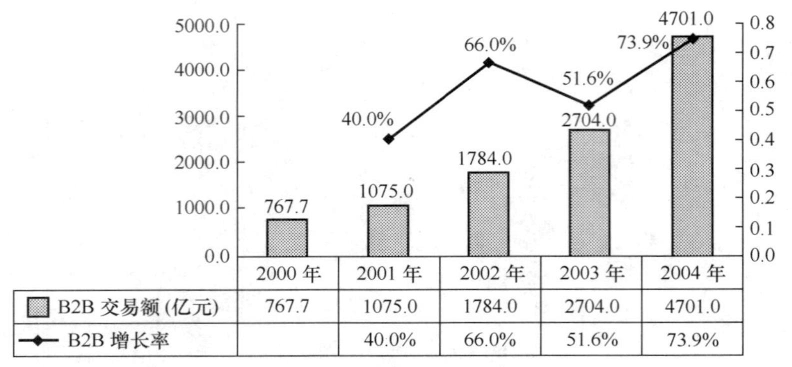

	2000 年	2001 年	2002 年	2003 年	2004 年
B2B 交易额(亿元)	767.7	1075.0	1784.0	2704.0	4701.0
B2B 增长率		40.0%	66.0%	51.6%	73.9%

图 8.4　2000 年～2004 年中国 B2B 市场交易额

B2B 模式的电子商务在过去的 5 年里有了很大的发展。在电子商务发展的起初，应用电子商务的行业相对集中，随着与电子商务相应的物流及采购流程的改善，在 2001 年和 2002 年有了相对平稳发展。2003 年的非典促进了这种模式的发展。而 2004 年多方面有利的条件使得 B2B 的发展迈上了新的台阶。

3．B2C 电子商务市场

（1）2004 年 B2C 市场总量与结构

截至 2004 年年底，中国共有 B2C 网站 2219 个，比 2003 年的 2508 个降低了 11.5%，能够有效、持续运营的有 432 个，比 2003 年的 783 个降低了 44.8%。具体数据如图 8.5 所示。

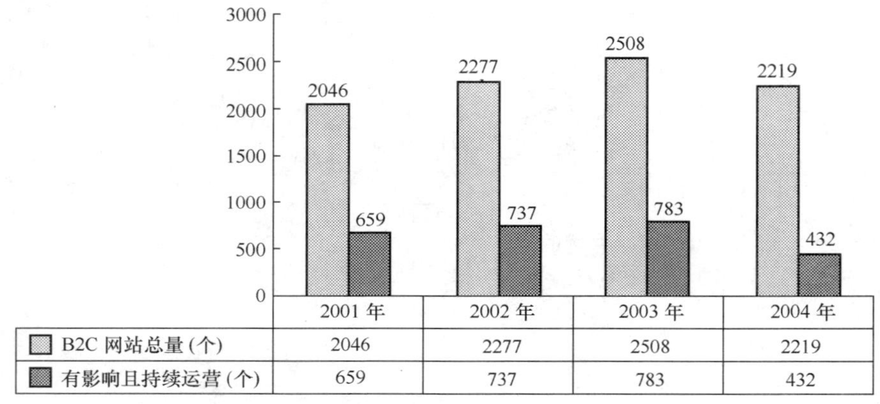

	2001 年	2002 年	2003 年	2004 年
B2C 网站总量(个)	2046	2277	2508	2219
有影响且持续运营(个)	659	737	783	432

图 8.5　2004 年中国电子商务 B2C 网站总量

（2）2004 年 B2C 市场交易总量

2004 年中国 B2C 市场的交易额继续高速增长，2004 年全年 B2C 市场交易额共计 52.0 亿元人民币，比 2002 年增长 108.0%。近几年 B2C 交易额的变化如图 8.6 所示。

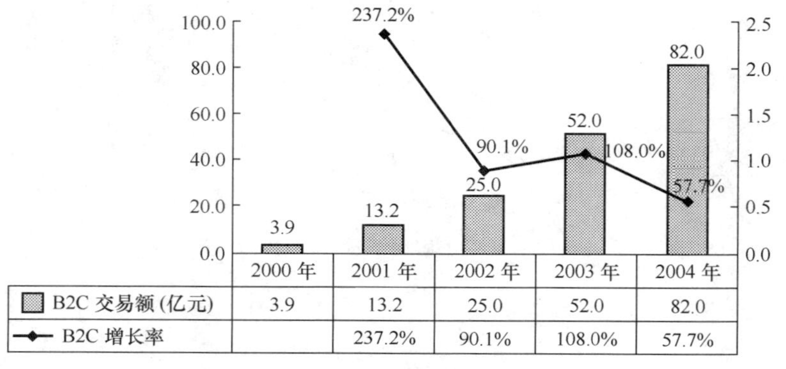

	2000 年	2001 年	2002 年	2003 年	2004 年
B2C 交易额(亿元)	3.9	13.2	25.0	52.0	82.0
B2C 增长率		237.2%	90.1%	108.0%	57.7%

图 8.6　2000 年～2004 中国 B2C 市场交易额

二、C2C 电子商务市场

1. 2004 年 C2C 市场总量与结构

截至 2004 年年底，中国共有 C2C 网站 456 个，比 2003 年的 233 个增加 95.7%，能够有效、持续运营的有 81 个，比 2003 年的 62 个增加了 30.6%，如图 8.7 所示。

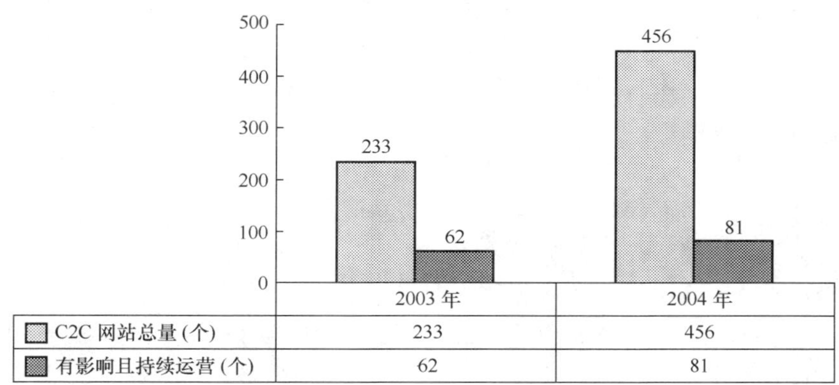

	2003 年	2004 年
C2C 网站总量 (个)	233	456
有影响且持续运营 (个)	62	81

图 8.7　2004 年中国电子商务 C2C 网站总量

2. 2004 年 C2C 市场交易总量

2004 年中国 C2C 市场的交易额继续高速增长，2004 年全年 C2C 市场交易额共计 17.0 亿人民币，比 2003 年增长 142.9%，如图 8.8 所示。

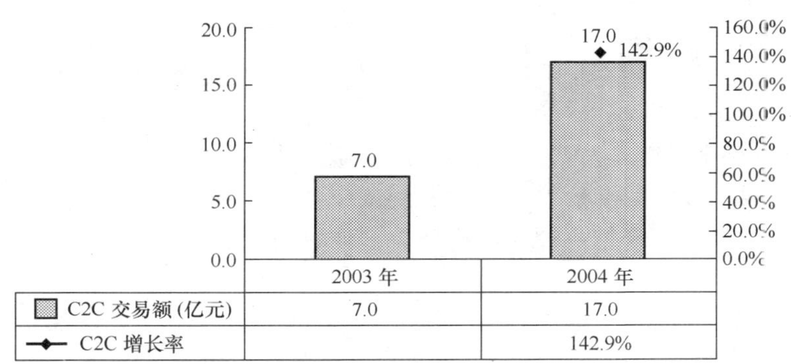

	2003 年	2004 年
C2C 交易额 (亿元)	7.0	17.0
C2C 增长率		142.9%

图 8.8　2003 年～2004 中国 C2C 市场交易额

2004 年国内 C2C 的成交额仅仅为十几亿，尚处于萌芽状态，年初交易用户为 600 万。在线拍卖的市场增长非常快，尽管安全和支付问题一直是发展过程中的主要困扰因素。2003 年中国在线拍卖市场价值 19.2 亿元人民币。2004 年这个市场增长 75%，达到 33.7 亿元人民币。

8.3　2004 电子商务发展现状

8.3.1　行业电子商务发展

一、对外贸易

由商务部主持建设的中国贸易指南网站，是为国内外企业特别是广大国内中小企业提供商务信息服务的信息平台，设有中国商品、世界买家、求购求售等栏目。截至 2003 年 7 月，其中的中国商品数据库入库企业达到 55 万家，入库商品达 210 万种，入库企业数据至少每 12 个月更新一次。世界进口商名录数据库入库进口商达 35 万家，覆盖 204 个国家和地区。该网站拥有 7000 万字节信息总量，1200 多条外商投资法律法规，近 40 万家外商投资企业主要信息，以及全国各地重点招商引资项目，并且免费向公众提供国际商业信息光盘。

商务部积极推进电子商务国际合作与交流。积极参与了“APEC 电子商务工商联盟”的工作，努力推动亚太地区电子商务发展和亚太地区经济贸易便利化。参与了亚太经合组织、亚欧会议、东盟“10+3”等国际与地区组织中的电子商务相关工作，共同探讨电子商务在全球的发展。在双边经贸联委会机制下与美国、日本、韩国、加拿大等国家设立了电子商务工作组，并且在 CEPA 框架下发展同香港和澳门的电子商务合作。积极参加了联合国贸易法委员会、联合国贸发会等国际组织有关电子商务的立法活动。

根据中俄两国总理会晤达成的协议，由中国商务部和俄国经贸部共同主办的中俄经贸合作网站进入实施阶段。目前，网站已经开通试运行。这是中国政府与外国政府合作建立的第一个经贸合作网站，为双边经贸合作开辟了新的途径。

在线中国出口商品交易会即“在线广交会”（http://www.cecf.com.cn），是目前国内最大的商品进出口网上交易平台，同时也是首家全面提供广交会参展、交易信息的专业站点。具有丰富、及时、准确、权威的专业信息，周到、完善、便捷、高效的电子商务功能。

“在线广交会”有中文、英文两种版本，覆盖广交会参展企业及其商品信息、非参展企业及其商品信息、外商采购需求、国际买家数据库，以及展会综合要闻、参展流程等多方面内容，并提供商机订阅服务和网上洽谈、订单管理等电子商务工具，国际互联网用户可查询所有内容。“在线广交会”打破场馆、会期等条件的限制，为中国供应商和国际买家提供全天候在线交易平台，被外商盛赞为“永不落幕的交易会”。广交会网站逐步形成了以展会为核心，集经贸、商旅、电子商务为一体的综合服务体系，为广交会的宣传推广发挥着重要作用。

2004 年第 95 届广交会，有关网站累计访问量达 7 600 余万次，比上届增长 22%。每届广交会为超过 8 000 家参展商会员提供电子商务服务，并建立起近 4 万家国内供应商的数据库。企业和商品信息完备，分类达到 23 个大类，200 多个小类，拥有超过 30 万家海外采购商名录。“在线广交会”在国内外享有较高的知名度，访问量已在国际展会网站中名列前茅，跻身世界知名展会网站行列。

各种在线展览洽谈会也显示出旺盛的活力。以边境贸易为主的中国哈尔滨交易会（哈交会）发展成为以网络为主要形式的网上交易会。以投资洽谈形式为主的中国投资贸易洽谈会会务网也展示了高效便捷的巨大优势。福建省网上投资贸易洽谈会以“开展网上招商贸易、发展电子商务”为主题，推出了一批招商投资、科技合作和工业园区招商项目。杭州、昆明、青岛、深圳等地的传统交易会也纷纷搬到了网上。

二、海关中国电子口岸

中国电子口岸是一个公共数据中心和数据交换平台，依托国家电信公网，实现工商、税务、海关、外汇、外贸、质检、银行等部门及进出口企业、加工贸易企业、外贸中介服务企业和外贸货主单位的联网，向企业提供“一卡通”和“一站式”数据交换服务。

中国电子口岸在满足政府部门严密监管需求的同时，也为企业降低贸易成本、提高贸易效率提供了许多便利，为企业提供从应用软件、网络、数据平台集成等各个方面完善的解决方案。

中国电子口岸在口岸通关管理与现代物流信息化等方面取得了显著的社会效益，并且积累了丰富的企业信息化应用实施的经验，口岸从企业了解行业特性以及客户需求，极大地丰富了口岸的实践经验，从而更好地为企业服务打下坚实的基础。

中国电子口岸 CA 自建设、运行以来，建立了完善的数字证书申请、审核、发放、作废、更新体系，为电子口岸各项业务系统提供身份认证、数据完整性、保密性、不可否认性等安全服务。迄今为止，已拥有 39 万用户，发放证书 130 万张。实践证明，电子口岸 CA 认证系统提供了安全、可靠、稳定的安全服务，完全可以解决应用服务提供商、企业、政府部门亟待解决的网络传输的安全性问题。

在这种对安全服务的需求进一步升级的形势下，为了满足各个地区、多种应用环境的不同程度的安全认证需求，中国电子口岸开发了分布式 CECA 认证系统。该系统将为不同地区、不同企业的应用提供灵活的认证、数据保密性、完整性、不可否认性等安全服务，采用国家和国际规范和标准，具有通用性和兼容性，系统符合 PKI 体制标准。CA 系统的应用具有可扩展性，可以扩展应用于电子商务，电子政务，网上证券，电子支付等多种业务应用系统。小额支付平台系统是中国电子口岸数据中心开发的、连接消费者同企业和金融机构的桥梁。小额支付平台为用户在线支付、资金划转提供了一个便捷、高效、安全的通道，同时也为企业向用户提供更精彩、更丰富多样的服务奠定了基础。

平台用户群定位于企业、个人等，通过与银行密切的合作关系，为广大用户提供了一种崭新的支付业务模式。在新的支付业务模式下，支付平台与银行的合作关系更加密不可分，成为银行结算服务的“综合服务平台”。

平台具有完善的账务系统，采用实时扣款，同银行一次交互、批量结算的模式，改变了传统支付平台链接至银行网上银行系统进行账务处理的模式。作为统一的支付平台，合作商户无需和银行开发单独接口，实现一点结算。另外平台实现了跨地区小额支付功能，比传统支付平台应用范围更广，同时，小额支付平台采用 CECA 的认证体系，对用户在平台发生的所有交易数据进行签名、加密，使交易数据具有防抵赖、防篡改的特性。

中国电子口岸推出的集成关务管理模块的 ERP 解决方案——加工贸易 ePS 解决方案，切实解决了加工贸易企业在海关监管数据申报中存在的各种各样的问题。

中国电子口岸拥有丰富的 ERP 项目实施经验和强大的行业方案研发实力，致力于为用户提供以加工贸易企业为主体的，涵盖大、中、小型企业，包括咨询、设计、开发、实施、支持在内的全线 ERP 服务，实现电子口岸 ERP 在业务领域的延伸，同时也将全力为合作方提供全面支持，既可为大型企业定制最佳解决方案，也可为中小企业提供预打包、预配置、低成本的行业解决方案；既可为企业提供电子口岸和 ERP 系统集成的完整项目实施，又可根据企业需求对已有的 ERP 系统提供关务模块 Add-on 服务。

物流信息平台作为地方电子口岸的重要组成部分，其主要目的是为物流企业提供方便、快捷、高效的一站式服务，在满足物流企业对进出口货物流、资金流、信息流进行一体化管理要求的同时，实现海关“高效、严密监管，方便合法进出，促进快速物流”的监管目标。平台的设计遵循了电子口岸三个统一的原则，即“统一身份认证、统一数据交换、统一品牌”。

平台旨在服务于政府部门和企业，可以满足不同用户的作业要求，用户主要包括海港、质检、边检、航空公司、机场、物流企业、货运代理、快件公司等。该平台依托于电子口岸现有的资源，充分利用现代信息技术和先进管理理念，实现了货物物流与信息流的紧密联接。平台的应用不仅可以实现政府管理部门与企业的“双赢”目标，而且必将大力促进各地区的物流及贸易发展。

中国电子口岸基于移动运营商无线网络（联通 CDMA 或移动 GPRS），利用手机等移动终端，实现公众的、商务的、政务的应用。技术上，基于中国电子口岸 CA 系统，逐步建立起电子口岸的 WPKI 移动应用安全架构，最终满足企业的安全要求。

初期主要以海关行业应用为切入点，将电子口岸现有应用移植到手机等移动终端上，使用户能够通过移动终端访问电子口岸，完成业务操作，以满足行业用户的移动政务、商务需求。随着电子口岸移动应用技术的发展，逐步将电子口岸的移动技术及移动安全架构推广到更多的应用方向，为企业提供更加便利的电子商务服务。

该平台通过硬件和软件两方面加密，同时采用了专有移动 APN 网络，确保了使用的安全性；自建网关，在保证安全性的同时，可对网络传输和所提供服务的质量进行保证。海关总署已成功应用了此平台系统。该平台所有功能正常，实用性较高，使用反响良好。

三、电力行业

电力行业的电子商务主要在电力市场、供电企业的电力营销系统的建设和网上招投标业务。当前电力招投标信息的网上发布系统已经运转 4 年了，部分电力企业利用电力商务网实行网上招标信息的发布，沟通电力企业与设备厂家的联系。尽管电力网络上招标系统运转很困难，但是为电力电子商务的发展积累了经验和奠定了发展基础。

电力市场的电子商务具有很大的潜力。电力行业改革必然推动电力电子商务的发展。当前，尽管电力市场的电子商务还在探索阶段，但是电力电子商务将具有极大的发展前景。

当前的电力电子商务，主要体现在国家电网公司下属的供电企业的电力营销业务上。供电企业主要是将电送给千家万户，把电卖给家庭用户和厂家商家。电力营销业务是供电企业核心业务，电网公司非常注意电力营销系统的信息化水平发展。电网公司提出了实现“集约型，服务型”扁平化营销管理模式，供电用户 GIS 系统、电力企业与商业银行联网电费实时系统，电力营销系统和电力客户服务呼叫中心（“95598”呼叫中心）的建设提速。2004 年抽样调查显示，53.18%的供电单位建设了不同功能的电力营销管理系统，46.1%的供电单位建立了客户服务呼叫中心。银行联网电费结算系统使客户可以同城办理交费手续，实现日结日清、加快电费回收。同时改变了传统的“三卡一台账”手工管理模式，克服了数据不统一、数据分散以及信息孤岛的问题；加强了数据安全保护，排除了数据安全隐患；提高了面向电力用户的服务水平和供电管理质量。如浙江省全省 79 个县级供电企业（不包括舟山）应用了电力营销客户信息系统，地域覆盖率达 100%，覆盖电力用户 1300 万户，占用户总数（包括城市、农村）的 86.66%。

四、纺织行业

2004 年 10 月 28 日，中国纺织工业协会直属公司——中纺网络公司宣布，将与美国 CNTextile LLC 公司联合成立一家合资公司 CNTextile JV。合资公司将共同为中国纺织服装企业提供现代化电子商务、贸易采购、技术咨询和培训等方面的服务。中纺网络公司与美国 CNTextile LLC 公司各持有合资公司 50%股份，总部设在北京，并将在美国和中国设立多个办事处。除借助电子商务平台外，合资公司还将直接组织国外采购商带着定单到国内采购，并组织国内的生产商参加国际商务活动、洽谈合作，实现线上线下、国内外互动式沟通，拓展美国采购商与中国生产商之间的贸易渠道。

据海关预计，到 2005 年配额取消后，美国从中国进口纺织品服装将进一步增加。合资公司在这一时刻成立，有其特殊的意义，它将帮助国内企业利用原料资源、劳动力资源和产业集群等三大优势，在国际市场竞争中取得领先地位。

中纺网络公司拥有国内纺织行业最优秀的供应商资源，而美方合作伙伴则拥有成功的电子商务实战经验和美国最优秀的采购商资源，此次成立的合资公司突破了以往国内电子商务领域在定位、资源、人才等方面的发展瓶颈，可谓强强联手，前景光明。

继 10 月 28 日中纺网络公司宣布与美国公司成立合资公司开发电子商务平台以来，凭借深厚的行业背景、同纺织企业深入广泛的联系和强大的技术实力，中纺网络开发出了代表中国广大供应商和国际采购商特别是中小采购商的电子商务平台——http://www.cntextile.com。

该平台的设计完全以采购为导向，在用户界面、流程设计、数据库建设等方面完全遵循国际买家的采购方式和习惯，只要中国企业登录电子商务平台填写详细的企业信息和产品信息，就可以使国际采购商方便快捷地检索到完全符合采购需求的中国供应商，这对中国的纺织企业还是大有益处的。

从 2005 年 1 月 16 日中纺网络电子商务平台正式试运行以来，不到一个月的时间，已经有 1567 家中国纺织企业的详细信息进入电子商务平台数据库，吸引来了 97 家国际采购商，处理订单 48 份。在中纺网络公司赴欧洲考察纺织市场的时候，德国纺织工业协会的同行主动邀请中纺网络演示电子商务平台，对中纺网络的电子商务平台给予了很高的评价，并希望双方今后在电子商务上开展更多的合作。

五、2004 年铁路电子商务建设重要事件

2004 年，“十五”国家科技攻关计划项目“铁路电子商务系统的研究”结题通过验收。铁路电子商务试点工程建设完成投入使用。铁路电子商务试点工程于 2002 年开始建设，主要建设内容如下。

1．物资总公司电子商务系统

物资总公司电子商务系统主要实现两个目标：建立相关的第三方物流平台——中国铁路物资物流网；建立支持网络贸易的平台——中国铁路物资贸易网。

该系统包括 3 个应用系统：物流配送系统、一般贸易系统、集采专供系统。

（1）物流配送系统。建立和采用相应的技术环境和技术手段，实现网上物资配送、仓储管理、信息发布等方面电子化服务。

（2）一般贸易系统。利用信息技术手段为物资总公司的非集采专供业务服务。要求建立一个完善的电子交易平台，支持物资总公司一般贸易过程的商品询价、报价与竞价、合同洽谈与签署、招投标等各个环节。

（3）集采专供系统。建立总公司集采专供物资贸易系统，实现业务过程的计算机化，提高物资供应效率，降低供应成本，提高服务质量。

2．上海铁路局集装箱运输 EDI 系统

将集装箱运输信息系统延伸到物流链的各个环节，用贯通的数据链把发货人、供货人、运输商、货运承运部门、装卸换装、收货人等各个参与物流链的有关部门联系在一起，创造高效率高服务水准的集装箱运营体系。

（1）采用标准的 EDI 报文格式，使铁路系统所使用的相关 EDI 单据和国际标准接轨，形成和港口、码头、海关货代之间的电子信息交换。

（2）使用电子方式报关，改变报关业务交给第三方解决的现状，减少中间环节，防止业务量的流失。

（3）提供以客户为中心的服务。加强对客户资料的管理，优化运输组织。

2004 年，铁道部完成了为配合“金关”工程进行的铁路口岸信息系统工程建设第一阶段目标，主要包括建设铁路口岸信息系统铁道部平台和满洲里、绥芬河、阿拉山口、二连四大口岸站信息平台，实现与“一关两检”的联网互通，信息共享。现四大口岸站的进口舱单和海关通关执法信息通过铁道部信息平台统一出口与中国电子口岸数据中心交换数据，在统一、安全、高效的基础上实现了与海关数据共享和数据交换的“大通关”。

2004 年底，开通了铁路电子商务网站，进行大客户服务试点，客户可通过互联网申请提报要车计划，运输部门进行网上审批，办理承运手续。在货物交付运输后，客户可通过网上进行货物的追踪和查询。

六、交通（公路水路）电子商务

2004 年，我国交通（公路水路）电子商务的应用取得了很大成绩，主要体现在以下几个方面。

1．物流信息系统蓬勃发展

一些省的交通厅正逐步开展现代物流系统的建设，各个中间商和网络公司纷纷通过互联网发布货运信息，以沟通货主与货运公司之间的联系，如江苏、陕西、山西等省已着手建设了一批整合商流、物流、信息流和采购、运输、仓储、代理、配送等诸多环节的信息系统。物流系统中如江苏南京王家湾物流信息系统、陕西渭南物流信息网均是比较成熟的系统。浙江的杭嘉湖水运发达地区还建立了和上海港水运散货信息互通平台，提高了内河运输船舶的运输效率。

中国远洋运输（集团）总公司在完成业务重组，成功组建中远物流公司后，也加大了物流信息系统的建设力度，完成了 5156 物流平台与船舶代理综合物流管理信息系统的整合，建立了物流总部的数据中心，开展了物流信息系统在科龙、小天鹅、欧尚超市、通用汽车、海信等重点物流项目的实施和应用工作，并在北京总部和上海区域物流中心实施了中远物流配送库管理信息系统，进行了数据集成，还制定了中远物流配送库标准业务流程（SOP）和绩效考核体系（KPI），开发并实施了完全客户满意度（TCSS）系统，提高了集团物流服务的水平。

这些物流信息服务系统的开通，对于减少车辆、船舶的空载率，提高仓储有效利用率，提升运输效率，将起到重要的作用，并将为我国公路水路运输电子商务系统建设的奠定基础。

2．港航 EDI 技术继续推广

大型港口和外贸运输企业普遍采用 EDI 技术，上海、天津、青岛、宁波、中远集团、大连、烟台、连云港、广州、厦门、营口、防城、汕头、重庆、秦皇岛、丹东、中海集团等城市和单位已先后建立了 EDI 中心，进行电子提单、商业文件和数据的传递，提高了工作水平和运输效率。

截至 2004 年，我国 EDI 用户群已超过 1000 个，10 多种电子报文在集装箱运输业务系统中进入实质性运作，取得了良好的经济和社会效益，为交通行业电子商务打下了坚实的基础。

3．客运联网售票系统逐步普及

据统计，全国许多省厅都逐步开展了客运联网售票系统的建设，如黑龙江、上海、重庆、北京、江苏、陕西和浙江等。系统的建设和使用大大方便了人民群众的出行，降低了客运公司和站所的运营成本，起到了良好的社会效益和经济效益。

另外，如北京、南京、苏州等市均开发了联网成规模的客运联网售票系统，旅客可以通过网络订票，甚至可以在超市、邮局、银行直接购票。

4．集装箱运营管理系统初具规模

为满足集装箱运输的迅速发展，提升运营管理效率，降低运输成本。中国远洋运输（集团）总公司和中国海运（集团）总公司分别建立了各自的集装箱运营管理系统。

中远集团引进实施了国际领先的全球集装箱经营管理系统（IRIS-2 系统）。目前系统已应用至全球 41 个国家及其所属的 114 个口岸或网点，用户达 4 500 多人，单证数据量每天 700 数量级递增。在该系统的基础上建设的电子商务系统已实现了船期查询和订阅、货物跟踪、远程提单打印、网上服务等功能。该系统从根本上促进了中远集装箱经营业务机制和操作流程的调整和优化，建立了一个利润中心架构下的具有扁平化管理和集中式特点的垂直管理模式，为集团集装箱业务的成本控制、优化销售、操作管理、提高服务质量、实现透明核算、加强总部控制力度等提供了有效的手段。

中海集团的 Cargo2000 货代系统，2003 年底在中海集团上海集运首先使用，2004 年在国内各大片区进行推广。该系统涵盖货代和船代各个业务功能和部分船东的业务功能，分内部操作部分和电子商务部分，实现了单证、商务、内外贸、箱管、船代、e-booking、e-flow、e-loading、e-drawing、e-checking、e-accounting、e-confirming、eXchange 等功能。系统技术先进、功能完善，规范了业务操作，实现了企业内部的 ERP 再造，提高了运营管理效率，客户满意度极高。

七、中国农业电子商务

1．农业电子商务的推动和发展

中央、国务院以及农业部等有关部门，继续注重推进农业信息化、加强农业信息体系建设，尤其加强农产品市场信息网络建设，注重对基层农业生产经营者提供信息服务、向农民提供及时准确的市场信息。农业部明确提出了加强包括农业农村市场信息体系建设在内的七大体系建设任务，农业部办公厅印发了《关于开展网上推介农产品工作的通知》（农办市［2004］20 号）和《关于做好优秀企业和优质农产品信息上网工作的通知》（农办市［2004］43 号）文件，组织开展网上农产品推介及交易工作。很多大的涉农企业集团和龙头企业积极进行信息化建设，结合自己的业务开设了具有特色的信息服务网站。全国在中国农业信息网注册的涉农网站已达 4 200 余家，其中涉及市场信息的网站约 600 余家，涉及电子商务的网站约 120 家。

2．农业电子商务的类型和现状

电子商务服务的主要类型可以归纳为以下 5 种。

一是供求信息服务类型。这种类型主要在网站发布供求信息、市场行情、招商引资、各类农林牧渔产品信息，新产品发布，价格、会展信息等，通过供需衔接、促进流通销售。大部分农业网站都设置了类似功能栏目，提供类似信息发布、沟通服务。这类网站以农业部主办的“农村供求信息全国联播系统（一站通）”一站式服务平台为代表。截至 2004 年底，已经注册会员 9 万多个，其中政府部门组织认证吸收的信息服务站会员达 2 万 5 千多个。

二是网上交易服务类型。这类网站主要采取类似 B2B、B2C 形式构建了电子商务平台，设置能够提供较为完备的网上交易、拍卖、电子支付、物流配送等功能。类似的网站约 20 余个，典型的代表是中国郑州粮食批发市场网。

三是网络远程教育和网上咨询服务类型。主要以中央农业广播学校的远程教育网络体系、北京市农林科学院主办的智农天地远程教育系统、中国植保资讯网为代表。通过网络开展远程实时教学，或者有条件下载课件进行教学培训活动，通过网络与专家接洽，进行实时或间接咨询解答。

四是网上博览会类型。这类网站主要结合实地农产品展览交易会，服务于企业和产品的网上展示宣传、推介，以农业部主办的中国农业网上展厅为代表，以农业部门为主体，全国有近 30 家此类网站。

五是网上定单服务类型。该类网站设立在线订单、电子订单等信息栏目，具有提供在线定单服务功能，如阿里巴巴网站。

在各地以及涉农企业在逐步推进实现农产品产、供、销的电子网络化进程中，通过网络环境为农民提供市场行情信息，发布销售、求购、投资合作信息，进行网上招商、发布定单直至开展网上交易服务等，在农民增收、促进农产品销售流通方面发挥了重要作用，取得了可观的社会和经济效益。据安徽省统计截至 2004 年 11 月，利用“农村供求信息全国联播系统（一站通）”发布供求信息，促成交易额 20 多亿元。但所有这些农业（涉农）电子商务网站仍有很多共同的问题，主要是信息服务内容重复、功能设置比较凌乱，能够真正实现网上交易支付以及物流配送全面电子商务服务功能的还只是极少数。

3．存在的制约因素

存在的制约因素主要有以下几个方面。

（1）农产品质量标准、信息分类标准体系还没有完善建立，市场机制、运作模式发育不成熟，农产品流通体系不健全，运营操作方式、市场秩序有待进一步规范。

（2）农业电子商务服务体系的建设没有既定的模式可言，针对国情需要探索不同的渠道、方式和机制。

（3）配套的物流、网络认证、支付、信用体系没有能够完善建立。

（4）基本的信息设施如电脑、网络及相关技术在广大农村中的建设和应用相当薄弱。

（5）一些部门认识不足、推动力不够；企业欠缺积极性。

八、中国邮政电子商务

中国邮政电子商务——电子邮政示范工程 2004 年在 183 网站业务方面取得了新的进展，开通了网上集邮，网上邮政速递跟踪查询业务。10 月 9 日国际邮政日，与新华通讯社新华网联合举办了网上报刊订阅活动，两网互动，极大地吸引了客户；中国邮政支付网关截至 2004 年底，覆盖除西藏外 30 个省（区、市），全面开通了网上支付业务，与邮政所特有的物流密切结合，向客户提供信息、仓储及配送、金融融为一体的服务，真正整合了“信息流、物流、资金流”；中国邮政呼叫中心在 260 个地市开通，座席 1 800 多个，每日交易量 21 万次，并于 7 月 3 日将接入号码成功地从 185 升位为 11185，中国邮政还与海南航空集团公司签署了战略合作框架协议及国内客票销售合作协议，呼叫中心机票业务已经覆盖了 25 个省 29 个城市；和铁道部也签署了客票销售合作协议，普遍开办了火车票销售业务。中国邮政认证中心（CPCA）已在邮政绿卡银联卡差错处理平台、雅芳（AVON）网站、邮政支付网关，以及其他社会网站、国家邮政局办公自动化（OA）等系统中广泛运用，很好地起到了交易加密、防篡改、身份认证、防否认作用。部分省还开通了邮政短信平台，在邮政汇兑兑付回音、邮政储蓄账户变动通知、邮政速递跟踪查询等业务上取得了很好的效益。中国邮政在参加万国邮政联盟（UPU）电子邮戳（EPM）方面也紧跟国际趋势，积极参与技术测试与市场研究工作。

九、旅游业

为了深入贯彻十六大“优先发展信息产业、在经济和社会领域广泛应用信息技术”的精神，更好地推进旅游行业的信息化建设，加速“金旅”工程的实施，从 2003 年开始，国家旅游局将全面加大旅游电子商务的建设和推广力度。并以“旅游目的地营销系统（DMS）”等产品为突破口，全力推进旅游电子商务网络统一平台的建设和普及。

在目的地营销系统试点的基础上，本着全国统筹、突出重点、多方扶持，以点带面的原则，2004 年有多个城市和地区投入了开发建设，并在建设推广城市级目的地营销系统的基础上，构架省级或区域级目的地营销系统，以网络形式构建起目的地营销宣传体系。

根据全国旅游标准化技术委员会文件通知，国家标准化管理委员会已批准“旅游电子商务技术规范”立项为国家标准项目。经国家旅游局和全国旅游标准化技术委员会审核批准，委托国家旅游局信息中心负责项目的组织实施。“旅游电子商务技术规范”的制定，将以旅游目的地营销系统为核心，扩充并涵盖多方位旅游电子商务范畴，目前已通过专家审定，送国家标准化管理委员会报批。

2004 年，国家旅游局举办了多届网上旅游博览会。举办网上旅游博览会的主要目的在于，进一步加快“金旅工程”电子商务网络平台的建设步伐，提升旅游企业信息化技术应用水平，充分发挥网络宣传的技术优势，更好地宣传展示旅游目的地、旅游企业和旅游产品形象，为旅游企业提供一个通过信息化手段进行交流和交易的平台。

2004 年底，根据全国优秀旅游城市目的地营销系统的开发推进情况，信息中心、金旅雅途公司与北京工商大学计算机学院合作，开始进行旅游目的地营销系统总平台的研制开发。经过多方近一年的努力，总平台的研发工作基本完成，并实现了大连系统的整体移植。达到了系统功能、开放性和组件化的综合设计要求。为保证总平台的先进性，举办了系统鉴定会，邀请各方面专家进行评审。

目的地营销系统的运营，需要一套完善的信息流转体制和商业运作机制，信息中心在2003年，针对已建立系统的地区和未建立系统的地区，分门别类地进行培训和研讨，以提高各级人员的信息化水平，并统一各级管理人员特别是领导干部的认识，为旅游信息化的深入发展做好了基础准备。

国家旅行社、青年旅行社开展网上旅游业务，网上预订旅游景点宾馆饭店，安排旅行计划等。全国旅游网站已近300家，网上旅游市场发展很快。中华万游网、华夏旅游网、康辉专业出国旅游网站、携程旅游网和旅游资讯网推出的特色旅游受到普遍欢迎。

十、其他行业

各行业都建立行业网站，在网上发布产品信息，进行网上洽谈、签约，开展网络营销。

全国101家证券公司、239家信托投资公司的证券营业部中有2 623家目前已建立了电子化业务处理系统，计算机与网络通讯技术已成为支撑各项证券业务运转的关键措施，上海、深圳、北京等地证券公司在网上建立站点，能提供股市行情、证券在线交易（网上炒股），通过互联网完成的证券交易额达数千亿元。

大多数保险公司都开通了网站，部分已向电子商务型发展，如中国人保的e-PICC，平安保险PAL8等网站，客户可通过网上投保车险、家财险、货运险，并可享受保单验真、保费试算、理赔查询、投诉报案、风险评估、保单批改等实时服务，网上销售保单等方面也取得较好业绩。

烟草行业开通了卷烟网上交易系统，全年日常交系易约231.91万箱，交易额151亿元，2004年2月实现了省际、省内烟叶网上集中交易，专卖许可证网络管理系统及烟草物资电子商务网也开始使用。

房地产交易系统网上在线交易，2002 年起，客户就可以通过安装在中国电信主机房服务器内的 EES房地产信息在线交易系统进行房地产交易。该系统是一套专为房地产企业开发的在线房产信息交易、管理的大型电子商务系统。系统采用目前最新的B/S体系，以Windows 2000作为开发平台，操作界面友好，完全后台管理。

建筑制品和建材产品适合网上销售。当前，中国建材商品网、中国装饰材料网、中国水泥网、鲁班网络、易网五金网等建筑、建材网站，已形成多品种、广覆盖，纵横交错的网络格局。

8.3.2 部分省市地区电子商务

一、北京

1．总体规模快速发展

据北京市信息办与统计局对北京市企业电子商务的调查，北京市企业电子商务发展迅速，总市场规模已达660亿元。2002年电子商务交易额为457亿元，2003年611亿元，比2002年增长了33.7%；2004年比2003年增长了9%。北京市的电子商务发展总体上来已进入一个良性的上升通道。其中B2B销售交易、网上采购交易和C2C交易都在逐年稳定增长，B2C交易增长迅速，如表8.1所示。

表8.1 电子商务交易规模

时　　间	2002年	2003年	2004年
B2B销售交易额（万元）	2 346 261	3 458 034	3 644 123
网上采购交易额（万元）	2 203 229	2 604 775	2 926 502
B2C交易额（万元）	25 374.03	50 081.91	89 335.91
C2C交易额（万元）	935.88	1 023.01	1 150.79
电子商务交易额（万元）合计	4 575 800	6 113 914	6 661 112

2．B2B占绝对份额，骨干企业独占鳌头

企业B2B交易额占总体电子商务交易额比例达98%以上。从事B2B的企业数量达1 400家左右，占所有从事电子商务企业的 78%。进一步分析可以看出，B2B 交易量主要集中在大型、集团性企业。例如中石油通过中油和黄信息技术有限公司网上采购平台进行的采购达 195 亿元（2004 年）；联想集团主要是 B2B 销售，2004 年 B2B 销售交易额达 127 亿元。可见骨干企业在北京市电子商务中起到了决定性的作用。

3．B2C 增长迅猛

在电子商务的不同交易模式中，B2C 增长迅猛。2003 年的交易额比 2002 年增长了 97%，2004 年比 2003 年增长了 78%，是所有电子商务交易模式中增长最快、交易最活跃的一种。例如，经营建材装饰的东方家园装饰建材中心，2000 年 7 月建立网站，发展迅速，2004 年 B2C 交易额已达 3 000 万元，比 2003 年增长了 115%。主要业务为图书和音像制品 B2C 的卓越网，近两年的网上交易额都以 100%的速度在增长，2004 年交易额达 2 亿，2004 年 8 月被全球最大的网上零售商亚马逊以 7500 万美元收购。

4．电子商务客户主要集中在国内

从分布看，电子商务客户主要集中在国内，国外客户占 10%左右，国内客户中一半多的客户在北京。调研发现，对于 B2C 交易，网上购物的顾客以年轻的白领为主，送货地点 60%左右集中在写字楼，同时重复购买率达 20%～30%左右，说明部分消费者从电子商务发展初期的“试试看”态度逐步开始信任和依赖网上购物，B2C 电子商务已经开始培养出比较稳定的消费群体；对于 B2B 交易，已经开始从中介性网络平台服务为主阶段向传统企业开展电子商务阶段迈进。目前已有大量传统企业实现 B2B 电子商务，这些企业涉及原材料采购、建材销售、电脑和摄影器材销售、松香出口等行业。

5．工业、信息服务业电子商务占主导

从行业角度分析，无论是开展电子商务企业的数量还是电子商务交易额，电子商务主要发生在工业、信息服务业，其次是批发零售领域。其中工业电子商务交易额占总交易额的比例平均为 37%；信息服务业电子商务交易额占总交易额的比例平均为 50%；批发零售电子商务占总交易额的比例平均为 5%。

从交易模式看，工业电子商务主要集中在 B2B 销售，信息服务业主要集中在 B2B 采购，批发零售业 B2B 的网上采购交易额占 70%左右。具体数据如表 8.2 所示。

表 8.2　主要行业电子商务交易规模

电子商务交易额（万元）	工　业	信息服务业	批 发 零 售
2002 年	1 935 452	2 308 507	208 501
2003 年	2 108 236	3 255 203	263 449
2004 年预计	2 124 525	3 392 687	358 301

6．企业借助互联网开展商务活动的综合应用程度不高

目前，企业借助互联网进行的商务活动主要集中在广告宣传、寻找供应商或代理商信息方面。部分企业已经开始网上询价、网上订购，12.1%的企业通过互联网进行产品订购，6.5%的企业在进行网上销售，仅有 3.0%的企业进行网上支付。从企业网站/网页的点击频率看，约为 1 千次/日，多数企业网站的利用程度有待提高。

二、上海

2004 年上海市信息委组织有关委办和统计局对上海电子商务发展情况进行调查，2005 年 3 月制订了上海电子商务统计制度。根据调查研究报告，上海电子商务发展简况如表 8.3 和表 8.4 所示。

表 8.3　上海市电子商务情况

	电子商务交易额（亿元）	比上年同期增长（%）	电子商务交易额占全市商品销售总额比例（%）	B2B 占本市电子商务比重（%）	B2C 占本市电子商务比重（%）	C2C 占本市电子商务比重（%）
2002 年	253.86		5.06	90		
2003 年	504.41	98	9.08	90.52	7.44	2.04
2004 年	743.19	47.34	12	93.52	3.79	2.69

表 8.4　　主要行业的电子商务交易额及占上海 **B2B** 电子商务交易额的比例

	制造业电子商务交易额（亿元）	制造业电子商务占 B2B 的比例（%）	商业电子商务交易额（亿元）	商业电子商务占 B2B 的比例（%）	纯.COM 交易额（亿元）	纯.COM 电子商务占 B2B 的比例（%）
2003 年	430.7	85.38	16.8	3.32	56.9	11.3
2004 年	511.02	68.76	6.53	0.88	225.64	30.36

上海市企业的电子商务总体上处于初级阶段，与发达国家中心城市存在巨大差距，主要表现在以下几个方面。

（1）电子商务基础建设具备了较好基础，但电子商务管理的专门化程度不高，人力资源建设比较滞后，“重硬轻软”现象比较突出。

（2）电子商务最主要的应用领域是通过信息网络技术支持产品信息的发布与商务沟通，中高端应用少；对近 250 家企业的调查，78%是通过互联网络发布产品与服务信息，72%是通过网络进行商务沟通，而由于身份认证不普及和电子签名法律效力尚未得到承认，企业在交易中间订立电子合同的比例很低，只有 17%。另外，50%的企业通过网络接受订单，33%以网络进行客户支持。

（3）企业开展电子商务的目的主要是希望发挥电子商务在增强市场销售和形象宣传方面的作用，对成本控制、业务流程优化和供应链管理方面的作用考虑的相对较少。受调查企业中 68%开展电子商务的首要目的是增加销售渠道；67%是为扩大公司品牌及产品知名度；58%是为提供客户更满意的服务；55%作为市场开拓策略的一部分；46%是为减少采购/销售/管理成本；42%是为促进业务流程优化；只有 26%的企业是与上/下游企业开展业务的要求。

（4）电子商务的效果主要是增强了企业的形象宣传和增加了企业的销售。51%的企业认为开展电子商务的效果主要是加强了公司形象的宣传；37%的企业认为是增加销售量和增强对市场反应能力的；35%的企业认为降低采购/销售/管理成本；33%的企业认为增加了客户满意度；32%的企业认为改善了企业业务流程；而 21%的企业表示目前尚未看出电子商务产生什么具体作用。

企业对电子商务应用现状的满意度低，受调查企业中有 2%对电子商务应用状况表示非常满意，62%表示满意，36%表示不满意。

（5）阻碍企业电子商务进一步推进的内部因素，集中在企业信息化水平不高和电子商务适用人才缺乏两方面。中高级管理人才和技术主管十分缺乏，对电子商务策划和管理人才的需求最为迫切。

上海市电子商务环境建设虽然成效显著，但网上交易环境还有待进一步完善，主要体现在以下几个方面。

（1）电子商务信用体系缺位，网上交易安全性不足，企业和市民因此对电子商务缺乏信任，是电子商务在广度和深度上进一步推进的最主要的外部障碍。

（2）企业对网上支付的需求度较低，开展网上支付的企业普遍遭遇费率、跨行支付等瓶颈。

（3）社会化物流体系不健全，企业自营配送负担较重，物流不畅仍然是制约电子商务发展的重要因素。

三、广东省

1．大型企业电子商务带动效应明显

目前，广东省部分大型龙头企业已经开展 B2B、B2C 支付型电子商务应用，将网上订货与企业内部 ERP 相结合，通过网络营销和网上支付，实现对市场的快速反应，全面实现商务运营的电子化和管理决策的智能化。

如广州本田汽车有限公司，该公司的企业信息化建设水平相当突出，建立了企业财务管理系统、结算中心、分销管理系统、决策分析系统等，实现了产业链的信息流通和共享，并在此基础上，实现了对分布在全国的 250 多家特约销售店的信息联动，开展支付型电子商务应用。广东省电子商务“信息化示范单位”广之旅国际旅行社，积极探索共建服务联合品牌的电子商务发展模式，通过与邮政、银行等合作，推出了“邮政广之旅”、“小区广之旅”、“高校广之旅”等一批联合服务业务，同时建立了中国旅行热线公众网，开展网上报名、预订机票、饭店等业务，网上交易额达千万元，此网站也被评为全国十佳旅游网站。

2．有形市场和虚拟市场结合的电子商务发展迅速

现阶段，广东省以专业镇和专业市场为依托，形成行业信息化服务联盟，建设面向行业的电子商务平台的发展模式成效非常显著。该发展模式建立和完善了个人和企业信用制度、CA 认证中心、物流配送体系等电子商务的支撑体系，实现行业相关的商务信息发布与检索、商务协作、电子广告、电子合同签署、电子货币支付、运输、税务、海关、商检和售前售后服务等过程的信息化，发挥电子商务在企业参与国际竞争、推动经济发展中的有效作用。

如佛山南海区，该区具有传统的商贸批发市场优势，有西樵镇的纺织、大沥镇的铝型材、南庄的陶瓷等数个全国大型的商贸批发集散地（市场），现已建成西樵“南方织网”、大沥“亚洲金属网”、金沙“华南五金网”、南庄“华厦陶瓷网”等。以金沙镇为例，该镇的五金产业规模超过 100 亿元，国内市场占有率约 20%，1999 年该镇成立“广东五金技术创新中心”，建设了“华南五金交易网”，作为资源共享的行业综合信息服务平台，该镇充分利用信息网络技术，在五金产业中实施网络营销、新产品快速开发、企业内部信息网络管理、知识产权战略，并配备了物流配送体系，有效地改造和提升了整个传统五金产业。目前“华南五金交易网”会员企业有 7800 多家。据不完全统计，该网站每月为本地企业撮合交易额约 5000 到 8000 万元人民币，网站所在地金沙办事处的经济连年保持 30%以上的增速。

3．产业园区的电子商务发展效益显著

近年，广东省依托产业园区优惠政策和资源优势，建设电子商务服务平台，提升产业整体竞争力的电子商务建设模式也得到了很大的发展。

以黄花岗电子商务示范园为例，该园在 2002 年 9 月被国家信息产业部定为国家“信息服务业示范园”。从 2000 年起，该园先后确定了 7 家企业为电子商务示范企业，投入 300 万元资金予以扶持（企业自身投入配套资金 4000 多万元），同时引进了广东省电子商务认证中心入驻园区，组建了电子商务网站联盟等。至今，电子商务示范企业的建设已初见成效，园区拥有电子商务企业 60 多家，建有建材、化工、医药、家电、农业、教育等各类电子商务网站 30 多个，2004 年电子商务交易额已突破 30 亿元。

4．企业与政府间的电子商务应用效果突出

企业与政府（B-G）间的电子商务主要包括网上税务、网上工商和网上政府采购等。随着企业信息化和电子政务的深入开展，企业与政府间的电子商务在广东省也得到了很大的发展。例如，珠海市在全市推广应用的“政府采购电子商务平台”，有效地解决了目前政府采购部门存在的效率低和透明度不高等问题，实现了政府采购的跨越式发展。据统计，2002 年底，该市政府采购会计核算单位已达 812 个，在“珠海政府采购网”登记的供应商有 1000 多家，初步建立起“覆盖全市、统一组织、集约管理”的政府采购网络；政府采购服务领域涉及货物、工程和服务项目共 12 类 230 项，其中药品集中招标采购在全国率先覆盖到镇级卫生院；政府采购资金涵盖预算内资金、预算外资金和自有收入；2002 年完成全市政府采购资金总量达 18.78 亿元，平均节约率为 12.8%，共节约资金 2.4 亿元。

四、新疆维吾尔自治区电子商务发展

新疆维吾尔自治区的电子商务应用总体呈现良好发展态势。电子商务在各行业的生产经营、供应采购、产品销售和开展对外贸易等方面正在发挥愈来愈重要的作用。目前仍以商贸流通领域为主，制造业企业在电子商务应用方面尚处于较滞后状态。

新疆维吾尔自治区目前主要的电子商务网站如下。

1．中国乌鲁木齐对外经济贸易洽谈会电子商务网（网址：http://www.urumqifair.com）

中国乌鲁木齐对外经济贸易洽谈会（以下简称“乌洽会”）电子商务网作为中国首家政府与企业全力合作的电子商务项目，创造性地使政府与企业优势互补，借用乌洽会这个中国著名的商业品牌的广泛影响力，共同通过互联网这种新兴媒介搭建了新型 B2B 平台，有 3789 家参展企业。乌洽会电子商务网的所有商业运营委托乌洽会电子商务有限公司进行，通过全商业的运作可以为商家提供完善周到的服务。该网站作为全新理念的 B2B 电子商务网站，指导战略思想为“通过各种可实现的电子化手段为企业提供一个全方位的电子服务平台”。乌洽会电子商务网将立足于乌洽会强大的商业影响力为连通新疆-中国-中亚-全球商

业市场做出不懈的努力，通过普及电子商务手段，为发展新疆经济提供一个费用低、影响力强、信息传布广的电子化环境。

2．新疆商务网（http://www.xj100.com）

新疆商务网为自治区首家商业贸易电子商务网站（电子商务平台），共有企业2546家，分为36个门类，设有贸易机会、产品展示、企业名录、行业资讯、人才市场、招商引资、商务通专区、网站指南、会员助手、在线咨询等栏目。

3．新疆华夏益农网（http://www.caspm.com）

新疆华夏益农网络（又称中国农副产品交易市场）是新疆华夏益农网络有限公司运用ECR2000电子商务应用软件开通的我国首家农副产品综合网上交易平台，2001年年8月份开通运营，当年已成功地实现了网上交易，交易额突破2.2亿元。

4．新疆旅游网（http://www.xjly.net）

该网站设有疆内旅游、疆外旅游、新疆景点、夕阳红旅游、新疆探险、新疆大巴扎商城、会议旅游、散客旅游、小博士训练营、西域十绝最新组团线路等栏目。2004年增设并开通了新疆大巴扎商城网站，通过近半年的运营，已取得了较好的社会效益与经济效益，为疆外部分民族工艺品专卖店提供了众多的新疆商品供应，计划将此商城打造成为新疆民族工艺品网上物流平台。同时有计划独资或合资在内地开设多家新疆民族工艺品专卖店。

5．新疆玩具网（http://www.xjtoy.com）

该网站是新疆地区专业玩具网站，含在线购物、玩具信息、免费库存二手玩具交易、玩具文化及会展信息、玩具论坛等版块，由乌鲁木齐金荷商贸有限公司主办。该公司主营儿童用品，公司主要业务人员有着10多年儿童用品销售的经验及丰富的客户资源，销售网络遍及新疆各地州市的商场及批发市场。

五、香港特区电子商务发展

（1）电子贸易

香港政府1997年与12家私人企业合作建立贸易通电子贸易有限公司（政府入股42%），公司于1997年7月1日推出首项电子政务单证服务——纺织品配额出口证服务，1999年已全面电子化；1997年4月1日推出进出口报关电子政务服务，2000年4月已全面电子化，至今贸易通已有7项电子政务服务和贸易通电子商务服务，比如商务服务、中港跨境交易服务、中港电子载货舱单服务等。

（2）电子报关系统

香港政府招标委托贸易通公司、商贸易公司进行电子报关、电子认证等服务，包括收取贸易商提交的电子文件、确认发文者身分、核实岔路材料、综合各方资料、向贸易商收取有关费用、把文件送至政府后端电脑系统等。

（3）香港股民在网上股市进行查询与交易

香港交易所，全称香港交易及结算所有限公司，由香港联合交易所、香港期货交易所和香港中央结算有限公司于2000年合并而成，并在香港公开上市，运营主板和创业板两个市场。今年1～3月，股市市值达7408亿美元，世界排名第8；融资功能2140亿港元，世界排名第二（2003年，不含纽约交易所）。

内地企业在香港股市中占据越来越重要地位，内地上市公司数量占香港上市公司数量的26%，市值占29%。在过去10年中，内地企业的集资额占总集资额的51%，达8050亿元，香港已经成为内地企业境外筹集资金的主要市场。

创业版上市企业的行业分布为：电脑/软件业占26%、互联网业占8%、生物/医药/健康护理业占9%、电信业占7%、电子商务业占8%、其他占42%（2004年3月数据）。数据显示，香港交易所为IT业的创业及创新的融资做出了贡献。

（4）电子商务环境建设

2000年香港政府制定《电子交易条例》，为电子商务建立法律保障，2003年出台《2003年电子交易（修订）条例草案》。在信息的安全保障方面，设立“香港电脑保安事故协调中心”，制定政府整体的信息科技保安政策及程序；调整管理结构，监管推行信息科技保安政策；推行核证机关自愿认可计划；推行教育宣传，以提高公众对信息科技保安的认识。

8.3.3　中国企业电子商务

一、企业信息化 500 强及制造业企业

国家信息化测评中心（NIEC）2004 年对企业信息化 500 强的调查中，对有效样本分析发现，能源业和服务业电子商务发展较快，房地产业在销售和采购上很少采用电子商务。采掘业在销售业务上几乎不采用电子商务。很多行业对电子商务的应用已占到销售额的 20%左右，相信电子商务会在近几年得到较快的发展。具体数据如表 8.5 和图 8.9 所示。

表 8.5　各行业电子商务应用情况

行业类型	EC 销售额比例均值（%）	EC 采购额比例均值（%）	EC 销售订单比例均值（%）	EC 采购订单比例均值（%）
制造业	20.14	19.94	20.48	18.63
能源	52.80	63.00	47.50	48.50
房地产	8.40	14.14	1.25	7.17
交通运输	15.14	15.81	20.28	3.02
销售贸易	23.17	27.77	20.19	39.25
金融	28.96	11.94	29.09	11.81
服务	38.33	37.64	37.75	39.50
采掘	2.75	21.60	0.15	19.02
综合	12.36	22.67	22.07	19.83
合计	20.92	21.21	21.24	19.79

数据来源：CECA 国家信息化测评中心（NIEC）2005.01

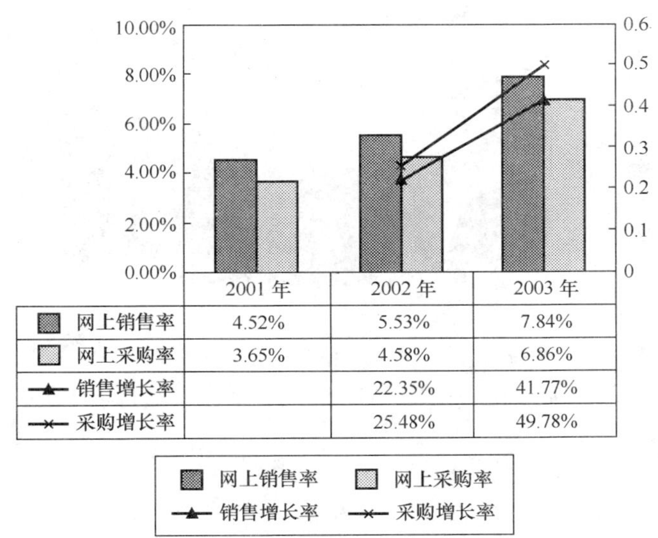

	2001 年	2002 年	2003 年
网上销售率	4.52%	5.53%	7.84%
网上采购率	3.65%	4.58%	6.86%
销售增长率		22.35%	41.77%
采购增长率		25.48%	49.78%

图 8.9　制造业网上销售率和网上采购率的近 3 年变化

二、零售企业

中华全国商业信息中心和每周电脑报市场研究部近期对限额以上零售业进行了抽样电话调查，研究内容涉及信息化建设应用效益、信息化组织和管理、基础设施、应用系统建设、人力资源建设和信息安全等 6 大方面。

调查结果显示，我国零售企业信息化建设水平多数属于中等或一般水平，尚有很大的提升空间。具体表现在以下几个方面。

1．信息化建设的最大显著收益是获取有价值的信息反馈，而非成本的降低

这得到 44.7%企业认可。在零售行业，及时掌握市场动态信息，引导消费者潮流是抢占市场先机的法宝。企业从信息化建设中获取的最大收益如图 8.10 所示。

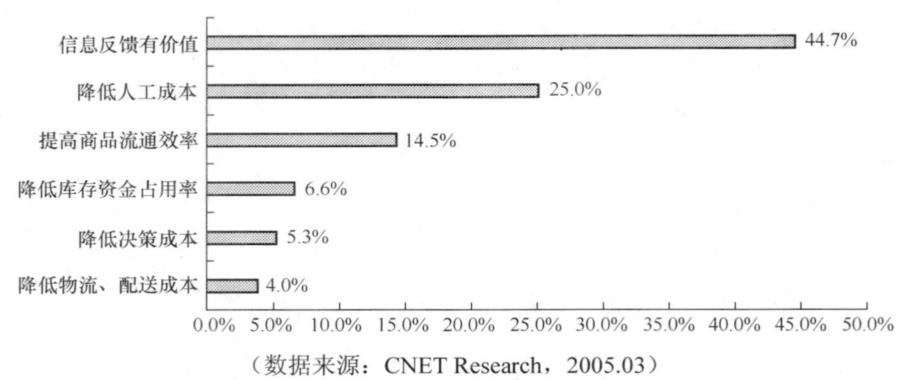

（数据来源：CNET Research，2005.03）

图 8.10　企业从信息化建设中获取的最大收益

2．信息化建设重视程度高

具体表现在两个方面。

（1）信息化投入：90.3%零售企业有稳定、持续的信息化投入，已经把信息化建设作为一项系统工程。

（2）信息化培训的组织：80.5%企业已经计划性地开展信息化培训，员工应用水平的提高有助于信息系统的深化应用，真正发挥出信息系统的作用。

3．购物环境有较大改善

百货类每千平方米 POS 机拥有量多在 2 台及以上，超市类 POS 机每千米多在 4 台及以上。每千平方米营业面积 POS 机拥有数量如图 8.11 所示。

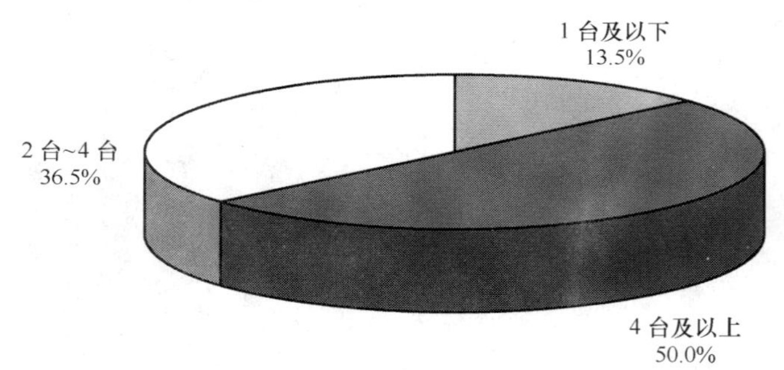

（数据来源：CNET Research，2005.03）

图 8.11　每千米营业面积 POS 机拥有数量

4．信息化建设的基础设施已具备一定基础

95.5%企业每名管理人员已拥有一台电脑，为信息价值的深度挖掘、多维挖掘奠定良好的硬件基础。

5．已开展了不同程度信息管理系统的应用

与零售业主营业务密切相关的财务管理系统、POS 系统、MIS 系统得到较为广泛的应用；电子商务系统尚处于试验、探索阶段，成交量和成交金额都很小。应用系统应用状况如图 8.12 所示。

6．信息安全受重视

面对不断加剧的互联网危险，企业采取不同的信息安全产品，如防火墙、杀病毒软件、并严格遵守已制定的员工信息安全制度。调查显示，46.2%企业信息化投入比重超过 10%。

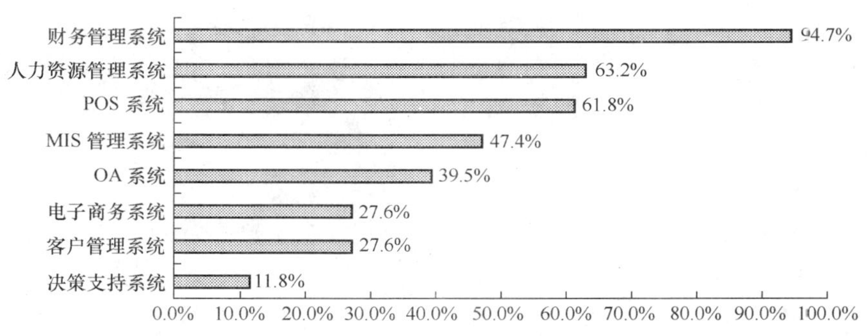

（数据来源：CNET Research，2005.03）

图 8.12　应用系统应用状况

通过调查，我们发现信息化建设并没有给企业带来很明显的成本降低。要实现企业物流、资金流、信息流的无缝结合和应用，企业应遵循协同化管理思想进行信息化建设。在 2005 年，零售企业信息化建设将呈现如下趋势。

（1）加大信息化建设投入。与 2004 年相比，2005 年 54.8%企业信息化投入将有所增长，35.6%企业将保持不变。2005 年 36.7%零售企业信息化投资规模介于 10 万～50 万之间，30%企业投资超过 100 万。详细数据如图 8.13 所示。

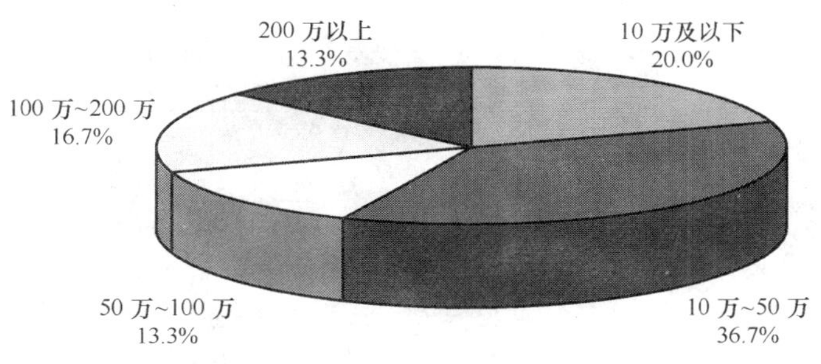

（数据来源：CNET Research，2005.03）

图 8.13　2005 年信息化投资规模

（2）扩大联网范围，提高数据传输能力。现代零售企业，信息化建设已经不再是简单、孤立的，而必须应用先进的 Internet/Intranet 技术将不同区域、不同部门以及供应商的信息实现衔接。2005 年，55.3%的企业将进行网络建设/改建，为信息的有效衔接奠定良好的网络基础。

（3）完善现有应用系统。与石化、电力、金融等行业相比，零售企业投入信息化建设的资金相对有限。零售企业采取“稳扎稳打”的策略，即先把有限的钱投在原有系统的完善上，先把基础性的系统做好，为将来信息的大规模应用、数据挖掘奠定良好的基础。在 2005 年，财务管理系统是 36.8%的企业的建设重点，约 1/4 的企业将重点建设/完善以资料管理、采购管理、配送管理、库存管理、销售管理、促销管理和结算管理为 7 大模块的 MIS 管理系统。同时，3.9%的企业将建设决策支持管理系统，走向高端应用。详细数据如图 8.14 所示。

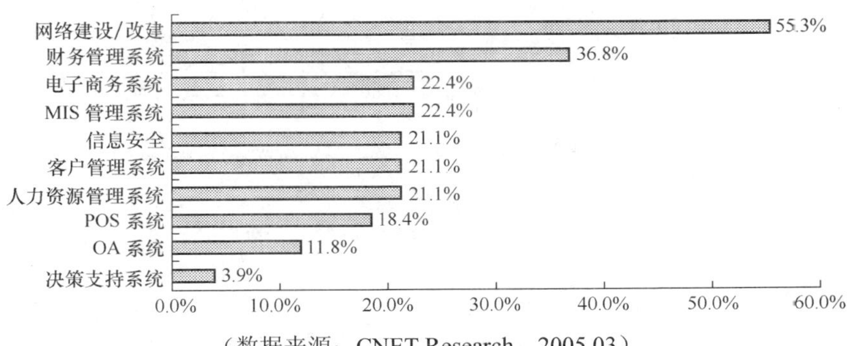

（数据来源：CNET Research，2005.03）

图 8.14　2005 年信息化建设重点

零售业是向最终消费者提供商品和服务的行业，其通过信息化建设带来的收益，能直接或间接地回馈给消费者。但从目前的情况看，中国零售业信息化与发达国家还存在一定的差距。另一方面，零售业投入信息化建设的资金相对有限，企业要根据市场变化趋势，做信息化建设的长远规划，并有计划分步骤实施，以达到事半功倍效果。

三、外贸企业

对外经济贸易大学对307家外贸企业电子商务开展进行调查，企业类型分为：贸易型企业177家，占57.7%；生产型企业68家，占22.1%；服务型企业32家，占10.4%；综合型企业30家，占9.8%。

1．外贸企业使用互联网的频率

从样本企业的被调查者看，绝大多数是经常使用互联网，每天使用的被调查者有277位，占90.2%；隔两三天使用一次者有22位，占7.2%；很少使用者占2%；平均一周使用一次者占0.7%。具体数据如图8.15所示。

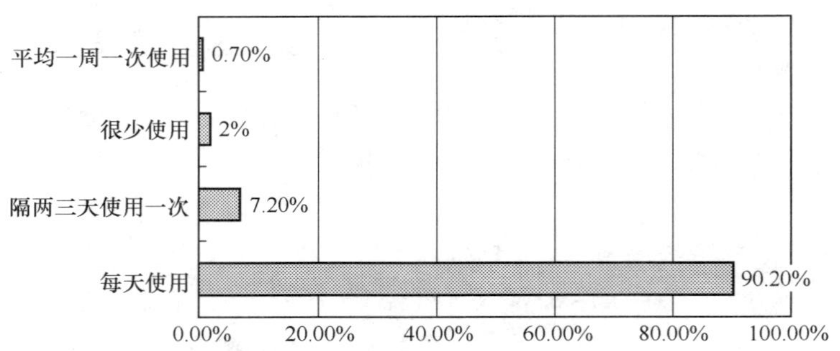

图8.15　外贸企业互联网的使用频率（307家样本）

2．外贸企业对互联网商务功能的应用情况

从总体样本明显可以看出，企业互联网的应用水平已经非常高了。在调查所列出的所有有关互联网商务的应用功能，都有企业在使用。总体样本的具体应用情况统计如图8.16所示。

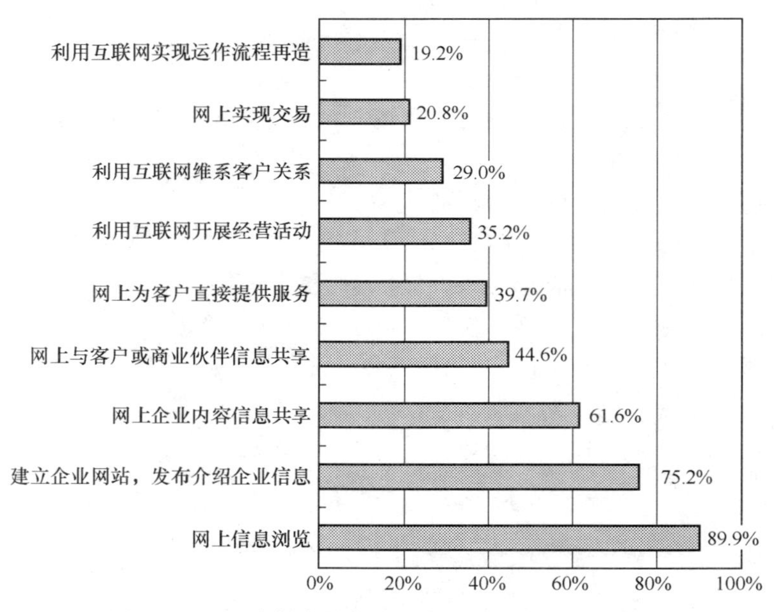

图8.16　307家样本外贸企业的互联网商业应用情况

- 收发电子邮件　96.1%
- 网上信息浏览　89.9%
- 建立企业网站，发布介绍企业信息　75.2%

- 网上企业内容信息共享　61.6%
- 网上与客户或商业伙伴信息共享　44.6%
- 网上为客户直接提供服务　39.7%
- 利用互联网开展经营活动　35.2%
- 利用互联网维系客户关系　29%
- 网上实现交易　20.8%
- 利用互联网实现运作流程再造　19.2%

多数企业（占被调查企业的一半以上）利用互联网收发电子邮件（占 96.1%）、上网浏览信息（占 89%）、建立企业网站、发布企业介绍信息（占 75.2%），以及在网上进行企业内部的信息共享（占 61.6%）。从这里可以看出，企业基本上将互联网看作是一个交流信息和沟通的非常重要的工具和平台。

另外，我国外贸行业利用互联网的程度已经出现了明显的多样化趋势，很多企业利用互联网还从事其他的商业活动，例如在网上与客户或商业伙伴信息共享（占 44.6%）、在网上为客户直接提供服务（包括信息检索等，占 39.7%）、利用互联网开展营销活动（占 35.2%）。其他的商业功能也占有相当大的比重，包括利用互联网维系客户关系（实施客户关系管理，占 29%）、实现网上交易（占 20.8%），以及利用互联网实现运作流程再造（如 ERP 企业资源规划，占 19.2%）。这说明了我国外贸企业总体互联网的应用程度较高，而且各种商业功能都开始尝试使用。这也反映了我国外贸企业互联网的应用水平与国际上发达国际企业的差距在缩小。

在“建立企业网站，发布介绍企业的信息”方面，调查的统计检验显示中小规模（100 雇员以下，特别是 20 人以下）的企业、集体私营企业和贸易型企业相对较少，而生产型企业和大企业（雇员在 100 人以上）则相对较多。

调查显示，在“网上内部信息共享”、“网上与客户或商业伙伴信息共享”、“网上为客户直接提供服务”、“利用互联网开展营销活动”、“利用互联网来维系客户关系”、“实现网上交易”，以及“实现业务流程再造”等方面，主要集中在规模较大、雇员人数比较多，以及从事国际商务人员多的大型综合型外贸企业。

调查显示，在“网上实现交易”和“实现业务流程再造”方面，主要集中在外商投资企业，其中又是以生产型和服务型企业为主。这一调查显示了比较复杂的网络应用主要是以外商投资企业为主来进行应用。国际商务专职人员多、或者 IT、软件类的企业在互联网的应用层次上明显突出。而国营企业在很多更深入的网络应用方面与其他所有制类型的企业相比还有很大的差距。

3．外贸企业的网站建设情况

调查显示，在总体样本中有 246 家企业（占总体样本的 80.1%）已经建立了自己的网站。其中租用专线服务器上网的企业有 104 家，占 42.3%；ISP 主机托管的企业有 89 家，占 36.2%；租用 ISP 虚拟主机的企业有 51 家，占 20.7%；有 26 家企业的被访者（占 10.6%）对网站建设的技术不清楚。

调查还显示，有全职人员负责网站建设的比例并不很高，有 148 家，占拥有独立网站企业的 60.2%。网站建设外包或者聘兼职人员的情况占有相当的比例（近 40%）。这说明了很多企业将网站建设看作是一个部门的工作，并没有特别重视，毕竟 IT 技术需要专业人员的支持。对不同特征的企业网站建设进行统计后发现，相对建立自己的网站较多的是综合型的企业，国营企业和大型企业基本上都建有自己的网站。

还有近 20%的外贸企业仍然没有建立自己企业的独立的网站。相对来讲，贸易型和集体私营企业，以及中小企业在独立建立网站方面比较落后。

4．外贸企业内联网和外联网的应用情况

企业内联网和外联网的主要区别就是，内联网是侧重企业内部网络的使用，通常情况下可能通过建立自己的局域网，也可能也使用互联网的平台，一般侧重企业内部信息的交流、沟通和协调；而外联网是侧重外部互联网的使用，一般都是与企业之外的相关机构和人员进行信息交流、沟通和协调。我们的调查显示，总体样本说明企业在内联网和外联网的使用上基本上没有太大的偏差。回答的结果是侧重内联网和侧重外联网的比重各占几乎一半（侧重外联网使用有 167 家，占 54.4%；侧重外联网使用有 132 家，占 43%，其中有 8 家回答都侧重）。

然而，如果考察不同特征的企业在回答这个问题上的差异，其结论是非常明显的。统计验证的结果是，贸易型的企业侧重外联网的应用；而服务型的企业则侧重内联网的应用。外商投资企业侧重内联网的使用；而私营企业和集体企业则更多的是使用外联网，也就是有可能更多地依赖互联网与企业外部机构和人员沟通，或者浏览网上的信息。调查的验证结果还显示，大企业更侧重内联网的使用，而中小企业则侧重外联网的使用。在进出口产品划分的行业方面，除了在纺织和服装行业侧重外联网的使用之外，其他行业没有显示出显著差异。由此我们可以推断出，网络使用与企业信息交流和管理沟通方式有密切联系。

5．外贸企业对互联网应用的目的和作用的认同情况

对于企业互联网的应用目的和作用，我们给出了一些答案，让被访者选择与其企业关系最密切的答案。从总体样本看，认同度最高的是“带来更多的贸易机会”（占总样本的38.1%），其次是“提高工作效率”（占样本的34.2%）。另外值得注意的是，有相当大的比例的被访者选择了全部的答案（即“以上都是”，占总样本的26.7%），也就是认同互联网的目的和作用（占所调查的企业26.7%），具体如图8.17所示。

	单选结果	总体认可结果
● 带来更多贸易机会	38.1%	64.8%
● 提高工作效率	34.2%	60.9%
● 节省交易成本	16.9%	43.6%
● 维系与客户的关系	15.6%	42.3%
● 提高企业的管理水平（协调和共享）	15.6%	42.3%
● 满足政府进出口的管理要求	5.5%	32.2%

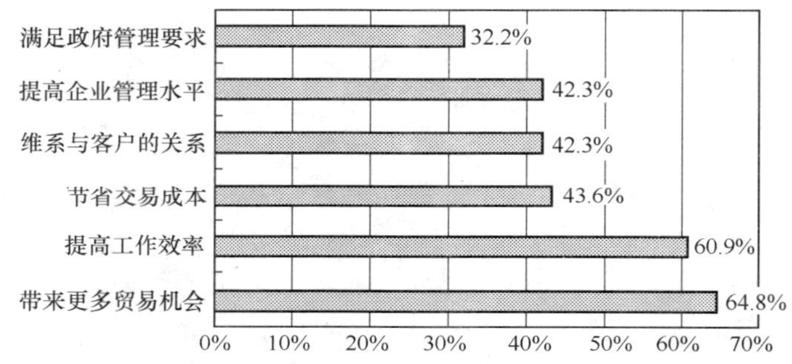

图8.17　307家样本外贸企业对互联网作用的认同

从上述调查情况看，企业对各种互联网的作用都有较高的认同度，特别是在“带来更多贸易机会”和“提高工作效率”两个方面，认同度非常突出。

如果从企业的不同特征看，贸易型的企业更觉得互联网的应用可以给企业“带来更多的贸易机会”。而服务型企业则更觉得互联网的应用可以“提高工作效率”。对于集体私营企业和中型企业而言，就互联网可以“带来更多贸易机会”认同度相对较高；而对于大型企业而言，则“带来更多贸易机会”的认同度相对较低。

由此，可以推断出，企业对于互联网作用的认同基本上与企业自身的基本特点、经营目标，以及预期是相同的。也就是说，不同特征的企业基本上都可以通过互联网获取自己所需要的信息，这也反映了互联网给企业带来综合效益的特点。

四、大型骨干企业

1．宝钢集团

东方钢铁电子商务有限公司是宝钢投资组建的钢铁B2B电子商务服务公司，致力于为钢铁及相关行业提供基于协同商务模式的综合解决方案、互联网技术及运营支持、协助企业实施电子商务战略。公司围绕电子商务服务为中心，以技术、服务和信息三大核心能力为支撑，构建“面向宝钢集团提供网络商务服务”和“面向钢铁行业提供交易和信息服务”的两大商务平台，形成“平台建设事业”、“应用服务事业”和“网

络发展事业”等 3 大业务方向。

宝钢集团建设并运营电子商务平台——“宝钢网络商务港”，便于为宝钢及上下游企业提供基于互联网的电子交易、业务协同等电子商务应用模式规划设计及平台建设，这个平台提供围绕网络商务平台的应用服务，研发基础应用功能，提供企业间公共流程的信息流服务，支撑企业供应链高效运作，打造宝钢的电子商务应用中心，与宝钢共同探索电子商务与传统业务的结合模式，在营销销售、贸易服务、采购供应、物流协同等领域取得了丰硕成果。

面向战略客户的协同商务系统，与传统的信息系统相比，发生了很大的变化。宝钢通过电子商务平台把企业内部信息系统向客户和供应商两端延伸，带动整个供应链实现信息化，实现企业间信息集成和共享，大大降低了上下游之间的过程管理成本，为客户创造了价值。在原有内部业务系统的基础上，宝钢重点开发了电子商务系统、供应链决策支持系统、客户服务知识库系统等三大核心应用支持系统。

（1）电子商务系统——搭建宝钢和客户的桥梁

运用电子商务技术，建立了“宝钢在线”电子商务平台，实现了企业内部系统到客户之间连接。首先实现了网上订货，方便快捷。其次，实现了网上查询，客户足不出户，在自己的办公室里，就能查询合同在宝钢的生产进度、物流运输情况、品质信息、结算信息。这种透明化的操作模式，对公司的内部员工构成了来自客户的监督，也规范了企业的内部管理。例如，客户发现自己合同没有及时安排生产，他就可以在“客户热线”上提出异议，要求确保按期交货。第三，一旦发生产品质量异议，客户提交了产品质量异议请求后，便可以追踪从异议立项、处理、理赔、整改的全过程。

（2）供应链决策支持系统——支持客户的快速响应

客户订货通常是小批量、多品种、时间紧、变化多。以往只有少量客户才有这种需求，完全可以采用人工方式来应对。但是，这样的需求现在已经比比皆是了。如何解决“客户需求的个性化”和“企业生产的规模化”的矛盾，就要开发面向供应链管理的企业信息系统。对外要积极介入客户的生产组织，准确预测客户的需求，建立 B2B 的信息连接；对内要运用模型技术，优化企业自身的生产组织。利用信息技术，建立与客户业务协同运作的系统，企业就能发挥工业化大生产的规模优势，按质、按量、按时完成客户合同，满足客户要求。

（3）客户服务知识库系统——整合客户服务信息资源，实行知识共享

为支持客户的订货询问，销售人员就需要了解该产品的销售履历、价格信息、生产能力、质量保证能力、理赔情况、客户信誉等。这些信息分属于销售、制造、财务等多个系统。以往销售人员只能掌握销售的业务信息，涉及其他专业的问题，只能转移到其他部门等待答复，时间长，效率低。利用信息技术，把这些信息整合在一起，实行信息共享，建立客户咨询知识库，前台的销售服务人员可以在线地实时查询，在第一时间回复客户的订货需求，从而达到快速应答和科学决策的目的。

宝钢运营钢铁行业网络商区平台——“东方钢铁在线”，面向行业广泛的买方市场提供商务资讯、交易中介及其他增值服务。信息服务产品推陈出新，在信息的深度和广度上有新的突破，形成“为钢铁及上下游企业提供权威信息咨询服务”的专业特色，推出了“东方 e 刊”特色栏目，信息服务软件“东方博士”，增设“特钢频道”、“不锈钢频道”、“钢铁外贸通”、“竞争情报系统解决方案”和“网上直播”；探索钢材网上交易模式，为钢铁生产企业、钢铁贸易商及钢材用户提供网上商品销售、采购的渠道。

2004 年东方钢铁实现网上在线交易额 81 亿元，较 2003 年同期增长 36%，累计会员数 20344 家。中国企业联合会授予东方钢铁“全国企业信息工作优秀网站”称号。东方钢铁获 2004 年上海市高新技术企业信用等级 AA 级。

2．联想电子商务

联想电子商务的发展历程大致分成了 4 个发展阶段。第 1 个阶段（1994 年～1998 年）为手工到电子化阶段，主要实现了销售管理从手工操作逐步实现了电子化管理；第 2 个阶段（1996 年～1998 年）为静态信息发布阶段，企业的产品信息和一些静态的销售数据、销售政策等通过静态网页的方式发布出去，大大提高了信息传递的效率和准确性；第 3 个阶段（1999 年～2000 年）为动态信息发布阶段，主要实现联想与代理的双向信息交流，同时将互联网同企业内部运作的信息系统关联起来，真正实现了客户订单快速驱动企

业运作的运作模式，使企业的运作效率和速度大大提高，并且极大地节约了运作成本；第4个阶段（2001年至今）为电子商务协同阶段，关注的重心已经从企业内信息化建设扩展到了整个价值链的信息共享层面，打通供应链上下游关系，从而更有效的反映市场和供应方面的变化，使得企业整个价值链最优化。

2004年联想在电子商务方面主要在电子订单、签约、网上支付、电子商务协同等方面取得了进展和重要突破。

（1）电子订单、签约。联想电子订单系统已于2004年2月23日正式上线运行，通过第三方认证的方式完成了对订单的数字签名，它利用数字签名实现网上交易无纸化，即利用“网上数字签名”代替“原有的订单打印和盖章传真”。目前网上定单占总定单量的90%以上，网上订单中约80%是通过数字签名的方式完成订单的提交。同时2005财年的联想代理签约工作也采用了此种模式进行了代理网上签约、注册的工作，收到了很好的效果。电子订单系统的成功实施带来了3方面的主要意义：一是，提高了企业订单处理效率，订单处理时间由原平均40分钟降低到1分钟，大大缩短联想产品的供货周期；二是，降低订单管理成本，每年可为联想节省订单审核成本100万余元；三是，采用HTTPS协议实现了订单数据加密传输，增强了交易信息的传输安全性。

（2）网上支付。联想和银行的网上支付对接系统于2004年11月正式投入使用，联想选择主要合作银行的网上银行（直联产品）产品作为系统对接的对象。其目的不仅解决例如B2B电子商务交易资金流中收付瓶颈，使其更加顺畅，还可以有效减少集团内部财务核算中收款、支付、对账等人工复杂性处理过程，使工作效率得到提升。无论从代理或是联想都减少了流动资金在途时间，提高了资金周转率。从联想代理角度看，运用在线支付，将在途款时间降低为“0”，发货及核销时间大大提前，避免了因外界原因造成的拖款，避免了假电汇欺骗的可能性，降低了企业运营风险。同时减少电汇审核的步骤，减轻了人工压力。

（3）电子商务协同。供应链向两端延伸一直是联想第三代电子商务发展的一个重点，打通供应链上下游的关系将有助于企业运作效率的大幅提升。2004年4月1日，PRC（合作伙伴关系协同）系统面向联想全国合作伙伴正式发布。在渠道合作体系中打造的强健“神经系统”，使联想更能适应新竞争格局下的市场变化，并在第一时间做出最迅速的反应。经过一年的推广，PRC数据在营销策划、物流分析、用户调研等方面有了重要而广泛的应用。

3．中国石油

2001年7月6日，“能源一号”网站开通，“能源一号”网具有电子采购、电子销售和电子市场三大交易系统。

（1）电子采购系统。主要是目录式采购，在该系统中交易的产品主要是中国石油的60大类物资中筛选出的I类物资，买方为中国石油及下属各级采购单位，卖方为经中国石油招标选定后的供应商。

（2）电子销售系统。具有目录式销售、网上谈价议价式销售、网上招标、反向拍卖销售等多种灵活的交易方式。销售产品主要包括中国石油生产的炼油和化工产品等，卖方为中国石油，买方是包括购买中国石油生产的各种石油天然气产品的各类企业。

（3）电子市场系统。提供固定目录价格和动态交易两大交易模式，动态交易包括网上招标、谈价议价、反向拍卖、撮合等交易形式。注册会员使用浏览器，通过互联网就可以在“能源一号”网上进行交易的全过程。面向买方的功能包括查阅产品目录、查找产品信息、询价、进行反向拍卖、参与谈判、下订单、生成合同、管理结算单等；面向卖方的功能包括建立和更新产品信息、进行拍卖、参与谈判、管理订单、确认合同等。

网上集中采购，是中国石油“能源一号”网的最大特色。截至2004年底，中国石油已经完成了多次大规模的网上集中采购项目，2004年10月，中国石油成功组织了历史上规模最大的石油专用管网上集中采购，仅此一项节约采购资金1.6亿元。

3年多以来，该网站取得了理想的成绩。2002年是中国石油电子商务的第一个完整业务年度，全年共实现网上采购106亿元，平均降低采购成本6.7%。2003年进一步规范运作的基础上，实现电子采购132亿元，2004年实现网上采购160亿元，3年累计实现网上采购398亿，为中国石油节约了大量的采购资金。同时，中国石油通过实施电子商务，实现了从传统采购到电子采购方式转变，采购行为从分散管理到集中管理的转变。先进的电子商务采购模式缩短了采购流程，符合国际上扁平化管理模式的要求，直接沟通了供应、生产商和客户，实现了对供应链管理系统的业务优化与整合，使中国石油更加符合上市后新体制的要求。

4．中国石化

中国石化电子商务网站（http://www.sinopec-ec.com.cn）具有物资采购和石化产品销售两大功能，4 年来效益显著。（1）降低了销售、采购成本，节省销售、采购费用各数亿元；（2）更有效地为客户服务，客户可在网上查阅产品、定单处理信息，可以更好地为客户提供及时的技术支持和服务，提高客户满意度；（3）增加了商机，在网上宣传企业、介绍产品性能，扩大销售营业额，自 2000 年 8 月正式开通以来至 2004 年 12 月为止，物资采购电子商务取得显著经济效益，网上成交金额累计已超过 1 000 亿元，节约采购资金 55 亿多元，采购累计成交 7.54 万笔。2003 年采购成交额 236 亿元，2004 年采购成交额 516.15 亿元；石化产品销售累计成交 8 314 笔，2003 年销售成交额 174.9 亿元，2004 年成交额 196.24 亿元，具体数据如图 8.18 所示。

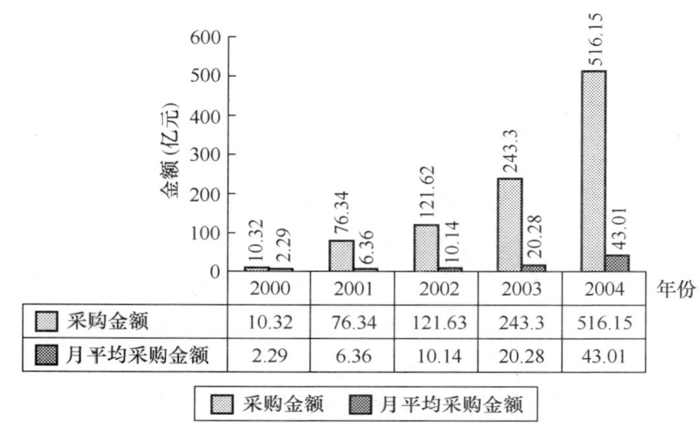

	2000	2001	2002	2003	2004
采购金额	10.32	76.34	121.63	243.3	516.15
月平均采购金额	2.29	6.36	10.14	20.28	43.01

图 8.18　网站采购情况统计（2000 年 8 月～2004 年 12 月底）

销售二次物流配送优化系统在 19 省（市）石油分公司全面推广，已有 16 个企业的系统上线运行，有力地促进了物流配送体制的改革，降低了库存和运输成本，库存水平下降了 20%以上，提高车辆利用率 20%以上。

中国石化拥有加油站 3.01 万座，其中自营加油站 2.66 万座，加油 IC 卡成效显著，目前已累计完成卡机联动改造 1.3 万多座加油站，累计预收款近百亿多元。

5．海尔集团

海尔集团创立于 1984 年，20 年多来持续稳定发展，已成为在海内外享有较高声誉的大型国际化企业集团。产品从 1984 年的单一冰箱发展到拥有白色家电、黑色家电、米色家电在内的 96 大门类 15 100 多个规格的产品群，并出口到世界 100 多个国家和地区。2004 年，海尔全球营业额实现 1 016 亿元。2004 年，海尔蝉联中国最有价值品牌第一名，品牌价值达到 616 亿元。2004 年 1 月 31 日，世界五大品牌价值评估机构之一的世界品牌实验室编制的《世界最具影响力的 100 个品牌》报告揭晓，海尔是惟一入选的中国品牌，排在第 95 位，实现中国品牌零的突破。海尔集团坚持全面实施国际化战略，已建立起一个具有国际竞争力的全球设计网络、采购网络、制造网络、营销与服务网络。现有工业园 13 个，海外工厂及制造基地 30 个，海外设计中心 8 个，营销网点 58 800 个，电子商务助力海尔集团流程再造，实现品牌国际化。

（1）海尔的业务流程再造是电子商务的前提。

1998 年，海尔开始实施以市场链为纽带的业务流程再造，同时推进海尔集团的电子商务应用。从 1998 年～2003 年为第一个五年，海尔主要实现组织结构的再造，改变传统企业金字塔式的直线职能结构为扁平化、信息化和网络化的市场链流程，以定单信息流为中心带动物流、资金流的运动，加快了与用户零距离、产品零库存和零营运资本“三个零”目标的实现。2003 年～2008 年，进入第二个五年，海尔市场链流程再造的目标是把每一个员工经营成自我创新的主体，也就是 SBU（策略事业单位），激发每个员工的活力以提升企业整体的国际市场竞争力。2002 年，流程再造后的海尔在整合内外部资源的基础上创造新的资源，海尔商流、物流、制造系统都已经在全球化的平台上向社会化转变，增强了企业的国际竞争力。经过 40 多次结构调整，海尔在发展过程中不断摸索业务流程再造的最佳模式。

（2）建立 SBU 的经营机制是电子商务的核心思想。

没有员工的 SBU，便没有用户的个性化需求。每个员工都是经营自我的创新主体，通过竞争和竞标，获得企业的资源并用最快的速度满足用户的需求。利用集团的资源，通过创新和速度，达到集团要求的目标并使经营资源增值，满足用户的需求，从中获得激励。绩效与增值挂钩，并索赔、索酬、跳闸，然后再循环，再竞争，再发展。要成为 SBU，每个人都要清楚 4 个要素：市场目标、市场定单、市场效果、市场报酬。这也是企业的 4 个目标，推进 SBU，就是把企业的目标有效地转化到每个员工身上。如果要真正实现 SBU，每个人都成为经营的主体，每个 SBU 的买入、卖出、成本、费用、增值和损失就必须随时能够体现出来，通过这些信息能够反应出 SBU 经营的状况。因此，为了满足企业的流程再造、市场链和 SBU 的需求，必须以采用信息化的手段来实现，也就是企业如何应用电子商务，解决当前存在的企业内部与外部的问题。

（3）搭建海尔集团的电子商务构架。

● 基础网络架构。从 1997 年开始，海尔集团逐步着手搭建企业自己的网络——千兆的园区骨干网络，10Mbit/s 因特网宽带接入，全国的园区间采用 10Mbit/s 光纤互联，全国销售公司采用 2Mbit/s 宽带互联；三网合一的应用（数据、视频、IP 电话）；TNG 网管（AMO、SDO、AAO、RCO）。这些基础网络设施的建立，为电子商务的实现提供了可能。

● 电子商务平台。海尔集团流程再造后，先后成立商流推进本部、海外推进本部、定单推进本部、物流推进本部、资金流推进本部、研发推进本部等。海尔通过整合全球的供应链资源，形成了以定单信息流为中心，带动物流和资金流运行的供应链管理平台。商流和海外推负责整个集团的成品销售业务，物流负责整个海尔集团生产所用原材料及零部件的采购、配送（即对产品事业部的日配料和日销售）工作，定单推进负责整个集团的生产与制造。

整个集团的业务采用集中式的管理模式，伴随着海尔集团业务增长，业务规模日渐扩大。为了能够满足大业务的问题，并快速响应客户的需求，海尔整合全球资源，重新设计的信息化系统，依托端对端的营销网络，进入电子商务领域。2000 年，建立起 B2B、B2C 等电子商务平台，开创了中国第一笔网上家电采购和中国第一个 B2B 工业园——合肥海尔工业园。从 2000 年开始，海尔集团的产品销售和原材料采购的定单和支付通过网上实现。

针对海尔电子商务的发展，借助网络技术和海尔创新机制，同国内银行全面合作，创造了一条适合电子商务持续发展的网上结算体系，开发出一套完整的网上结算解决方案。一方面海尔集团的客户方可以通过 Internet 发布同城或异地的电子支付指令，经银行的网上银行系统处理后，海尔电子商务公司人员根据财务的收款信息进行配送发货，所有的这些操作都是在海尔的网上定单系统和网上结算系统兼容并行的。另一方面海尔的供应商可以通过物流 B2B 平台，实现电子商务交易，海尔将付款信息由银行进行直接划转到供应商账上。同时网上结算伴随着业务的发展，也拓伸出——些新的结算功能，如资金的清算、异地资金的在线管理、银行账的网上核对等功能。

自 2000 年海尔集团开始第一笔网上结算业务以来，共操作业务上千亿元。并创新的在海尔诞生出国内第一张网上信用证。网上结算不仅加速了资金周转，缩短了资金在途时间，而且通过网上支付信用额度调节资金运营，加快了现金流速。同时这种网上结算模式，不仅支持了海尔电子商务的开展、而且带动了国内上万家业务单位的网上业务。

实现电子商务之后与之前比较，海尔的资金周转次数提高 50%～150%，库存资金降低 15%～40%，并进一步实现企业的零资本运营。2004 年，海尔网上支付达到 250 亿元。

● 其他电子商务应用。办公应用包括电子邮件普及、日清系统、日常事务处理、远程教育与培训均已在主要事业部应用。商流 / 海外推应用主要包括销售分销管理、客户服务管理（Call Center），全国 42 个主要销售公司和海外的主要销售公司均采用相应的计算机管理。达到“空间消灭时间”的效果。即营销网络（空间）的通达，信息的同步传递，要消灭商品在各个环节（如批发、二次批发、零售等）上滞留的时间。物流应用：主要是物料采购和配送的计算机管理。达到“时间消灭空间”的效果。即采购、配送的 JIT（时间）要消灭库存空间（如原材料库、半成品库、成品库等）。制造 MES 应用：在生产过程进行跟踪以及质量控制，确保产品的质量和交货期。人力资源管理系统：包括员工管理和绩效管理等。巨大的业务量和速度要求需要计算机系统的辅助：每工作日定单量如平均 1 600 多个；周定单的品种为平均 960 个；周定单产品量为平均 40.5 万台；月采购物料为平均 26 万种；如果以每人管理 50 种的物料，那么需要海尔物料管理员 5 000 人。企业内外部终端都能将信息即时上网，并根据预算要求自动生成所要的数据，而终端也可从网上分享信息，并能得到定单的指令，以便对市场做出最快的反应。

（4）电子商务的应用效果

遏止价格战，多卖几十亿元。过去各产品事业部各自为战，电话中心、营销网络一起资源共享，统一营销运作平台，直接降低了交易费，另外遏止了价格战，产品越卖越低，降低附加值的问题。

防范资金潜在风险。出现对外擅自担保，给集团带来潜在的风险，应收账款失控等。集团成立了财务公司，使资金统一运作，如果哪个事业部急需周转资金也可以像银行一样进行借贷，但一定要付利息。

缩短市场响应时间，提高客户满意度。定单完成时间极大缩短，提升了对市场的响应速度，由原来的（36+）天缩短为目前的 10 天。

仓库的减少。减去 43 个足球场大的仓库。降低了供应链成本，呆滞物资降低 73.8%，周转天数降低 60%，库存资金降低 67%。

零部件价格降低，质量上升。整合前各自采购，整合后集中采购，发挥集体采购优势，降价幅度逐年增加。

吸引供应商建厂并参与前端设计。请世界优秀的供应商参与前端设计，获取有价值的定单。目前很多国际化的供应商在海尔周边设厂，以快速满足市场的要求，如爱默生、三洋等。通过实施业务流程再造，最终实现三个零：零距离，实现以空间消灭时间，从大批量生产到大批量定制，快速满足用户的个性化需求；零库存，实现以时间消灭空间，以过站式物流消灭库存采购和生产的问题。把仓库建立在高速公路上；零资金占用，实现产品的即时变现，形成有现金流支持的利润。

随着电子商务签名法及一系列法规的颁布与实施，将进一步规范市场的秩序，为中国企业向国际化接轨提供了必要的支持。随着配套的电子商务的服务与管理能力的提升，企业应用电子商务的效益将会不断扩大。

8.4　商务模式及典型企业

8.4.1　电子商务及其模式的内涵与演变

电子商务模式实际上是电子商务的商业模式的简称。风险投资家为了对未来的投资回报有一个清晰的认识，比较看重投资的企业未来收入的主要来源、年增长百分比以及市场规模。电子商务随着互联网的发展而发展，很多风险投资家认为，这将是一个新兴的巨大产业，也就需要电子商务的创业者提出一些新的商业模式，不同的商业模式得到不同的风险投资家的认同。

从电子商务的初期开始，被风险投资家青睐的电子商务商业模式就在不断演化。从初期的网络接入，到门户、B2C、B2B 等，从 B2C、B2B 又分出很多新的模式。创业者和风险投资者都在对电子商务商业模式进行反思和思考。因为商业模式的核心在于商业价值。因此更加看重一个电子商务模式的主要收入来源以及现实利益。多年来企业的收入没有超过两大类：第一类是提供终端产品或服务，从消费者得到收入；第二类是提供中间产品或服务，从企业得到收入。随着人类社会生产力的提高以及人类对精神需求的提高，服务类的收入逐渐占据重要地位。

人们的电子商务模式的认识回归到传统的商业价值。在传统社会经济过程中，一直就存在两个经济类别，一个是企业之间的经济活动，一个是企业和消费者之间的经济活动。从经济活动来讲，无论是企业之间，还是企业与个人之间，只存在两种经济活动方式：一种是提供产品，一种是提供服务。电子商务是从传统生产和经营活动中发展起来新的社会经济运作模式。因此，电子商务模式实际上是对传统商业模式基于互联网的映射，或者基于互联网的创新的不同于传统商业模式的领域，总体来看，仍然可以分为以下 4 大类。

第一类模式是企业通过网络实施的面向消费者的商品经营活动。企业的主要收入来源于低价买进商品，高价卖出产品，赚取产品差价，或者把自己生产的商品不通过传统的分销渠道而直接通过网络卖给消费者。它与传统零售模式的区别是用虚拟的店面陈列代替实体商场，消费者节省了去店面购买的时间以及其他成本，企业可以面向全球消费者销售商品，而不像传统商场那样仅能面对“街坊邻居”。传统零售企业也可以采用这种商业模式与实体商场结合，而电子商务创业者可以利用这种模式创新很多新的特色模式。

第一类模式中，消费者通过网络初期主要购买书籍、CD 等标准化、大众化以及质量容易辨别的商品，开始扩展到其他传统商品，如服装、化装品、首饰等。美国亚马逊、美国 DELL、中国卓越、中国当当也是采用这种模式，而新浪、搜狐等门户网站也开展了这种模式的业务。

这种模式随着不断的实践也有不少演变，其中最主要的是分为两类：一类是企业自己建立面向消费者的网站，企业负责建设和运营网站，一般中大型企业选择这种方式；一类是企业不单独建立网站，而依托第三方提供的销售平台，给平台提供者一定的服务费。中国新浪公司就是提供这样的平台给中小企业通过网络售卖产品给消费者，中国搜狐公司是建立自己的平台售卖产品给消费者。

第二类模式是企业通过网络实施的面向消费者的服务提供活动。企业的主要收入来源于通过网络给消费者提供服务。它与传统服务模式的区别是企业可以面向全球消费者提供服务，而不像传统服务提供者那样仅能面对“街坊邻居”。

第二类模式给传统的服务行业带来了革命性的变化，如旅游服务、订票服务、应聘服务、游戏服务、教育服务等。随着人类的个性化需求越来越广泛，电子商务创业者利用这种模式创新了很多新的特色模式。中国的盛大公司、携程公司、51job 等公司分别是面向消费者的游戏服务、旅游服务、人力资源服务。

第三类是企业通过网络实施的面向企业的商品经营活动。企业的主要收入来源于低价买进商品，高价卖出产品，赚取产品差价，或者把自己生产的商品不通过传统的分销渠道而直接通过网络卖给其他企业。它与传统销售模式的区别是可以面向全球企业销售商品，而不像传统企业那样仅能面对以前业务往来的合作伙伴。

这种模式与第一类模式一样，演变成主要的两类：一类是企业自己建立面向其他企业的网站，企业自己负责建设和运营网站，一般中大型企业选择这种方式；一类是企业不单独建立网站，而依托第三方提供的销售平台，付给平台提供者一定的服务费。美国 Cisco 公司、中国神州数码公司等是自己建立网站，而中国阿里巴巴公司、中国慧聪公司就给中国的中小企业提供了平台服务。

第四类模式是企业通过网络实施的面向企业的服务提供活动。企业的主要收入来源于通过网络给企业提供服务。它与传统服务模式的区别是可以面向全球企业提供服务。传统的企业与企业之间的服务，如广告服务、招聘服务、信息服务、设计服务等在互联网上大放异彩。

商品和服务的区别是在于商品有大小、重量等物理特征，需要现实世界的物流实现其所有权的转移，而服务是没有这些物理特征，也不需要物流服务。

综合性门户网站有多种商业模式，如新浪、搜狐等公司，网络广告、网络游戏和短信各占其年度收入的三分之一。这 3 种业务中，网络广告是电子商务第四类模式，是新浪面向企业的网络广告服务，而网络游戏和短信是电子商务第二类模式。

阿里巴巴公司主要是为企业提供产品销售和采购等商机信息服务，但是阿里巴巴公司的主要收入来源是为企业提供某些信用服务，实际上它的商业模式属于第四类，从事的是第二类电子商务活动。

易趣网主要是为中小企业和个人提供拍卖等信息服务，而它的收入来源主要是交易费用的提成，它的商业模式是第二类和第四类。

神州数码公司通过“e-brige”网站为代理商提供 IT 产品，从事的是第三类电子商务活动；中国石化通过“能源一号”网为上下游企业提供石化产品，从事的也是第三类电子商务活动。

盛大公司为个人消费者提供娱乐服务，从事的是第二类电子商务活动；工商银行等金融机构的在线银行通过网络为企业和个人提供金融服务，从事的是第二、第四类电子商务活动；光大证券等证券机构的在线交易通过网络为企业和个人提供证券服务，从事的是第二、第四类电子商务活动。

8.4.2　第一类电子商务模式及典型企业

一、第一类电子商务模式的分类及 2004 年总体情况

除了按照上节所述按照销售平台的不同而区分外，第一类电子商务可以按照商品的属性再进行分类。按照销售量多少和消费者接受程度高低，可以分为以下几个大类：IT 数码产品、百货、家电产品、通信产品、印刷出版类产品、音像制品类产品及礼品鲜花类产品。

按照上海艾瑞公司和电子商务世界杂志社的联合调查，2004 年中国第一类电子商务市场规模比 2003 年实现了 165%的增长，全年成交金额从 2003 年的 17 亿人民币增至 45 亿。综合考虑国内互联网发展情况与网上购物市场竞争格局，初步预期，第一类电子商务市场今后 3 年的市场规模年均增长率将达到 87.5%，2007 年总市场规模约为 296 亿人民币。

因单品价值高，IT 数码类商品的成交量虽然少于图书与音像等商品，但市场规模却遥遥领先，高达 24 亿人民币，占据 2004 年第一类电子商务市场半壁江山，达到占 53.3%，其次是图书音像占 8.5%，百货产品占 7.1%，家电产品占 6.7%，通信产品占 6.7%，礼品鲜花占 1.1%，其他占 16.7%。如图 8.19 所示。

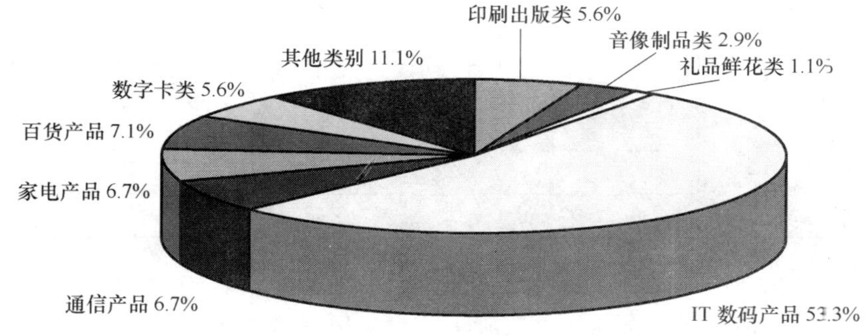

图 8.19　2004 年中国网上购物各类别商品市场份额

二、典型企业

第一类电子商务模式的企业名单如表 8.6 所示。

表 8.6　2004 年中国第一类电子商务模式的企业名单

B2B 电子商务企业	
综合购物类	卓越
	当当
	贝塔斯曼
	8848
	6688
	E 国
	七彩谷
	好又多电子商务社区
	北京西单电子商务
	嘀哒嘀
	莎啦啦

续表

B2B 电子商务企业	
综合购物类	八佰拜
	网购在线
	麦网
	时尚广场
	大洋书城
	新蛋
	中国音像商务网
	中商网
门户商城类	搜狐商城
	新浪商城
	网易商城
	TOM 商城
	263 商城
3C 产品类	搜易得
	18900 手机网
	北斗手机网
	国美家电网
	三联家电网上商城
	大中家电网
	永乐家电网

1．卓越

2004 年，卓越网所经营的各种商品中，以印刷出版类的销售额比重最大，占 50%；其次是音像制品类，占 32%，其他商品包括了软件、游戏、礼品、玩具等流行时尚文化产品，包括票务与百货业务也已取得了一定的业绩，这些加起来约占整体的 18%。

2．当当

2004 年，当当网所经营的各种商品中，以印刷出版类的销售额比重最大，接近整体销售量的 60%，其次是音像制品类占 27%。与卓越经营生活类百货不同，当当打的是时尚百货的旗号，其品种包括个性饰品、运动休闲、玩具、化妆品、数码产品等多种时尚商品，这些加起来约占整体的 13%。

3．贝塔斯曼

贝塔斯曼是全球最大媒体集团之一的贝塔斯曼股份公司旗下全资电子商务子公司。但无论是从浏览量还是交易额来说，贝塔斯曼中国在线都和经营形态相仿的卓越和当当相距甚远。其竞争优势在于线下互动资源与传统行业背景。

三、中国第一类电子商务市场消费者分析

1．总体情况

目前，中国网民对于网上购物表示感兴趣和非常感兴趣的比例为 53.1%，而明确表示不感兴趣的网民仅为 5.9%，表示一般的网民为 41%。这对网上购物整个环境的培育是非常有利的条件，这部分网民值得网上购物厂商对其密切关注。通过对整个产业链结构的不断优化，使对网上购物感兴趣的网民转化成为网上购物的忠实用户，并带动对网上购物持观望犹豫的态度的网民的积极性。

根据调研结果显示，在过去一年中访问过购物网站的网民比例达 88.4%。这与在过去一年里，网上购物环境逐渐成熟、各购物网站纷纷加大对网上购物行为的引导和市场推广，以及网民网上购物意识的逐渐加强密不可分。

2．消费者访问/成交过的购物网站分布

根据调研结果显示，用户访问过以及购买过的购物网站主要分布卓越网、当当网、贝塔斯曼，以及门户网站的网上商城（网易、搜狐、新浪、TOM）和八佰拜、263 商城等网上购物网站，如图 8.20 所示。

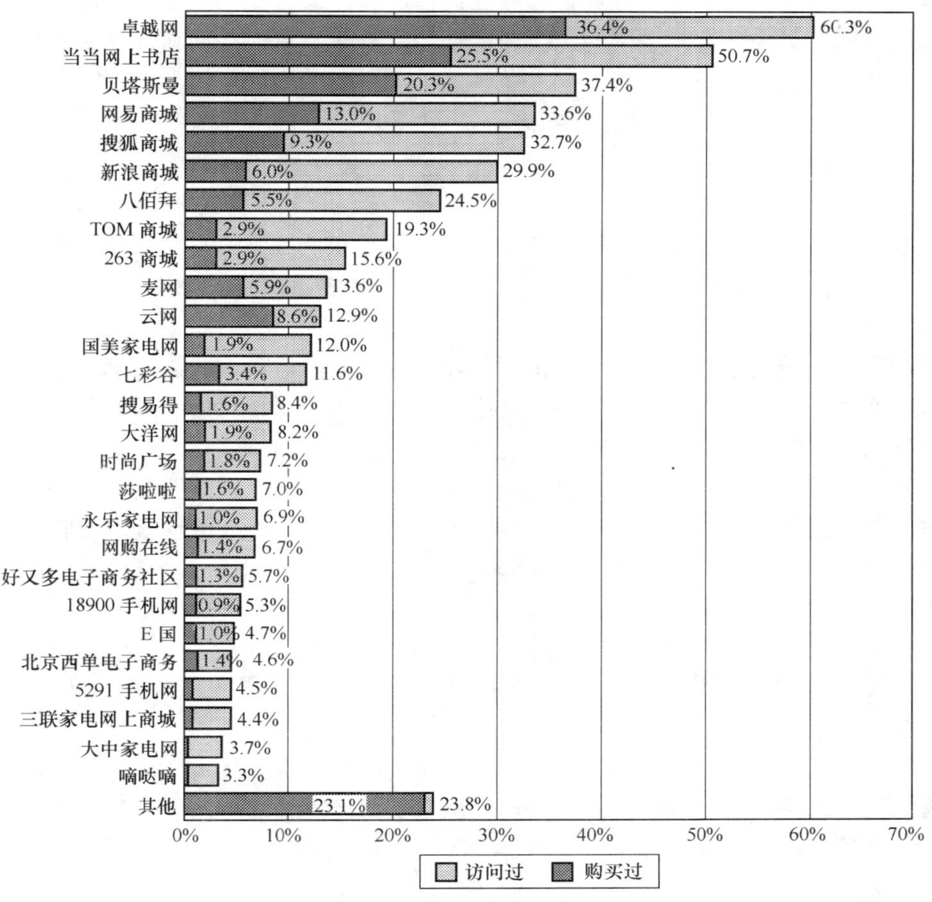

图 8.20　用户访问过和成交过的购物网站分布情况

3．网上购物用户行为分析

用户访问购物网站的频率主要是每周 1～2 次最为常见，其次为每周 3 次或更多。许多用户已经养成了定期访问购物网站的习惯，具体如图 8.21 所示。

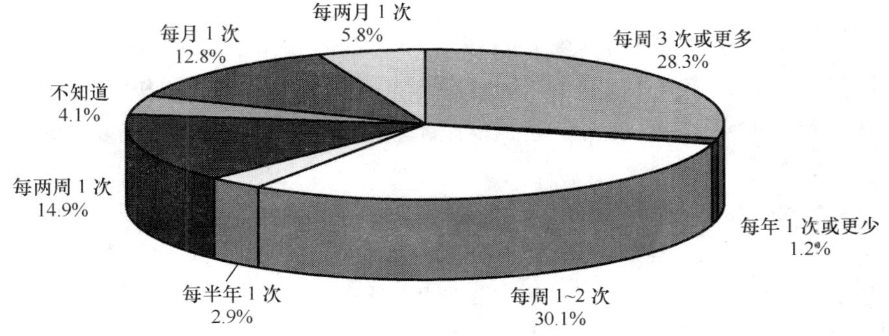

图 8.21　用户访问购物网站的频率

8.4.3 第二类电子商务模式及企业

通过网络向消费者提供服务的模式种类繁多，层出不穷，目前发展态势比较好的有网络游戏服务、拍卖平台服务、短信及电信增值服务、旅游服务、即时通信服务等 4 种模式。

网络游戏服务类企业有：盛大、第九城市、光通通信、新浪、搜狐、网易、TOM、联众等。

短信及电信增值服务类企业有：空中网、灵通网、华友世纪、新浪、搜狐、网易、TOM 等。

旅游服务类企业有：携程、e 龙等。

即时通信服务类企业有：腾讯、TOM、新浪。

一、网络游戏服务类

1．总体分析

根据艾瑞市场研究表明，2001 年，中国网络游戏市场规模仅为 3.7 亿元人民币，2003 年，整个市场规模已经达到了 25.5 亿元。2004 年，市场规模为 39.1 亿，比 2003 年增长了 46%。预计到 2007 年，中国网络游戏行业市场规模将达到 88.9 亿元。

中国网络游戏行业市场规模由网络游戏运营厂商收入与网络游戏渠道收入两部分组成。网络游戏运营商收入规模，指网络游戏运营厂商每年通过运营网络游戏所产生的直接营业收入的总和，直接营业收入包括包时卡、点卡收入、销售相关游戏软件及出售虚拟物品的收入，但不包括广告收入和来自实物周边产品的收入。网络游戏渠道收入规模是网络游戏行业市场规模与运营厂商收入规模之间的差额，就是除游戏运营商以外其他参与游戏销售流通的企业通过销售包时卡、点卡及相关游戏软件获得的收入。

2．中国网络游戏行业 2004 年发展的特点和趋势

（1）国产游戏渐入佳境。市场份额最大的前 5 位网络游戏企业无一例外涉足游戏开发领域；在中国市场目前最受欢迎的网络游戏中，国产游戏也占据了不少席位；近 50 家企业参与“中国民族网络游戏出版工程”。虽然与国际先进水平的差距依然不小，但艾瑞市场研究认为今后国产游戏的实力、影响力、市场占有率等都将进一步增加。

（2）渠道分化及布局调整。有实力的综合型游戏公司利用自身资源加大渠道渗透率，同时其对专业渠道商的依赖也越来越小；偏重游戏开发的游戏公司、虽有实力但对渠道运作经验欠缺的公司及其公司对专业渠道商的依赖性则越来越大；与此同时 ，专业渠道商对网络游戏的重视空前高涨。随着国产游戏研发力度的加大及专业渠道商的既有优势，这一分化局面在今后几年中将继续加深。

（3）竞争激烈，开始极化。强势企业挟资本、规模经济及市场地位优势不断优化企业产品开发、销售渠道、营销策略、售后服务各环节，并通过各种手段拓展经营范围，实力稍弱的后来者生存空间狭小。

（4）产业政策依然不明朗，一面扶持一面打压。国家对于游戏产业的政策依然不明确，仍处于对社会效益与社会成本的权衡之中，在行动上表现为两手都很硬，扶持民族网络游戏出版的同时加强了对网吧的管理。艾瑞市场研究认为最近两年内国家在对待网络游戏产业政策上的矛盾状态不会明显改变。

3．典型企业

上海盛大网络发展有限公司成立于 1999 年 11 月，是目前中国第一大网络游戏运营商，在网络游戏行业拥有领先地位，目前在纳斯达克上市的中国概念股中市值排名第一。2005 年 2 月 19 日，上海盛大网络发展有限公司向外界宣布，他们和控股公司一起，在纳斯达克市场上，斥资 2.3 亿多美元，购买了新浪 19.5%的股份，成为新浪第一大股东。

盛大网络 2004 年全年收入达 13.67 亿元人民币，占据中国网络游戏市场运营商收入近 40%的份额，其中网络游戏收入为 12.76 亿（MMORPG10.50 亿，休闲游戏 2.26 亿），其他业务收入为 0.91 亿。

盛大网络的赢利来源越来越多样化，已从单纯的 MMORPG 向休闲游戏、增值服务及网络广告方向发展。与 2003 年相比，2004 年盛大公司休闲游戏和非游戏业务收入增长迅速，分别增长了 24 倍和 6 倍，占公司总收入的比例也都从 2003 年的 2%以下分别上升到了 16.6%和 6.6%。

2004 年第四季度及全年毛利率的提高主要由于盛大高利润率业务的不断拓宽，例如自主开发游戏以及

网络广告。2004 年全年运营利润达到 5.11 亿元人民币，较 2003 年度的 2.13 亿元人民币增长 139.7%，2004 年全年的运营利润率为 39.3%，而 2003 年度为 35.5%。

二、旅游服务类

1．总体分析

目前，国内网上旅游服务企业的经营模式多数基于“酒店+机票”，并以酒店业务为主要收入来源。在此基础上，根据各自的资源与优势，各旅游网站同时还附带经营展会策划、汽车出租以及消费折扣等业务。

旅游服务类主要包括网上订房、网上订票、网上预订旅游等 3 大业务。

2004 年，中国网上旅游订房市场规模仅为 5 亿 1 千万元人民币，随着行业竞争加剧，平均收益逐步降低，预计 3 年后市场规模为 18 亿元人民币，增长率将低于 300%。

2004 年，中国网上旅游订票市场规模仅为 9 千万元人民币，由于电子机票将逐步普及，预计 3 年后市场规模增长率将超过 300%，达到 4 亿 1 千万元人民币。

2004 年，中国网上旅游市场规模约为 6 亿 1 千万元人民币，随着网上旅游服务市场的进一步发展，预计 3 年后市场规模增长率将超过 300%，达到 28 亿元人民币。

从总体上来看，大部分网民对网上订房/订票是感兴趣的，明确表示非常感兴趣和表示感兴趣的网民明显居多；部分的网民态度比较平和，表示一般；而少部分的网民表示不感兴趣和非常不感兴趣，具体数据如图 8.22 所示。

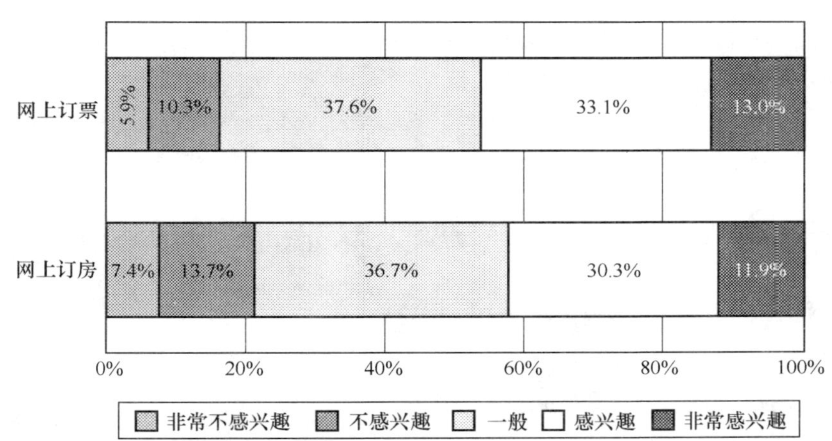

图 8.22 网民对网上订房/订票态度

网上订票用户最常预订的交通类票以飞机票为主，占了总交通类票的 76.9%；预订火车票的用户则要少很多，只占到 19.8%；其他占 3.3%。

2．典型企业

携程网 2004 财年净营收为人民币 3.338 亿元（约合 4 030 万美元），净利润为人民币 1.331 亿元（约合 1 610 万美元），净营收超过了 2003 年的人民币 1.731 亿元（约合 2 090 万美元）；运营利润为人民币 1.357 亿元（约合 1 640 万美元），超过了 2003 年的人民币 5 810 万元（约合 700 万美元）；毛利率为 85%，和 2003 年同期基本持平。

携程网 2004 年全年来自酒店预订业务的营收为人民币 2.76 亿元，比 2003 年增长了 80%。第四季度通过携程网预定的酒店客房天数大约为 420 万天，2003 年为大约 240 万天。2004 年机票预定业务的营收为人民币 6 300 万元，比 2003 年增长了 210%；2004 年通过携程网售出的机票总数约为 170 万张，2003 年约为 61 万张。2004 年包办旅行（Packaged Tour）业务的营收为人民币 1 050 万元（约合 130 万美元），比 2003 年增长了 119%；包办旅行业务营收在携程网 2003 年到 2004 年的总营收中占到 3%。

三、拍卖服务类

1．总体分析

2004 年，中国网上拍卖市场上总共约有 4250 万件商品，而所有这些登录商品的成交率约为 40%，总成交商品量约在 1700 万件左右，所有成交商品的平均交易价格约计 200 元。

对比 2003 年，2004 年中国网上拍卖市场规模实现了 217.8%的增长，全年成交金额从 2003 年的 10.7 亿元人民币直增至 34 亿。

综合考虑国内互联网发展情况与网上拍卖市场竞争格局，初步预期，国内网上拍卖市场今后 3 年的市场规模年均增长率将达到 84%，2007 年总市场规模约为 210 亿元人民币。

2004 年，中国网上拍卖市场中，eBay（易趣）市场规模达到了 22 亿元人民币，淘宝市场规模约 10 亿元人民币，一拍市场规模约 1 亿元人民币，其他拍卖网站市场规模合计约 1 亿，如表 8.7 所示。

表 8.7　　2004 年中国网上拍卖企业市场规模

交易额	eBay 易趣	淘宝	一拍	其他
企业交易额	22 亿	10 亿	1 亿	1 亿
行业交易额	34 亿			

按照上述数据，若以成交金额为市场占有率指标，则 2004 年中国网上拍卖市场各主要拍卖网站的市场占有率约为：易趣 65%，淘宝 29%，一拍 3%。

2．诚信与信用机制

比优化网上拍卖流程和改善用户使用体验更进一步的，是打破核心业务瓶颈与建立良性交易体制。早在 2000 年，易趣便率先推出过“易付通”服务，这是国内网上拍卖市场首款安全支付中介产品。

2004 年 10 月，在易付通原基础上进行优化后，易趣推出了更易于使用的升级版本“安付通”。安付通服务通过在用户的交易过程中充当值得信赖的第三方并自始至终地控制着付款流程，来保护买卖双方的利益。

淘宝网方面，CEO 马云再次复制其阿里巴巴诚信通应用经验，在 2003 年 12 月底便已推出了功能类似的支付宝服务。

2004 年初刚刚出道的一拍在这一领域的竞争上暂时缺位。

3．用户行为分析

随着网上拍卖在国内已经走过不算短的时间，在 2004 年，网拍市场更是竞争激烈，各网拍网站通过各种渠道加大了对网上拍卖活动的宣传。

网民对网上拍卖也表示出了较大的关注，明确表示对网上拍卖不感兴趣的网民比例很小不到 10%，而有 48.3%的网民对网上拍卖活动表示感兴趣。

在网民中，大部分人群（78.03%）访问过拍卖网站，而仅有少部分人群（21.96%）没有访问过拍卖网站。

在用户经常进行的网上拍卖物品中，电脑/数码/通信类商品是用户进行交易最多的物品。其次时尚礼品类、服装鞋帽类商品，而文化商品如书籍报刊、音乐、影视制品也是用户经常进行交易的商品。

而对于诸如住宅以及汽车/交通工具等比较贵重的商品，目前的网上交易比例还是很低的，这和目前这类物品在中国网拍市场交易气氛不成熟，以及国内用户对于此类贵重物品“眼见为实”等的消费习惯密切相关。

用户在拍卖网站经常交易的商品比例如图 8.23 所示。

在影响买家进行网上拍卖活动的因素中，价格因素（价格便宜、透明性）和购物的方便性以及商品的齐全成为了吸引买家在网上进行网上拍卖活动的主要原因。具体数据如图 8.24 所示。

买家在网上拍卖活动选择物品时会考虑到许多方面的因素，其中以卖家的信用记录和商品的价格为主要因素，其次是支付方式和运货方式也是许多卖家考虑的因素。而有约 51%的用户对于商品图片的丰富以及商品描述的详尽表示出重视。具体数据如图 8.25 所示。

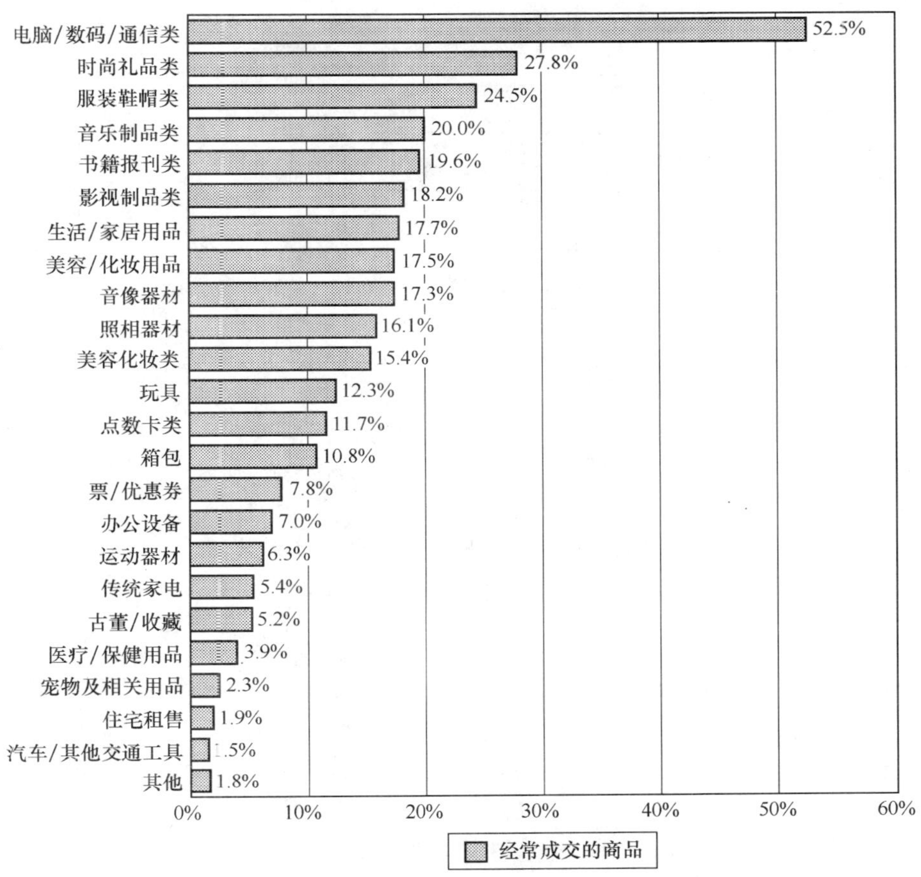

图 8.23　用户在拍卖网站经常交易的商品

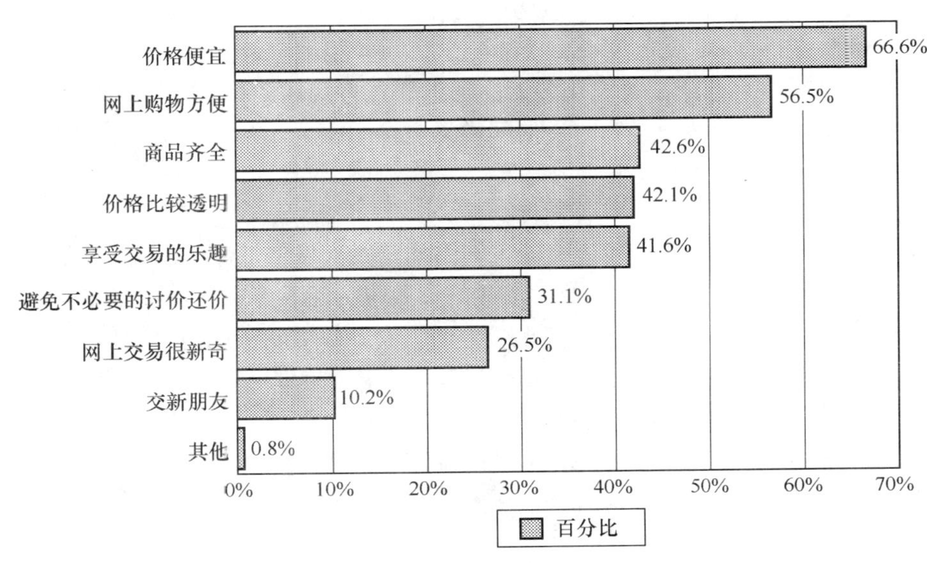

图 8.24　用户作为买家在网上进行拍卖活动的原因分析

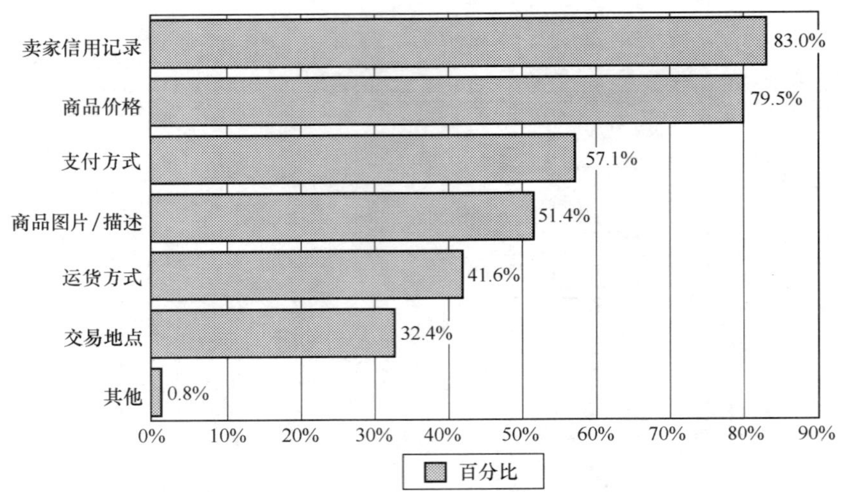

图8.25　买家在网上拍卖活动时选择物品考虑的因素

四、即时通信

1．总体情况

2004年以来，即时通信成为互联网和电信行业最激动人心的热点。2004年6月，行业的主导服务商腾讯在香港成功上市；7月，网易在北京推出了新版的即时通信软件网易泡泡。同年，新浪斥资近2亿元收购UC即时通信技术平台，搜狐也在年初推出即时通信软件“搜Q”。作为电信运营商的中国电信和中国网通也动作频频，全球即时通信行业的三大巨头ICQ、MSN、Yahoo也计划进入中国市场。

目前国内面向个人的即时通信产品主要为腾讯QQ、微软MSN、网易泡泡、TOM的Skype、搜Q、新浪UC、ICQ、雅虎通、IMU以及电信的VIM等，现在中国即时通信市场的竞争格局中，腾讯一支独秀，占据70%以上的市场份额。

互联网用户的快速增长使得即时通信用户也日益增长，2004年中国有即时通信用户6272万人，2005年将达到8267万人，2006年将达到10 334万人。

从2004年中国各即时通信软件月度活跃用户数量（含重复用户）上看，QQ还是占有较大的用户比例，占63.4%，其次是MSN和网易泡泡，分别占16.6%和6.2%。2004年用户最常用的即时通信软件是腾讯QQ，其次是MSN、网易泡泡和雅虎通。用户最常用的即时通信软件格局和2003年基本相同。

从业务拓展上看，随着宽带的普及，即时通信的内涵也开始变化。与过去的纯文本交流不同，新型的即时通信业务融合了视频、音频交流等宽带应用元素。目前各种即时通信除提供了基本的即时互动交流外，还能提供视频、语音通信服务，在短信收发、文件共享、数据传输、游戏、娱乐、个性化设置等方面也都有大的开拓和创新。网易丁磊认为，即时通信软件正在面临第二次发展浪潮，即基于P2P技术的多媒体以及基于IP技术的通信。也就是说，即时通信业务承载的设备也将趋于多样化，用户通过PC、手机、PDA以及其他设备都可以使用即时通信，宽带电话、网络电话等业务都可以实现即时通信。

从用户规模来看，高数量的用户积累已经足以支撑即时通信市场的发展。早在2003年年底，腾讯QQ注册用户就已超过1.6亿，在线用户最高时超过200万人，而每天独立上线人数更是达到1200多万，拥有活跃用户5500万，几乎覆盖所有中国网民。据悉，目前腾讯公布的注册用户数量已经超过3.5亿。从今年信息产业部公布的数字来看，MSN Messeger国内注册用户为1.8亿，雅虎通的注册用户1.2亿，网易泡泡注册用户突破1500万。

从市场划分来看，即时通信的市场拓展已不再是过去大一统的方式，而是逐渐开始向企业和个人两极延伸。个人用户仍是目前即时通信的主体使用人群，而企业对即时通信也有着巨大的市场需求。在腾讯三大战略方向中，个人即时通信和企业实时通信占据了两席。微软MSN Messenger自推出以来，更多定位于商务使用，其主要用户群是企业人士。正因如此，MSN 牢牢占据了中国即时通信市场的高端，成为办公场所相互通信的首选工具。

总的看来，即时通信已经不再是简单的聊天工具，而是成为一个综合了多种电信增值服务的新兴互联网产业掘金点。

2．典型企业

腾讯控股（0700.HK）公布 2004 年实现营业额 11.44 亿元，同比上升 55.59%；实现净利润 4.46 亿元，同比大增 38.6%。其中互联网增值服务收入增长 91.1%达人民币 4.390 亿元；移动及电信增值服务收入增长 37.2%达人民币 6.412 亿元；网络广告收入增长 66.9%达人民币 5 480 万元；净利增长 38.6%达人民币 4.467 亿元。

即时通信注册用户总数增加至 3.70 亿，2004 年年底移动及电信增值服务付费用户为 880 万。

互联网增值服务表现强劲，其增长动力主要源于虚拟形象（avatar）业务。鉴于此项业务的成功，腾讯计划在 2005 年拓展这项业务，形成包括“QQ 家园”和“QQ 宠物”在内的更加丰富的虚拟个性产品线。

腾讯不断推出新的游戏产品并取得了上佳业绩。QQ 游戏成为中国排名第一的休闲游戏门户，其最高同时在线人数于 2004 年第四季度突破了 100 万。腾讯的首款中型休闲游戏“QQ 堂”于 2004 年 12 月底开始公测，反应热烈。公司计划在 2005 年第三季度推出首款自主研发的 MMOG 产品“QQ 幻想”。预计到本年度下半年，网络游戏将成为重要的收入增长动力。

QQ.com 在 2004 年第四季度访问量增长迅猛。公司计划加大 QQ.com 广告业务的推广力度，以期将门户的庞大流量转化为收入。2005 年 1 月，腾讯与 Google 达成合作伙伴关系，并开始采用 Google 的搜索引擎和付费广告技术。这一项合作将有助增加门户与即时通信客户端的搜索流量。

腾讯控股有限公司为中国领先的互联网服务和移动及电信增值服务供应商。按即时通信注册用户数量计，腾讯目前拥有中国最大的即时通信社区。本公司的即时通信平台可以让用户透过不同终端设备，进行在互联网、移动网络及固网之间的即时通信。腾讯主要经营三项业务：互联网增值服务、移动及电信增值服务及网络广告。腾讯控股有限公司在香港联交所主板上市，股票编号为 700SEHK。如欲取得其他相关资料，请登录腾讯网站：（http://www.tencent.com）。

腾讯目前提供 3 种即时通信工具：QQ、腾讯 TM 和腾讯通 RTX。QQ 是面向广大消费者的即时通信工具，它含有多种娱乐和网上社区的功能。腾讯 TM 是专为工作环境设计的商务即时通信工具。腾讯通 RTX 是为公司客户提供的企业级即时通信平台，企业能够通过该平台管理其内部的即时通信网络。

8.4.4　第三类电子商务模式

一、总体分析

企业与企业之间通过网络实施产品经营，主要包括产品供给的两方：即需求方和供应方。在传统商业关系中，这两方一直存在，但是两方的作业系统没有进行信息的有效交换。企业应用电子商务技术，通过网络能够实现订单交互、库存信息交互、结算信息交互等，大大提高信息共享水平，提高交易活动效率，降低整个社会的成本。对于大型企业来讲，应用电子商务技术实现对采购和供应的有效管理和及时响应；对于中小企业，应用电子商务技术实现与上游厂商的有效配套，而且可以通过网络为更多的企业配套。

中国物流与采购联合会在 2004 年对 100 家大中型制造企业与流通企业进行了采购与供应链现状的调查，回收 95 份，有效问卷 88 份。通过调查得出以下初步结论。

第一，开始重视与供应商、分销商的关系，但还没有进到战略伙伴关系。90.9%的企业把供应商视为本企业商业运作的有机组成部分，89%的企业设立了专业人员管理供应商关系。在选择供应商的问题上，98.9%的企业考虑报价、产品质量、价格、交货准时、信用等综合指标，但价格因素仍是最主要因素，占12.5%。79.5%的企业认为客户关系最为重要。但许多供应商只停留在卖买关系上，并未进入生产领域与销售领域，上下游企业追求的是自己的赢利，而不是共赢。经济利益共同体还没有真正建立。

第二，实施采购与供应链管理战略的目的是降低成本，提高效率，这在认识上已取得一致，但在实际运作中仍不理想。如，采购计划往往要用半年的时间才能完成，采购与供应链管理的计算机软件系统十分落后，采购后的订单完成率达到 95.9%，但准时交货率只有 89.6%。从收到订单到组织生产平均需要 14 天，最长的需要 50 天。平均产成品库存占销售量的 20%，有 32%的企业产成品发货前库存要超过 15 天。

由于经济的全球化，以及跨国集团的兴起，企业产品生产的“纵向一体化”运作模式，逐渐被“横向一体化”模式所代替，围绕一个核心企业（不管这个企业是生产企业还是商贸企业）的一种或多种产品，形成上游与下游企业的战略联盟，上游与下游企业涉及到供应商、生产商与分销商，这些供应商、生产商与分销商可能在国内，也可能在国外。在这些企业之间，商流、物流、信息流、资金流一体化运作。

在一些企业一些地区，供应链管理已经起步，并快速发展。一是中外合资与外商独资企业，他们在中国建立的企业只不过是全球企业的一部分，他们有完善的供应链管理体系与运作模式；二是一些较早跨入现代物流领域的生产与商贸企业，如家电行业中的海尔、外贸行业中的中粮、海外运输行业中的中远物流、连锁行业中的百联、IT 行业中的联想、汽车生产行业中的上海大众、流通加工行业中的诚通金属，还有餐饮、服装、日化和医药等行业都有，差别在于供应链的大小与运作的成熟程度，这与企业的性质与规模有关，也与管理者的水平有关。

二、典型企业

1．神州数码

神州数码义无返顾地投入到电子商务的实践中来，2000 年建立了 e-Bridge B2B 电子商务平台，使分销业务能够在这个平台上开始运行。

截至 2003 年 10 月，神州数码电子商务平台已经完成了 100 亿元的交易，将近 6 000 家经销商通过 e-Bridge 平台完成产品定购、交易等工作；平均每分钟 1.5 个订单，1.4 个申请，高峰时段 2 倍于平均值；每天到神州商桥进行审批的各级人员达 800 人次；e-Bridge 每天向内外部用户发送手机短信息 1 500 条；高峰时段在线客户最高达 240 个。

传统上，作为经销商，在订货过程中，第一个步骤是向神州数码的商务人员查询产品状况，有无存货、价格变化、促销信息等，神州数码的商务人员首先要打电话到仓库查询相应产品的库存状况，有时候甚至要查询多个仓库或者不同地区的仓库情况才能了解清楚，然后给经销商回复；第二个步骤是经销商填写订货单据，盖章后通过传真方式发送给相应的商务人员，商务人员拿着传真各层审批；第三个步骤是确认货款到位的情况；第四个步骤是将传真文件提交仓库去提货；第五个步骤是安排货运公司发货并确认到货情况。这样的步骤没有两三天的时间是难以完成的。这样长的时间，对于销售工作来说，实在是有些漫长，一不小心，客户就会溜走。而随着销售竞争的加剧，供货时间的承诺对于经销商来说至为关键。

在没有 e-Bridge 平台之前，经销商不会对 2～3 天的交易时间感到不安；但是，用了 e-Bridge 平台之后，2 个小时就可以完成同城交易。效率的差距就表现出来了。在习惯了 e-Bridge 平台的交易效率后，经销商给他的客户的服务效率就会自然而然的提高，不再满足过去给客户服务能力，而是不断地促使自己更快更高的成长，从而提高了经销商自己本身的市场竞争能力。

以前创建一个交货单需要 1.5 小时，配货需要 1 小时，同城送货需要 1.5 小时，总共需要 4 小时，而上 e-Bridge 之后，从下定单到同城收到货物只需要 2 小时，效率提高了一倍。实施 e-Bridge 之后，订单录入工作由客户直接处理，神州数码商务员的工作转变为订单审核确认，时间由原来的 3 分钟进一步缩短，业务人员的事务性工作时间下降 30%～40%。其中，有一个业务部门在 2002/2001 年人员保持不变的情况下，同期网上定单率提升 16%，销售额、人均交易水平、人均订单处理指标有显著提高，每提高电子商务应用水平的 1%，带来 5.2%的销售提升；每提高电子商务应用水平的 1%，带来 8.3%的业务处理量的提升。新的业务模式改变了业绩的增长以人员增长为代价的固有模式。通过 e-Bridge，不仅给神州数码自己带来收益，也给上游厂商带来了好处。例如过去在执行厂商的大客户销售计划时，种种原因造成最终的统计会出现偏差。采用 e-Bridge 系统后，由于采用“批次”管理，从而保障了厂商的销售计划更加严格地执行，双方的统计能够吻合。提高了彼此的对表效率，减少了差错。

e-Bridge 也改变了代理商的工作方式。现在，代理商可以直接或者通过呼叫中心或者委托负责他的销售员向 e-Bridge 查询订单、价格、库存、促销等信息，从填订单开始，订单信息就处在 e-Bridge 的管理之下了。当用户向 e-Bridge 发出订单请求时，订单信息通过接口服务器被送进 ERP 系统，并且在 ERP 系统中完成三项检查：急库存检查、信用检查和价格检查；当完成三项检查后，系统将检查的结果再返回 e-Bridge 中，这样用户就可以查询订单的确认结果了。ERP 为通过的订单创建交货单，物流系统接收交货单之后排货，送货，货物到达用户手中后，用户返回给物流系统一个收货信息，物流系统将此收货信息发送给 e-Bridge，整个交易过程结束。最后 ERP 系统触发一个邮件或短信给代理商。e-Bridge 系统在帮助代理商提高了效率的同时，也使代理商日常工作流程因参与电子商务而得到优化和规范。

2．郑州华粮科技股份有限公司（中华粮网）

郑州华粮科技股份有限公司（中华粮网）是由中国储备粮管理总公司（中储粮）控股，集粮食 B2B 交易、信息服务、价格发布、企业上网服务等功能于一体的粮食行业综合性专业门户网站。2004 年，中华粮网围绕核心目标，努力提升开展电子商务的技术实力和创新能力，取得如下几个方面的新进展。

（1）拓展交易平台和软件产品的应用市场，提升科技转化能力。

中华粮网目前拥有多项自主知识产权的交易平台和软件产品，包括多种模式的网上交易系统等。凭借这些软件产品，中华粮网在 2002 年被认定为国家高新技术企业和软件企业的基础上，2004 年顺利通过年度审核。“中华粮网粮食竞价交易系统”继 2003 年荣膺河南省科学技术成果奖后，2004 年又获得郑州市科学技术进步奖。

（2）积极实践粮食电子化交易，重视电子商务支撑环境建设。

目前，国内绝大多数省级以上粮食批发市场应用了中华粮网的竞价交易系统，在 2004 郑州小麦交易会、宁夏粮食交易会和湖南市场储备粮交易会上得到了成功应用，共计成交各类粮油 60 余万吨，成交金额 9 亿元，赢得业界的广泛好评。

2004 年，中华粮网继续做好重点企业网上交易的平台支持，其中，郑州粮食批发市场栈单交易持续活跃，混合小麦等五个品种成交量达 368.6 万吨，成交额共计 80.5 亿元；成交量最小的优质强筋小麦也达到 20 万吨，成交额为 3.2 亿元，混合小麦成交则达到 93.2 万吨，成交额为 14.7 亿元。

2004 年，中华粮网配合相关单位，在河南焦作开展了农发行信贷企业网上交易试点，数字认证等技术在试点中得到成功应用。

（3）承担国家科技部“十五”科技攻关项目，建设国家示范点。

中华粮网于 2001 年成为河南省信息化“十五”规划重点项目实施单位和公安部网络身份数字认证与安全预警示范单位。在此基础上，2004 年公司参与了科技部“十五”攻关项目“农产品现代物流信息平台”的课题研究，被项目领导小组和国家粮食局确定为粮食电子商务示范单位，进一步提升了中华粮网在粮食电子商务与物流信息化的研发实力与影响力。

（4）积极探索中央储备粮管理和经营的现代化手段。

2004 年 12 月 25 日，中储粮总公司控股中华粮网，标志着中国粮食电子商务的航空母舰启航，更加强化中华粮网作为全国最大粮食门户网站和电子商务平台的地位；通过充分发挥中储粮的资源优势，将进一步推进中华粮网健康、稳定、持续发展，更好地为国家粮食宏观调控服务，为粮食安全、高效、顺畅流通服务。

2004 年，中华粮网为中储粮系统提供网上物资采购、各分公司（直属库）之间产销协作、调剂余缺提供网上交易平台。为各分公司建立采购（销售）专场，通过网上竞价、招投标或网上协商的方式在系统内部实现公平、高效、安全的交易。完成了部分国家粮油进出口任务，从成本、信息、效率等多个方面推动中储粮轮换业务发展。同时加强了与国内各重点粮食批发市场联系，建立和完善“提供合同履约交割与资金结算”的服务体系。

（5）购销专区客户数量进一步拓展，凸显中华粮网信息价值。

中华粮网进一步发挥“购销专区”作为粮食企业的窗口作用，供企业进行网上成交、留言和宣传等活动。2004 年，中华粮网积极拓展市场空间，使购销专区成员自 2003 年开通以来达到 352 家。会员企业充分应用中华粮网这一信息平台，2004 年用户企业共发布信息 11 560 条次供求等信息，极大提高了企业的交易效率、降低了交易的搜寻成本和机会成本。

8.4.5　第四类电子商务模式

与第二类电子商务模式一样，通过网络企业之间提供服务有很多种模式，目前发展的比较好的有信息服务、招聘服务、广告服务、金融服务等。

信息服务类：阿里巴巴、慧聪、万网、中企网等。

招聘服务类：前程无忧、招聘网、中华英才网等。

广告服务类：新浪、搜狐、网易、TOM 等。

金融服务类：工商银行、招商银行等。

一、网络广告服务市场

从 1998 年到 2004 年网络广告支出占广告总额比例上看，1998 年、1999 年网络广告起步阶段，占广告总额的 0.1%；2000 年到 2002 年网络广告平稳发展，占广告总额 0.5%；而 2003 年后网络广告支出大量增长，2004 年网络广告支出占总额的比例已经增长为 1.5%。2004 年中国网络广告市场规模达到 19 亿元，2005 年、2006 年预计将分别达到 27 亿元和 40 亿元，2004 年较 2003 年增长率为 75.9%。

各个行业的网络广告主在 2004 年在网络广告投入的总费用超过 18 亿元，其中 IT、网络服务、手机通信、交通汽车、房地产分别是前五大行业。网络服务类客户中，主要包括网络游戏类和电子商务类企业，网络经济的又一番热潮让网络服务类行业的广告预算在 2004 年大幅增加，仅网络游戏全行业一年的网络广告预算就超过 1 个亿。淘宝和易趣的争夺广告资源的一些“战役”，也给这个行业注入了活力。

1．门户网站广告服务

门户网站的网络广告收入发展稳定，今后依然是中国网络广告媒体收入的最主要组成部分，但是随着特色专业媒体的激增，网络媒体间的竞争将越来越激烈。

这一年中，中国的网络广告市场的产业形态发展的更加成熟完整，从日益专业化的网络媒体，到数量不断增多的网络广告代理公司，到技术不断升级的网络广告管理系统技术提供商，再到提供网民访问量监测和竞争品牌分析的专业调研公司的介入，整个网络广告的产业链发展更加完整，产业也更加成熟。

门户类媒体中，新浪仍然是中国网络广告市场中的老大，访问量和客户数量在门户阵营中处于领先位置，2004 年度的网络广告收入在 5 亿多元，广告收入已经可以媲美一些传统大型的媒体集团的收入。搜狐通过之前的 2 次并购，购入了网络游戏类专业媒体 17 173 和房地产类专业媒体焦点网，2004 年是这两个专业媒体快速发展的一年，收入同比都有翻番的增长。含这两个专业媒体的搜狐矩阵，网络广告收入已经和新浪缩小差距。网易在 2004 年注重了媒体频道的建设，新闻资讯类的访问量也有了较大的增长。在一些如汽车行业、快速消费品行业有一定的优势。

其他的一些门户媒体如 TOM、QQ 也都取得了较快的发展。TOM 的发展延续了 2003 年门户黑马的状态，继续在网络广告代理公司拓展方面深入开展工作，网络广告收入节节攀升。另外，QQ.com 网站虽然仅仅成立一年，但利用庞大的 QQ 用户群为依托，加上利用新版的 QQ 软件登录弹出框的推广，网站从无到有，已经成为中国比较年轻的网民获取资讯重要的一个渠道。

Yahoo 中国 2004 年利用和 3 721 公司的并购过程，进行了网络广告运营管理人员的本土化管理，并利用自己的国际品牌优势深入挖掘网络广告行业，也取得了不错网络广告业绩。

2．搜索引擎广告服务

搜索引擎在 2004 年以前经常被认为是一种特殊的企业推广形式，不太被网络广告业界关注。但在 2004 年，搜索引擎广告，尤其是竞价排名的广告形式，已经凸显出网络广告的一种特性——按“广告效果”付费。其实早在 2 年前，新浪等行业领导公司就提出的“定向广告”的概念，但是，这几年中，门户网站在定向广告上的步伐并没有快速迈出，搜索引擎的竞价排名却已经被一部分电子商务类企业追捧。他们称“竞价排名广告”是能够进行“精确内容定向的文字链网络广告”。现在，以 Google 为首的主流搜索引擎已经能够提供按照关键字搜索而显示图片形式的广告，更加减少了网络广告和搜索引擎广告之间的定义区隔。目前，中国超过 60 万家企业使用过或者正在使用搜索引擎进行网络营销，这个数字远远大于在主流网络媒体上投放广告的 4 000 余家网络广告主的数量。2004 年，中国搜索引擎运营商收入规模超过 5 亿元，整体行业市场规模达到 12 亿元。其中，竞价排名广告形式在未来几年都将会是快速的增长状态。

百度在 2004 年除了竞价排名广告收入激增以外，还收购了中国网民最喜爱的上网导航网站 Hao123，形成了一个特殊的营销媒体集团。3721 被 Yahoo 收购以后，推出了全新的一搜专业搜索门户，访问量在 3 个月内已经晋升到全球 40 位左右，创造了一个发展奇迹。

2004 年中，搜狐也在搜索引擎市场中动作频频，除了推出全新的 Sogou 搜狗搜索以外，以 CPC（按点击付费）为主的文字链广告联盟也已经成为了搜狐搜索引擎的重要收入组成。

3．专业类网络媒体广告服务

2004 年，中国专业类网络媒体数量大幅增加，有一定的网络广告专业销售队伍的网络媒体从 40 多家急速上升到 80 家左右，网络广告专业媒体市场炙手可热。专业类媒体增长最快的一个行业是网络游戏行业，从 2003 年仅是 17173、天使在线等少数几家网络游戏专业媒体，发展到 2004 年底已经近十家有一定规模的网络游戏类专业媒体，例如天空游戏网就凭借“游戏宝典”等创意性的传播工具迅速成为流量前三位的行业媒体。

汽车类专业媒体，除了中国汽车网、汽车新网等老牌的网站以外，也涌现出一批爱卡汽车网等几家新型的汽车类社区媒体。

另外，在中国网站访问量排名中，可以看到以西陆、西祠胡同、天涯、MOP 为首的一批网络社区有着不凡的流量，但是网络广告收入还没有和流量成正比，未来这些社区以及新型的 Blog 等新形式社区的网络广告会有越来越大的发展潜力。

二、招聘服务

2004 年中国网上招聘的市场规模为 5.5 亿元人民币左右，到 2006 年将增长到 16.9 亿元人民币，平均增长率为 73.9%。从比例上看，网上招聘市场规模 2003 年上升到了 3.1 亿元人民币，占整体招聘市场规模也由 2002 年的 5.1%上升到 2003 年的 8.1%，2004 年网上招聘收入达到 5.5 亿元人民币，占总招聘市场的 13.2%，预计到 2006 年网上招聘收入将占整体招聘市场收入的 33%。

在网上发布招聘广告，最早集中在 IT 行业，随着网上招聘市场的发展，行业类别也越来越向传统行业靠近。根据 51job 的无忧指数统计，2004 年，其中发布网上招聘广告的企业主要为信息技术/互联网，加工制造，生物/制药/保健/医药，耐用消费品，电子技术，贸易，咨询业，快速消费品，广告业，房地产及中介。通过了解全国一些大中型招聘网站的企业用户数，根据 iResearch 调查统计，在 2004 年全国约有 80 万的企业在网上发布过招聘广告，而根据 iResearch 第 3 次网络调查分析，其中主要集中的城市在北京 10.97%，上海 8.25%，地区分布主要在华北和华东，约占 46.6%。

根据互联网用户经常使用的网上功能发现，网上求职的用户比例从约占互联网用户比例从 2001 年才起步的 1%上升为 3%～5%，2003 年最高为 4.7%，2004 年为 3.9%，中国网上求职的用户数量也由 2002 年的 119 万到 2004 年的 410 万，预计 2007 年将达到 865 万。以 2002 年和 2003 年网上求职用户数量增长最快，比例分别达到 296%、216%。也可以预见到当时网上招聘正处于成长期，用户数量猛然上升。

8.5　典型事件分析

8.5.1　电子商务公司纷纷上市

2004 年，电子商务公司纷纷上市，风险投资公司获得巨额回报，重新开始青睐创始公司。盛大、腾讯、TOM 在线、携程、前程无忧、九城、空中网、e 龙、灵通、金融界等 10 个企业上市，其中 TOM Online 在纳斯达克和中国香港创业板同时上市。只有腾讯选择了香港主板。

1．在线专业服务成为亮点

携程上市之后，在线服务类网络公司 51job、e 龙、腾讯和第九城市等公司也成功上市。

2．网络游戏服务市场巨大

在上市的专业类网站中最为成功的是网络游戏类上市公司盛大和第九城市。2004 年 5 月，国内最大网络游戏运营商盛大网络率先登陆美国纳斯达克。截至2004年11月22日，盛大网络的股价保持上扬趋势，以每股36美元收盘，总市值达到25.5亿美元，超过三大门户网站，成为国内最大网络公司，据称也超过了韩国最大的网络游戏企业。

3．专业网站成为新焦点

随着中国网民达到9 400万人，宽带用户超过4 280万人，中国宽带市场迅速进入一个快速成长期。受到不同需求的影响，网络业务市场逐渐趋于多元化和应用性，出现了专业从事网络游戏、电子商务、检索等业务的网站。与此同时，有偿收费模式的建立确保了专业类网站的丰厚盈利。灵通网、金融街网、空中网纷纷上市。

截至2005年3月21日，按照市值大小，上市网络公司的市值如表8.8所示。

表8.8　我国上市网络公司的市值（截至2005年3月21日）

公司名称	股票代码	价格	市值（美元）
盛大	SNDA	29.850美元	2 075 688 882.60
新浪	SINA	30.801美元	1 497 760 227.00
网易	NTES	45.220美元	1 414 914 898.04
腾讯	0700	5.550港元	1 240 684 896.54
搜狐	SOHU	17.860美元	644 763 860.00
TOM在线	8282	1.230港元	614 400 769.23
TOM在线	TOMO	12.410美元	604 398 025.00
携程	CTRP	39.800美元	600 480 350.80
前程无忧	JOBS	15.100美元	404 634 549.00
九城	NCTY	16.850美元	392 183 750.00
中华网	CHINA	3.070美元	311 875 160.00
空中网	KONG	7.780美元	266 465 000.00
e龙	LONG	9.270美元	224 461 323.45
华友世纪	HRAY	8.350美元	182 664 249.30
灵通	LTON	7.050美元	176 288 775.00
金融界	JRJC	6.080美元	120 785 200.96

根据著名创业投资专业研究与顾问公司——Zero2ipo对2004年前3季度创投业的统计结果显示：截至2004年第3季度，50家活跃VC对互联网投资项目超过24个，投资金额超过1.471 7亿美元；而2003年截至第3季度这50家活跃VC对互联网投资项目仅为7个，投资金额也只有7 620万美元。2004年2月17日，阿里巴巴宣布获得8 200万美元的战略投资，这是中国互联网业迄今为止最大的一笔私募基金。

8.5.2 SP在"炼狱"中成长

随着手机增值服务的快速崛起，移动增值业务是通信领域一个发展最迅速的领域，而彩信、短信、Java、WAP、IVR等是从这一两年才新发展起来的最新兴的领域。

从2003年开始，在中国电信、中国网通等几大运营商的强力推动下，以短信等为主的无线增值业务大行其道，许多专业SP业务量急剧上升并且获得不菲利润。受此影响，各门户网站都把主要精力投入到发展SP业务方面。他们依靠前期积累的知名度和人气资源，将电信业务中的无线增值服务成功地引入公司业务范围之中。SP业务迅速超过了广告业务收入，成为门户网站盈利的主力军。

8.5.3 搜索市场一触即发

因为Google的巨大成功，也使搜索引擎成为一个热门的产业，并给网络带来了巨大的变化。

2004 年初，刚刚上市不久的慧聪国际集团就重拳出击，将原慧聪搜索正式独立运作，成立中国搜索，高调进军中文搜索领域，网络猪也悄然兴起；随即，新浪、搜狐撕毁原先与搜索门户缔结的攻守同盟，先后推出“查博士”、搜狐“搜狗网”；6 月，雅虎推出搜索门户“一搜”，号称用 26 亿打造的 YST 技术提供服务，与全球的资源对接，可以提供 10 亿幅图片和 2 000 万首 mp3。

同样在 2004 年 6 月，总部位于加州的搜索引擎公司 Google 收购了主要的中文互联网搜索引擎百度在线网络技术公司的少数股份，这是 Google 在美国以外的最新投资活动，这项投资意味着，Google 可能考虑在搜索和在线广告业务增长最快的中国市场中联合或者收购竞争对手。

8.5.4 即时通信激战正酣

2004 年，即时通信市场成为众网站新的较量平台。网易、新浪、搜狐均已经纷纷为自己在即时通信市场制定了不同策略。先是搜狐发布“搜 Q”，号称要向腾讯 QQ 发起有力挑战；随即，雅虎发布“雅虎通 6.0 中文版”，宣称其使命是“在一两年内改变中国即时通信市场”；新浪不满足于“了了吧”的人气，出手收购了 UC，将 UC 近 8 000 万注册用户收入门下；网易也相继推出“网易泡泡 2004”及其升级版。而 TOM 在线也不动声色地与在中国尚名不见经传的 Skype 联手推出 TOM-Skype 的即时通信平台，希望以先进技术轰开市场壁垒。短短一年，已有数十种即时通信产品陆续抢占市场。

即时通信巨大的市场同样诱惑了电信运营商。中国电信开始推出自己的 VIM 系统，将宽带业务和即时通信产品结合起来进军即时通信市场。此外，中国移动和中国联通也不甘心仅仅为这些互联网企业做嫁衣，开始打造自己的即时通信平台。无论是网站还是电信运营商，均在强力打造属于自己的“即时通信王国”。

8.5.5 B2C 巨头抢滩中国

2004 年 8 月 19 日，美国著名的电子商务网站亚马逊公司宣布收购卓越网。这次交易价值约为 7500 万美元，涉及约 7200 万美元现金以及员工期权。卓越网将成为亚马逊的第 7 个全球站点。亚马逊通过卓越网进入中国将使它有机会为中国的 8 000 多万互联网用户提供服务。

卓越网成立于 2000 年 5 月，现在是中国最大的网上书籍与音像零售商，同时也在网上销售软件、化妆品及礼品玩具等。亚马逊创始人，首席执行官贝索斯表示：“我们非常高兴能够通过卓越网进入中国市场。卓越网在相当短的时间内已发展成为中国图书音像制品网上零售的领先者。我们非常高兴能参与中国这一全球最具活力的市场。”

亚马逊开始在中国电子商务市场上开疆拓土，对国内的 B2C 网站的竞争形式将产生巨大影响，电子商务市场的竞争势必更加激烈，国内企业将面临更为严峻的形势。

8.5.6 业务扩张，极力收购

（1）2004 年 7 月 7 日，新浪宣布 3 600 万美元收购朗玛 UC，作为一个仅仅推出 2 年的 IM 软件，UC 在被腾讯 QQ 垄断的国内 IM 市场上，取得了不错的战绩，新浪重新加入即时通信战场。

（2）2004 年 9 月初，百度收购了全球最大的网址站 Hao123。Hao123 又称网址之家，是成立较早的一个网址站，号称中国第一个人网站。从 1999 年建立以来，已经成为数千万网民寻找网上信息的入口站点。希望在搜索引擎上大有作为的百度也耐不住寂寞，卷入了收购的行列。

（3）10 月 8 日，盛大收购国内领先的原创文学门户网站——起点中文网。起点网是一家以发布娱乐文学为主的原创文学网站。

（4）10 月 15 日，美国著名的 IT 门户网站 CNET 宣布，用现金收购中关村在线和蜂鸟网中关村在线成立于 1999 年 3 月，目前其产品、渠道方面的资讯在 IT 业界被认为具有一定的影响力。蜂鸟网是在中国摄影爱好者中具有一定影响力的摄影行业垂直专业网站。

（5）2004 年 11 月 29 日，在纳斯达克上市的盛大互动娱乐宣布，将以 9 170 万美元现金收购韩国网络游戏公司——Actoz 公司的控股权（占总股本的 29%）。Actoz 在国内网游市场具有相当高的知名度，其所开发的《传奇》系列、《A3》等网络游戏深受玩家喜爱。

（6）2004 年 6 月，日本最大网络零售商乐天（Rakuten），以 1 亿多美元收购了携程网 21.6%的股份。

（7）2004 年 7 月，全球最大的在线旅游网络公司 IAC 以 6 000 万美元收购 e 龙公司 30%的股份。

8.5.7 盛大进军新浪

这是盛大进军新浪，不仅仅是两家企业的故事，正如联想并购 IBM PC 一样，它标志中国 IT 企业开始真正国际化一样。这次标志着网络势力的崛起。是因为它正在以一种独立的姿态影响中国的经济，甚至其他许多方面。例如这次并购事件，是发生在两个网络企业之间，而没有与传统企业和产业发生关系，也就是说，网络产业可以在很大程度上不依赖传统产业进行生存；其二，这次并购事件，已对国内的资本市场和投资者心态产生了不少的影响，陈天桥也很可能成为一年一度的中央电视台中国年度经济人物；三是这次并购事件，还可能将对网络产业和资本市场产生连锁反应，是中国的网络产业与资本市场更为紧密和互动。网络势力的崛起，在于网络对人们的影响力越来越深刻、多样和直接。也就是说人们越来越离不开网络。想看新闻，脑子里第一印象可能不再是报纸或电视，而是网络；想娱乐，脑子第一印象可能不是电视和电影院，可能是网络。作为中国最大的门户网站新浪，拥有中国 1 亿的网民，本身就是一种很大的势力，加上盛大的进入和资本的注入。可能会成为网络势力崛起的一个标志性事件，就是网络势力对社会的影响，不再是单独的一个个企业的影响，而是走向融合的影响，也就是说不再是过去新浪提供新闻，盛大提供游戏，而将来可能会提供新闻、娱乐、游戏，甚至包括商业服务，最后变成了综合服务的巨无霸，对人们的影响可能是全范围，多领域的。因此这次并购，有可能类似博客中国等博客类网站崛起一样，将加快中国网络的社会化进程。

这次购并事件，对网络产业来说，是一个胜利的消息，对传统产业来说，应该被视为一种新威胁，那就是传统企业在企业的发展和运营中要日益借助网络的力量，逐渐使用网络平台经营自己的业务，日益培植与自己相关的网络产业，例如在营销上、广告上、业务交流上逐渐要加大网络部分的力量，否则后来将受到更大的威胁。正如 1999 年英国首相托尼・布莱尔就说过，如果你不把互联网看作机遇，那它便是对你的威胁。今天，对商务人士来说，如果不能应用电子商务，这可能成为其终身的威胁。

8.5.8 旅游产业电子商务

一、旅游业电子商务概念

旅游业电子商务，就是电子商务在旅游业的应用，指旅游业提供商、服务商、发展商应用电脑和现代通信技术，通过互联网，调整企业同消费者、企业同企业、企业内部关系，从而扩大销售，拓展市场，并实现内部电子化管理的全部商业经营过程。它具有以互联网为依托、消费者直接参与、涉及企业运作的各个层面（产品设计、市场营销、企业管理 MIS、客户管理 CRM、资源管理 ERP、供应链管理 SCM）和庞大的信息源以及方便、快捷的支付手段等特点。

电子商务在旅游业中的应用，具有诱人的发展前景。据 CNN 报道：1999 年全球电子商务销售总额 1 400 亿美元，旅游业电子商务销售额突破 270 亿美元，接近全球电子商务销售总额的 20%，并连续 5 年保持 350%以上的发展速度。截至目前，全球约 8 500 万人次以上享受过旅游网站服务。

总体来说，电子商务和旅游业在以下几个方面具有共存性。

1．电子商务使旅游产业在服务类型上实现了从无形化到有形化的转变和飞跃

旅游业应该属于服务业，是第三产业的新兴业代表。与以农业为代表的第一产业和以制造业代表的第二产业相比，第三产业的最大特点是无形化。不提供有形的商品，只提供无形的服务、甚至是概念。从一定意义上讲，这也是服务业的弊端和弱点。而电子商务快捷、真实地提供了大量旅游信息和虚拟旅游产品，网络多媒体给旅游服务和产品提供了令消费者“身临其境”的展示机会，它让潜在的消费群实实在在地感受到了旅游服务和产品的存在，弥补了第三产业的缺陷，弱化了第三产业与第一、二产业的区别。可以说，电子商务使旅游产业在服务类型上实现了从无形化到有形化的转变和飞跃。

2．电子商务使旅游产业在服务终端上实现了从国际化到本土化的转变和飞跃

中国已经从旅游资源内国转变为旅游资源外国，今后 20 年，将要完成从旅游资源外国向世界旅游强国

的跨越。另据世界旅游组织预测，到 2020 年，中国每年接待的入境旅游者将达到 1.3 亿。不容置疑，国际化已经成为现代旅游产业的特征之一。而通过电子商务，可以使国内人足不出户就可以了解外国的旅游资源和信息，使外国人足不出户就了解内国的旅游资源和信息，使“客场”变“主场”。可以说，电子商务使旅游产业在服务终端上实现了从国际化到本土化的转变和飞跃。

3．电子商务使旅游产业在服务成本上实现了从高额化到低额化的转变和飞跃

旅游交易是一种小额的、多批次的服务贸易。人们对旅游服务具有较强的个性化需求，例如对目的地、行程、时间、档次等的选择千差万别。旅游产品的购买者大部分是散客，即使是成团旅游，每团也不过数十人。与有形产品贸易签一个合同动辄成百上千万元相比，旅游交易是一种典型的小额贸易，而且每次交易的内容和金额各不相同。但是，旅游交易的批次相对多，交易过程相对复杂，传输的信息量相对大，中间环节相对多，需要大量手工劳动和频繁使用电话、传真等通信工具，费时费力。外加上通常较大的交易双方时空跨越性（尤其是在国际业务中），导致交易时间的非常规化。这一切都决定了旅游产业的相对高成本化。而电子商务借助网络传媒的数据库、丰富多彩的表现形式、合理的广告成本、强大的传播能力、独特的科技形象等，不仅确保了旅游产品的品质，而且避免了复杂冗长的旅游营销宣传资料，克服了人力、物力、财力的巨大浪费，使销售成本急剧下降。可以说，电子商务使旅游产业在服务成本上实现了从高额化到低额化的转变和飞跃。

4．电子商务使旅游产业在服务手段上实现了从高额化到低额化的转变和飞跃

旅游电子商务的电子信息传递是双向式的，商家不仅可以发送信息，也可以收到访问者的信息，所以，利用旅游电子商务可以大大提高信息反馈速度，而且也最大限度地避免了通过电话可能导致的采集信息不准等弊端的发生，有利于旅游提供商及时收集信息，开展服务，实现了供、需双方在第一时间的互动和交流，缩短了旅游产品的生产周期，促进了良性循环。可以说，电子商务使旅游产业在服务手段上实现了从高额化到低额化的转变和飞跃。

二、旅游业电子商务在我国的现状

我国第一家旅游电子商务网站始建于 1996 年。迄今为止不到 10 年的时间，专门从事旅游业务的网站已经发展到 300 余家，具有一定旅游资讯能力的网站 5 000 多个。全部网站按业务范围可以划分为三大类，即地区性网站、门户网站的旅游频道和专业旅游网站。地区性网站主要用于介绍旅游景点、景区风光，功能属性主要突出宣传；专业旅游网站在介绍旅游景点、景区风光的基础上，主要用于旅游中介业务，功能属性突出于中介和服务。它又可以分为两类，一是传统旅行社建立的网站，二是专业旅游电子商务网站。前者如中青旅网、国旅网、康辉网等；后者如携程旅行网、e 龙网、华夏旅行网等。而门户网站的旅游频道介于二者之间，兼具宣传、介绍、中介、服务功能。如雅虎旅游频道、搜狐旅游频道、新浪旅游频道等。

目前在我国，旅游电子商务前景尤其被看好，不论是网上企业还是网下企业，纷纷涉足其中。2004 年一季度，旅游电子商务以 20 亿美元的交易量和 28%的增幅排在中国电子商务交易量首位。

三、制约旅游业电子商务发展的瓶颈

1．网络安全瓶颈

网络安全是一切电子商务的底线。如果没有网络安全，一切电子商务都无从谈起。网络安全主要涉及两个方面：在线交易的保密性和旅游网站建设的稳定性。对前者而言，网上交易、资金周转和电子货币铸造都需要绝对的安全性，这是最基本的保障。而后者强调的是网站数据的稳定、安全和反黑客能力强以及客户资料的保密等。

2．网上支付瓶颈

网上支付是指可随时随地地通过互联网直接进行转账结算的电子支付。旅游电子商务的最终落脚点就是货币的在线支付。目前，中国银行、建设银行、工商银行、招商银行均已陆续开通了网上支付业务，其提供的“银行卡”的各项服务功能还在不断更新和完善。但还存在如下问题：一是银行网上结算系统大多还不健全。现仅有招商银行、建设银行可实时结算，人们在线消费实时结算的相关手续相对复杂凌乱；二是银行卡标准不一。各个银行网络选用的通信平台各异，没有形成全国统一的银行卡体系；三是人们的心理准备不足。使用网上支付的心理门槛过高，对使用网上银行的信用卡、借记卡比较含糊，由于信用消费

能力不足直接导致网上银行的货币电子化进程缓慢。

3．法律保障瓶颈

就电子商务而言，我国的立法和司法现状：一是传统的法律体系中主要依靠行政法规（《中华人民共和国电信条例》、《互联网内容服务管理办法》）和个别地方性法规进行规范，已无法适应网络经济的发展步伐；二是相关的基本法或基本法以外的法律没有出台，法律独有的规范性、引导性、评价性等功能缺位，已经制约了旅游电子商务的健康发展；三是缺乏必要的行业自律和自控，信息的真实性得不到保证。

4．业界人才瓶颈

旅游电子商务网站的营运要涉及多方面的综合知识，对从业人员的要求相对较高。一方面，它需要熟练掌握最先进的电子手段；另一方面，它有需要涉猎旅游学、消费者心理学、商户心理学、地理学、民俗文化等多门学科。开展旅游电子商务需要的是既懂技术又懂经营管理的复合型人才。而目前业界内部，复合型人才大量匮乏，一些网站的精妙策划、重要举措和良好发展前景往往因为缺乏相应的人才支持而或束之高阁或搁浅。

四、旅游业电子商务发展战略

面对新的竞争局势、市场走势和发展态势，如何从各自的实际出发，有效解决以上瓶颈，实现旅游业电子商务在平稳有序中的创新发展，是摆在面前急需解决的课题。

1．定位战略

旅游电子商务的定位就应该是满足旅游市场的发展要求，顺应旅游战略创新的趋势，探索新的旅游业务模式，建设有特色的、个性化的旅游电子商务，降低成本，提高效率，寻求新的利润增长点。重点是突破传统经营模式与手段，建立现代旅游管理信息系统，避免传统规模扩张的机构庞大、管理失效的弊病，形成规模化、产业化、标准化的旅游发展新格局。

2．专业战略

旅游电子商务发展需要有强大的专业产业资源做后盾和支撑，在网络站点设计风格、网络报价、网络预订处理、网络客源分析、网络客人接待、客人资料保存整理等环节，无一不是在唱“专业”的主旋律。因此，国内旅游商务网站需要走专业的道路，转向专业细分的行业商务门户模式，将增值内容和商务平台紧密集成，充分发挥互联网在信息服务方面的优势，使旅游电子商务真正进入“以用户需求为中心”的实用阶段。

3．品牌战略

目前，知名旅游网站之间的竞争已经从资金实力、信息丰富程度、交互程度等竞争阶段发展到品牌竞争阶段。谁在消费群中树立了品牌，谁就树立了形象；谁占有了品牌，谁就占有了市场。这些都是品牌的排他性力量和决定性作用。精明的商家想在旅游业电子商务市场分一杯羹，就要在品牌战略环节大做文章。

旅游电子商务本质上是网络信息流程与商务运作程序的融合，它主要是通过现代网络信息技术改造传统的信息流程，并以网络信息流引导商流、资金流和人流，快速撮合交易，有效地实现降低成本、提高效益的目的。尽管旅游业电子商务领域的许多认识还没有统一，技术处理还没有完善，但旅游产品的独特性已经使旅游业成为最适合开展电子商务的行业之一。

电子商务的出现对传统旅游提出挑战的同时，也更为旅游业的发展提供了一次腾飞的机遇。

（携程旅行网　戴宇）

8.6　我国电子商务应用现状的基本估计及“十一·五”电子商务发展预测及展望

8.6.1　我国电子商务应用现状的基本估计

（1）我国电子商务应用尚处初级水平，大部分电子商务是非支付型电子商务，即网上营销，网下支付；小部分是支付型电子商务，即网上营销，网上支付。已开展协同电子商务的企业还仅是少数大型企业集团。

（2）我国有 1 000 多万个企业，上网企业所占比例不大，开展网络营销、网上采购的主要是大中型企业，大部分中小企业尚未上网开展电子商务，企业信息化水平较低，企业尚未充分发挥电子商务的主力军作用。

（3）我国大部分电子商务网站功能较为单一，大部分是搞电子市场商情，在网上发布广告、电子目录、电子查询、网上互通商品信息；小部分搞电子交易，利用网上进行商务洽谈，签订购货合同，交换文本及单证，进行交易；能完成网上购物、网上支付的较少。

（4）由于我国行业、地区发展不平衡，东南沿海与中西部地区有很大区别，目前传统产业部分行业及东南沿海大城市已开展电子商务，部分行业及中西部地区广大城乡尚未开展电子商务。但很有可能后来居上。

（5）国民经济信息化基础薄弱，商业自动化水平低，传统商业与电子商务的现代商业将长期并存；传统商场与网上商城长期并存；必须采取多样化、多层次、多模式的有中国特色的发展电子商务的战略。

8.6.2　我国电子商务发展中存在的问题

1．国家发展电子商务还缺乏明确有力的技术经济政策

国家还缺乏发展电子商务专项规划，国家发展电子商务还缺乏明确有力的技术经济政策。目前颁发了《关于加快电子商务发展的若干意见》，需要积极贯彻落实，加快制定电子商务专项规划和明确有力的技术经济政策。

2．电子商务法律法规、电子商务标准、规范严重滞后，急需加强

现有的行政法规不适应电子商务发展之处未得到及时修订，研究制定电子商务的相关法律法规较滞缓，目前依然缺乏电子交易法、网上知识产权保护、隐私保护法、网上信息管制等多个法律法规，对网络犯罪的定罪和处罚尚缺少实施细则。

技术标准的总体技术水平不高，市场适用性较差，在涉及应用平台标准、数据交换标准和安全标准等方面同发达国家相比还有较大差距，影响我国电子商务平台建设和协同商务技术的应用。安全基础设施（PKI）标准不统一，运营不规范。

3．计算机应用水平低，上网企业与上网家庭数量还较少

信息技术在企业与家庭中应用不够普及。尽管到 2004 年 12 月底，我国网民已经达到 9 400 万人，但是从占总人口的比例看依然偏低，只占总人口的 7.2%，而且分布主要集中在北京、上海和广州等几个大中城市。国外发达国家网民占总人口的比例较高，瑞典高达 67%，瑞士为 60%，德国为 49%。

我国企业信息化水平较低，开展电子商务的企业所占比例不足 20%，在 15 000 家左右国有大中型企业中，大约只有 10%左右的企业基本上实现了较高水平的企业信息化，大约有 70%左右的企业拥有一定的信息手段或着手向实现中级企业信息化的方向努力，大约有 20%的企业只有少量的计算机，但除了用作财务、打字外很少有其他应用，在中小企业中约有 30%的企业尚未开展企业信息化，相比之下，美国有 60%的小企业、80%的中型企业、90%以上的大企业已借助互联网广泛开展商务活动。

4．电子商务的发展所需要的市场经济环境、运行环境尚不完善

社会信用体系尚未完全建立，商业信用体系不健全，系统和资源共享的商业信用体系（包括个人信用和企业信用）还没有建立起来，商业信用意识欠缺，电子商务发展缺乏良好的信用环境、规范和顺畅的交易秩序作为保障。运行环境尚不完善，网络带宽、反应速度尚不满足要求，电子支付手段尚不完备，物流配送体系尚不配套。电子商务的大量物流活动仍主要依靠企业的储运组织自我服务完成，依靠第三方物流承担物流业务的企业为数不多，而且信息共享程度较低，适合电子商务发展的社会化、专业化、现代化物流体系还没有形成。

5．拥有自主知识产权的技术和产品支持能力低

国产化软硬件产品技术水平与市场占有率低，重大电子商务应用工程、应用系统所用的软硬件产品主要依靠国外公司，系统集成，信息服务水平有待提高。计算机应用有关标准、规范既缺乏又不统一，急需加强。与电子商务有关的标准比较滞后，投入明显不足。

6．管理体制、机制、管理理念与组织机构尚不能适应市场经济的要求

部分领导对电子商务应用的重要性、紧迫性认识不足。企业采用电子商务等高新技术尚缺少内在的动力、人力、财力与物力。基础工作薄弱，信息技术人才特别是既懂信息技术又懂行业业务技术的复合型人才更为缺少，广大职工信息意识、人文素质与信息技术应用知识有待提高。

8.6.3 “十一・五”电子商务发展预测及展望

“十一・五”期间是我国信息化建设加速发展，我国电子商务应用水平将上一个新台阶。

一、各类电子商务（B2B、B2G、B2C、G2C、C2C）将得到全面发展

各类电子商务在国民经济主要部门，工业、农业、商业、交通运输业、金融、保险、证券业及信息服务业将全面发展，网络营销为重点的电子商务将基本普及，网上支付随环境条件改善，而逐步发展。

二、主要行业企业电子商务有很大发展

“十一・五”期间企业信息化将有很大发展，信息技术在传统产业改造中有显著成效，全国 27 个省市、46 个重点城市和近 2000 企业开展制造业信息化试点示范工程基本完成。计算机辅助设计、辅助制造、过程控制、供应链管理及电子商务在各类企业中进一步普及，大中型企业大部分实现初级电子商务，部分大型骨干企业中级电子商务；小部分企业培养成高级电子商务示范企业。大部分中小企业推广单项信息技术，部分中小型骨干企业分期实现初级电子商务，建立若干个中级电子商务示范企业，为今后推广积累经验。

具体目标，即初级电子商务，中级电子商务，高级电子商务的普及率（实现不同水平电子商务的企业在行业地区的企业总数中的所占百分比）如表 8.9 所示。

表 8.9　企业电子商务发展预测

	目　标	2005 年	2010 年
大中型企业	高级电子商务	2%～3%	9%～10%
	中级电子商务	20%～25%	61%～62%
	初级电子商务	60%～65%	27%～28%
	单项 IT 应用	7%～18%	0%～3%
中小型企业	高级电子商务	0.5%～1%	2%～3%
	中级电子商务	4%～5%	15%～20%
	初级电子商务	25%～30%	50%～60%
	单项 IT 应用	64%～70%	17%～33%

电子商务按应用水平及商务与电子的融合程度可分 3 个层次。

1．初级电子商务，商务初级电子化、网络化，初步开展电子商务

主要实现信息流的网络化，即进行网上发布产品信息，网上签约洽谈，网上营销，网上收集客户信息，实现网络营销等非支付型电子商务。实现初级经营服务信息化。

2．中级电子商务，商务中级电子化、网络化

实现信息流与资金流的网络化即实现网上交易、网上支付，实现支付型电子商务，以供应链管理与客户管理为基础，实现中级经营服务信息化。

3．高级电子商务，商务高级电子化、网络化、智能化

开展协同电子商务，全面实现信息流、资金流、物流等三流的网络化。实现支付型电子商务与现代物流，网上订货与企业内部 ERP 结合，及时精良生产，实现零库存。从产品的设计研发、生产制造、产品交货、物流配送、财务处理、甚至是最后的成效评估等，都通过电子集市使交易各方能够同步作业。

三、地区、城市、社区电子商务会加速发展

“十一・五”期间，北京、上海、广东等地电子商务试点经验将进一步推广，将建成若干信息化示范省市、地区、社区及乡镇，2010 年全国各地区、中小城市电子商务将会快速发展。金字系列重点应用工程与

数字奥运会胜利完成，社会公用事业，公共服务等公共领域信息化步伐加快。社区服务等公共领域将广泛应用信息技术，为人民群众衣食住行提供良好的环境和服务。

信息技术进入家庭，智能建筑逐步推广，电话、手机、信息家电、家用电脑进一步普及，使信息技术大量进入家庭及个人生活，推动了家庭信息化的发展。截至 2004 年 12 月底，全国家庭电话、手机的普及率分别达到 18%和 25%。全国家庭电脑普及率 2005 年将达 8%～10%，城市家庭电脑普及率达 15%～20%；2010 年全国家庭电脑普及率将达 16%～20%，城市家庭电脑普及率达 40%～50%。全国信息家电数字化、智能化、家庭影院、居家办公将逐步普及，家庭信息化的发展将大大提高生活质量。

（信息产业部电子六所　龚炳铮
电子商务世界编辑部　赵廷超）

第 9 章　教育信息化发展现状与发展战略

9.1　我国教育服务业现状与发展

教育在发展先进生产力、先进文化和满足人民教育多样化需求等方面负有重要使命。我国的教育服务业已经进入最快、最好的发展时期，取得了举世瞩目的成绩。小康社会奋斗目标的提出，给我国现代教育服务业的发展提供了新的机遇和挑战。

9.1.1　我国教育的现状

我国的义务教育已经有了比较坚实的基础。2002 年全国小学在校生人数为 12 156.7 万人，学龄儿童入学率为 98.58%。初中在校生人数为 6 687 万人，毛入学率达 90%，升学率达 60%。全国“两基”的地区人口覆盖率达 90%以上。

普通高中发展较为迅速，中等职业教育招生规模与普高同步增长。宽口径高中阶段教育在校生为 2 913.86 万人，毛入学率达 42.8%。普高在校生 1 683.8 万人，占 58.5%。

高等教育规模稳步扩大。尤其是高等职业教育和研究生教育发展迅速。2002 年，全国高等院校共招收本科、高职（专科）学生 542.82 万人，全国在校大学生为 1 462.52 万人，其中普通高校在校生 903.36 万人，成人高校在校生 559.16 万人，研究生总数达 50.1 万人，高等教育毛入学率达 15%，跨入国际上公认的“大众化高等教育”阶段。全国共有在校学习人数为 2 亿 3 千万。

我国非学历的成人或者进入劳动力市场后的继续教育、岗位培训、下岗职工再就业培训和农村实用技术培训等多样化的职业技术、技能培训呈现出蓬勃发展的态势。2002 年全国各类学校举办的各种形式的成人非学历教育结业人数达 8 989 万人次。目前正在接受各种培训人员 7 280 余万。其中有农民技术培训学校 379 万所，培训农村劳动力 7 000 多万人次。合计目前各种短期职业技能培训达到年 1.5 亿人次。学校、企业、社会广泛利用现有教育资源，建立起职前职后沟通，专业门类齐全的职业教育、成人教育体系。2002 年全国建有教育试验区 110 个，有 40 个城市提出创建学习型城市的发展目标。

9.1.2　教育服务业与建设小康社会目标的差距

小康社会的建设对我国现代教育服务业提出了很高的要求。当前我国的教育服务业还不能满足国民教育发展的需要，也不能适应终身教育和学习型社会的需要，在提升国民受教育年限、广泛开展继续教育、创建终身学习体系和培养创新人才等方面存在巨大的供需差距。主要表现为以下几个方面。

一、国民教育需求巨大

我国要实现人均受教育年限从 2002 年的 8 年提高到 2020 年的 12 年，普通高中升学率从 42%提高到 85%，每年需增加 2.5 亿受教育培训人口。

我国要实现产业结构调整，从简单加工制造国转向高技术制造出口国，高级专门技术工人缺口达数百万人。

我国要实现普通高等教育的毛入学率从 15%提高到 40%，以及研究型大学的高素质人才培养（达到在校研究生 200 万），需要继续扩大教育规模，提高教育质量。

二、各级各类继续教育与培训压力巨大

1．城乡待业人口教育培训

每年尚有 700 万初中生处于待业状态，致使中职和普高层次的教育和培训压力巨大；近千万转岗下岗人员的职业技能培训和技术培训需求迫切。

2．农村转移到城镇人口的教育培训

预计到 2020 年，有 2 亿农民转入第二、三产业，每年需要培训农民逾一亿人次。

3．全国干部、专业技术人员培训

到 2002 年底，我国具有中专及以上学历或专业技术职称的各级各类人员达 6 360 万。预计到 2020 年，总人数超过 1.5 亿人，按各类人才人均年脱产学习时间 12 天以上的要求计算，折合约 1 000 万全时学习的教育人口。其中包括会计、法律、医疗卫生、工程师等各种专业资格证书培训。

4．高级专门人才教育培训

我国需要通过教育与再培训培养出大批中青年学术、技术骨干和高新技术人才，特别是信息技术（IT）、生物技术（BT）、金融、财税、外贸、法律和现代管理等方面的高级专业人才和懂专业与管理的复合型高级人才。

9.1.3　教育信息化是实现教育现代化的必然选择

为了实现现代教育服务业的目标，满足全体国民受教育的需要，解决教育与人力资源开发方面存在的“供给不足、结构失衡、体系不全、机制不活”等矛盾；满足产业结构变化对各类人才的需求，以及城镇化和就业形势变化对教育培训的需求，把我国沉重的人口负担转化为人力资源；抓住信息化给教育带来的机遇，应对挑战，发展科技，建立以信息技术和现代教育管理理念为基础的、完善的现代教育服务体系和终身学习体系是我国的必然选择。

9.2　教育信息化发展现状与趋势

教育信息化是指在教育教学的各个方面，以先进教育思想为指导，以现代信息技术为手段，以深入开发、广泛利用信息资源为重点，以提高劳动者素质和培养适应信息社会要求的创新型人才为目的，为加速实现教育现代化奠定学习型社会基础的系统工程。

教育信息化的几项关键要素是：先进、实用的信息基础设施；丰富的信息资源、知识产品；多元化、良好的服务品质；多层次、专业化的信息化人才队伍；高效的组织管理系统和完善的标准。

9.2.1　国外教育信息化发展现状与趋势

以微电子技术、计算机技术、软件技术、多媒体技术、数字电视广播技术、通信技术、计算机网络技术为代表的信息技术的飞速发展，为教育的现代化和信息化提供了广阔的空间，由此引发了教育乃至社会的深刻变革。因此，世界各国政府都将教育信息化建设放到国家重要战略基础地位，予以高度重视，并从政策制定、基础设施建设、信息资源建设、师资培训以及关键技术研究等方面进行了积极的部署。

一、制定了教育信息化发展战略

以美、英、法为代表的发达国家，早在 20 世纪 90 年代中期，就意识到要用信息化带动教育发展，以政府推动、提出并制定一系列的行动计划和目标。美国克林顿政府 1996 年提出“教育技术规划”（Educational Technology Initiative），要求到 2000 年，全美国建成教育信息化基础设施，全国每一间教室、每一个图书馆都要与国际互联网连通，形成全国范围内的信息高速公路。为了实现克林顿政府宣布的计划，国家每年用于网络教育的开支达 100 亿～200 亿美元。这一举措旨在为美国教育界抢占教育国际化新的制高点做准备。

英国政府早在 1995 年就推出了“教育高速公路”动议，1998 年以立法形式规定，将中小学原有的信息选修课改为必修课，在政府投入的教育经费中，法定的 6%必须作为学校专用的计算机购置费，以保证英国中小学能够连接到 Internet。从 1998 年开始以 16 亿英镑的巨资着手建立全英国学习网格（National Grid for Learning），作为通往信息高速公路的主要的教育门户。2000 年 3 月 15 日，英国教育和就业大臣戴维 •布伦斯特宣布，英国将建立新型网上“电子大学”，力争在全球教育市场的激烈竞争中抢得先机。

亚洲日、韩、新、马、泰等国也都及时抓住教育信息化建设的机遇，加强并落实教育信息化的建设工作。

二、基础设施建设迅速

当前，世界各国对于教育信息化的基础设施建设都给予了高度重视。1994 年，美国公立中小学的互联网接入比例是 35%，到 2001 年这个比例已经上升到 99%。1998 年，美国中小学的学生/计算机比率是 12.1：1，2001 年达到 5.4：1，到 2002 年已经达到 4.8：1。1994 年美国公立中小学各类教室的联网率是 3%，到 2002 年已经达到了 90%以上。

2001 年，英国中学的学生/计算机比（人机比）是 7：1，小学是 11：1，所有中学都有 2Mbit/s 带宽到桌面。到 2000 年，法国高中上网率 100%，初中、小学上网率达 30%以上。2000 年韩国所有的中学都建立了校园网，且 5 年内免除上网费，所有教室和教师都配备了一台 PC 机，普及计算机教育。

三、基于信息技术的远程教育空前发展

信息技术的进步带来了远程教育的空前发展。1995 年，全美国只有 28%的大学提供网上课程，到 1998 年猛增到 60%。据统计，在美国通过各类学习网站进行学习的人数正以每年 300%的速度增长，60%以上的企业通过网络方式进行员工的培训和继续教育。据调查，到 2003 年底为止美国的大学或学院，无论是公立还是私立，都提供了至少一门网络课程。

四、大力培训教师，提高信息技术应用能力

面对教育信息化，教师遇到了空前的挑战。培训教师提高信息技术应用能力，成了推进教育信息化的关键。从 1998 年起，英国投资 2.3 亿英镑用于教师信息通信技术培训。2000 年开通教师专用的门户网站。政府要求，从 1999 年起，必须具备一定的信息通信技术技能，才能获得教师资格。

五、开发和利用信息资源，满足各类学习者的需求

德国是世界职业教育强国，它的教育信息资源开发不仅针对学校和企业，而且面向家庭和社会。其目的不仅使学生应用、操作和收集教育信息水平得到了提高，而且重点培养了学生的创新和预测能力。芬兰政府把教育信息资源的开发重点放在图书馆、博物馆和档案馆上，实现与全国边远地区的联网，同时跟踪世界前沿动态的教育资源，建立最新数据库。发展中国家的突尼斯要求全国科研单位、学校和图书馆一律上网，做到教育信息资源的整体开发和盘活。此外，近十几年来，美、英、法、德、日等国家都投入巨资，相继建立了规模较大的资料库，使之成为国家重要的信息资源。

六、积极推进标准化研究，努力实现资源共享

随着教育信息化的发展，资源的共享与交流成为一个非常关键的问题，对标准的研究成为热点，通过建立统一、规范、科学的信息标准，努力实现管理信息系统的协同工作和信息资源的充分共享，已成为信息化工作的重点。

9.2.2 我国教育信息化发展现状

教育信息化的建设是我国信息化建设的重要组成部分，对国家经济、科技与社会可持续发展起着重要的人才支持和技术创新支持的作用。我国政府高度重视教育信息化的工作，近几年，在党中央和国务院的领导下，在教育主管部门的组织下，我国开展了大量教育信息化的科技攻关和工程建设的工作，教育信息化水平已有了大幅度的提高。

1999 年教育部开始实施国务院批准的“面向 21 世纪教育振兴行动计划”，通过“现代远程教育工程”的建设，以及国家“九五”、“十五”科技攻关、“863”等计划的实施，大大加快了我国教育信息化和现代远程教育的发展步伐，取得了显著的成绩。

一、教育信息化基础设施建设

随着国家电信、广播电视和互联网产业的发展，中国教育和科研计算机网（CERNET）和中国教育卫星宽带传输网（CEBsat）系统相继建成，计算机省域网、城域网和连接各个大、中、小学校的校园网相继开通，为学校师生高速接入 Internet 创造了便利。

中国教育和科研计算机网 CERNET 示范网络自 1995 年建成后，先后经历了多次升级。目前，CERNET 主干网络已通达全国 36 个省会城市和计划单列市，接入单位超过 1 200 个（其中高校 800 多所），连网主机数超过 200 万，用户数量增长到近 1 200 万人。

1999 年 9 月教育部“面向 21 世纪教育振兴行动计划”现代远程教育工程中的“中国教育和科研计算机网 CERNET 高速主干网建设项目”开始实施，并于 2001 年底完成验收，建成容量达 80Gbit/s 的 CERNET 高速传输网，传输速率达到 2.5Gbit/s 的 CERNET 高速主干网，传输速率达到 155Mbit/s 的 CERNET 中高速地区网。目前 CERNET 高速传输网和主干网正在进行扩容和升级。

作为教育部“面向 21 世纪教育振兴行动计划”中的“现代远程教育工程”一个重要组成部分的中国教育卫星宽带传输网（CEBsat）也相继实施，于 2003 年 1 月通过教育部的验收。CEBsat 通过公众网络和专业网络实现教育资源共享，实现天地网合一，解决了我国中西部地区的远程教育覆盖问题。我国教育信息化基础设施的建设已初见成效。

二、利用卫星 IP 广播示范农村远程教育与培训

西部边远农村地区条件艰苦，信息不畅，优质教育资源匮乏。CEBsat 的建成在一定程度上缓解了这些矛盾，有关部门利用卫星宽带传输网传送了大量优质的教育资源，并给边远农村学校赠送卫星接收系统和计算机。组织数万名农村青年教师接受计算机上网培训，为广大边远农村地区利用远程教育扶贫树立了典范。

三、教育资源建设和共享

过去几年来，国家投资建设了各级各类教育资源、示范性网络课程、基础课件、试题库近万种；建成了总容量达 800GB 的全世界主要大学和著名国际学术组织的重点学科的信息资源镜像系统；建成了大型的中国教育信息搜索系统；建设了一批资源建设基地；建设了农、医、文、法、理、工等一批重点学科资源库。对 40 余座大学图书馆、18 个博物馆进行了数字化改造，建立了若干科技期刊全文检索查询系统，大量与教育相关的网站，为资源建设和资源共享奠定了基础。

四、现代远程教育试点工作

至 2003 年，教育部批准了 68 所高等院校开展远程教育试点工作。开设了经、法、文、理、工、管等 9 大学科门类，140 种专业。学生通过互联网或网络视频会议系统等现代化信息技术手段，可以随时随地、交互式地自主学习。截至 2002 年底，累计注册学生 137 万人，招收学员从中专、大专、大学本科至研究生各种层次。现代远程教育试点工作取得了一定的进展。目前，在全国设有 2 000 多个现代远程学习中心，面向社会、企业的继续教育与培训体系正在逐步建立。

五、各种网络应用服务平台的建设

在基础设施建设的基础上，我国广大科研部门也开展了大量的网络应用服务平台建设的工作。2002 年 2 月 CERNET 开通中国第一个组播主干网 CERNET-MBone，并于同年 5 月开通基于组播的视频会议系统，该系统曾用于美国大学对中国学生录取“面试”。尤其在 2003 年抗击 SARS 期间，视频会议系统应用取得前所未有的进展，目前大部分省教育厅及部分直属高校都安装了视频会议系统。比外，300 余个国家重点实验室、部门重点实验室、19 个教育部网上合作研究中心在互联网上开始进行国内外的合作研究、协同工作的探索。全国高校招生系统连续 5 年实行网上招生录取。

六、现代远程教育的关键技术攻关

通过“现代远程教育工程”的建设，以及国家“九五”、“十五”科技攻关、“863”等计划的实施，我国在教育信息化的关键技术攻关方面已经取得了一定的成绩，包括 CERNET 和 CEBsat 的互连互通、教育信息安全认证和教务管理、基于可靠组播的多媒体内容分发，以及信息发布、检索和过滤技术等取得了突破性进展。

七、现代远程教育技术标准化研究

成立了现代远程教育技术标准化委员会，构建了远程教育技术标准体系框架。发布了多项标准和规范，成立了标准测试、认证中心，建立了网站，开展了推广、培训、国际交流工作，为资源共享和远程教育技术发展打下基础。

八、下一代互联网研究

开展了与下一代互联网有关的标准、体系结构、关键技术、网络安全和各种应用的研发工作；建成了基于 IPv6 的下一代互联网试验床和下一代互联网国际交换中心；目前正在实施下一代互联网示范工程，为教育信息化的发展奠定了较好的通信基础。

九、探索了学校与企业合作的机制

在教育信息化建设中，企业积极参与，有效推动，加快了建设进程；在教育与培训中企业与学校合作，在资源共享、优势互补、供需合作办教育的模式和市场化运行机制等方面进行了探索。

十、推动了高新技术产业发展

通过教育信息化的建设与应用，促进了我国信息产业的发展。信息技术的研究、信息产品开发和产业化、国产化的进程大大加快。教育软件产业呈现了巨大的发展前景。

9.2.3 当前存在的主要问题

虽然我国在推进教育服务业现代化和信息化的进程中取得了一定的成绩，但也存在着许多问题，主要表现在以下几个方面。

一、投入不足，整体发展水平较低

我国教育信息化整体水平处于发展中国家中等或偏下水平，与处于中等收入的人口大国巴西、墨西哥相比，每千人拥有计算机台数相差 3 倍以上，每万人上网主机数相差 10 倍左右，与发达国家的差距更大。截至 2002 年底，全国中小学计算机拥有量为 584 万余台、建成校园网 26 000 多个。相对于 63 万多所中小学的 2 亿多的中小学在校生而言，计算机的普及率仍非常低。具体数据如表 9.1 所示。

表 9.1　　我国与主要发达国家在教育信息化方面的差距

国家（2000 年）	计算机拥有量（人/台）		连入互联网比例（%）	
	小　学	中　学	小　学	中　学
中国（2001 年）	76	32	1	8
美国	5	5	87	93
加拿大	9	7	88	97
英国	12	8	88	99
日本	13	9	43	62
意大利	29	19	57	48
法国	30	30	50	90

二、教育资源匮乏，优质教育资源难以共享

教育资源匮乏，缺少系统性、科学性和趣味性，不能反映现代科技、文化和教育发展的要求。部分教师的优质教育资源开始上网，但交流和共享还没有真正实现。

三、地区间、学校间发展不均衡

我国东西部地区经济、教育、文化发展不均衡，信息基础设施和应用水平存在很大的差距。用学生/计算机的比例进行比较，北京、上海等地 2001 年已经实现每 15～16 名学生拥有一台计算机，而西部的某些省区大约 100 名学生才拥有一台计算机。在同一地区内，城乡之间、学校之间发展也不均衡。

四、缺乏相关政策法规和标准体系

国家的整体政策导向性措施不足，缺少激励政策与措施，法律制度尚待完善，信息化人才（特别是教师）培养和支持全民学习、终身学习的制度建设缺少体制性创新的保证，标准化建设的任务仍然十分繁重。综上所述，我国教育信息化进程亟需加快。我国是一个人口众多的发展中国家，只有通过教育信息化才能办好世界上最大的教育。要缩小在教育信息化方面与发达国家间的差距，现有的信息技术和科技创新对教育服务业的支持仍有待突破。我们要攀登教育、科技两座高峰，必须确立发展现代远程教育的战略思想，以关键技术的突破，推动现代教育服务业的加速发展。

9.3 教育信息化发展战略思考

教育服务业的现代化和信息化是一个复杂的系统工程，需要全面实施现代教育服务业的发展战略。为此，实施以教育资源建设为基础，以远程交互式教育为主要形式的“全民学习基础工程（NLI）”，充分利用各类信息基础设施、开展和教育信息化相关的关键技术攻关，构建覆盖全国的分布式国家教育服务平台；建设丰富多样的教育资源；开发典型的教育应用示范系统；扩大办学规模和提高办学质量与国民素质。力争在 2020 年前后，构建起全民终身学习的教育学习体系，满足全面普及九年制义务教育、基本普及高中阶段教育、实现大众化的高等教育的需求；支持教育培训能力达每年 5 亿人的规模；实现我国人均受教育年限从目前的 8 年提高到 12 年。

9.3.1 教育信息化发展目标

到 2010 年，力争达到以下目标。

（1）超过 5 亿人可以通过宽带光纤、无线通信、数字电视等多种途径高速接入互联网，接受高质量的现代远程教育服务。

（2）实施全民学习基础工程（NLI），建设高质量的教育资源库，构建国家教育服务平台，为各行各业、数亿人的教育、培训提供便捷的服务。

（3）构建以各级各类学校、企业培训中心、社区图书馆为依托的学习支持服务中心网点。支持跨网络服务，满足任何时间、地点、条件（学校、家庭）的学习需求。

（4）我国的教育服务业的年产值超过 1 万亿元人民币，其中通过自主创新开发、科技攻关成果转化、国际合作研究、高科技产业创产值 5 000 亿元。各种学历教育和教育培训的贡献达到 5 000 亿元。

到 2020 年，力争达到以下目标。

利用信息技术构建现代远程教育及终身学习体系，支持国民人均受教育年限提高到（或接近）12 年，继续教育和职业技能培训年规模达 2.5～3 亿人次，使全国受教育和培训年规模达到 5 亿人次，并使我国由教育中等发达国家迈入教育较发达国家的行列。

9.3.2 重大技术措施—— 全民学习基础工程（NLI）

为了实现小康社会对全民终身教育的目标和要求，需要实施全民学习基础工程，构建全民学习、终身学习的学习型社会所必需的知识平台和服务平台；开展和网络基础设施、知识基础设施、应用基础设施相关的关键技术研究；开展教育资源建设，为数以亿计的广大用户，提供不同层次需求、质优价廉的教育服务；使任何人在任何时间、任何地点都能获得所需的信息，得到所需的知识，掌握所需的技能；知识、技能掌握的水平和程度能够得到社会的认可与承认。

一、建设内容

全民学习基础工程的总体结构如图 9.1 所示。全民学习基础工程的总体建设内容包括教育服务支撑平台、教育资源建设、典型应用示范系统建设、质量控制和标准体系研究，以及政策法规和组织保障等。信息基础设施的建设是本工程建设的重要基础环境。

1．教育服务支撑平台建设

建成覆盖全国的、分布式的教学服务平台。支持海量信息存储；具备高开放性、高交互性、良好的资源管理和安全性能；提供便捷的信息查询、数据挖掘和知识发现服务；满足庞大人群同时访问，全面、快速、便利地呈现各类数字化教育资源的需要。

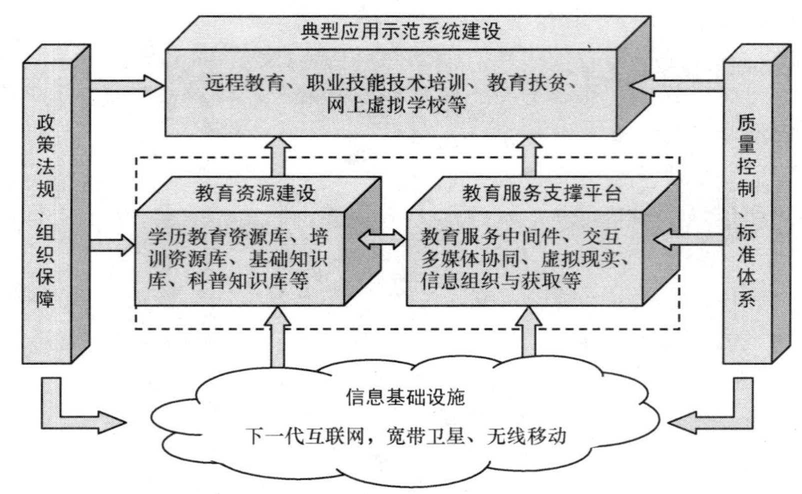

图 9.1　全民学习基础工程（NLI）总体结构

2．教育资源建设

各级各类的教育资源数字化、标准化，并实现开放共享，是“学习型社会基础工程（NLI）”建设的重要内容。

建设满足各层次学历教育需要的教育资源库、针对不同行业的专业技能培训资源库、面向全民的文化基础资源库和面向各级各类教育及培训的服务信息库。

3．典型应用示范

在教育资源和教育服务平台建设的基础上，研制符合中国国情的远程教育应用平台，开展典型应用示范，总结积累建设经验与教训，探索教育服务于全社会的有效途径与健全的运行机制，并在实践中不断拓展和完善，是“学习型社会基础工程（NLI）”建设的关键。主要进行以下几类应用示范。

（1）以促进农村劳动力转移及法律、经济、医疗、建筑等领域的职业技能培训与认证的应用示范；

（2）以边远农村中小学、城市社区图书馆为中心的区域教育服务应用示范；

（3）以满足日常生活查询与咨询、远程教育、远程医疗、社会培训、资格认证和等级考试、招生与就业、网上科研与实验等需求的典型应用示范。

4．政策法规和组织保障

现代教育服务业的健全发展离不开完善的政策法规和组织保障，需要在 NLI 工程建设的过程中，开展对这方面的研究工作，如信息化教育的立法问题、教育资源（软件和硬件）的宏观合理配置问题等。

5．质量控制和标准体系

现代教育服务业在扩大教育规模的同时，必须要高度重视教育质量的提高，要对教育信息化的各个环节进行质量控制和保障，要建立网络化的教育考核和认证机制，研究教育信息化的标准体系，实现教育资源的广泛应用和充分共享。

二、关键技术研究

面向数以亿计的社会用户，提供不同层次需求、质优价廉的教育服务，对教育信息化和相关的信息技术提出了很高的要求。当前，在教育信息化的技术支撑方面还存在大量的问题需要攻克，如海量信息的存储、组织和共享、知识安全和产权保护、教育信息标准化等，需要在以下几个方面开展关键技术研究和攻关。

1．网络基础设施和用户终端关键技术

（1）满足高速网络传输和移动计算的下一代互联网技术

以远程交互式教育为主要形式的现代教育服务业依赖于功能强大、运营可靠的下一代互联网络基础设施。目前我国正在组织实施下一代互联网示范工程，我国人口众多、地域辽阔，东西部和城乡发展不平衡，对我国下一代互联网的建设提出了更高的要求。同时，随时随地的学习要求也需要我们对无线和移动接入等互联网技术进行更深入的研究。

（2）基于多种传输手段和传输媒体的无缝连接技术

我国地质结构复杂，偏远地区的网络基础设施非常薄弱，铺设光纤的成本高，利用率低，因此需要针对这些地区的实际情况和接入需求，在已有的天地网结合研究的基础上，提出新的特殊的网络接入方案，采用微波和卫星双向通信等多种传输手段，实现全民均等接入的机会。

（3）可用性、可靠性和安全性技术

教育信息化对网络基础设施在可用性、可靠性和安全性等方面提出了很高的要求。为了确保教学的效果和质量，基于远程教育的授课，要求网络具有非常高的可靠性。而个性化的学习和网络化的教务管理都对网络的安全性提出了严格的要求。

（4）具有可移动，智能的，简约的用户终端技术

现代教育服务业的一个发展目标是教育的大众化，必须降低信息化网络化教育的门槛，使各种层次的学习者都能随时随地、快速、便捷地进行学习，需要研究各种低成本、可移动、智能型的用户终端技术。

2．知识基础设施关键技术

（1）海量分布式数据存储和组织技术

信息化和网络化的教育和教学活动将产生大量的数据。一门 48 小时长度的多媒体课件，平均需要存储量为 10GB，1 万门课程需要总量为 100TB，数字图书馆的容量大约为 200TB，提供自动辅导和答疑的知识库也在 100TB 以上，如此巨大的存储量需要对新的存储技术进行研究，也需要对数据内容的自动分类、组织以及增量式的维护技术等方面进行大量的研究。

（2）数字化课程和素材的高效生产技术

目前数字化课程的生产大多还需要专业人员，这大大限制了数字化课程的生产率；另一方面，目前的视频编码技术所产生的视频课程所占容量太大，也一定程度上加剧了海量数据存储和管理的难度。因此迫切需要开展高效的数字化课程制作和视频编码技术的研究。

（3）开放资源的管理技术

现代教育服务业将要面向数亿个用户，一个用户要有效地阅读音视频教材需要通信带宽约 1Mbit/s，如果同时在线人数在 10 万以上，总的带宽将超过 100Gbit/s。同时，为了接纳如此大量用户的访问，需要配备大量超级服务器。存储区域网 SAN 技术的开发使用，在一定程度上解决了大规模集群服务器和集群存储设备的有效管理问题。但从长远来讲，还是要研究内容存储技术，从内容的定义、描述入手，研究按主题内容的发现与搜索技术。

（4）知识安全和产权保护技术

目前我国在知识产权保护方面的工作还不尽如人意，其中很重要的一个原因是在数字版权保护的技术方面还比较薄弱；庞大的教育数据资源对数据保护、保存和修复提出了新的挑战，因此需要对数字化教育资源的保护等技术进行深入研究。

（5）电子认证、审计和计费技术

和知识产权保护密切相关的是电子认证、审计和计费技术，要在公钥基础设施（PKI/CA）的基础上，结合现代教育服务业的特点，开展高效的电子认证、审计技术和分类分层次的教育资源有偿使用技术。

3．教育服务支持关键技术

（1）教育信息化标准技术

教育资源涉及全国各行各业，品种、数量特别巨大，必须有完善统一的标准才能保证资源共享，国家已经在教育信息化方面开展标准化的工作，需要为国家教育信息化标准的制定和贯彻执行建立技术保障体系，并在发展的动态过程中，对相关技术进行总结和规范化，不断充实完善教育信息化的标准体系。

（2）教育服务中间件技术

信息化和网络化的教育活动过程中，涉及大量共性的关键技术，特别需要对大规模视频组播技术、目录服务和身份认证技术、网络服务质量控制技术、数据网格和资源网格技术等进行深入的研究。

（3）个性化信息查询技术

海量的网络教育资源在为学习者提供丰富多样的学习和选择机会的同时，也给他们带来巨大的困惑，如果没有高效的信息查询技术，特别是个性化的信息查询，将难以充分发挥信息化网络化教育的优势。因此，需要研究基于学习者专业背景、层次背景、兴趣爱好等个性化条件的高效信息查询技术。

（4）多媒体和虚拟现实技术

为了使远程教育达到和面对面教室授课同样的效果和真实性，需要综合研究各种多媒体和虚拟现实技术，建立具有实时远程控制功能的虚拟现实环境，实现远程仪器控制和虚拟实验室，并将大型贵重仪器联网，实现对仪器的远程共享、操作与控制；建立有关CAVE的试验、示范环境，实现虚拟实验；开展创建网上虚拟学校（小学、中学甚至大学）所需的各种关键技术研究。

9.3.3 政策措施

一、加大资金投入，加大开放力度

加强政府的主导作用，加大教育科技资金投入，实施重大工程，出台投资、税收和信贷等相关优惠政策。

加大开放力度，鼓励企业和社会力量在政府的统筹规划和政策支持下，投入到教育服务业相关产品的研发中去，积极参与远程教育，提供培训服务，丰富教育培训资源。

鼓励对西部和农村教育的投入，缩小东西、城乡差距。

按照政府投入短期支持、长期自立发展的原则，以机制创新促进持续发展。

二、加强组织协调，统筹规划实施

在国务院的统筹规划下，以满足基本教育需求和提高劳动者职业技术、技能竞争力为基本出发点，加强教育培训组织协调工作。

组织实施NLI工程，加大网络基础设施、知识基础建设和相关教育服务平台建设，认真组织落实典型示范项目。

建立以效益为导向的评估体系和社会中介机构实施评估的制度。

三、完善相关法律法规

修改教育法等相关法律法规，根据教育技术的发展，规范各类办学条件，调整与之不相适应的内容。规范行业就业标准，建立职工持证上岗制度。从法律上加强知识产权保护与网络安全。

（教育部科技司　袁成琛
清华大学　梁尤能　杨家海等）

第 10 章　互联网接入服务发展状况

10.1　2004 年中国宽带接入用户发展状况

10.1.1　2004 年中国宽带接入的用户规模

中国的宽带接入从 2003 年开始高速发展，目前已超过日本，成为全球第二大宽带用户大国，截至 2004 年 12 月底，注册宽带接入用户达到 2 385 万，与 2003 年相比，新增用户 1 270.4 万，增长率达到 114%，2003 年与 2002 年相比，宽带接入用户新增用户 789.4 万，增长率达到 243%；2004 年宽带接入用户的人口普及率为 1.83%。

DSL 仍然是宽带接入发展的主要驱动力，2004 年的宽带接入用户中，DSL 用户达到 1 693.5 万，占总用户的 71%，LAN、WLAN 和其他方式占 29%，其中 LAN 接入又占绝大部分，估计在 25%左右，WLAN 估计在 1%左右，其他方式约占 4%左右。2004 年新增用户中，DSL 为 881.6 万，占总新增用户的 70%。

2004 年的宽带接入用户中，东部区域仍然占了主要部分，约占 58.4%，中部区域占 26.6%，西部区域占 15%左右。

2002 年以来的宽带接入发展情况如图 10.1 所示。

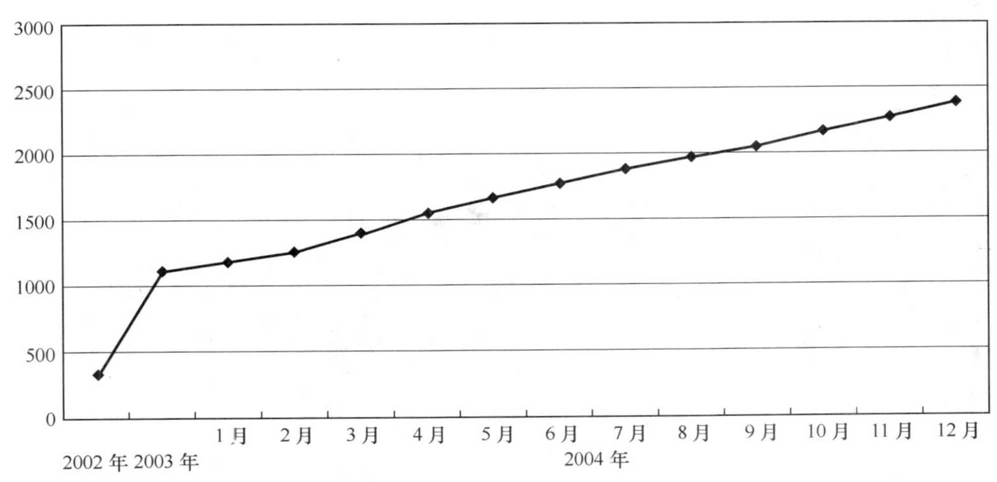

图 10.1　中国宽带接入用户发展情况（2002 年～2004 年）

2004 年中国宽带接入用户的区域分布如图 10.2 所示。

需说明的是，由于统计口径方面的原因，上述宽带接入用户的数据主要是来自各基础运营商的统计，不包括一些增值业务运营商（如长宽等）所发展的用户，但从总体看，绝大多数的宽带用户都来自于基础运营商。

就目前的形势看，中国宽带快速发展的直接原因有如下两个。

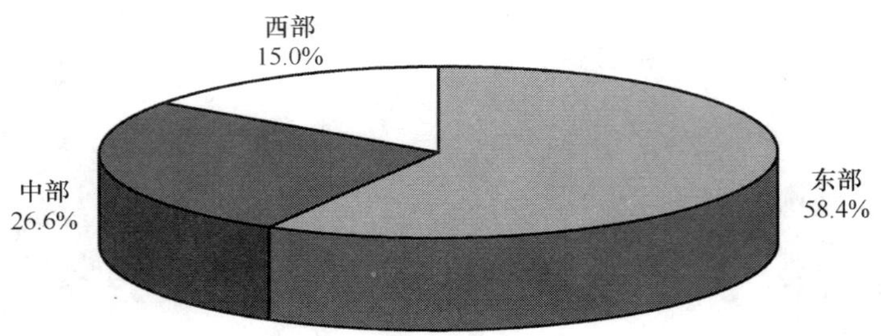

图 10.2　2004 年中国宽带接入用户的地域分布

1．宽带接入设备价格的直线下降

中国目前的宽带发展主要是通过降低接入价格而获得的。由于 ADSL 设备成本直线下降，因而使运营商有能力大幅下调宽带接入资费。2000 年 ADSL 的设备成本在 3 000 元左右，而随着技术进步、国内设备商的发展以及运营商改变采购政策进行大规模统一招标采购，目前的成本 DSLAM 设备每线为 300 元左右，ADSL Modem 为 200 多元。

2．固定运营商的业务收入增长压力

由于缺乏移动通信牌照，固定运营商迫切需要新的业务增长点，如中国电信、中国网通也有意识地下调宽带接入资费，主动推进宽带发展。

虽然宽带发展的势头较好，但也蕴藏着能否可持续发展的危机，其中一个重要的因素即是宽带终端问题。由于目前宽带的主要终端仍是计算机，因此计算机的发展给宽带的增长带来了较大的影响。图 10.3 为 2003 年中国城镇居民的家庭计算机普及率，从图中看，区域差异较大，全国平均水平为 27.81%，发展最好的北京已达到 68%，而有 22 个省份低于全国水平。从农村情况看，2003 年农村家庭计算机普及率仅为 1.4%。因此，对于城镇化比例相对较低的大多数中西部地区而言，其较低的计算机普及率将成为制约其未来宽带持续发展的一个重要因素。

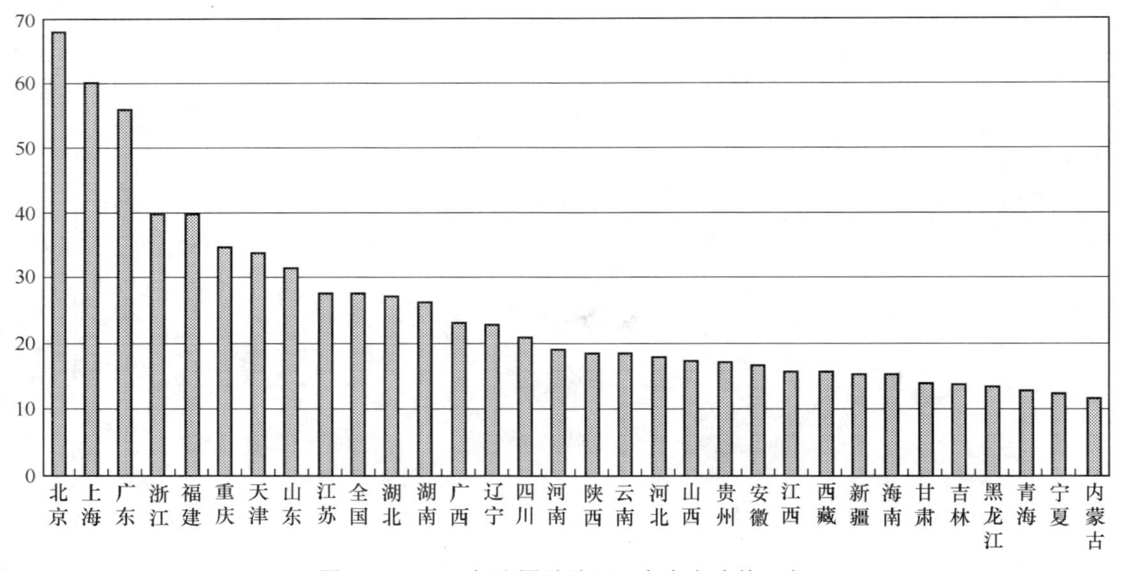

图 10.3　2003 年我国城镇居民家庭电脑普及率

10.1.2　2004 年中国宽带接入的价格水平

宽带接入价格与当地经济发展水平、市场竞争情况以及主导运营商的市场营销策略有很大的关系。

2004 年，中国宽带接入资费趋于多样化，各公司为了尽可能吸纳更多的用户使用宽带接入服务，都根据市场需求设计了一系列资费套餐。同时各公司也根据市场反应调整宽带资费结构，使其不断趋于合理。目前中国宽带接入资费结构中包括两种类型的资费，一种是包月（或年）资费，另一种是限时包月资费。在包月资费模式下，用户按月（或年）交纳宽带接入费，上网时长不被限制。在限时包月资费模式下，用户上网时长在限制时长之内时，按限制时长价格收取费用，超过限制时长时，超过部分按时长收费。

表 10.1 为 2004 年中国网通和中国电信两家宽带主导运营商分省市的接入价格情况。由于两家公司的资费套餐多种多样，资费结构普遍都较为复杂，因此此处仅列出了 512K 包月、1M 包月、2M 包月以及 512K 最低额度的限时包月资费等具有代表性并有可比性的价格。

表 10.1　　2004 年中国宽带主导运营商接入价格表[1]

主导运营商	省市自治区	512K 包月	1M 包月	2M 包月	512K 最低额度限时包月资费	初装费
中国网通集团	北京	120	150	—	24.5 元/20 小时	300
	天津	120	230	—	50 元/40 小时	200
	山西	60	80	—	—	300
	山东	78	100	—	10 元+5 分/分钟	10
	河南	50	75	—	10 元+7 分/分钟	58
	河北	198	—[2]	—	—	158（包年免费）
	辽宁	100	120	—	30 元/15 小时	100
	吉林	100	120	—	—	400
	黑龙江	—	—	—	130 元/70 小时[3]	200
	内蒙古	150 元	99 元	—	—	免费
中国电信集团	上海	130	140	150	30 元/15 小时	300
	广东	150	—	200	60 元/30 小时	300
	江苏	—	150	—	60 元/30 小时	108
	浙江	—	88	120	50 元/30 小时	300
	福建	—	—	99	38 元/20 小时	200
	重庆	120	150	—	50 元/50 小时	258
	湖南	100	110	—	60 元/30 小时	200
	湖北	110	130	170	18 元+3 分/分钟	308
	四川	98	110	—	58 元/30 小时	280
	贵州	80	99	120	20 元+3 分/分钟	99
	广西	80	120	350	30 元/20 小时	400
	江西	120	200	—	50 元/30 小时	288
	宁夏	138	143	148	必须按年付费	免费
	陕西	—	115[4]	—	—	免费
	甘肃	无包月			30 元/30 小时	免费
	云南	—	—	100	—	208
	海南	108	138	—	48 元/30 小时	300
	安徽	72	84	108	30 元/20 小时	108
	新疆	—	100	—	30 元/10 小时	288

[1] 本表主要收集了 ADSL 的接入资费，LAN 方式的接入资费可以以此作为参考；表格中所列的价格为省公司或省会分公司通过网站或客服系统公布的价格。由于市场竞争以及短期或局部性营销策略等因素的影响，实际市场价格可能与表中价格有所出入；一般而言，地市公司的宽带接入价格较省会城市宽带接入价格低。

[2] 河北目前提供 1M 带宽 58 元/90 小时的月资费套餐。

[3] 黑龙江在 512K 档次上只提供 130 元/70 小时的限时包月资费套餐，此外还提供比 512K 更低速率的限时包月资费套餐，价格也相对较低。

[4] 提供 1M 包年，费用为 1380 元/年，合 115 元/月。

续表

主导运营商	省市自治区	512K 包月	1M 包月	2M 包月	512K 最低额度限时包月资费	初　装　费
中国电信集团	青海	49	108	—	50 元/30 小时	108
	西藏	100	300	—	—	免费

总体而言，2004 年中国宽带接入价格呈现下降的趋势。以北京地区为例，2001 年 7 月初装费为 1 500 元，信息费为 380 元/200 小时；2003 年 7 月，初装费已降为 0，使用费为 120 元包月；2004 年仍为 120 元包月，初装费为 300 元。而目前最低的资费为 24.5 元/20 小时/每月。北京宽带接入资费变化情况如图 10.4 所示。

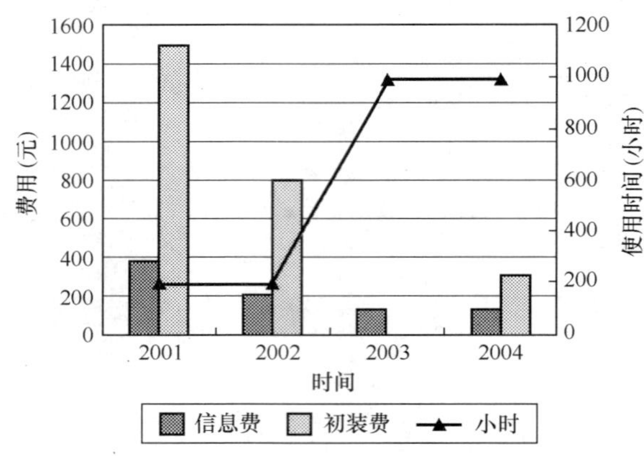

图 10.4　北京宽带接入资费变化情况

宽带接入价格下降主要有如下几方面的因素：

（1）宽带市场竞争日趋激烈。

（2）潜在的宽带用户对价格敏感度有所提高。

（3）宽带接入每线成本进一步降低。

（4）运营商面临完成用户发展计划的压力。

根据中国电信上市公司公布的 2004 年度财务报告，2004 年中国电信上市公司宽带用户 ARPU 由 2003 年的 138 元/月降至 102 元/月。根据中国网通上市公司公布的 2004 年度财务报告，中国网通上市公司宽带用户 ARPU 约为 99 元/月[5]。

10.1.3　宽带接入发展的国际比较

宽带的高速发展已成为一种全球现象。从目前看，如果单纯从宽带接入用户考虑，其发展速度之快，已超过了以往的任何一种业务（当然，其中的一个重要因素是不能忽视的，即前期窄带互联网用户的发展对目前宽带的高速增长具有良好的先导和示范作用）。

如图 10.5 所示，以 1997 年作为宽带发展元年的话，宽带接入用户的起飞速度明显快于其他通信业务。

截至 2004 年 12 月，全球宽带接入用户达到 1.5 亿户，新增用户超过 5 000 万户，增长率达到 50%左右。其中，DSL 用户为 9 704 万户，Cable 和其他宽带接入用户为 5 346 万户（数据来源：Point Topic）。

全球宽带接入用户前 10 名的国家和地区分布如图 10.6 所示，中国内地位居全球第 2，用户数达到 2 579 万[6]。

中国的宽带接入用户规模位居世界第二，但普及率很低，2004 年的宽带接入普及率仅为 1.83%，而韩国的宽带接入用户普及率已接近 25%。

图 10.7 列出了 2004 年全球宽带接入用户普及率前 10 位的国家和地区，中国香港特别行政区位居第二，而中国台湾地区则位居第七。

[5] 根据中国网通上市公司公布的 2004 年度公司财务报告测算。

[6] Point Topic 有关中国的数据中，非 DSL 用户数稍高于信息产业部的统计，估计其差距主要来自于增值运营商，信息产业部的统计数据中不包含一些增值运营商所提供的宽带业务。

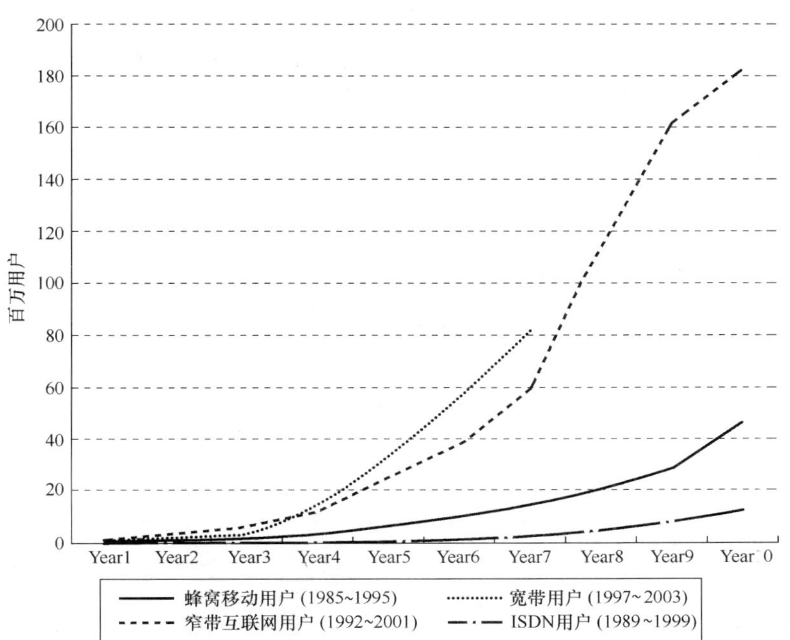

图 10.5　宽带接入与其他通信业务的发展阶段比较（OECD）

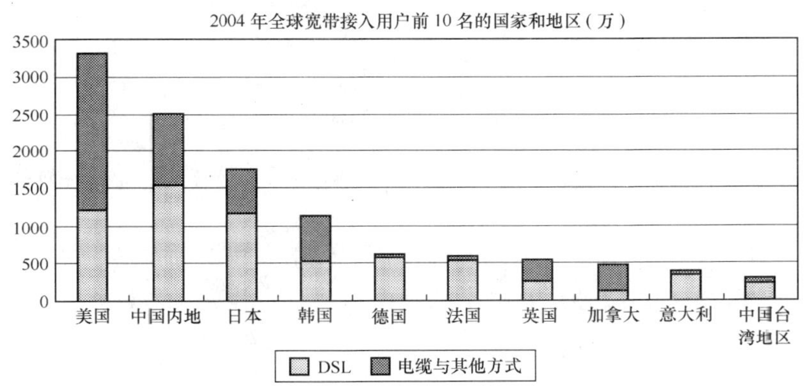

（数据来源：Point Topic）

图 10.6　全球宽带发展情况（2004 年 12 月）

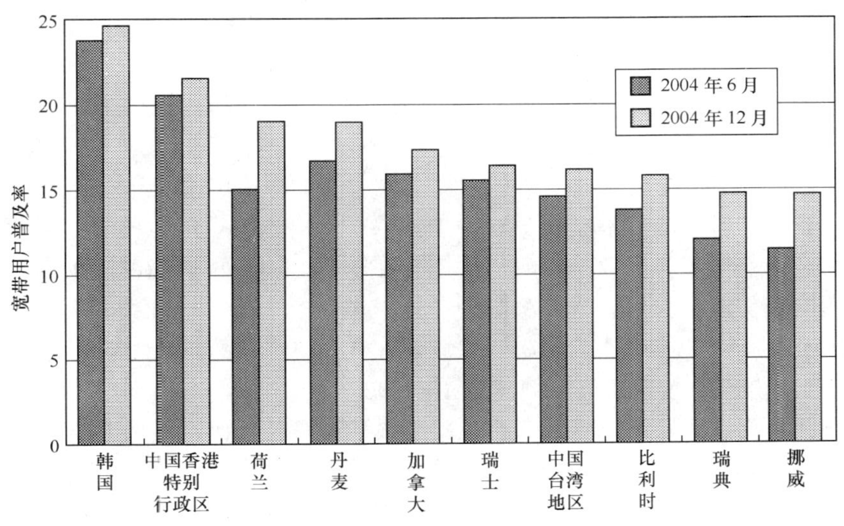

（数据来源：Point Topic）

图 10.7　全球宽带普及率前 10 位的国家和地区（2004 年 12 月）

10.2 无线接入服务发展状况

根据接入互联网方式的不同，无线接入分广域网、城域网和局域网等方式，各种方式采用的主要技术手段如下：

- 无线广域网：蜂窝互联网接入、卫星互联网接入。
- 无线城域网：3.5GLMDS 接入、WiMAX（802.16 系列）接入。
- 无线局域网：Wi-Fi（802.11 系列）接入。

一、蜂窝接入

蜂窝网络支持互联网接入的网络结构如图 10.8 所示。

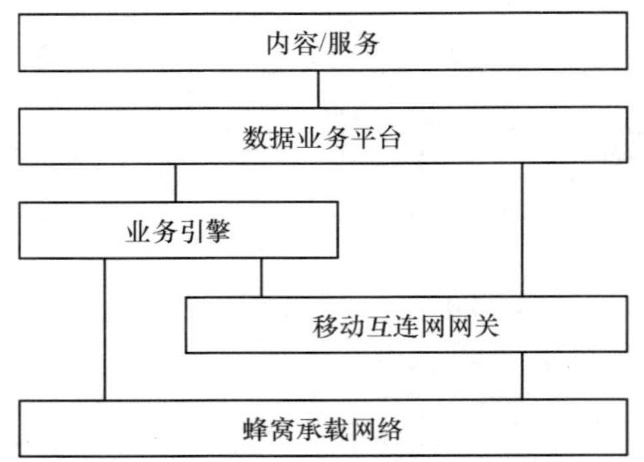

图 10.8　蜂窝网络支持互联网接入的网络结构

蜂窝承载网络负责用户的接入，在我国指 GSM/GPRS 网络和 CDMA 网络及 PHS 网络，国外部分运营商已经部署了 3G 网络。

业务引擎负责提供基本业务能力，用于实现各种业务应用，典型的业务引擎如短消息中心、多媒体消息中心、位置服务中心等，它可以通过移动互联网网关或直接接入承载网络。移动互联网网关是一种特殊的业务引擎，提供数据业务网络与承载网络之间的互联与适配，如 WAP 网关、HTTP 代理、流媒体网关等。

数据业务平台负责将各种业务提供给内容/服务商，将内容/服务商提供的数据适配到相应的业务引擎，同时完成业务的维护、计费等功能。

我国蜂窝互联网接入主要有短消息接入、GPRS/EDGE 接入、CDMA 1X、PHS 等方式。

- 短消息接入

2004 年我国的移动短消息业务仍然保持着较高的增长速度，全年的短消息业务量达到 2 177.6 亿条，相对于 2003 年增长了 58.8%。其中中国移动的短消息业务量为 1 735.2 亿条，增长率 69.7%；中国联通的短消息业务量为 442.4 亿条，增长率 26.9%。

在业务量快速增长的同时，应用类型也不断增加。除了点对点的短信业务外，运营商都开通了基于互联网的短信业务，通过短信网关将互联网和蜂窝网连接在一起，用户可以随时随地地享受到及时的、有价值的信息服务。互联网短信业务大致分为 6 种类型：信息类、个人信息管理类、交易类、娱乐类、基于位置的服务和行业应用类，其中中国联通的品牌为“联通在线”，中国移动的品牌为“梦网短信”。中国移动的梦网合作伙伴超过 1 000 家，梦网短信应用超过 100 000 种。

目前，短信在推进企业移动信息化等方面的应用迈出了可喜的一步，例如“短信网址”的使用。“短信网址”使短信成为继域名之后又一个面向企业应用的无形广告的服务。企业可以在移动互联网中继续传播“产品”、“品牌”、“形象”，让更多无法上网的用户更加容易地了解企业的产品及服务。

- GPRS/EDGE 接入

短消息接入无法实现 Internet 业务，而 GPRS 和 EDGE 系统能实现 Internet 接入以及提供更丰富的业务。

GPRS 网络构建在 GSM 网络基础之上，对原有系统进行功能增强和新增数据节点，使原有的 GSM 网络支持分组化的数据。

EDGE 是一种基于 GSM/GPRS 的数据增强型技术，它可以有效提高网络的数据传输速率及吞吐量，增强数据业务的支撑能力。

国际上很多 GSM 系统已经升级支持 GPRS，部分网络支持 EDGE 功能。

中国移动采用 GPRS/EDGE 方式进行用户移动无线接入方式，基本实现了与 GSM 话音网络相同的网络覆盖，EDGE 网络目前仅在广州、深圳和东莞等地使用。中国移动的“随 e 行”卡已经实现 WLAN 和 GPRS 网络之间的无缝切换。

GPRS 按流量计费，不同套餐资费从 0.01 元/kB 到 0.03 元/kB。目前，基于 GPRS 的业务主要有：WAP、MMS、Internet 接入随 e 行、游戏百宝箱等。进入 2004 年后，GPRS 用户发展迅速。

WAP 技术可以将无线通信技术和 Internet 结合起来。WAP 最重要的一点就在于它定义了一个开放的、标准化的结构，以及一系列的标准，以实现 Internet 的无线接入访问。中国移动 WAP 使用用户从 2003 年的 137 万发展到 2004 年的 1 281 万，一年翻了三番。

MMS 信息表达能力更强，差异化明显，能够提供生动的图像业务，自从 2002 年 10 月推出以来，用户数不断增长。但是就普及率而言，并没有达到预期的效果。调查显示，价格是用户使用 MMS 最关注的因素，包括彩信使用费和手机的价格。2004 年中国移动大幅调低 MMS 的资费价格，并下调了部分 SP 的分成比例,积极培养用户使用 MMS 的消费习惯。从中国移动梦网网站上了解到，中国移动全国彩信 SP 用户 104 个。梦网彩信是通过手机点播或网站定制获得由中国移动的合作 SP 网站提供的各类彩信增值服务，另外中国移动用户还可以通过手机发送彩信到任意邮箱或通过移动梦网信箱发送彩信到手机。

随 e 行面向高端商务客户，适用特定的用户群，主要提供 Internet、电子邮件等业务。随 e 行的无线上网费,基本月费是 200 元/月,优惠期内是 150 元/月,包含 500 M/月的 GPRS 通信流量和 10 小时/月的 WLAN 通信时长。超出部分，按照 0.01 元/kb 收取 GPRS 通信费或按照 0.2 元/kb 收取 WLAN 通信费。

- CDMA 1X 接入

中国联通 CDMA 网络在全国范围已全面升级至 2.75 代的 CDMA 1X 网络，基本覆盖全国所有城市、县城、高速公路及其他主要交通干道、省级以上旅游景点、近海海域、发达乡镇及农村地区。提供的业务包括彩 e、掌中宽带 CDMA 1X 无线上网业务、互动视界 WAP 业务、流媒体等，涵盖生活、娱乐、商务三个方面。

彩 e 是中国联通推出的“移动多媒体邮件业务”。彩 e 手机用户可以在手机与手机、手机与互联网邮箱之间进行邮件的互传。彩 e 业务使手机从短信阶段进入 E-mail 时代，手机、网络互联更加容易，能够随时传递文字、图片、音频和视频。

中国联通 CDMA 1X 无线上网用户从 2003 年的 11.8 万户增长到 34 万户，用户增长率为 188%。目前联通的掌中宽带资费，分成了三个档次的包月套餐，其中包括 50 元包 100M 流量、200 元包 500M 和 300 元包 2 000M 流量的这三种促销套餐。另外，联通目前还推出了半年卡和包年卡，前者 1 500 元使用半年，每月包 2 000M 流量；而后者 2 400 元使用一年，每月 2 000M 流量。上述这些包月限流量的套餐，超出流量限额后的资费，则按照 0.005 元/KB 收取。根据目前联通的促销政策，在每天的 23:00 至次 7:00，按照实际发生流量的 50%收费。

CDMA 1X WAP 用户，品牌为互动视界，从 2003 年的 129.3 万户增长到 837.1 万户，用户增长率为 547%。WAP 业务因使用中国联通 CDMA 1X 网络而产生的通信费是按流量进行计费的，1KB 为 3 分钱，并且订购包月套餐价格会更便宜。信息费按照包月（5～10 元/月）、按天（0.5～2 元/天）、按次（0.3～2 元/次）等方式收取，不同的业务资费不一样。

神奇宝典是基于 BREW 技术的应用，资费是由通信流量费和信息服务费两部分组成。通信流量费是指终端用户在联网过程中的数据流量或因占用 CDMA 网络资源而产生的费用。中国联通制定的参考标准为 0.01 元/KB。其中，漫游资费同本地资费。信息服务费是终端用户购买内容/服务提供商提供的内容或服务的费用，由内容/服务提供商制定并报中国联通审核。

移动流媒体技术就是把连续的影像和声音信息经过压缩处理后放到网络服务器上，让移动终端用户能够一边下载一边观看，而不需要等到整个多媒体文件下载完成就可以观看的技术。从流媒体的内容上分，包括获知性应用和娱乐应用，从时效上分为直播、点播和下载。直播的应用主要包括演唱会，重大赛事、电视节目、视频监控等；点播包括 MTV、电视电影精彩片断的预告，下载播放的应用主要是那些码率比较高、音视频质量比较高、超出了无线网络带宽承受能力的多媒体节目，点播和直播不能实现的应用，就可以下载到手机上进行观看。

● PHS 接入

小灵通系统上网有两种方式：数据上网和终端上网。数据上网指计算机通过 PHS Modem（小灵猫）拨号上网，网终端只需配置 PHS 拨号接入服务器；终端上网指用户通过小灵通终端直接上网，网络端一般需建设相应的服务器系统来做业务管理、协议转化、计费、网管等工作。支持的业务按类型分主要有：浏览类、邮件类、下载类、游戏类、娱乐交友类、电子商务类等。

二、卫星互联网接入

利用了 Internet 信息传输的不对称性，卫星互联网接入将用户的上行数据和下行数据分离，相对较少的上行数据可以通过现有的电话或 ISDN 等方式传输，而大量的下行数据则可以通过宽带卫星直接发送到客户端，如图 10.9 所示。

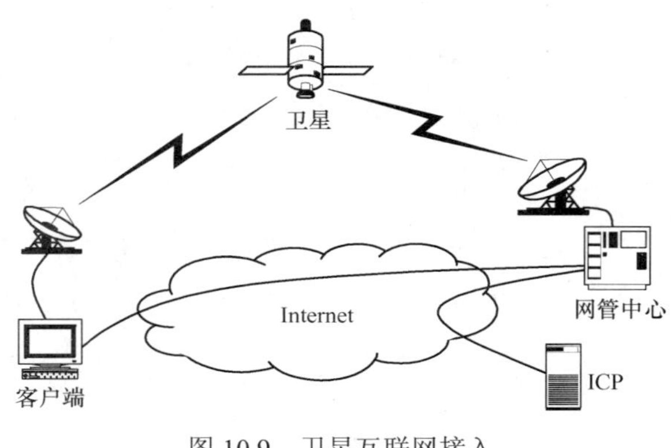

图 10.9　卫星互联网接入

目前中国卫星通信公司提供的中星在线的卫星互联网接入。主要提供高速互联网接入、远程教育、视频会议、实时新闻等业务。

三、3.5G LMDS 接入

国内外的 3.5GHz 固定无线接入系统设备，大致可分为 IP 型、电路型以及混合型，系统一般由 4 部分组成：中心站、基站、远端站和网管系统。

提供 3.5GHz 频段无线接入设备的厂家主要有大唐电信、中兴、东方通信、华为技术、深圳云海、金峰通信、北京地杰、烽火通信、Alvarion、Netro、Airspan、Wilan、Cambridge、VYYO 等公司。其中，国内公司主要是与国外公司进行合作，拥有自主知识产权的并不多。

按照公平、公正的原则，我国政府分别在 2001 年、2003 年、2004 年对 3.5G 频段的使用进行了 3 批次公开招标拍卖。

从目前业务开展情况看，中小企业主要通过 3.5G 系统来提供 Internet 接入业务，采用系统基本都是 IP 型；而对于大型电信运营企业来说，选用的系统模型往往都采用基于 IP 和基于电路的混合型网络，把 3.5G 系统用作自身业务开展的一种有效的补充手段，具体业务类型有以下几种。

1．Internet 接入业务

面向企事业集团用户以及社区宽带网运营商提供宽带 Internet 接入服务。主要的应用层业务包括互联网基本服务（WWW、E-mail、FTP、Telnet 等），以及各种新型应用，如多媒体信息查询、实时广播传送、虚拟银行、网上证券交易、网上订购、各种缴费业务、税收等。

2．企业数据业务

面向集团用户提供各种企业数据业务，目前主要有虚拟专用网（IP VPN），利用多点之间的宽带 IP 数据传送通道，构建企业内部各分支机构的虚拟专用网。

3．IP 电话业务

面向企事业集团用户和社区用户提供基于 IP 分组的话音和传真业务。

4．增值业务

面向企事业和社区居民用户提供多种增值业务，例如：VPN/VPDN 服务、电视会议、电话会议、电子商务、IP800 号业务、广告短消息服务、点击传真服务、点击拨号服务、远程教育、付费电影、网络游戏、股票、短消息服务等。

但从目前的应用来看，3.5G 系统的业务开展还非常有限，在整个互联网业务量中的份额还非常少，远低于预期，尚未形成规模效益。

四、Wi-Fi 接入

无线局域网（WLAN）是利用无线接入手段的新型局域网解决方案，具有良好发展前景。WLAN 可使用 2.4GHz 和 5GHz 两个频段。IEEE 802.1 工作组致力于 WLAN 标准的制订，已推出了 802.11b、802.11a 和 802.11g 等多个标准。802.11b 工作于 2.4GHz，最高速率可达 11Mbit/s，传输距离可达 100m，是目前的主流 WLAN 技术，802.11a 工作在 5GHz 频段，最高速率可达 54Mbit/s，802.11g 工作在 2.4GHz，后向兼容 802.11b，但最高速率可达 54Mbit/s。基于 WLAN 的各类新应用如提供话音业务的 WiFi 电话已走向市场。

WLAN 有 3 种形式，一种是 P-WLAN，指的是在一些公共场所由运营商部署的 WLAN。另一种是由企业部署的 WLAN，主要是在本企业范围内，进行移动办公或内部通信。还有一种家庭应用，主要是将 WLAN 与 xDSL 等有线接入手段相结合，利用 xDSL 提供网络接入，WLAN 实现家庭内部的无线覆盖。WLAN 技术在发展之初主要应用在一些小型的办公环境和家庭环境，随着运营商的介入以及 WLAN 技术的日渐成熟，WLAN 技术的使用重心渐渐转向商务热点地区，以无线方式接入互联网，以及通过 VPN 接入公司内网，已经得到了广泛的应用。

中国各大电信运营商的 WLAN 热点数量和覆盖地区进一步增多，行业和家庭用户市场已经快速启动，并表现出巨大的潜在价值。进入 2004 年之后，中国 WLAN 市场仍然继续保持良性发展态势，中国电信的 WLAN“天翼通”将 ADSL 用户端设备和无线局域网的 AP 集成到一起，采用 ADSL+WLAN 的模式，解决了一个家庭多个终端接入的问题，有效地发展了家庭宽带用户。中国网通 WLAN 业务的品牌为“无限伴侣”，定位于移动办公。中国移动的 WLAN 业务的品牌为“随 e 行”，将 WLAN 业务与 GPRS 相结合，捆绑在手机上使用，在 WLAN 覆盖区内利用 WLAN 接入网络，在没有 WLAN 覆盖的地方通过 GPRS 接入网络。中国移动全球通客户可以拨打归属地的 1860 申请上网密码，密码以短信方式下发给客户。该业务按照实际上网时长收费，标准为 0.20 元/分钟。中国移动跟中国网通有 WLAN 的漫游协议，中国移动与中国网通 WLAN 用户可互联互通。中国移动“随 e 行”客户漫游到网通 WLAN 网络覆盖范围之内上网的，资费标准为 0.50 元/分钟。中国移动截至 2004 年 6 月在全国有 WLAN 覆盖的地点有 1 300 多个，包括机场、酒店、写字楼、会议中心、体育场馆、政府办公地点等。中国联通提供的 WLAN 业务跟 CDMA 网络捆绑。

目前有包括 Intel、Atheros、Atmel、Agere、T1 在内数十家 WLAN 芯片厂家和 Cisco、BLink、Netgere、Gemtek、中兴通讯、深圳华为等数百家 WLAN 设备制造商。目前电信运营中使用的 WLAN 设备大多符合 IEEE 802.1lb 标准。

（信息产业部电信研究院规划所　贺丰　段建甫　吴丽凤　左齐伟）

第 11 章　中国信息技术外包服务发展状况

11.1　跨国公司外包业务向中国转移

20 世纪 90 年代以后，发达国家在完成制造业转移之后，非核心服务业也正在向发展中国家转移，全球经济进入到“服务全球化”的新阶段。发达国家向海外转移服务称之为离岸外包（Offshore Outsourcing），主要形式分为两类：信息技术服务（IT Service）和业务流程外包（Business Process Outsourcing，BPO）[1]。信息技术外包服务（IT Outsourcing，简称 IT 外包服务）是指客户将其全部或部分 IT 工作外包给专业性公司完成的服务模式。企业通过整合利用其外部最优秀的 IT 专业化资源，从而达到降低成本、提高效率、充分发挥自身核心竞争力和增强企业对外环境的应变能力的一种管理模式。

随着中国市场对外开放不断扩大，与中国公司合作成为跨国公司价值供应链的组成部分，也是中国企业积极参与国际竞争的有效途径，目前世界 500 强企业约有 400 家已进入中国，跨国公司纷纷实行本地化战略给中国公司提供了广阔的合作空间。

爱立信公司原本是世界上第三大手机供应商，但两年前，该公司决定对其产品结构进行战略调整，不再经营手机生产业务，而将其设在瑞典、英国、巴西和马来西亚的手机制造基地以及部分美国工厂外包给一家新加坡 IT 公司经营。爱立信已将中国的生产和人才优势纳入其全球生产开发规划，制定了在中国发展的 5 年计划，在中国投入的高科技投资将从 24 亿美元提升到 51 亿美元，在中国创造的就业机会将从现有的 29 000 人增加一倍，在中国供应中枢出口到爱立信其他市场的年度出口额将增加 3 倍，即从 2000 年的 14.9 亿美元增加到 45 亿美元，同时把在中国的研发和人力资源开发投资额从目前的 2.9 亿美元增加到 5.72 亿美元以上。可见爱立信的战略调整是要把人力和现金流资源集中到利润空间更大的领域，电信网络系统设备、移动通信网络设备的销售占爱立信公司销售额的 54%，利润达 90%以上，爱立信作为全球最大的通信系统网络供应商目前已经获得了全球 50%以上的 2.5 代和 3 代移动通信系统订单。

2000 年摩托罗拉公司加快了本土化的进程，在中国本土采购了 8.68 亿美元的零部件，有 1 700 多家中国企业为之配套生产。美国摩托罗拉公司也表示将不再在美国国内生产手机，以降低公司经营成本，今后公司的手机主要将在中国、巴西、德国、墨西哥等国的工厂生产。

日本松下电器公司也对松下的业务进行战略改组，2003 年海外生产创造利润占总数的 70%，其中，中国成为主要生产基地和消费市场。近几年，松下电器公司的主营业务是生产手机和数字电视，中国由于高质量低成本的劳动力和较强的研究与开发能力以及重要的消费市场成为日本公司战略转移的首选国家。

一系列迹象表明：跨国公司的战略调整正在把中国作为重要的生产制造中心、研究与开发中心和消费市场，加大在中国的投资力度。中国企业应该抓住这一历史机遇，在产品的研发、生产、运输、销售及售后服务诸环节上与跨国公司合作，全面承接跨国公司的外包业务，在资金技术管理等资源上实现有效的配置，从而全面提升中国企业的竞争力。

[1] 本章标题虽然是信息技术外包服务，但由于业务流程外包服务（BPO）与信息技术外包服务有难以区分的联系，故在具体描述时也包涵 BPO 的内容。——编者注

11.2　IT外包业务在中国的总体趋势

近几年来，在跨国公司纷纷将其研发、生产基地转向中国的同时，中国的IT企业也顺应这一趋势，抓住机遇，及时调整发展战略，不断提高承接外包业务的能力，积极承接外包业务。承接的IT外包业务包括硬件设备租用、IT系统运行维护服务、数据输入与数据库管理服务、ERP系统安全服务、ERP软件安装及升级、数据调整、远程访问控制，还有到顾客服务（如呼叫中心、在线客服、远程营销）、软件外包等IT业务。尤其是我国企业承接的软件外包业务呈现出强劲发展势头。大连、上海、杭州等地已经瞄准了软件外包市场，制定了各自的软件外包发展计划。2003年10月在北京召开的首届中美国际项目外包商务发展年会得出的结论是：中国有望在2007～2010年成为国际项目外包的三大基地（即印度、爱尔兰、中国）之一。

在大连，日立、三菱、NEC等日本跨国公司相继建立客服中心或者软件研发机构。通用电气公司在大连招募了大批员工，为通用电器在日本的各家分公司提供后勤保障和业务支持。戴尔公司也在大连设立了400人的客服中心，为日本和韩国客户提供技术支持。埃森哲公司、毕博公司和惠普公司也在这里设立了软件研发机构向日本客户提供服务。2004年，日本在大连的外包服务业务价值达到了3 750万美元，比2002年翻了一番。大连拥有2.6万名经验丰富的软件工程师，每年还有3 800名软件开发人员。当地政府提供了慷慨的优惠政策，包括两年免税以及免除80%的增值税。美国《商业周刊》2005年3月28日（提前出版）一期文章指出：大连打造中国班加罗尔。

2004年浪潮公司与日本古河在上海签署了信息化合作协议，协议内容包括软件出口、古河在华企业选用浪潮ERP和分包古河在华企业服务等业务。浪潮未来将把上海作为浪潮国际化窗口，济南、青岛等作为软件加工基地，在美国、日本本土成立销售公司将是浪潮做大软件外包业务的重要举措。

外包市场的发展，吸引了众多国内IT企业的重视，最近一年来，涉足软件外包的企业不断增加。神州数码在2003年9月25日宣布与GE旗下一家投资公司以及日本上市公司TIS株式会社签订投资协议，拟成立一家合资公司，以开发日本庞大的软件应用外包市场；2004年初联想投资公司以2 400万港币参股中讯软件，进军软件外包。中讯软件是北京最大的国内软件出口企业；2004年3月6日，浙大网新宣布与日本富士电机株式会社在杭州就对日软件出口事宜达成合作意向，双方将分别在东京和杭州创办两家合资公司，开展大规模的对日软件出口业务。

华信是大连一家从事外包10年以上、在国内软件出口排名前茅的软件企业。由于华信做的是对日业务，华信在日本的品牌效果远远高于其在中国的效应。华信计算机副总经理王悦认为，华信和进入大连市场的海外IT外包商会有很多直接的竞争，对这种有实力的外企的进入，王悦对此感到更多的是竞争的威胁。在北京，惠普为客户GEMSA（GE数字医疗）建立的热线，支持中心服务GE数字医疗在亚洲不同国家的分支机构，提供韩语、日语、印度语4种语言的支持。在上海，惠普于2002年5月成立了中国软件研发中心，它的主要任务是为中国和亚太区的电信、金融服务、制造业等行业提供企业级解决方案。

11.3　软件外包业务在中国的发展

近几年，随着中国信息技术的飞速发展和普及应用，IT外包尤其是软件外包业务，取得了高速增长。赛迪顾问的研究报告显示：2001～2004年，中国软件外包服务市场年复合增长率达到52.1%，市场规模由2001年的1.80亿美元，上升到2004年的6.33亿美元，如图11.1所示。市场份额占到全球的1.9%。美国情报文献中心指出，2004年，中国内地的外包服务额增长了50%。到2009年，中国内地的外包服务收入可以达到47亿美元。随着对日本外包市场空间的扩大和欧美软件外包市场的开拓，越来越多的企业加入到软件外包服务市场中。中央政府以及地方政府给予了软件外包服务产业和软件外包服务企业更多的政策支持和资金支持，中国软件外包服务市场规模正在迅速扩大。

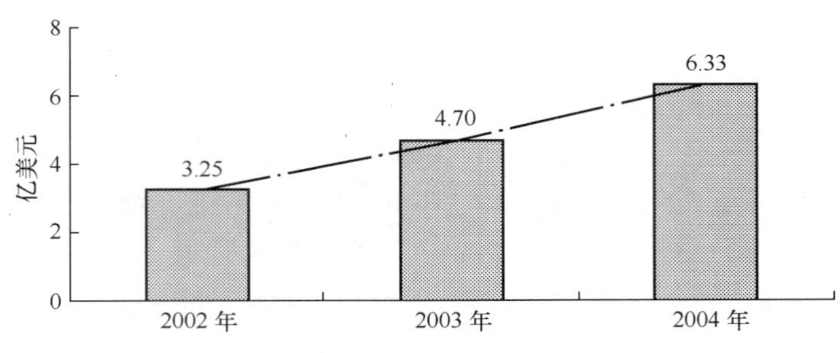

（数据来源：赛迪顾问　2005 年 02 月）

图 11.1　2002～2004 年中国软件外包服务市场规模

在 2004 年中国软件外包服务发包市场结构中，日本市场需求额就达到 4.02 亿美元，占据了 63.5%的市场份额，成为中国目前软件外包服务的主要发包市场。随着欧美市场的开拓，日本市场比例比 2003 年有所下降，共下降了 2.8 个百分点。美国客户给中国软件外包服务商的发包规模达到 0.87 亿美元，比 2003 年同期增长了 56.3%，为所有发包市场中增长率最高；所占市场份额也比 2003 年上升了 1.9 个百分点，达到 13.7%。香港和欧洲市场分别占 10.3%和 3.3%，所占市场份额分别上升了 0.4 和 0.2 个百分点。如图 11.2 所示。

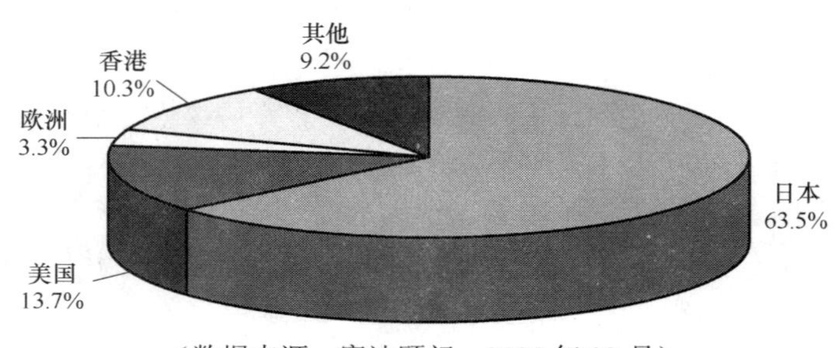

（数据来源：赛迪顾问　2005 年 02 月）

图 11.2　2004 年中国软件外包服务发包市场结构

11.4　2004 年中国软件外包服务市场的特点

2004 年中国软件外包服务市场有如下 3 个特点。

（1）在中国软件外包服务发包市场中，日本占主导地位，欧美市场开始升温。虽然美国软件外包市场被印度掌握，欧洲软件外包市场以爱尔兰为主，而软件外包发包市场的第三级日本市场则与中国的软件外包服务商有比较好的合作。

在中国的软件外包服务发包市场结构中，日本一直占主导地位，2004 年，中国软件外包市场规模中，有 63.5%的比例来自日本市场需求，其次是美国占 13.7%，香港占 10.3%。受成本挤压的压力，日本希望把部分软件工作外包，传统文化以及地域上的接近，使得日本公司更喜欢在中国寻找软件外包服务商，而不是在印度。

但是，在全球软件外包产业格局中，日本只占了不到 10%的份额，更大的市场在欧美，特别是美国，其软件发包规模占了全球市场的 65%左右。所以，为了扩大中国的软件外包产业规模，提高增长速度，必须得加快开拓欧美市场。在科技部“中国软件欧美出口工程”带动下，中国对欧美外包市场正在快速升温。赛迪顾问预测，2005～2009 年中，对日本软件外包市场规模年复合增长率为 48.7%；对欧美外包市场规模年复合增长率将达到 50.5%，超过对日外包的速度。

（2）软件外包服务市场区域分布不平衡，外包服务企业区域集中度高。软件外包市场在全球竞争格局的一个突出特点就是发包市场与接包市场比较集中，目前全球范围内已形成几个较为集中的软件外包服务中心，印度及爱尔兰是两大主要外包中心。

在中国软件外包服务市场，软件外包服务企业、软件外包服务实现销售额区域集中度也比较高。目前在北京、上海、深圳、大连、杭州等几个主要城市形成了区域外包中心，开展软件外包业务的主要企业多数分布于这些区域外包中心。比如，在北京，软件外包营业额超过 300 万美元的有大约 15 家企业，这 15 家企业的软件外包收入占到北京软件外包的 60%以上；在大连，前 10 家主力企业占全市软件外包收入的比例超过 90%。

在中国的区域分布中，其在中国软件外包服务整体市场的竞争格局基本就是软件外包重点中心城市的竞争格局，华北以北京为主，东北以大连和沈阳为主，华东以上海为主，华南以广州和深圳为主，华中以长沙一带为主，西南以成都为主，西北以西安为主。在 2004 年中国软件外包服务区域市场结构中，北京占了整体市场的 30%以上，大连和沈阳所占比例接近 20%，上海约占 15%左右，广州和深圳约占 10%以上，这几大城市就成为目前中国软件外包市场的主力城市，并形成区域外包中心，带动周边地区发展。

（3）中国软件外包服务市场营销渠道多样化，构建多层次合作平台。

对于软件外包企业来说，专业人才、市场渠道和企业规模是提高自身竞争优势的 3 个必要条件。中国软件企业在人才和规模上都不占优势，为了打开外包的渠道，各企业尽其所能。

一般规模比较大、实力比较强的软件外包服务企业，如大连华信、大连海辉、东软、中软、中讯、博彦科技等，在软件外包市场多年的打拼中已经积累了丰富的市场开拓经验，特别是积累了一批长期合作的国外客户；这些优质的客户成为他们进一步开拓市场的雄厚资本，他们可以凭借已建立起的信誉和品牌直接与国外客户签单。但是在中国为数众多的软件外包企业中，拥有这样实力的企业并不是很多。

有很大一部分软件外包公司专门接跨国公司在华分支机构或 IT 研发中心的外包订单，这些订单有的是跨国公司本身的软件开发需求放到印度或中国这种低成本的国家来做，还有的是这些跨国公司在全球拿到的客户订单再分流到中国来做。这些跨国公司 IT 研发中心为中国的软件外包服务商提供了一条便捷的市场渠道。

有的软件外包服务商采取国外的客户推荐方式，他们充分运用社会关系以及客户资源的关系网和能量。而且经过一段时间之后，他们的客户量和规模也会逐渐扩大。另外，各地方所成立的软件出口联盟等合作联盟也是为了提升整体实力，合作争取国外订单的一种方式。还有一些软件园区如大连软件园，通过提升“大连软件园”整体品牌形象，整体到国外争取项目，再回来分给当地企业来做。有一些公司为了扩大在国外客户端市场的影响力、或者为了扩大公司宣传，到国外开设分公司或办事处，积极主动地与客户联系，争取更多的软件外包项目。

在 2005 年～2009 年这五年内，赛迪顾问预测中国软件外包服务市场将以 48.4%的年均复合增长率高速增长，处于市场快速扩张阶段。2005 年，中国软件外包服务市场规模将达到 8.89 亿元，同比增长 40.5%，高于 2004 年的增长率；到 2009 年，中国软件外包服务市场规模将达到 45.60 亿元。具体数据如图 11.3 所示。

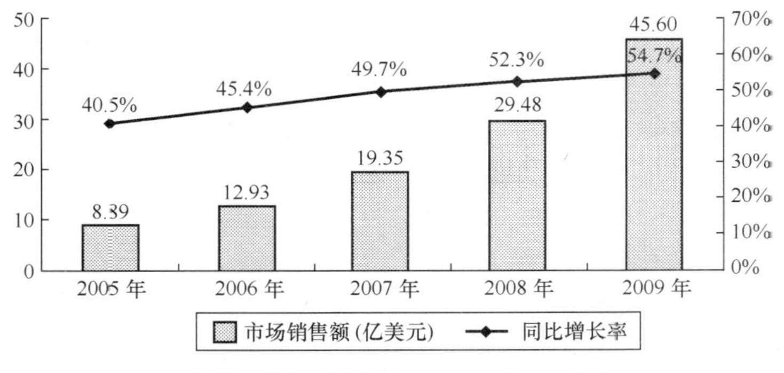

（数据来源：赛迪顾问　2005 年 02 月）

图 11.3　2005～2009 年中国软件外包服务市场规模和增长率预测

11.5　东软集团的软件外包服务透视

2004 年中国软件外包服务市场规模达到 6.33 亿美元，外包收入超过 1 000 万美元的软件企业达到 8 家，其中国内领先的软件与解决方案提供商东软集团，2004 年实现销售收入 24 亿元，并且凭借 3 600 万美元的软件外包业务收入，居国内软件厂商之首。

东软等一批软件企业在软件外包业务规模上的迅速增长，不仅体现出中国软件企业在企业的成熟度和国际化能力方面取得了历史性的突破，同时表明软件外包服务业务已经成为中国信息产业的一个新的增长点。公司先后在中国沈阳、大连、南海、成都建有东软软件园，在国内 40 多个城市设立分支机构，在美国、日本、香港设有分公司，成为中国最优秀的解决方案提供商之一。

事实上，东软软件外包名列前茅，与其雄厚实力是分不开的。早在 2002 年，东软就成为国内第一家通过 CMM5（软件能力成熟度模型）认证的软件企业。在 2004 年 12 月，他们又获得了全球最高级别的质量评估——CMMI5 级评估，他们将质量控制和过程改善工作推到了全球行业的最高水平。

近年来，东软将软件外包列为公司战略重点之一，这一战略在 2004 年的发展获得显著效果。2004 年，东软外包业务最大的突破表现在开发离岸化、服务本地化和业务规模化 3 个方面。在开发离岸化方面，目前已经有近 10 家跨国公司将其研发中心设在东软软件园大连园区，实现其外包业务开发的离岸化；同时，东软日本公司加大在日本本土资源的投入，为日本客户提供及时的支持与服务，实现服务的本地化；此外，东软软件外包的业务越来越深入到客户的核心业务中去，业务规模有近 30%～40%的提升。

2004 年，东软与日本 20 多家 IT 企业开展合作，业务涉及汽车电子、数字电视、DVD、PDA、手机、金融、ERP 实施等领域，围绕软件外包服务的技术人员达 1 800 人。与其同时，东软在软件外包优势的基础上，向发展潜力巨大的 BPO（业务流程外包）领域积极开拓，并取得初步成效。

东软一直积极开拓海外市场，发展国际合作，东软先后与日本、美国、韩国、芬兰、荷兰等国家的跨国企业建立合作关系，并且积极开拓国际市场，承接国际合作项目，多项软件产品及数字医疗产品出口到国际市场。东软已成为中国软件出口规模最大的软件企业之一。

东软集团计划用 5～10 年时间，将软件外包业务由现在占集团整体业务的 10%提高到 30%，成为东软未来的重要的、战略性的产业之一。为完成这样一个战略目标，东软从 4 年前就开始实施“软件工厂”计划，通过加强公司质量保证体系建设和员工职位能力评估工作，大幅度提升公司内部经营与管理质量。据悉，2005 年东软的软件外包规模将突破 5 000 万美元，成为中国软件外包业务的一支中坚力量。

11.6　IT 外包给中国带来的机遇

大批跨国公司强劲的 IT 外包趋势给中国 IT 行业带来一次绝好的发展机遇，正如 Gartner 公司所预测的那样，300 万工作岗位飘洋过海，意味着一扇大门对美国从事高科技的人员关闭，而另一扇大门却向遥远的东方国家，特别是印度和中国开启了。

欧、美、日企业将非核心业务转包，促进了全球 IT 外包市场的发展。IDC 市场分析显示，全球应用软件外包市场近几年平均每年以 29.2%的速度增长，2005 年整个市场规模将达到 389 亿美元。软件外包的市场主要集中在北美、西欧和日本。IDC 指出，美国本土公司向境外公司发包从 2000 年的 55 亿美元将上升至 2005 年的 176 亿美元。目前全球软件市场中 40%的项目是通过外包方式完成的。在软件接包市场上，印度和爱尔兰占居前两位。其中，美国市场被印度垄断，欧洲市场被爱尔兰垄断。

根据 Gartner 公司的预测，在未来 3 年中，中国的软件外包业务将达到与印度相同的水平，软件外包的业务量将接近 300 亿美元。如果说印度目前的研发劳动力成本比美国的便宜，那么中国的研发劳动力成本比印度还要便宜 40%。到 2007 年，中国将在 IT 服务、电话呼叫中心和后勤工作项目上赚取 270 亿美元的资金，这笔资金将与印度赚取的数量相当。

中国拥有丰富的劳动力资源，劳动者的素质正在稳步提高。目前中国劳动力要比印度更为廉价。一个中国工程师每月工资大约 500 美元，而印度的为 700 美元，美国为 4 000 美元。调查显示，近几年中国 IT 外包服务市场增长很快，2002 年中国 IT 外包服务市场达到 33.5 亿元人民币，年增长率达到 18.4%。

中国经济近 20 年来保持了高速增长，稳定的政治环境和社会环境，人民生活水平大为提高，投资环境大为改善，国内市场繁荣并有极大的拓展空间，中国巨大的经济推动力正在促使大量的外包项目从美国流入中国。据统计，《财富》500 强企业中已有近 400 家将其网络生产扩展到中国。微软于 2003 年成立了上海微创；神州数码则设立了软件外包事业部；浪潮集团在北京注册成立浪潮世科，瞄准外包。与此同时，日本 IBM 落户大连、日本甲骨文登陆上海、东芝集团的软件开发中心则移至北京。中国将成为外包项目中正在崛起的新秀。

大力发展 IT 外包服务业对我国具有特殊意义，首先是有助于我国高新技术产业和服务业的发展，促进我国产业结构的重新布局。其次，可以推动我国人才结构调整，我国在基础教育上不乏优势，可以服务外包为契机，大力培养适应新兴产业的高素质人才。第三，吸引海外人才归国创业发展。海外人才具有专业和语言优势，熟悉中外文化社会背景。

11.7　中国 IT 企业面临的挑战

中国是一个新兴的 IT 外包市场，外包业务正呈现出强劲的发展势头。但由于文化、地理和语言上的联系，目前中国主要向日本和韩国提供 IT 外包服务，而在欧美 IT 外包市场上远远落在印度和爱尔兰等竞争对手的后面。这里面有语言文化方面的因素，但更重要的是中国 IT 企业对欧美企业的运作模式不熟悉，所以尽管近年来越来越多的跨国公司进入中国市场，但外包项目流入中国的数量和水平仍然不尽人意。总体而言，中国 IT 行业还未具备足够的条件迎接欧美外包所带来的挑战。印度卡纳塔克邦州信息技术部长说："当然，中国有技术人员，但他们的软件业不是很好，他们还没有真正的竞争力。"虽然分析家认为印度太过于自信，但是仅从 IT 外包的数量、价值和水平看，我国现在确实还落后于印度。这个差距的缩小有待于时间和经验的积累，不可能一蹴而就。

印度认为中国将成为争夺全球服务外包业务的强劲对手，对两国实际情况的分析如表 11.1 所示。

表 11.1　中国与印度服务外包业务的比较

	中　国	印　度
优势	1．劳动力工资成本低 2．与日本文化接近，有助于承接日本服务外包项目 3．房地产、电力价格较印度低 4．政府推动有利 5．基础设施条件较好	1．丰富英语技术开发与管理人才 2．法律、会计体系与欧美接近 3．工资相对低廉 4．软件产业比较成熟 5．地理位置介于欧美之间，有利于利用国际时差开展相关业务
劣势	1．软件质量不高 2．国际形象欠佳 3．英语人口远少于印度 4．中国刚起步涉足商务外包，印度相对成熟	

与印度相比，我国所面临的挑战主要包括：一是吸引服务外包的竞争激烈，在高端服务相对于印度有差距，在低端服务有欠发达国家更低成本的挑战。二是我国软件和服务企业缺乏项目管理和开拓国际市场的能力，经营规模相对比较小，国际竞争力较弱。三是高素质劳动力流向跨国公司现象严重。

11.8　发展我国 IT 外包服务业的几点建议

全球 IT 外包服务市场潜力巨大。有人预测：随着西方人口老龄化，科技人才的短缺，到 2010 年，全球 IT 外包服务将达到高潮。因此，中国必须从现在起，高度警觉，抓住机遇，加快发展 IT 外包服务。

（1）从战略高度重视"服务全球化"，制定适应 IT 外包的产业政策。IT 外包有助于带动和提升我国 IT 行业的整体水平，带来更多的商机，还将推动教育、就业等全面发展。因此，政府应该抓住欧美企业 IT 外包的机遇，像当年支持来料加工等劳动密集型产业一样，支持国内企业承接国际 IT 外包项目，制定适应

IT 外包的产业政策，为 IT 外包到中国创造良好的环境条件。

科技政策方面应包括加强 IT 技术的研发、切实加强知识产权保护、支持建立行业技术标准和规范等，鼓励企业永不疲倦的创新精神。税收政策应包括降低企业创业成本的税收减免政策、奖励企业扩大投资规模和增加研究开发投入的递延纳税政策等。如何从政策上鼓励 IT 企业了解和接受外包，支持和发展中介机构和给予外包企业适当的优惠等，都有待进一步研究和完善。

（2）技术标准、生产规模和专业化分工

由于 IT 外包协议，特别是整体外包协议，一般签约时间都较长，用户对 IT 服务商的依赖性也比较强，除信息安全外，对 IT 外包服务商技术和经济实力的担忧是 IT 外包用户考虑的重要因素。如果在协议期间 IT 外包服务提供商倒闭或出现经营困难，对用户的正常业务运营将产生严重的负面影响，甚至会产生毁灭性的灾难。

首先是技术规范和技术标准问题。中国 IT 服务市场尚处于启动阶段，对于多数 IT 服务商而言，服务尚未实现标准化、产品化。例如软件外包服务，必须有自己专业化的“软件工厂”为用户提供标准、规范的软件，或者符合国际化的软件开发过程规范（如 ISO9001 / TickIT 和 CMM 模型）。

其次是生产规模问题。中国的 IT 企业出口始于 20 世纪 80 年代，起步较晚，除少数大型企业外，目前大部分企业没有建立稳定的外包业务关系。中国 IT 外包服务市场如果要向纵深发展，必须培育一批资金和技术力量雄厚、管理规范、可信赖的专业精神和品牌感召力强的大型 IT 外包服务商，或者有实力的 IT 厂商进入市场。与印度相比，中国的 IT 企业规模还很小，抗风险能力弱，追求短期利益的功利趋向较为明显。

再者是专业化分工问题。任何一个产业发展到一定规模，必然走向专业化的分工与协作。IT 产业也不例外。例如美国 IT 外包市场的扩大、印度软件产业的崛起，正是专业化分工协作的结果。我国企业发展在计划经济体制下形成的小而全、大而全的现象，至今仍然没有完全根除。改善中国 IT 外包的市场竞争环境，应逐渐形成专业 IT 外包市场，中国 IT 行业亟需建立统一的技术标准，整合实力，分工合作，以提高自身的核心竞争力。

（3）加大人才培养力度，提高项目管理能力

IT 服务业的转移需要的是熟悉外语的技术人才。这正是 IT 服务向海外转移的不同之处，由此不可避免带来了相应人才的争夺战。项目管理能力不强是中国 IT 外包面临的重要障碍。很多企业尚不具备承揽国际项目所需的项目管理流程及质量控制水平。Gartner 公司预计，为适应外包的发展，中国将需要 400 万的 IT 专家来迎合未来的人才需要。调整人才培养战略，在保留低成本制造业劳动力优势的同时，大力培养高科技和服务业人才，进一步改革教育体制，增加 IT 和 BPO 服务相关内容。同时，继续做好海外留学人员和华人华侨归国创业发展的工作，有意识地发挥他们在引进和开办服务外包服务行业方面积极、独特的作用。

在印度，许多公司能够直接承包美国政府的合同。印度有大量的留学人员在美国学习和工作，其国内的软件工程师受过良好的教育并且可以用英语无障碍地与英美客户沟通，为印度软件外包的发展创造了良好的条件。印度抓住了国际信息产业发展的契机，成为 IT 外包的强国。在中国进军世界外包市场的过程中，印度不仅是我们学习的榜样，也是强大的竞争对手。

（4）熟悉外包运作机制，积累国际运作经验

目前，我国 IT 外包市场不健全，企业不熟悉国外外包的运作机制，在制定 IT 外包合同条款和管理方面缺乏经验，没有建立科学、透明、标准化的定价机制和模式，以及对 IT 外包服务质量的控制方法，对未来可能出现的潜在风险认识不足，因达不到标准而失去合同的情况很多。这些不足限制了中国企业开拓国际市场的能力。

随着大型跨国企业外包业务的进入，势必将引入国外 IT 外包服务方式和运作机制，推动国内 IT 外包服务市场的发展。我国企业可以在 IT 外包合作过程中，熟悉 IT 外包服务的种类、方式、价格，以及 IT 外包服务的服务水平，逐步确立行业规范，学习国外先进的技术、成熟的管理经验，同时培养我国的本土人才，促进产业水平的总体提升。加强对全球服务外包研究，不仅对其宏观发展趋势要有所了解，更要研究印度等国发展软件和服务外包行业的具体情况和经验。

（5）增强IT企业与跨国公司在本土直接竞争的能力

由于我国拥有广阔的市场，已经吸引了众多的国际跨国集团进军中国市场，一些跨国公司不仅向我国企业提供外包项目，也把目标瞄准未来潜在的中国目标，如政府机构和国家大型企业的外包采购项目。

在用户选择外包服务提供商时，会重点考察他们是否具有以下能力：对客户特定业务问题正确及时的响应；拥有特定技能；对客户所属行业及其业务具有精深的理解；被广泛认可的从业背景；荣誉及所获奖项。

IT外包行业经营虽然属于企业行为，由于我国IT企业在经济实力、技术储备、管理水平和国际运作经验等方面难以与国际跨国集团相抗衡，所以政府的支持和管理是不可或缺的，包括加强电信基础改造和建设，提供税收优惠和资金支持，信息咨询及中介等。政府管理有助于服务外包行业的有序发展。为此，有必要建立研究、咨询和管理为一体的官方或半官方的专门机构。

同时，要培育和发展IT外包产业带，进一步发挥高新区的政策和示范作用，建立规范的IT外包企业，促进我国软件企业与跨国公司的外包合作，组建龙头企业或行业联盟，增强企业的国际竞争力，从而推动我国IT外包服务的稳步快速发展。

（中国互联网协会　杨君佐　编写）

第 12 章　互联网络部分典型应用

12.1　搜索引擎

12.1.1　中国搜索引擎市场现状与特点

2002 年以来，全球搜索引擎市场经历了由起步到快速发展的阶段。2001 年全球搜索引擎市场规模不足 1 亿美元，而 2002 年迅速增长到 18 亿美元。由于竞价排名盈利模式的确立，搜索引擎市场已经成为有效的在线市场推广工具，获得了企业和广告商的青睐，成为近年来增长最快的网络广告形式。2003 年规模达到 24 亿美元，2004 年达到 30 亿美元，增长率为 35%。具体数据如图 12.1 所示。

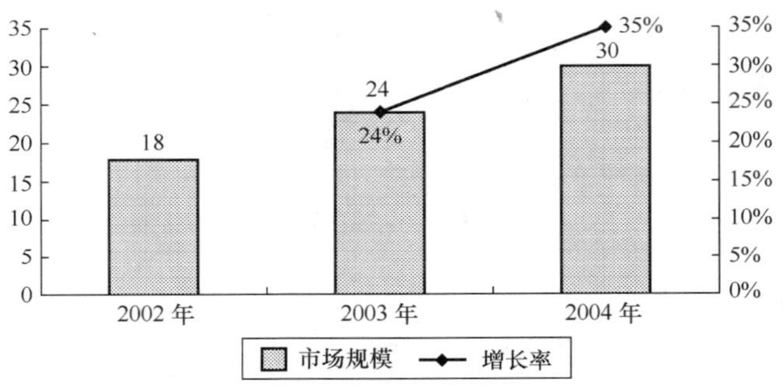

（数据来源：赛迪顾问　2005 年 02 月）

图 12.1　全球搜索引擎市场规模

在全球搜索引擎市场快速发展的同时，中国搜索引擎市场也逐渐显现出了蓬勃发展的繁荣态势，2004 年 Yahoo 收购 3 721 之后又推出“一搜”，Google 也注资百度，中国搜索获得中国互联网新闻中心、IDG 集团的投资，而新浪、搜狐、网易三大门户也相继推出了新的搜索引擎……中国搜索引擎产业正在逐步形成，并被誉为互联网产业的“第四桶金”。

据赛迪顾问的调查统计，2004 年，中国搜索引擎市场达到了 9.4 亿元人民币，比上年同期增长了 71%。具体数据如图 12.2 所示。

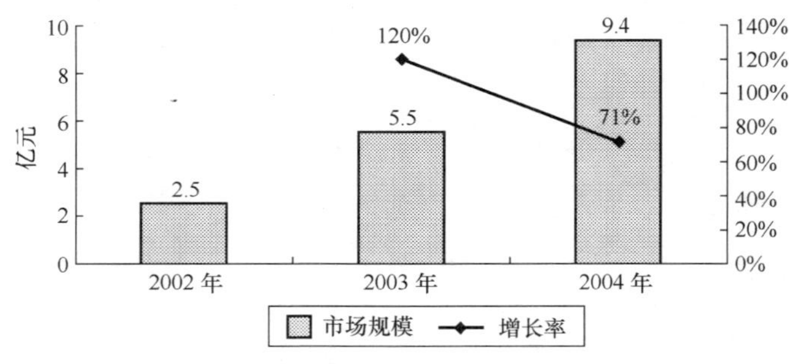

（数据来源：赛迪顾问　2005 年 02 月）

图 12.2　中国搜索引擎市场规模

中国搜索引擎市场在快速发展的同时，呈现出以下特点。

1．市场竞争日趋激烈

全球搜索引擎巨头 Google、Yahoo 等纷纷登陆中国，国内的百度、3721、中国搜索以及搜狐等企业也不甘示弱，海内外公司之间的合作与并购频频发生，一些新的企业也在积极加入。2004 年以来，搜索市场新闻迭起：Yahoo 继收购了 3721 之后，在年初中止了与 Google 的合作，开始启用 YST 技术，并在中国推出了本地化的“一搜”；搜狐 7 月宣布更新搜索引擎，升级到智能搜索“搜狗”；网易与 Google 达成战略合作协议，全线改版搜索引擎引入 Google 的搜索功能 Adwords 竞价搜索；中国搜索推出桌面搜索——“网络猪”……搜索的竞争正在逐步从浏览器搜索、IE 地址栏搜索，向智能搜索、桌面搜索、移动搜索等多种形式拓展。

2．搜索功能逐步健全

搜索的方式从目录搜索过渡到网页搜索，带给用户更加丰富的信息，同时也产生了用户对于分类搜索更加多样的需求。伴随人们对于信息需求的多样化，搜索的内容也在逐渐地拓展。

目录搜索、新闻搜索、网页搜索成为各大搜索引擎最基本的功能，在这些基础的信息提供之上，很多引擎还增加了例如 MP3 搜索、图片搜索、彩铃/彩信搜索等。在中国搜索的搜索分类中，还增加了行业搜索、网站搜索、购物搜索、区域搜索、Flash 搜索以及游戏搜索。

3．盈利模式有待创新

搜索引擎产业属于技术主导型产业，只有掌握了核心技术，才能够在市场竞争中占据优势地位。而目前，由于核心技术仅掌握在极少数的企业手中，多数企业仅能通过与搜索引擎技术提供商进行合作，受限于技术构架，企业很难在盈利模式、运营方式上进行自主的创新，从而造成行业盈利模式单一，同时也加剧了市场竞争的激烈程度。但对于互联网行业而言，盈利模式的复制效率极低，从而使市场始终被少数掌握了核心技术的企业所控制。因此，企业在缺少技术支持的情况下，必须通过探索特色服务来创造新的盈利点。

4．渠道市场呈现混乱

渠道是很容易被搜索市场忽略的一个环节。而搜索引擎服务恰恰需要特殊的渠道和销售。今年以来，渠道逐渐得到了搜索服务提供商们的重视，成为市场争夺的重心。

目前中国搜索引擎代理商有数千家，其中较大的有 100 多家，主要集中于广东、福建、浙江等地。由于代理销售搜索引擎只需取得要求非常低的代理资格，几乎不存在门槛问题，因此也造成代理商数量迅速增多，渠道市场混乱的问题。很多小的代理商为了争夺客户采取低价策略，而有实力的厂商甚至不惜赔本销售以获得放量增长争取更低的折扣。市场竞争陷入恶性循环，渠道市场一片混乱。

5．技术主导产业发展

搜索引擎产业是一个技术主导型的产业。因此，伴随技术进步，将会带来产业彻底性的革命。经过第一代人工分类目录搜索和第二代超链分析技术，搜索引擎刚刚找到了适于自身的盈利模式，并且爆发出巨大的发展潜力。目前，第三代智能搜索已经在酝酿当中，同时搜索平台也在从浏览器搜索逐步向桌面搜索、移动搜索等多种搜索平台过渡，这些都说明搜索引擎的技术还不够成熟，产业发展仍有极大空间。

6．浏览器搜索仍是主流

尽管，现在桌面搜索已经在全球范围内形成了强大的席卷整个搜索市场的势头，Google 已经推出了 Google Desktop Search 的测试版，而微软也对桌面搜索给予厚望，并即将推出桌面搜索软件。然而，就目前 Google 的测试版和中国搜索的“网络猪”的实际运行情况来看，短期内桌面搜索还难成规模，浏览器搜索仍然是中国市场的主流。

7．资本支撑行业加速发展

对于任何处于成长期的行业而言，资本市场的支持必将成为行业加速发展的巨大动力。从 2003 年开始，国内搜索引擎行业的资本运作就开始启动，Yahoo 收购 3721、Google 注资百度、慧聪国际香港上市，再加上搜狐、新浪等上市公司积极进入搜索引擎市场竞争，更加说明资本将一直伴随着搜索引擎行业的成长与发展。

12.1.2 中国搜索引擎行业产业链分析

搜索引擎的产业链结构可以用图 12.3 简单描述：搜索引擎技术提供商、服务提供商、企业用户和个人用户是构成产业链的 4 个主要主体。

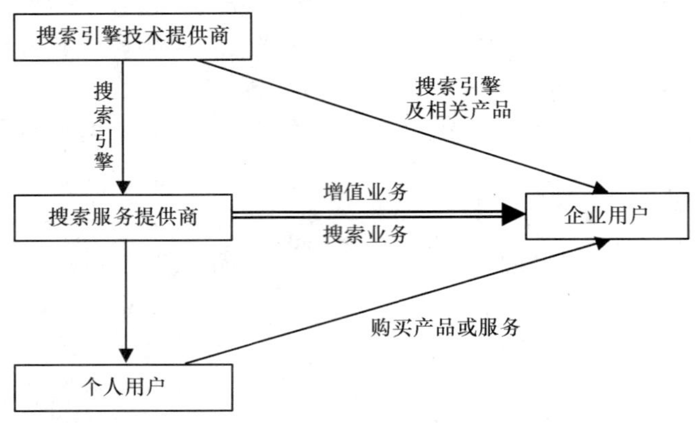

（数据来源：赛迪顾问　2005 年 02 月）

图 12.3　搜索引擎产业链构成

一、搜索引擎技术提供商

搜索引擎技术提供商是搜索引擎产业链的基础和核心。搜索引擎技术提供商，一方面向搜索服务提供商提供技术和产品支持，同时也可以为企业用户提供搜索引擎及相关的产品服务，例如企业竞争情报系统、企业资源管理系统等。随着市场竞争的加剧，技术提供商们也逐渐从后台走向前台，扮演了搜索服务提供商的角色。

在海外资本和技术的支持下，中国搜索引擎技术提供市场逐渐形成了两大强势竞争阵营的对垒：2003 年，Yahoo 以 1.2 亿美元收购了垄断着国内地址栏搜索的 3721 公司，并在 2004 年中针对中国市场推出了使用 YST 技术的全新搜索引擎“一搜”；Google 于 2004 年向百度注资 1 000 万美元，双方结为盟友，Google 进入中国市场也已成必然之势，从而，形成了“Yahoo+3721”和“Google+百度”两大阵营。而从阵营的组织结构上看，“Yahoo+3721+一搜”相对于“Google+百度”的结合而言，更加紧密，能够促进三方整体竞争实力的增强，而 Google 与百度的联盟较为松散，甚至在一定程度上存在着竞争关系。

二、搜索服务提供商

搜索服务提供商是搜索引擎市场价值的实现平台。搜索服务服务商通过与搜索引擎技术提供商签订协议，从而获得搜索引擎的使用权，并向企业用户和个人用户提供服务。一方面，搜索服务商通过固定排名、竞价排名等模式向企业用户提供网络广告服务；另一方面，也向广大网民提供搜索服务，目前主要为免费的。

在搜索服务提供商中，门户网站占据重要的地位，包括新浪、搜狐和网易等，早期网民主要通过门户网站进行搜索获取信息，而由于门户网站拥有较高的点击率和覆盖率，对于很多企业而言，选择门户网站的固定排名、网站登录等搜索服务能够取得很好的网络广告宣传效果，因此，2004 年伴随中国搜索市场发展热潮的涌来，各大门户网站也纷纷加大了在搜索方面的开发力度，例如搜狐及时地推出了号称“第三代智能搜索引擎”——“搜狗”。

专业的搜索技术提供商的加入使搜索服务提供市场的竞争更加激烈。由于网民对专业搜索认可度和使用频率的提升，加上竞价排名模式在全球范围内取得的成功，搜索技术提供商纷纷从后台走向前台，直接为网民提供搜索服务。目前，国内最为活跃的专业搜索引擎包括，地址栏搜索的 3721 和通用网址，浏览器搜索的百度、Yahoo、中搜，桌面搜索“网络猪”等。

三、企业用户

企业用户是搜索引擎产业规模的主要支撑。根据使用目的可分为两类：一类是利用搜索服务作为企业广告宣传手段的用户，这部分用户是搜索服务提供商收入的主要来源，企业根据搜索服务对企业的宣传效果，付费给服务提供商。另一类是搜索引擎技术提供商的客户，他们根据自身企业需要建立独立数据库，使用搜索引擎对数据库信息进行管理。

根据赛迪顾问的抽样调查显示，2004 年平均每家中小企业用户用于搜索引擎服务的年投入为 1 730.5 元，比 2003 年相比增长了 27.8%，这说明经过搜索引擎企业多年的努力推广和探索，搜索服务已经逐渐得到了市场的高度认可，并将逐渐爆发出迅速增长的市场潜力，搜索引擎市场正在加速发展。

在中小企业所采用的搜索服务类型方面，IE 地址栏搜索是目前企业采用最为广泛的服务，使用率达到 58.9%；网站登录的使用比例也高达 45.4%；竞价排名作为一种新兴的搜索服务，也逐渐得到了 30%的企业的青睐；固定排名则由于费用较高，不适宜大多数的中小企业采用，因此仅有 10%的企业采用。具体数据如图 12.4 所示。

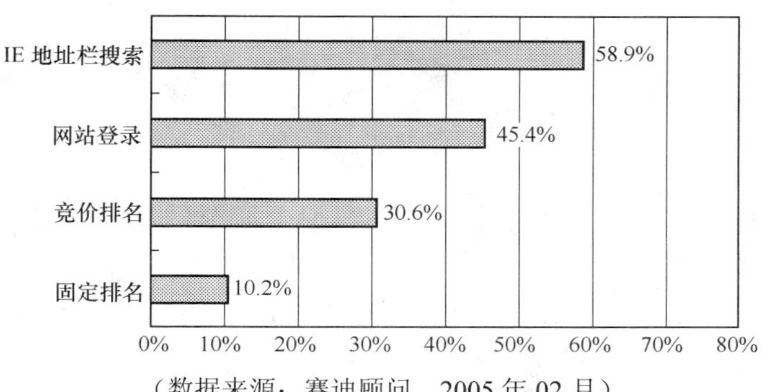

（数据来源：赛迪顾问　2005 年 02 月）

图 12.4　企业用户使用搜索引擎的情况

四、个人用户

个人用户是指使用搜索引擎进行信息资料查询的用户，个人用户使用搜索服务目前主要免费的。搜索服务提供商通过提供特色的搜索服务，提高搜索质量来增加个人用户的使用量和点击率，从而争取更多的企业客户。因此，个人用户的规模是搜索服务提供商盈利的一个重要基础。

根据 CNNIC 调查显示，近几年来，搜索引擎用户在上网用户中占据了 60%～70%的比重，伴随着上网用户的逐年增长，搜索引擎用户也一直保持了稳定的增长，至 2005 年 1 月，搜索引擎用户已经增长到 6 110 万人，成为中国搜索引擎市场快速发展的重要基础。如图 12.5 所示。

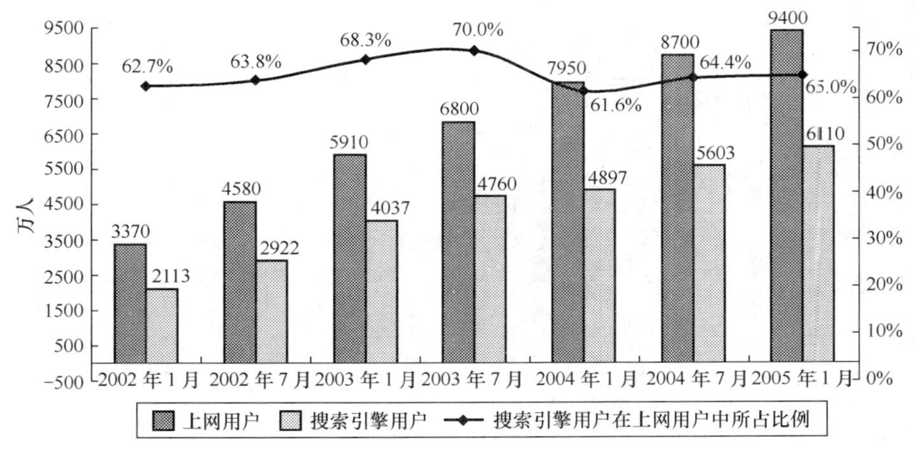

（数据来源：赛迪顾问　2005 年 02 月）

图 12.5　2002～2004 年中国搜索引擎用户规模增长情况

12.1.3　搜索引擎行业盈利模式分析

目前，搜索引擎的盈利模式主要包括 IE 地址栏搜索、网站登录、固定排名、竞价排名等，如图 12.6 所示。由于搜索引擎产品不具有排他性，一个企业可以选择多个搜索引擎组合，来获得更好的网络推广效果。

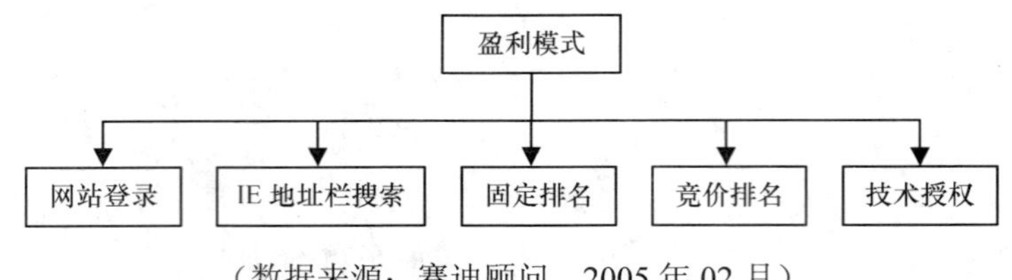

（数据来源：赛迪顾问　2005 年 02 月）

图 12.6　搜索引擎主要盈利模式

1．IE 地址栏搜索

目前，提供 IE 地址栏实名搜索的引擎主要有 CNNIC 和 3721 两家。中国互联网络信息中心（China Internet Network Information Center，简称 CNNIC）作为信息产业部授权的负责运行和管理国家顶级域名 CN、中文域名系统及通用网址系统，属于非营利性的机构，并未真正参与到搜索引擎的市场竞争中，与其他商业化搜索引擎之间构成了合作的关系。3721 推出的是网络实名服务，同时 3721 也提供竞价排名等搜索服务。

2．排名业务

排名业务是搜索引擎的主要业务，其中的固定排名是目前国内大多数搜索引擎企业的主要盈利来源，而以按点击付费的竞价排名作为已经得到全球认可的一项最具盈利潜力的搜索引擎服务，在以 Google、百度为代表的企业的推动下在国内迅速发展。但由于目前国内信用体制以及支付手段欠缺等客观原因的影响，竞价排名的成熟发展仍需一段时间，目前除了 Google、百度在竞价排名业务上取得不俗的业绩外，其他企业尚在尝试阶段。

固定排名由于费用较高且周期较长，更加适合于大企业采用，但对于大企业而言，选择高浏览量的门户网站投放广告，则可能获得更佳的品牌推广效果。相对而言，竞价排名由于采用点击付费的方式，用户对于成本投入、推广效果和广告周期都有更强的自主性，从而达到了在资金投入有限的前提下，最直接获得有效潜在客户关注的营销效果，成为最适宜中小企业的网络营销模式。

表 12.1　　竞价排名与固定排名的特征比较

竞 价 排 名	固 定 排 名
关键字点击付费，企业可以控制费用	费用较高
周期短	周期较长
用户具有针对性	用户覆盖面广，但缺乏针对性
适用于中小企业，但对大企业缺乏吸引力	适合于大企业采用
适用于利润率较高的产品或企业	

数据来源：赛迪顾问　2005 年 02 月

3．技术授权

技术授权是搜索引擎技术提供商向搜索服务提供商提供搜索引擎产品和技术支持时，收取的授权费用。最初，技术授权是技术提供商的主要盈利来源，伴随技术提供商逐渐从后台走向前台，直接参与到服务提供的竞争中，技术授权在技术提供商的收入中所占的比重逐渐下降。

（赛迪顾问股份有限公司　陈文）

12.2　即时通信

12.2.1　2004 年国内即时通信行业综述

2004 年，作为中国互联网面向个人的热点应用之一，即时通信软件（Instant Messenger）的发展突飞猛进。即时通信拥有的实时性、成本低、并且可以与手机等终端通信等诸多优势，已经成为网民们最喜爱的网络沟通方式之一。

2004 年 6 月 16 日，中国第一家以即时通信为概念的互联网企业腾讯在实现了连续三年盈利以后，在香港联交所成功上市。首次公开募股（IPO）带来 14.4 亿港币的净收入。腾讯依托其即时通信产品腾讯 QQ 的平台优势，推出的休闲游戏平台 QQ 游戏在 2004 年年底达到 100 万人同时在线；2004 年年底第三方监测机构 AC 尼尔森的数据显示，腾讯推出仅一年的门户网站在国内总体排名已位居第四。

腾讯的成功让人们发现，即时通信不光可以承载网络广告、网络短信等传统业务，已经发展成为一个承载多种互联网业务的平台。2004 年，国内传统的门户网易、搜狐都开始以提供免费的网络短信的方式来推广自己的即时通信产品；新浪收购了一个叫作 UC 的即时通信软件；TOM 在线从国外引进了以语音通信见长的 Skype；中国电信开始推出自己的 VIM（Vnet Instant Messenger）系统，将宽带业务和即时通信产品进行整合；国外的微软和雅虎都进行了中文版和英文版即时通信产品的同期发布。

虽然存在激烈的市场竞争，但是由于即时通信软件之间没有实现互联互通，网民由一种即时通信工具转移到另外一种即时通信工具，需要付出很大的成本，因此 2004 年中国即时通信的市场格局没有出现太大的变化。根据艾瑞市场咨询（iResearch）最新推出的《2004 年中国即时通信研究报告》数据显示，2004 年用户最常用的即时通信软件是腾讯 QQ，其次是 MSN、网易泡泡和雅虎通。用户最常用的即时通信软件格局和 2003 年基本相同。

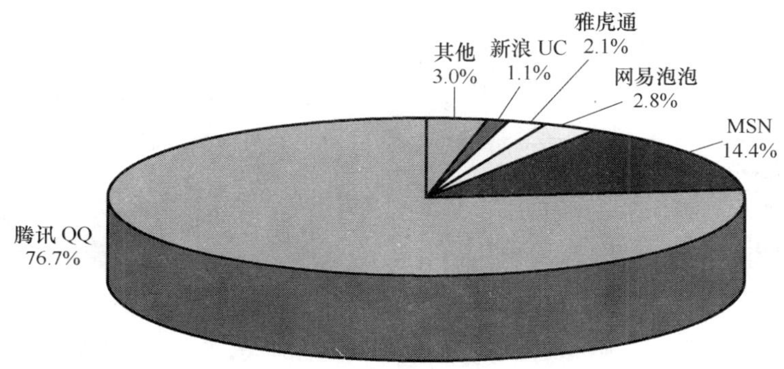

图 12.7　2004 年用户最常使用的即时通信软件

12.2.2　2004 年国内主流即时通信工具简单介绍

一、腾讯 QQ

腾讯是中国最早的互联网即时通信软件开发商，是中国的互联网服务及移动增值服务供应商，并一直致力于即时通信及相关增值业务的服务运营。腾讯 QQ 是国内用户最多的个人即时通信工具。艾瑞市场咨询（iResearch）的《2004 年中国即时通信研究报告》数据显示，腾讯 QQ 目前在国内的即时通信市场占有率为 76.7%。

腾讯软件的官方网站是：http://im.qq.com。

二、微软 MSN

MSN 是微软公司开发的即时通信工具，由于微软产品用户众多， MSN 操作简单运行稳定，并通过与 Windows 操作系统的捆绑，使得 MSN 的普及速度非常快，现在已经成为世界主流即时通信工具之一。艾瑞市场咨询（iResearch）的《2004 年中国即时通信研究报告》数据显示，MSN 目前在国内的即时通信市场占有率为 14.4%。

MSN 的中文官方网站是：http://china.msn.com。

三、网易泡泡

网易泡泡是由网易公司开发的一款即时通信工具。网易泡泡的 2004 版本，内嵌了 MSN 插件，只要用户绑定自己已有的 MSN 账户即可在网易泡泡中同时与 MSN 好友实现通信。

艾瑞市场咨询（iResearch）的《2004 年中国即时通信研究报告》数据显示，网易泡泡目前在国内的即时通信市场占有率为 2.8%。

网易泡泡的官方网站是：http://popo.163.com。

四、雅虎通

雅虎通（Yahoo! Messenger）雅虎开发的一款即时通信软件，它允许用户与朋友、家人、同事及其他人进行即时的交流。使用即时消息可以与朋友交谈，并能发现他们何时在线。雅虎通内置了股票、新闻、和记分板等选项卡，这样不论用户在何处浏览因特网，都可以始终监视用户所有个性化信息。雅虎为它的雅虎通 6.0 版本用户，免费提供 1GB 大小的雅虎邮箱。

艾瑞市场咨询（iResearch）的《2004 年中国即时通信研究报告》数据显示，雅虎通目前在国内的即时通信市场占有率为 2.1%。

雅虎通的中文官方网站是：http://cn.messenger.yahoo.com。

五、新浪 UC

UC 即时通信服务于 2002 年正式推出，它采用自由变换场景、个性在线心情等人性化设计，并拥有视频电话、信息群发、文件互传、在线游戏等功能。2004 年 5 月，新浪正式宣布收购 UC。艾瑞市场咨询（iResearch）的《2004 年中国即时通信研究报告》数据显示，新浪 UC 目前在国内的即时通信市场占有率为 1.1%。

新浪 UC 的官方网站是：http://www.51uc.com。

六、TOM-Skype

TOM-Skype 是 TOM 在线和 Skype Technologies- S.A.联合推出的互联网语音沟通工具。TOM-skype 采用了先进的 P2P 技术，为用户提供超清晰的语音通话效果，使用端对端的加密技术，保证通信的安全可靠。TOM 在线与全球著名的即时通信公司 Skype 于 2004 年 11 月 16 日联合推出 TOM-Skype。

TOM-Skype 的官方网站是：http://skype.tom.com。

12.2.3 2004 年国内即时通信产业大事记

1．2004 年 1 月腾讯推出 TM 欲收商务失地

腾讯推出一款即时通信软件——Tencent Messenger（简称腾讯 TM），定位在办公环境的商务应用。腾讯原有 QQ 和 RTX 两个即时通信产品线，分别针对个人和企业市场，而腾讯 TM 主要面向商务办公环境的个人用户，显然随着即时通信市场的不断发展，即时通信产品定位也正在不断地走向细化。

2．2004 年 3 月腾讯 QQ 最高同时在线人数突破 600 万

腾讯公司自 1999 年第一个 QQ 测试版推出之后，数年来腾讯 QQ 用户迅猛增长，并于 2001 年 2 月首次突破最高同时在线人数 100 万大关。2002 年 03 月 10 日最高同时在线人数突破 200 万；2004 年 02 月 14 日最高同时在线人数突破 500 万；2004 年 03 月 13 日最高同时在线人数突破 600 万。

3．2004 年 5 月新浪收购朗玛 UC

新浪为此支付价值 1 500 万美元的现金和股票作为首期付款，余款将根据业绩增长情况，于第二年支付最高达 2 100 万美元的现金和股票。UC 即时通信服务于 2002 年正式推出，通过该服务用户可以在互联网和移动通信网络上实时发送文本信息、图像和声音。UC 还提供聊天室、在线游戏、校友录、在线卡拉 OK 及其他娱乐服务等社区功能。UC 即时通信工具拥有约 8 000 万注册用户，同时在线用户数最高达到 20 万左右。

4．2004 年 6 月雅虎中国推出了新版即时通信软件“雅虎通 6.0 中文版”

雅虎中国 6 月 7 日正式推出了新版即时通信软件“雅虎通 6.0 中文版”，这是雅虎旗下这款经典工具自诞生以来最大的一次全球性改头换面的升级。

5．2004 年 6 月腾讯在香港主板上市

中国第一家以即时通信为概念的互联网企业——腾讯在实现了连续三年盈利以后，在香港联交所成功上市。首次公开募股（IPO）为腾讯带来了 14.4 亿港币的净收入。

6．2004 年 7 月网易推出了新版即时通信软件网易泡泡 2004

7．2004 年 11 月 TOM-Skype 正式发布

2004 年 11 月 16 日，中国领先的无线互联网门户 TOM 在线有限公司在北京正式宣布：由 TOM 在线

与全球著名的即时通信公司 Skype 通力合作之下的 TOM-Skype 正式发布。此举标志着 TOM 在线一举跨入国内即时通信市场，自此，TOM 在线将能够为用户提供包括即时通信、网络新闻、免费电邮、无线增值、搜索、社区、在线游戏等在内的全线多元化网络应用服务，并将通过 TOM-Skype 的即时通信平台完美整合所有业务向用户全力推送。

12.2.4 即时通信面临的问题

一、安全问题

随着防毒技术的进步，在电子邮件中夹带病毒的做法显得越发落伍，撰写病毒者逐渐将焦点集中到即时通信平台；目前虽然此类病毒仍不会造成严重后果，但病毒出现在即时通信中的机会已大幅提高。基于企业和个人用户对即时通信工具的高度依赖，如果不及早预防，必然严重危害用户的资讯安全。

据国外安全软件开发商 Imlogic 倡导的安全研究协会 Imlogic 威胁中心于发布的一份研究报告，2005 年第一季度由即时通信所产生的安全威胁比上一年同期增长了 2.5 倍。今后即时通信的安全威胁将还会进一步增加。

二、互联互通

目前国内存在较多的即时通信软件，这些即时通信软件由不同的服务商为用户提供运营服务。因为企业利益和安全性以及标准等方面的因素，至今国内的即时通信软件还没有实现类似于不同电信运营商之间的用户的互联互通。这意味着用户需要注册、安装并同时运行不同的即时通信软件来联系来自不同即时通信服务的联系人。

2004 年 7 月 15 日，雅虎在美国宣布，旗下著名的即时通信工具雅虎通将与微软 MSN 和美国在线 AIM 联手，首次实现不同提供商在企业即时通信领域的互联互通。微软公司新发布的在公司环境内使用微软 LCS 即时通信系统的用户，将可以雅虎通、MSN 及 AIM 实现互联互通。

12.2.5 即时通信面临的机会

VoIP（Voice over Internet Protocol）是一种以 IP 电话为主，并推出相应的增值业务的技术。VoIP 最大的优势是能广泛地采用 Internet 和全球 IP 互连的环境，提供比传统语音业务更多、更廉价、更好的服务。

目前最明显的问题就是 VoIP 会让普通电话业务大量流失，由于用户使用习惯尚未形成，加上政策管制因素的影响，VoIP 在国内一直没有得到真正的发展。

2004 年 11 月 TOM 在线把欧洲著名的 VoIP 软件 Skype 带入中国，期望能在中国的 VoIP 市场取得成功。目前腾讯公司和 TOM 在线都已经开始寻找计算机外接电话 USB 设备的制造商，旨在政策没有开放之前预先培养用户使用计算机打电话的习惯。

12.2.6 即时通信新的挑战

SNS 的全称是 Social Network Service，中文意思是社会性网络服务。SNS 的产生和应用与“六度分离”（Six Degrees of Separation）理论密切相关，该理论由美国著名社会心理学家米尔格伦（Stanley Milgram）于 20 世纪 60 年代最先提出。简单地说，“六度分离”理论认为在人际脉络中，要结识任何一位陌生的朋友，无论身份、地位的悬殊有多大，物理距离有多么遥远，这中间最多只要通过 5 个朋友就能达到目的。

SNS 就是社交关系的网络化，将人们现实生活中的社交圈搬到网络上，以通过现实生活中的朋友再去认识朋友的朋友形式，迅速建立起一个自己的基于信任的朋友圈。在这个圈子里，由于大家都是现实生活中的朋友或者朋友的朋友，因此相互之间具有较高的诚信度。这种通过网络，通过旧朋友认识新朋友的 SNS 服务可以认为是将人们千百年来所熟悉的传统交友方式网络化。对比即时通信软件一对一的沟通，这种社会化的网络服务将更加符合网民的应用需求，SNS 对用户的黏着度也将远远高于一对一的即时通信服务。美国微软公司、雅虎和 Google 已经开始提供 SNS 的测试性服务。

（深圳市腾讯计算机系统有限公司 王锋）

12.3 网络游戏

中国网络游戏业从2000年的起步到今天的繁荣，已经走出一条中国特色的发展之路，每一步都与互联网的成长密切相关。2004年，互联网产业在2003年复苏的基础上又开始稳步前进，网络游戏产业在激烈竞争中继续前行，中国宽带用户和网络游戏用户双双突破2 000万，网络游戏在互联网信息服务中可谓一支独秀，成就了一批数字财富英雄，成为互联网内容产业的先锋。

这一年，法国总统希拉克参观上海育碧电脑软件有限公司，并亲手试玩了该公司新开发的游戏产品；党和国家领导人李长春、刘云山等亲临第二届中国国际网络文化博览会，参观了游戏公司展台；新闻出版总署主办两届Chinajoy展会，启动了“中国民族网络游戏出版工程”等系列扶持与监管措施，还有更多政府机构关心、支持着网络游戏业。

2004年，市场格局、产品种类、游戏运营商的经营策略发生了诸多变化。社会上反对网络游戏的舆论压力不减，政府在支持游戏产业发展的同时，也在考虑如何实质地改善行业的负面影响。伴随着一些企业的成熟，以及政策、法规对市场监管与规范的加强，游戏产业市场门槛已经提高，一个日益有序和成熟的产业逐渐形成。

12.3.1 网络游戏市场现状

2004年，网络游戏市场的格局、产品种类等方面发生了值得关注的变化，可归纳为以下几点。

一、用户及市场规模扩大，增长比率逐年减缓

中国网络游戏市场规模在2004年为24.7亿元人民币[1]，比2003年增长47.9%。预计2009年中国网络游戏市场销售收入将达到109.6亿元，2004年到2009年的年复合增长率为34.7%。

由于市场规模基数的增加及网络游戏用户每月花费的增长趋于平缓，从2004到2009年每年的增长率将逐年下降，2004年为47.9%，到2009年增长率将降为29.1%，即使如此，这一增长率同中国IT市场增长率及网络游戏用户数增长率相比也非常高，充分表现出市场仍处于快速发展阶段。如图12.8和图12.9所示。

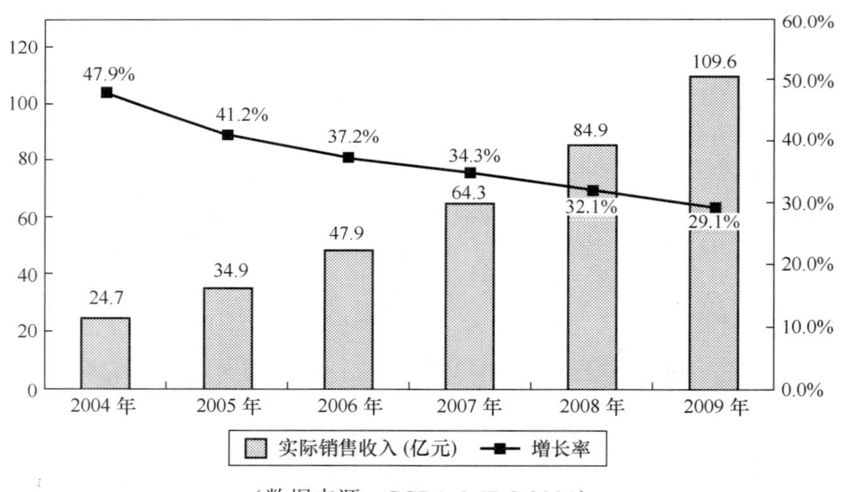

（数据来源：CGPA & IDC,2004）

图12.8 2004年中国网络游戏市场规模及预测

二、国际大作抢滩中国，中韩竞争变为多方角逐

《Ever Quest》、《Shadow Bane》等欧美网络游戏曾进入中国内地市场，但因文化差异、产品老化等问题，运营并不成功。而2004年上市的《天堂2》、2005年上市的《魔兽世界》和日本的《信长之野望Online》，不但在原创国家深受好评，也受到中国用户的高度期待。它们的进入，代表中国和韩国网络游戏之间的竞争将升级为

[1] 网络游戏市场规模是以货币衡量的所有付费用户每年玩网络游戏的直接花费的总和。这里的直接花费是指购买包月卡、点卡等的直接花费，不包括网络游戏用户的上网费用、电话费用、购买相关软件和资料的费用。

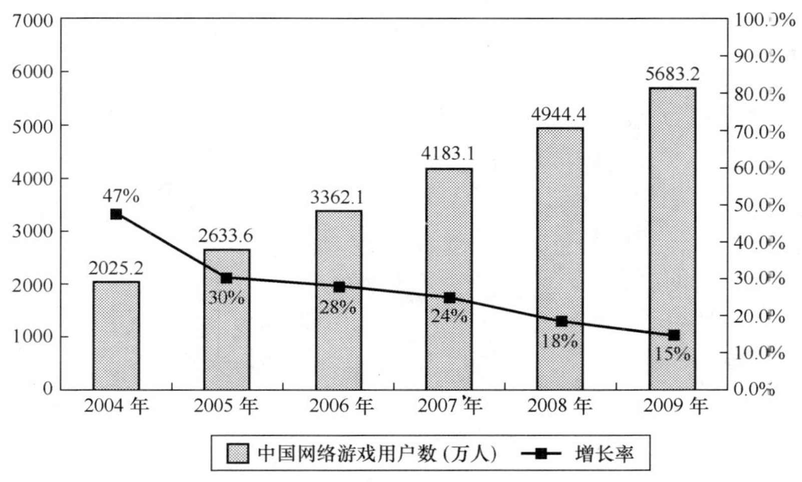

（数据来源：CGPA & IDC,2004）

图 12.9　中国网络游戏用户数（2004 年～2009 年）

国际大作与中韩网络游戏的多方角逐，也意味着羽翼未丰的中国研发公司已经面临与国际顶级研发企业的抗衡。

三、10%产品占据 80%市场，多数游戏经营困难

目前国内仍有超过 100 款网络游戏在运营，但由于网络游戏对用户的群聚性、独占性和排他性，前 10 名产品就占据了 81.8%的用户，如图 12.10 所示。余下的百余款网络游戏争夺不足 20%的用户，竞争相当残酷。2004 年占据市场前 10 名的产品为 3 款《传奇》系列游戏，两款《大话西游》系列游戏，还有《奇迹》、《魔力宝贝》、《剑侠情缘 Online》、《天堂 2》、《仙境传说》。与此对应的是更多失败案例：中国版《A3》运营困难；北京世模科技有限责任公司宣布《使命》停止运营；网易公司宣布从韩国引进的网络游戏《精灵》停止收费，据统计，绝大多数未进入前 10 名的网络游戏同时在线人数不足 1 万人，多数游戏经营困难。

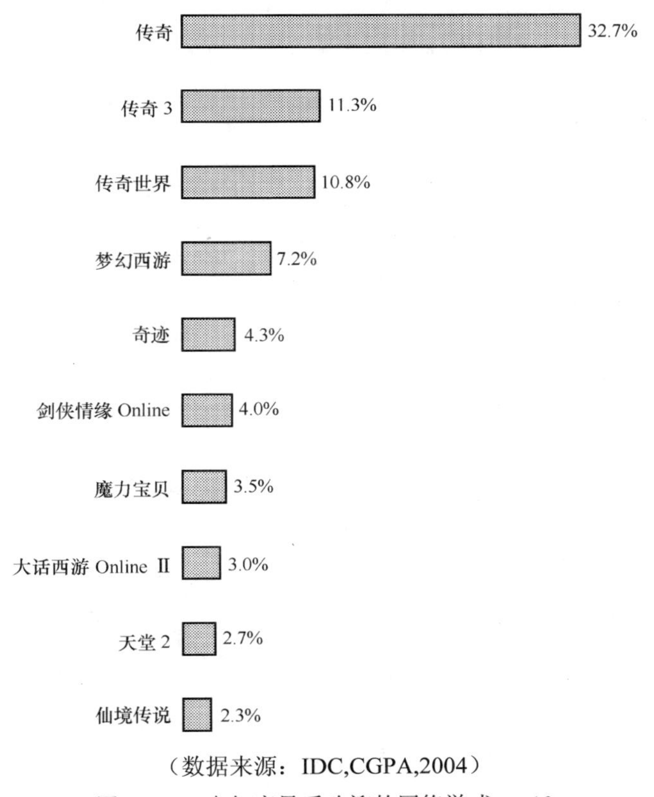

（数据来源：IDC,CGPA,2004）

图 12.10　本年度最受欢迎的网络游戏 top10

四、上市游戏虽众多，后来者难撼领先者根基

今年中国网络游戏市场仍然保持增长势头，网络游戏用户仍然在不断增加。然而市场扩大的速度远远比不上游戏数量增加的速度，客观上也造成了市场竞争的加剧。据调查，玩一款网络游戏持续 1～2 年和 2 年以上的用户比例最高，分别为 29%和 42.7%，这部分忠实的用户很难转移到新上市的游戏中，使得新游戏的生存空间更为狭窄。2004 年新闻出版总署批准引进了 40 款海外网络游戏，只有《天堂 2》进入游戏工作委员会颁布的“十大最受欢迎的网络游戏”排行榜，新上市的国产网络游戏中只有《梦幻西游 Online》跻身前十名。竞争如此激烈，需要产品、运营具备相当的实力才有望后来居上。

五、国产游戏成长迅速，研发人才严重内虚

在新闻出版总署、科技部、信息产业部等政府主管部门的积极支持下，中国民族游戏发展进入到一个崭新的阶段。2004 年度最受欢迎的十大网络游戏中，中国自主研发的网络游戏有 4 款：《传奇世界》、《大话西游 2》、《梦幻西游》、《剑侠情缘 Online》。国产网络游戏成长迅速，国内研发团队更如雨后春笋。本调查共涉及全国 73 家自主研发公司，目前已知已开发或开发中的原创网络游戏共有 109 款。其中华北区 33 款，占总数的 31%；华东区 46 款，占总数的 42%；华南区 14 款，占总数的 13%；西南区 16 款，占总数的 14%，如图 12.11 所示。之所以会出现开发团队与产品比例的差异，主要原因是华东区的上海市拥有网络游戏行业的几家大公司，同样华南区也是如此。相比之下，华北区虽然团队数量不少，但是产品规模上则有所不如。

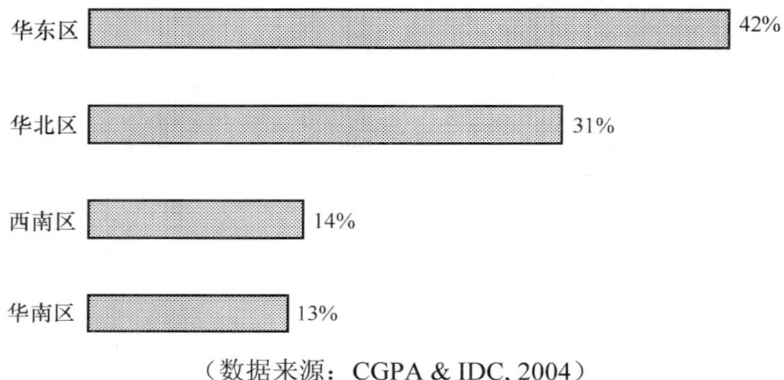

（数据来源：CGPA & IDC, 2004）

图 12.11　2004 年全国已知已开发或开发中的网络游戏分布

大批国产游戏项目纷纷上马，加之法国育碧、美国艺电等跨国游戏公司的大规模扩张和进驻，原本薄弱的游戏人才市场严重内虚，与之相伴的是频繁发生的挖人和跳槽事件。一时间人才市场供不应求，游戏教育师资缺乏，研发质量更难保障。必须注意的是，目前大量的国产游戏研发并非完全由市场需求拉动，企业最需要的中高级研发人才也非短期能培养，这批国产网络游戏上市时又面临供求失衡的市场和内外强手的竞争，因而有着较大的变数。同时应当看到，在 Atari 时代日本几乎没有自己的游戏产业，后来在 Atari 的废墟中诞生了南梦宫、任天堂这样的一代王者，有理由相信中国游戏业未来的希望正孕育在这一契机当中。

注：本文中的网络游戏开发团队指的是有一款或以上网络游戏处于开发或运营阶段，处于开发阶段的网络游戏产品至少已达到可演示程度。

六、学生仍为消费主体，社会舆论压力不减

网络游戏的用户以年轻人为主，根据 2004 年的调查结果，18 岁及以下的用户占 14.3%，约为 289.6 万人，小于 16 岁的用户占 3.1%，约为 62.8 万人。与往年相同，学生依然是网络游戏的主要用户，占样本总数的 37.2%，约为 753 万学生玩家。关于游戏时间的调查结果显示：网络游戏用户日平均游戏时间为 5.95 小时，比电视游戏日平均游戏时间 2.2 小时高出近 3 倍。一周玩 6～7 天的玩家占到 52.4%，每日游戏时长在 7 小时以上的玩家达到了 29%，玩一款游戏的时间为 1～2 年和 2 年以上的用户比例最高，分别达到 29% 和 42.7%。

可以看出，沉溺游戏引起的无节制的时间消耗和过度精力占用是网络游戏倍受非议的重要原因。2004

年 4 月，国家广电总局发布了《关于禁止播出电脑网络游戏类节目的通知》；12 月，中央电视台（CCTV）连续播出有关青少年上网和玩网络游戏成瘾问题与对策系列报道。随着用户群的扩大，对于网络游戏的舆论压力有增无减。目前来看，推动电视游戏、休闲游戏等低耗时产品的发展是改善过度沉溺网络游戏的途径之一；对于游戏公司来说，社会舆论的压力会增加经营风险，今后不仅需要考虑如何制作游戏吸引用户，还需要考虑游戏如何与社会更加和谐，才能获得更广阔的发展空间。

七、私服外挂屡禁不止，行业监管难度大

"私服"、"外挂"违法行为是指未经许可或授权，破坏合法出版、他人享有著作权的互联网游戏作品的技术保护措施、修改作品数据、私自架设服务器、制作游戏充值卡（点卡），运营或挂接运营合法出版、他人享有著作权的互联网游戏作品，从而谋取利益、侵害他人利益。从 2003 年 12 月 20 日开始，针对当时"私服"和"外挂"等违法行为的蔓延势头，新闻出版总署、信息产业部、国家工商行政管理总局、国家版权局、全国"扫黄"、"打非"工作小组办公室，开始在全国打击"私服"和"外挂"的专项治理。搜查存在私服、外挂行为的网站，并对责任个人或单位进行处罚。行动开始后厂商反映"私服"和"外挂"有所减少，但下半年又有抬头之势。据统计，2004 年使用外挂和在私服玩网络游戏的用户比例分别为 35.9%、23.9%，打击"私服"、"外挂"仍需要长期努力。

12.3.2　网络游戏发展趋势

迅速发展的行业充满了机会与变化，限于篇幅，在此只列出 9 项。

一、市场继续成长，投资趋于理性

根据世界银行的统计，每人平均 GNP 达到 1 000 美元是消费发生结构性改变的转折点，此时每人花费在娱乐/教育/文化方面的比重将会提高，这个现象也在中国国家统计局对城镇居民家庭收支的统计中得到验证，2004 年中国内地每人平均 GNP 首次超过 1 000 美元，收入增加消费能力也自然跟着提高，这将有利游戏软件市场的成长。尽管目前的 MMORPG 产品供求失衡、年复合增长率开始放缓，还被投资界视为高风险领域。但优秀的产品加上良好的运营仍为胜出的保障。中国游戏行业整体仍有很大发展空间，目前处于劣势的游戏厂商应当避免浮躁、积极筹备，在未来几年抓住计算机网络游戏、电视游戏、手机游戏等新机遇。

二、竞争升级演变，产品竞争转向策略并购

2004 年，盛大互动娱乐有限公司和第九城市计算机技术咨询（上海）有限公司在美国纳斯达克挂牌上市，先后融资 1.524 亿美元和约 1.03 亿美元。这一年，盛大正式宣布以现金方式参股上海浩方在线信息技术有限公司，并在 2006 年以支付现金和普通股的方式获得浩方控股权。在之后的两个月又连续收购了杭州边锋和国内领先的移动设备游戏开发商北京数位红软件应用技术有限公司。在 2004 年年底和 2005 年初，盛大分别以 9 170 万美元收购韩国 Actoz 公司 28.9%股份和超过 2.3 亿美元收购新浪 19.5%股票。

第九城市计算机技术咨询（上海）有限公司赢得了《魔兽世界》的在华独家运营权后，又对目标软件进行战略注资，帮助目标软件完成其国产 3D 网络游戏《傲世 online》。此外，搜狐公司收购最大的网络游戏门户 17173.com，注资《刀剑 Online》的研发公司像素软件；韩国 NHN 集团出资 1 亿美元收购 50%的联众股权，等等。从整体来看，以游戏研发、运营为主导的竞争已升级演变为研发运营、资本运作、策略并购并重的竞争，以加快企业自身的发展速度，赢得市场先机。

三、综合型运营商拓展新领域 进军互联网增值

由于网络游戏有着高度风险，互联网又是商机无限，为了保持稳定的营收增长和获得广阔发展空间，一些综合运营商积极拓展新业务领域，进军互联网增值服务。如盛大、网易等拥有强势销售渠道的公司，其目标是将尽可能多的互联网增值产品通过自己的渠道卖给消费者，例如手机游戏、网络文学、甚至音乐电影等，再通过销售的获利培养、购买自主的内容产品。为此，盛大在收购新浪股票同时还在筹措收购银行，如果成功，可以银行卡取代现有盛大游戏的充值卡，成为全面拥有各类支付手段的互联网增值服务商，铺平网络传媒帝国之路。

同样，腾讯等综合运营商也希望将现有的资源转化为更大的利益，他们在互联网业务方面的资源积累

已经明显领先于后来者。这些运营商将把网络游戏的成功经验推广应用，成为互联网增值业务的先锋。他们在未来几年的发展机会大，风险也大。

四、国际公司登陆中国 强者恒强产业整合

随着国内游戏市场的扩大，日本、韩国和欧洲的不少知名游戏公司纷纷表示出对中国游戏市场的强烈兴趣。全球五大游戏发行商之一的英宝格公司宣布加大在华的投资。年初，上海育碧组建网络游戏事业部，一改以往“世界工厂”的作风，将国内市场作为该事业部的首要目标。6 月，日本世嘉上海软件有限公司在原世嘉我悟的基础上重组，成为兼具研发与运营功能的世嘉海外子公司。年中，全球最大的网络游戏厂商 NCSoft 公司在对中国各城市进行为期数月的考察后，选定北京作为其在中国内地的研发中心；之后，JCEntertainment 公司和 Nexon 公司等韩国游戏厂商先后在上海设立工作室。10 月，EA 宣布在中国组建全球网络游戏研发中心；同时，欧洲第一大游戏厂商 Atari 公司也开始积极寻求进入中国的途径。2005 年，将是国外游戏公司进驻中国，并与中国游戏公司并购整合、展开较量的开始。

五、休闲游戏崭露头角，虚拟物品交易火爆

中国网络游戏市场主要有“MMORPG”、“休闲类游戏”和“棋牌类游戏”三类，绝大多数 MMORPG 是收费游戏，休闲类、棋牌类则多数是免费或部分收费模式。在 MMORPG 供大于求的情况下，休闲游戏渐渐崭露头角。2004 年出现了一些休闲类游戏和棋牌类游戏的成功案例。盛大全年收入达 13.67 亿，其中休闲游戏占 2.26 亿。事实上，大部分人的在线时间和游戏上所能付出的精力是有限的，这使得休闲游戏成为这部分人的首选。休闲游戏操作简单，耗时不多，不需要多日连续游戏，由此满足了现代人繁忙的工作与有限的娱乐时间的要求。

2004 年，一些行业领先的网络游戏公司不再新研发目前占主流市场的 MMORPG，而更多投入研发休闲网络游戏。一些大型网络游戏如《密传》、《命运 2》、《彩虹冒险》宣布不再针对玩家上线游戏时间收取费用，而采用“免费游戏+虚拟物品买卖”的模式进行运营，休闲网络游戏和虚拟物品收费将是 2005 年市场的新趋向。

六、虚卡渠道多元发展，网上银行支付快速成长

渠道的多元化发展趋势严重挤占了实卡销售商的生存空间。调查显示，在网吧购买点卡是用户最常采用的方式，占 42.8%的比例；其次是在软件专卖店购买，占 37.2%；在书报摊购买列第三位，占 20%，网上信用卡支付为 18.1%，其余的购买方式基本在 10%以下，作为前几种购买方式的补充。

丰富多样的虚卡渠道包括网吧、电话费/网费代收、信用卡、虚拟货币、手机付费等。2003 年，网上信用卡支付的用户为 15.5%，2004 年增长到 18.1%。预计网上信用卡支付在未来几年还会持续增长，国民支付方式会越来越与国际接轨。

12.3.3 游戏市场国际差异

中国游戏市场以计算机平台的网络游戏为主流，市场规模小、硬件/软件类型单一、出口额低，与国际传统市场格局差异很大。

一、游戏硬件类型单一

国内游戏类型的单一，首先体现在硬件平台上。2004 年，索尼 PS2 游戏机在中国正式开始销售；苏州神游公司推出“小神游 Game Boy Advance”；诺基亚 N-Gage 的第二代产品 N-Gage QD 登陆中国市场，随着游戏机硬件进入，中国终于有了电视游戏、掌机游戏的行货上市，但这并未动摇电脑游戏的统治地位，也成全了 MMORPG 的一支独秀。而在欧美、日本这些产业相对成熟的国家和地区，电视游戏则占主导，加上电脑游戏、掌上游戏，有丰富的游戏类型供消费者选择，也没有出现 MMORPG 这样高耗时产品大规模流行，统领市场的局面。

二、游戏软件类型单一

此外，游戏软件类型单一也反映了中国网络游戏业较低的成熟度。角色扮演游戏在国内最为流行，74.9%的网络游戏用户喜欢玩角色扮演游戏；而有较长历史的电视游戏平台，选择角色扮演的用户只有45.4%，这从侧面反映网络游戏类型较少，还未很好地满足用户的多元化需求，产品创新的空间很大。

三、市场规模小 出口额度低

从市场规模也可看出中国游戏产业还处于初级阶段。2004年，中国网络游戏与其他单机、联网游戏的市场规模为25.7亿元人民币，出口额度很低；同年，根据美国娱乐软件协会发布的数据，美国电脑及电视游戏软件市场规模达到73亿美元（约604亿人民币）；日本《2004 CESA 游戏白皮书》统计，2003年日本游戏软件市场规模为4 299亿日元（约338亿人民币，其中出口比例28%），游戏硬件市场规模为7 045亿日元（约552亿人民币，其中出口比例81%）；韩国《2004游戏白皮书》显示，2003年韩国国内游戏市场较2002年增长了15.7%，达到3兆9 378亿韩元（约323亿人民币），主要增长来自网络游戏和手机游戏。

网络游戏作为成功的互联网商业应用，给千万用户带来了丰富的互动娱乐体验，市场增长也有了可喜的成绩；同时，新事物也带来新的问题，如用户不合理地消耗时间资源容易引发游戏娱乐与教育、家庭等事务的冲突，随着用户群体的扩大波及范围也越广，引起的负面社会舆论最终又成为制约行业发展的障碍。网络游戏企业应理解这一循环关系，逐步完善自身，争取更多社会资源的支持，赢得更广阔的发展空间。

（北京游戏工作委员会　谢非非）

12.4　互联网短信服务

12.4.1　移动互联网应用概况

2004年，移动增值业务的发展势头依然强劲，短信、手机上网、彩信、彩铃、手机游戏、IVR等业务取得了不错的业绩，并呈现出“百家争鸣”的态势，产业各方在移动增值业务的品牌建设、市场规范、产业合作等方面都推出了不少影响颇大的新举措，归纳起来2004年移动互联网应用产业发展有以下特点。

一、移动互联网产业链已经形成

移动增值服务链已经形成，市场主体包括：电信运营商（中国移动、中国联通）、设备制造商、服务运营商、内容提供商和最终用户。

——运营商负责基础电信网络和数据网络的搭建和运营，在产业链中居于支配地位；

——设备制造商为运营商提供系统设备，为最终用户提供支持移动增值业务的手机终端。

——服务运营商整合内容制作商的内容，接入运营商的网络，为最终用户提供无线增值服务；并通过运营商向用户代收费。

——最终用户享受服务并付费。

二、移动互联网商业模式初步建立

在充分借鉴日韩成功的无线数据服务模式基础上，国内的各大运营商也已逐渐建立起了行之有效的运营模式，包括移动的移动梦网，联通的联通在信，以及电信的C-mode。就其本质，这些运营模式的核心就是“电信运营商代收服务费+服务运营商与电信运营商拆分服务费”。大量的无线服务运营商已经从这套模式中获得不菲的收入。经过三年多的实践，这套模式在中国已经相当成熟。

三、行业应用成为客户争夺的关键

2004年，在行业市场，基于GPRS和CDMA 1X网络的移动信息化整体解决方案开始在公安、金融、交通、物流、电力、工商等多个部门及行业得到应用，并实现了由部分试点到全面启用的突破。其中，面向金融领域的“移动银行”、“移动证券”业务，面向教育系统的“家校通”业务、面向公安部门的“警务通”业务以及面向商场等零售企业的短信营销系统都获得了用户的青睐，发展前景良好。由于集团客户的特殊价值以及客户资源的有限性，2005年，移动增值业务的行业应用将受到更多关注，运营商对集团客户的争夺也将更为激烈。

四、面向3G的业务开始试水

2004年，中国联通、中国移动相继推出了手机电视、流媒体等准3G业务，并积极开展相关业务运营方式、盈利方式、合作方式的探索。移动运营商在3G时代的成败主要取决于数据业务，而移动视频等多媒体业务无疑是3G业务的重量级应用。

五、市场逐步规范

在移动互联网业务快速发展的进程中，市场规模不断扩大，但是有些SP冒险选择一些不规范的方式搅乱市场，如强行定制、收费陷阱、黄色信息泛滥等，使得用户对行业失去了信任感，从而影响了整个行业的发展。2004年信息产业部和运营商共同整治了市场秩序。为了创建一个健康良性发展的环境，一方面运营商还加强了数据业务管理平台建设，加强对SP和用户的管理，更好地保证用户的权益；另一方面SP也加强了自律，形成了产业诚信联盟。

12.4.2 SP发展状况

互联网和移动通信领域的互联互通已经取得了规模优势，两者融合产生的新业务模式——网站短信业务发展很快，并成为我国门户网站业务收入的主要来源：2003年第四季度新浪60%的收入来自短信，TOM Online更是高达80%。短信除了聊天、问候外，还有订制新闻、收看天气预报、参与答题游戏等多项增值业务，这些增值业务由服务供应商（SP）提供。

短信业务得到了进一步扩展。中国电信和中国联通最近已经连接了它们的信息平台，开始为小灵通订户开发服务供应。特别是2004年9月全国6 000万小灵通用户实现了短信全国互发，而移动、联通已经分别与电信、网通达成网间结算协议，手机和小灵通能互发短信的日子不远了。

随着用户个性化需求的日益增加和3G标准的临近，内容服务与应用的分量正在凸显，因此，SP在整个价值链中起着越来越重要的作用。

在短信、彩信、WAP、移动游戏等众多移动应用陆续推出和发展壮大的过程中，SP正在迅速走上“快车道”。我国SP数量近年来呈几何级增长，据统计，截至2004年6月，我国SP/CP总数超过9 000家。

然而在广阔的市场背景下，SP发展呈现粗放模式，实力良莠不齐，缺少规模大、实力强、影响力大的SP，另外SP在区域分布上也不平衡，更有一些SP缺少诚信和自律，影响了整个SP行业的发展。除此之外，市场还缺少产品创新机制，提供的内容雷同，表现为在大众娱乐市场的“内容过热”，而在商业服务领域，SP开发的内容匮乏，陷入同质化竞争旋涡。

2004年以来，点对点纯文字短信业务出现了严重的下滑。三大门户网站的短信业务营业额持续下滑，2004年第二季度十分明显，网易甚至下降了40%，如表12.2所示。

表12.2　三大门户网站短信业务每季度营业额走势（来源：UBS）

短　　信	2003年第四季度	2004年第一季度	2004年第二季度
新浪	24%	6%	−17%
搜狐	12%	−6%	−21%
网易	25%	−19%	−40%

新浪短信营业收入从第二季度的2 370万美元下降到2 000万美元，网易的无线增值业务净收入为450万美元，比上一季度减少37.1%。搜狐的短信业务出现大幅度缩水，并将继续下挫，特别是8月中旬中国移动宣布在一年内终止与搜狐的彩信合作，使得其股价当日即下挫17%，并引发了中国网络股在纳斯达克的新一轮下跌。

有理由相信，短信的下滑是3方面因素共同作用的结果：一是市场竞争日益激烈，服务运营商数量不断增加；二是短信普及率已经达到70%，增长空间缩小，消费需求逐渐回归理性。三是政府监管日益严格，开展了短信收费平台的规范化和打击淫秽色情网站专项行动，2004年5月9日中国移动对进行违规操作和有不恰当内容的包括新浪、搜狐、中华网、腾讯、空中网等在内49家服务供应商处以罚款和暂停短信业务等处罚。

随着市场竞争的不断加剧，SP一方面要不断壮大自己的实力，提高创新能力；另一方面要树立品牌形象，通过新业务竞争、品牌竞争走出同质化的漩涡。今后SP可以不断细分市场，挖掘用户需求，面向不同用户群体的个性化服务将成为短信业务创新的方向，与用户位置相关的短信信息服务和行业应用将成为

SP 今后市场拓展的重要领域。

12.4.3　短信业务发展状况

一、短信业务的发展现状

自 2000 年 11 月中国移动发布“梦网创业计划”开始，由于建立了合作、共赢的商业模式和产业链，短信业务异军突起。几年间，以短信为基础的增值业务规模和相关产业规模已经超过 300 亿元。目前全国有移动用户 3 亿多，75%左右的用户使用短信，且每人平均月使用短信超过 100 条；信息产业部近日的统计也显示，2004 年全国手机移动短信业务量超过 2 177 亿条，比上年同期增长 58.8%。

然而，在短信业务快速发展的进程中，SP 强行定制、收费陷阱、黄色信息泛滥等现象日益突出。2004 年，经过主管部门和运营商共同整治，规范了短信业务市场，使之步入了良性发展的轨迹。

二、短信业务的发展趋势

在经历高速发展和市场整治后，短信业务将进入平稳增长阶段。未来两至三年内，短信业务的增长率虽然会逐步下降，但作为最基本的增值业务，短信仍将是移动增值业务市场收入的重要来源，这是近期内其他移动增值业务无法超越的。

当前短信业务的增长趋缓，但其增长潜力还是很大的。预计未来两至三年我国移动用户数还将以数千万的规模持续增长。显然，用户群体的不断扩大，将促进短信业务使用量的提高。实际上，除了点对点的短信之外，从短信小说、短信游戏到各种短信互动业务，基于短信平台的各种业务应用不断涌现，而且，随着社会信息化进程的不断推进，短信在政府、企业和行业集团等领域也展示出广阔的应用前景。比如，移动运营商就推出了基于短信的手机银行、手机炒股和企信通等业务和解决方案，有效地提高了行业的信息化水平。

12.4.4　彩信业务发展状况

一、彩信业务发展状况

彩信信息表达能力更强，差异化明显，能够提供生动的图像业务，中国移动自从 2002 年 10 月推出以来，用户数不断增长。相对于短信来说，彩信的普及率较低，这其中存在终端和网络等多方面的原因。

2004 年彩信业务的增长很快。彩信的实质是宽带的短信，可以传送整合性的文本、照片和声音，可以在用户之间发送、也可以由 SP 发送给用户，SP 通过征订和一次性下载的方式来销售产品。目前彩信中最受欢迎的是新闻杂志、详细的照片、增强的铃声以及多用户游戏。虽然彩信业务在 2004 年并未如搜狐张朝阳所说的“爆发性增长”，但也一路飘红。根据艾瑞市场咨询的统计，2003 年彩信市场规模为 2 亿人民币，但是 2004 年将达到 8 亿元，增长 4 倍。预计 2005 年将达到 18 亿元。用户数量也在迅猛增长，从 2003 年的 150 万人增加到 2004 年的 610 万，同样增长了 4 倍。而且根据有关机构报告，从今后的趋势看，彩信将持续增长，其用户数量和市场规模并将在 2006 年超过纯文字短信，如表 12.3 和表 12.4 所示。

表 12.3　彩信与非点对点短信业务用户数量比较（来源：UBS）

用户数量（万）	2003 年	2004 年	2005 年	2006 年
非点对点短信	2230	2590	2680	2370
彩信	150	610	1 950	4310

表 12.4　彩信与非点对点短信业务市场规模比较（来源：综合艾瑞咨询和 UBS 数据）

市场规模（亿元）	2003 年	2004 年	2005 年	2006 年
非点对点短信	28.9	31.7	27.8	21
彩信	2	8	18	49

二、彩信业务发展中面临的问题

彩信业务自推出之日即引起了各方的关注，但彩信业务在许多方面仍不完善，还有待于逐步健全。

1．终端及互通问题

用户使用彩信业务，首先要求终端支持这一功能，其次要求不同终端支持的彩信图片格式要统一。由于目前一些彩信手机在图片格式上存在的问题，致使用户互通困难，使用率较低。

2．用户使用习惯

与短信相比，彩信的制作具有一定难度，很难满足用户 DIY 需求，这在一定程度上抑制了用户使用彩信的热情，降低了彩信的使用频率。大多数用户认为没有频繁使用彩信的必要，彩信的使用习惯尚未形成。

3．内容供应问题

彩信内容贫乏也是影响彩信发展的一个因素。

12.4.5 移动互联网其他业务发展状况

一、WAP 业务

1．WAP 业务发展的现状

WAP（Wireless Application Protocol）是一个将无线通信技术和互联网结合到一起的应用协议，通过它可以把目前互联网上的信息经过转换，显示在手机或其他移动终端的显示屏上。

WAP 技术定义了一个开放的、标准化的结构，以及一系列的技术接口标准，以实现互联网的无线接入访问，为实现手机上网提供了一条有效的途径。

中国移动和中国联通两大移动通信运营商均开通了 WAP 手机上网业务，业务覆盖了国内主要大中城市。经过 3 年多的尝试摸索，正在向成长阶段过渡。

截至 2003 年年底，国内 WAP 用户数为 1 010 万，市场规模为 1.83 亿元人民币。2004 年一季度，国内 WAP 市场规模保持了月均 16%以上的高速增长，预计 2004 年年底 WAP 用户数将达到 2 500 万，市场规模达 12 亿元人民币。

2004 年一项调查显示，我国 WAP 用户以年轻人和中低收入人群为主，其中 20～28 岁的人占据了 61.55%，月收入在 3 000 元以下的用户达到 81%。

用户对信息浏览类、游戏娱乐类、沟通社区类无线业务有很强的需求，随着图铃下载类业务的市场饱和，这些新业务将成为 WAP 市场进一步发展的动力。

2．WAP 业务发展存在问题

WAP 业务的发展面临的问题在于：过去的固定互联网呈几何级数的膨胀发展，都是由 IT 市场的新兴力量——全新的互联网企业或团体来推动和完成的。但是，在移动互联网领域，依然主要由运营商推动，而新兴服务供应商（SP）参与程度较低，提供的内容较少，因此整个产业创新活力依然严重不足，成为发展的最大障碍，这也是移动互联网本身遭遇问题的关键所在。

3．WAP 业务发展的前景

当下中国网民虽已达到 1 亿左右，最令人欣喜的是：70%的网民为 30 岁以下群体（美国相关比例只占 30%左右），这是富有希望的下一代群体，增长潜力和商业前景远未释放。当前网民占总人口才 8%，而且区域严重不平衡，沿海占到 60%，西部只有 20%，也都是未来潜力的表征之一。

中国目前手机拥有量已经超过 3 亿，而使用 WAP 业务的绝大多数都是 28 岁以下的年轻人，目前移动互联网的全部用户超过 1 000 万以上，也就是说，第二个群体“有远见者”已经开始启动。这个群体数量大概在 3 000、4 000 万，这是直接决定移动互联网发展程度和市场竞争格局的最关键群体。

随着 3G 时代的到来，随着移动互联网主流群体的增长和成熟，WAP 业务势必将会进入一个快速发展阶段。

二、移动位置服务

1．移动位置服务介绍

移动位置服务系统结合完备的地理信息数据和信息搜索引擎，可以提供给用户丰富的位置信息。具体有以下应用：

（1）人身安全和紧急救助

具有移动位置服务手机的持有者只需按下几个按钮，警务局和急救中心在几秒钟内便可知道报警人的位置，因而可以提供及时的救助。包括以下领域：人身受到攻击危险时的报警，如国外 911、国内 110 服务；特殊病人的监护与救助，如 120 救助；独生子女位置的监护与救助；生活中遇到各种困难时的求助需求。

（2）机动车反劫防盗

与目前其他几种防盗系统相比，移动位置服务所采用的定位系统具有以下的特点：定位系统体积小，重量轻，可放置在机动车任意位置不易被窃车者发现；室内室外均可实现定位，成本低。

（3）集团车队、人员和租赁设备的调度管理

借助移动位置服务，管理者可随时了解车辆和人员的位置，因而可根据客户随时的要求迅速调度车辆和人员。

租赁公司常感头痛的是，一旦设备租出后，不能随时掌握这些设备的情况。有了移动位置服务，租赁公司可随时了解设备是否被租赁人转租等。

（4）与位置相关的信息服务

位置服务可提供与位置相关的各种信息服务。当用户在陌生地区需知道距离最近的商店、银行、书店、医院时，只需数秒手机显示屏上便可出现用户所需的上述信息。当用户随时随地想购买自己喜欢的商品时，定位系统与信息数据库结合可引导用户购买。还可和互连网站商合作，为用户提供丰富的信息服务。

（5）物流管理

如对全国流动的货运车辆、火车车厢、专业车队如运钞车、邮政速递车等进行位置监控管理，合理调度车辆，减少空载。

（6）广告

上述应用的推广将会吸引众多的广告商在定位服务中插入广告业务。比如，在用户接收到定位信息服务前增加 1 ～ 2 秒的广告显示，可达到好于一般纸质广告甚至电视广告的效果。

（7）友情、娱乐类服务

用户可利用定位系统随时获知朋友的位置、发出问候信息。可和朋友玩基于位置的游戏。

2．位置服务的发展现状及存在问题

位置服务进入中国市场已有三年时间。通过运营商、制造商和服务提供商的不懈努力，位置服务已经从最初的概念转化为可投入使用的系统和应用。中国市场上，运营商和服务商仍不断对位置服务进行投资。国内位置服务市场在 2004 年的市场规模依然很小，但是市场增长速度较快。

两大移动运营商都已进入位置服务市场，中国移动同时兼顾大众市场和行业市场，中国联通则侧重大众市场，不过也开始拓展行业市场。两大运营商的位置服务应用都存在用户偏少的问题，主要有以下几方面原因：

（1）位置服务在国内推出的时间不久。

（2）运营商、SP 未能把握用户的需求。

（3）SP 开发力度不够。

（4）地图数据缺乏。

（5）用户对个人位置隐私的担忧。

3．位置服务的前景

移动位置服务被全球的许多移动运营商和咨询机构视为是下一代移动网络的新的增长点。3G 时代的到来将会为这一“钱景看好”的无线增值业务提供一个更加宽阔的发挥舞台。高精度的移动定位技术加之 3G 网络所提供的高速无线互联功能将会为移动用户提供更加丰富多彩的移动数据体验，从而真正实现“任何时间、任何地点”的无线生活。

对移动用户而言，位置服务不仅仅是了解自己或他人位置的个性化服务，更重要的是关系到每一移动用户的自身与财产安全。随着未来技术的发展，位置服务将提供给用户更高的定位精度，更便捷的操作方

式，更全面的位置信息，也包括更安全的个人隐私。位置服务势必将获得更广阔的应用。

三、手机支付

1．手机支付发展现状

手机支付，或者称移动支付，简单的讲就是让用户能够使用手机、PDA 等移动终端实现支付的业务。在 2004 年，中国移动、中国联通、中国电信等运营商在手机支付业务上都取得了一些发展。

2004 年开始，移动支付试图通过银行卡和手机卡捆绑打开新局面，这被认为是符合政策规定的新思路。在广东、北京、江西、湖南、四川、海南等，移动用户已经可以用手机缴纳水电等公共事业费、购买话费充值卡和游戏点卡，甚至可以用手机投注彩票、投保保险，还可以直接通过手机进行网上购物。2004 年 5 月，江西移动和中国银行江西省分行在中国银行长城卡基础上联合推出了“长城-移动联名卡”，具备手机支付功能的联名卡可以说是银行和移动运营商在合作形式上的一种新尝试。2004 年 9 月联动优势科技有限公司在北京市场推出了手机钱包业务，北京移动的全球通客户可以通过短信、语音、WAP 和 GPRS 4 种方式完成金融理财、缴费和小额购物。2004 年民生银行联合中国移动宣布，从 8 月 31 日开始，在全国范围内正式推出“手机钱包业务”，民生银行卡用户可以通过短信、话音、手机上网、民生网上银行等多种方式进行申请，同时“全球通”、“神州行”、“动感地带”用户，在全国范围内实现查询、缴费、理财、消费等 15 项服务功能，包括购买彩票、保险、订阅报刊等消费，均可以通过手机来实现。

2004 年 12 月 9 日，中国联通与建行共同推出了“手机银行”业务，凡拥有中国建设银行账户的中国联通 CDMA1X 用户，在申请该业务后，手机便成为具备理财功能的金融终端。

2004 年年底，广州电信向社会试点推出小灵通的“小额支付”业务，用户可以通过小灵通的无线支付平台，随时随地购买 200 卡；而随后，通过这一平台购买其他小额商品或服务的应用还将逐步开通。

2．手机支付面临的困难

目前在中国开展手机支付面临以下困难。

（1）消费者的支付习惯还没有建立起来。中国的消费者，习惯了一手交钱一手交货的交易方式之后，对于“见不到钱”的交易总是不那么容易接受。这种情况可能需要相当长的时间去改变，但这种改变是发展的必然。

（2）手机支付并没有真正的“方便”起来。由于目前的手机支付更多地采用跟银行合作的方式进行，给予安全的考虑，各种注册、使用方法都相对比较繁杂。同时，能够通过手机支付购买的产品还比较有限。虽然有了烟草、彩票等商品的介入，用户通过手机支付购买传统商品还没有真正实现。

（3）手机支付链条中各方的利益未能很好的明确。目前实现手机支付，运营商和银行都要有收益，如果第三方介入，他也需要分一杯羹，这些都需要商品的供应者或者消费者买单。如何理顺产业链，使得手机支付能够真正成为消费者方便又不昂贵的购买方式，也是手机支付面临的问题之一。

3．手机支付市场前景

手机支付潜在市场规模巨大。以 2004 年年底数据计算，中国移动用户数已经超过 3 亿，如此庞大的用户规模，蕴藏着巨大的市场前景。

四、手机游戏

1．移动游戏市场发展状况

我国的移动游戏市场尚处于萌芽阶段，但产业各方的紧密合作使得移动游戏逐步升温。中国移动在我国首先开启了移动游戏市场，并在短短两年左右的时间内使移动游戏的种类从短信游戏、WAP 游戏发展到了下载类移动游戏，游戏种类已经发展到几百款。中国联通也推出了“神奇宝典”业务，移动游戏业务发展步伐不断加快。

面对手机游戏巨大的市场商机，国内众多的游戏开发商纷纷加入到手机游戏的开发行列中。新浪、搜狐等门户网站相继开辟了专门的移动游戏频道和栏目，全面加大了移动游戏业务的推广力度。空中网、美通无线等专业 SP/CP 都加快了移动游戏开发的步伐。在 SP/CP 的积极参与下，近两年来，中国移动和中国联通手机游戏业务内容日益丰富。

不仅如此，近两年来，诺基亚、摩托罗拉等国内外手机厂商不断提升手机在游戏方面的性能，同时还在手机操作系统方面采用开放式的平台，便于用户享受不同的移动游戏业务。

2．当前移动游戏存在的主要问题

值得注意的是，国内移动游戏业务在经历了“引入期”后，才刚刚步入“成长期”，移动游戏业务的发展还存在不少问题：

（1）本土游戏内容单薄，后劲不足。目前国内本土化游戏内容非常少，大多数移动游戏都来自于国外，日、韩、欧美的游戏开发商几乎占据了中国移动游戏市场80%的游戏内容。

（2）资费标准和收费方式相对比较单一，价格的多样化不够。当前移动游戏的收费方式多采用按下载次数收费和按使用时间包月收费两种方式，资费标准和收费方式相对比较单一，价格的多样化不足。

（3）终端问题。支持游戏的适合终端普及率低，有待于终端厂商和运营商共同推进，而且手机的制造标准和不同制式手机之间的互通也成为影响移动游戏发展的一大难题。

（4）移动游戏的宣传不够，用户未形成稳定的消费习惯。移动游戏是一个潜力巨大的市场，同时又是一个潜藏着巨大风险的市场。当前移动运营商、终端提供商、SP等产业链各环节的参与者都力图使自身处于产业链的有利地位。在与运营商之间的商务模式尚未真正确立的情况下，产业链各方对移动游戏的宣传以及对用户消费习惯的培养方面都缺乏力度。

（5）产业环境有待改善。当前国内游戏产业发展还存在诸多问题，主要表现在市场不成熟、盗版泛滥、竞争无序等。因此，移动游戏需要政府管理部门在规范游戏开发和运营企业市场经营行为的同时，加大打击盗版的力度，鼓励开发具有自主知识产权的本土移动游戏，大力扶持国内移动游戏行业的发展。

3．发展趋势

随着2.5G向3G的演进，移动多媒体业务发展将成为大势所趋。而移动游戏恰恰是多媒体应用中集大成的业务，图像、音乐、互动都能在移动游戏中实现，能够使用户充分体验到多媒体业务的魅力。而随着3G时代的到来，数据传输速率的提高、网络带宽的全面拓展、移动终端的发展以及移动游戏种类的日益丰富，将使国内手机游戏行业步入黄金增长期。移动游戏市场将会以很高的速度继续发展。

12.4.6 国外移动互联网应用概况

一、日韩移动互联网应用概况

日本的移动数据业务更多体现的是一种“数字信息生活”的理念。日本运营商的这种更多针对个人的移动数据业务理念使得其移动数据收入对APRU的贡献越来越大。

NTT DoCoMo开创性地推出了i-mode手机服务，对于用户来说，通过i-mode菜单，使用i-mode手机，不需要复杂的设置，就可以实现无线上网、发送邮件、阅读新闻、下载游戏和音乐，可以享受移动银行服务等多种在线服务。表12.5显示的是FOMA业务及其特点。

表12.5　FOMA提供的主要业务及特点

分　类	交　易　类	移动数据库	生活信息类	娱　乐　类
1	移动银行服务	电话簿	新闻更新/天气	网络游戏
2	移动安全交易	黄页	体育消息	预言
3	票务预定	餐馆指南	商业/技术新闻	卡拉OK/歌曲查询
4	机票信息	字典服务	城镇信息	FM收音信息
5	信用卡信息	烹饪查询	赛马信息	俱乐部信息
6	人寿保险	在线售书	外币汇率	铃声下载
7	旅游信息	在线售CD	市场数据	图片下载

日本KDDI推出的业务包括卫星定位、手机交友、地图服务、饭店指南、视频图像下载、在线聊天、铃声下载、图像编辑等。KDDI和VodafoneK.K.两家移动运营商所提供业务种类较为类似，更多的是为用户提供娱乐休闲类的信息服务，铃声下载和图片下载等成为最受欢迎的服务。

在韩国SKT基于三代网络推出了包括视频点播、音频点播、可视电话、多媒体短信、上网、电视节目播出等业务。2003 年 1 月 7 日，SKT 开始提供“FlashAny”服务，“FlashAny”服务是在第三代多媒体服务“June”的基础上，结合电影的特点，通过下载的方式，把动漫以最优化的方式显示在移动电话屏幕上，Flash 内容具有 26 万种色彩的高画质。为了有效培育多媒体业务市场，SKT 专门制作了《阿飞与鸡蛋》、《我的好搭档》、《ProjectX》等电影，通过“June”播映。SKT 还大力开发手机游戏，并对开发出具有市场竞争力游戏产品的游戏开发商提供支持。

二、欧洲移动互联网业务概况

欧洲移动运营商除推出了基本语音业务、短消息业务（SMS）、多媒体短信业务（MMS）在内的话音和数据业务外，还推出了多种新的移动数据业务，包括视频通信、可视化信息、视频图像等多媒体业务。

在游戏内容方面，和记电讯已经同 10 个游戏供应商签订了合作协议，使用户可以下载超过 40 款的游戏；还包括下载地图、新闻和财经消息以及铃声和照片的下载。

视频通话和可视信息被和记电讯确定为 3G 业务的推荐服务。在不同的国家，和记电讯为用户提供针对当地用户习惯的体育视频娱乐服务。例如，在英国，它提供当地最受欢迎的足球比赛的实况；在澳大利亚，则是板球比赛项目；而在瑞士，以冰球比赛为主。

定位服务，即通过电子地图和网上指南实现电子导航，接收各种旅游资料。对于爱旅游的欧洲人来说，周末到邻国游玩时，通过移动终端获得旅游信息的确是一个不错的方式。

2004 年 2 月，沃达丰以基于 3G 网络的 3G/GPRS 双模数据卡服务开启了欧洲关键的 3G 市场。2004 年 5 月，沃达丰发布了基于 3G 网络的“Live”业务品牌，该业务品牌致力于让用户在任何时间、任何地点随心所欲地接收、发送彩色图片以及获得所需的各种资讯和娱乐内容。

（中国移动公司数据部　郑朝晖）

12.5 宽带运营商的业务应用

宽带运营商在获取宽带接入服务收入的同时，也越来越认识到发展宽带增值业务对其宽带业务整体收入的巨大拉动作用。为了培育宽带增值业务市场，同时也为了遏制宽带用户 ARPU 下降的趋势，中国电信和中国网通等国内两大宽带主导运营商先后建立了“互联星空”和“天天在线”两大宽带增值业务平台，基于这两个增值业务平台，聚合社会其他增值服务提供商以及内容提供商的力量，不断丰富宽带增值业务的种类，提高宽带增值业务的服务质量。

12.5.1 “互联星空”增值业务

“互联星空”的发展得益于其灵活的收费模式。目前“互联星空”的收费模式有如下 3 个特点。

（1）中国电信宽带用户或 16300 账号用户可绑定“互联星空”用户账号，用户费用与上网费用一起收取。

（2）用户可以使用消费卡或充值卡为“互联星空”账号充值，消费卡和充值卡可通过电话热线、网上银行、电信营业厅、代理商网点购买。

（3）“互联星空”作为收费平台与开发各种业务应用的 SP 分享利润。

此外，“互联星空”提供给用户的消费方式也多种多样，目前的消费方式主要有按次消费、包月消费和购买点数/虚拟货币等 3 种方式。按次消费包括普通的点击按次消费和采用 DRM（Digital Rights Management，Windows Media 的数字权限管理）形式的按次消费。购买点数/虚拟货币的消费方式则是用户购买点数卡，“互联星空”作为一个支付的平台，用户可在“互联星空”以及与其支付平台相联的网站上进行消费（如 21cn 宽带网和游戏频道）。

中国电信“互联星空”宽带增值业务平台在业务开发和服务提供给予了各个省公司较大的自由度，各省公司可以根据本地区用户的特点定制宽带增值业务的服务类型和服务内容。

下面以广东、上海、江苏以及北京的“互联星空”业务为例来说明中国电信“互联星空”宽带增值业务的发展情况。

一、广东省“互联星空”宽带增值业务

广东省“互联星空”增值业务主要包括娱乐，文教，实用，休闲，综合以及游戏等几大类。

娱乐类业务包括：星空影院、电视剧场、音乐、少儿频道以及电玩卡通。资费情况如下：星空影院为21元/月，电视剧场为21元/月，电视专栏是21元/月，XIN影院为10元/月，凤凰宽频为20元/月等，KURO音乐为20元/月，星空音乐M-CITY为14元/月，游戏动漫为10元/月，魔力娱乐为10元/月，点石娱乐为20元/月。

文教类业务包括：教育中心（其中有职场教育、英语专区、儿童乐园以及中小学天地）、网络文学、IT认证、知识在线以及数字图书馆。资费情况如下：宽带家教35元/月。儿童美语39元/月，中国少年雏鹰网20元/月，English88 10元/月，名师辅导45元/月（捆绑产品销售价另计）。

实用类业务包括：邮箱、小灵通、安全服务、软件商城、时尚购物以及电信业务。资费情况如下：江民离线杀毒10元/月，瑞星离线杀毒10元/月，在线杀毒12元/月，新华时尚10元/月。

休闲服务类业务包括：贺卡、聊天、交友、图铃部落以及QQ服务等。资费情况如下：QQ会员10元/月，QQ交友10元/月，QQ秀10元/月等。

综合类业务包括：军事、新华参考、搜狐宽频、数码影像馆、电子地图、财税信息、供求、人才招聘。新华参考资费10元/月。

游戏类业务包括：游戏中心、联众世界等。

二、上海市“互联星空”宽带增值业务

上海互联星空主要内容包括影视、音乐、游戏、时尚、教育、体育、动漫、证券和商务。

服务资费情况：星空影院20元/月、星空游戏20元/月、星空剧场10元/月、 星空音乐10元/月、星空动漫10元/月、星空综艺10元/月、星空教育10元/月、星空财经10元/月、星空电视20元/月、星空热映10元/月。

三、江苏省“互联星空”宽带增值业务

江苏互联星空包括影视娱乐、教育、游戏、生活、体育、综合、实用、新闻和社区。影视娱乐音乐类以包月为主，10～30元/月，多数为15元/月，20元/月。教育类频道包月20～50元/月，每节5元。

四、北京市“互联星空”宽带增值业务

北京互联星空业务分类为：游戏、影视音乐、动漫、综艺娱乐、教育、灵通短信、综合、网络工具、生活、新闻和社区。

游戏类业务包括的内容有：专区游戏、休闲游戏、游戏点播、竞技平台、资讯中心、下载天地、游戏社区、游戏充值等。专区游戏是中国电信与游戏厂商紧密合作，采用专用高速服务器，通过中国电信国家级骨干互联网带宽，为玩家提供游戏服务的专设服务器的一种增值业务。游戏充值业务依托于互联星空付费平台，实现为众多主流游戏的游戏账号充值的功能。

在线影视及音乐类业务包括娱乐频道、体育频道、在线影院等。通常按次收费或包月收费，一般为1元/次，15元/月，25元/2月，热门影视剧为1元/集。

动漫类业务包括动画DVD、独家动画、连环画等。动画DVD的收费为15元/月，28元/月（2线程）或20元/月，35元/月（4线程），连环画频道的收费采用包月的方式，标准是15元/月。

综艺娱乐类业务包括电视付费频道的精彩节目和著名娱乐杂志网站内容，如凤凰宽频、香港无线卫视、瑞丽。其中某些内容收费，如凤凰卫视铿锵3人行，每期节目2元。

生活类包括身份验证、数码商城、酒店预订、气象信息、健康测试等。

综合类包括QQ直通车、中国黄页、灵通短信、模拟炒股等。

工具类服务包括在线杀毒、软件下载、付费邮箱、视频互动等业务，基本采取按次收费（按次收费因SP内容不同而各有差异）。例如，电子书城采用按本收费：电子杂志为1元/本或2元/本。软件下载价格差异较大，从十几元/套到百元以上/套。付费邮箱从经济邮箱的6元/月到商务邮箱的80元/月。宽带视频业务包年180元。

教育类 SP 收费通常采取按次下载收费：CNKI 的论文下载为每页 0.5 元。新东方辅导按课时收费，每课时 4 小节，每小节收费 1.25～5 元不等（视内容而定）。

程序员软件设计师讲座 5 元/周，思科认证 CCNA 40 元/周， 微软国际认证 MCDBA2000 40 元/周。“知识在线”15 元可购 500 虚拟货币，浏览下载不同的内容需付不同数量的虚拟货币。

12.5.2 “天天在线”宽带增值业务

网通集团将宽带业务定义为通过 xDSL、FTTX+LAN 等方式接入宽带 IP 城域网，实现宽带接入中国网通宽带互联网（CHINA169）的服务。“天天在线”是中国网通的宽带门户网站，其市场定位口号是“网络＋时尚＋电视＝天天在线”。

“天天在线”服务的缴费方式比较简单：用户在网站上拥有一个账户，通过电话可以向账户中注入资金，而在网站中定制各种服务均是从网站账户的金额中拨出的，不和电话号码直接挂钩，账户中资金为 0 则不能享受付费服务。

目前，“天天在线”已经开通了很多服务，并按照信息内容的性质进行了服务划分。网站向用户提供免费和收费服务，用户可以自行选择。免费用户只能享受免费信息服务。收费用户可以享受免费和其约定的收费服务内容。付费内容是按照记次和包月两种方式来计算的。表 12.6 为“天天在线”提供的收费宽带增值业务的情况。

表 12.6　“天天在线”提供的收费宽带增值业务一览表

服务名称	服务内容	包月服务价格
网络收音机	主要提供音乐服务，用户可以在网页上下载音乐资源或者在线收听，除了音乐外还整合了音乐类杂志以及娱乐新闻	5 元/月
游戏频道	主要提供网络游戏服务，也提供与网络游戏相关的资讯和产品服务	5 元/月
体育频道	提供体坛资讯、双色球等体彩信息，体育比赛视频、体育新闻视频	5 元/月
炫酷 e 族	e 族是针对年青群体开发的综合类信息，包括潮流运动、漫画、文学、热门电影精选视频和青少年心理咨询服务	8 元/月
儿童频道	儿童频道实际上是给家长和孩子一同在线时提供的一类服务。有童谣、诗歌、故事、英文教育和游戏供家长们陪同孩子一起学习玩耍，还有儿童喜欢的动画片资源	8 元/月
动漫频道	供动漫资讯、图片资源、动漫在线视频	8 元/月
女性频道	提供和女性相关的信息服务，并提供女性喜欢的影视资源	8 元/月
怀旧频道	提供经典电影、电视剧、音乐、戏曲和卡通片	8 元/月
两性频道	提供关于两性健康资讯、情感咨询等服务，以及付费的视频服务	10 元/月
影视频道	提供大量影视资源，可以付费收看。同时也提供影视类相关咨询	10 元/月

以上服务除了可以包月付费外，用户还可以选择记次付费，大致为 1 元/次到几元/次不等，受版权保护的内容有观看的次数限制。

目前使用宽带门户网站的用户主要是来自宽带业务的使用者，包括家庭用户和企业用户。

在服务内容方面，天天在线是针对宽带用户的网络内容超市，其中有大量的音频和视频资源，充分利用了宽带的速度和网络的互动性，对传统的电视节目进行创新并移植到宽带网络上，同时又按照用户的需求进行分类，并提供相应的咨询服务。

在信息来源方面，“天天在线”不但聚合了许多广播电视资源，还广泛地将出版业、教育业、旅游业和其他信息行业的资源纳入其中。同时也将电信服务整合在互联网上，如在网上为用户提供小灵通的短信服务，推出的灵机 e 动。

在盈利模式方面，“天天在线”走的是多渠道多形式的电信增值运营平台，定位于互联网门户、网通信息服务平台，还可以为政府、企业提供网络及应用的研发、集成和维护服务的集成产品。目前，已经可以实现全业务的小额即时支付功能，在针对个人用户的同时也可以为企业和政府等大客户服务。

（信息产业部电信研究院规划所　余晓晖　周华　李婷　张斌）

12.6 互联网数据中心（IDC）发展状况

12.6.1 IDC 概述

IDC（互联网数据中心）是伴随着互联网不断发展的需求而发展起来的。起初，只是为了通过托管、外包或集中方式向企业提供大型主机的管理维护，帮助企业达到专业化管理和降低运行成本的目的。现在，IDC 已经逐渐发展成为 ICP、企业、媒体和各类网站提供大规模、高质量、安全可靠的专业化服务器托管、空间租用、网络批发带宽以及 ASP、EC 等业务，为入驻（Hosting）企业、商户或网站服务器群等服务，为各种模式电子商务、电子政务提供赖以安全运作的基础设施，包括稳定可靠的宽带互联网接入和安全可靠的机房环境。

虽然，由于网络经济泡沫，轰轰烈烈的大部分 IDC 公司曾经一度走向没落，甚至有许多国内外的 IDC 企业倒闭，但随着全球经济的复苏，人们在狂热过后也逐渐趋于理智，IDC 业务的发展也逐渐步入正轨，目前正在稳健地向前发展着。

12.6.2 IDC 的业务种类

IDC 作为提供资源外包服务的基地，不仅提供单一的连线服务，其业务还包括为企业和各类网站提供专业化的主机/服务器租用和托管、机柜租用、机房租用、网络批发带宽，甚至 ASP（Application Service Provider，应用业务提供者）、EC（电子商务）等业务。

一、虚拟主机

虚拟主机服务（Web-Hosting）是 IDC 的重要业务之一，是 IDC 为 ISP、ICP、ASP 以及政府机关、公司企业等提供 Web 网站主机、系统平台以及 Internet 连接服务。这样主机、系统以及 Internet 连接等的维护工作就可以由虚拟主机提供商 IDC 来完成，ISP 等公司企业也就可以将重点放在对其 Web 本身和相应的业务系统的开发上。虚拟主机业务的特点：一是每一台虚拟主机都可拥有自己独立的域名；二是用户无需购买任何设备，但在访问者看来，却好像你拥有自己完全独立的服务器一样。虚拟主机服务可以使用户各自拥有独立的存储空间、数据库空间、域名、邮箱和 IP 地址，为中、小用户提供应用系统上网的条件。虚拟主机服务是一种用户投入成本较低的 Internet 接入服务。

虚拟主机服务一般有独立虚拟主机（Dedicated Hosting）和共享虚拟主机（Shared Hosting）两种提供方式。

在独立虚拟主机方式中，IDC 为每个用户提供一台或多台单独的主机作为其 Web 等应用服务器，而不与其他的用户共享一台主机服务。此种方式主要是为具有复杂业务的用户提供高质量、安全的 Web-Hosting 等服务。此种方式的最大优点是每个用户获得的资源相对独立，减少资源共享，从而简化管理方式，相对提高了系统的安全性。但这种方式的费用较高，资源有可能浪费；而且减少了资源的共享，也增加了每个用户的相对投入；同时独立主机方式的主机相对较小，不便于用户在主机方面的扩展和升级，以及实现系统的高可用性。

共享虚拟主机方式就是 IDC 配置相对大型的主机系统为用户提供虚拟主机服务，大部分用户的

Web-Hosting 全在一台或几台相对大型的服务器系统上。此种方式的最它特点就是 IDC 利用大型计算机系统或机群系统（Cluster）同时为多个用户提供多种应用服务，这样每个用户可以享受到大型计算机系统所具有的高可靠性、高可用性和高可维护性（即 RAS）。同时由于 IDC 的机器设备数量相对减少，则维护成本等也相对降低，使用户能以与独立主机方式相差不大的费用获得更大的计算能力。同时用户对资源扩充的要求可以由 IDC 对整个系统资源的重新分配来实现，这时用户对系统的扩充可以无缝的方式来进行，大大地方便了用户的系统扩充和升级。

二、主机/服务器托管和租用

主机和服务器托管是 IDC 在标准机房环境中（包括：空调、照明、湿度、不间断电源、防静电地板、机架机位等）为用户提供一定的“空间”和“带宽”，用户将自己的主机、服务器放在租用的空间内，用户可以自行通过远程方式维护主机或服务器，也可以委托 IDC 来维护。主机和服务器托管业务的特点是：投资降低，用户可使用已购买的服务器等设备，无需再作网络设备投资，并且可以使用 IDC 提供的 Internet 线路。

主机和服务器租用业务是指 IDC 将主机和服务器租借企业等用户使用，这些主机和服务器的产权仍然属于 IDC 公司。用户租用 IDC 提供的主机/服务器，同时在 IDC 进行服务器托管，它涉及服务器租赁、主机托管、或者带宽出租等业务。

不过，目前托管和租用已经没有非常明确的界限，有些 IDC 就承诺，如果用户连续租用一定的时间（比如说 1 年）之后，IDC 就将该主机或服务器免费送给企业用户。这样，原来的租用可能就会变成托管了。

三、机柜、机房租用

机柜/机架租用一般是 IDC 公司对二级 IDC 公司所开展的业务，也可以直接提供给最终用户。机架出租基本上与主机托管类似，用户租用部分或整个机架存放主机，仍然使用 IDC 的网络连接、网络出口以及其他配套设施。机架出租适用于托管设备较多的公司或向外提供数据中心服务的公司。经济合算，可大大节省运营成本。用户根据需要租用封闭、半封闭的空间放置自备的网络设备和服务器等，也可自行建立机架，独立完成管理和配置功能。仍然享受 IDC 的高速网络、优质环境、可靠电源、消防、安全等设施。

机房租用业务一般是运营商的 IDC 部门或某些大型 IDC 公司对一些二级大型 IDC 公司所开展的业务。这些二级大型 IDC 公司自己不去建设而是租用机房，这样前期投入少，起点低，易于快速开展业务。机房租用适用于大型数据中心业务提供商和有大量设备需要托管的大型公司。使用现成的电信网络和机房设施，可大大节约成本、迅速进入市场。

四、带宽租赁

带宽租赁是 IDC 最为基本的业务，其他业务都是以带宽租赁为基础的。IDC 通过灵活的带宽划分管理手段，向用户提供不同标准的互联网接入速度。用户可根据自身业务的特点和需求灵活选择，作到成本最小化，效益最大化。

五、企业邮箱

随着互联网的发展，费用低廉、方便快捷的电子邮件服务越来越受到人们的青睐，已经成为现代企业内部员工之间沟通和对外业务联络的主要工具。据第十五次中国互联网络发展状况调查统计报告称，85.6% 的用户经常使用的网络服务/功能是电子邮箱，用户平均每周收到电子邮件（不包括垃圾邮件）4.4 封。

随着信息技术的发展，电子邮件已经成为现代企业信息交流的重要工具，电子邮件的域名设置、发送格式也已构成了企业品牌形象的重要组成部分。企业邮箱就是以企业自己域名为后缀的体现公司品牌形象的电子邮件系统，企业的每一个员工都可以在该系统下拥有一个以自己企业域名为后缀的电子邮件地址。企业拥有自己的电子邮箱，既是企业形象的需要，也是信息安全的需要。

六、域名服务

大多数 IDC 都提供域名服务，包括域名注册、解析、转入、转出、转向等。

域名注册分为国际域名注册和国内域名注册两个部分。中国企业可以注册的国际、国内域名大致分为可分为.com（商业机构）、.net（从事互联网服务的机构）、.org（非赢利性组织）、.com.cn（国内商业机构）、.net.cn

（国内互联网机构）、.org.cn（国内非赢利性组织）等。另外国内的IDC还可以提供中文域名注册服务。

地址转向即将一个域名指向到另外一个已存在的站点，这在一个站点原有的域名或网址比较复杂难记或者几个域名同时指向一个站点时非常必要（请说明地址转向与域名服务的关系）。

七、ASP业务

ASP（Application Service Provider），即应用服务供应商，指通过在互联网络上配置、租赁和管理商业应用服务解决方案，为企业和个人用户提供应用系统服务的公司。简而言之，ASP是“服务外包”（Outsourcing）概念的延伸。其特点是，以“月租”或“日租”等形式代替“购买”。以前企业构建一个计算机系统，需要考虑增加IT技术人员，购买硬件设备如服务器，存储设备等，购买系统软件，投入业务人员参与管理系统的开发，而且还要操心安装、维护等问题，一旦业务发展，可能还需要付出额外的升级代价，导致其总拥有成本过高。而ASP的业务模式可以使企业将其中的部分或全部功能外包，只需付一定的月租，就有机会使用自己所需的优秀的应用软件，享受365天24小时全天候、全方位的服务。ASP业务可以使企业真正享用到“自来水式科技（Technology on Tap)”，按照应用服务的使用量收取使用费，用多少付多少，随要随有，非常方便。

尤其是对于中小企业来说，使用ASP具有很多益处。首先，可以节省硬件、软件以及系统实施和维护方面的人力投资，使总拥有成本（TCO）最小化。其次，将应用系统的实施和管理都交予第三方，企业可以更专注于核心的业务拓展，使企业可以更加关注于发展自己的核心竞争力。第三，系统使用方便快捷，可以不受地点、时间、联线方式的局限。第四，系统由IDC负责维护，可以保证系统安全性、可靠性和高可用性。第五，软件及时升级，保证客户一直使用世界上最新最好的软件。第六、无须考虑系统的建设周期，即开即用。

通常的ASP提供的应用大致范围包括Web站点托管、电子邮件存储和收发服务、虚拟专网（VPN）、电子工作流、电子商店、采购贸易中心、ERP系统和数据库系统等。

八、其他服务

在基础运营之上，IDC公司一般还提供一些与服务器等硬件设施等相关服务。如网络安全保障、容灾备份与系统恢复、数据储存备份、软件安装、流量监控、内容分发、网页制作、网站维护和推广、负载均衡服务、短信、电子政务软件和电子商务软件等。

12.6.3　IDC的发展现状

IDC公司在2004年9月的一项报告预计，亚太地区（不包括日本）虚拟主机服务的花费将从2004年的5.21亿美元增长到2008年的9.24亿美元，年平均增长率达到15%。并声称印度和中国大陆市场作为新兴市场，将是虚拟主机市场增长最快的地方。从近几年我国WWW站点数（如图12.12所示）和网络国际出口带宽数（如图12.13所示）的发展情况也可以看出我国IDC一直在稳步向前发展。据CNNIC第十五次互联网发展状况调查显示，我国现在WWW站点总数已经达到约668 900个，国际出口带宽总量为74 429Mbit/s，连接的国家有美国、加拿大、俄罗斯、澳大利亚、法国、英国、德国、日本和韩国等。

从目前的市场来看，国内的IDC提供商主要有电信运营商、专业服务商、互联网服务商、系统集成商等4大类。

（1）电信运营商型IDC一般由基础电信运营商经营，凭借其在传统电信运营上积累的天然的电信资源的优势，通过向客户直接出售或出租电信资源获取利润。中国电信、中国网通、中国联通、中国铁通等在各自范围内的省市大多设有自己的IDC部门，他们在运营自己的互联网数据中心的同时，还向其他类型的IDC提供带宽、机房等资源的租用服务。

（2）专业服务商型IDC的核心业务就是提供服务器托管服务，如世纪互联、首都在线、北京企商在线等。它们一般向基础电信运营商租用相应的电信资源，通过数据中心的服务将资源转卖给最终用户，同时数据中心提供高增值的服务获得利润。他们的客户一般是传统企业和一些.com公司。为了获得更好的服务质量，这些公司一般都要同时租用多家基础电信运营商或其他IDC公司的带宽资源，如北京企商在线就同时租用中国网通、中华通信、北京电信、天津铁通等的带宽资源。

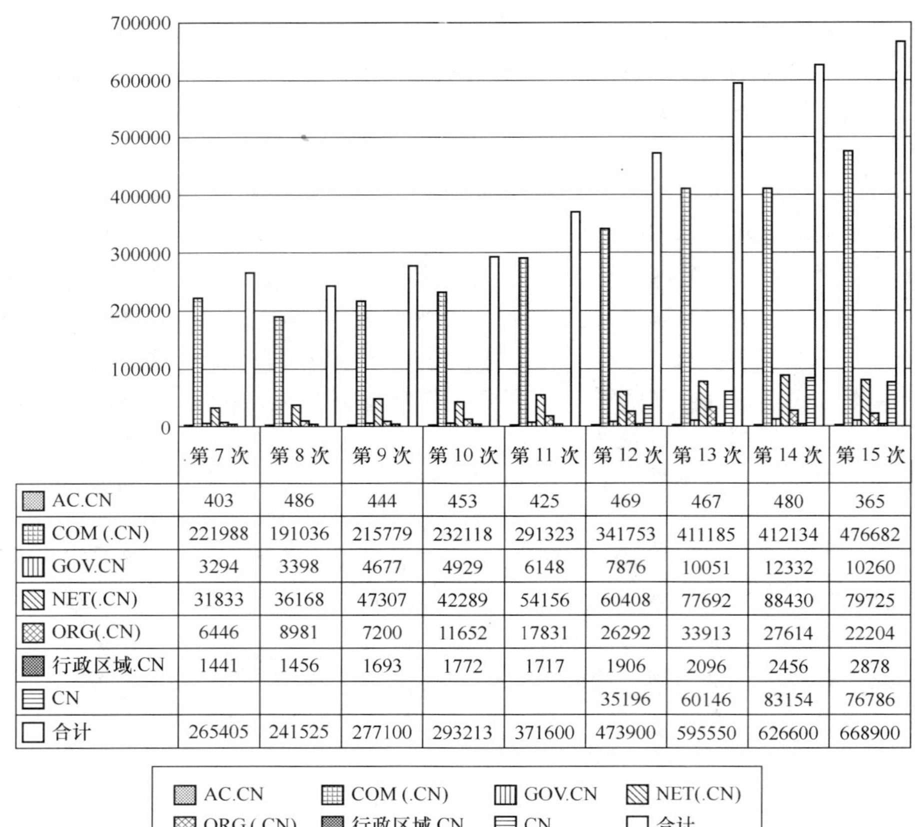

	第 7 次	第 8 次	第 9 次	第 10 次	第 11 次	第 12 次	第 13 次	第 14 次	第 15 次
AC.CN	403	486	444	453	425	469	467	480	365
COM (.CN)	221988	191036	215779	232118	291323	341753	411185	412134	476682
GOV.CN	3294	3398	4677	4929	6148	7876	10051	12332	10260
NET(.CN)	31833	36168	47307	42289	54156	60408	77692	88430	79725
ORG(.CN)	6446	8981	7200	11652	17831	26292	33913	27614	22204
行政区域.CN	1441	1456	1693	1772	1717	1906	2096	2456	2878
CN						35196	60146	83154	76786
合计	265405	241525	277100	293213	371600	473900	595550	626600	668900

图 12.12　我国历次互联网发展状况调查统计的 WWW 站点总数

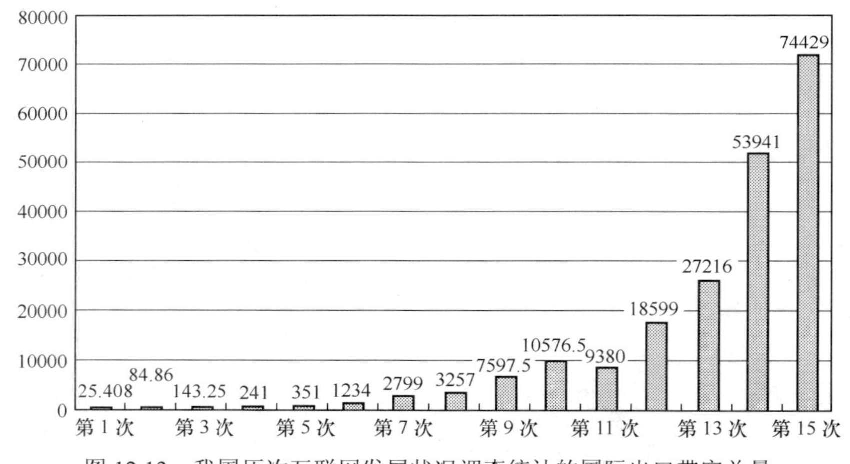

图 12.13　我国历次互联网发展状况调查统计的国际出口带宽总量

（3）互联网服务商型 IDC 主要着眼于向用户提供互联网接入，同时通过增加托管服务、系统集成服务等，扩大公司的利润来源。如长城宽带就是主要以提供光纤接入、无线局域网接入等为主同时提供虚拟主机和主机托管业务。CERNET 主要向教育系统提供互联网接入服务，同时提供校园网建设服务。

（4）系统集成商型 IDC 一般主要专注于特定的软硬件系统以服务为导向，利用原有的客户群，向用户提供更进一步完善的服务。如就是中华通信就是一个可提供通信业投资、通信系统工程勘察设计、网络优化、企业管理和项目咨询、电子工程施工、电子通信工程监理和集群通信、系统集成、软件开发、通信产品开发等业务的综合电信服务商。

从目前的 IDC 发展状况来看，我国 IDC 业务具有如下特点。

（1）运营商主导：大部分资源都控制在运营商的手中，而且运营商本来就具有通信资源的先天优势，其他 IDC 大多租用运营商的资源（尤其是带宽资源）。但是在 IDC 的经营中还缺少制度和管理上的规范，导致仍然存在大量网络安全漏洞，很多 IDC 的服务器被黑客利用作为攻击别人网站和发送垃圾邮件的跳板。这在今后需要加以规范和解决。

（2）稳步发展：由于经济泡沫，许多纯粹的 IDC 公司纷纷倒闭，甚至是一些相当大的公司也没有逃脱倒闭的厄运。然而，随着全球经济的复苏，一些幸存下来的 IDC 公司也逐渐迎来了明媚的春天。

（3）某些行业发展迅速：经济的复苏带来了各行各业的繁荣，全球经济一体化的趋势也使得企业越来越注重自己的企业形象和综合实力的显示，一些易于全球化的行业发展的尤其迅速。这可以从第 15 次中国互联网络发展状况统计报告中网民行业分布一项的结果中略见一斑，制造业网民发展最快，增加了 667 万，增长将近一倍；IT 业网民增加了 4 万，增长率为 0.5%。由于非传统安全问题（如恐怖主义、非典、艾滋病等）的凸显，民众对政府管理信息的透明度需求明显增加，这也使得公共管理和社会组织的网民数占到了 11.9%。

（4）增值服务比拼激烈：由于 IDC 所能提供的基本服务（如虚拟主机、主机托管和租用、带宽租用、企业邮局、域名注册等）大体一致，因此 IDC 只能在增值服务上下功夫，以赢得更多用户的青睐，如网络安全、内容分发、负载均衡等。

（5）ASP 业务明显不足：虽然 ASP 业务可以为非常多的中小企业带来较多利益，但由于软件知识产权保护措施有限，这种被称为“自来水科技”的业务模式基本上没有开展起来。

（信息产业部电信研究院通信标准研究所　徐贵宝）

12.7 医疗卫生网站现状分析

12.7.1 医疗卫生网站的基本概况

总体来看，目前国内医疗卫生网站可大致分两大类：医药卫生专业类、大众健康信息类。医药类网站因受众面广，而且能与门户网站有明显区分，行业专属性强，因此偏多。而相反，健康类网站，因为面向普通网民，门户类网站的健康频道占住了较大部分市场，而个人或小型公司经营相对困难，因而网站少于医药类网站。

医药卫生专业类，根据网站所属实体属性分为国家医疗行政机构及医疗政策信息网站、药品生物制品生产企业网站、医院诊所专家等单位宣传性网站、医药学习资料查询等专业资讯网站、医药商情商务会展等商业信息网站。

大众健康信息类网站，按其提供的内容分为门户类健康网站、垂直类健康网站和专属功能性网站。前者如搜狐健康频道等，后者如整形美容网站、心理健康网站、生殖健康网站等。

在搜狐搜索引擎登录的医疗卫生网站已有一定规模，具体网站分类个数如下。

一、医药卫生专业类

医院/诊所（5822）；医学（3151）；中医/传统医学（872）；西医（973）；急救/救生（64）；预防医学/公共卫生（350）；兽医/兽药（209）；医疗保险（43）；医药公司（4822）；医疗器械（406）；医药商务（331）；医疗事故与纠纷（16）；卫生统计（5）；医疗改革（47）；医药软件（42）；医学搜索引擎（18）；医学专家/名医（13）；会展/活动（137）；资料/文献（50）；医药法规（185）；组织机构（1587）；各地卫生信息（1524）；教育/院校（335）。

二、大众健康信息类

疾病/症状（5986）；药学/药品　（1288）；生殖健康（479）；心理健康（349）；性教育（270）；保健/养生（1679）；塑身/减肥（232）；整形外科（260）；报刊/杂志/电视（144）；论坛/BBS（33）。

12.7.2 网民应用医疗卫生网站的基本状况

中国互联网络信息中心（CNNIC）2005 年 1 月发布的“中国互联网络发展状况统计报告”中指出，目前中国网民已达 9 400 万。在用户需求方面，有 39.1%的人用网络获取信息，其中有 11.3%的人用网络获取医疗信息，有 0.6%的人用网络寻求网上医院的服务功能。有 2.8%的人上网购买医疗产品及保健用品。与 2004 年 1 月 CNNIC 发布的统计报告相比，公众用网络获取医疗信息的需求从 5.7%上升至 11.3%，增长了近 6 个百分点。服务功能的需求从 0.5%上升到 0.6%。对网上医疗信息的不满意度从 2004 年的 14.8%下降至 13.4%，下降了 10.4%。

从图 12.14 可以看出，公众从网上获取医疗信息的数量有大幅度增长，但对于网上医院的需求及对网上购买医疗保健用品的需求很低，处于持平甚至下降状态。这一方面说明网民对于网上医疗用品还没有得到认同，另一方面说明卫生部规定现阶段不允许建立网上医院的规范得到比较好的执行。

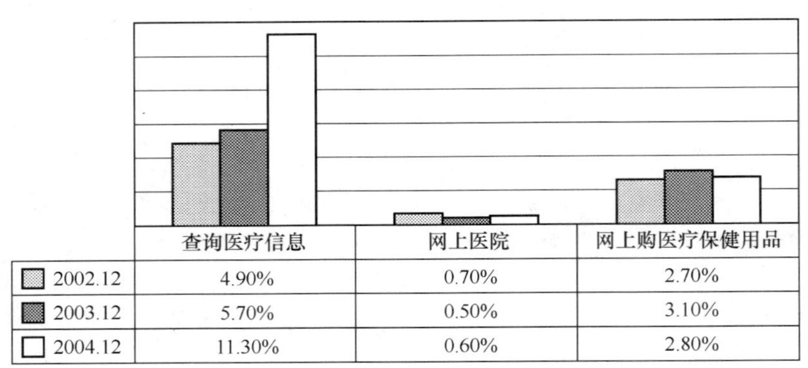

	查询医疗信息	网上医院	网上购医疗保健用品
2002.12	4.90%	0.70%	2.70%
2003.12	5.70%	0.50%	3.10%
2004.12	11.30%	0.60%	2.80%

图 12.14　2002 年～2004 年网民对医疗卫生网络信息的需求变化

12.7.3　医疗卫生网站的点击率情况

医疗卫生网站根据其发布平台及发布信息的不同，点击率差别比较大。

医药卫生专业类网站，发布平台多为独立的专属性强的专业网站，用户多集中在医学、药学、医疗器械等专业人群。点击量相对于大众健康信息类网站为少。

大众健康信息类网站分为门户类健康网、垂直类健康网、功能性健康网。其中以门户类健康网点击率为最高。中国网络经济研究中心发布的健康类网站前 10 位的用户点击率排名如下。

从图 12.15 中看出，以搜狐健康为代表的门户网站健康频道在网民的覆盖数最多，其次是放心 120、三九健康网为代表的垂直健康网。其余垂直健康网与前三家差距较大，专属功能性健康网如美容网、减肥网等覆盖数较低。

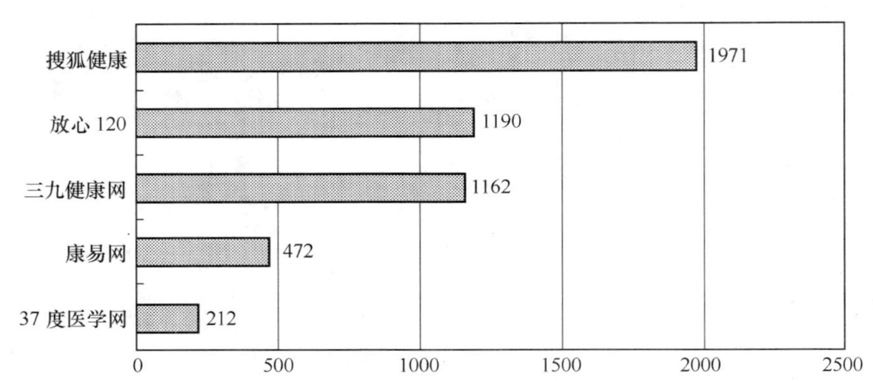

单位：每百万 Alexa 安装用户的访问数

时间范围：2005 年 3 月 27 日～2005 年 4 月 2 日

图 12.15　健康类网站周均覆盖数统计排名

医疗卫生类网站的点击率占全部互联网点击率的情况目前无确切数据，仅以搜狐网为例，搜狐网健康频道的点击率占整体搜狐网的 5%，属于中等偏上的受众爱好。

12.7.4　医疗卫生网站的运营状况

医疗卫生网站的运营分内容服务提供方和电子商务提供方两类。

内容服务方面：医药卫生专业网站的运营多通过用户注册登录系统，收取注册会员费，提供有偿的信息服务。如协和网上医学图书馆。此类网站中，医药卫生行政机构或医院、药企所属的网站多以自己原创内容为主，其专业背景对网站内容及品质有一定保证。

大众健康信息类网站提供的内容多为转载医药专业网站、大众媒体、医学或健康科普书籍。运营方式为提供无偿的内容查询、信息浏览。营利方式为收取医药企业发布广告的费用。

电子商务方面：医药企业利用网络平台进行保健用品、医疗器械的交易。此类网站在医疗卫生网站中的比例较小，因为药品的特殊性，人们还是更倾向于医院或药店购药的方式。从 2003 年、2004 年两次互联网发展状况研究报告中可看出，人们对网上购买医药保健用品的需求是呈下降趋势。

12.7.5　医疗卫生网站的信息服务

医药卫生专业网站，提供医学专业信息，包括政策法规、医学科研文献、医药市场调研报告、医护教育培训等。医学科研文献查询、医药市场动态信息、市场发展调研报告是医药专业人群最希望通过网络获得的信息。如：广大医务工作者希望通过网络搜索，获得最新的医学信息，建设网上学术交流平台，并通过网络实现数据共享，收集病例，与患者交流的网上平台；医药界生产企业通过网络向国内外医疗器械厂家、药商、制药厂提供产品介绍及各种医疗设备使用经验介绍，构筑医药界的电子商务平台。政府、科研教育机构通过网络提供行业动态、医药研究成果、行业培训、市场信息等。

大众健康信息网站提供的内容包括饮食注意事项、健康咨询、特定疾病诊治、医疗新闻、疾病用药指南、患者交流等。网络成为提供科学、严谨、通俗、易懂的医疗保健知识，网上交流，求医问药的场所。因为就医环境的不对等，看病难等问题，公众渴望找到一个能与医学专家沟通的平台，不受挂号的限制，不受地域时间的限制，网络就成为他们解决疾病治疗及用药疑问最好的工具。所以这方面的内容不论在门户网站健康频道还是在垂直类健康网站都是最受欢迎的内容之一。另外，网络集汇总及搜索功能，在日常健康生活指导方面也发挥其他媒体不可替代的作用。公众可以非常轻松的通过关键词搜索到想要了解的健康常识，达到自我预防、自我诊疗、自我保健的目的。互联网的交流互动方式也不容忽视，医生可利用网络进行病例的讨论，健康人群可通过网络形成有共同爱好的群组，患者可分享治病的经验等等。

12.7.6　医疗卫生网站发展中的问题

在实际应用上，网络已经解决提供基础信息服务的问题，但在疾病诊疗方面网络还不能替代面对面沟通，远程诊疗系统还面临成本高、技术不完善等情况。医学的严谨、科学的真实性是对医疗卫生网络扩大应用的极大挑战。

12.7.7　医疗卫生网络的发展前景

从 2003 年至 2005 年的趋势来看，网民对医疗信息的需求日渐提高。医疗卫生网络在今后的发展中必须解决医疗卫生网络不够专业的问题，一方面要通过专业人才的引进，另一方面要通过技术的创新。

专业人才的引进方面：医疗卫生网站是提供医疗卫生知识、诊断治疗知识、药品使用等信息的网站，专业性极强，直接关系到网民的健康与安全。因此，网站必须配备具有一定资质的医药专门人才，这样才能充分发挥自身优势，做专科专业的网络平台。而门户类健康频道承载的应该是海纳百川，将各专科专业网站有机地综合到一起。门户网站健康频道也必须由新闻性人才、医学药学专业相关人才组成综合团队，对医药网站内容有完善的管理审核流程，保证发布信息的专业权威性。

技术创新方面：完善准确的医疗类数据库是技术创新的基础。首先要建立行业的信息规范和标准，信息资源开发、信息安全、网络经营管理的信息化标准体系，才能保障医药行业信息化建设健康、有序发展；其次要建设完善行业信息数据库系统，譬如，建立完善药品数据库、医疗器械数据库、行业政策法规数据库、行业政务数据库、统计数据库、药品储备数据库、决策支持数据库、商业贸易数据库、科研教育数据库、医药企业数据库、医药人才资源数据库、询医问药咨询数据库等，所有数据库都面向行业、服务社会，提供联机上网服务，使全国大部分城市可以通过网络共享医药行业的信息资源，确定标准化信息传播流程。第三是要充分利用现有的网络技术及电信技术，实现视频化、音频化、网络化三位一体的医疗信息服务平台。去除网络不能面对面的劣势，发挥网络无地域无时间限制的优势，让专业、科学的医学资源在三位一体的平台上发挥更大的作用。

（卫生部信息办　高燕婕）

12.8　网络科普

一、网络科普概况

网络科普的发展一直伴随着互联网的发展而发展，始终相依共生，同甘共苦。根据中国互联网络信息中心（CNNIC）发布的中国互联网络发展状况统计报告显示，2004 年我国上网用户净增加 1 450 万户，年增长 18.24%；上网计算机总数由 2003 年年底的 3 089 万台上升到 2004 年年底的 4 160 万台，增长 34.67%；WWW 站点总数由 2003 年年底的 59.55 万个上升到 2004 年年底的 66.89 万个，增长 12.32%。

同样，网络科普也面临着强势发展的势头，对互联网网页科普内容情况分析：2004 年 6 月在百度搜索和 Google 引擎中，以“科普”为关键词进行搜索，两搜索引擎搜索各约 1 300 000 项的相关信息，2004 年 12 月底利用百度、Google、Yahoo、3721 这 4 个搜索引擎进行同样的搜索，搜索结果详见下表，从表中可以看到，保守计算（去掉最高、最低值后计算平均值），仅下半年增加了近 11%。

表 12.7　　2004 年末搜索引擎统计纪录

	搜索引擎	搜索内容	搜索范围	查询结果	
				2003 年 6 月	2004 年底
1	百度搜索	“科普”	网页	——	4 100 000
2	Google 搜索	“科普”	简体中文网页	1 300 000	1 390 000
3	Yahoo！搜索	“科普”	全部中文网页	1 300 000	1 400 000
4	3721 网页搜索	“科普”	网页	——	1 490 000
	平均值	——	——	1 300 000	1 445 000

对网络科普网站及栏目情况分析，由于到目前为止对科普类型网站及栏目并没有一个确切的定义方法，不同口径的统计分析数字相差十分悬殊，所以无法进行纵向比较。但以我们的基本定义方式去分析，截至 2004 年年底，从事网络科普工作的网站、栏目（指具有典型特征且可从网络搜索引擎中搜索到）约有近 500 余家。其中非营利性机构网站所占比例最高约占 41%；其次是个人网站约占 25%，媒体类网站所占比例约为 13%；教育科研网站约占 8%，其他企业商业性网站约占 7%；政府网站所占比例约为 6%。

本统计分析中未包括大量虽有科普类知识但与其他非科普类内容混杂的网站和栏目。需要特别要指出的是，这类网站或栏目往往是发展最快、最繁荣、最活跃的部分（由于无法对其分类，故未进行统计）。

二、2004 年网络科普的发展特点

突发性事件提高了网络科普的地位。自 2003 年“非典”之后，每逢发生重大的突发性事件时，人们已经习惯于通过网络关注事件的进程。在对事件进程关注的同时，更希望通过网络了解事件的原委和获取相关知识，例如，2004 年初的禽流感、年底的印度洋海啸事件，再一次凸显网络科普的重要作用和地位。

互联网发展带动了科普网站的技术发展。根据中国互联网络信息中心（CNNIC）发布的中国互联网络发展状况统计报告显示，我国上网用户中宽带用户由 2004 年 1 月的 1 740 万发展到 2004 年年底的 4 280 万，净增 2 540 万。随着网络宽带入户的普及，网络科普不再局限于单纯的文字叠加，多媒体技术已经开始进入网络科普。目前虚拟技术、三维技术、动画技术、Flash 技术、视频技术等已开始进入网络科普网站或栏目，成为网络科普内容的重要组成，如：中国科普博览的虚拟大熊猫馆、青岛市科协金桥信息网的虚拟三维全景演示——青岛风光、南通科学与公众网的科普动画等。先进技术的进入，为网络科普提供了更加生动活泼的表现形式，使网络科普摆脱了以往枯燥乏味的文字束缚，带来了一片广阔的天地。

社会教育需求拓展了网络科普的发展空间。网民的大幅增加，对网络信息的需求，无论是从内容上、质量上还是多样性方面都提出了更高的要求。网络科普面临同样的问题，网民对网络科普的要求不但是门类、学科的多样性，对其系统性、权威性同样提出了更高的要求。因而专业性科普网站受访的机会大大增加，特别是重大突发性事件、与人们生活息息相关的事件出现时，相关专业性网站成为网民光顾的热点（如：2004 年年底的海啸发生时的海洋类专业网站、高考、大学毕业期间的一些教育网站等），以至于网站的主办单位不得不为服务器的承受能力担忧。

网络科普出现了具有里程碑意义的重大事件。网络科普工作者在互联网的高速发展过程中，不断地在网络中寻求自己的定位，特别是在面临着各种技术的、认识的、体制上、资源上、资金投入上的种种困难时，依然不断地努力探索着网络科普的发展之路。他们在探索之中认识到：在当前形势下，单凭一两个网站的单打独斗已无法应对目前发展迅速的网络社会，共享、联合、扩大自己的队伍已成为网络科普工作者的共同心愿，在这些有识之士的大声疾呼之下，2004 年第三季度，两大科普联盟相继诞生，从而为促进网络科普的有序、良性发展，为网络科普加强自身的基础建设奠定了良好的基础。

2004 年 8 月 26 日，一个由中国科学院 80 个研究机构加入的中国科学院网络科普联盟，在北京宣告成立。该联盟的宗旨是："通过科普资源的共享和网络技术的有效应用，以中国科学院各研究所为基础，团结全院从事科普事业的组织机构与个人，开发利用、有效整合中国科学院的优秀科普资源，推动国内外科普活动的合作与交流，普及科学知识，弘扬科学精神，宣传科学思想和方法，为提高我国公民的科学素养和全面建设小康社会做贡献"。该联盟于 2004 年 10 月 25 日至 26 日，在北京成功举办了由 50 多家单位代表、中外专家学者参加的"网络科普：技术探索与资源共享"研讨会。

2004 年 9 月 2 日，由中国科协和中国互联网协会共同发起的中国互联网协会网络科普联盟在北京宣告成立。首批成员有人民网、新华网、光明网、新浪网、中国公众科技网、中国科普博览、中国科普、学生科技网、中国科普网等 74 家单位。该联盟以"团结全国从事网络科普的网站、栏目和相关机构，共同推动网络科普事业的发展；整合我国网络科普资源，促进网络科普资源的开发与利用；推动以网络科普活动主体的国内外学术交流、协同合作与资源共享，形成网络科普的规模效益；提高我国网络科普水平，为社会提供丰富的网上科学教育和科学文化信息；充分利用现代信息技术推动科普事业发展，为提高全民族科学文化素质和人的全面发展作贡献。"为宗旨，以推动全社会的网络科普发展为己任。

该联盟先后于 2004 年 9 月 3 日在北京国际会议中心承办了由信息产业部、文化部、国务院新闻办公室、中国科学技术协会、共青团中央、全国妇女联合会等单位主办的"开启绿色通道、营造健康网络"主题活动。2004 年 9 月 9 日在北京举行了"首届科技出版发展论坛网络科技出版分会场"，来自信息产业部、科技部、中国科学院、国防科工委、中国互联网协会、人民网、新浪网、14 个省市科协、全国性学会及相关网站的 45 名代表参加了论坛。2004 年 11 月 20 日至 12 月 24 日又举办了"我与网络科普"问卷调查活动。为推进青少年网络科普活动的开展，了解中小学信息技术的普及、应用情况，征集中小学生对网络科普活动的建议，同时向青少年推荐该联盟 65 家科普网站，为青少年搭建了网上交流平台。

两大网络科普联盟的先后成立，并成功举办了一系列网络科普活动，标志着中国网络科普工作进入一个新的发展阶段，相互协作、协同合作、资源共享的新阶段已经开始。

三、2004 年网络科普工作存在的问题

骨干型科普网站相对缺乏。根据初步统计分析，2004 年年底我国具有典型特征和具有一定规模的网络科普网站、栏目约有近 500 家。而其中从事专业或半专业（指以科普内容为主）网络科普工作的约 170 家，占 34%。但从中不难发现，同时具有一定权威性、及时性、受众广泛性的突出品牌性骨干网站相对缺乏。由于这种骨干型（或称"国家队"）的缺乏，导致网络科普的引导、示范功能，科学信息发布的真实性、可靠性、权威性、完整性功能出现一定程度的缺失。其结果是在众多互联网站中出现了失真的、为追求噱头的、片面的科学信息报道大肆传播，乃至出现以一些科普名义传播的伪科学、假科学，甚至封建迷信等信息在网上传播。

网络科普工作的自身建设薄弱。目前网络科普的主力军是以非营利性机构组成约占41%，由于这部分机构在政策上、资金投入上及自身“造血”功能薄弱等种种限制，一直处于自身建设的滞后状态。设备陈旧、资金不足、人员不足、技术人员流失等问题严重，造成目前大量的科普网站、栏目不得不采取以维持为主要，严重的制约了网络科普的发展。

科普信息资源建设缺少整体规范，资源整合和共享水平不高。网络科普存在着信息资源来源渠道不畅，资源相对匮乏的问题。众多科普网站、栏目大量内容上的雷同，存在网络科普知识的表面化与肤浅化问题，缺少完整、系统和具有一定深度科普知识内容。同样由于科普网络建设是一个公益性工作，市场压力大，许多科普网站、栏目建设初期就缺乏整体规划，又没有一个规范性管理制约，不考虑受众情况、不了解需求，甚至不了解网络特性的盲目建设科普网站，从而造成严重的同一水平上的重复建设现象，浪费了本已有限的资金。

四、对策与建议

各级政府部门应对社会网络科普的重要性进行再认识。网络科普内容是互联网信息的重要组成，对正确树立科学发展观，促进科学知识的普及、传播，提高全民科学素养具有十分重要的作用。根据第十五次CNNIC调查结果显示，35岁及以下的网民达到了7 596万，占网民总数的80.8%。而这部分网民正是社会中思想最活跃、创造性最强的群体，加强这部分网民的科普工作意义重大，必须引起政府各部门的高度重视。

各级政府应对网络科普的支持力度加大及政策上的进一步倾斜。对于网络科普工作来说，在我国仍处于刚刚起步阶段。由于它的非营利性和公益性，只有在各级政府的大力支持与政策上的倾斜，才能够使其获得更大的发挥空间，才能更好地生存和发展。

积极探索网络科普的可持续发展之路。由于体制等各方面的原因，专门从事网络科普工作的网站，还不能适应市场经济环境，在面临投入不足的困境时，无法形成自身造血功能，没有一个良好的可持续发展循环体系，为此要加强探讨与研究具有中国特色的网络科普发展之路意义重大。

（中国互联网协会网络科普联盟张小林　张共鸣）

第三篇

资源篇

第 13 章　部分政务部门信息资源开发利用状况调查报告

13.1　调研工作概况

一、调研对象

受国务院信息化工作办公室委托，本课题组参与了有关调查表的设计，同时承担了对各部门提交的信息资源开发利用的文字报告和调查表的分析研究。本次调研的部门总计 79 家。

二、调研方法

本次调研主要采用“函调”的方法，由各机构提交部门信息资源开发利用的专题报告，并填写部门信息资源开发利用情况调查表。此外，还辅以小型座谈会等形式。

三、调研目的

本次调研的目的是了解有关中央政府信息资源开发利用的基本情况，了解各部门的信息资源开发利用的工作需求，吸取各部门的意见和建议，为起草信息资源开发利用的有关文件提供背景材料。

四、调研内容

调研内容包括两个方面。

（1）通过部门提交的文字报告了解各部门信息资源开发利用的现状，包括取得的成绩和经验、存在的问题与原因；了解各部门“十五“期间的信息资源开发利用的发展目标、指导思想、重点任务、保障措施；以及希望在信息资源开发利用有关文件中解决的主要问题和政策建议。

（2）通过部门提交的调查表了解各部门数据库建设、网站建设、部门信息资源管理、信息需求、信息公开、信息交流等情况，以及各部门希望在有关文件中表达的文字。

五、调研原则

本次调研以直接服务于起草有关信息资源开发利用的文件为原则。按照有限目标的原则，只限于了解信息资源本身的情况，而有关网络情况、技术状况不在调研之列。在调查表的设计上也确保易于填报。

六、部门反馈情况

本次调研，共收回调查表 48 份、文字报告 44 份。共计 61 家单位通过调查表或文字报告的形式反映了本单位信息资源开发利用的情况。其中，各部门文字报告的总字数约 30 万字，调查表的数据项总量约为 2 万个。

13.2　主流业务数据库建设情况

13.2.1　已建成数据库情况

一、数量

各部门已建成主流业务数据库（是指与本部门职能、业务领域直接相关的数据库，不包括该部门主要用于内部管理如财务、人事管理等的数据库）497 个，其中，中央直属机构已建成数据库 32 个，平均每个单位已建成数据库 10 个；国务院部委已建成数据库 211 个，平均每个部委建成数据库 10 个；国务院直属机构建成数据库 128 个，平均每个部门已建成数据库 11 个；国务院直属事业单位建成数据库 89 个，平均每单位建成数据库 7 个；国务院部委管理的国家局已建成数据库 34 个，平均每局建成 8 个数据库。具体比例如图 13.1 所示。从总体上看，国务院各部委及其直属机构和国务院部委管理的国家局是政府信息资源拥有的最主要的部门。

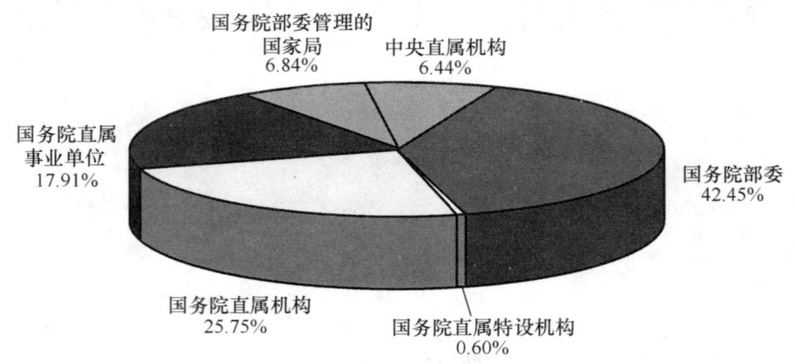

图 13.1　已建成数据库情况

二、数据量及记录数

有 390 个数据库填写了具体的数据量，其数据总量约为 59 141.6GB，其中，单个数据库数据量超过 1 GB 的数据库数量有 208 个，数据量约为 59 091.8GB。有 340 个数据库填写了记录条数，其总记录条数约为 270.26 亿条。其中部分单位的数据库建设涵盖其业务领域的各个层次，如国土资源部已建成包括数字地质图空间数据库、矿产资源规划数据库、土地利用规划数据库、全国城市土地等别级别及地价监测数据库、矿产资源储量数据库、基础水文地质数据库、全国岩石地层单位数据库等基础地理信息数据库，为掌握我国地理地质及矿产资源等信息奠定了坚实的基础。

三、更新情况

由于数据库类型不同，各部门的数据库的更新频度也不同。在 361 个填写了更新情况的数据库中，每年更新的数据库为 78 个，占 21.6%；每半年更新的数据库为 9 个，占 2.5%；每季更新的数据库为 6 个，占 1.7%；每两个月更新的数据库为 2 个，占 0.6%；每月更新的数据库为 73 个，占 20.2%；每周更新的数据库为 43 个，占 11.9%；每日更新的数据库为 104 个，占 28.8%；实时更新的数据库为 22 个，占 6%；不定期更新的数据库为 24 个，占 6.6%。具体数据如图 13.2 及表 13.1 所示。

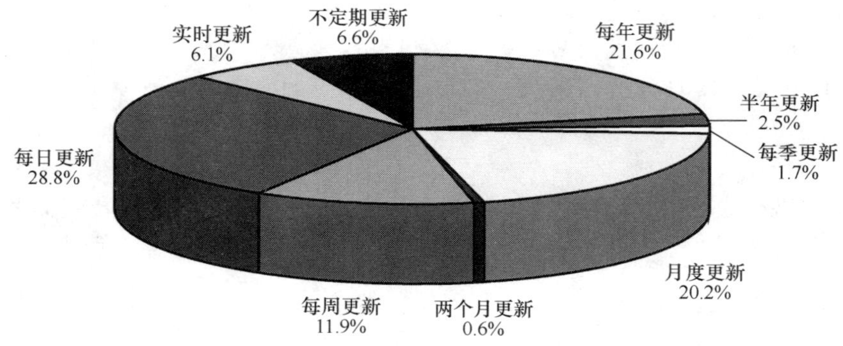

图 13.2　已建成数据库的更新情况

表 13.1　　已建成数据库的更新情况

更 新 情 况	数据库数量	百　分　数
每年更新	78	21.6%
半年更新	9	2.5%
每季更新	6	1.7%

续表

更新情况	数据库数量	百分数
月度更新	73	20.2%
两个月更新	2	0.6%
每周更新	43	11.9%
每日更新	104	28.8%
实时更新	22	6.1%
不定期更新	24	6.6%
合计	361	100.0%

四、共享情况

从数据库的共享情况看，在填写共享情况的 386 个数据库中，部门内部共享的数据库 225 个，占 58.29%；实现部门间共享的数据库 69 个，占 17.88%；实现部分或全部对公众开放的数据库 89 个，占 23.06%；完全不共享的数据库 3 个，占 0.78%。具体数据如图 13.3 及表 13.2 所示。

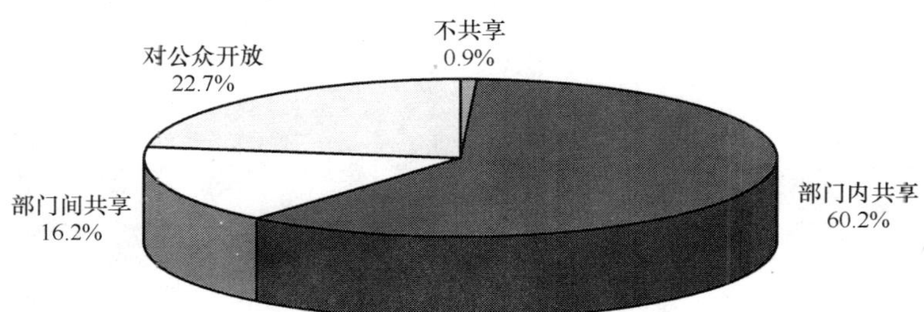

图 13.3　已建成数据库的共享情况

表 13.2　已建成数据库的共享情况

共享情况	部门内共享	部门间共享	对公众开放	不共享	合计
数据库数量	271	73	102	4	450
百分数	60.2%	16.2%	22.7%	0.9%	100.0%

13.2.2　规划新建数据库情况

一、数量

有 42 个部门规划新建主流业务数据库 202 个，其中中央直属机构规划新建数据库 4 个；国务院部委规划新建数据库 95 个；国务院直属机构规划新建数据库 54 个，平均每个部门规划新建数据库 11 个；国务院直属特设机构——国资委规划新建数据库 6 个；国务院直属事业单位规划新建数据库 24 个；国务院部委管理的国家局规划新建数据库 19 个。

二、数据量及记录数

有 113 个规划新建数据库填写了拟建数据量，拟建数据总量约 224 463.8GB。单个数据库的拟建数据量超过 1GB 的数据库数量有 100 个，拟建数据总量约 224 461.9GB。有 78 个规划新建数据库填写了拟建数据库的记录条数，拟建记录总数约 17.9 亿条。

三、拟更新情况

有 111 个数据库填写具体的更新打算，其中，拟每年更新的数据库 27 个，占 24.3%；拟每半年更新的数据库 3 个，占 2.7%；拟每季更新的数据库 5 个，占 4.5%；拟每月更新的数据库 34 个，占 30.6%；拟每周更新的数据库 4 个，占 3.6%；拟每日更新的数据库 21 个，占 18.9%；拟实时更新的数据库 14 个，占 12.6%；拟不定期更新的数据库 3 个，占 2.7%。具体数据如图 13.4 及表 13.3 所示。

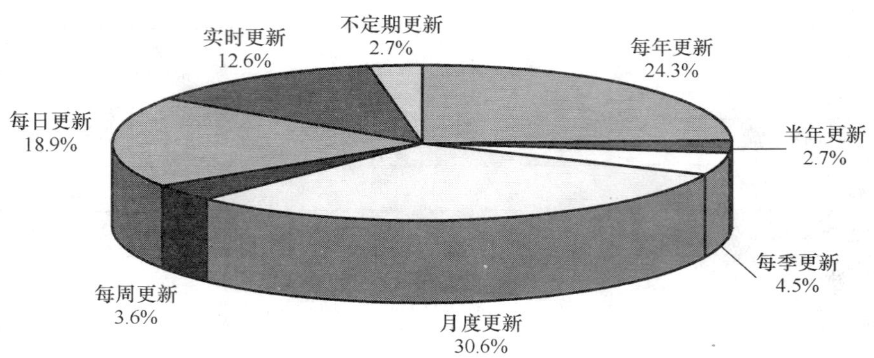

图 13.4　规划新建数据库的更新情况

表 13.3　　规划新建数据库的更新情况

更 新 周 期	规划新建数据库的数量	百　分　数
每年更新	27	24.3%
半年更新	3	2.7%
每季更新	5	4.5%
月度更新	34	30.6%
每周更新	4	3.6%
每日更新	21	18.9%
实时更新	14	12.6%
不定期更新	3	2.7%
合计	111	100.0%

四、拟共享情况

有 169 个数据库填写了具体的拟共享打算，其中，拟部门内部共享的数据库 90 个，占 53.3%；拟部门间共享的数据库 41 个，占 24.3%；拟部分或全部对公众开放的数据库 37 个，占 21.9%，拟不共享的数据库 1 个，占 0.6%。具体数据如图 13.5 及表 13.4 所示。

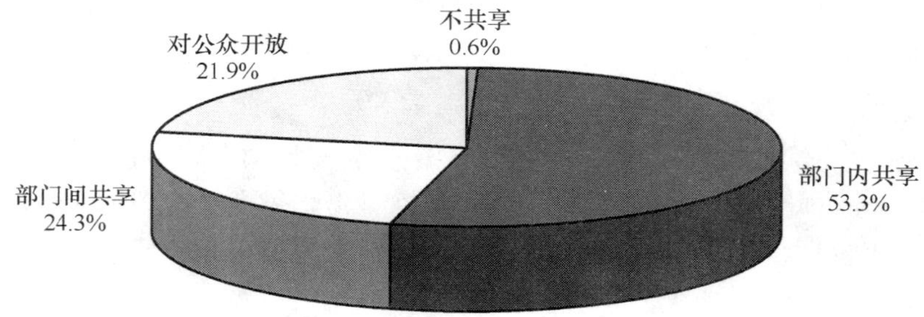

图 13.5　规划新建数据库的共享情况

表 13.4　　规划新建数据库的共享情况

共 享 情 况	规划新建数据库数量	百　分　数
部门内共享	90	53.3%
部门间共享	41	24.3%
对公众开放	37	21.9%
不共享	1	0.6%
合计	169	100.0%

13.2.3　部门网站情况

一、公众网站情况

48 家提交了调查表的中央国家机关单位中，有 115 家中央国家机关网站填写了网站数据量，其数据总量约 3 707.2GB，有 51 家网站的数据量超过 1GB，其数据总量约为 3 677.2GB。有 104 家网站填写了网站所包含的网页数据，总网页数约 177.7 万个页面。

有 108 家网站填写了具体的更新情况，其中，实现每年更新的网站 4 个，约占 3.7%；每半年及每季更新的网站均为 2 个，约占 1.9%；有 23 个网站实现了月度更新，约占 21.3%；每周更新的网站有 7 个，约占 6.5 %；不定期更新的网站有 3 个，约占 2.8 %；实现每日更新的网站有 57 个，约占 52.8%；实现了实时更新的网站有 10 个，约占 9.3%。具体数据如图 13.6 及表 13.5 所示。

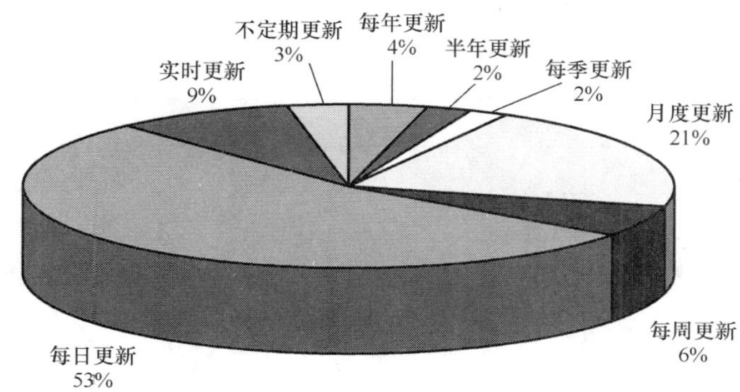

图 13.6　公众网更新情况

表 13.5　　　　**公众网更新情况**

更 新 情 况	公众网更新情况	百　分　数
每年更新	4	3.7%
半年更新	2	1.9%
每季更新	2	1.9%
月度更新	23	21.3%
每周更新	7	6.5%
每日更新	57	52.8%
实时更新	10	9.3%
不定期更新	3	2.8%
合计	108	100.0%

在 112 个填写了网站访问情况的网站中，日访问量达总计约 2 455.6 万人次。其中日访问量不足 1 000 人次的网站 39 个，占 34.8%；日访问量达到或超过 1 000 人次但不足 2 000 人次的网站 17 个，占 15.2%；日访问量达到或超过 2 000 人次但不足 5 000 人次的网站 22 个，占 19.6%；日访问量达到或超过 5 000 人次但不足 10 000 人次的网站 13 个，占 11.6%；日访问量达到或超过 10 000 人次但不足 1 000 000 人次的网站 16 个，占 14.3%；日访问量达到或超过 1 000 000 人次的网站 5 个，占 4.5%。具体数据如图 13.7 及表 13.6 所示。

许多部门除拥有门户网站外，还有许多与业务相关的专业网站，为公众提供有关行业信息。

二、各部门信息共享和信息需求情况

1．各部门已供其他部门使用的数据库情况

有 25 个部门填报了已使用其他部门的数据库，涉及的数据库有 82 个。

2．各部门需要共享其他部门数据库的情况

有 35 个部门填报了需使用其他部门的数据库，涉及的数据库及信息有 158 个。

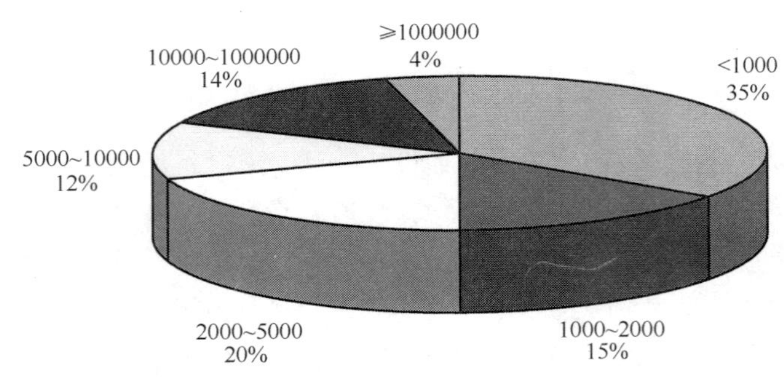

图 13.7　公众网日访问情况

表 13.6　**公众网日访问情况**

	网站数量	日访问量	百分数
＜1000	39	13931	34.8%
1000～2000	17	21300	15.2%
2000～5000	22	58224	19.6%
5000～10000	13	86849	11.6%
10000～1000000	16	1176000	14.3%
＞＝1000000	5	23200000	4.5%
合计	112	24556304	100.0%

13.2.4　信息资源管理情况

一、各部门信息资源的管理机构情况

在填写了此项的 41 个单位中，有 19 家是由本部门信息化领导小组部门或部门所属的信息中心负责信息资源管理工作，有 9 家是由部门的办公厅负责的，还有 13 家是由内部技术部门或业务部门负责。应当看到，有近 50%的部门已日益重视信息资源的管理，并设立专门的信息化机构负责本部门的信息资源管理工作，但仍有超过 50%部门并未设立专门的信息资源管理机构，而是将其职能增加到部门的办公厅或内部技术部门中去，表明其对信息资源管理还缺乏一定的重视。

二、各部门信息资源开发利用的管理制度情况

已有 18 个部门制定了与信息资源开发利用相关的管理制度，有些部门还制定了多个信息资源开发利用的管理制度。如劳动和社会保障部制定了《劳动和社会保障部计算机网络管理规定》、《劳动和社会保障部机关办公网管理规定》等。但从总体上看，部门制定的信息资源利用管理制度仍主要侧重在辅助信息资源开发利用的环境，如上述两项管理制度均侧重于网络环境管理，真正的促进信息资源开发利用的管理制度有待加强。

三、各部门信息资源开发利用规划情况

有 22 个部门已制定了部门信息资源开发和利用规划，如民政部制定了《全国民政系统信息化 2001～2005 年发展规划纲要》、商务部制定了《公共商务信息服务项目管理办法》、文化部建立了《2003～2010 年文化信息化建设规划》。还有一些部门正在制定和修改本部门的信息资源开发和利用规划。如教育部、国资委正在制定相应的规划，全国社会基金理事会正在修改其信息资源开发利用规划。应当说，各部门更重视本部门整体的信息化规划的制定工作，对信息资源开发利用的规划还有待于进一步细化。

13.2.5　报告中的建议和呼吁情况

有 43 个部门对信息资源开发利用提出了建议，主要涉及以下内容。

（1）有约 21 个部门建议在信息资源开发利用过程中要加强管理和统筹规划。

（2）有约 15 个部门提出解决信息资源开发利用的经费问题。

（3）有约22个部门呼吁信息共享问题。

（4）有约17部门关注政府信息资源开发利用中存在的机制和体制问题。

（5）有约13个部门强调信息资源开发利用过程中要重视加快信息资源法律法规建设并提出具体建议。

（6）有约25个部门建议尽快制定数据库建设的标准和规范。希望加快制定信息资源开发利用的国家标准，尽快出台信息资源开发与利用的标准和规范。

（7）有约12个部门关注信息资源开发利用的人才队伍建设问题。普遍反映专业人员数量不足、缺乏高素质、综合型管理人才以及用人机制等方面的问题并提出了建议。

（8）有约18个部门关注信息安全和保密的问题。各部门提出要加强信息安全工作，明确信息资源安全标准，制定相关的法律法规，保证信息资源的安全和使用信息资源的合法性等。

13.3 分析与建议

13.3.1 对中央国家机关信息资源开发利用的总体评价

根据此次调研结果，课题组认为，近几年中央机关的信息资源开发利用工作取得了可喜的成果。其主要表现是：各部门对信息资源的重视程度已经有了较大提高，众多部门的信息资源开发已经取得了一定进展。

一、对信息资源的重视程度有了较大提高

随着国家信息化建设的积极推进，“信息是重要社会经济资源”的观念不断深入人心。各个部门对信息资源的重视程度有了较大的提高。具体体现在以下几个方面：

1．有很多部门认真研究并制定了本部门信息资源开发利用的规划。从调查材料看有 22 个部门，占27.8%，如教育部、民政部、人事部、水利部、人民银行、民航总局、商务部、外汇管理局、外交部等部门都制定了部门信息资源开发利用的规划。另外，还有一些部门正在制定和修改本部门的信息资源开发利用规划。这些规划为有关部门信息资源的有序开发和充分利用奠定了基础。

2．一些部门还加强了本部门信息资源开发利用相关的制度建设。有18个部门已制定了涉及信息资源开发利用的管理制度。一些部门，如国土资源部、人事部、劳动和社会保障部等，还制定了多项涉及信息资源开发利用的管理制度。

3．各个部门广开渠道，争取经费，创造条件，增加信息资源开发利用的投入。信息资源开发利用需要大量的财力投入，但由于在行政经费支出中没有信息资源开发和维护的固定预算，各部门在争取信息资源开发利用项目的过程中都付出了艰苦的努力。

4．认真研究信息资源开发利用中的问题。从报告可以看到，各部门对多年来信息资源开发利用工作进行了较为深入的反思和总结，对本部门存在的问题和原因、需要采取的对策和措施进行了认真的分析研究，对国家加快政府信息资源开发利用也提出了积极的建议和呼吁。

二、信息资源开发利用取得一定进展

调查结果显示，中央国家机关的信息资源开发利用确实取得了成绩，无论是数据库的建设、与部门业务流程相关的信息开发、还是对社会提供公共信息服务等方面都取得了一定的进展。其具体体现为：

1．数据库建设取得了较大进展

根据对中央国家机关进行调查的结果，55个填报数据库情况的部门共建成了与主流业务相关的主题数据库497个，数据总量约59 141.6GB，记录总数约为270.26亿条。除数据库的数量有较大增加外，数据库内容的覆盖领域也不断扩大，部分单位的数据库建设已涵盖其业务领域的各个层次。

2．数据库更新日趋及时

数据库的更新和维护有了很大进步。尽管由于数据内容不同、数据库类型的不同、各部门的工作也不尽平衡，数据库更新频率存在着较大的差异，但总体来说，政府部门数据库的更新日趋及时。过去曾经出现过的“建死库”的情况已经有所改变。

3．网站建设取得可喜的进步

调查显示，大部分部门已建设了自己的公共网站和内部网站。其中填写公共网站情况的44个部门共建有公共网站136个，数据总量约3 707.2GB，日访问量总计约2 455.6万人次。有关部门通过公共网站发布政策法规、政府公告、办事指南、审批程序及政府招标等一系列信息。另外，一些政府部门，如国土资源部、商业部、农业部等，还建立了与其业务相关的专业网站，专门为企业和公众提供专业信息服务。

4．业务应用系统已经发挥作用

很多部门注意把信息资源开发与公共管理和公共服务等部门业务相结合。据粗略统计，各部门在报告中提及的应用系统近200个。这些应用系统以相应的数据库为基础在部门履行行政职能上发挥了较大的作用。一些部门的应用系统已初步覆盖了本部门的主要业务。

三、摸索出一些成功的经验

各部门在信息资源开发利用中都积极摸索并总结出一些成功的经验。如中国人民银行认为："领导重视是关键"、"业务发展是信息资源开发的原动力"；国家生产安全监督管理局的主要经验是"建立了以'应用'为核心的指导思想"和"建立了恰当的培训模式和定人、定服务对象的技术支持体系"；国土资源部总结的经验是："领导重视，措施到位"、"统筹规划，稳步推进"以及"目标明确，重点突出"等。

课题组分析，那些在信息资源开发利用领域取得显著成绩的部门其工作都有一些共同的特点和成功的经验。

1．信息资源的开发利用要"紧密围绕部门职能"。从本部门的主要职能出发去综合、统筹和规划信息工作，才能有明确的目标、坚定的决心和上下一致的合力。

2．信息资源的开发利用要"密切结合具体业务"。与主流业务结合去建设数据库、网站和应用系统才能选准突破口，使信息资源开发具有持续的动力。各部门开发较好的数据库都有与之相应的业务系统作支撑。跨部门联动业务不仅推动了信息开发，还有力地推动了部门间的信息共享。

3．信息资源的开发利用要"突出强化应用服务"。加强应用、加强服务才能使信息开发取得效益，获得持久的活力。

"职能驱动"、"业务驱动"、"服务驱动"，这是各部门的成功案例提供的宝贵经验。

四、获得了较为显著的实效

各部门加强信息资源开发利用已经取得较大的社会效益、工作效益和经济效益。

课题组认为，各部门信息资源开发利用所取得的实效主要体现在以下几个方面。

1．改善和加强行政管理。信息资源对各部门更好地发挥国家赋予的行政管理职能起到了巨大的作用。如国家税务总局通过增值税防伪税控开票系统、防伪税控认证系统、增值税计算机交叉稽核系统和发票协查系统等实现了不同环节在信息共享基础上的相互监督和制约，有效地加强了对增值税的监控管理。

2．辅助和支持高层决策。如国土信息资源、海洋信息资源、档案信息资源等在国家重大战略和政策的制定，在外交谈判、农业、水利、能源、交通、国土规划、环境保护、城市建设、防震抗灾以及重大工程建设等方面都发挥了重要作用。

3．改进和增强了政府的公共服务。信息资源的开发利用使得各部门能够更为及时地向社会公众提供政策、法规和其他的管理信息。各部门通过"网上申报"、"网上审批"方便了公众，提高了公共管理的效率。如人事部、公安部、教育部、外交部、司法部及工商管理局、税务总局等众多部门对公众的服务都上了一个新台阶。

13.3.2 值得关注和解决的一些重要问题

各部门提出的问题有的涉及部门层面，有的涉及国家层面。各部门所提建议的角度也不尽相同，有的是从推动部门工作的角度考虑的，有的是从促进我国政府信息资源开发利用的角度考虑的。课题组对这些问题和建议进行了综合，共归纳出8个方面的问题：关于加强领导和统筹规划的问题、关于信息资源开发利用的经费问题、关于信息资源共享制度化的问题、关于开发利用机制和体制的问题、关于加快信息资源法规建设问题、关于尽快制定有关标准规范的问题、关于信息资源开发的专业队伍的问题以及关于信息的安全和保密的问题。

课题组认为这些方面的问题值得高度关注并予以解决。为了准确反映各部门的看法，我们比较多地摘录了有关部门在报告中的文字表述。

一、关于加强领导和统筹规划的问题

各部门普遍认为缺乏统筹规划是影响政府信息资源开发利用的重要原因。如国家发改委认为，“信息资源散乱，主要是对信息开发利用统筹规划不够”。国家安全生产监督局指出，“缺乏统一建设指南。无论是中央政府，还是地方政府，都未对信息资源进行全面规划……存在不少的误区和盲区”。农业部指出，“由于缺乏统一规划、协调和组织，各部门信息采集指标、采集方法、加工处理方式不尽相同，缺乏统筹协调，信息相对独立封闭，不同部门提供的数据难以进行转换和对接，影响了信息资源的共享”。“要抓紧编制政务信息资源开发专项规划，抓紧设计电子政务信息资源目录体系和统一的交换体系，加大对部门信息资源开发的支持和协调力度”等。

课题组认为，随着信息化建设的推进，进一步加强国家对政府信息资源开发利用的统一领导是当前面临的非常紧迫的问题，值得认真研究。对政府信息资源进行统筹规划也迫在眉睫，尽管这项规划工作十分复杂，但应该尽快启动。

二、关于信息资源开发利用的经费问题

信息资源开发利用经费问题也是各部门呼吁较为普遍的问题。很多部门的报告对经费问题都提出了积极建议。如农业部建议“增加投入，加大财政对信息资源开发支持力度。增加信息采集及信息资源开发利用专项经费”。文化部建议“信息资源开发和维护的经费纳入正常财政预算”。农业部建议，“协调财政部门，增加信息采集及信息资源开发利用经费预算”。

课题组认为，随着信息技术的普及和电子政务的发展，政府部门行政经费的构成要发生较大的变化。信息资源开发、维护、更新等费用会大幅度的增加，这是必然趋势。将所需经费列入行政经费的正常预算也是大势所趋。政府信息资源开发利用是部门最主要的日常工作，采取“一事一议”、“一项一批”的做法很难适应政府信息化的发展。

三、关于信息资源共享制度化的问题

政府信息资源共享也是各部门普遍关注的问题，许多部门在报告中呼吁信息共享。如农业部指出，“信息资源开发利用滞后，互联互通不畅，共享程度低，是当前电子政务建设中存在的一个主要问题”。计划生育委员会呼吁，“打破条块分割，加强部门协调。建立信息交换机制，促进各人口管理部门之间的人口信息共享”等。

课题组认为，信息共享是信息资源充分利用的前提。信息资源的共享既有利益问题，也有组织协调问题，还有技术问题和设施环境问题。推动信息共享最主要的一是理顺机制，二是加强组织协调。

四、关于开发利用机制和体制的问题

一些部门在分析问题和原因时还注意到政府信息资源开发利用中存在的机制和体制方面的问题。如国家安全生产监督管理局认为，当前需要解决的主要问题之一是管理体制不够健全，“对信息资源开发利用建设的管理不完善，不能适应政府信息化建设的要求，不能反映政府信息化建设的特点”。教育部在总结本部门情况时也提到，“在管理和运行机制上还存有体制性障碍”。国土资源部认为，当前“信息共享机制和服务体系尚未形成”。民政部也指出，“缺乏部门间信息共享与交换的机制，严重制约了信息资源的利用”。

针对体制和机制上的问题，有关部门除了建议加强国家对信息资源开发利用的领导和管理外，还提出了一些具体建议。如国土资源部建议，“建立健全信息产品有偿服务制度；通过体制创新，保障国家空间与自然资源数据采集和开发利用的长期可持续运行”。建议“国家出台相关政策，扶持地籍、基础地理信息、基础地质等信息服务产业的发展，使国土资源信息资源建设、产品加工与应用服务步入良性循环的可持续发展轨道”。国家行政学院也建议，“信息资源所开发产品应在国家指导下进行价格定位”。

课题组感到体制和机制问题是比日常管理协调工作更为深刻的问题。体制创新和机制创新相对滞后是影响信息资源开发利用的更深层次的原因。应该根据政府信息资源在新时期的地位和作用，根据信息技术发展普及的新特点，根据市场经济的大环境，研究适应新形势的信息资源开发利月体制和机制。

五、关于加快信息资源法规建设问题

许多部门认为有关法规建设滞后是影响信息资源开发利用的重要问题。如民政部认为，“信息资源开发利用工作是一项长期的任务，需要以立法的形式将信息资源建设、处理、公开、利用等环节的工作任务、责任部门、步骤要求等确定下来。这样才能保证信息资源开发利用工作有法可依，顺利开展”。

课题组认为，有关政府信息资源的法律法规是推动开发利用的重要保证。立法滞后已经明显影响了信息资源开发利用工作的进展。例如，没有政府信息公开方面的法规就会影响政府信息公开的进展。因此急需加快有关政府信息资源的立法进程。

六、关于尽快制定有关标准规范的问题

许多部门关注有关信息资源的标准规范问题。如国家民委指出，“目前，各部门、各地政府政务信息化建设没有统一标准，这将给各部门、各地方政府之间的信息共享和办公业务系统的嫁接带来很大困难”。国家安全生产监督管理局指出，“我国的政府网站也存在一些问题。主要有：规范性有待加强，例如域名不规范，有的政府部门用非政府域名，政府域名有的用英文全称、英文缩写，也有的用拼音全称、拼音缩写，有的加上了所属行政区划的缩写；同一类机关从域名上看不出任何关联，即使是上下级单位域名也缺乏衔接和统一”等。

课题组认为，对信息资源开发利用来说，统一标准是提高开发利用效率、实现互联互通、信息共享、业务协同的基础。在信息资源开发利用中必须重视标准化工作，发挥标准化的导向作用。

七、关于信息资源开发的专业队伍的问题

信息资源开发利用的人才队伍建设问题是一些部门反映的另一个热点问题。如有部门反映，“缺乏数据库维护力量。专业性数据库的数据录入、维护、更新等工作，必须由承担具体业务的机关工作人员完成。但是，近几年政府机构改革后，各部委的编制普遍紧张，机关工作人员工作量大幅度增加，难以很好地兼顾信息资源的维护，导致数据更新和维护的可持续性得不到保障”。另外，近几年一些单位由于人才激励政策不到位，信息资源骨干人才特别是复合型人才流失严重。

课题组认为，人才队伍是信息资源开发利用的关键。随着政府信息化的深入推进，部门的人员构成可能会发生变化。这里既有数量问题，也有质量问题。解决数量问题，除了增加人员外，还要研究政府信息资源开发加工的新模式；解决质量问题，要加强培训，提高公务员的“信息能力”。

八、关于信息的安全保密和公开共享的矛盾问题

一些部门还关注信息安全和公开的问题。中国科学院提出，“明确信息资源安全标准，特别是信息资源的安全级别的如何界定”。国家计生委提出，“明确人口信息安全等级，形成人口信息安全保障体系”。

课题组认为，信息安全一方面涉及到国家安全和企业、公众的利益，另一方面又涉及信息资源的普遍开发和充分利用。信息公开与保密，加强信息安全与促进开发利用，是需要认真解决的矛盾。当前，应该加强信息安全评估方法的研究，包括对国家层面的信息安全、部门信息安全以及具体信息内容安全的研究，为国家制定相应的信息安全政策提供依据。

九、有关当前工作的几点具体建议

1．对已有数据库的进一步调查研究

这次调查是多年来对政府信息资源开发利用情况进行的首次调查。考虑到时间紧迫等原因，在调查设计时，没有将数据库的信息门类以及技术特征等内容列入调查范围。因此，目前了解到的数据库情况是非常粗糙的，而且通过调查了解到的各部门已建设的497个数据库也只是中央国家机关已经开发的信息资源的一部分。

各部门已经建设的数据库是近年来我国政府信息资源开发利用的重大成果，是重要的社会财富，值得下力气进行进一步的调查研究，以掌握更为全面详实的情况。

2．启动政府信息交换体系原型研究

在这次调查中，各部门都积极呼吁加强部门间的信息交换。很多部门填写了“已使用其他部门的信息”、“需共享其他部门的信息”等情况。我们感到对“政府信息交换体系”进行实质性研究的时机已经开始成熟。

这项研究的具体内容包括如下内容。

（1）各部门可供其他部门共享信息的情况。

（2）各部门需要其他部门信息的情况。

（3）中央政府部门信息交换的结构。

（4）部门间信息交换的基本技术环境。

（5）在若干部门间搭建信息交换的原型系统。

3．加强对各部门信息开发利用工作的指导

在此次调查中，各部门对加强信息资源开发利用领导的呼声很高。很多部门呼吁国信办加强对有关工作的指导。我们设想可从以下几个方面的具体工作着手。

（1）商定各部门内负责信息资源管理的部门或机构的主要职责。

在这次调查中，各部门都填报了负责本部门信息资源管理的具体机构或单位。由于各部门的实际情况不同，具体负责的单位或部门也不尽相同。从现实情况看，目前很难提出一个统一的管理机构设置模式。但我们设想可以通过协商，大致定出各部门负责本部门信息资源管理机构的具体职责。比如，掌握本部门信息资源拥有情况、已开发信息资源情况、信息需求情况、可公开或共享信息资源的情况以及相关政策制定和技术环境情况等。这样，既便于各部门负责信息资源管理的机构开展具体工作，同时，也从整体上提高了信息资源管理水平。

（2）对各部门负责信息资源开发利用工作的联系人进行培训。

应该说，各部门负责信息资源开发利用工作的联系人构成了信息资源开发利用的基本管理队伍。对这些同志进行有关信息资源开发利用工作的培训是对整个公务员进行培训的重点。通过各类培训可以提高认识、理顺思路，提高各自的工作能力。

（3）建立信息资源开发利用部级联系人协商会议制度。

信息资源领域有很多重大政策问题需要解决。组织各部门负责信息资源的同志对有关工作中的重点、难点及重大政策进行专题研讨十分必要。这将有利于摸清情况、分析问题、形成共识，加快有关政策制定的进程。

（国家信息中心　陈玉龙
中国互联网协会　高新民）

第 14 章　2004 年中国网络文化产业发展报告

14.1　网络文化产业的基本内涵

网络文化产业是一个新兴产业。从世界文化产业的发展历程来考察，文化产业的发展总是跟随着技术进步的脚步，往往为文化载体的发展所推动：印刷术的风行启动了报刊、出版等产业，电影和电视机的发明催生了影视产业，当今，以高速宽带和移动网络等信息技术为依托，信息化和网络化的潮流浩浩荡荡，为文化产业发展开辟了一个无限广阔的天地，经过几年的酝酿，网络文化产业已经从幕后走向前台，并成为文化产业一个新的增长点。

"网络文化产业"是一个外延比较广泛的概念，是网络产业与文化产业、信息产业与内容产业的跨越和融合发展的产物，其名称及内涵还需要人们进行不断的阐释和丰富。它既包括原有文化产品和服务在各种网络上的传播和延伸扩展，如数字电视以及在线点播音像制品；又包括基于互联网而产生的新的独特的文化形态，如网络游戏、网络动漫。但是，"网络"、"文化"、"产业"三要素缺一不可。网络不仅仅包括我们通常所说的计算机国际互联网，它应当是包括电信网、移动互联网、有线电视网以及卫星通信、微波通信、光纤通信等各种能够实现互动的智能化网络的互联。广义上说，它是以上述网络技术为依托，以产业化的方式提供文化产品和服务的行业。可以包括网络出版、网络新闻、网络广告、网络教育、网络旅游等诸多网络与文化结合的行业。但是本文研究的网络文化产业将遵循如下原则。

1．产业化程度比较高或在可以预见的将来能够产业化

2．以数字化方式提供，具有强烈的互动性

3．以娱乐内容为主

因此，从本质上说，我们研究的是网络内容产业或者说是互动娱乐产业，它应当主要包括网络游戏（GAME ONLINE）、短信（SMS）、网络视频与数字电视（ITV）、音讯互动（IVR）、网络音乐、网络动漫（FLASH）等产业。短信被列入一方面是因为其巨大的产业规模，另一方面含有内容的短信服务已经成为众多 SP 的收入主要来源，而不仅仅只是电信运营商提供的点对点平台服务。而网络广告虽然也是目前许多网站的生财之门，但由于不是一般用户主动获取的娱乐内容服务，且互动性上有欠缺因而暂不考查。因此，网络文化产业的主要结构如图 14.1 所示。

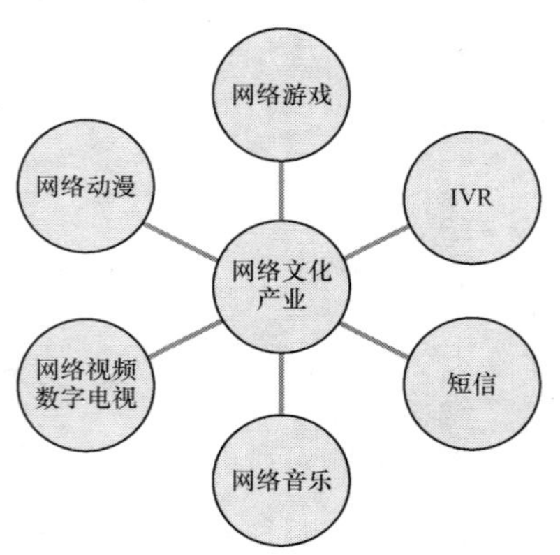

图 14.1　网络文化产业结构示意图

14.2　2004 年中国网络文化产业发展状况分析

本文主要围绕产业发展背景、市场状况、产品状况、企业状况、相关产业以及产业政策 6 大方面展开分析，将不专门对用户进行分析（有关分析将涵盖在产业发展背景之中）。由于现阶段产业化程度最高的是网络游戏，因此网络游戏将是本章的主要分析着力点。主要数据来源于互联网实验室、赛迪、艾瑞等国内有关研究机构的报告以及摩根斯坦利、瑞士银行等有关互联网投资的分析报告，各类专业数据库以及 2004 年国内报刊和互联网上披露的数据。但 2004 年底的数据尚未出炉，因此将部分引用预测指标或者 2003 年的数据作为替代。

14.2.1　产业发展背景分析

一、中国网络用户基本状况

1．网络用户数目庞大，宽带用户增长迅猛

中国互联网络信息中心（CNNIC）的第十五次统计报告显示，截至 2004 年 12 月底，我国互联网用户总人数已经达到 9 400 万。而移动电话用户数量则居世界首位，根据信息产业部发布的数据，到 2004 年 10 月，我国共有移动电话用户 3.24 亿户。

根据互联网实验室 12 月 17 日的最新数据，我国数字电视用户只有区区 120 万．但是潜在用户数量可观：有线电视用户已达 1 亿（只需配置一个机顶盒）。庞大的潜在网络用户数量将为中国网络文化产业的发展提供庞大的市场需求。具体数据如图 14.2 所示。

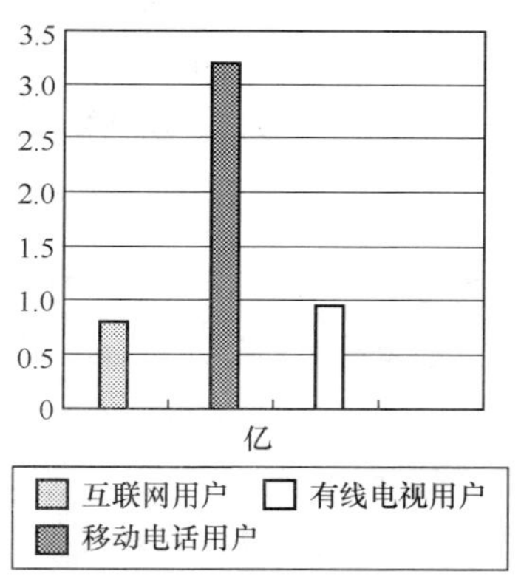

图 14.2　网络用户数目比较

据统计，2003 年我国有约 2500 万网民通过互联网直接或者间接观看电影，网络游戏玩家有近 2 000 万。根据赛迪顾问提供的数据，2004 年网游用户近 3 200 万人，增加率高达 72%，宽带发展将给娱乐内容提出更多的需求、更高的要求。

2．娱乐需求比重加大并显示出递增趋势

中共中央十六届四中全会《中共中央关于加强党的执政能力建设的决定》已经明确将互联网定义为一种“新型传媒”，互联网作为继报纸、广播和电视之后的第四媒体，除信息功能外，娱乐是其主要功能。根据 CNNIC 第 15 次调查结果显示，有 39.1%的网民将获取信息作为上网最主要的目的，与半年前相比所占比例略有下降；休闲娱乐已经成为继获取信息之后的第二大主要目的，并且其所占比例呈递增趋势。电视的娱乐功能自不待言，时下手机不仅仅是一个通信工具，也将逐渐演变为移动娱乐平台。

二、国外网络文化产业发展概况

网络文化产业在国际上又被称为“数字内容产业”或“数字娱乐产业”。网络化数字时代，在 IT 革命的背景下，数字内容会逐渐成为 21 世纪经济舞台上的重要角色。日益普及的宽带网络和无线应用，使人们对数字娱乐和内容的需求远远超过从前。数字娱乐正逐步在全球形成一种产业，并保持着高速发展的势头。

据统计，全球数字娱乐产业市场规模年成长率为33.8%。

进入21世纪，席卷全球的数字娱乐产业已经成为西方发达国家的一项主导产业，而荟萃了传统视听娱乐精华的电子游戏更是成为当今电子娱乐产业的前沿和先锋产业。2002年全球电脑游戏的年销售额超过好莱坞的全年收入，成为与影视、音乐并驾齐驱的三驾马车之一。InformaMedia集团发表的研究报告显示，未来5年里，娱乐市场的格局将发生巨大变化。“通过宽带网络和无线上网的方式为客户提供视频游戏和互动娱乐”将成为这一市场的主流。根据美国游戏软件产业协会提供的数据，全球网络游戏产业经历了高速增长，到2008年，网络游戏产业为主导的互动娱乐产业将超过传统音乐产业，成为全球第二大娱乐媒介。2003年全球短信收入达400亿美元，其中铃声收入35亿美元，比上年增长了40%。这几乎占到了322亿美元全球音乐市场的10%。Arc分析师杰斯蒂预计2008年全球的铃声下载收入将达到52亿美元。

根据数据显示，2004年全球在线娱乐市场规模达到67.88亿美元。其中成人娱乐、在线游戏、运动娱乐、信息消费、在线音乐、互动电视iTV、视频点播的市场规模分别将达到27亿美元、20亿美元、8亿美元、4.78亿美元、4.21亿美元、3.24亿美元和0.65亿美元。从数据上看，2004年成人娱乐和在线游戏市场占据全球在线娱乐市场的较大比例。

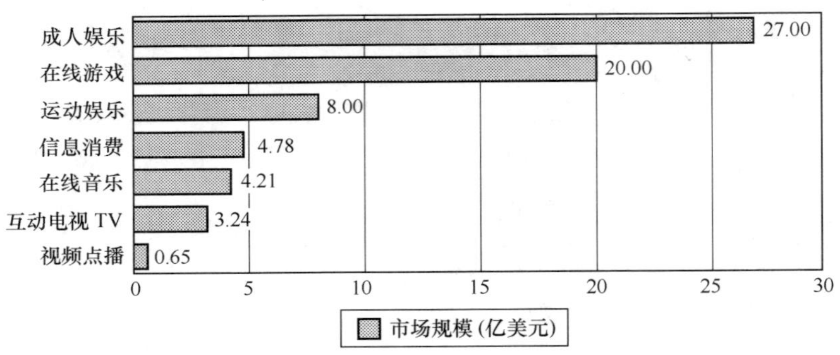

图14.3　2004年全球在线娱乐市场规模及结构

近年来，日本网络文化产业产值大幅提高。2002年，市场规模为2 503亿日元，比上一年度增长了24.5%。其中，个人计算机网络文化产业市场为1 675亿日元，手机网络文化产业市场为828亿日元。有关专家预测，随着宽带网的进一步普及，到2007年，网络文化产业市场规模可达5 975亿日元。

韩国数字娱乐产业增长率高达40%，超过汽车产业成为第一大产业，成为最具盈利前景的一个产业，其网络游戏已经占据我国超过60%的市场。据韩国2004游戏产业白皮书披露，2003年韩国网络游戏产值为7 541亿元，约合人民币50亿元，占游戏市场的49.3%。

14.2.2　市场分析

网络内容服务已经成为我国IT产业新一轮的增长热点，以短信、广告、游戏为主的内容成为互联网企业盈利的主要支撑点，不仅挽救了几乎要摘牌的我国几大门户网站，而且以此为契机，催生和壮大了我国的网络文化产业。2004年，我国网络文化产业逐渐走上了理性发展的道路，产业规模迅速扩大，产业结构进一步完善，与网络文化相关的产业链也逐渐成熟完善起来，游戏、短信依旧领跑网络文化产业，新的内容产业即将崛起。

一、产业总体规模与结构

我国网络文化产业还是一个新兴的交叉行业，迄今为止，还没有关于我国网络文化产业整体的权威统计数据，这里引用一些研究机构的数据来做推算。篇首已经谈到了网络文化产业的产业组织结构是由6大门类组成：网络游戏、短信、网络视频及数字电视、IVR（音讯互动）、网络音乐和网络动漫（flash）等。

以网络游戏为代表的网络文化产业连续两年创造了丁磊和陈天桥两个中国首富，引起了世界的广泛关注。我国网络游戏产业从2000年开始起步，目前正进入高速增长期，2003年中国网络游戏产业市场规模说法不一，美国国际数据公司（IDC）认为是19.7亿元。根据易观国际统计，2004年中国网络游戏市场规模已达到 36 亿元人民币，比上年增长 82.7%，不仅远远超过了 IDC 的预期（IDC 预计 2004 年中国网游产值为 25 亿元），而且超过了非点对点短信服务的营业额。

据统计，当前在网络教育、电子邮箱、搜索引擎、网络广告、网络短信、网络游戏等互联网几种主要盈利模式中，网络游戏所占比例为 20%。如果按照前文所述，将前 4 种盈利模式不计，网络游戏已经超越短信成为我国网络文化产业的排头兵。

短信依然举足轻重。至 2004 年，全国手机短信发送量超过 2 200 亿条，市场规模超过 220 亿元（神州行手机短信每条为 0.15 元），比上年增长 29.4%。但是必须指出的是，绝大部分短信是点对点的，即无须 SP 服务的短信。根据瑞士银行 2004 年 10 月估算，在 1.44 亿短信用户中，非点对点短信用户 2 590 万，仅占 18%，市场规模为 3.82 亿美元，即 31.7 亿元人民币。这个数据相对比较准确。分别比 2003 年 2 230 万用户和 3.48 亿美元（约合人民币 28.9 亿元）的市场规模增长了 16%和 9.8%，增长幅度大大放缓，并低于人们的预期。

IVR 即音讯互动，自 2002 年移动 IVR 业务推出以来，在运营商和 SP 的推动下，IVR 快速发展，2003 年，移动运营商 IVR 业务正式启动，全年市场收入约为 4 亿元，据艾瑞市场咨询统计，2004 年市场规模已达到 12.4 亿元，这与诺盛咨询的预计是基本一致的，诺盛在 2004 年 6 月预测 2004 年中国 IVR 市场规模将达到 1.45 亿美元。其在无线增值服务市场增长潜力仅次于彩信和 WAP。

网络视频与数字电视在西方被称为 ITV 即互动电视，只不过前者是基于电信网的，后者是基于广电网的。尽管网络视频和数字电视均具有诱人的发展前景，但目前仍处于启动阶段，还没有找到顺畅的盈利模式，其产业规模还远远无法与短信和游戏相比。根据艾瑞咨询的调查，2003 年中国在线影视市场规模大约为 5 000 万元，最近两三年中，在线影视市场将以 100%～150%的速度发展，2004 年市场规模达到 1.2 亿元，预计 2005 年将达到 2.52 亿元。广电总局大力推进数字电视，尽管前景良好，但是目前用户数量发展缓慢，按照 120 万数字电视用户推算 2004 年的营业收入将为 3 000 万左右。这样 2004 年整个互动电视的市场规模为 1.5 亿元左右。

网络音乐目前仍以免费下载为主，给唱片公司造成了巨额损失，根据美国唱片工业协会（RIAA）公布的数字显示，1999 至 2002 年间，网络音乐对唱片业造成的直接经济损失达 20 亿美元，在中国的损失将达到 30 亿元人民币。而到 2005 年，全球范围内 20%的音乐销售额将通过网络下载来实现。但是，全球目前收费音乐下载产业的规模仅为 4.2 亿美元，中国在这方面的市场仍微乎其微。

Flash 虽然很火爆，但是产业化程度还比较低，目前还没有权威机构对网络动漫产值进行评测，因此，暂不予以计算。

通过上述分析，可以认为，当前中国网络文化产业主要由网络游戏、SP 短信、音讯互动（IVR）和互动电视（ITV）4 大部分组成，2003 年市场规模为 53.1 亿元，2004 年的市场规模将达到 81.6 亿元，总的来说比上年增长了 53.7%。SP 短信在 2003 年是产业主体，占当年市场份额的 54.4%，2004 年虽然份额依然不少，但是增长乏力，仅比 2003 年增长了 9.8%。网络游戏在 2004 年迎头赶上，以 82.7%的增长率跃居 2004 年产值榜首，IVR 与 ITV 尽管市场规模相对比较弱小，但是增长势头不可小觑，均达到或超过 200%，如表 14.1 所示。

表 14.1 中国网络文化产业的市场规模及增长率

产 业 名 称	网 络 游 戏	SP 短信	IVR	ITV	总 计
2003 年市场规模（亿元）	19.7	28.9	4	0.5	53.1
2004 年市场规模（亿元）	36	31.7	12.4	1.5	81.6
增长率（%）	82.7	9.8	210	200	53.7

图 14.4 形象直观地显示了网络文化产业 4 大门类的增长情况。

在当前中国网络文化产业结构中，网络游戏产值力拔头筹，轻松取代 SP 短信占据本年度网络文化产业的首位，SP 短信屈居第二，市场份额不可小视，依然占据了 39% ，两者共占当前整体市场规模的 83%，其中网络游戏占 44%。尽管 IVR 和 ITV 增长势头强劲，但是 2004 年所占份额不大，特别是 ITV，目前仅占 2%。如图 14.5 所示。

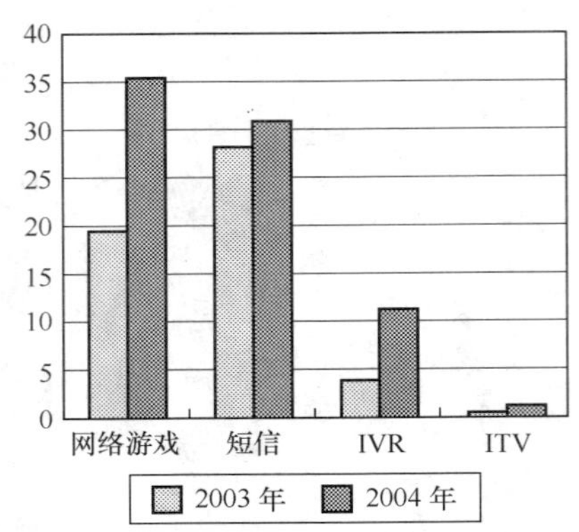

图 14.4　网络文化产业 4 大门类的年度增长示意图

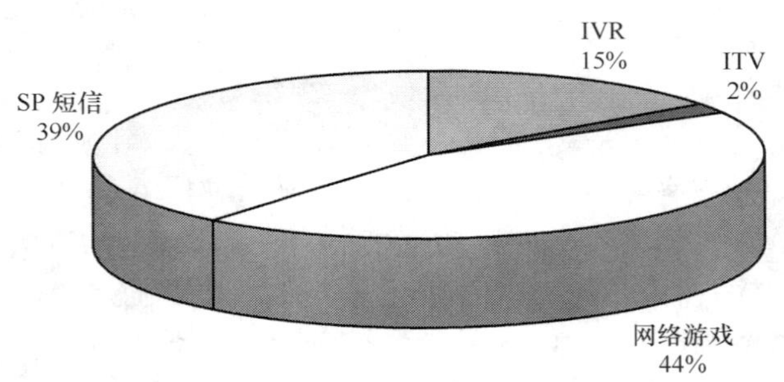

图 14.5　2004 中国网络文化产业市场规模结构示意图

二、产业链分析

目前，我国网络文化产业已经形成了相当的产业规模，并随着互联网的发展逐渐形成比较完整的产业链，有着自己的开发商、运营商、设备供应、电信服务和销售渠道，并且依托互联网形成了对应的媒体、舆论和市场，具备了一个产业的全部属性。当前由于我国内容生产还远远不能满足需求，处于产业链上端的内容开发还相对薄弱，内容运营商占据了产业链的关键位置，并与产业链上的开发商、设备供应商、电信运营商、网吧、渠道经销商等建立了非常紧密的合作关系。就当前中国网络文化产业发展的实际情况看，已经形成了如下产业链：

随着盛大、九城、网易等一批网络游戏运营企业的崛起和上市筹资成功，电信运营商凭借资本力量和行业内积累的优势，逐渐向上下游渗透，向上进入自主研发，向下自己做渠道，并逐步向产业链打通迈进。我国电信运营商以其垄断地位，在内容领域将扮演更为重要的角色。移动互联网领域尤为突出。云网、骏网、晶合时代等渠道商地位日益重要，著名的线下渠道商连邦软件也牵手海虹控股为《A3》作渠道推广。

网络文化产业自身增长的同时，对相关产业的带动作用尤为明显。以网络游戏为例，其对电信、IT 产业、媒体及出版等相关行业贡献的产值是其自身产值的 11.7 倍。根据 IDC 的统计数据：2003 年，中国网络游戏产业对通信业业务收入直接贡献 87.1 亿元人民币，对 IT 产业直接贡献 35 亿元人民币，对媒体及传统出版业贡献 26.4 亿元人民币。此外，还带动网吧的硬件投资 1 000 亿元。网络游戏产业还对批发和零售渠道、通信技术的发展、国家税收的提高具有较大的促进作用。

14.2.3　产品分析

一、网络游戏

2004 年，网络游戏产品的市场投放量急剧增多，这是其成为社会热点和投资热点后的市场正常反应。根据赛迪顾问统计，截至 2004 年 8 月，国内取得代理运营权的网络游戏产品共有 168 款，其中运营游戏 74 款，公测 62 款，内测 32 款。新引进和自主研发的游戏数量呈不断上升趋势。

韩国游戏依然占据主导，国产游戏比例不断上升。韩国游戏依然一家独大，2004 年中国市场共有 74 款韩国网络游戏，占据了 44%的市场份额，中国内地网络游戏也在奋起直追，数量上有了很大的进步，约有 60 款，占 36%。但是从盈利状况上来说就比较差强人意了，中国内地网络游戏盈利的仅仅 28%，大大逊于韩国，如图 14.6 和图 14.7 所示。

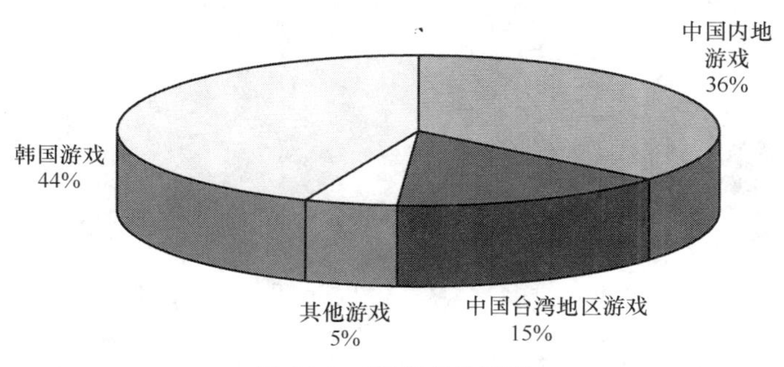

图 14.6　游戏产品国别

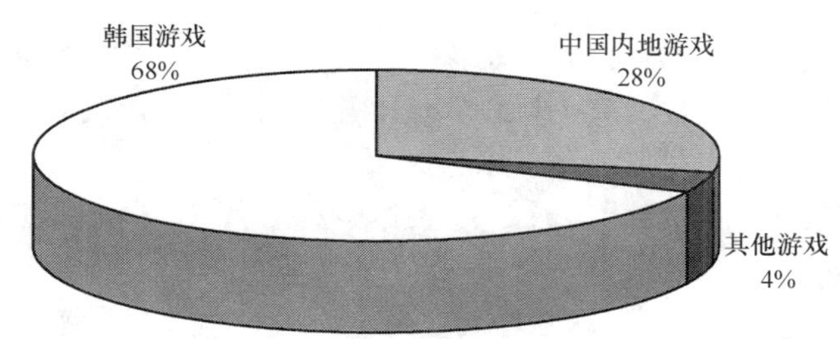

图 14.7　游戏产品盈利格局　　来源：赛迪顾问

令人欣慰的不仅是国产游戏数量的增长，而且也在积极拓展中国内地以外市场。金山公司与中国台湾最大的网游运营商智冠结盟，主打产品《剑侠情缘 Online》在台湾已经排名第五，并已相继签约中国香港特别行政区、新加坡、马来西亚和越南等地区和国家，进军韩国、日本、泰国和印度的谈判正在紧张地进行当中，如表 14.2 所示。2005 年《剑侠情缘 Online》的海外收入有望突破 5 000 万元。而据估算，这已经相当于该公司上一年收入的 20%～3 0%左右。而刚刚宣布公测的金山《封神榜》有望成为继《剑侠情缘 Online》之后打入海外市场的第二款产品。

表 14.2　　　　《剑侠情缘 Online》进军海外时间表

国家和地区	代　理　商	时间及相关说明
中国台湾地区	智冠科技	11 月 15 日收费
马来西亚、新加坡	马来西亚方正	11 月 18 号内测
越南	近期将签约	
泰国		
日本	正在洽谈中，已达成初步意向	
韩国		

继《航海世纪》成功打入韩国市场之后，一款以纸娃娃换装系统、机甲合体为主玩点的 Q 版网游——《星空之门》打入了以“游戏鼻祖”自居的日本市场，在日本掀起了不小的震动。在企业的自发努力之外，政府也在为企业积极搭建平台，齐齐哈尔光谱咨询公司的《魂 Online》也在 2004 年 10 月文化部等部门主办的第二届中国国际网络文化博览会上正式与法国公司签约，进军欧洲市场。

从游戏类型上说，产品同质化现象依然严重：以打怪、练级、换装备以及 PK 为主的角色扮演类游戏（可以被称为《传奇》模式）还是市场的主导产品，特别是《传奇》的成功使得许多游戏开发商和引进单位依然在遵循《传奇》模式。

但是 2004 年由于网络游戏用户的多元化倾向，即越来越多的上班族、女性甚至“退休族”加入了这个队伍，使得棋牌类游戏和 Q 版等休闲类游戏出现了很好的发展势头，除了联众世界和基地城市之外，《泡泡堂》、《冒险岛》等深受欢迎，新引进的游戏也在进行自觉的结构调整，如上海米果引进的《星钻物语》就是一款没有 PK，非常卡通的游戏，其定位也是女性玩家为主。

此外，3D 游戏和免费游戏大规模进军。2004 年运营商重点推出了 3 款备受玩家期待的游戏大作——《A3》、《天堂 2》以及《魔兽世界》均是 3D 游戏。与此同时，2004 年下半年来，网络游戏的盈利模式已经在发生悄悄的变化，以售卖点卡为主演变为靠售卖装备、道具等虚拟物品盈利了。目前市场上已经先后出现 20 余款免费游戏，最具知名度的当属《巨商》、《泡泡堂》和《QQ GAME》了，正成为网游市场的新生力量。

二、IVR

作为无线增值业务的一种，与彩信一样，IVR（音讯互动业务）业务迅猛增长，达到了 210%。IVR 又被称为即时语音对答，允许用户可以接受语音内容，有时可以从手机通过 WAP 网站或者直接用手机号码发送语音内容。包括聊天服务、语音约会服务（交友）和通过语音接受数据及信息，这是一种独特的移动增值服务。IVR 的核心在于其独有的语音互动平台。

中国第一个 IVR 业务是中国移动联手北京恒信于 2002 年底推出的“12586 娱音在线”，这是一项以语音为主、短信为辅的移动增值业务。2003 年中国移动又联合 SP 推出了 12590 音信互动业务，中国联通也推出了 10158 语音短信、1016056 互联业务等。雷霆无极、浩天则是第一批专业提供 IVR 业务的 SP，随着 IVR 业务的逐渐升温，TOM、新浪、腾讯、网易、搜狐等纷纷进入这一领域。北京联通的语音互联在开通短短几个月时间便吸引了超过 10 万名用户。

IVR 产品主要分为 3 类：朋友聊天、大众聊天、嘉宾聊天。聊天交友是最受欢迎的一类，也是最有市场的一类。音乐类 IVR 是最有发展前景的一种，滚石移动是音乐类 IVR 的代表。游戏娱乐类业务还有待拓展，包括知识竞猜、角色扮演游戏、互动游戏等，但是由于语音业务只能通过数字按键来交互简单信息，因此，业务内容相对匮乏。

TOM 在线是 IVR 领域内的领先者，其营业收入主要源于无线增值服务。据 TOM 2004 年第二季度财务报告显示，其 2.5G 和 IVR 业务收入已经达到 1 373 万美元，对公司营收的贡献已经高达 44.46%，直追短信 48.93%。

三、ITV

如前文所述，ITV 即互动电视，由网络视频与数字电视组成。网络视频又被称为在线影视，它包括两大部分：在线点播音像制品（又称为 VOD）和网络电视（又被称为 IP TV）。

互动电视在我国仍然处于启动期，但是根据国外产业发展的经验可以断定，数字电视将成为未来 10 年中国发展最快的产业之一。

数字电视是一种基于有线电视网的付费电视，需要设置机顶盒以实现互动。不仅可以让观众接收到更多的节目频道：从目前的 40 多套到 80 多套；更高质量的电视信号：画面效果清晰度是 DVD 的 4 倍以及高保真多声道环绕立体声，还可以使观众由被动收看到主动点播，不受节目播出时间的限制，这是提前迎接体验经济时代到来的一种大规模定制化和个性化的互动电视，必将对依赖广告的电视经营模式产生强烈冲击。

2003 年 9 月，中央电视台 6 个数字付费频道：足球、城市体育、电视剧、家庭影院、音乐时尚和京剧在全国各大城市开播，标志着我国数字电视大发展的序幕已经拉开。2004 年 8 月雅典奥运会期间，数字电视借数字奥运“东风”得以推广：中央电视台专门推出两个奥运频道，全程、全方位转播各项赛事，为中国观众奉献“身临其境”的奥运报道。目前节目内容主要包括影视剧类频道、体育竞技类频道、家居生活类、娱乐休闲类、专题资讯类，还有专门的节目指南频道提供导视服务。

根据广电总局的统计，目前我国已有 136 套付费电视频道，除了中央电视台旗下的“央视风云”制作的 10 个频道的数字节目外，上海文广互动、北京广播影视集团、江苏电视台、天津电视台、山东电视台、吉林电视台、湖南电视台等 10 多家电视制作播出机构也相继推出了自己的数字电视节目。我国首家数字付费电视频道内容提供商和节目运营商中央数字电视传媒有限公司（中数传媒）已和 30 多家省市有线接入商签订合作协议，覆盖有线电视用户已达 4 000 多万，并可覆盖全国网络用户。

就在数字付费电视因落地、机顶盒及标准迟迟难以出台等客观条件所限时，依托宽带网的网络电视捷足先登了。传媒和电信业巨子光线传媒和中国电信互联星空联手共同打造了国内首家网络电视台“E 视星空”（media.netandtv.com），依托光线传媒的节目制作优势为宽带量身定做了《电视看不到》等 5 个频道。中央电视台网络电视紧随其后，囊括了新闻、经济、法制、体育、影视剧、动漫、少儿、娱乐等 17 个频道，2004 年 9 月 23 日开始以每月 30 元价格收费。据中央电视台副台长李晓明介绍，目前，中央台网络电视注册用户已经达到了 22 万。广电总局副总工程师杜百川介绍，2004 年网络电视用户预计达到 219 万户，营业收入将达到 6 570 万元，覆盖范围将从北京、上海、江苏扩展到全国。

在线点播音像制品是线下的音像制品在互联网上传播，它起步很早，但是大部分仍处于免费状态。根据艾瑞市场的一项调查发现，仅仅有 36.8%的网民愿意为在线影视服务付费。而付费的往往是一些含有淫秽色情等违法内容的产品，并成为全国打击淫秽色情网站专项行动的清理重点。

四、网络音乐

从全球范围来说，收费下载的音乐网站是在过去的一年中发展最快的行业。沃尔玛、美国在线、可口可乐、百事可乐、苹果电脑、索尼、微软等企业巨子也在 2004 年吹响了挺进网络音乐的号角。我国零售业巨头国美也在跃跃欲试。但是，业界人士分析全球付费音乐网站用户尚不超过 10 万。目前我国大部分网络音乐业务处于免费状态，对市场份额的竞争在现阶段还高于对盈利的需求，基本处于免费推广阶段。盗版侵权、唱片公司因收入急剧下滑不愿让利，以及网民们习惯了下载音乐的“免费午餐”，则成为困扰网络音乐产业发展的几大关键问题。

铃声的成功对于音乐产业是个罕见的好消息。2003 年全球铃声收入 35 亿美元，增长了 40%，几乎占到了 322 亿美元全球音乐市场的 10%。中国很多手机用户已经厌倦了单调的手机铃声，各种音乐和流行歌曲成为新一代的手机铃声选择，这也成为许多网站的新利润增长点。2004 年中国彩铃收入达到 9 000 万，据诺盛预测，2005 年还将增长一倍，达到 1.8 亿元。

网络音乐人的成功是又一大利好消息。从当年以一曲《东北人都是活雷锋》唱红大江南北的雪村签约京文唱片，到而今的数名网络音乐歌手签约广东飞乐唱片向世人展示了网络音乐的巨大魅力和成功潜力：以《我开始摇滚了》知名的正午阳光和因《老鼠爱大米》走红的杨臣刚全是仰仗了“网络音乐”的力量。据称，飞乐唱片将投资 500 万元全面包装杨臣刚。

五、网络动漫

网络动漫已经开始预热并将持续升温，涌现了一批深受网络一族欢迎的闪客及其创作的优秀作品：如被誉为“Flash 爱好者最期待的动画”之一的《统一论坛》的创作者易拉罐，凭借《新比比巴》一举成名的莲华，身残志坚的著名“闪客”田甜，深受网络新人类热爱的王宝与正午阳光等。这股 Flash 风潮已经从网上刮到了高校、并现身荧屏，深受大学生和青少年的青睐，北京电视台动画频道还专门在黄金时间设立了《闪天下》的栏目，专播 Flash。目前 Flash 除了供闪客一族欣赏外，在圣诞卡、亲情卡、新年卡、生日卡、问候卡等各种电子贺卡中得到了广泛应用，但是由于大量免费卡的存在，收费卡比较少人问津，看来 Flash 实现商业化运营、创造一种成功的盈利模式还有很长的路要走。

14.2.4　企业分析

企业是产业的主体。网络文化产业是文化与科技的结合，是文化产业与网络产业，内容产业与信息产业的融合。作为一个新兴的边缘产业，它的产业主体并非传统的文化企业，在相当长的一段时间内是互联网企业、软件企业等唱主角。这种状况随着中国网络文化产业，特别是网络游戏产业的迅猛发展而不断变化：内容运营商扮演着关键的角色，与此同时，企业类型和资本结构也越来越多元化，有越来越多的其他行业企业和上市公司加入了这个不断成长的新兴行业，为其带来了资金、技术、人才和美好的未来。

一、企业类型多元化。

当前中国网络文化企业的类型是比较多元化的，综合门户网站、代理运营企业、研发商或内容服务提供企业、电信运营企业是这一产业的主要构成企业，数字电视领域内则是电视台一家独大。

中国三大著名门户网站新浪、搜狐、网易经营业务多元化，短信、游戏已经成为其主营业务，同时在

IVR、网络电视、广告、搜索、即时通信、在线旅游等领域均有不同程度涉及。短信使它们挺过了上次互联网寒流，网络游戏的成功使得它们纷纷进入这一领域，网易起步最早，其自主研发的《大话西游》《大话西游 2》、《梦幻西游》等系列西游作品深受玩家欢迎，其游戏营业收入已经占到其 2003 年营业收入的 59%。新浪、搜狐也迅速跟进，搜狐引进了《骑士》、自主研发了《刀剑》还收购了著名的网络游戏网站 17173，新浪则不甘于引进和代理，在引进韩国游戏大作《天堂》和《天堂 2》之后，在上海成立了专门的网游公司：新浪乐谷。

代理运营企业以盛大和久诚为代表，目前盛大公司已经向多元化和海外市场拓展。在与韩国 ACTOZ 公司的纠纷中，盛大抓紧了自主研发，《传奇世界》、《神迹》等自主研发网游问世，同时成立了盛趣和盛愿、盛品等数个公司，完成了一系列国内外收购计划：在国内收购了致力于手机游戏的“数位红”和著名的中文原创网站起点，休闲网络游戏杭州边锋以及电子竞技平台浩方，在国外收购了美国网络游戏引擎核心技术开发企业 ZONA 和昔日冤家韩国网络游戏开发企业 ACTOZ，持有后者 29%的股份，成为其大股东。盛大在国内外的一系列收购使其在全球范围内配置资源，并向打通产业链迈进。上海久诚以《奇迹》扬名，也在努力成为网络游戏研发商，将推出一个卷轴式 Q 版《快乐西游》，同时于 2004 年下半年取得了世界顶级游戏研发公司暴雪公司《魔兽世界》的代理运营权。久诚也于 2004 年 12 月在纳斯达克上市。TOM、掌上灵通和空中网均是专注于无线增值业务的上市公司，TOM 是 IVR 领域的领导者。即时通信领域的领导者腾讯公司也进入了网络游戏和网络电视市场，不仅代理了韩国网游《凯旋》，而且其自主开发推出的一个休闲游戏平台，提供包括棋牌休闲类小游戏、中型休闲竞技游戏、大型网络游戏和对战平台等游戏娱乐服务，2004 年 12 月同时在线人数已经创记录地突破了 100 万的大关。此外，在 QQ 游戏中，游戏玩家还可以通过 QQshow 展现自我个性形象，使得玩家有机会在游戏中炫耀自己，同时增加了游戏的可玩性。同时也投资数千万元试水网络电视。

与代理运营企业占据主导形成鲜明对比的是，研发商或者内容服务商（SP）还没有进入发展的黄金时期，SP 与 ICP 虽然为数众多但是普遍规模偏小，根据信息产业部公布的数据显示，截至 2004 年 6 月底，我国 SP/ICP 总数已经超过了 9 000 家，其中，多数为经营短信业务的 SP/CP。市场虽然火爆但是无序竞争问题比较严重。国产原创游戏制作企业金山和目标是软件企业，但是在这个领域只是处于第二梯队，据报道，金山公司甚至将大大收缩其软件业务，全面投向互联网。

而电信运营商也借助自身的优势挺身进入运营领域，试图分一杯羹。中国电信推出了互联星空、家加 e、宽带接入、新视通等多种新业务，还于今年 10 月联合许多国内知名的 SP 成立了星空联盟，以加强全国电信运营商和内容提供商的协作，并与星空传媒联手进入网络电视领域。中国网通把目光瞄准到宽带和游戏业务上。2004 年 6 月中国网通在上海成立了上海天纵网络公司，主要代理运营韩国游戏《天翼之链》。同时与国际数据集团共同打造了“天天在线”致力于网络电视业务。中国铁通今年推广了“一号通”、呼叫中心、电话 QQ 等特色增值产品；一些地方的电信公司也纷纷挺进网络内容领域，在上海琦乐、成都欢乐数码、21CN 中国龙等业内知名企业背后是上海电信、四川电信和广东电信，前两者是主要运营网络游戏的公司，21CN 中国龙则一心要成为中国主要的宽带娱乐门户网站，并具有中国最大的 MP3 歌曲收藏库。

由于国家广播电影电视总局的严格限制和部门保护、行业保护政策，数字电视目前还是中央台和地方台的天下，只有方正互动、在线九州、清华同方等少数非本系统本行业民营企业拿到了《网络视听节目经营许可证》，但是为数甚少。66 家获准经营网络视听节目中有 49 家是发给本系统本行业的，占到了 74%。由于数字电视产业目前还处于培育阶段，盈利甚微。以该行业的成功企业甬成功为例，该公司以“九州梦网”成功运作“网络视听节目”，但 2003 年营业收入仅 1 200 万元，利润 177 万元。

二、资本性质以民营资本为主，外资、台资和传统企业纷纷进入

由于产业主体并非传统的文化企业，而是互联网企业、软件企业，而后者作为高新技术企业，国家积极鼓励发展，较少设置门槛和障碍，如不限制其资本所有制构成形式，民营资本成为其主要资本构成方式。由于资本总是流向市场需求旺盛、利润空间大、发展前景好、投资回收快的行业，由于这一行业的增长速度和潜力，外资、台资对网络文化特别是网络游戏行业垂涎已久，传统企业也在跃跃欲试。

日本、台湾地区的网络游戏厂商在国内从事网络游戏业务已经不在少数，如网星艾尼克斯、大宇、智

冠等。韩国企业则多数走合资道路，联合国内企业设立合资公司来运营某款游戏，如新浪联合 NCSOFT 成立新浪乐谷运营《天堂》系列，海虹控股联合 ACTOZ 成立东方互通运营《A3》。与此同时，外资加紧了收购国内成熟网络文化企业的步伐，继国内最著名的经营棋牌类游戏的联众为韩国 NHN 收购之后，以运营《传奇 3G》知名的网游企业广州光通也传出将为美国著名游戏公司电子艺界（EA）收购的消息。

随着网络游戏在国内的持续升温，一些从事传统行业的资本也在向网游聚集，如著名汽车配件业富豪鲁冠球及其子鲁伟鼎设立了万向通信，今年 9 月表示要投入一个亿砸向网络游戏，集中开发《十面埋伏》等网络游戏。2004 年诞生了无数大大小小的新企业，随着短信市场下滑，目标非常明确：网络游戏和网络视频。

三、上市公司日渐增多

网络文化企业前身多是互联网企业或者高科技企业，本身就已经建立了现代企业制度，在上市融资特别是争取风险投资方面具有天然的优势，是文化产业企业中上市公司较多的，而且相当多是在海外上市。这些企业没有文化体制改革的重任在肩，这为网络文化企业通过资本运作取得超常规发展奠定了基础。

三大互联网门户网站已先期在纳斯达克上市。2004 年以来，业内掀起了一股奔赴纳斯达克热潮，盛大、TOM 在线、腾讯、空中网、久诚也分别在今年完成其上市计划。除腾讯在香港上市外，TOM 在线在美港两地分别挂牌，其余均是在美国纳斯达克上市。在海外募集了大量产业发展所需资金。此外，金山公司在 2004 年年底也表示，计划在 2005 年整体或分拆网络游戏业务赴海外上市。他们向世界展现了中国互联网企业丰富多彩的商业模式和良好的盈利能力。表 14.3 显示的是中国互联网海外上市公司在 2005 年 1 月 10 日的股市表现。

表 14.3　中国互联网海外上市公司股票行情（2005 年 01 月 10 日）

公司名称	股票代码	价格	涨跌	市值（美元）
盛大	SNDA	42.900 美元	↑9.3830%	2983150856.40
网易	NTES	51.850 美元	↓0.1541%	1622364826.70
新浪	SINA	30.050 美元	↓1.3136%	1461241350.00
前程无忧	JOBS	47.190 美元	↓0.6108%	1264549958.10
腾讯	0700	4.850 港元	↑2.1053%	1084202116.79
TOM 在线	8282	1.320 港元	↑2.3256%	659356923.08
TOM 在线	TOMO	13.460 美元	↑1.0511%	655535650.00
携程	CTRP	43.000 美元	↑4.1414%	648760178.00
搜狐	SOHU	15.930 美元	↓0.9328%	575088930.00
九城	NCTY	21.480 美元	↑4.7805%	499947000.00
中华网	CHINA	3.960 美元	↓1.4925%	402288480.00
e 龙	LONG	15.650 美元	↓2.1875%	378944952.75
空中网	KONG	8.750 美元	0.0000%	299687500.00
灵通	LTON	7.820 美元	↑1.5584%	195543010.00
金融界	JRJC	9.650 美元	↓2.1298%	191706774.55

目前数字电视类上市公司均在国内上市，涉及内容制作的有中视传媒、电广传媒、欣网视讯、长丰通信等，长丰通信值得重点关注。该公司主营宽带网络运营及提供增值业务，并由星美传媒入主，致力于提供全方位的娱乐和资讯产品，要在未来的数字电视和宽带内容提供上占据先机。

四、产业集中度依然较高

网络文化产业的高成长性已经吸引了众多的资本，从事相关行业的企业数目迅猛增长，如短信 ISP 就有数千家之多，随着盛大的成功，不断有新的网游企业成立，但是行业进入壁垒也在不断增高，就网络游戏行业而言，虽然有所变化，但是依然保持较高的产业集中度。

表 14.4 显示出中国网络游戏产业集中度变化的情况。2002 年，中国最大的两家网络游戏企业的收入占据了该行业的 50%，即 CR2=50%，2003 年下降到了 41%，久诚和网易是新进入的成功者，但是 CR4＝62%，即 4 家龙头企业占据了整个行业收入的 62%，产业集中度依然较高。

表 14.4　中国网络游戏龙头企业年收入市场份额（来源 UBS）

（%）	2002 年	2003 年
盛大	38	29
久诚	0	12
亚联	12	11
网易	0	10

在无线增值领域，如短信、IVR 等市场进入壁垒还不甚高，其产业集中度就相对要低一些。2004 年第二季度，新浪、搜狐、TOM 在线和空中网共占据了无线增值服务领域 42%的市场份额，仅相当于网络游戏 CR2 的份额。

数字电视刚刚起步，但进入壁垒相当高，以广电部门下属电视台为主体，中央电视台是近水楼台先得月。目前尚无统计数字。

五、区域集中度不断加强

网络文化产业的发达程度与经济文化发展水平和互联网普及率呈正相关关系。北京、上海、广州等地网络文化产业相对发达。以网络游戏为例。

北京是我国重要的网络游戏研发、运营、媒体和消费市场。当前北京拥有全国最多的网络游戏运营企业，根据文化部统计，截至 2004 年 11 月，全国共有经营性互联网文化单位（即经文化部批准的利用互联网从事网络游戏、音像制品、演出剧节目、艺术品、动漫画等互联网文化产品的生产、传播和运营的企业）178 家，其中北京地区首屈一指，有 88 家，占总数的 46%，其中大部分从事或即将从事网络游戏经营活动。根据赛迪顾问统计，目前国内的游戏运营商共有 82 家，主要集中在北京和上海两地，其中北京 45 家，上海 22 家，二者约占全国运营商总数的 82%，其余则主要分布在广东、福建和四川等地。同时北京也拥有全国为数最多的游戏类杂志，培养了一批忠实的网络游戏玩家。从运营网络游戏的产品数量而言，北京也是最多的，据统计，目前全国正式运营的 168 款中外游戏中，北京地区企业运营了 76 款，接近全国的一半，比上海还多 27 款。

与北京巨大的生产、投资和消费热情相比，北京网络游戏市场的盈利状况却难以与上海相抗衡。网络游戏的盈利方面，以盛大、第九城市为代表的上海运营商的收入占全国收入的 65%以上。仅仅运营了 19 款游戏的广东运营商收入占全国的 16%，北京仅占 14%。有关北京、上海、广东的网络游戏市场对比情况如表 14.5 所示。

表 14.5　有关北京、上海、广东的网络游戏市场情况对比（来源：赛迪顾问）

地　　区	运营商数量（个）	运营产品数量（个）	盈利份额（%）
北京	45	76	14
上海	22	49	65
广东	11	19	16

14.2.5　相关产业分析

一、信息产业

以计算机和网络为核心的信息产业是我国网络文化产业发展的基础，近年来在我国得到了相当的重视并处于高速发展之中，自 1996 年以来，我国信息产业年均增速超过了 30%。据信息产业部统计，2004 年前 10 个月电子信息产业实现销售收入 1.95 万亿元，比 2003 年同期增长 36%，信息产业已经成为我国经济的支柱与战略性产业。预计在今后几年，我国信息产业还将保持 20%以上的高增长速度。2003 年移动通信运营收入达到2 425亿元，2004年达到2 716亿元，并保持快速增长势头。2004年11月，中国网通分别在美港两地挂牌，至此，我国4大电信运营商全部完成上市，有利于构筑电信业有效的市场竞争模式。

根据CNNIC第十五次统计，截至2004年12月31日，我国的上网计算机总数已达4 160万台，CN下注册的域名数为432 077个，国际出口带宽的总容量为74 429Mbit/s，中国内地IPv4地址数已达59 945 728个，均呈现出快速的增长态势。2003年我国的计算机安装基数为6 500万台，其中有1 900万台装进了家庭。根据赛迪顾问统计，我国IT服务市场销售总量预计将达到733.6亿元，增幅预计达33.6%。

此外，互联网与移动网、固定电信网、电视网实现快速融合：短信、即时通信软件和IP电话就是融合产生的业务模式。目前，仅腾讯QQ注册用户已经达到3.2亿人次。而通过有线电视网上国际互联网已经成为一种新的上网选择。普通有线电视网经过双向改造，用户添加一个电缆调制解调器（又称机顶盒）就可以看电视、上网两不误。2004年11月，北京歌华有线以83元的包月价格，深深撼动了由北京通信、长城宽带把持的北京宽带市场。

二、网吧产业

网吧在我国网络文化产业发展中扮演了一个重要的角色，它是用户接触网络文化的重要终端场所。也是我国网络游戏得到快速发展的重要依托：大部分网吧以玩游戏、看电影、听音乐和聊天为主，其中70%网吧消费者是在玩网络游戏。现阶段，网吧收入的60%来自网络游戏，通过网吧玩游戏的用户占总数的40%～70%。因而网吧成为网络游戏运营商的必争之地。不仅是游戏的终端消费场所，而且是运营商进行游戏推广的重要渠道，包括点卡销售、游戏广告和组织玩家互动等多种市场活动。现在网吧已经成为网络游戏产业链中跨越发行渠道、销售以及终端游戏消费的特殊环节。据调查，网吧不仅为电脑尚未普及的中西部人们提供了上网便利，而且上网速度快和具有娱乐氛围使其受到大都市和经济发达地区人们的青睐。

经过数年的发展，网吧已经成为我国文化市场一个非常庞大的市场。根据文化部文化市场司的最新统计，截至2004年8月31日，全国共有网吧10万余家，上网计算机462万台，从业人员49万，连锁网吧门店4 334家。根据文化部2004年统计，全国网吧拥有固定资产136亿，2003年营业收入达到88亿，主营利润为29亿，为国家交纳税收达6.7亿，创造增加值46亿元。从数据上看，网吧为我国国民经济和社会发展的确做出了较大的贡献。

但是，由于网吧中存在的违法接纳未成年人进入行为、黑网吧泛滥和有害网上文化信息严重等三个重点问题，2004年2月以来，国家开展了全国性的网吧专项整治行动并一直持续到年底。经过整治，我国网吧市场状况大为改观，违法违规行为得到了遏制，长效管理机制初步建立。但是，与此同时，我国网吧产业的发展也经受着政策和市场的严峻考验。根据文化部文化市场司2004年11月的一项调查发现，2004年以来我国网吧市场出现了严重的亏损：例如湖南长沙市70%网吧处于亏损状态，20%持平，仅有10%盈利。

由于专项整治期间停止审批新的网吧，特别大批黑网吧被取缔，不可避免地影响了用户通过网吧与接触网络文化内容，但是"此消彼长"的自然规律，使得网吧对2004年网络文化内容产业发展的影响得到了一定程度的冲抵：那就是家庭宽带上网不断增长，而学校、社区、图书馆、青少年宫等公益性场所上网也得到了政府的大力支持而不断发展。

三、游戏教育产业

游戏教育随着网络游戏产业的飞速发展已经成为网络文化产业的先行者。需要提及的是2004年网络游戏人才教育已经成为社会各界的共识。民营的游戏培训班蓬勃发展，如方正育乐与风雷时代设立的方正育乐互动艺术学校，游戏基地与韩国游戏产业开发院设立的中韩游戏教育基地等之外，国内正规大专院校也开始涉足游戏教育领域，并纷纷设立相关专业或者学习研究方向，南京艺术学院和四川大学软件学院是先行者，一些名牌大学也在积极推动游戏教育事业，继清华大学万博学院提出要构建专业游戏人才培训金字塔之后，北京电影学院宣布将新开设动画专业（网络游戏方向）。

相信这些游戏教育专业的设立和游戏人才的培养，将有助于逐步解决国内游戏研发人才匮乏的局面。

14.2.6 产业政策分析

一、大力发展网络文化产业已经成为中央和地方政府的共识

“网络文化产业”作为一个新名词被广泛认同，并在 2004 年 10 月 28 日至 31 日北京展览馆举行的第二届中国国际网络文化博览会上得到进一步弘扬。本届网博会是中央政府部门与地方政府联合打造的，文化部、科技部、国家广播电影电视总局、北京市人民政府联合信息产业部共同主办，以“网融世界、创意中国”为主题，宗旨是积极引导中国信息产业从网络为王向内容为王转型升级，积极引导以动漫游戏为代表的中国的网络文化产业从引进为主向原创为主转型升级。自 2003 年首届中国国际网络文化博览会成功举办之后，网博会已成为我国网络文化产业发展的一个品牌。李长春、刘云山同志于 10 月 29 日晚参观了本届网博会。李长春同志认为网络文化产业已成为文化产业中极富发展潜力的新兴领域，要促进我国信息产业与文化产业的战略性合作，引导网络产业与内容产业相融合，促进网络文化产业持续快速协调健康发展。他的这番讲话充分表明了中央对发展网络文化产业的积极态度。

作为网络文化产业重要组成部分的动漫游戏产业也得到了国家的明确支持。2004 年 8 月，文化部牵头联合财政部、科技部、信息产业部、国家税务总局、发改委、商务部等部门在文化部成立了支持动漫和电子游戏产业发展专项工作小组，并制定了国家动漫游戏产业振兴计划。经文化部批准的上海国家动漫游戏产业振兴基地于 2004 年 7 月挂牌成立，主要开展动漫游戏产业的培训、研发、产业孵化与国际合作，将成为我国动漫和网络游戏产业的孵化器。继上海基地之后，四川、湖南基地也正在建设之中。

2004 年，国家广播电影电视总局也出台了扶持动画产业发展的意见，为中央电视台中国国际电视总公司、上海美术电影制片厂、三辰卡通集团、中国电影集团公司、湖南金鹰卡通有限公司、杭州高新技术开发区动画产业园、常州影视动画产业有限公司、上海炫动卡通卫视传媒娱乐有限公司、南方动画节目联合制作中心等 9 家动画产业基地授牌；中国传媒大学、北京电影学院、吉林艺术学院动画学院、中国美术学院等 4 家院校成为首批动画教学研究基地。并全面推广有线电视数字化。信息产业部也提出要大力发展健康益智的网络游戏产业。

地方政府对网络文化产业发展给予了高度重视和切实支持。2004 年 9 月 22 日北京市数字娱乐产业示范基地建设领导小组正式成立，由石景山区区长侯玉兰亲自挂帅，主要鼓励发展网络游戏、无线游戏、游戏机游戏、动画制作、数字影视、教育课件、资源提供外包等数字娱乐产业，并给予相应的财政支持、税收优惠和户口入京等政策。成都市政府还于当年 9 月举行了国内第一个“网络文化节”，表明了该市对发展网络文化产业的积极态度。

二、短信整顿和打击淫秽色情网站专项行动全面铺开，行业规范进一步深入，行业自律得到加强

随着网络文化市场的超常规发展，竞争日趋激烈，问题也在积累中不断暴露。短信市场首当其冲，无序竞争问题比较严重，各种擦边球内容和违规欺诈行为层出不穷，2003 年 7 月开始中国移动就叫停了短信联盟。2004 年整顿进一步深入，5 月信息产业部发布了《关于规范短信息服务有关问题的通知》，对短信服务进行了严格的规范。随着中国移动和中国联通启用新的功能更强的账单系统，允许用户更容易地退订短信。除此之外，许多网站提供的网络文化产品中存在着大量的违法违规内容，特别是淫秽色情内容，2004 年 7 月以来公安部牵头联合国家 14 个部门和单位共同开展的全国打击淫秽色情网站专项行动，更如一场疾风骤雨全面铺开，截至 2004 年 11 月，已经关闭了境内淫秽色情网站 1 442 个，删除不良网页 24 000 多个，封堵境外有害网站 3 480 个，有力地清除了境内淫秽色情等有害网站，净化了网络环境。

在这场声势浩大的全国性行动中，中国互联网协会发挥了重要作用。特别是违法和不良信息举报中心开通以来，社会影响很大。该协会还于 2004 年 12 月 30 日成立了行业自律委员会，在加强互联网管理的大背景下，行业协会力量已为各方所瞩目，行业自律将进一步加强。

行业规范进一步深入的同时，互联网上市公司股价不断走低，从事无线增值业务为主的上市公司股价 2004 年以来平均下挫了 22%，而同期日本互联网公司同比增长了 47%，美国公司也增长了 12%。

三、法制建设相对滞后，多头管理依然存在

除了 2000 年国务院出台的《互联网信息服务管理办法》之外，对网络文化行业尚缺乏一个较高层次的

法律予以规范管理。《互联网信息服务管理办法》太过笼统，是对所有提供互联网信息服务的 ICP 的管理法规。文化部颁布的《互联网文化管理暂行规定》是当前该行业比较权威的一个管理规定。

2004 年 7 月 1 日文化部按照《行政许可法》的要求，并结合产业发展和管理工作的实际对施行了一年的该规定予以修订，超过了一半的条目被修改。此次修订的主要内容包括：互联网文化产品的定义、行政许可期限、非经营性互联网文化单位的备案程序、经营性互联网文化单位的审批增加提交文件、完善进口互联网文化产品的内容审查程序和文件、实施对国内互联网文化产品的备案制度以及与上述修改内容相对应的罚则，进一步加大了对含有淫秽色情等违法内容的网络文化产品的处罚力度。最核心的内容则是明确了两项制度：一是许可证制度，对利用互联网生产、流通、传播音像制品、游戏产品、演出剧（节）目、艺术品和动漫画等文化产品的 ICP 和 SP 必须取得网络文化经营许可证；二是内容审查制度，所有进口互联网文化产品均需通过文化部内容审查。2004 年 4 月文化部设立进口游戏产品内容审查委员会，5 月下发了《关于加强网络游戏产品内容审查工作的通知》。并开展了对进口游戏的内容审查和国产游戏的备案工作。

暂行规定的修改发布是近年来我国互联网文化事业发展历程中的一件大事，打破了部门保护和所有制壁垒，允许国内各种所有制形式企业合法地进入网络文化市场，标志着国家对互联网文化管理法规建设的新的起点，将对网络文化市场的规范和管理起到重要作用。

但令人遗憾的是它仅仅是一个部门规章，效力层次不够，而且由于有关部门各自为政的原因并未能对上述网络文化产业予以统一规范。在网络文化领域，新闻出版、广播影视、信息产业等部门均依照各自的部门规章对该行业进行管理，而且这些部门规章的效力还得到了国务院《关于确需保留的行政审批事项的决定》（412 号令）的确认，其中依然存在一定的职能交叉，导致部门互相扯皮，以致于企业的婆婆太多，不能为该行业的发展制定系统稳定的产业政策，从长远看，不利于整合管理资源，不利于行业的快速、健康发展。

14.3　总体评价与发展策略

14.3.1　总体评价

一、评价模型

本文第二部分围绕产业发展背景、市场状况、产品状况、企业状况、相关产业以及产业政策 6 大方面对 2004 年中国网络文化产业发展状况展开分析，我们认为“产业背景”、“市场”、“产品”、“企业”、“相关产业”和“政府”是一个产业发展的 6 大关键要素。

现阶段“市场”仍然是产业发展的核心，“产品”和“企业”分别作为产业客体和主体，分列市场两翼，“政府”是产业发展的引路人和守夜人，从高处对市场进行监管，同时肩负着为企业和产品服务的职责，“相关产业”位于本模型的底端，游戏教育、网吧、信息产业分别对应着产品、市场和企业，为产业发展提供了必要的支撑。而“产业背景”则是产业发展的缘由，有时甚至是决定性的因素。没有网络的发明和人们的使用就没有今天的网络文化产业。

二、总体评价

2004 年是中国网络文化产业发展关键的一年，在国内网络用户数量日趋庞大、对娱乐和内容需求不断膨胀和国际网络文化产业高速发展的大背景下，以网络游戏、短信、互动电视和音讯互动为主要门类的中国网络文化产业以 53.7%的年增长率飞速发展，产业规模达到 81.6 亿元，短信有所下滑，网络游戏占据主导，彩信、IVR、ITV 增长迅猛，网络文化企业类型、资本结构日趋多元化，运营企业依然是中坚，海外上市成为潮流，产业集中和区域集中现象仍然明显，网络文化产业得到了信息产业和游戏教育产业快速发展和国家宏观政策的支持，市场在网吧专项整治、短信整治、打击淫秽色情网站专项行动中得到了进一步规范。

三、主要问题

中国网络文化产业存在的一系列隐忧也在 2004 年逐步显现出来：在围绕“市场”的“产品”、“企业”、“政府”和“相关产业”的 4 大关键要素中均有淋漓尽致的表现：

1．产品方面

产品问题主要体现在如下三个方面：内容贫乏、原创性缺失和违法内容屡禁不止。这是整个中国当前网络文化产业发展面临的普遍问题。

随着宽带的飞速发展，宽带用户对互联网上的内容也提出了更高的要求，而网上的内容资源的“数量”和“质量”远远不能满足用户的需求，使得内容贫乏问题凸显。如网络电视开播以后，频道资源将大大增加，有无丰富有趣的内容资源将成为制约产业发展的瓶颈。

原创网络文化产品不占主流，特别是网络游戏尤为突出，不仅体现在数量上，更在产品质量方面。根据前面的数据，进口（含台湾地区）游戏数量上占据了国内市场 64%，从盈利能力上看质量，72%的市场份额为外版游戏占据。这种状况与一个拥有 13 亿人口和五千年文明的大国是极其不相称的。

许多网站提供的网络文化产品中存在着大量的违法违规内容，特别是在短信、声讯互动和网络音像影视中含有不少淫秽色情内容，群众反映很大，国家集中开展了打击淫秽色情网站专项行动对这一风向予以扭转。

2．企业方面

企业中存在的问题涉及到资本、市场和企业发展模式等三方面。

资本问题是最为复杂和棘手的问题，不仅难于限制外国资本进入这个有着“高科技”外衣的新的文化产业，而且一大批的海外上市公司已经使外商投资企业成为既成事实，鉴于互联网企业在当前中国网络文化产业的主导地位，在其大规模向内容企业或者文化产业转型之后，留给人们的将是文化产业其他门类如何对外开放的更大困惑。

各路资金，民营的、外资的、国有的纷纷涌入，带有一定的盲目性，将极大地抬高市场门槛，摊薄利润水平，甚至引发异常激烈的市场竞争，在市场竞争白热化之后就是无序的市场和随之而来的大规模整顿，这在短信市场短短的发展历程中已经有了非常深刻的教训。

更关键的问题则是企业的发展模式，盛大的成功并不意味着这是一个屡试不爽的成功模式：“代理韩国的网络游戏，致力于运营环节，提供很棒的服务器和很好的客服，然后就是坐收盈利，最后成功登陆纳斯达克”。可惜的是国内很多企业都没有认识到，盛大的成功应当更多归因于国内游戏业的大规模结构调整产生的历史性机遇以及陈天桥个人的努力。盛大的成功从某种程度上说，是不可复制的，被寄予厚望的《A3》败走麦城就是典型。却仍有很多企业依然在盲目复制盛大模式，韩国游戏商从中渔利甚多，其网络游戏代理费用节节攀升，中国企业被他们牵着鼻子走。每个企业应当根据市场需求变化找到适合自身的发展道路，致力于提高自己的核心竞争力。

3．政策方面

网络文化产业的发展需要一个良好的外部环境。这个环境是由业界、社会和政府来共同营造。其中政府的产业政策对产业发展具有举足轻重的作用，甚至能够决定一个行业的生死存亡。产业政策的问题主要是没有稳定、系统、切实的产业政策；缺乏透明、健全的法律环境以及多头管理严重。

对何为网络文化产业还存在不少争论的时候，还谈不上有一个系统的产业政策。作为一个新兴产业，问题在所难免，虽然从宏观上国家是支持的，但迄今为止，不仅是治理整治一浪接着一浪，而且国家还没有出台切实的产业支持政策，比如财政和税收政策。应当在不断廓清和逐步深化对网络文化产业认识的基础上，出台系统、稳定、切实的产业政策。

法律环境和多头管理的问题已经在本报告第二部分第六节产业政策中有过相对详尽阐述，不予重复。在互动电视领域，广电和电信的政策壁垒也使数字电视和网络电视发展上各自较劲。值得一提的是，在有 18 个部门参与互联网管理和没有一部国家统一的网络文化管理条例的情况下，中国网络文化产业的发展道路将隐含着许多曲折和风险。

也许是受到了一系列整治行动和多头管理等的强大影响，最先做出反应的是以无线增值服务为主的上市公司股价持续下挫。

4．相关产业

一个良好的产业形态应当与上下游产业以及相关产业共同成长。相关产业的发展程度有时将极大地促进或者阻碍一个产业的发展。网络文化产业的三大相关产业中，信息产业发展势头良好，而网吧和教育产业则可能是网络文化产业发展的“短板”。

网吧的主要功能是内容获取和娱乐场所，是网络文化产业发展的重要消费终端，网络游戏和网络视频消费是主流。一些企业违法违规经营引起了强烈的社会反响，加之许多社会问题被归罪于网吧，特别是耽误了未成年人的学业，影响了其身心健康，遭到了家长和老师的反对，但是许多合法经营的网吧和整个产业一道也为此而承担了巨大的社会责任，产业的良性发展备受挤压。政府不仅在 2004 年开展了为期 10 个多月的专项整治，而且今后还将严格限制网吧的数量，势必减缓了网吧所辐射的一批消费人群数量的增长。在其他家庭和单位等上网场所无法应市场需求大发展的前提下，将是通过控制终端对市场需求的一种有效抑制。

游戏教育应市场的需求在蓬勃发展。但是除了师资力量的缺乏，办学力量的良莠不齐之外，在游戏教育领域最大的问题是没有抓到点子上：不仅仅要培养游戏编程人员、技术人员和美工，最缺乏的是游戏策划、创意人才以及引擎开发人才，后两者才应当是培养重点。盛大公司可谓先知先觉，他们先后收购了原创网络文学网站起点和美国游戏引擎开放公司 ZONA，以弥补自身之不足。

14.3.2 发展趋势与主要策略

一、发展趋势

1．从总体上看，产业发展逐步进入自觉和整合时期

社会对网络文化产业的认识、界定将更为清晰，业内企业逐步摆脱初期的盲目、无序发展，并不断探求理性的发展模式。而在国际数字内容产业高速增长的背景下，在中国网络用户不断增长的需求带动下，在政府不断加大对违法违规行为打击力度的总体环境中，中国网络文化产业发展总体上前景看好，但是今后一段时期，整个产业将逐步进入整合时期，形象一点就是“几家欢乐几家愁”，违法经营局面会得到很大的改观、小散滥差企业将被淘汰出局，由于市场的整顿使整个行业进入盘整时期，新入市企业获得风险投资机会已经很小，而一些已经积累起实力和资本的企业将继续保持其竞争优势并不断做大做强。

2．“娱乐内容”将成为企业发展重点，并不断寻求突破

虽说“渠道为王”，或者“运营为王”仍是今天中国网络文化产业的现实，但是“娱乐为王”和“内容为王”却昭示着整个产业的明天，这也是全球信息技术的发展前景，人类社会已经步入了以网络为中心的时代，将来则是以内容为中心的时代。参见表 14.6 所示的美国信息技术专家的相关分析与预测。

表 14.6　全球信息技术发展变迁与前景，来源：《权力的浪潮》

序　　号	信息技术的中心	主要时间段	用 户 数 量
1	以系统为中心	1980 年代	1 000 万
2	以个人电脑为中心	1990 年代	1 亿
3	以网络为中心	2000～2010	10 亿
4	以内容为中心	2010～	30 亿

到了第 4 个阶段，信息技术的中心就不再是信息技术载体本身了，而是内容为王了。但是，需要特别指出的是，这个“内容”并不是泛泛的“内容”，而是“娱乐内容”，市场对娱乐内容的旺盛需求正是中国网络文化产业发展的核心驱动力。市场对提供娱乐视频点播和网络游戏的民营互联网内容和服务提供企业给予了丰厚的回报，在没有政策和资源优势的情形下一路高歌、突飞猛进。盛大公司短短 5 年就从一个注册资本 50 万元的小企业成长为市值 29.8 亿美元（2005 年 1 月 10 日）的上市公司，名列海外上市中国互联网企业首席。

随着宽带的迅猛发展，业内企业并未坐等 2010 年，而将大规模投身娱乐内容建设之中。这种趋向早已有所显露，中央电视台按捺不住于 2004 年 12 月 21 日宣布了其网络电视的整体战略，将从依赖广告收入向以制作内容的数字收费电视转型；而盛大公司虽早先是迫于与韩国 ACTOZ 公司的纠纷而进入游戏研发领域，当年的逆境已成为一大胜著。今后将日渐成为潮流，涌现出一批以提供互动娱乐产品为主业的强势企

业，逐步改变网络文化产业的运营商主导格局。

3．从产品载体上说，技术驱动应用，终端决定消费，手机和电视将成为网络娱乐主要载体

网络技术的更新换代是推动中国网络文化产业发展的又一轮关键驱动力。根据国家发改委等 8 部门规划，以 IPv6 为基础的中国下一代互联网示范工程（CNGI）示范网络核心网将于 2005 年底建成。它在提高网络传输速度和质量、防止服务中断、满足大规模移动用户需求等方面具有极大优势。在移动通信领域，中国移动和中国联通的网络升级也驱动着中国的 2.5G 市场，这就意味着大容量音频视频文件的高速传输。而在三网合一（电信网、电视网和互联网）、3C（Computer、Communication、Consumer electronics）融合的大趋势下，终端成为关键，我们看好手机和电视作为网络娱乐的载体。

尽管中国计算机互联网发展很快，但是其用户绝对规模和普及率要大大逊色于手机和电视。如移动用户与互联网用户的比率为 3.5∶1。相关数据见表 14.7。许多业内分析家认为，手机将继家庭电视和 PC 之后成为人们生活中的第三个电视屏幕，手机游戏和移动电视被视为拥有可观的盈利前景。根据零点调查 2004 年 4 月一项调查发现，在未来，有更多的网络游戏玩家希望使用手机和电视玩网络游戏，分别比现在上升 5%和 7%。在娱乐内容成为盈利支点后，电视已经成为开发家庭网络娱乐的首选。据透露，中国电信集团已经将网络电视（IPTV）圈定为 2005 年的业务重点，方式很可能是走电视加机顶盒路线，而并非 PC 接入宽带。

表 14.7 三大网络用户数目及普及率比较

	用户总数（亿）	普及率（%）
互联网	0.87	6.7%
移动电话	3.24	24.8%
有线电视网	1（家庭）	28%

4．就产业政策而言，鼓励发展与加强监管将长期并存，监管将趋于严格

对于网络文化产业本身，国家是积极鼓励发展的，网博会的举办和李长春同志的讲话已经充分说明这一点，文化部等有关部门还将在 2005 年出台国家动漫游戏产业振兴计划和相关配套经济政策，实施民族游戏精品工程，筹建若干国家动漫游戏产业振兴基地，以切实支持动漫和电子游戏产业发展，特别是推动原创作品的创作和生产。

产业发展的政策环境不断优化的同时，政府对整个互联网的监管力度也在不断加强。从 2004 年的一系列全国性行动可以窥见端倪。十六届四中全会决定中将互联网定义为一种新媒体，将意味着对其管理将比照意识形态的管理而不是信息产业，内容管理将进一步加强。

以上是对今后一个时期的中国网络文化产业发展展望。相信在 2005 年网络游戏依然是中国网络文化产业的领衔产业，在其他企业股价走低的同时，盛大、久诚等网络游戏公司上市以来股价却逆势上扬，以盛大为例，2004 年 5 月上市伊始时，股价仅为每股 11 美元，而 2005 年 1 月 10 日已经达到每股 42.9 美元，上涨了 3 倍多。研究结果表明， 2005 年网游用户将增加到 4 800 多万，年增加率达 51%。2005 年网络游戏市场规模将达 62 亿元，年增长率达 78%。

数字电视和网络电视如箭在弦，2005 年将得到大发展，IVR 将表现不俗，短信则持续低迷。各路资金还将持续涌入，市场竞争将趋于白热化，盛大、新浪、TOM 等强势企业将依然保持领导地位，娱乐内容企业将逐步崛起，企业新星最可能将在彩信、ITV、IVR 、网络音乐和网络动漫领域诞生，前提是取得了成功的盈利模式和拥有宽松的发展环境。

二、主要策略

网络时代即将到来，网络文化将成为一种主要的文化形态，网络文化产业也是一个极具发展潜力的朝阳产业，其发展的主要目标可以归纳为三点：以网络文化创造产业价值是它的基本使命；满足网络时代健康的文化娱乐需求是它的一贯追求；增强我国文化产业国际竞争力是它的历史任务。

为顺应全球信息技术、体验经济和内容产业发展潮流，结合当前中国网络文化产业的现状，针对主要问题，把握行业发展的正确走向，发展中国网络文化产业的主要策略应当突出三个关键词：“内容”、“竞争

力”与“整合”。

1．内容，内容，还是内容

内容既是发展的重点，也是监管的重点。

最关键和迫切的问题就在于我们是否拥有高质量的内容以及高效高质地满足市场的娱乐需求。内容发展并非朝夕可就，应当走产学官相结合的道路。

学界应当建立网络文化产业人才培养体系。制定人才培养计划，根据市场需求设置相应的专业。而鼓励创造则是高等院校应当肩负的引导社会价值取向的使命，形成创造性人才成长的沃土。

产业界则应当将有潜在产业价值的创造转化为产品。在渠道环节是讲求规模化和出效益。而在内容环节的发展模式则正好相反，正如联合国教科文组织提出的“我们文化的多样性”，应当讲求个性化和多样性，以顺应体验经济时代大规模的定制服务。当前最为迫切的是需要创造内容企业的成功盈利模式，以调动更多的社会资源、资金、技术、人才进入原创开发领域，针对市场需求和竞争形势创作高质量产品。具体可以依托国家动漫游戏产业振兴基地以及若干个国家数字娱乐产业基地，以网络游戏、动漫制作、数字影视为重点，积极鼓励民族原创的、健康向上的网络文化产品的创作和研发。

政府的职责一是引导，二是规范。引导不是亲自上阵进行产品开发，那是企业的职责所在，而应当利用产业政策（包括财政和税收政策）引导各种资源流向产业发展的关键部分和薄弱环节，比如网络游戏引擎技术以及弘扬民族优秀文化的产品就应是引导的着力点。鼓励社会兴办网络文化的积极性，对国内提供网络原创内容的企业不设置所有制、行业、地区、部门、规模等各种壁垒。对内容的发展应当有一个底线，应当以更加宽容平和的心态来对待一个处于发展初期，无法避免各种问题产生的新兴行业，主要通过立法和技术监管体系来予以解决。

2．竞争力，竞争力，还是竞争力

文化竞争力、文化产业竞争力问题已广受关注。从国际上看，数字内容产业有着巨大的潜力，从盛大、九城等网络文化企业的发展轨迹来看，与全球同步发展的我国网络文化产业应是提升文化产业国际竞争力的发展重点，要紧紧抓住这个新的增长点。我国文化产业各门类中，在无体制改革产权问题制约的我国网络文化产业更应在竞争力上大做文章，求得发展。

产业竞争力的核心是市场需求与企业竞争力。一方面要引导需求、扩大需求，满足需求，另一方面要以提高企业竞争力来提高产业总体竞争力。

在三网合一和 3C 融合的大趋势下，将网络文化消费的终端从个人电脑延伸至手机和电视，就是扩大需求，方向应当是要积极适应新的网络时代对娱乐内容的需求。

一个国家企业国际竞争力决定着它的产业国际竞争力。龙头企业则代表了一个国家该产业的最好技术水平和管理水平。要充分依靠现有龙头企业，发展一批具有自主知识产权和文化创新能力、实力雄厚的网络文化企业。同时从我国网络文化企业的现状和内容发展的要求出发，大力支持中小企业的发展，建立现代企业制度，以保持有效竞争和充满活力的市场环境。就单个企业而言，应着力提高其核心竞争力：拳头产品、优质的服务、卓越的管理、对渠道的控制权以及品牌均可成为一个企业的核心竞争力。

3．整合，整合，还是整合

整合体现在三个层次：技术资源、管理资源和产业链。

整合技术资源：这已经成为产业界的自觉，比如三网合一，还是需要政府部门的支持和推动。实现广电网从模拟向数字的技术转变，将 IPv6 技术和 3G 技术等下一代互联网技术和第三代移动通讯技术整合起来。

整合管理资源：对管理资源的整合必须提上议事日程，多头管理已经在某种程度上成为产业发展的阻碍。政府不以现行管理格局为限，不单独追求部门和行业利益，积极引导产业的融合发展，为中国网络文化产业的发展营造一片沃土。

整合产业链：这是国际大型跨国文化产业集团的一种发展模式——纵向整合，如贝塔斯曼和新闻集团就是如此。在保持专业性和核心竞争力的同时，业内龙头企业应裹挟其资本力量和业内优势，积极向上下游产业链打通迈进，向上进入内容提供领域成为研发商，向下则自己做渠道。此外，可以充分利用其周边带动作用，应当努力开发周边产业：包括图书期刊、音像制品、玩具文具、食品服饰、娱乐设施、动漫产品、游戏教育、游戏展会等。通过产业链的整合和衍生产品的综合开发，扩大产业规模，促进整个产业链的完善和共同成长，真正形成我国网络文化产业再生产的良性循环机制。

此外，社会责任应是业内企业永远信守的理念。尤其是对消费者特别是青少年的上网娱乐的引导和网络成瘾者的矫治，同时构筑相关产业发展的良性环境，保持共同成长的态势等，这些都是影响产业发展的重要外部因素。

（文化部文化市场司　宋奇慧）

第 15 章　互联网地址资源发展与应用状况

15.1　域名

互联网域名（Domain Name）是在网上寻找网络对象时的根据，是人们在网络世界中的门牌号码和地址。域名服务把人们容易记忆的域名翻译成机器能识别的 IP 地址，反之亦然。

根据允许的字符范围不同，域名可以分为英文域名和多语种域名（对中文来说就是中文域名）。英文域名只包含英文字母、数字和连字符（如 a-b-c.net.cn）。中文域名除了可以包含英文域名允许字符之外，还可以包含中文字符。

根据国际互联网域名体系，国际顶级域名分为：通用顶级域名（gTLD，Generic Top-Level Domain）和国家顶级域名（ccTLD，Country Code Top-Level Domain）两种。中国在互联网编号分配机构（IANA，Internet Assigned Number Authrity）正式注册并运行的 ccTLD 是 CN。

15.1.1　英文域名

经信息产业部批准，中国互联网络信息中心（CNNIC）是我国域名注册管理机构和域名根服务器运行机构，负责运行和管理国家顶级域名 CN、中文域名系统及通用网址系统。由于 CN 域名在 2005 年初大幅降低年费，导致 CN 域名注册量大幅上升。到 2005 年 3 月底，我国 CN 域名已突破 50 万（504 876 个），其分类情况如图 15.1 所示。

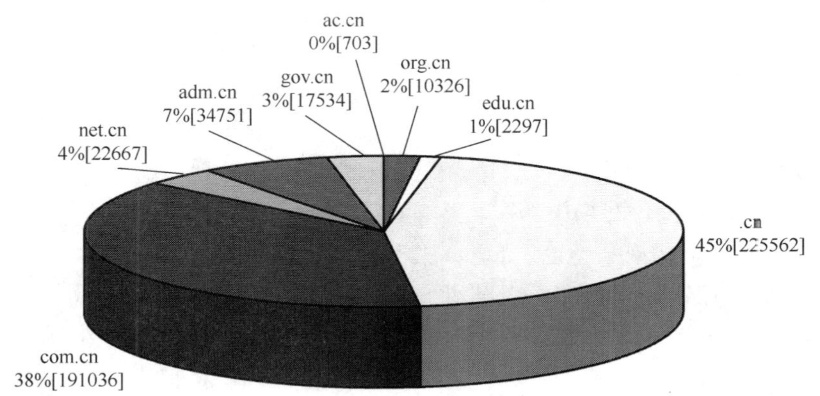

图 15.1　我国 CN 域名分类情况

15.1.2　中文域名

中文域名是多语种域名（IDN）的重要组成部分，CNNIC 为促进中文域名的发展做了不懈的努力。早在 2000 年初，CNNIC 就已经在全球范围内推出了中文国际化域名服务，走在了 IDN 研究和应用的国际前列。

在中国互联网络信息中心（CNNIC）新的域名系统中，同时为用户提供“.中国”、“.公司”和“.网络”结尾的纯中文域名注册服务。注册“.CN”的用户将自动获得“.中国”的中文域名，如注册“清华大学.CN”，将自动获得"清华大学.中国"。根据《中国互联网络域名管理办法》的规定，中国互联网络信息中心（CNNIC）作为中文域名注册管理机构，不直接面对最终用户提供中文域名注册相关服务，域名注册服务将转由CNNIC认证的域名注册服务机构提供。中文域名注册服务体系结构与CN域名注册服务体系结构相同。

2003年3月8日，IETF发布了IDN的3个技术标准：RFC 3490（IDNA，多语种域名与应用）、RFC 3491（Nameprep，多语种字符处理功能模块，对域名进行映射、正规化以及禁止性过滤等操作）、RFC 3492（Punycode，一种与ASCII兼容的编码算法），至此，多语种域名的解析技术标准全部完成。值得指出的是，由于CNNIC及其他中国技术人员的努力推动，IETF发布的国际技术标准在英文句号"."的基础上，增加了中文句号"。"作为多语种域名的分隔符。同时，基于CNNIC的评估，国际技术标准采用的Punycode编码也是对中文域名字段长度的限制最低、效率最高的一种编码方案。2003年5月8日起，CNNIC中文域名解析系统开始支持IETF多语种域名标准。

此外，为了维护广大中文域名用户的利益，以钱华林教授为主的CNNIC各方面人员积极倡导和推动中文域名的简繁体异体等效处理，在IETF中引起了广泛的关注和重视。最终，促成了"中日韩多语种域名注册和管理方针"的IETF技术标准RFC3743的颁布。这一标准直接涉及互联网域名系统这一基础层面，是中国对世界互联网异体字等效互通技术做出的贡献。2004年3月中旬起，CNNIC中文域名注册系统支持EPP技术规范和RFC3743。

在IDN技术标准推出后，全球相关的软件开发商也陆续开始支持中文域名的应用，例如国内的邮件提供商Foxmail，软件版本5.0且支持中文域名；Mozilla浏览器版本1.4起支持中文域名；Firebird/FireFox浏览器开始支持中文域名；Netscape浏览器版本 7.1起支持中文域名；Opera浏览器版本7.20起支持中文域名。

IDN的发展对互联网用户有着积极的意义。它有利于保留当地文化并支持当地互联网用户喜爱的语言（民族文化）；使用户能够用IDN浏览互联网上的内容，并将用于IDN电子邮件地址；服务提供商用读者喜爱的语言与之沟通，因此能够更加有效地吸引读者；保护、巩固和拓展现有品牌、商标的形象，确保品牌在当地市场中的权益，避免乱用品牌的现象，让顾客浏览更加顺畅；稳定可靠的IDN使企业和个人能够拓展和保护其在世界各地市场中的形象。

随着技术标准的完成、管理政策的日渐成熟，各应用软件的陆续支持，在不久的将来，IDN肯定会在全球范围内被广大网民广泛使用。全球网络用户用母语冲浪的时代已经来临。

15.2 IP地址

15.2.1 IP地址基本知识

IP地址是网络中的一种重要码号资源，包括IPv4地址和IPv6地址。我们通常所说的"IP地址"是指IPv4地址。IPv4协议规定，每个互联网上的主机和路由器都有一个或多个全球惟一的IP地址以互相区分和互相联系。只有有了IP地址后，网络中的主机才能向别的主机发送数据信息，也才能接收别的主机发送过来的数据信息。因此IP地址构成了整个Internet的基础。

IP地址由32bit组成，通常用直观的、以圆点分隔的4个点分十进制数表示，每一个数字对应于8个二进制的比特串，如某一台主机的IP地址为"61.135.132.6"。它主要由两部分组成：一部分用于标识所属网络的网络地址；另一部分用于标识给定网络上的某个特定主机的主机地址。

IPv6是"Internet Protocol Version 6"的缩写，有时被称作下一代互联网协议，它是由IETF设计的用来替代现行的IPv4协议的一种新的IP协议。IPv6替代IPv4的主要原因是IPv4的地址空间太小，将来肯定不够用。随着互联网络的发展，IPv6最终会完全取代IPv4，在互联网上占据统治地位。

15.2.2 IP地址资源分配组织及其政策

IP地址分配是分级进行的。ICANN（The Internet Corporation for Assigned Names and Numbers）负责全球互联网IP地址、域名、协议编号及根服务器运行等的管理。根据ICANN的规定，ICANN将部分IP地址分配给地区级的互联网注册机构（RIR，Regional Internet Registry），然后由这些 RIR 负责该地区的登记注册服务。现在，全球一共有 5 个 RIR，即 ARIN、RIPE NCC、APNIC、LACNIC、AfriNIC。ARIN 主要负责北美地区业务，RIPE NCC 主要负责欧洲地区业务，LACNIC 主要负责拉丁美洲和南美洲业务，AfriNIC 主要负责非洲地区业务，亚太地区国家的 IP 地址分配由 APNIC 管理。在 RIR 之下还可以存在一些 IR，如国家级 IR（NIR）、本地级 IR（LIR）。这些 IR 都可以从 APNIC 那里得到 Internet 地址及号码，并可以向其各自的下级进行分配。互联网地址分配组织如图 15.2 所示。

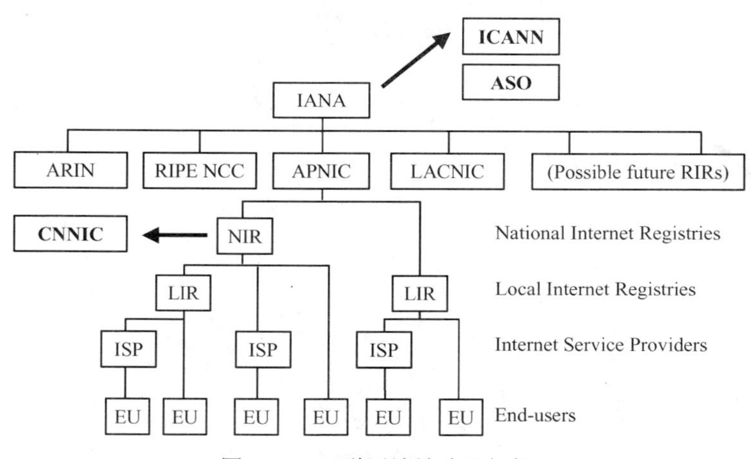

图 15.2　互联网地址分配组织

负责亚太地区国家 IP 地址分配的 APNIC 对 IP 地址的分配采用会员制，直接将 IP 地址分配给会员单位。CNNIC 以国家 NIC 的身份于 1997 年 1 月成为 APNIC 的联盟会员。由于费用较低且 APNIC 关于 NIR 政策的优势，以及联络交流上的方便，中国的 ISP 在申请地址的时候，应该优先考虑从 CNNIC 申请 IP 地址。

CNNIC/APNIC 地址分配政策的要点在于，使用提供商可聚类的地址空间进行分配，地址分配基于已证实的需求，要求申请者提供详细的文件说明，所有已持有的地址空间必须注册，地址空间需要从一个来源获取，不允许囤积地址，不允许买卖地址资源。

15.2.3　中国 IPv4 地址发展状况

图 15.3 给出了按自然年份统计的中国内地 IPv4 地址拥有总量，数据来自 APNIC。其中 2004 年的数据截至 2004 年 12 月 31 日。目前中国内地 IPv4 地址总量为 59 945 728 个，折合 3A+146B+179C，拥有量保持快速增长。

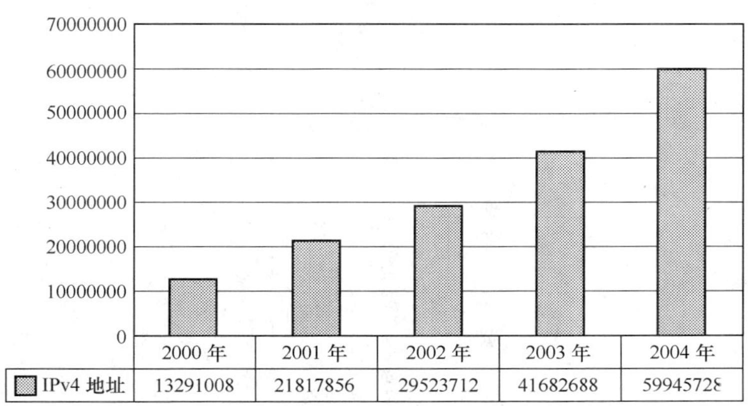

	2000 年	2001 年	2002 年	2003 年	2004 年
IPv4 地址	13291008	21817856	29523712	41682688	59945728

图 15.3　中国内地 IPv4 地址资源增长情况

图 15.4 为中国内地地区 IPv4 地址的分布情况。其中，中国电信占的份额最大，其次是中国网通，随后是教育网、中国互联网络信息中心（CNNIC）、中国联通和中国移动，其他单位所占份额较少。

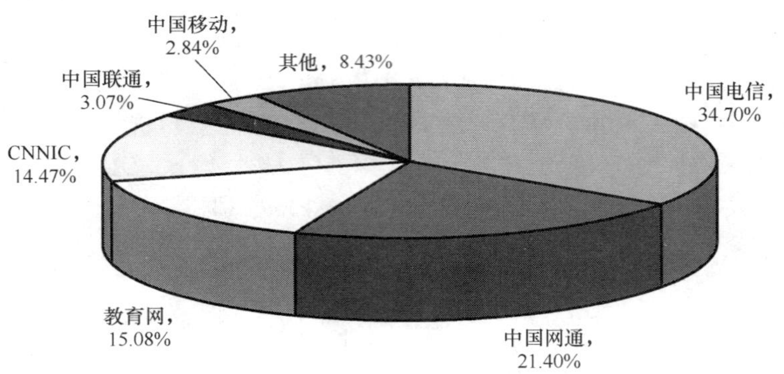

图 15.4 中国内地 IPv4 地址分配情况

15.2.4 全球 IPv4 地址发展状况

图 15.5 给出了各国家得到的 IPv4 地址量占已分配地址量的百分比。可以看出，美国、日本等互联网发展比较早的国家拥有比较多的互联网地址资源。

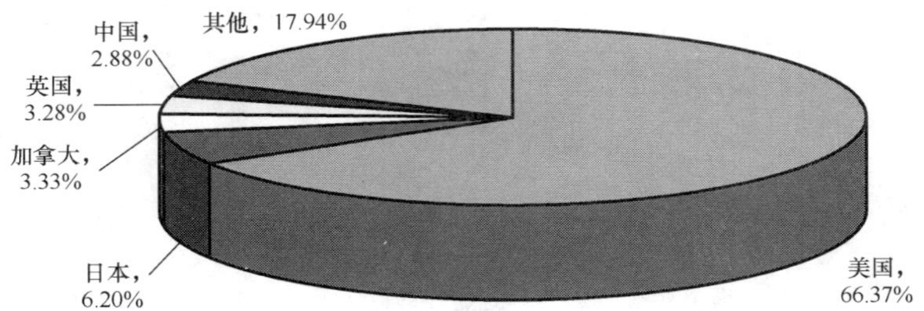

图 15.5 国际上 IPv4 地址的分配情况

图 15.6 给出了各地区 IPv4 地址的分配情况。APNIC、ARIN、RIPE NCC 三大互联网地区注册机构分配的 IPv4 地址规模相当，后来相继成立的 LACNIC 的发展相对比较缓慢。近 6 年内几个 RIR 的 IPv4 分配情况如图 15.7 所示。可以看出，自 2002 年起，亚太地区每年的地址分配数量都超过了其他地区。

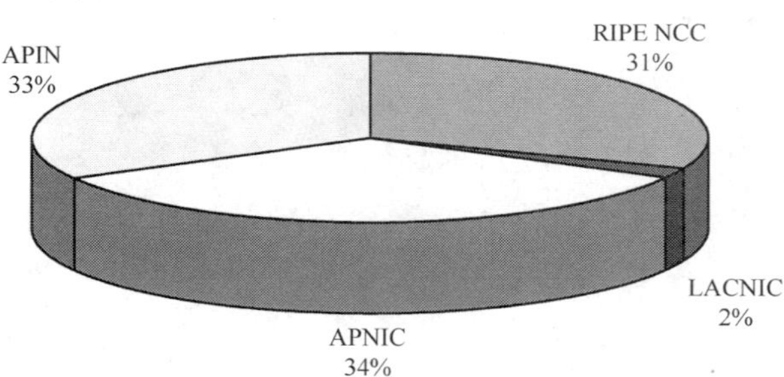

图 15.6 各地区 IPv4 地址的分配情况

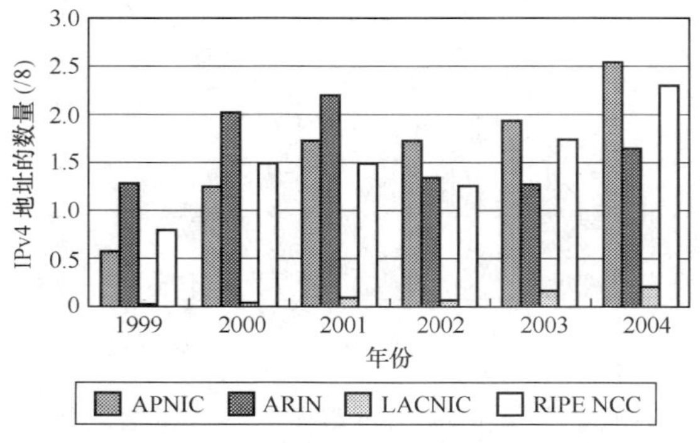

图 15.7 各 RIR 按年份的 IPv4 地址分配情况

15.2.5　中国 IPv6 地址发展状况

图 15.8 给出了中国内地 IPv6 地址的增长情况，地址的单位（块）为/32。图 15.9 为中国内地 IPv6 地址分配情况示意图，数据来自 APNIC，截至 2004 年 12 月 31 日。中国内地目前共分得 IPv6 地址 14 块，其中，中国国际电子商务中心、中国铁通集团有限公司、中国科技网、重庆网通信息港宽带网络有限公司和中国联通的地址段都是经由 CNNIC 申请的。

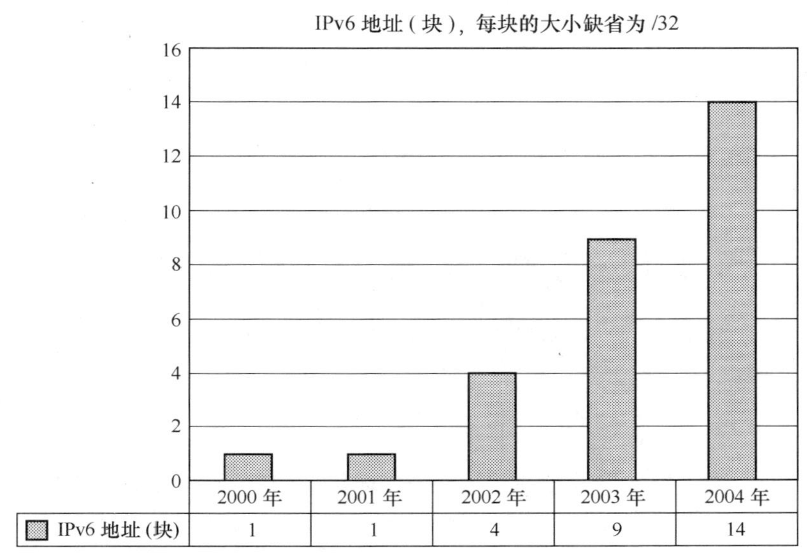

	2000 年	2001 年	2002 年	2003 年	2004 年
IPv6 地址 (块)	1	1	4	9	14

图 15.8　中国内地 IPv6 地址资源增长情况

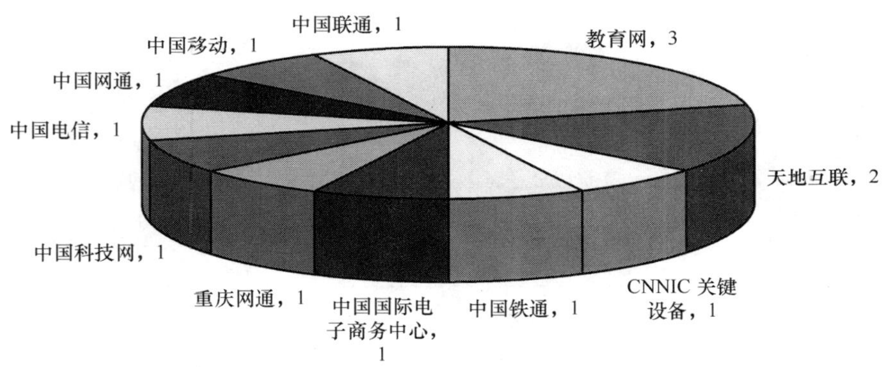

图 15.9　中国内地 IPv6 地址分配情况

15.2.6　全球 IPv 6 地址发展情况

截至 2004 年 12 月 2 日，全球 IPv6 地址分配数量前十名分别为美国（104）、日本（76）、德国（73）、荷兰（45）、英国（45）、韩国（31）、意大利（26）、法国（24）、奥地利（19）和瑞典（19）。可以看出，目前 IPv6 的分配主要集中在发达国家。从地域上，亚太地区的日本和韩国在 IPv6 的分配上比较有优势。中国内地分得的 IPv6 地址块数仍然较少，为 14 块，而且均是缺省/32 的地址块。相比日本分得的/21 的地址块、德国分得的/19 的地址块、英国和瑞士分得的/27 的地址块以及美国国防部正在申请的/16 的地址块，我国的 IPv6 发展略显缓慢，需要加快发展的步伐。

图 15.10 中的百分比为某国家得到的地址块数量占已分配地址块数量的百分比。在 IPv6 的发展过程中，美国、日本和德国走在了世界的前列，因而也得到了比较多的 IPv6 地址资源。吸取 IPv4 资源分配的经验和教训，IPv6 地址资源都是由地区性的互联网注册机构（RIR）统一管理的，图 15.11 显示的是 RIR 管理的 IPv6 资源情况。

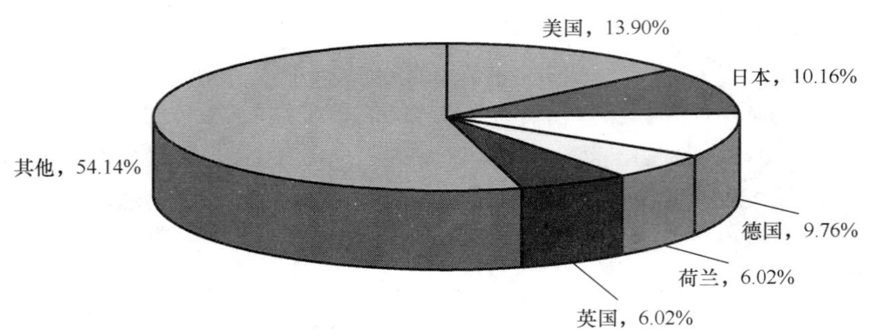

图 15.10　各国 IPv6 地址分配情况

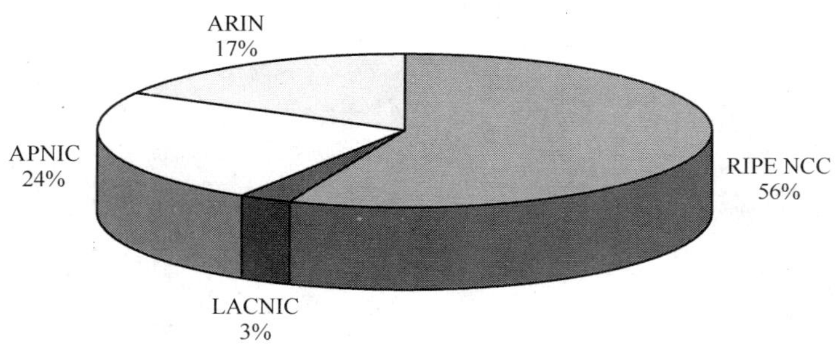

图 15.11　地区性互联网注册机构 IPv6 地址分配情况

相对来说，RIPE NCC 比其他 RIR 拥有更多的 IPv6 地址，APNIC 和 ARIN 分配的 IPv6 地址规模相当，后来相继成立的 LACNIC 发展相对比较缓慢。近 6 年内几个 RIR 的 IPv6 分配情况如图 15.12 所示。

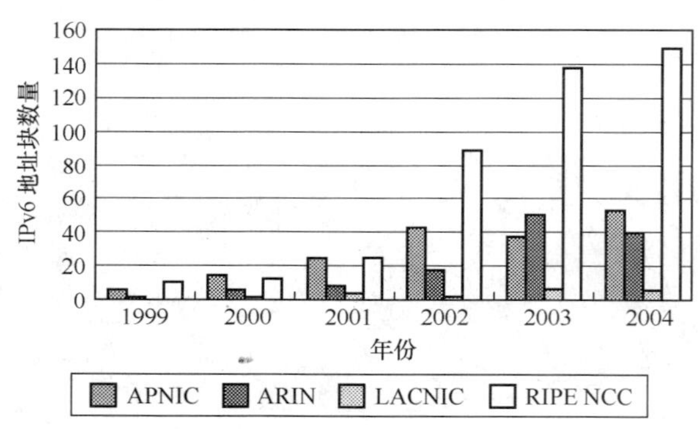

图 15.12　各 RIR 按年份统计 IPv6 地址分配情况

15.2.7　中国 AS 号码发展状况

图 15.13 给出了我国 AS 号码的增长情况。截至 2004 年 12 月底，总数达到 192 个。

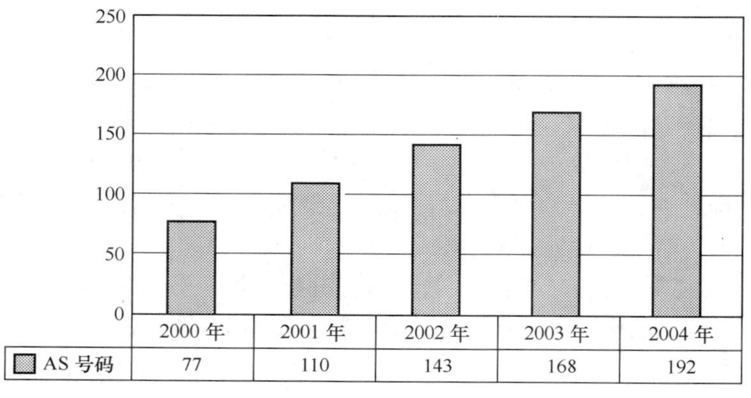

	2000 年	2001 年	2002 年	2003 年	2004 年
AS 号码	77	110	143	168	192

图 15.13　中国大陆 AS 号码资源增长情况

15.2.8　全球 AS 地址发展情况

截至 2004 年 12 月 2 日，全球 AS 号码分配数量前十位分别为美国（16690）、加拿大（1015）、德国（973）、俄罗斯联邦（915）、英国（905）、日本（632）、韩国（600）、澳大利亚（595）、乌克兰（510）和意大利（391）。目前 AS 号码的分配也主要集中在发达国家，中国的 AS 号码数量相对较少。一些 AS 号码较多的国家，占的比例如图 15.14 所示。

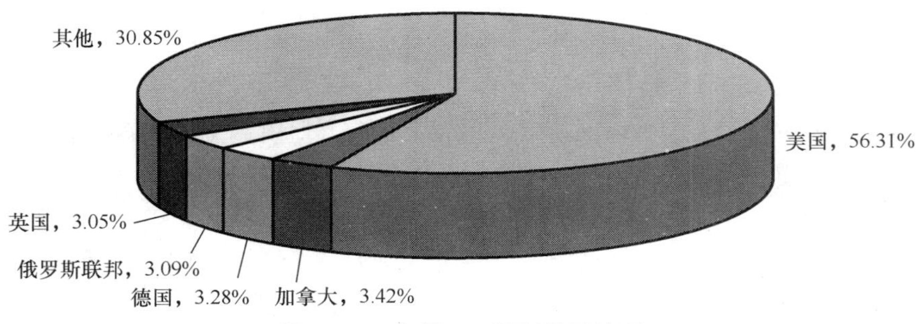

图 15.14　各国 AS 号码分配情况

图 15.15 给出了各地区 AS 号码的分配情况。ARIN 比其他的 RIR 拥有更多的 AS 号码资源，RIPE NCC 其次，APNIC 和 LACNIC 管理的 AS 号码相对较少。近 6 年内几个 RIR 的 AS 分配情况如图 15.16 所示。

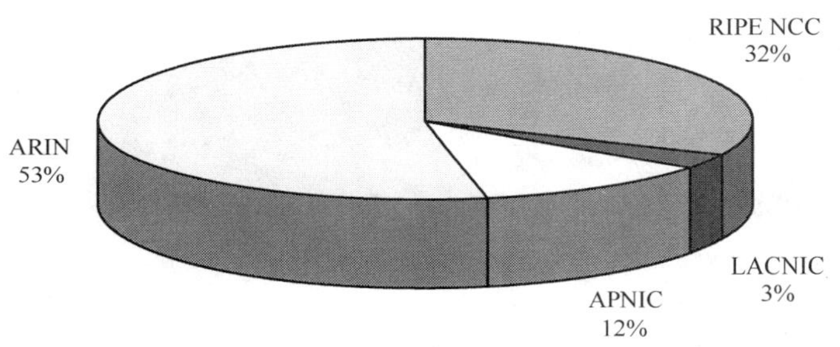

图 15.15　各地区 AS 号码分配情况

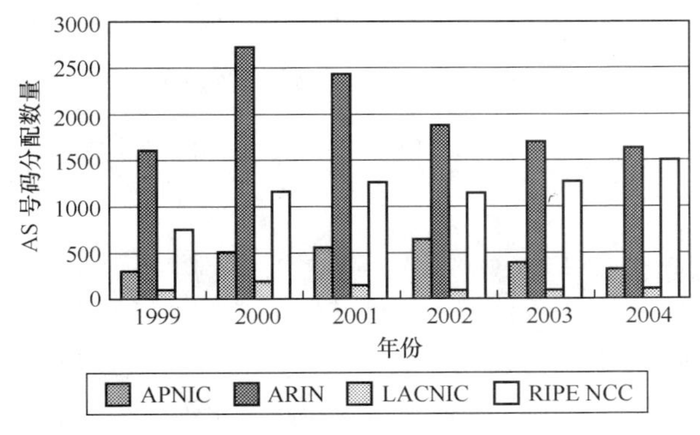

图 15.16　各 RIR 按年份的 AS 号码分配情况

15.2.9　发展趋势

随着中国互联网络的迅猛发展，中国所拥有的地址量在 2000 年～2001 年已经超过了一个 A 类（/8）。目前，中国已持有超过 4 个 A 类（/8）的地址（含中国香港地区、澳门地区和中国台湾地区），而且还在快速增长中。虽然地址总量已经达到一定的规模，但是现有的 IP 地址并不能完全满足我国互联网络运营单位发展的需要。很多单位上网仍然使用 NAT（地址翻译技术），即很多用户只使用有限数量的公有 IP 地址上网。这种方式既不能保证安全性，也无法提供许多网络服务。随着宽带的日益普及，家庭上网、单位上网、政府上网将慢慢成为人们不可缺少的获取信息和交流的方式，假设每人都需要一个

IP 地址甚至几个 IP 地址，如果按照中国的人口数来计算，我们需要的 IP 地址量将远远大于目前我们拥有的地址总数。仅仅依靠申请剩下的为数不多的 IPv4 地址恐怕已经不能很好的解决问题了，大力推动下一代互联网络协议 IPv6 的早日普及才是解决目前地址紧缺的关键。关于 IPv4 何时耗尽的问题有不同的估算方法和结果，按照最近的年地址消耗量估计，IPv4 还有 15～17 年可以分配（ICANN 主席、“国际互联网之父” Vinton G. Cerf 博士认为可以用到 2020 年），但是 IPv6 网络的部署是解决地址问题的最好办法。

中国的 IPv6 网络的部署也在不断发展。根据 CNGI 的规划，我国将在 2005 年底建成一个覆盖全国的 IPv6 网络，成为世界上最大的 IPv6 网络之一。中国完全有机会成为 IPv6 网络的领跑者。

从国际上看，美国由于 IPv4 地址充足，并不急于建立大规模 IPv6 的网络。在亚洲，日本和韩国是 IPv6 网络技术开发和实施的积极推动者，且在实际的网络建设方面也是居亚洲领先位置。

从 AS 号码资源的情况来看，我国内地的 AS 号码总量比其他国家和地区少得多。这一方面说明，我们网络的层次性较好，管理集中；另一方面也与我国 ISP 的增加情况以及各大互联网络运营商与其他 ISP 互联的政策有关。AS 号码只是在一家 ISP 与至少两家 ISP 做对等互联、交换路由信息的时候才需要使用，所以 AS 号码使用的多少与中小型 ISP 的数量及其互联的丰富程度有关系。AS 号码拥有量表明我国网络运营单位的特点（主要业务都集中在少数几个大型运营商那里）在近年来并没有出现大的改变，新出现的中小型 ISP 想要取得与大型 ISP 对等互联的权利与大型运营商的政策也有着很大的关系，这是影响 AS 号码数量变化的重要原因。

15.3 ENUM 现状和发展趋势

ENUM 是 tElephone NUmber Mapping 的缩写，是 IETF 的电话号码映射工作组（tElephone NUmber Mapping working group）定义的协议。ENUM 定义了将 E.164 号码映射为域名的规则，以及在互联网 DNS 数据库中存储与该域名相关信息的方式。每个由 E.164 号码转化而成的域名可以通过 ENUM DNS 服务器翻译为一系列的统一资源标识（Uniform Resource Identifier），从而使国际统一的 E.164 电话号码成为可以在互联网中使用的网络地址资源。通过使用 ENUM 机制，接入的 E.164 号码可以映射成传统电话号码、移动电话号码、电子邮件地址、IP 电话号码、统一消息、IP 传真或个人网页等多种信息。E.164 号码是传统电信网络中使用的重要资源，DNS 系统是互联网的重要资源，ENUM 将两者结合起来，有益于传统电信服务向基于 IP 包交换的方向发展，ENUM 是对促进两网最终融合具有重要意义的技术。

15.3.1 国外 ENUM 情况

一、欧洲

奥地利是全球第一个引入商业 ENUM 服务的国家。在 2004 年 8 月 24 日，RTR 股份有限公司和 enum.at 股份有限公司（enum.at 是 nic.at 域名注册机构的姊妹公司）签订了＋43 的 ENUM 域的运行合同。2004 年 12 月 6 日开始 ENUM 域的注册，2004 年 12 月 9 日停止 ENUM 的实验性研究，进入商业运行阶段。

德国现在正处在实验阶段，用于试验的号码有地区码、免费号码及手机号码。研究机构是 DENIC。至于采取何种管理模式，是一层还是多层，使用什么样的号码等要看实验的结果而定。DENIC 从 2002 年的秋天开始进行 ENUM 实验。从 2004 年 3 月第二次 ENUM 会议后，提供 ENUM 域名注册服务的运营商比以前增长了两倍多，用户现在可以从 43 个德国运营商中进行选择。

英国的 ENUM 试验从 2002 年 5 月开始，进行了两年，主要测试了网络结构、相关技术、运营模式、终端用户的体验等。目前，试验已告一段落，处于间歇期。2004 年 5 月，其网站上公开发布了一篇《英国 ENUM 试验情况阶段报告》，报告内容包括在英国国家码+44 下进行 ENUM 试验的情况、ENUM 服务相关架构、ENUM 注册管理机制，以及试验中各服务实体的接口描述等。英国的 ENUM 试验显示了 ENUM 技术在整合多种不同的通信标准和机制方面有很大的潜力。同时报告中还提到，试验尚未考虑实际应用 ENUM 的经济成本和利益关系，以及相关的授权机制。

法国的 ENUM 试验采用多方合作的 NUMEROBIS 方案，目的在于构建全国的 ENUM 运营框架，进行全国的 ENUM 试验。NUMEROBIS 在法国实现了一个 ENUM 实验平台来测试和验证多参与者环境下的整个结构的技术方面和运行方面的情况。NUMEROBIS 主要分为 5 个阶段。第一阶段（2003 年 2 月至 2003 年 6 月）分析 ENUM 的带宽需求和 DNS 体系，包括 ENUM 的大量访问承受能力，提供基本的实验系统体系结构和方案的描述。第二阶段（2003 年 6 月至 2004 年 6 月）用 DNS 技术来实现 ENUM 的需求，包括确定、实现和验证三步。第三阶段（2003 年 6 月至 2004 年 6 月）建立全国范围的 ENUM 体系架构，包括精确描述法国选择的授权模型，完成系统体系结构的分析，描述 ENUM 的基本访问功能，通过大量的模拟完成性能分析。第四阶段（2003 年 11 月至 2004 年 7 月）在国内实现 ENUM 试验，包括在合作方的实验网络上搭建 DNS 的基本结构，展示、评估和验证之前几个阶段中研究的技术方案。第五阶段（2004 年 8 月至 2004 年 9 月）评估整个方案，包括方案的全球评估，为方案的进一步交流准备文档。

瑞典的 ENUM 试验始于 2002 年 11 月 28 日，PTS 向 ITU-TSB 提出申请注册 6.4.e164.arpa，并与瑞典 ccTLD 注册管理机构 NIC.SE 签订合作备忘录，由 NIC.SE 在试验期内负责 6.4.e164.arpa 的注册管理，授权 NIC.SE 负责瑞典 ENUM 试验的技术工作，参与瑞典 ENUM 技术试验的注册商或电信服务提供者要得到 NIC.SE 的批准。持续到 2004 年 6 月 30 日，有 30 多个 ENUM 域名的注册用户，包括公司、个人用户和斯德哥尔摩大学等。PTS 向政府展示了最终的实验成果。试验报告强调了 ENUM 仍然是一项引人注目的技术，尤其是应用于 IP 电话方面，建议管理部门还要做更多的工作。PTS 还向 NRA 提交了一份在瑞典长久地引入 ENUM 服务的计划，一个关于 ENUM 的产业论坛即将启动。

二、北美

2001 年 8 月，美国 ENUM 工业论坛成立，这是美国国内较集中地讨论和研究 ENUM 的组织，包括 AT&T、NeuStar、思科、MCI 等 28 家公司或组织。美国有多家公司（包括 Verisign、Telecordia、Netnumber、NeuStar 等）在 e164.arpa 之外开展了互联网上的 ENUM 试验，但规模都不大，也没有产生非常大的影响。

北美 ENUM 的主要问题是整个北美洲都使用国家码+1，这使如何向 ITU-T 申请 1.e164.arpa 的域名授权变得复杂，既牵涉到美国和其他使用+1 作为国家码的国家之间的磋商，同时也影响到美国国内第一层管理实体的选择和管理模式选择问题。由于 ENUM 政策制定涉及到号码管理、互联网、隐私和安全等多方面的问题，美国对 ENUM 的政策研究需要多个部门参与和协调，因此可以预见在美国这样一个积极推动创新技术发展的环境里 ENUM 的发展也需要长时间的努力。

三、亚洲

韩国的 ENUM 试验是“互联网地址资源管理项目”（韩国政府管制部门信息通信部投资资助）的一部分，由 NIDA 负责。从 2003 年 3 月到 2003 年 6 月为第 1 阶段，实现了系统平台开发，包括 ENUM 应用程序接口、ENUM 电话系统、支持动态更新的 ENUM 域名服务系统和 ENUM 注册系统等。2003 年 10 月 13 日到 2004 年 1 月 9 日是试验的第 2 阶段，实现了业务扩展和开发。目前此试验平台已关闭。NIDA 正着手研究 ENUM 的商业运营模式和国内外标准的制定。

日本的 ENUM 实验分 3 个阶段。第 1 个阶段从 2003 年 9 月开始，目标是将 ENUM 首先应用于 SIP、网页或者 E-mail；第 2 个阶段从 2003 年 12 月开始，目标是在单一载体上应用通信服务，提供业务（Provisioning）和通信安全；第 3 个阶段从 2004 年 4 月开始，目标是在多个载体上应用通信服务，提供授权和整体安全认证。目前日本已经在 2004 年 5 月和 11 月提供了两份关于 ENUM 实验进展的报告，并决定继续延长 ENUM 实验到 2005 年 9 月，截至那时再提供最终的实验结果。

2004 年 7 月 19 日，CNNIC（中国互联网络信息中心）、JPRS（日本注册服务）、KRNIC（韩国互联网络信息中心）、SGNIC（新加坡互联网络信息中心）和 TWNIC（中国台湾互联网络信息中心）发起的 APEET（亚太 ENUM 工作组）在新加坡宣布成立，APEET 是非正式的技术工作组，意在推动和增强亚太地区的 ENUM 活动。2005 年 2 月，在日本召开的 APRICOT 会议上，APEET 开展的 ENUM/SIP 现场试验获得极大好评，试验为与会者提供了 WiFi SIP 电话，可用于参会者之间通话，也可以直接拨打中国、新加坡、美国和瑞典等国的固定电话。

15.3.2 中国ENUM进展情况

中国一直在跟踪国际标准化组织及其他国家对ENUM研究的进展，多次在ITU SG2会上发表对于ENUM管理问题的看法。

2002年3月，信息产业部电信管理局和科技司联合组织ENUM应用试验协调会，确定了在国内进行ENUM应用试验的方案，并将试验工作分为通信业务、注册服务、域名解析、安全与法规，以及国际跟踪和协调5个小组。2002年6月信息产业部科技司召开专家研讨会，会议建议我国申请6.8.e164.arpa用于ENUM顶级域评估试验。

此后中国ENUM研究进展情况如下：

2002年9月，CNNIC建立并运行6.8.e164.arpa服务器；

2002年10月，RIPE-NCC在CNNIC设置e164.arpa辅域名服务器；

2002年12月，我国代表在ITU-T第二研究组会议上介绍中国ENUM试验进展情况；

2003年3月，信息产业部召开ENUM试验工作会议，听取电信研究院的关于在我国引入ENUM可行性论证报告和CNNIC的ENUM顶级域对比试验研究结果汇报，并听取专家对ENUM应用试验下一步工作的建议，会议讨论达成的一致意见是要积极开展ENUM试验研究，同时将ENUM和其他可能的下一代网络寻址技术进行对比，找到适合我国下一代网络寻址的发展方向；

2003年6月，申请延续6.8.e164.arpa授权测试评估；

2003年7月，CNNIC升级构建ENUM综合试验系统，并进行注册政策以及解析性能测试；

2003年12月，CNNIC ENUM综合试验系统开通；

2004年2月，CNNIC在IETF ENUM工作组会议上汇报中国ENUM进展情况；

2004年6月，申请延续6.8.e164.arpa授权测试评估；

2004年7月，与KRNIC、JPNIC、TWNIC和SGNIC发起成立APEET；

2004年12月，ENUM综合试验平台升级。

15.3.3 发展的因素分析

一、政策因素

ENUM使用了传统电信网络使用的E.164号码，因此ENUM对促进传统电信网与互联网的融合具有巨大的推动作用，同时也带来了电信码号资源分配和管理的问题。关于ENUM的运营管理，也需要将现有互联网域名的注册管理机制和电信网络运营机制结合起来考虑。

二、市场因素

ENUM的应用对市场有巨大的潜在影响。可以从运营商（业务提供商）、设备制造商、最终用户三方面来考虑。

对运营商而言，ENUM提供了新的网络资源定位和寻址方式，可以充分利用互联网的资源为传统电信运营商提供服务，并可以有效地促进传统电信业务与基于Internet的业务的充分融合。ENUM有利于基于纯IP网络通信方式的普及，解决了从电话号码到IP终端设备寻址的问题，使电话号码可以同样用于基于IP包交换的电信业务，实际上为运营商提供了一种全网兼容的编码和寻址方案，从而推动了其综合业务的发展。

ENUM同样为通信网络设备制造商提供了发展机会，通过提供支持ENUM查询功能的产品和ENUM服务设备，可以增加其产品的市场竞争力，扩大利润的来源，国外的一些产品已经开始支持ENUM功能。ENUM服务需要支持多种通信协议，因此ENUM的发展还有利于支持多种通信协议终端的开发。

对于最终用户而言，ENUM可以把多种通信服务和一个电话号码绑定在一起，利用同一个号码通过不同的通信方式和一个人联系，有利于简化用户标识，尤其便于用户在手持终端上方便地使用互联网业务。

三、技术因素

ENUM从技术上讲是互联网中DNS系统的新应用，主要定义了一种新型的寻址定位方式，利用DNS

资源记录存储用户的信息，支持用 E.164 号码对用户信息进行查询，用户可以方便地修改自己存储在 DNS 系统中的信息，同时应用提供商可以利用这些信息为用户提供一些增值业务。通过 ENUM 机制可以将电话号码映射为电子邮件地址、传真号码、SIP 电话地址等。目前，ENUM 的最典型的应用就是通过唯一的 E.164 号码接入多种应用，包括 SIP 话音、H.323 话音、传真和电子邮件等。ENUM 并不应用于纯 PSTN 环境，它的应用发生在 PSTN 和 IP 的互通以及纯 IP 环境中。因此，ENUM 并不提供业务控制机制，它只是一个“enabler”，单靠 ENUM 技术不可能提供有丰富的业务特征的增值业务。

为了实现具有复杂业务特征的增值业务，ENUM 技术将与其他提供增值业务的技术和体系相结合。

毫无疑问，ENUM 在未来将拥有巨大的市场。为了使未来的 ENUM 市场成为一个公平、有序的市场，必须认真考虑 ENUM 管理和实现的各种问题。在信息产业部领导下，信息产业部电信研究院、中国互联网络信息中心等单位已经开始实施有关的 ENUM 研究计划，对 ENUM 在中国实现的管理和技术问题进行分析探索，目标是为 ENUM 在中国的长远发展找到一条可行的道路。ENUM 研究中的一项重要工作是开展 ENUM 业务的试验，这项工作需要电信运营商、设备制造商、域名管理机构、电信标准研究机构等方面的广泛参与和配合。

（中国互联网络信息中心（CNNIC）　王艳峰　王恩海　陈涛　陈卉）

第 16 章　互联网设备制造业及市场发展情况

16.1　互联网设备研发、生产及技术水平

2004 年是互联网进入中国发展的第十个年头。这一年，中国互联网市场在经历了严冬之后再次回暖进入新的发展阶段。2004 年，我国的互联网基础条件明显改善，网民数量、宽带用户、网络结构和网民的网上消费习惯等促进互联网发展的基本要素继续保持健康的增长和改善。另一方面，互联网新技术、新产品的迅猛发展，在指明了发展方向的同时也赋予了互联网更多的发展潜力和动力。虽然，2004 年的中国互联网产业似乎没有发生标志性的、变革性的创新，但是由各个互联网企业引导的应用创新、服务创新和模式创新却不断地涌现。

16.1.1　服务器

伴随着市场的高速增长，2004 年中国服务器市场竞争加剧。国际品牌陆续向中低端市场发起了猛烈的冲击，使国内服务器产业面临前所未有的压力。

64 位计算技术无疑是 2004 年服务器市场上的热门话题，围绕 32 位到 64 位的转换，处理器厂商们均纷纷制定了各自的产品策略，新一代 64 位处理器技术正在企业计算领域掀起一场革命。对于企业来说，从 32 位向 64 位的升级并不是简单的仅仅代表内存寻址能力从 2GB 增加到 4GB 以上，它更意味着企业现有的 ERP、CRM 等关键应用的性能和扩展能力迎来质的飞跃，整体提升了企业的生产效率、客户服务水平甚至大幅提升企业综合竞争实力。2004 年，价格相对较低的安腾 2 等 64 位处理器相继问世，逐渐取代了传统基于 RISC 架构的 64 位平台，各大设备制造厂商纷纷推出一系列采用 64 位处理器的服务器，越来越多的企业得以将自己的 64 位计算技术变为现实。

联想作为知名的国产服务器制造企业，经过全面的准备已经攻克多项技术难关，于 2004 年 6 月 22 日成功推出了新架构服务器样机，向世界展现了国际领先的整机设计能力、系统测试水平以及与国际厂商的深度合作能力，由此也揭开了服务器系统架构变革的序幕。新架构服务器的研发，经过了近一年紧张的备战，突破了重重难关，实现了五大技术突破：在系统散热设计方面，引入侧面进风的设计手段，确保了 1U 服务器在高密度环境中的长期稳定运行，提供了 1U 超薄服务器的全新散热方案；在系统结构设计方面，通过创新的结构设计，改善产品脆值，解决了服务器抵抗冲击和振动能力降低的难题；在系统电磁兼容设计方面，精心设计的电磁辐射控制方案，不仅通过国家电磁辐射 B 级标准，还通过了欧洲 CE 认证；而在系统电源设计方面，通过改进主板和电源的动态相应特性，既解决了节约能源的问题又保证了核心芯片的稳定供电；此外，在深层次国际研发合作方面，同 Intel 公司形成了更加紧密的合作关系，从 Intel 的研发 CTTM（Concurrent Time To Market，与 Intel 同步推出产品的合作模式）伙伴发展成 VTM（Virtual Team Model，研发虚拟工作团队模式）合作伙伴。

面对国际厂商的步步紧逼，以浪潮为代表的国产服务器厂商采取了积极主动的策略，来应对这场发生在本土市场的全面的国际化竞争。在中低端市场上，浪潮借助基于新架构平台的服务器产品推出的契机，向市场推出了基于新架构平台的服务器产品，并在 2004 年 11 月底，成功完成了新旧至强平台的切换。而

在高端市场上，浪潮服务器从技术入手，取得了一系列突破。浪潮连续打破并创新了TPC－H商业智能计算、SPEC服务器应用性能测试世界纪录。通过与SAP、BEA和Oracle等软件应用领域的国际巨头结成战略合作伙伴关系，成功地在高端市场拓展上取得了显著成果，其TS10000高性能系统成功应用于山东大学、中国科技大学、西安交通大学和山东省气象局等单位，TS20000在工商、税务和财政等系统得到了广泛应用。

2004年服务器技术发展的另一个亮点就是"刀片"。刀片式服务器是一种HAHD（High Availability High Density，高可用高密度）的低成本服务器平台，是专门为特殊应用行业和高密度计算机环境设计的，其中每一块"刀片"实际上就是一块系统母板，类似于一个个独立的服务器。在这种模式下，每一个母板运行自己的系统，服务于指定的不同用户群，相互之间没有关联。不过可以使用系统软件将这些母板集合成一个服务器集群。在集群模式下，所有的母板可以连接起来提供高速的网络环境，达到资源共享，从而更好地为广大的用户群服务。

刀片服务器于2001年问世，经历了几年的发展。现在的刀片服务器不仅实现了预计要达到的服务器位置整合的目的，更集成了存储和网络交换设备，从而成为简化企业IT基础设施的核心。刀片式服务器自从一诞生就受到了市场各方面的广泛关注。与传统的服务器相比，刀片服务器被设计成刀片形状，完全可以像书架上的书一样整齐插入到特定的机架中。这样一个机柜可用高于从前数倍的容量搭载几十个刀片服务器，大大提高服务器的工作能力。这个将服务器、网络设备和管理模块等先进技术集于一身的产品，正在创造一个新的市场增长爆发点，并成为服务器产品发展的趋势。近年来，刀片服务器已经吸引了越来越多的国际厂商的重视。自2001年以来，IBM、HP、DELL和SUN等国际巨头纷纷推出了自己的刀片式服务器产品。2004年NEC也在中国推出了刀片式服务器，开始全面进入中国市场。

对于刀片服务器，2004年，以曙光、浪潮、长城和宝德等为代表的国产厂商纷纷涉足这一领域，并取得了不小的成绩。目前，浪潮已将刀片服务器市场开拓的重点放在网游领域。中国长城计算机深圳股份有限公司也成功发布了全球首款基于万兆级联技术、采用模块化设计理念、双路密度最高的擎天B9000系列刀片式服务器。其凭借高技术含量、高品质保障以及高性价比的特点，为高密度、高性能计算需求提供了最佳解决方案，在性能、可靠性、安全性上高于同类服务器。它还采用了万兆系统级联技术，可以内置KVM模块，方便构建由多个"刀片"组合的集群系统。4U空间最多可拥有20颗新Xeon处理器的计算性能，显著节约机架空间，使得托管费用更省，通过万兆高速级联构建集群系统，用户无需投巨资部署HPC，就可以满足高性能计算的需求。目前，长城公司已在军队、国家税务系统开始应用刀片服务器产品。

16.1.2　路由器

随着科技的不断进步以及面临的新形势、互联网应用需求的新特性，使得当今的网络对路由器设备提出了新的需求。近年来路由器的局域网接口从10M/100M以太网接口发展到千兆以太网接口，并陆续出现了10Gbit/s以太网接口。广域网接口从N×64kbit/s到2Mbit/s，当前可选155Mbit/s接口、2.5Gbit/s接口以及10Gbit/s接口。而刚刚过去的2004年度接口高速化的主要体现是10Gbit/sPOS接口和10Gbit/s以太网接口的广泛商用。厂家主要努力方向为增加10G端口密度，实现单接口卡4个10Gbit/s端口，单机64个10Gbit/s端口。另一方面，2004年在路由器交换容量方面，增长主要体现在T比特路由器的出现。当前由于10Gbit/s端口密度较小，40Gbit/s端口商用程度不高，因此单机真正实现T比特交换容量的设备很少。大多数厂家都在向集群实现T比特交换能力的方向努力。主流厂商例如思科、Juniper、华为和港湾都推出了集群实现T比特路由交换的方案。

此外，2004年路由器对MPLS和VPN的需求也得到了进一步的明确和增强。运营商在路由器选型中逐渐将MPLS和VPN作为重点。相应在各个设备提供上也都将MPLS与VPN作为设备重要卖点。总体来看，虽然IP网络与业务分离，但是运营商非常关注能够直接在网络设备上开展能够直接从企业获取利润的VPN业务。因此为满足运营商的需求，路由器设备在VPN业务的支持上已成为当前趋势。

而对于IPv6路由器方面，清华计算机系与清华紫光比威网络技术有限公司共同研制的"IPv6核心路由器”荣获了 2004 年度中国通信学会科学技术一等奖。IPv6 核心路由器的关键技术顺利攻关和成功研制，标志着我国在下一代互联网和 IPv6 技术上取得了重大突破，并掌握了下一代 IPv6 互联网的核心技术，为我国发展成为网络技术强国奠定了基础，对我国网络的技术进步和安全运行具有重大战略意义。

此外，2004 年 10 月 28 日，华为向全球正式发布了面向电信级运营核心网络的万兆 IPv6 核心路由器 Quidway NetEngine 5000E。采用三维交换网分布式体系结构，每个接口模块自带分布式交换网，可方便地进行堆叠和扩展，最大可提供 560 个接口模块，整机提供 11.2Tbit/s 的交换能力，最大端口容量 5.6Tbit/s，支持 10G POS、10GE LAN、10GE WAN 接口的 IP/MPLS 线速转发，并支持向更高速接口平滑扩展。Quidway NetEngine 5000 在扩展性、负载平衡能力、多路径备份和无阻塞等方面具有优势，并具有可递增的扩充性，可根据需要增加交换容量，而不必一次性地高配置集中交换网，满足未来核心网络发展的特点和需要，给网络带来更高价值。Quidway NetEngine 5000 卓越路由性能主要表现在：分布式转发和处理，支持 10Gbit/s 接口线速转发；整机转发性能高达 500/1 600Mpps，采用业务先进 CIOQ 的无阻塞三级交换网络，交换容量 400/1 280Gbit/s。支持 OSPF、IS-IS、BGP 等各种路由协议，路由表容量达到 200 万条。NE5000 在升级扩展能力方面，进一步提高交换容量和端口密度，单机箱交换容量可达 1.28Tbit/s，支持高达 64 个 10G POS/10GE 接口。NE5000 支持通过机框级联方式实现容量扩展，最大可扩展容量为 80Tbit/s。此外，NE5000 关键硬件组件都提供全面冗余，所有组件具备热插拔功能。提高运营级的不间断路由转发功能，保证业务不会中断。当主用主控板发生故障时，可以切换到备用的主控板，不会发生包丢失，也不会影响对端路由器。它支持在不中断业务的前提下进行软件升级，并“安全”地改变配置，防止网络发生中断。Quidway 系列万兆路由器和交换机的推出，标志着我国大容量核心路由器和以太网交换机的设计技术已经迈入国际一流水平，这不仅是我国核心网通信技术发展的一次重大突破，也是我国数据通信产业迈向国际化的重大突破，并将为我国信息化的进一步深入开展提供更加强劲的发展动力。

我们看到在路由器技术发展中，路由器产品的设计已经进入了业务与性能并重、业务平滑演进，即主要以业务与性能并重、业务平滑演进为设计目标，面向全业务、开放的业务模型。随着 IP 技术应用的日益广泛，在电信、行业及企业网络中已经有一统天下的趋势。这时候就要求在 IP 网络上承载各种业务，如语音、会议电视、OA、ERP 等，这些业务都有着不同的服务质量及安全要求。与此相适应，路由器应该有良好的业务适应能力和充分的智能化，而且还应该支持全新的业务模式，如 MPLS VPN 和 IPv6。MPLS VPN 能很好地解决安全隔离以及端到端 QoS 的问题，被认为是目前 IP 网的主流技术，已经成为新一代 IP 网络建设的门槛特性。而 IPv6 被认为是解决 IPv4 先天不足的问题，如 QoS、安全等的最终解决方案。而随着社会信息化程度的不断加深，新业务将层出不穷。基于“业务与性能并重，业务平滑演进”的设计理念，业务高性能、集成化、业务智能化、高可靠、高安全、易使用是路由器发展的主要趋势。

16.1.3 高性能计算机

在高性能计算机方面，经过我国科技工作者几十年不懈的努力，我国高性能计算机研制水平显著提高，银河、神威、曙光和联想深腾等一批高性能计算机的出现，使我国成为继美国、日本之后的第三大高性能计算机研制生产国。

1999 年 9 月，由国家并行计算机工程技术研究中心牵头研制成功的“神威”计算机系统投入运行。2000 年，“神威 I”面向社会开放使用。“神威 I”浮点运算的峰值速度为每秒 3 840 亿次，在当时世界上已投入商业运行的高性能计算机中排名第 48 位，其主要技术指标和性能都达到了国际先进水平。

2002 年 8 月，由联想集团研制的每秒 1 万亿次名为“联想深腾 1800”的机群在北京通过专家鉴定。自 2002 年联想推出高性能计算机业务以来，已经有 42 套联想深腾系列高性能计算机落户科研院所、大学、石油、汽车等重要行业和机构。

2003 年 12 月 10 日，联想集团研制的国家网格主结点“深腾 6800”超级计算机研制成功。在美国能源部劳伦斯 • 伯克利国家实验室公布的最新全球超级计算机 500 强中，“深腾 6800”以每秒 4.183 万亿次的运算速度位居第 14 位。

继联想“深腾 6800”在 2003 年取得全球超级计算机 500 强（TOP500）排行榜第 14 位的好成绩后，2004 年 5 月 12 日，在全球最权威的商业智能测试（TPC－H）中，浪潮 SP 3000 以 5 618QphH 的成绩打破了由 IBM 保持了 8 个月之久的世界纪录。这是国内服务器品牌取得的第一个世界冠军。一个多月后，曙光公司在 2004 年 6 月 22 日公布的全球高性能计算机 TOP500 排行榜中，曙光 4000A 以每秒 11 万亿次的峰值速度和 80 610 亿次 Linpack 计算值位列全球第十，这也是中国超级计算机得到国际同行认可的最好成绩。这一切表明了国内厂商已初步具备与国外巨头全面同台竞技的资本和实力，进一步拉近了与国外巨头之间的距离。曙光 4000A 在研发十大创新技术的过程中，实现了“工业标准机群”的技术增值和“大规模机群计算”自主关键技术等十大产业突破，最终形成了具备 10 万亿次运算能力的高性能计算机。从而使我国在高性能计算机研发与尖端应用领域内均取得突破性进展，实现了对 10 万亿次计算的研发、应用双跨越，成为中国信息化建设进程的里程碑。

目前，曙光 4000A 已经成功在上海超级计算中心投入应用，并为科学计算、公益事业、工业工程、商业应用提供更有力的高性能计算服务，服务用户将涵盖气象、环保、船舶、飞机制造、汽车、建筑、钢铁、石油、机电、高校和科学院等领域。目前，上海超级计算中心（SSC）承担着为华东地区各行各业提供海量信息处理、为高科技领域的研究开发和技术创新提供高性能计算的服务。曙光 4000A 的成功应用也使得上海超算中心成为中国国家网格最大的主节点，在我国网格建设中担当起枢纽的作用。

但是也应该指出，我国高性能计算机的应用研究与开发已经滞后于高性能计算机的发展，目前我国高性能计算机主要运用在气象预报、石油和生物工程等科学计算领域。而对高性能计算机有很大需求的金融行业、医药行业、汽车、飞机制造行业，电脑动画、特技制作等领域，以及大型企业集团方面的应用还非常欠缺。导致应用滞后的原因，主要是应用研发力量薄弱、行业用户参与程度不深，同时在人才方面，高校针对高端计算机的应用教学很少，关注基础研发的也很少，导致跨学科的综合人才匮乏。然而，应用需求是整个高性能计算机发展的主导因素，用户是影响高性能计算发展的关键，而发展也必须依赖需求的牵引，因此培养应用群体，重视应用软件的开发已成为当务之急。此外，目前我国高性能计算机应用软件还主要依赖从国外进口，而且这些进口应用软件不能完全通用和跨平台，还需要进行移植改造。由于应用软件开发受应用行业复杂性、专业性特点的影响，应用软件的开发相对困难。因此，应用软件的开发也成为制约中国高性能计算技术和高性能计算产品应用的主要障碍。

16.1.4 网格

1998 年，网格（Net Grid）的概念第一次在美国被提出。目前，世界上绝大多数先进国家的国家科学部门和高校已经建立了自己的网格系统，IBM、微软、HP、Sun、Oracle 等公司都投入巨资开始开发网格技术。网格计算就是利用互联网把分散在不同地理位置上的多个计算资源，通过逻辑关系组成一台虚拟的超级计算机。它把每台参与其中的计算机作为一个结点，组成一张有超级计算能力的网格。每个将其计算机连接到网格上的用户，都可随时调用其中的计算和信息资源。

我国科技部于 2002 年公布 863 网格专项，投资高达 3 亿元，主要研制面向网格的万亿次级高性能计算机、具有数万亿次聚合计算能力的高性能计算环境；开发具有自主知识产权的网格软件；建设科学研究、经济建设、社会发展和国防建设急需的重要应用网格；制定若干与网格相关的国家标准，参与制定国际标准，使一批发明专利和软件获得受理和登记，形成自主知识产权。

我国已经完成的网格研究项目主要有清华大学的先进计算基础设施 ACI（Advanced Computational Infra-structure）和以中科院计算所为主的国家高性能计算环境 NHPCE（National High Performance Computing Environment）。

目前，我国正进行的网格项目主要有“863 计划”支持的“中国网格（China Grid）”建设、由航天二院和清华大学共同开展的“仿真网格”研究、由中国科学院计算所领衔开发的“织女星网格”以及作为上海市科教兴市重大网格计划的“上海城市网格”。其中，上海城市网格是在因特网基础上，通过网格技术更好地整合和管理同一城市内各部门的计算和信息资源，消除信息孤岛，实现资源共享和协同工作，以构筑上海市信息化基础设施的综合体系架构，使上海市信息化提高到一个新水平。拟在集合气象预报、公共医疗卫生、电子政务和城市应急处理4个领域开展网格示范应用。这种城市网格的重要意义表现在：提高全市信息化资源的利用率，降低投资、运营和维护成本；提高政府的工作效率和管理水平；提高上海市企业的国际竞争力；提高科研的协作能力；提升上海市的国际地位、缩小与发达国家中心城市的IT方面差距；将上海市信息化建设从简单的物理基础设施建设推向系统综合管理与运用的高度，为上海的经济、贸易和航运等各方面的发展提供强有力的技术支持。

随着国际网格技术的激烈竞争与迅猛发展，设想运用具有超强的计算能力的计算机来完成，构建全球网格的前景几乎是无法抗拒的。网格正在成为中国IT界追踪世界先进技术潮流的一个主战场。我国各行各业已经对网格技术提出了实际的需求，网格的商业应用就在眼前。我国的许多行业，如生物、能源、交通、气象、水利、农林、教育和环保等，对高性能计算网格（即信息网格）的需求是非常巨大的。可以预计，在最近的几年内，就能看到更多成功的网格计算应用实例。

16.2 中国网络设备的销售和市场

16.2.1 PC机产品

一、总体市场规模

2004年中国PC产品市场销量达1 675.0万台，与2003年相比增长17.7%，服务器产品销售额为1 113.7亿元，增长9.2%。台式PC市场全年销量为1 421.6万台，销售额为767.7亿元。2002年～2004年中国台式PC市场规模如表16.1和图16.1所示。

表16.1　2002年～2004年中国台式PC市场规模

年　份	2002年	2003年	2004年
销售量（万台）	1 076.1	1 239.5	1 421.6
销售额（亿元）	697.4	739.9	767.7

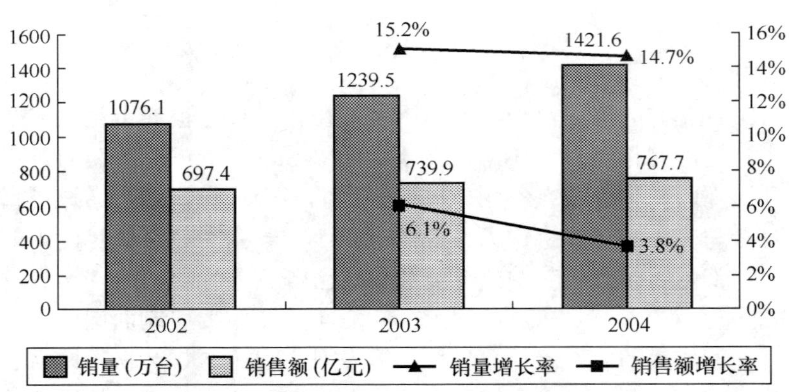

图16.1　2002年～2004年中国台式PC市场规模

2004年，中国笔记本电脑市场销量达到218.6万台，销售额达到274.4亿元人民币。2002年～2004年中国笔记本电脑市场规模如表16.2和图16.2所示。

表16.2　2002年～2004年中国笔记本电脑市场规模

年　份	2002年	2003年	2004年
销售量（万台）	109.0	156.1	218.6
销售额（亿元）	168.6	215.8	274.4

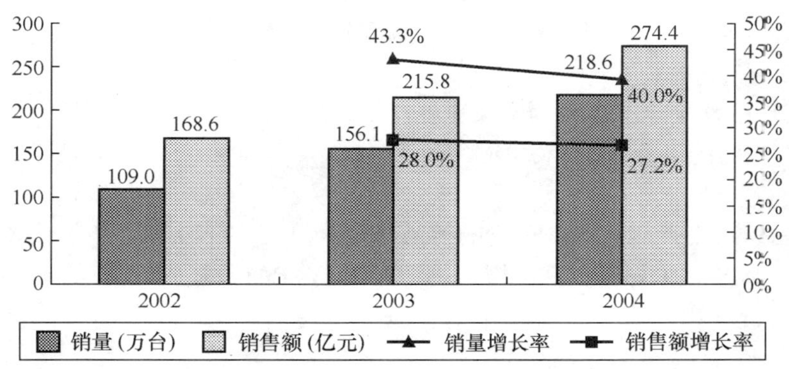

图 16.2　2002 年～2004 年中国笔记本电脑市场规模

2004 年中国 PC 服务器市场销售量规模为 34.8 万台，销售额规模达到 71.6 亿元人民币，2002 年～2004 年中国 PC 服务器市场规模如表 16.3 和图 16.3 所示。

表 16.3　　2002 年～2004 年中国 PC 服务器市场规模

年　　份	2002 年	2003 年	2004 年
销售量（万台）	23.5	27.7	34.8
销售额（亿元人民币）	60.3	64.5	71.6

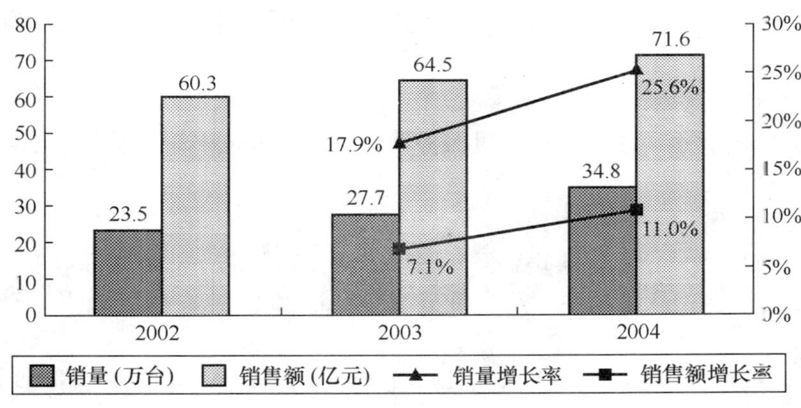

图 16.3　2002 年～2004 年中国 PC 服务器市场规模

二、总体市场特点

1．台式 PC 市场进入成熟期

2004 年中国台式 PC 市场呈现出比较显著的成熟期特征：缺少突破性的软硬件技术与应用创新，市场增长平缓，产品价格不断走低。

（1）技术创新不足

当前的信息技术已经能基本满足台式 PC 用户的正常需求，技术突破对市场增长的拉动力不足，加之一些核心部件的技术升级已经遇到了难以克服的瓶颈问题，2004 年台式 PC 产品实质性的技术突破较少。

（2）行业利润率低

由于市场竞争激烈，行业毛利率普遍降低，恒生、超群电脑关张，IBM 出售其 PC 业务，方正科技、清华同方等一贯以 PC 为主业的厂商向集成电路、生物制药和数字电视等领域多元化拓展。

（3）促销力度降低

在促销投入方面，虽然台式 PC 厂商促销手段依然呈现多样化，但厂商的促销投入力度却在普遍下降。

根据对 2004 年全年的促销监测，家用台式 PC 市场促销费用与 2003 年相比降低了 14%，商用台式 PC 市场促销费用降低了 16%。我们认为市场不景气是导致市场促销投入缩水的主要原因。

2．笔记本电脑市场高速增长

2004 年笔记本电脑市场保持着 40%的增长速度，远远高于台式 PC 与 PC 服务器的市场增速，笔记本电脑是 PC 市场中最有潜力的部分。

（1）无线技术标准统一

2004 年 4 月 21 日，中美两国宣布就广泛的贸易与技术问题达成协定，中方同意不在 6 月 1 日最后期限到来之时强制实施 WAPI 技术标准，并无限期推迟实施 WAPI 技术标准的时间。这一事件促成了无线技术在笔记本电脑上的广泛应用，带动了市场增长。

（2）学生市场成为亮点

学生对笔记本电脑的购买需求及购买力正在快速增长，仅北京一个地区市场，近年来学生购买笔记本电脑的销量就保持在每年 20 000 台左右。学生对笔记本电脑的需求增长与其学习和生活环境的特点密切相关：电脑已成为学生必不可少的学习工具，但学生的宿舍空间普遍比较狭窄，台式机占用面积大而且噪音高，另外学生经常要在宿舍、不同的教室及实验室之间活动，笔记本电脑非常适合学生的生活方式。笔记本厂商对学生市场非常重视，不仅把学生的寒假、暑假作为全年最大的促销时段，很多厂商还专门推出了针对学生的笔记本电脑。

（3）专业媒体广告投入加大

专业媒体成为了 2004 年笔记本电脑广告增长最快的一类媒体，市场份额增量为 3.6%，广告金额增长了 13%。专业媒体重新受到重视的原因是笔记本电脑厂商在加大大众媒体和财经媒体的投放力度之后，发现专业媒体的专业评测和导购能力是其他媒体所无法替代的，于是又重新加大了在专业媒体的投放力度。

3．技术创新推动 PC 服务器市场前行

随着行业用户 IT 应用的不断成熟，他们对服务器的应用功能提出了更高的要求，2004 年的技术创新则使厂商能够满足这些要求。

（1）64 位计算走向普及

64 位计算虽早在 2004 年以前就已实现，但其应用一直受限于高昂的成本和其专有体系，之前的安腾、POWER 4 都是贵族化的产品，一般的中小用户负担不起。而 2004 年的 64 位普及运动则使 64 位服务器走向平民化，用户只需花费 1 万～3 万元就可获得 64 位计算能力。而过去用户购买普通的小型机需要几十万元，购买安腾的产品也至少花费十几万元以上。向下兼容 32 位的 64 位架构正逐渐成为主流。

（2）IA 集群系统异军突起

随着开放源代码的结点操作系统 Linux 的日益成熟，IA 集群系统异军突起，各种性能优化技术的应用使集群系统的使用效率已达到高性能计算机的水平，而其性价比远高于后者。集群系统应用也不再局限于基础科学计算领域，目前已大规模进入商务计算和信息服务领域。

（3）刀片服务器受到更多用户青睐

与传统的机架式服务器相比，刀片服务器不但可以节省空间，同时也更容易对其进行安装和配置，从而最大程度地满足企业用户的自身要求。目前刀片服务器的设计更易于系统管理，并通过向外扩展技术为用户提供了更大的灵活性。因为这些优点的存在，刀片服务器正以高速增长的态势进入电信行业，成为新型电信运营商争相使用的热门产品。

三、垂直市场分析

垂直市场中，2004 年大型企业与消费市场相对萎缩，中小企业和政府采购快速增长，教育行业增长速度略高于整体市场。“校校通”、远程教育工程是教育市场增长的主要动力，政府方面的增长则来自于电子政务、“十二金”等工程的不断上马。由于消费类产品价格的快速下降，2004 年消费市场销售额增长缓慢。2003 年～2004 年中国 PC 产品垂直市场总体销量与增长情况如表 16.4、表 16.5 所示，以及图 16.4～图 16.9 所示。

表 16.4　　2003 年～2004 年中国 PC 产品垂直市场总体销售与增长情况

垂直市场	销量（万台）			销售额（亿元）		
	2003 年	2004 年	增长率	2003 年	2004 年	增长率
政府	169.4	203.1	19.9%	122.0	134.5	10.2%
教育	204.7	242.0	18.2%	117.4	130.5	11.1%
大型企业	230.4	269.4	16.9%	218.8	243.9	11.5%
中小企业	323.4	385.4	19.2%	235.4	262.7	11.6%
消费	495.6	575.2	16.1%	326.6	342.2	4.8%
合计	1 423.4	1 675.0	17.7%	1 020.2	1 113.7	9.2%

表 16.5　　2004 年中国各类 PC 产品垂直市场销售状况

垂直市场	台式 PC		笔记本电脑		PC 服务器	
	销量（万台）	销售额（亿元）	销量（万台）	销售额（亿元）	销量（万台）	销售额（亿元）
政府	171.2	94.6	27.4	30.6	4.5	9.2
教育	217.7	100.5	19.9	22.2	4.4	7.8
大型企业	168.1	99.5	88.3	115.1	13.0	29.3
中小企业	310.6	159.1	61.9	78.4	12.9	25.2
消费	554.0	314.0	21.2	28.1	0.0	0.0
合计	1421.6	767.7	218.6	274.4	34.8	71.6

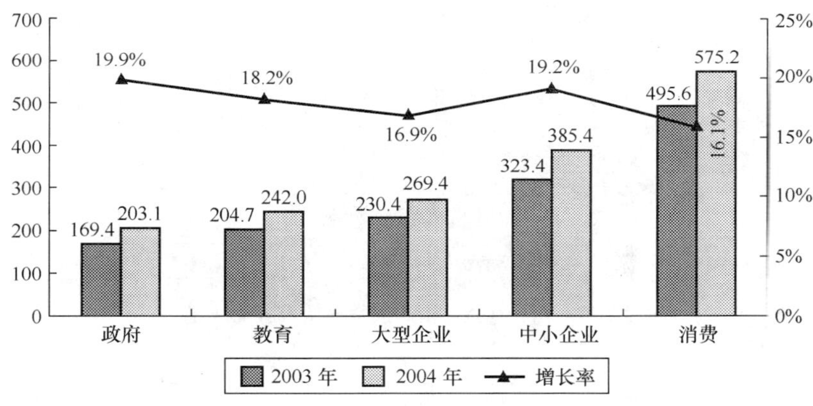

图 16.4　2003 年～2004 年中国 PC 产品垂直市场销量增长状况

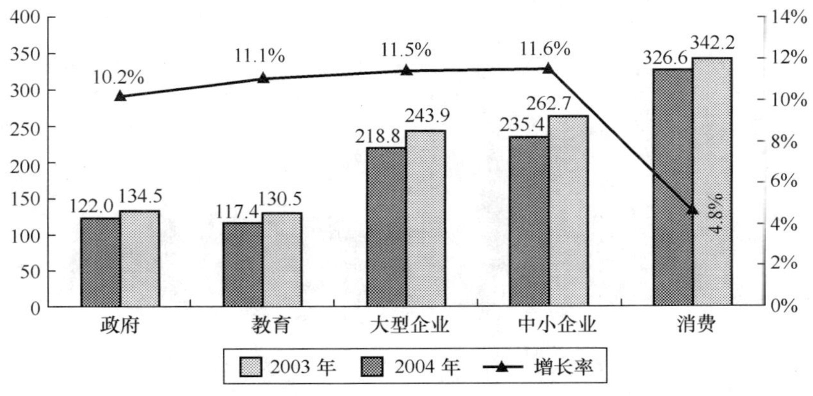

图 16.5　2003 年～2004 年中国 PC 产品垂直市场销售额增长状况

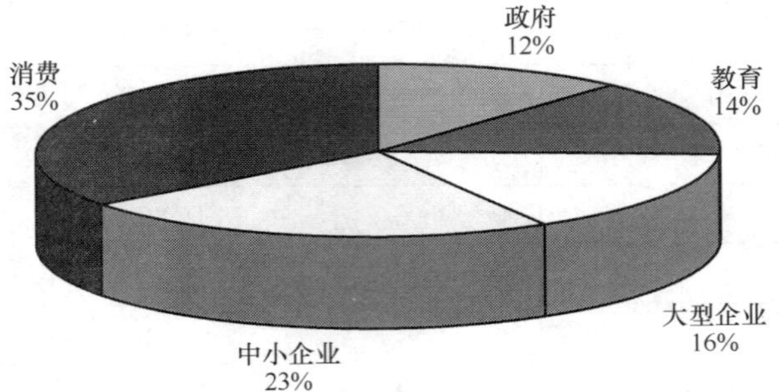

图 16.6　2004 年中国 PC 产品垂直市场销量比例

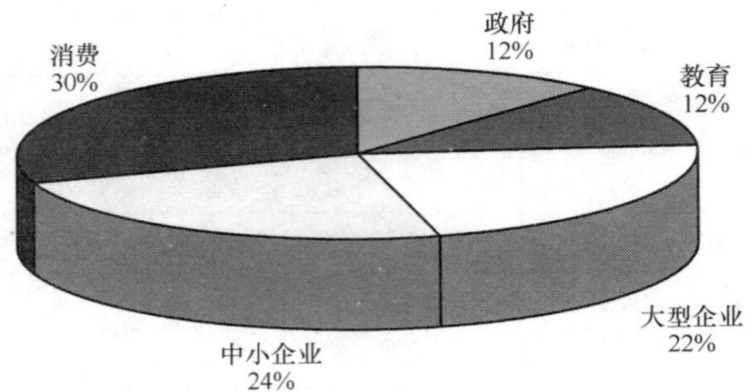

图 16.7　2004 年中国 PC 产品垂直市场销售额比例

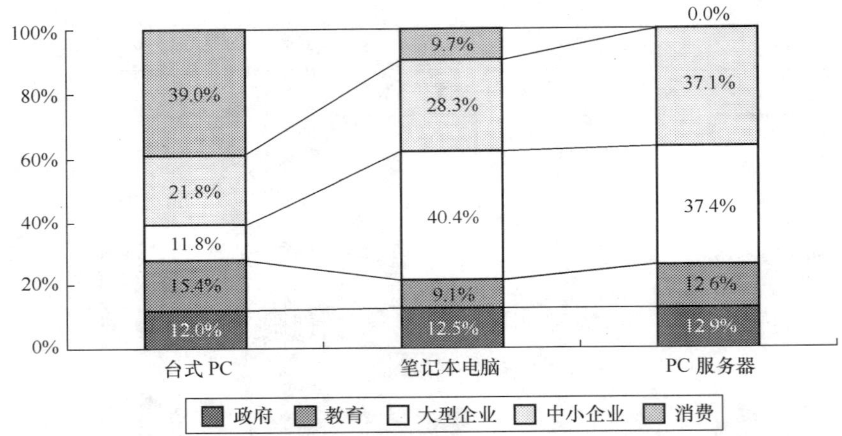

图 16.8　2004 年中国 PC 市场分类产品垂直市场销量比例

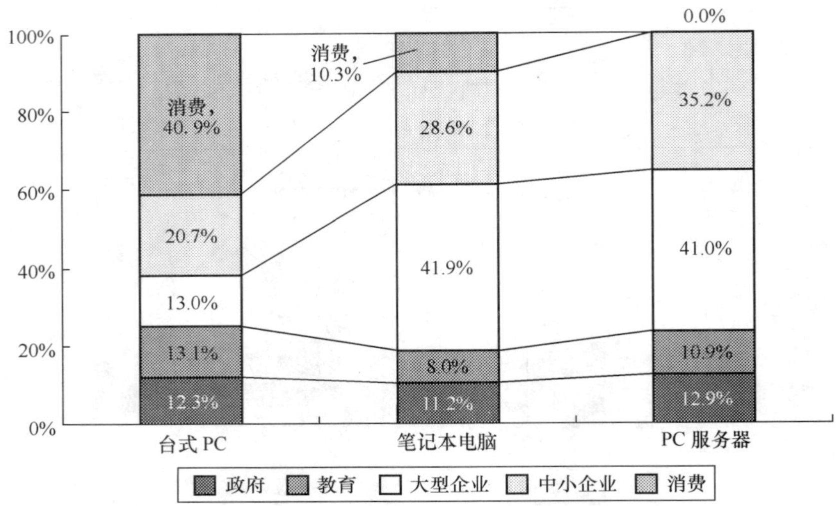

图 16.9　2004 年中国 PC 市场分类产品垂直市场销售额比例

四、平行市场分析

经过若干年的较快发展，金融、电信等传统的 IT 采购大户市场基本饱和，更新换代采购多，新增需求少，台式 PC 与笔记本电脑采购增长速度放慢。但在 PC 服务器市场，以网络游戏、视频点播和短信服务等为代表的电信增值业务需求的爆发，给低迷的电信行业市场带来了生机。2004 年中国 PC 产品平行市场段销售量情况如表 16.6 和图 16.10 所示。

表 16.6　　2004 年中国 PC 产品平行市场段销售量情况

平行市场段	销售量（万台）		2004 年销售量比例	增　长　率
	2003 年	2004 年		
政府	169.4	203.1	12.1%	19.9%
教育	204.7	242.0	14.4%	18.2%
制造	114.3	133.9	8.0%	17.1%
电信	82.9	96.5	5.8%	16.3%
金融	80.4	94.1	5.6%	17.0%
流通	52.6	60.0	3.6%	14.1%
能源	49.3	63.2	3.8%	28.0%
交通	43.1	52.6	3.1%	21.9%
消费	495.6	575.2	34.3%	16.1%
其他	131.0	154.6	9.2%	18.0%
合计	1 423.4	1 675.0	100%	17.7%

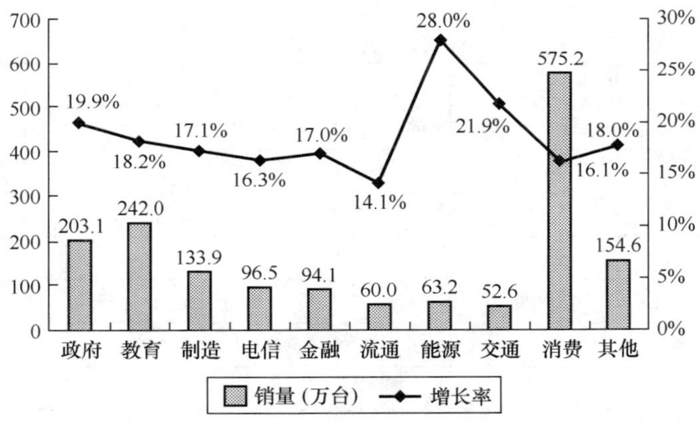

图 16.10　2004 年中国 PC 产品平行市场段销售量情况

2004 年中国 PC 产品平行市场段销售额情况如表 16.7 和图 16.11 所示。

表 16.7　　2004 年中国 PC 产品平行市场段销售额情况

平行市场段	销售额（亿元）		2004 年销售额比例	增　长　率
	2003 年	2004 年		
政府	122.1	134.5	12.1%	10.2%
教育	117.4	130.5	11.7%	11.1%
制造	79.8	90.3	8.1%	13.2%
电信	72.7	78.0	7.0%	7.3%
金融	78.4	85.6	7.7%	9.2%

续表

平行市场段	销售额（亿元）		2004 年销售额比例	增长率
	2003 年	2004 年		
流通	41.9	45.4	4.1%	8.5%
能源	42.4	51.3	4.6%	21.1%
交通	36.8	41.6	3.7%	13.0%
消费	326.6	342.2	30.7%	4.8%
其他	102.2	114.3	10.3%	11.9%
合计	1 020.2	1 113.7	100%	9.2%

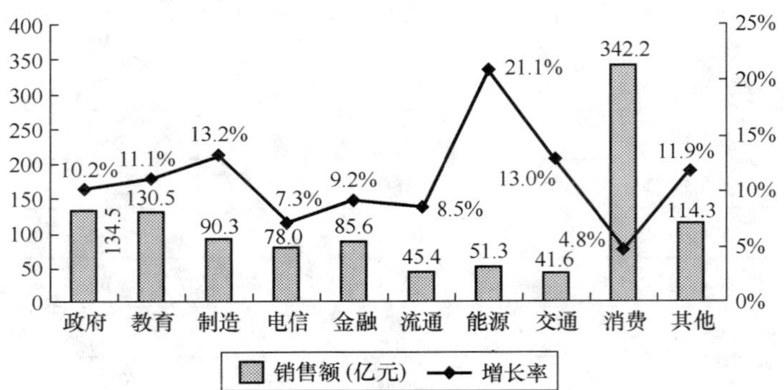

图 16.11　2004 年中国台式 PC 平行市场段销售额情况

2004 年中国各类 PC 产品平行市场销售情况如表 16.8 所示。

表 16.8　　2004 年中国各类 PC 产品平行市场销售状况

垂直市场	台式 PC		笔记本电脑		PC 服务器	
	销量（万台）	销售额（亿元）	销量（万台）	销售额（亿元）	销量（万台）	销售额（亿元）
政府	171.2	94.6	27.4	30.6	4.5	9.2
教育	217.7	100.5	19.9	22.2	4.4	7.8
制造	108.9	55.9	20.1	24.2	4.9	10.2
电信	70.3	39.2	22.2	29.6	3.9	9.1
金融	60.5	35.1	28.8	39.2	4.7	11.3
流通	43.7	23.5	14.7	18.6	1.6	3.3
能源	44.3	25.3	17.1	22.0	1.8	4.0
交通	36.2	19.0	13.9	17.3	2.4	5.4
消费	554.0	314.0	21.2	28.1	0.0	0.0
其他	114.8	60.5	33.2	42.5	6.6	11.4
合计	1 421.6	767.7	218.6	274.4	34.8	71.6

2004 年中国各类 PC 产品平行市场销售份额如表 16.9 所示。

表 16.9　　2004 年中国各类 PC 产品平行市场销售份额

垂直市场	台式 PC		笔记本电脑		PC 服务器	
	销量	销售额	销量	销售额	销量	销售额
政府	12.0%	12.3%	12.5%	11.2%	12.9%	12.9%
教育	15.3%	13.1%	9.1%	8.1%	12.6%	10.9%

续表

垂直市场	台式 PC		笔记本电脑		PC 服务器	
	销量	销售额	销量	销售额	销量	销售额
制造	7.7%	7.3%	9.2%	8.8%	13.9%	14.2%
电信	4.9%	5.1%	10.2%	10.8%	11.3%	12.7%
金融	4.3%	4.6%	13.2%	14.3%	13.6%	15.7%
流通	3.1%	3.1%	6.7%	6.8%	4.6%	4.6%
能源	3.1%	3.3%	7.8%	8.0%	5.1%	5.5%
交通	2.5%	2.5%	6.4%	6.3%	7.0%	7.6%
消费	39.0%	40.8%	9.7%	10.2%	0.1%	0.0%
其他	8.1%	7.9%	15.2%	15.5%	18.9%	15.9%
合计	100%	100%	100%	100%	100%	100%

16.2.2　服务器产品

一、总体市场规模

2004 年，从整体服务器市场增长走势来看，金融、电信等传统重点行业用户需求有回暖迹象，教育、中小企业等用户采购较 2003 年有较大增长，政府采购增长明显，2004 年中国服务器市场规模的增长保持快速增长态势。

从行业采购需求来看，一方面，银行、电信等传统行业对服务器系统的采购需求增长较为缓慢，但以网络游戏、视频点播和短信服务等为代表的电信增值业务需求拉动，给长期低迷的电信行业市场带来了生机。传统重点行业用户的需求日趋饱和，同时用户的 IT 采购也日趋理性化，应用需求已经从硬件设备的大规模采购逐渐转向现有系统应用水平的提高，用户更注重与产品应用相配套的 IT 服务，对硬件产品需求比例相对减少。另一方面，教育、政府和中小企业用户的服务器采购数量增长较为迅速，但教育、政府和中小企业对服务器的需求以中、低端产品为主，尽管采购数量有较大幅度增长，采赕产品平均价格却较低。

在 PC 服务器市场方面，2004 年，中国市场销售量规模为 34.8 万台，销售额规模达到 71.6 亿元人民币。2002 年～2004 年中国 PC 服务器市场规模如表 16.10 和图 16.12 所示。

表 16.10　　2002 年～2004 年中国 PC 服务器市场规模

年份	2002 年	2003 年	2004 年
销售量（万台）	23.5	27.7	34.8
销售额（亿元人民币）	60.3	64.5	71.6

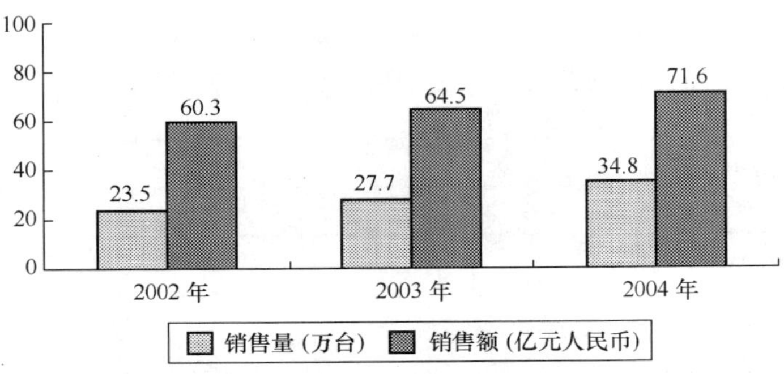

图 16.12　2002 年～2004 年中国 PC 服务器市场规模

2004 年市场 RISC 服务器销售量为 17.8 千台，销售收入达到 85.6 亿元。2002 年～2004 年中国 RISC 服务器市场规模如表 16.11 和图 16.13 所示。

表 16.11　　2002 年～2004 年中国 RISC 服务器市场规模

年　　份	2002 年	2003 年	2004 年
销售量（千台）	15.0	16.3	17.8
销售额（亿元人民币）	80.0	83.1	85.6

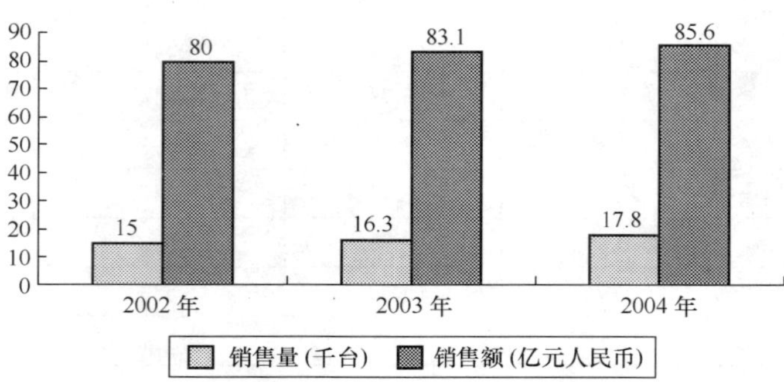

图 16.13　2002 年～2004 年中国 RISC 服务器市场规模

2004 年，NT 工作站市场销售量为 31.5 千台，销售收入达到 6.5 亿元。2002 年～2004 年中国 NT 工作站市场规模如表 16.12 和图 16.14 所示。

表 16.12　　2002 年～2004 年中国 NT 工作站市场规模

年　　份	2002 年	2003 年	2004 年
销售量（千台）	23.6	27.1	31.5
销售额（亿元人民币）	5.8	6.1	6.5

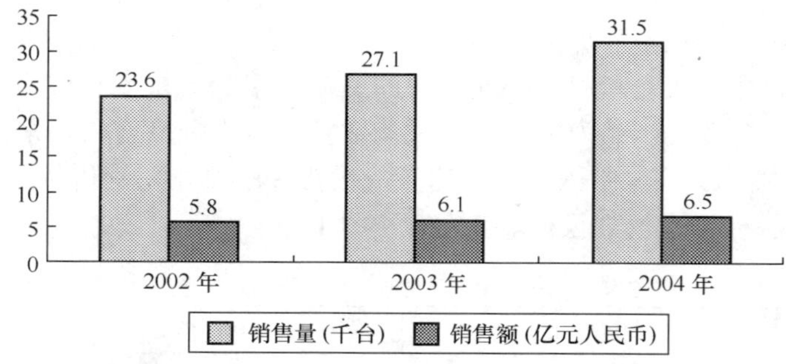

图 16.14　2002 年～2004 年中国 NT 工作站市场规模

2004 年，UNIX 工作站市场销售量为 14.8 千台，销售收入达到 20.5 亿人民币。2002 年～2004 年中国 UNIX 工作站市场规模如表 16.13 和图 16.15 所示。

表 16.13　　2002 年～2004 年中国 UNIX 工作站市场规模

年　　份	2002 年	2003 年	2004 年
销售量（千台）	12.6	13.6	14.8
销售额（亿元人民币）	19.2	19.9	20.5

二、总体市场特点

1．中低端市场需求增长带动整体市场快速增长

2004 年中国服务器市场增长快速，特别是市场对中低端产品的需求量快速增长，使得整个服务器市场的增长初步呈现较明显的增幅。导致市场快速增长的原因主要来自教育、政府以及中小企业用户需求的快速增长，而且由于教育、政府及中小企业用户对产品的需求主要集中在中、低端市场，这些用户在对服务器产品的需求特征方面的明显偏向使得服务器市场的产品结构比例向中低端市场倾斜，中低端产品占据市

场的核心位置。

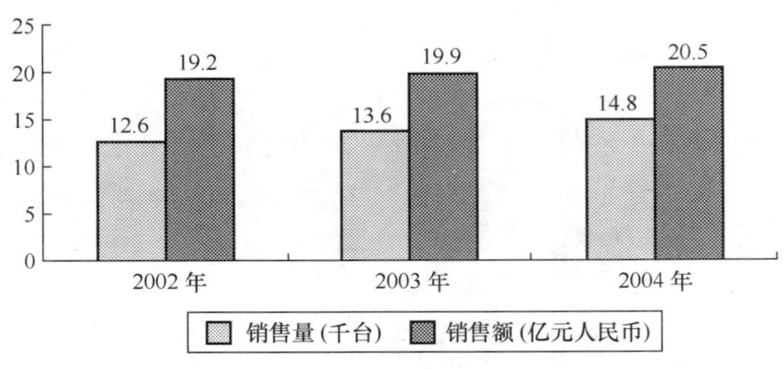

图 16.15　2002 年～2004 年中国 UNIX 工作站市场规模

2．新产品、新技术层出不穷

2004 年令人难忘的是 64 位计算的快速普及，64 位计算虽早在 2004 年以前就已实现，但其应用一直受限于高昂的成本和其专有体系，之前的安腾、POWER 4 都是贵族化的产品，一般的中小用户根本就不敢用，如今随着 64 位普及运动使 64 位服务器平民化，现在 64 位产品只用花费 1 万～3 万元就可获得满足各个档次的需要，而过去用户购买普通的小型机价值却要几十万以上，安腾至少也在一二十万以上。向下兼容 32 位的 64 位架构以其高性能应用逐渐成为主流。

芯片技术及互联网技术的不断进步，开放源码的结点操作系统 Linux 日益成熟。2004 年，IA 集群系统异军突起，各种性能优化技术的应用使集群系统的使用效率已达到高性能计算机的水平，而其性价比远高于后者，集群系统应用也不再局限于基础科学计算领域，目前已大规模进入商务计算和信息服务领域。而刀片服务器也是 2004 年开始显示出的一个热点，我们看到了很多具备服务器特性的真正刀片产品的出现以及应用的起步，在整个 2004 年上半年，刀片服务器的声音不绝于耳。6 月份，在刀片服务器推广 HP 宣布其第 10 万片刀片的出货，并在其刀片产品线中新添了双倍密度的 ProLiant BL30p 刀片，实现在 42U 的机架中容纳 96 个至强刀片的计算密度新突破。IBM 也不甘落后，从 1 月份四路至强刀片 HS40 发布，到 6 月份上市的基于 Power970 的 JS20 64 位刀片，再到近期专门为电信行业设计的 BladeCenter T 解决方案，IBM 刀片中心无论从技术方案的深度还是产品线的广度上都不容忽视。另外，Sun 公司在 2 月份推出其 Fire 刀片服务器产品线，并把 AMD Athlon 和 SPARC 处理器同时引入刀片，NEC 也积极把其超级计算机的技术精华应用到刀片设计之中，2004 年开始在全球范围推广其 Express5 800/420Ma 刀片服务器，Dell 的刀片服务器虽然一度停留在基于 PIII的 PowerEdge 1 655MC，但其市场接受度不弱于其他对手，并向市场上推出基于 64 位 Nocona 的刀片服务器。

3．市场竞争日趋白热化

2004 年国内服务器市场最大的变化是中低端产品重新占据市场的核心位置，并由此引发中外服务器品牌的初次直面交锋，并在区域细分市场和渠道、产品技术上全面开展竞争。2004 年，国外服务器厂商纷纷将中国中低端市场定为其“决战之地”，并且通过凶悍的价格战，实现在服务器中低端市场上的扩张。国际品牌与国内品牌是两个壁垒分明的阵营，高端市场长期是国际品牌的固有地盘，国内品牌则主要在中、低端市场占据优势，尽量避免与国际品牌的正面交锋。但 2004 年，这一竞争格局悄然改变，引发国际品牌与国内品牌之争的一个原因在于高端市场逐步饱和，市场空间正在萎缩，而与此相对的则是中低端市场蓬勃发展，国际品牌市场策略布局开始“由高走低”，全身投入到了对中低端市场的争夺之中。

低端上，国外厂商的产品侵蚀国内品牌的市场份额速度越来越快，Dell 产品的直销策略及非比寻常的低价，IBM 也转为渠道推出的“一档系列”服务器产品，HP 公司推出来的新租赁模式，以及 Sun 公司对 Opteron 服务器的大范围推广，等等，产品上，国外厂商目前甚至已经敢和国内厂商比拼价格，不可否认一个严峻的事实，国内厂商的本地化优势正在国外厂商近几年的深耕细作之中丧失殆尽。

作为芯片厂商，2004 年 Intel 和 AMD 率先从服务器产业链的最上游开始正面交火。Opteron 可以说是 AMD 服务器芯片中最成功的一款，2003 年 4 月推出后，凭借其 32 位与 64 位的软件兼容特性和极具说服力的性价比，开始得到来自于用户和服务器厂商的关注。到目前为止，已经有IBM、HP、Sun和曙光等服务器厂商宣布推出Opteron服务器，这使得AMD和Intel的竞争进入高潮，Intel在Opteron发布不久也随后推出了较有说服力的兼容32位和64位的Nocona产品，无论国外的HP、IBM还是国内的曙光也都相继投入Nocona阵营，国内的服务器厂商中，虽然宝德、同方、浪潮先后拒绝了AMD的邀请表明自己的立场，但对于AMD这个对手，Intel不得不刮目相看。特别是AMD将会推出双核的Opteron处理器，性能上更是大幅度提升，Intel的双核安腾芯片也会在2005年推出，双核Nocona预计会在2006年推出，可以预测，2005年和2006年两年将会是AMD和Intel竞争的白热化阶段。未来IT和通信的融合，给芯片产业带来新的商机，也带来了更多不可确定的因素，未来鹿死谁手还未可知。

2004年，PC服务器与RISC服务器市场竞争也较为激烈。分析不同价格划段服务器市场走势，发现5千美元以下和1万到2.5万美元服务器市场增长最为显著，前者几乎全部由PC服务器构成，而后者的构成从以低端RISC服务器为主演变到高端PC服务器，增长也是由PC服务器带动的。PC服务器增长快速、RISC服务器增长趋缓的主要原因是：低端市场需求膨胀，众多的SMB形成大量的低端服务器的采购规模；PC服务器应用走向成熟，从性能、稳定性上已经足以替代低端RISC服务器，高端的PC服务器（4路以上）正在侵蚀低端RISC市场；同时，PC服务器集群应用、刀片服务器的出现也开始撼动RISC在高端应用上的稳固地位。

4．用户采购趋于理性化，对服务器的应用提出了更高的要求

2004年，随着客户不断成熟和应用水平的不断提高，客户对服务器的应用功能提出了更高的要求，企业购买服务器最终的目的是要落实到应用上。过去，在采购时更多考虑的是品牌、价格和服务，但现在逐渐发现，仅仅关注这几个方面是不够的，一些价格低但功能单一的服务器产品不能满足企业的需要；另外一些产品虽然功能丰富，但有一些应用是企业目前所不需要的，也不能实现企业真正需要的应用，从这个角度来说，也浪费了成本。所以，现在把产品能否满足个性化的需要放在了一个重要的地位上加以考虑，一些按需定制型的产品最受用户的青睐。客户不一定要最便宜的产品，而是要最合适的产品。这说明满足客户的个性化应用，为客户提供量身定做的服务器产品将成为一种趋势，同时，这也为厂商提供了一种新的竞争手段，也更多的体现出了服务的价值。

5．深化渠道建设，渠道变革此起彼伏

2004年渠道变革声音此起彼伏，我们首先听到来自HP、宝德和曙光3家服务器厂商的声音。这3家厂商纷纷出台了渠道架构和实施新策略，针对性强，杀伤力大。随后，IBM、联想和浪潮等也纷纷出击。首先，宝德借联想年初业务调整之机，开始在一些区域争夺联想PC服务器的渠道。虽然宝德一直以所谓的“亚直销”模式成就了其服务器产品今天的规模与名气，而随着PC服务器走向平民化以及日益兴起的中小企业市场发展，为了扩大自身产品的市场占有率，宝德不得不开始把销售重点从行业市场转移过来，开始从事分销业务。随后，曙光开始打造其高性能计算机的复合渠道，把渠道伙伴分为分销商、行业增值代理商、地市级分销商和金牌代理商4种，并在此基础上把原有20多个省级平台划归大区管理，整合资源增强销售管理，加大高性能产品在区域销售的支持力度。联想当然不甘心被宝德抢去渠道伙伴，为了进一步扩大渠道，除了为渠道让利外，联想一方面将解决方案部门“下放”到经营第一线，启动了渠道工程师培训计划，并通过与日立的合作积极将存储产品整合进目前的销售体系；另一方面，不惜重金投入品牌建设，借此拉动服务器业务。清华同方是把渠道扁平化策略执行得最彻底的，2004年，他们推出了扁平化的“城市代理制”政策，以三级、二级城市为中心，在每个城市设置一家代理商，这使得客户可以就近的问题就近解决，让厂商对市场、竞争及客户的反应更迅速、敏捷。

2004年，IBM的eServer X系列服务器部也公布了以“F1计划”为名的渠道策略和一系列合作伙伴计划，投入上千万资金进行渠道建设，为独立软件开发商和系统集成商、新加入的经销商、小规模合作的经销商和成熟经销商，“一分为四”提供不同级别的定制化培训和奖励计划，帮助他们提高核心竞争力。2004年，HP也采取了积极的渠道扩张策略，全面加强对渠道代理商的支持，以此来帮助他们寻找核心竞争力。HP对供应链进行了调整，对用户、伙伴的响应速度已越来越快，同时供货周期大大缩短。根据产品档次的不同，HP服务器的渠道策略也相应有所区别。高端渠道主要划分4类：增值分销商、增值代理商、增

值经销商和独立软件供应商。继续和增值合作伙伴一起进行设计、建设、集成、管理和优化，将服务器、管理软件和存储系统等企业级产品整合为基础设施解决方案、行业和跨行业解决方案提供给广大用户。

三、垂直市场分析

中小企业和教育是增长较快的两个垂直市场段，由于这两个垂直市场用户对产品价格比较敏感，因此一直以来国内厂商的优势比较明显。2004 年，国外品牌也开始积极投入中小企业市场，特别是 DELL 以低价策略杀入这一市场，销售成绩显著。2004 年 HP 除了推出高性价比的低端产品和解决方案之外，还开始向中小企业用户实施了直销的策略，直接面对中小企业用户提供产品和服务。在政府市场，国内品牌有较好的基础，政府对国内品牌的支持政策为国内品牌的发展提供了良好的环境。而在大型企业垂直市场段的竞争中，仍然是 HP 和 IBM 占据了较大的市场份额，虽然国内品牌浪潮和联想都在加大对高端产品的投入并有一定的突破，但与国外品牌相比还有较大的差距。详细的数据如表 16.14～16.17 和图 16.16 所示。

表 16.14　　2004 年 PC 服务器垂直市场销量竞争结构

销量（千台）	大型企业	中小企业	政府	教育
HP	35.1	22.7	5.0	6.4
Dell	27.5	27.1	6.1	7.8
IBM	30.0	13.4	7.0	6.5
浪潮	6.7	17.0	12.6	5.6
联想	8.1	11.4	7.8	9.1
其他	22.6	37.4	6.5	8.6
总计	130.0	129.0	45.0	44.0

表 16.15　　2004 年 PC 服务器垂直市场竞争结构销量比例

销量比例（%）	大型企业	中小企业	政府	教育
HP	27.0%	17.6%	11.1%	14.5%
Dell	21.2%	21.0%	13.6%	17.7%
IBM	23.1%	10.4%	15.6%	14.8%
浪潮	5.2%	13.2%	28.0%	12.7%
联想	6.2%	8.8%	17.3%	20.7%
其他	17.3%	29.0%	14.4%	19.6%
总计	100%	100%	100%	100%

表 16.16　　2004 年 PC 服务器垂直市场销售额竞争结构

销售额（亿元）	大型企业	中小企业	政府	教育
HP	9.4	5.9	1.3	1.6
Dell	5.4	5.0	1.2	1.4
IBM	7.6	3.1	1.8	1.5
浪潮	1.2	3.0	2.3	1.0
联想	1.6	2.1	1.4	1.6
其他	4.1	6.1	1.2	0.8
总计	29.3	25.2	9.2	7.9

表 16.17　　2004 年 PC 服务器垂直市场竞争结构销售额比例

销售额比例（%）	大型企业	中小企业	政府	教育
HP	32.0%	23.5%	14.0%	19.8%
Dell	18.4%	19.9%	12.8%	17.9%
IBM	25.9%	11.9%	19.2%	19.1%

续表

销售额比例（%）	大型企业	中小企业	政　府	教　育
浪潮	4.2%	12.2%	25.3%	12.5%
联想	5.4%	8.4%	15.7%	20.8%
其他	14.1%	24.1%	13.0%	9.9%
总计	100%	100%	100%	100%

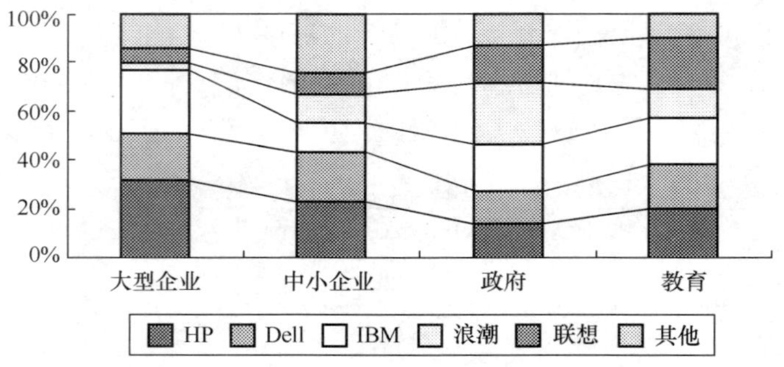

图 16.16　2004 年中国 PC 服务器垂直市场竞争结构销售额比例

四、平行市场分析

2004 年，在各平行市场段中，由于金融、电信行业对于产品性能要求苛刻，因而长期以来该市场一直是 IBM、HP 等国际品牌的天下。2004 年，IBM 和 HP 继续保持了在金融行业的优势地位，两者销售额市场份额合计为 65.0%。电信行业是继金融之后的另一个传统的服务器采购大户，HP 一直是电信行业服务器产品的主要提供商，SUN 在此行业的市场份额也不容小觑。而国内厂商近年也开始加大对该市场的开拓，浪潮和曙光先后都推出了电信级的专用服务器，希望通过深入挖掘电信市场的应用需求，来开拓电信市场，提高其市场占有率。在制造行业，Dell 的市场份额高于其他主力厂商。详细数据如表 16.18～表 16.21 和图 16.17 所示。

表 16.18　　2004 年 PC 服务器平行市场销量竞争结构

销量（千台）	制　造	政　府	教　育	金　融	电　信	其　他
HP	6.7	5.0	6.4	11.6	8.3	31.2
Dell	9.5	6.1	7.8	8.3	7.0	29.8
IBM	7.8	7.0	6.5	14.3	7.5	13.8
浪潮	5.2	12.6	5.6	2.0	5.7	10.8
联想	5.3	7.8	9.1	3.4	3.6	7.2
其他	14.0	6.5	8.6	6.5	7.3	32.2
总计	48.5	45.0	44.0	46.1	39.4	125.0

表 16.19　　2004 年 PC 服务器平行市场竞争结构销量比例

销量比例（%）	制　造	政　府	教　育	金　融	电　信	其　他
HP	13.8%	11.1%	14.5%	25.2%	21.1%	25.0%
Dell	19.7%	13.6%	17.7%	18.0%	17.8%	23.8%
IBM	16.1%	15.6%	14.8%	31.0%	19.0%	11.0%
浪潮	10.7%	28.0%	12.7%	4.3%	14.5%	8.6%
联想	10.9%	17.3%	20.7%	7.4%	9.1%	5.8%
其他	28.8%	14.4%	19.6%	14.1%	18.5%	25.8%
总计	100%	100%	100%	100%	100%	100%

表16.20　　2004年PC服务器平行市场销售额竞争结构

销售额（亿元）	制　造	政　府	教　育	金　融	电　信	其　他
HP	1.6	1.3	1.6	3.6	2.6	7.5
Dell	1.8	1.2	1.4	1.7	1.4	5.5
IBM	1.9	1.8	1.5	3.7	2.0	3.1
浪潮	1.0	2.3	1.0	0.5	1.1	1.7
联想	1.0	1.4	1.6	0.6	0.7	1.4
其他	2.9	1.2	0.8	1.2	1.3	4.8
总计	10.2	9.2	7.8	11.3	9.1	24.0

表16.21　　2004年PC服务器平行市场竞争结构销售额比例

销售额比例（%）	制　造	政　府	教　育	金　融	电　信	其　他
HP	16.2%	14.0%	19.8%	31.9%	28.5%	31.2%
Dell	17.7%	12.8%	17.9%	15.2%	15.3%	22.9%
IBM	17.9%	19.2%	19.1%	33.1%	22.2%	13.0%
浪潮	9.4%	25.3%	12.5%	3.4%	12.0%	7.6%
联想	9.8%	15.7%	20.8%	5.8%	7.7%	5.4%
其他	29.0%	13.0%	9.9%	10.6%	14.3%	19.9%
总计	100%	100%	100%	100%	100%	100%

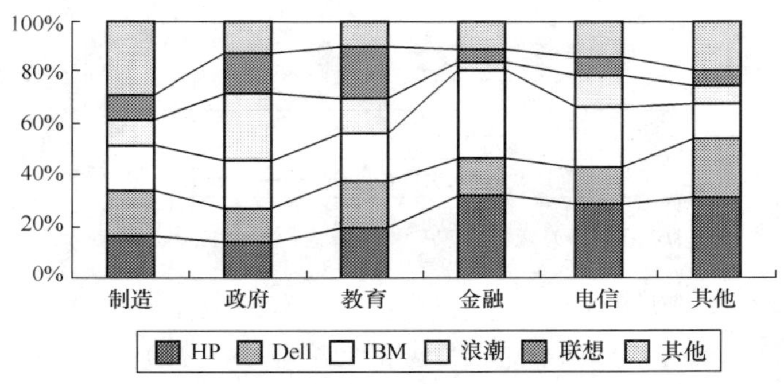

图16.17　2004年中国PC服务器平行市场竞争结构销售额比例

16.2.3　路由器产品

一、总体市场规模

2004年，中国通信产业保持稳定增长的发展态势，互联网及宽带业务依旧保持增长。互联网用户由于基数的增加，增长率逐渐放缓，2004年底，中国互联网用户达到9 400万，与2003年底相比增长率为18.2%，详细数据如图16.18所示。

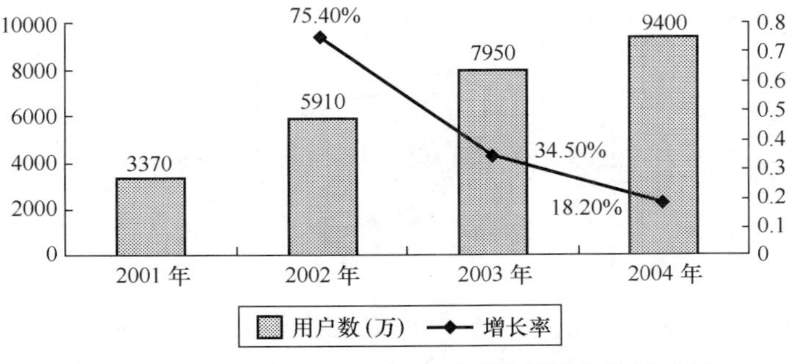

图16.18　2001年～2004年中国互联网用户发展状况

随着互联网用户数逐渐上升至上亿的数量级，其规模效应逐渐显现，互联网业务收入逐渐实现快速的增长。由图 16.19 可以看出，2004 年中国互联网业务总体规模达到 292.3 亿元，同比 2003 年增长 30.4%，自 2002 年以来在增长率方面也保持了增长。

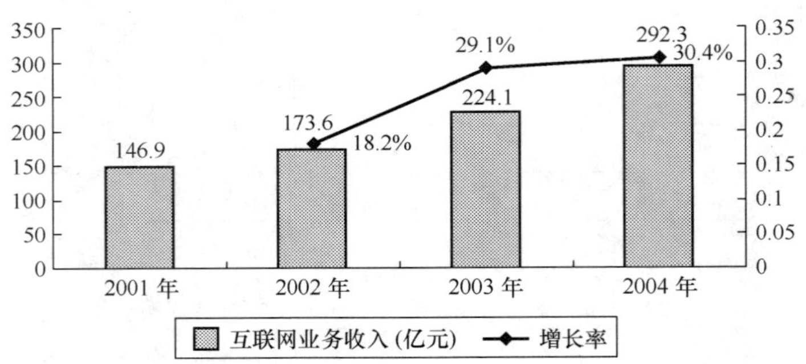

图 16.19　2001 年～2004 年中国互联网业务收入增长状况

自 2002 年以来，中国宽带接入开始了雪崩式的高速发展，2002 年底用户数达 392.5 万户，增长率高达 300.5%。随着用户保有量的增加，增长率有所降低，2004 年底同比增长为 97.3%，用户数达 2 385.1 万户。详细情况如图 16.20 所示。

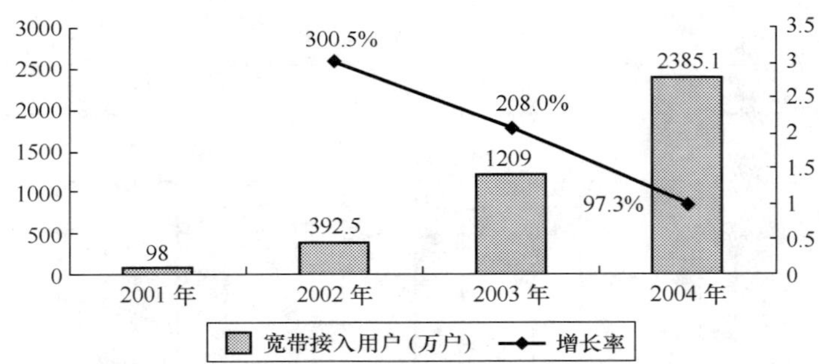

图 16.20　2001 年～2004 年中国宽带接入用户发展状况

2004 年，各大运营商竞争的中心都放在了互联网、宽带接入及内容提供、行业应用等增值业务方面，因此网络建设投资力度都进一步加大。而非电信行业的网络应用在 2004 年也都开展得如火如荼，大大拉动了中国路由器市场的增长。2004 年，中国路由器市场总量为 30.8 万台，市场规模为 70.1 亿元，同比分别增长 31.1%及 29.6%，取得了快速的增长，如图 16.21 所示。

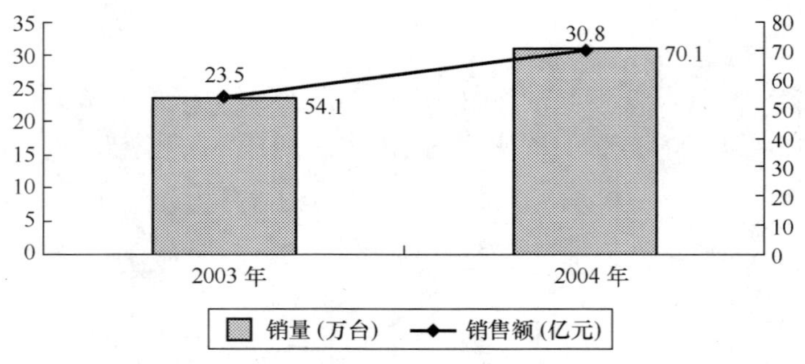

图 16.21　2003 年～2004 年中国路由器市场规模与增长情况

二、总体市场特点

1．高端市场增长快速

2004 年，以中国电信 CN2 为代表的下一代互联网建设得到广泛开展，这些网络项目的核心设备就是高端路由器，这些路由器具有更高的带宽，更大的容量，甚至远远超过了目前用户的期望。在这些大型项目的拉动下，中国高端路由器市场增长迅速。

2．从运营商市场向行业市场迅速延伸、扩展

近几年来，中国电信运营商的投资趋于理性，在路由器方面的投资也整体趋于稳定；而路由器更大的潜力市场将主要集中在行业应用中，例如行业的各级网络新建项目，同时一些行业网络的扩容和升级也将拉动路由器的需求。在目前的这种需求状况下，厂商之间的竞争也将尤为关键，因为行业性网络一般具有延续性的特点，即最初的品牌将在后面的网络扩展中延续，从目前情况来看，一些厂商通过合作、OEM 等竞争方式已经取得了相当的市场效果。

3．业务与功能的融合成为产品发展主流

2004 年，随着路由器原有产品功能的逐步稳定，一些新的功能与业务模块被引入，这也成为各大厂商的主要卖点，例如安全、VoIP、QoS、支持 IPv6 等。业务与功能的扩充使得路由器不再仅仅具备路由协议执行和包转发的功能，这种多业务和功能的提升也为用户的网络建设，以及业务应用等提供了更为良好的支撑。

三、产品市场分析

为对市场进行细分研究，我们将路由器的产品结构划分为两种。高端路由器是新一代可运营的路由设备，主要用于运营商骨干网或城域网核心及边缘结点或企业网主干结点。相关性能指标为：配置千兆、STM－1/STM－4/STM－16 及更高速接口，20Gbit/s 及以上的交换容量，25Mpps 及以上的包转发能力。中低端路由器是通常采用传统路由体系结构和路由策略的企业级路由设备，主要应用在运营商网络的接入层及企业网的边缘和接入层，可提供 Internet 访问、VPN 接入及拨号访问等功能。主要性能指标为：配置 E1 及 10/100MB 等中低速接口，20Gbit/s 以下的交换容量，25Mpps 以下的包转发能力。

2004 年中国路由器市场中，高端路由器销售量为 5 400 台，占总销量的 1.8%，而销售额为 36.8 亿元，占总销售额的 52.5%；中低端路由器的销售量为 30.26 万台，占总销量的 98.2%，销售额为 33.3 亿元，占总销售额的 47.5%。详细数据如表 16.22 所示。

表 16.22　2004 年中国路由器产品市场结构

分　类	销量（台）	销售额（亿元）	销 量 比 例	销售额比例
高端路由器	5400	36.8	1.8%	52.5%
中低端路由器	30.26 万	33.3	98.2%	47.5%
合计	30.8 万	70.1	100%	100%

四、平行市场分析

2004 年，电信、政府及能源行业是路由器重点市场，其中电信行业所占份额明显较 2003 年上升，而能源和教育行业的销售额同比增长也超过了 20%。具体行业分布如图 16.22 所示。

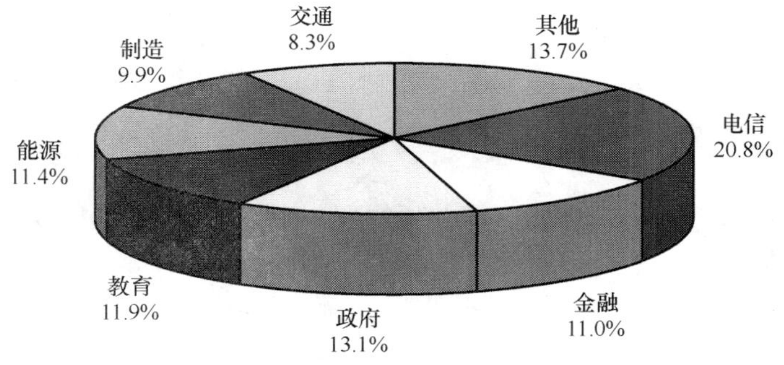

图 16.22　2004 年中国路由器行业市场结构

16.2.4　以太网交换机产品

一、总体市场规模

2004 年中国以太网交换机市场总体规模较 2003 年有较大规模增长，其中总销售量达到 2 016.0 万端口

（如图 16.23 所示），同比 2003 年增长了 12.7%，销售额达 77.3 亿人民币（如图 16.24 所示），同比 2003 年增长 11.2%。具体 2001 年～2004 年中国以太网交换机销售情况比较如表 16.23 所示。

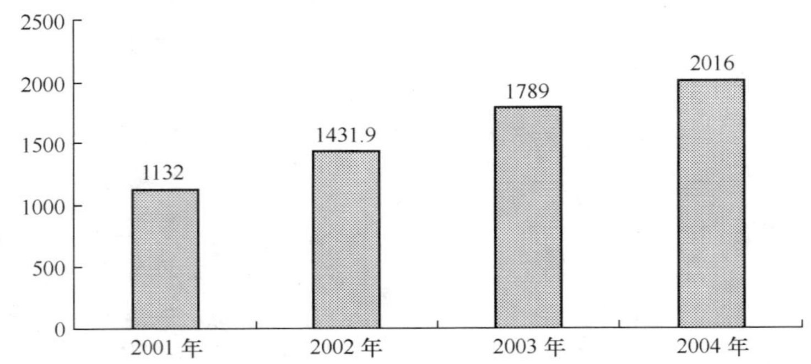

图 16.23　2001 年～2004 年中国以太网交换机市场销售量情况（万端口）

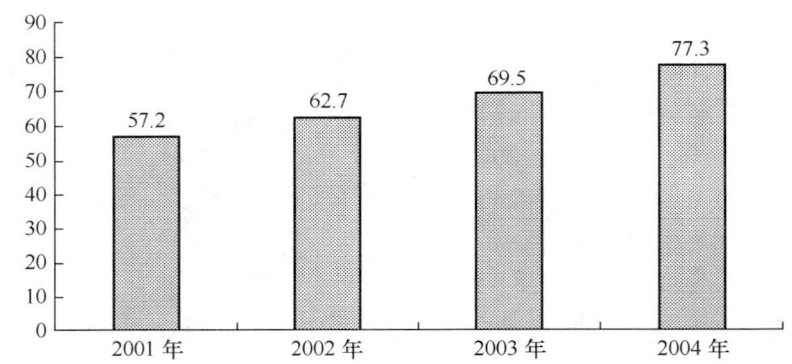

图 16.24　2001 年～2004 年中国以太网交换机市场销售额情况（亿元人民币）

表 16.23　2001 年～2004 年中国以太网交换机市场销售量和销售额

年　　度	2001 年	2002 年	2003 年	2004 年
销售量（万端口）	1132.0	1431.9	1789.0	2016
增长率（%）	—	26.5	24.9	12.7
销售额（亿元）	57.2	62.7	69.5	77.3
增长率（%）	—	9.6	10.8	11.2

二、总体市场特点

2004 年中国以太网交换机市场呈现快速增长的态势，特别是在运营商投入不大的情况下，行业市场显示出了非常好的发展势头，教育、政府和能源等行业随着信息化进程的进一步推进，对网络设备的需求在不断的增加。厂商方面，虽然思科仍占据第一的市场份额，但是其优势已经相当微弱。在低端领域，厂商竞争更是异常激烈。在技术门槛相对较高的高端设备领域，华为、港湾和锐捷等国内厂商已有非常出色的表现，而且也占据了相当大的市场空间。

三、垂直市场分析

在 2005 年～2009 年以太网交换机垂直市场发展的预测中我们可以看出，大中型企业依然是主力市场，值得关注的是家庭市场，随着中国社会信息化进程的推进，家庭网络设备市场逐渐占有越来越重要的地位，将成为众厂商力逐的重点领域。2005 年～2009 年中国以太网交换机各垂直市场规模预测数据如表 16.24 和图 16.25 所示。

表 16.24　2005 年～2009 年中国以太网交换机垂直市场规模预测数据（亿元）

年　份	2005 年	2006 年	2007 年	2008 年	2009 年
大型企业	36.5	39.8	46.9	46.3	55.9
中型企业	15.1	18.9	22.1	28.4	30.5

续表

年　　份	2005 年	2006 年	2007 年	2008 年	2009 年
小型企业	10.7	14.7	19.5	20.9	28.8
政府	11.6	12.5	14.3	14.9	18.7
教育	8.0	8.4	13.0	17.9	15.3
家庭	7.1	10.5	14.4	20.9	20.3

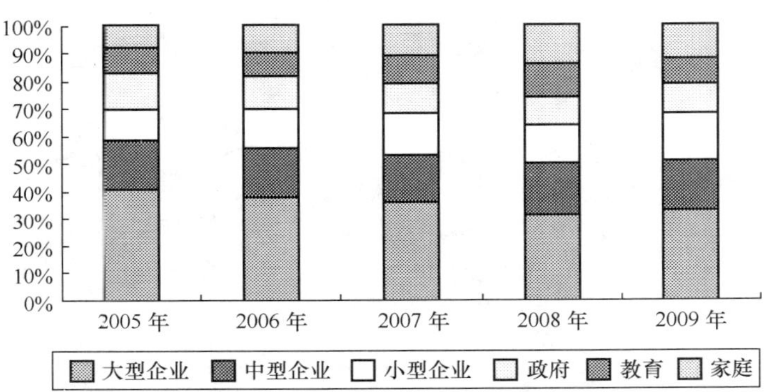

图 16.25　2005 年～2009 年中国以太网交换机垂直市场增长预测

四、平行市场分析

在 2005 年～2009 年中国以太网交换机平行市场分布中，我们可以看到电信、金融、能源等行业由于处于相对垄断地位，企业规模都较大，对信息化的依赖性较高，因此这几个行业占据着整体市场的大部分份额，其他几个行业发展相比较而言都比较平稳。2005 年～2009 年中国以太网交换机各平行市场规模预测数据如表 16.25 所示。

表 16.25　　2005 年～2009 年中国以太网交换机平行市场规模预测数据（亿元）

年　　份	2005 年	2006 年	2007 年	2008 年	2009 年
电信	23.9	31.1	46.2	46.6	49.7
金融	11.0	13.7	14.6	19.6	21.5
教育	8.0	8.4	13.0	17.9	15.3
能源	10.1	12.7	13.2	18.7	19.1
制造	7.9	7.5	7.9	8.2	11.4
交通	6.8	7.9	9.4	12.1	13.4
政府	11.6	12.6	14.3	14.9	18.6
其他	9.7	10.9	11.6	11.3	20.5

16.2.5　手机产品

一、总体市场规模

2004 年中国手机市场实现销量 7 869.6 万部，销售额 1 204.8 亿元人民币，分别同比增长 6.7%和 1.3%。2001 年～2004 年中国手机市场规模和增长情况如表 16.26 和图 16.26～16.27 所示。

表 16.26　　2001 年～2004 年中国手机市场总量及增长率

年　　份	销量（万部）	销量增长率	销售额（亿元）	销售额增长率
2001 年	4 601.6	51.9%	901.9	33.2%
2002 年	6 247.4	35.8%	1 077.1	19.4%

续表

年　　份	销量（万部）	销量增长率	销售额（亿元）	销售额增长率
2003 年	7 378.6	18.1%	1 189.3	10.4%
2004 年	7 869.6	6.7%	1 204.8	1.3%

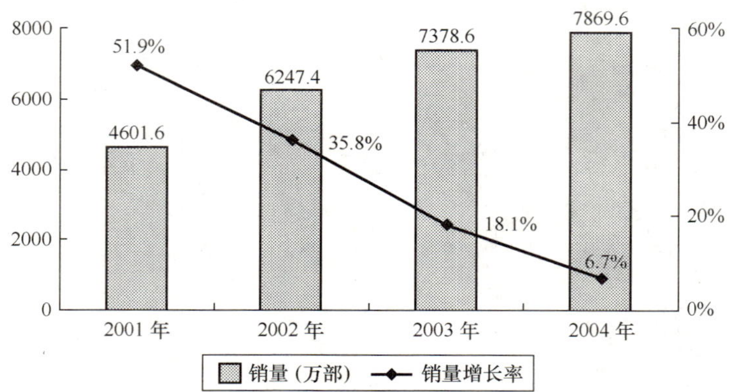

图 16.26　2001 年～2004 年中国手机市场销量及增长率

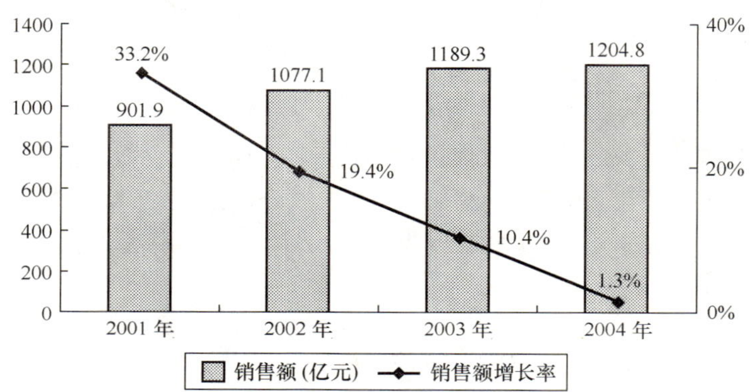

图 16.27　2001 年～2004 年中国手机市场销售额及增长率

中国手机市场高速成长期结束，市场已经进入平稳增长的成熟期。2004 年，中国手机市场销量增长率和销售额增长率较前几年相比出现了大幅度的下降，销量、销售额分别进入了个位数增长时代。据统计，手机市场连续 3 年销量复合增长率由 34.6%降低到 19.6%，销售额的 3 年复合增长率也由 20.7%降低到 10.1%。

近两年手机市场的发展轨迹，反映了成熟期市场的基本特点。低端新增需求和高端换机需求成为推动市场发展的两个主要驱动力。

首先，新增用户维持增长，增长动力主要来源于城市和农村的低端市场。从中国移动和中国联通的市场表现来看，两家都分别针对低端用户开展了市场攻势，各种套餐和赠送话费政策纷纷出台。在 2004 年的新增用户中，中国移动有 95%为预付费用户，不到 5%为高端的签约用户，而中国联通新增用户也基本以预付费用户为主。从手机厂商来看，国外厂商开始重视低端市场的开拓，在渠道策略上积极跟进国内厂商，从而使产品覆盖率得到了有效提升。因此，低端新增手机需求已成为市场稳步增长的动力之一。

其次，随着彩屏手机、拍照手机的普及，特别是厂商在机型和价格竞争周期的缩短，推动了城市市场换机需求的增加，换机需求成为市场增长的又一动力。

二、总体市场特点

1．多媒体手机主导第二次换机高峰

蜂窝数字手机主导了手机市场的第一次换机高峰，而第二次换机高峰却因多媒体手机的迅速崛起，在 3G 之前提前来到。根据抽样研究，2004 年市场销售的 7 869.6 万部手机中，有 47.6%属于换购消费，即 3 746

万部。从 2003 年下半年开始，中国手机市场将逐渐进入到以换机需求为主的时期，原因有以下两点。

第一，从中国手机市场每年新增用户数来看，转折点出现 2000 年～2001 年，2000 年新增用户同比增长了 130%，2001 年同比又增长了 42%，随后新增用户进入稳定增长期。另一方面，从手机物理生命周期来看，灰屏手机的物理使用极限在 4 年左右。以使用的耗损状况为例，一般的 STN 屏幕连续使用寿命约为 2 万小时左右，若以一部手机自 2000 年 1 月开机起算，至 2004 年的 1 月份手机连续开机时间已达 2.336 万个小时（16 小时/日）。详细数据如表 16.27 和图 16.28 所示。

表 16.27　2004 年中国手机市场用户结构

用 户 类 型	销量市场份额
新购手机者	52.4%
换购手机者	47.6%
合计	100%

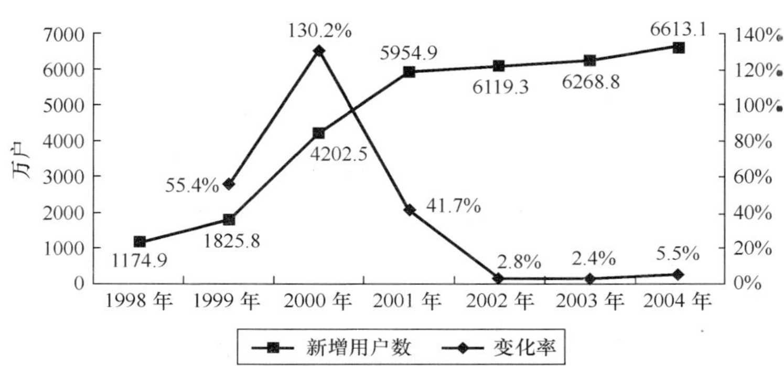

图 16.28　1998 年～2004 年中国手机市场新增用户数量及变化

第二，以累计用户结构来分析，中国手机市场中二次以上购机者已经占了 77%，只有 23%的用户没有更换过手机，属于初次购机者。可见，无论是手机的新增市场还是存量市场，二次以上购机消费者正成为市场消费的主力。详细数据如表 16.28 所示。

表 16.28　中国手机市场累计用户结构

用 户 类 型	销量市场份额
初次购机者	23.0%
二次购机者	25.9%
三次购机者	20.2%
四次购机者	12.6%
四次以上购机者	18.3%
合计	100%

根据对 2004 年手机消费行为的调查，从消费者的人口统计特征来看，中国手机市场用户结构还存在着以下特点。

从性别分布来看，男性消费者比例稍高于女性消费者比例，女性消费者占 46.1%；从年龄分布来看，“两头小，中间大”特征明显，即 20～39 岁年龄段消费者比例达到 70%，中、青年消费者是手机市场的消费主力；从消费者的个人月收入情况看，收入在 1 000～5 000 元的中、高收入消费者的比例超出一半，这表明尽管近年手机价格有所下降，普及率水平也达到了 25%，但手机毕竟还是属于高消费产品；从消费者的学历角度来看，中、高学历消费者还是手机市场主流，这说明目前城市市场仍是市场销售重心。

随着手机彩屏功能的普及，拍照技术标准的提高以及手机游戏用户的增长，多媒体手机的市场外延正在不断扩大，而消费者对于手机的个性化多媒体需求也在不断增长。调查显示，用户对于手机的拍照功能、

MP3 功能和游戏功能的需求量均有不同程度的提高。在用户最关注的手机功能中，MP3、多媒体短信和内置游戏三大功能的关注比例分别为 50.9%、41.9%和 38.8%。

当然手机多媒体功能的应用也会受到手机功能、软件技术以及运营商平台搭建等多种因素的影响，厂商、运营商的配套服务是实现多媒体个性应用的重要保障。随着彩屏手机的普及以及手机内存的增大，用户对视像信息发送、手机游戏等内容服务的需求也在不断增加。移动运营商作为产品应用的重要平台，对于个性多媒体市场的应用尚有待开发，而用户对产品的应用习惯也需要一段时间来培养。

2．降价表象下的供求双方价格间距

由统计数据和消费行为调查表明，实际的各价格段销量比例与各价格段消费者选择比例存在一个奇怪的背反现象。1 000 元以下手机销量占了 27.7%，而消费者对此价格段手机的选择却只占 16.5%，两者相差 11.2 个百分点。同样的情况也出现在 1 001～1 500 元价格段。而从 1 501 元开始，价格段实际销量占比又开始低于消费者选择比。比如 3 001 元以上手机实际销量占比相对消费者选择比整整低了 10.6 个百分点。这种大比例的供求价格间距，反映了手机市场上价格供求失衡。分析原因主要有以下两点。

首先，厂商之间频繁、无序的价格战，打乱了整个市场的竞争秩序，从而使价格策略的效用大打折扣。最终结果只能是脱离市场发展，损害行业发展。

第二，厂商误解了消费者对低价的需求。对消费者来说只有合适的价格，而不存在一个最低的价格。价格越低越好并不适用于所有消费人群，因此当厂商把更多的手机推向“低价”甚至“超低价”时，消费者并不必然会感到满足，从而刺激其需求，进行大量购买。详细数据如图 16.29 所示。

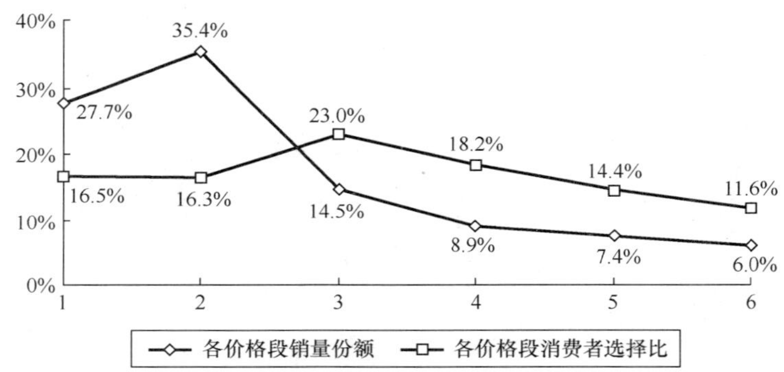

图 16.29　2004 年各价格段销量与消费者对各价格段选择比较

注：1 代表 1 000 元以下；2 代表 1 001～1 500 元；3 代表 1 501～2 000 元；4 代表 2 001 元～2 500 元；5 代表 2 501 元～3 000 元；6 代表 3 001 元以上。

3．城乡市场二元分化成为新的购买特征

截至 2004 年年底，中国已经拥有超过 3 亿的手机用户，这个数字比世界上大多数国家的人口还多。无疑，中国已经是世界上最大的手机市场。但是，与中国经济的二元特征相似，中国手机市场的城乡二元特征也非常明显，实际上中国手机市场可以理解成城市和农村两个市场。随着手机的日益普及，城乡市场二元分化已成为手机市场新的消费特征。这种新的消费特征主要表现在两方面。

一方面，每年新增的 6 000 多万手机用户，绝大部分属于预付费的低端用户，而农村市场则是这种低端用户的主要来源。广大的农村市场尤其是沿海地区和其他经济相对比较发达的华中华北地区，正成为国内外厂商竞争新战场。

另一方面，城市市场由于发展较早，一般都经历过市场的第一次换机高峰，因此在二次换机高峰的现在，显然存在巨大的换代需求。从手机普及率来看，北京、上海和广州等城市都远远高于全国平均水平。因此，对于厂商来讲，换代需求往往是其利润的主要来源。对于中国这样一个典型的二元市场，“上山下乡”不是一个错误的方向，但忽视换代市场而单纯追逐“首次购买”，无异于做一锤子买卖，企业很难基业常青。1998 年～2004 年中国手机新增用户数及增长率如图 16.30 所示。

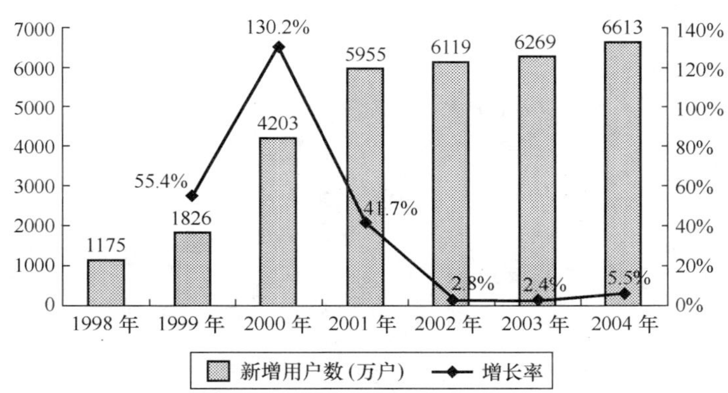

图 16.30　1998 年～2004 年中国手机新增用户数及增长率

三、渠道市场分析

手机渠道市场结构复杂，零售终端形式多样。基于对手机市场的长期关注，我们根据零售终端形式的不同，将手机销售渠道划分为独立零售店（专业零售店）、连锁零售店（专业连锁店）、家电连锁店、商场/超市（综合卖场）、运营商营业厅、IT 零售店等类型。

2004 年独立零售店市场份额继续下降，但由于基数庞大，而且在专业连锁、家电连锁店影响较小的三四级市场仍具有一定的优势，因此，独立零售店全年销量仍有 1 432.3 万部手机，占 18.2%。

2004 年渠道市场结构的最大特点是运营商通过定制策略加强了对手机零售的影响。移动心机、积分换手机成为零售市场一道靓丽的风景，同时中移鼎讯的成立也预示着运营商加强对零售终端掌控力度的决心。2004 年，通过运营商售出的手机共计 1 345.7 万部，占 17.1%。

2004 年专业连锁店和家电连锁店的市场份额继续增加。两者之间的竞争显得更加直接和针锋相对。由于专业连锁店的发展要早于家电连锁，而且在许多三四级城市家电连锁基本上没有进入，因此专业连锁店的销量仍旧明显，占 39.8%，高出家电连锁近一倍。2004 年中国手机销售渠道格局如表 16.29 所示。

表 16.29　　2004 年中国手机销售渠道格局

渠 道 类 型	销量（万部）	销量市场份额
独立零售店	1 432.3	18.2%
连锁零售店	3 132.1	39.8%
家电连锁店	1 251.3	15.9%
运营商营业厅	1 345.7	17.1%
商场/超市	377.7	4.8%
IT 零售店	118.0	1.5%
其他	212.5	2.7%
合计	7 869.6	100%

注 1．连锁零售店：主要是指由手机厂商或各级手机专业分销商/代理商发展的连锁零售终端，如 TCL 和南方高科等手机厂商发展的品牌专卖店，迪信通、中复电讯等发展的连锁店等。

2．独立零售店：主要是指不直接隶属于厂商或代理商的专业手机零售店。

3．家电连锁店：主要是指由家电连锁企业发展的零售终端，如国美、大中和苏宁在各城市建立的连锁店。

4．商场/超市：主要是指在百货商场、超市设置的综合性手机集中销售的场所，也包括设在商场中的手机销售专柜，例如家乐福超市等。

5．IT 零售店：主要是指以销售 IT 产品为主的销售渠道，如神州数码和英迈等。

6．其他类型：主要是指除上述五种形式之外的零售终端类型，例如随着电子商务的复苏，许多门户网站（如新浪、搜狐等）设立手机购物商城，以及专业电子商务网站涉足手机零售等新类型的销售终端。

2002 年～2004 年主要手机渠道的销量份额变化如图 16.31 所示。

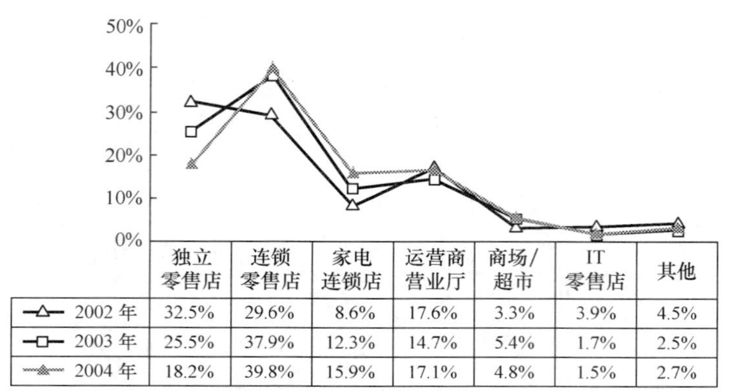

	独立零售店	连锁零售店	家电连锁店	运营商营业厅	商场/超市	IT零售店	其他
2002 年	32.5%	29.6%	8.6%	17.6%	3.3%	3.9%	4.5%
2003 年	25.5%	37.9%	12.3%	14.7%	5.4%	1.7%	2.5%
2004 年	18.2%	39.8%	15.9%	17.1%	4.8%	1.5%	2.7%

图 16.31　2002 年～2004 年主要手机渠道的销量份额变化

16.2.6　PDA 产品

一、总体市场规模

2004 年，中国 PDA 市场的发展呈现出以下特点：市场转型加速，高端专业型 PDA 市场继续萎缩，基础信息类产品市场稳定增长，智能手机成为新的发展热点。

2004 年，中国 PDA 市场销售总量达到 357.7 万台，实现销售额 90.5 亿元。2001 年～2004 年中国 PDA 市场销量、销售额情况如表 16.30 和图 16.32 所示，由于智能手机类产品的迅猛增长，中国 PDA 市场实现了较大幅度的增长。

表 16.30　　2000 年～2004 年中国 PDA 市场规模

	2000 年	2001 年	2002 年	2003 年	2004 年
销售量（万台）	225.8	181.8	178.6	218.5	357.7
销售额（亿元）	31.6	26.1	30.8	58.6	90.5

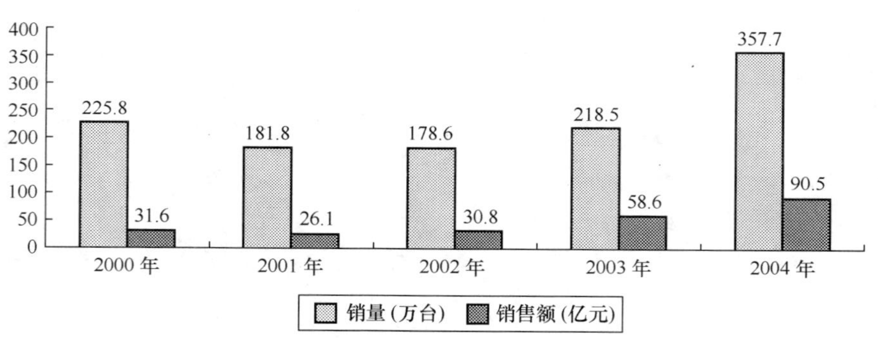

图 16.32　2000 年～2004 年中国 PDA 市场销量及销售额情况

二、总体市场特点

1．产品特征

随着中国国际化步伐加快，外语的学习日益普及，电子辞典市场迅速增长。2004 年，电子辞典市场竞争越来越激烈，厂商通过市场细分，实行差异化产品策略，电子辞典产品出现两极分化。针对高端用户的电子学习机具有数码纯音技术和强大的下载功能，以互联网作为学习的内容来源，内容源丰富，相应也扩大了用户群，有的学习机甚至融合了记事本、娱乐等功能，功能非常强大。针对学生用户群的单一查询式电子辞典也以其较高的性价比赢得广大学生市场。

智能手机功能越来越强大，融合了记事本、文档处理、收发邮件、网络连接和多媒体功能，导致记事本类 PDA、高端专业类 PDA 部分被替代。智能手机成为中国 PDA 市场增长的引擎。

高端专业类PDA虽然在小笔记本和智能手机的双重打压下，举步维艰，但是2004年，仍有大批厂商在中国PDA市场上战斗，HP大力推行PDA多媒体化，Dell进入PDA市场，Casio重出江湖，联想在PDA上加装GSM模块等。2004年，高端专业类PDA产品有了很大改观，技术发展很快。640×480分辨率VAG、PXA270 624MHz Xscale、3D显卡加入，PDA上芯片的发展速度也可以与PC机媲美，高端专业类PDA产品的性能有了很大提升。

2．价格特征

2004年，电子辞典类基础信息类产品出现两极分化，也导致了其价格的两极分化，价格向高端和低端两极聚集，上千元和一两百元的产品并存。

2004年高端专业类PDA价格变化不大，主要是由于随着笔记本电脑向轻薄和便携发展，智能手机的功能越来越强大，高端专业类PDA处境很尴尬，需求萎缩；而供给方寻找出路，要不退出市场，要不就致力于新功能的研发，开发功能更强大、更有针对性的产品，所以价格变化不大。

2004年是智能手机市场迅速成长的第2年，产品技术不断升级成熟，生产成本降低，新品推出的频率加快，竞争的加剧必然导致价格的降低。价格作为市场竞争的重要砝码，降价依然在厂商的促销中占有绝对优势，是最直接、最有效的促销手段，但是频繁的降价也给市场造成了不良反映，消费者的降价预期导致“持币待购”，对增加整个市场销量不利。

3．渠道特征

2004年，由于PDA产品结构发生变化，导致中国PDA市场渠道多元化趋势更加明显。一方面，由于智能手机的迅速成长，电讯商场等手机销售渠道占据了PDA的主流渠道地位。同时2004年网上数码商城迅速兴起，网上商城具有产品浏览便捷、便于产品比较和购买方便等优点，尤其是随着网络购物氛围的日益提升，网上购买数码产品的人数直线上升。一些专业的数码商城在内部管理、业务运作等方面日益规范，产品质量也有保障，具有良好的口碑，这些都是网上数码商城方兴未艾的重要原因。

2004年，中国市场的PDA厂商开始整肃渠道，4月PalmOne在中国推行“独家分销模式”，结束了三分天下的混乱局面；华硕联手神州数码，全面合作，为其市场渠道和用户层面提供最有力的反馈和最强大的支持；直销的坚决拥护者Dell，也在湖南实行了“专卖店”，虽然效果不理想，但是其探索精神还是能窥其一斑的。

2004年行业应用突飞猛进，行业应用领域非常广泛，几乎可以涵盖到各行各业，比如法律、保险、警察、军队、税务、财务、航空、零售业、餐饮和烟草等。PDA行业市场的快速膨胀，引起厂商的重视，面向特定区域和特定行业的销售出现。集团化消费和直销方式将会在这类产品的营销中发挥重要作用。升腾资讯实行了“渠道金翼”计划，专门针对行业用户发展渠道合作伙伴。

4．购买特征

2004年，PDA市场需求对市场的影响显著。这不仅表现在需求对市场增长的强力拉动作用上，也表现在需求对市场各要素形成发挥着重要作用。个性化时代的兴起，消费者在功能需求得到满足的同时，追求与众不同的至尊数码体验，数码产品在造型设计上将会继续沿着时尚化路线演进，个性化消费越演越烈。众多PDA厂商随需而动，根据消费者不同需求进行市场细分，实行差异化产品策略，丰富产品供给。

另一方面，多功能的复杂集成造成了高价格壁垒，虽然满足了用户功能应用需求，但产品价格让多数用户可以承受的产品非常少。同时产品普遍缺乏应用创新亮点，致使新增用户逐渐萎缩，市场发展陷入矛盾境地，供需之间的矛盾还有待解决。

三、渠道市场分析

由于PDA产品多元化、丰富化，PDA产品市场的渠道结构出现很大变化。2004年，PDA市场渠道结构呈现出两个特点：首先，主要厂商的渠道策略基本上是在维持原有渠道架构的基础上，提高效率，保证渠道积极性的发挥；其次，产品转型和智能手机的迅速发展使得IT渠道和通信类产品渠道的作用增强。2004年中国PDA产品市场渠道销量比例情况如表16.31和图16.33所示。

表 16.31 **2004 年中国 PDA 不同类别产品市场渠道销量比例**

产 品 类 别	IT 渠道	商 场	电 讯 商 场	家 电 连 锁	直 销	其 他 途径
基础信息类	25.4%	51.2%	5.2%	4.1%	6.9%	7.2%
无线通信类	5.4%	9.7%	70.1%	10.2%	2.4%	2.2%
高端专业型	71.8%	14.2%	—	—	8.4%	5.6%

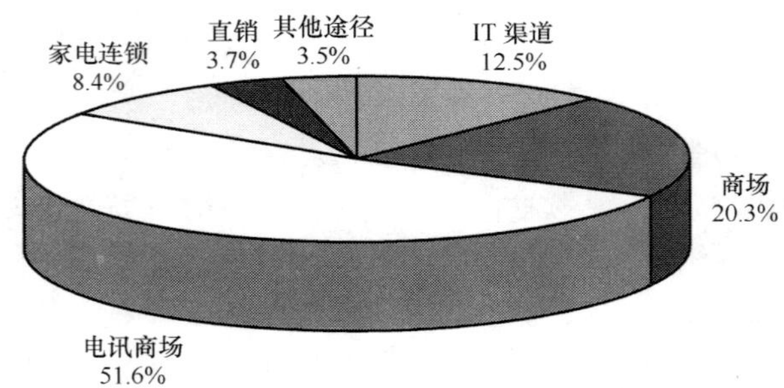

图 16.33 2004 年中国 PDA 产品市场渠道销量比例情况

2003 年～2004 年中国 PDA 销售渠道市场销量结构情况如图 16.34 所示。

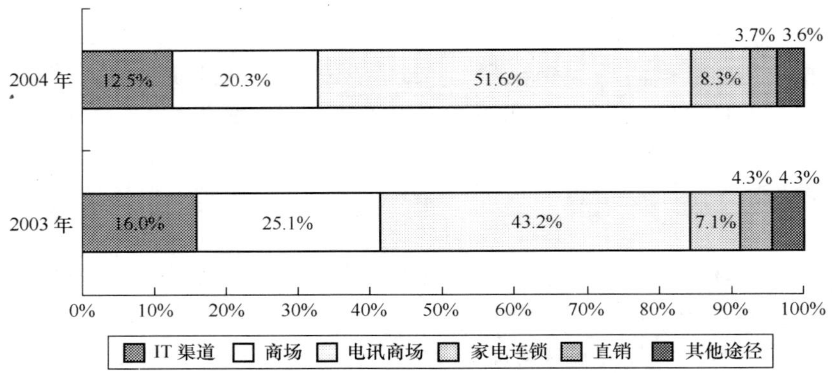

图 16.34 2003 年～2004 年中国 PDA 销售渠道市场销量结构情况

对比 2003 年与 2004 年的渠道市场结构，结果显示，随着智能手机的发展，电讯商场的销量比例超过了一半，达到 51.6%，比 2003 年增长了 8.44 个百分点。家电连锁的销量也有所增加，而其他渠道的销量比重都出现下降。

四、平行市场分析

2004 年，PDA 行业应用市场迅速启动，并快速发展。尤其是在服务业，以及餐饮旅游、流通等行业，PDA 被广泛应用，达到 14.3%的市场份额。个人及家庭用户依然占据了市场的绝对主流地位，占了 60.1%的市场份额。2004 年中国 PDA 产品平行市场销量结构如表 16.32 所示。

表 16.32 **2004 年中国 PDA 产品平行市场销量结构**

行 业	销量（万台）	销量市场占有率
家庭	214.38	59.9%
媒体	16.05	4.5%
政府	22.40	6.3%
服务	51.01	14.2%
教育	14.62	4.1%
金融	17.48	4.9%
其他	21.76	6.1%
合计	357.7	100%

16.2.7　机顶盒

一、总体市场规模

通过对国内 49 个数字电视试点省市的调查显示，中国有线（cable）数字电视机顶盒市场终于开始显露生机。2004 年，有线（cable）机顶盒制造商向中国有线电视运营商提供了 60.5 万台有线数字电视机顶盒，与 2003 年的 13.1 万台相比，增长率达 361.8%，销售额达 4.88 亿元；与 2003 年的 1.496 亿元相比，增长率达 226.4%。作为全球最大的有线电视市场，中国拥有 1 亿多有线电视用户，市场刚开发，今后对机顶盒将会有更大需求。2003 年～2004 年中国有线数字电视机顶盒市场销售量情况和销售额情况分别如图 16.35 和图 16.36 所示。

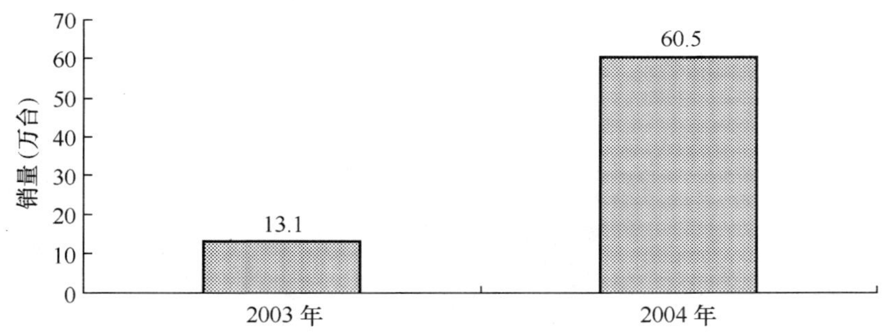

图 16.35　2003 年～2004 年中国有线数字电视机顶盒市场销售量

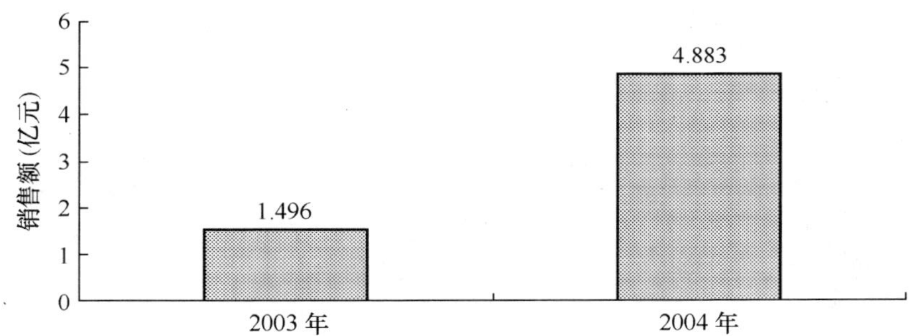

图 16.36　2003 年～2004 年中国数字电视机顶盒市场销售额

二、总体市场特点

1．产品特征：操作的方便性仍有待加强

目前的数字电视机顶盒已成为一种嵌入式计算设备，具有完善的实时操作系统，提供强大的 CPU 计算能力，用来协调控制机顶盒各部分硬件设施，而目前五花八门的数字电视增值业务不统一，而机顶盒内部使用不同的硬件系统和千差万别的操作软件，造成机顶盒功能和接收业务的互不兼容。

而消费者更希望机顶盒产品能提供易操作的图形用户界面，如增强型电视的电子节目指南，以及图文并茂的节目介绍和背景资料，并具有“傻瓜计算机”能力，通过内部软件功能，实现如因特网浏览、视频点播和家庭电子商务等多种应用。

2．价格特征：价格供给高于需求制约市场发展

机顶盒厂商的价格供给高于消费者对机顶盒产品的价格需求。有近一半的消费者愿意接受的机顶盒价格在 600 元以下，而目前，机顶盒市场还很不成熟，受到地域分割的限制，市场没有形成规模，机顶盒厂家的生产不能形成规模，导致机顶盒裸机产品没有规模经济，而机顶盒的价格除了包括硬件产品的裸机价格外，还不得不包括 CA 集成费分摊、权利金和智能卡的费用，使得机顶盒的价格居高不下。

3．渠道特征：市场的不成熟导致有效的渠道形式仍很单一

中国的多数消费者对数字电视知之甚少，对数字电视有哪些优点和能为生活带来哪些好处都很少了解。

而且，数字电视传输等标准的迟迟未见出台以及数字电视节目内容的匮乏等众多因素，使得数字电视产业还不是很成熟。

数字电视机顶盒作为数字电视产业中接收终端一个环节，机顶盒市场仍很不成熟，尽管出现了厂家代理和家电卖场等销售渠道，但是，机顶盒较高的价位基本上冲击了普通消费者的承受底线，限制了目前机顶盒的销售规模。因此，机顶盒的有效销售渠道仍主要是政府支持下“整体平移”的免费赠送。

三、渠道市场分析

因为终端接收设备与前端传输设备及条件接收系统关系非常密切，机顶盒的销售主要由运营商负责，或者由其指定的代理商销售，同时只有少部分是用户主动向运营商申请，例如北京2004年9月1日开通有线数字付费电视，用户可以拨打北京歌华有线电视网络股份有限公司24小时开通的客户服务专线，留下有效信息，工作人员就会在7天内上门安装，最长也不超过1个月。用户将现场签协议，并交800元押金。试播期结束后如不满意，可退还机顶盒并拿回押金。按销售量统计计算的销售渠道结构如图16.37所示。

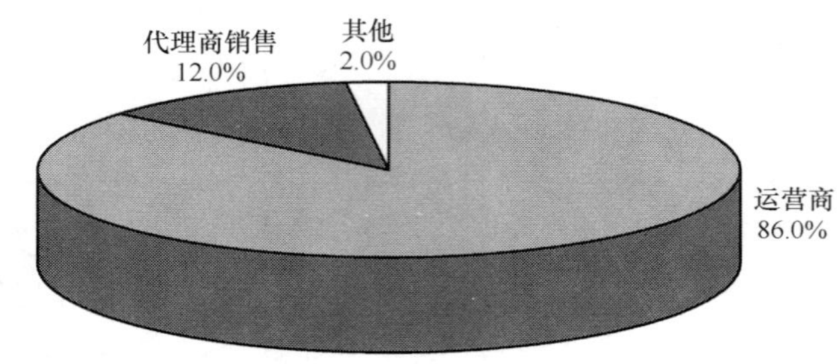

图16.37　2004年中国有线数字电视机顶盒市场销售渠道结构

四、产品市场分析

国内在机顶盒产品的技术发展上，根据国家广电总局的发展目标，机顶盒分为基本型、增强型和高级型3种不同类型。基本型机顶盒能够收看广电基本业务和付费业务的功能，具备授权数字电视节目的接收、简体中文显示和GB2312字库、基本EPG、软件升级、加密信息提示等。增强型机顶盒在基本型机顶盒功能的基础上，能满足按次付费业务、数据广播业务、广播式视频点播和本地交互业务的功能，具备集成中间件、GB13000字库等。高级型机顶盒在增强型机顶盒功能的基础上，能满足视频点播业务、上网浏览业务、电子邮件收发业务、互动游戏及IP电话业务的功能，具备开放式的中间件系统、复杂的EPG、回传信道、支持Internet接入和存储硬盘等。

在数字电视发展目标上，广电总局提出大力推广基本型（广播式）有线数字机顶盒，以降低机顶盒进入家庭的门槛，以利于培养市场。

目前数字电视播出较早、发展比较快的沿海城市，机顶盒的销售基本采用了收费制，更偏重于提供增强型或具有交互功能的高级型产品，而后期发展数字电视的省市，是在“整体平移”的规划下开展，很多是免费提供机顶盒，出于成本费用考虑，大多提供的是具有基本功能的基本型产品。2004年中国有线数字电视机顶盒市场产品类型结构如表16.33和图16.38所示。

表16.33　2004年中国有线数字电视机顶盒市场产品类型结构

类　型	数量（万台）	比例
基本型	35.2	58.2%
增强型	8.6	14.2%
高级型	16.7	27.6%
总　计	60.5	100%

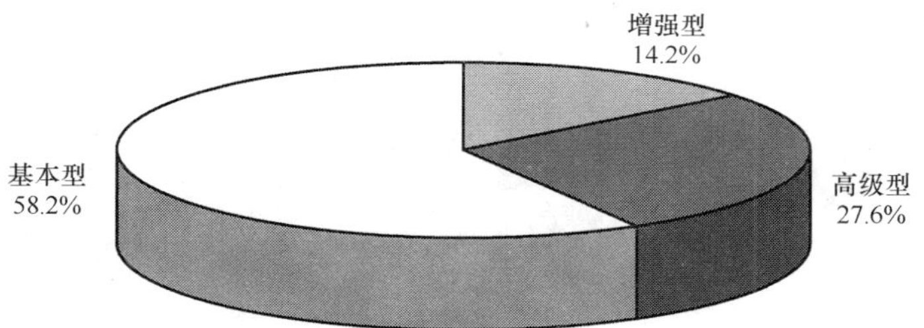

图 16.38　2004 年中国有线数字电视机顶盒市场产品类型结构

（中国电子信息产业发展研究院　王存肃　林松　江明涛）

第四篇

技术篇

第17章　计算机网络与信息安全现状

17.1　2004年计算机网络与信息安全管理发展概况

17.1.1　互联网快速发展，网络与信息安全问题影响日趋复杂

据中国互联网络信息中心统计，2004年我国互联网用户数已达9 400多万人，宽带上网用户达4 280万人，上网计算机数4160万台，国际出口带宽达到74.4GB。互联网快速发展，使得用户上网速度提高、应用日益丰富、使用更加方便。与此同时，网络与信息安全问题也日渐凸现，成为影响互联网发展进步的突出问题。

2004年，基础网络没有出现导致大面积网络拥塞的重大事件。但是，当年爆发的震荡波等利用LSASS漏洞的系列蠕虫和频繁的拒绝服务攻击等事件，仍然时刻威胁着互联网的正常运行，基础网络运行面临的问题依然严峻。与2003年下半年情况相似的是，一些蠕虫虽然没有造成大面积的网络破坏，但是却直接影响大量用户计算机的使用，社会反响较大。拒绝服务攻击被用来干扰一些公司在互联网上开展的业务。2004年，攻击者的动机越来越多地从技术炫耀转向获取某种利益，攻击的组织性和计划性加强，网络仿冒（phishing）事件大量增加。从总体上来看，互联网用户的直接利益越来越受到安全事件的威胁。网络带宽的增加、网络的迅速普及与网络用户的薄弱安全意识的巨大反差，带来日趋普遍的隐患。

安全漏洞的研究与防范是一项基础性的工作。近年来发现的计算机安全漏洞越来越多。据CERT/CC统计，近3年来，每年新公布的漏洞数量都在4 000个左右，不仅涉及微软视窗和主流的Linux/UNIX等操作系统，还涉及各种普遍使用的应用软件系统和网络核心设备，甚至涉及部分网络安全设备和专用系统。很多漏洞的威胁程度较高，如果被成功利用，产生的危害很大。

针对漏洞的攻击越来越快速有效，从漏洞信息公布到公开攻击出现的时间已经缩短到不足一周甚至24小时。这给有效及时地采取各项防范措施带来越来越大的困难。2004年影响最大的LSASS系列蠕虫是在发布之后两周之后就出现的，而witty蠕虫是在48小时之内出现的。蠕虫等恶意代码变种的速度也越来越快，一天内可以出现十几个变种，使网络安全监测和控制越来越难。蠕虫、病毒和木马等攻击手段越来越复杂，黑客攻击技术与工具不断融合，攻击自动化水平不断提高。

黑客攻击的目的更加多样，包括盗取个人信息、窃取商业机密、控制大量主机发动拒绝服务攻击和网上敲诈等。其攻击的隐蔽性也越来越强，使网络安全事件追踪和调查取证变得非常困难。

各种网络攻击对依靠网络进行的各种政务、商务、金融、教育和科研等活动构成越来越大的威胁，网络安全问题已经成为具有普遍性的社会问题。据国外媒体报道，每年因为网络安全事件造成的经济损失高达数百亿美元。网络与信息安全对整个国家和社会的安全都造成一定威胁，越来越难以忽视。因此，国际上对“国家关键信息基础设施保护”十分关注，很多会议都在展开专题研究和讨论。

17.1.2　国家对网络与信息安全工作重视程度不断提高

党的十六届四中全会通过关于加强党的执政能力建设的决定，指出要“确保国家的政治安全、经济安

全、文化安全和信息安全”。这说明党中央愈加重视互联网的作用，重视互联网与信息安全问题。

2004 年 1 月 9 日至 10 日，全国信息安全保障工作会议在北京召开。中共中央政治局常委、国务院副总理黄菊出席会议并作重要讲话。他说，必须充分认识做好信息安全保障工作的极端重要性，全面提高信息安全防护能力，重点保障基础信息网络和重要信息系统安全，创建安全健康的网络环境，保障和促进信息化健康发展。要从促进经济发展、维护社会稳定、保障国家安全、加强精神文明建设的高度，充分认识进一步加强信息安全保障工作的极端重要性，增强做好这项工作的紧迫感、责任感和自觉性。加强信息安全保障工作，必须坚持积极防御、综合防范的方针，并把握好以下几个原则：坚持一手抓发展、一手抓安全；坚持以改革开放求安全；坚持管理与技术并重；坚持统筹兼顾，突出重点。当前和今后一个时期，要按照中央的要求和部署，抓紧推进信息安全法制建设。努力加强信息安全基础性工作和基础设施建设，大力搞好技术开发和人才培养，全面做好信息安全保障工作。信息安全保障工作涉及面广，任务艰巨，必须加强领导。各级党委和政府要将信息安全保障工作列入议事日程，进一步建立健全信息安全管理体制，明确主管领导，落实责任部门。要加强协调配合，互相支持，形成合力。要增加信息安全资金投入，加大对信息安全基础设施建设和基础性工作的支持力度。同时，要深入开展信息安全宣传工作，加强信息安全理论研究。

国务院信息化工作办公室有关领导也指出：国家信息安全保障体系的主要任务是保障基础信息网络的安全，保障重要信息系统的安全和加强信息内容安全的管理。国家信息安全战略的近期目标是：通过 5 年的努力，基本建成国家信息安全保障体系。在国家信息化领导小组的领导和国家网络与信息安全协调小组的综合协调下，明确国家、企业、个人的责任和义务，充分发挥各方面的作用，全社会共同构筑国家信息安全保障体系。信息产业部蒋耀平副部长在 2005 年中国计算机网络应急年会讲话中指出，网络安全已成为国家安全的一个重要组成部分和非传统安全因素的一个重要方面。没有安全就没有发展。因而，我们必须强化网络安全意识，要像重视网络发展那样重视网络安全，努力推动互联网的和谐、有序、健康发展。

根据国务院的要求，信息产业部组织制定了“互联网网络安全应急预案”，预案的目的建立健全互联网网络安全应急处理工作机制，提高互联网网络安全应急处理能力和水平，保障互联网网络安全，适应我国互联网持续、快速、健康发展。在信息产业部等有关部门指导下，国家计算机网络应急技术处理协调中心（以下简称 CNCERT/CC）和各经营性互联网单位等部门进一步提高了对公共电信基础网络安全的重视，加强了网络安全应急工作的合作，提高了整体的安全保障和应急处理能力，有效保障了基础网络的安全运行。

17.1.3 互联网网络安全应急体系进一步完善

2004 年，在国家有关部门的组织领导下，互联网网络安全应急体系进一步完善，应急体系成员之间的协作共享进一步加强，应急体系的流程与规范正在逐步建立。为进一步完善我国互联网应急处理体系，提高面向互联网的安全保障水平，增强对互联网上重大、突发性安全事件的处理能力，促进互联网应急处理服务的规范化，2004 年 7 月信息产业部互联网应急处理协调办公室组织专家评选了公共互联网应急处理服务试点单位，包括 10 家国家级服务试点单位和 19 家省级服务试点单位。服务试点单位是支撑国家网络安全应急的重要力量，在 2004 年网络安全事件处理中发挥了重要作用。

在信息产业部和有关部门的指导下，互联网网络安全应急体系各单位之间的合作更加紧密，建立了日常事件处理沟通渠道和预警机制，有效地提高网络安全事件处理的效率。全国各省、市、自治区推动的网络安全应急体系建设已经开始起步，通过多种形式提高当地的网络安全水平和网络安全意识。

我国互联网网络安全应急体系还需要在多个方面进一步的发展。互联网是一个新兴的领域，在其发展过程当中，不论是在技术方面，还是在管理方面，都面临许许多多无先例可循、需要认真研究和探索的问题。鉴于互联网在全球经济与社会发展进程中的重要性日益增加，应遵循政府主导、多方参与、民主决策、透明高效的原则，加强国际间政府组织对有关互联网公共政策等问题的参与和协调，为互联网的发展创造良好的国际环境。保障互联网的安全、高效运行，是各国共同面临的挑战，是一个迫切需要认真研究解决的重大课题。中国政府一直重视并积极推动信息通信技术、业务、人才等领域的国际交流与合作，我们愿加强与各国政府及相关国际组织在网络安全方面的交流与合作，以相互学习和借鉴，共同提高网络安全管理工作的效率和水平。加强各国政府主管部门、网络安全相关国际组织、网络安全产品和技术研发机构之间的多层面、全方位的沟通、协调与合作，积极探索建立行之有效的沟通合作机制，以更加开放的心态，及时交流信息，增进彼此了解，相互学习借鉴，主动开展多层次、多形式的合作，以真正形成合力，共同维护和营造良好的网络环境。

17.1.4　网络安全意识有待提高

2004 年各种网络安全培训、会议日益增多，媒体、网站对网络安全信息更加关注，广大网民对网络安全问题的防范意识有所提高。但总体而言，我国网民的网络安全意识仍有待提高，网络安全各类规章还需要进一步得到落实。网络用户提升网络安全意识，首先受益的是用户自己，尤其是企业用户。随着越来越多的企业的日常业务已经无法脱离网络和信息技术的支持，防范网络安全风险和自身的信息安全，已经是不少企业的重要工作。企业用户只有提升网络安全意识，才能保持与网络安全市场变化同步，树立新的信息安全应用理念和使用习惯，主动寻求适合自己的个性化安全解决方案，避免因网络安全防范不到位而可能造成的不必要损失。用户网络安全意识是制约网络安全发展的重要因素，它会影响到网络安全领域的方方面面。而面对现有的用户网络安全意识仍很薄弱的状况，普及新的信息安全应用理念，培养安全的使用习惯，已经是社会各方力量需要担负的重要任务。只有每个互联网用户将网络安全视为自身的需要和责任，采取切实可行保护自身的网络安全，整个互联网安全才能根本好转。

17.2　2004 年全国网络安全状况

在信息产业部互联网应急处理协调办公室指导下，参照国际上的成功经验和标准，国家计算机网络应急技术处理协调中心（简称 CNCERT/CC）组织，在全国范围开展了一次网络安全状况调查。调查涉及全国 16 个城市 2 800 多个企业。通过调查，进一步了解掌握了我国各行业网络安全状况，了解企业对网络安全法规、网络安全技术、产品和服务的需求，促进社会各界对网络与信息安全管理工作的重视，宣传和普及网络安全防范知识。这次调查的详细报告可以从 CNCERT/CC 的网站上免费下载。

需要说明的是，这种调查是从被调查者的角度来审视网络安全的有关状况，因此，有些问题的反馈结果和被调查者的相关知识水平和经验有一定关系。

17.2.1　网络安全技术与管理水平

据 2004 年全国网络安全状况调查显示，在各类网络安全技术中，防火墙的使用率最高，达到 77.8%；其次为反病毒软件，应用占到 73.4%，其余如访问控制（25.6%）、加密文件系统（20.1%）和入侵检测系统（15.8%）也是通常使用的网络安全技术。而比较新的生物识别技术、虚拟专用网络及数字签名和证书使用率很低，被访者中有很多人不清楚这些技术，还需要一定的时间才能得到市场的认可。

在网络安全规章流程方面，《重要信息的安全备份规章与流程》被采用程度最高，为 60.7%；《软件补丁、病毒库升级的规章与流程》采用程度居第二位，为 50%；其他较高的是《信息系统操作规章与流程》、《安全职责划分的规定》、《用户密码或口令控制规章与流程》，均为 25%左右。

调查显示对网络与信息安全相关标准的采用还不是十分普遍，没有采取相关标准作为指导的被访者占较大比例，达 64.1%，只有 35.9%的被调查对象采取相关标准作为指导。网络安全相关标准仍需大力加以宣传与提倡。进一步的调查显示，在已采用网络与信息安全相关标准中作为指导的单位中，有 42%的单位采用国家政府特殊 IT 安全标准，有 24.7%的单位采用行业特殊 IT 安全标准，其他类型标准被采用的较少，且采用比例接近。

调查显示，2004 年被调查单位对网络安全管理人员认证要求普遍提高，但各有偏重，各行业主要以本企业组织的安全培训课程和通过行业认证培训为主要衡量标准，这两项选择比率为 25.1%、24.8%，可见网络安全认证要求与所在行业关系密切。各被调查单位在对安全专业人员和管理人员的培训或认证要求比较高，认为应对其进行培训或认证的比例为55%和54%，对普通职员的培训或认证要求较低。

调查显示，被调查单位业务网络与互联网的物理隔离和未隔离之比例，相差不是很明显，分别为46.8%和53.2%，未隔离相对较高，约高出6个百分点。

调查显示，能够有专人负责定期升级或指导员工升级系统补丁和安全防护软件的占78.7%，说明各单位对定期升级、安全系统补丁和安全防护软件等网络安全基础性工作的重视度还是相当高的。有67.9%的被调查单位有固定机构或组织来保障信息安全，少部分还没有，这说明各行业已经开始加强对信息安全管理，在组织结构方面已经有所考虑。

在对“最近一次进行安全评估或检查时间”的调查中，三分之二的被调查单位表示进行网络安全评估或检查，其中，一个月内占25.2%，1～3个月占16.1%，其他的均不超过10%；回答从没进行过网络安全方面评估或检查的单位占32.7%。这显示出对网络安全评估或检查的重视程度有所提高。

17.2.2 网络安全事件及其造成的影响

调查数据显示，只有15.3%的被调查者回答在最近12个月内自己单位的网络发生过安全事件，70.7%的被调查者回答没有发生过，另外14%不清楚是否发生过网络安全事件。目前各行业、各单位对网络安全事件的定义有很大的区别，这对回答这个问题有所影响；很多单位没有建立网络安全事件处理预案，网络安全事件处理被当作一般系统故障由维护人员进行处理，不能反映到被调查者那里；很多处理网络安全事件人员也不愿意向主管人员报告，认为这会影响其业绩，所以使一些网络安全事件被掩盖了；但也不排除被调查单位加强网络安全基础工作，大大避免了网络安全事件的发生。

数据分析显示，被调查者认为近12个月受到过的网络攻击类型中最普遍的是病毒、蠕虫或特洛伊木马，占75.3%，其次所受攻击类型是大量网络扫描导致网络性能降低，占13.0%，其他的网络攻击类型都相对较少。

被调查者认为，带来财产损失的攻击类型最多的同样是病毒、蠕虫或特洛伊木马，占48.8%；其次是内部滥用互联网访问、E-mail或内部计算机资源，占14.9%。由网络安全事件造成的财产损失估计较小，最高估计金额在万元以上，但所占比例很小；一般财产损失估计都集中在500元～1 000元。不过，对于安全事件的损失估算，在我国普遍缺乏相关的基础。

大部分安全事件进行恢复所需时间都在一天时间内，其次是一周以内，一周以上的较少；处理拒绝服务类攻击所需的时间为8天到4周不等，这与实际经验比较符合；但是在恢复破坏数据或网络、恢复网页等方面有部分被访者选择无法恢复。

发生网络安全事件的主要原因中，多数人认为是不正确使用单位网络，占被调查者的37.5%；其次是未知原因的扫描、可能是为了发现可以利用漏洞，占被调查者的29.5%，而19.7%的被调查者则表示不知道发生网络安全事件的主要原因。

被调查对象认为引发网络安全事件因素中最主要的是“利用未打补丁或未受保护的软件漏洞”，占50.3%；对员工不充分的安全操作和流程的培训及教育占36.3%；紧随其后的是缺乏全面的网络安全意识，占28.7%。

被调查者认为，最近12月内面临最主要的网络安全威胁中，第一位的是使用自动化网络攻击工具，例如蠕虫或自动传播恶意代码，占67.3%；其次是有熟练攻击经验的攻击者成功绕过网络安全防护措施，占15.4%；再次是大量或非常密集网络攻击尝试，占13.8%。

17.2.3 网络安全意识和态度

调查数据显示，被调查对象认为提高自身网络水平最重要的3个方面是：加强配置管理，占55.6%；保证网络安全技术措施的及时更新，占41.5%；及时获得计算机漏洞信息和网络安全事件信息，占40.2%。可见很多单位已经认识到，加强对网络安全事件的预防是保障网络与信息安全的重要手段。

在网络安全支出方面，有53.9%的被调查单位增加了网络安全的支出，46.1%被调查单位没有增加网络安全的支出，两者所占比例相差不大。

在网络安全事件报告方面，在最近 12 月内从未向任何组织报告过安全事件的情况超过 50%，而报告过网络安全事件的单位，则主要是向上级主管部门或组织内的应急组织报告过，向其他组织或机构报告的较少。从意愿上看，被调查单位更愿意向上级主管部门或组织内的应急组织报告并请求协助处理，占 40.7%；其次是向专门网络安全应急组织，占 24.3%。

对提高我国互联网网络安全水平的重要宏观措施选择比例相差不大，最高的是建立网络安全法律法规（59.9%），其次是建立网络安全技术监测平台（46.5%），排在第 3 位的是提高公众网络安全意识（42%），第 4 位是培训更多的网络安全人才（37%）。

17.3　2004 年计算机网络安全事件监测与分析

17.3.1　漏洞发布与研究

根据 CERT/CC 统计，2004 年公布漏洞数 3 780 个，平均每天超过 10 个。自 1995 年以来各年漏洞公布总数 16 726 个，如表 17.1 所示。从近两年统计情况来看，发现漏洞数量处于较高的水平。值得注意的是实际存在的漏洞数量可能会大大超过这些统计数字。漏洞的大量存在是网络安全问题的总体形势趋于严峻的重要原因之一。

表 17.1　1995 年～2004 年各年漏洞的公布数量

年　份	1995	1996	1997	1998	1999	2000	2001	2002	2003	2004	总　数
漏洞公布数量	171	345	311	262	417	1 090	2 437	4 129	3 784	3 780	16 726

CNCERT/CC 从 2003 年开始关注漏洞信息的搜集、整理和发布，2004 年进一步加强了对国内外网络安全机构、设备制造商和系统开发商等发布的漏洞信息的跟踪，对一些可能引发大规模网络安全事件的重要漏洞及补丁展开初步的核实和测试，并及时加以公布。同时，对利用漏洞的潜在攻击行为的特点进行先期研究，并对威胁严重的行为实施监测。例如，微软的 JPEG 漏洞可以被用于入侵用户主机并秘密植入木马。CNCERT/CC 通过分析，掌握了利用这种漏洞实施攻击的通用特点，进而监测发现了 1 700 多个可能包含利用该漏洞进行攻击的恶意代码的网站，而共有 27 000 多个 IP 地址的用户访问过这些网站，如果这些用户尚未安装补丁程序，则可能已经被黑客入侵。类似地，CNCERT/CC 还曾经对微软的 IE 跨域漏洞的利用情况进行了监测，发现该漏洞被广泛用于实施网络仿冒。

值得重视的是我国在漏洞发现和研究方面与国际水平仍存在较大差距。我国至今没有建立起系统化的安全漏洞发现与分析能力。实际上，漏洞发现和分析的相关工作，是一个技术性很强的基础性工作，涉及漏洞的主动发现、漏洞利用及其防范技术研究、补丁研发和验证（验证的目的除了避免补丁造成特殊应用瘫痪之外，还有一个重要目标是防止补丁中包含人为植入的恶意代码）、各种紧急情况下的补丁快速分发（例如大面积的网络阻塞、蠕虫攻击原有的补丁下载网站等），以及我国特有的内部网络安全快速升级等。

漏洞的及时发现是做好网络安全工作的一个基本条件。从安全保障的角度来说，从发现漏洞开始，要经历有关研究、危害评估、补丁和工具研发与测试、信息和程序分发、攻击行为监测、相关恶意代码的获取与分析、具体应对，直到后期评估、系统恢复与升级等等一系列过程。这一系列过程涉及多方面的工作，而且还必须足够快速（不幸的是，对攻击者来说似乎更容易做到快速，只要知道一个漏洞，然后编写出攻击程序，就可以实施攻击了），才可能避免特定的安全事件发生。如果不能及时发现有关的漏洞，则一切工作都失去了基础。

17.3.2　蠕虫和病毒监测

2004 年，蠕虫和病毒在网上传播仍十分猖獗。蠕虫主要利用系统漏洞进行自动传播复制，由于传播过程中产生巨大的扫描或其他攻击流量，从而使网络流量急剧上升，造成网络访问速度变慢甚至瘫痪，对互联网的运行造成威胁。另外，一些攻击者知道蠕虫可以大面积蔓延的特点，试图控制或者直接利用大量用户计算机，也可以对互联网的运行造成严重威胁。除利用漏洞自动传播的蠕虫外，利用电子邮件传播的蠕虫种类也很多，据安天实验室统计，利用邮件传播的蠕虫已达到 1 000 多种。这些蠕虫主要以电子邮件附件的形式传播，用户在运行附件后就会遭受感染，并通过电子邮件进一步传播和扩散。此外，2004 年还发现通过即时消息客户端、P2P 网络、互联网聊天室（IRC）等传播的多种蠕虫和病毒。很多蠕虫和病毒具有在多种网络应用中传播的能力，并与木马、间谍程序相集成，形成传播途径多样化以及功能综合化趋势，甚至能够躲避杀毒软件和防火墙等安全防护软件，这些都给检测和清除它们带来了一定的困难，给许多企业和用户的工作造成了较大影响。

2004 年没有爆发对整个网络运行安全造成重大影响的蠕虫或病毒事件，而主要是造成大量用户无法正常使用。尽管如此，蠕虫和病毒传播对局部网络造成的影响仍不容忽视。2004 年最主要的蠕虫事件是利用微软视窗系统 LSASS 漏洞传播的“震荡波”系列蠕虫（共计 40 多种，包括“大选杀手”、“考格”等），造成大量的用户计算机被感染。CNCERT/CC 抽样监测发现我国有超过 138 万个 IP 地址的主机感染此类蠕虫。此外，Mydoom、NetSky 等蠕虫也造成了一定影响。2004 年出现的 Witty 蠕虫创造了利用新发布漏洞进行攻击新的时间记录，仅仅在漏洞公布之后不到 48 小时就出现了攻击。

2004 年通过电子邮件传播的蠕虫中 NetSky、Bbeagle 和 Mydoom 最为活跃，这些蠕虫不仅传播广泛，而且变种层出不穷，原因之一在于这些蠕虫的作者们相互比赛看谁的“作品”传播得更广泛，业内人士称之为“蠕虫大战”。

2004 年 6 月，赛门铁克安全响应中心发现了第一个攻击手机的 Cabir 蠕虫，该蠕虫通过诺基亚 60 系列（Symbian 操作系统）手机复制自身，被感染的手机会向它搜索到的第一个蓝牙设备发送自身。此后又出现了可以感染 Symbian 系统“.sis”安装文件的 Lasco 病毒。此外还有可以感染 Windows CE 操作系统的病毒和木马。到目前为止，已经出现了近 30 种移动设备恶意代码，智能手机和 PDA 等终端设备面临的安全威胁逐渐增加，但尚未发生大规模事件。

除了影响终端用户使用和威胁基础网络运行外，2004 年以来蠕虫的一些新特点愈加显现。蠕虫被黑客用来驱动预定的拒绝服务攻击，例如冲击波（2003 年）、Mydoom 蠕虫等，如果这种方法被应用于对互联网上的关键结点服务器、路由器实施拒绝服务攻击，将会导致整个互联网业务的瘫痪，而理论上，应对此类攻击目前并没有十分有效的方法；蠕虫逐渐也被用来植入木马程序和后门软件，如震荡波系列蠕虫等，给感染蠕虫的用户带来严重的泄密威胁，同时也造成大量潜在的可受黑客控制的主机，一旦某个黑客或黑客组织集中控制了这些主机将给各种网络应用系统带来严重威胁。

17.3.3 流量监测

实时流量数据监测是监测网络状态和网络安全事件的诸多方法中非常重要的一种技术手段，是对大规模网络安全事件发出早期警报的有力参照，目前受到国际上的广泛关注。CNCERT/CC 多次发现了我国公共互联网上的可疑安全事件，并通过协调相关运营商进行核实确认，使事件得到及时处理。这种向运营商应急小组及时提供其所属网络的流量异常信息和分析结果是 CNCERT/CC 与运营商在网络安全事件处理方面主要合作模式之一。

国际上很多国家都在建设通过流量监测更早发现重大安全事件的能力，并且在积极展开这方面的合作。这种能力对大型网络的管理和安全保障也是非常重要的。

在我国，CNCERT/CC 的网络安全监测平台能够实时、准确、直观地显示各种网络业务流量信息，帮助判断当前的运行状况，发现流量异常现象。例如 2004 年 6 月，CNCERT/CC 通过流量监测及时发现某运营商网络中一批主机感染了 SQL Slammer 蠕虫，及时告知网管进行了处理。运营商的反馈表明 CNCERT/CC 提供的信息，其准确性和及时性都比较令人满意。图 17.1 所示是 2004 年 3 月 Witty 蠕虫爆发时引起的源端口 4000 的流量变化情况。

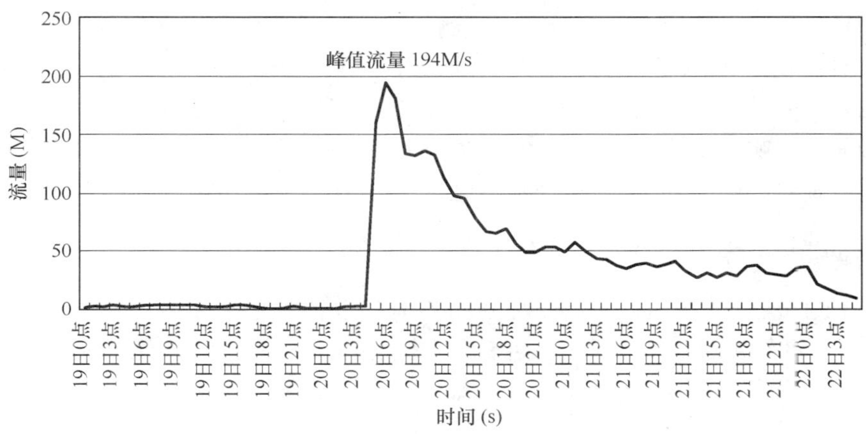

图 17.1 Witty 蠕虫引起源端口 4000 的流量变化（2004 年 3 月）

17.3.4 木马事件

各类安全事件中，木马和后门事件的危害是最为严重的，因为此类事件隐蔽性非常强，是造成失泄密危害的重要原因。

2004 年，CNCERT/CC 对常见的 20 多个木马程序的活动状况进行了抽样监测，发现我国大陆地区 6 600 多个 IP 地址的主机被植入木马，我国内地木马活动分布情况如图 17.2 所示，最多的地区分别为北京（44%）和辽宁（14%）。

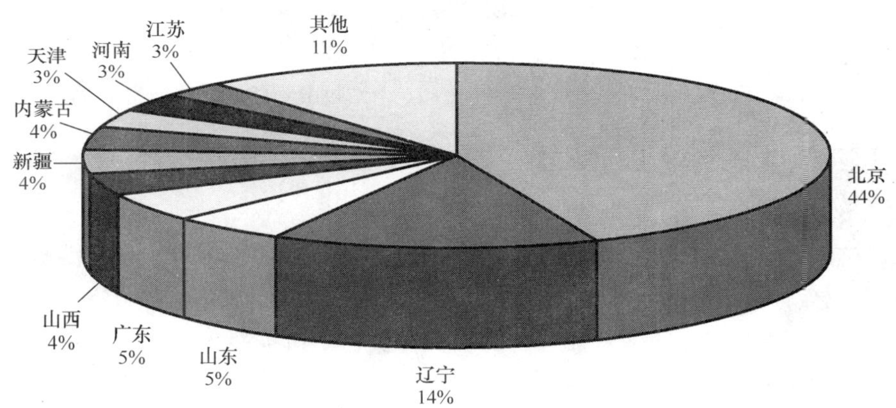

图 17.2 2004 年我国大陆木马分布抽样监测情况

同时发现我国内地以外的 4 200 多个主机地址和这些木马进行通信。按国家和地区分布如图 17.3 所示，最多的地区分别为中国台湾地区（23%）、中国香港地区（17%），最多的国家为美国（18%）。

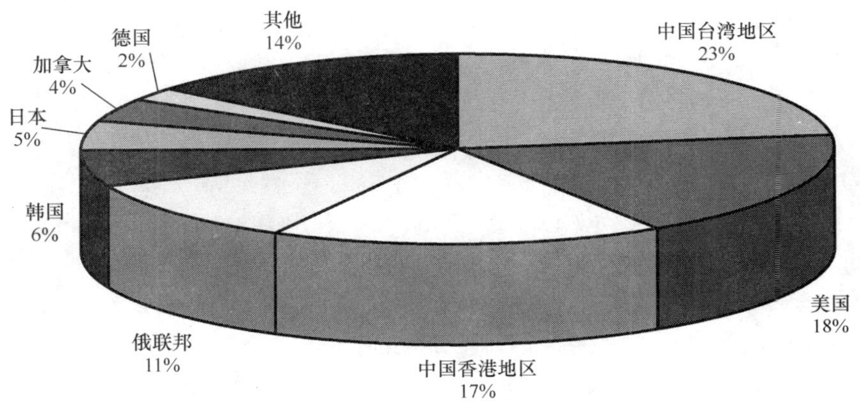

图 17.3 对中国大陆地区木马攻击主机地址按国家和地区分布图（2004 年）

以上的数据只是对我国互联网上木马活动情况的初步采样统计，实际情况会更加严重和复杂。随着我国互联网应用的日益普及，日益增加的木马程序将造成计算机数据的失窃和被控，感染木马的计算机不仅面临严重的泄密威胁，而且容易被黑客利用发起有组织的大规模攻击。然而木马类程序不断出现，且用户很难发觉，因此造成的影响往往比较长久。CNCERT/CC 将进一步加强对木马的监测与分析，加大对木马类事件的处理力度，确保我国基础网络和重要信息系统的安全。

17.3.5 对 Web 网站的恶意攻击

2004 年，CNCERT/CC 对常见的 38 种针对 Web 网站的攻击进行了抽样监测如图 17.4 所示，发现我国内地之外的 1 024 台主机频繁对我国内地的 3 895 台主机发起攻击。其间，对我国内地进行网站攻击最频繁的国家为美国（38%）、韩国（16%）、日本（10%）。

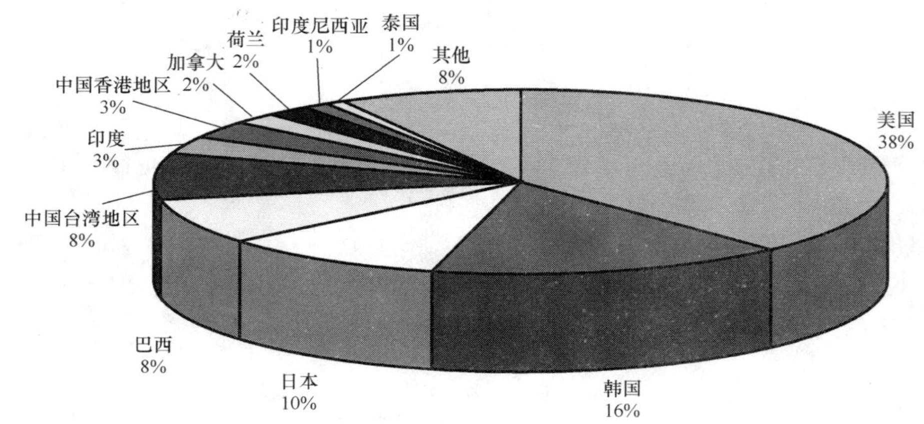

图 17.4 2004 年对中国内地 Web 网站攻击情况分布统计

17.3.6 “僵尸网络”（恶意的 BotNet）

Bot 是机器人（Robot）的简写，通常是指可以自动地执行预定义的功能、可以被预定义的命令控制、具有一定人工智能的程序。Bot 不一定都是恶意的，但 2004 年以来 CNCERT/CC 发现黑客越来越多的利用 Bot 来控制大量主机进行有组织的攻击活动。Bot 可以通过溢出漏洞攻击、蠕虫邮件、网络共享、口令猜测、P2P 软件和 IRC 文件传递等多种途径进入被害者的主机，被害主机被植入 Bot 后，就主动和互联网上的一台或多台控制结点（例如 IRC 服务器）取得联系，进而自动接收黑客通过这些控制结点发送的控制指令，这些被害主机和控制服务器就组成了恶意的 BotNet，成为攻击者实施各种网络供给的网络平台，我们称之为“僵尸网络”。

僵尸网络的最大危害在于，攻击者秘密控制大量用户计算机，并且可以高效率地直接向这些计算机发送指令，这就构成一个威力强大的攻击网络，可以对互联网上的各种应用甚至互联网本身的正常运行都构成重大威胁。此外，大量的计算机被攻击者所秘密掌握，成为窃取数据和情报的有力工具，从而使得这些计算机用户的直接利益受到严重威胁。

根据赛门铁克（Symantec）公司 2004 上半年的安全报告统计，在 1 月到 6 月期间，每天监测到的被植入 Bot 的主机数量从 2 000 台增加到 30 000 台，Symantec 发现的最大的 BotNet 是 2004 年出现的 Agobot（高波）的一个名为 Phatbot 的变种组成的包含 40 万台主机的 BotNet。BotNet 的出现和日渐庞大，是继蠕虫等网络安全威胁出现以后的重大网络安全问题。2004 年，利用 BotNet 发送 Spam 和进行 DDOS 攻击的事件越来越多，Bot 的种类也迅速增加，BotNet 的危害在国际上引起了广泛重视。

2003 年 3 月的“口令蠕虫”，其实就是攻击者试图利用蠕虫构造一个僵尸网络，当时 CNCERT/CC 已经发现我国 4 万多台计算机被成功入侵。但是 CNCERT/CC 和我国互联网运营商一起成功地阻止了攻击者的这一企图得逞。2004 年，CNCERT/CC 在处理一起拒绝服务攻击事件中第一次在我国发现了一个大型僵尸网络，涉及我国境内近 10 万台计算机。CNCERT/CC 及时配合有关部门成功进行了处理。CNCERT/CC

通过进一步的监测发现，我国互联网上还潜伏着一些其他种类的僵尸网络，有必要进行深入的研究和处置。

17.4 2004 年计算机网络安全事件报告处理情况

CNCERT/CC 通过热线电话、电子邮件和网站等途径接收来自国内外的安全事件报告，并且安排专人对用户报告网络安全事件进行分析处理，提供技术支持等。遇到重大网络安全事件还将向有关部门报告，进入紧急处理程序。2004 年 CNCERT/CC 进一步规范和细化了内部网络安全事件处理流程，加强对网络安全事件的跟踪和管理，制订了针对各类网络安全事件处理程序；同时进一步加强同应急体系成员之间协调配合，全面提高了事件处理的速度和能力。

17.4.1 网络安全事件报告统计

一、网络安全事件报告数量统计

2004 年 CNCERT/CC 全年共收到国内外通过应急热线、网站和电子邮件等报告的网络安全事件 64 686 件，上半年最多的月份是 3 月，达 7 000 多件；下半年 9 月～11 月 3 个月网络安全事件报告均超过 10 000 件，这 3 个月的总数占全年总数的 60%。同 2003 年全年收到 13 000 千多起报告数量相比，2004 年网络安全事件报告数量大大增加。需要说明的是，在 2004 年收到的事件报告中约 93%为扫描类网络安全事件。除扫描外的国内外网络安全事件报告共 4 485 件。2004 年网络安全事件报告总数和月度统计如图 17.5 所示。

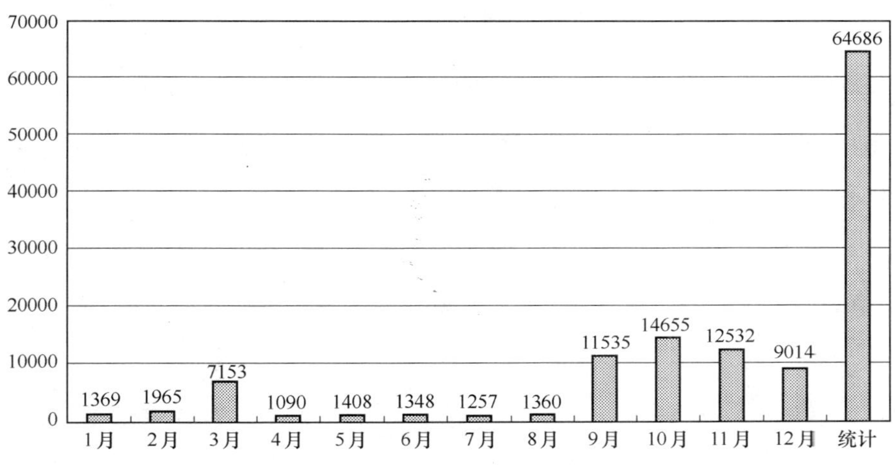

图 17.5 2004 年网络安全事件报告总数和月度统计

2003 年～2004 年网络安全事件报告数量比较如图 17.6 所示。

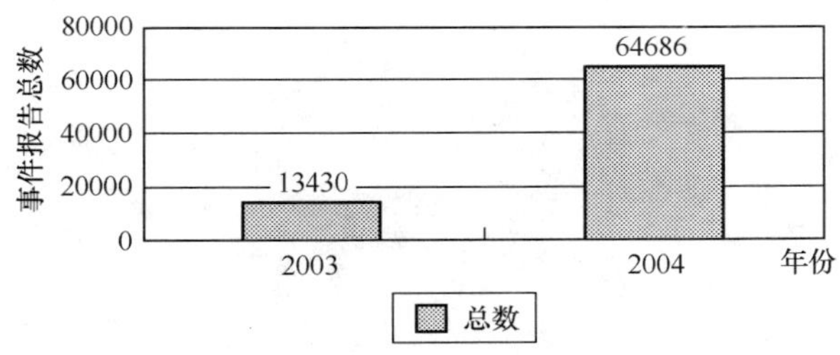

图 17.6 2003 年与 2004 年网络安全事件报告数量比较

二、网络安全事件分类统计

2004 年，CNCERT/CC 全年收到的 4 485 件非扫描类网络安全事件报告，按类型统计情况如图 17.7 所示，报告较多的是网站篡改（2 059 件）和垃圾邮件（1 278 件），可见用户对容易发现的安全事件（网页篡改和垃圾邮件）的反应程度和安全意识明显高于其他安全事件。

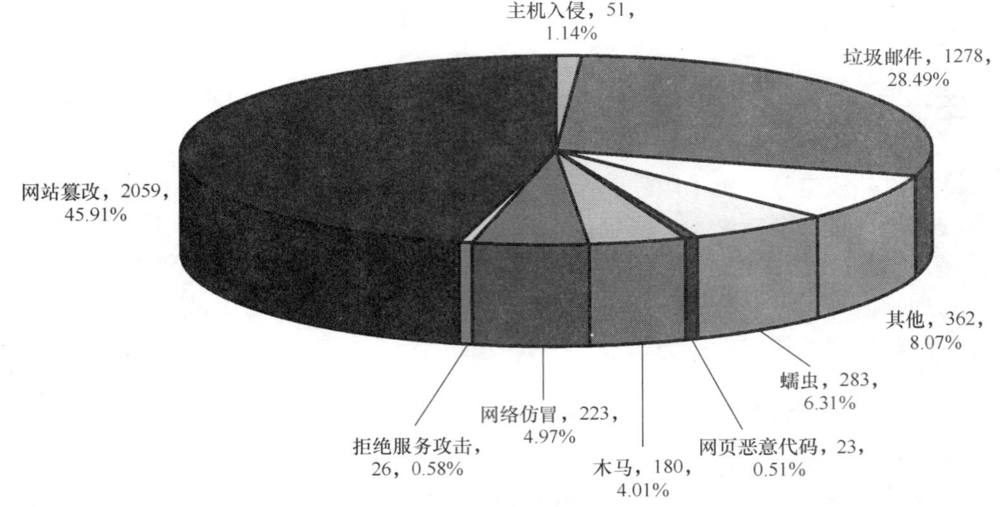

图 17.7　2004 年网络安全事件报告（除扫描以外）情况分类统计

三、国外网络安全事件报告

CNCERT/CC 2004 年共收到来自国外 33 个组织机构的网络安全事件报告 245 件(除国外自动转发的扫描类事件以外)，其中网络仿冒 223 件、恶意网站 4 件、木马 10 件、蠕虫 4 件、其他类 4 件。网络安全事件报告主要来自于澳大利亚、芬兰、新加坡、巴西、德国及中国香港地区等应急组织，此外还有来自 Market Monitor、Cyota、澳大利亚 IBM 安全组等安全公司的报告。

17.4.2　网络安全事件处理

CNCERT/CC 协助用户进行事件处理，尽快消除网络安全事件对用户造成的各方面危害，帮助用户尽量减少损失。同时，按照国际惯例，在事件处理的过程中，帮助用户保存必要的证据，以便用户寻求司法协助时参考使用。

一、按地区统计

2004 年，CNCERT/CC 共处理网络安全事件 1 000 余件，大部分事件是 CNCERT/CC 国家中心协调分中心进行处理的。按处理的事件所属地区统计如图 17.8 所示，其中北京（198 件）、广东（122 件）、四川（108 件）、上海（88 件）等地处理事件数量较多。

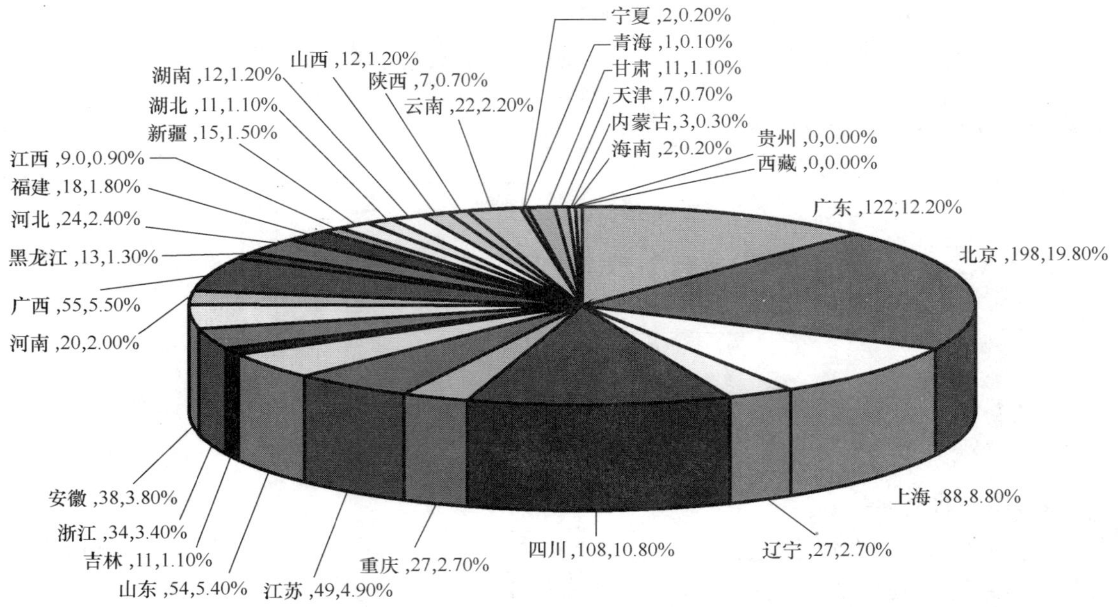

图 17.8　2004 年 CNCERT/CC 网络安全事件处理按地区统计

二、按事件类型统计

2004 年 CNCERT/CC 处理的主要事件类型包括网页篡改、网络仿冒、恶意代码和拒绝服务攻击等。各类事件所占比例如图 17.9 所示，其中网页篡改（74%）、网络仿冒（20%）类事件所占比例较大。

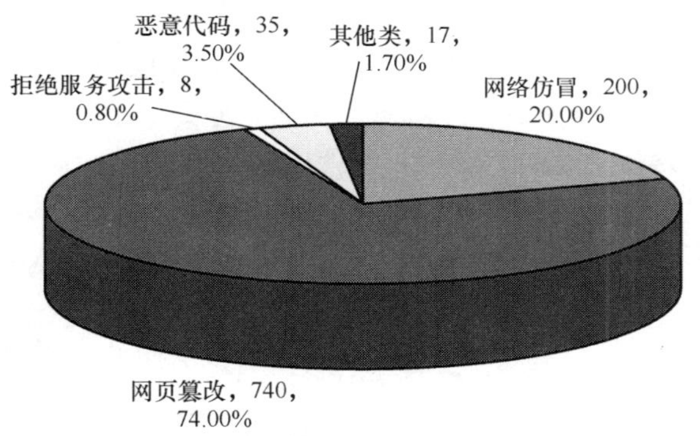

图 17.9　2004 年 CNCERT/CC 事件处理情况分类统计

三、事件处理时间统计

CNCERT/CC 对各类事件处理时间的上限和下限进行了评估，结果如图 17.10 所示。大部分事件均能在 1 周（5 个工作日）以内处理完成，处理时间较长的是拒绝服务攻击类事件，需要大约 7～21 天。网络安全事件处理时间越来越成为衡量应急组织能力的重要指标，随着越来越多应急组织开始使用事件处理系统，对事件处理时间统计将更加准确科学。目前，CNCERT/CC 的快速响应能力在国际上得到较高评价，这也是因为 CNCERT/CC 和各省分中心之间已经建立了快速高效的工作机制，使得从发现安全事件到帮助最终用户解决问题的各个环节都得以快速进行。

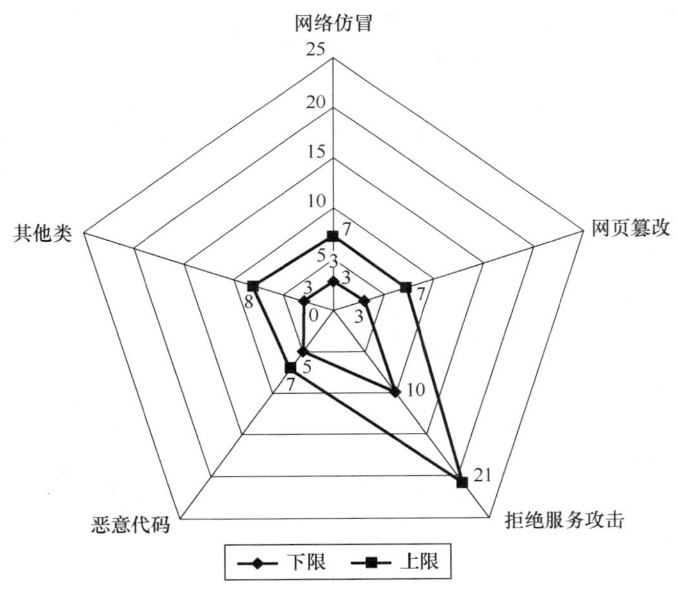

图 17.10　2004 年 CNCERT/CC 网络安全事件处理时间情况统计

17.4.3　网络安全热点事件有关情况

一、网络仿冒

国际上将网络仿冒行为通称为“Phishing”，我国称之为“网页欺诈”、“网络欺诈”、“网页仿冒”或“网络钓鱼”等。网络仿冒通过仿冒正宗网页来诱骗用户提供个人资料、财务账号和口令，甚至干脆通过在假网页或者诱饵邮件中嵌入恶意代码的手段向用户的计算机中秘密植入木马，直接窃取个人数据。目前的网络仿冒对象主要是金融网站和电子商务网站，以骗取用户金钱为目的。通常情况下，诱骗者总是使用电子邮件发送仿冒网页并附以欺骗性借口，如：因系统升级或安全措施的改进而需用户更新或核实个人资料，或者宣称促销或优惠活动等，诱骗用户访问仿冒页面，骗取用户账号和相关的密码口令。电子邮件接收人在毫无怀疑的情况下被诱骗访问攻击者仿冒的网页（现在仿冒的手段日益高明，用户经常很难判断），提供了他们的信息，或者被偷偷植入了用于长期窃听用户数据的木马程序，然后在数小时甚至几分钟的短时间内，黑客就可以利用骗得的账号和密码窃取大量受骗者的金钱。随着电子商务、网上结算和网上银行等业务在日常生活中的普及，网络仿冒层出不穷，因此利用网上业务提供金融服务的机构应引起足够重视。2004年CNCERT/CC接到网络仿冒类事件报告223件，绝大多数来自国际应急组织和安全小组，如图17.11所示。2004年底国内也出现了多起金融网站被仿冒的事件，而在这之前，CNCERT/CC掌握的针对国内金融网站的仿冒活动，在2002年和2003年均只有1起。

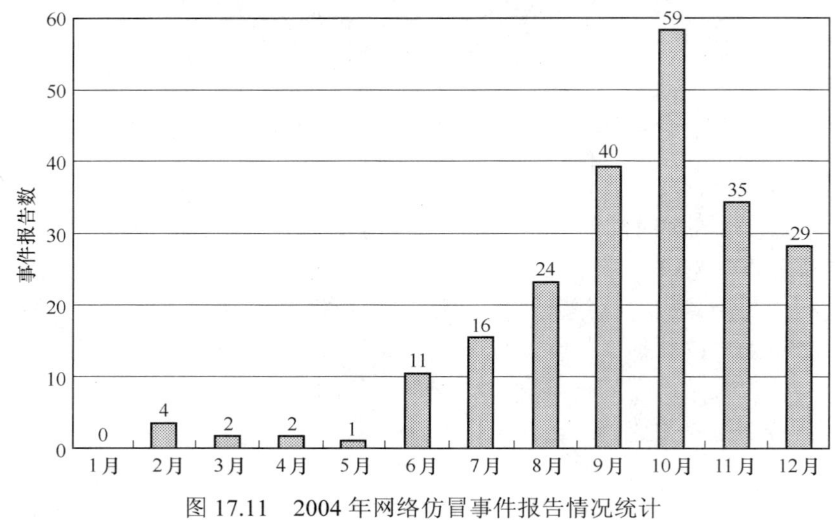

图 17.11　2004年网络仿冒事件报告情况统计

近年来网络仿冒造成的损失越来越大，据美国有关机构统计，2003年由网络诈骗造成的损失达12亿美元，平均每个受害者损失1 200美元。另据MI2G估计，2003年由于网络仿冒诈骗，全球经济损失超过了322亿美元，原因包括客户的减少、业务被中断以及用于恢复品牌信誉方面的努力。2004年的损失更高，仅第一季度报告的网络仿冒攻击数就超过了2003年全年，而相应的经济损失也已逾248亿美元。

网络仿冒行为通常会选择其他国家地区的计算机来建立仿冒网页，以逃避本国司法和执法部门的调查和处罚。目前，很多境外黑客利用其所入侵并控制的我国境内的主机来建立仿冒网页。从事件处理情况看，很多被黑客利用的主机处于无人维护的状态，在没有安装补丁、防病毒软件、防火墙的情况下连接互联网，给黑客留下可乘之机。尽管许多用户对网络仿冒事件的处理提供了积极的协助，但仍然有一些用户对网络仿冒的危害没有充分认识，只是简单删除了主机内的仿冒网页或格式化硬盘，没有做必要的漏洞和木马清除等防范工作，结果出现同一主机被多次利用的情况。

CNCERT/CC对网络仿冒的处理大都是由CNCERT/CC分中心具体承担的，其过程一般是定位仿冒主机，然后联系该主机用户并介绍有关情况，协助用户及时清除仿冒网页或进一步清除黑客植入的后门，建议用户加强网络安全防范工作等。

2004年CNCERT/CC共处理网络仿冒类事件200多件，大部分是国外报告并要求协助处理的事件，被仿冒的网站大都是国外的著名金融机构，涉及我国的还比较少。但随着我国网上银行、网上购物等电子商务的普及，我国面临的网络仿冒事件威胁必将逐渐增大，应该引起足够的重视。2004年底出现了一些针对我国银行的比较简单网站仿冒事件，我国周边的一些国家也遇到类似的情况，网上开始逐渐出现针对这些国家的网络仿冒事件。

由于CNCERT/CC在网络仿冒事件处置方面积累了丰富经验并做出很大贡献，国际反网络仿冒组织APWG特意邀请CNCERT/CC作为其合作研究伙伴。

现在还出现一些其他同类的攻击活动，例如pharming。这些事件的本质是身份窃取（Identity Theft），从更加本质的角度研究如何防范此类安全事件造成的危害，是 CNCERT/CC 即将展开的研究。

二、拒绝服务攻击

2004 年，CNCERT/CC 接到多起严重的拒绝服务攻击事件（DoS）报告。攻击者主要是针对知名的互联网业务站点和重要的应用服务器，攻击强度明显，导致一些业务不能正常进行。2004 年拒绝服务攻击事件表现出一定的有组织性质，一定程度上印证了关于黑客组织通过 DoS 方式敲诈勒索的消息。CNCERT/CC 对此十分关注，积极协调应急体系各部门进行了重点处理。

在 2004 年 CNCERT/CC 接到的一起分布式拒绝服务攻击（DDoS）事件报告中，用户遭到长时间持续不断的 DDoS 攻击，攻击流量一度超过 1 000Mbit/s，攻击类型超过了 11 种，用户的经营行为几乎无法进行，经济损失严重。CNCERT/CC 通过协调多个分中心和运营商进行了处理，并配合公安部门进行调查和取证。结果显示黑客是通过所控制的一个大型僵尸网络发起的攻击，目的是通过影响受害者的网站业务来达到商业竞争优势。

2004 年以来，DoS 在技术上变得非常多样化，而且完全向分布式和自动化发展，能够造成的破坏也越来越大。目前的分布式 DoS 攻击（DDoS）从技术实现上而言有下面这些特点和趋势： 开始通过成群的受控主机进行分布式的高强度攻击；同时产生非常随机的源 IP 地址，能够更好地保护攻击源不被追踪到；攻击数据包结构形式随机变化，很难用统一的方法检测；利用网络协议缺陷与系统漏洞缺陷；采用混合形式的攻击，加强攻击强度，增加防御难度；更高的发包速率，攻击特征更不明显，等等。

由于 IPv4 协议存在缺陷，通过纯粹的技术手段彻底杜绝 DoS 是非常困难的，因此 CNCERT/CC 主要通过不断加强技术能力和协调能力来重点处理规模大、影响严重的 DoS 事件，并积极推动与公安部门的合作，对恶意攻击者诉诸法律。

三、网页被篡改

2004 年 CNCERT/CC 每日对中国内地网站被篡改情况保持跟踪监测，并及时通知网站所在省的分中心协助解决，尽力确保被篡改网站快速恢复。2004 年 1～12 月期间，中国内地被黑网站的数量处于波动上升的趋势，全年的被黑网站总数达到 2 059 个。按月统计情况如图 17.12 所示。

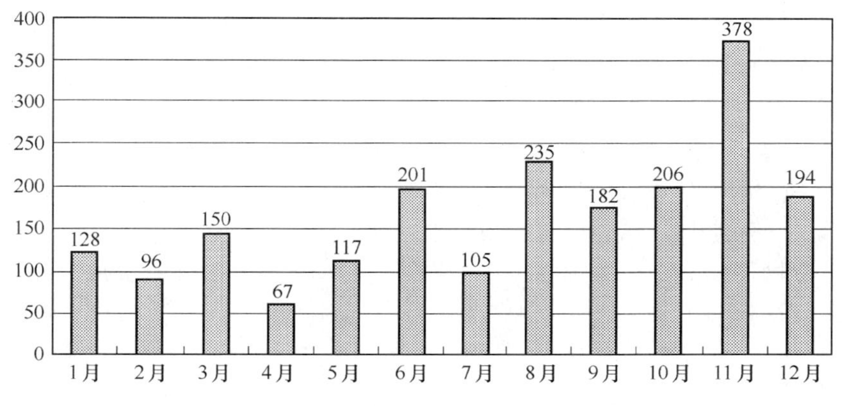

图 17.12　2004 年对中国内地网页被篡改情况统计

从 5 月份开始每月网站篡改数量都保持在 100 个以上。2004 年下半年中国内地网页被篡改的数量明显比上半年增多，平均每月网页被篡改的数量都保持在 200 个左右，11 月份达到了 2004 年年度的最高峰（378 个）。

2004 年 1～12 月，中国政府网站被篡改数量共计 1 029 个，占中国内地网站被篡改总数的一半左右，其月度情况统计如图 17.13 所示。

从政府网站被篡改情况的走势图来看，1～8 月期间被篡改政府网站所占比重很大，基本上每月有近 60%的被篡改网站为政府网站。9 月份之后，政府网站被攻击比重虽有所降低，但每月仍约占中国内地被篡改网站的 30%左右。由此可见我国的政府网站较容易成为攻击者选择的目标，同时也说明我国政府网站的安全防范有待进一步加强。

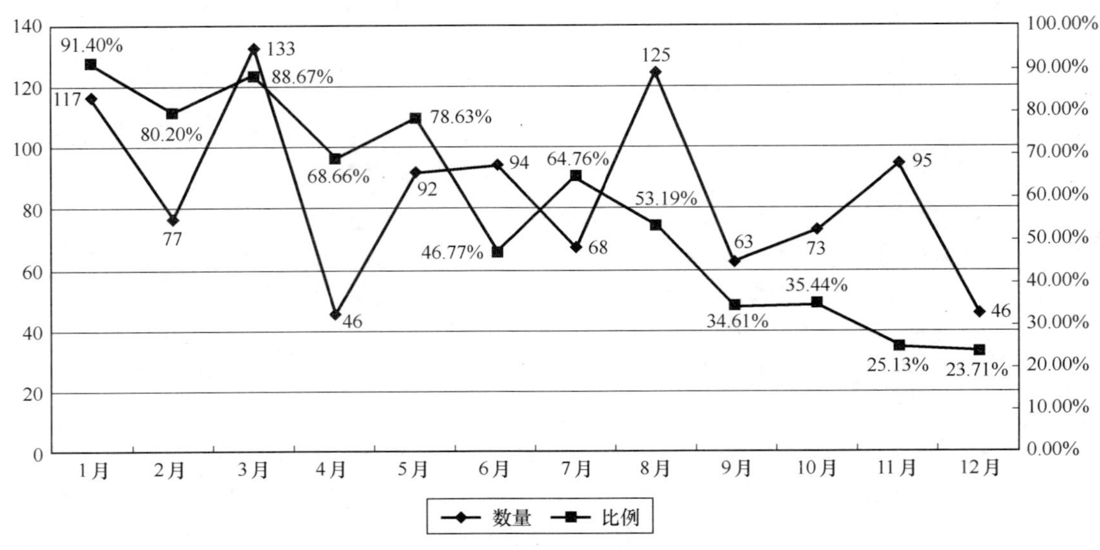

图 17.13　1～12 月我国政府网站被篡改情况统计

17.5　结束语

2005 年互联网和网络应用将以更快的速度不断发展，网络应用将日益普及并更加复杂，网络安全问题仍将是互联网和网络应用发展中面临的重要问题。各种网络安全漏洞的大量存在和不断发现，仍将是网络安全的最大隐患；从漏洞公布到利用相应漏洞的攻击代码出现的时间已经缩短到几天甚至一天时间，这使开发相关补丁、安装补丁以及采取防范措施的时间压力大大增加；网络攻击行为日趋复杂，各种方法相互融合，使网络安全防御更加困难，防火墙、入侵监测系统等网络安全设备已不足以完全阻挡网络攻击；黑客攻击行为的组织性更强，攻击目标从单纯的追求“荣耀感”向获取多方面实际利益的方向转移，网上木马、间谍程序、恶意网站、网络仿冒和大规模受控攻击网络（BotNet）等的出现和日趋泛滥，是这一趋势的实证；手机、掌上电脑等无线终端的处理能力和功能通用性提高，使其日趋接近个人计算机，针对这些无线终端的网络攻击已经开始出现，并将进一步发展。总之，网络安全问题变得更加错综复杂，影响将不断扩大，很难在短期内得到全面解决。

2005 年，随着全社会对网络安全问题重视程度的日渐提高，全民网络安全意识将进一步增强。国家已经出台和发布了一列关于网络与信息安全问题的政策性文件，在 2005 年有关部门将进一步制定网络安全相关的规章和条例，互联网网络安全应急预案也将逐步得到贯彻和落实。在有关部门的领导下，国家基础网络和重要信息系统的安全保障工作将进一步加强。

（国家计算机网络应急技术处理协调中心　杜跃进　孙蔚敏　周勇林　陈明奇　纪玉春　焦绪录　张冰）

第 18 章　VoIP 发展状况

18.1　VoIP 发展历史

VoIP 即 Voice over IP，也称 IP 电话，泛指在 IP 网络上提供的话音业务。本报告对 VoIP 的定义为：IP 电话业务，泛指利用 IP 网络协议，通过 IP 网络提供或通过电话网络和 IP 网络共同提供的电话业务，即通过对语音信号进行编码数字化、压缩处理成压缩帧，然后转换为 IP 数据包在 IP 网络上进行传输，从而完成语音通话的业务。主要业务类型包括端到端的双向话音业务、端到端的传真业务、中低速数据业务、与智能网共同提供的国内和国际长途智能网业务。

VoIP 的发展可以以 2002 年作为分界线。从 1995 年开始，IP 电话开始受到关注，但是在 2002 年之前，这种业务的语音质量是存在很多问题的。当时 IP 电话主要分两种类型。一是通话双方通过同样的客户端应用软件在 Internet 上进行通话，即 PC－PC 电话，那时以色列的 VocalTec 公司最先推出了“Internet Phone”客户端软件，实现了在互联网上 PC 机之间通话的应用，人们将这种应用称作互联网电话(Internet telephony，也有人简称为 IPhone)。另一种是将 Internet 和 PSTN 结合所提供的电话，主要体现的是话音传递过程中，中间传输段采用 IP 包方式在 Interent 上传播，而通话双方还通过 PSTN 网落地的业务，即 Phone－Phone 的 IP 电话，这类业务发展也很迅速。1998 年全球 IP 电话呼叫仅有 1.5 亿分钟，不到国际话务总量的 0.2 %；而到 2002，跨境 IP 电话业务流量增长到近 190 亿分钟，占全球国际话务量的约 11%。目前我国用户通过普通电话拨打的 0.3 元每分钟的长途电话就属于这种。为了提供电信级的服务，大部分业务提供者建立了专用的 IP 网代替互联网来提供业务，这时人们逐渐将互联网电话改称为 IP 电话（IP Telephony 或 VoIP）。

从 2002 年开始，端对端的 VoIP 业务开始大量出现在市场上，并引发了全球 VcIP 业务发展的热潮。目前的端对端 VoIP 电话业务是从 PC－PC 电话概念转移过来的，即通话过程从呼叫终端到终接终端都通过 IP 网络来传送的话音业务。用户终端是特殊的装置，这个特殊装置可以是用户通过 PC 机中的 IP 电话客户端软件和耳麦组成，也有专门的 IP 电话机（如 SIP 话机，相当于硬件化的 IP 电话客户端软件），还可以是普通的电话机和 IAD（综合接入装置）设备。从 2004 年开始还出现了 WLAN 电话（Wi-Fi 手机终端）。因此从表现形式看，IP 电话出现了多样化，如图 18.1 所示。

从目前全球宽带电话业务的经营方式看，主要有以下两种经营模式。

一、基于 Internet 提供的 PC－PC 电话

包括基于 Web 提供的 PC－PC 电话和基于即时消息上叠加的 PC－PC 业务。最典型的是美国 Puler 公司提供的 Free World Dailup 业务，另外很多即时消息软件提供商，例如 Microsoft 提供的 MSN、中国网易提供的 popo 软件等，都提供类似的服务。在这类业务中，用户一般需要登录专门的 Web 站点或者在计算机中安装 MSN 等软件，有时需要一个地址服务器来建立连接。在公用 Internet 上的这类业务一般无 QoS 保障。同时，这类业务其实并不存在所谓的业务提供商，都是用户自己下载软件之后安装在 PC 上，使用时通过耳麦进行通话。

这类业务基本都是免费提供的。可能也有部分软件增加了其他的便利功能，用户需要支付很少的费用来下载，但是在通话过程中是不需要支付费用的。

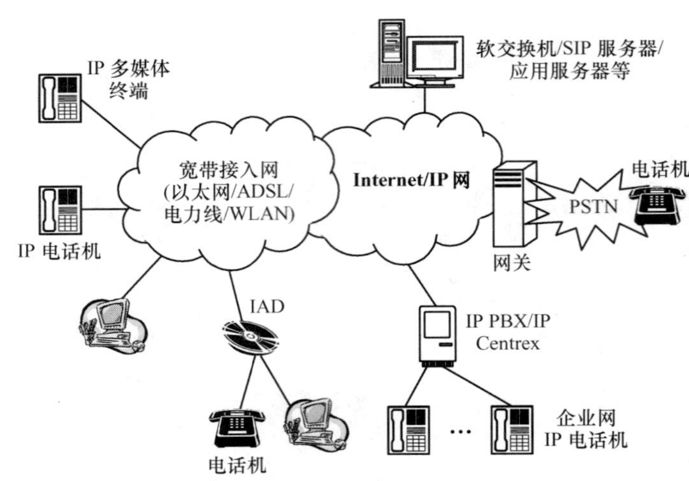

图 18.1　IP 电话的多样化表现形式

二、独立 VoIP 提供商提供的宽带电话

所谓的独立 VoIP 提供商指的是不拥有物理宽带网络的 VoIP 业务提供商，美国的 Vonage 公司和日本的 Yahoo BB 公司就是这类经营方式的典型。他们没有自己的网络基础，可能也没有用户基础，而是必须基于传统的电信运营商的宽带网络为用户提供服务，从经营方式上看有两种方式，一是通过发卡的方式发展用户，用户可以通过宽带接入到 Internet 服务器上进行拨号。被叫方一般是 PSTN 用户，否则这类经营者就没有生存空间，因此在业务表现形式上，通常是 PC-Phone 的 IP 电话。当然，也有可能通信双方都是类似 SIP 电话的智能终端相互进行拨号（内部分配的号码或者 IP 地址）。二是为用户提供 IP 电话终端（也称 IP 电话机），采用包月制或者按时计费的方式为用户提供业务。

目前这类业务在国外发展很快，是市场关注的重点。一些宽带接入提供商非常看好这个商机。其中日本的宽带接入提供商 Yahoo BB 的经营最好，其用户已超过 700 万。

这种业务提供方式在我国很多地方已经出现。用户从业务提供者那里购买专用的 IP 电话机，然后通过宽带接入网就能够实现端到端的通话。IP 电话机就相当于硬件化的 IP 电话客户端软件，呼叫的寻址、路由选择及呼叫控制由专门的服务器（如软交换机、SIP 服务器）来完成，甚至可以通过固化在终端中的软件来实现。网络的传送段可由 Internet 或专用的 IP 网完成，运营商为了提供有服务质量保证的业务，通常需要采用专用的 IP 网，而在我国私下经营的业务一般是由公众的互联网承载的。因此当用户拥有了 IP 电话机后就可进行 IP 电话机之间的通话。如果该业务提供者与传统电信运营商的本地电话网通过网关互联，用户还可以直接呼叫普通的电话用户。

另外，用户还可以通过 IAD 设备直接将普通话机与宽带网连接，从而实现上面类似的业务。

18.2　VoIP 原理及技术

一个 IP 电话系统主要包括 4 个部分：终端设备、网关（gateway）、多点控制单元（MCU）和网守（gatekeeper）。终端设备是客户端的软件或硬件实体，如普通电话机、PC 机上的客户服务程序等，构成用户的接入界面；网关是 IP 网与 PSTN / ISDN / PBX 网间的接口和转换设备，具备实时话音压缩、寻址和呼叫控制等功能；多点控制单元主要为实现多点通信（如网络会议等潜在的多点应用）而设置；网守负责网络管理，用户注册和管理，地址映射和对用户鉴权，以及完成呼叫记录及计费等功能。

VoIP 业务所采用的技术主要包含了以下两种技术体系。

一、H.323

H.323 是目前一套较为成熟的电信级 IP 电话体系协议。1996 年 ITU-T 通过 H.323 规范时，其最初的想法是作为 H.320 的修改版（H.320 是 ISDN 和电路交换网上的会议电视的协议），用于 LAN 上的会议电视。

制定该协议最初的目的是为在 ISDN（包括窄带和宽带）网、ATM 网和其他分组交换网间构建统一的可互通的会议电视系统，最初的主要应用范围是针对 N-ISDN 和 ATM。随着基于 IP 网络的可视会议系统迅速发展，ITU-T 针对在 IP 网上开展语音业务的迫切要求，考虑 IP 网络的特点，对原先的协议进行了一些修改，并最终形成了我们现在所看到的 H.323 协议。

目前我们所说的使用 H.323 的 VoIP 来说，它不仅包含了 H.323 建议，而且还包含了其他一系列建议，例如 H.225、H.245、H.235、H.450 和 H.341 等，只是 H.323 建议是“总体技术要求”，因而通常把这种方式的 IP 电话称为 H.323 IP 电话。在经过多次改版后，H.323 已经成为了 IP 网关/终端在分组网上传送话音和多媒体业务所使用的核心协议，涉及点到点、点到多点会议、呼叫控制、多媒体管理、带宽管理、LAN 与其他网络的接口等。目前基于 H.323 的 IP 电话，主要是应用于电话到电话经由网关的 VoIP 的工作方式。H.323 建议作为一个较为完备的建议，它提供的这种集中处理和管理的运行机制与传统电信网的管理方式是对应的，特别适用于从电话到电话的 IP 电话网的构建。目前在我国开放的电话到电话的 IP 电话网络主要采用 H.323 协议。

二、会话初始协议（SIP）

与 H.323 协议相对应，IETF 提出了另一套 IP 电话的体系结构，即会话初始协议（SIP）。它有与 H.323 完全不同的设计思想，是一个分散式的协议，它将网络设备的复杂性向网络边缘推。与以 H.323 协议为基础的 IP 电话相比，SIP 协议需要相对智能的终端。该协议的出现主要是为了解决 Internet 网上的多媒体会议电视服务，用于建立互联网上主机之间的会晤。这个协议最初以 HTTP 为基础，在设计上遵循了互联网的基本原则，协议很容易进行扩展，便于增加新业务，具有较强的互操作性。

SIP 中仍旧使用了互联网中客户机和服务器的概念，SIP 中的客户机是指向服务器发送请求、与服务器建立连接的应用程序，服务器则是用于向客户机发出请求、提供服务并回送应答的应用程序。我们可以认为 SIP 是一种应用层的信令控制协议，它用来创建、修改和结束参与者间的会话，这种参与者间的会话可以是客户间的会话，也可以是客户与服务器间的会话。

由于 SIP 协议的出发点是想以现有的 Internet 为基础来构架 IP 电话业务网，使基于 SIP 协议支持的 VoIP 很容易在使用 IP 协议的网络上实现，特别是针对规模和业务容量相对较小的网络，加之这类业务可以直接适配在企业网环境上，因此，目前使用 SIP 服务器方式提供的 VoIP 业务主要应用在企业网中。

SIP 支持实时通信，用户可以自由地使用移动电话、普通电话、电脑、PDA（如 Palm Pilots、Blackberry、iPAQ 等），以及任何 IP 设备进行通信。SIP 不仅支持 VoIP 通信，还支持即时留言、短信和多媒体会议。一个 SIP 和传统电话网组成的网络如图 18.2 所示。

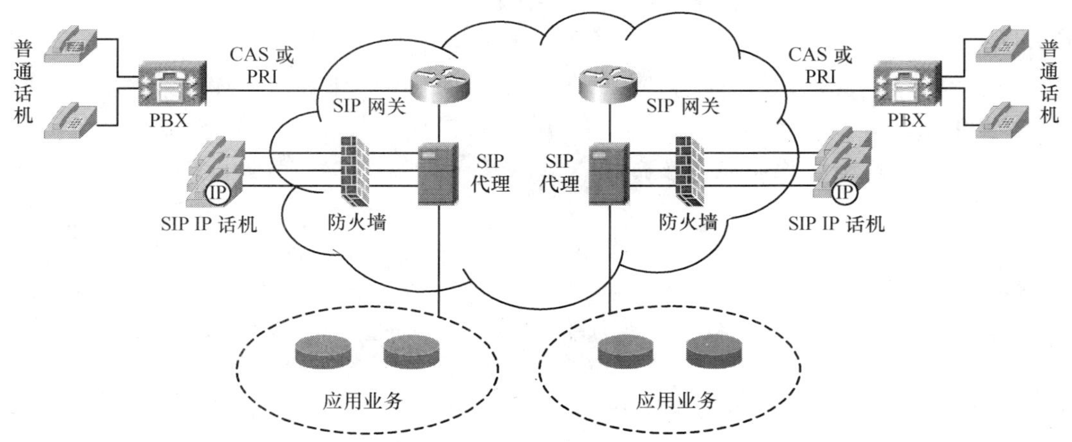

图 18.2　SIP 电话网络构成及与普通电话的互通

SIP 技术是在一些已制定协议的基础上发展起来的，可以与大量、开放的应用互通，而且它采用了 Web 开发模式和拓展模式，使得新业务的开发有更好的平台。另外，SIP 网络可以有效地扩展升级，降低对中心节点（核心网络服务器）的压力。

18.3 我国 VoIP 的发展现状及市场规模

可以说 VoIP 是 2004 年电信市场的一大热点。一方面市场上的 IP 电话卡价格战明显升级，部分地方的最低折扣甚至达到了 1 折，即面值为 100 元的 IP 电话卡只需要 10 元，使得 IP 电话实际的每分钟资费下降很快，对传统长途电话的替代作用进一步凸显。另一方面，基于宽带接入提供的 PC-Phone 电话引发了监管问题的大讨论，而该业务市场并不因为不合法而停止，相反，还是以各种名目，通过代理、“网络电话”等名义进一步侵蚀长途电话业务市场。同时，以即时消息为载体的 PC-PC 型 VoIP 也开始抢滩中国市场。

根据 2003 年 4 月信息产业部颁布的《电信业务分类目录》，IP 电话定义为“IP 电话业务在此特指由电话网络和 IP 网络共同提供的 Phone-Phone 和 PC-Phone 的电话业务，其业务范围包括国内长途 IP 电话业务和国际长途 IP 电话业务。IP 电话业务在整个信息传递过程中，中间传输段采用 IP 包方式。”

自 1999 年 4 月开始，中国开始进行 IP 电话（Phone-Phone）试验，最先开通 IP 电话试验的包括中国电信、中国联通和中国吉通，中国网通从 1999 年 8 月成立后，于同年 10 月开通了 IP 电话试验网。2000 年 4 月 1 日中国正式开通 IP 电话业务，现在有中国电信、中国联通、网通、中国移动和铁通 5 家 IP 电话运营商，获得 IP 电话经营许可的中国卫星集团尚未开通该业务。在明显低于传统长途电话收费的价格吸引下，我国 IP 电话市场在近几年来呈现不断成长的趋势。

2004 年中国 Phone-Phone 形式的 VoIP 电话市场同样存在 3 种业务形式，一是 IP 电话卡业务，二是拨打接入号的 IP 电话业务，三是 IP 拨号器方式。

IP 电话卡是由各电信营运商发行的，用户使用时需在电话号码前输入长长的账号及密码。IP 电话卡有两种分类方法。一种是针对用户类型分类，一般分为针对个人用户、不记名、具面额的预付卡，以及针对企业用户、记名、无面额的记账卡，如联通 IP 电话卡、中国联通记账卡等。第二种是针对使用范围或者功能分类，一般分为可全国范围使用的通用卡、仅能在本地或部分城市使用的本地卡、只能拨打国际或部分国家电话的国际卡（如中国网通国际卡）。2004 年 IP 电话卡市场竞争激烈，几乎所有 IP 电话卡都以打折方式出售，打折幅度很大。总体来说，电话卡市场主要针对个人消费市场。

拨打接入号的 IP 电话，是指用户在普通电话机（包括 PSTN 话机和移动电话）上拨打一个运营商的 IP 电话接入号之后（如中国移动的用户拨 17951），直接拨打长途电话的区号和用户号就可以使用，相对来说便利得多。2004 年，包括 263 在内的多家代理商（以 96 开头的接入号）业务开展得相当好。部分接入号经营得比个别基础运营商的接入号更受欢迎。在 IP 电话主叫业务中，通过手机拨打 IP 电话的比例和份额增长速度可观，占 IP 电话总量的比例也在加大。但是用户要通过手机拨打其他电信公司（如中国电信）的 IP 电话需要先注册登记，而拨打移动公司本身的 IP 电话则不需要注册，如中国移动直接拨打 17951 就可以直接享受中国移动的 IP 长途电话业务。因此在手机 IP 电话市场方面，移动公司有竞争的优势。总的来说，通过拨打接入号的方式也主要针对个人用户，部分企业用户也相对习惯使用。

拨号器方式就是运营商为申请的用户在普通电话机上安装一个拨号器，用户不需要改变习惯，直接拨打用户号码就可以得到服务。拨号器在 2002 年～2003 年曾经得到运营商的大力推崇，而且主要针对的是企业用户。2004 年中国移动曾经在部分地区大力推广，但是经过两年的竞争，2004 年的新市场开拓不如前两年。

根据信息产业部的统计，Phone-Phone 的 IP 电话业务量继续保持快速增长势头。截至 2004 年 11 月底，全国 IP 电话通话时长总计达到 1 044 亿分钟，超过了 2003 年全年水平 200 多亿分钟，同比增长 39.9%。

对近 3 年 IP 电话的增长情况进行比较，可以看出其业务量的发展已经从 2002 年近 200%的增长率逐渐趋于稳定，如图 18.3 所示。

IP 电话的业务量增长趋势与普通长途一样，都是国内长途和国际长途业务量迅速增长，港澳台地区业务量下滑，如图 18.4 所示。

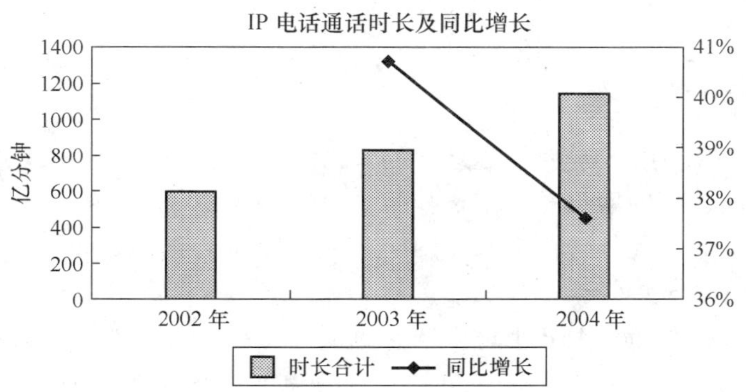

图 18.3　2002 年～2004 年的 IP 电话业务量统计

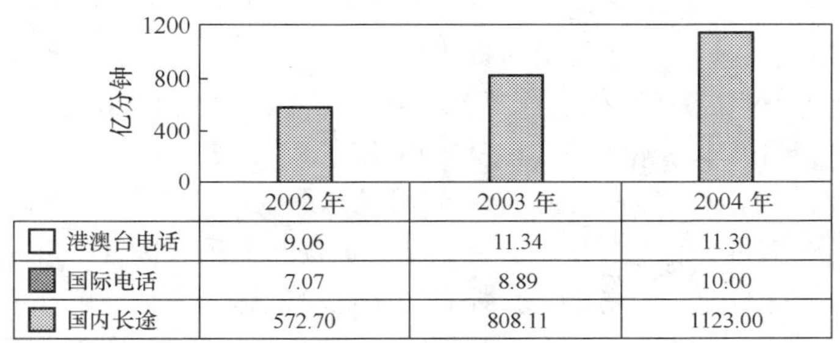

	2002 年	2003 年	2004 年
港澳台电话	9.06	11.34	11.30
国际电话	7.07	8.89	10.00
国内长途	572.70	808.11	1123.00

图 18.4　2002 年～2003 年 IP 电话通话时长构成

与 2003 年底各运营商的份额相比，中国电信、中国网通和中国联通的市场份额均有下降，而中国移动和中国铁通的市场份额有所上升，如图 18.5 所示。

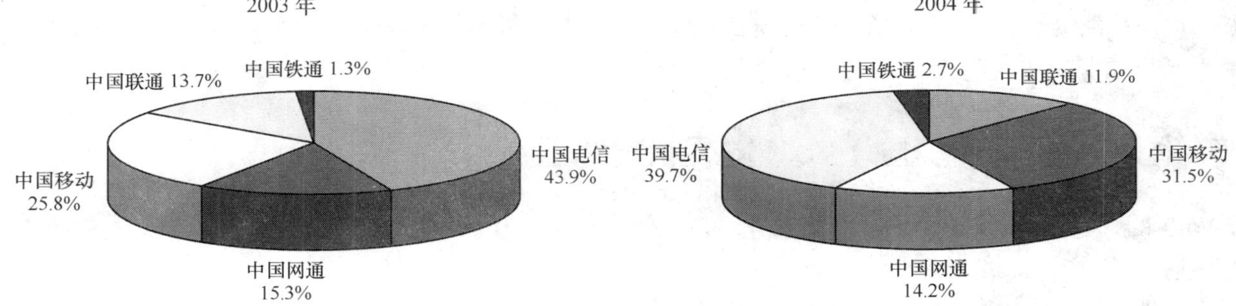

图 18.5　2003 年～2004 年各运营商所占市场份额

虽然从政策上规定 PC-Phone 类型的 IP 电话还不能商用，但是这类业务其实在中国已经以各种名义出现在用户面前，其中以“宽带电话”最为让大众熟悉。另外，用户也可以从服务公司那里购买专用的 IP 电话机，IP 电话机就相当于硬件化的 IP 电话客户端软件，直接连接宽带接入后就能够实现到 PSNT 用户或者其他宽带电话用户通话。用户还可以通过 IAD 设备直接将普通话机与宽带网连接。

市场上提供 PC－Phone 业务的企业很多，但在没有政策允许的情况下，都属于违法经营，还有部分是以基础电信运营商代理的身份在推广，但是由于政策上只是让基础电信运营商进行试验，即便是代理也属于不合法经营。出于竞争的需要，基础电信运营商也开始直接涉足这一领域，但是对于几大基础电信运营商的涉足，信息产业部明确暂时不允许的态度，并对部分违规行为进行了处罚。

除此之外，PC-PC 类型的 VoIP 业务也开始以各种即时消息作为平台抢滩 VoIP 市场。在与以色列 ICQ“谈崩”之后，TOM 与总部位于卢森堡的 Skype 签署战略合作协议，双方在 2004 年以“TOM-Skype”的联合品牌推出即时通讯服务。在 TOM 之前不久，263 已宣布推出“e 话通”多媒体即时通讯。如果加上网易泡泡今年的强力出击，以及雅虎通、搜狐搜 Q、新浪 UC 等的相继杀入，2004 年已经有 6 家互联网运营商加入了 IM 市场的角逐，对腾讯 QQ 和 MSN 的垄断地位提出了挑战。

18.4 我国 VoIP 的发展趋势

2005 年中国的电信运营商仍旧会把对长途业务的营销作为一个重要工作。2005 年的长途业务仍旧以国内长途为主，仍旧会维持比较高的增长率，增长率与 2004 年相比可能有所放缓。IP 电话在长途业务总量中所占的比重将呈现上升趋势。此外管制机构对网络电话，特别是 PC-Phone 和 PC-PC 电话的管制政策，会对国内的长途业务市场的竞争形势产生影响。

在可见的几年内，Phone-Phone 的 IP 电话市场竞争依然激烈，对传统的长途电话的替代进一步加深。但是端对端 IP 电话，尤其是宽带电话的发展则受管制政策的影响非常关键。基于宽带接入＋IP 网络的 PC－Phone 业务实质上旁路了现有的电信交换网络，而且随着宽带接入的普及，以及包月制资费方式的推广，该业务成为事实的“免费”业务，对现有的话音业务市场会产生极大的冲击，进而对电信监管体系提出挑战。一旦与 PSTN 网络连接，基于宽带接入提供的 VoIP 业务就有了更强的生命力。美国的 Vonage 和日本的 Yahoo BB 就提供这样的服务。他们的出现给传统的话音业务提供商造成了很大的市场压力。

对于普通用户而言，选择 IP 电话最主要在于其价格的低廉，但是无论是从安全性还是从稳定性看，VoIP 还无法取代传统电话网所提供的有 QoS 保证的话音业务，尤其是宽带电话。从技术上看，宽带电话的发展还有一些制约因素，一是技术的可靠性和稳定性不够，尚未达到大规模商用的标准；二是宽带网络在我国并不是十分普及，目前有条件开展“宽带电话”业务的，只能是经济比较发达的大中城市，价格低廉的宽带电话对有需求的农村和城镇依然遥远，VoIP 不可能成为大众消费中的普遍服务；三是宽带电话机必须由住户独立供电，无法解决停电时的供电问题。近几年对 VoIP 的管制应该本着促进发展同时保证原有电话网络能够有效经营的原则。

电信管制机构制定监管政策时，一个大原则是管制政策不应该阻碍新技术的发展，但是同时需要维持电信市场发展的秩序。鉴于宽带电话对现有的电信业务市场秩序可能产生的剧烈冲击，而 Internet 网的不管制与电信网络的严管制的不对等，让传统话音业务提供者和新涌现的 IP 电话提供者处于了实际的不公平竞争管制环境中。

18.5 国外（日本、美国）VoIP 发展状况综述

VoIP 的兴起为 Internet 业务提供者带来了新商机。估计在今后的 5 年内，VoIP 市场将以超过 100%的速度递增。

美国的 IP 电话发展沿袭了 Internet 自由发展的特点。从 2001 年开始，部分美国公司利用 SIP 协议提供端对端 VoIP。2004 年之前，提供端对端 IP 电话业务的公司基本都是小公司，包括 8X8、deltathree，Net2Phone、Vonage DigitalVoice 等。这些公司从 2001 或者 2002 年开始提供 SIP 电话，但是从 2002 年开始该业务才得到用户的认可。在这些先锋中，用户发展最好的是 Pulver 公司的 FWD（Free World Dialup）业务，业务范围涉及到 178 个国家和地区，其网站上有多种文字（包括中文）的介绍。该公司在 2003 年 7 月时仅仅拥有 4.3 万用户，但之后半年时间内发展了 10 万用户，达到了 14 万。另外一家发展比较好的公司是 Skype。2003 年 9 月初，Skype 公司声称开始在其网站上提供免费的宽带连接电话软件。为配合该业务的推广，Skype 同时销售能够连接到 PC 机上的耳机和电话听筒，售价大约在 13 和 28 美元之间，定位在那些已经用移动电话取代固定电话，并有宽带接入服务的用户。2004 年之后，VoIP 在美国全面提速，传统的电信业务运营商也开始逐步介入到这个领域来，美国 AT&T 公司于 2004 年年底前在美国 100 个城市推出价格低于传统有线电话服务的网络电话（VoIP）服务，全面进军这一新兴的高科技通信领域。该公司还和以色列 VocalTec 合作支持 ITCX 公司开发 IP 电话软件。AT&T 公司已将 IP 电话业务扩展到四十几个国家，例如在日本东京和大阪等地已经开通了国际长途电话业务，能通过 Internet 与 36 个国家进行长途电话联系。AT&T 公司此举是迄今为止美国主要电信运营商在介入网络电话方面迈出的最大一步，标志着网络电话服务将进入电信服务的主流市场，并将推动美国电信服务费用的进一步下降。开通网络电话服务后，用户可以无限制拨打市话和长途

电话，这项服务的收费标准是，开通 6 个月内每月 19.99 美元，此后每月 39.99 美元。美国全球通公司（GlobalLink）与 3Com 公司合作，部署和安装名为“GlobalInterNetwork”的全球规模 IP 电话系统，工程投资达 12 亿美元，首先会在巴西、德国、荷兰、日本、美国、瑞士和其他欧洲国家，以及中国香港地区进行，以后将扩大到南美和亚太的其他地区。截至 2004 年年底，GlobalLink 公司已在 35 个国家开通 IP 电话业务。

截至到 2004 年年底，美国大约有 40 万个家庭采用 IP 电话服务，预计到 2009 年，使用 IP 电话服务的美国家庭将达到 1210 万，占美国家庭电话总数的 10%。此外，预计到 2009 年，美国宽带家庭用户的 17%将采用 IP 电话，而 2004 年年底宽带家庭用户采用 IP 电话的数量仅占 1%。使用 Free World Dialup 和 Skype 软件的免费服务，使任何人都可以使用宽带上网的计算机与使用相似设备的其他人进行交谈。

从图 18.6 中还可以看出，与企业用户相比，住宅用户使用 IP 电话的比例相对少得多，在美国大约仅占 6%左右。

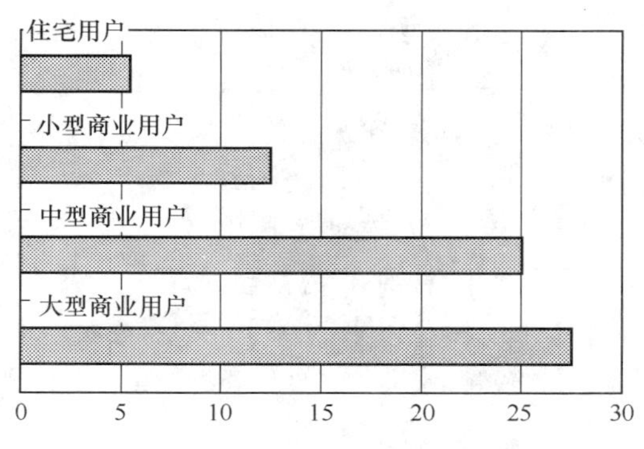

资料来源 IN-STAT/MDR，2003

图 18.6　美国不同用户群中使用 IP 电话的用户比例

对于普通用户而言，选择 IP 电话最主要在于其价格的低廉。使用 Free World Dialup 和 Skype 软件的免费服务，使任何人都可以使用宽带上网的计算机与使用相似设备的其他人进行交谈。另外，选择类似 Vonage 和 8x8 所提供的 IP 电话服务，用户可以用各种设备打电话，包括固定电话、手机或 Wi-Fi 电话，无论是本地，还是远距离的拨号都比传统方式节省 20%～30%，并且一直持续的价格战使节省更多的钱成为可能。Vonage 公司用户每月只需交 24.99 美元的话费，就可以拨打美国或加拿大任何地方的长途电话 500 分钟，市话任意；每月再多交 10 美元，就可以随意拨打到美国与加拿大的任何地区。Nuvio 公司则以每月 14.99 美元的价格给居民用户提供 500 分钟的长途话音业务，以每月 34.99 美元的价格提供不限时长的本地和长途话音业务；对于商业用户，传真包月 39.99 美元，电话每月 49.99 美元，费率固定，不限本地和长途。其具体业务包括呼叫者识别、呼叫等待、三方呼叫、重新拨号、语音信箱、呼叫转接、区域号码选择（area code selection）；Nuvio 还提供号码携带业务。

日本于 1997 年 8 月 26 日正式开放国际 IP 电话市场，于 2001 年 6 月成立“IP 网络技术相关研究会”，2001 年底公布 IP 网络技术相关报告书，从政策方面全力支持网络电话的发展。日本对 VoIP 业务同样实施许可证制度，在提供 VoIP 业务前要首先获得日本邮电部（the Ministry of Posts and Telecommunications）的许可，提供业务后定期报告 VoIP 收入和业务流量。对于 IP 电话质量，日本要求必须满足话音质量分类中 C 类标准的要求，IP 电话业务提供商（ISP）联盟建议端到端连接质量保持在级别 B。在日本，IP 电话运营商自身还提供 ADSL 与 FTTH，因而也具有更优良的通话品质。日本电话话音质量的划分如表 18.1 所示。

表 18.1　　日本话音质量的划分

	级别 A（类似 PSTN 话音质量）	级别 B（类似移动话音质量）	级别 C
总体话音传输质量比率（R）	>80	>70	>50
端到端延迟（ms）	<100	<150	<400
呼损率（连接质量）	<=0.15	<=0.15	<=0.15

注：为评估 IP 电话的话音质量，ITU 建立了 E-模型（“E-Model”），E-Model 给出的是一个标量传输额定因数（“Transmission

Rating Factor”），称作 R 值（简称“R”）。R 与主观平均值（MOS）相关联，它与欧洲邮电管理协会提出的 Overall Transmission Quality Rating （R，可接受话音传输质量评价）类似。

2003 年 9 月，日本总务省规定提供“050”电话号码前缀给网络电话使用，090 用于移动 IP 电话，实质上 050 和 090 就是 IP 电话的标识号。截至 2004 年底已经给业务提供商分配了超过了 1 500 万的 050 号码。

日本“Yahoo BB”从 2002 年 4 月开始推出名为“BB Phone”的 IP 电话业务，发展到 11 月用户数就超过了 100 万，2003 年 4 月达到 200 万，10 月份又达到 300 万。它有一系列的优势：“BB Phone”用户间的呼叫免费；日本国内本地或长途固定电话呼叫每 3 分钟 7.5 日元，到美国大陆的呼叫每分钟 2.5 日元；业务开通简单，而且目前正在使用的固定电话号码可以继续使用；对于特殊号码如 110 或 119 的呼叫可以自动重新路由到固定线路并像普通固定电话一样连接；可以从日本固定电话公司东、西日本电话和电报公司拨打 BB Phone 电话。

总的看来，考虑到宽带电话对电信业务市场，尤其是对原有的电信业务秩序产生的强烈冲击，国外电信管制机构会越来越重视对 VoIP 监管问题的研究。从目前的管制政策看，全球各国对 VoIP 的管制存在禁止、适度限制和开放的 3 种态度，其中日本将 VoIP 业务等同于电信业务进行严格管制，欧盟则根据 VoIP 业务市场的成熟度来进行管制，而 Internet 的发源地美国则采取了轻度管制的态度。但是，基于宽带接入提供的 VoIP 业务已经引发传统电信运营商与 VoIP 业务提供商之间的尖锐矛盾，同时 VoIP 所带来的包括紧急呼叫、公众安全等一系列问题已经引起了管制部门甚至是政府的高度重视，因此很多国家都重新审视 VoIP 的管制政策，并制定相应的研究计划，对未来的基于 IP 业务对现有管制体系的冲击进行研究，从维持现有的电信市场秩序的角度出发，很多管制机构都会做出适当的限制条件，避免过于打击提供宽带接入服务的运营商。从短期内看，宽带电话会遇到一定程度上的阻力。

（信息产业部电信研究院通信信息研究所　徐玉）

第 19 章　3G 发展状况

2004 年全球 3G 运营商的数量和商用用户数量都开始呈现了明显的增长态势，特别是倍受关注的 WCDMA 技术的发展有了较大的进展，CDMA 2000 1X 则继续高速稳步增长。

到 2004 年 12 月，我国移动用户数为 3.3 亿，占全球移动用户的 20%以上。在移动用户数平稳增长的同时，数据业务成为新的增长点。2004 年，我国第三代移动通信网络技术试验为 3G 技术和产品积累了大量的经验，TD-SCDMA 产业取得了长足进步，并积极组织制订了 3G 标准。

19.1　国际 3G 发展状况综述

一、许可证发放情况

截止到 2004 年 12 月，全球在 3G 核心频段有效的 3G 许可证 120 张。核心频段中有 FDD（频分双工）和 TDD（时分双工）两种方式。120 张许可证中，FDD（频分双工）+TDD（时分双工）组合方式的有 100 张，大多数欧洲的运营商都采取这种形式；仅采用 FDD 方式的共有 19 张，包括 16 张采用 WCDMA 技术的许可证和 3 张采用 CDMA 2000 技术的许可证（日本、韩国、中国台湾地区各一个）；澳大利亚有一张仅 TDD 频段的许可证。

所以，从采用的技术角度看，在核心频段 WCDMA 技术的许可证共 116 张，TDD 技术的 101 张，CDMA 2000 技术 3 张。

二、商用情况

从 3G 的商用网络情况来看，截至 2004 年 12 月，全球共有 180 个 3G 网络商用（EV-DO 和 1X 分别计算），其中 WCDMA 商用网络有 64 个，CDMA 2000 1X 商用网络 99 个，1X EVDO 商用网络 17 个。从用户数量来看，截至 2004 年 12 月底，全球使用 CDMA 2000 1X 和 WCDMA 等 3G 技术的用户已经达到了 1.591 亿人以上，其中 CDMA 2000 1X 用户 1.30 亿人、EV-DO 用户 1 260 万人、WCDMA 用户 1 650 万人。

1．WCDMA

全球已经商用的 WCDMA 网络从 2003 年底的 10 个增加到了 38 个，2004 年二季度以来就增加了 19 个，到 2004 年底新增 20 个以上的商用网络，总体商用网络达到 60 个以上。

选择 WCDMA 技术的运营商为 116 个，2004 年底已经商用的网络约增长到 64 个。在近 2 000 万用户中，NTT DoCoMo 的用户超过 1 000 万，占 50%，和黄“3”的 7 个商用用户超过 500 多万。HSDPA 的技术目前在日本和美国等国家进行技术试验，预计 2005 年底能够提供商用。WCDMA 的终端到 2004 年 12 月已经有 105 款。

随着 WCDMA 系统的日益成熟，终端仍然是影响 WCDMA 发展的最大因素。WCDMA 终端匮乏问题正逐渐得到解决。虽然 WCDMA 终端改进速度很快，性能大大提高，但相对于 2G 仍然存在款式和数量较少、性价比较高的问题。运营商在开展 3G 业务时积极探索业务定位和适合的业务模式，在网络规划和优化方面也在不断摸索和积累。

从整体来看，WCDMA 商用网络和用户数量上升速度加快，但仍处于规模商月的起步发展阶段。

2．CDMA 2000

与 WCDMA 技术相比，由于 CDMA 2000 1X 在 IS-95 CDMA 的基础上发展，技术成熟性好，且后向兼容，所以发展迅速。用户从 2003 年底的 6 890 万增加到了 1.13 亿，平均每月增加 600 万用户。CDMA 2000 1X 已经在全球大规模商用，其终端数目已超过 500 款。运营商都在原有 2G 频段上运营，目前没有运营在 3G 核心频段的网络。

由于 CDMA 2000 1X 在 IS-95 CDMA 的基础上发展，技术成熟性好，且后向兼容，所以发展迅速。CDMA 2000 1X 已经在全球大规模商用，运营商都在原有 2G 频段上运营，目前没有运营在 3G 核心频段的网络。CDMA 2000 1XEV-DO 的商用运营商由 2003 年底的 5 个增加到了 10 个，用户达到 930 万，但 90% 以上的用户集中在韩国。CDMA 2000 EV-DV 也在韩国积极试验。CDMA 2000 1X 的终端超过 600 种，EV-DO 的终端为 106 款。

3．TD-SCDMA

从 2003 年年底以来，随着 TD-SCDMA 的技术路线的清晰和明确，以及 TD-SCDMA 产业联盟成员中芯片厂家和手机厂家的补充，经我国信息产业部 3G 技术试验的推动，包括无线接入网、手机芯片、手机、核心网络和仪表等的 TD-SCDMA 产业链的多厂家参与的研发体系已经初步建立，TD-SCDMA 的实用化进程也明显加快，2004 年 8 月已经有 4 个厂家实现 TD-SCDMA 手机芯片的第一次流片，2004 年年底到 2005 年上半年，陆续有厂家开发出 TD-SCDMA 设备，所以 2005 年将是 TD-SCDMA 设备走向成熟的关键一年。

19.2 中国 3G 发展环境

一、我国发展 3G 的必要性

（1）我国发展 3G 是进一步深化电信改革的重要举措，有利于优化我国电信运营市场格局，促进合理有效市场竞争和改善服务，增强电信运营企业整体实力和可持续发展能力，培育具有国际竞争力的特大型中国电信运营商。

（2）我国发展 3G 是移动通信业务发展的必需，符合技术和市场发展方向和规律，WIMAX 等移动技术不可能替代 3G。

（3）WCDMA 和 CDMA 2000 的技术和产品已经具备商用基础，国内产业已经具备与国外厂商竞争的实力；TD-SCDMA 于 2005 年年中逐步提供商用化系统和终端产品，并且需要我国首先明确其市场和应用，在实际组网中不断完善技术和产品。

（4）不发展 3G，将对我国移动通信整体产业的长远发展造成重大损失，丧失我国移动通信业从运营、科研和产业等方面赶上甚至部分领先国际水平、成为世界移动通信强国的现实机遇。

二、我国 3G 发展面临的环境

在国际上，欧美两大主要利益集团利用各自优势全力争夺全球电信技术领导权和世界市场份额，也引导着全球 3G 的发展方向。我国移动通信的现实市场和潜在需求，决定了我国 3G 的技术选择和市场走向将直接影响国际移动通信竞争的格局。我国希望借此契机，发挥优势，继续保持移动通信国内市场健康高速增长，促进国内产业壮大，推动自主知识产权技术的应用，增强实力，在 WTO 环境下参与国际竞争。总之，我国 3G 许可证发放问题已是全球业界的焦点。

在国内，我国 3G 许可证发放直接面临着技术和业务多元化、国内电信改革和市场格局重组、运营商资本结构和利益主体变化、相关法律法规和电信管制制度逐步完善、WTO 全球多边经济环境和新竞争规则、行业现状不适应国际竞争需要，以及维护国家利益、维护用户利益、推动我国自有知识产权技术应用、维护国家信息安全和经济安全等诸多问题。

19.3 3G 技术与标准化工作进展

第三代移动通信（3G）从概念的提出，到今天逐渐步入实用化，期间走过了漫长曲折的道路。在错综复杂的环境下，我国政府在 3G 发展上采取了十分稳健的政策，保持了我国通信产业高速稳定的增长，并首次提出了具有自主知识产权的 TD-SCDMA 技术，具有重要的示范作用。

中国通信标准化协会（CCSA）下设的无线通信标准技术委员会（CWTS），致力于我国无线通信标准的研究和推广。为了满足我国移动通信的运营、研发和制造以及政府管制的需要，及时制订了大量的行业标准、技术规范、参考性技术文件和研究报告，并针对第三代伙伴计划（3GPP）的系统提出了具有中国特色的网管标准架构，同时积极参与国际标准化活动，累计向国际电联（ITU）和 3GPP、3GPP2 提交文稿近 500 篇。开展开放的标准化活动促进和推动了中国移动通信整体水平的提高，缩短了我国与国际移动通信整体发展的差距。

19.3.1　国际标准化状况

第三代移动通信的标准大致可分为两个阶段。

第一阶段：基于 2G 核心网的技术规范

目前 3G 第一阶段标准已经基本完善，特点是其核心网部分是在第二代核心网技术的基础上演进的。无线侧对于 3GPP 进行标准化的 WCDMA、TD-SCDMA 是全新的；3GPP2 标准化的 CDMA 2000-1X，无线接口和无线接入网都可以和 CDMAOne（IS-95）后向兼容。此阶段的标准已经比较稳定和完善。

第二阶段：基于全 IP、支持 2Mbit/s 以上速率的 IMT-2000 增强型标准

IMT-2000 增强型标准体现在两个方面：网络 IP 化和无线接口支持 2Mbit/s 以上数据业务。目前，IP 核心网完整的标准已在 2003 年年底完成。无线接口标准的重点转向支持更高速率的数据业务。

CDMA 2000 1X、1XEV-DO 标准已经基本稳定和完善；WCDMA 系统的 R99、R4 阶段在标准方面基本稳定，在解决 2G 之间的漫游和切换方面趋于稳定；TD-SCDMA 标准是在 R4 阶段纳入 3GPP，其提出时间比 WCDMA 晚 1 年多，整体标准已基本成熟。

一、3GPP

其中 WCDMA 和 TD-SCDMA 是在 3GPP 中进行标准化工作的，其具体的技术标准如下。

UMTS 的标准化工作集中在 3GPP（3G 伙伴计划）进行。3GPP 的标准分为不司版（Release），各版本之间的发布时间间隔约为 1 年。

1．R99 版本

R99 是 1999 年 12 月发布的。 在 R99 中确定 WCDMA（FDD）无线传输技术和 TDD 方式高码片速率的无线传输，无线接入网络的 Iub、Iur、Iu 接口都基于 ATM 传输，核心网络基于演进的移动交换中心（MSC）和 GPRS 服务阶段（GSN）。在业务方面提出了智能网 CAMEL3、开放的业务架构（OSA）等内容。

2．R4 版本

R4 是 2001 年 3 月发布的。我国提出的 TD-SCDMA（TDD 低码片速率）技术被 3GPP 所接受；在核心网电路域中实现了软交换的概念，即传统 MSC 分离为媒体网关（MGW）和 MSC 服务器两部分；增加了 UTRAN 定位业务和无线接口首标压缩等功能。

由于 UMTS 商业化进程有所推迟，因此在网络建设初期核心网部分是否会跳过 R99，而直接采用 R4 的网络结构也是很多运营者研究的重点。这在很大程度上仍然取决于 IP 技术的发展和网络组网的实践。

3．R5 版本

R5 是在 2002 年 3 月发布的，在核心网络为了控制在分组域传输实时和非实时多媒体业务，定义了多媒体子系统（IMS），它以分组域作为承载传输，更好地实施对多媒体业务的控制；无线接入网络部分定义了采用 IP 传输的可选方式，并可实现与 ATM 之间的互通；此外 3GPP 对于第三代增强技术的研究也获得了成果，提出了 HSDPA（High Speed Downlink Packet Access）技术。该技术可提供更高的下行数据速率，最高可达到 10Mbit/s；此外，提出了 CAMEL4 标准和宽带 AMR 的新型编码方式；引入了 Iu-flex 的概念，即一个 RAN 结点可以同若干 CN 结点连接等。

4．R6 版本

R6 的基本版本已经在 2004 年 9 月发布了，但部分功能如 HSUPA 等会在 2005 年完成。R6 与 R5 采用

相同的网络结构，在R6中进行IMS第二阶段的研究工作，主要完善网络互通、安全性等方面的内容，同时制订IMS消息业务相关的规范。此外，目前还就网络共享、MIMO等无线技术、WLAN与移动通信结合等问题设立了技术报告和技术规范的研究项目。特别是针对业务和功能制订了以下一些新的技术规范内容。

（1）多媒体广播和多播业务（MBMS）：点到多点的多播和广播业务，实现多个用户能够在共同的信道上接收相同的信息，提高无线和网络效率。

（2）Presence：已在Internet网上实施，如网上聊天等。该业务要求无线网络能够管理用户以及用户设备和业务的信息。

（3）Digital Rights Management：在无线网络中分发数字内容信息时，保护内容提供商的权益（可定义安全、消费者权益的管理系统）。

NGN概念在移动网络中是分步进行实施的。由于无线接口的特殊性，实施端到端的全IP概念比固定网络更为困难。首先在3GPP R4中引入了移动软交换概念，在R5和R6中定义了采用SIP信令在分组域对多媒体业务进行控制的机制。

二、3GPP2

CDMA 2000的标准制订工作是在3GPP2中进行的。

CDMA标准是一个不断演进的标准，目前国际上在CDMA 2000 1X的发展方向及标准的研究主要集中在1X EV方面，包括1X EV-DO（也称为高速分组数据HRPD）和1X EV-DV。其中1X EV-DO系统专门为高速无线分组数据业务设计，1X EV-DV系统则能够提供混合的高速数据和话音业务，即以下两种趋势。从目前市场状况来看，走趋势1即EV-DO的产业道路已经比较清晰。

（1）趋势1：系统提供非实时高速分组数据业务，目前对应的技术为HRPD（EV-DO），能够向用户提供高达2Mbit/s以上的数据传输速率，从而满足类似流媒体及大文件下载等业务的需求。同时，HRPD能够提供“永远在线”的分组数据连接，通过与CDMA 2000 1X系统的结合为用户提供3G语音和数据服务。

（2）趋势2：系统既提供非实时高速分组数据业务又提供实时业务，其对应的技术为EV-DV。可以同时支持语音和高达3Mbit/s的数据传输速率，为用户提供各种多媒体服务。EV-DV的系统完全后向兼容CDMA 2000 1X系统。

CDMA 2000 1X EV-DO目前已推出两个版本，即Rel 0和Rel A。Rel 0支持的前、反向峰值速率分别为2.4Mbit/s和153.6kbit/s。而CDMA 2000 1X EV-DO Rel A在1X EV-DO Rel 0的基础上对前、反向链路进行改进和增强，引入新的技术，使得前向链路支持的峰值速率达到3.1Mbit/s，反向链路支持的峰值速率达到1.8Mbit/s。

截止到目前，3GPP2关于1X EV-DO Rel 0的相关标准都已经发布，我国CDMA 2000 1X EV-DO Rel 0系列的参考性技术文件也已经发布，相应的行标已经报批通过。这其中包括空中接口技术要求、A接口技术要求、设备技术要求和测试方法等。

另外，3GPP2在CDMA 2000 1X EV-DO Rel 0的基础上制定了一套BCMCS业务的标准体系，称为BCMCS Rel 0，这种业务的实现是基于CDMA 2000 1X EV-DO Rel 0网络的。

相对于Rel 0，1X EV-DO Rel A技术大大提高了反向吞吐量，并提高了前向吞吐量。同时增强了对QoS的支持，这样Rel A在支持对称业务（可视电话等）和对QoS有较高要求的业务方面有更多的优势，并且在对BCMCS业务的支持能力方面也有更大的增强。

在标准方面，3GPP2于2004年4月发布了C.S0024-A V1.0（CDMA 2000 High Rate Packet Data Air Interface Specification），此规范版本为1.0，有较多的bug。从2004年4月份开始，3GPP2一直在接收DO Rel A空中接口技术要求的bug list，在2005年3月份完成了bug list的修订，完成并发布了C.S0024-A V2.0。

CDMA 2000 1X EV-DO Rel A的A接口国际标准包括3GPP2 A.S0008-A和A.S0009.0，它们是两种不同的网络架构。目前A.S0008-A和A.S0009.0还没有发布，都处于讨论中，主要是A1接口相关内容还未最终确定，计划2005年2月形成初稿。

19.3.2 我国第三代移动通信标准化工作的进展

第三代移动通信的标准化研究是无线标准工作的重中之重。信息产业部组织的第三代移动通信技术试验所要求的所有技术规范和测试规范的制定工作，为试验和下一步行标的制定，奠定了坚实的基础。

一、TD-SCDMA

TD-SCDMA 在作为低码片速率的 CDMA TDD 技术，已基本完成了参考性技术文件的制定。

对于基于第二代 GSM 网络的 TD-SCDMA 标准（即 TSM，TD-SCDMA system of Mobile），已经完成 2.0 版本以上，并完成了用于第三代移动通信技术试验的相关设备规范和测试规范。目前正在制定终端的一致性测试规范。

二、WCDMA 无线技术及 UMTS 核心网络

完成了基于 1999 年版本的 WCDMA 无线接口、无线接入网（RAN）和核心网协议等 30 多个标准预研项目的研究。

在此基础上，已经基本完成了用于第三代移动通信技术试验的，基于 3GPP R99 版本的 WCDMA 无线接口、无线接入网（RAN）和核心网等近 30 个技术规范及测试规范参考性技术文件的起草和审查工作。

三、CDMA 2000 系列标准

已经完成了基于 Release 0 的 CDMA 2000-1X、IOS4.0/4.1 和 ANSI-41E 的无线接口、无线接入网和核心网等几十个参考性技术文件项目的起草和审查。

四、频谱研究

开展了我国的频谱规划研究，特别是研究适合我国第三代移动通信系统发展的频谱规划方案，以及不同移动通信技术（WCDMA、CDMA 2000、TD-SCDMA 和 GSM）之间频率保护的干扰。根据研究结果，积极向 ITU-R WP8F-SPEC 提交相应的文稿。现已向 ITU-R WP8F 提交多篇关于频谱规划方面的文稿。

19.3.3 我国第三代移动通信标准化工作的主要进程

一、成功组织 3G 候选技术的提交和评估工作，使 TD-SCDMA 成为国际标准

1997 年 7 月原邮电部成立了“第三代移动通信评估协调组”，组织业内专家进行 3G 候选技术的提交和主流候选技术的评估。在评估组的组织下，国内的研究机构、高等院校和企业积极参与。在 ITU 规定的时间内提交了基于大唐提交的 TD-SCDMA 候选技术，并对 WCDMA 和 CDMA 2000 技术进行了关键技术的研究开发和详细评估。

经过原邮电部领导和评估组、运营商的努力，TD-SCDMA 最终成为 ITU 3G 标准的组成部分，也顺利成为 3GPP 的标准，成为我国第一个拥有自主知识产权的国际标准，为我国赢得了荣誉和一定的主动地位。

历时两年的 3G 评估工作，开创了我国参与国际标准化的先河，也为后续 3G 技术的开发奠定了坚实的基础。

二、完成全套 3G 技术规范的制定，积极参与国际标准化活动

在评估的同时，以原电信研究院传输所牵头，启动了相应的标准化工作，这也是我国第一次系统地在国际上处于技术选择和标准化的过程中，开始标准化工作，并在此基础上成立了原无线通信标准研究组（CWTS）。

CWTS 制定了包括 TD-SCDMA、WCDMA 和 CDMA 2000 等 3 种技术在内的设备、接口的全套的技术规范和测试规范，并随着国际上对技术规范的不断更新，还向国际标准化组织提交了 500 多篇文稿。

三、成功组织和实施了 3G 技术试验，系列技术规范发挥了重大作用

面对国际上纷纷发放/拍卖 3G 许可证和国内运营商纷纷提出尽快商用 3G 的压力，信息产业部在分析了国内外的形势之后，果断提出了对 3G 采取的“积极跟踪、先行试验、培育市场、支持发展”的原则，第一阶段的单系统测试在信息产业部电信研究院的 MTNet 试验室进行。

在大量调研的基础上 3G 专家组组织制定了 3G 技术试验的全套技术规范，并实施了全面的测试工作。电信研究院标准所（原传输所）的技术人员在广泛调研的基础上，起草了试验总体技术方案，设备规范和

测试规范，接口协议的规范和测试规范，为本次技术试验制定了 WCDMA、CDMA 2000 和 TD-SCDMA 等 3 种技术的全套技术文件共 40 多份。

这次的 3G 试验是全球规模最大、涉及厂家最多的试验，客观上推动了整个 3G 的研发进程，加快了我国企业的开发进度。而且第一次将十几个厂家的系统和终端设备统一在一套技术规范下进行测试，第一次进行这么多厂家之间的互操作。这套规范目前受到业界的广泛关注，一些厂家据此开发了测试软件，NVIOT 等国际组织也希望与我国进行深入的交流。

因此，在今后我国制定中国第三代移动通信行业标准时，一方面形成了与国际接轨并具有中国市场特定性的 3G 标准体系，另一方面塑造了有利于中国经济发展的产业价值链，影响技术系统的演进方向，推动接口标准的完善性和开放性。在国际标准中，抓住了时机，提升了我国企业知识产权的地位，使国内企业在 IPR 问题上逐步争取有利地位。

四、组织完成 3G 知识产权（IPR）评估工作

由于国内企业的研发实力和进入国际市场经验不足，专利纠纷的案件屡屡出现，国外企业对专利转让费用的要价也越来越高，专利问题已经成为政府、企业和一些国际标准化组织的研究重点。

信息产业部领导高度重视 3G 的 IPR 问题，在部领导的指示下，科技司于 2002 年 10 月组织成立了 IPR 评估专家组，由电信研究院的专家牵头，制造企业和运营企业的专家参加。在 2002 年 10 月到 12 月仅 3 个月的时间内对 WCDMA、CDMA 2000 和 TD-SCDMA 的主要专利进行了评估。采取对提交的专利声明进行评估和与其他渠道获取专利信息相结合的方式。评估涉及到国内外主要 3G 基本专利持有公司，其基本专利的持有量在 80%以上。通过评估，对 3 种技术涉及的 IPR 的分布情况有了初步的了解，为下一步进行工作奠定了良好的基础。

19.3.4 第三代移动通信标准化工作展望

“十五”期间将是我国移动通信发展的高峰时期，在标准化工作中将分阶段地制定第三代移动通信的标准，并积极提交具有中国自主知识产权的新技术。

一、WCDMA 部分

从技术发展的趋势来看，在无线接口方面，无线接入部分的下一代技术是 HSDPA。这种新技术可以在 5MHz 的带宽上提供高达 6～8MHz 的高速下行数据传输速率。现 3GPP 和其他论坛或组织都在积极开展对于 OFDM（正交频分复用）和 MIMO（天线多输入多输出）方面的研究。

在核心网方面，在电路域引入了控制与承载的概念，也就是软交换的概念，这部分内容主要体现在 3GPP R4 中。在分组域将引入以 IP 为承载的多媒体子域，主要提供多媒体业务，这部分内容主要体现在 3GPP R5 中。在这以后，将逐步向全 IP 的方向发展，IP 从网络逐步走向边缘。

二、CDMA 2000 部分

在无线接口方面，CDMA 2000 1X 技术逐步商用以后，下一代技术是 1X/EV-DO 技术。这种新技术可以在 1.25MHz 的带宽上提供高达 2.4Mbit/s 的高速数据业务。在 1X/EV-DO 技术以后，是 1X/EV-DV 技术，可以将数据业务的最高速率再提高约 50%。

在核心网方面，采用电路交换技术的网络将经历一个阶段的完善过程，对应的国际标准为 ANSI41E 和 ANSI41F。在这以后，将逐步从电路交换型网络向分组交换型网络（即全 IP 网络）发展。

三、TD-SCDMA 部分

HSDPA（High Speed Downlink Packet Access，高速下行分组接入）目前已经加到了 R5 的版本当中。这种技术主要是考虑针对高速分组下行数据业务的特性，采用混合自动重传、物理层软合并、自适应调整调制编码方案等先进的技术方案。提高系统容量，为用户提供更好的高速数据业务服务。在 TD-SCDMA 系统中也要应用 HSDPA 方案。目前正在研究如何把两者的优势和特性结合在一起，不断发展和完善 HSDPA 的标准，进一步提升 TD-SCDMA 系统对于数据业务的支持。

MIMO 技术同智能天线技术一样，也是通过先进的天线技术方案和数字信号处理方案大幅度提升无线系统的性能。国际上一部分观点认为这些技术已经属于第 4 代无线通信系统的一部分，但目前很多公司都

已开始了相关的研究，在3GPP中的讨论也很热烈。项目组也在密切关注和跟踪此项技术的发展。

另外，OFDM、Higher chip rate TDD等也是目前研究的热点。从目前的技术发展来看，很多新的技术都非常适合与TDD方式相结合，大幅度提升系统的性能。因此我们一方面在不断完善和提高现有的TD-SCDMA标准，另一方面也在密切关注国际、国内各种新的技术发展趋势和潮流，评估新的技术如何应用到TD-SCDMA系统当中，不断的发展和完善TD-SCDMA标准。

网络管理方面将会积极跟踪第三代技术的发展，如前面提到的有关WCDMA，CDMA 2000以及TD-SCDMA技术上的新思路、新技术等，并将其在网络管理上体现出来。在网络资源模型的建模中充分适应新技术的发展。

四、超3G的相关研究

目前，超3G/B3G（Beyond 3G/Systems beyond IMT-2000）的研究在ITU、一些国家和地区的区域组织和论坛逐渐开始，并越来越受到各国政府和业界的广泛重视。

我国863 FuTURE计划是面向超3G技术的研究计划，目前已经正式启动。FuTURE计划的目标就是开展超3G技术的一系列研究工作，争取提交具有中国知识产权的超3G技术。

为了加强协会与FuTURE计划在超3G领域的联合研究，CWTS与国家863 FuTURE项目组已经联合召开了两次有关超3G的研讨会，并在积极研究和探讨进一步联合的工作模式，积极推动我国在超3G研究领域研发和标准化活动的早期结合，为我国在超3G领域取得更大的成绩奠定基础。在超3G的技术研究中，我们将结合ITU的研究进展，在超3G的远景、业务和市场、频谱研究和技术趋势方面，积极开展研究，同时将积极关注蜂窝、WLAN等多种无线技术的发展和相互之间的协作，并同时研究全IP网络的发展方向。

我国第三代移动通信的标准化工作在信息产业部的领导下，取得了很大成绩。随着我国第三代移动通信业务的商用化进程和新技术的发展，将有更多的标准研究工作要继续开展。

19.4 3G移动通信技术试验简况

第三代移动通信试验分别对WCDMA、CDMA 2000、TD-SCDMA等3种技术进行试验。试验包括两个大的阶段：第一阶段为单系统测试阶段，即MTNet室内测试；第二阶段为网络技术试验阶段，即建设和测试实际的外场试验网。

第一阶段从2001年6月开始，到2003年8月完成，集中在信息产业部电信研究院移动通信模拟试验中心（MTNet）进行，主要测试单系统业务、性能、功能和接口等内容，侧重点是考察技术和设备的成熟性。所有试验设备需经第一阶段测试后，方可进入第二阶段试验。

第二阶段从2003年10月开始，到2004年9月完成，在运营商的实际网络中进行（在MTNet也有部分测试），测试内容主要包括无线网络性能测试、终端测试、业务测试、互操作测试、网管和计费，以及无线干扰共6大方面，侧重点是建设实际网络，考察网络和业务实际性能，为运营积累全面经验。

经过2001年6月至2003年8月的第一阶段MTNet测试，2003年10月信息产业部发出《关于启动第三代移动通信网络技术试验的通知》，正式启动第三代移动通信网络技术试验。采用TD-SCDMA技术在北京、上海建设试验网，采用WCDMA和CDMA 2000技术在北京、上海和广州分别建设试验网。

TD-SCDMA技术试验有中国电信、中国移动、中国网通、中国联通、中国铁通和中国卫通6家运营企业参与，大唐、普天、华为和中兴4家设备制造企业提供了4套系统设备，大唐提供了一款测试手机和一款数据卡。

WCDMA技术试验有中国电信、中国移动、中国网通、中国联通和中国铁通5家运营企业参与，华为、中兴、西门子/NEC、诺基亚、爱立信、北电、上海贝尔阿尔卡特、摩托罗拉、UT斯达康、朗讯、广州邮通和东方通信12家设备制造企业提供了16套系统设备，诺基亚、NEC、摩托罗拉、索尼爱立信、三星、LG、华为、三洋、松下和海信10家终端厂商提供了12款500多部试验终端，金普斯、欧贝特和亚斯拓3家USIM卡厂商也参与了试验。

CDMA 2000 技术试验以 HRPD（1xEV-DO）系统为主，有中国电信、中国联通和中国卫通 3 家运营企业参与，华为、中兴、爱立信、北电、摩托罗拉、朗讯、三星、首信和大连环宇 9 家设备制造企业提供了 9 套系统设备，高通、三星和 LG 3 家终端厂商提供了 5 款 200 多部试验终端。

为满足各种业务测试的要求，在北京、上海和广州每个城市分别建设业务应用平台，城市内公用该业务应用平台。WCDMA 业务应用平台由华为、中兴、诺基亚、上海贝尔阿尔卡特、摩托罗拉分别提供，TD-SCDMA 与 WCDMA 基本共用业务平台；CDMA 2000 技术业务应用平台由华为、中兴、三星、摩托罗拉、Openwave、Nextreamer 分别提供。

网络技术试验的目的为了全面验证 3G 技术、设备和终端的成熟度；为我国制定 3G 发展战略以及频谱规划和分配等管制政策提供技术依据；为国内制造业创造机会；为运营业网络规划、设计和业务运营等积累经验；制定和进一步验证 3G 技术标准。

因此，网络技术试验是直接面向实际的网络和业务，为商用网络的规划、设计和业务开展做准备，针对 3G 发展中的关键问题进行测试。网络技术试验的主要内容有以下六大部分。

（1）无线网络性能测试。测试 3 种 3G 网络在不同业务（话音、可视电话、中高低数据速率）的覆盖特性，不同地理环境的覆盖特性，以及不同业务的容量特性，切换、功率控制和接续质量等性能。

（2）终端测试。测试 3 种 3G 技术各种终端的功能和性能，基本业务和增值业务的支持情况，以及耗电特性等。

（3）互操作测试。测试每一种 3G 技术不同厂商的终端和系统之间（无线接口），终端和业务平台之间，不同厂商的系统之间（如 Iur 接口）的互操作测试，以及不同 3G 和 2G 系统之间的切换、漫游和互通等。

（4）业务测试。测试 3 种 3G 网络对基本话音、可视电话、分组数据业务的承载能力，以及对 WAP、流媒体、MMS、Java、定位等增值业务的支持情况。

（5）干扰测试。测试 3 种 3G 技术共站址、邻站址、相邻频段情况下的相互干扰情况，3G 与 2G 技术（GSM 和 CDMA）之间的干扰测试，以及与 PHS 之间的干扰等。

（6）网管和计费测试。包括每个厂商设备的网管功能和网管接口及信息模型的测试、计费功能的测试等。

在专家组的组织和运营企业、国内外制造商的积极参与和大力配合下，为期 3 年的技术试验已经按照试验总体计划安排圆满完成各项工作。网络技术试验规模大、技术要求高，涉及单位和部门众多、组织工作极其复杂，时间要求紧，建网和测试工作量巨大。试验各方都投入大量人财物力，确保了试验的实施，都为试验做出了贡献。

第三代移动通信技术试验的主要目标均已达到。试验内容和各个阶段的试验结果为我国政府和业界客观了解和认识 3G 的发展，实质推进 3G 的发展做了大量的技术积累，无论对 3G 的正确决策、标准制定、设备成熟、产业发展和网络运营都将起到积极的作用，为 3G 在中国的健康发展奠定坚实的基础。

以运营企业和设备厂商相对非常节约的投资，建设了全部试验网，完成所有规定的测试内容，全面验证了 3G 技术和产品的成熟性、组网能力以及端到端业务提供能力，了解了 3G 产业链状况和设备供货能力，达到了多赢的目的，所有这些工作都是我国 3G 商用前必不可少的重要的基础工作。

试验与标准工作相结合，全面了解了 3G 设备和业务的兼容性等情况，掌握了存在的问题，全面推动了全球主要厂商间在系统与系统、系统与终端、终端与业务平台，以及终端与用户识别卡之间的标准化及兼容性。试验的技术结论将直接反映到我国 3G 标准化工作中，从标准角度把业务实现的总体技术水平“拉高”，解决影响运营的潜在问题。随着业务应用的丰富，3G 标准化不仅要保证通信网络的通畅，还应重点解决业务应用方面存在的一些兼容性和一致性问题，应适当提高对终端的要求，通过业务标准化进一步规范移动业务应用相关的产品和市场，从技术和政策上保障移动新业务的应用和健康发展。

试验为华为、中兴、大唐、普天、大连环宇和海信等国内自主研发系统和终端提供了难得机会，实现了与全球各大系统和终端厂商的互操作；华为、中兴和大唐等在试验中占据了重要位置，测试结果与国际主流厂商水平相当，提高了它们在业界的影响。

通过网络技术试验全过程，为运营企业进行技术选择、网络组织和建设、网络规划和优化、业务开发等各方面积累了比较丰富和全面的经验。通过网络技术试验，为运营企业、标准和测试单位、设计单位、设备厂商锻炼和培训了一大批技术人才，运营企业从各分公司专门调集了专职的技术人员参加测试，为我国3G商用奠定了重要的本地化人力资源基础。

第三代移动通信技术试验的成功组织，对我国制定高科技领域的新技术、新产品的发展战略、产业政策、市场准入政策时，通过进行技术试验为国家科学决策提供依据，进行了有益的探索。其经验和成果的推广将对我国科技创新和高科技产业发展具有重要的参考意义。这种组织方式可以保障国家利益最大化并兼顾运营业、制造业利益，满足各方需要。以第三方和业界专家组形式进行组织实施，以科学、公开、公平的原则和具体措施保证试验结果的准确性，既有效扶持国内产业，又规避了国内产业风险和国际贸易风险。实践证明，试验产生了巨大的吸附作用，使我国产业形成了合力，吸引和引导了全球业界的关注和参与，并按照中国的需要和思路推进，为我国业界在国际上建立了良好的声誉，大大增加了“话语权”，对国内、国际产业界都有重大影响和贡献。

19.5　3G的产品开发

一、国内WCDMA、CDMA 2000的系统和终端迅速成熟

在2G系统方面，我国移动通信设备制造业在开发时间和市场占有率方面，落后于国外大的电信设备公司。经过近几年的艰苦努力，我国自主开发出了性能良好、优质价廉的2G系统，但在当前2G网络中所占比例仍然很小。现有2G网络的技术制式和设备供应格局已经形成，从维护网络质量、网络可靠性和保护历史投资的角度，这个格局不可能再进行大规模调整。发展3G系统和引入新的移动运营商，将是国内厂家占领市场、增大份额的最好机会。

相对于我国2G产业发展，3G产业起步早，在信息产业部、发展改革委、科技部等有关部门的大力支持下，国内各企业投入了大量的人力、物力和财力，国内自主研发了WCDMA、CDMA 2000的系统和终端产品，并且得益于3G技术试验，在技术标准、产品功能和性能上不断完善和提高，实现了与全球各大系统和终端厂商的互操作。目前。WCDMA、CDMA 2000的系统设备已与国际主流厂商相当，在业界的影响力大幅提升；终端产品的成熟水平和产业化进程大大加快。

当前，国内企业的3G产品在价格上具有优势，出口呈快速增长趋势。华为、中兴等公司在全球已经有20多个WCDMA系统订单。华为公司已经在阿联酋、荷兰等国家，以及我国香港地区承建了WCDMA商用网络。中兴公司在突尼斯获得了WCDMA商用订单。海信、华为等公司也陆续开发了3G终端设备，并参加了3G技术试验。

我国不发放或者长期延迟发放3G许可证对国内企业的伤害远大于国外企业。3G牌照不发放，2G系统继续扩容，国外公司成为最大的受益者；在国内现有的2G网络上国外企业占有绝对优势，这是外企目前不追究国内企业2G IPR的原因，由于专利的可追溯性，国内2G产业的发展依然存在风险；国内企业离不开国内市场的培育，对中国市场的依赖程度远大于国外企业；对于国外厂家，中国市场只是其全球市场的一部分，中国不发放牌照未必会对国外厂家形成决定性的压力。

二、TD-SCDMA产业整体提速

在国家发展改革委、科技部、信息产业部共同组织的“TD-SCDMA科研开发和产业化”项目的支持下，TD-SCDMA产品研发进展加快，多厂家参与研发，通过3G技术试验的推动，TD-SCDMA产业链（包括无线接入网、终端芯片、手机、核心网络、仪表等）已经初步形成，实用化进程也明显加快。

大唐、中兴、华为和普天等在2004年年底前提供系统样机，2005年上半年完成规模组网，对TD-SCDMA进行全面的验证。

终端和芯片产品的开发取得了突破性进展，终端企业（如海信、波导、夏新等）2005年年初小批量的终端样机面世，批量的终端将在2005年下半年提供。

同时，由于TD-SCDMA技术主要由中国推动，需要尽快明确选用TD-SCDMA的运营企业和组网方式，使得运营商尽早介入，以吸引产业链各环节尽快跟进，加快产品与市场的结合，完善整个产业链。根

据 TD-SCDMA 产业化进程，从产业发展的角度来看，2005 年中期，经过国家项目对 TD-SCDMA 进行了全面的技术验证（包括规模的组网能力），国家和企业已经基本能够选择合适的发展策略。

19.6 我国 3G 业务与市场发展预测

与国外发达国家相比，我国移动通信网络规模和用户数已居全球第一位，到 2004 年 9 月我国移动用户数为 3.2 亿，占全球移动用户的 20%以上。据初步预测，到 2010 年我国移动用户数将达到 6 亿左右，年均新增数千万用户，同时数据业务将成为新的增长点，市场潜力巨大。由于第三代移动通信具有比现有的第二代移动通信容量大、可支持高速数据业务的优势，代表移动通信发展的方向，也是新的移动通信运营商争取竞争优势的理想技术。

19.6.1 我国移动通信发展现状的特点

1．移动电话用户增量大，整体发展增速趋于平稳；移动通信成为第一大电信业务。

2003 年，我国的移动通信市场仍然保持着快速发展的势头，到 2003 年年底，全国累计新增移动通信用户 6 208 万，增长率为 30%，总用户达 2.68 亿户，2003 年 10 月移动用户已经超过固定用户成为第一大电信业务。移动电话用户增长的绝对数量依然可观，但是由于增长的基数庞大，因此增长速度已经开始趋缓。

2．ARPU 值持续下降，预付费卡的优势不再明显。

移动用户 ARPU 值持续下降的主要原因首先是实际使用价格水平的下降，其次是新增用户主要为低端用户，ARPU 值持续下降。

造成 ARPU 值下降的原因主要有两方面：一方面，在激烈的市场竞争环境中，时有发生的价格战、各种资费优惠措施以及移动 IP 长话的广泛使用造成移动通信实际使用价格水平的下降。实际价格水平的下降使预付费卡的优势不再明显，预付费用户的增长放慢；另一方面，从用户类型上看，虽然用户数在大量增加，但高端移动通信用户经过多年的发展，尤其是近两年的发展，已趋近饱和。

3．移动通信业务仍以语音为主，移动数据市场尚处于启动和培育阶段；市场需求和新的增值业务，以及应用创新开始逐渐成为发展的主要驱动力。

从业务量上看，移动通信仍以语音为主，而移动数据业务中主要是短消息业务增长迅速，其他业务使用量仍然较小。新的移动数据业务还处于启动和市场培育阶段。

2002 年我国移动网开始引入 GPRS 和 CDMA 1X 新技术，是现有移动通信系统向第三代移动通信系统演进的重要阶段，作为新的网络技术平台，将更好地支持移动数据业务的开展。新业务的生命力已经逐渐显现，中国移动和中国联通新业务收入在逐步提高，到 2003 年分别为 10%和 5%。

随着企业经营机制的改革完善和市场竞争日趋激烈，企业更加注重投资效益，市场需求和新的增值业务以及应用创新逐渐成为发展的主要驱动力。

19.6.2 我国移动通信及 3G 用户预测

电信研究院研究预测：通过综合各种方法，2004～2010 年我国移动通信用户市场规模的预测结果如表 19.1 所示。到 2010 年移动通信用户市场规模将达到 6.9 亿，平均每年递增 6 000 万。

表 19.1　　2004～2010 年我国移动通信用户市场规模预测

	2004	2005	2006	2007	2008	2009	2010
（万）	33 600	40 200	46 600	52 700	58 500	64 000	69 200

在本项目中，3G 移动用户是指注册在 3G 网络上的移动用户。预计 2005～2007 年为 3G 市场导入期，预计 2007 年后 3G 新增用户将占移动新增总用户的大部分，2009 年后 3G 新增用户数将超过移动新增总用户。

经过分析和比较，预计我国 3G 投入运营后 6 年左右，3G 用户将达总移动用户的 30%～40%左右。3G

系统及终端将形成独立的市场，并逐步淘汰 2G，成为市场上的主导产品。到 2010 年我国 3G 用户将达到 69 200 万，如表 19.2 所示。

根据可能达到的渗透率不同，我们将用户规模按 3 种方案来预测。

（1）高方案：3G 市场竞争激烈，3G 业务及资费较被人们接受，市场启动快，2010 年达到较高的渗透率。

（2）低方案：3G 市场竞争较不激烈，3G 业务及资费较为不被人们接受，市场启动慢，2010 年达到较低的渗透率。

表 19.2　　2005～2010 年全国第三代移动用户规模预测　　（单位：万）

	2005	2006	2007	2008	2009	2010
	40 200	46 600	52 700	58 500	64 000	69 200
低方案	0.70%	3.80%	8.30%	14.40%	21.60%	29.20%
	281.4	1 770.8	4 374.1	8 424	13 824	20 206.4
中方案	1.30%	6%	12.40%	19.50%	27.30%	35.20%
	522.6	2 842.6	6 534.8	11 407.5	17 472	24 358.4
高方案	2%	7.70%	15.50%	23.90%	32.60%	41.70%
	763.8	3 588.2	8 168.5	13 981.5	20 864	28 856.4

综合上述预测，2010 年我国移动用户数将超过 6.9 亿，普及率达到 40%以上，2003～2008 年每年新增用户在 6 000 万以上。2010 年我国 3G 用户数将超过 2 亿，3G 用户渗透率达到 30%以上。网络建设投资规模，到 2010 年为 4 300 亿以上，终端总销售量为 2300 亿以上。

（信息产业部电信研究院电信标准研究所　王志勤）

第 20 章　无线射频识别（RFID）技术发展及应用状况

20.1　RFID 的系统组成及工作原理

射频识别技术（RFID，Radio Frequency Identification）是从 20 世纪 90 年代兴起并逐渐走向成熟的一项自动识别技术。射频识别系统的数据存储在射频标签之中，其能量供应以及与阅读器之间的数据交换不是通过电流的触电接通的，而是通过磁场或电磁场利用感应、无线电波或微波能量进行非接触双向通信，实现数据交换，从而达到识别目的，这方面采用了无线电和雷达技术。

射频识别系统一般由两部分组成：射频标签（在部分识别系统中也称作应答器、射频卡等）和解读器（在部分系统中也称作问询器、收发器等）。其中射频标签是装载识别信息的载体，射频解读器是获取信息的装置。

射频标签由天线、集成电路、连接集成电路与天线的部分、天线所在的底层 4 个部分构成。射频标签有主动型、被动型和半主动型 3 种类型。主动型 RFID 标签有一个电池，这个电池为微芯片的电路运转提供能量，并向解读器发送信号（同蜂窝电话传送信号到基站的原理相同）；被动型标签没有电池，相反，它从解读器获得电能。解读器发送电磁波，在标签的天线中形成了电流；半主动型标签用一个电池为微芯片的运转提供电能，但是发送信号和接受信号时却是从解读器处获得能量。主动和半主动标签在追踪高价值商品时非常有用，因为它们可以远距离的扫描，扫描距离可以达到 100 英尺。

解读器通过近距离的电感耦合或远距离的电磁耦合方式与标签交互信息。在电感耦合方式中，阅读器一方的天线相当于变压器的初级线圈，射频标签一方的天线相当于变压器的次级，因而也称电感耦合方式为变压器方式。电感耦合方式的耦合中介是空间磁场，耦合磁场在阅读器线圈初级与射频标签线圈次级之间构成闭合回路。电感耦合方式是低频近距离无接触射频识别系统的一般耦合原理。在电磁耦合方式中，阅读器的天线将阅读器产生的读写射频能量以电磁波的方式发送到定向的空间范围内，形成阅读器的有效阅读区域，位于阅读器有效阅读区域中的射频标签从阅读器天线发出的电磁场中提取工作电源，并通过射频标签的内部电路及标签天线将标签内存的数据信息传送到阅读器。电磁耦合与电感耦合的差别在于电磁耦合方式中阅读器将射频能量以电磁波的形式发送出去；在电感耦合方式中，阅读器将射频能量束缚在阅读器电感线圈的周围，通过交变闭合的线圈磁场，沟通阅读器线圈与射频标签线圈之间的射频通道，没有向空间辐射电磁能量。

20.2　国外 RFID 发展历史及现状

20.2.1　RFID 的发展历程

RFID 技术来源于二战时盟军飞机的敌我机识别，其发展史如下：

1941～1950 年。雷达的改进和应用催生了 RFID 技术，1948 年奠定了 RFID 技术的理论基础。

1951～1960 年。早期 RFID 技术的探索阶段，主要处于实验室实验研究。

1961～1970 年。RFID 技术的理论得到了发展，开始了一些应用尝试。

1971～1980 年。RFID 技术与产品研发处于一个大发展时期，各种 RFID 技术测试得到加速。出现了一些最早的 RFID 应用。

1981～1990 年。RFID 技术及产品进入商业应用阶段，各种规模应用开始出现。

1991～2000 年。RFID 技术标准化问题日趋得到重视，RFID 产品得到广泛采用，RFID 产品逐渐成为人们生活中的一部分，并在沃尔玛等零售巨头支持下，MIT 成立 Auto-ID Center 提出 EPC 概念。

2001 至今。标准化问题日趋为人们所重视（2003 年成立 EPCglobal），RFID 产品种类更加丰富，有源电子标签、无源电子标签及半无源电子标签均得到发展，电子标签成本不断降低，规模应用行业扩大。

目前，RFID 技术的理论得到丰富和完善。单芯片电子标签、多电子标签识读、无线可读可写、无源电子标签的远距离识别、适应高速移动物体的 RFID 正在成为现实。

20.2.2　RFID 国外发展状况

RFID 技术在国外的发展较早也较快。尤其是在美国、英国、德国、瑞典、瑞士、日本和南非目前均有较为成熟且先进的 RFID 系统。在北美、欧洲、大洋洲、亚太地区及非洲南部都得到了相当广泛的应用。

其典型的应用领域包括：

（1）铁路车号自动识别管理，如北美铁路、中国铁路和瑞士铁路等。

（2）车辆道路交通自动收费管理，如北美部分收费高速公路的自动收费、中国部分高速公路自动收费管理、东南亚国家部分收费公路的自动收费管理。

（3）旅客航空行包的自动识别、分拣、转运管理，如北美部分机场。

（4）车辆出入控制，如停车场、垃圾场、水泥场车辆出入和称重管理等。

（5）校园卡、饭卡、乘车卡、会员卡、驾照卡和健康卡（医疗卡）等国内、国外均有大量应用。

（6）生产线产品加工过程自动控制，主要应用在大型工厂的自动化流水作业线上。

（7）动物识别（养牛、养羊、赛鸽、宠物等），大型养殖厂、家庭牧场、赛鸽比赛、宠物管理等。

（8）物流、仓储自动管理。大型物流、仓储企业。

（9）贮气容器的自动识别管理。

（10）汽车遥控门锁、电子门锁等。

其中，低频近距离 RFID 系统主要集中在 125kHz、13.56MHz 系统；高频远距离 RFID 系统主要集中在 UHF 频段（902MHz～928MHz）的 915MHz、2.45GHz、5.8GHz。UHF 频段的远距离 RFID 系统在北美得到了很好的发展；欧洲的应用则以有源 2.45GHz 系统得到了较多的应用。5.8GHz 系统在日本和欧洲均有较为成熟的应用。

在 RFID 技术发展的前 10 年中，有关 RFID 技术的国际标准的研讨空前热烈，国际标准化组织 ISO/IEC 联合技术委员会 JTC1 下的 SC31 下级委员会成立了 RFID 标准化研究工作组 WG4。尤其是在 1999 年 10 月 1 日成立的，由美国麻省理工学院 MIT 发起的 Auto-ID Center，以及它其后负责 EPC 商业运作的 EPCglobal 在规范 RFID 应用方面所发挥的作用越来越明显。他们在对 RFID 理论、技术及应用研究的基础上，所做出的主要贡献如下。

（1）提出产品电子代码 EPC（Electronic Product Code）概念及其相关标准规范。为简化电子标签芯片功能设计，降低电子标签成本，扩大 RFID 应用领域奠定了基础。

（2）提出了实物互联网（物联网）的概念及构架，为 EPC 进入互联网搭建了桥梁。

（3）建立了开放性的国际自动识别技术应用公用技术研究平台，为推动低成本的 RFID 标签和读写器的标准化研究开创了条件。

20.2.3　RFID 技术未来的发展

RFID 技术的发展得益于多项技术的综合发展。所涉及的关键技术大致包括芯片技术、天线技术、无线收发技术、编码技术、数据交换技术、电磁传播特性。

RFID 技术的发展已经走过 50 余年，在过去的 10 多年里得到了更快的发展。随着技术的不断进步，

RFID 产品的种类将越来越丰富，应用也将越来越广泛。可以预计，在未来的几年中，RFID 技术将持续保持高速发展的势头，并以 EPC 技术为代表将会在行业数据格式、标签与阅读器制造、系统种类、数据与网络接口、标准化等方面取得新的进展。

20.3 我国发展状况

20.3.1 中国 RFID 行业产业发展状况

自动识别技术作为信息技术的一个重要分支已成为推动国民经济信息化发展的重要基础和手段之一。社会生产的各个领域、各种业态的信息化建设和信息技术应用水平已经达到了一定的高度，自动识别技术作为其坚实的技术基础和保障手段，已经成为各行业信息化应用系统的重要组成部分。我国政府在 1993 年制定的金卡工程实施计划及全国范围的金融卡网络系统的 10 年规划，是一个旨在加速推动我国国民经济信息化进程的重大国家级工程，从此以后各种自动识别技术进入了快速的发展及应用过程中。RFID 作为自动识别领域的关键技术之一也进入了中国，但长期以来由于成本和技术成熟度等问题导致 RFID 的应用领域比较零散，没有形成规模。

EPC 作为国际上公认的 RFID 纵深应用技术，对我国的物流、制造、外贸、印刷、零售和安全等行业带来巨大的发展机会。我国为支持 EPC 在国内的推广工作，于 2004 年 4 月 22 日专门成立了 EPCglobal China（www.epcglobal.org.cn），由中国物品编码中心负责组织和管理。自此从组织机构上保障了我国 EPC 事业整体的有效推进，标志着我国在及时跟踪国际 EPC 与物联网技术的发展动态、研究开发 EPC 技术的相关产品、推进 EPC 技术的标准化、推广 EPC 技术的应用等方面的工作的全面启动。EPCglobal China 是经 EPCglobal 授权的中华人民共和国境内 EPCglobal 的惟一代表，负责 EPCglobal 在中国范围内 EPC 的注册、管理和标准化工作，推广 EPC 系统，提供技术支持和培训 EPC 系统用户。EPCglobal 由 EAN 和 UCC 两大标准化组织联合成立，其主要职责是在全球范围内对各个行业推动和发展 EPC 网络。EPCglobal 是一个中立的、非营利性标准化组织，它继承了 EAN.UCC 与产业界近 30 年的成功合作传统，并且通过发展和管理 EPC 网络标准来提高供应链上贸易单元信息的透明度与可视性，以此来提高全球供应链的运作效率。

目前 EPC 技术在全球处于快速发展中，中国在 EPC 技术的跟踪、研发和应用推广方面的现状与国际发展状况同步。在国家标准化管理委员会的统筹规划和领导下，有关 EPC 的培训推广工作正在有序进行，EPC 技术的系统解决方案及软件、硬件研发和生产的技术储备也在积极的进行中。

EPCglobal China 成立近 1 年来，在相关部门、协会等各界的积极推动下，国内 RFID 产业队伍不断扩大，产业结构也发生了很大变化。EPC 技术带来的对 RFID 技术的广泛关注推动了 RFID 技术的应用。

从 RFID 产业类型来看，主要包括产品的自主开发和应用系统集成。

（1）在产品自主开发方面，2004 年国内企业取得了较大的进展，有多家企业推出了标签读写器和电子标签产品，在读写器和电子标签产品系列化、多样化方面取得了显著成果。在标签芯片开发方面，国内已投入资金和研发力量进行工作的至少有 5 家，据报道复旦微电子已推出了 UHF 频段的标签芯片。总的来说，我们在 RFID 电子标签专用芯片领域与国际先进水平尚有一定差距。在标签批量加工生产方面，也有多家在积极准备，目前已具备初步生产加工能力的企业不少于 3 家，已具备标签读写器自主开发能力的国内企业已有不少于 5 家。

（2）在应用系统集成方面，有更多大大小小的公司在做这方面的工作，水平相差很大，有的企业对 RFID 系统有较为深入的研究，相应的系统集成工作也做得比较深入，比如在铁路车号自动识别应用、机动车自动识别应用和航空行包运输等方面取得了较好的应用成果。

从 RFID 产业队伍来看，根据 RFID 工作频率来分，业内企业基本分为两大块，即中低频 RFID 和超高频、微波 RFID 两大块。目前从事 RFID 技术研究、产品开发和市场开拓的企业及研究机构的成分情况基本分为以下三类。

（1）原有从事低频 RFID 技术研究、产品开发的企业及研究机构。

（2）原有从事高频 RFID 技术研究、产品开发的企业及研究机构。

（3）新进入者。

新进入者一般指近 3 年内加入 RFID 行业内的企业及研究机构。单从数量角度而言，新进入者的数量远大于原有的 RFID 从业单位数量。尽管 RFID 行业是一个朝阳产业，其发展以目前来看，前途光明，但由于市场启动的不足，也使原有的一些从业单位退出了该领域的竞争。当然，新进入的远比退出的多，由此也体现出了 RFID 行业处在一个较快的发展阶段。新进入者一方面有全新的加入者，另一方面有相当多的条码企业将业务扩展到 RFID 领域。此外，原有的 RFID 从业单位中两者之间也存在着一定的渗透，其中低频 RFID 企业向高频 RFID 技术和业务方面的渗透更为明显一些。

从 RFID 的产业结构来看，在电子标签生产方面也存在着更细致一些的划分：有做标签芯片的（也是产业的龙头，目前还主要是国外企业占主导地位），有做标签天线设计的，有做标签芯片与标签天线封装的，也有后端制卡的。

在标签读写器开发方面，读写器专用芯片的开发在国内尚属空白，国外有几家公司正在开展这方面的工作，并已在低频 RFID 技术方面取得了较好的结果，如 TI 公司和 EM 公司。在高频 RFID 技术方面，WJ 公司宣布取得了一些成果，但目前尚未投入批量应用。在标签读写器系统设计方面也存在着多种模式，如固定式读写器、便携式读写器和 OEM 化读写器等。此外，也有针对专门应用系统设计的系统，如铁路车号自动识别系统，具有唤醒功能的有源机动车自动识别系统等。

从标准研究方面来看，主要进展如下。

（1）由中国物品编码中心组织起草的两项国家标准《动物射频识别　代码结构》、《动物射频识别　技术准则》即将发布，国家标准《射频标签的惟一标识　第 1 部分：编号系统》、《射频标签的分类与应用规范》正在制定中。

（2）及时跟踪研究了国际 RFID 技术标准 ISO18000 系列，在中国物品编码中心的组织下，业界共同完成了 ISO18000-1、ISO18000-2、ISO18000-3、ISO18000-4 和 ISO18000-6 的同步翻译工作，提出了中国 RFID 技术标准的草案，完成了 ISO18000 国际标准转化的可行性论证报告，标志着中国在 RFID 技术标准研究与开发方面前进了一步。

（3）中国物品编码中心与中国自动识别协会组织进行了国际 RFID 应用标准体系的调查和分析。在体系报告中，列举了国际 RFID 标准化机构组织和相应的 RFID 国际标准。其中 RFID 国际标准部分详细介绍了与自动识别（AIDC）有关的 ISO 标准、RFID 数据内容标准、RFID 技术标准、性能标准和应用标准等；详细描述了国际 RFID 标准在物流领域的应用状况，同时重点分析了我国 RFID 领域的基本状况，其中包括中国的标准化组织、编码组织、空中接口及频段分配情况，报告在仔细分析国际和国内无线通讯频带分配状况的基础上，提出了国内 RFID 系统 UHF 宜用频段。该项工作为确定国内 RFID 标准提供了参考依据。

从宣传推动方面来看，主要进展如下。

任何一项产业的发展都伴随着市场的宣传与推动。通常情况下，产业的发展与市场的宣传与推动是相辅相成的，两者之间保持着一定的同步关系。RFID 技术与产业的发展在过去的几十年发展历程中也基本遵循着这样一种基本规律，但是在 2004 年，这种规律被打破了。可以说，2004 年有关 RFID 技术与产业的发展取得了许多显著成绩，但是在 EPC 概念的需求以及沃尔玛和美国防部时间表的要求下，这些成绩显得苍白。从市场宣传与推动方面，可以说，2004 年一年所做的工作以及所产生的振动效应抵得上过去 10 年的总和。下面列举一些基本事实以作辅证。

（1）伴随着 2003 年 11 月国际物品编码协会（EAN International，现更名为 GS1）和美国统一代码委员会（UCC，将更名为 GS1 US）收购了成立于 1999 年 10 月的 AutoID Center，并将其业务划分为 EPCglobal 和 AutoID Lab 两大块，2004 年 4 月中国正式成立了 EPCglobal China 并积极开展工作。

（2）2004 年 4 月（北京）和 10 月（上海）国内召开了两次 EPC 高层论坛，以及相关的设备展览会（上海），在 EPC 和 RFID 宣传推广方面起到了巨大的推动作用。

（3）2004 年 10 月 EPCglobal 主席访华，在媒体见面会上表示，电子标签将与条码共存几十年。

（4）有关 RFID 技术标准，在国际大背景下，国内也给予了极大的关注，有关媒体的介入更起了推波助澜的作用。

（5）伴随着国际上与 IT 相关的大公司（IBM、SUN、SAP、Microsoft、HP、Philips、Hitachi 等）几乎毫无例外地宣布加入到 EPC 和 RFID 的研发、测试及应用研究之中。国内新加入 EPC 和 RFID 领域的公司也数不胜数，除了众多的小公司以外，也包括有清华同方、华为和中兴这样的知名大公司的加入。

20.3.2 RFID 应用领域及典型案例

现阶段，RFID 在国内已经开发的应用非常有限。总体上来说，以变压器耦合原理实现无接触识别的低频 RFID 的市场占有率估计占到了所有 RFID 应用的 90%以上，其基本特点可概括为：在技术方面，因为采用的频率较低，基本耦合原理为变压器耦合，相应技术门坎较低，因而参与的企业更多，也最先得到充分发展和推广应用；从技术性能方面来说，电子标签和标签读写器之间的无接触距离相对较近，方向性不强；产品应用成本较低，因而也促进了应用的扩展。典型的应用有电子车票（公交车票、地铁车票、一卡通车票等）、证照防伪（如身份证、企业代码证、学生铁路购票证、机动车审验，电子护照等）、出入控制（门锁、停车场、小区出入）、设备管理（气瓶管理、轮胎防伪跟踪、运动设备管理）、储值卡（电话卡、购物卡、电子饭票）、医药流通环节监管和邮政循检等。

以雷达原理实现无接触识别的高频 RFID 的市场占有率估计占所有 RFID 应用的 10%以内，但其呈现出快速增长的势头，其基本特点可概括如下。

在技术方面，因为采用的频率较高，典型工作频率有 433MHz、915MHz、2.45GHz 和 5.8GHz，基本耦合原理为雷达原理，相应技术门坎略高，因而涉足的企业相对较少，但是随着技术的发展与成熟，相应的技术门坎也在不断降低；从技术性能方面来说，电子标签和标签读写器之间的无接触距离可以达到较远，如无源情况下可达 10m 左右，方面性较强；产品应用成本开始较高，目前呈较快的下降趋势，尤其是以 915MHz 为代表的 UHF 频段被普遍认同是 EPC 标签的首选工作频率，因而受 EPC 概念的带动和影响也最大。现有的应用主要集中在铁路车辆自动识别和机动车不停车自动识别，快速增长的应用领域将主要集中在物流与供应链方面。总的来说，在低频 RFID 领域，国内存在着较好的基础，应用已趋成熟。在高频 RFID 领域，技术和应用都还处在初级阶段。

就历史来看，我国铁路的车辆调度系统是应用 RFID 最成功的案例，是“货车自动抄车号”的最佳方案。过去，国内铁路车头的调度都是靠人工统计、手工进行，费人、费时还不够准确，造成资源极大浪费。铁道部在采用 RFID 技术以后，实现了统计的实时化、自动化，降低了管理成本，提高了资源利用率。据统计，每年的直接经济效益可以达到 3 亿多元。这是国内采用 RFID 惟一的一个全国性网络，但是美中不足的是，这个系统目前还是封闭的，无法和其他系统相连接。如果这个系统开放，将有利于推动整个物流行业的信息化和标准化，有利于像 RFID 这样的技术得到更有效地应用，有利于物流全流通的整合。

除此之外，还有香港“驾易通”采用射频识别系统在高速公路收费，使装有射频标签的汽车能被自动识别，无需停车缴费，大大提高了行车速度和效率；锦山的一条高速公路上也应用了非接触射频卡进行自动收费；北京的机场高速公路上、深圳的皇岗口岸也是用的无线射频识别系统；上海金茂大厦停车场项目管理；青岛海关车辆监测管理系统；上海市也已将 RFID 用于气瓶防伪，电子标签里面存储气瓶的出厂日期、报废日期与维修记录等信息；RFID 在第二代身份证以及新军官证、学生证中的应用，也是看重防伪识别功能；上海的公共汽车使用了电子月票；山东省人大和政协两会代表使用上了 RFID 智能签到系统；军车号牌使用 RFID 系统对车辆进行监督和管理等。

在国际上，RFID 还用于马拉松比赛的运动计时，福特宝马等汽车生产线的制造和配件跟踪，美国农场家畜的饲养管理与跟踪，GE 集装箱跟踪和管理，等等。

20.4 国内外 RFID 的标准与技术规范

标准问题是目前 RFID 行业关注的焦点之一，近年来 RFID 技术应用研究和推广步伐的加快，对统一的技术标准的需求越来越迫切。

通常情况下，RFID 阅读器发送的频率称为 RFID 系统的工作频率或载波频率。RFID 载波频率基本上有 3 个范围：低频（30kHz～300kHz）、高频（3MHz～30MHz）和超高频（300MHz～3GHz）。常见的工作频率有低频 125kHz 与 134.2kHz、高频 13.56MHz、超高频 433MHz、860MHz～930MHz、2.45GHz 等。

RFID 的低频系统主要用于短距离、低成本的应用中，如多数的门禁控制、校园卡、煤气表和水表等；高频系统则用于需传送大量数据的应用系统；超高频系统应用于需要较长的读写距离和高读写速度的场合，其天线波束方向较窄且价格较高，在火车监控、高速公路收费等系统中应用。

目前常用的 RFID 国际标准主要有用于对动物识别的 ISO 11784 和 11785，用于非接触智能卡的 ISO 10536（Close coupled cards）、ISO 15693（Vicinity cards）、ISO 14443（Proximity cards），用于集装箱识别的 ISO 10374 等，以及最新的 ISO18000 系列标准。

EPCglobal 成立后，一直在努力推进数据同步和 RFID 数据交换的进程，现在已经推出 RFID 标签的第二代 UHF 标准（C1G2），并已经提交 ISO 审议。

1．ISO 11784 和 ISO 11785

ISO 11784 和 ISO 11785 分别规定了动物识别的代码结构和技术准则，标准中没有对应答器样式尺寸加以规定，因此可以设计成适合于所涉及的动物的各种形式，如玻璃管状、耳标或项圈等。

2．ISO 10536、ISO 15693 和 ISO 14443

ISO 10536 标准主要发展于 1992～1995 年间，由于这种卡的成本高，与接触式 IC 卡相比优点很少，因此这种卡从未在市场上销售。

ISO 14443 和 ISO 15693 标准在 1995 年开始操作，单个系统于 1999 年进入市场，两项标准的完成则是在 2000 年之后。二者皆以 13.56MHz 交变信号为载波频率：ISO 15693 读写距离较远，当然这也与应用系统的天线形状和发射功率有关；而 ISO 14443 读写距离稍近，但应用较广泛。目前的我国第二代电子身份证采用的标准是 ISO 14443 TYPE B 协议。

ISO 14443 定义了 TYPE A、TYPE B 两种类型协议。通信速率为 106kbit/s，它们的不同主要在于载波的调制深度及位的编码方式。TYPE B 与 TYPE A 相比，由于调制深度和编码方式的不同，具有传输能量不中断、速率更高、抗干扰能力更强的优点。

ISO 15693 标准规定的载波频率亦为 13.56MHz，VCD 和 VICC 全部都用 ASK 调制原理，调制深度为 10%和 100%，VICC 必须对两种调制深度正确解码。ISO 15693 应用更加灵活，操作距离又远，更重要的是它与 ISO 18000-3 兼容。

3．ISO 10374

ISO 10374 标准说明了基于微波应答器的集装箱自动识别系统。此标准和 ISO 6346 共同应用于集装箱的识别，ISO 6346 规定了光学识别，ISO 10374 则用微波的方式来表征光学识别的信息。

4．ISO 18000

ISO 18000 是一系列标准。此标准是目前最新的也是最热门的标准，原因是它可用于物流与供应链中物品的标识，其中的部分标准也正在形成之中。表 20.1 所示的是 ISO 18000 标准的内容。

表 20.1　ISO 18000 标准的内容

标准号	内容	应用领域
18000-1	一般参数定义	
18000-2	135kHz 以下空气接口参数	适合短距离使用，如门禁卡
18000-3	13.56MHz 空气接口参数	适合中距离使用，如货架
18000-4	2.45GHz 空气接口参数	适合较长距离使用
18000-6	860MHz-930MHz 空气接口参数	适合较长距离使用
18000-7	433.92MHz 空气接口参数	只是作为一种选择，易被其他通信器材干扰

注：18000-5 规定了 5.8GHz 参数，但已被否决，不会成为国际标准。

其中 ISO 18000-6 基本上是整合了一些现有 RFID 厂商的产品规格和 EAN、UCC 所提出的标签架构要求而订出的规范。它只规定了空气接口协议，对数据内容和数据结构无限制，因此可用于 EPC。实际上，若采用 ISO 18000-6 对空气接口的规定加上 EPC 系统的编码结构再加上 ONS 架构，就可以构成一个完整的供应链标准。

5．EPC-C1G2 标准

在现行的 ISO 18000-6 中有 4 个不同的标签制造标准，即英国 BTG 的 ISO-180006A 标准、美国 Intermec 公司的 180006B 标准、美国 Matrics 公司的 Class 0 标准和 Alien Technology 公司的 Class 1 标准。每家公司拥有自己标签产品的知识产权，而 C1G2 整合和扩展了上述 4 个标签标准，使按照此标准生产的 RFID 设备在全球范围内彼此能相互兼容并具备良好的识读性能。

截止到 2004 年年底，C1G2 标准已经被 EPCglobal 通过，正在等待被 ISO 批准成为 ISO 标准。这其中，还要解决与 C1G2 技术相关联的特权许可和专利等问题。此外，还必须符合欧洲和亚洲地区对 UHF 频段的管制要求。但可以预计这些不利因素将会不断削弱，EPC-C1G2 最终会成为正式的国际标准。

我国在国内 RFID 标准制定上以等同采用国际标准为主，但在某些频率上还需要结合国情进行分配。

（中国标准研究院物品编码中心　张成海　李建辉　钱　恒）

第 21 章　中国下一代互联网示范工程 CNGI

21.1　CNGI 建设进展状况

2003 年 8 月，国务院正式批复启动中国下一代互联网示范工程 CNGI，由国家发展和改革委员会主持，中国工程院技术总协调，由国家发展和改革委员会、科学技术部、信息产业部、国务院信息化工作办公室、教育部、中国科学院、中国工程院、国家自然科学基金委员会等八部委共同组织实施。按照国家统一部署和规划，该工程分两期进行，第 1 期为 2003 年～2005 年，目标是建成下一代互联网示范网络，攻克一批关键技术，开发一批重大应用，在设备制造、软件开发和运营服务方面初步实现产业化。第 2 期为 2006 年～2010 年，目标是建成全球规模最大的下一代互联网，在设备制造、软件开发和运营服务方面形成较大规模产业。根据这一时间表，中国五大电信运营商（中国电信、中国网通、中国移动、中国联通和中国铁通）和学术科研网（CERNET 和 CSTNET）将在 2005 年完成构筑 6 个全国性的 IPv6 骨干网络（覆盖全国 39 个重要结点城市）和至少 2 个交换中心（IX）以实现各 IPv6 骨干网络的互联互通。对于 CNGI 项目，到 2005 年为止的预算是 14 亿元人民币，其中的 6 亿元人民币主要用来购买相应的 IPv6 网络设备。通过实施 CNGI 项目，到 2005 年我国将建成覆盖全国主要城市的大规模 IPv6 网络，届时将成为世界上最大规模的 IPv6 网络基础设施。

为保证项目顺利实施，2004 年 7 月 9 日，国家发改委组织召开了 CNGI 项目领导小组第一次工作会议，总结了前阶段 CNGI 项目进展情况，对下一步的工作进行了安排；7 月 21 日，CNGI 项目专家委员会正式成立，以推动落实各项具体工作；9 月，中国工程院批复 CNGI 各核心网初步设计方案。目前，CNGI 各核心网络承建单位正在紧张进行各核心网的建设工作。

一、中国电信

在 CNGI 建网方面，中国电信已经于 2004 年初完成项目立项程序，并将 CNGI 网络作为其未来技术发展的新试验平台。中国电信将在现网的基础上实现向 IPv6 的过渡，并在发展中解决现网对 IPv6 的普遍支持能力问题。使现存和新建的 IP 骨干基础设施兼容 IPv6，在 CHINANET 正进行的 6 期扩容、准备新建主要面向商业用户的 CN2 网络中实现。核心网络的设备以硬件支持 IPv6 转发为主，IPv6 处理能力在网络中逐步启用；接入网络初期用户以隧道方式为主，在 IPv6 用户聚集区域叠加双栈接入设备，未来向普遍提供双栈接入方向发展。中国电信还将利用 IPv6 的技术特性发展新型业务，利用 IPv6 的技术特性简化现有业务的生成。目前要依托现有 IPv6 试验床开展工作，而 IPv6 不能够直接作为业务卖点。在业务平台方面，中国电信计划在 IPv6 网络基础设施和业务/应用间构建业务支撑平台，将 IPv6 相关协议的技术优势转化，实现可运营的商业模式，实现业务的可持续发展。

二、中国网通

中国网通 CNGI 项目的网络方案是：采用双协议栈，核心网同时支持 IPv6 和 IPv4；在北京设置集中网管，实现网络和业务的集中管理；核心网用分区服务体系，进行服务等级设置；边缘设备实施边缘标记，并在核心网进行 MPLS 流量工程的试验。

中国网通与中科院下一代互联网示范工程 CNGI 项目，是两家联合投标并成功中标了北京、上海、广州、沈阳、长春、成都和兰州等 7 个结点的核心网络建设。此外，中国网通与中科院联合共建的 CNGI 业务中除了对关键科学应用研究的试验外还有IPv6创新业务应用，如视频会议、VoIPv6、智能化物业管理、网络监控系统、远程教育和奥运应用等。

三、中国移动

中国移动建设的CNGI试验网将在北京、深圳和武汉先建立，然后加入上海结点，在试验网基础上加入网管、计费，向商用网络发展。试验的主要内容包括核心网络引入IPv6的试验、移动网络的IPv6引入、NGI网管和计费试验，以及IPv6引入网络后的影响。在受瞩目的移动网络IPv6引入试验中，主要进行GPRS网络中IPv6的引入；3G中IPv6的引入，IMS试验、Mobile IPv6试验、移动终端的地址规划试验。

2005年作为中国移动CNGI试验第一阶段，重点主要为承载网络的IPv6试验、移动领域的IPv6试验，移动领域业务与应用试验、网管和计费实验。2006年以后开始的试商用和继续试验阶段主要是发展CPN用户访问CNGI和CMNet，发展基于IPv6的资源入网；在网上开展IPv6新业务的试商用，升级部分现网GPRS/3G设备支持IPv6，提供一些IPv6专业应用。

四、中国联通

中国联通CNGI示范网的建设将以北京、广州和上海三地为一级网，实现10Gbit/s连接；其他4个结点（成都、昆明、济南、郑州）实现2.5Gbit/s连接。其准备开始的试验有：与国内国际IPv6网络的互联互通实验；IPv6网络的运行、维护和管理；对通行的几种过渡策略开展实验；完成IPv6网络的技术测试；制定中国下一代互联网有关标准，形成行业或者企业自己的标准。

五、中国教育和科研计算机网网络中心

2004年9月13日，由教育部主持的“中国下一代互联网示范工程CNGI示范网络核心网CERNET2”项目工作会议在清华大学举行，CERNET2建设工作全面正式启动。12月，中国第一个下一代互联网示范工程（CNGI）核心网之一CERNET2主干网正式开通。

另外，中国铁通也完成网络建设方案并通过论证评估，正积极推进其核心网的部署和建设。

总体上说，CNGI工程在2004年取得了重大进展，在全球下一代互联网试验网络规模不断扩大的潮流中处于有利地位。

（中国互联网络信心中心（CNNIC） 王恩海）

21.2 2004年CERNET2进展情况

CERNET2是国务院批准，国家发展改革委等八部委联合组织的中国下一代互联网示范工程CNGI中规模最大的核心网和惟一学术网，是目前所知世界上规模最大的采用纯IPv6技术的下一代互联网主干网。它以2.5Gbit/s～10Gbit/s速率连接全国20个主要城市的25个CERNET2主干网核心节点，为全国高校和科研单位提供高速的下一代互联网IPv6接入服务，并通过中国下一代互联网交换中心CNGI-6IX，高速连接国内外下一代互联网，成为我国研究下一代互联网技术、开发重大应用、推动下一代互联网产业发展的重要基础设施。CERNET2拓扑结构如图21.1所示。

2004年年底，CERNET2主干网开通，对我国实施下一代互联网发展战略，对建设我国科技创新基础平台、促进科技进步与经济发展的结合、提高我国的综合国力，具有重要意义，被评选为我国2004年十大科技进展之一，中国高等学校十大科技进展之一。

CNGI-CERNET2建设项目的主要进展情况如下。

一、CERNET2主干网建设

1．开通CERNET2试验网、提供IPv6服务

2003年10月，连接北京—上海—广州三地的速率为2.5Gbit/s的CERNET2试验网开通，投入试运行。

2004年1月15日，在比利时首都布鲁塞尔欧盟总部，与美国Internet2、欧盟GEANT等全球最大的学术互联共同向全世界宣布，同时开通全球IPv6下一代互联网服务。

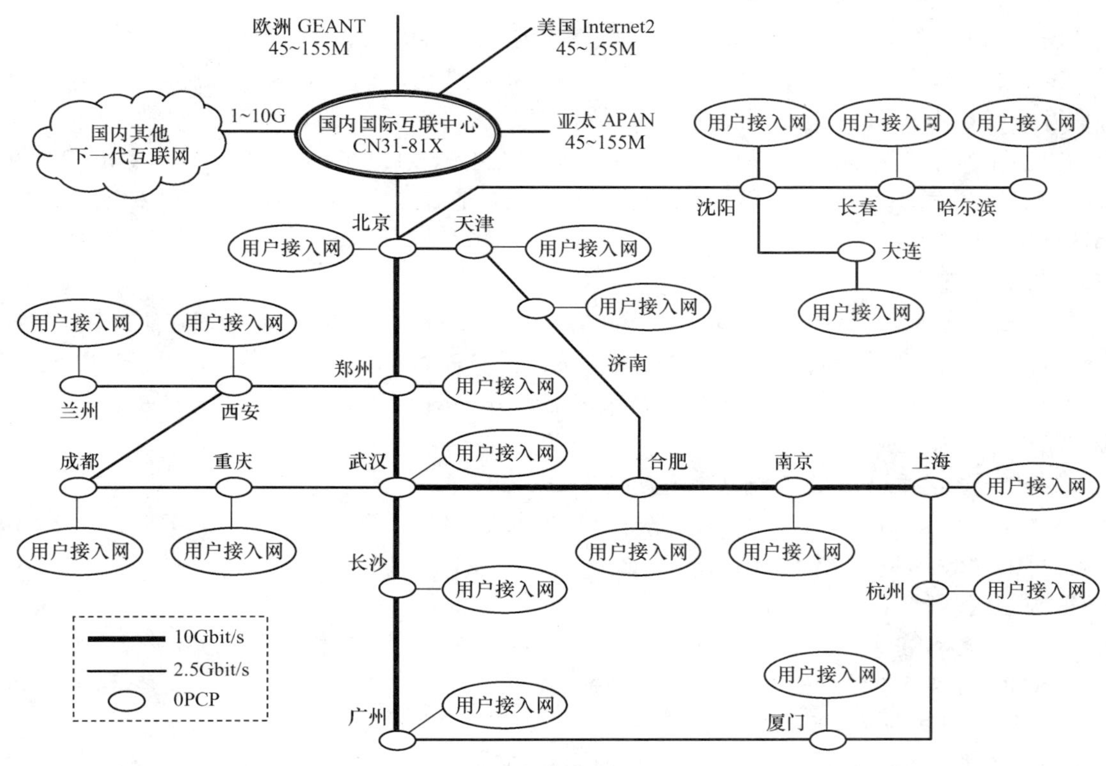

图 21.1　CERNET2 拓扑结构

2004 年 3 月 19 日，教育部赵沁平副部长主持了 CERNET2 试验网开通仪式，CERNET2 试验网正式向教育系统用户提供 IPv6 下一代互联网服务。

CERNET2 试验网的开通与提供 IPv6 服务，为 CNGI-CERNET2 项目的初步设计、设备招标、网络建设与运行、技术试验与应用示范等提供了必要的技术基础。

2．扩大网络规模、启动 CERNET2 主干网建设

2004 年 7 月底，通过学习和领会中国下一代互联网示范工程 CNGI 项目领导小组第一次工作会议和 CNGI 专家委员会成立暨第一次工作会议的精神、研究国内外下一代互联网最新进展和 CNGI 项目面临的形势，CERNET 网络中心向 NGI-CERNET2 项目的主持部门教育部提交了项目的具体实施方案。8 月底，教育部批复了 CERNET2 主干网建设规模扩大到 20 个城市的 25 个核心结点的实施方案。

在此基础上，教育部成立 CERNET2 项目领导小组和专家组，于 2004 年 9 月 13 日在北京召开“中国下一代互联网示范工程 CNGI 核心主干网 CERNET2”项目第一次工作会议，25 所高校主管校长和网络中心主任出席会议，赵沁平副部长做了项目启动工作报告，要求各高校发扬 CERNET 团结协作精神，把 CERNET2 建成我国教育和科研工作者进行创新性科学研究的重要基础设施。在教育部的领导下，25 所高校各自筹集经费，开始实施连接分布在 20 个城市的 CERNET2 主干网建设方案。

3．完成主要设备招标、国产设备过半

2004 年 9 月初，CNGI 项目专家委员会批复了 CERNET2 和 CNGI-6IX 建设项目的初步设计方案，并对招标工作提出了具体要求。

2004 年 9 月 20 日，CERNET 网络中心向 CNGI 项目专家委员会提交了经教育部批准的“CERNET2 主干网和 CNGI-6IX 建设项目”设备招标方案。

CERNET2 主干网采购了占设备总数一半以上的国产设备，为国产网络设备特别是核心路由器提供测试和试用环境。同时，国内外厂商的路由器在 CERNET2 主干网上协同运行，有利于建立一个开放式的与国际接轨的测试、试验环境。通过产品的性能比较，有利于提高国产设备的技术水平、缩短与发达国家的差距。CERNET2 成为国产设备的验证试验基地。

4．核心路由器联调、开通 CERNET2 主干网

根据国家提出的“学术网要先行”的要求，12 月初在北京清华大学进行 Juniper、华为和比威等三厂商的 25 台核心路由器联调工作。根据 CERNET2 主干网的拓扑结构，实现了路由器之间、路由器与传输设备之间的互联互通互操作。

2004 年 12 月 25 日，在北京举行的“中国下一代互联网示范工程 CNGI 核心网 CERNET2 主干网开通暨 CERNET 十周年庆祝大会”上，正式开通连接分布在 20 个城市的 25 个核心结点的 CERNET2 主干网，传输速率达到 10Gbit/s。

二、CNGI-6IX 建设

根据 CNGI 核心网建设项目要求，在北京清华大学要建成 CNGI 示范网络的国际/国内互联中心 CNGI-6IX。

在 CERNET 已经与美国 Internet2、GEANT 和亚太地区 APAN 等国际下一代学术互联网互联的基础上，针对欧美和日本学术网之间已经建立多条 10G 线路的形势，为争取中国在亚太地区的主导地位，在国际互联方面开展了以下工作。

1．争取与欧洲学术网 GEANT 建立高速互联

欧盟 2004 年启动 TEIN2 项目，资助欧洲与亚洲学术网之间的高速互联。CERNET 正在争取做亚洲互联中心，带宽为 622Mbit/s～2.5Gbit/s。

2．争取与美国学术网实现高速互联

美国科学基金会 NSF 从 2004 年开始启动 IRNC 项目，资助美国学术网的国际高速互联。CERNET 已经申请加入 IRNC 项目，争取中美直接的高速互联。

3．争取实现与日本高速互联

2004 年 11 月，CERNET 获得日本国立信息通信技术研究院 NICT 提供的经费资助，支持建立 CERNET 经香港到日本东京的学术网间高速互联，带宽将达到 2.5Gbit/s。

三、开展技术试验和应用示范

在教育部的领导下，联合更多的高校，依托 CERNET2，为积极争取 CNGI 后续项目做准备，包括以下准备工作：

1．制定高校 IPv6 网络接入 CERNET2 主干网的技术方案和管理办法，进行 IPv6 技术培训，争取 100 所以上高校接入 CERNET2。

2．开展路由、组播、测量、网管和计费等多种关于 IPv6 的技术试验和验证，争取承担 CNGI 的技术试验项目。

3．开发基于 IPv6 的网格、高品质视频传输、虚拟现实和家庭网络等多种新型应用，争取 CNGI 的典型应用开发和示范项目。

已经取得的成果表明，CERNET2 是世界上最大规模的纯 IPv6 网络，为 CNGI 技术试验和验证提供大规模网络环境；CERNET2 主干网尽可能采用了国产设备，成为国产设备验证试验基地；基于 CERNET2 可进行真实 IPv6 地址网络相关技术的试验研究，为构件安全可信的下一代互联网奠定了基础；基于 CERNET2 正在开发下一代互联网的关键应用，包括中国教育科研网格 ChinaGrid、高清晰度视频传输、大规模点到点的多媒体通信系统等，推动了我国下一代互联网发展。

CERNET2 是我国开展下一代互联网及其应用研究的开放性实验环境，成为我国研究下一代互联网技术、开发重大应用、推动下一代互联网产业发展的关键性基础设施。

CERNET2 主干网的开通，对我国实施下一代互联网发展战略，对建设我国科技创新基础平台、促进科技进步与经济发展的结合、提高我国的综合国力，具有重要意义。因此，CERNET2 主干网开通被评选为我国 2004 年十大科技进展之一，同时也被评为该年度中国高等学校十大科技进展之一。

（由 CERNET2 网络中心供稿）

（中国工程院　乌贺铨

中国教育和科研计算机网网络中心 吴建平 李崇荣）

第五篇

统计篇

第 22 章　中国互联网络发展状况统计报告

22.1　相关说明

1．网民（互联网用户）：CNNIC 对网民的定义为：平均每周使用互联网至少 1 小时的中国公民。

2．网站：指有独立域名的 Web 站点，其中包括 CN 和通用顶级域名（gTLD）下的 Web 站点。此处的独立域名指的是每个域名最多只对应一个网站"WWW.+域名"。如：对域名 cnnic.cn 来说，它只有一个网站 www.cnnic.cn，并非它有 whois.cnnic.cn、mail.cnnic.cn 等多个网站，它们只被视为网站 www.cnnic.cn 的不同频道。

3．上网计算机：指至少有一人通过该台计算机连入互联网络。

4．除非明确指出，本报告中的数据均不包括香港、澳门、台湾地区在内。

5．本次调查统计数据截止日期为 2004 年 12 月 31 日。

22.2　调查结果

22.2.1　中国互联网络发展的宏观概况

（一）我国上网用户人数

1．上网用户总人数为 9400 万，95%置信度下的置信区间为［9138 万，9662 万］。

2．按上网方式划分，通过各种方式上网的用户数如表 22.1 所示。

表 22.1　通过各种方式上网的用户数

专线上网用户数	拨号上网用户数	ISDN 上网用户数	宽带上网用户数
3050 万	5240 万	640 万	4280 万

注 1：通过多种方式上网的用户被重复计入各种上网方式中，故各种方式上网用户数之和大于上网用户总数；

注 2：专线上网用户指通过以太网方式接入局域网，然后再通过专线的方式接入互联网的用户；

注 3：宽带上网用户指使用 xDSL、CABLE MODEM 等方式上网的用户。

3．按地域划分，我国网民的分布情况如表 22.2 所示。

表 22.2　我国网民的地域分布

	北　京	上　海	天　津	重　庆	河　北	山　西	内蒙古
网民数（万）	402	441	193	181	387	211	93
占全国网民比例	4.3%	4.7%	2.1%	1.9%	4.1%	2.2%	1.0%
占本省人口比例	27.6%	25.8%	19.1%	5.8%	5.7%	6.4%	3.9%
	辽　宁	吉　林	黑龙江	江　苏	浙　江	安　徽	福　建
网民数（万）	322	179	278	661	534	240	326
占全国网民比例	3.4%	1.9%	2.9%	7.0%	5.7%	2.6%	3.5%
占本省人口比例	7.6%	6.6%	7.3%	8.9%	11.4%	3.7%	9.3%

续表

	江　西	山　东	河　南	湖　北	湖　南	广　东	广　西
网民数（万）	156	848	305	429	312	1 188	285
占全国网民比例	1.7%	9.0%	3.2%	4.6%	3.3%	12.6%	3.0%
占本省人口比例	3.7%	9.3%	3.2%	7.1%	4.7%	14.9%	5.9%
	海　南	四　川	贵　州	云　南	西　藏	陕　西	甘　肃
网民数（万）	47	523	98	206	7	258	120
占全国网民比例	0.5%	5.6%	1.0%	2.2%	0.1%	2.8%	1.3%
占本省人口比例	5.8%	6.0%	2.5%	4.7%	2.6%	7.0%	4.6%
	青　海	宁　夏	新　疆				
网民数（万）	20	31	119				
占全国网民比例	0.2%	0.3%	1.3%				
占本省人口比例	3.7%	5.3%	6.2%				

注：计算中所用的各省总人口数为《中国统计摘要》公布的 2003 年底数据。

4．除计算机外同时使用其他设备（移动终端、信息家电）上网的用户人数为 350 万。

（二）我国上网计算机数

1．上网计算机总数为 4 160 万台。

2．按上网方式划分，我国的上网计算机情况如表 22.3 所示。

表 22.3　　通过不同方式上网的计算机数

专线上网计算机数	拨号上网计算机数	其他方式上网计算机数
700 万台	2 140 万台	1 320 万台

（三）CN 下注册的域名数

1．CN 下注册的域名总数为 432 077 个。

2．按域名类别划分，我国的域名分布情况如表 22.4 所示。

表 22.4　　我国的域名类别分布情况

	AC.CN	COM.CN	EDU.CN	GOV.CN	NET.CN	ORG.CN	行政区域名.CN	二级域名（.CN）
数量	682	173 649	2 226	16 326	20 145	9 415	15 765	193 869
百分比	0.2%	40.2%	0.5%	3.8%	4.6%	2.2%	3.6%	44.9%

各类域名所占的比例如图 22.1 所示。

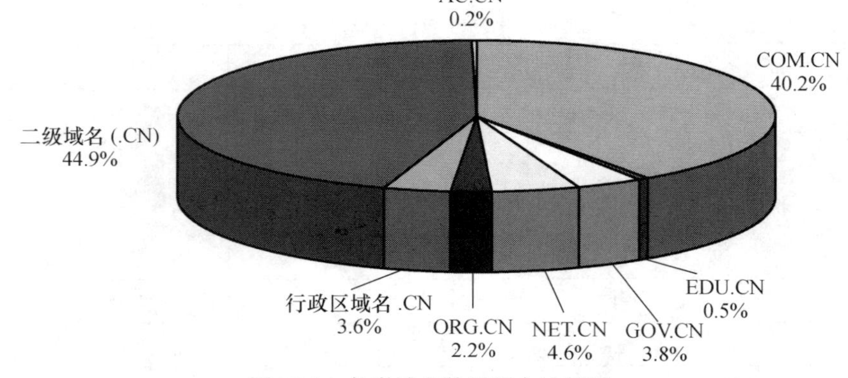

图 22.1　各类域名数量所占比例图

3．按地域划分（不含 EDU.CN），我国的域名数量如表 22.5 所示。

表 22.5 我国域名数量的地域分布

	北京	上海	天津	重庆	河北	山西	内蒙
域名数量	87371	44199	6867	4600	7551	2474	2094
百分比	20.3%	10.3%	1.6%	1.1%	1.8%	0.6%	0.5%
	辽宁	吉林	黑龙江	江苏	浙江	安徽	福建
域名数量	13053	5004	4970	26863	27530	5127	15913
百分比	3.0%	1.2%	1.2%	6.3%	6.4%	1.2%	3.7%
	江西	山东	河南	湖北	湖南	广东	广西
域名数量	3366	17970	7852	8770	5088	63289	3613
百分比	0.8%	4.2%	1.8%	2.0%	1.2%	14.7%	0.8%
	海南	四川	贵州	云南	西藏	陕西	甘肃
域名数量	1379	8665	1902	4568	748	5348	1592
百分比	0.3%	2.0%	0.4%	1.1%	0.2%	1.2%	0.4%
	青海	宁夏	新疆	海外			
域名数量	524	1394	2206	37961			
百分比	0.1%	0.3%	0.5%	8.8%			

注：地域分布是按域名注册单位所在地来划分的。

（四）WWW 站点数（包括.CN、.COM、.NET、.ORG 下的网站）

1．WWW 站点总数约为 668900 个。

2．按所属域名类别划分，WWW 站点数量分布如表 22.6 所示。

表 22.6 WWW 站点数按域名类别划分的分布情况

	AC.CN	COM（.CN）	EDU.CN	GOV.CN	NET（.CN）	ORG（.CN）	行政区域名.CN	.CN
数量	365	476682	略	10260	79725	22204	2878	76786
百分比	0.1%	71.3%		1.5%	11.9%	3.3%	0.4%	11.5%

3．按地域划分，WWW 站点数分布如表 22.7 所示。

表 22.7 WWW 站点数按地域划分的分布情况

	北京	上海	天津	重庆	河北	山西	内蒙
数量	125297	58551	6586	8125	16574	4351	2587
百分比	18.7%	8.7%	1.0%	1.2%	2.5%	0.7%	0.4%
	辽宁	吉林	黑龙江	江苏	浙江	安徽	福建
数量	22118	3933	5960	50396	77131	11298	38360
百分比	3.3%	0.7%	0.9%	7.5%	11.5%	1.7%	5.7%
	江西	山东	河南	湖北	湖南	广东	广西
数量	7129	26613	13150	15681	8084	121917	7921
百分比	1.1%	4.0%	2.0%	2.3%	1.2%	18.2%	1.2%
	海南	四川	贵州	云南	西藏	陕西	甘肃
数量	2803	12892	2712	4490	2153	5575	2566
百分比	0.4%	1.9%	0.4%	0.7%	0.3%	0.8%	0.4%

续表

	青　海	宁　夏	新　疆				
数量	463	1212	2272				
百分比	0.1%	0.2%	0.3%				

注：地域分布按域名注册单位所在地划分。

（五）我国网络国际出口带宽数

1．国际出口带宽总量为74429Mbit/s，连接的国家有美国、加拿大、俄罗斯、澳大利亚、法国、英国、德国、日本、韩国等。

2．按运营商划分

- 中国科技网（CSTNET）：5275Mbit/s。
- 中国公用计算机互联网（CHINANET）：46268Mbit/s。
- 中国教育和科研计算机网（CERNET）：1022Mbit/s。
- 中国联通互联网（UNINET）：1645Mbit/s。
- 中国网络通信集团（宽带中国 CHINA169 网）：19087M*bit/s。
- 中国国际经济贸易互联网（CIETNET）：2Mbit/s。
- 中国移动互联网（CMNET）：1130Mbit/s。
- 中国长城互联网（CGWNET）：（建设中）。
- 中国卫星集团互联网（CSNET）：（建设中）。

注：中国网络通信集团（宽带中国 CHINA169 网）数据中含有 CNCNET 网的数据。

（六）我国 IP 地址数

1．我国大陆地区 IPv4 地址总数为59945728个，折合3A+146B+179C。
台湾地区 IPv4 地址总数为14870528个，折合226B+232C。
香港特区 IPv4 地址总数为5965312个，折合91B+6C。
澳门特区 IPv4 地址总数为127232个，折合1B+241C。

2．我国大陆地区 IPv4 地址按分配单位划分的情况如表22.8所示。

表22.8　　中国大陆地区 **IPv4** 地址分配表

单位名称	地址数	折合数
中国电信集团公司	20701184	1A+59B+224C
中国网络通信集团公司	12582912	192B
中国教育和科研计算机网	9218048	140B+168C
国家政务外网管理中心	4194304	64B
铁道通信信息有限责任公司	2818048	43B
中国联合通信有限公司	1875968	28B+160C
中国移动通信集团公司	1736704	26B+128C
北京电信通网络技术有限公司	472064	7B+52C
长城宽带网络服务有限公司	393216	6B
上海市东方有线网络有限公司	352256	5B+96C
山东百灵科技信息有限公司	327680	5B
江西广电信息网络	327680	5B
中国长城互联网	204800	3B+32C
中电华通通信有限公司	159744	2B+112C

续表

单 位 名 称	地 址 数	折 合 数
北京世纪互联数据中心有限公司	157 696	2B+104C
263 网络通信股份有限公司	155 648	2B+96C
北京歌华有线电视网络股份有限公司	147 456	2B+64C
首创网络有限公司	139 264	2B+32C
中广影视传输网络有限责任公司	139 264	2B+32C
济南广电宽带网络公司	139 264	2B+32C
北京北大方正宽带网络科技有限公司	139 264	2B+32C
北京教育信息网	110 592	1B+176C
中企网络通信技术有限公司	98 304	1B+128C
深圳市天威视迅股份有限公司	98 304	1B+128C
中国科技网	90 112	1B+96C
北京金汉王系统工程有限公司	81 920	1B+64C
北京中电飞华通信有限公司	81 920	1B+64C
北京通科信息技术开发公司	73 728	1B+32C
北京博升拓网络技术有限责任公司	73 728	1B+32C
天津广播电视网络有限公司	73 728	1B+32C
北京畅捷网络通讯有限公司	65 536	1B
中广亚广播信息网络有限公司	65 536	1B
中国国际电子商务中心	65 536	1B
重庆网通信息港宽带网络有限公司	65 536	1B
广东恒敦技术开发有限公司	65 536	1B
四川省广播电视网络有限责任公司	65 536	1B
中信网络有限公司	65 536	1B
大庆中基石油通信建设有限公司	61 440	240C
广东金万邦信息产业投资发展有限公司	53 248	208C
北京首信网创网络信息服务有限责任公司	49 152	192C
广东神州在线电信有线公司	40 960	160C
上海环球信息网络有限公司	40 960	160C
北京国研信息科技有限公司	32 768	128C
广东移动通信有限责任公司	32 768	128C
广东有线广播电视网络股份有限公司	32 768	128C
北京国都天信应用技术有限公司	32 768	128C
柳州非凡电子有限公司	32 768	128C
北京安莱信息通信技术有限公司	24 576	96C
上海闵行广电科技发展有限公司	24 576	96C
北京光环新网数字技术有限公司	20 480	80C
上海科技网	18 432	72C
航天通信中心	16 384	64C

续表

单位名称	地址数	折合数
广东金科信息网络中心	16 384	64C
深圳市南凌科技发展有限公司	16 384	64C
北京瑞通通信工程有限公司	16 384	64C
创联万网国际信息技术（北京）有限公司	16 384	64C
上海市互联网络交换中心	16 384	64C
北京电信发展总公司	16 384	64C
广西柳州市视通网络信息有限责任公司	16 384	64C
深圳市信息网络中心	16 384	64C
润迅通信集团有限公司	16 384	64C
湛江金视网上推广中心	16 384	64C
广州市长鸿宽带网络服务有限公司	16 384	64C
山西广电网络集团有限公司	16 384	64C
国家统计局	16 384	64C
北京互联通网络科技有限公司	12 288	48C
江苏信息网络中心	8 192	32C
广东盈信信息投资有限公司	8 192	32C
重庆广播电视网络传输有限责任公司	8 192	32C
北京时代网星科技有限公司	8 192	32C
湛江市万通电讯有限公司	8 192	32C
成都信息港有限责任公司	8 192	32C
上海聚友网络信息服务有限公司	8 192	32C
东莞市网通联合信息港有限公司	8 192	32C
西安金汉王数码科技有限公司	8 192	32C
福建金桥网络通信有限公司	8 192	32C
上海数讯信息技术有限公司	8 192	32C
上海信天通信有限公司	8 192	32C
上海国通网络有限公司	8 192	32C
东莞市博路电信科技有限公司	8 192	32C
国家邮政局	8 192	32C
北京电视产业发展集团	8 192	32C
北京中软英特信息技术有限责任公司	8 192	32C
中国国际信托投资公司管理信息中心	8 192	32C
北京天广信息通信服务有限责任公司	8 192	32C
北京数据在线网络技术有限公司	8 192	32C
中元金融数据网络公司	8 192	32C
利志国际集团有限公司	8 192	32C
北京市经济信息中心	8 192	32C
上海通用汽车有限公司	8 192	32C

续表

单 位 名 称	地 址 数	折 合 数
北京协和医院	8 192	32C
平顶山煤业（集团）有限责任公司	8 192	32C
黑龙江省科技信息中心	8 192	32C
广东省信息中心	8 192	32C
北京软件产业促进中心	8 192	32C
辽宁外贸国际信息中心	8 192	32C
网络神，创联，夸克	8 192	32C
北京中科互联优势数据有限公司	8 192	32C
中国通信广播卫星公司	8 192	32C
南京苏天广播电视网络数据有限公司	8 192	32C
北京康桥佳和同新技术有限公司	8 192	32C
辽河石油勘探局通信公司	8 192	32C
北京中关村数据科技有限公司	8 192	32C
北京商务中心区通信科技有限公司	8 192	32C
天津信息港宽带网络股份有限公司	8 192	32C
北京市航通电器服务部	8 192	32C
华北石油华通信息技术有限责任公司	8 192	32C
合肥有线电视宽带网络有限公司	8 192	32C
广西玉林视通网络信息有限责任公司	8 192	32C
福建省亿力电力通信有限公司	8 192	32C
北京诚和兴业科技有限公司	8 192	32C
其他单位	1 214 208	18B+135C
合计	59 945 728	3A+146B+179C

注 1：数据来源于 APNIC、CNNIC。APNIC 是亚太互联网络信息中心的简称，负责亚太地区 IP 地址的分配与管理，在亚太地区许多国家拥有成员单位，网址是 http://www.apnic.net/；CNNIC 作为经 APNIC 认定并由信息产业部认可的中国国家互联网注册机构（NIR），召集国内有一定规模和影响力的 ISP，组成 IP 地址分配联盟，目前 CNNIC 分配联盟共有 129 家成员，IP 地址持有量为 12 902 400 个，合 196.875B。上表中大部分都是 CNNIC 分配联盟成员单位；

注 2：IPv4 地址分配表只列出拥有 IPv4 地址数大于或等于 32C 的单位。

3．我国大陆地 IPv6 地址总数为：14/32+/48。
台湾地区 IPv6 地址总数为：16/32+/48。
香港特区 IPv6 地址总数为：4/32+/64。
澳门特区 IPv6 地址总数为：/32。

4．我国大陆地区 IPv6 地址按分配单位划分的情况如表 22.9 所示。

表 22.9　　中国大陆地区 **IPv6** 地址分配表

单 位 名 称	IPv6 地址数
中国教育和科研计算机网	3/32+/48
北京英纳特网络研究所	2/32
铁道通信信息有限责任公司	/32

续表

单 位 名 称	IPv6 地址数
中国国际电子商务中心	/32
中国科技网	/32
中国移动通信集团公司	/32
中国电信集团公司	/32
中国联合通信有限公司	/32
中国网络通信集团公司	/32
重庆网通信息港宽带网络有限公司	/32
中国互联网络信息中心	/32

注 1：数据来源于 APNIC、CNNIC；

注 2：IPv6 地址分配表中的/32 是 IPv6 的地址表示方法，对应的地址数量是 $2^{(128-32)}=2^{96}$ 个，同样，/48 对应的地址数量是 $2^{(128-48)}=2^{80}$ 个。

22.2.2 互联网用户行为意识调查结果

（一）用户个人信息

*1．用户的性别：男性占 60.6% ，女性占 39.4%，如图 22.2 所示。

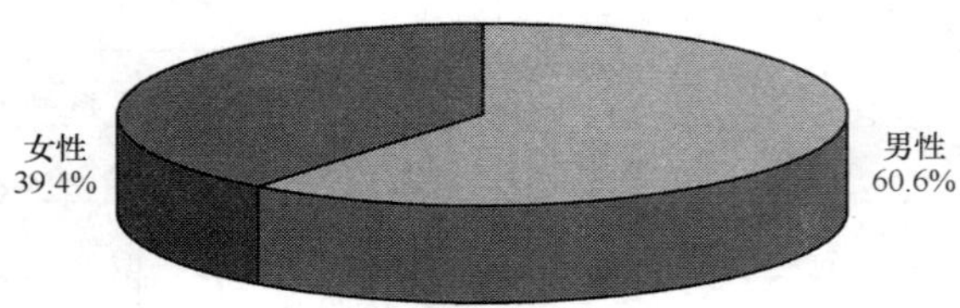

图 22.2 用户的性别比例

*2．用户的年龄分布：情况如表 22.10 和图 22.3 所示。

表 22.10 我国互联网用户的年龄分布

18 岁以下	18～24 岁	25～30 岁	31～35 岁	36～40 岁	41～50 岁	51～60 岁	60 岁以上
16.4%	35.3%	17.7%	11.4%	7.6%	7.6%	2.9%	1.1%

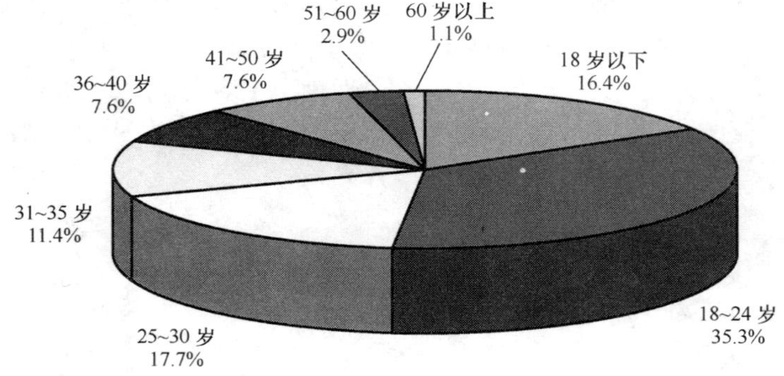

图 22.3 我国互联网用户的年龄分布

*3．用户的婚姻状况：未婚占 57.2%，已婚占 42.8%，如图 22.4 所示。

*4．用户的文化程度情况如表 22.11 和图 22.5 所示。

表 22.11 我国互联网用户的文化程度分布

高中（中专）以下	高中（中专）	大 专	本 科	硕 士	博 士
13.0%	29.3%	27.0%	27.6%	2.7%	0.4%

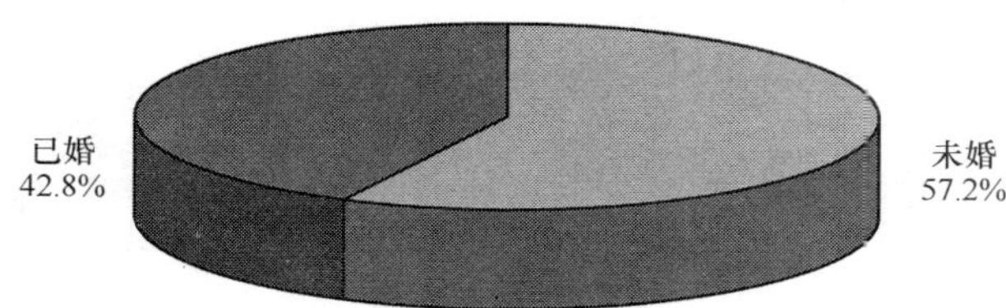

图 22.4　我国互联网用户的婚姻状况

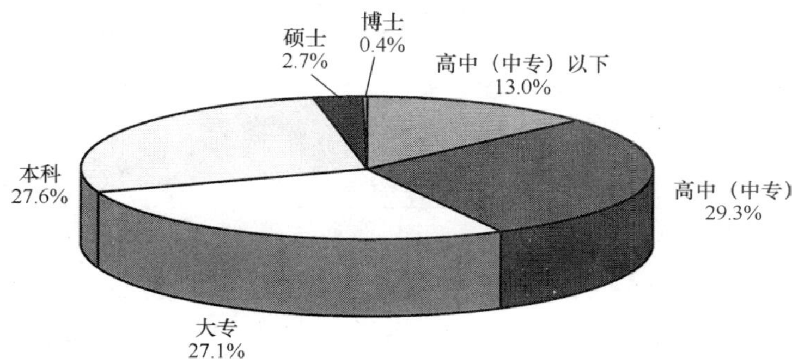

图 22.5　我国互联网用户的文化程度分布

*5．用户的行业分布（不包括军人、学生和无业人员）情况如表 22.12 所示。

表 22.12　　我国互联网用户的行业分布

公共管理和社会组织	交通运输、仓储业	邮　政　业	IT 业
11.9%	4.5%	0.5%	9.3%
批发和零售业	餐饮业	金融业	房地产业
7.7%	1.5%	4.5%	1.5%
居民服务业	旅游、旅馆业	娱乐业	咨询服务业
3.5%	1.0%	0.5%	1.2%
广告业	租赁等其他商务服务业	卫生、社会保障和社会福利业	文化艺术业
1.0%	2.2%	4.3%	0.8%
体育业	新闻、出版、广播、电视、电影和音像业	教育	科学研究
0.1%	1.5%	13.0%	0.9%
专业技术服务业	制造业	建筑业	环境和公共设施管理业
2.1%	14.6%	3.8%	0.3%
农、林、牧、渔业	采矿业	电力、燃气及水的生产和供应业	地质勘查业
1.3%	0.6%	2.4%	0.3%
水利管理业	国际组织	其他	
0.3%	0.2%	2.7%	

*6．用户的职业分布情况如表 22.13 所示。

表 22.13　　我国互联网用户的职业分布

国家机关、党群组织工作人员	企事业单位管理人员	专业技术人员	教　　师
7.4%	9.3%	12.6%	7.0%
办事员等协助人员	商业、服务业人员	农、林、牧、渔工作人员	生产、运输设备操作人员及有关人员
4.6%	9.4%	1.0%	5.0%
军人	学生	无业	其他
0.5%	32.4%	7.0%	3.8%

*7．用户的个人月收入情况如表 22.14 所示。

表 22.14　　我国互联网用户的个人月收入情况

500 元以下	501～1 000 元	1 001～1 500 元	1 501～2 000 元	2 001～2 500 元	2 501～3 000 元
28.0%	19.0%	16.7%	10.7%	5.3%	5.4%
3 001～4 000 元	4 001～5 000 元	5 001～6 000 元	6 001～10 000 元	10 000 元以上	无收入
3.6%	2.2%	1.0%	1.1%	0.8%	6.2%

（二）用户对互联网的使用情况及满意度

*1．用户上网的主要地点（多选题）的情况如表 22.15 和图 22.6 所示。

表 22.15　　我国互联网用户的主要上网地点情况

家　里	单　位	学　校	网　吧	公共图书馆	移动上网	其　他
67.9%	41.1%	18.2%	24.5%	0.4%	2.1%	0.5%

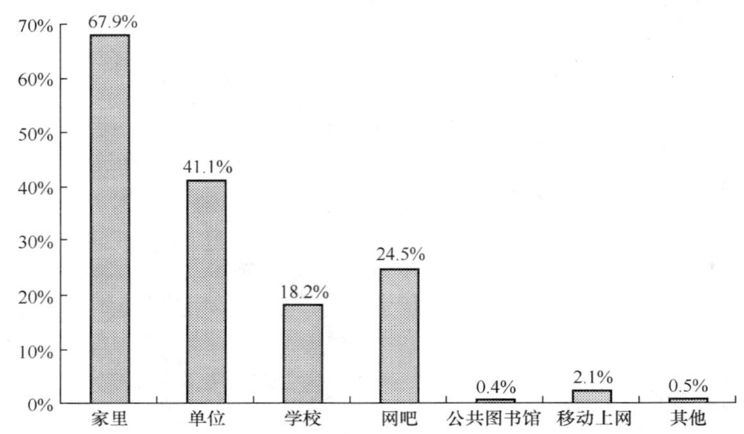

图 22.6　我国互联网用户的主要上网地点情况

*2．用户每月实际花费的上网费用情况如表 22.16 和图 22.7 所示。

表 22.16　　我国互联网用户的月上网费用情况

低于 50 元	51～100 元	101～200 元	201～300 元	301～400 元	401～500 元	500 元以上
31.2%	37.2%	25.5%	3.3%	1.2%	0.7%	0.9%

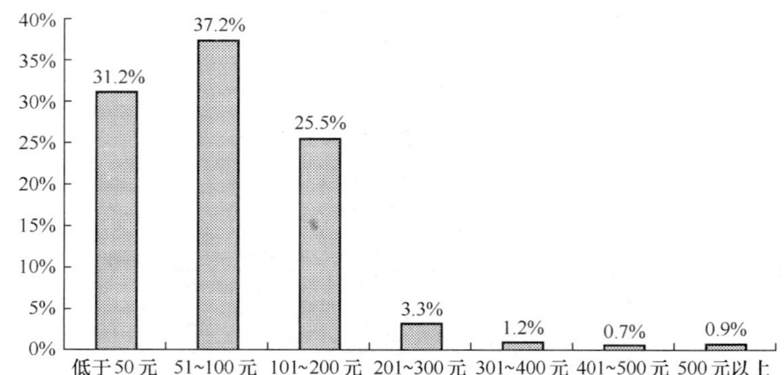

注：此费用指的是上网费和用于上网的电话费，不包括其他的日常电话费用。

图 22.7　我国互联网用户的月上网费用情况

*3．用户平均每周上网时间：13.2 小时。

*4．用户平均每周上网天数：4.1 天。

*5．用户通常在什么时间上网（多选题）分布情况如表 22.17 所示。

表 22.17　我国互联网用户通常上网时刻的分布

0 点	1 点	2 点	3 点
17.1%	6.3%	4.8%	3.1%
4 点	5 点	6 点	7 点
2.7%	2.5%	2.8%	3.9%
8 点	9 点	10 点	11 点
13.2%	21.9%	25.5%	22.6%
12 点	13 点	14 点	15 点
25.0%	28.2%	32.8%	33.0%
16 点	17 点	18 点	19 点
31.6%	27.3%	22.6%	34.2%
20 点	21 点	22 点	23 点
51.8%	51.0%	40.8%	26.5%

*6．用户拥有 E-mail 账号平均值：1.5。

其中免费 E-mail 账号平均值：1.4。

*7．用户平均每周收到电子邮件数（不包括垃圾邮件）：4.4。

收到垃圾邮件数：7.9。

发出电子邮件数：3.6。

*8．用户上网最主要的目的

- 获取信息：39.1%
- 学习：8.4%
- 学术研究：0.4%
- 休闲娱乐：35.7%
- 情感需要：1.1%
- 交友：6.2%
- 获得各种免费资源（如免费邮箱、个人主页空间、各种免费资源下载等）：2.5%
- 对外通讯、联络（如收发邮件、短信息、传真等）：1.7%
- 网上金融（如炒股、网上支付等）：1.2%
- 网上购物：0.1%
- 商务活动：0.3%
- 追崇时尚、赶时髦、好奇：0.2%
- 其他：3.1%

9．用户经常使用的网络服务/功能（多选题）

- 电子邮箱：85.6%
- 看新闻：62.0%
- 搜索引擎：65.0%
- 软件上传或下载服务：37.4%
- 浏览网站/网页：49.9%
- 网上聊天（聊天室、QQ、ICQ 等）：42.6%
- BBS 论坛、社区、讨论组等：20.8%
- 个人主页空间：4.9%

■ 电子政务： 2.0%
■ 网络游戏： 15.9%
■ 网络购物： 6.7%
■ 短信服务： 2.3%
■ 网上教育： 6.3%
■ 电子杂志： 7.3%
■ 网络电话： 1.0%
■ 网上医院： 0.6%
■ 网上银行： 5.1%
■ 网上炒股： 3.4%
■ 网上拍卖： 0.7%
■ 票务、旅店预定： 0.5%
■ 视频会议： 0.4%
■ VOD 点播： 3.9%
■ 网上直播： 2.2%
■ 多媒体娱乐（MP3、FLASH 欣赏等）： 8.0%
■ 远程登录： 0.7%
■ 信息发布： 2.3%
■ 网上推广： 1.3%
■ 网上销售： 1.6%
■ 信息化系统（ERP、CRM、SCM）： 0.6%
■ 网上招聘： 3.5%
■ 网络数据库： 0.8%
■ 同学录、校友录： 14.8%
■ 其他： 0.2%

10．用户得知新网站的主要途径（多选题）

■ 搜索引擎： 86.6%
■ 其他网站上的链接： 64.3%
■ 电子邮件： 28.3%
■ 朋友、同学、同事的介绍： 54.8%
■ 网友介绍： 28.8%
■ 网址大全之类的书籍： 18.1%
■ 报刊杂志： 28.0%
■ 广播电视： 12.6%
■ 黄页： 3.6%
■ 户外广告： 9.7%
■ 其他： 0.6%

11．用户对下列名词术语的了解程度

	没有听说过	听说过但是不了解	有一点了解	非常了解
■ 电子政务	11.0%	36.2%	38.7%	14.1%
■ 数字图书馆	5.3%	25.8%	48.0%	20.9%
■ ERP	38.4%	30.8%	21.4%	9.4%
■ CRM	48.8%	30.8%	14.3%	6.1%
■ SCM	53.1%	30.8%	12.0%	4.1%

12．用户对其使用的如下互联网络服务的满意程度

	非常满意	比较满意	一　般	不太满意	很不满意
■ 传统接入服务	4.3%	14.8%	39.0%	26.6%	15.3%
■ 宽带接入服务	16.1%	48.3%	26.7%	6.9%	2.0%
■ 免费电子邮箱	25.5%	46.4%	22.6%	4.3%	1.2%
■ 收费电子邮箱	8.2%	24.4%	42.7%	18.7%	6.0%
■ 网络购物	6.0%	27.6%	45.3%	16.5%	4.6%
■ 网络游戏	6.6%	27.2%	48.4%	13.1%	4.8%
■ 网上教育	8.6%	29.0%	48.4%	11.2%	2.9%
■ 网上银行	11.0%	32.3%	42.5%	11.1%	3.1%
■ 搜索引擎	28.4%	50.7%	17.4%	2.7%	0.7%
■ 短信息	8.3%	25.7%	44.5%	13.8%	7.8%
■ 网上聊天	20.6%	43.7%	29.9%	4.3%	1.5%

13．用户对当前互联网在如下几方面表现的满意程度及总体满意度

	非常满意	比较满意	一　般	不太满意	很不满意
■ 网络速度	4.9%	31.8%	38.0%	19.0%	6.3%
■ 费用	2.9%	17.4%	43.4%	28.1%	8.2%
■ 安全性	2.8%	17.6%	44.2%	27.8%	7.6%
■ 中文信息的丰富性	8.5%	43.7%	36.2%	9.9%	1.7%
■ 操作简便	10.6%	45.5%	36.8%	5.9%	1.2%
■ 总体满意度	2.9%	36.5%	52.8%	6.9%	0.9%

（三）用户对互联网热点问题的回答

1．用户是否利用互联网获取信息

■ 是：98.5%

■ 否：1.5%

2．用户在互联网上获取信息最常用的方法

■ 通过搜索引擎查找相关的网站：70.7%

■ 直接访问已知的网站：24.6%

■ 随意浏览网站/网页：2.4%

■ 通过网站的相关链接：2.3%

■ 其他：0.0%

3．用户在网上经常查询哪方面的信息（多选题）

■ 新闻：74.2%

■ 计算机软硬件信息：49.2%

■ 休闲娱乐信息：44.6%

■ 生活服务信息：42.3%

■ 社会文化信息：26.5%

■ 电子书籍：36.7%

■ 科技信息：26.5%

■ 教育信息：29.3%

■ 军事信息：15.5%

■ 体育信息：19.3%

■ 金融、保险信息：12.1%

■ 房地产信息：9.4%

- 汽车信息：13.8%
- 求职招聘信息：24.2%
- 商贸信息：12.1%
- 企业信息：14.7%
- 旅游、交通信息：14.6%
- 医疗信息：11.3%
- 交友征婚信息：2.9%
- 法律、法规、政策信息：15.1%
- 电子政务信息：7.5%
- 各类广告信息：5.4%
- 有奖活动信息：20.2%
- 其他：11.3%

4．用户获取、浏览的大陆中文网站信息占所有信息的比例：82.6%

用户获取、浏览的大陆英文网站信息占所有信息的比例：4.7%

用户获取、浏览的大陆以外的中文网站信息占所有信息的比例：7.0%

用户获取、浏览的大陆以外的英文网站信息占所有信息的比例：5.6%

5．下列网上信息中哪些还不能满足用户的需要（多选题）

- 新闻：26.0%
- 计算机软硬件信息：3.8%
- 休闲娱乐信息：15.4%
- 生活服务信息：22.3%
- 社会文化信息：12.4%
- 电子书籍：1.8%
- 教育信息：21.3%
- 科技信息：12.7%
- 军事信息：8.4%
- 体育信息：3.8%
- 金融、保险信息：8.1%
- 房地产信息：6.7%
- 汽车信息：5.3%
- 求职招聘信息：6.6%
- 商贸信息：8.1%
- 企业信息：9.0%
- 旅游、交通信息：9.2%
- 医疗信息：3.4%
- 交友征婚信息：3.5%
- 法律、法规、政策信息：10.9%
- 电子政务信息：9.8%
- 各类广告信息：3.5%
- 有奖活动信息：10.8%
- 其他：8.8%

6．用户选择信息服务网站时最看重的因素

- 提供内容全面丰富：33.0%
- 提供内容真实权威：43.8%

- 访问速度快：　10.9%
- 页面简洁易查：　3.4%
- 网络广告少：　1.7%
- 网站知名度高：　6.3%
- 有其他服务（例如邮件、聊天）：　0.9%
- 其他：　0.0%

7．用户最常使用的电子邮箱账号

- 工作单位提供的账号：　11.0%
- 个人申请的免费账号：　81.3%
- 个人申请的收费账号：　5.8%
- 赠送的账号：　1.0%
- 其他：　0.3%
- 没有电子邮箱账号：　0.6%

8．用户通常使用电子邮件联络的对象（多选题）

- 家人：　21.7%
- 亲戚：　16.6%
- 朋友：　73.2%
- 同学：　54.6%
- 同事、或有工作关系的人：　65.8%
- 其他：　0.9%

9．使用收费邮箱的用户申请收费邮箱时最为看重的功能

- 可靠性高：　36.8%
- 速度快：　7.3%
- 安全稳定：　30.4%
- 容量大：　8.5%
- 多种接收方式（如 pop3、手机）：　3.4%
- 防病毒：　2.7%
- 过滤垃圾邮件：　4.5%
- 无所谓，能用就行：　3.3%
- 其他：　3.1%

10．无收费邮箱的用户未来一年内是否打算申请收费邮箱

- 肯定会申请：　2.8%
- 可能会申请：　20.6%
- 不好说：　24.0%
- 不太可能申请：　27.3%
- 肯定不申请：　25.3%

11．用户能够接受的邮箱收费标准（每月）

- 低于 5 元：　65.8%
- 6-10 元：　26.3%
- 11-30 元：　5.9%
- 31-50 元：　1.4%
- 51-70 元：　0.3%
- 71-100 元：　0.2%
- 100 元以上：　0.1%

12．用户是否经常访问购物网站（包括“网上商城”、“网上商店”等）

- 经常访问：23.1%
- 有时访问：38.7%
- 很少访问：28.7%
- 从来不访问：9.5%

13．用户在最近一年内是否通过购物网站（包括“网上商城”、“网上商店”等）购买过商品或服务

- 是：40.4%
- 否：59.6%

14～19为有网上购物经历的用户的情况。

14．用户由于何种原因进行网络购物（多选题）

- 节省时间：50.6%
- 节约费用：45.9%
- 操作方便：44.2%
- 寻找稀有商品：30.1%
- 出于好奇，有趣：22.8%
- 其他：1.7%

15．用户在最近一年内在网上实际购买过哪些产品或服务（多选题）

- 书刊：58.8%
- 电脑及相关产品：34.2%
- 照相器材：9.5%
- 通信产品：13.7%
- 音像器材及制品：23.9%
- 家电产品：8.9%
- 服装：10.1%
- 体育用品：5.9%
- 生活、家居用品及服务：16.5%
- 医疗保健用品及服务：2.8%
- 礼品服务：12.7%
- 金融、保险服务：1.9%
- 教育学习服务：6.2%
- 票务服务：5.2%
- 旅店预定服务：3.1%
- 食品：1.2%
- 办公用品：3.5%
- 化妆用品：7.5%
- 网络游戏用品 12.8%
- 其他：1.4%

16．用户认为网上哪些产品或服务还不能满足需求（多选题）

- 书刊：39.8%
- 电脑及相关产品：27.9%
- 照相器材：12.1%
- 通信产品：20.2%
- 音像器材及制品：13.2%
- 家电产品：17.4%

- 服装：17.6%
- 体育用品：8.0%
- 生活、家居用品及服务：13.5%
- 医疗保健用品及服务：10.3%
- 礼品服务：10.1%
- 金融、保险服务：9.7%
- 教育学习服务：11.1%
- 票务服务：11.2%
- 旅店预定服务：6.0%
- 食品：9.2%
- 办公用品：4.7%
- 化妆用品：4.8%
- 网络游戏用品：4.0%
- 其他：0.3%

17．用户一般采取哪种付款方式

- 货到付款（现金结算）：24.7%
- 网上支付（信用卡或储蓄卡）：41.5%
- 邮局汇款：16.7%
- 银行汇款：16.7%
- 其他：0.4%

18．用户一般选择什么送货方式

- EMS：26.8%
- 其他快递：11.8%
- 普通邮寄：34.8%
- 航空、铁路发运：1.2%
- 送货上门：24.6%
- 其他：0.8%

19．用户认为目前网上交易存在的最大问题

- 安全性得不到保障：34.3%
- 付款不方便：5.1%
- 产品质量、售后服务及厂商信用得不到保障：42.4%
- 送货不及时：5.3%
- 价格不够诱人：5.2%
- 网上提供的信息不可靠：7.3%
- 其他：0.4%

20．用户未来一年内是否会进行网络购物

- 肯定会：21.4%
- 可能会：36.3%
- 不好说：23.6%
- 可能不会：11.5%
- 肯定不会：7.2%

21～24 为经常和有时玩网络游戏的用户的情况。

21．用户平均每周上网玩网络游戏的时间：10.9 小时。

22．用户玩网络游戏的主要目的（多选题）

- 休闲娱乐： 59.9%
- 锻炼智力： 19.0%
- 结交朋友： 15.2%
- 成为游戏高手，获得满足感： 10.8%
- 获得奖品、奖金等收益： 4.0%
- 追求时尚： 3.6%
- 工作需要： 0.9%
- 其他： 0.4%

23．用户喜欢的网络游戏的类型（多选题）

- 角色扮演： 44.1%
- 即时战略： 17.1%
- 模拟经营： 8.7%
- 休闲对战（包括棋牌、益智游戏等）： 72.9%
- 其他： 2.4%

24．用户选择网络游戏时最看重的因素（多选题）

- 网络速度： 71.8%
- 游戏费用： 37.6%
- 操作的难易： 35.5%
- 故事情节： 32.6%
- 画面： 29.6%
- 音乐： 15.4%
- 游戏相关活动： 12.5%
- 客户服务质量： 19.7%
- 其他： 2.4%

25．用户认为玩网络游戏对其学习/工作/生活的影响

- 非常大的正面影响： 2.7%
- 较大的正面影响： 9.0%
- 较少的正面影响： 16.2%
- 没有影响： 26.4%
- 较少的负面影响： 17.6%
- 较大的负面影响： 20.6%
- 非常大的负面影响： 7.5%

26～28为使用过网上教育服务的用户的情况。

26．用户使用网上教育服务的原因是（多选题）

- 学习时间灵活： 79.6%
- 学习地点灵活： 59.1%
- 自由掌握学习进度： 63.6%
- 可以得到国家承认的学历： 22.9%
- 可以提高自己的专业技能： 54.4%
- 其他（请注明）： 1.2%

27．用户选择网上教育学校时最看重的因素是（多选题）

- 学校/网校品牌： 16.4%
- 教学质量： 42.9%
- 专业设置： 14.5%

- 课程安排：　6.6%
- 教学系统操作简便：　10.0%
- 收费合理：　7.9%
- 教学管理：　1.1%
- 其他（请注明）：　0.6%

28．用户在网上教育学校所选择的专业类型（多选题）

- 电子信息类：　51.0%
- 管理科学工程类：　25.4%
- 工商管理类：　23.3%
- 公共管理类：　10.6%
- 机械类：　4.3%
- 土建类：　3.2%
- 语言文学类：　15.9%
- 教育学类：　12.1%
- 法学类：　10.2%
- 经济学类：　10.1%
- 哲学类：　2.5%
- 艺术类：　4.5%
- 历史学类：　2.7%
- 数学类：　2.4%
- 物理学类：　2.1%
- 化学类：　1.3%
- 天文地质地理类：　1.9%
- 力学类：　0.9%
- 材料类：　1.1%
- 环境科学与安全类：　1.3%
- 仪器仪表类：　1.0%
- 制药工程类：　0.7%
- 交通运输类：　1.7%
- 轻工纺织食品类：　0.5%
- 生物类：　1.4%
- 农业类：　1.6%
- 医学类：　2.7%
- 其他（请注明）：　1.4%

29～30 为没有使用过网上教育服务的用户的情况。

29．用户没有使用网上教育服务的原因是（多选题）

- 文凭得不到社会认可：　24.6%
- 学习效果不好：　31.3%
- 上网不方便：　14.7%
- 网络学校信誉不好：　14.0%
- 自己不适应网上教育的学习方式：　25.9%
- 网上教育费用高：　27.6%
- 不知道如何报名申请：　12.9%
- 没有原因：　20.8%

- 其他（请注明）： 3.8%

30．未来半年内用户是否会使用网上教育

- 肯定会： 1.2%
- 可能会： 23.4%
- 不好说： 32.6%
- 可能不会： 23.4%
- 肯定不会： 19.4%

31～34 为使用过网站短信息服务的用户的情况。

31．用户使用网站短信息服务的主要原因（多选题）

- 网上提供的内容丰富： 46.4%
- 输入方便： 63.3%
- 可以群发： 39.8%
- 获取相关信息： 18.9%
- 享受娱乐： 21.4%
- 追求时尚： 13.0%
- 其他： 1.7%

32．用户经常使用的网站短信息服务类型（多选题）

- 自写短信： 69.0%
- 网站提供的文字短信： 43.8%
- 铃声下载： 47.7%
- 图片下载： 34.8%
- 彩信下载： 21.2%
- 交友： 6.7%
- 点歌： 7.5%
- 短信游戏： 4.6%
- 移动 QQ： 19.8%
- 订阅短信： 11.2%
- 其他： 0.3%

33．用户使用网站发送短信息的主要对象（多选题）

- 家人： 37.1%
- 亲戚： 25.9%
- 朋友： 87.2%
- 同学： 61.9%
- 同事，或有工作关系的人： 52.3%
- 自己（订阅短信）： 20.4%
- 陌生人： 2.5%
- 其他： 0.5%

34．用户使用短信息服务网站最看重的因素

- 经常使用该网站，对该网站较熟悉： 44.3%
- 该网站短信息内容丰富： 18.1%
- 该网站短信息服务收费低： 9.4%
- 该网站短信息服务免费： 19.2%
- 该网站服务质量高： 6.0%
- 该网站接入速度快： 3.0%

35．没有使用过网站短信息服务的用户不使用此项网络服务的原因（多选题）

- ■ 上网不方便：12.1%
- ■ 不知道网站有短信息服务：8.1%
- ■ 不知道怎么申请网站短信息服务：11.0%
- ■ 不知道怎么使用网站的短信息服务：11.2%
- ■ 担心收费太贵：62.5%
- ■ 操作繁琐：18.9%
- ■ 发送/下载速度太慢：10.7%
- ■ 担心网络病毒：21.5%
- ■ 觉得没有必要：39.4%
- ■ 没有自己感兴趣的内容：10.7%
- ■ 其他：0.8%

36～38 为使用过网上银行服务的用户的情况。

36．用户使用网上银行服务的原因是（多选题）

- ■ 家里/单位附近没有银行：5.7%
- ■ 使用方便：75.7%
- ■ 节约时间：60.1%
- ■ 节约费用：16.0%
- ■ 不受地域约束：39.8%
- ■ 进行网络交易所需：33.7%
- ■ 其他（请注明）：0.8%

37．用户选择网上银行网站最看重的因素

- ■ 交易的安全性：47.5%
- ■ 服务功能多样性：15.7%
- ■ 手续费便宜：9.6%
- ■ 服务质量高：4.5%
- ■ 品牌/影响力：1.9%
- ■ 交易/工作所需：7.6%
- ■ 只因为有该银行的卡：10.4%
- ■ 无所谓：1.9%
- ■ 其他（请注明）：0.9%

38．用户在网上银行经常使用的服务功能

- ■ 信息查询：37.8%
- ■ 转账服务：45.4%
- ■ 理财服务：5.2%
- ■ 通知与留言：0.5%
- ■ 贷记卡还款：0.6%
- ■ 外汇买卖：1.0%
- ■ 基金买卖：0.9%
- ■ 银证通：1.8%
- ■ 出国金融服务：0.1%
- ■ 个人消费信贷：5.2%
- ■ 其他（请注明）：1.5%

39～40 为没有使用过网上银行服务的用户的情况。

39．用户不使用网上银行服务的原因是（多选题）

- 家里/单位附近有银行：33.6%
- 担心网络安全问：66.8%
- 上网不方便：6.6%
- 不会使用网上银：14.4%
- 对网上银行服务不了：39.2%
- 其他（请注明）：1.2%
- 没有理：7.7%

40．未来半年内用户是否会使用网上银行服务

- 肯定会：3.2%
- 可能会：30.2%
- 不好说：33.4%
- 可能不会：19.9%
- 肯定不会：13.3%

（以上结果中题号加注*者为网下抽样调查结果）

22.3 调查方法

依据统计学理论和国际惯例，在前14次调查工作基础之上，本次调查采用了计算机网上自动搜寻、网上联机、网下抽样、相关单位上报数据等调查方法。

一、域名数、网站数调查

（一）我国的通用顶级域名数及对应网站数

通过各通用顶级域名注册单位协助提供。这些数据包括：所有通用顶级域名（gTLD）数、所有通用顶级域名（gTLD）中有网站（即有WWW服务）的域名总数、所有有网站（即有WWW服务）的通用顶级域名（gTLD）按.com、.net、.org分类的数目、所有有网站（即有WWW服务）的通用顶级域名（gTLD）按注册单位所在省份分类的数目。

（二）我国的CN域名数及对应网站数

采用计算机网上自动搜索可得到如下数据：CN下的域名数及地域分布情况；CN下WWW站点数及其地域分布情况。

（三）我国域名总数、网站总数

将以上（一）、（二）两部分的相关数据分别相加，即可得到我国的域名总数、网站总数、域名和网站的地域分布、网站分类数等数据。

二、网上联机调查

网上联机调查重在了解网民对网络的使用情况、行为习惯以及对热点问题的看法和倾向。具体方法是将问卷放置在CNNIC的网站上，同时在全国各省的信息港与较大ICP/ISP上设置问卷链接，由互联网用户主动参与填写问卷的方式来获取信息。

CNNIC在2004年12月11日～12月31日进行了网上联机调查。调查得到了国内众多知名网站、媒体的大力支持，国内许多知名网站均在主页为本次联机调查问卷放置了链接。本次网上联机调查共收到调查问卷32 143份，经过有效性检查处理得到有效答卷23 506份。

三、网下抽样调查

网下抽样调查侧重于了解中国网民的总量、相关的特征及行为特点等。

（一）调查总体

本调查的目标总体有两个，一是全国有住宅电话的6岁以上的人群（总体A），采用电话调查的方式，样本对全国有代表性；另一个总体是全国所有高等院校中的住校学生（总体B），采用面访的方式进行调查。

在对全国结果进行推断时，将两个子样本的统计量应用加权公式进行汇总。

（二）总体 A 抽样方法

按照科学性和可操作性相结合的原则，我们对目标总体按省进行分层。

1．抽样指标的确定

从全国的情况来看，各省的城市住宅电话与乡村住宅电话的比例差异很大，由于城市与农村家庭的平均人口数差异很大，所以在确定各省样本量以及用各省数据推断全国时，我们考虑的指标是“拥有住宅电话的人数（或称住宅电话覆盖的人数）”；我们采用地市的“住宅电话数目”作为抽样指标。为了得到地市“住宅电话数目”的近似估计，借助省一级的“住宅电话数目”与有关的经济、人口指标建立的回归预测模型，再利用地市一级的有关经济、人口指标的值来计算。

2．样本量

为了保证目标比例估计值的精度，在 95%的置信度下，每省的样本量为 1 600，对各省网民人数估算的最大允许绝对误差不超过 3%。

3．省内各地市的抽样方法

采用 PPS 抽样方法。

第一步：用 PPS 法每省抽取 7 个地市（此处的地市包括地级市和地区行署，每个地市下都包含城镇和乡村，为不引起歧义，以下简称为地市），其中广东省和四川省由于地市较多，对其抽取 8 个地市进行调查。在地市多于 7 个的省中，各省的样本量在抽中的各地市中按抽中的次数平均分配，在地市少于或等于 7 个的省中，各省的样本量在各地市中的分配与各地市的住宅电话成比例。

抽取地市的方法：在各省中抽取地市，根据所确定的入样指标“住宅电话的数目”，按照 PPS 抽样法，使每个地市被抽中的概率，等于该地市“住宅电话的数目”与该省“住宅电话的数目”之比。利用 EXCEL 软件产生 0～1 之间的均匀分布的随机数，根据随机数落在各地市对应累计百分比的范围，抽取 7 个地市。如果一个地市被抽到两次以上，则该地市样本量相应加倍。例如：某地市被抽中一次，样本量为 229 个，如果该地市被抽中两次，则样本量为 458 个。

第二步：获得抽中地市的所有电话局号，根据该地市的局号生成电话号码库。电话号码中除局号外的后 4 位或后 3 位数字，由随机数生成。

第三步：确定抽取调查对象，在电话拨通后，把接听电话的人作为被访对象，先询问家庭基本状况和他（她）本人上网（不上网）的有关情况、个人背景资料和家庭其他成员的最简要资料。如果他（她）不上网，但家中有人上网，则再随机抽取一名上网的成员来接听电话，回答有关上网的问题以及自己的个人基本资料。

4．全国加权方法

对全国的推断采用对各省的调查结果进行事后加权处理的方法。

通过以上方法确定了调查对象后，对有家庭电话的住户进行电话访问，经过事后加权得出总体 A；对于总体 B（住校的高等学校学生），由于近年来大学生在全国人口中所占比例变化不是很大，而且大学生中网民的比例已经比较高，所以本次调查中涉及大学生的数据是在 2000 年底进行的大学生面访调查的基础上，结合最新的在校大学生数据建立数学模型推算得到的。最后将这两部分调查结果综合加权计算以后即得到中国网民的总量、相关特征、行为特点等数据。

（三）抽样调查成功率

按美国舆论研究协会（AAPOR）的成功率公式三计算，本次抽样调查的成功率为 39%。

（四）数据预处理

在数据处理之前，对数据中变量的取值、变量之间的逻辑关系等进行检查，对其中的不合格样本进行了核对、删除和补充，并对部分变量进行了事后编码。

在统计报告中有一些平均数（比如每周上网小时数、每周上网天数、邮件账号数、收发电子邮件数等），在计算这些平均数前，首先采用以大于或小于平均数的 3 个标准差和检查观测量的各变量之间的逻辑关系等方法对数据中的异常值进行排除。

（中国互联网络信息中心（CNNIC））

第 23 章　中国区域互联网络发展状况分析报告

23.1　分省调查报告

注：本调查统计数据截止日期为 2004 年 12 月 31 日。

23.1.1　北京市互联网络发展状况

一、宏观概况

1．上网用户人数

北京市上网用户人数为 402 万，占全国上网用户总人数的比例为 4.3%，是北京市总人口的 27.6%。与第 13 次调查结果相比，北京市上网用户人数增加 4 万人，增长率为 1.0%，占全国上网用户总人数的比例减少 0.7%，占北京市总人口比例减少 0.4%（如图 23.1 所示）。

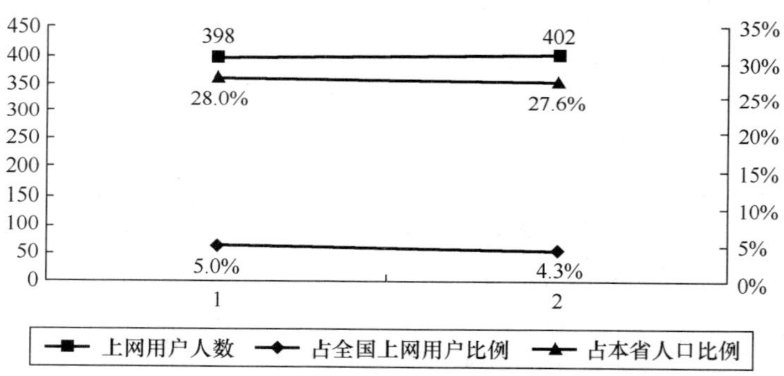

图 23.1　北京市历次调查上网用户人数

2．上网计算机数

北京市上网计算机数为 199 万台，占全国上网计算机总数的比例为 4.8%。与第 13 次调查结果相比，北京市上网计算机数增加 1 万台，增长率为 0.5%，占全国上网计算机总数的比例减少 1.6%（如图 23.2 所示）。

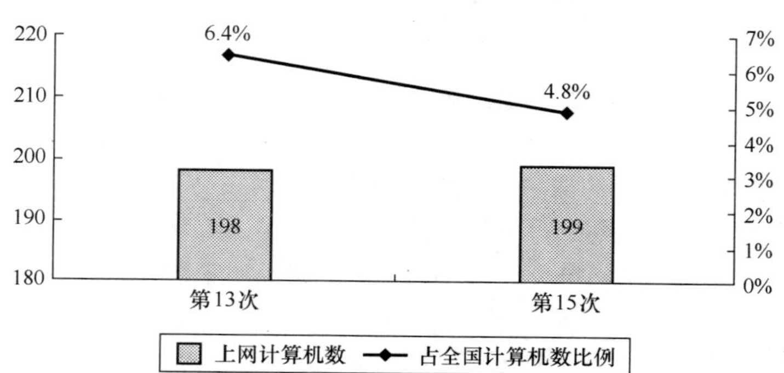

图 23.2　北京市历次调查上网计算机数

3．CN 下注册域名数（不含 EDU）

北京市 CN 下注册域名数量为 87 371 个，占全国 CN 下注册域名总数的比例为 20.3%。与第 13 次调查结果相比，北京市 CN 下注册域名数增加 3 227 个，增长率为 3.8%，占全国 CN 下注册域名总数的比例减少 4.6%（如图 23.3 所示）。

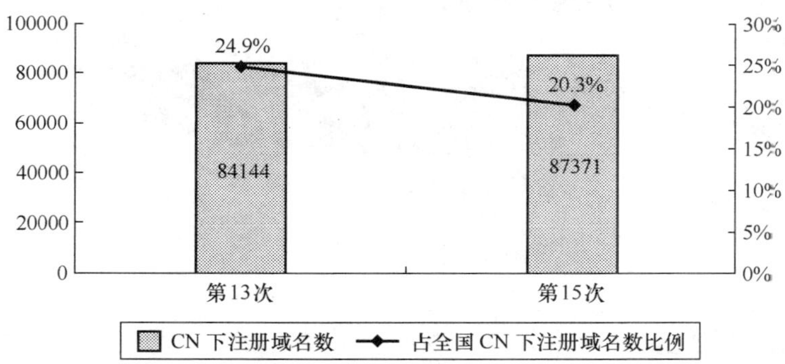

图 23.3　北京市历次调查 CN 下注册域名数（不含 EDU）

4．WWW 站点数（包括.CN、.COM、.NET、.ORG 下的网站）

北京市 WWW 站点数为 125 297 个，占全国 WWW 站点数的比例为 18.7%。与第 13 次调查结果相比，北京市 WWW 站点数增加 2 187 个，增长率为 1.8%，占全国 WWW 站点数的比例减少 2.0%（如图 23.4 所示）。

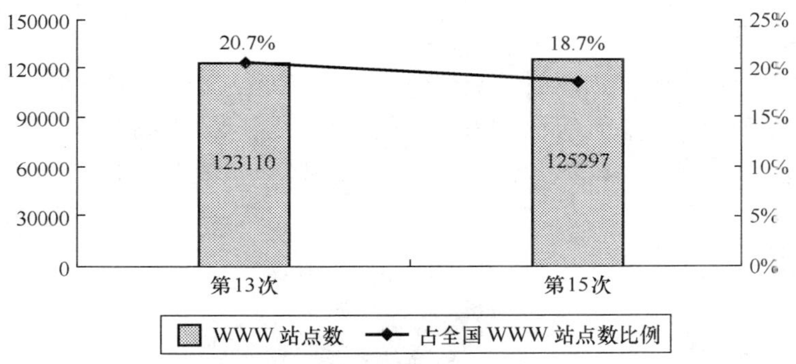

图 23.4　北京市历次调查 WWW 站点数

二、互联网用户行为意识调查结果

1．用户个人信息

（1）用户的性别

北京市上网用户中，男性占 55.2%，女性占 44.8%（如图 23.5 所示）。男性占据上网用户多数。

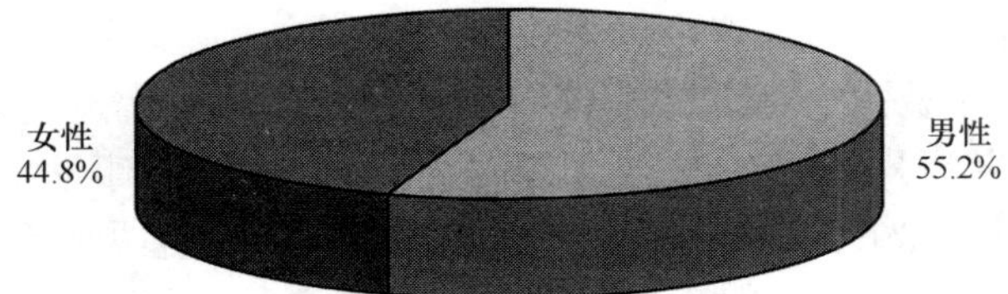

图 23.5　北京市上网用户性别分布

（2）用户的年龄分布

北京市上网用户中，18～24 岁的用户所占比例最高，达到 27.9%；其次是 25～30 岁的用户，所占比例为 19.0%；18 岁以下的用户所占比例为 18.1%；41～50 岁的用户所占比例为 10.4%；31～35 岁的用户所占比例为 10.1%；36～40 岁的用户所占比例为 7.1%；50 岁以上的用户所占比例为 7.4%

（如图 23.6 所示）。

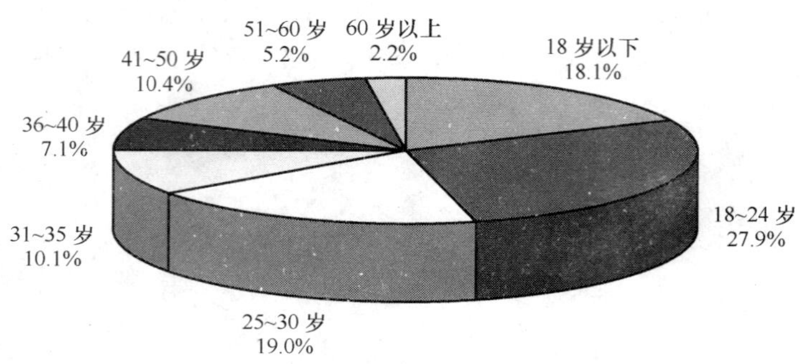

图 23.6　北京市上网用户年龄分布

（3）用户的婚姻状况

北京市上网用户中，已婚者占 44.6%，未婚者占 55.4%（如图 23.7 所示）。未婚者占上网用户多数。

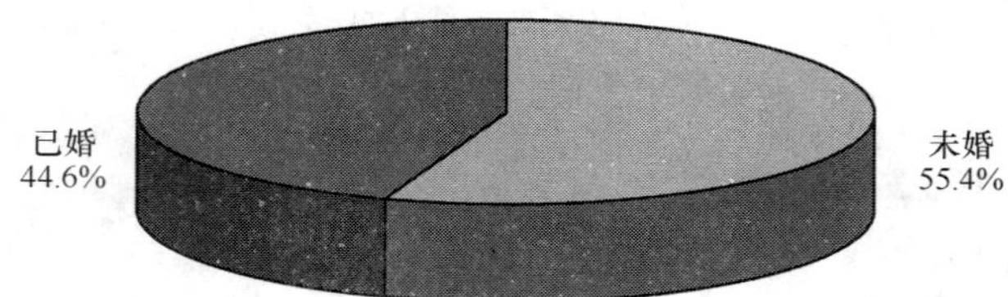

图 23.7　北京市上网用户婚姻状况分布

（4）用户的受教育程度

北京市上网用户中，受教育程度为本科的最多，所占比例达到 31.9%；其次是受教育程度为高中（中专）的用户，所占比例为 28.1%；受教育程度为大专的用户占 25.4%；高中以下的用户占 10.5%；受教育程度为硕士的用户占 3.2%；受教育程度为博士的用户占 0.9%（如图 23.8 所示）。

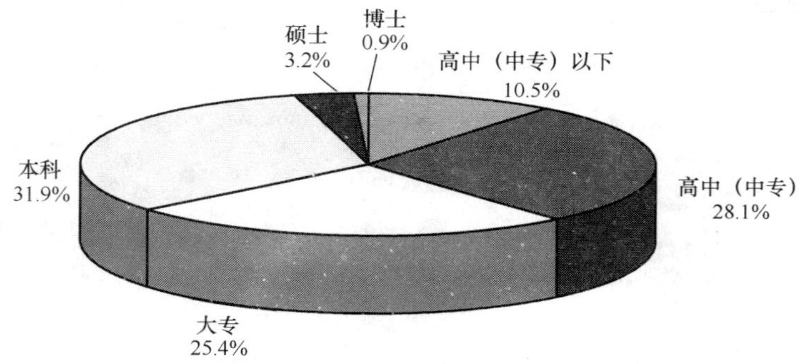

图 23.8　北京市上网用户受教育程度分布

（5）用户的行业分布（不包括军人、学生和无业人员）

北京市上网用户中，从事 IT 业的用户最多，达到 14.1%；其次是从事教育业的用户，所占比例为 14.0%；从事制造业的用户占 10.7%；从事公共管理和社会组织的用户占 7.3%；从事批发和零售业的用户占 5.3%；从事建筑业的用户占 5.2%；从事专业技术服务业的用户占 4.5%；从事金融业的用户占 4.3%；从事卫生、社会保障和社会福利业的用户占 3.9%；从事其他行业的上网用户相对较少（如图 23.9 所示）。

（6）用户的职业分布

北京市上网用户中，学生所占的比例最高，达到 29.1%；专业技术人员所占比例位居第二，达到 17.1%；其次是商业、服务业人员，所占比例为 10.7%；无业人员占 10.2%；企事业单位管理人员占 9.0%；教师占 6.7%；国家机关、党群组织工作人员占 4.1%；生产、运输设备操作人员及有关人员占 3.8%；办事员等协助人员占 3.5%；其他职业的用户相对较少（如图 23.10 所示）。

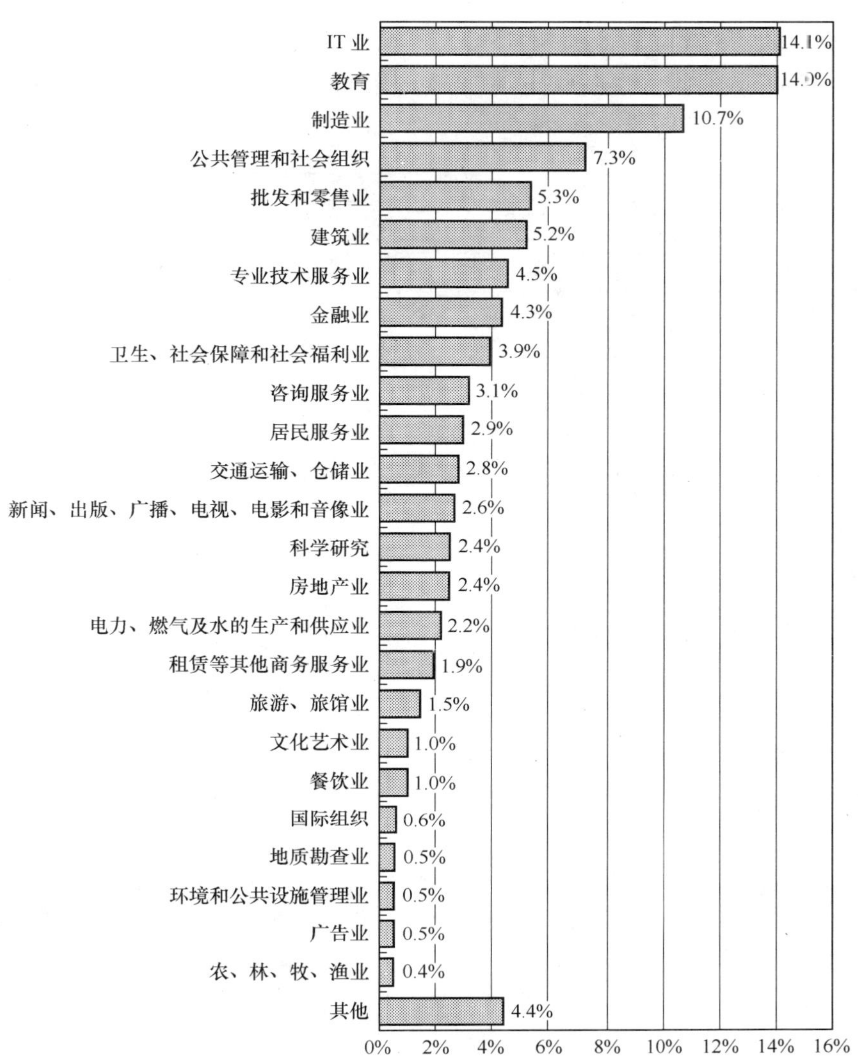

图 23.9　北京市上网用户的行业分布

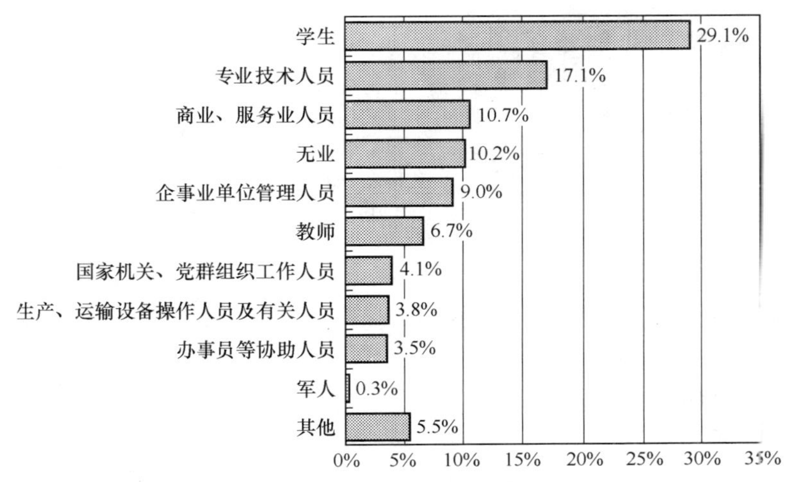

图 23.10　北京市上网用户的职业分布

（7）用户的个人月收入

北京市上网用户中，个人月收入在 500 元以下的最多，为 20.7%；其次是无收入的用户，所占比例为

13.1%；个人月收入为1001～1500元的用户占12.4%；个人月收入为1501～2000元的用户占11.7%；个人月收入为2501～3000元的用户占9.4%；个人月收入为501～1000元的用户占8.0%；个人月收入为2 001～2 500元的用户占7.0%；个人月收入为3 001～4 000元的用户占6.7%；个人月收入为4 001～5 000元的用户占5.4%；个人月收入超过5000元的用户占5.6%（如图23.11所示）。

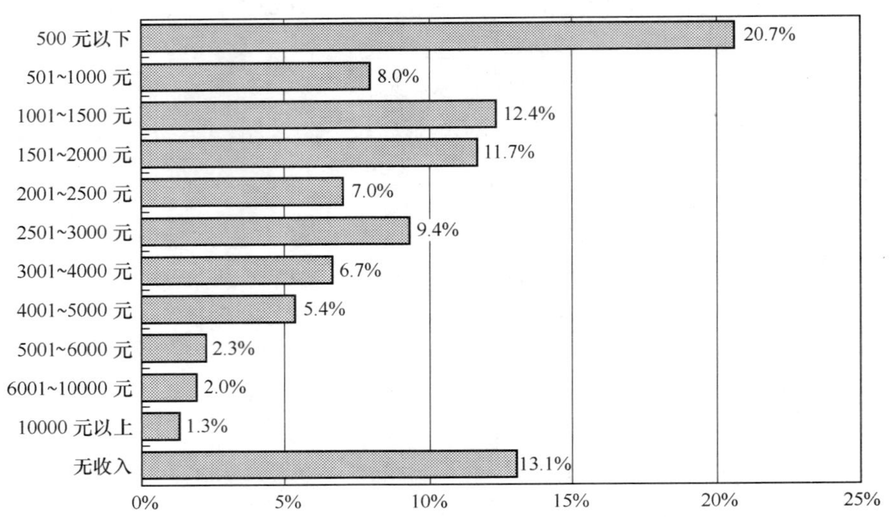

图23.11　北京市上网用户的个人月收入分布

2．用户对互联网的使用情况

（1）用户每月实际花费的上网费用

北京市上网用户中，每月实际花费的上网费用（仅限于上网费及上网电话费，不包括使用网络服务的费用）以101～200元的居多，占38.7%；其次是每月实际花费的上网费用低于50元和51～100元的用户，所占比例分别为33.9%和21.9%；每月实际花费的上网费用在200元以上的用户较少，只占5.5%（如图23.12所示）。北京市上网用户每月实际花费的上网费用集中在200元以下。

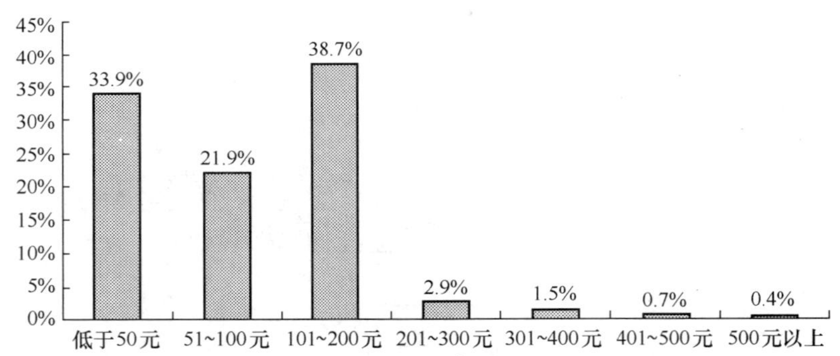

图23.12　北京市上网用户的上网费用分布

（2）用户平均每周上网时间

北京市上网用户平均每周上网时间为15.2小时。

（3）用户平均每周上网天数

北京市上网用户平均每周上网天数为4.6天。

（4）用户通常上网时间

北京市上网用户的上网时间在一天中波动较大：凌晨1点至早上7点钟是用户最少上网的时间，从早上8点起上网的用户逐渐增加，到上午10点达到一天当中的第一个高峰，有31.1%的用户在这一时间上网；上午11点有所回落，从13点开始回升，到下午15点达到一天当中的第二个高峰，有34.6%的用户在这一时间上网，此后上网用户数开始下降；从晚上19点开始上网用户数激增，到晚上20点的时候达到一天中的顶峰，有 57.6%的用户在这一时间上网，这之后上网用户数又急剧减少（如图 23.13 所示）。日常生活的作息时间在一定程度上影响着人们使用互联网的时间，北京市上网用户使用互联网的高峰时间在晚上。

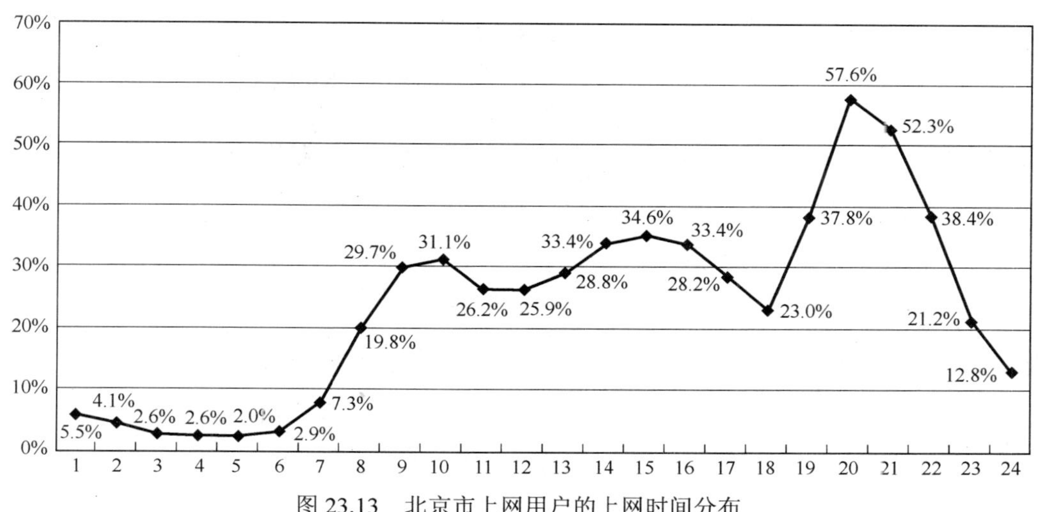

图 23.13　北京市上网用户的上网时间分布

（5）用户拥有 E-mail 账号数

北京市上网用户拥有 E-mail 账号平均值为 1.7，其中免费 E-mail 账号平均值为 1.6。

（6）用户平均每周收发的电子邮件数

北京市上网用户平均每周收到电子邮件数（不包括垃圾邮件）为 6.7 封，收到垃圾邮件数 12.5 封，发出电子邮件数 5.6 封。

（7）用户上网最主要的目的

北京市用户上网的最主要目的以获取信息最多所占比例达到 47.2%；其次是休闲娱乐，所占比例为 30.6%；排在第三位的是学习，有 7.6%的用户选择此项；选择交友的用户占 3.8%；选择获得各种免费资源的用户占 3.5%；选择其他上网目的的用户则较少（如图 23.14 所示）。

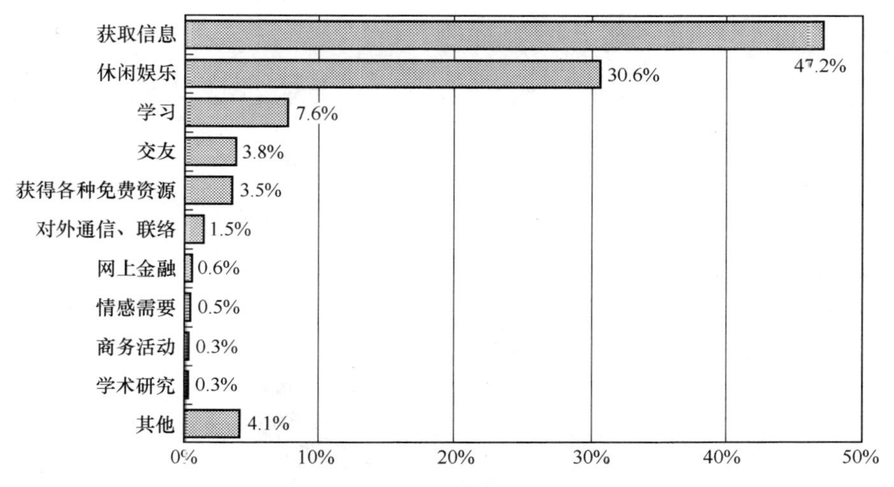

图 23.14　北京市上网用户的上网目的

3．用户对互联网的看法

（1）关于“使用互联网可以提高工作、学习和生活的效率”

关于“使用互联网可以提高工作、学习和生活的效率”的观点，北京市上网用户表示比较赞成的最多，所占比例达到 62.8%；其次是表示非常赞成的，所占比例为 25.9%；表示一半赞成一半不赞成的用户所占比例为 7.8%；表示不赞成的用户所占比例为 3.2%；表示很不赞成的用户非常小，只占 0.3%（如图 23.15 所示）。北京市上网用户对“使用互联网可以提高工作、学习和生活的效率”的观点表示赞成的占绝大多数。

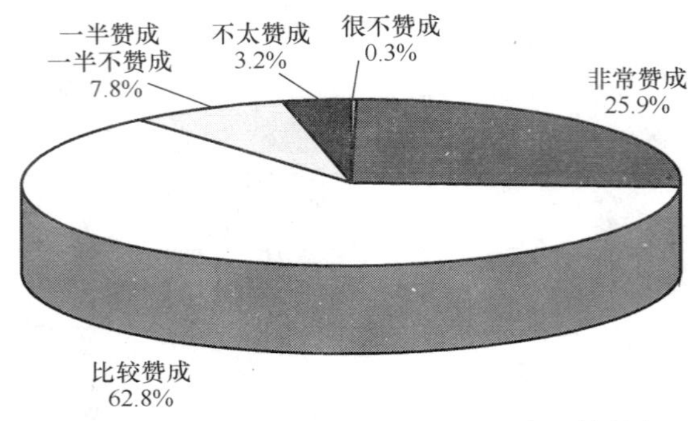

图 23.15　对“使用互联网可以提高工作、学习和生活的效率”观点的看法

（2）关于“在单位、学校、邻里中，会上网的人好像高人一等”

关于“在单位、学校、邻里中，会上网的人好像高人一等”的观点，北京市上网用户表示不太赞成的最多，所占比例达到 51.3%；其次是表示很不赞成的，所占比例为 27.1%；表示比较赞成的用户所占比例为 11.1%；表示一半赞成一半不赞成的用户所占比例为 9.0%；表示非常赞成的用户所占比例相对较小，只有 1.5%（如图 23.16 所示）。北京市上网用户对“在单位、学校、邻里中，会上网的人好像高人一等”的观点表示不赞成的占多数。

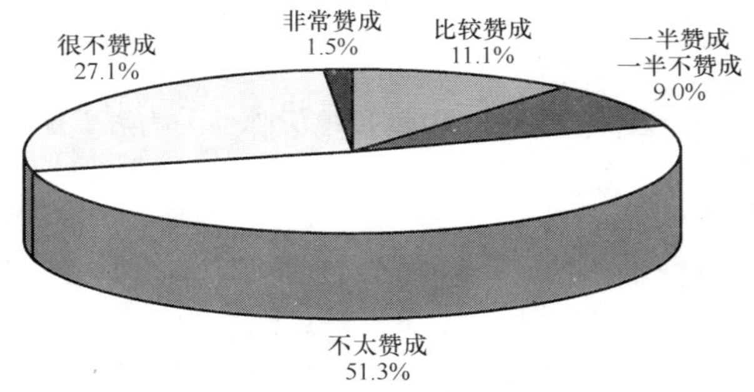

图 23.16　北京市上网用户对“在单位、学校、邻里中，会上网的人好像高人一等”观点的看法

（3）关于“使用互联网容易结交不好的朋友”

关于“使用互联网容易结交不好的朋友”的观点，北京市上网用户表示不太赞成的最多，所占比例达到 43.9%；其次是表示比较赞成的用户所占比例为 20.9%；表示一半赞成一半不赞成的用户，所占比例为 19.1%；表示很不赞成的用户所占比例为 13.1%；表示非常赞成的用户最少，只有 3.0%（如图 23.17 所示）。北京市上网用户对“使用互联网容易结交不好的朋友”的观点表示不赞成的居多。

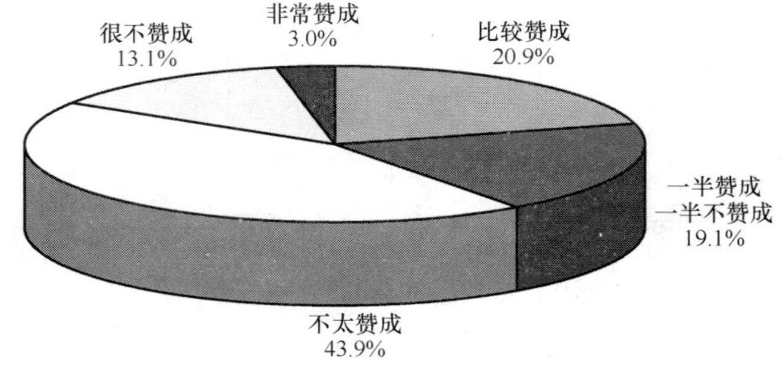

图 23.17　北京市上网用户对“使用互联网容易结交不好的朋友”观点的看法

（4）关于“使用互联网容易暴露隐私”

关于“使用互联网容易暴露隐私”的观点，北京市上网用户表示不太赞成的最多，所占比例达到 42.9%；

其次是表示比较赞成的用户，所占比例为 26.0%；表示一半赞成一半不赞成的用户所占比例为 19.6%；表示很不赞成的用户所占比例为 8.2%；表示非常赞成的用户只占 3.3%（如图 23.18 所示）。北京市上网用户对“使用互联网容易暴露隐私”的观点表示不赞成的略占多数。

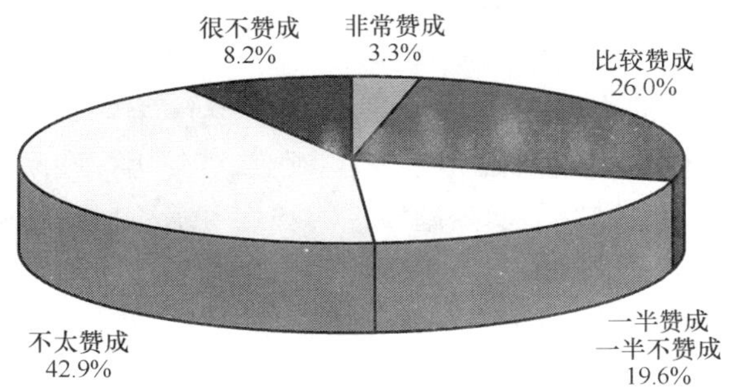

图 23.18　北京市上网用户对“使用互联网容易暴露隐私”观点的看法

（5）关于“使用互联网容易受不良信息影响”

关于“使用互联网容易受不良信息影响”的观点，北京市上网用户表示不太赞成的最多，所占比例达到 35.0%；其次是表示比较赞成的，所占比例为 33.2%；表示一半赞成一半不赞成的用户所占比例为 19.4%；表示很不赞成的用户所占比例为 7.4%；表示非常赞成的用户所占比例为 5.0%（如图 23.19 所示）。北京市上网用户对“使用互联网容易受不良信息影响”的观点表示不赞成的用户多于赞成的用户。

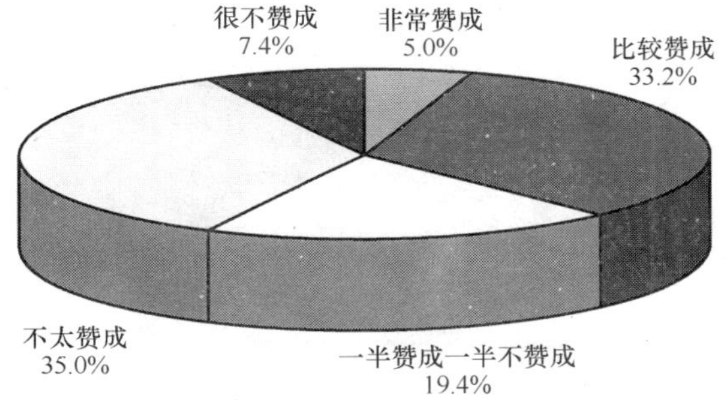

图 23.19　北京市上网用户对“使用互联网容易受不良信息影响”观点的看法

（6）对互联网的信任程度

北京市上网用户对互联网表示比较信任的最多，所占比例为 48.4%；其次是对互联网表示半信半疑的，所占比例为 42.2%；对互联网表示不太信任的占 5.6%；对互联网表示完全信任和完全不信的用户则非常少，分别只有 2.0%和 1.8%（如图 23.20 所示）。北京市上网用户对互联网表示信任的用户多于表示不信任的用户。

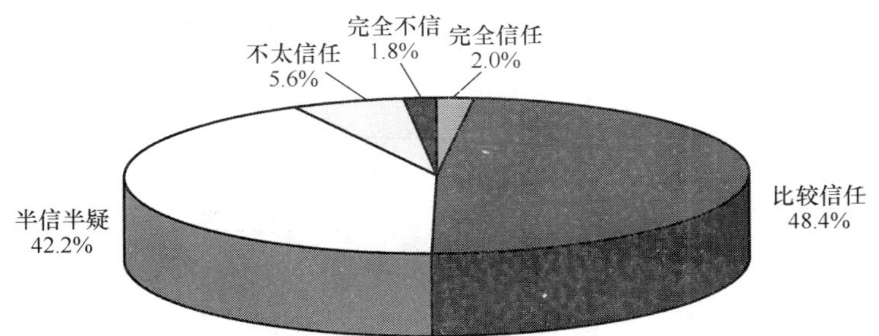

图 23.20　北京市上网用户对互联网的信任程度

综上所述，北京市上网用户数为 402 万人，上网计算机数为 199 万台，CN 下注册域名数量为 87 371 个，WWW 站点数为 125 297 个。

其中住宅电话覆盖的上网用户（不包括住校大学生）中以男性、未婚者占主体，年龄在 18～24 岁的用户所占比例最高，受教育程度为本科的用户最多，职业为学生所占的比例最多，从事 IT 业的用户最多，个人月收入在 500 元以下的用户最多。

用户每月实际花费的上网费用集中在 200 元及以下，平均每周上网时间为 15.2 小时，平均每周上网天数为 4.6 天，使用互联网的高峰时间在晚上。用户拥有 E-mail 账号平均值为 1.7，其中免费 E-mail 账号平均值为 1.6，平均每周收到电子邮件数（不包括垃圾邮件）为 6.7 封，收到垃圾邮件数 12.5 封，发出电子邮件数 5.6 封。用户上网的最主要目的为获取信息。

北京市上网用户对“使用互联网可以提高工作、学习和生活的效率”的观点表示赞成的占绝大多数，对“在单位、学校、邻里中，会上网的人好像高人一等”观点、“使用互联网容易结交不好的朋友”观点均为表示不赞成的居多，对“使用互联网容易暴露隐私”的观点表示不赞成的略占多数，对“使用互联网容易受不良信息影响”的观点表示不赞成的用户多于赞成的用户。对互联网表示比较信任的用户多于表示不信任的用户。

23.1.2 天津市互联网络发展状况

一、宏观概况

1．上网用户人数

天津市上网用户人数为 193 万，占全国上网用户总人数的比例为 2.1%，是天津市总人口的 19.1%。与第 13 次调查结果相比，天津市上网用户人数增加 48.4 万，增长率为 33.5%，占全国上网用户总人数的比例增加 0.3%，占天津市总人口比例增加 4.7%（如图 23.21 所示）。

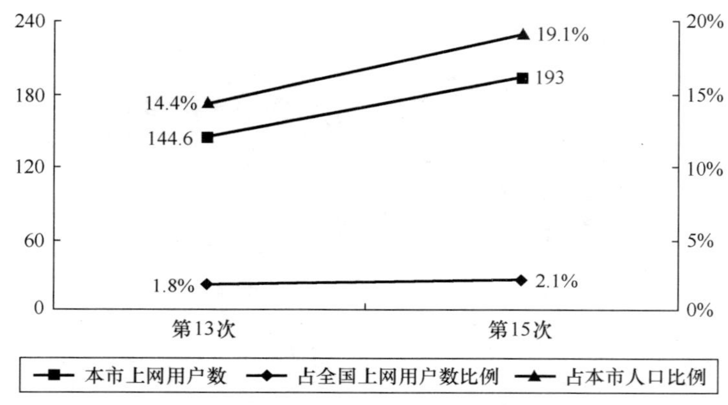

图 23.21　天津市历次调查上网用户数

2．上网计算机数

天津市上网计算机数为 80 万台，占全国上网计算机总数的比例为 1.9%。与第 13 次调查结果相比，天津市上网计算机数增加 24 万台，增长率为 42.9%，占全国上网计算机总数的比例增加 0.1%（如图 23.22 所示）。

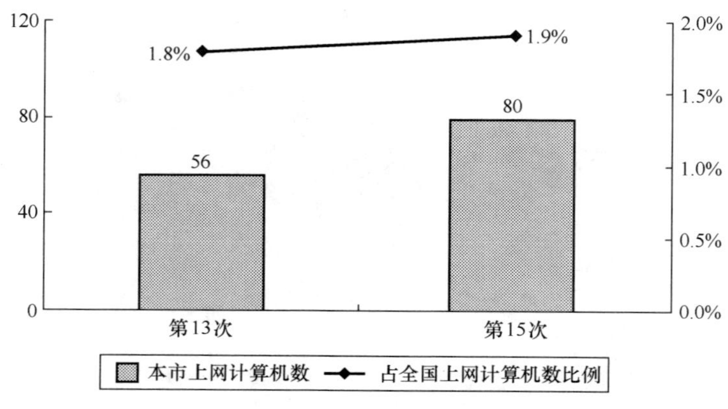

图 23.22　天津市历次调查上网计算机数

3．CN 下注册域名数（不含 EDU）

天津市 CN 下注册域名数量为 6 867 个，占全国 CN 下注册域名总数的比例为 1.6%。与第 13 次调查结果相比，天津市 CN 下注册域名数量增加 1 501 个，增长率为 28.0%，占全国 CN 下注册域名总数的比例保持不变（如图 23.23 所示）。

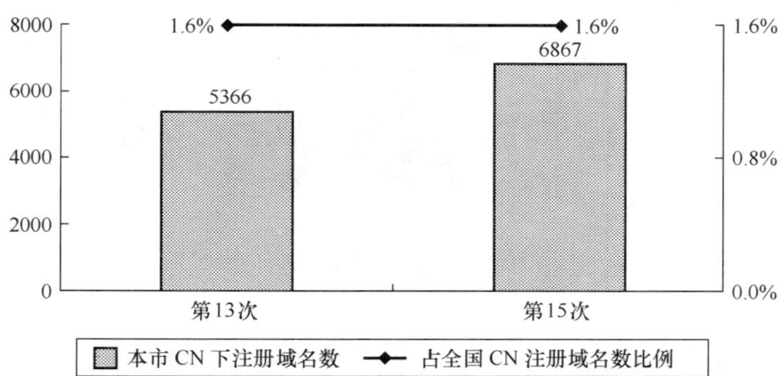

图 23.23　天津市历次调查 CN 下注册域名数（不含 EDU）

4．WWW 站点数（包括.CN、.COM、.NET、.ORG 下的网站）

天津市 WWW 站点数为 6 586 个，占全国 WWW 站点数的比例为 1.0%。与第 13 次调查结果相比，天津市 WWW 站点数减少 2 424 个，同比下降 26.9%，占全国 WWW 站点总数的比例减少 0.5%（如图 23.24 所示）。

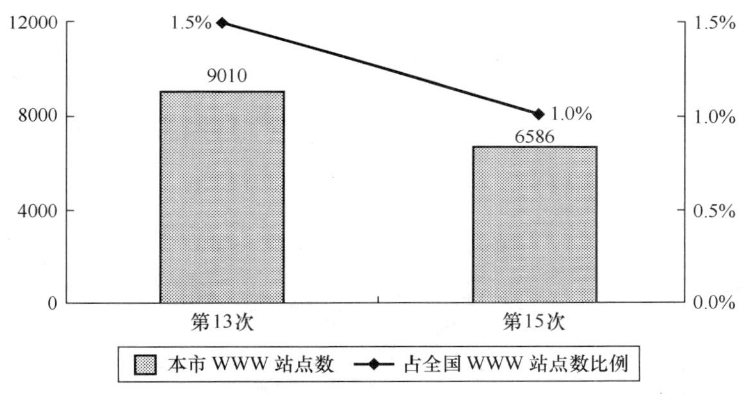

图 23.24　天津市历次调查 WWW 站点数

二、互联网用户行为意识调查结果

1．用户个人信息

（1）用户的性别

天津市上网用户中，男性占 57.8%，女性占 42.2%（如图 23.25 所示）。男性占据上网用户主体。

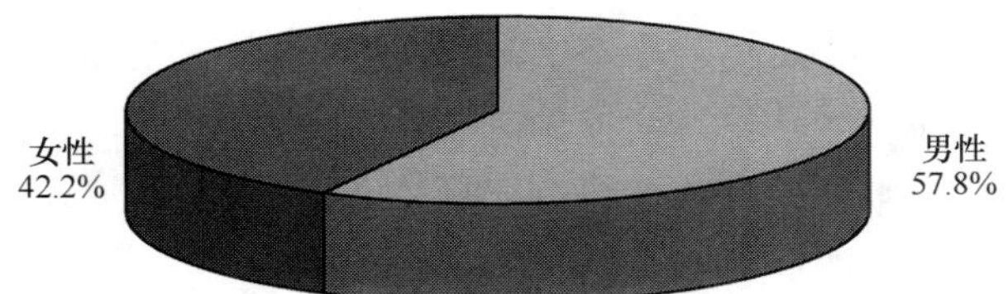

图 23.25　天津市上网用户性别分布

（2）用户的年龄分布

天津市上网用户中，18～24 岁的用户所占比例最高，达到 37.4%；其次是 25～30 岁和 18 岁以下的用户，所占比例分别为 17.7%和 16.6%；31～35 岁的用户占 6.5%；35 岁以上用户所占比例为 21.8%（如图 23.26 所示）。

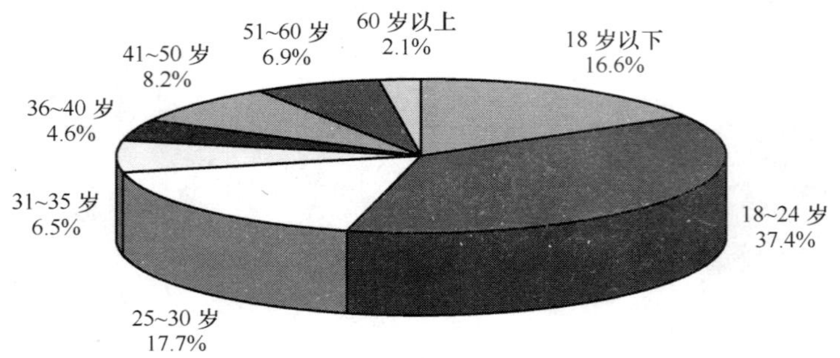

图 23.26　天津市上网用户年龄分布

（3）用户的婚姻状况

天津市上网用户中，已婚者占 41.7%，未婚者占 58.3%（如图 23.27 所示）。未婚者占上网用户主体。

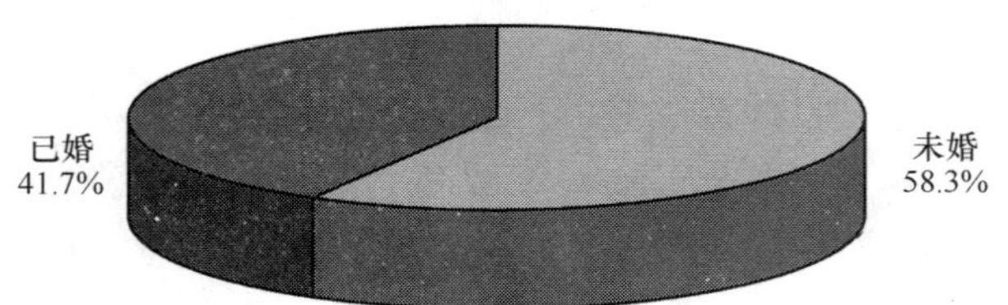

图 23.27　天津市上网用户婚姻状况分布

（4）用户的受教育程度

天津市上网用户中，受教育程度为高中（中专）的最多，所占比例达到 30.9%；其次是受教育程度为大专和本科的用户，所占比例分别为 27.3%和 29.7%；高中以下受教育程度的用户所占比例为 8.5%（如图 23.28 所示）。

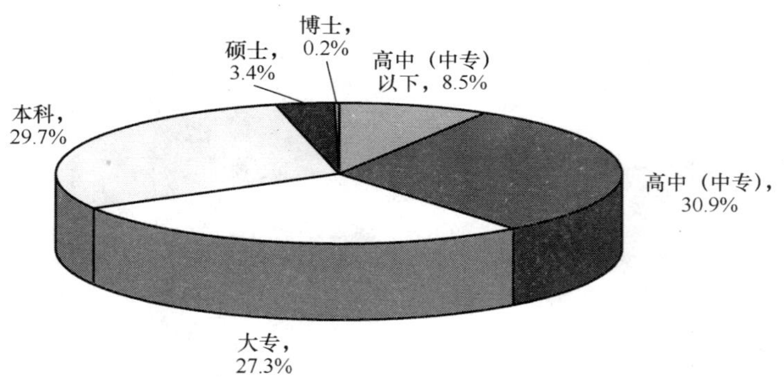

图 23.28　天津市上网用户受教育程度分布

（5）用户的行业分布

天津市上网用户中，从事制造业的用户最多，占 18.1%；其次是从事教育业的用户，所占比例为 15.6%；排在第三位的是从事 IT 业的用户，所占比例为 10.4%；从事批发和零售业的用户所占比例为 6.9%；从事金融业的用户所占比例为 5.2%；从事其他行业的上网用户则较少（如图 23.29 所示）。

（6）用户的职业分布

天津市上网用户中，学生所占的比例最高，达到 32.5%；其次是专业技术人员，所占比例为 12.6%；无业人员所占比例为 10.4%；商业、服务业人员及企事业单位管理人员所占比例皆为 10.3%；教师所占比例为 8.9%；生产、运输设备操作人员及有关人员所占比例为 4.3%；国家机关、党群组织工作人员所占比例为 4.1%；办事员等协助人员所占比例为 3.2%；其他职业用户所占比例较少（如图 23.30 所示）。

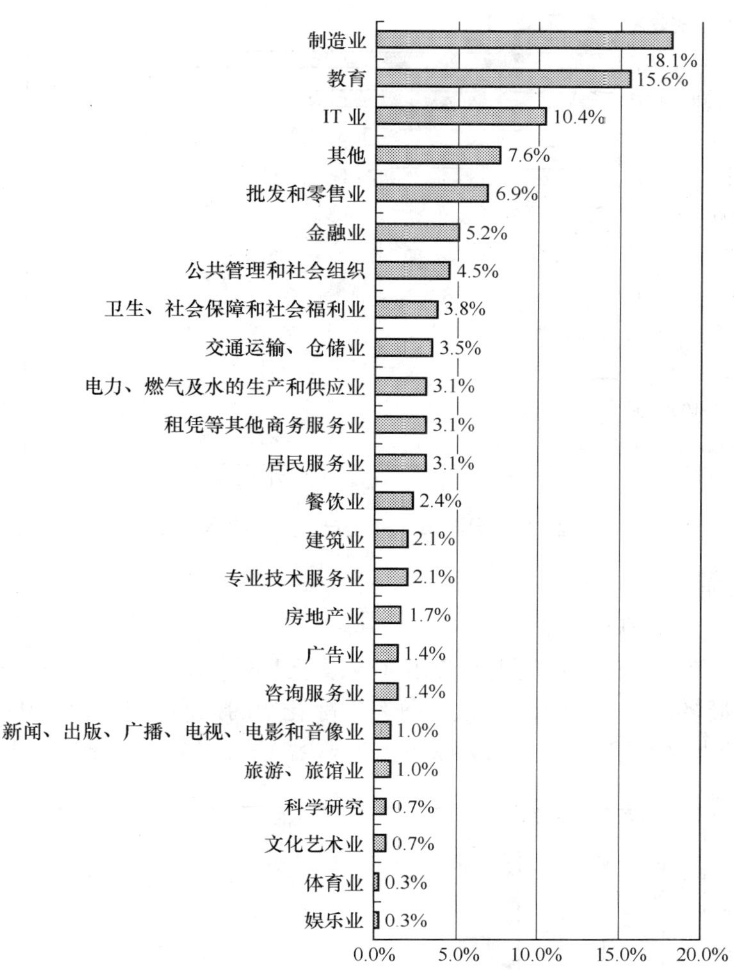

图 23.29 天津市上网用户行业分布

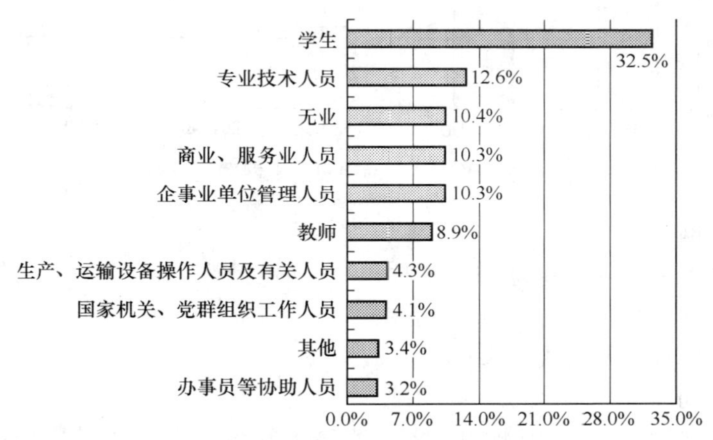

图 23.30 天津市上网用户职业分布

（7）用户的个人月收入

天津市上网用户中，个人月收入以 500 元以下的最多，所占比例达到 27.8%；其次是个人月收入在 501～1 000 元的用户，所占比例为 18.3%；排在第三位的是个人月收入在 1 001～1 500 元的用户，所占比例为 15.1%；个人月收入在 1 501～2 000 的用户所占比例为 13.4%；个人月收入在 2 000 元以上的用户所占比例为 17.7%（如图 23.31 所示）。

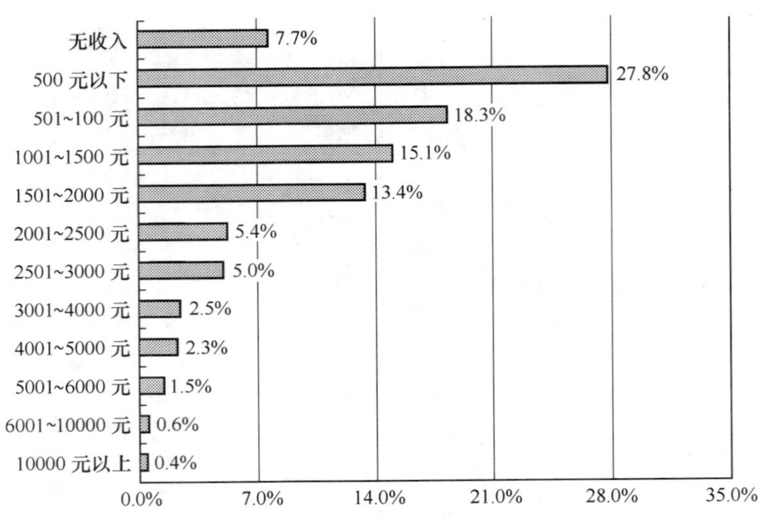

图 23.31　天津市上网用户个人月收入分布

2．用户对互联网的使用情况

（1）用户每月实际花费的上网费用

天津市上网用户中，每月实际花费的上网费用（仅限于上网费及上网电话费，不包括使用网络服务的费用）以 51～100 元的最多，占 44.2%；其次是每月实际花费的上网费用低于 50 元的用户，所占比例为 42.1%；每月实际花费的上网费用在 100 元以上的用户很少，只占 13.7%（如图 23.32 所示）。

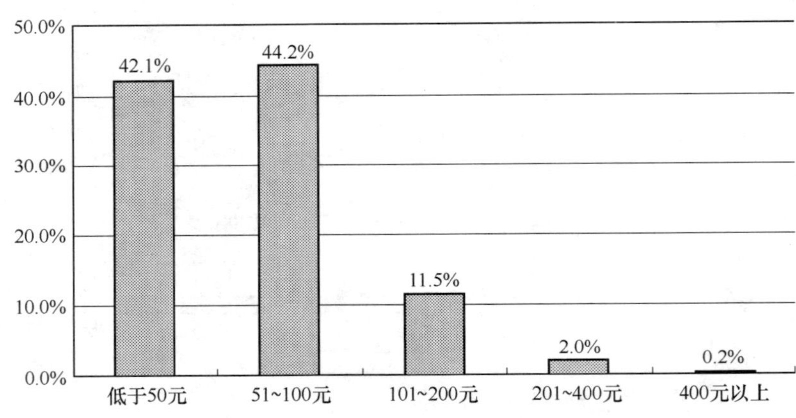

图 23.32　天津市上网用户的上网费用分布

（2）用户平均每周上网时间

天津市上网用户平均每周上网时间为 15.3 小时。

（3）用户平均每周上网天数

天津市上网用户平均每周上网天数为 4.4 天。

（4）用户通常上网时间

天津市上网用户上网时间在一天中波动较大：凌晨 1 点至早上 7 点是用户最少上网的时间，从早上 8 点起上网的用户逐渐增加，到 10 点达到一天当中的第一个高峰，有 30.2%的用户在这一时间上网，此后上网人数开始下降；中午 12 点以后上网人数开始增多，到 15 点达到一天中的第二个高峰，有 35.7%的用户在这一时间上网，此后上网人数又有所下降；从 19 点开始上网人数激增，到 20 点时达到一天中的顶峰，有 56.0%的用户在这一时间上网，这之后上网人数又急剧减少（如图 23.33 所示）。日常生活的作息时间在一定程度上影响着人们使用互联网的时间，天津市上网用户使用互联网的高峰时间在晚上。

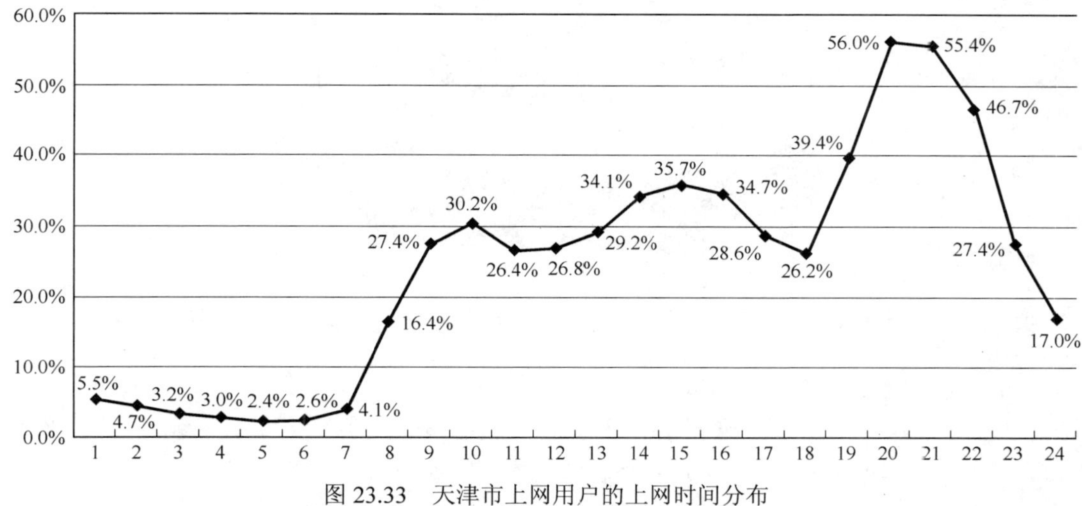

图 23.33　天津市上网用户的上网时间分布

（5）用户拥有 E-mail 账号数

天津市上网用户拥有 E-mail 账号平均值为 1.5，其中免费 E-mail 账号平均值为 1.4。

（6）用户每周收发的电子邮件数

天津市上网用户平均每周收到电子邮件数（不包括垃圾邮件）为 4.6 封，收到垃圾邮件数为 9.9 封，发出电子邮件数为 4.3 封。

（7）用户上网最主要的目的

天津市上网用户上网的最主要目的以获取信息最多，所占比例达到 41.5%；其次是休闲娱乐，所占比例为 30.5%；排在第三位的是学习，有 9.3%的用户选择；还有 4.9%的用户选择交友；而选择其他上网目的的用户则很少（如图 23.34 所示）。

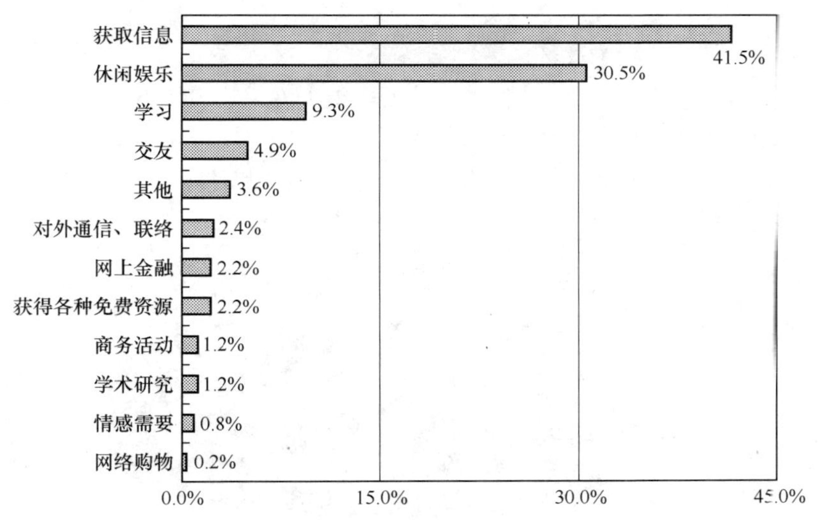

图 23.34　天津市上网用户上网最主要的目的

3．用户对互联网的看法

（1）关于“使用互联网可以提高工作、学习和生活的效率”

关于“使用互联网可以提高工作、学习和生活的效率”的观点，天津市上网用户表示比较赞成的最多，所占比例达到 57.0%；其次是表示非常赞成的，所占比例为 30.6%；表示一半赞成一半不赞成的用户所占比例为 10.0%；表示不赞成的用户所占比例非常小，只有 2.4%（如图 23.35 所示）。天津市上网用户对“使用互联网可以提高工作、学习和生活的效率”的观点表示赞成的占绝大多数。

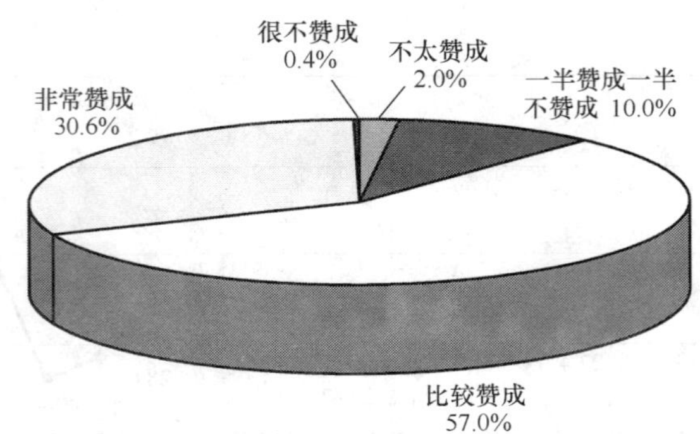

图 23.35　天津市上网用户对“使用互联网可以提高工作、学习和生活的效率”观点的看法

（2）关于“在单位、学校、邻里中，会上网的人好像高人一等”

关于“在单位、学校、邻里中，会上网的人好像高人一等”的观点，天津市上网用户表示不太赞成的最多，所占比例达到55.3%；其次是表示很不赞成的，所占比例为19.7%；表示比较赞成的用户所占比例为12.1%；表示一半赞成一半不赞成的用户所占比例为8.9%；表示非常赞成的用户所占比例为4.0%（如图23.36所示）。天津市上网用户对“在单位、学校、邻里中，会上网的人好像高人一等”的观点表示不赞成的占绝大多数。

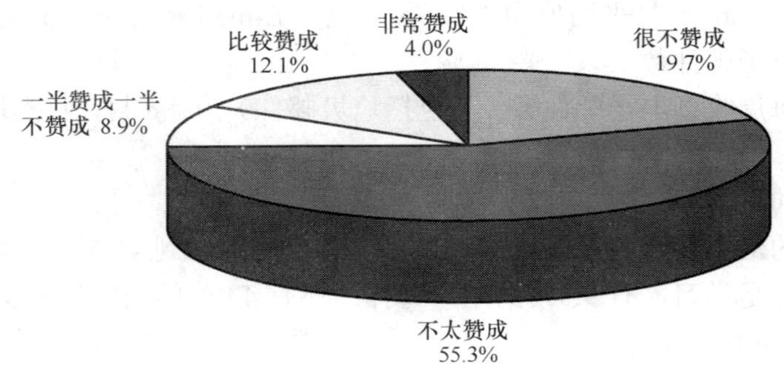

图 23.36　天津市上网用户对“在单位、学校、邻里中，会上网的人好像高人一等”观点的看法

（3）关于“使用互联网容易结交不好的朋友”

关于“使用互联网容易结交不好的朋友”的观点，天津市上网用户表示不太赞成的最多，所占比例达到44.6%；其次是表示比较赞成的用户所占比例为21.0%；表示一半赞成一半不赞成的，所占比例为17.4%；表示很不赞成的用户所占比例为13.4%；表示非常赞成的用户所占比例为3.6%（如图23.37所示）。天津市上网用户对“使用互联网容易结交不好的朋友”的观点表示不赞成的居多。

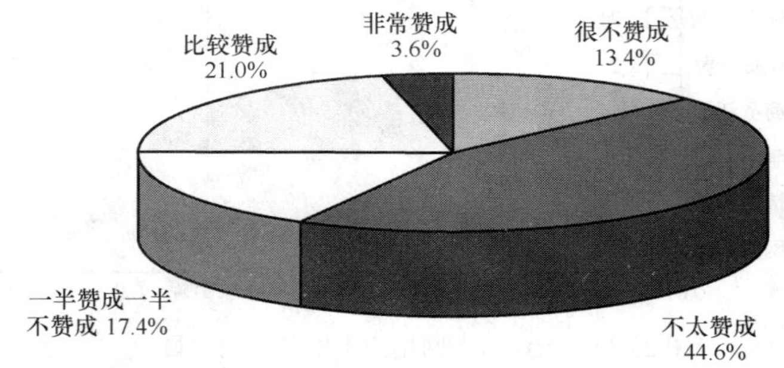

图 23.37　天津市上网用户对“使用互联网容易结交不好的朋友”观点看法

（4）关于“使用互联网容易暴露隐私”

关于“使用互联网容易暴露隐私”的观点，天津市上网用户表示不太赞成的最多，所占比例达到44.1%；其次是表示比较赞成的，所占比例为29.5%；表示一半赞成一半不赞成的用户所占比例为13.7%；表示很不赞成的用户所占比例为9.1%；表示非常赞成的用户所占比例为3.6%（如图23.38所示）。天津市上网用户对“使用互联网容易暴露隐私”的观点表示不赞成的居多。

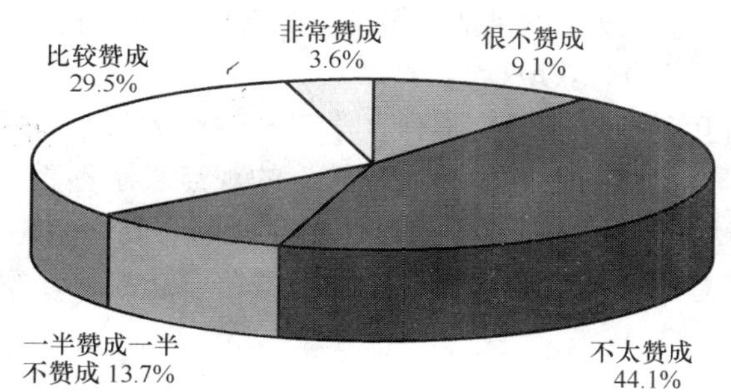

图 23.38 天津市上网用户对“使用互联网容易暴露隐私”观点看法

（5）关于“使用互联网容易受不良信息的影响”

关于“使用互联网容易受不良信息的影响”的观点，天津市上网用户表示比较赞成的最多，所占比例达到 34.3%；其次是表示不太赞成的，所占比例为 33.0%；表示一半赞成一半不赞成的用户所占比例为 14.5%；表示非常赞成的用户所占比例为 9.2%；表示很不赞成的用户所占比例为 9.0%（如图 23.39 所示）。天津市上网用户对“使用互联网容易受不良信息的影响”的观点表示赞成的略多于表示不赞成的。

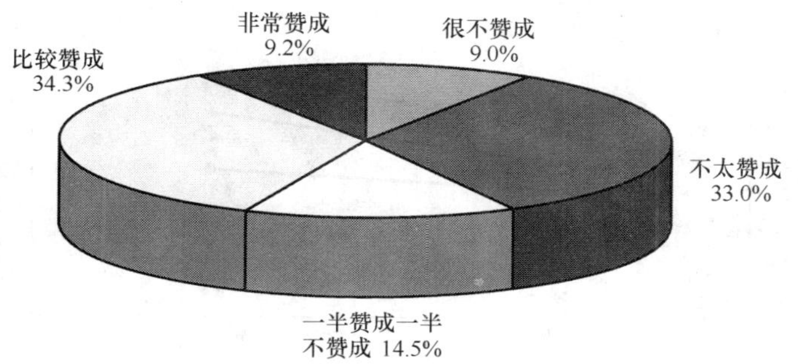

图 23.39 天津市上网用户对“使用互联网容易受不良信息的影响”观点的看法

（6）对互联网的信任程度

天津市上网用户对互联网表示比较信任的最多，所占比例为 50.7%；其次是对互联网表示半信半疑的，所占比例为 39.4%；对互联网表示不太信任的用户所占比例为 5.7%；对互联网表示完全信任的用户所占比例为 3.6%（如图 23.40 所示）。天津市上网用户对互联网表示信任的占多数。

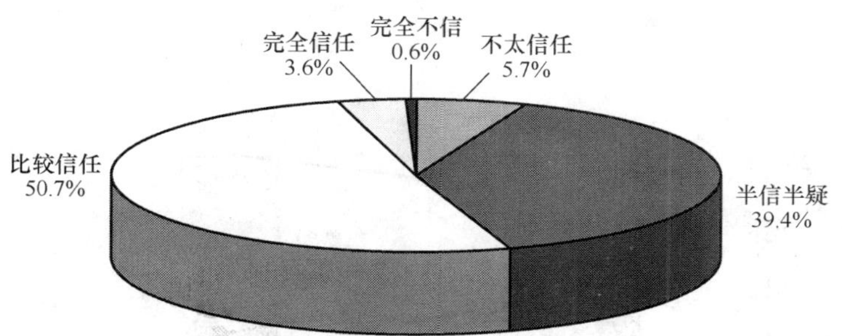

图 23.40 天津市上网用户对互联网的信任程度

综上所述，天津市上网用户数为 193 万人，上网计算机数为 80 万台，CN 下注册域名数量为 6 867 个，WWW 站点数为 6 586 个。

其中住宅电话覆盖的上网用户（不包括住校大学生）中以男性、未婚者为主，年龄在 18～24 岁的所占比例最高，受教育程度为高中（中专）的最多，职业以学生所占比例最多，从事的行业以制造业的人最多，个人月收入以 500 元以下的最多。

用户每月实际花费的上网费用集中在 100 元及以下，平均每周上网时间为 15.3 小时，平均每周上网天数为 4.4 天，使用互联网的高峰时间在晚上。用户拥有 E-mail 账号平均值为 1.5，其中免费 E-mail 账号平均值为 1.4，平均每周收到电子邮件数（不包括垃圾邮件）为 4.6 封，收到垃圾邮件数 9.9 封，发出电子邮件数 4.3 封。用户上网的最主要目的为获取信息。

天津市上网用户对“使用互联网可以提高工作、学习和生活的效率”的观点表示赞成的占绝大多数，对“在单位、学校、邻里中，会上网的人好像高人一等”的观点表示不赞成的占多数，对“使用互联网容易结交不好的朋友”的观点表示不赞成的居多，对“使用互联网容易暴露隐私”的观点表示不赞成的居多，对“使用互联网容易受不良信息的影响”的观点表示赞成的略多于表示不赞成的。天津市上网用户对互联网表示信任的占多数。

23.1.3 河北省互联网络发展状况

一、宏观概况

1．上网用户人数

河北省上网用户人数为 387 万，占全国上网用户总人数的比例为 4.1%，是河北省总人口的 5.7%。与第 13 次调查结果相比，河北省上网用户人数增加 98 万人，增长率为 33.9%，占全国上网用户总人数的比例增加 0.5%，占河北省总人口比例增加 1.4%（如图 23.41 所示）。

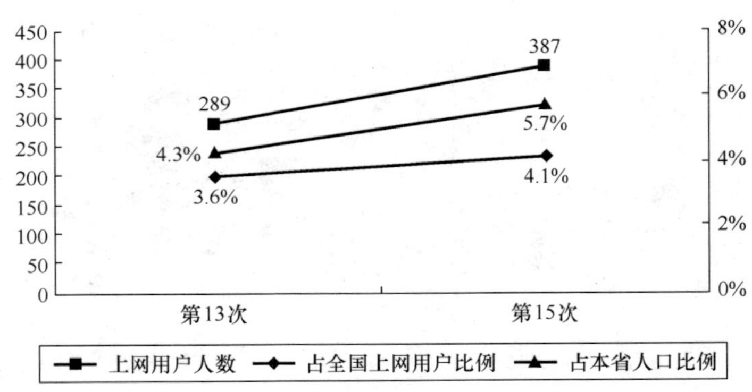

图 23.41 河北省历次调查上网用户人数

2．上网计算机数

河北省上网计算机数为 204 万台，占全国上网计算机总数的比例为 4.9%。与第 13 次调查结果相比，河北省上网计算机数增加 78 万台，增长率为 61.9%，占全国上网计算机总数的比例增加 0.8%（如图 23.42 所示）。

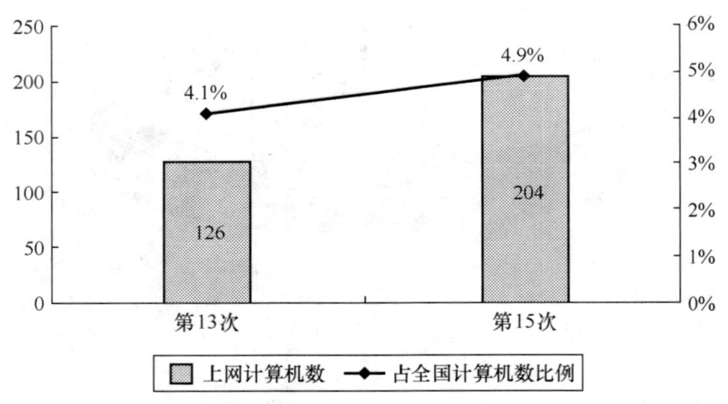

图 23.42 河北省历次调查上网计算机数

3．CN 下注册域名数（不含 EDU）

河北省 CN 下注册域名数量为 7551 个，占全国 CN 下注册域名总数的比例为 1.8%。与第 13 次调查结果相比，河北省 CN 下注册域名数增加 1416 个，增长率为 23.1%，占全国 CN 下注册域名总数的比例保持不变（如图 23.43 所示）。

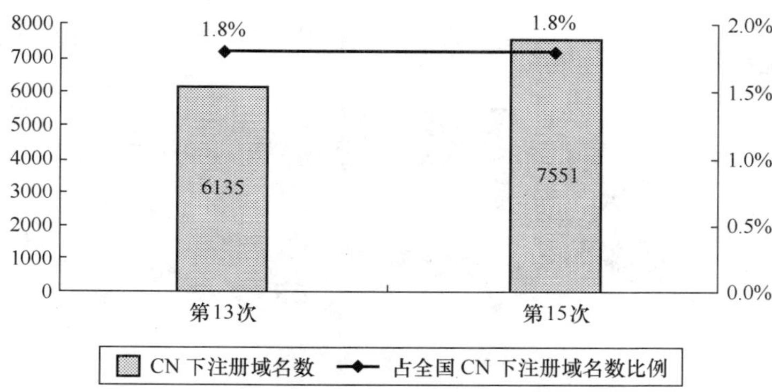

图 23.43　河北省历次调查 CN 下注册域名数（不含 EDU）

4．WWW 站点数（包括.CN、.COM、.NET、.ORG 下的网站）

河北省 WWW 站点数为 16 574 个，占全国 WWW 站点数的比例为 2.5%。与第 13 次调查结果相比，河北省 WWW 站点数增加 1 064 个，增长率为 6.9%，占全国 WWW 站点总数的比例减少 0.1%（如图 23.44 所示）。

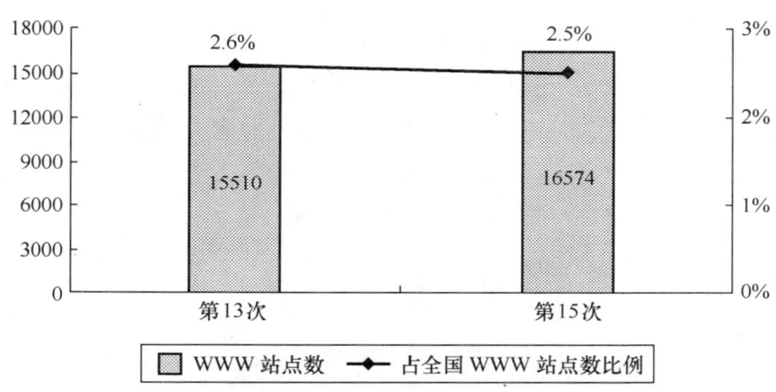

图 23.44　河北省历次调查 WWW 站点数

二、互联网用户行为意识调查结果

1．用户个人信息

（1）用户的性别

河北省上网用户中，男性占 60.1%，女性占 39.9%（如图 23.45 所示）。男性占据上网用户主体。

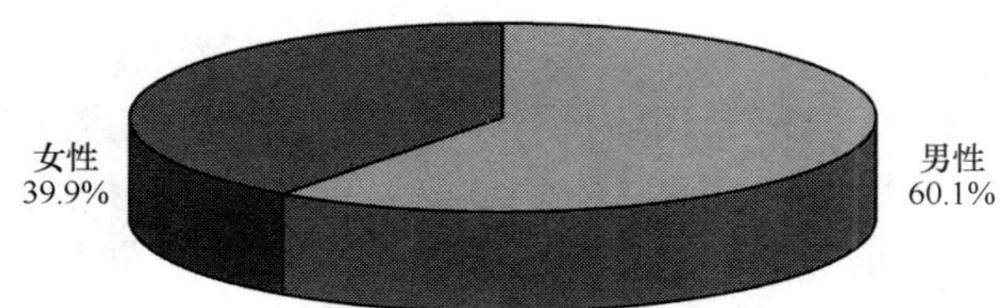

图 23.45　河北省上网用户性别分布

（2）用户的年龄分布

河北省上网用户中，18～24 岁的用户所占比例最高，达到 26.0%；其次是 18 岁以下的用户，占 18.1%；25～30 岁和 41～50 岁的用户所占比例均为 15.3%；31～35 岁的用户占 13.0%；36～40 岁的用户占 9.6%；50 岁以上的用户占 2.8%（如图 23.46 所示）。

（3）用户的婚姻状况

河北省上网用户中，已婚者占 55.8%，未婚者占 44.2%（如图 23.47 所示）。已婚者占上网用户主体。

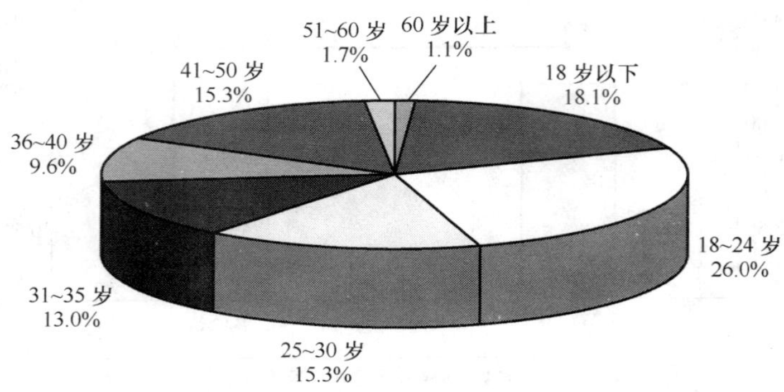

图 23.46　河北省上网用户年龄分布

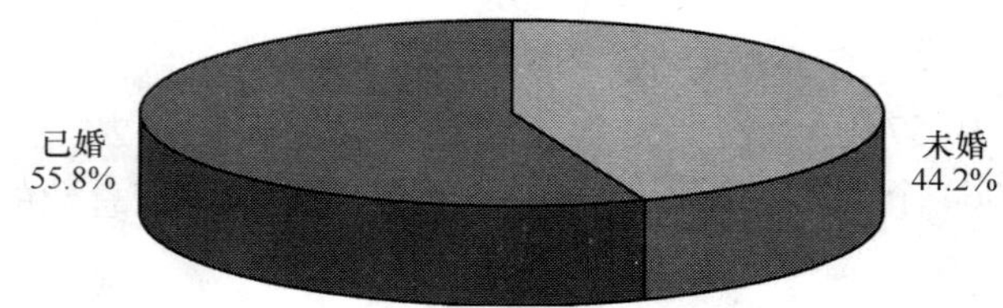

图 23.47　河北省上网用户婚姻状况分布

（4）用户的受教育程度

河北省上网用户中，受教育程度为高中（中专）和本科的最多，二者所占比例皆为 27.2%；其次是受教育程度为高中（中专）以下的用户，占 22.2%；受教育程度为大专的用户占 21.1%；受教育程度为硕士和博士的用户较少，分别只占 1.7%和 0.6%（如图 23.48 所示）。

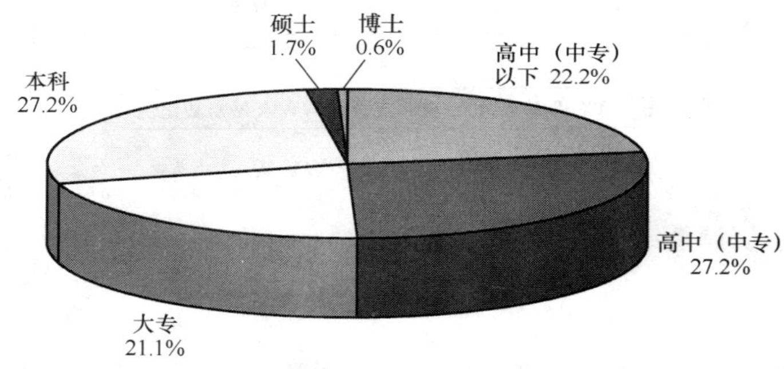

图 23.48　河北省上网用户受教育程度分布

（5）用户的行业分布（不包括军人、学生和无业人员）

河北省上网用户中，从事教育业的用户最多，占 20.6%；其次是从事制造业的用户，所占比例为 14.5%；从事公共管理和社会组织的用户占 12.2%；从事 IT 业的用户占 6.9%；从事金融业的用户占 5.5%；从事居民服务业的用户占 5.3%；从事建筑业的用户占 5.2%；从事卫生、社会保障和社会福利业的用户占 3.9%；从事交通运输、仓储业的用户占 3.7%；从事电力、燃气及水的生产和供给业用户占 3.1%；从事农、林、牧、渔业的用户占 3.0%；从事专业技术服务业、批发和零售业的用户均占 2.3%；从事咨询服务业的用户占 1.5%；从事其他行业的上网用户相对较少（如图 23.49 所示）。

（6）用户的职业分布

河北省上网用户中，学生所占的比例最高，达到 22.4%；其次是教师，所占比例为 14.2%；专业技术人员占 12.0%；商业、服务业人员占 9.3%；国家机关、党群组织工作人员占 8.7%；企事业单位管理人员占 8.2%；生产、运输设备操作人员及有关人员占 7.7%；无业人员占 6.0%；办事员等协助人员占 4.4%（如图 23.50 所示）。

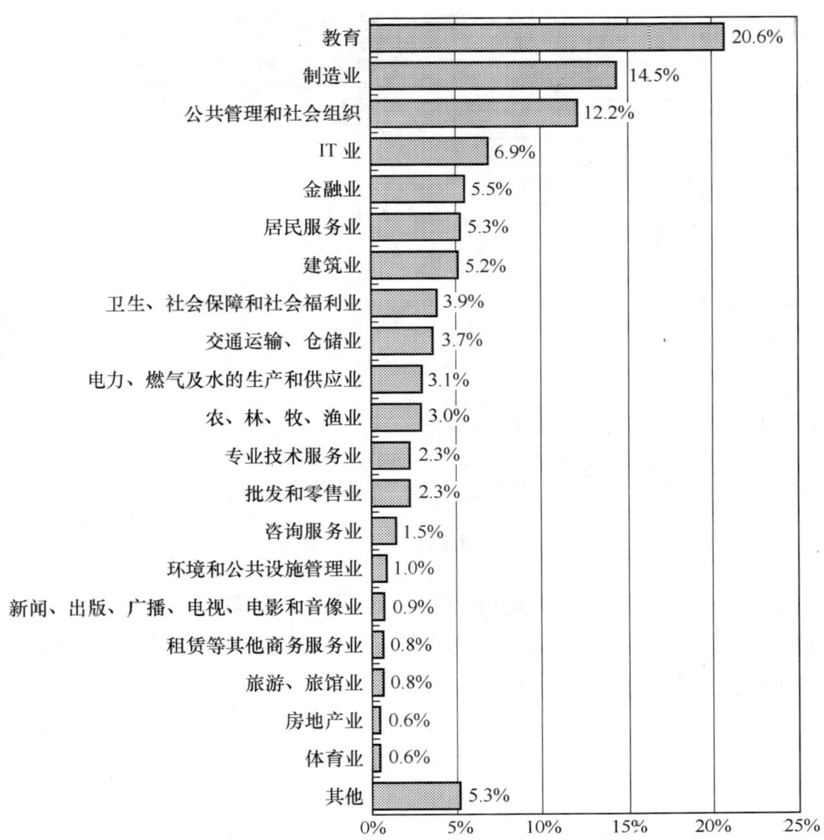

图 23.49　河北省上网用户的行业分布

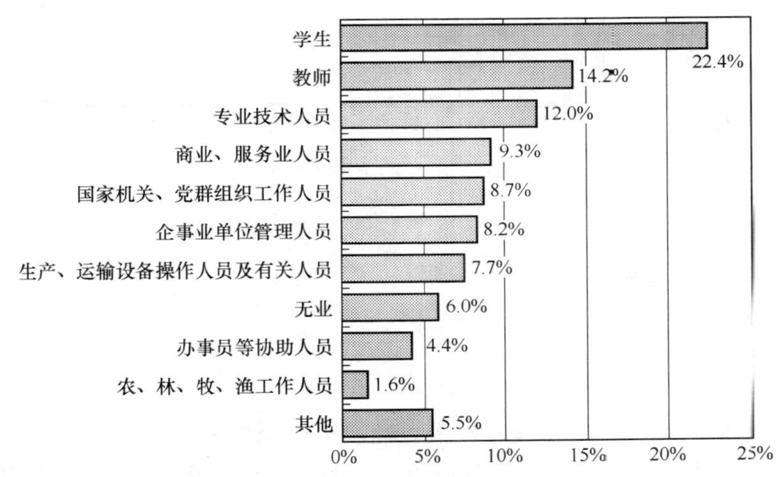

图 23.50　河北省上网用户的职业分布

（7）用户的个人月收入

河北省上网用户中，个人月收入在 501～1 000 元的最多，所占比例达到 27.3%；其次是个人月收入在 500 元以下的用户，所占比例为 22.7%；个人月收入为 1001～1500 元的用户所占比例为 15.7%；个人月收入为 1501～2000 元的用户占 11.0%；个人月收入为 2001～2500 元的用户占 8.1%；无收入的用户占 5.8%；个人月收入为 2501～3000 元的用户占 3.5%；个人月收入在 3000 元以上的用户所占比例为 5.9%（如图 23.51 所示）。

2．用户对互联网的使用情况

（1）用户每月实际花费的上网费用

河北省上网用户中，每月实际花费的上网费用（仅限于上网费及上网电话费，不包括使用网络服务的

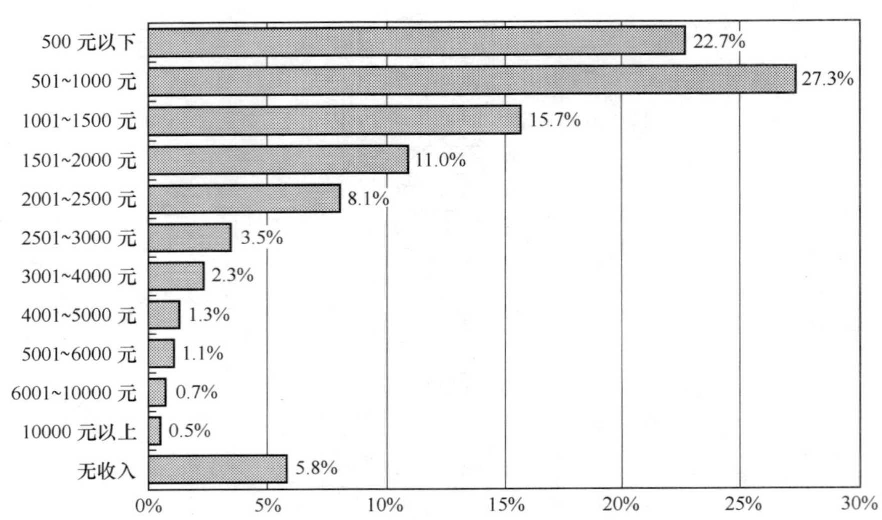

图 23.51　河北省上网用户的个人月收入分布

费用）以低于 50 元的居多，占 49.7%；其次是每月实际花费的上网费用在 51～100 元的用户，所占比例为 39.4%；每月实际花费的上网费用在 100 元以上的用户很少，只占 10.9%（如图 23.52 所示）。河北省上网用户每月实际花费的上网费用集中在 100 元及以下。

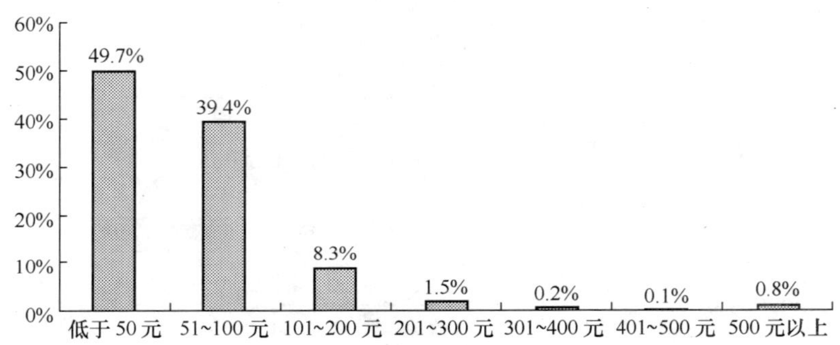

图 23.52　用户的上网费用分布

（2）用户平均每周上网时间

河北省上网用户平均每周上网时间为 12.1 小时。

（3）用户平均每周上网天数

河北省上网用户平均每周上网天数为 4.1 天。

（4）用户通常上网时间

河北省上网用户的上网时间在一天中波动较大：凌晨 1 点至早上 7 点钟是用户最少上网的时间，从早上 8 点钟起上网的人逐渐增加，到上午 9 点达到一天当中的第一个高峰，有 26.2%的用户在这一时间上网；10 点略有回落，经历 12 点的小高峰后在 15 点、16 点达到第二个高峰，分别有 36.1%的用户在这一时间上网；此后上网人数开始下降；从晚上 19 点开始上网人数激增，到晚上 21 点的时候达到一天中的顶峰，有 51.9%的用户在这一时间上网，这之后上网人数又急剧减少（如图 23.53 所示）。日常生活的作息时间在一定程度上影响着人们使用互联网的时间，河北省上网用户使用互联网的高峰时间在晚上。

（5）用户拥有 E-mail 账号数

河北省上网用户拥有 E-mail 账号平均值为 1.3，其中免费 E-mail 账号平均值为 1.1。

（6）用户平均每周收发的电子邮件数

河北省上网用户平均每周收到电子邮件数（不包括垃圾邮件）为 4.3 封，收到垃圾邮件数 10.0 封，发出电子邮件数 3.9 封。

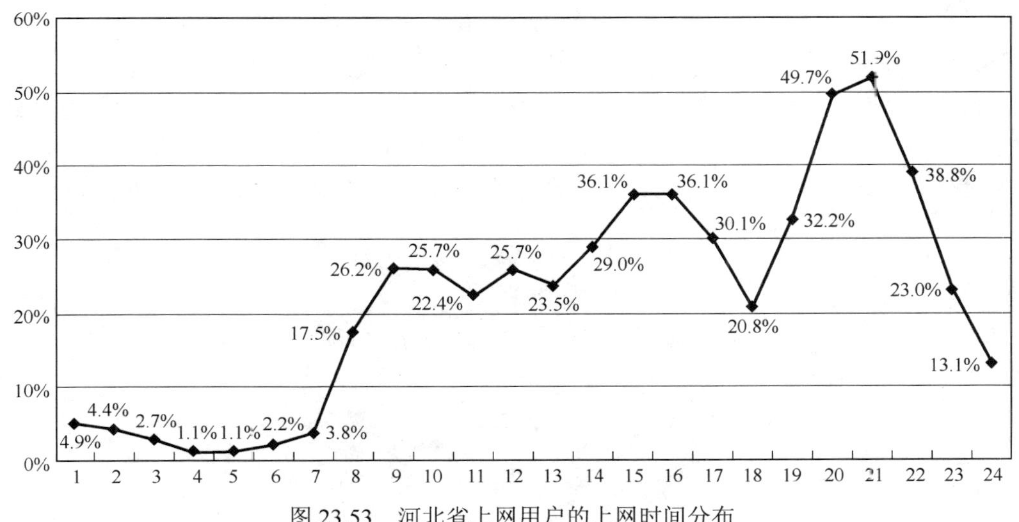

图 23.53　河北省上网用户的上网时间分布

（7）用户上网最主要的目的

河北省上网用户上网的最主要目的以获取信息最多，所占比例达到 38.8%；其次是休闲娱乐，所占比例为 32.2%；排在第三位的是学习，有 13.7%的用户选择；选择交友的用户占 6.0%；选择其他上网目的的用户相对较少（如图 23.54 所示）。

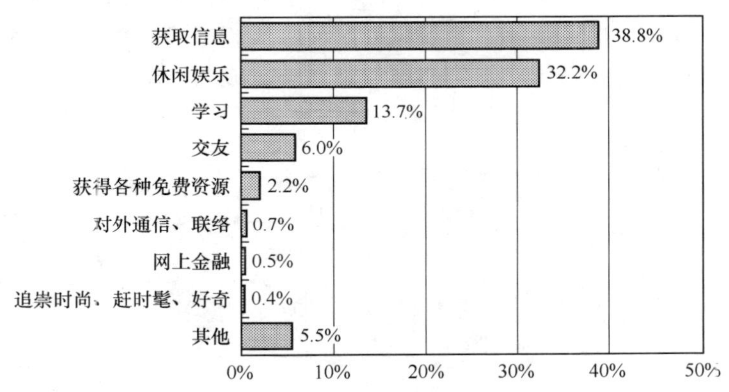

图 23.54　河北省上网用户的上网目的

3．用户对互联网的看法

（1）关于“使用互联网可以提高工作、学习和生活的效率”

关于“使用互联网可以提高工作、学习和生活的效率”的观点，河北省上网用户表示比较赞成的最多，所占比例达到 60.1%；其次是表示非常赞成的，所占比例为 31.7%；表示一半赞成一半不赞成的用户占 6.6%；表示不赞成的用户所占比例非常小，只有 1.6%（如图 23.55 所示）。河北省上网用户对“使用互联网可以提高工作、学习和生活的效率”的观点表示赞成的占绝大多数。

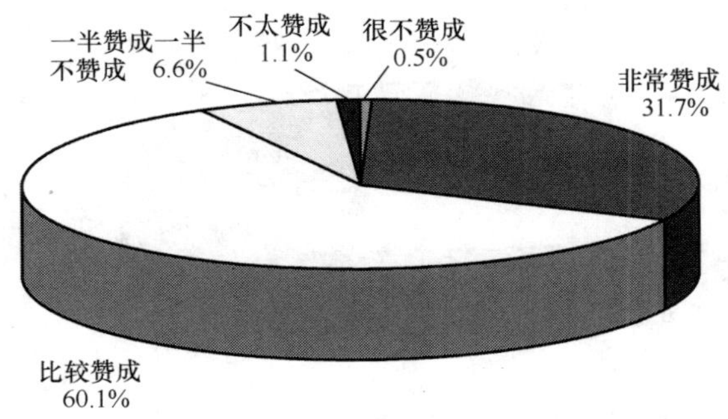

图 23.55　河北省上网用户对“使用互联网可以提高工作、学习和生活的效率”观点的看法

（2）关于“在单位、学校、邻里中，会上网的人好像高人一等”

关于“在单位、学校、邻里中，会上网的人好像高人一等”的观点，河北省上网用户表示不太赞成的最多，所占比例达到50.3%；其次是表示很不赞成的，所占比例为21.9%；表示比较赞成的用户所占比例为18.0%；表示一半赞成一半不赞成的用户所占比例为6.0%；表示非常赞成的用户所占比例只有3.8%（如图23.56所示）。河北省上网用户对“在单位/学校/邻里中，会上网的人好像高人一等”的观点表示不赞成的占多数。

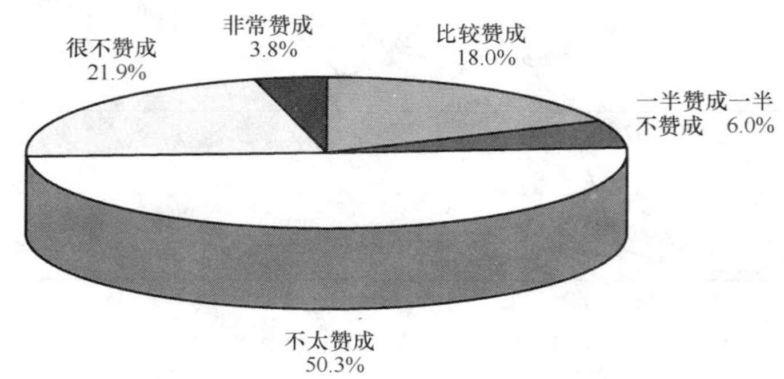

图23.56 河北省上网用户对“在单位、学校、邻里中，会上网的人好像高人一等”观点的看法

（3）关于“使用互联网容易结交不好的朋友”

关于“使用互联网容易结交不好的朋友”的观点，河北省上网用户表示不太赞成的最多，所占比例达到44.8%；其次是比较赞成的用户，所占比例为20.2%；表示很不赞成的用户所占比例为16.4%；表示一半赞成一半不赞成的用户占13.7%；表示非常赞成的用户最少，只有4.9%（如图23.57所示）。河北省上网用户对“使用互联网容易结交不好的朋友”的观点表示不赞成的居多。

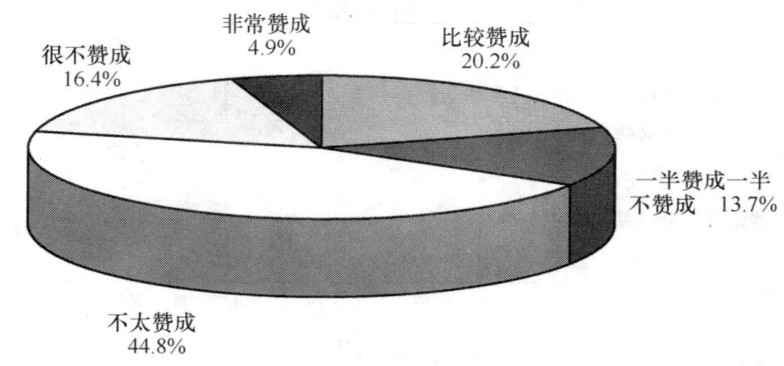

图23.57 河北省上网用户对“使用互联网容易结交不好的朋友”观点的看法

（4）关于“使用互联网容易暴露隐私”

关于“使用互联网容易暴露隐私”的观点，河北省上网用户表示不太赞成的最多，所占比例达到49.4%；其次是表示一半赞成一半不赞成的用户，所占比例为15.7%；表示比较赞成的用户所占比例为15.2%；表示很不赞成的用户所占比例为14.6%；表示非常赞成的用户占5.1%（如图23.58所示）。河北省上网用户对“使用互联网容易暴露隐私”的观点表示不赞成的居多。

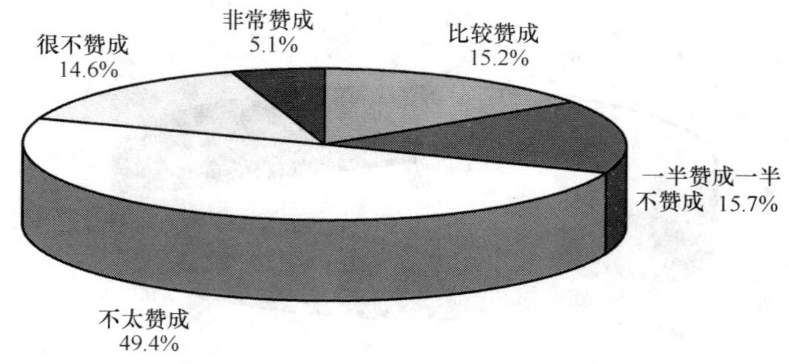

图23.58 河北省上网用户对“使用互联网容易暴露隐私”观点的看法

（5）关于“使用互联网容易受不良信息影响”

关于“使用互联网容易受不良信息影响”的观点，河北省上网用户表示不太赞成的最多，所占比例达到 33.5%；其次是表示比较赞成的用户，所占比例为 33.0%；表示一半赞成一半不赞成的用户所占比例为 12.6%；表示很不赞成的用户所占比例为 11.0%；表示非常赞成的用户所占比例为 9.9%（如图 23.59 所示）。河北省上网用户对“使用互联网容易受不良信息影响”的观点表示不赞成的略多于表示赞成的。

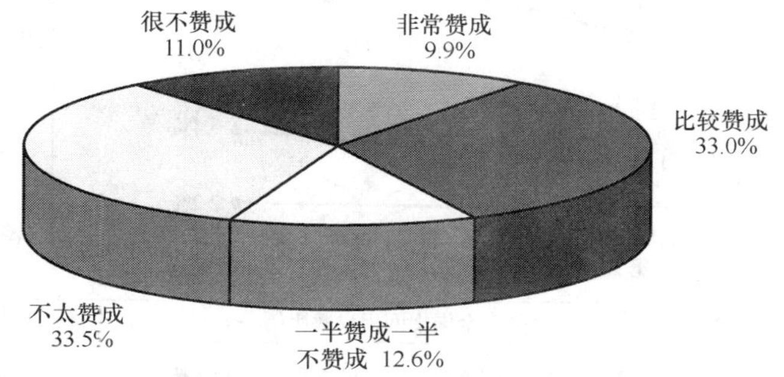

图 23.59　河北省上网用户对“使用互联网容易受不良信息影响”观点的看法

（6）对互联网的信任程度

河北省上网用户对互联网表示比较信任的最多，所占比例为 53.0%；其次是对互联网表示半信半疑的，所占比例为 34.4%；对互联网表示不太信任的用户占 7.7%；对互联网表示完全信任的用户占 4.9%（如图 23.60 所示）。河北省上网用户对互联网表示比较信任的占多数。

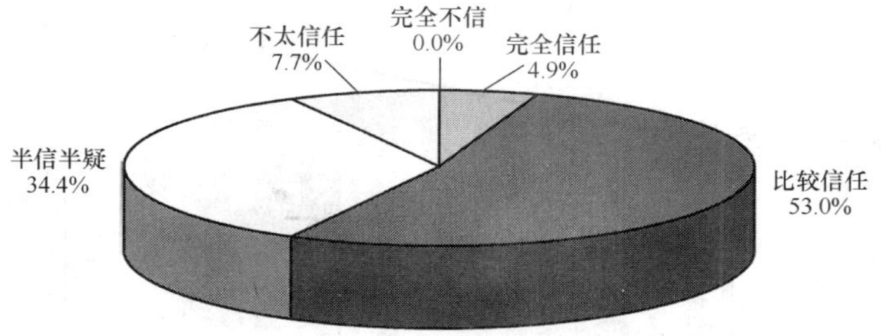

图 23.60　河北省上网用户对互联网的信任程度

综上所述，河北省上网用户数为 387 万人，上网计算机数为 204 万台，CN 下注册域名数量为 7 551 个，WWW 站点数为 16 574 个。

其中住宅电话覆盖的上网用户（不包括住校大学生）中以男性、已婚者占主体，年龄在 18～24 岁的所占比例最高，受教育程度为高中（中专）和本科的最多，职业为学生的用户比例最多，从事教育业的用户最多，个人月收入在 501～1 000 元的最多。

用户每月实际花费的上网费用集中在 100 元及以下，平均每周上网时间为 12.1 小时，平均每周上网天数为 4.1 天，使用互联网的高峰时间在晚上。用户拥有 E-mail 账号平均值为 1.3，其中免费 E-mail 账号平均值为 1.1，平均每周收到电子邮件数（不包括垃圾邮件）为 4.3 封，收到垃圾邮件数 10.0 封，发出电子邮件数 3.9 封。用户上网的最主要目的为获取信息。

河北省上网用户对“使用互联网可以提高工作、学习和生活的效率”的观点表示赞成的占绝大多数，对“在单位、学校、邻里中，会上网的人好像高人一等”观点、“使用互联网容易结交不好的朋友”观点、“使用互联网容易暴露隐私”观点皆为表示不赞成的用户居多，对“使用互联网容易受不良信息影响”的观点表示不赞成的略多于表示赞成的。对互联网表示比较信任的占多数。

23.1.4　山西省互联网络发展状况

一、宏观概况

1. 上网用户人数

山西省上网用户人数为 211 万，占全国上网用户总人数的比例为 2.2%，是山西省总人口的 6.4%。与第 13 次调查结果相比，山西省上网用户人数增加 62.2 万，增长率为 41.8%，占全国上网用户总人数的比例增加 0.3%，占山西省总人口比例增加 1.9%（如图 23.61 所示）。

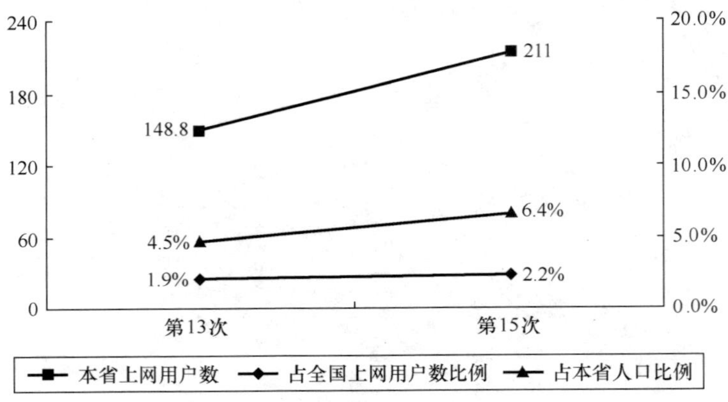

图 23.61　山西省历次调查上网用户数

2．上网计算机数

山西省上网计算机数为 76 万台，占全国上网计算机总数的比例为 1.8%。与第 13 次调查结果相比，山西省上网计算机数增加 33 万台，增长率为 76.7%，占全国上网计算机总数的比例增加 0.4%（如图 23.62 所示）。

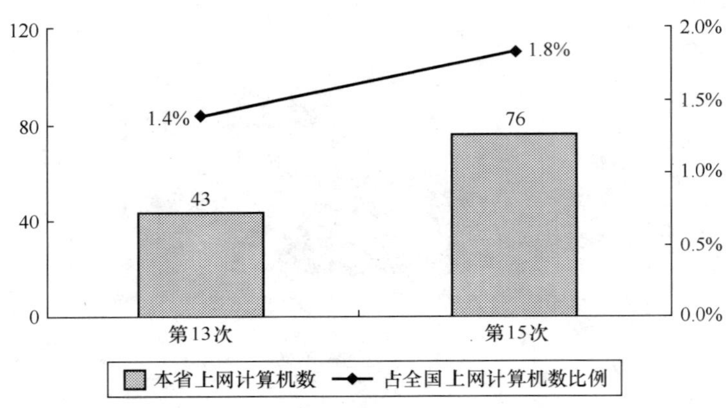

图 23.62　山西省历次调查上网计算机数

3．CN 下注册域名数（不含 EDU）

山西省 CN 下注册域名数量为 2 474 个，占全国 CN 下注册域名总数的比例为 0.6%。与第 13 次调查结果相比，山西省 CN 下注册域名数量增加 790 个，增长率为 46.9%，占全国 CN 下注册域名总数的比例增加 0.1%（如图 23.63 所示）。

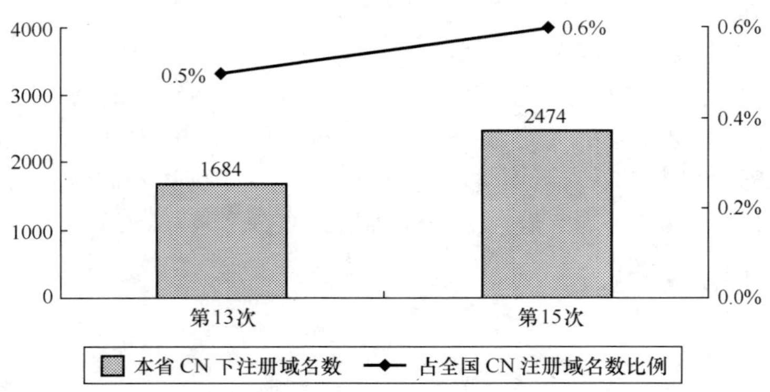

图 23.63　山西省历次调查 CN 下注册域名数（不含 EDU）

4．WWW 站点数（包括.CN、.COM、.NET、.ORG 下的网站）

山西省 WWW 站点数为 4351 个，占全国 WWW 站点数的比例为 0.7%。与第 13 次调查结果相比，山西省 WWW 站点数增加 987 个，增长率为 29.3%，占全国 WWW 站点总数的比例增加 0.1%（如图 23.64 所示）。

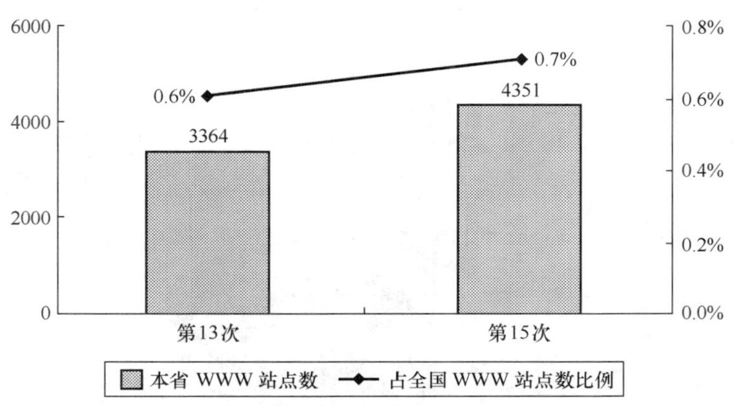

图 23.64　山西省历次调查 WWW 站点数

二、互联网用户行为意识调查结果

1．用户个人信息

（1）用户的性别

山西省上网用户中，男性占 58.3%，女性占 41.7%（如图 23.65 所示）。男性占据上网用户主体。

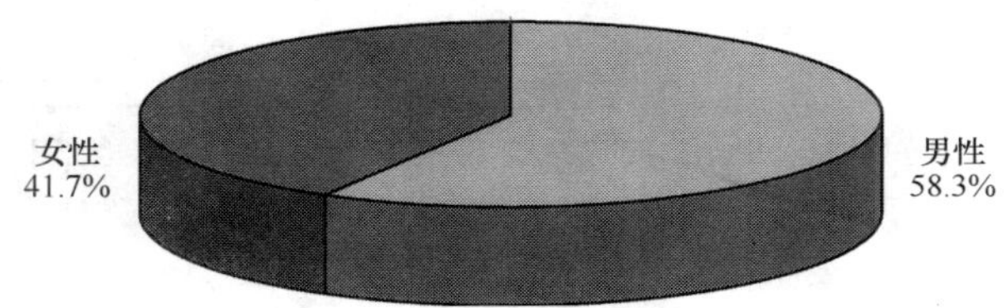

图 23.65　山西省上网用户性别分布

（2）用户的年龄分布

山西省上网用户中，18～24 岁的用户所占比例最高，为 29.0%；其次是 18 岁以下和 25～30 岁的用户，所占比例分别为 16.9%和 16.0%；31～35 岁的用户占 12.6%；35 岁以上用户所占比例为 25.5%（如图 23.66 所示）。

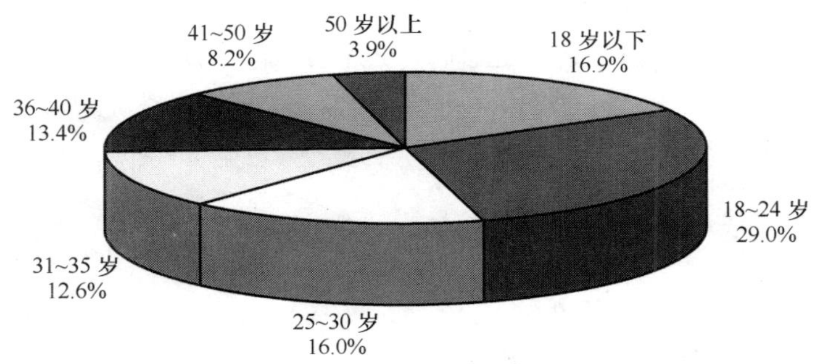

图 23.66　山西省上网用户年龄分布

（3）用户的婚姻状况

山西省上网用户中，已婚者占 53.3%，未婚者占 46.7%（如图 23.67 所示）。已婚者占上网用户主体。

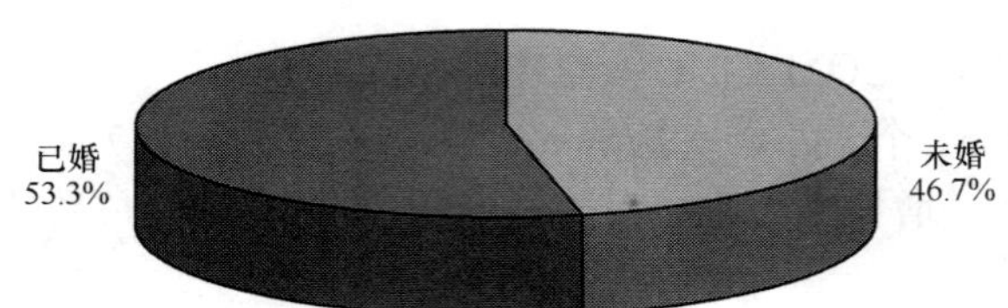

图 23.67　山西省上网用户婚姻状况分布

（4）用户的受教育程度

山西省上网用户中，受教育程度为高中（中专）的最多，所占比例达到35.4%；其次是受教育程度为大专和本科的用户，所占比例分别为29.2%和20.8%；高中以下受教育程度的用户所占比例为14.2%（如图23.68所示）

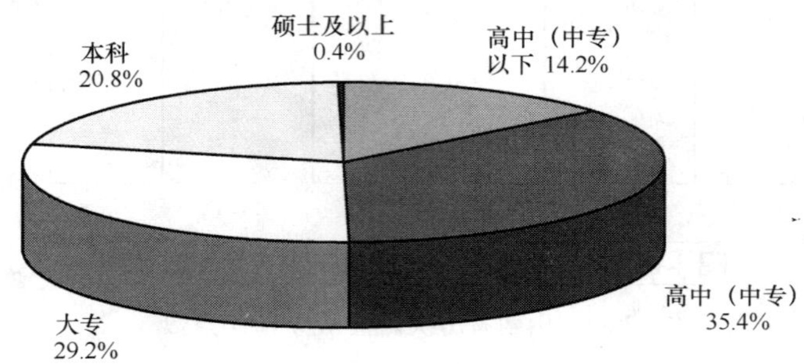

图 23.68　山西省上网用户受教育程度分布

（5）用户的行业分布

山西省上网用户中，从事制造业的人最多，占17.1%；其次是从事公共管理和社会组织的用户，所占比例为15.9%；排在第三位的是教育业，所占比例为14.0%；从事批发零售业的用户所占比例为10.4%；从事IT业的用户所占比例为5.5%；从事其他行业的上网用户则较少（如图23.69所示）。

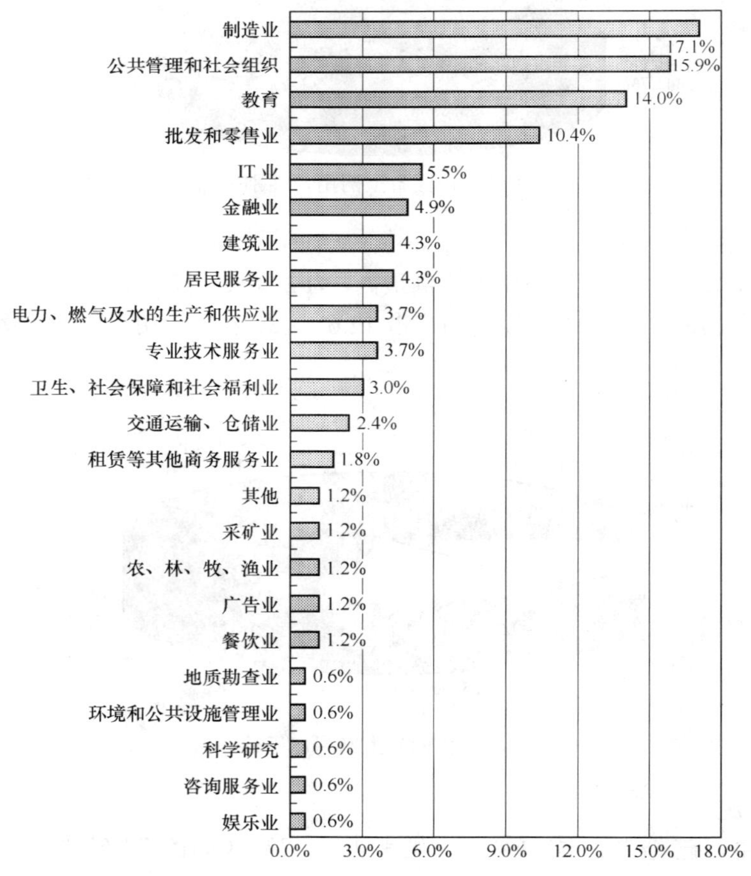

图 23.69　山西省上网用户行业分布

（6）用户的职业分布

山西省上网用户中，学生所占的比例最高，达到 23.8%；其次是专业技术人员，所占比例为 13.8%；排在第三位的是商业、服务业人员，所占比例为 12.1%；企事业单位管理人员所占比例为 10.8%；教师和国家机关、党群组织工作人员所占比例皆为 9.6%；无业人员所占比例为 7.9%；生产、运输设备操作人员及有关人员所占比例为 6.7%；办事员等协助人员所占比例为 2.1%；农、林、牧、渔工作人员所占比例为 0.4%；其他职业用户所占比例较少（如图 23.70 所示）。

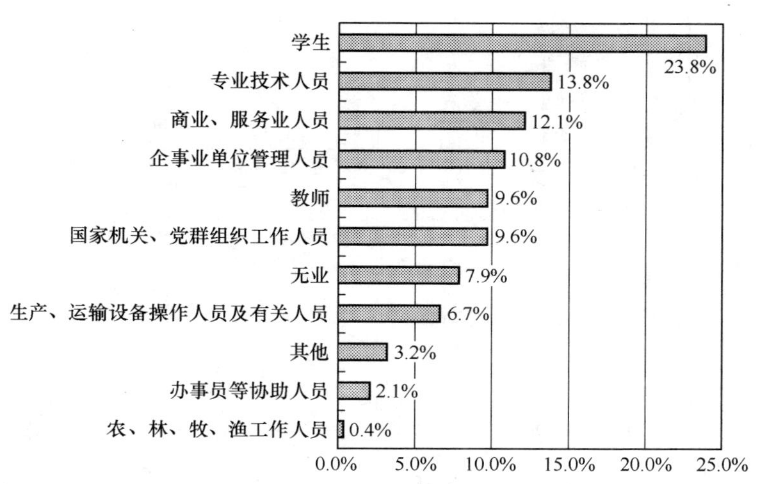

图 23.70　山西省上网用户职业分布

（7）用户的个人月收入

山西省上网用户中，个人月收入在 501～1 000 元的最多，达到 33.6%；其次是个人月收入在 500 元以下的用户，所占比例为 26.5%；排在第三位的是个人月收入在 1 001～1 500 元的用户，所占比例为 19.3%；个人月收入为 1 501～2 000 元的用户所占比例为 10.9%；无收入的用户所占比例为 2.5%；个人月收入在 2 000 元以上的用户所占比例为 7.2%（如图 23.71 所示）。

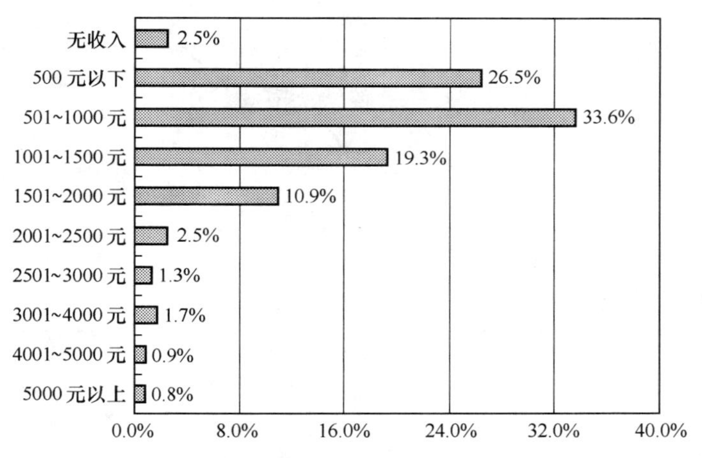

图 23.71　山西省上网用户个人月收入分布

2．用户对互联网的使用情况

（1）用户每月实际花费的上网费用

山西省上网用户中，每月实际花费的上网费用（仅限于上网费及上网电话费，不包括使用网络服务的费用）以低于 50 元的最多，占 69.2%；其次是每月实际花费的上网费用在 51～100 元的用户，所占比例为 18.5%；每月实际花费的上网费用在 100 元以上的用户很少，只占 12.3%（如图 23.72 所示）。

（2）用户平均每周上网时间

山西省上网用户平均每周上网时间为 13.3 小时。

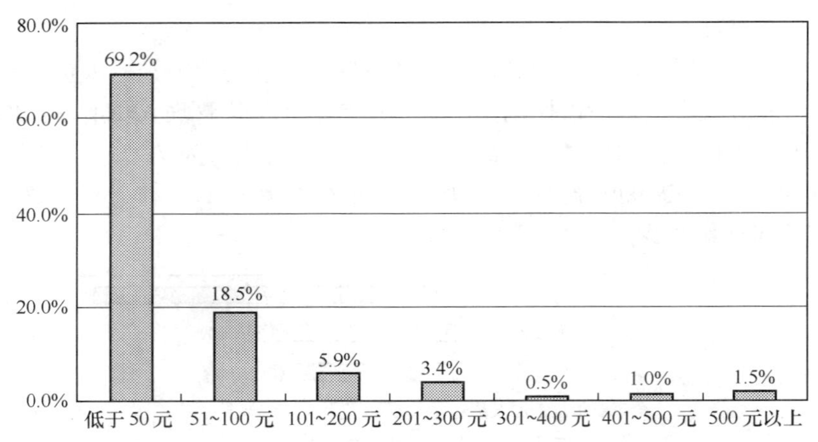

图 23.72　山西省上网用户的上网费用分布

（3）用户平均每周上网天数

山西省上网用户平均每周上网天数为 3.8 天。

（4）用户通常上网时间

山西省上网用户上网时间在一天中波动较大：凌晨 1 点至早上 7 点是用户最少上网的时间，从早上 8 点起上网的用户逐渐增加，到上午 10 点达到一天当中的第一个高峰，有 24.3%的用户在这一时间上网；11 点略有回落，12 点开始回升，到 16 点达到一天当中的第二个高峰，有 40.3%的用户在这一时间上网，此后上网人数开始下降；从晚上 20 点开始上网人数激增，到晚上 21 点时达到一天中的顶峰，有 56.4%的用户在这一时间上网，这之后上网人数又急剧减少（如图 23.73 所示）。日常生活的作息时间在一定程度上影响着人们使用互联网的时间，山西省上网用户使用互联网的高峰时间在晚上。

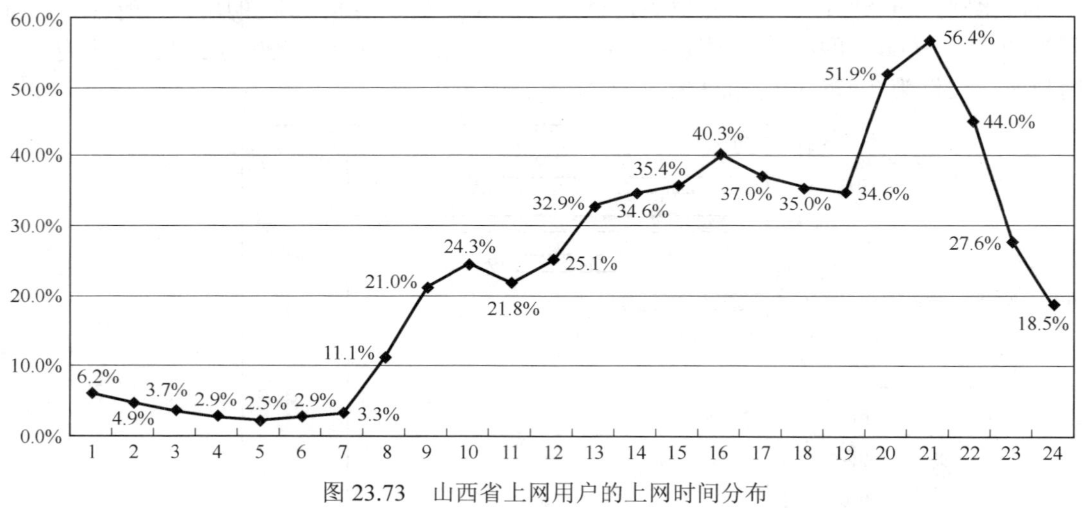

图 23.73　山西省上网用户的上网时间分布

（5）用户拥有 E-mail 账号数

山西省上网用户拥有 E-mail 账号平均值为 1.2，其中免费 E-mail 账号平均值为 1.0。

（6）用户每周收发的电子邮件数

山西省上网用户平均每周收到电子邮件数（不包括垃圾邮件）为 3.7 封，收到垃圾邮件数为 8.3 封，发出电子邮件数为 3.5 封。

（7）用户上网最主要的目的

山西省上网用户上网的最主要目的以获取信息最多，所占比例达到 40.2%；其次是休闲娱乐，所占比例为 31.1%；排在第三位的是学习，有 10.5%的用户选择；还有 7.1%的用户选择交友；而选择其他上网目的的用户则很少（如图 23.74 所示）。

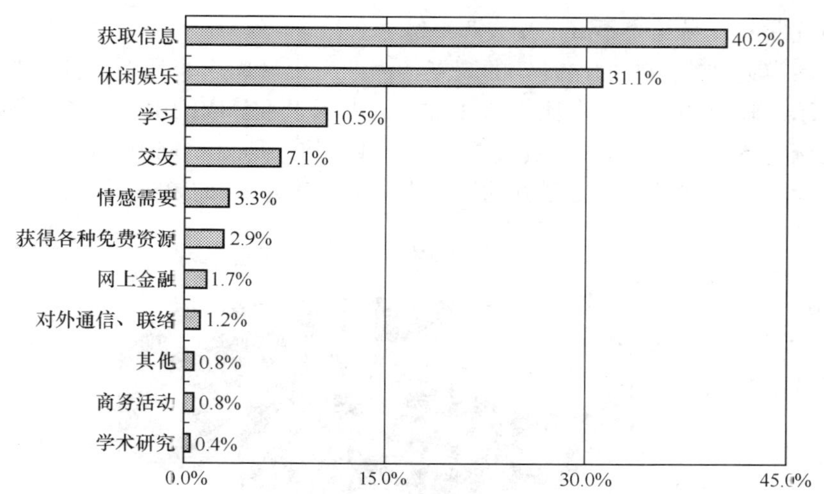

图 23.74　山西省上网用户上网最主要的目的

3．用户对互联网的看法

（1）关于“使用互联网可以提高工作、学习和生活的效率”

关于“使用互联网可以提高工作、学习和生活的效率”的观点，山西省上网用户表示比较赞成的最多，所占比例达到 62.9%；其次是表示非常赞成的，所占比例为 28.8%；表示一半赞成一半不赞成的用户所占比例为 5.8%；表示不赞成的用户所占比例非常小，只有 2.5%（如图 23.75 所示）。山西省上网用户对“使用互联网可以提高工作、学习和生活的效率”的观点表示赞成的占绝大多数。

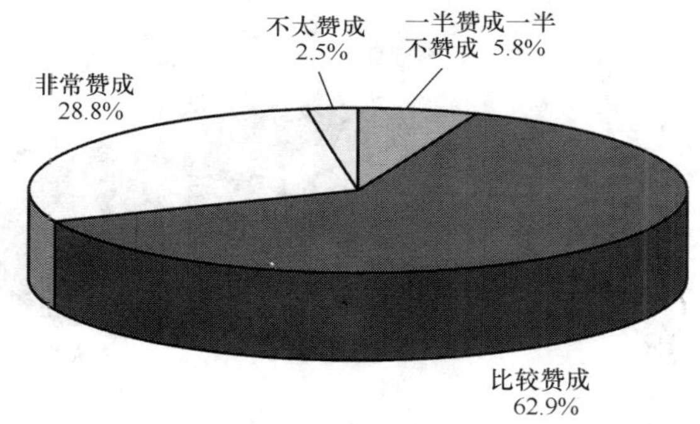

图 23.75　山西省上网用户对“使用互联网可以提高工作、学习和生活的效率”观点的看法

（2）关于“在单位、学校、邻里中，会上网的人好像高人一等”

关于“在单位、学校、邻里中，会上网的人好像高人一等”的观点，山西省上网用户表示不太赞成的最多，所占比例达到 46.6%；其次是表示很不赞成的，所占比例为 26.3%；表示比较赞成的用户所占比例为 17.9%；表示一半赞成一半不赞成的用户所占比例为 7.5%；表示非常赞成的用户所占比例为 1.7%（如图 23.76 所示）。山西省上网用户对“在单位、学校、邻里中，会上网的人好像高人一等”的观点表示不赞成的占绝大多数。

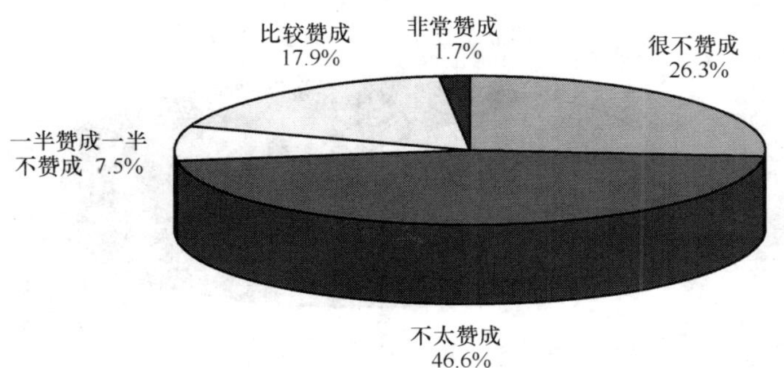

图 23.76　山西省上网用户对“在单位、学校、邻里中，会上网的人好像高人一等”观点的看法

（3）关于“使用互联网容易结交不好的朋友”

关于“使用互联网容易结交不好的朋友”的观点，山西省上网用户表示不太赞成的最多，所占比例达到45.4%；其次是表示比较赞成的，所占比例为21.7%；表示很不赞成的用户所占比例为15.0%；表示非常赞成的用户所占比例为5.4%；表示一半赞成一半不赞成的用户所占比例为12.5%（如图23.77所示）。山西省上网用户对“使用互联网容易结交不好的朋友”的观点表示不赞成的占绝大多数。

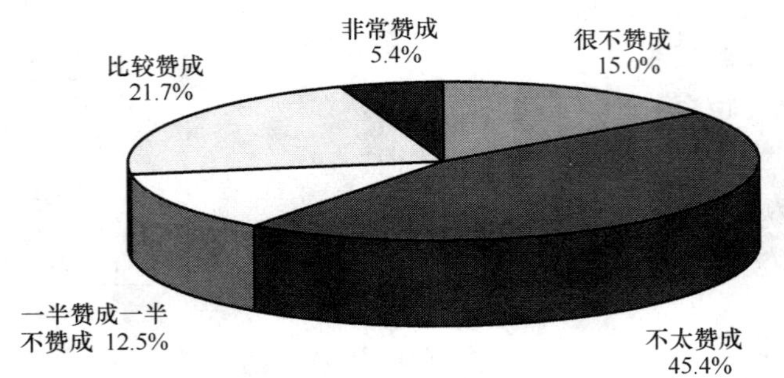

图23.77　山西省上网用户对“使用互联网容易结交不好的朋友”观点看法

（4）关于“使用互联网容易暴露隐私”

关于“使用互联网容易暴露隐私”的观点，山西省上网用户表示不太赞成的最多，所占比例达到47.0%；其次是表示比较赞成的，所占比例为21.2%；表示很不赞成的用户所占比例为14.4%；表示一半赞成一半不赞成的用户所占比例为10.6%；表示非常赞成的用户所占比例为6.8%（如图23.78所示）。山西省上网用户对“使用互联网容易暴露隐私”的观点表示不赞成的占绝大多数。

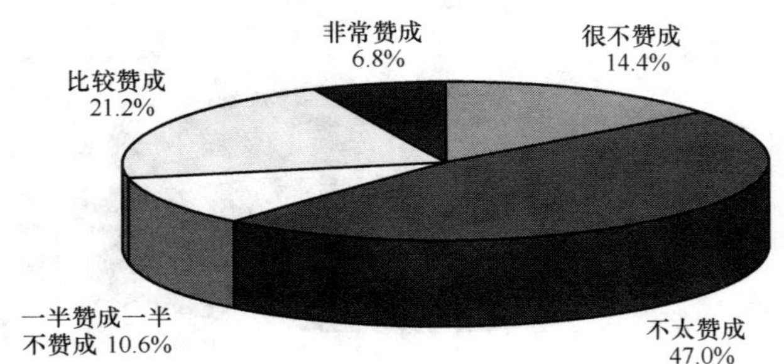

图23.78　山西省上网用户对“使用互联网容易暴露隐私”观点看法

（5）关于“使用互联网容易受不良信息的影响”

关于“使用互联网容易受不良信息的影响”的观点，山西省上网用户表示不太赞成的最多，所占比例达到36.0%；其次是表示比较赞成的，所占比例为33.5%；表示非常赞成的用户所占比例为10.9%；表示一半赞成一半不赞成的用户所占比例为10.0%；表示很不赞成的用户所占比例为9.6%（如图23.79所示）。山西省上网用户对“使用互联网容易受不良信息的影响”的观点表示赞成与不赞成的比例持平。

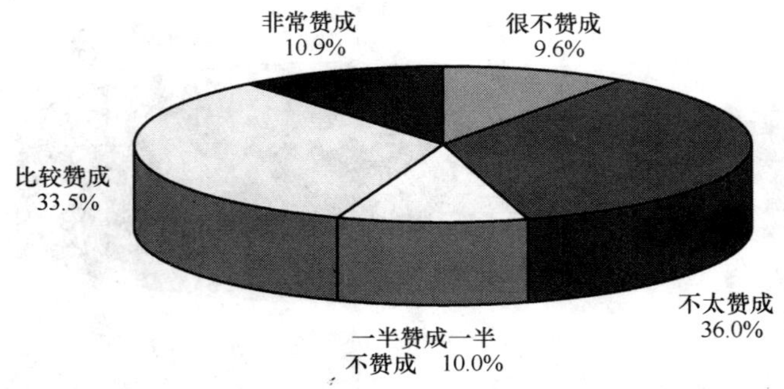

图23.79　山西省上网用户对“使用互联网容易受不良信息的影响”观点的看法

（6）对互联网的信任程度

山西省上网用户表示比较信任的最多，所占比例为 51.3%；其次是对互联网表示半信半疑的，所占比例为 35.4%；对互联网表示不太信任的用户所占比例为 7.5%；对互联网表示完全信任的用户所占比例为 4.6%；对互联网表示完全不信的占 1.2%（如图 23.80）。山西省上网用户对互联网表示信任的占多数。

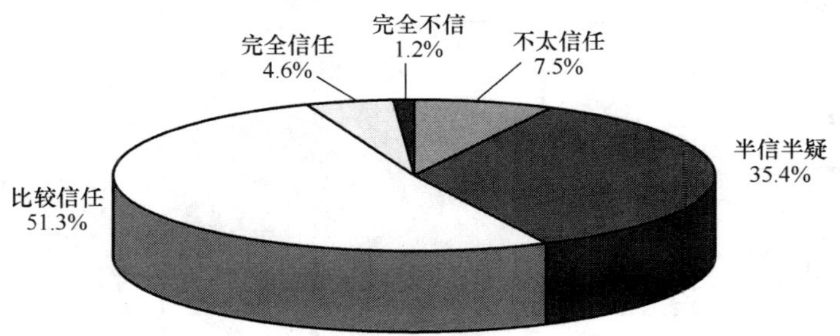

图 23.80　山西省上网用户对互联网的信任程度

综上所述，山西省上网用户数为 211 万人，上网计算机数为 76 万台，CN 下注册域名数量为 2474 个，WWW 站点数为 4351 个。

其中住宅电话覆盖的上网用户（不包括住校大学生）中以男性、已婚者为主，年龄在 18～24 岁的所占比例最高，受教育程度为高中（中专）的最多，职业以学生所占比例最高，从事的行业以制造业的用户最多，个人月收入在 501～1000 元的最多。用户每月实际花费的上网费用集中在 100 元及以下，平均每周上网时间为 13.3 小时，平均每周上网天数为 3.8 天，使用互联网的高峰时间在晚上。用户拥有 E-mail 账号平均值为 1.2，其中免费 E-mail 账号平均值为 1.0，平均每周收到电子邮件数（不包括垃圾邮件）为 3.7 封，收到垃圾邮件数 8.3 封，发出电子邮件数 3.5 封。用户上网的最主要目的为获取信息。

山西省上网用户对“使用互联网可以提高工作、学习和生活的效率”的观点表示赞成的占绝大多数，对“在单位、学校、邻里中，会上网的人好像高人一等”的观点表示不赞成的占多数，对“使用互联网容易结交不好的朋友”的观点表示不赞成的居多，对“使用互联网容易暴露隐私”的观点表示不赞成的居多，对“使用互联网容易受不良信息的影响”的观点表示赞成与不赞成的比例持平。山西省上网用户对互联网表示信任的占多数。

23.1.5　内蒙古自治区互联网络发展状况

一、宏观概况

1．上网用户人数

内蒙古自治区上网用户人数为 93 万，占全国上网用户总人数的比例为 1.0%，是内蒙古自治区总人口的 3.9%。与第 13 次调查结果相比，内蒙古自治区上网用户人数增加 18.1 万，增长率为 24.2%，占全国上网总人数的比例保持不变，占内蒙古自治区总人口比例增加 0.8%（如图 23.81 所示）。

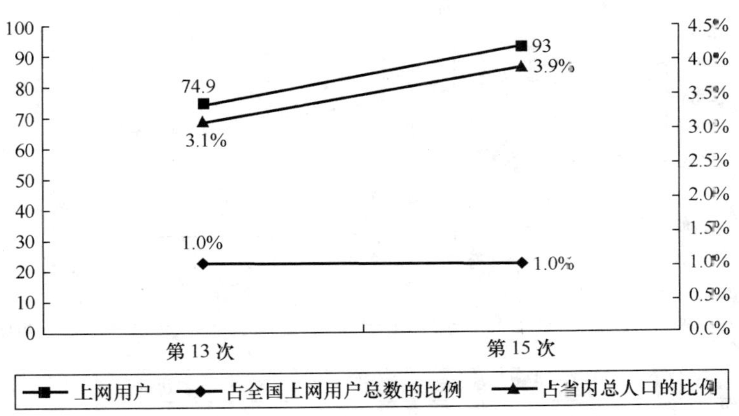

图 23.81　内蒙古自治区历次调查上网用户人数

2．上网计算机数

内蒙古自治区上网计算机数为 42 万台，占全国上网计算机总数的比例为 1.0%。与第 13 次调查结果相比，内蒙古自治区上网计算机数增加 11 万台，增长率为 35.5%，占全国计算机总数的比例保持不变（如图 23.82 所示）。

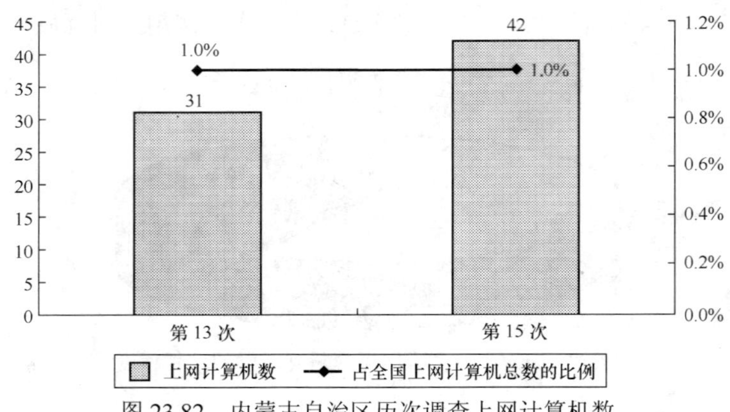

图 23.82　内蒙古自治区历次调查上网计算机数

3．CN 下注册域名数（不含 EDU）

内蒙古自治区 CN 下注册域名数量为 2 094 个，占全国 CN 下注册域名总数的比例为 0.5%。与第 13 次调查结果相比，内蒙古自治区 CN 下注册域名数增加 152 个，增长率为 7.8%，占全国 CN 下注册域名数的比例减少 0.1%（如图 23.83 所示）。

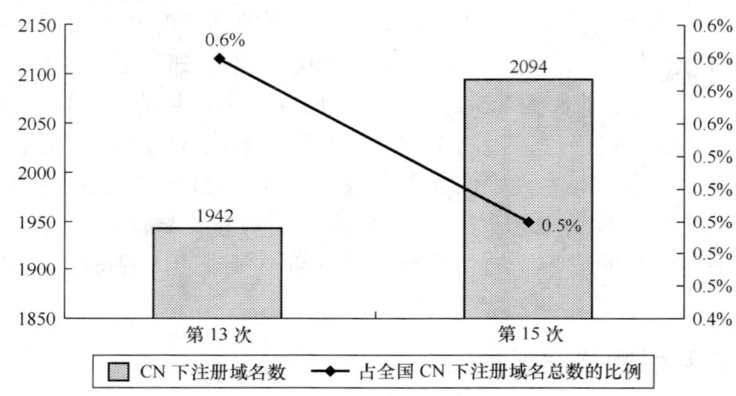

图 23.83　内蒙古自治区历次调查 CN 下注册域名数（不含 EDU）

4．WWW 站点数（包括.CN、.COM、.NET、.ORG 下的网站）

内蒙古自治区 WWW 站点数为 2 587 个，占全国 WWW 站点数的比例为 0.4%。与第 13 次调查结果相比，内蒙古自治区 WWW 站点数减少 272 个，同比下降 9.5%，占全国 WWW 站点数的比例减少 0.1%（如图 23.84 所示）。

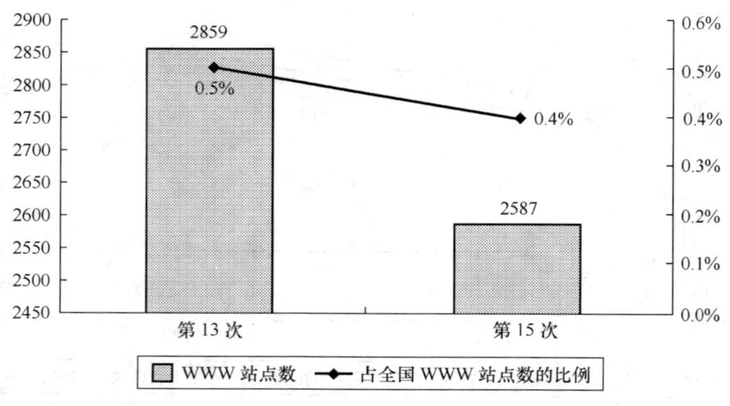

图 23.84　内蒙古自治区历次调查 WWW 站点数

二、互联网用户行为意识调查结果

1．用户个人信息

（1）用户的性别

内蒙古自治区上网用户中，男性占 59.8%，女性占 40.2%（如图 23.85 所示）。男性占据上网用户主体。

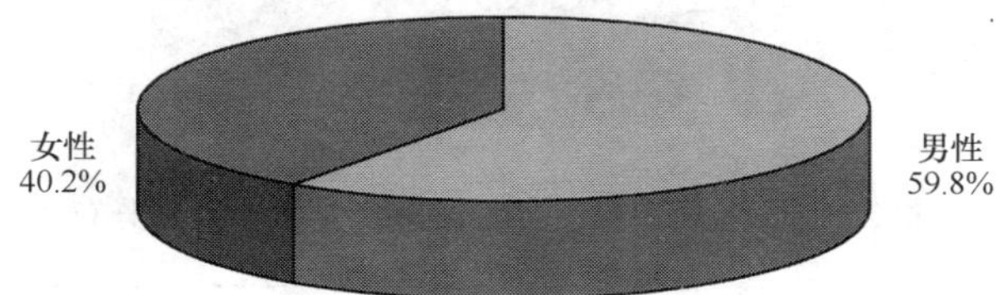

图 23.85　内蒙古自治区上网用户性别分布

（2）用户的年龄分布

内蒙古自治区上网用户中，18 岁以下的用户所占比例最高，达到 29.5%；其次是 18～24 岁的用户，所占比例为 27.7%；31～35 岁的用户占 15.6%；25～30 岁的用户占 12.7%；35 岁以上用户所占比例为 14.5%（如图 23.86 所示）。

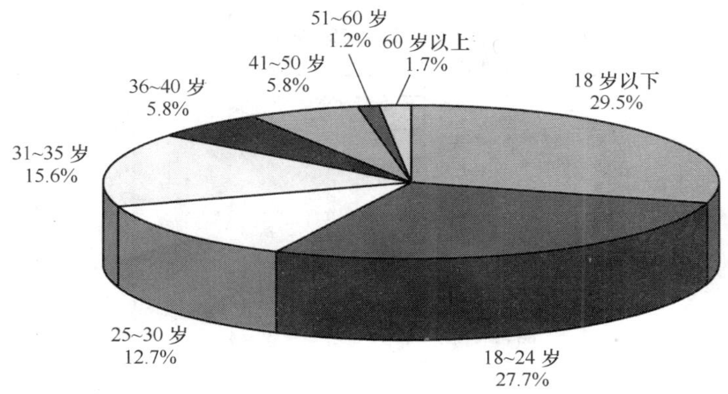

图 23.86　内蒙古自治区上网用户年龄分布

（3）用户的婚姻状况

内蒙古自治区上网用户中，已婚者占 38.8%，未婚者占 61.2%（如图 23.87 所示）。未婚者占据上网用户主体。

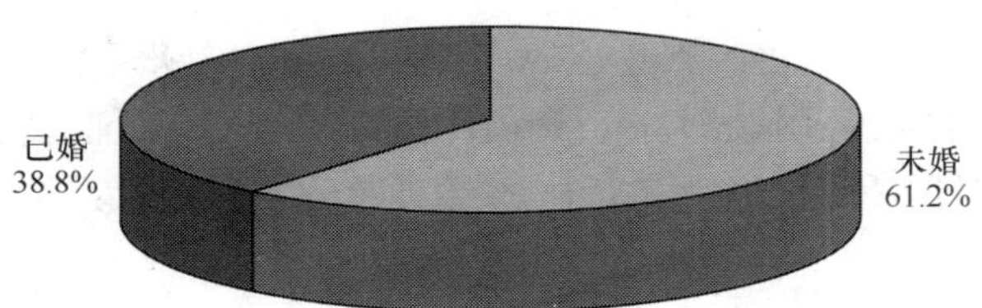

图 23.87　内蒙古自治区上网用户婚姻状况分布

（4）用户的受教育程度

内蒙古自治区上网用户中，受教育程度为高中（中专）的最高，所占比例达到 30.3%；其次是受教育程度为高中（中专）以下的用户，所占比例为 24.2%；受教育程度为大专的用户所占比例为 23.0%；受教育程度为本科用户所占比例为 20.8%；硕士及以上学历的用户所占比例只有 1.7%（如图 23.88 所示）。

（5）用户的行业分布（不包括军人、学生和无业人员）

内蒙古自治区上网用户中，从事公共管理和社会组织的人最多，占 16.7%；其次是从事教育业的用户，所占比例为 13.7%；排在第三位的是从事制造业的用户，所占比例为 11.8%；从事批发和零售业的用户所占比例为 10.8%；从事居民服务业的用户所占比例为 6.0%；从事卫生、社会保障和社会福利业的用户为 5.9%；从事建筑业的用户所占比例为 5.8%；从事交通运输、仓储业的用户所占比例为 5.0%；IT 业用户所占比例为 4.9%；电力、燃气及水的生产和供应业用户所占比例为 4.8%；从事其他行业的上网用户则较少（如图 23.89 所示）。

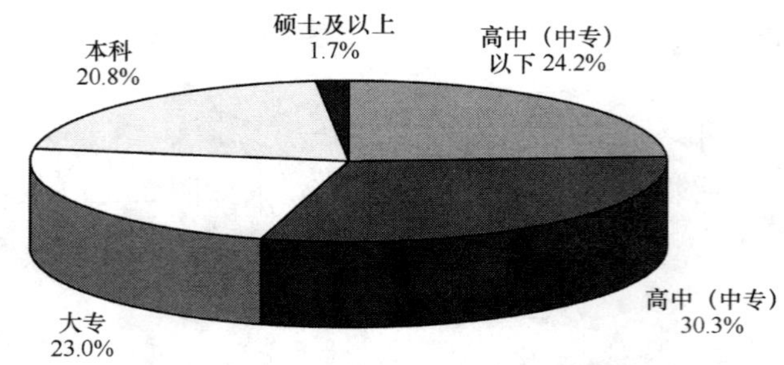

图 23.88　内蒙古自治区上网用户受教育程度分布

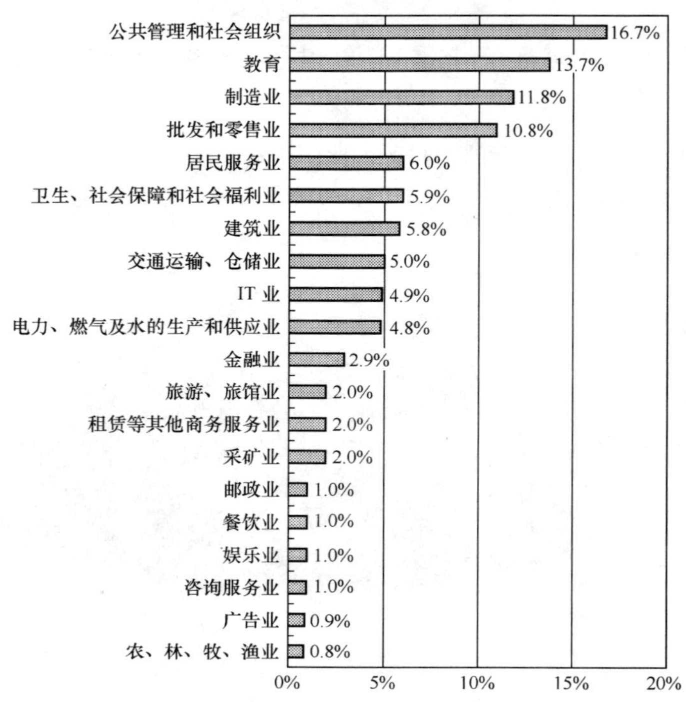

图 23.89　内蒙古自治区用户的行业分布

（6）用户的职业分布

内蒙古自治区上网用户中，学生所占的比例最高，达到 34.1%；其次是国家机关、党群组织工作人员，所占比例为 11.2%；排在第三位的是专业技术人员，所占比例为 10.6%；商业、服务业人员所占比例为 9.5%；无业人员所占比例为 8.9%；教师所占比例为 7.8%；企事业单位管理人员所占比例为 6.1%；其他职业的用户所占比例较少（如图 23.90 所示）。

（7）用户的个人月收入

内蒙古自治区上网用户中，个人月收入在 500 元以下的最多，所占比例达到 34.3%；其次是个人月收入在 501～1 000 元的用户，所占比例为 21.7%；排在第三位的是个人月收入在 1 001～1 500 元的用户，所占比例为 20.0%；个人月收入在 1 501～2 000 元的用户所占比例为 12.0%；无收入用户所占比例为 4.6%；个人月收入在 2 000 元以上的用户所占比例为 7.4%（如图 23.91 所示）。

2．用户对互联网的使用情况

（1）用户每月实际花费的上网费用

内蒙古自治区上网用户中，每月实际花费的上网费用（仅限于上网费及上网电话费，不包括使用网络服务的费用）以低于 50 元的最多，占 55.5%；其次是每月实际花费的上网费用在 51～100 元的用户，所占比例为 27.1%；每月实际花费的上网费用在 101～200 元的用户，所占比例为 11.6%；每月实际花费的上网费用在 200 元以上的用户很少，只占 5.8%（如图 23.92 所示）。内蒙古自治区上网用户每月实际花费的上网费用集中在 100 元及以下。

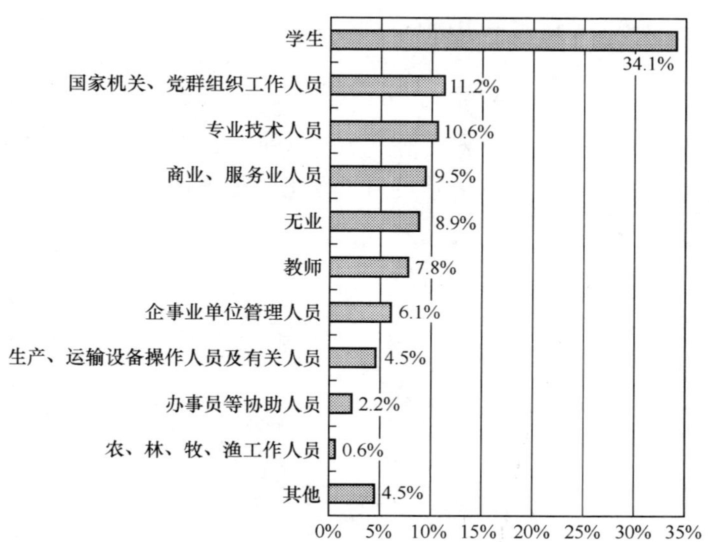

图 23.90　内蒙古自治区上网用户的职业分布

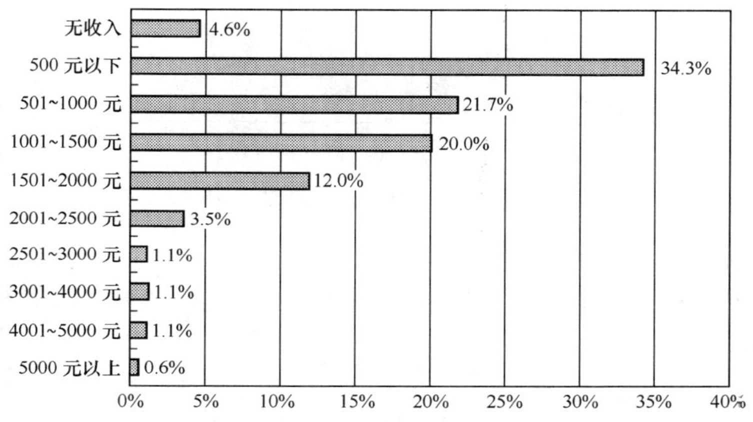

图 23.91　内蒙古自治区上网用户的个人月收入分布

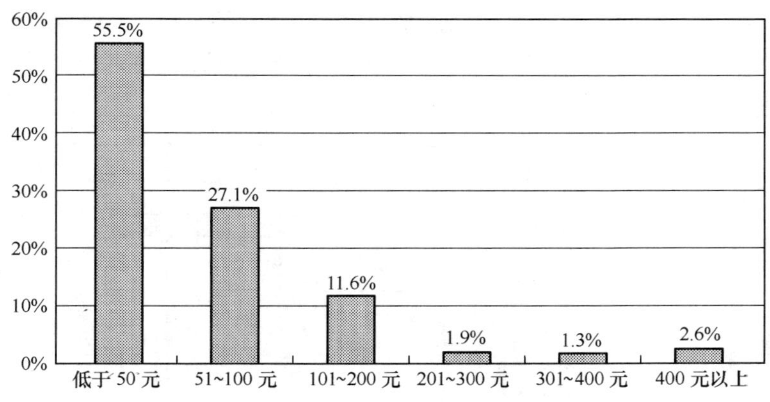

图 23.92　内蒙古自治区上网用户的上网费用分布

（2）用户平均每周上网时间

内蒙古自治区上网用户平均每周上网时间为 9.1 小时。

（3）用户平均每周上网天数

内蒙古自治区上网用户平均每周上网天数为 3.5 天。

（4）用户通常上网时间

内蒙古自治区上网用户的上网时间在一天中波动较大：凌晨 1 点至早上 7 点钟是用户最少上网的时间，

从早上 8 点钟起上网的人逐渐增加，到上午 10 点达到一天当中的第一个高峰，有 25.6%的用户在这一时间上网；11 点略有回落，12 点开始回升，到 15 点达到一天当中的第二个高峰，有 32.8%的用户在这一时间上网，此后上网人数开始下降；从晚上 19 点开始上网人数激增，到晚上 20 点的时候达到一天中的顶峰，有 52.8%的用户在这一时间上网，这之后上网人数又急剧减少（如图 23.93 所示）。日常生活的作息时间在一定程度上影响着人们使用互联网的时间，内蒙古自治区上网用户使用互联网的高峰时间在晚上。

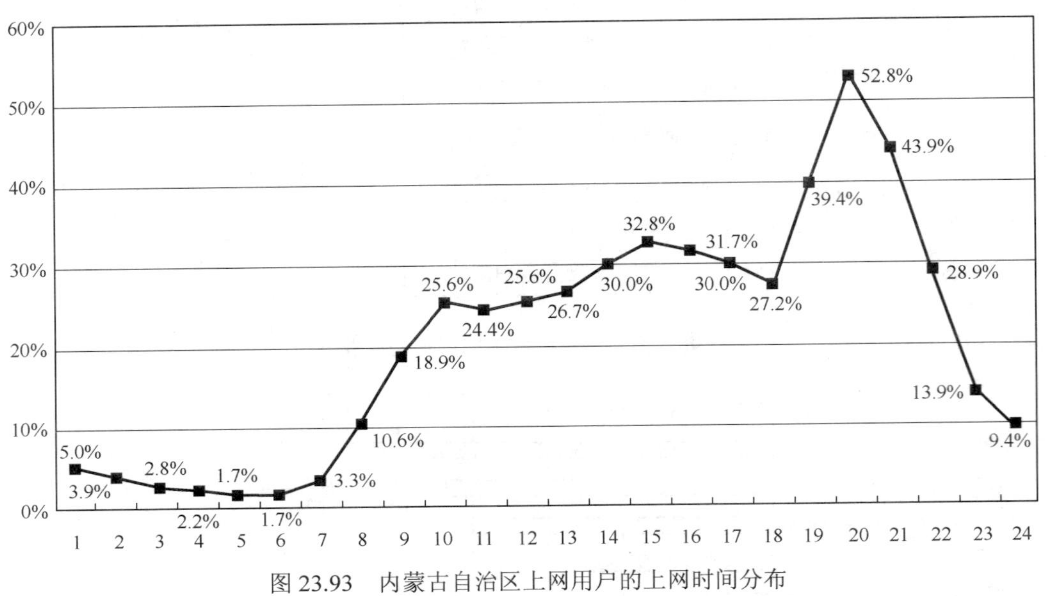

图 23.93 内蒙古自治区上网用户的上网时间分布

（5）用户拥有 E-mail 账号数

内蒙古自治区上网用户拥有 E-mail 账号平均值为 1.0，其中免费 E-mail 账号平均值为 0.8。

（6）用户平均每周收发的电子邮件数

内蒙古自治区上网用户平均每周收到电子邮件数（不包括垃圾邮件）为 3.1 封，收到垃圾邮件数 5.4 封，发出电子邮件数 2.5 封。

（7）用户上网最主要的目的

内蒙古自治区上网用户上网的最主要目的以获取信息最多，所占比例达到 36.7%；其次是休闲娱乐，所占比例为 35.0%；排在第三位的是学习，有 14.4%的用户选择此项；选择交友的用户有 6.7%；而选择其他上网目的的用户则很少（如图 23.94 所示）。

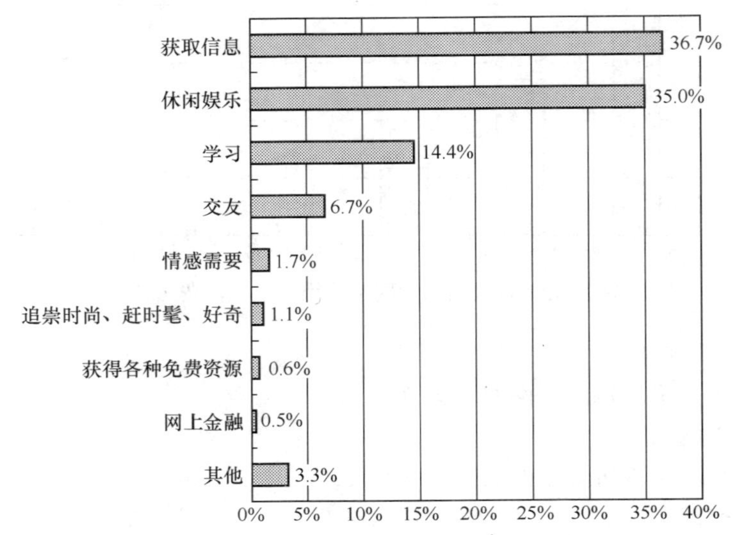

图 23.94 内蒙古自治区上网用户上网最主要的目的

3．用户对互联网的看法

（1）关于“使用互联网可以提高工作、学习和生活的效率”

关于“使用互联网可以提高工作、学习和生活的效率”的观点，内蒙古自治区上网用户表示比较赞成的最多，所占比例达到 63.7%；其次是表示非常赞成的，所占比例为 25.7%；表示一半赞成一半不赞成的用户所占比例为 8.4%；表示不赞成的用户所占比例非常小，只有 2.2%（如图 23.95 所示）。内蒙古自治区上网用户对“使用互联网可以提高工作、学习和生活的效率”的观点表示赞成的占绝大多数。

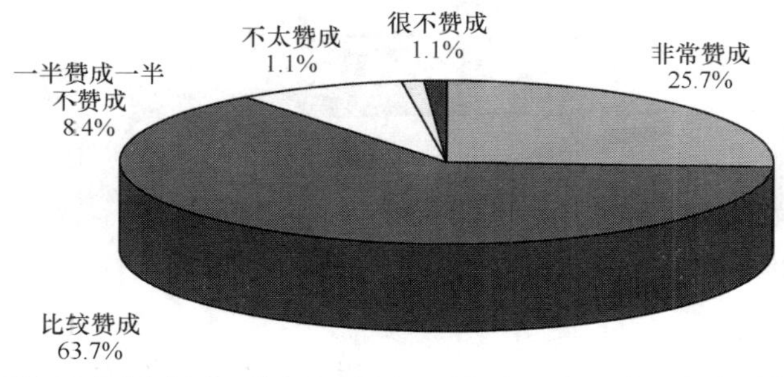

图 23.95　内蒙古自治区上网用户对“使用互联网可以提高工作、学习和生活的效率”观点的看法

（2）关于“在单位、学校、邻里中，会上网的人好像高人一等”

关于“在单位、学校、邻里中，会上网的人好像高人一等”的观点，内蒙古自治区上网用户表示不太赞成的最多，达到 49.7%；其次是表示很不赞成的，所占比例为 24.0%；表示比较赞成的用户所占比例为 13.5%；表示一半赞成一半不赞成的用户所占比例为 7.8%；表示非常赞成的用户所占比例为 5.0%（如图 23.96 所示）。内蒙古自治区上网用户对“在单位、学校、邻里中，会上网的人好像高人一等”的观点表示不赞成的占多数。

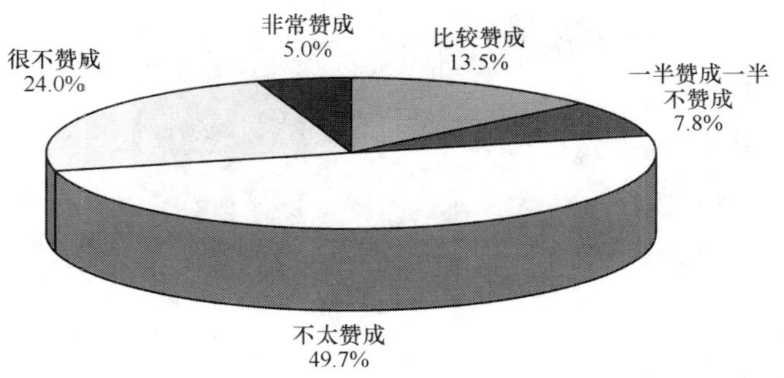

图 23.96　内蒙古自治区上网用户对“在单位、学校、邻里中，会上网的人好像高人一等”观点的看法

（3）关于“使用互联网容易结交不好的朋友”

关于“使用互联网容易结交不好的朋友”的观点，内蒙古自治区上网用户表示不太赞成的最多，所占比例达到 51.4%；其次是表示很不赞成的用户，所占比例为 17.9%；表示比较赞成的用户所占比例为 17.3%；表示一半赞成一半不赞成的用户占 9.5%；表示非常赞成的用户最少，只有 3.9%（如图 23.97 所示）。内蒙古自治区上网用户对“使用互联网容易结交不好的朋友”的观点表示不赞成的居多。

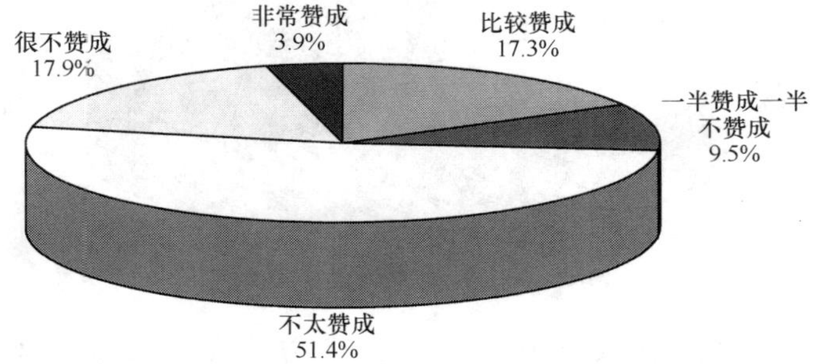

图 23.97　内蒙古自治区上网用户对“使用互联网容易结交不好的朋友”观点的看法

（4）关于“使用互联网容易暴露隐私”

关于“使用互联网容易暴露隐私”的观点，内蒙古自治区上网用户表示不太赞成的最多，所占比例达到 48.9%；其次是表示很不赞成的用户，所占比例为 22.4%；表示比较赞成的用户所占比例为 18.0%；表示一半赞成一半不赞成的用户所占比例为 9.0%；表示非常赞成的用户最少，占 1.7%（如图 23.98 所示）。内蒙古自治区上网用户对“使用互联网容易暴露隐私”的观点表示不赞成的居多。

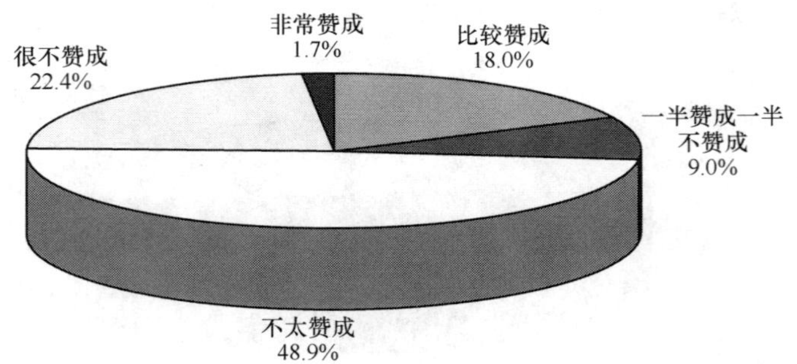

图 23.98　内蒙古自治区上网用户对“使用互联网容易暴露隐私”观点的看法

（5）关于“使用互联网容易受不良信息影响”

关于“使用互联网容易受不良信息影响”的观点，内蒙古自治区上网用户表示比较赞成的最多，所占比例达到 34.1%；其次是表示不太赞成的用户，所占比例为 33.5%；表示很不赞成的用户所占比例为 12.3%；表示一半赞成一半不赞成的用户所占比例为 11.7%；表示非常赞成的用户所占比例为 8.4%（如图 23.99 所示）。内蒙古自治区上网用户对“使用互联网容易受不良信息影响”的观点表示不赞成的略多于表示赞成的。

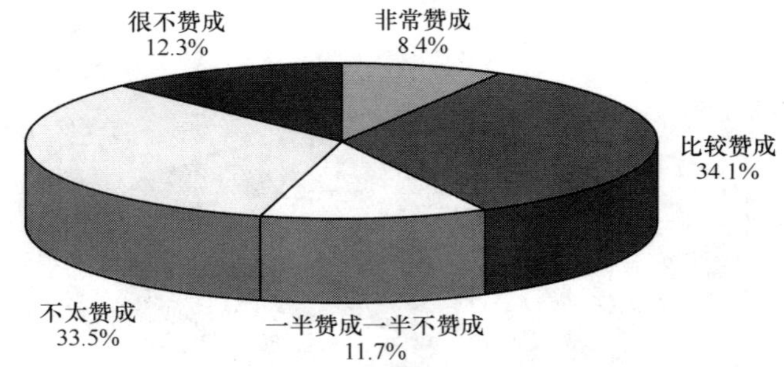

图 23.99　内蒙古自治区上网用户对“使用互联网容易受不良信息影响”观点的看法

（6）对互联网的信任程度

内蒙古自治区上网用户对互联网表示比较信任的最多，所占比例为 49.4%；其次是对互联网表示半信半疑的，所占比例为 34.3%；对互联网表示不太信任的用户占 11.2%；对互联网表示完全信任的用户有 3.4%；对互联网表示完全不信的用户占 1.7%（如图 23.100 所示）。内蒙古自治区上网用户对互联网表示比较信任的占多数。

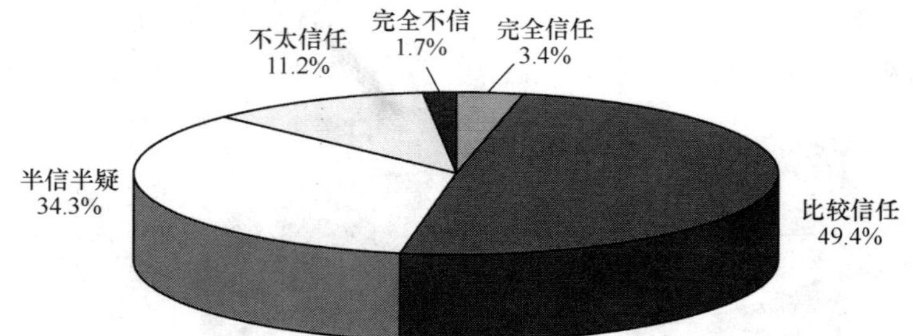

图 23.100　内蒙古自治区上网用户对互联网的信任程度

综上所述，内蒙古自治区上网用户数为 93 万人，上网计算机数为 42 万台，CN 下注册域名数量为 2 094 个，WWW 站点数为 2 587 个。

其中住宅电话覆盖的上网用户（不包括住校大学生）中以男性、未婚者占主体，年龄在 18 岁以下的所占比例最高，受教育程度为高中（中专）的最多，职业为学生的所占的比例最多，从事行业为公共管理和社会组织的人最多，个人月收入在 500 元以下的最多。

用户每月实际花费的上网费用集中在 100 元及以下，平均每周上网时间为 9.1 小时，平均每周上网天数为 3.5 天，使用互联网的高峰时间在晚上。用户拥有 E-mail 账号平均值为 1.0，其中免费 E-mail 账号平均值为 0.8，平均每周收到电子邮件数（不包括垃圾邮件）为 3.1 封，收到垃圾邮件数 5.4 封，发出电子邮件数 2.5 封。用户上网的最主要目的为获取信息。

内蒙古自治区上网用户对“使用互联网可以提高工作、学习和生活的效率”的观点表示赞成的占绝大多数，对“在单位、学校、邻里中，会上网的人好像高人一等”的观点表示不赞成的占多数，对“使用互联网容易结交不好的朋友”的观点表示不赞成的居多，对“使用互联网容易暴露隐私”的观点表示不赞成的居多，对“使用互联网容易受不良信息影响”的观点表示不赞成的略多于表示赞成的。对互联网表示比较信任的占多数。

23.1.6　辽宁省互联网络发展状况

一、宏观概况

1．上网用户人数

辽宁省上网用户人数为 322 万，占全国上网用户总人数的比例为 3.4%，占辽宁省总人口的 7.6%。与第 13 次调查结果相比，辽宁省上网用户人数增加 30.5 万，增长率为 10.5%，占全国上网总人数的比例减少 0.3%，占辽宁省总人口的比例增加 0.7%（如图 23.101 所示）。

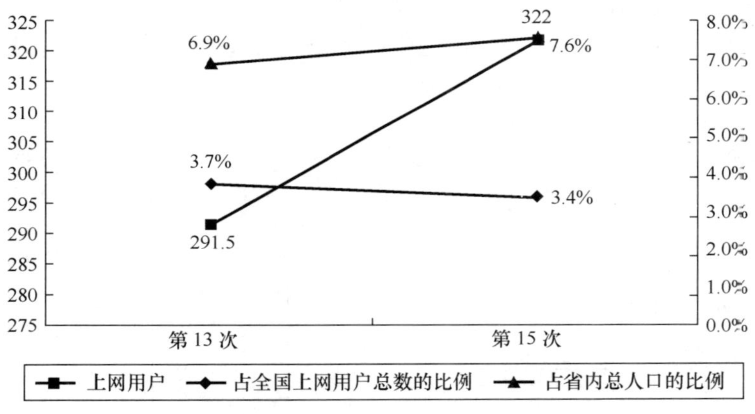

图 23.101　辽宁省历次调查上网用户人数

2．上网计算机数

辽宁省上网计算机数为 118 万台，占全国上网计算机总数的比例为 2.8%。与第 13 次调查结果相比，辽宁省上网计算机数增加 22 万台，增长率为 22.9%，占全国计算机总数的比例减少 0.3%（如图 23.102 所示）。

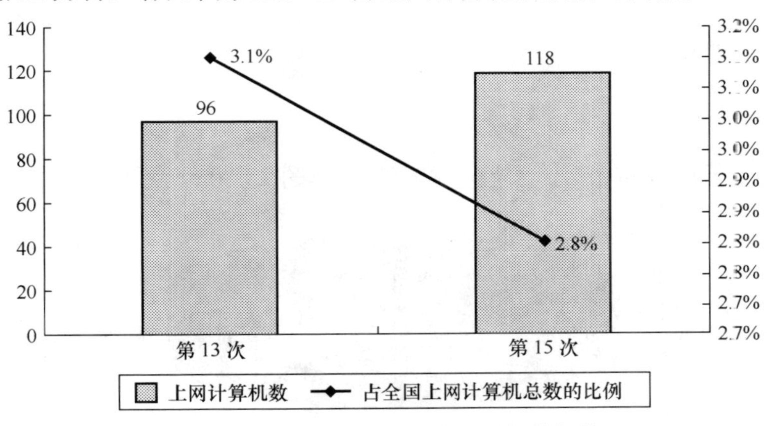

图 23.102　辽宁省历次调查上网计算机数

3．CN 下注册域名数（不含 EDU）

辽宁省 CN 下注册域名数量为 13 053 个，占全国 CN 下注册域名总数的比例为 3.0%。与第 13 次调查结果相比，辽宁省 CN 下注册域名数增加 3 260 个，增长率为 33.3%，占全国 CN 下注册域名总数的比例增加 0.1%（如图 23.103 所示）。

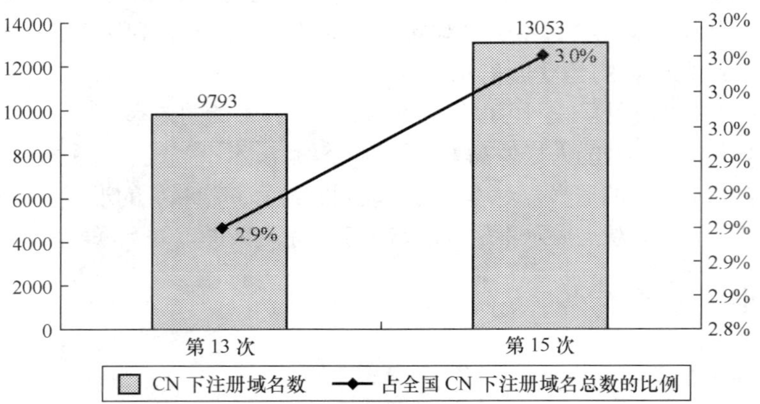

图 23.103　辽宁省历次调查 CN 下注册域名数（不含 EDU）

4．WWW 站点数（包括.CN、.COM、.NET、.ORG 下的网站）

辽宁省 WWW 站点数为 22 118 个，占全国 WWW 站点数的比例为 3.3%。与第 13 次调查结果相比，辽宁省 WWW 站点数增加 1 672 个，增长率为 8.2%，占全国 WWW 站点数比例减少 0.1%（如图 23.104 所示）。

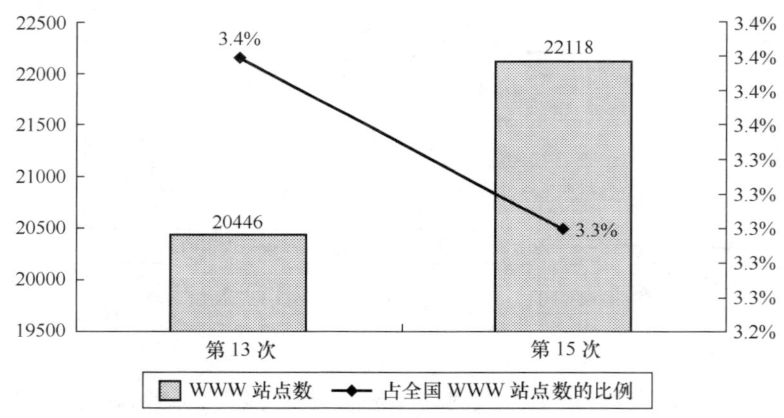

图 23.104　辽宁省历次调查 WWW 站点数

二、互联网用户行为意识调查结果

1．用户个人信息

（1）用户的性别

辽宁省上网用户中，男性占 60.0%，女性占 40.0%（如图 23.105 所示）。男性占据上网用户主体。

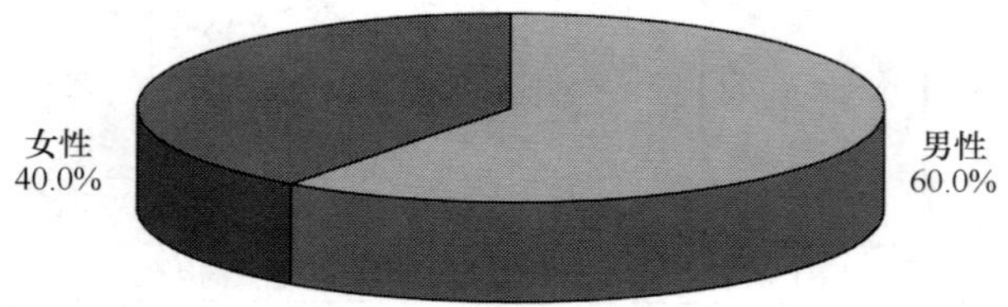

图 23.105　辽宁省上网用户性别分布

（2）用户的年龄分布

辽宁省上网用户中，18～24 岁的用户所占比例最高，达到 28.7%；其次是 18 岁以下的用户，所占比例为 20.5%；25～30 岁的用户占 20.0%；31～35 岁的用户占 13.4%；41～50 岁的用户占 8.2%；36～40 岁的用户占 5.6%；50 岁以上用户所占比例较小，为 3.6%（如图 23.106 所示）。

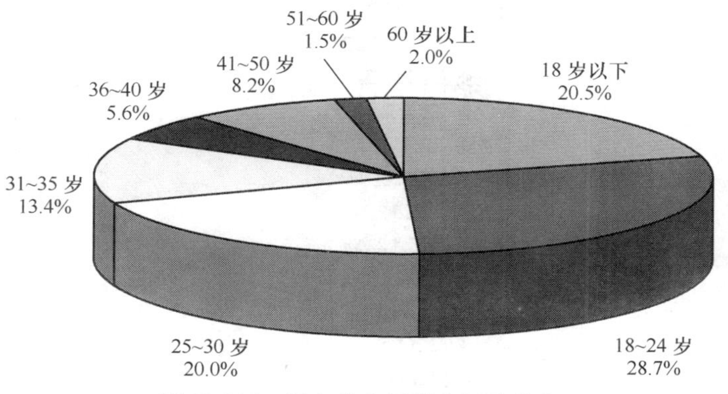

图 23.106　辽宁省上网用户年龄分布

（3）用户的婚姻状况

辽宁省上网用户中，已婚者占 47.8%，未婚者占 52.2%（如图 23.107 所示）。未婚者占上网用户主体。

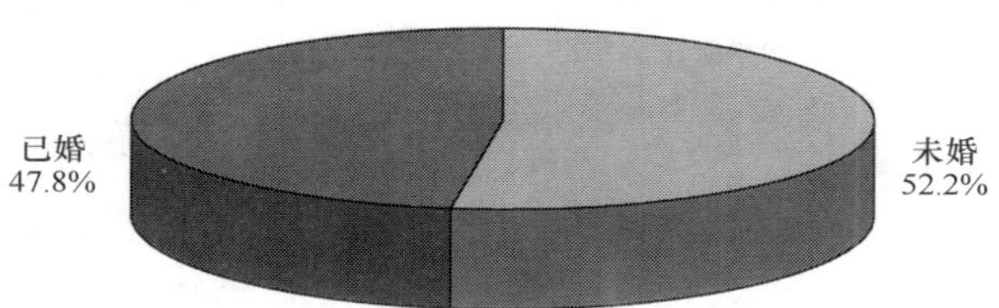

图 23.107　辽宁省上网用户婚姻状况分布

（4）用户的受教育程度

辽宁省上网用户中，受教育程度为大专的最多，达到 29.4%；其次是受教育程度为高中（中专）的用户，所占比例为 26.9%；受教育程度为高中以下的用户所占比例为 25.5%；受教育程度为本科的用户所占比例为 16.7%；硕士以上受教育程度的用户所占比例较小，只有 1.5%（如图 23.108 所示）。

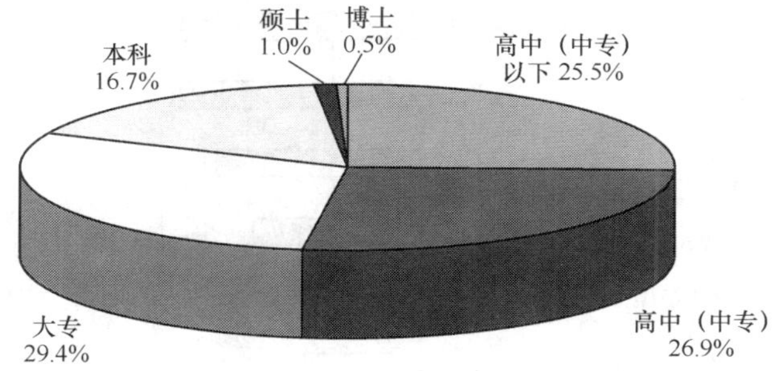

图 23.108　辽宁省上网用户受教育程度分布

（5）用户的行业分布（不包括军人、学生和无业人员）

辽宁省上网用户中，从事制造业的用户最多，所占比例为 19.5%；其次是从事批发和零售业的用户，所占比例为 11.1%；排在第三位的是从事 IT 业和教育业的用户，所占比例皆为 9.0%；从事金融业的用户所占比例为 8.3%；从事公共管理和社会组织业的用户所占比例为 6.1%；从事交通运输、仓储业的用户所占比例为 5.3%；从事建筑业的用户所占比例为 3.8%；从事其他行业的上网用户则较少（如图 23.109 所示）。

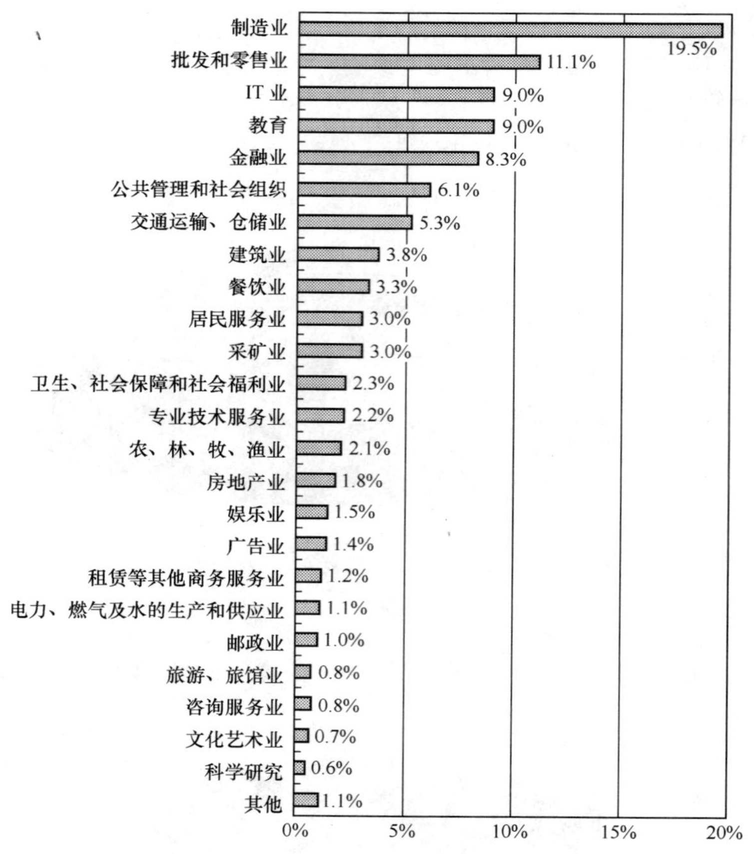

图 23.109　辽宁省上网用户的行业分布

（6）用户的职业分布

辽宁省上网用户中，学生所占的比例最多，所占比例达到 20.7%；其次是专业技术人员和无业人员，所占比例皆为 13.8%；排在第三位的是商业、服务业人员，所占比例为 11.8%；企事业单位管理人员所占比例为 9.9%；生产、运输设备操作人员及有关人员所占比例为 8.4%；国家机关、党群组织工作人员所占比例为 6.9%；教师所占比例为 4.9%；其他职业的用户所占比例较少（如图 23.110 所示）。

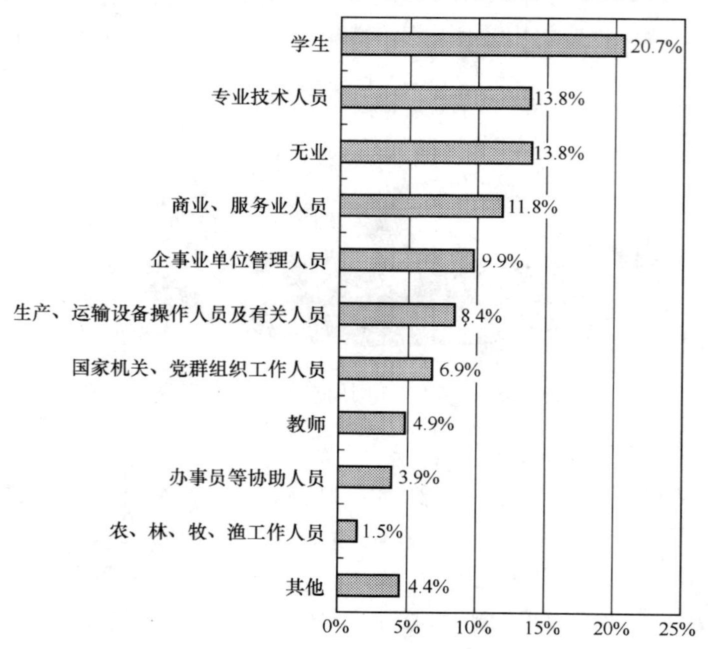

图 23.110　辽宁省上网用户的职业分布

（7）用户的个人月收入

辽宁省上网用户中，个人月收入在 501～1000 元的最多，所占比例达到 29.1%；其次是个人月收入在 500 元以下的用户，所占比例为 24.0%；排在第三位的是月收入在 1 001～1 500 的用户，所占比例为 14.3%；个人月收入 1 500～2 000 元的用户所占比例为 12.2%；无收入用户所占比例为 7.1%；个人月收入在 2 000 元以上的用户所占比例为 13.3%（如图 23.111 所示）。

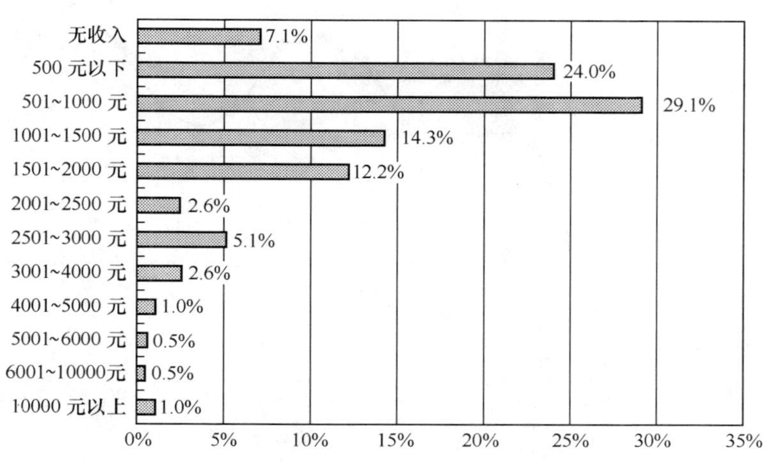

图 23.111　辽宁省上网用户的个人月收入分布

2．用户对互联网的使用情况

（1）用户每月实际花费的上网费用

辽宁省上网用户中，每月实际花费的上网费用（仅限于上网费及上网电话费，不包括使用网络服务的费用）以 51～100 元的最多，占 42.3%；其次是每月实际花费的上网费用在 50 元以下的用户，所占比例为 40.5%；每月实际花费的上网费用在 101～200 元的用户，所占比例为 9.5%；每月实际花费的上网费用在 200 元以上的用户很少，只占 7.7%（如图 23.112 所示）。辽宁省上网用户每月实际花费的上网费用集中在 100 元及以下。

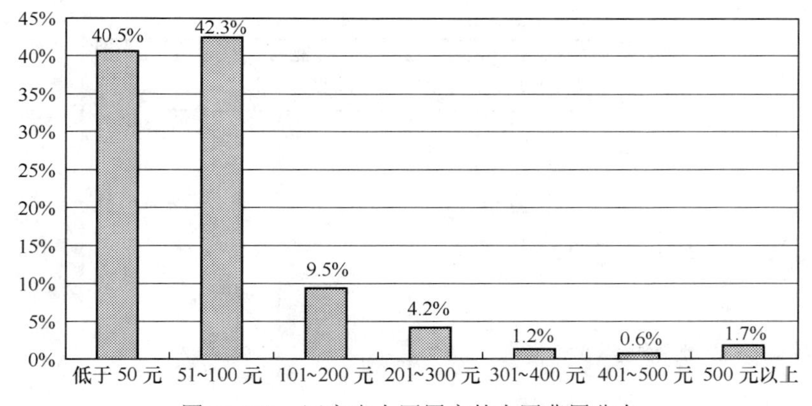

图 23.112　辽宁省上网用户的上网费用分布

（2）用户平均每周上网时间

辽宁省上网用户平均每周上网时间为 15.8 小时。

（3）用户平均每周上网天数

辽宁省上网用户平均每周上网天数为 4.3 天。

（4）用户通常上网时间

辽宁省上网用户的上网时间在一天中波动较大：凌晨 1 点至早上 7 点钟是用户上网最少的时间，从早上 8 点钟起上网的人数逐渐增加，到上午 9 点、10 点达到一天当中的第一个高峰，有 37.7%的用户在这一时间上网；11 点略有回落，12 点又达到一天当中的第二个高峰，有 43.0%的用户在这一时间上网；14 点开始回落，17 点开始回升，到 19 点达到一天中的顶峰，有 46.9%的用户在这一时间上网，这之后上网人数又急剧减少（如图 23.113 所示）。日常生活的作息时间在一定程度上影响着人们使用互联网的时间，辽宁省上网用户使用互联网的高峰时间在晚上。

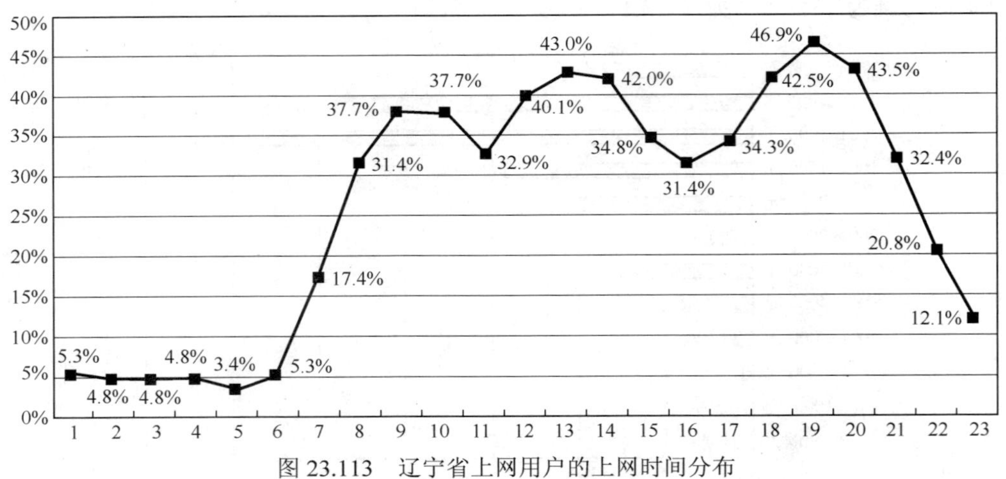

图 23.113　辽宁省上网用户的上网时间分布

（5）用户拥有 E-mail 账号数

辽宁省上网用户拥有 E-mail 账号平均值为 1.5，其中免费 E-mail 账号平均值为 1.3。

（6）用户平均每周收发的电子邮件数

辽宁省上网用户平均每周收到电子邮件数（不包括垃圾邮件）为 4.5 封，收到垃圾邮件数 8.5 封，发出电子邮件数 3.3 封。

（7）用户上网最主要的目的

辽宁省上网用户上网的最主要目的以休闲娱乐最多，达到 39.1%；其次是获取信息，所占比例为 35.7%；排在第三位的是学习，有 7.7%的用户选择此项；选择交友的用户有 7.2%；而选择其他上网目的的用户则很少（如图 23.114 所示）。

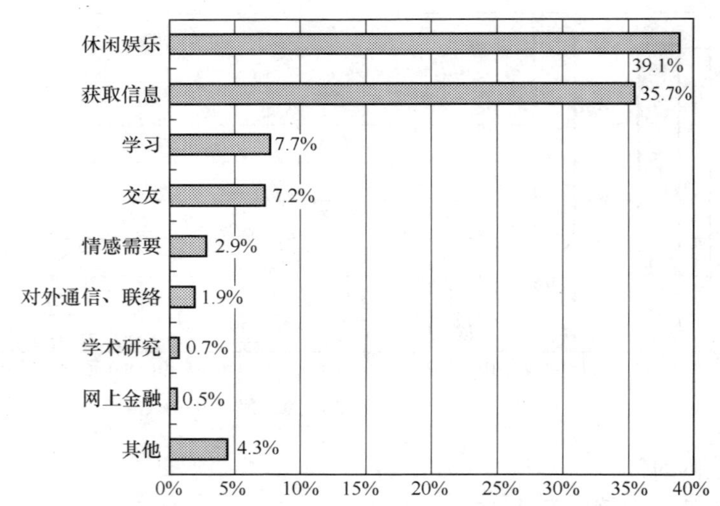

图 23.114　辽宁省上网用户上网最主要的目的

3．用户对互联网的看法

（1）关于“使用互联网可以提高工作、学习和生活的效率”

关于“使用互联网可以提高工作、学习和生活的效率”的观点，辽宁省上网用户表示比较赞成的最多，所占比例达到 57.6%；其次是表示非常赞成的，所占比例为 31.7%；表示一半赞成一半不赞成的用户所占比例为 8.7%；表示不太赞成的用户所占比例为 2.0%（如图 23.115 所示）。辽宁省上网用户对“使用互联网可以提高工作、学习和生活的效率”的观点表示赞成的占绝大多数。

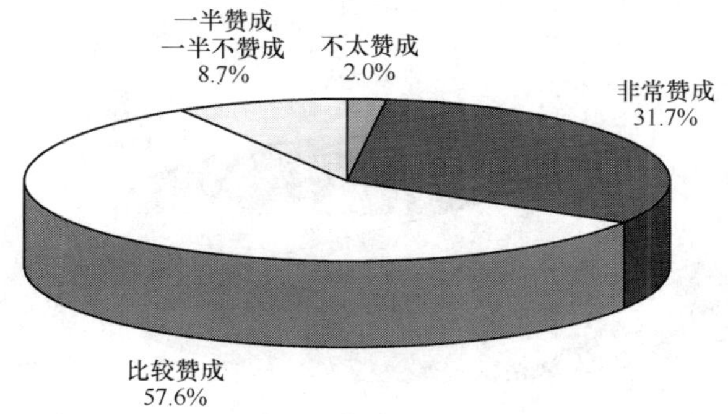

图 23.115　辽宁省上网用户对“使用互联网可以提高工作、学习和生活的效率”观点的看法

（2）关于“在单位、学校、邻里中，会上网的人好像高人一等”

关于“在单位、学校、邻里中，会上网的人好像高人一等”的观点，辽宁省上网用户表示不太赞成的最多，所占比例达到 47.3%；其次是表示很不赞成的，所占比例为 18.5%；表示比较赞成的月户所占比例为 17.1%；表示一半赞成一半不赞成的用户所占比例为 10.7%；表示非常赞成的用户所占比例为 6.4%（如图 23.116 所示）。辽宁省上网用户对“在单位、学校、邻里中，会上网的人好像高人一等”的观点表示不赞成的占多数。

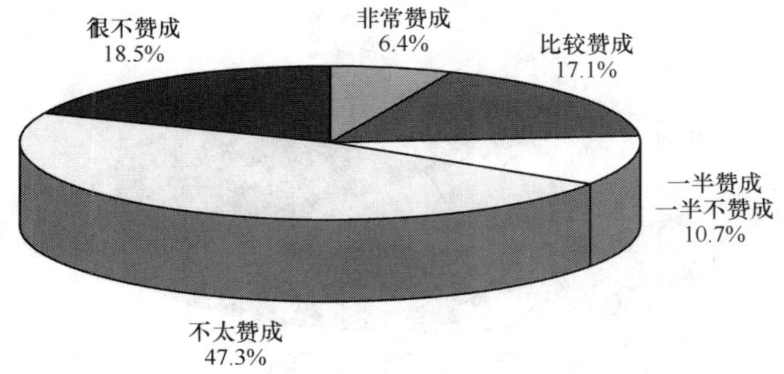

图 23.116　辽宁省上网用户对“在单位、学校、邻里中，会上网的人好像高人一等”观点的看法

（3）关于“使用互联网络容易结交不好的朋友”

关于“使用互联网容易结交不好的朋友”的观点，辽宁省上网用户表示不太赞成的最多，达到 44.9%；其次是表示很不赞成的用户，占 17.1%；表示一半赞成一半不赞成和比较赞成的用户，所占比例均为 14.6%；表示非常赞成的用户最少，只有 8.8%（如图 23.117 所示）。辽宁省上网用户对“使用互联网容易结交不好的朋友”的观点表示不赞成的居多。

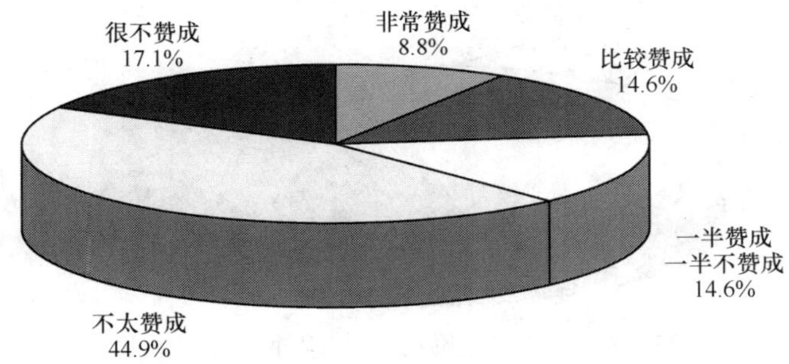

图 23.117　辽宁省上网用户对“使用互联网容易结交不好的朋友”观点的看法

（4）关于“使用互联网容易暴露隐私”

关于“使用互联网容易暴露隐私”的观点，辽宁省上网用户表示不太赞成的最多，所占比例达到 50.8%；

其次是表示比较赞成的用户，所占比例为 19.2%；表示一半赞成一半不赞成的用户，所占比例为 12.8%；表示很不赞成的用户所占比例为 11.8%；表示非常赞成的用户最少，占 5.4%（如图 23.118 所示）。辽宁省上网用户对“使用互联网容易暴露隐私”的观点表示不赞成的居多。

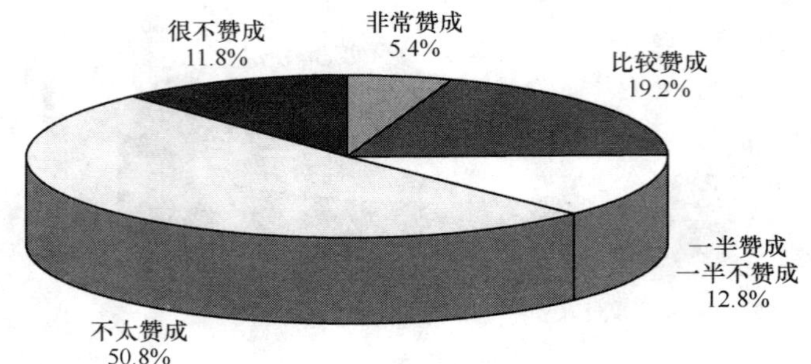

图 23.118 辽宁省上网用户对“使用互联网容易暴露隐私”观点的看法

（5）关于“使用互联网容易受不良信息影响”

关于“使用互联网容易受不良信息影响”的观点，辽宁省上网用户表示不太赞成的最多，达到 35.8%；其次是表示比较赞成的用户，所占比例为 33.8%；表示一半赞成一半不赞成的用户所占比例为 12.2%；表示很不赞成的用户所占比例为 11.8%；表示非常赞成的用户所占比例为 6.4%（如图 23.119 所示）。辽宁省上网用户对“使用互联网容易受不良信息影响”的观点表示不赞成的略多于表示赞成的。

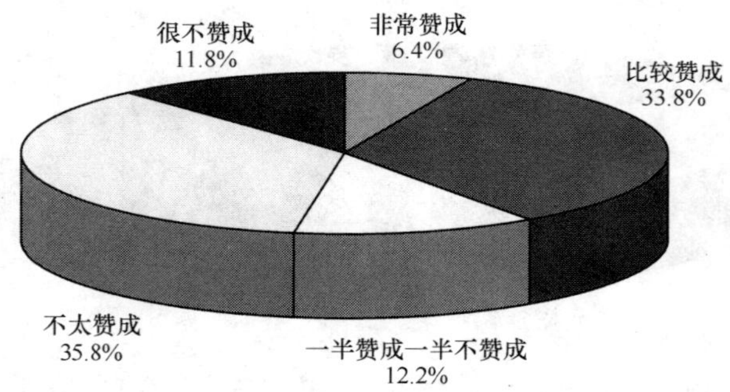

图 23.119 辽宁省上网用户对“使用互联网容易受不良信息影响”观点的看法

（6）对互联网的信任程度

辽宁省上网用户对互联网表示比较信任的最多，所占比例为 48.5%；其次是对互联网表示半信半疑的，所占比例为 42.7%；对互联网表示完全信任的用户占 4.4%；对互联网表示不太信任的用户占 3.4%；对互联网表示完全不信的占 1.0%（如图 23.120 所示）。辽宁省上网用户对互联网表示比较信任的占多数。

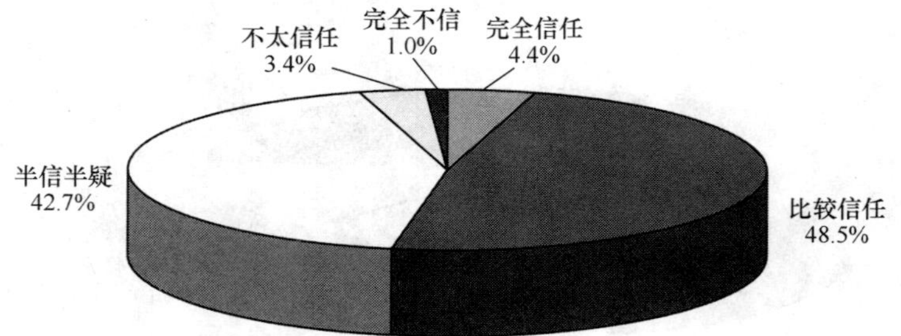

图 23.120 辽宁省上网用户对互联网的信任程度

综上所述，辽宁省上网用户数为 322 万人，上网计算机数为 118 万台，CN 下注册域名数量为 13 053 个，WWW 站点数为 22118 个。

其中住宅电话覆盖的上网用户（不包括住校大学生）中男性、未婚者占主体，年龄在 18～24 岁的所占比例最高，受教育程度为大专的最多，职业为学生的所占的比例最高，从事行业以制造业的人最多，个人月收入在 501～1 000 元的最多。

用户每月实际花费的上网费用集中在 100 元及以下，平均每周上网时间为 15.8 小时，平均每周上网天数为 4.3 天，使用互联网的高峰时间在晚上。用户拥有 E-mail 账号平均值为 1.5，其中免费 E-mail 账号平均值为 1.3，平均每周收到电子邮件数（不包括垃圾邮件）为 4.5 封，收到垃圾邮件数 8.5 封，发出电子邮件数 3.3 封。用户上网的最主要目的为休闲娱乐。

辽宁省上网用户对“使用互联网可以提高工作、学习和生活的效率”的观点表示赞成的占绝大多数，对“在单位、学校、邻里中，会上网的人好像高人一等”的观点表示不赞成的占多数，对“使用互联网容易结交不好的朋友”的观点表示不赞成的居多，对“使用互联网容易暴露隐私”的观点表示不赞成的居多，对“使用互联网容易受不良信息影响”的观点表示不赞成的略多于表示赞成的。对互联网表示比较信任的占多数。

23.1.7　吉林省互联网络发展状况

一、宏观概况

1．上网用户人数

吉林省上网用户人数为 179 万，占全国上网用户总人数的比例为 1.9%，占吉林省总人口的 6.6%。与第 13 次调查结果相比，吉林省上网用户人数增加 32.5 万，增长率为 22.2%，占全国上网总人数的比例增加 0.1%，占吉林省总人口的比例增加 1.2%（如图 23.121 所示）。

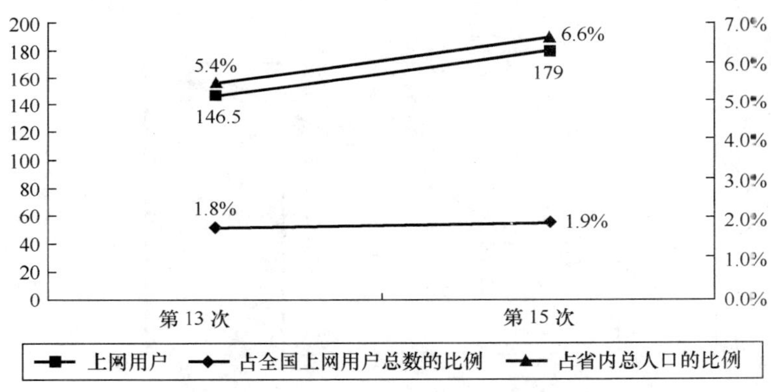

图 23.121　吉林省历次调查上网用户人数比较

2．上网计算机数

吉林省上网计算机数为 72 万台，占全国上网计算机总数的比例为 1.7%。与第 13 次调查结果相比，吉林省上网计算机数增加 23 万台，增长率为 46.9%，占全国上网计算机总数的比例增加 0.1%（如图 23.122 所示）。

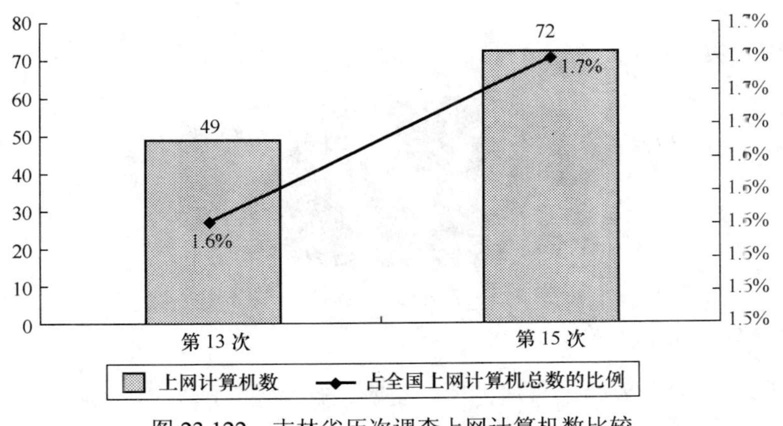

图 23.122　吉林省历次调查上网计算机数比较

3．CN 下注册域名数（不含 EDU）

吉林省 CN 下注册域名数量为 5 004 个，占全国 CN 下注册域名总数的比例为 1.2%。与第 13 次调查结果相比，吉林省 CN 下注册域名数增加 1 345 个，增长率为 36.8%，占全国 CN 下注册域名总数比例增加 0.1%（如图 23.123 所示）。

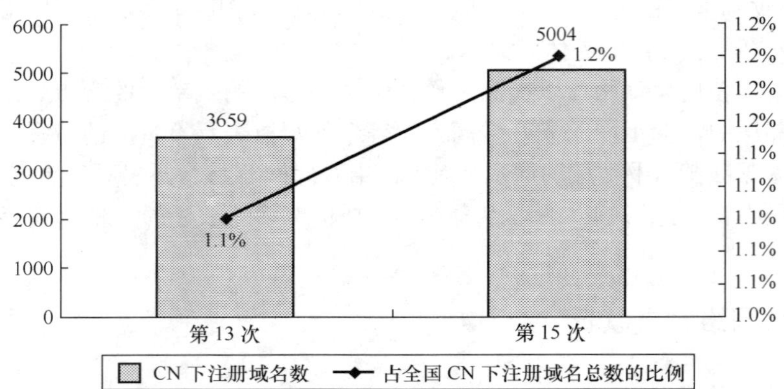

图 23.123　吉林省历次调查 CN 下注册域名数比较（不含 EDU）

4．WWW 站点数（包括.CN、.COM、.NET、.ORG 下的网站）

吉林省 WWW 站点数为 3 933 个，占全国 WWW 站点数的比例为 0.7%。与第 13 次调查结果相比，吉林省 WWW 站点数增加 144 个，增长率为 3.8%，占全国 WWW 站点数的比例增加 0.1%（如图 23.124 所示）。

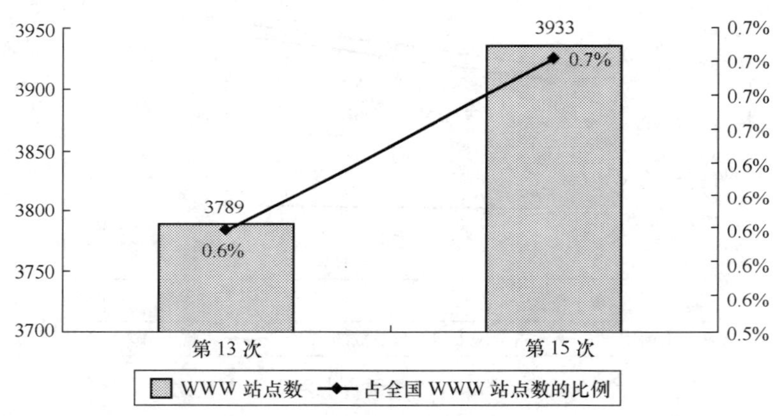

图 23.124　吉林省历次调查 WWW 站点数比较

二、互联网用户行为意识调查结果

1．用户个人信息

（1）用户的性别

吉林省上网用户中，男性占 63.7%，女性占 36.3%（如图 23.125 所示）。男性占据上网用户主体。

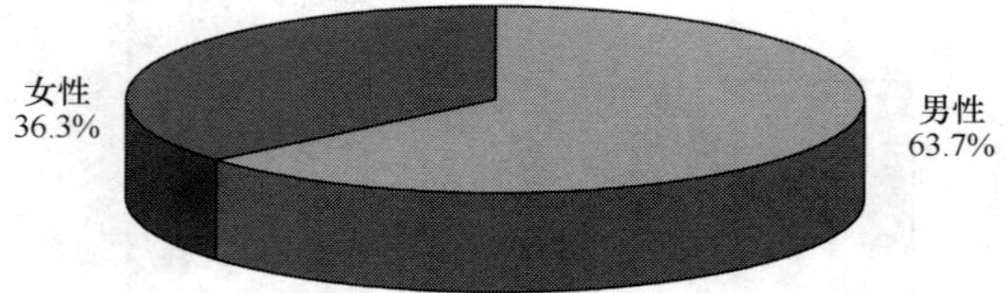

图 23.125　吉林省上网用户性别分布

（2）用户的年龄分布

吉林省上网用户中，18～24 岁的用户所占比例最高，达到 26.0%；其次是 25～30 岁的用户，所占比例为 21.9%；18 岁以下的用户，所占比例为 18.6%；31～35 岁的用户占 14.0%；35 岁以上用户所占比例为 19.5%（如图 23.126 所示）。

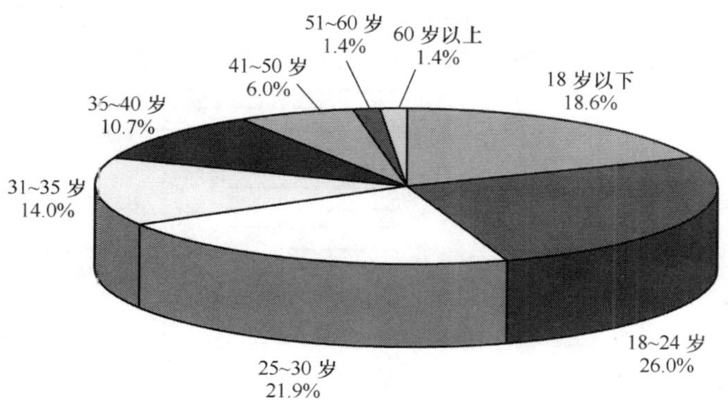

图 23.126　吉林省上网用户年龄分布

（3）用户的婚姻状况

吉林省上网用户中，已婚者占 47.8%，未婚者占 52.2%（如图 23.127 所示）。未婚者占上网用户主体。

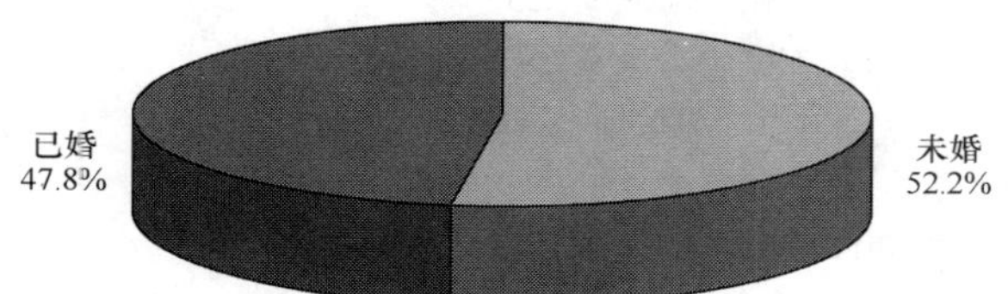

图 23.127　吉林省上网用户婚姻状况分布

（4）用户的受教育程度

吉林省上网用户中，受教育程度为高中（中专）的最多，达到 29.3%；其次是受教育程度为本科的用户，所占比例为 26.7%；受教育程度为大专的用户占 24.5%；高中（中专）以下的用户所占比例为 17.3%；硕士以上受教育程度的用户所占比例较小，只有 2.2%（如图 23.128 所示）。

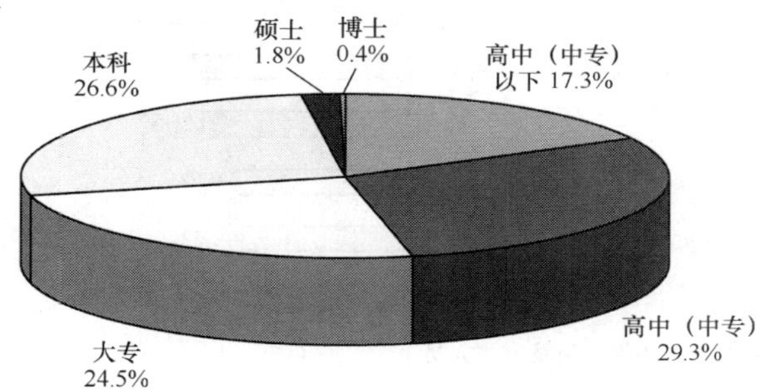

图 23.128　吉林省上网用户受教育程度分布

（5）用户的行业分布（不包括军人、学生和无业人员）

吉林省上网用户中，从事制造业的人最多，所占比例达到 18.0%；其次是从事公共管理和社会组织业的用户，所占比例为 15.3%；排在第三位的是从事教育业的用户，所占比例为 12.0%；从事批发和零售业的用户所占比例为 10.7%；从事金融业的用户所占比例为 8.0%；从事 IT 业的用户所占比例为 7.3%；从事建筑业的上网用户为 4.7%；从事其他行业的上网用户则较少（如图 23.129 所示）。

（6）用户的职业分布

吉林省上网用户中，学生所占的比例最多，所占比例达到 22.1%；其次是专业技术人员，所占比例为 16.4%；排在第三位的是国家机关、党群组织工作人员，所占比例为 11.9%；无业人员所占比例为 11.5%；商业、服务业人员所占比例为 9.7%；企事业单位管理人员所占比例为 9.3%；教师所占比例为 7.5%；其他职业的用户所占比例较少（如图 23.130 所示）。

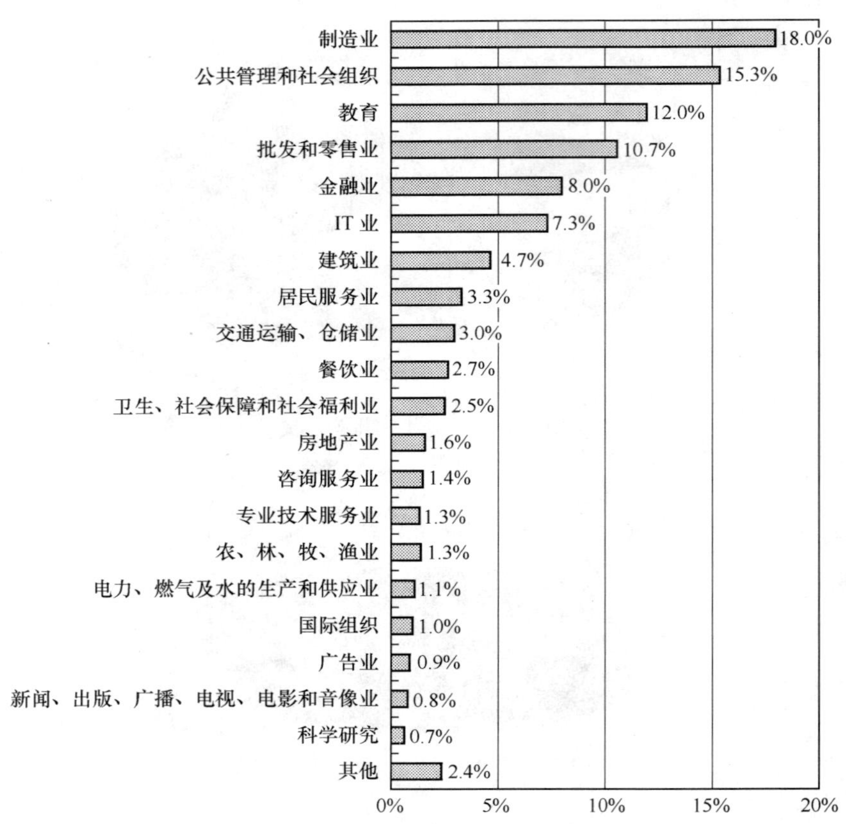

图 23.129　吉林省上网用户的行业分布

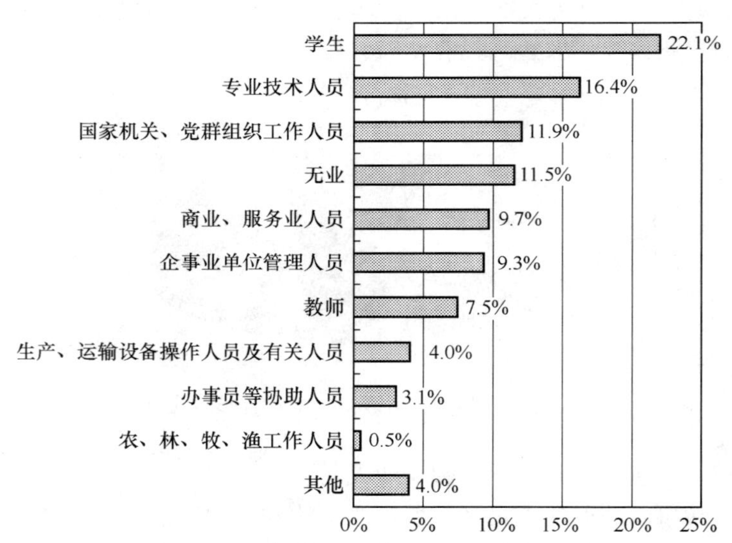

图 23.130　吉林省上网用户的职业分布

（7）用户的个人月收入

吉林省上网用户中，个人月收入在 501～1 000 元的最多，所占比例达到 29.8%；其次是个人月收入在 500 元以下的用户，所占比例为 21.4%；排在第三位的是个人月收入在 1 001～1 500 元的用户，所占比例为 14.9%；个人月收入在 1 501～2 000 元的用户所占比例为 9.3%；个人月收入为 2 001～2 500 元的用户所占比例为 8.4%；无收入用户所占比例和月收入在 2 501～3 000 元用户所占比例各为 5.1%；个人月收入在 3 000 元以上的上网用户所占比例很少（如图 23.131 所示）。

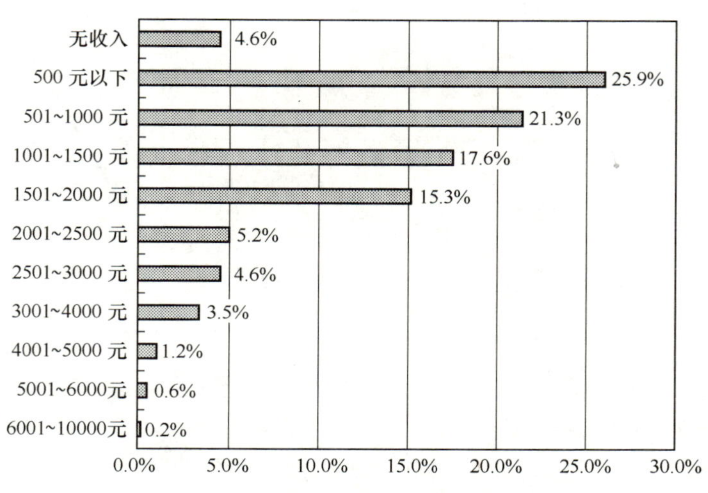

图 23.131　吉林省上网用户的个人月收入分布

2．用户对互联网的使用情况

（1）用户每月实际花费的上网费用

吉林省上网用户中，每月实际花费的上网费用（仅限于上网费及上网电话费，不包括使用网络服务的费用）以低于 50 元的最多，占 50.0%；其次是每月实际花费的上网费用在 51～100 元的用户，所占比例为 33.9%；每月实际花费的上网费用在 101～200 元的用户，所占比例为 8.9%；每月实际花费的上网费用在 201～300 元的用户，所占比例为 3.9%；每月实际花费的上网费用在 301～400 元的用户，所占比例为 2.2%；每月实际花费的上网费用 400 元以上的用户很少，占 1.1%（如图 23.132 所示）。吉林省上网用户每月实际花费的上网费用在 100 元及以下的较多。

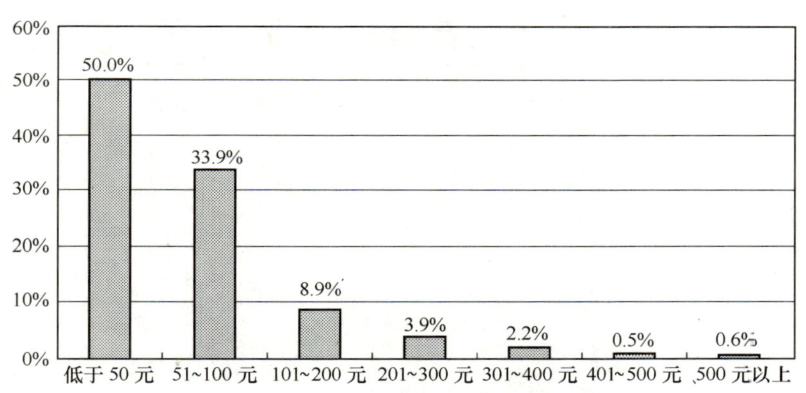

图 23.132　吉林省上网用户的上网费用分布

（2）用户平均每周上网时间

吉林省上网用户平均每周上网时间为 12.6 小时。

（3）用户平均每周上网天数

吉林省上网用户平均每周上网天数为 3.9 天。

（4）用户通常上网时间

吉林省上网用户的上网时间在一天中波动较大：凌晨 1 点至早上 7 点钟是用户最少上网的时间，从早上 8 点钟起上网的人逐渐增加，到上午 10 点达到一天当中的第一个高峰，有 30.9%的用户在这一时间上网；11 点略有回落，13 点又达到一天当中的第二个高峰，有 35.2%的用户在这一时间上网；此后上网人数开始下降；从晚上 18 点开始上网人数激增，到晚上 20 点的时候达到一天中的顶峰，有 53.9%的用户在这一时间上网，这之后上网人数又急剧减少（如图 23.133 所示）。日常生活的作息时间在一定程度上影响着人们使用互联网的时间，吉林省上网用户使用互联网的高峰时间在晚上。

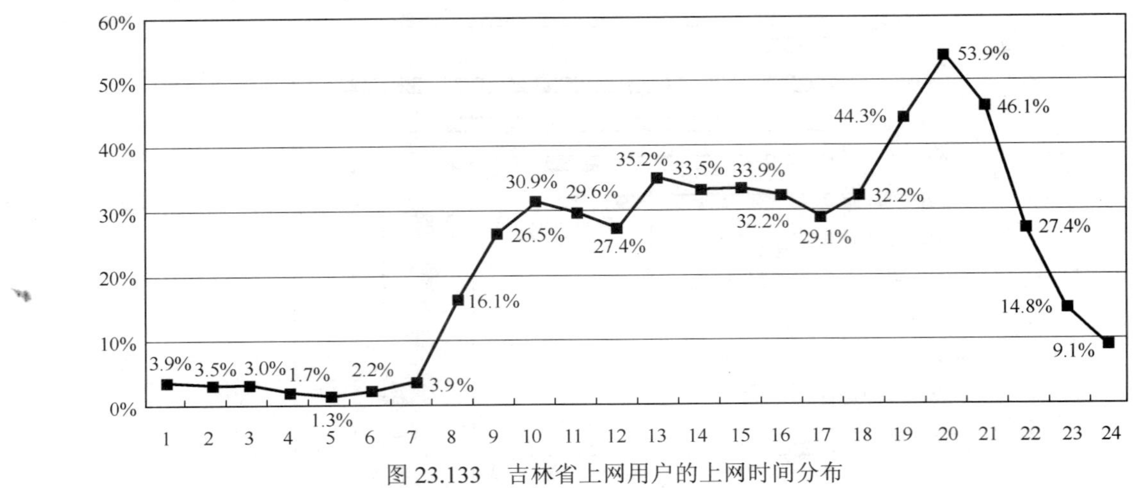

图 23.133　吉林省上网用户的上网时间分布

（5）用户拥有 E-mail 账号数

吉林省上网用户拥有 E-mail 账号平均值为 1.2，其中免费 E-mail 账号平均值为 1.1。

（6）用户平均每周收发的电子邮件数

吉林省上网用户平均每周收到电子邮件数（不包括垃圾邮件）为 4.4 封，收到垃圾邮件数 11.2 封，发出电子邮件数 3.8 封。

（7）用户上网最主要的目的

吉林省上网用户上网的最主要目的以休闲娱乐最多，所占比例达到 39.0%；其次是获取信息，所占比例为 35.5%；排在第三位的是学习，有 9.2%的用户选择此项；选择交友的用户占 4.4%；而选择其他上网目的的用户则很少（如图 23.134 所示）。

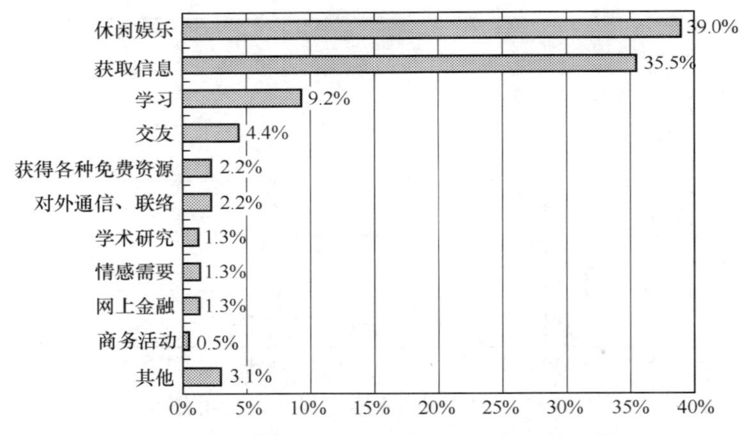

图 23.134　吉林省上网用户上网最主要的目的

3．用户对互联网的看法

（1）关于“使用互联网可以提高工作、学习和生活的效率”

关于“使用互联网可以提高工作、学习和生活的效率”的观点，吉林省上网用户表示比较赞成的最多，所占比例达到 59.3%；其次是表示非常赞成的，所占比例为 31.0%；表示一半赞成一半不赞成的用户所占比例为 7.0%；表示不太赞成的用户所占比例为 2.7%（如图 23.135 所示）。吉林省上网用户对“使用互联网可以提高工作、学习和生活的效率”的观点表示赞成的占绝大多数。

（2）关于“在单位、学校、邻里中，会上网的人好像高人一等”

关于“在单位、学校、邻里中，会上网的人好像高人一等”的观点，吉林省上网用户表示不太赞成的最多，所占比例达到 42.4%；其次是表示很不赞成的，所占比例为 27.7%；表示比较赞成的用户所占比例为 16.5%；表示一半赞成一半不赞成的用户所占比例为 8.5%；表示非常赞成的用户所占比例为 4.9%（如

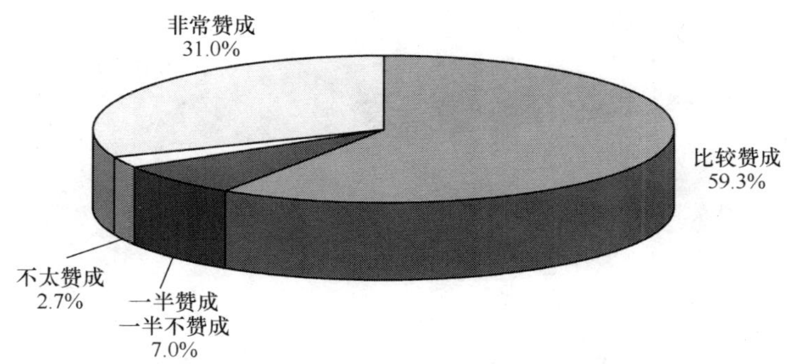

图 23.135　吉林省上网用户对“使用互联网可以提高工作、学习和生活的效率”观点的看法

图 23.136 所示）。吉林省上网用户对“在单位、学校、邻里中，会上网的人好像高人一等”的观点表示不赞成的占多数。

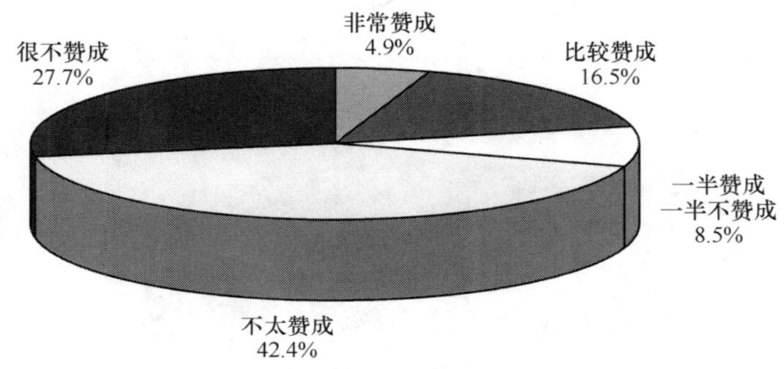

图 23.136　吉林省上网用户对“在单位、学校、邻里中，会上网的人好像高人一等”观点的看法

（3）关于“使用互联网容易结交不好的朋友”

关于“使用互联网容易结交不好的朋友”的观点，吉林省上网用户表示不太赞成的最多，所占比例达到 41.3%；其次是表示比较赞成的用户，所占比例为 22.0%；表示很不赞成的用户所占比例为 17.0%；表示一半赞成一半不赞成的用户所占比例为 13.0%；表示非常赞成的用户最少，只有 6.7%（如图 23.137 所示）。吉林省上网用户对“使用互联网容易结交不好的朋友”的观点表示不赞成的居多。

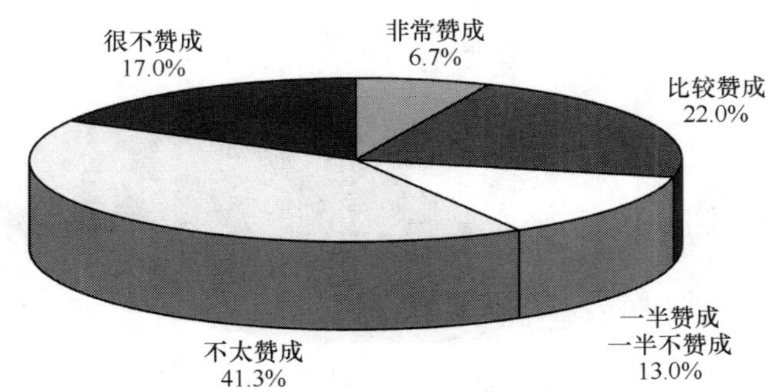

图 23.137　吉林省上网用户对“使用互联网容易结交不好的朋友”观点的看法

（4）关于“使用互联网容易暴露隐私”

关于“使用互联网容易暴露隐私”的观点，吉林省上网用户表示不太赞成的最多，所占比例达到 45.7%；其次是表示比较赞成用户，所占比例为 21.3%；表示很不赞成的用户所占比例为 19.0%；表示一半赞成一半不赞成的用户，所占比例为 8.1%；表示非常赞成的用户最少，占 5.9%（如图 23.138 所示）。吉林省上网用户对“使用互联网容易暴露隐私”的观点表示不赞成的居多。

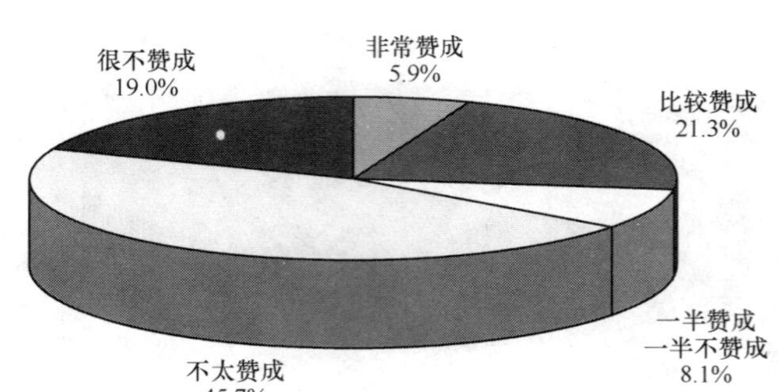

图 23.138　吉林省上网用户对“使用互联网容易暴露隐私”观点的看法

（5）关于“使用互联网容易受不良信息影响”

关于“使用互联网容易受不良信息影响”的观点，吉林省上网用户表示不太赞成的最多，所占比例达到 36.7%；其次是表示比较赞成的用户，所占比例为 28.8%；表示很不赞成的用户所占比例为 15.0%；表示一半赞成一半不赞成的用户所占比例为 12.4%；表示非常赞成的用户所占比例为 7.1%（如图 23.139 所示）。吉林省上网用户对“使用互联网容易受不良信息影响”的观点表示不赞成的多于表示赞成的。

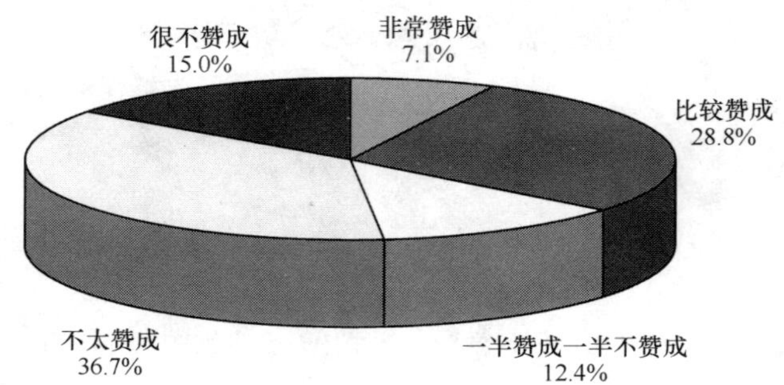

图 23.139　吉林省上网用户对“使用互联网容易受不良信息影响”观点的看法

（6）对互联网的信任程度

吉林省上网用户对互联网表示比较信任的最多，所占比例为 53.5%；其次是对互联网表示半信半疑的，所占比例为 34.5%；对互联网表示不太信任的用户有 7.5%；对互联网表示完全信任的用户有 2.7%；对互联网表示完全不信的用户有 1.8%（如图 23.140 所示）。吉林省上网用户对互联网表示比较信任的占多数。

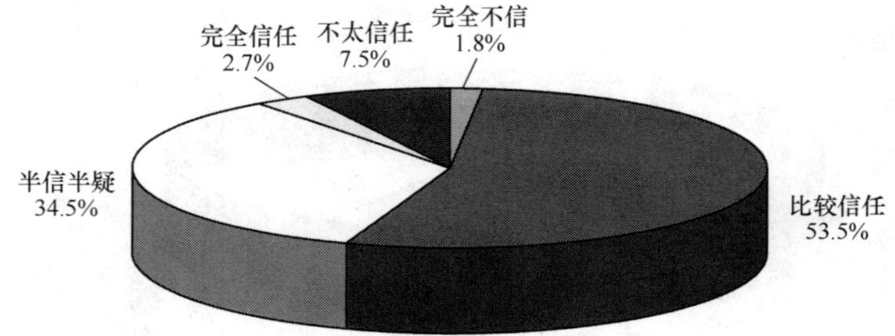

图 23.140　吉林省上网用户对互联网的信任程度

综上所述，吉林省上网用户数为 179 万人，上网计算机数为 72 万台，CN 下注册域名数量为 5 004 个，WWW 站点数为 3 933 个。

其中住宅电话覆盖的上网用户（不包括住校大学生）中以男性、未婚者占主体，年龄在 18～24 岁的所占比例最高，受教育程度为高中（中专）的最多，职业以学生所占的比例最多，从事行业以制造业的人最多，个人月收入在 501～1 000 元的最多。

用户每月实际花费的上网费用集中在 100 元及以下，平均每周上网时间为 12.6 小时，平均每周上网天数为 3.9 天，使用互联网的高峰时间在晚上。用户拥有 E-mail 账号平均值为 1.2，其中免费 E-mail 账号平均值为 1.1，平均每周收到电子邮件数（不包括垃圾邮件）为 4.4 封，收到垃圾邮件数 11.2 封，发出电子邮件数 3.8 封。用户上网的最主要目的为休闲娱乐。

吉林省上网用户对“使用互联网可以提高工作、学习和生活的效率”的观点表示赞成的占绝大多数，对“在单位、学校、邻里中，会上网的人好像高人一等”的观点表示不赞成的占多数，对“使用互联网容易结交不好的朋友”的观点表示不赞成的居多，对“使用互联网容易暴露隐私”的观点表示不赞成的居多，对“使用互联网容易受不良信息影响”的观点表示不赞成的略多于表示赞成的。对互联网表示比较信任的占多数。

23.1.8　黑龙江省互联网络发展状况

一、宏观概况

1．上网用户人数

黑龙江省上网用户人数为 278 万，占全国上网用户总人数的比例为 2.9%，是黑龙江省总人口的 7.3%。与第 13 次调查结果相比，黑龙江省上网用户人数增加 52 万人，增长率为 23.0%，占全国上网用户总人数的比例增加 0.1%，占黑龙江省总人口的比例增加 1.4%（如图 23.141 所示）。

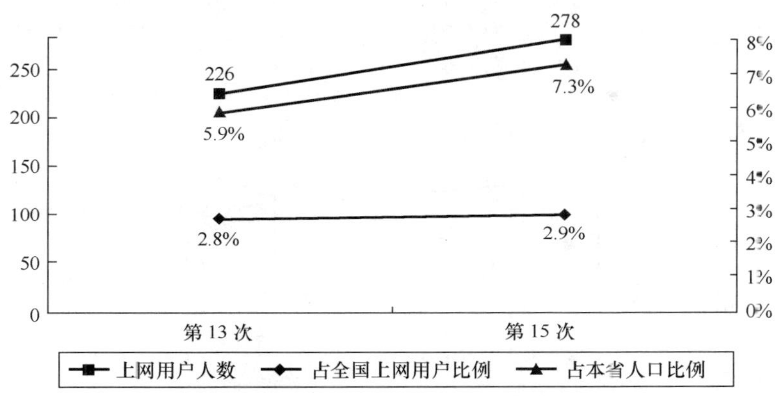

图 23.141　黑龙江省历次调查上网用户人数

2．上网计算机数

黑龙江省上网计算机数为 118 万台，占全国上网计算机总数的比例为 2.8%。与第 13 次调查结果相比，黑龙江省上网计算机数增加 41 万台，增长率为 53.2%，占全国上网计算机总数的比例增加 0.4%（如图 23.142 所示）。

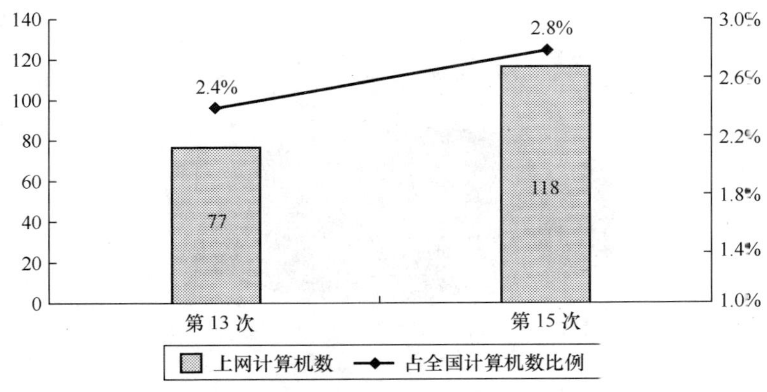

图 23.142　黑龙江省历次调查上网计算机数

3．CN 下注册域名数（不含 EDU）

黑龙江省 CN 下注册域名数量为 4 970 个，占全国 CN 下注册域名总数的比例为 1.2%。与第 13 次调查结果相比，黑龙江省 CN 下注册域名数增加 1 638 个，增长率为 49.2%，占全国 CN 下注册域名数的比例增加 0.2%（如图 23.143 所示）。

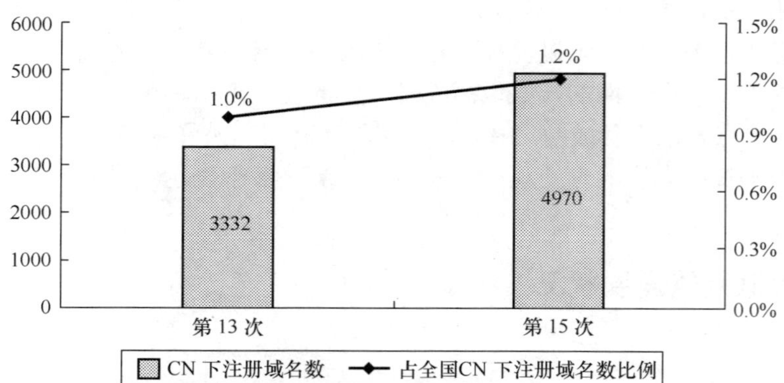

图 23.143　黑龙江省历次调查 CN 下注册域名数（不含 EDU）

4．WWW 站点数（包括.CN、.COM、.NET、.ORG 下的网站）

黑龙江省 WWW 站点数为 5 960 个，占全国 WWW 站点数的比例为 0.9%。与第 13 次调查结果相比，黑龙江省 WWW 站点数增加 41 个，增长率为 0.7%，占全国 WWW 站点数的比例减少 0.1%（如图 23.144 所示）。

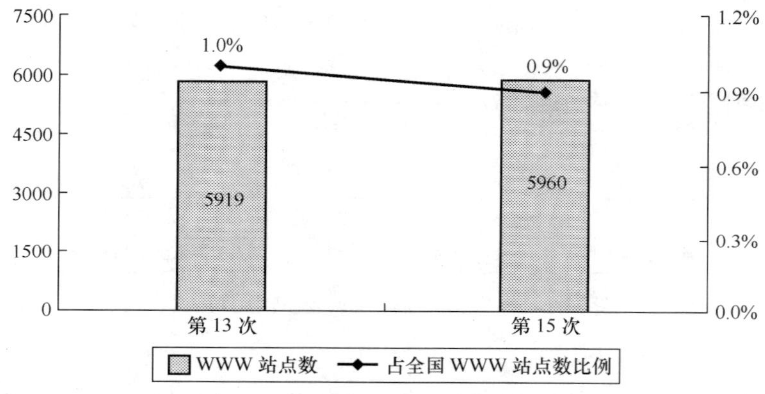

图 23.144　黑龙江省历次调查 WWW 站点数

二、互联网用户行为意识调查结果

1．用户个人信息

（1）用户的性别

黑龙江省上网用户中，男性占 63.5%，女性占 36.5%（如图 23.145 所示）。男性占据上网用户多数。

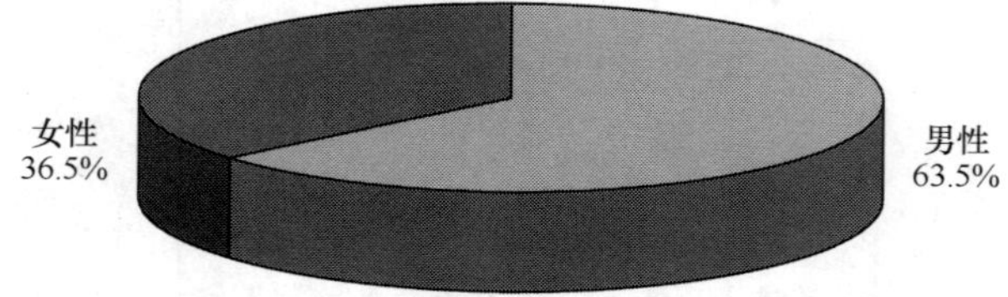

图 23.145　黑龙江省上网用户性别分布

（2）用户的年龄分布

黑龙江省上网用户中，18～24 岁的用户所占比例最高，达到 28.4%；其次是 25～30 岁的用户，所占比例为 18.8%；18 岁以下的用户占 18.3%；31～35 岁的用户占 15.4%；36～40 岁的用户占 10.6%；40 岁以上用户所占比例为 8.7%（如图 23.146 所示）。

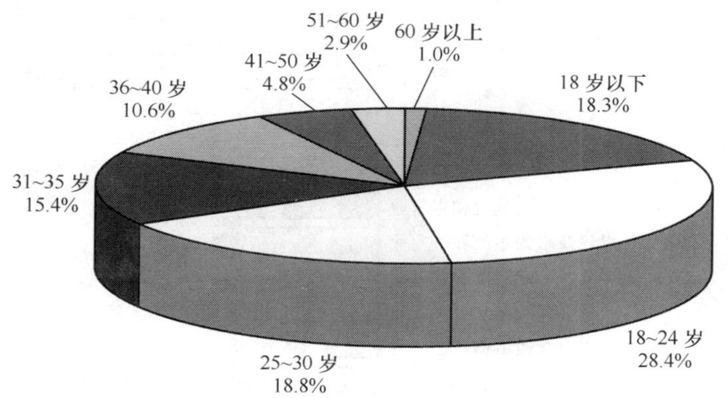

图 23.146　黑龙江省上网用户年龄分布

（3）用户的婚姻状况

黑龙江省上网用户中，已婚者占 50.8%，未婚者占 49.2%（如图 23.147 所示）。上网用户中已婚用户与未婚用户基本持平。

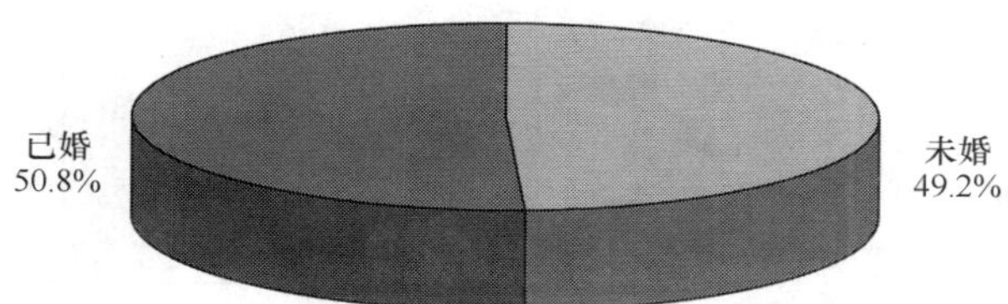

图 23.147　黑龙江省上网用户婚姻状况分布

（4）用户的受教育程度

黑龙江省上网用户中，受教育程度为高中（中专）的用户最多，所占比例达到 32.6%；其次是受教育程度为大专的用户，所占比例为 28.0%；受教育程度为高中（中专）以下的用户所占比例为 20.2%；受教育程度为本科的用户所占比例为 17.9%；受教育程度为硕士及以上的用户所占比例较小，只有 1.4%（如图 23.148 所示）。

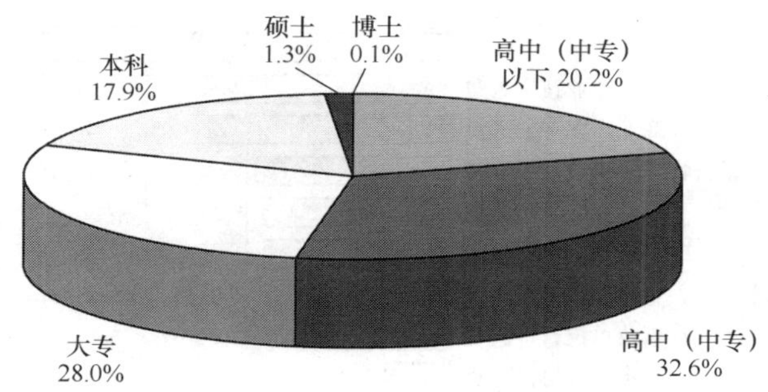

图 23.148　黑龙江省上网用户受教育程度分布

（5）用户的行业分布（不包括军人、学生和无业人员）

黑龙江省上网用户中，从事教育业的用户最多，所占比例达到 15.2%；其次是从事制造业的用户，占 15.0%；从事公共管理和社会组织的用户占 12.5%；从事 IT 业的用户占 7.9%；从事居民服务业的用户占 5.9%；从事批发和零售业的用户占 5.4%；从事电力、燃气及水的生产和供应业的用户占 5.2%；从事专业技术服务业的用户占 4.1%；从事卫生、社会保障和社会福利业的用户占 4.0%；从事交通运输、仓储业的用户占 3.8%；从事建筑业的用户占 3.7%；从事租赁等其他商务服务业的用户占 3.3%；从事餐饮业的用户占 2.6%；从事农、林、牧、渔业的用户占 2.1%；从事金融业的用户占 1.9%；从事其他行业的上网用户相对较少（如图 23.149 所示）。

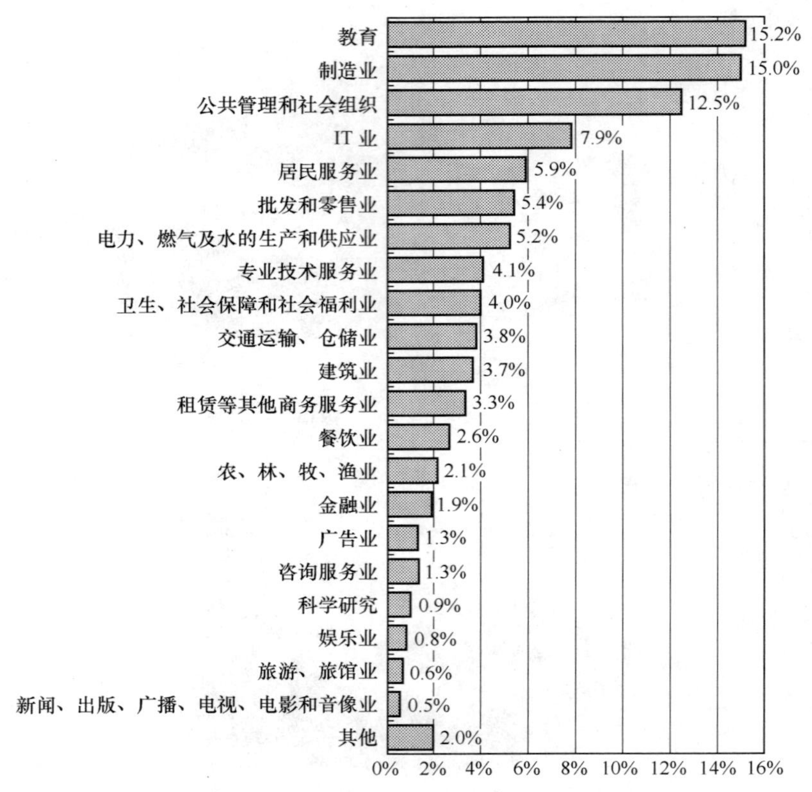

图 23.149　黑龙江省上网用户的行业分布

（6）用户的职业分布

黑龙江省上网用户中，学生所占的比例最高，为 21.0%；其次是专业技术人员，所占比例为 15.5%；排在第三位的是商业、服务业人员，所占比例为 11.9%；生产、运输设备操作人员及有关人员所占比例为 9.6%；无业人员占 9.2%；教师占 9.1%；国家机关、党群组织工作人员占 8.9%；企事业单位管理人员占 8.2%；办事员等协助人员所占比例为 3.2%；其他职业的用户所占比例较少（如图 23.150 所示）。

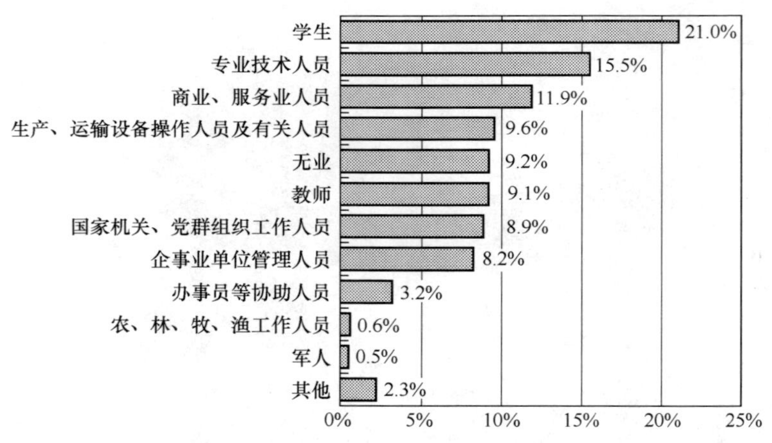

图 23.150　黑龙江省上网用户的职业分布

（7）用户的个人月收入

黑龙江省上网用户中，个人月收入在 501～1000 元的最多，所占比例达到 26.2%；其次是个人月收入在 500 元以下的用户，所占比例为 24.8%；排在第三位的是个人月收入在 1001～1500 元的用户，所占比例为 16.7%；个人月收入为 1501～2000 元的用户所占比例为 14.8%；个人月收入为 2501～3000 元的用户所占比例为 5.7%；无收入的用户所占比例为 4.3%（如图 23.151 所示）。

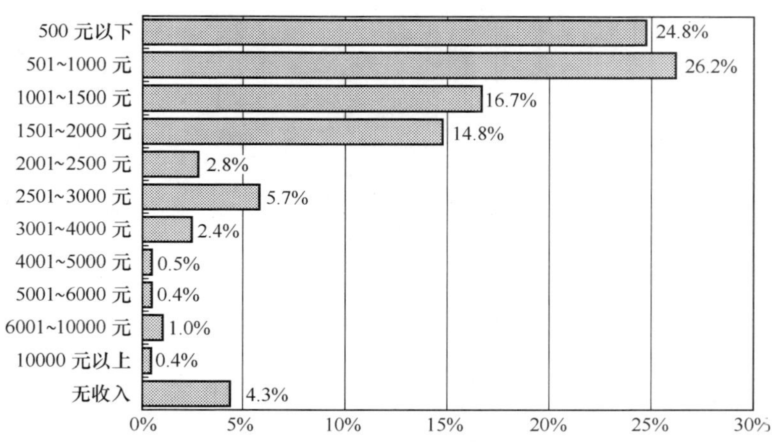

图 23.151　黑龙江省上网用户的个人月收入分布

2．用户对互联网的使用情况

（1）用户每月实际花费的上网费用

黑龙江省上网用户中，每月实际花费的上网费用（仅限于上网费及上网电话费，不包括使用网络服务的费用）以 51～100 元的最多，占 42.1%；其次是每月实际花费的上网费用低于 50 元的用户，所占比例为 37.4%；每月实际花费的上网费用为 101～200 元的用户占 16.8%；每月实际花费的上网费用在 200 元以上的用户占 3.7%（如图 23.152 所示）。黑龙江省上网用户每月实际花费的上网费用集中在 100 元及以下。

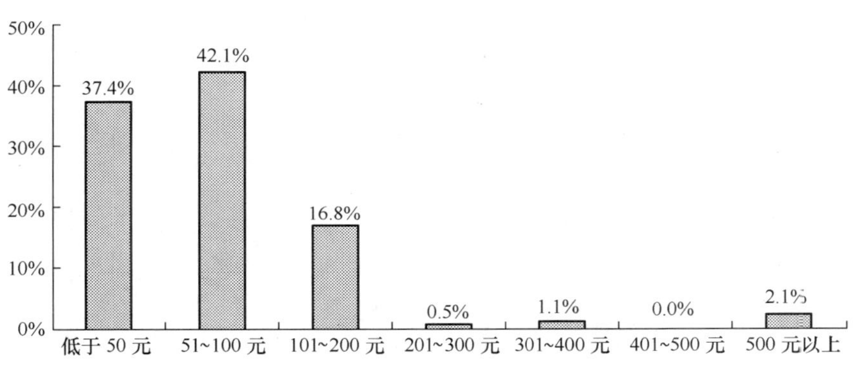

图 23.152　黑龙江省上网用户的上网费用分布

（2）用户平均每周上网时间

黑龙江省上网用户平均每周上网时间为 14.8 小时。

（3）用户平均每周上网天数

黑龙江省上网用户平均每周上网天数为 4.1 天。

（4）用户通常上网时间

黑龙江省上网用户的上网时间在一天中波动较大：凌晨 1 点至早上 7 点钟是用户最少上网的时间，从早上 8 点钟起上网的用户逐渐增加，到上午 10 点达到一天当中的第一个高峰，有 37.9%的用户在这一时间上网；11 点略有回落，16 点又达到一天当中的第二个高峰，有 41.5%的用户在这一时间上网；17 点略有回落，从晚上 18 点开始上网用户增多，到晚上 20 点的时候达到一天中的顶峰，有 57.1%的用户在这一时间上网，这之后上网人数又急剧减少（如图 23.153 所示）。日常生活的作息时间在一定程度上影响着人们使用互联网的时间，黑龙江省上网用户使用互联网的高峰时间在晚上。

（5）用户拥有 E-mail 账号数

黑龙江省上网用户拥有 E-mail 账号平均值为 1.1，其中免费 E-mail 账号平均值为 1.0。

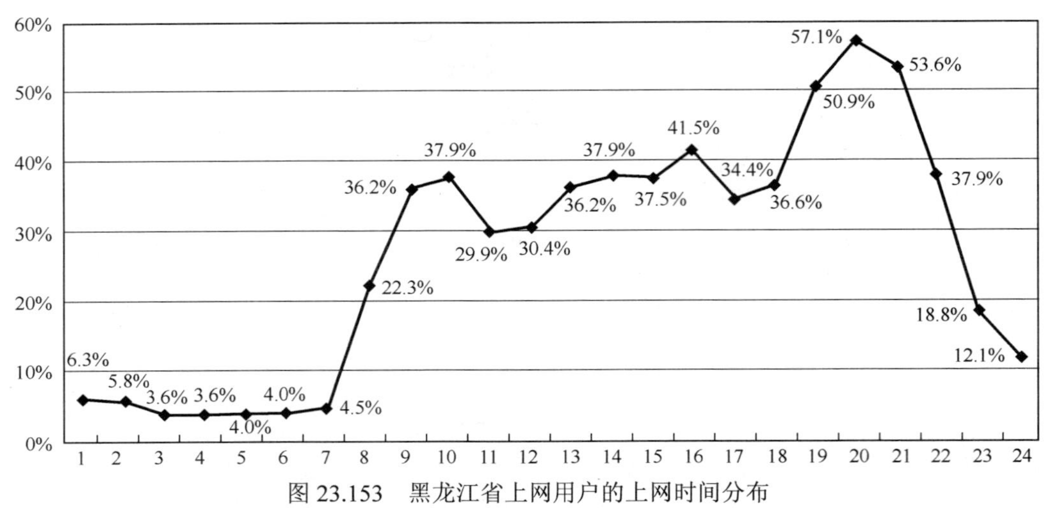

图 23.153　黑龙江省上网用户的上网时间分布

（6）用户平均每周收发的电子邮件数

黑龙江省上网用户平均每周收到电子邮件数（不包括垃圾邮件）为 3.6 封，收到垃圾邮件数 6.7 封，发出电子邮件数 3.7 封。

（7）用户上网最主要的目的

黑龙江省上网用户上网的最主要目的以休闲娱乐最多，达到 43.3%；其次是获取信息，所占比例为 33.0%；排在第三位的是学习，有 8.9%的用户选择此项；选择交友的用户有 5.8%；选择其他上网目的的用户相对较少（如图 23.154 所示）。

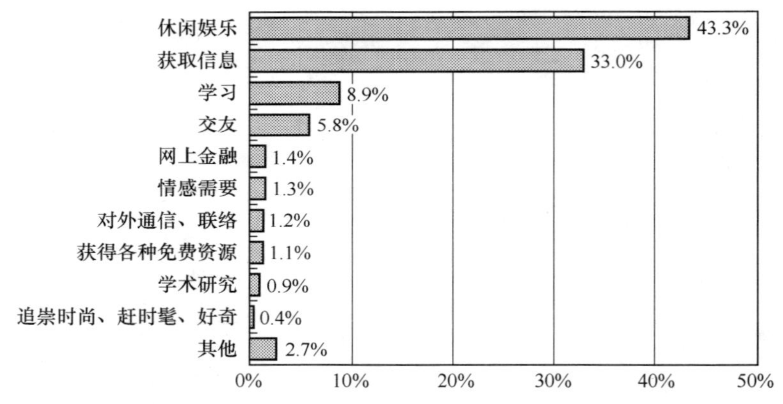

图 23.154　黑龙江省上网用户上网最主要的目的

3．用户对互联网的看法

（1）关于“使用互联网可以提高工作、学习和生活的效率”

关于“使用互联网可以提高工作、学习和生活的效率”的观点，黑龙江省上网用户表示比较赞成的最多，所占比例达到 61.2%；其次是表示非常赞成的，所占比例为 29.2%；表示一半赞成一半不赞成的用户所占比例为 7.8%；表示不太赞成的用户所占比例为 1.8%（如图 23.155 所示）。黑龙江省上网用户对“使用互联网可以提高工作、学习和生活的效率”的观点表示赞成的占绝大多数。

（2）关于“在单位、学校、邻里中，会上网的人好像高人一等”

关于“在单位、学校、邻里中，会上网的人好像高人一等”的观点，黑龙江省上网用户表示不太赞成的最多，达到 48.6%；其次是表示很不赞成的，所占比例为 21.1%；表示比较赞成的用户所占比例为 18.3%；表示非常赞成的用户所占比例为 6.9%；表示一半赞成一半不赞成的用户所占比例为 5.1%（如图 23.156 所示）。黑龙江省上网用户对“在单位、学校、邻里中，会上网的人好像高人一等”的观点表示不赞成的占多数。

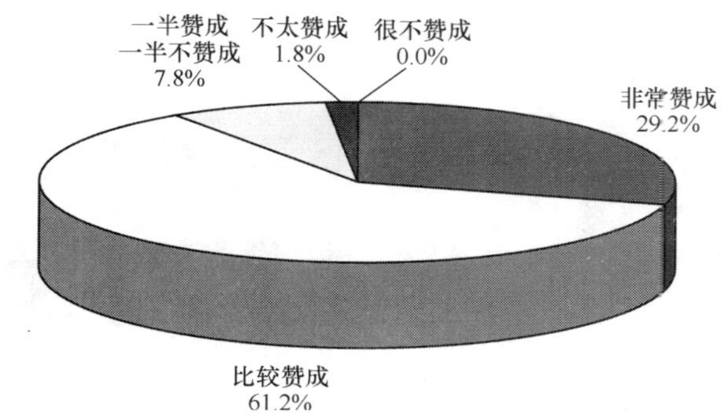

图 23.155　黑龙江省上网用户对“使用互联网可以提高工作、学习和生活的效率”观点的看法

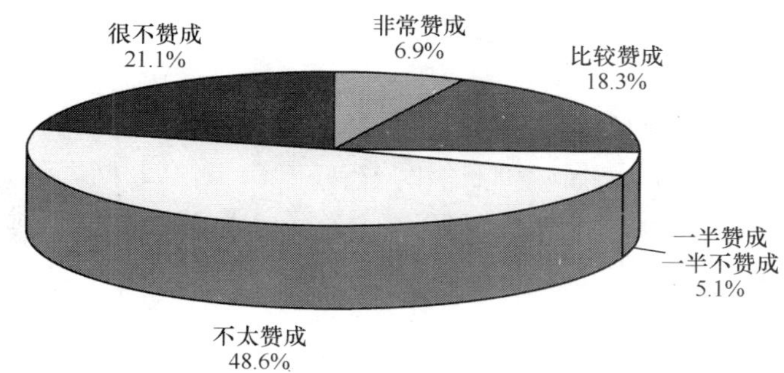

图 23.156　黑龙江省上网用户对“在单位、学校、邻里中，会上网的人好像高人一等”观点的看法

（3）关于“使用互联网容易结交不好的朋友”

关于“使用互联网容易结交不好的朋友”的观点，黑龙江省上网用户表示不太赞成的最多，所占比例达到 45.6%；其次是表示比较赞成的用户，所占比例为 22.6%；表示很不赞成的用户所占比例为 18.4%；表示一半赞成一半不赞成的用户所占比例为 9.7%；表示非常赞成的用户最少，只有 3.7%（如图 23.157 所示）。黑龙江省上网用户对“使用互联网容易结交不好的朋友”的观点表示不赞成的居多。

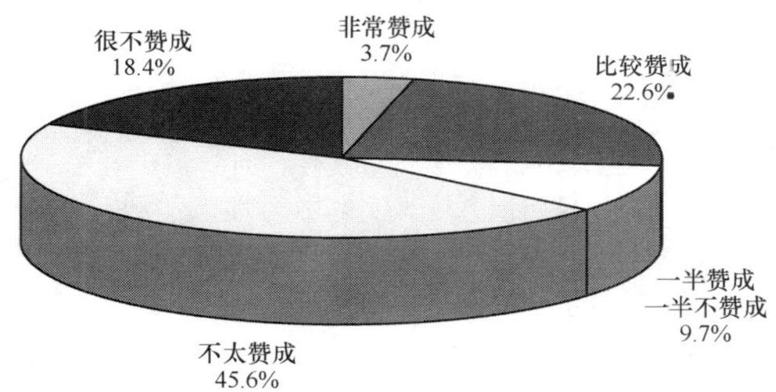

图 23.157　黑龙江省上网用户对“使用互联网容易结交不好的朋友”观点的看法

（4）关于“使用互联网容易暴露隐私”

关于“使用互联网容易暴露隐私”的观点，黑龙江省上网用户表示不太赞成的最多，所占比例达到 43.9%；其次是表示比较赞成的用户，所占比例为 21.0%；表示很不赞成的用户所占比例为 19.2%；表示一半赞成一半不赞成的用户所占比例为 10.8%；表示非常赞成的用户占 5.1%（如图 23.158 所示）。黑龙江省上网用户对“使用互联网容易暴露隐私”的观点表示不赞成的居多。

（5）关于“使用互联网容易受不良信息影响”

关于“使用互联网容易受不良信息影响”的观点，黑龙江省上网用户表示不太赞成的最多，所占比例达到 32.0%；其次是表示比较赞成的用户，所占比例为 27.9%；表示很不赞成的用户所占比例为 17.3%；表示一半赞成一半不赞成的用户所占比例为 12.3%；表示非常赞成的用户所占比例为 10.5%（如图 23.159 所示）。黑龙江省上网用户对“使用互联网容易受不良信息影响”的观点表示不赞成用户的多于表示赞成的用户。

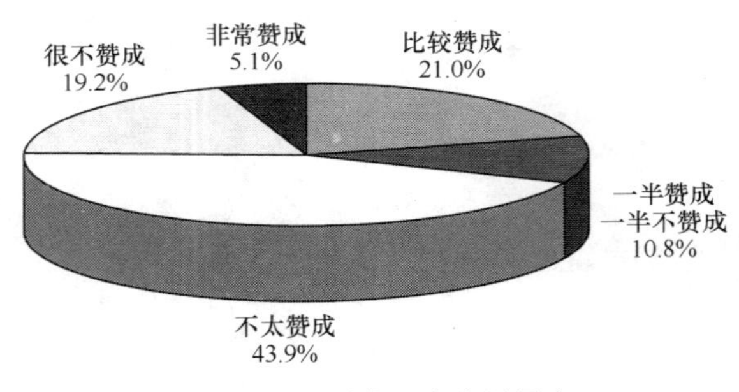

图 23.158　黑龙江省上网用户
对“使用互联网容易暴露隐私”观点的看法

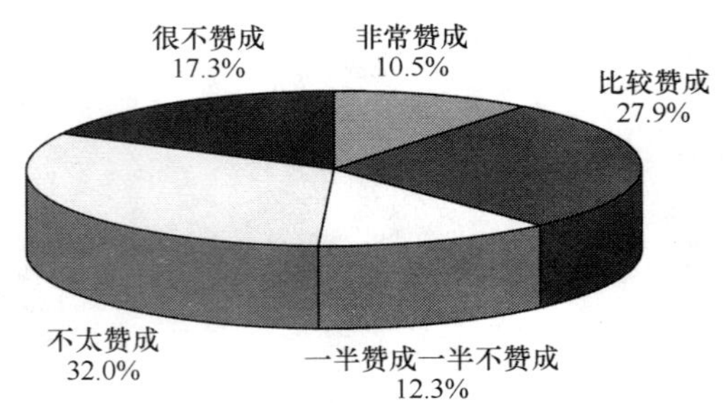

图 23.159　黑龙江省上网用户
对“使用互联网容易受不良信息影响”观点的看法

（6）对互联网的信任程度

黑龙江省上网用户对互联网表示比较信任的最多，所占比例为 49.3%；其次是对互联网表示半信半疑的，所占比例为 34.7%；对互联网表示不太信任的用户占 7.8%；对互联网表示完全信任的用户占 7.3%；对互联网表示完全不信的用户占 0.9%（如图 23.160 所示）。黑龙江省上网用户对互联网表示比较信任的占多数。

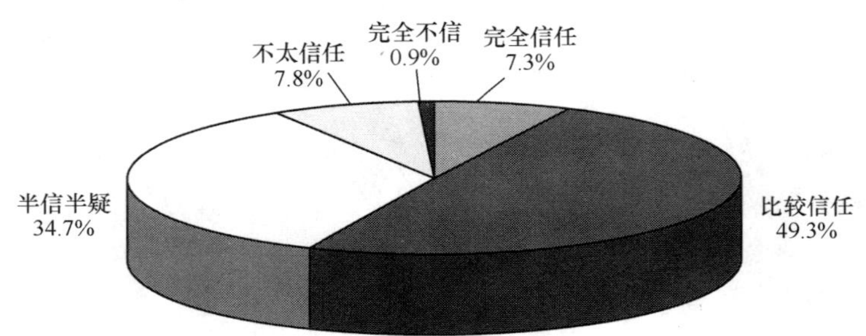

图 23.160　黑龙江省上网用户对互联网的信任程度

综上所述，黑龙江省上网用户数为 278 万人，上网计算机数为 118 万台，CN 下注册域名数量为 4 970 个，WWW 站点数为 5 960 个。

其中住宅电话覆盖的上网用户（不包括住校大学生）中男性占多数，已婚与未婚用户基本持平，年龄在 18～24 岁的所占比例最高，受教育程度为高中（中专）的最多，职业学生所占的比例最多，从事行业为教育业的用户最多，个人月收入在 501～1 000 元的最多。

用户每月实际花费的上网费用集中在 100 元及以下，平均每周上网时间为 14.8 小时，平均每周上网天数为 4.1 天，使用互联网的高峰时间在晚上。用户拥有 E-mail 账号平均值为 1.1，其中免费 E-mail 账号平均值为 1.0，平均每周收到电子邮件数（不包括垃圾邮件）为 3.6 封，收到垃圾邮件数 6.7 封，发出电子邮件数 3.7 封。用户上网的最主要目的为休闲娱乐。

黑龙江省上网用户对“使用互联网可以提高工作、学习和生活的效率”的观点表示赞成的占绝大多数，对“在单位、学校、邻里中，会上网的人好像高人一等”观点、“使用互联网容易结交不好的朋友”观点、“使用互联网容易暴露隐私”的观点均为表示不赞成的用户居多，对“使用互联网容易受不良信息影响”的观点表示不赞成的用户多于表示赞成的用户。对互联网表示比较信任的用户占多数。

23.1.9　上海市互联网络发展状况

一、宏观概况

1．上网用户人数

上海市上网用户人数为 441 万，占全国上网用户总人数的比例为 4.7%，是上海市总人口的 25.8%。与第 13 次调查结果相比，上海市上网用户人数增加 9.4 万，增长率为 2.2%，占全国上网用户总人数的比例减少 0.7%，占上海市总人口比例减少 0.8%（如图 23.161 所示）。

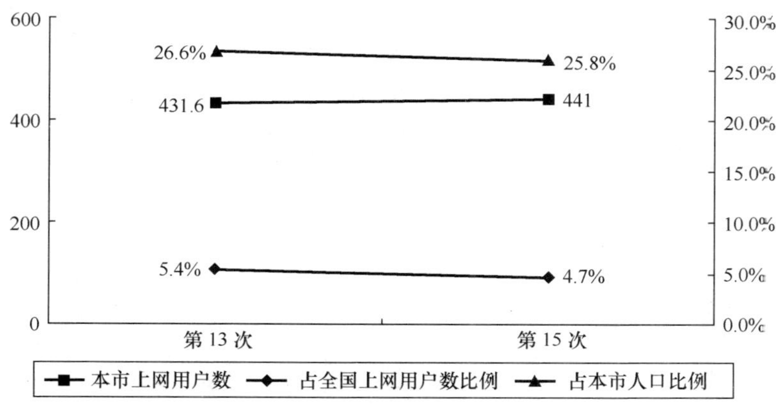

图 23.161　上海市历次调查上网用户数

2．上网计算机数

上海市上网计算机数为 205 万台，占全国上网计算机总数的比例为 4.9%。与第 13 次调查结果相比，上海市上网计算机数增加 21 万台，增长率为 11.4%，占全国上网计算机总数的比例减少 1.1%（如图 23.162 所示）。

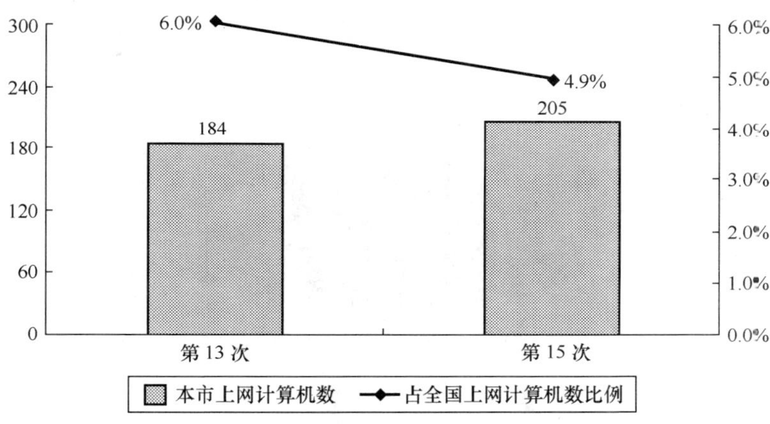

图 23.162　上海市历次调查上网计算机数

3．CN 下注册域名数（不含 EDU）

上海市 CN 下注册域名数量为 44 199 个，占全国 CN 下注册域名总数的比例为 10.3%。与第 13 次调查结果相比，上海市 CN 下注册域名数量增加 15 259 万，增长率为 52.7%，占全国 CN 下注册域名总数的比例增加 1.8%（如图 23.163 所示）。

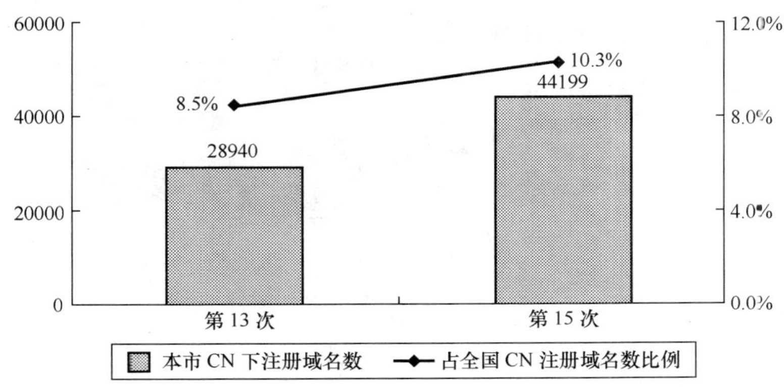

图 23.163　上海市历次调查 CN 下注册域名数（不含 EDU）

4．WWW 站点数（包括.CN、.COM、.NET、.ORG 下的网站）

上海市 WWW 站点数为 58 551 个，占全国 WWW 站点数的比例为 8.7%。与第 13 次调查结果相比，上海市 WWW 站点数增加 5 951 个，增长率为 11.3%，占全国 WWW 站点总数的比例减少 0.1%（如图 23.164 所示）。

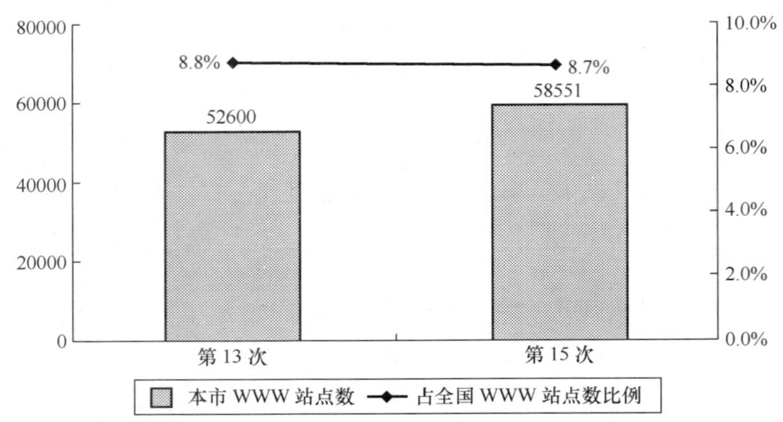

图 23.164　上海市历次调查 WWW 站点数

二、互联网用户行为意识调查结果

1．用户个人信息

（1）用户的性别

上海市上网用户中，男性占 62.7%，女性占 37.3%（如图 23.165 所示）。男性占据上网用户主体。

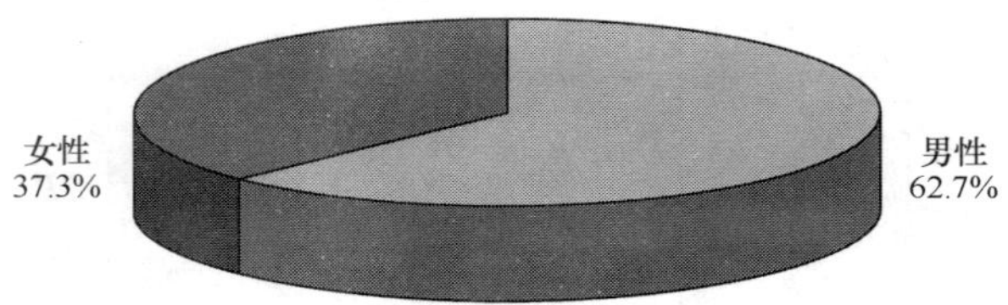

图 23.165　上海市上网用户性别分布

（2）用户的年龄分布

上海市上网用户中，18～24 岁的用户所占比例最高，为 25.0%；其次是 25～30 岁和 18 岁以下的用户，所占比例分别为 22.4%和 18.8%；31～35 岁的用户占 12.8%；35 岁以上用户所占比例为 21%（如图 23.166 所示）。

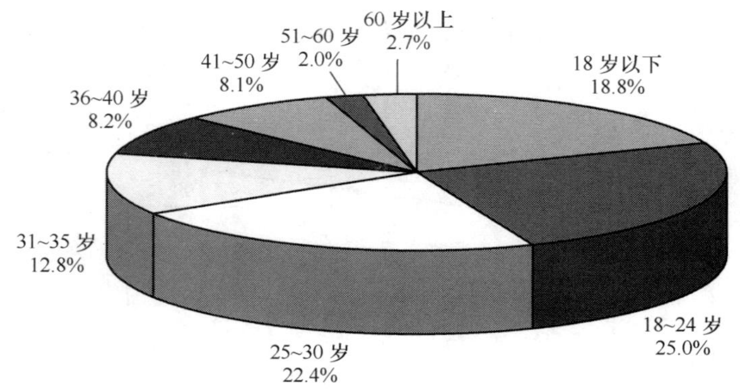

图 23.166　上海市上网用户年龄分布

（3）用户的婚姻状况

上海市上网用户中，已婚者占 45.3%，未婚者占 54.7%（如图 23.167 所示）。未婚者占上网用户主体。

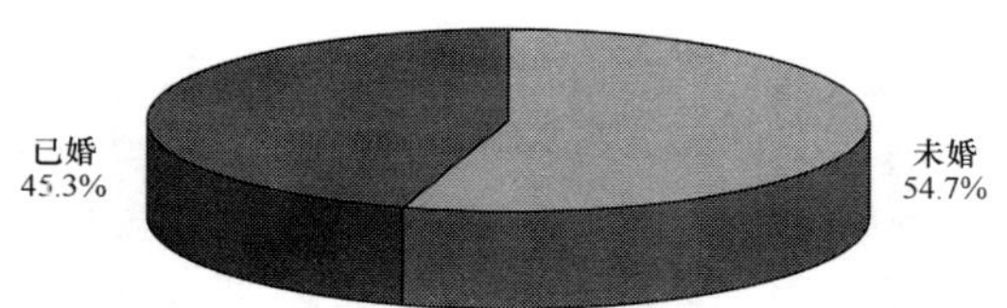

图 23.167 上海市上网用户婚姻状况分布

（4）用户的受教育程度

上海市上网用户中，受教育程度为大专的最多，所占比例达到 35.2%；其次是受教育程度为本科和高中（中专）的用户，所占比例分别为 25.4%和 25.3%；高中以下受教育程度的用户所占比例为 9.1%（如图 23.168 所示）。

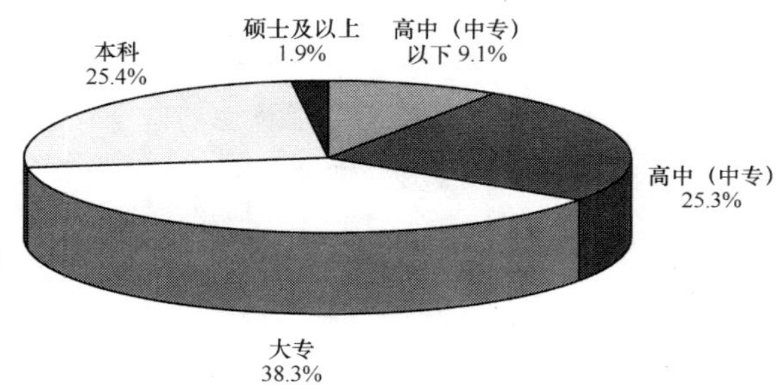

图 23.168 上海市上网用户受教育程度分布

（5）用户的行业分布

上海市上网用户中，从事 IT 业的人最多，占 19.0%；其次是从事公共管理和社会组织业的用户，所占比例为 10.5%；排在第三位的是从事交通运输、仓储业的用户，所占比例为 7.6%；从事制造业和教育业的用户所占比例均为 6.7%；从事批发和零售业的用户所占比例为 5.7%；从事其他行业的上网用户则较少（如图 23.169 所示）。

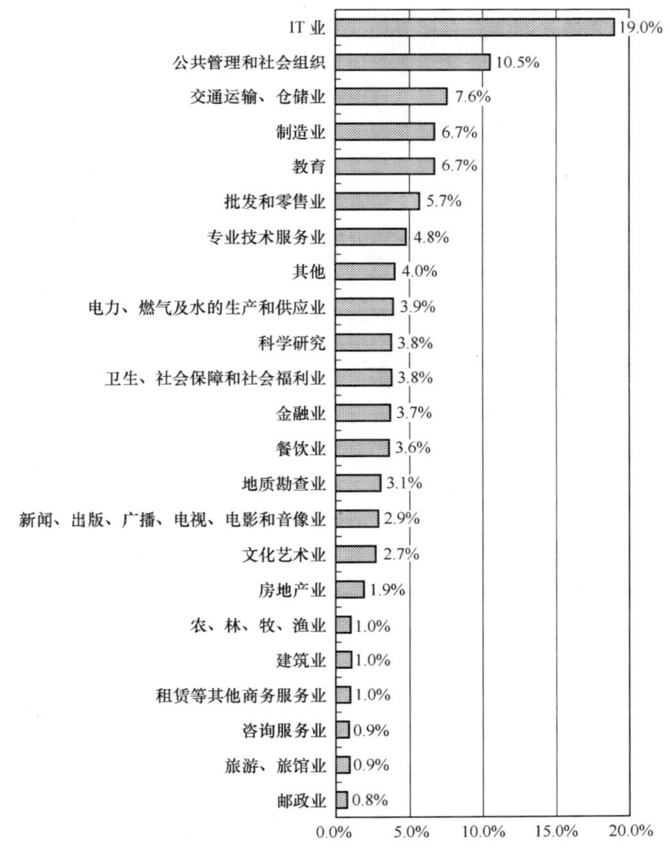

图 23.169 上海市上网用户行业分布

（6）用户的职业分布

上海市上网用户中，学生所占的比例最高，达到22.6%；其次是专业技术人员，所占比例为17.7%；排在第三位的是无业人员，所占比例为11.0%；商业、服务业人员所占比例为8.9%；企事业单位管理人员所占比例为8.2%；办事员等协助人员所占比例为7.9%；生产、运输设备操作人员及有关人员所占比例为6.3%；教师所占比例为5.1%；国家机关、党群组织工作人员所占比例为4.1%；农、林、牧、渔工作人员所占比例为2.5%；其他职业用户所占比例较少（如图23.170所示）。

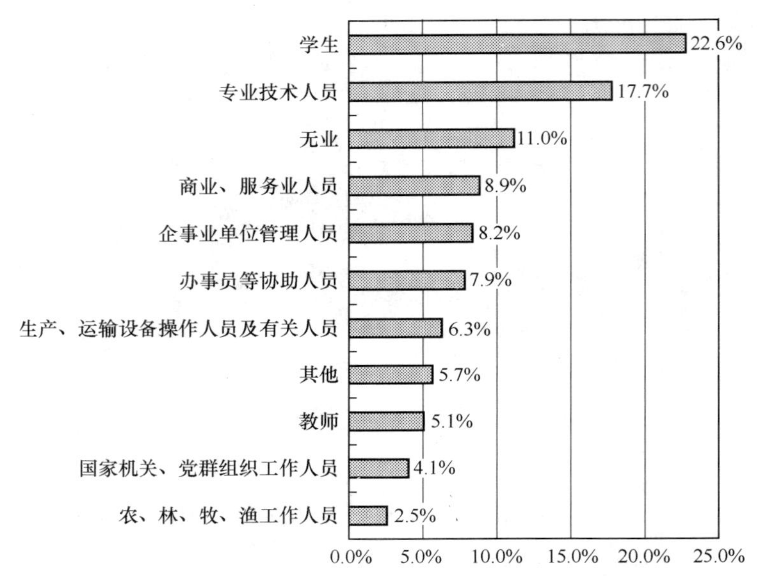

图23.170　上海市上网用户职业分布

（7）用户的个人月收入

上海市上网用户中，个人月收入为无收入的最多，所占比例达到30.3%；其次是个人月收入在1001～1500的用户，所占比例为17.3%；排在第三位的是个人月收入在501～1000元的用户，所占比例为15.2%；个人月收入为1501～2000元的用户所占比例为10.1%；个人月收入在2000元以上的用户所占比例为23.1%（如图23.171所示）。

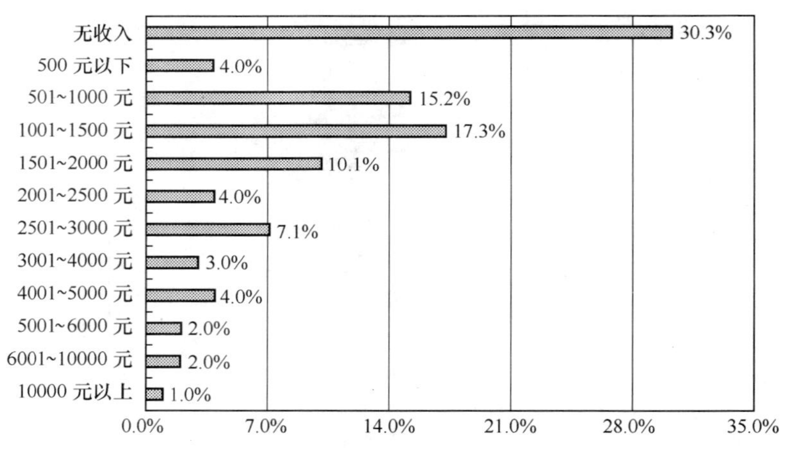

图23.171　上海市上网用户个人月收入分布

2．用户对互联网的使用情况

（1）用户每月实际花费的上网费用

上海市上网用户中，每月实际花费的上网费用（仅限于上网费及上网电话费，不包括使用网络服务的费用）以101～200元的最多，占33.2%；其次是每月实际花费的上网费用在51～100元的用户，所占比例为 31.6%；每月实际花费的上网费用在 200 元以上的用户很少，只占 7.1%（如图 23.172 所示）。

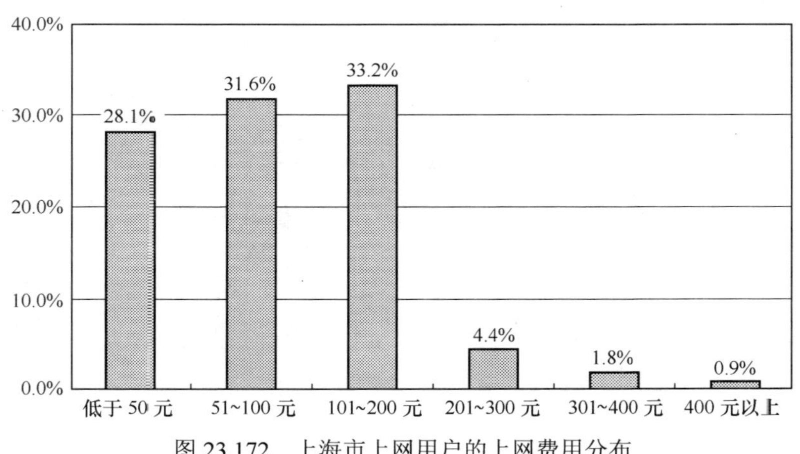

图 23.172 上海市上网用户的上网费用分布

（2）用户平均每周上网时间

上海市上网用户平均每周上网时间为 13.5 小时。

（3）用户平均每周上网天数

上海市上网用户平均每周上网天数为 4.6 天。

（4）用户通常上网时间

上海市上网用户上网时间在一天中波动较大：凌晨 1 点至早上 7 点是用户最少上网的时间，从早上 8 点起上网的人逐渐增加，到上午 10 点达到一天当中的第一个高峰，有 19.6%的用户在这一时间上网；11 点略有回落，12 点开始回升，到 14 点达到一天当中的第二个高峰，有 18.4%的用户在这一时间上网，此后上网人数开始下降；从晚上 19 点开始上网人数激增，到晚上 20 点时达到一天中的顶峰，有 56.3%的用户在这一时间上网，这之后上网人数又急剧减少（如图 23.173 所示）。日常生活的作息时间在一定程度上影响着人们使用互联网的时间，上海市上网用户使用互联网的高峰时间在晚上。

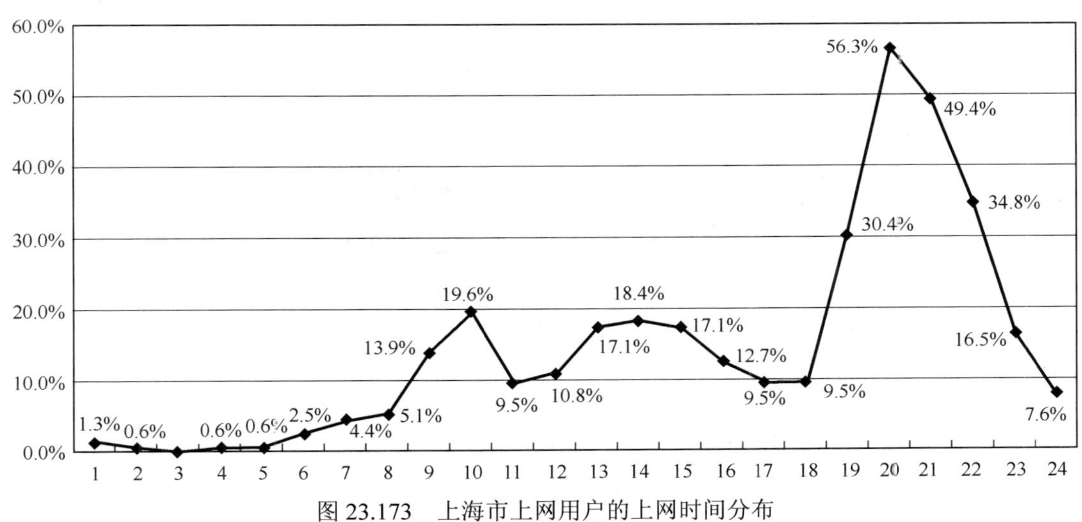

图 23.173 上海市上网用户的上网时间分布

（5）用户拥有 E-mail 账号数

上海市上网用户拥有 E-mail 账号平均值为 1.5，其中免费 E-mail 账号平均值为 1.4。

（6）用户每周收发的电子邮件数

上海市上网用户平均每周收到电子邮件数（不包括垃圾邮件）为 4.5 封，收到垃圾邮件数为 12.8 封，发出电子邮件数为 4.0 封。

（7）用户上网最主要的目的

上海市上网用户上网的最主要目的以获取信息最多，所占比例达到43.0%；其次是休闲娱乐，所占比例为34.2%；排在第三位的是获得各种免费资源，有8.2%的用户选择；还有5.1%的用户选择交友；而选择其他上网目的的用户则很少（如图23.174所示）。

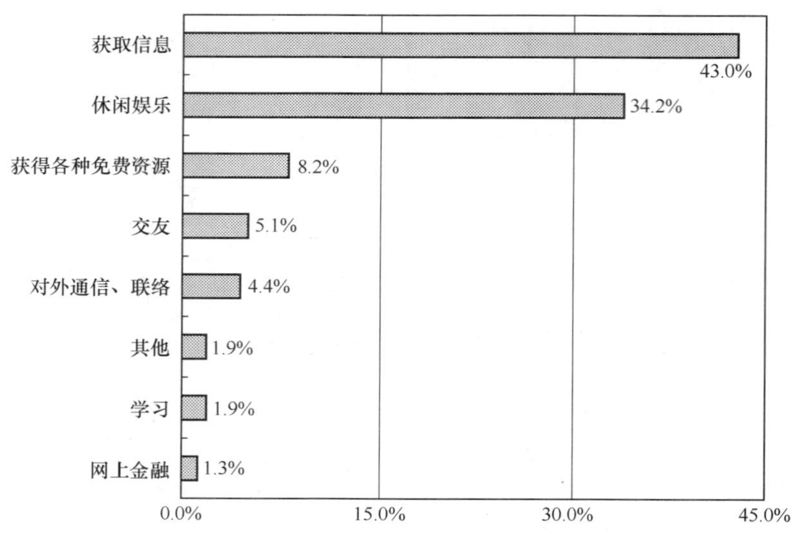

图23.174 上海市上网用户上网最主要的目的

3．用户对互联网的看法

（1）关于“使用互联网可以提高工作、学习和生活的效率”

关于“使用互联网可以提高工作、学习和生活的效率”的观点，上海市上网用户表示比较赞成的最多，所占比例达到62.6%；其次是表示非常赞成的，所占比例为19.4%；表示一半赞成一半不赞成的用户所占比例为13.5%；表示不赞成的用户所占比例非常小，只有4.5%（如图23.175所示）。上海市上网用户对“使用互联网可以提高工作、学习和生活的效率”的观点表示赞成的占绝大多数。

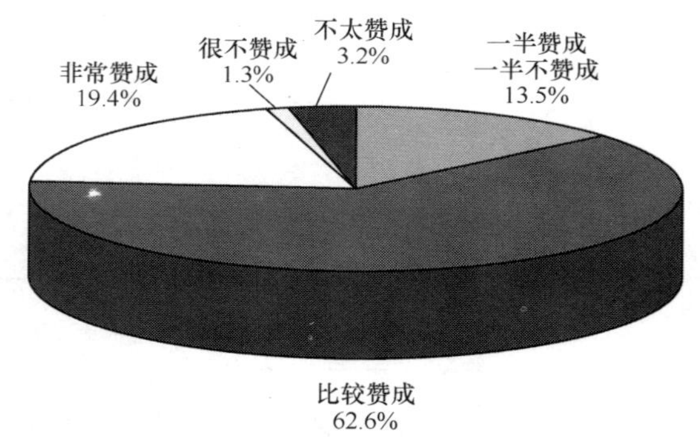

图23.175 上海市上网用户对“使用互联网可以提高工作、学习和生活的效率”观点的看法

（2）关于“在单位、学校、邻里中，会上网的人好像高人一等”

关于“在单位、学校、邻里中，会上网的人好像高人一等”的观点，上海市上网用户表示不太赞成的最多，所占比例达到52.3%；其次是表示很不赞成的，所占比例为21.2%；表示一半赞成一半不赞成的用户所占比例为21.2%；表示比较赞成的用户所占比例为4.0%；表示非常赞成的用户所占比例为1.3%（如图23.176所示）。上海市上网用户对“在单位、学校、邻里中，会上网的人好像高人一等”的观点表示不赞成的占绝大多数。

（3）关于“使用互联网容易结交不好的朋友”

关于“使用互联网容易结交不好的朋友”的观点，上海市上网用户表示不太赞成的最多，达到39.2%；

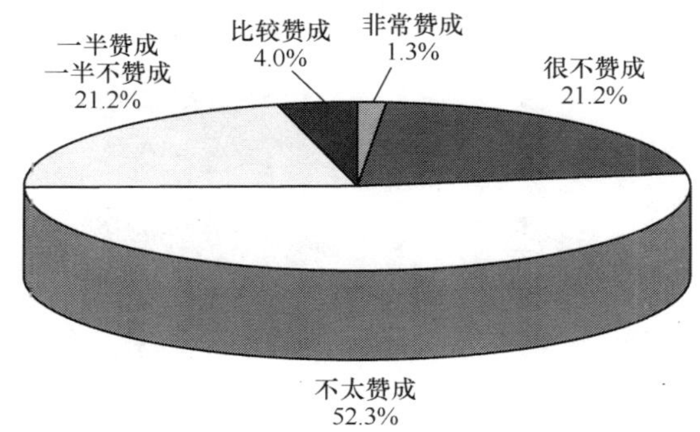

图 23.176　上海市上网用户对“在单位、学校、邻里中，会上网的人好像高人一等”观点的看法

其次表示一半赞成一半不赞成的用户所占比例为 34.2%；表示比较赞成的用户所占比例为 14.7%；表示很不赞成的用户所占比例为 11.2%；表示非常赞成的用户所占比例为 0.7%（如图 23.177 所示）。上海市上网用户对“使用互联网容易结交不好的朋友”的观点表示不赞成的居多。

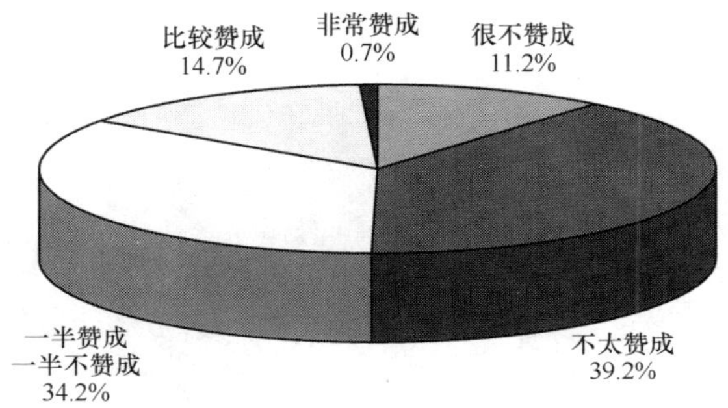

图 23.177　上海市上网用户对“使用互联网容易结交不好的朋友”观点看法

（4）关于“使用互联网容易暴露隐私”

关于“使用互联网容易暴露隐私”的观点，上海市上网用户表示一半赞成一半不赞成的最多，所占比例达到 44.8%；其次是表示不太赞成的，所占比例为 30.4%；表示比较赞成的用户所占比例为 17.9%；表示很不赞成的用户所占比例为 5.5%；表示非常赞成的用户所占比例为 1.4%（如图 23.178 所示）。上海市上网用户对“使用互联网容易暴露隐私”的观点表示不赞成的居多。

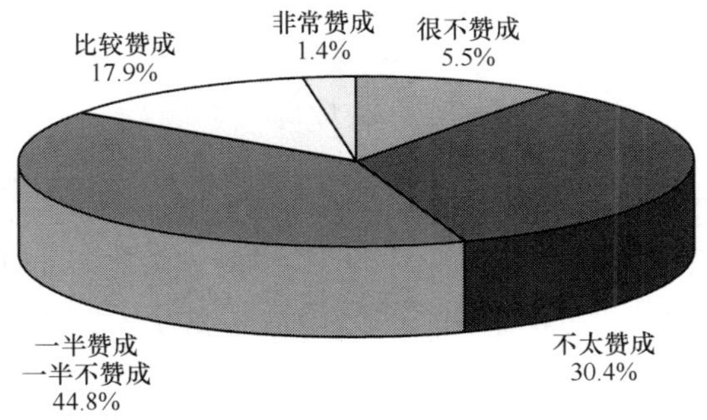

图 23.178　上海市上网用户对“使用互联网容易暴露隐私”观点看法

（5）关于“使用互联网容易受不良信息的影响”

关于“使用互联网容易受不良信息的影响”的观点，上海市上网用户表示一半赞成一半不赞成的最多，所占比例达到 40.4%；其次是表示不太赞成的，所占比例为 32.2%；表示比较赞成的用户所占比例为 21.2%；表示很不赞成的用户所占比例为 4.8%；表示非常赞成的用户所占比例为 1.4%（如图 23.179 所示）。上海市上网用户对“使用互联网容易受不良信息的影响”的观点表示不赞成的多于表示赞成的。

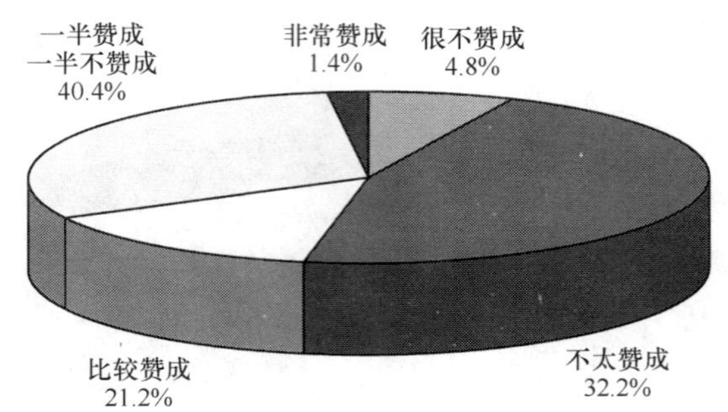

图 23.179　上海市上网用户对“使用互联网容易受不良信息的影响”观点的看法

（6）对互联网的信任程度

上海市上网用户表示半信半疑的最多，所占比例为 48.0%；其次是对互联网表示比较信任的，所占比例为 42.0%；对互联网表示不太信任的用户所占比例为 6.0%；对互联网表示完全信任的用户所占比例为 2.7%；对互联网表示完全不信的用户所占比例为 1.3%（如图 23.180 所示）。上海市上网用户对互联网表示信任的多于表示不信任的。

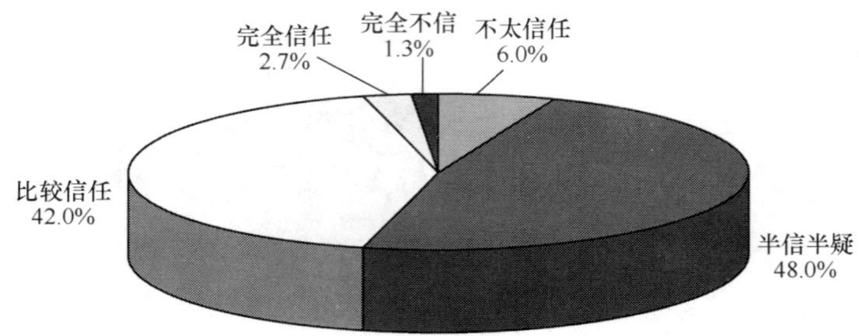

图 23.180　上海市上网用户对互联网的信任程度

综上所述，上海市上网用户数为 441 万人，上网计算机数为 205 万台，CN 下注册域名数量为 44 199 个，WWW 站点数为 58 551 个。

其中住宅电话覆盖的上网用户（不包括住校大学生）中以男性、未婚者为主，年龄在 18～24 岁的所占比例最高，受教育程度为大专的最多，职业以学生所占比例最多，从事的行业以 IT 业的人最多，个人月收入以无收入的最多。

用户每月实际花费的上网费用集中在 200 元及以下，平均每周上网时间为 13.5 小时，平均每周上网天数为 4.6 天，使用互联网的高峰时间在晚上。用户拥有 E-mail 账号平均值为 1.5，其中免费 E-mail 账号平均值为 1.4，平均每周收到电子邮件数（不包括垃圾邮件）为 4.5 封，收到垃圾邮件数 12.8 封，发出电子邮件数 4.0 封。用户上网的最主要目的为获取信息。

上海市上网用户对“使用互联网可以提高工作、学习和生活的效率”的观点表示赞成的占绝大多数，对“在单位、学校、邻里中，会上网的人好像高人一等”的观点表示不赞成的占多数，对“使用互联网容易结交不好的朋友”的观点表示不赞成的居多，对“使用互联网容易暴露隐私”的观点表示不赞成的居多，对“使用互联网容易受不良信息的影响”的观点表示不赞成的多于表示赞成的。上海市上网用户对互联网表示信任的多于表示不信任的。

23.1.10　江苏省互联网络发展状况

一、宏观概况

1. 上网用户人数

江苏省上网用户人数为 661 万，占全国上网用户总人数的比例为 7.0%，占江苏省总人口的 8.9%。与第 13 次调查结果相比，江苏省上网用户人数增加 50.1 万，增长率为 8.2%，占全国上网总人数的比例减少

0.7%，占江苏省总人口比例增加 0.6%（如图 23.181 所示）。

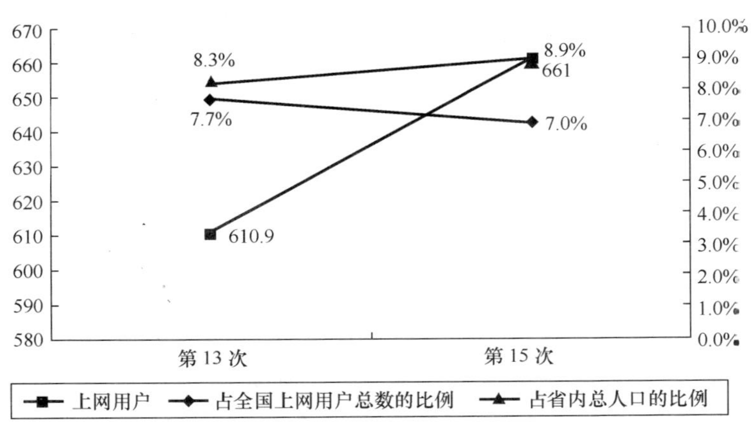

图 23.181 江苏省历次调查上网用户人数

2．上网计算机数

江苏省上网计算机数为 279 万台，占全国上网计算机总数的比例为 6.7%。与第 13 次调查结果相比，江苏省上网计算机数增加 27 万台，增长率为 10.7%，占全国上网计算机总数的比例减少 1.4%（如图 23.182 所示）。

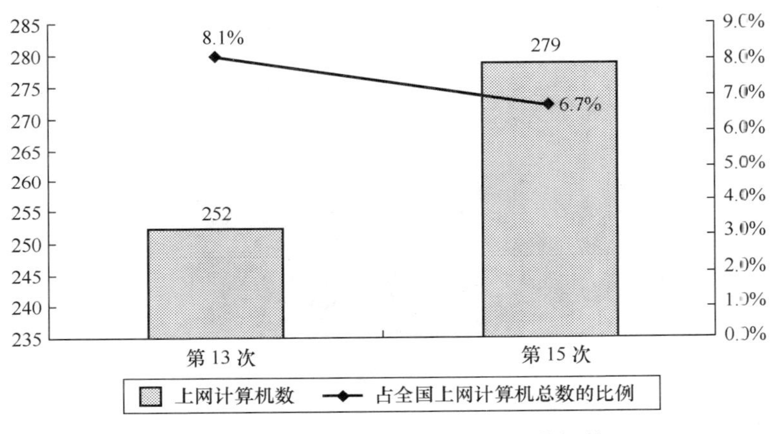

图 23.182 江苏省历次调查上网计算机数

3．CN 下注册域名数（不含 EDU）

江苏省 CN 下注册域名数量为 26 863 个，占全国 CN 下注册域名总数的比例为 6.3%。与第 13 次调查相比，江苏省 CN 下注册域名数增加 6 276 个，增长率为 30.5%，占全国 CN 下注册域名总数的比例增加 0.2%（如图 23.183 所示）。

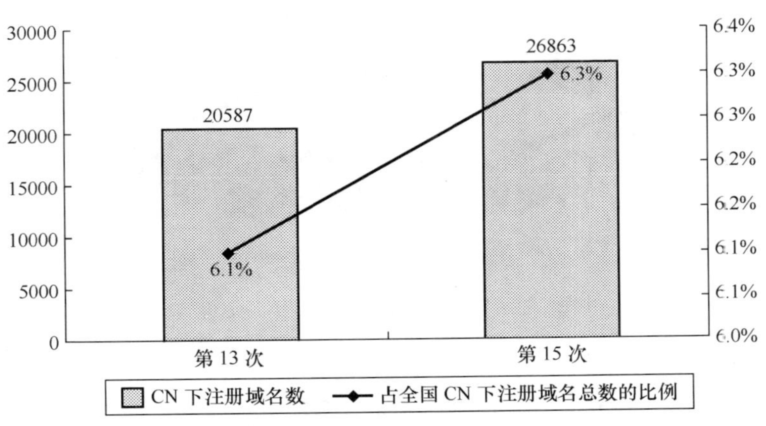

图 23.183 江苏省历次调查 CN 下注册域名数（不含 EDU）

4．WWW 站点数（包括.CN、.COM、.NET、.ORG 下的网站）

江苏省 WWW 站点数为 50396 个，占全国 WWW 站点数的比例为 7.5%。与第 13 次调查结果相比，江苏省 WWW 站点数增加 10138 个，增长率为 25.2%，占全国 WWW 站点数的比例增加 0.7%（如图 23.184 所示）。

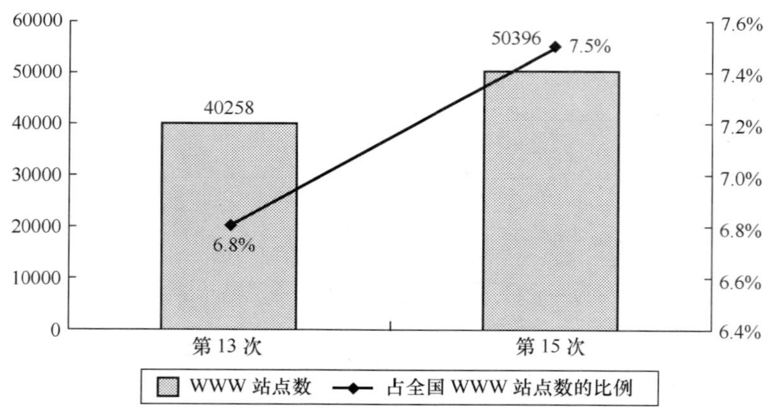

图 23.184　江苏省历次调查 WWW 站点数

二、互联网用户行为意识调查结果

1．用户个人信息

（1）用户的性别

江苏省上网用户中，男性占 61.8%，女性占 38.2%（如图 23.185 所示）。男性占据上网用户主体。

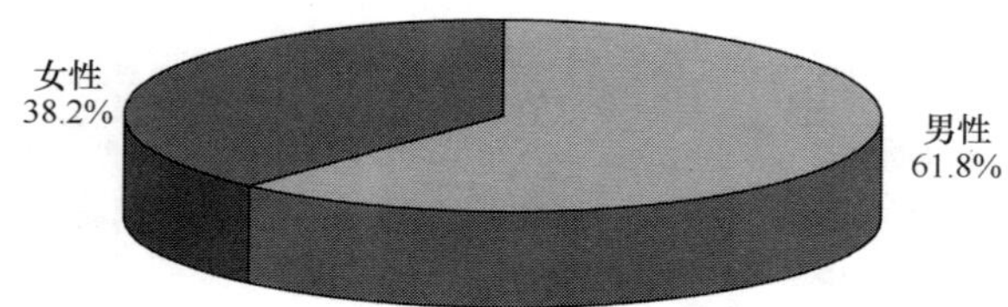

图 23.185　江苏省上网用户性别分布

（2）用户的年龄分布

江苏省上网用户中，25～30 岁的用户所占比例最高，达到 24.2%；其次是 18～24 岁的用户，所占比例为 21.3%；31～35 岁的用户占 14.1%；18 岁以下的用户占 12.9%；41～50 岁的用户占 11.2%；36～40 岁的用户所占比例为 10.1%；50 岁以上用户所占比例为 6.2%（如图 23.186 所示）。

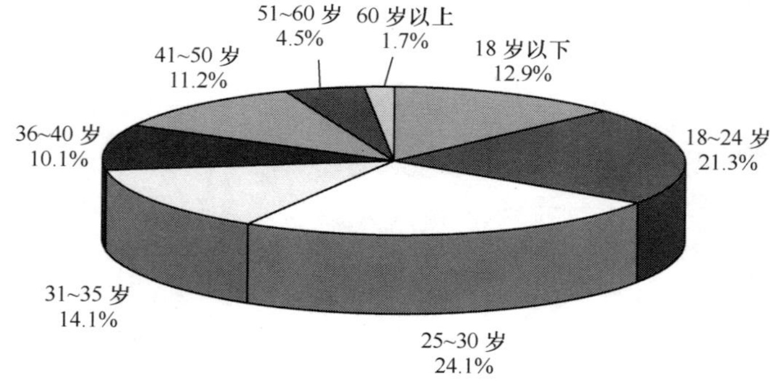

图 23.186　江苏省上网用户年龄分布

（3）用户的婚姻状况

江苏省上网用户中，已婚者占 62.8%，未婚者占 37.2%（如图 23.187 所示）。已婚者占上网用户主体。

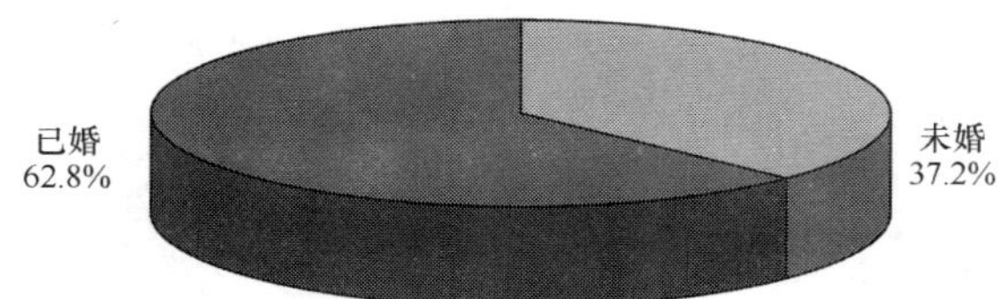

图 23.187　江苏省上网用户婚姻状况分布

（4）用户的受教育程度

江苏省上网用户中，受教育程度为高中（中专）的最多，达到 37.7%；其次是受教育程度为大专的用户，所占比例为 27.9%；受教育程度为本科的用户所占比例为 23.0%；受教育程度为高中（中专）以下的用户所占比例为 9.3%；硕士及以上受教育程度的用户所占比例较小，只有 2.1%（如图 23.188 所示）。

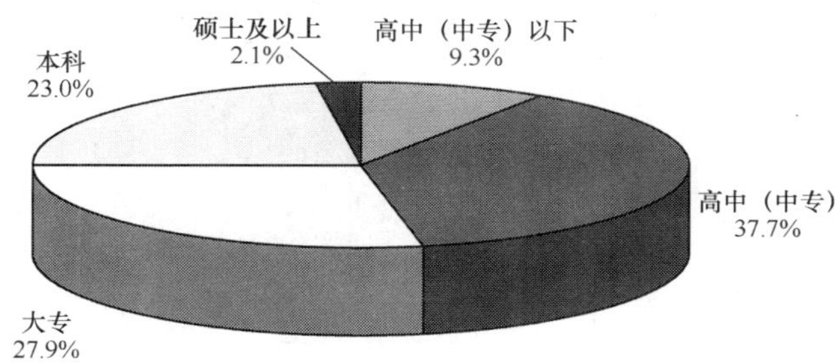

图 23.188　江苏省上网用户受教育程度分布

（5）用户的行业分布（不包括军人、学生和无业人员）

江苏省上网用户中，从事制造业的人最多，达到 15.4%；其次是从事公共管理和社会组织业的用户，所占比例为 14.0%；从事 IT 业的上网用户所占比例为 10.3%；排在第四位的是从事教育业用户，所占比例为 9.6%；从事批发和零售业和建筑业的用户所占比例相同各为 5.1%；从事金融业的用户所占比例为 3.8%；从事其他行业的上网用户则较少（如图 23.189 所示）。

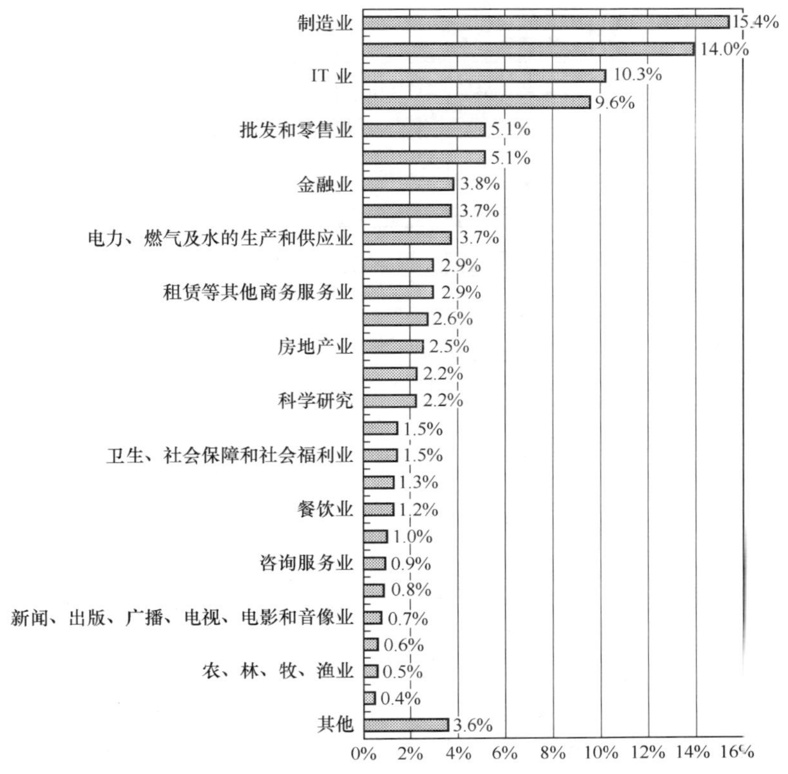

图 23.189　江苏省上网用户的行业分布

（6）用户的职业分布

江苏省上网用户中，专业技术人员所占的比例最多，达到18.3%；其次是学生，所占比例为16.1%；排在第三位的是企事业单位管理人员，所占比例为12.9%；无业人员所占比例为10.2%；商业、服务业人员所占比例为9.1%；生产、运输设备操作人员及有关人员所占比例为8.6%；国家机关、党群组织工作人员所占比例为7.5%；教师所占比例为6.5%；其他职业的用户所占比例较少（如图23.190所示）。

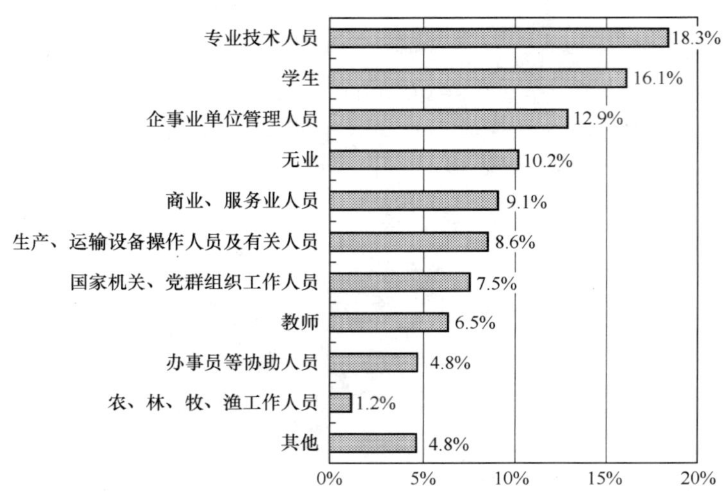

图23.190 江苏省上网用户的职业分布

（7）用户的个人月收入

江苏省上网用户中，个人月收入在1001～1500元的最多，达到28.1%；其次是个人月收入在1501～2000元的用户，所占比例为16.4%；排在第三位的是个人月收入在500元以下的用户，所占比例为14.4%；无收入用户所占比例为8.9%；个人月收入为2 501～3 000元的用户所占比例为8.2%；个人月收入为501～1 000元的用户所占比例为7.5%；个人月收入为2001～2500元的用户所占比例为6.2%；个人月收入在3000元以上的用户所占比例为10.3%（如图23.191所示）。

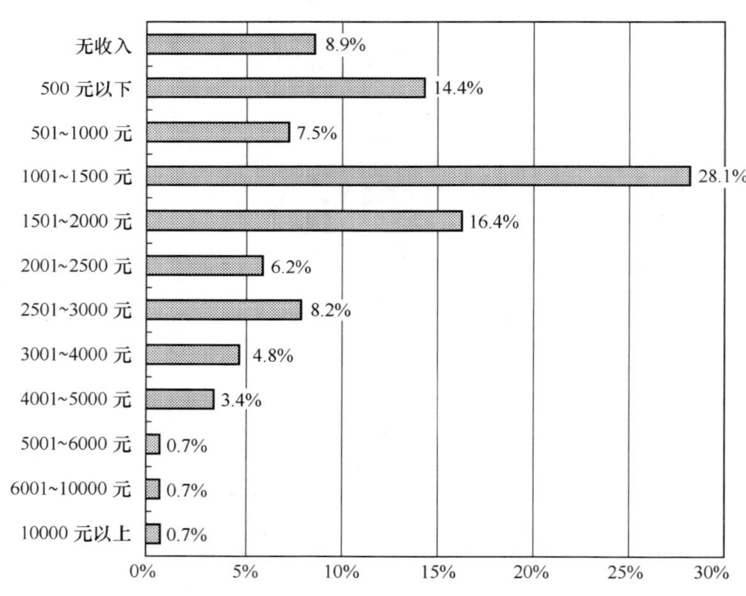

图23.191 江苏省上网用户的个人月收入分布

2．用户对互联网的使用情况

（1）用户每月实际花费的上网费用

江苏省上网用户中，每月实际花费的上网费用（仅限于上网费及上网电话费，不包括使用网络服务的费用）以低于 50 元的最多，占 39.5%；其次是每月实际花费的上网费用为 51～100 元的用户，所占比例为 32.4%；每月实际花费的上网费用为 101～200 元的用户所占比例为 22.3%；每月实际花费的上网费用在 200 元以上的用户，所占比例为 5.8%（如图 23.192 所示）。江苏省上网用户每月实际花费的上网费用集中在 200 元及以下。

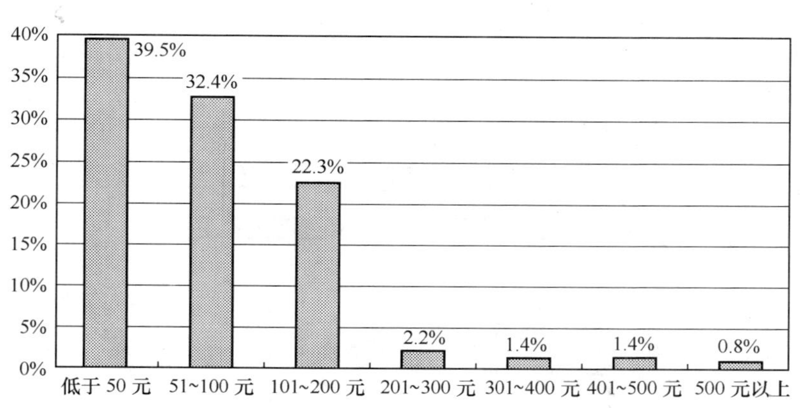

图 23.192　江苏省上网用户的上网费用分布

（2）用户平均每周上网时间

江苏省上网用户平均每周上网时间为 13.3 小时。

（3）用户平均每周上网天数

江苏省上网用户平均每周上网天数为 4.3 天。

（4）用户通常上网时间

江苏省上网用户的上网时间在一天中波动较大：凌晨 1 点至早上 7 点钟是用户最少上网的时间，从早上 8 点钟起上网的人逐渐增加，到上午 10 点达到一天当中的第一个高峰，有 25.8%的用户在这一时间上网；11 点略有回落，13 点开始回升，15 点又达到一天当中的第二个高峰，有 33.3%的用户在这一时间上网；16 点略有回落，从晚上 19 点开始上网人数激增，到晚上 20 点的时候达到一天中的顶峰，有 59.7%的用户在这一时间上网，这之后上网人数又急剧减少（如图 23.193 所示）。日常生活的作息时间在一定程度上影响着人们使用互联网的时间，江苏省上网用户使月互联网的高峰时间在晚上。

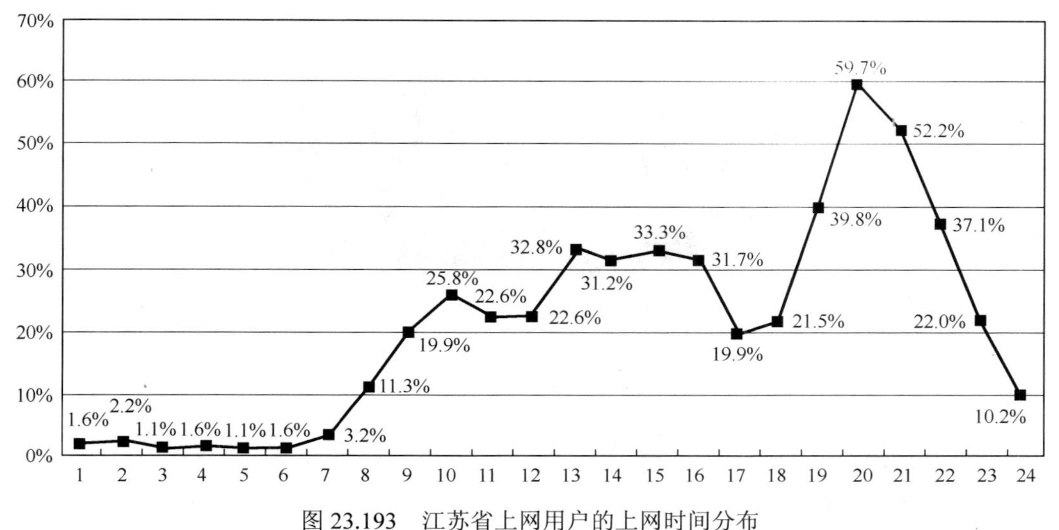

图 23.193　江苏省上网用户的上网时间分布

（5）用户拥有 E-mail 账号数

江苏省上网用户拥有 E-mail 账号平均值为 1.2，其中免费 E-mail 账号平均值为 1.1。

（6）用户平均每周收发的电子邮件数

江苏省上网用户平均每周收到电子邮件数（不包括垃圾邮件）为4.2封，收到垃圾邮件数8.4封，发出电子邮件数3.6封。

（7）用户上网最主要的目的

江苏省上网用户上网的最主要目的以获取信息最多，所占比例达到47.3%；其次是休闲娱乐，所占比例为37.1%；排在第三位的是学习，有4.3%的用户选择此项；选择交友的用户占3.2%；选择其他上网目的的用户则很少（如图23.194所示）。

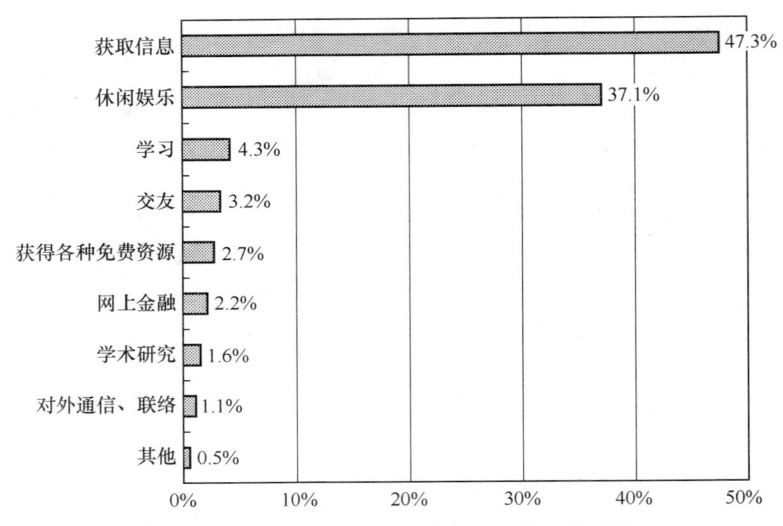

图23.194 江苏省上网用户上网最主要的目的

3．用户对互联网的看法

（1）关于“使用互联网可以提高工作、学习和生活的效率”

关于“使用互联网可以提高工作、学习和生活的效率”的观点，江苏省上网用户表示比较赞成的最多，所占比例达到68.5%；其次是表示非常赞成的，所占比例为20.1%；表示一半赞成一半不赞成的用户所占比例为10.3%；表示不太赞成的用户所占比例为1.1%（如图23.195所示）。江苏省上网用户对“使用互联网可以提高工作、学习和生活的效率”的观点表示赞成的占绝大多数。

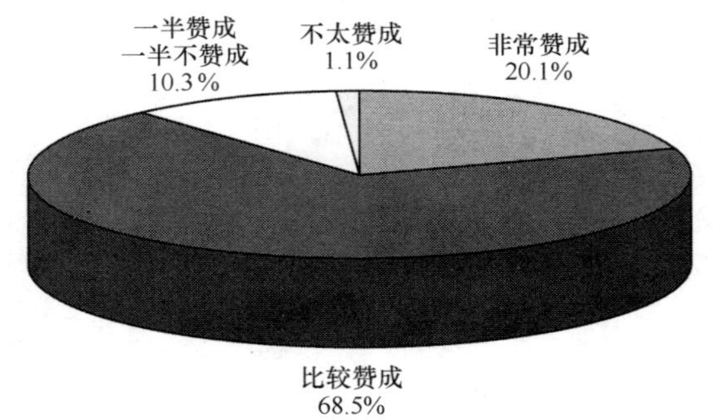

图23.195 江苏省上网用户对“使用互联网可以提高工作、学习和生活的效率”观点的看法

（2）关于“在单位、学校、邻里中，会上网的人好像高人一等”

关于“在单位、学校、邻里中，会上网的人好像高人一等”的观点，江苏省上网用户表示不太赞成的最多，所占比例达到57.9%；其次是表示很不赞成的，所占比例为19.7%；表示一半赞成一半不赞成的用户所占比例为13.7%；表示比较赞成的用户所占比例为8.2%；表示非常赞成的用户所占比例为0.5%（如图23.196所示）。江苏省上网用户对“在单位、学校、邻里中，会上网的人好像高人一等”的观点表示不赞成的占多数。

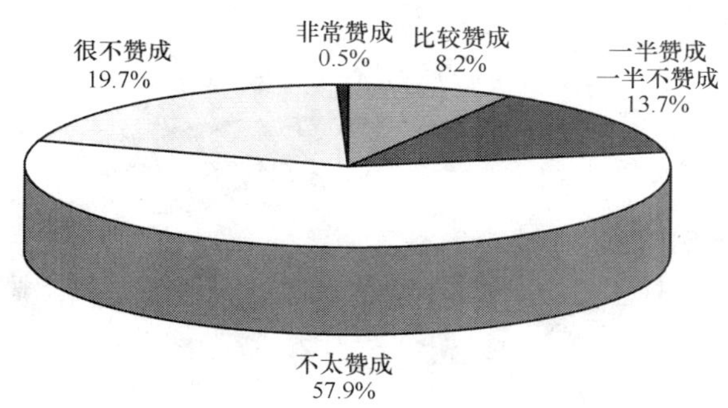

图 23.196　江苏省上网用户对“在单位、学校、邻里中，会上网的人好像高人一等”观点的看法

（3）关于“使用互联网容易结交不好的朋友”

关于“使用互联网容易结交不好的朋友”的观点，江苏省上网用户表示不太赞成的最多，所占比例达到 45.4%；其次是表示一半赞成一半不赞成的用户，所占比例为 23.9%；表示比较赞成的用户所占比例为 18.8%；表示很不赞成的用户所占比例为 9.1%；表示非常赞成的用户最少，只有 2.8%（如图 23.197 所示）。江苏省上网用户对“使用互联网容易结交不好的朋友”的观点表示不赞成的居多。

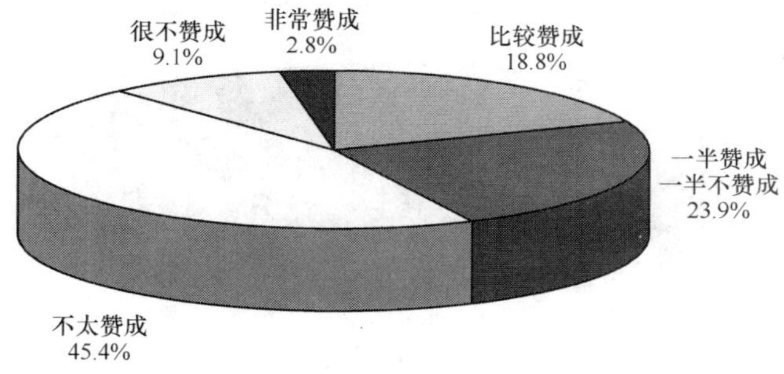

图 23.197　江苏省上网用户对“使用互联网容易结交不好的朋友”观点的看法

（4）关于“使用互联网容易暴露隐私”

关于“使用互联网容易暴露隐私”的观点，江苏省上网用户表示不太赞成的最多，所占比例达到 37.3%；其次是表示比较赞成的用户，所占比例为 27.1%；表示一半赞成一半不赞成的用户，所占比例均为 23.7%；表示很不赞成的用户，占 9.6%；表示非常赞成的用户最少，只占 2.3%（如图 23.198 所示）。江苏省上网用户对“使用互联网容易暴露隐私”的观点表示不赞成的居多。

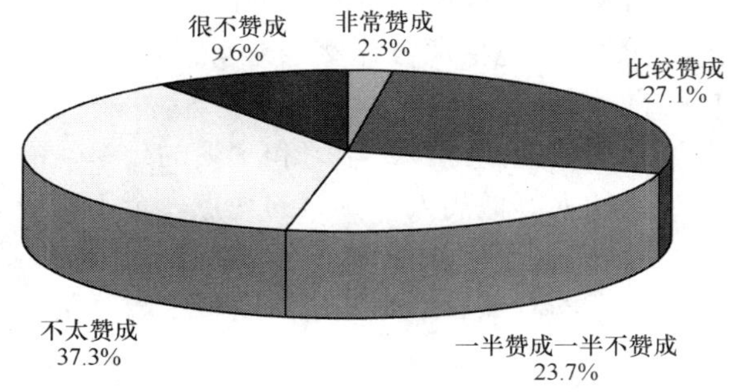

图 23.198　江苏省上网用户对“使用互联网容易暴露隐私”观点的看法

（5）关于“使用互联网容易受不良信息影响”

关于“使用互联网容易受不良信息影响”的观点，江苏省上网用户表示不太赞成的最多，所占比例为 39.2%；其次是表示比较赞成的用户，所占比例为 27.1%；表示一半赞成一半不赞成的用户所占比例为 24.3%；表示非常不赞成的用户所占比例为 6.1%；表示非常赞成的用户比例最少，占 3.3%（如图 23.199 所示）。江苏省上网用户对“使用互联网容易受不良信息影响”的观点表示不赞成的多于表示赞成的。

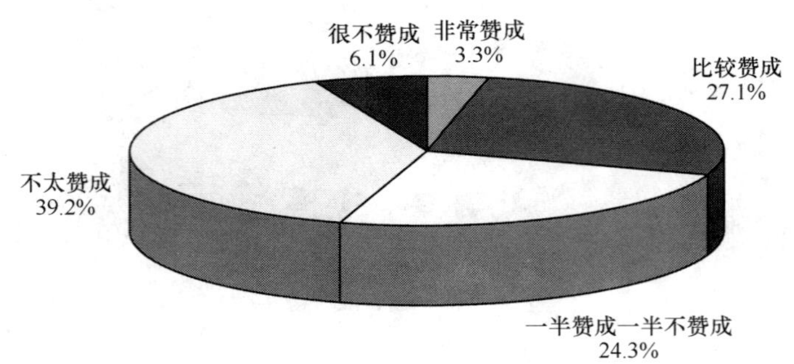

图 23.199　江苏省上网用户对“使用互联网容易受不良信息影响”观点的看法

（6）对互联网的信任程度

江苏省上网用户对互联网表示比较信任的最多，所占比例为 51.4%；其次是对互联网表示半信半疑的，所占比例为 39.8%；对互联网表示不太信任的用户有 6.0%；对互联网表示完全信任的用户有 2.2%；对互联网表示完全不信的很少，占 0.6%（如图 23.200 所示）。江苏省上网用户对互联网表示比较信任的占多数。

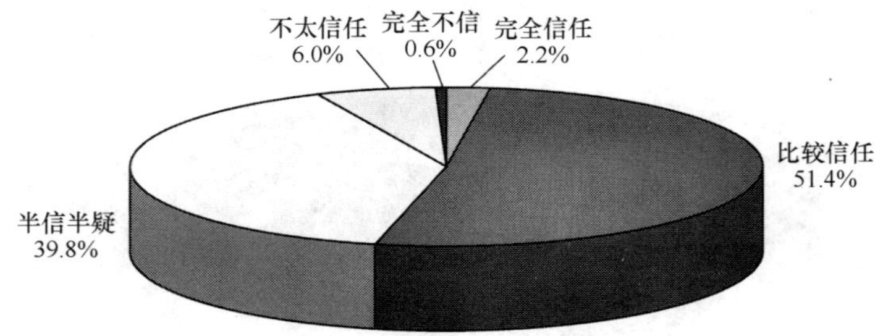

图 23.200　江苏省上网用户对互联网的信任程度

综上所述，江苏省上网用户数为 661 万人，上网计算机数为 280 万台，CN 下注册域名数量为 26 863 个，WWW 站点数为 50396 个。

其中住宅电话覆盖的上网用户（不包括住校大学生）中以男性、已婚者占主体，年龄在 25～30 岁的所占比例最高，受教育程度为高中（中专）的最多，职业专业技术人员所占的比例最多，从事行业为制造业的人最多，个人月收入为 1501～2000 元的最多。

用户每月实际花费的上网费用集中在 200 元及以下，平均每周上网时间为 13.3 小时，平均每周上网天数为 4.3 天，使用互联网的高峰时间在晚上。用户拥有 E-mail 账号平均值为 1.2，其中免费 E-mail 账号平均值为 1.1，平均每周收到电子邮件数（不包括垃圾邮件）为 4.2 封，收到垃圾邮件数 8.4 封，发出电子邮件数 3.6 封。用户上网的最主要目的为获取信息。

江苏省上网用户对“使用互联网可以提高工作、学习和生活的效率”的观点表示赞成的占绝大多数，对“在单位、学校、邻里中，会上网的人好像高人一等”的观点表示不赞成的占多数，对“使用互联网容易结交不好的朋友”的观点表示不赞成的居多，对“使用互联网容易暴露隐私”的观点表示不赞成的居多，对“使用互联网容易受不良信息影响”的观点表示不赞成的略多于表示赞成的。对互联网表示比较信任的占多数。

23.1.11　浙江省互联网络发展状况

一、宏观概况

1．上网用户人数

浙江省上网用户人数为 534 万，占全国上网用户总人数的比例为 5.7%，是浙江省总人口的 11.4%。与第 13 次调查结果相比，浙江省上网用户人数增加 82.8 万，增长率为 18.4%，占全国上网用户总人数的比例保持不变，占浙江省总人口的比例增加 1.7%（如图 23.201 所示）。

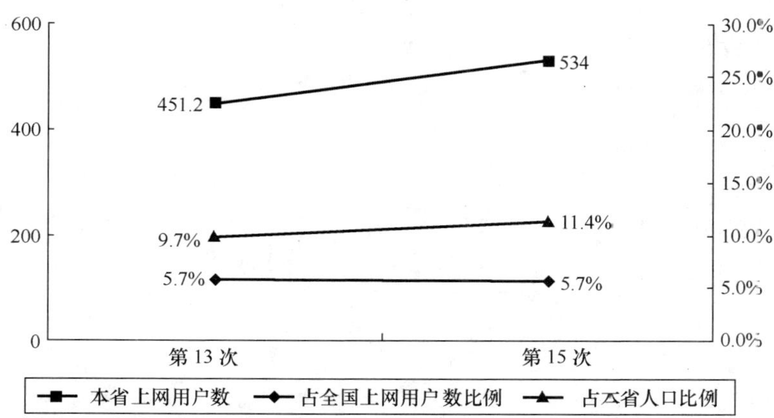

图 23.201　浙江省历次调查上网用户数

2．上网计算机数

浙江省上网计算机数为 263 万台，占全国上网计算机总数的比例为 6.3%。与第 13 次调查结果相比，浙江省上网计算机数增加 76 万台，增长率为 40.6%，占全国上网计算机总数的比例增加 0.2%（如图 23.202 所示）。

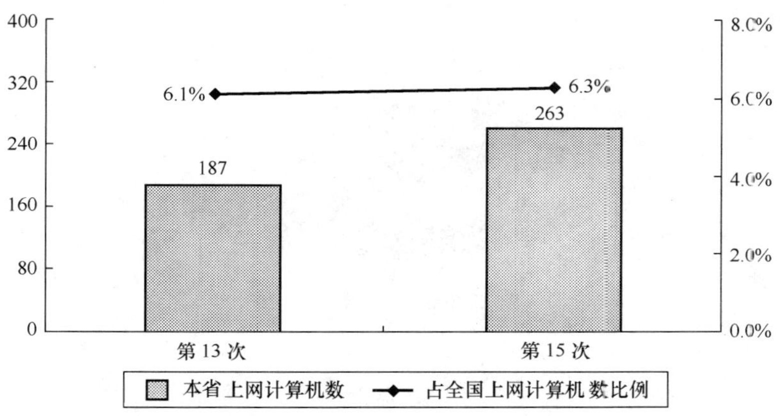

图 23.202　浙江省历次调查上网计算机数

3．CN 下注册域名数（不含 EDU）

浙江省 CN 下注册域名数量为 27 530 个，占全国 CN 下注册域名总数的比例为 6.4%。与第 13 次调查结果相比，浙江省 CN 下注册域名数量增加 7 750 个，增长率为 39.2%，占全国 CN 下注册域名总数的比例增加 0.6%（如图 23.203 所示）。

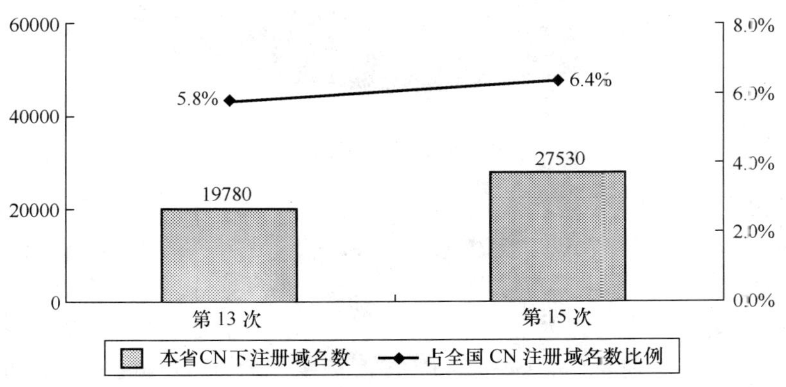

图 23.203　浙江省历次调查 CN 下注册域名数（不含 EDU）

4．WWW 站点数（包括.CN、.COM、.NET、.ORG 下的网站）

浙江省 WWW 站点数为 77 131 个，占全国 WWW 站点数的比例为 11.5%。与第 13 次调查结果相比，浙江省 WWW 站点数增加 19 183 个，增长率为 33.1%，占全国 WWW 站点总数的比例增加 1.8%（如图 23.204 所示）。

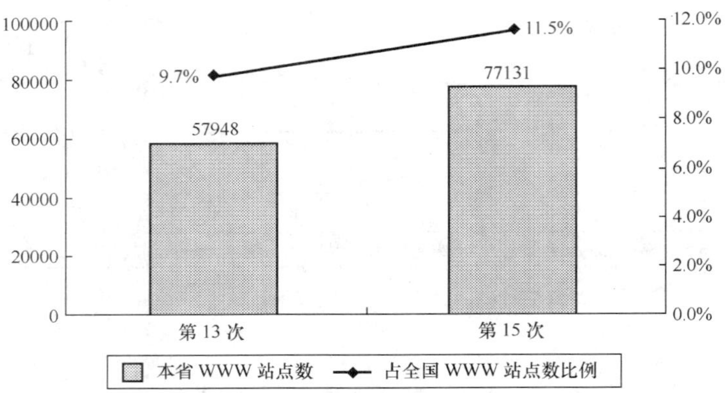

图 23.204　浙江省历次调查 WWW 站点数

二、互联网用户行为意识调查结果

1．用户个人信息

（1）用户的性别

浙江省上网用户中，男性占 54.7%，女性占 45.3%（如图 23.205 所示）。男性占据上网用户主体。

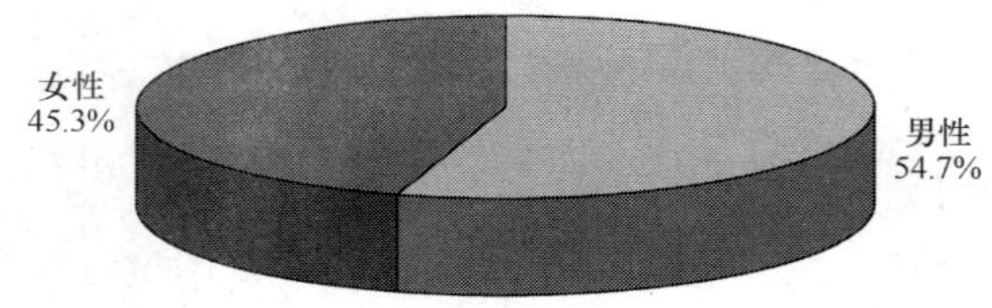

图 23.205　用户性别分布

（2）用户的年龄分布

浙江省上网用户中，18～24 岁的用户所占比例最高 29.3%；其次是 25～30 岁和 18 岁以下的用户，所占比例分别为 23.8%和 17.5%；31～35 岁的用户占 8.9%；35 岁以上用户所占比例为 20.5%（如图 23.206 所示）。

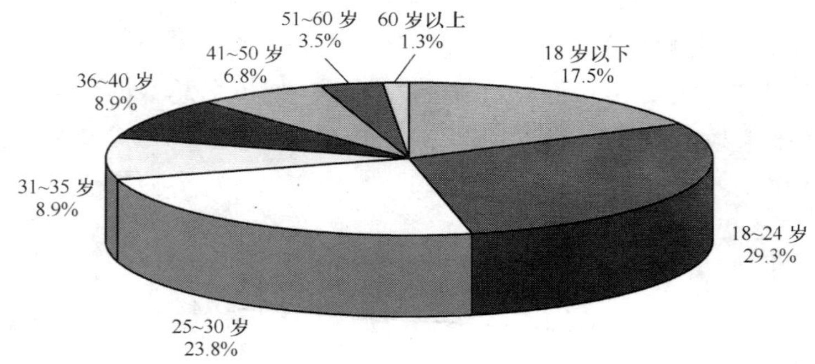

图 23.206　浙江省上网用户年龄分布

（3）用户的婚姻状况

浙江省上网用户中，已婚者占 47.6%，未婚者占 52.4%（如图 23.207 所示）。未婚者占上网用户主体。

（4）用户的受教育程度

浙江省上网用户中，受教育程度为大专的最多，所占比例达到 32.9%；其次是受教育程度为本科和高中（中专）的用户，所占比例分别为 25.7%和 24.0%；高中以下受教育程度的用户所占比例为 13.8%（如图 23.208 所示）。

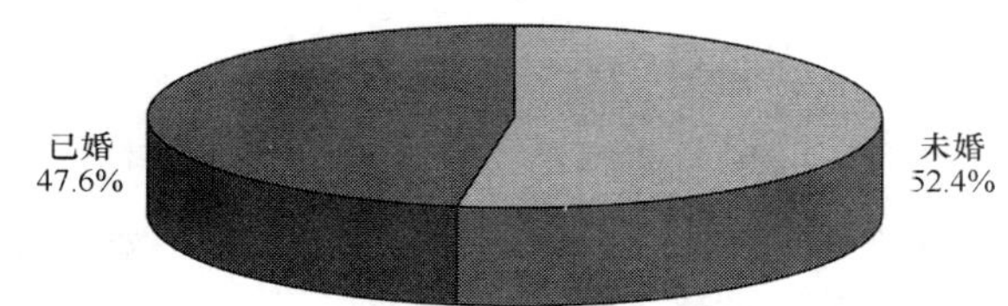

图 23.207 浙江省上网用户婚姻状况分布

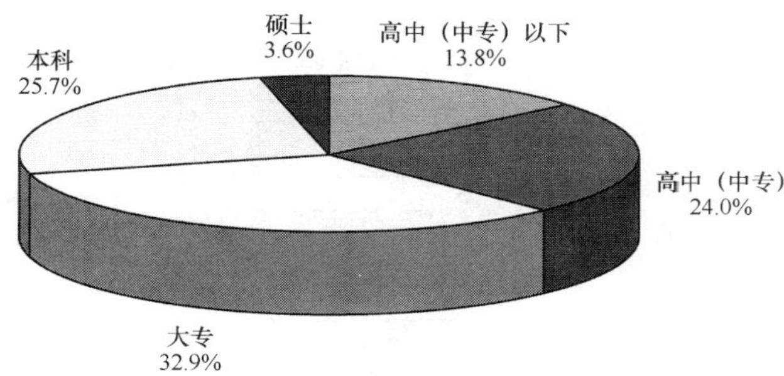

图 23.208 浙江省上网用户受教育程度分布

（5）用户的行业分布

浙江省上网用户中，从事 IT 业的人最多，占 15.6%；其次是从事制造业的用户，所占比例为 14.7%；排在第三位的是从事教育业的用户，所占比例为 10.1%；从事交通运输、仓储业的用户所占比例为 6.4%；从事科学研究及公共管理和社会组织业的用户所占比例皆为 5.5%；从事其他行业的上网用户则较少（如图 23.209 所示）。

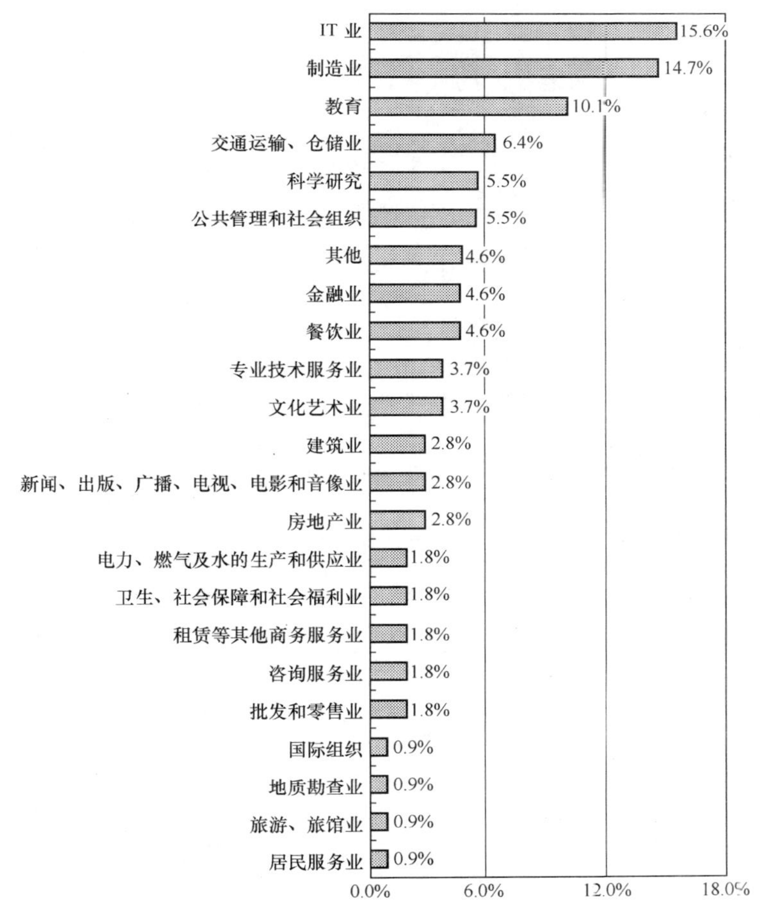

图 23.209 浙江省上网用户行业分布

（6）用户的职业分布

浙江省上网用户中，学生所占的比例最高，达到23.5%；其次是专业技术人员，所占比例为12.8%；无业人员所占比例为10.6%；商业、服务业人员和企事业单位管理人员所占比例皆为10.0%；教师所占比例为7.1%；生产、运输设备操作人员及有关人员所占比例为5.9%；办事员等协助人员所占比例为5.8%；国家机关、党群组织工作人员所占比例为2.9%；农、林、牧、渔工作人员所占比例为0.6%；其他职业用户所占比例较少（如图23.210所示）。

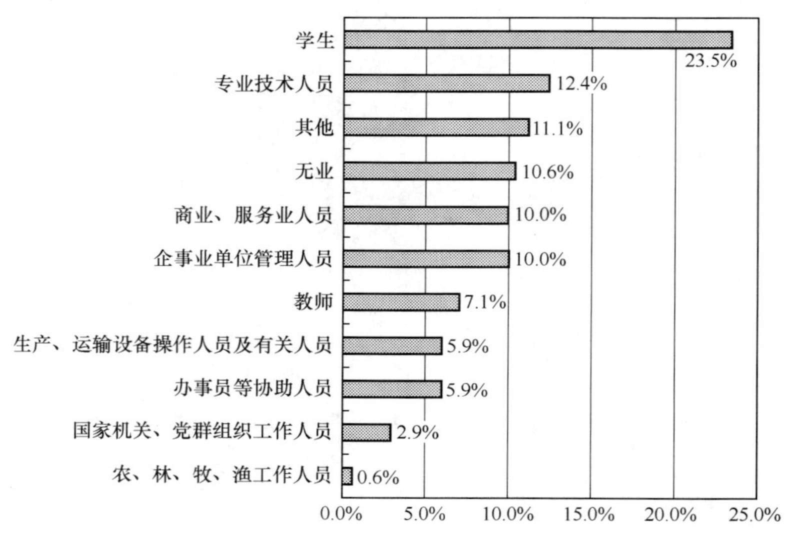

图23.210　浙江省上网用户职业分布

（7）用户的个人月收入

浙江省上网用户中，个人月收入为无收入的最多，所占比例达到32.0%；其次是个人月收入为1 001～1 500元的用户，所占比例为13.6%；排在第三位的是个人月收入为501～1 000元、个人月收入为1 501～2 000元的用户，所占比例皆为11.2%；个人月收入在500元以下的用户所占比例为2.4%；个人月收入在2 000元以上的用户所占比例为29.6%（如图23.211所示）。

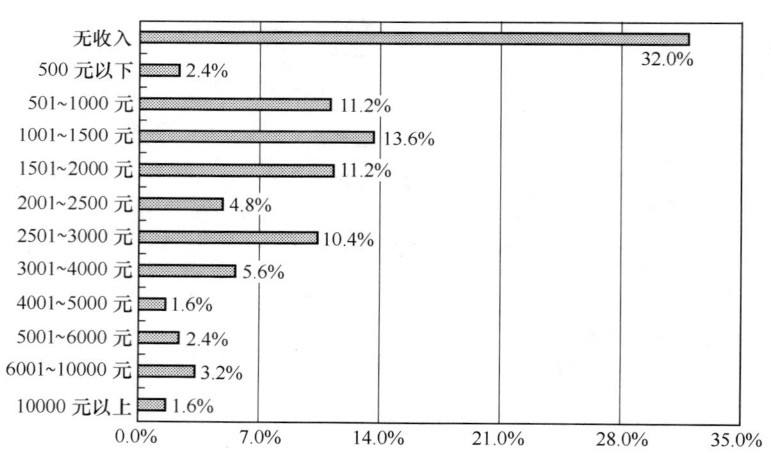

图23.211　浙江省上网用户个人月收入分布

2．用户对互联网的使用情况

（1）用户每月实际花费的上网费用

浙江省上网用户中，每月实际花费的上网费用（仅限于上网费及上网电话费，不包括使用网络服务的费用）以101～200元的最多，占38.1%；其次是每月实际花费的上网费用低于50元的用户，所占比例为28.8%；每月实际花费的上网费用在200元以上的用户很少，只占10.1%（如图23.212所示）。

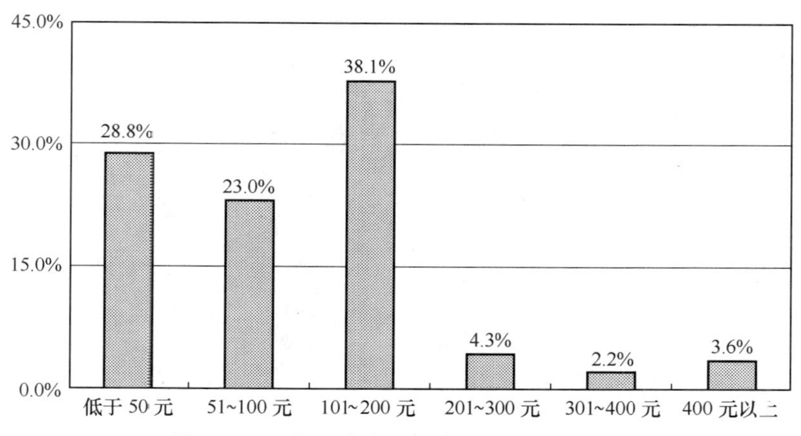

图 23.212　浙江省上网用户的上网费用分布

（2）用户平均每周上网时间

浙江省上网用户平均每周上网时间为 13.9 小时。

（3）用户平均每周上网天数

浙江省上网用户平均每周上网天数为 4.8 天。

（4）用户通常上网时间

浙江省上网用户上网时间在一天中波动较大：凌晨 1 点至早上 7 点是用户最少上网的时间，从早上 8 点起上网的人逐渐增加，到 10 点达到一天当中的第一个高峰，有 19.3%的用户在这一时间上网，此后上网人数开始下降；中午 12 点以后上网人数开始增多，到下午 14 点达到一天中的第二个高峰,有 19.3%的用户在这一时间上网，此后上网人数又有所下降；从晚上 19 点开始上网人数激增，到晚上 20 点和 21 点时达到一天中的顶峰，有 58.9%的用户在这一时间上网，这之后上网人数又急剧减少（如图 23.213 所示）。日常生活的作息时间在一定程度上影响着人们使用互联网的时间，浙江省上网用户使用互联网的高峰时间在晚上。

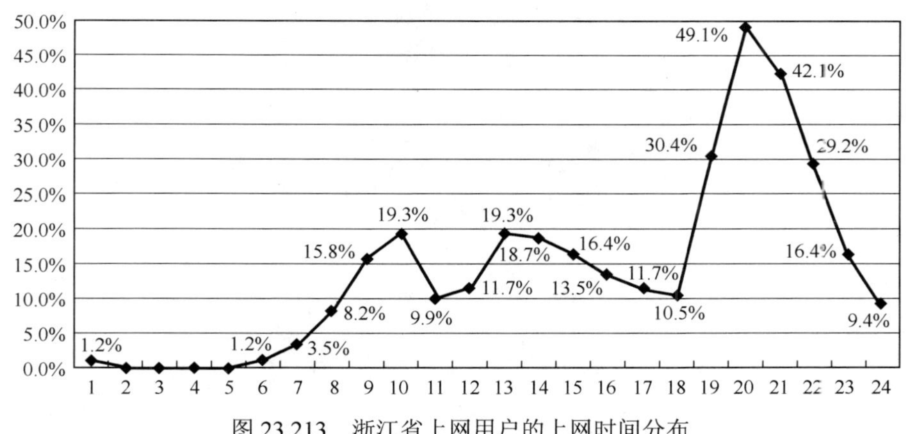

图 23.213　浙江省上网用户的上网时间分布

（5）用户拥有 E-mail 账号数

浙江省上网用户拥有 E-mail 账号平均值为 1.5，其中免费 E-mail 账号平均值为 1.4。

（6）用户每周收发的电子邮件数

浙江省上网用户平均每周收到电子邮件数（不包括垃圾邮件）为 5.4 封，收到垃圾邮件数为 8.1 封，发出电子邮件数为 3.4 封。

（7）用户上网最主要的目的

浙江省上网用户上网的最主要目的以获取信息最多，所占比例达到 48.8%；其次是休闲娱乐，所占比例为 26.5%；排在第三位的是获得各种免费资源和交友，分别有 8.2%的用户选择；而选择其他上网目的的用户则很少（如图 23.214 所示）。

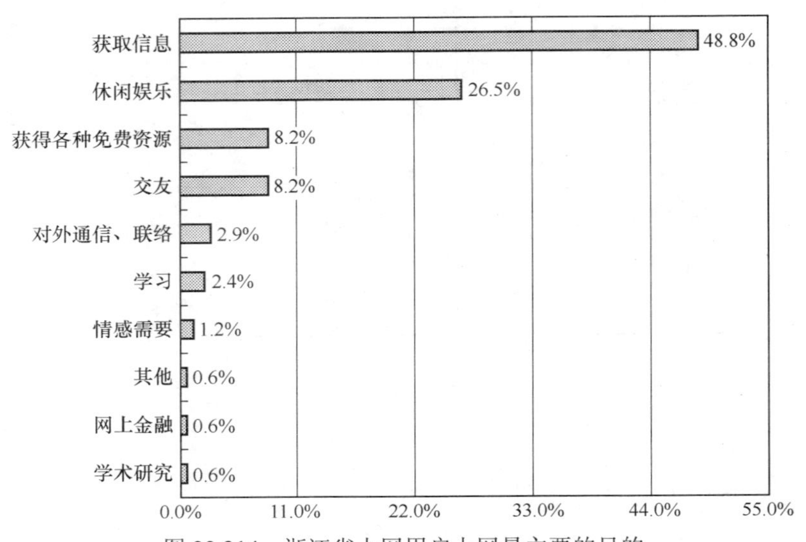

图 23.214　浙江省上网用户上网最主要的目的

3．用户对互联网的看法

（1）关于“使用互联网可以提高工作、学习和生活的效率”

关于“使用互联网可以提高工作、学习和生活的效率”的观点，浙江省上网用户表示比较赞成的最多，所占比例达到 73.2%；其次是表示非常赞成的，所占比例为 12.5%；表示一半赞成一半不赞成的用户所占比例为 10.1%；表示不赞成的用户所占比例非常小，只有 4.2%（如图 23.215 所示）。浙江省上网用户对“使用互联网可以提高工作、学习和生活的效率”的观点表示赞成的占绝大多数。

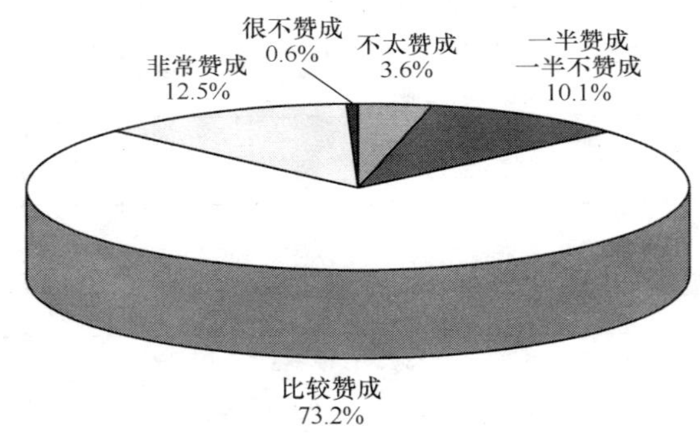

图 23.215　浙江省上网用户对“使用互联网可以提高工作、学习和生活的效率”观点的看法

（2）关于“在单位、学校、邻里中，会上网的人好像高人一等”

关于“在单位、学校、邻里中，会上网的人好像高人一等”的观点，浙江省上网用户表示不太赞成的最多，占 57.3%；其次是表示一半赞成一半不赞成的，所占比例为 17.7%；表示很不赞成的用户所占比例为 17.1%；表示比较赞成的用户所占比例为 7.3%；表示非常赞成的用户所占比例为 0.6%（如图 23.216 所示）。浙江省上网用户对“在单位、学校、邻里中，会上网的人好像高人一等”的观点表示不赞成的占绝大多数。

（3）关于“使用互联网容易结交不好的朋友”

关于“使用互联网容易结交不好的朋友”的观点，浙江省上网用户表示不太赞成的最多，占 39.8%；其次是表示一半赞成一半不赞成的，所占比例为 34.0%；表示比较赞成的用户所占比例为 17.9%；表示很不赞成的用户所占比例为 7.7%；表示非常赞成的用户所占比例为 0.6%（如图 23.217 所示）。浙江省上网用户对“使用互联网容易结交不好的朋友”的观点表示不赞成的居多。

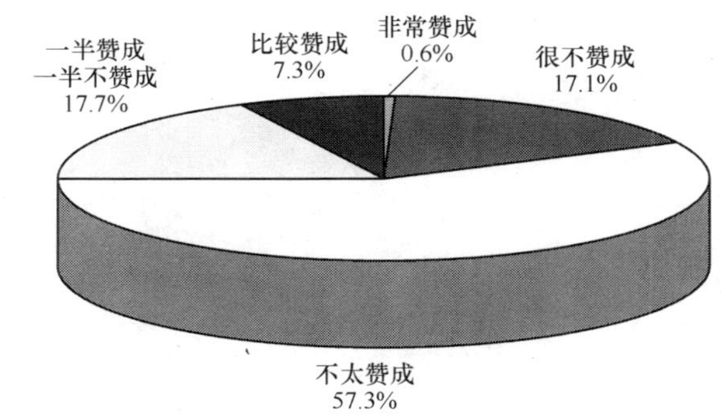

图 23.216　浙江省上网用户对“在单位/学校/邻里中，会上网的人好像高人一等”观点的看法

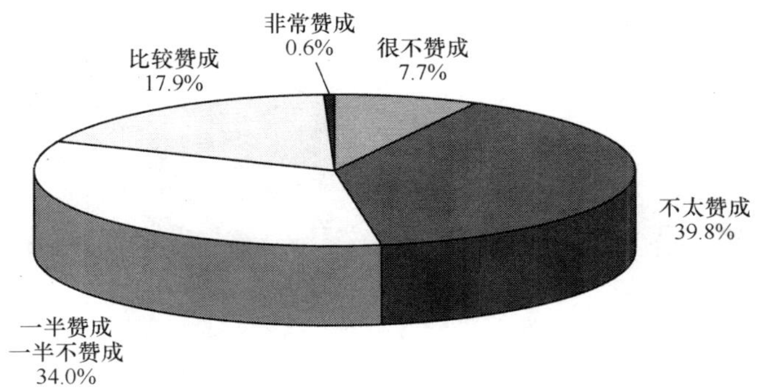

图 23.217　浙江省上网用户对“使用互联网容易结交不好的朋友”观点看法

（4）关于“使用互联网容易暴露隐私”

关于“使用互联网容易暴露隐私”的观点，浙江省上网用户表示一半赞成一半不赞成的最多，占 43.7%；其次是表示不太赞成的，所占比例为 32.9%；表示比较赞成的用户所占比例为 17.7%；表示很不赞成的用户所占比例为 4.4%；表示非常赞成的用户所占比例为 1.3%（如图 23.218 所示）。浙江省上网用户对“使用互联网容易暴露隐私”的观点表示不赞成的多于表示赞成的。

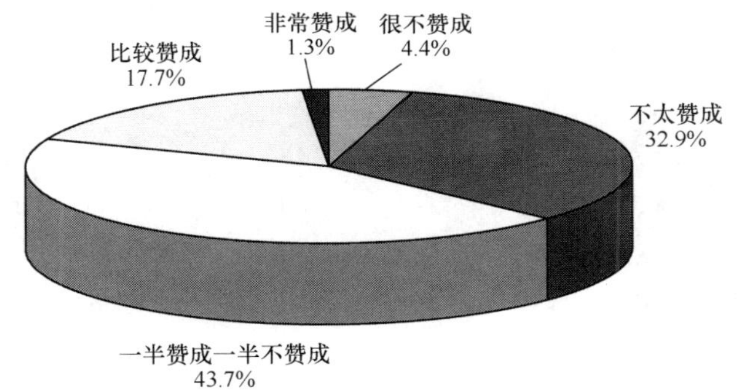

图 23.218　浙江省上网用户对“使用互联网容易暴露隐私”观点看法

（5）关于“使用互联网容易受不良信息的影响”

关于“使用互联网容易受不良信息的影响”的观点，浙江省上网用户表示一半赞成一半不赞成的最多，占 37.4%；其次是表示不太赞成的，所占比例为 35.0%；表示比较赞成的用户所占比例为 21.9%；表示很不赞成的用户所占比例为 4.4%；表示非常赞成的用户所占比例为 1.3%（如图 23.219 所示）。浙江省上网用户对“使用互联网容易受不良信息的影响”的观点表示不赞成的多于表示赞成的。

（6）对互联网的信任程度

浙江省上网用户表示比较信任的最多，所占比例为 51.5%；其次是对互联网表示半信半疑的，所占比例为 38.2%；对互联网表示不太信任的用户所占比例为 7.3%；对互联网表示完全信任的用户所占比例为 1.8%（如图 23.220 所示）。浙江省上网用户对互联网表示信任的占多数。

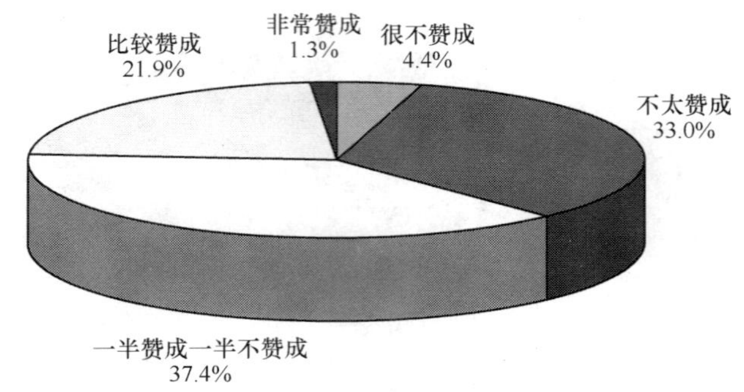

图 23.219　浙江省上网用户对“使用互联网容易受不良信息的影响”观点的看法

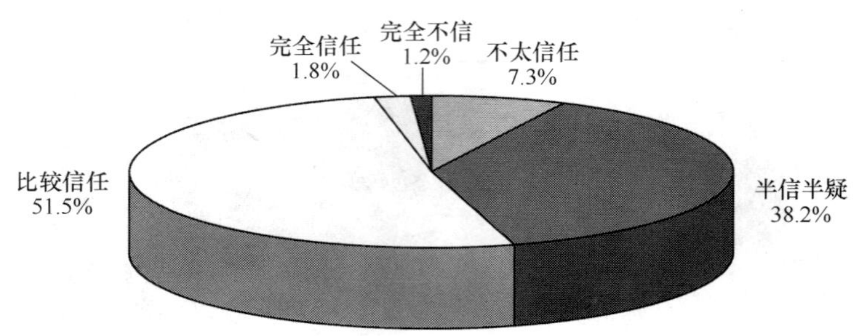

图 23.220　浙江省上网用户对互联网的信任程度

综上所述，浙江省上网用户数为 534 万人，上网计算机数为 263 万台，CN 下注册域名数量为 27 530 个，WWW 站点数为 77 131 个。

其中住宅电话覆盖的上网用户（不包括住校大学生）中以男性、未婚者为主，年龄在 18～24 岁的所占比例最高，受教育程度为大专的最多，职业以学生所占比例最高，从事的行业以 IT 业的人最多，个人月收入以无收入的最多。用户每月实际花费的上网费用集中在 200 元及以下，平均每周上网时间为 13.9 小时，平均每周上网天数为 4.8 天，使用互联网的高峰时间在晚上。用户拥有 E-mail 账号平均值为 1.5，其中免费 E-mail 账号平均值为 1.4，平均每周收到电子邮件数（不包括垃圾邮件）为 5.4 封，收到垃圾邮件数 8.1 封，发出电子邮件数 3.4 封。用户上网的最主要目的为获取信息。

浙江省上网用户对“使用互联网可以提高工作、学习和生活的效率”的观点表示赞成的占绝大多数，对“在单位、学校、邻里中，会上网的人好像高人一等”的观点表示不赞成的占多数，对“使用互联网容易结交不好的朋友”的观点表示不赞成的居多，对“使用互联网容易暴露隐私”的观点表示不赞成的多于表示赞成的，对“使用互联网容易受不良信息的影响”的观点表示不赞成的多于表示赞成的。浙江省上网用户对互联网表示信任的占多数。

23.1.12　安徽省互联网络发展状况

一、宏观概况

1．上网用户人数

安徽省上网用户人数为 240 万，占全国上网用户总人数的比例为 2.6%，是安徽省总人口的 3.7%。与第 13 次调查结果相比，安徽省上网用户人数增加 56.5 万人，增长率为 30.8%，占全国上网用户总人数的比例增加 0.3%，占安徽省总人口的比例增加 0.8%（如图 23.221 所示）。

2．上网计算机数

安徽省上网计算机数为 142 万台，占全国上网计算机总数的比例为 3.4%。与第 13 次调查结果相比，安徽省上网计算机数增加 41 万台，增长率为 40.6%，占全国上网计算机总数的比例增加 0.1%（如图 23.222 所示）。

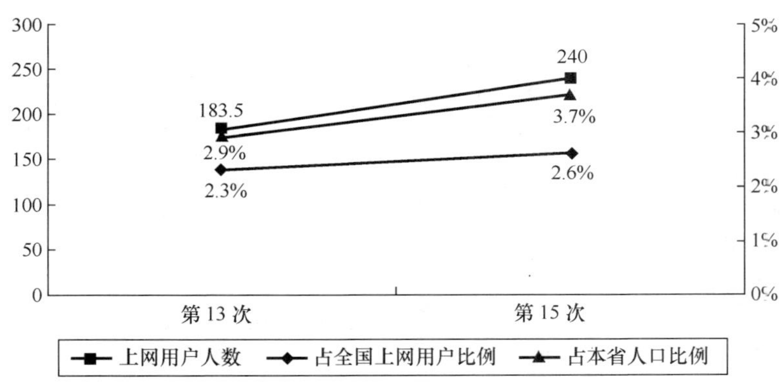

图 23.221　安徽省历次调查上网用户人数

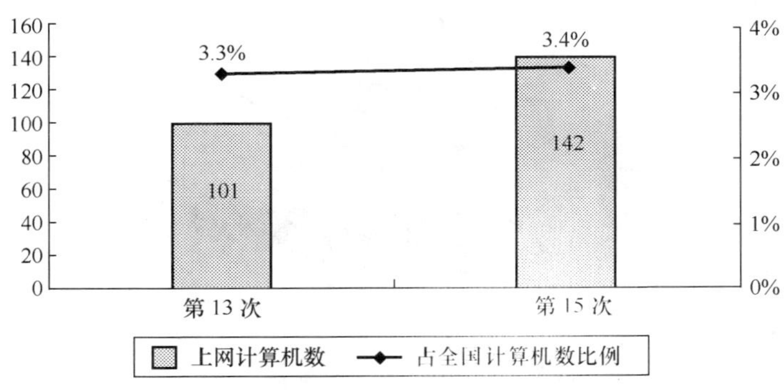

图 23.222　安徽省历次调查上网计算机数

3．CN 下注册域名数（不含 EDU）

安徽省 CN 下注册域名数量为 5 127 个，占全国 CN 下注册域名总数的比例为 1.2%。与第 13 次调查结果相比，安徽省 CN 下注册域名数增加 1 478 个，增长率为 40.5%，占全国 CN 下注册域名总数的比例增加 0.1%（如图 23.223 所示）。

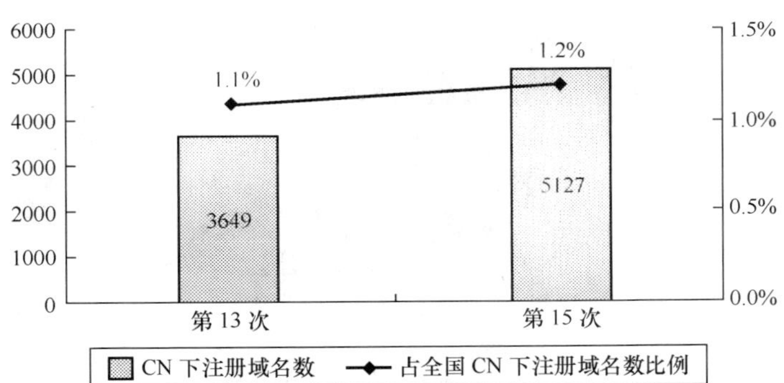

图 23.223　安徽省历次调查 CN 下注册域名数（不含 EDU）

4．WWW 站点数（包括.CN、.COM、.NET、.ORG 下的网站）

安徽省 WWW 站点数为 11 298 个，占全国 WWW 站点数的比例为 1.7%。与第 13 次调查结果相比，安徽省 WWW 站点数增加 1 037 个，增长率为 10.1%，占全国 WWW 站点数的比例保持不变（如图 23.224 所示）。

二、互联网用户行为意识调查结果

1．用户个人信息

（1）用户的性别

安徽省上网用户中，男性占 69.2%，女性占 30.8%（如图 23.225 所示）。男性占据上网用户主体。

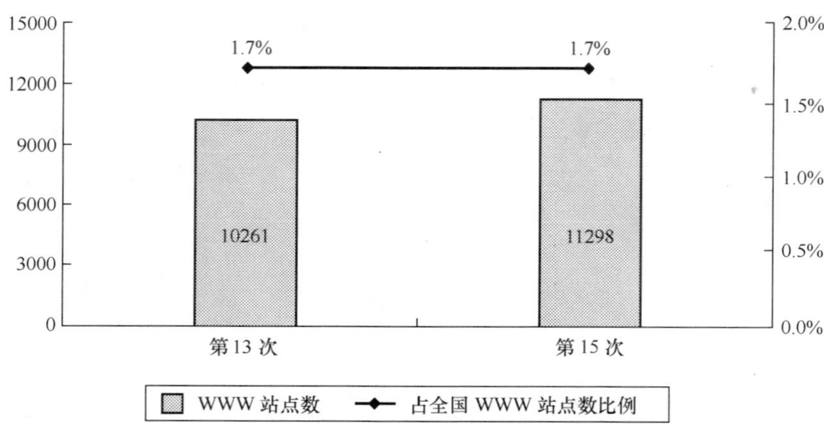

图 23.224　安徽省历次调查 WWW 站点数

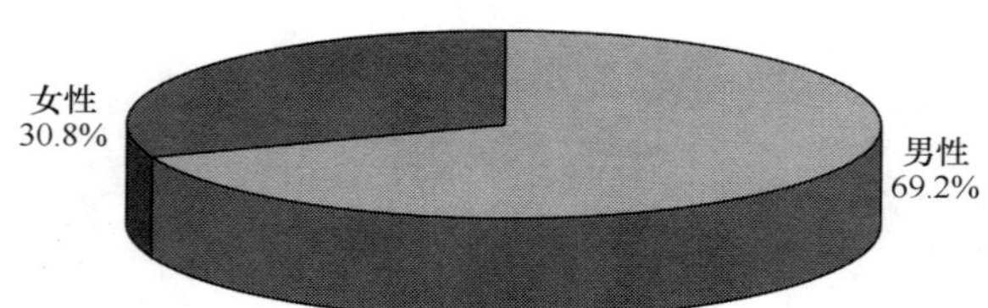

图 23.225　安徽省上网用户的性别分布

（2）用户的年龄分布

安徽省上网用户中，18 岁以下的用户所占比例最高，达到 32.8%；其次是 18～24 岁的用户，所占比例为 24.1%；25～30 岁的用户占 16.7%；41～50 岁的用户占 10.3%；31～35 岁的用户占 9.8%；36～40 岁的用户占 5.2%；50 岁以上用户所占比例为 1.1%（如图 23.226 所示）。

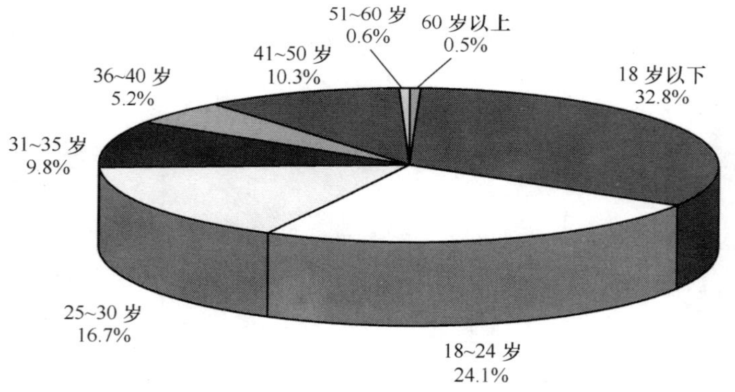

图 23.226　安徽省上网用户的年龄分布

（3）用户的婚姻状况

安徽省上网用户中，已婚者占 46.7%，未婚者占 53.3%（如图 23.227 所示）。未婚者占上网用户的多数。

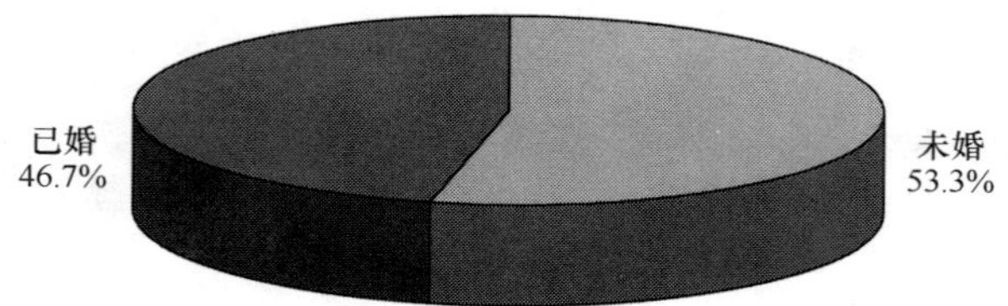

图 23.227　安徽省上网用户的婚姻状况分布

（4）用户的受教育程度

安徽省上网用户中，受教育程度为高中（中专）的用户最多，所占比例达到 40.3%；其次是受教育程度为高中（中专）以下的用户，所占比例为 23.2%；受教育程度为本科的用户所占北例为 19.9%；受教育程度为大专的用户所占比例为 15.1%；受教育程度为硕士及博士的用户所占比例只有 1.2%（如图 23.228 所示）。

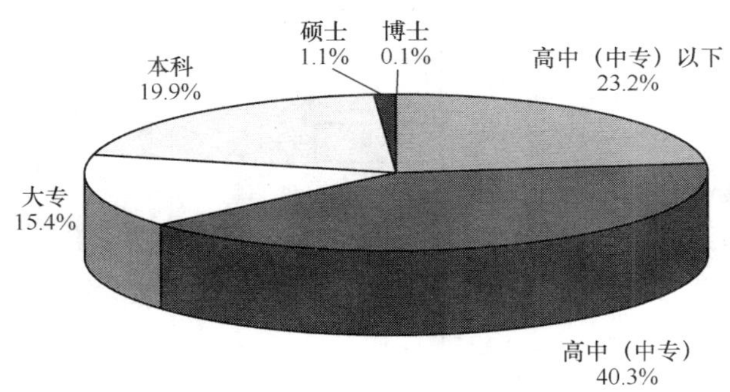

图 23.228　安徽省上网用户的受教育程度分布

（5）用户的行业分布（不包括军人、学生和无业人员）

安徽省上网用户中，从事公共管理、社会组织的用户最多，所占比例为 16.7%；其次是从事制造业的用户，所占比例为 13.0%；排在第三位的是从事教育业的用户，所占比例为 11.1%；从事采矿业的用户占 8.3%；从事交通运输、仓储业的用户占 7.5%；从事卫生、社会保障和社会福利业的用户占 7.3%；从事批发和零售业的用户占 5.6%；从事 IT 业的用户占 4.7%；从事金融业的用户占 4.6%；从事居民服务业的用户占 4.5%；从事专业技术服务业的用户占 3.7%；从事建筑业的用户占 2.9%；从事电力、燃气及水的生产和供应业的用户占 2.7%；从事其他行业的上网用户较少（如图 23.229 所示）。

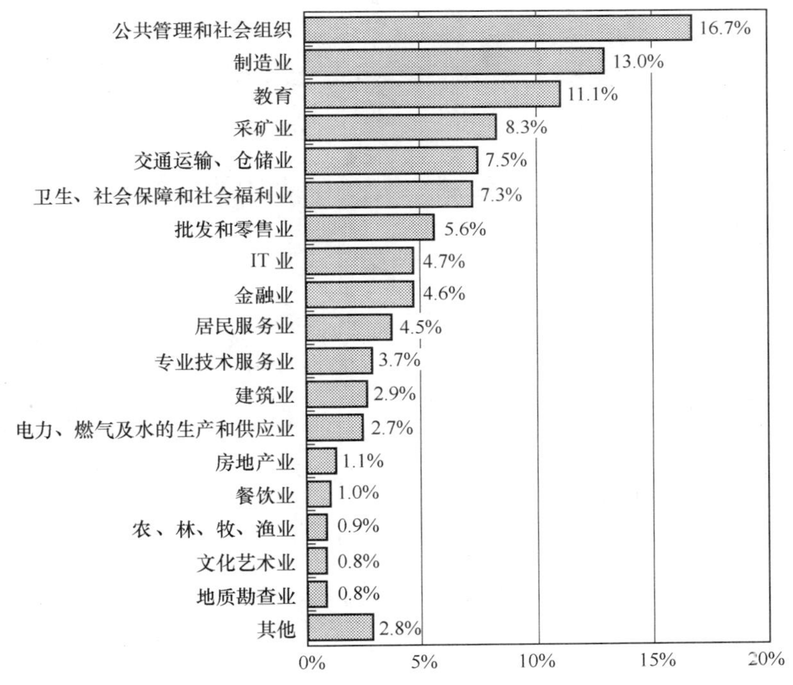

图 23.229　安徽省上网用户的行业分布

（6）用户的职业分布

安徽省上网用户中，学生所占的比例最高，达到 33.5%；其次是专业技术人员，所占比例为 13.2%；

排在第三位的是商业服务业人员，所占比例为 9.9%；国家机关、党群组织工作人员占 9.5%；企事业单位管理人员占 9.3%；生产、运输设备操作人员及有关人员占 7.1%；教师占 6.6%；无业人员占 4.9%；其他职业的用户所占比例较少（如图 23.230 所示）。

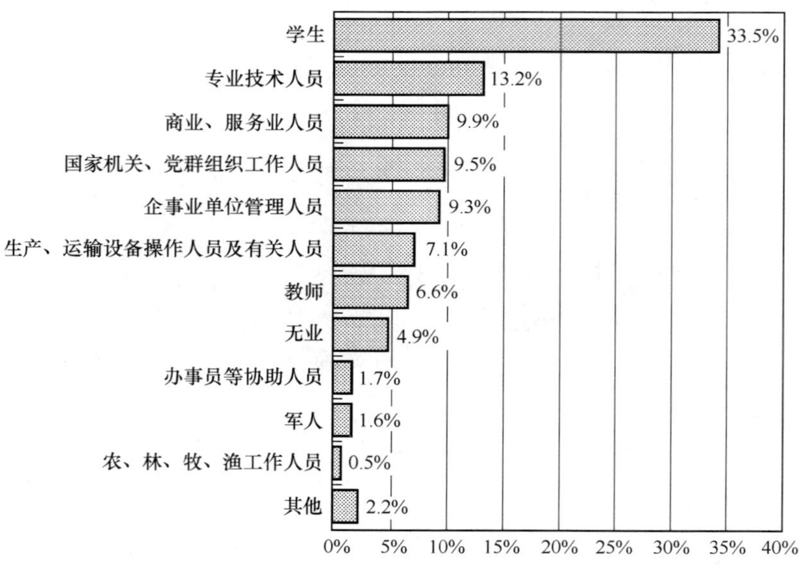

图 23.230 安徽省上网用户的职业分布

（7）用户的个人月收入

安徽省上网用户中，个人月收入在 500 元以下的最多，占 36.0%；其次是个人月收入为 1 001～1 500 元的用户，所占比例为 24.0%；排在第三位的是个人月收入为 501～1000 元的用户，所占比例为 21.1%；个人月收入为 1501～2000 元的用户所占比例为 8.6%；个人月收入超过 2000 元的用户所占比例为 6.9%（如图 23.231 所示）。

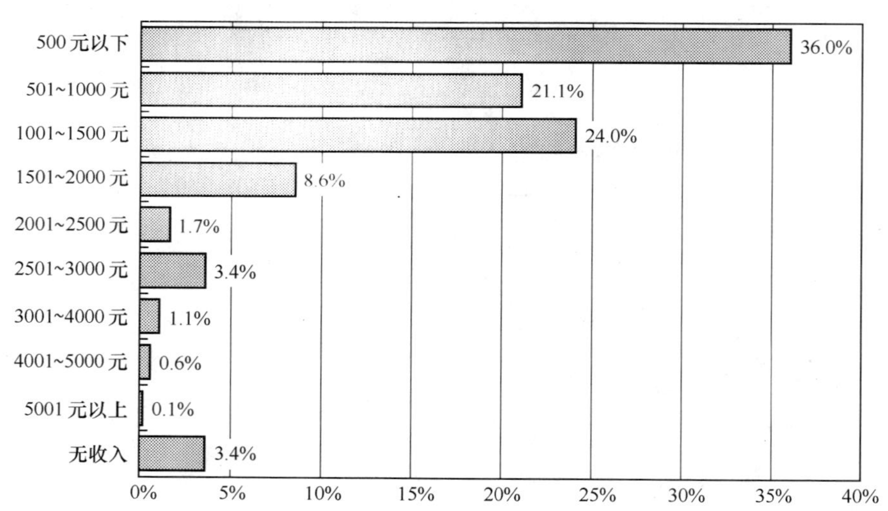

图 23.231 安徽省上网用户的个人月均收入分布

2．用户对互联网的使用情况

（1）用户每月实际花费的上网费用

安徽省上网用户中，每月实际花费的上网费用（仅限于上网费及上网电话费，不包括使用网络服务的费用）以 51～100 元的最多，占 41.9%；其次是每月实际花费的上网费用低于 50 元的用户，所占比例为 39.7%；每月实际花费的上网费用在 101～200 元的用户所占比例为 14.7%；每月实际花费的上网费用在 200

元以上的用户占 3.7%（如图 23.232 所示）。安徽省上网用户每月实际花费的上网费用集中在 100 元及以下。

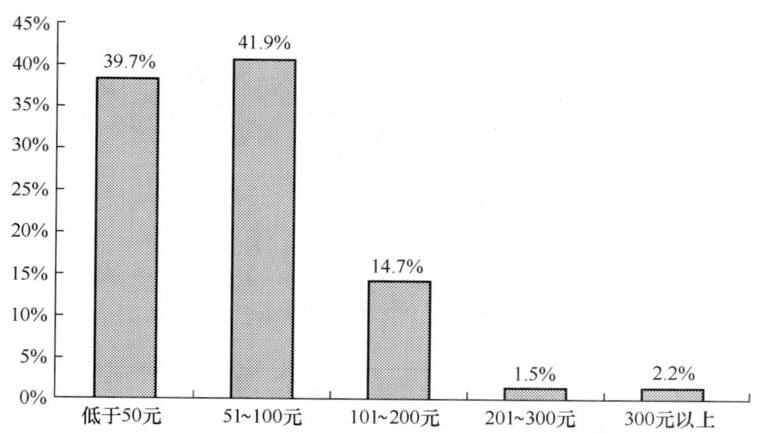

图 23.232　安徽省上网用户平均每月上网费用

（2）用户平均每周上网时间

安徽省上网用户平均每周上网时间为 10.8 小时。

（3）用户平均每周上网天数

安徽省上网用户平均每周上网天数为 3.5 天。

（4）用户通常上网时间

安徽省上网用户的上网时间在一天中波动较大：凌晨 1 点至早上 7 点钟是用户最少上网的时间，从早上 8 点钟起上网的人逐渐增加，到上午 10 点达到一天当中的第一个高峰，有 25.3%的用户在这一时间上网；11 点有所回落，13 点开始回升，到 16 点达到一天当中的第二个高峰，有 43.5%的用户在这一时间上网，此后上网人数开始下降；从晚上 19 点开始上网人数激增，到晚上 20 点的时候达到一天中的顶峰，有 48.4%的用户在这一时间上网，这之后上网人数又急剧减少（如图 23.233 所示）。日常生活的作息时间在一定程度上影响着人们使用互联网的时间，安徽省上网用户使用互联网的高峰时间在晚上。

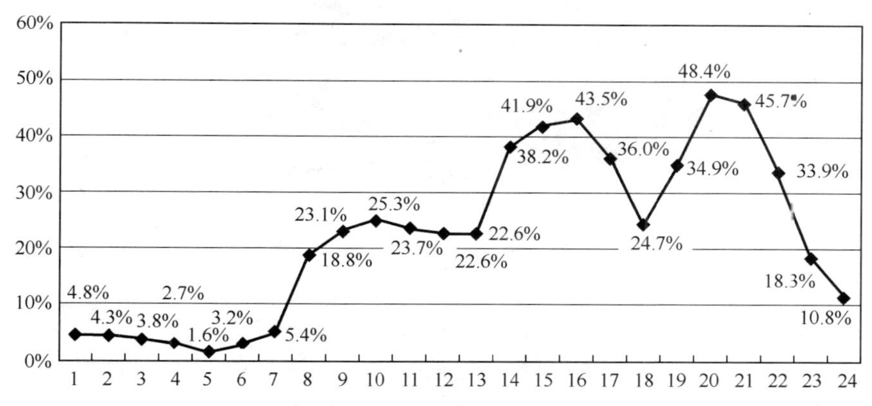

图 23.233　安徽省上网用户的上网时间分布

（5）用户拥有的 E-mail 账号平均值

安徽省上网用户拥有 E-mail 账号平均值为 1.0，其中免费 E-mail 账号平均值为 0.9。

（6）用户平均每周收发的电子邮件数

安徽省上网用户平均每周收到电子邮件数（不包括垃圾邮件）为 3.9 封，收到垃圾邮件数 7.8 封，发出电子邮件数 3.9 封。

（7）用户上网最主要的目的

安徽省上网用户上网的主要目的以休闲娱乐最多，占 40.8%；其次是获取信息，所占比例为 31.0%；

排在第三位的是交友，有9.8%的用户选择此项；选择学习的用户占9.2%；选择其他上网目的的用户较少（如图23.234所示）。

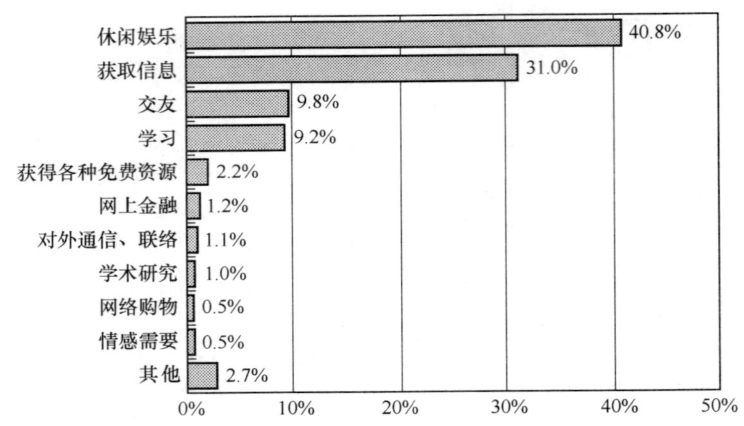

图23.234　安徽省上网用户上网最主要的目的

3．用户对互联网的观点

（1）关于“使用互联网可以提高工作、学习和生活的效率”

关于“使用互联网可以提高工作、学习和生活的效率”的观点，安徽省上网用户表示比较赞成的最多，占59.3%；其次是表示非常赞成的，所占比例为28.0%；表示一半赞成一半不赞成的用户所占比例为9.9%；表示不太赞成的用户所占比例为2.7%；表示很不赞成的用户只占0.1%（如图23.235所示）。安徽省上网用户对“使用互联网可以提高工作、学习和生活的效率”的观点表示赞成的占绝大多数。

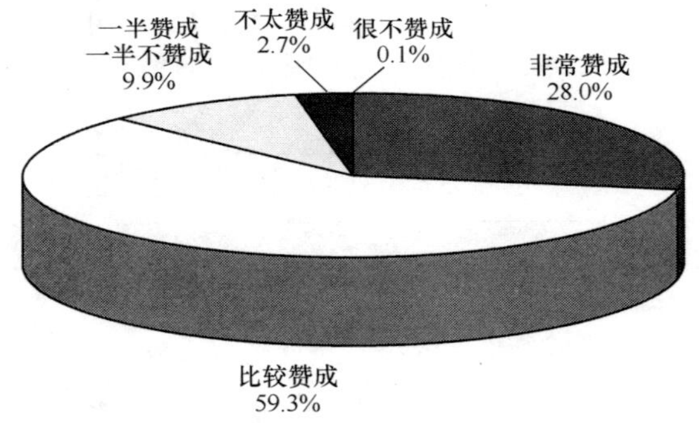

图23.235　安徽省上网用户对“使用互联网可以提高工作、学习和生活的效率”观点的看法

（2）关于“在单位、学校、邻里中，会上网的人好像高人一等”

关于“在单位、学校、邻里中，会上网的人好像高人一等”的观点，安徽省上网用户表示不太赞成的最多，达到42.9%；其次是表示很不赞成的，所占比例为28.6%；表示比较赞成的用户所占比例为20.3%；表示一半赞成一半不赞成的用户所占比例为4.9%；表示非常赞成的用户所占比例为3.3%（如图23.236所示）。安徽省上网用户对“在单位、学校、邻里中，会上网的人好像高人一等”的观点表示不赞成的占多数。

（3）关于“使用互联网容易结交不好的朋友”

关于“使用互联网容易结交不好的朋友”的观点，安徽省上网用户表示不太赞成的最多，占45.6%；其次是表示比较赞成的用户，所占比例为20.3%；表示很不赞成的用户所占比例为19.2%；表示一半赞成一半不赞成的用户所占比例为11.6%；表示非常赞成的用户最少，只有3.3%（如图23.237所示）。安徽省上网用户对“使用互联网容易结交不好的朋友”的观点表示不赞成的居多。

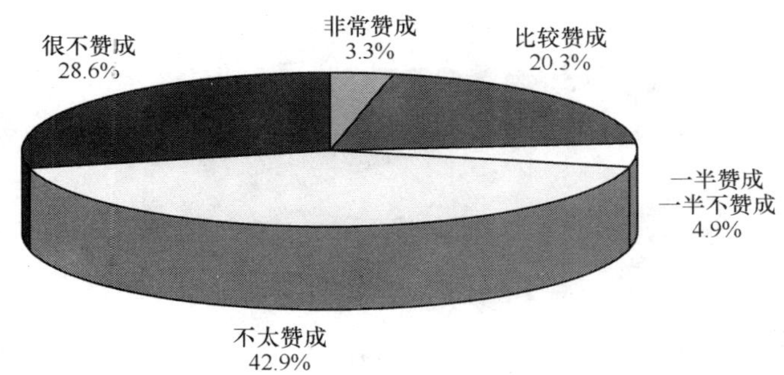

图 23.236　安徽省上网用户对“在单位、学校、邻里中，会上网的人好像高人一等”观点的看法

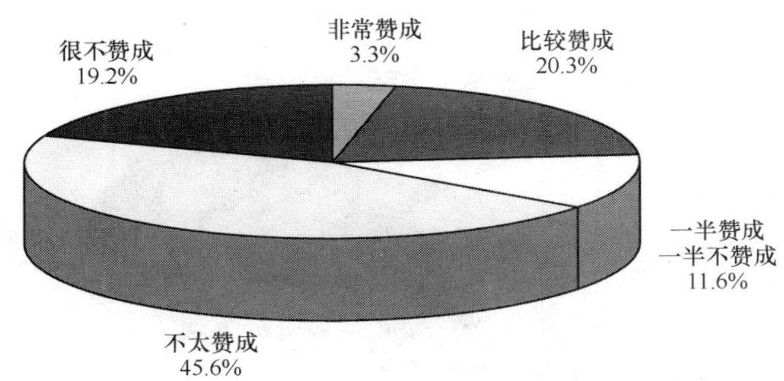

图 23.237　安徽省上网用户对“使用互联网容易结交不好的朋友”观点的看法

（4）关于“使用互联网容易暴露隐私”

关于“使用互联网容易暴露隐私”的观点，安徽省上网用户表示不太赞成的最多，占 49.5%；其次是表示很不赞成的用户，所占比例为 20.3%；表示比较赞成的用户所占比例为 18.1%；表示一半赞成一半不赞成的用户所占比例为 9.3%；表示非常赞成的用户最少，占 2.8%（如图 23.238 所示）。安徽省上网用户对“使用互联网容易暴露隐私”的观点表示不赞成的居多。

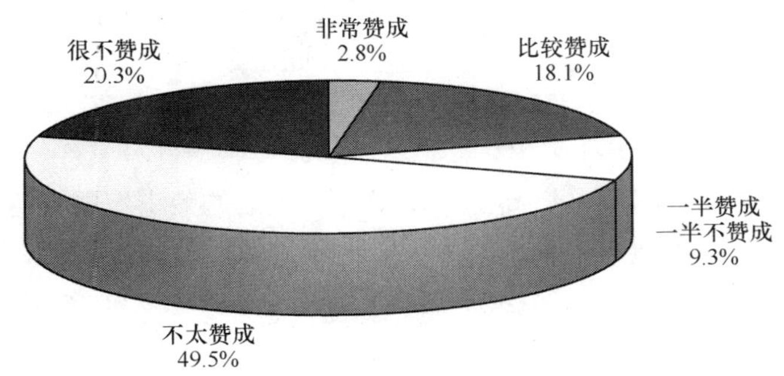

图 23.238　安徽省上网用户对“使用互联网容易暴露隐私”观点的看法

（5）关于“使用互联网容易受不良信息影响”

关于“使用互联网容易受不良信息影响”的观点，安徽省上网用户表示不太赞成的最多，占 35.9%；其次是表示比较赞成的用户，所占比例为 30.4%；表示很不赞成的用户所占比例为 13.8%；表示一半赞成一半不赞成的用户所占比例为 11.6%；表示非常赞成的用户所占比例为 8.3%（如图 23.239 所示）。安徽省上网用户对“使用互联网容易受不良信息影响”的观点表示不赞成的多于表示赞成的。

（6）对互联网的信任程度

安徽省上网用户对互联网表示比较信任的最多，所占比例为 46.6%；其次是对互联网表示半信半疑的，所占比例为 37.4%；对互联网表示完全信任的用户占 8.2%；对互联网表示不太信任的用户占 7.6%；对互联网表示完全不信的用户占 0.2%（如图 23.240 所示）。安徽省上网用户对互联网表示信任的占多数。

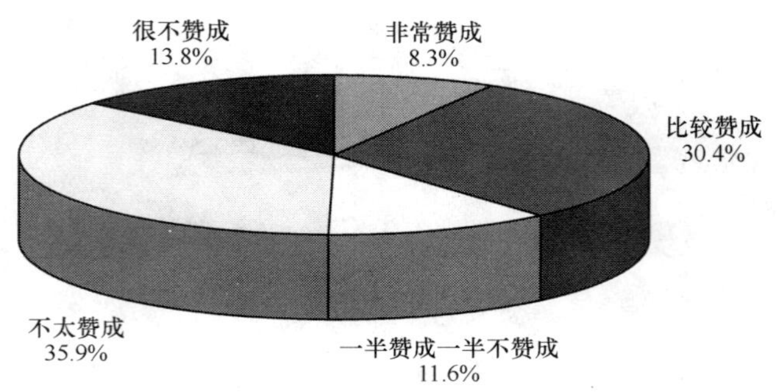

图 23.239　安徽省上网用户对“使用互联网容易受不良信息影响”观点的看法

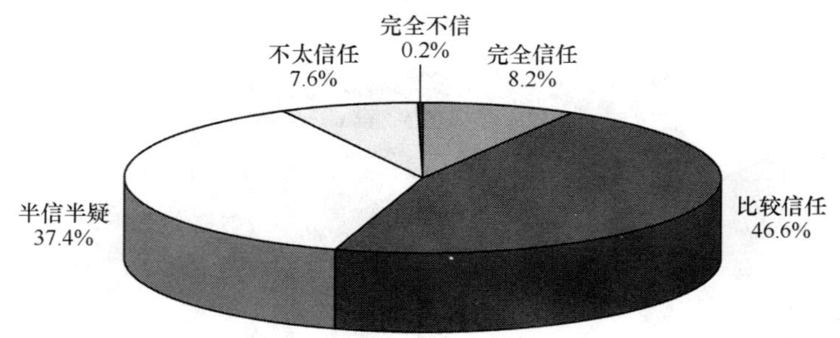

图 23.240　安徽省上网用户对互联网的信任程度

综上所述，安徽省上网用户数为 240 万人，上网计算机数为 142 万台，CN 下注册域名数量为 5127 个，WWW 站点数为 11298 个。

其中住宅电话覆盖的上网用户（不包括住校大学生）中以男性、未婚者占多数，18 岁以下的用户最多，受教育程度为高中（中专）的最多，职业上学生和商业服务业人员所占的比例最高，从事公共管理、社会组织的用户最多，个人月收入在 500 元以下的最多。

用户每月实际花费的上网费用集中在 100 元及以下，平均每周上网时间为 10.8 小时，平均每周上网天数为 3.5 天，使用互联网的高峰时间在晚上。用户拥有 E-mail 账号平均值为 1.0，其中免费 E-mail 账号平均值为 0.9，平均每周收到电子邮件数（不包括垃圾邮件）为 3.9 封，收到垃圾邮件数 7.8 封，发出电子邮件数 3.9 封。用户上网的最主要目的为休闲娱乐。

安徽省上网用户对“使用互联网可以提高工作、学习和生活的效率”的观点表示赞成的占绝大多数，对“在单位、学校、邻里中，会上网的人好像高人一等”观点、“使用互联网容易结交不好的朋友”观点、“使用互联网容易暴露隐私”观点皆为表示不赞成的居多，对“使用互联网容易受不良信息影响”的观点表示不赞成的多于表示赞成的。对互联网表示比较信任的占多数。

23.1.13　福建省互联网络发展状况

一、宏观概况

1．上网用户人数

福建省上网用户人数为 326 万，占全国上网用户总人数的比例为 3.5%，是福建省总人口的 9.3%。与第 13 次调查结果相比，福建省上网用户人数增加 7.8 万人，增长率为 2.5%，占全国上网用户总人数的比例减少 0.5%，占福建省总人口的比例增加 0.1%（如图 23.241 所示）。

2．上网计算机数

福建省上网计算机数为 127 万台，占全国上网计算机总数的比例为 3.1%。与第 13 次调查结果相比，福建省上网计算机数增加 7 万台，增长率为 5.8%，占全国上网计算机总数的比例减少 0.8%（如图 23.242 所示）。

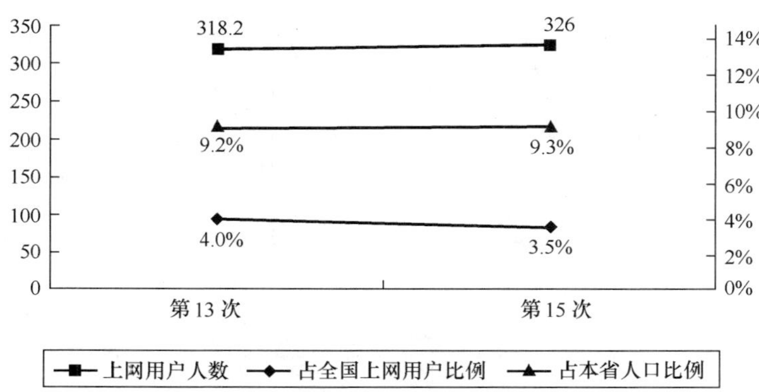

图 23.241　福建省历次调查上网用户人数

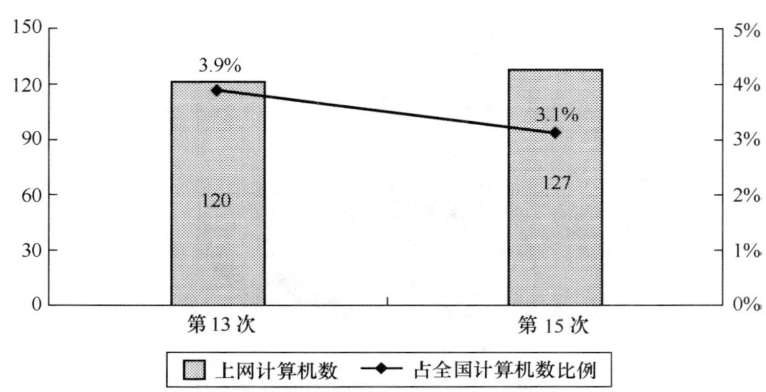

图 23.242　福建省历次调查上网计算机数

3．CN 下注册域名数（不含 EDU）

福建省 CN 下注册域名数量为 15 913 个，占全国 CN 下注册域名总数的比例为 3.7%。与第 13 次调查结果相比，福建省 CN 下注册域名数增加 4 518，增长率为 39.6%，占全国 CN 下注册域名数增加 0.3%（如图 23.243 所示）。

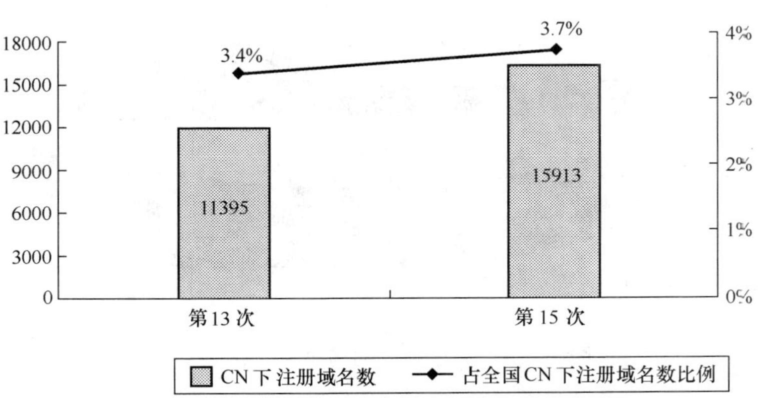

图 23.243　福建省历次调查 CN 下注册域名数（不含 EDU）

4．WWW 站点数（包括.CN、.COM、.NET、.ORG 下的网站）

福建省 WWW 站点数为 38 360 个，占全国 WWW 站点数的比例为 5.7%。与第 13 次调查结果相比，福建省 WWW 站点数增加 9 547，增长率为 33.1%，占全国 WWW 站点数的比例增加 0.9%（如图 23.244 所示）。

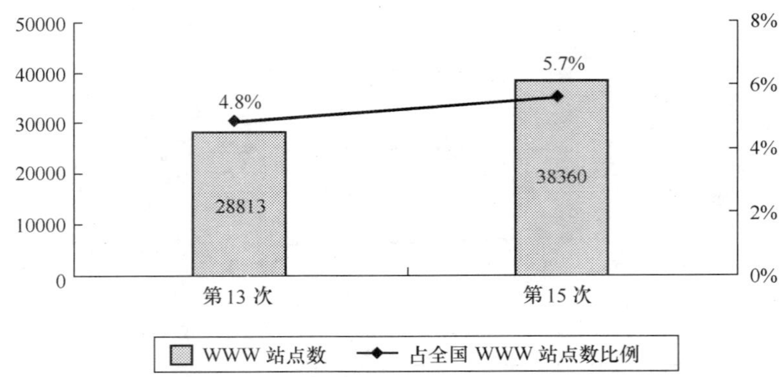

图 23.244　福建省历次调查 WWW 站点数

二、互联网用户行为意识调查结果

1．用户个人信息

（1）用户的性别

福建省上网用户中，男性占 66.7%，女性占 33.3%（如图 23.245 所示）。男性占据上网用户主体。

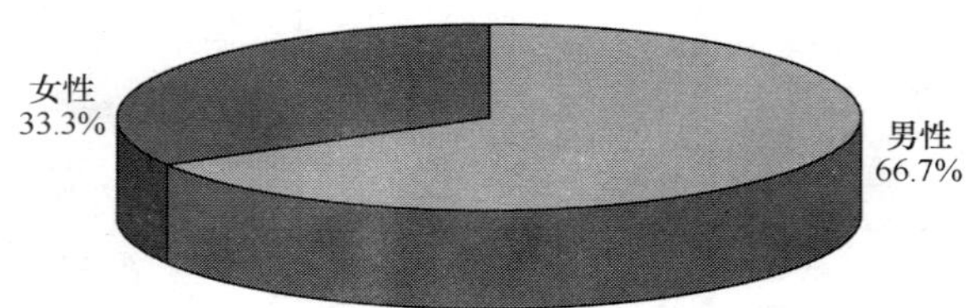

图 23.245　福建省上网用户的性别分布

（2）用户的年龄分布

福建省上网用户中，18～24 岁的用户所占比例最高，达到 27.4%；其次是 18 岁以下的用户，所占比例为 25.9%；25～30 岁的用户占 18.8%；36～40 岁的用户占 9.7%；31～35 岁的用户占 8.1%；41～50 岁的用户占 5.6%；50 岁以上的用户占 4.5%（如图 23.246 所示）。

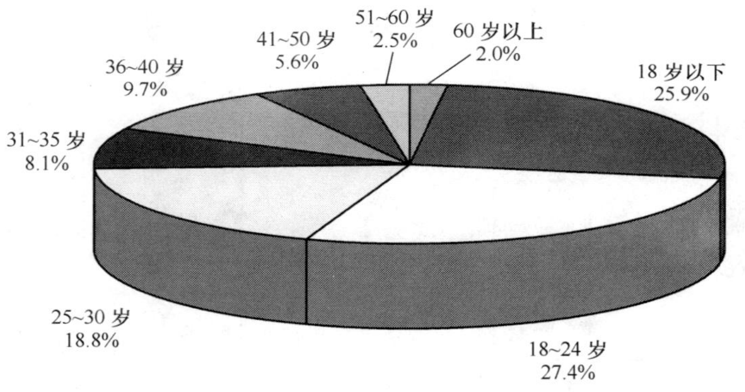

图 23.246　福建省上网用户的年龄分布

（3）用户的婚姻状况

福建省上网用户中，已婚者占 40.4%，未婚者占 59.6%（如图 23.247 所示）。未婚者占据上网用户主体。

（4）用户的受教育程度

福建省上网用户中，受教育程度为高中（中专）的用户最多，所占比例达到 40.0%；其次是受教育程度为高中（中专）以下的用户，所占比例为 24.2%；受教育程度为大专的用户所占比例为 18.3%；受教育程度是本科的用户占 17.3%；受教育程度为硕士及以上的用户只占 0.2%（如图 23.248 所示）。

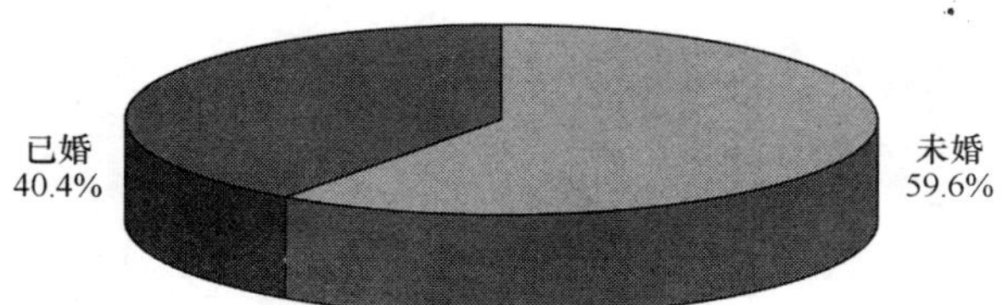

图 23.247　福建省上网用户的婚姻状况分布

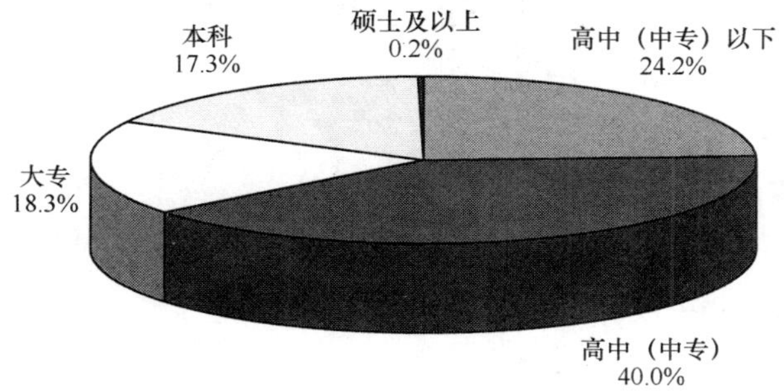

图 23.248　上网用户的受教育程度分布

（5）用户的行业分布（不包括军人、学生和无业人员）

福建省上网用户中，从事制造业的用户最多，所占比例为 19.5%；其次是从事教育业的用户，所占比例为 15.3%；排在第三位的是从事公共管理和社会组织的用户，所占比例为 12.7%；从事交通运输、仓储业的用户占 6.8%；从事 IT 业的用户占 5.9%；从事电力、燃气及水的生产和供应业的用户占 5.1%；从事建筑业的用户占 4.4%；从事金融业的用户占 4.1%；从事批发和零售业的用户占 3.5%；从事农、林、牧、渔业的用户占 3.3%；从事专业技术服务业的用户占 2.7%；从事卫生、社会保障和社会福利业的用户占 2.5%；从事旅游、旅馆业的用户占 2.4%；从事居民服务业的用户占 2.3%；从事餐饮业的用户占 1.7%；从事其他行业的上网用户相对较少（如图 23.249 所示）。

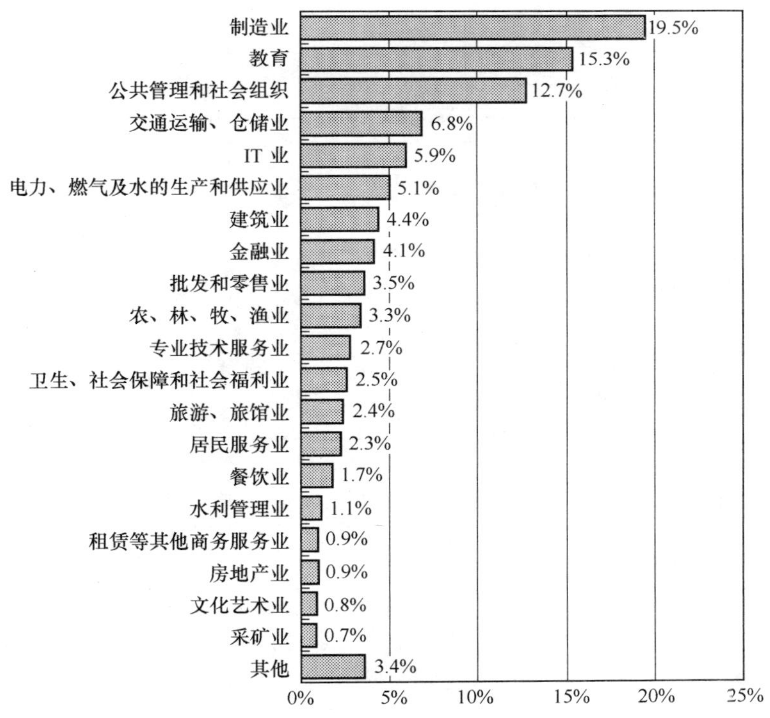

图 23.249　福建省上网用户的行业分布

（6）用户的职业分布

福建省上网用户中，学生所占的比例最高，达到 30.9%；其次是从事商业、服务业人员，所占比例为 12.3%；排在第三位的是无业人员，所占比例为 11.3%；专业技术人员占 9.8%；企事业单位管理人员占 9.7%；教师占 8.3%；生产、运输设备操作人员及有关人员占 6.4%；国家机关、党群组织工作人员占 4.9%；办事员等协助人员占 3.9%；其他职业的用户所占比例较少（如图 23.250 所示）。

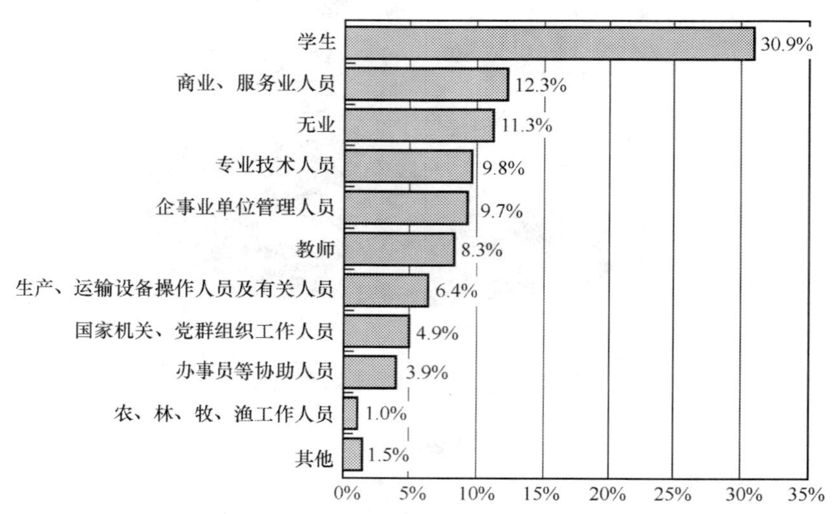

图 23.250　福建省上网用户的职业分布

（7）用户的个人月收入

福建省上网用户中，个人月收入在 500 元以下的最多，达到 27.5%；其次是个人月收入在 1 001～1 500 元的用户，所占比例为 20.6%；排在第三位的是个人月收入在 501～1000 元的用户，所占比例为 15.3%；无收入的用户所占比例为 9.5%；个人月收入为 2001～2500 元的用户所占比例为 9.0%；个人月收入为 1501～2000 元的用户所占比例为 8.5%；个人月收入超过 2500 元的用户所占比例为 9.6%（如图 23.251 所示）。

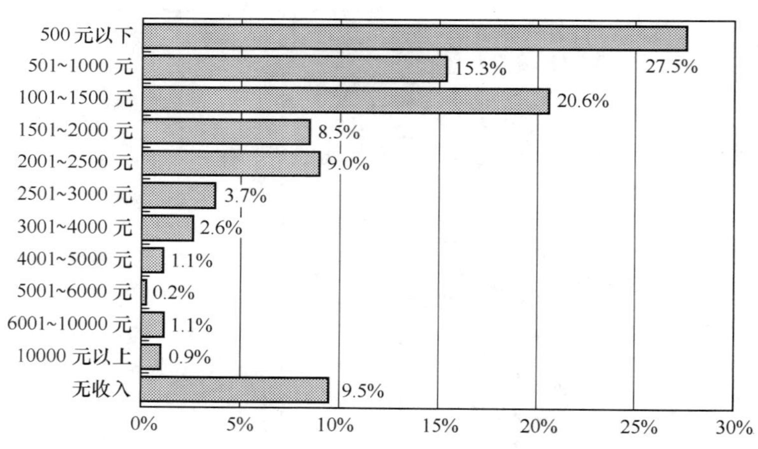

图 23.251　福建省上网用户的个人月均收入分布

2．用户对互联网的使用情况

（1）用户每月实际花费的上网费用

福建省上网用户中，每月实际花费的上网费用（仅限于上网费及上网电话费，不包括使用网络服务的费用）以 51～100 元的最多，占 40.5%；其次是每月实际花费的上网费用低于 50 元的用户，所占比例为 34.9%；每月实际花费的上网费用在 151～200 元的用户所占比例为 19.6%；每月实际花费的上网费用在 200 元以上的用户占 5.0%（如图 23.252 所示）。福建省上网用户每月实际花费的上网费用绝大部分集中在 100

元及以下。

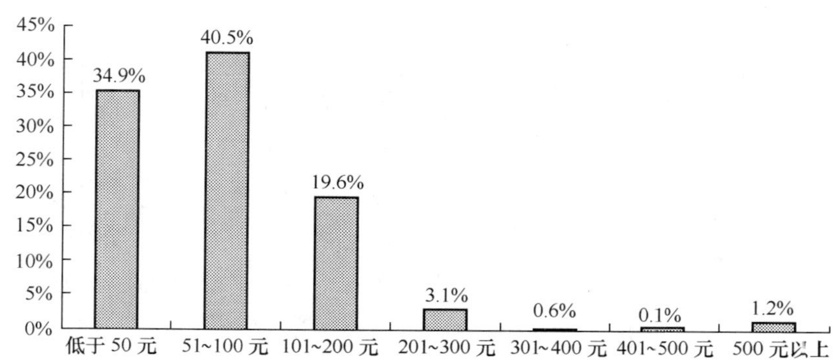

图 23.252　福建省上网用户平均每月上网费用

（2）用户平均每周上网时间

福建省上网用户平均每周上网时间为 13.6 小时。

（3）用户平均每周上网天数

福建省上网用户平均每周上网天数为 4.0 天。

（4）用户通常上网时间

福建省上网用户的上网时间在一天中波动较大：凌晨 1 点至早上 7 点钟是用户最少上网的时间，从早上 8 点钟起上网的人逐渐增加，到上午 10 点达到一天当中的第一个高峰，有 31.4%的用户在这一时间上网；11 点开始有所回落，在 14 点达到一天当中的第二个高峰，有 37.7%的用户在这一时间上网，此后上网人数开始下降；从晚上 19 点开始上网人数激增，到晚上 20 点的时候达到一天中的顶峰，有 64.3%的用户在这一时间上网，这之后上网人数又急剧减少（如图 23.253 所示）。日常生活的作息时间在一定程度上影响着人们使用互联网的时间，福建省上网用户使用互联网的高峰时间在晚上。

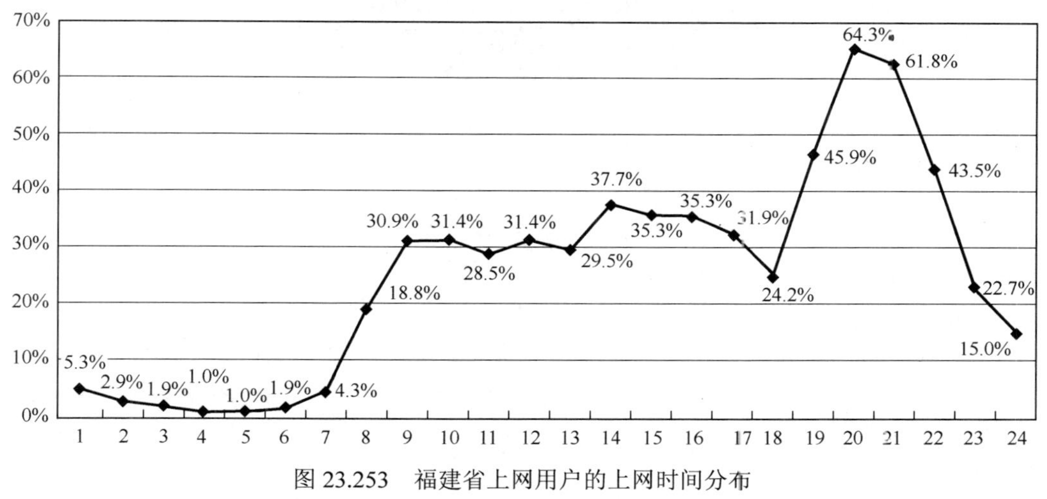

图 23.253　福建省上网用户的上网时间分布

（5）用户拥有的 E-mail 账号平均值

福建省上网用户拥有 E-mail 账号平均值为 1.4，其中免费 E-mail 账号平均值为 1.4。

（6）用户平均每周收发的电子邮件数

福建省上网用户平均每周收到电子邮件数（不包括垃圾邮件）为 4.8 封，收到垃圾邮件数 9.3 封，发出电子邮件数 3.2 封。

（7）用户上网最主要的目的

福建省上网用户上网的主要目的以休闲娱乐最多，所占比例达到 39.5%；其次是获取信息，所占比例为 35.1%；排在第三位的是交友，有 9.3%的用户选择此项；选择学习的用户占 7.8%；选择其他上网目的的用户则很少（如图 23.254 所示）。

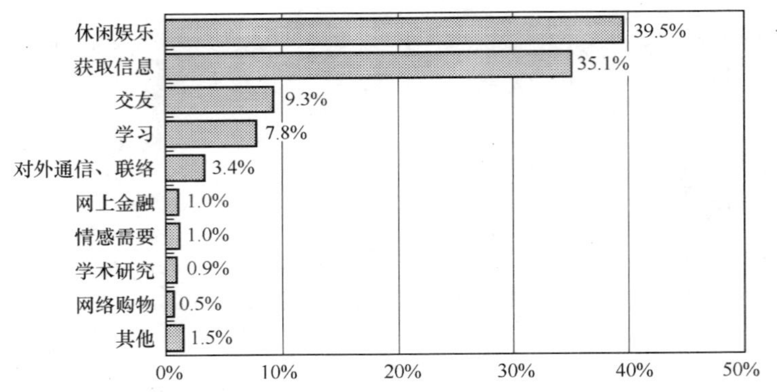

图 23.254　福建省上网用户上网最主要的目的

3．用户对互联网的观点

（1）关于“使用互联网可以提高工作、学习和生活的效率”

关于“使用互联网可以提高工作、学习和生活的效率”的观点，福建省上网用户表示比较赞成的最多，所占比例达到 60.8%；其次是表示非常赞成的，所占比例为 28.9%；表示一半赞成一半不赞成的用户所占比例为 7.8%；表示不太赞成的用户所占比例为 2.0%；表示很不赞成的用户只占 0.5%（如图 23.255 所示）。福建省上网用户对“使用互联网可以提高工作、学习和生活的效率”的观点表示赞成的占多数。

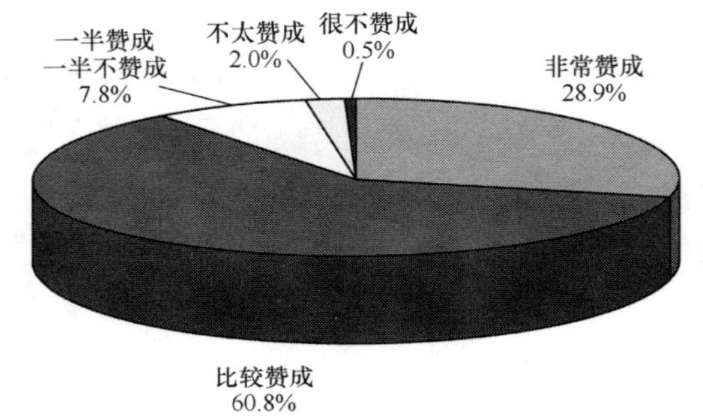

图 23.255　福建省上网用户对“使用互联网可以提高工作、学习和生活的效率”观点的看法

（2）关于“在单位、学校、邻里中，会上网的人好像高人一等”

关于“在单位、学校、邻里中，会上网的人好像高人一等”的观点，福建省上网用户表示不太赞成的最多，所占比例达到 50.0%；其次是表示很不赞成的，所占比例为 19.8%；表示比较赞成的用户所占比例为 16.3%；表示一半赞成一半不赞成的用户所占比例为 7.9%；表示非常赞成的用户所占比例为 6.0%（如图 23.256 所示）。福建省上网用户对“在单位、学校、邻里中，会上网的人好像高人一等”的观点表示不赞成的占多数。

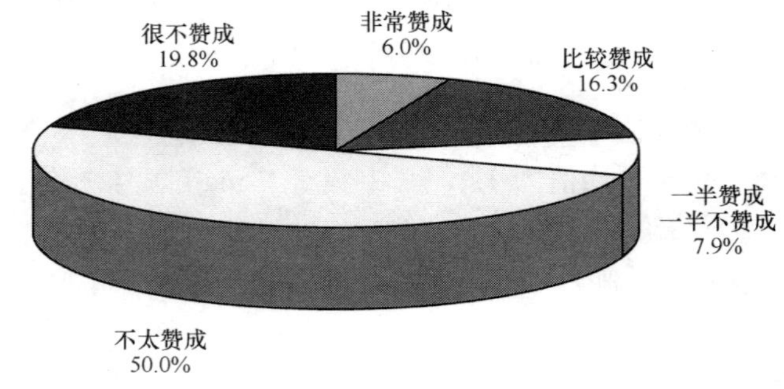

图 23.256　福建省上网用户对“在单位、学校、邻里中，会上网的人好像高人一等”观点的看法

（3）关于“使用互联网容易结交不好的朋友”

关于“使用互联网容易结交不好的朋友”的观点，福建省上网用户表示不太赞成的最多，所占比例达到 41.0%；其次是表示比较赞成的用户，所占比例为 20.0%；表示一半赞成一半不赞成和很不赞成的用户，所占比例皆为 16.5%；表示非常赞成的用户最少，只有 6.0%（如图 23.257 所示）。福建省上网用户对“使用互联网容易结交不好的朋友”的观点表示不赞成的居多。

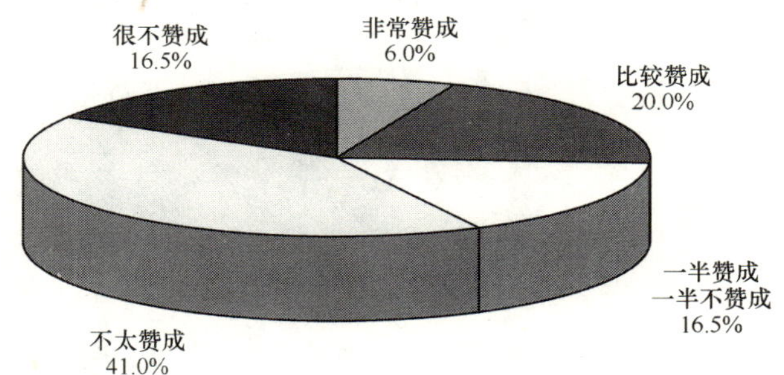

图 23.257　福建省上网用户对“使用互联网容易结交不好的朋友”观点的看法

（4）关于“使用互联网容易暴露隐私”

关于“使用互联网容易暴露隐私”的观点，福建省上网用户表示不太赞成的最多，所占比例达到 49.0%；其次是表示比较赞成的用户，所占比例为 21.8%；表示一半赞成一半不赞成的用户，所占比例为 13.8%；表示很不赞成的用户所占比例为 11.9%；表示非常赞成的用户最少，占 3.5%（如图 23.258 所示）。福建省上网用户对“使用互联网容易暴露隐私”的观点表示不赞成的居多。

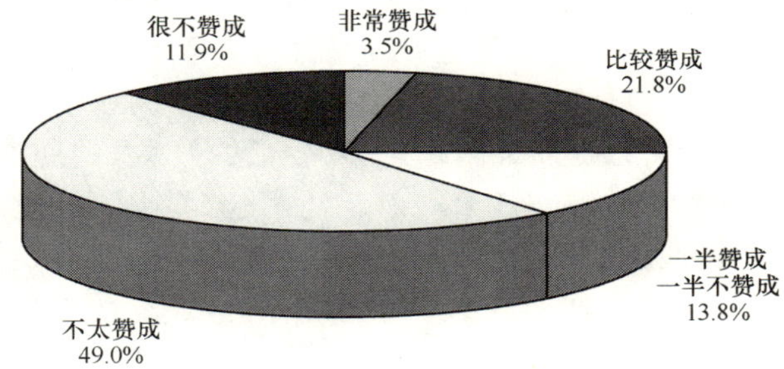

图 23.258　福建省上网用户对“使用互联网容易暴露隐私”观点的看法

（5）关于“使用互联网容易受不良信息影响”

关于“使用互联网容易受不良信息影响”的观点，福建省上网用户表示比较赞成的最多，所占比例达到 37.5%；其次是表示不太赞成的用户，所占比例为 32.0%；表示一半赞成一半不赞成的用户所占比例为 15.0%；表示很不赞成的用户所占比例为 10.5%；表示非常赞成的用户所占比例为 5.0%（如图 23.259 所示）。福建省上网用户对“使用互联网容易受不良信息影响”的观点表示赞成的用户所占比例与表示不赞成的用户所占比例持平。

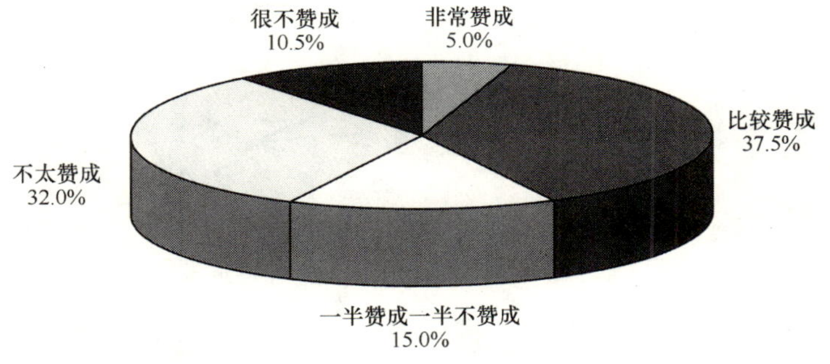

图 23.259　福建省上网用户对“使用互联网容易受不良信息影响”观点的看法

（6）对互联网的信任程度

福建省上网用户对互联网表示半信半疑的最多，所占比例为 43.3%；其次是对互联网表示比较信任的，所占比例为 40.4%；对互联网表示不太信任和完全信任的用户所占比例皆为 7.9%；对互联网表示完全不信的用户占 0.5%（如图 23.260 所示）。福建省上网用户对互联网表示信任的用户多于表示不信任的用户。

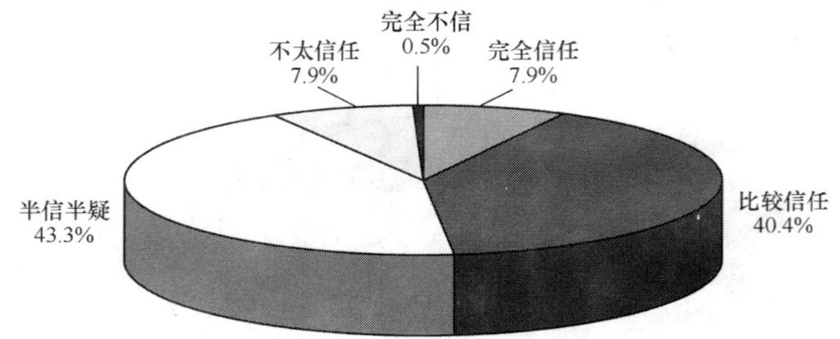

图 23.260　福建省上网用户对互联网的信任程度

综上所述，福建省上网用户数为 326 万人，上网计算机数为 127 万台，CN 下注册域名数量为 15 913 个，WWW 站点数为 38 360 个。

其中住宅电话覆盖的上网用户（不包括住校大学生）中以男性、未婚者占主体，年龄在 18～24 岁的所占比例最高，受教育程度为高中（中专）的最多，职业上学生所占的比例最多，行业上从事制造业的用户最多，个人月收入在 500 元以下的最多。

用户每月实际花费的上网费用绝大部分集中在 100 元及以下，平均每周上网时间为 13.6 小时，平均每周上网天数为 4.0 天，使用互联网的高峰时间在晚上。用户拥有 E-mail 账号平均值为 1.4，其中免费 E-mail 账号平均值为 1.4，平均每周收到电子邮件数（不包括垃圾邮件）为 4.8 封，收到垃圾邮件数 9.3 封，发出电子邮件数 3.2 封。用户上网的最主要目的为休闲娱乐。

福建省上网用户对“使用互联网可以提高工作、学习和生活的效率”的观点表示赞成的占多数，对“在单位、学校、邻里中，会上网的人好像高人一等”观点、“使用互联网容易结交不好的朋友”观点、“使用互联网容易暴露隐私”的观点表示不赞成的居多，对“使用互联网容易受不良信息影响”的观点表示赞成的用户所占比例与表示不赞成的用户所占比例持平。对互联网表示信任的用户多于表示不信任的用户。

23.1.14　江西省互联网络发展状况

一、宏观概况

1．上网用户人数

江西省上网用户人数为 156 万，占全国上网用户总人数的比例为 1.7%，占江西省总人口的 3.7%。与第 13 次调查结果相比，江西省上网用户人数减少 13.4 万，同比下降 7.9%，占全国上网总人数的比例减少 0.4%，占江西省总人口比例亦减少 0.3%（如图 23.261 所示）。

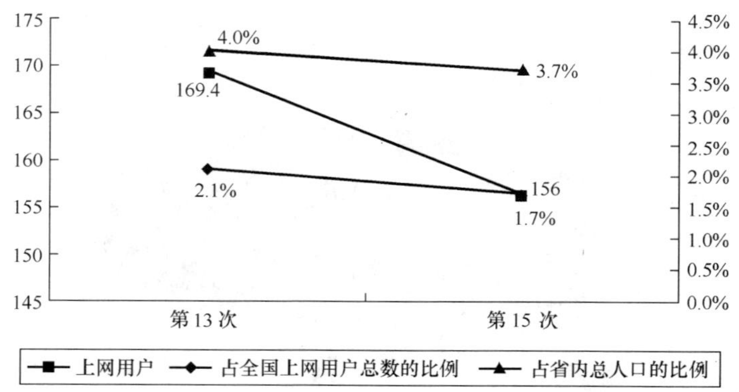

图 23.261　江西省历次调查上网用户人数

2．上网计算机数

江西省上网计算机数为 52 万台，占全国上网计算机总数的比例为 1.3%。与第 13 次调查结果相比，江西省上网计算机数减少 3 万台，同比下降 5.5%，占全国上网计算机总数的比例减少 0.5%（如图 23.262 所示）。

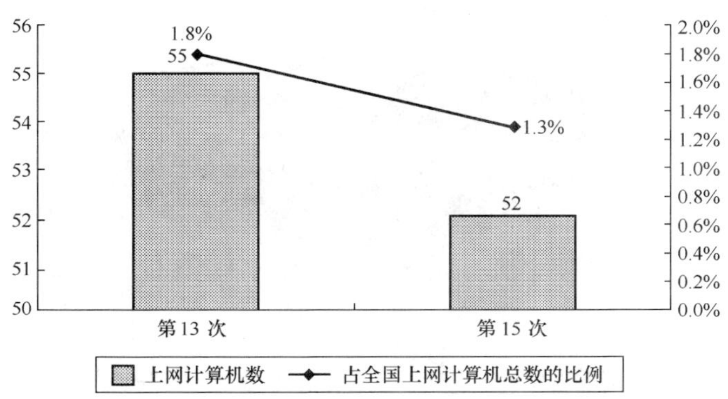

图 23.262　江西省历次调查上网计算机数

3．CN 下注册域名数（不含 EDU）

江西省 CN 下注册域名数量为 3 366 个，占全国 CN 下注册域名总数的比例为 0.8%。与第 13 次调查结果相比，江西省 CN 下注册域名数增加 1 055 个，增长率为 45.7%，占全国 CN 下注册域名数的比例增加 0.1%（如图 23.263 所示）。

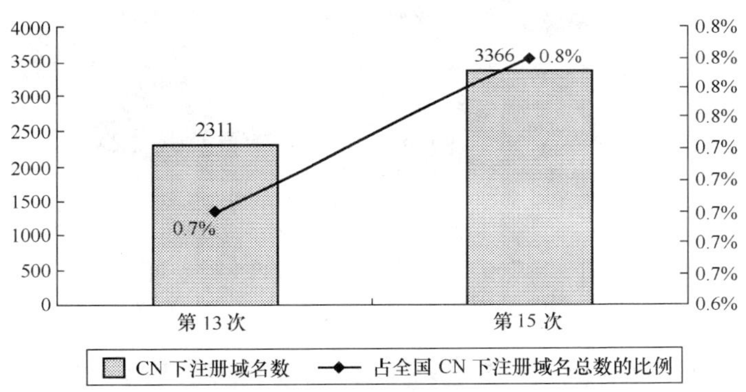

图 23.263　江西省历次调查 CN 下注册域名数（不含 EDU）

4．WWW 站点数（包括.CN、.COM、.NET、.ORG 下的网站）

江西省 WWW 站点数为 7129 个，占全国 WWW 站点数的比例为 1.1%。与第 13 次调查结果相比，江西省 WWW 站点数增加 1119 个，增长率为 18.6%，占全国 WWW 站点数的比例增加 0.1%（如图 23.264 所示）。

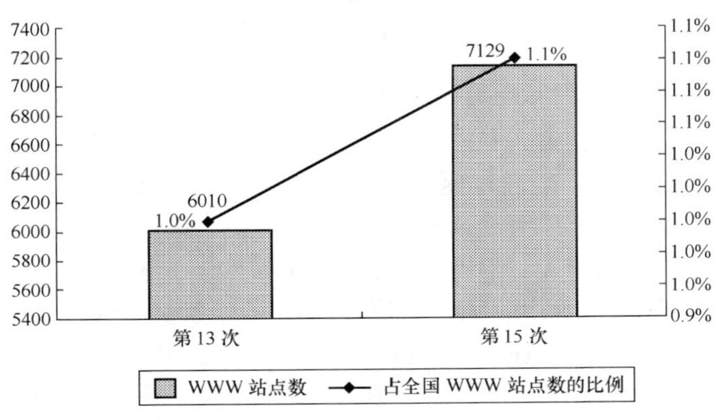

图 23.264　江西省历次调查 WWW 站点数

二、互联网用户行为意识调查结果

1．用户个人信息

（1）用户的性别

江西省上网用户中，男性占 66.4%，女性占 33.6%（如图 23.265 所示）。男性占据上网用户主体。

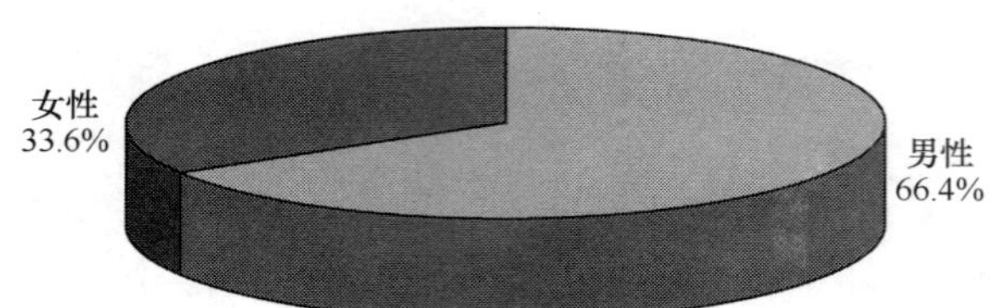

图 23.265 江西省上网用户的性别分布

（2）用户的年龄分布

江西省上网用户中，18～24 岁的用户所占比例最高，达到 27.7%；其次是 18 岁以下的用户，所占比例为 15.2%；31～35 岁的用户占 14.3%；36～40 岁的用户占 13.4%；41～50 岁的用户占 12.5%；25～30 岁的用户占 11.6%；50 岁的用户所占比例为 5.3%（如图 23.266 所示）。

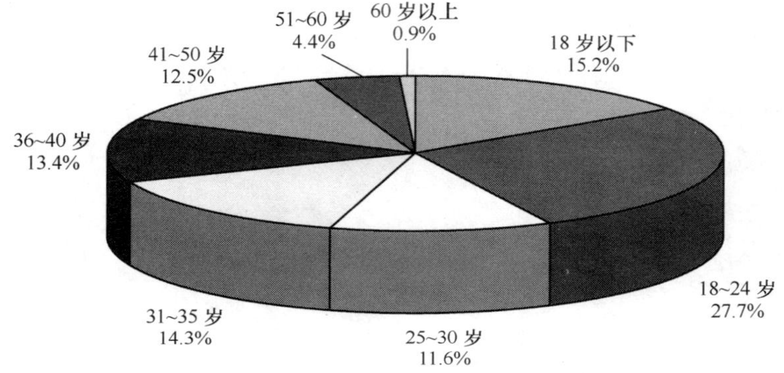

图 23.266 江西省上网用户的年龄分布

（3）用户的婚姻状况

江西省上网用户中，已婚者占 54.5%，未婚者占 45.5%（如图 23.267 所示）。已婚者占据上网用户主体。

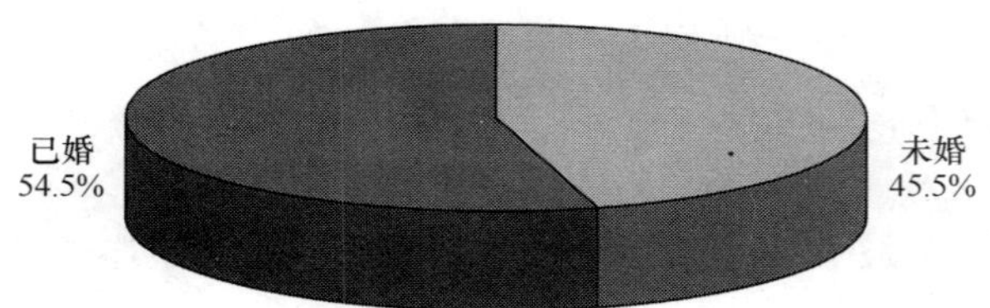

图 23.267 江西省上网用户的婚姻状况分布

（4）用户的受教育程度

江西省上网用户中，受教育程度为大专的用户最多，所占比例达到 32.7%；其次是受教育程度为高中（中专）的用户，所占比例为 29.2%；受教育程度为本科的用户所占比例为 19.5%；高中（中专）以下受教育程度的用户占 13.3%；硕士及以上的用户只占 5.3%（如图 23.268 所示）。

（5）用户的行业分布（不包括军人、学生和无业人员）

江西省上网用户中，从事教育业的用户最多，所占比例为 17.3%；其次是从事 IT 业的用户，所占比例为 13.3%；排在第三位的是从事公共管理和社会组织的用户，所占比例为 12.0%；从事批发零售业的用户所占比例为 10.7%；从事制造业的用户所占比例为 10.6%；从事金融业的用户所占比例为 5.3%；从事其他行业的上网用户则较少（如图 23.269 所示）。

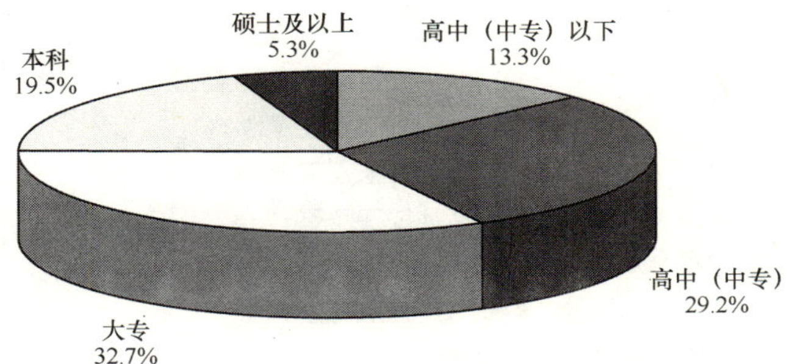

图 23.268　江西省上网用户的受教育程度分布

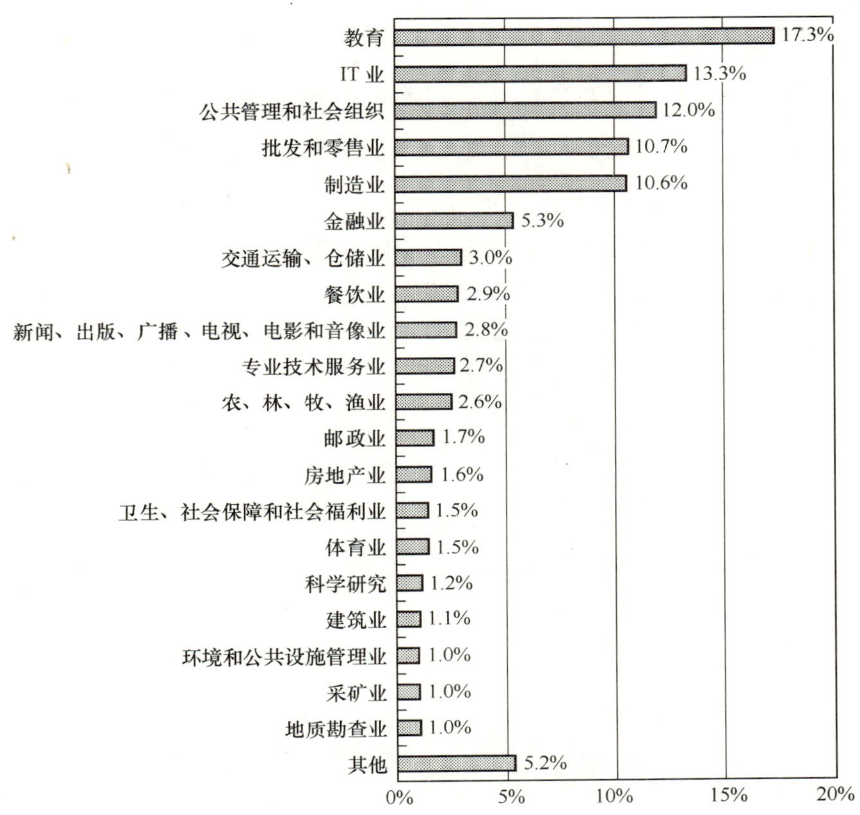

图 23.269　江西省上网用户的行业分布

（6）用户的职业分布

江西省上网用户中，学生所占的比例最高，达到 21.8%；其次是无业人员，所占比例为 14.3%；排在第三位的是专业技术人员，所占比例为 12.6%；教师占 9.2%；企事业单位管理人员占 8.4%；商业服务业人员占 7.6%；国家机关、党群组织工作人员、办事员等协助人员、生产、运输设备操作人员及有关人员各占 6.7%；其他职业的用户所占比例较少（如图 23.270 所示）。

（7）用户的个人月收入

江西省上网用户中，无收入上网用户最多，所占比例达到 20.5%；其次是个人月收入在 1 001～1 500 元的用户，所占比例为 19.3%；排在第三位的是个人月收入在 501～1 000 的用户，所占比例皆为 15.9%；个人月收入为 2 501～3 000 元的用户所占比例为 10.2%；个人月收入为 1 501～2 000 元的用户所占比例为 9.1%；个人月收入在 2 001～2 500 元和 3 001～4 000 元的用户所占比例各为 4.5%；个人月收入在 4 000 元以上的用户所占比例为 2.4%（如图 23.271 所示）。

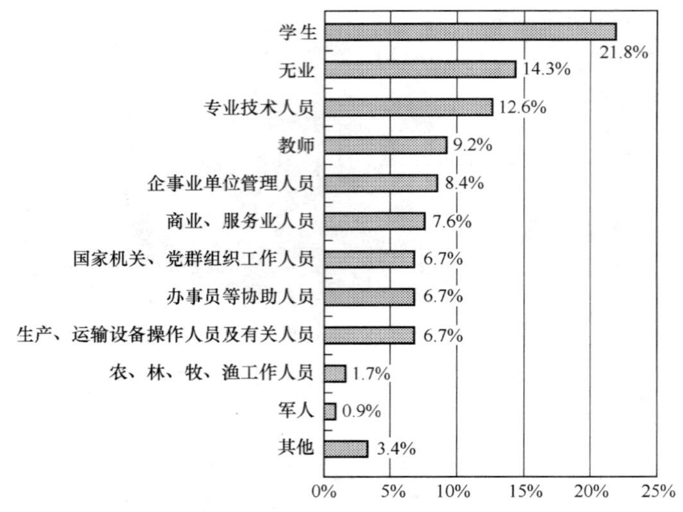

图 23.270　江西省上网用户的职业分布

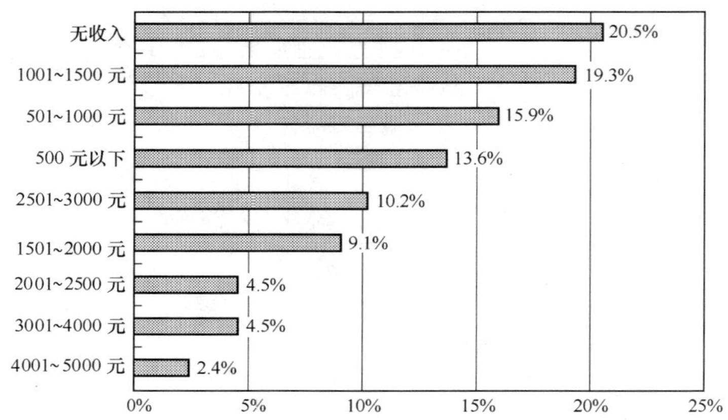

图 23.271　江西省上网用户的个人月均收入分布

2．用户对互联网的使用情况

（1）用户每月实际花费的上网费用

江西省上网用户中，每月实际花费的上网费用（仅限于上网费及上网电话费，不包括使用网络服务的费用）以 51～100 元的最多，占 37.0%；其次是每月实际花费的上网费用为低于 50 元的用户，所占比例为 34.8%；每月实际花费的上网费用在 101～200 元的用户所占比例为 22.8%；每月实际花费的上网费用在 201～300 元的用户所占比例为 4.3%；每月实际花费的上网费用在 300 元以上的用户所占比例为 1.1%（如图 23.272 所示）。江西省上网用户每月实际花费的上网费用集中在 200 元及以下。

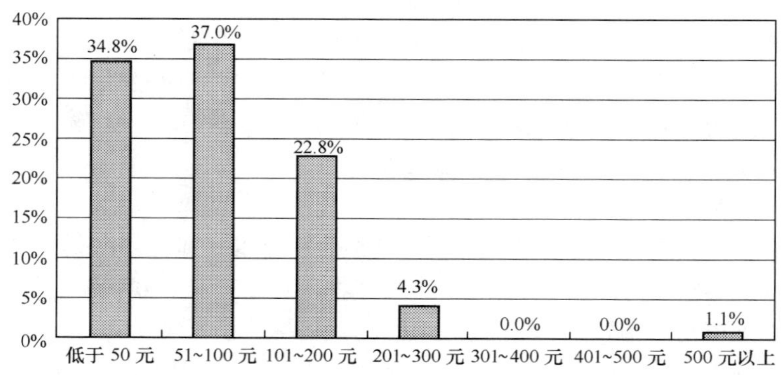

图 23.272　江西省上网用户平均每月上网费用

（2）用户平均每周上网时间

江西省上网用户平均每周上网时间为 11.8 小时。

（3）用户平均每周上网天数

江西省上网用户平均每周上网天数为 4.3 天。

（4）用户通常上网时间

江西省上网用户的上网时间在一天中波动较大：凌晨 1 点至早上 7 点钟是用户最少上网的时间，从早上 8 点钟起上网的人逐渐增加，到上午 10 点达到一天当中的第一个高峰，有 19.3%的用户在这一时间上网；11 点有所回落，12 点开始回升，到 16 点达到一天当中的第二个高峰，有 26.1%的用户在这一时间上网，此后上网人数开始下降；从晚上 19 点开始上网人数激增，到晚上 20 点的时候达到一天中的顶峰，有 57.1%的用户在这一时间上网，这之后上网人数又急剧减少（如图 23.273 所示）。日常生活的作息时间在一定程度上影响着人们使用互联网的时间，江西省上网用户使用互联网的高峰时间在晚上。

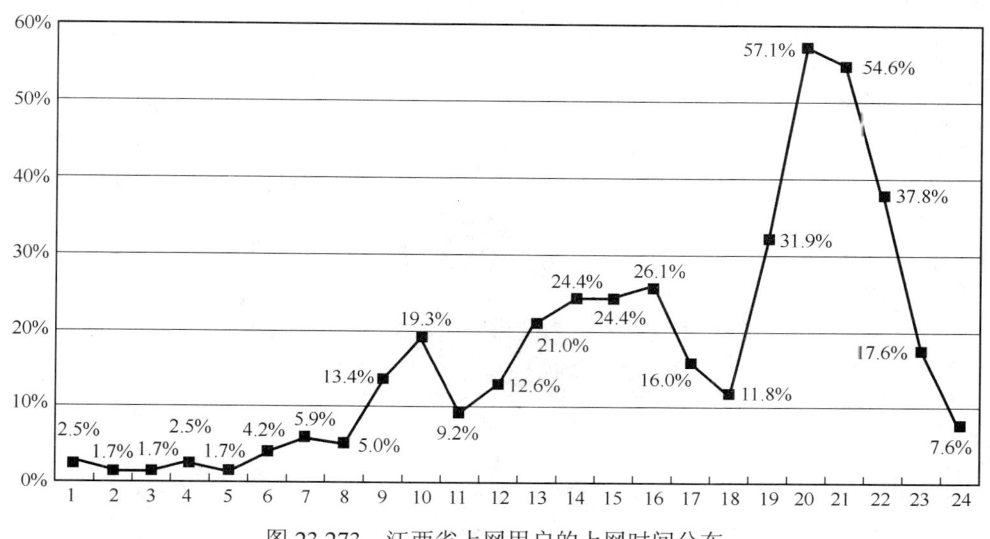

图 23.273　江西省上网用户的上网时间分布

（5）用户拥有的 E-mail 账号平均值

江西省上网用户拥有 E-mail 账号平均值为 1.2，其中免费 E-mail 账号平均值为 1.2。

（6）用户平均每周收发的电子邮件数

江西省上网用户平均每周收到电子邮件数（不包括垃圾邮件）为 4.7 封，收到垃圾邮件数 10.7 封，发出电子邮件数 4.8 封。

（7）用户上网最主要的目的

江西省上网用户上网的主要目的以获取信息最多，所占比例达到 42.9%；其次是休闲娱乐，所占比例为 40.3%；排在第三位的是交友，有 5.0%的用户选择此项；选择学习和获得各种免费资源的用户各占 2.5%；选择其他上网目的的用户则很少（如图 23.274 所示）。

3．用户对互联网的观点

（1）关于“使用互联网可以提高工作、学习和生活的效率”

关于“使用互联网可以提高工作、学习和生活的效率”的观点，江西省上网用户表示比较赞成的最多，所占比例达到 63.6%；其次是表示非常赞成的，所占比例为 19.5%；表示一半赞成一半不赞成的用户所占比例为 13.6%；表示不太赞成的用户占 2.5%；表示很不赞成的用户所占比例最少，只有 0.8%（如图 23.275 所示）。江西省上网用户对“使用互联网可以提高工作、学习和生活的效率”的观点表示赞成的占多数。

（2）关于“在单位、学校、邻里中，会上网的人好像高人一等”

关于“在单位、学校、邻里中，会上网的人好像高人一等”的观点，江西省上网用户表示不太赞成的

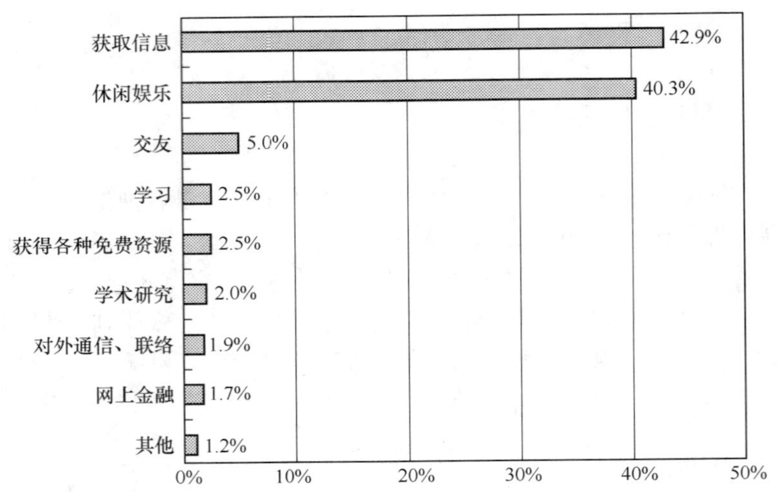

图 23.274　江西省上网用户上网最主要的目的

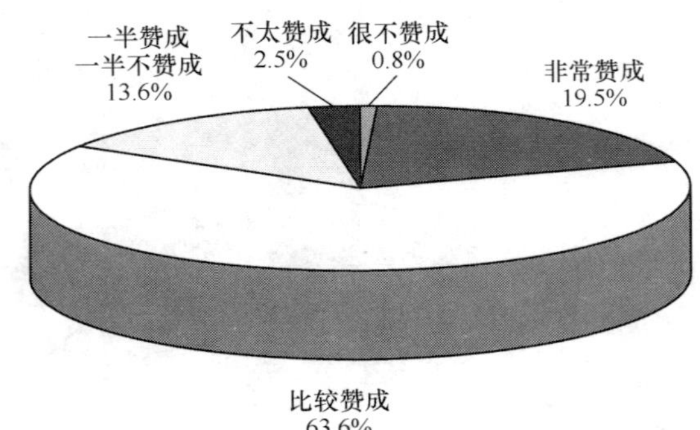

图 23.275　江西省上网用户对“使用互联网可以提高工作、学习和生活的效率”观点的看法

最多，所占比例达到 48.3%；其次是表示很不赞成和一半赞成一半不赞成的用户，所占比例各为 19.5%；表示比较赞成的用户所占比例为 7.6%；表示非常赞成的用户所占比例为 5.1%（如图 23.276 所示）。江西省上网用户对“在单位、学校、邻里中，会上网的人好像高人一等”的观点表示不赞成的占多数。

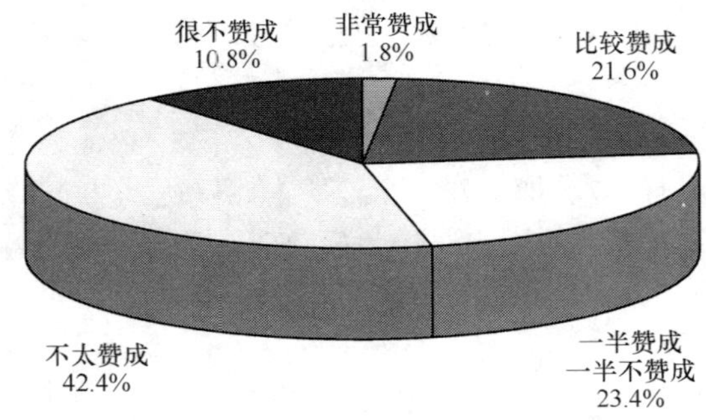

图 23.276　江西省上网用户对“在单位、学校、邻里中，会上网的人好像高人一等”观点的看法

（3）关于“使用互联网容易结交不好的朋友”

关于“使用互联网容易结交不好的朋友”的观点，江西省上网用户表示不太赞成的最多，所占比例达到 42.4%；其次是表示一半赞成一半不赞成的用户，所占比例为 23.4%；表示比较赞成的用户所占比例为 21.6%；表示很不赞成的用户所占比例为 10.8%；表示非常赞成的用户最少，只有 1.8%（如图 23.277 所示）。江西省上网用户对“使用互联网容易结交不好的朋友”的观点表示不赞成的居多。

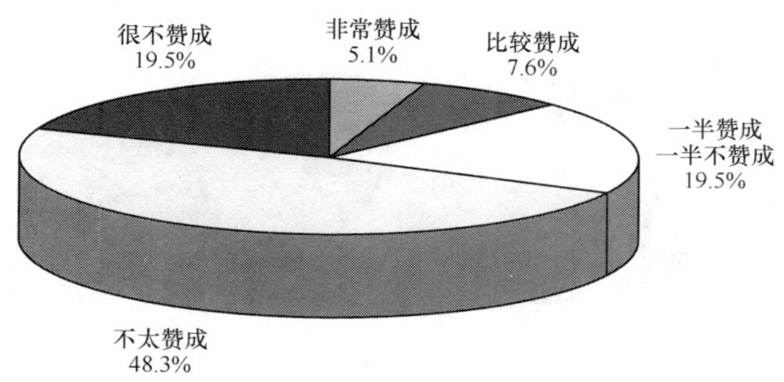

图 23.277 江西省上网用户对“使用互联网容易结交不好的朋友”观点的看法

（4）关于“使用互联网容易暴露隐私”

关于“使用互联网容易暴露隐私”的观点，江西省上网用户表示不太赞成的最多，所占比例达到 36.0%；其次是表示一半赞成一半不赞成的用户，所占比例为 31.6%；表示比较赞成的用户所占比例为 21.0%；表示很不赞成的用户所占比例为 10.5%；表示非常赞成的用户最少，占 0.9%（如图 23.278 所示）。江西省上网用户对“使用互联网容易暴露隐私”的观点表示不赞成的居多。

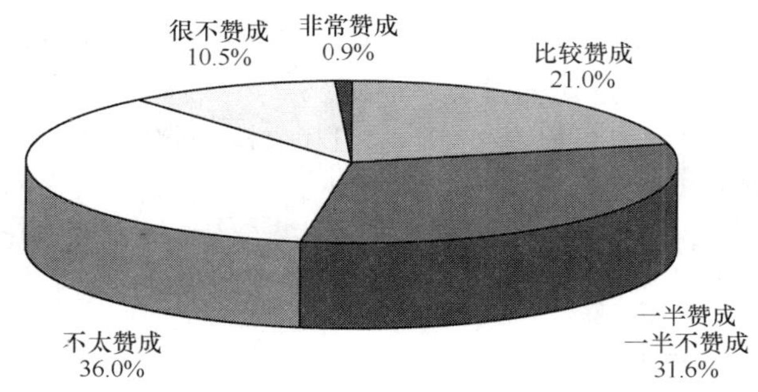

图 23.278 江西省上网用户对“使用互联网容易暴露隐私”观点的看法

（5）关于“使用互联网容易受不良信息影响”

关于“使用互联网容易受不良信息影响”的观点，江西省上网用户表示不太赞成的最多，所占比例达到 35.1%；其次是表示比较赞成的用户，所占比例为 26.3%；表示一半赞成一半不赞成的用户所占比例为 23.7%；表示很不赞成的用户所占比例为 9.6%；表示非常赞成的用户所占比例为 5.3%（如图 23.279 所示）。江西省上网用户对“使用互联网容易受不良信息影响”的观点表示不赞成的多于表示赞成的。

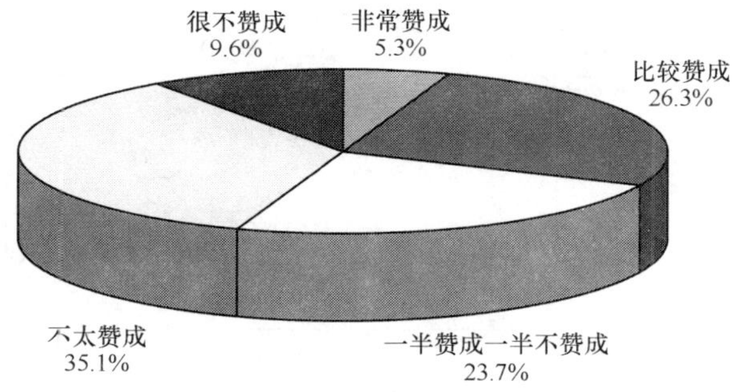

图 23.279 江西省上网用户对“使用互联网容易受不良信息影响”观点的看法

（6）对互联网的信任程度

江西省上网用户对互联网表示半信半疑的最多，所占比例为 48.7%；其次是对互联网表示比较信任的，所占比例为 44.5%；对互联网表示不太信任和完全信任的用户各占 3.4%（如图 23.280 所示）。江西省上网用户对互联网表示信任的居多。

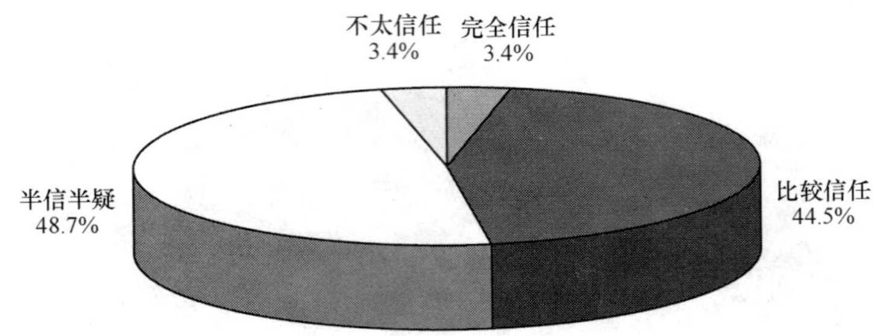

图 23.280　江西省上网用户对互联网的信任程度

综上所述，江西省上网用户数为 156 万人，上网计算机数为 52 万台，CN 下注册域名数量为 3 366 个，WWW 站点数为 7 129 个。

其中住宅电话覆盖的上网用户（不包括住校大学生）中以男性、已婚者占主体，年龄在 18～24 岁的所占比例最高，受教育程度为大专的最多，职业上学生所占的比例最多，行业上从事教育业的人最多，无收入的上网用户最多。

用户每月实际花费的上网费用集中在 200 元及以下，平均每周上网时间为 11.8 小时，平均每周上网天数为 4.3 天，使用互联网的高峰时间在晚上。用户拥有 E-mail 账号平均值为 1.2，其中免费 E-mail 账号平均值为 1.2，平均每周收到电子邮件数（不包括垃圾邮件）为 4.7 封，收到垃圾邮件数 10.7 封，发出电子邮件数 4.8 封。用户上网的最主要目的为获取信息。

江西省上网用户对“使用互联网可以提高工作、学习和生活的效率”的观点表示赞成的占多数，对“在单位、学校、邻里中，会上网的人好像高人一等”的观点表示不赞成的占多数，对“使用互联网容易结交不好的朋友”的观点表示不赞成的居多，对“使用互联网容易暴露隐私”的观点表示不赞成的居多，对“使用互联网容易受不良信息影响”的观点表示不赞成的多于表示赞成的。对互联网表示比较信任的居多。

23.1.15　山东省互联网络发展状况

一、宏观概况

1．上网用户人数

山东省上网用户人数为 848 万，占全国上网用户总人数的比例为 9.0%，是山东省总人口的 9.3%。与第 13 次调查结果相比，山东省上网用户人数增加 221.4 万，增长率为 35.3%，占全国上网总人数的比例增加 1.1%，占山东省总人口比例增加 2.4%（如图 23.281 所示）。

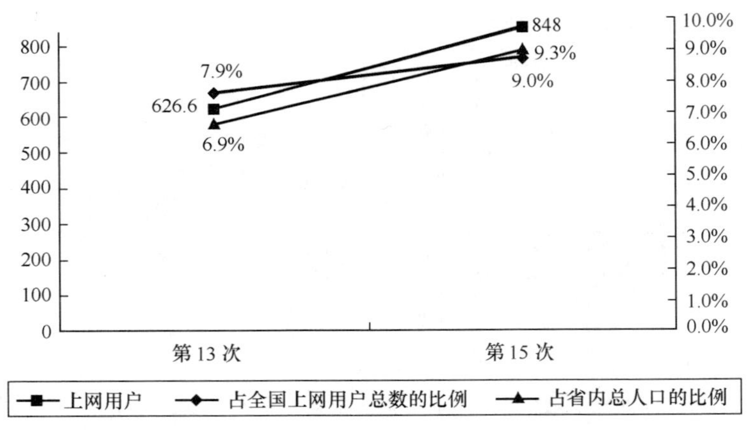

图 23.281　山东省历次调查上网用户人数

2．上网计算机数

山东省上网计算机数为 356 万台，占全国上网计算机总数的比例为 8.6%。与第 13 次调查结果相比，山东省上网计算机数增加 148 万台，增长率为 71.2%，占全国上网计算机总数比例增加 1.9%（如图 23.282

所示）。

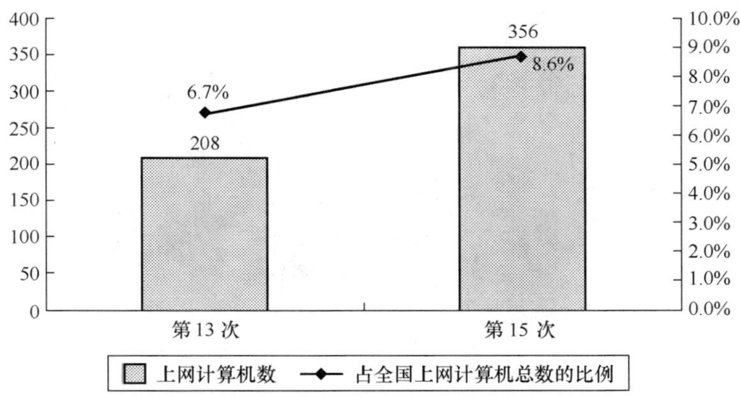

图23.282　山东省历次调查上网计算机数

3．CN下注册域名数（不含EDU）

山东省CN下注册域名数量为17 970个，占全国CN下注册域名总数的比例为4.2%。与第13次调查结果相比，山东省CN下注册域名数量增加4 541个，增长率为33.8%，占全国CN下注册域名总数比例增加0.2%（如图23.283所示）。

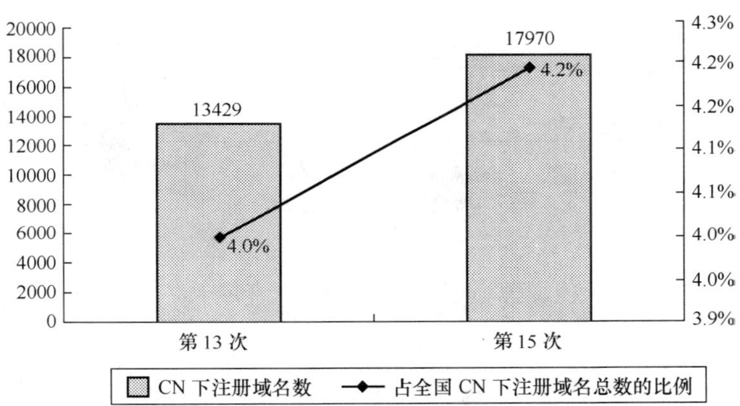

图23.283　山东省历次调查CN下注册域名数（不含EDU）

4．WWW站点数（包括.CN、.COM、.NET、.ORG下的网站）

山东省WWW站点数为26 613个，占全国WWW站点数的比例为4.0%。同第13次调查结果相比，山东省WWW站点数增加1461个，增长率为5.8%，占全国WWW站点数比例减少0.2%（如图23.284所示）。

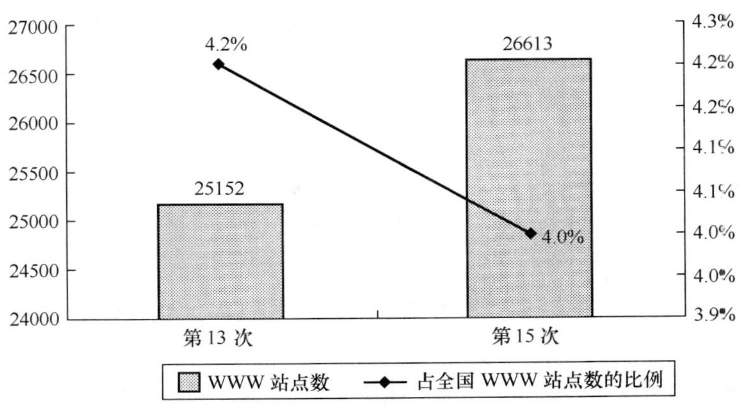

图23.284　山东省历次调查WWW站点数

二、互联网用户行为意识调查结果

1．用户个人信息

（1）用户的性别

山东省上网用户中，男性占 60.0%，女性占 40.0%（如图 23.285 所示）。男性为上网用户主体。

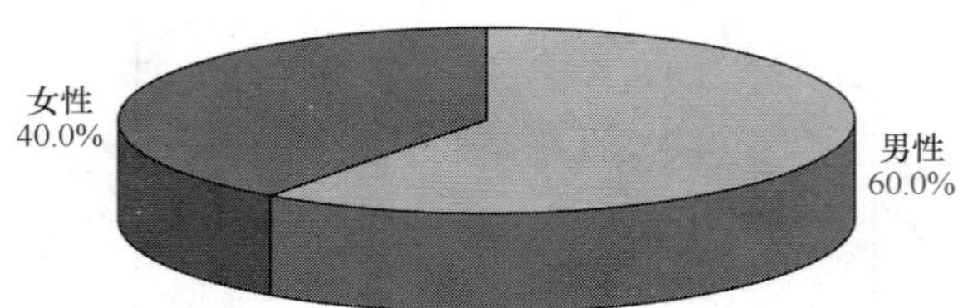

图 23.285　山东省上网用户的性别分布

（2）用户的年龄分布

山东省上网用户中，年龄在 31～35 岁的用户所占比例最高，为 20.7%；其次是 18～24 岁的用户，所占比例为 18.1%；25～30 岁的用户占 17.7%；18 岁以下的用户所占比例为 15.2%；41～50 岁的用户占 13.1%；36～40 岁的用户为 10.1%；50 岁以上用户所占比例为 5.1%（如图 23.286 所示）。

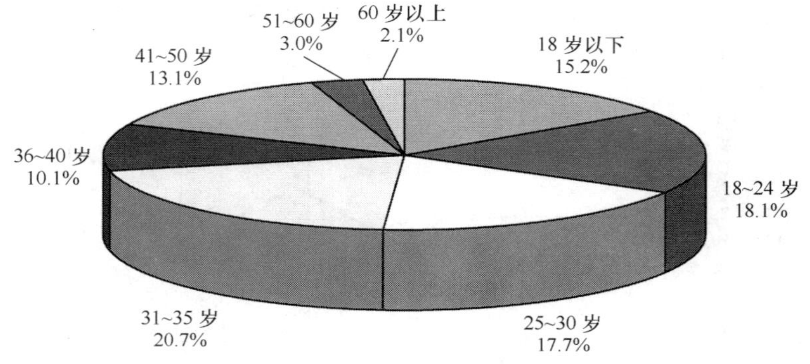

图 23.286　山东省上网用户的年龄分布

（3）用户的婚姻状况

山东省上网用户中，已婚者占 62.4%，未婚者占 37.6%（如图 23.287 所示）。已婚者占据上网用户主体。

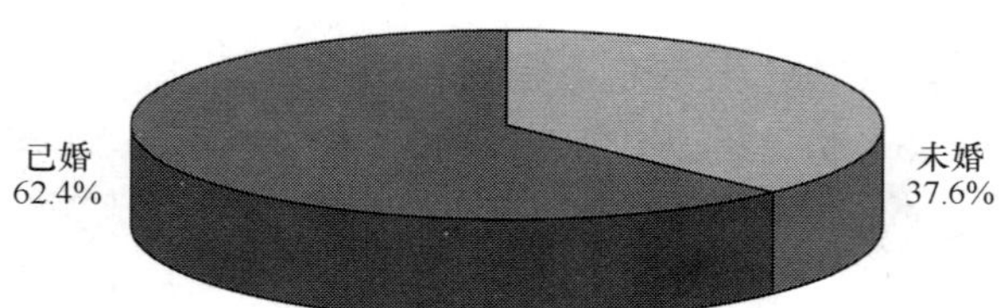

图 23.287　山东省上网用户的婚姻状况分布

（4）用户的受教育程度

山东省上网用户中，受教育程度为本科的用户最多，达到 32.7%；其次是受教育程度为高中（中专）的用户，所占比例为 26.5%；受教育程度为大专的用户所占比例为 24.9%；高中（中专）以下受教育程度的用户占 11.0%；硕士及以上的用户占 4.9%（如图 23.288 所示）。

（5）用户的行业分布（不包括军人、学生和无业人员）

山东省上网用户中，从事公共管理/社会组织和教育业的用户最多，所占比例各为 18.4%；其次是从事制造业的用户，所占比例为 17.3%；排在第三位的是从事 IT 业的用户，所占比例为 6.7%；从事批发零售业的用户所占比例为 6.5%；从事交通运输、仓储业及金融业的用户所占比例皆为 3.9%；从事其他行业的上网用户则较少（如图 23.289 所示）。

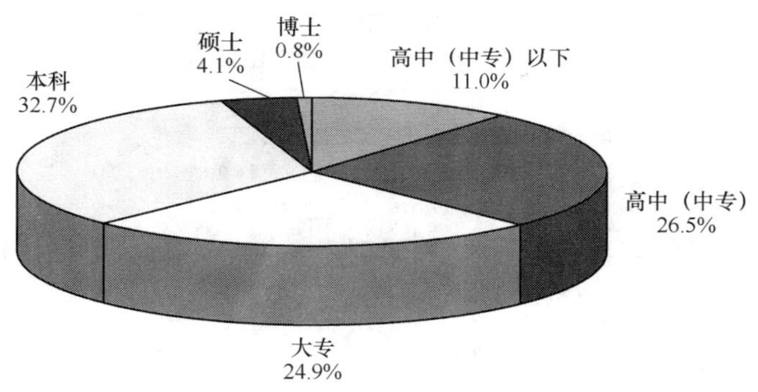

图 23.288　山东省上网用户的受教育程度分布

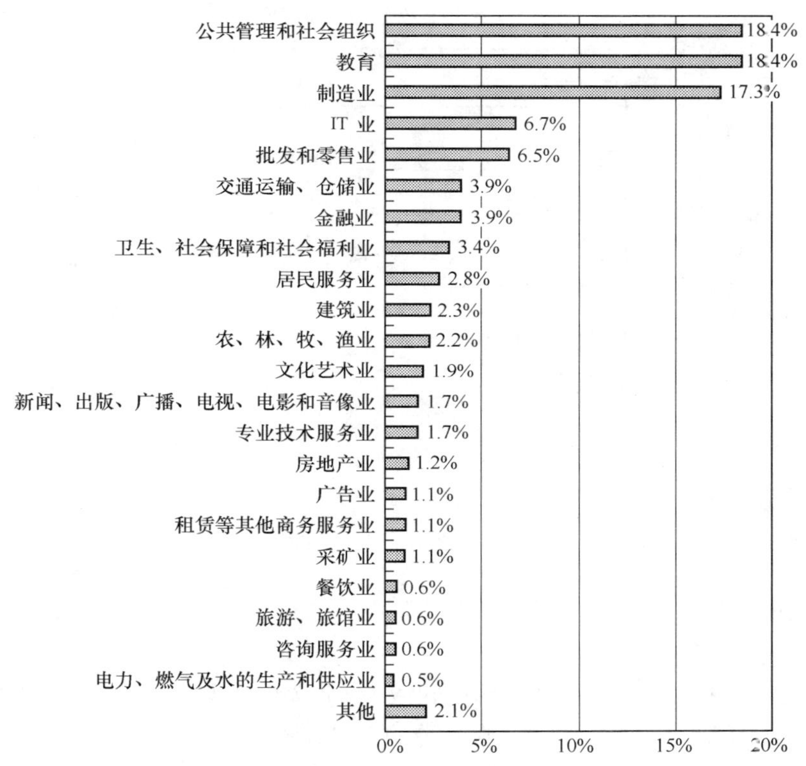

图 23.289　山东省上网用户的行业分布

（6）用户的职业分布

山东省上网用户中，学生所占的比例最多，达到 18.8%；其次是专业技术人员，所占比例为 16.3%；排在第 3 位的是教师，所占比例为 13.1%；国家机关、党群组织工作人员占 11.8%；企事业单位管理人员占 10.2%；商业、服务业人员所占比例为 8.2%；无业人员为 7.8%；生产、运输设备操作人员及有关人员所占比例为 6.5%；其他职业的用户所占比例较少（如图 23.290 所示）。

（7）用户的个人月收入

山东省上网用户中，个人月收入为 1 001～1 500 元的最多，达到 27.1%；其次是个人月收入在 500 元以下的用户，所占比例为 17.8%；排在第三位的是月收入在 501～1000 元的用户，所占比例为 16.1%；个人月收入为 1501～2000 元的用户所占比例为 12.4%；个人月收入为 2001～2500 元的用户所占比例为 8.9%；个人月收入为 2501～3000 元的用户所占比例为 5.9%；个人月收入为 3000 元以上的用户所占比例为 8.0%；无收入的用户所占比例为 3.8%（如图 23.291 所示）。

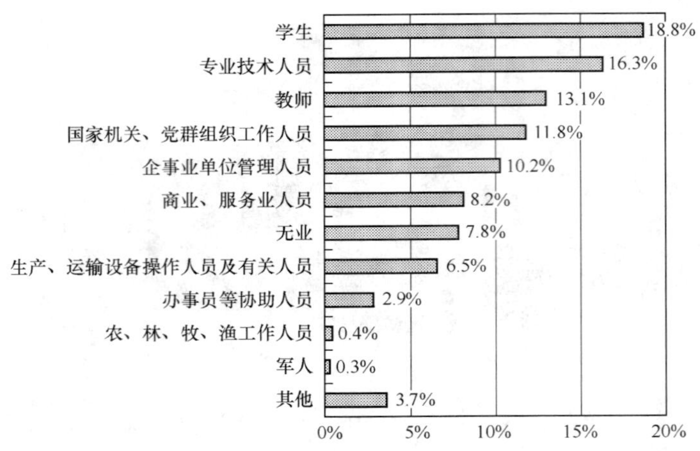

图 23.290　山东省上网用户的职业分布

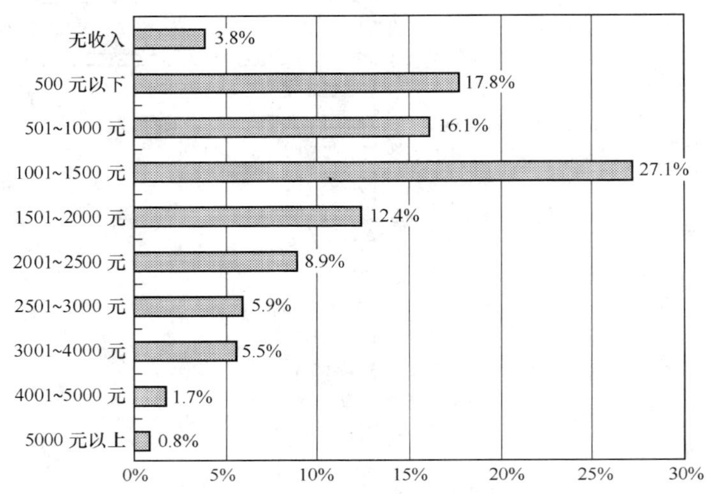

图 23.291　山东省上网用户的个人月均收入分布

2．用户对互联网的使用情况

（1）用户每月实际花费的上网费用

山东省上网用户中，每月实际花费的上网费用（仅限于上网费及上网电话费，不包括使用网络服务的费用）以低于 50 元的最多，占 52.7%；其次是每月实际花费的上网费用在 51～100 元的用户，所占比例为 35.2%；每月实际花费的上网费用在 101～200 元的用户所占比例为 9.9%；每月实际花费的上网费用超过 200 元的用户所占比例为 2.2%（如图 23.292 所示）。山东省上网用户每月实际花费的上网费用集中在 100 元及以下。

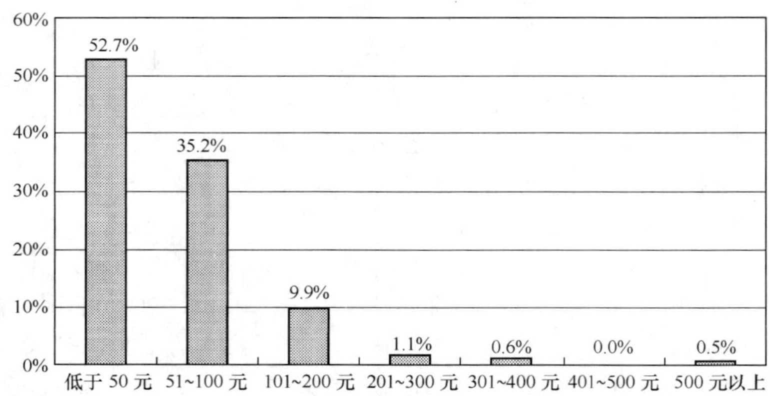

图 23.292　山东省上网用户平均每月上网费用

（2）用户平均每周上网时间

山东省上网用户平均每周上网时间为11.5小时。

（3）用户平均每周上网天数

山东省上网用户平均每周上网天数为4.3天。

（4）用户通常上网时间

山东省上网用户的上网时间在一天中波动较大：凌晨1点至早上6点钟是用户最少上网的时间，从早上7点钟起上网的人逐渐增加，到上午10点达到一天当中的第一个高峰，有35.6%的用户在这一时间上网；11点开始回落，13点开始回升，到15点达到一天当中的第二个高峰，有41.3%的用户在这一时间上网；从晚上19点开始上网人数激增，到晚上20点的时候达到一天中的顶峰，有54.3%的用户在这一时间上网，这之后上网人数又急剧减少（如图23.293所示）。日常生活的作息时间在一定程度上影响着人们使用互联网的时间，山东省上网用户使用互联网的高峰时间在晚上。

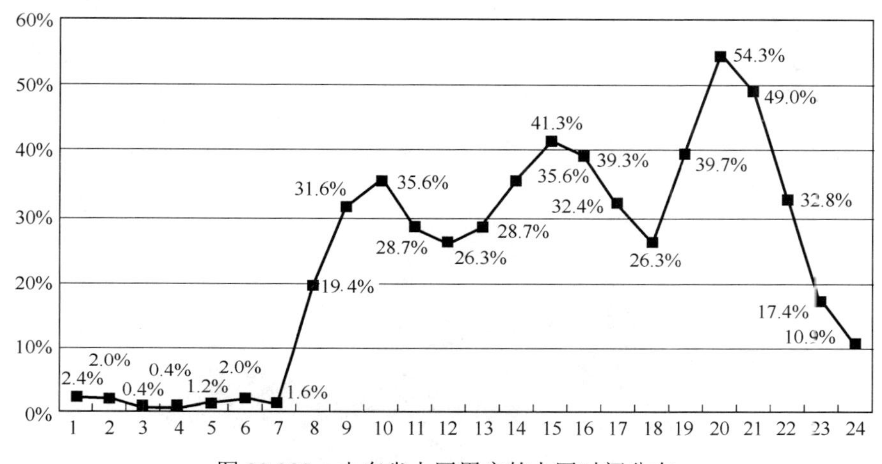

图23.293　山东省上网用户的上网时间分布

（5）用户拥有的E-mail账号平均值

山东省上网用户拥有E-mail账号平均值为1.1，其中免费E-mail账号平均值为1.0。

（6）用户平均每周收发的电子邮件数

山东省上网用户平均每周收到电子邮件数（不包括垃圾邮件）为3.8封，收到垃圾邮件数6.0封，发出电子邮件数3.3封。

（7）用户上网最主要的目的

山东省上网用户上网的主要目的以获取信息最多，达到41.5%；其次是休闲娱乐，所占比例为30.5%；排在第三位的是学习，有11.8%的用户选择此项；选择交友的用户所占比例为5.3%；选择其他上网目的的用户则很少（如图23.294所示）。

3．用户对互联网的观点

（1）关于“使用互联网可以提高工作/学习和生活的效率”

关于“使用互联网可以提高工作/学习和生活的效率”的观点，山东省上网用户表示比较赞成的最多，达到61.4%；其次是表示非常赞成的，所占比例为27.6%；表示一半赞成一半不赞成的用户所占比例为8.2%；表示不太赞成的用户所占比例较小，只有2.8%（如图23.295所示）。山东省上网用户对“使用互联网可以提高工作/学习和生活的效率”的观点表示赞成的占多数。

（2）关于“在单位/学校/邻里中，会上网的人好像高人一等”

关于“在单位/学校/邻里中，会上网的人好像高人一等”的观点，山东省上网用户表示不太赞成的最多，达到47.2%；其次是表示很不赞成的，所占比例为25.6%；表示比较赞成的用户所占比例为17.9%；表示一半赞成一半不赞成的用户所占比例为6.9%；表示非常赞成的用户所占比例为2.4%（如图23.296所示）。山东省上网用户对“在单位/学校/邻里中，会上网的人好像高人一等”的观点表示不赞成的占多数。

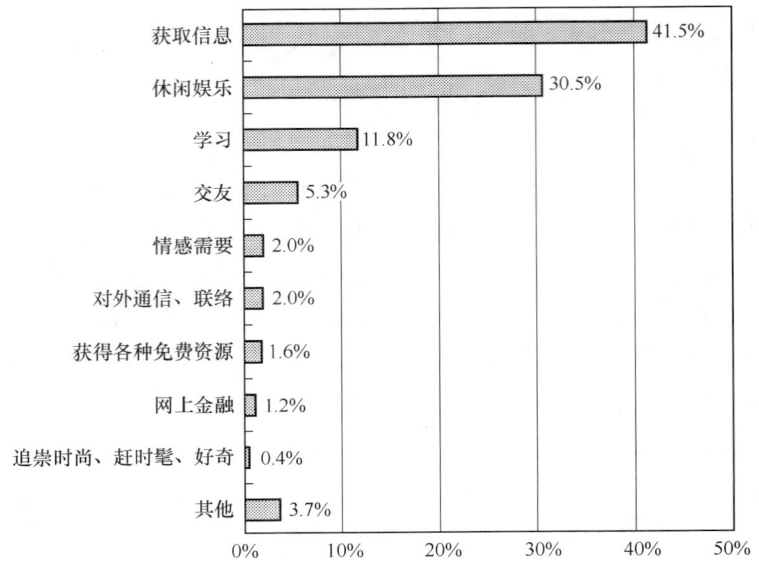

图 23.294　山东省上网用户上网最主要的目的

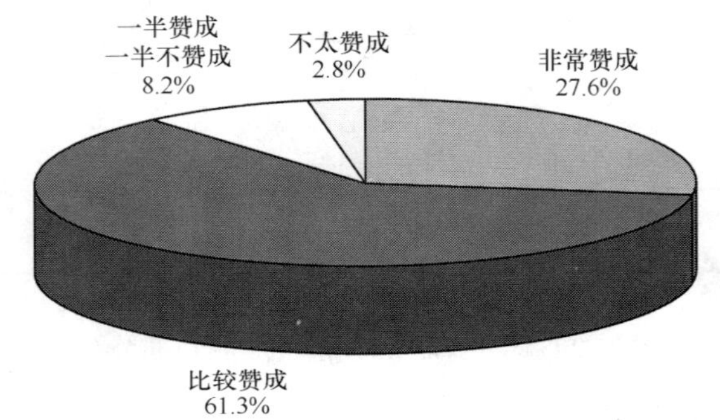

图 23.295　山东省上网用户对“使用互联网可以提高工作/学习和生活的效率”观点的看法

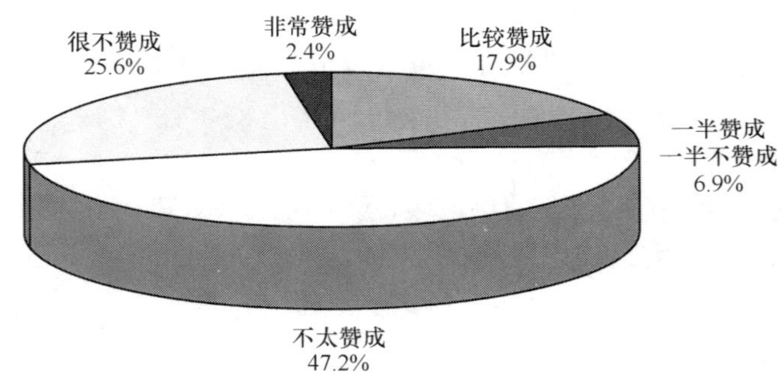

图 23.296　山东省上网用户对“在单位/学校/邻里中，会上网的人好像高人一等”观点的看法

（3）关于“使用互联网容易结交不好的朋友”

关于“使用互联网容易结交不好的朋友”的观点，山东省上网用户表示不太赞成的最多，达到 45.1%；其次是表示很不赞成的用户，所占比例为 22.1%；表示比较赞成的用户所占比例为 19.7%；表示一半赞成一半不赞成的用户所占比例为 9.8%；表示非常赞成的用户最少，只有 3.3%（如图 23.297 所示）。山东省上网用户对“使用互联网容易结交不好的朋友”的观点表示不赞成的居多。

（4）关于“使用互联网容易暴露隐私”

关于“使用互联网容易暴露隐私”的观点，山东省上网用户表示不太赞成的最多，达到 47.3%；其次是表示比较赞成的用户，所占比例为 23.5%；表示很不赞成的用户所占比例为 16.0%；表示一半赞成一半

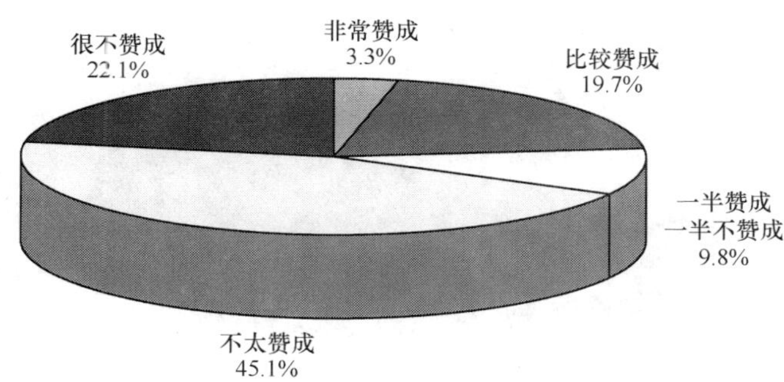

图 23.297　山东省上网用户对“使用互联网容易结交不好的朋友”观点的看法

不赞成的用户所占比例为 9.9%；表示非常赞成的用户最少，占 3.3%（如图 23.298 所示）。山东省上网用户对“使用互联网容易暴露隐私”的观点表示不赞成的居多。

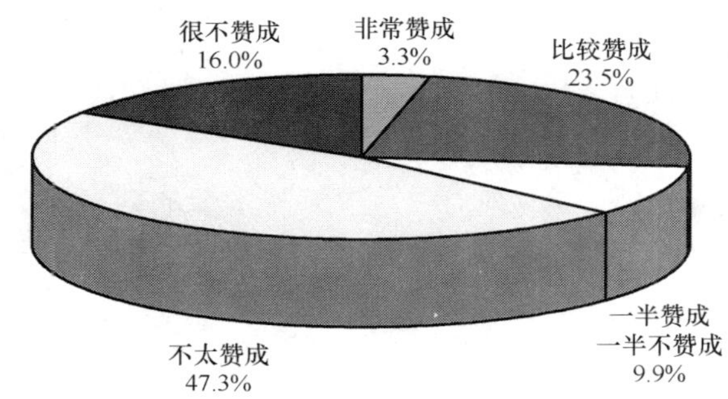

图 23.298　山东省上网用户对“使用互联网容易暴露隐私”观点的看法

（5）关于“使用互联网容易受不良信息影响”

关于“使用互联网容易受不良信息影响”的观点，山东省上网用户表示不太赞成的最多，达到 39.1%；其次是表示比较赞成的用户，所占比例为 32.9%；表示很不赞成的用户所占比例为 14.0%；表示一半赞成一半不赞成的用户所占比例为 7.4%；表示非常赞成的用户最少，只占 6.6%（如图 23.299 所示）。山东省上网用户对“使用互联网容易受不良信息影响”的观点表示不赞成的略多于表示赞成的。

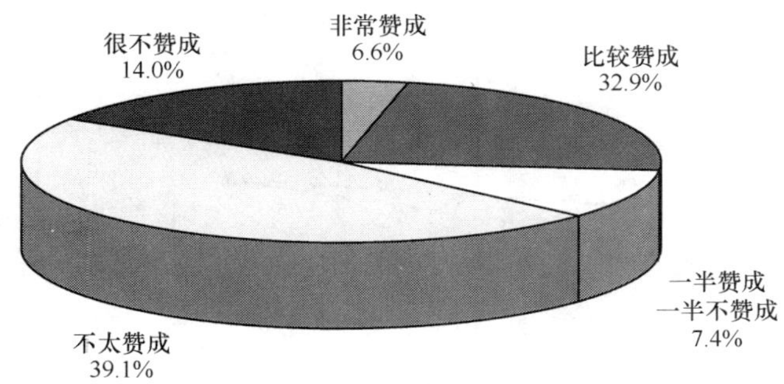

图 23.299　山东省上网用户对“使用互联网容易受不良信息影响”观点的看法

（6）对互联网的信任程度

山东省上网用户对互联网表示比较信任的最多，所占比例为 54.7%；其次是对互联网表示半信半疑的，所占比例为 31.0%；对互联网表示不太信任的用户有 9.8%；对互联网表示完全信任的用户有 4.1%；表示完全不信的只有 0.4%（如图 23.300 所示）。山东省上网用户对互联网表示比较信任的占多数。

综上所述，山东省上网用户数为 848 万人，上网计算机数为 356 万台，CN 下注册域名数量为 17 970 个，WWW 站点数为 26613 个。

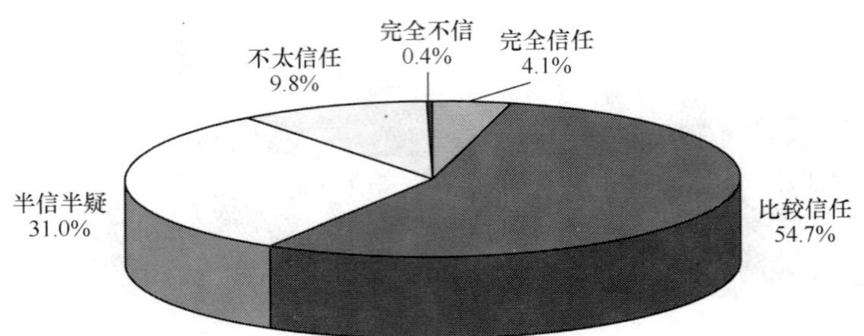

图 23.300　山东省上网用户对互联网的信任程度

其中住宅电话覆盖的上网用户（不包括住校大学生）中以男性、已婚者占主体，年龄在 31～35 岁的所占比例最高，受教育程度为本科的最多，职业上学生所占的比例最多，行业上从事公共管理/社会组织的人最多，个人月收入在 1001～1500 元的最多。

用户每月实际花费的上网费用集中在 100 元及以下，平均每周上网时间为 11.5 小时，平均每周上网天数为 4.3 天，使用互联网的高峰时间在晚上。用户拥有 E-mail 账号平均值为 1.1，其中免费 E-mail 账号平均值为 1.0，平均每周收到电子邮件数（不包括垃圾邮件）为 3.8 封，收到垃圾邮件数 6.0 封，发出电子邮件数 3.3 封。用户上网的最主要目的为获取信息。

山东省上网用户对"使用互联网可以提高工作/学习和生活的效率"的观点表示赞成的占多数，对"在单位/学校/邻里中，会上网的人好像高人一等"的观点表示不赞成的占多数，对"使用互联网容易结交不好的朋友"的观点表示不赞成的居多，对"使用互联网容易暴露隐私"的观点表示不赞成的居多，对"使用互联网容易受不良信息影响"的观点表示不赞成的略多于表示赞成的。对互联网表示比较信任的占多数。

23.1.16　河南省互联网络发展状况

一、宏观概况

1．上网用户人数

河南省上网用户人数为 305 万，占全国上网用户总人数的比例为 3.2%，是河南省总人口的 3.2%。与第 13 次调查结果相比，河南省上网用户人数增加 79.3 万人，增长率为 35.1%，占全国上网用户总人数的比例增加 0.4%，占河南省人口的比例增加 0.9%（如图 23.301 所示）。

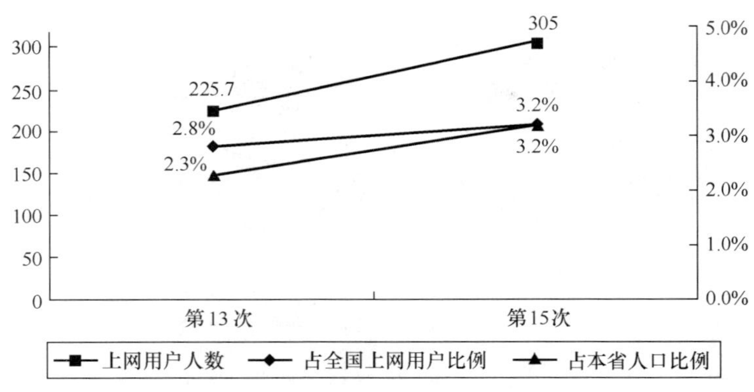

图 23.301　河南省历次调查上网用户人数

2．上网计算机数

河南省上网计算机数为 143 万台，占全国上网计算机总数的比例为 3.4%。与第 13 次调查结果相比，河南省上网计算机数增加 54 万台，增长率为 60.7%，占全国上网计算机总数的比例增加 0.5%（如图 23.302 所示）。

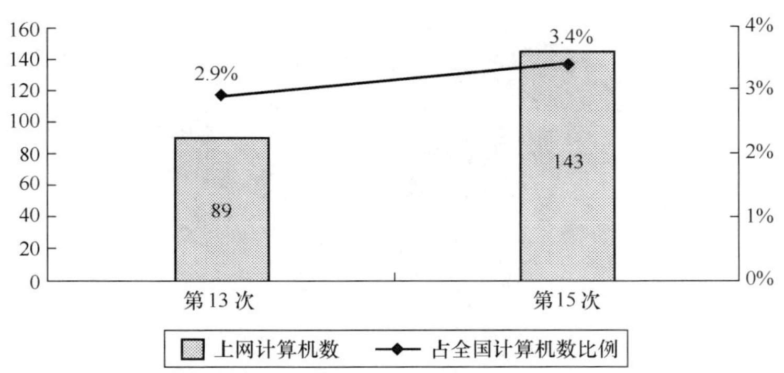

图 23.302　河南省历次调查上网计算机数

3．CN 下注册域名数（不含 EDU）

河南省 CN 下注册域名数量为 7852 个，占全国 CN 下注册域名总数的比例为 1.8%。与第 13 次调查结果相比，河南省 CN 下注册域名数增加 2954 个，增长率为 60.3%，占全国 CN 下注册域名总数的比例增加 0.4%（如图 23.303 所示）。

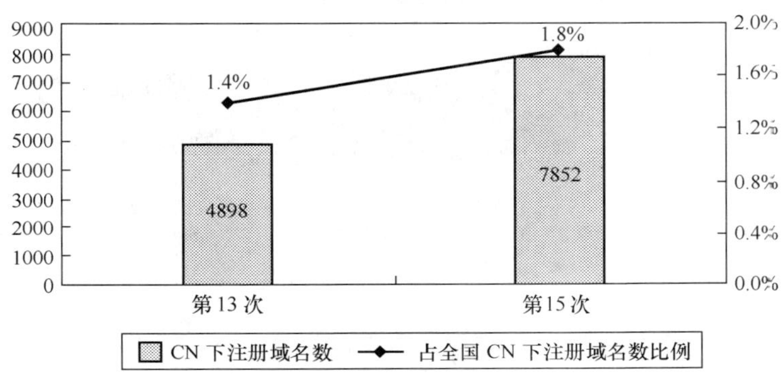

图 23.303　河南省历次调查 CN 下注册域名数（不含 EDU）

4．WWW 站点数（包括.CN、.COM、.NET、.ORG 下的网站）

河南省 WWW 站点数为 13150 个，占全国 WWW 站点数的比例为 2.0%。与第 13 次调查结果相比，河南省 WWW 站点数增加 2332 个，增长率为 21.6%，占全国 WWW 站点数的比例增加 0.2%（如图 23.304 所示）。

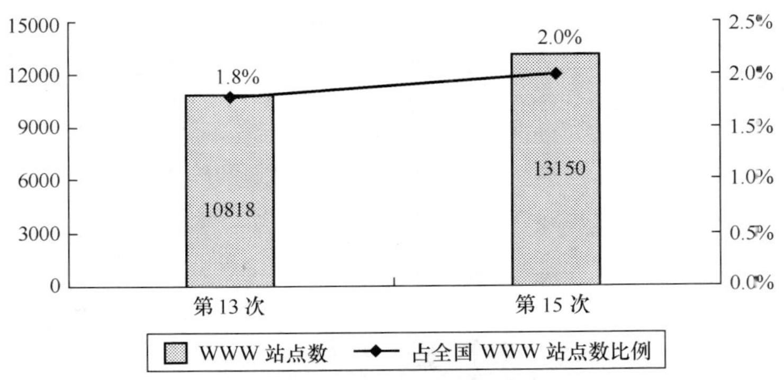

图 23.304　河南省历次调查 WWW 站点数

二、互联网用户行为意识调查结果

1．用户个人信息

（1）用户的性别

河南省上网用户中，男性占 69.0%，女性占 31.0%（如图 23.305 所示）。男性为上网用户主体。

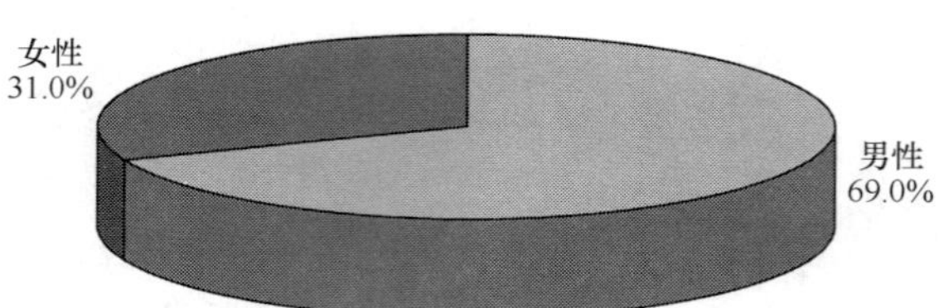

图 23.305　河南省上网用户的性别分布

（2）用户的年龄分布

河南省上网用户中，18～24 岁的用户所占比例最高，达到 32.6%；其次是 25～30 岁的用户，所占比例为 23.8%；18 岁以下的用户占 17.7%；31～35 岁与 36～40 岁的用户皆占 9.5%；41～50 岁的用户占 4.1%；50 岁以上的用户所占比例为 2.8%（如图 23.306 所示）。

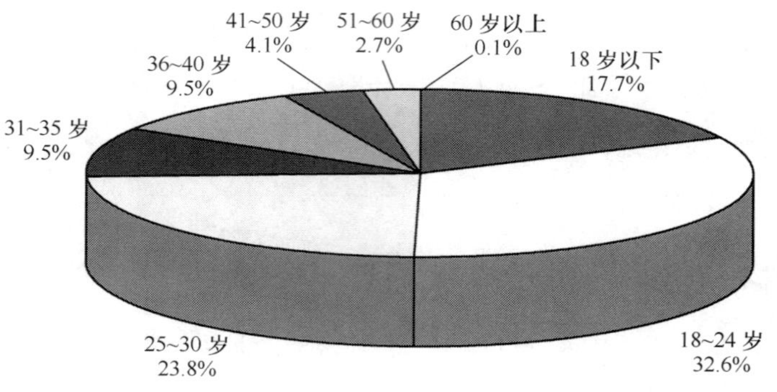

图 23.306　河南省上网用户的年龄分布

（3）用户的婚姻状况

河南省上网用户中，已婚者占 47.4%，未婚者占 52.6%（如图 23.307 所示）。上网用户中未婚者略占多数。

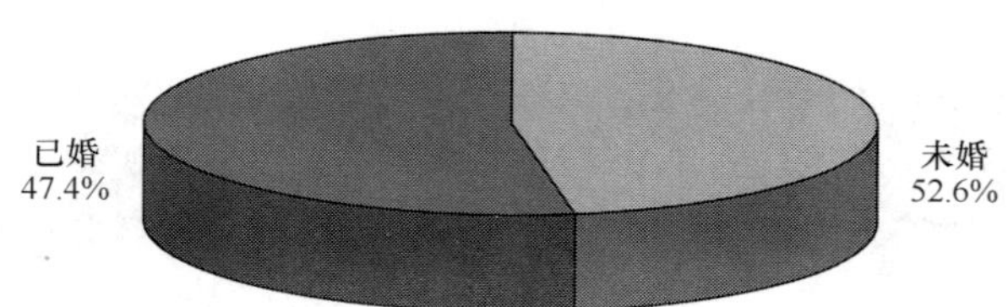

图 23.307　河南省上网用户的婚姻状况分布

（4）用户的受教育程度

河南省上网用户中，受教育程度为高中（中专）的用户最多，达到 39.9%；其次是受教育程度为大专的用户，所占比例为 23.5%；受教育程度为本科的用户所占比例为 17.6%；受教育程度为高中（中专）以下的用户占 17.0%；硕士及博士的用户占 2.0%（如图 23.308 所示）。

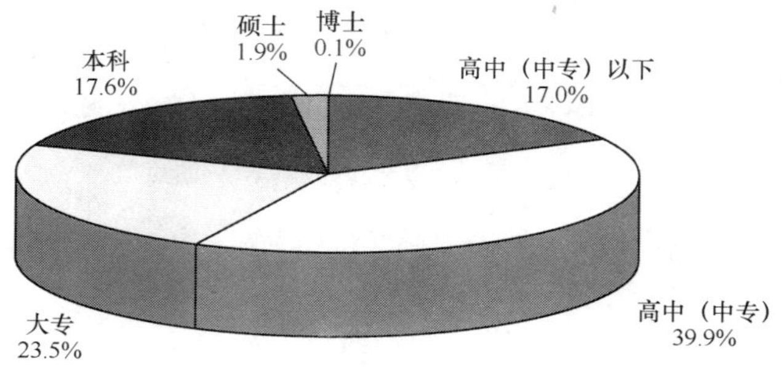

图 23.308　河南省上网用户的受教育程度分布

（5）用户的行业分布（不包括军人、学生和无业人员）

河南省上网用户中，从事教育业的用户最多，所占比例为 13.2%；其次是从事制造业的用户，所占比例为 12.3%；排在第 3 位的是从事电力、燃气及水的生产和供应业的用户，所占比例为 12.1%；从事公共管理和社会组织的用户占 11.0%；从事批发和零售业的用户占 7.5%；从事卫生、社会保障和社会福利业的用户占 5.8%；从事交通运输、仓储业的用户占 5.6%；从事农、林、牧、渔业的用户占 4.7%；从事 IT 业的用户占 2.9%；从事建筑业的用户占 2.7%；从事采矿业的用户占 2.1%；从事专业技术服务业的用户占 2.0%；从事其他行业的上网用户相对较少（如图 23.309 所示）。

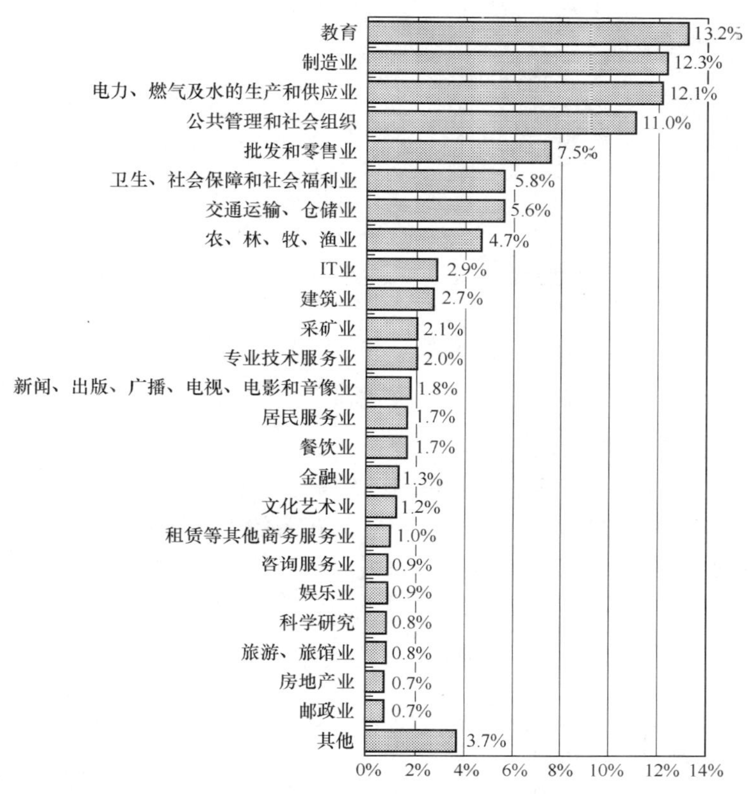

图 23.309　河南省上网用户的行业分布

（6）用户的职业分布

河南省上网用户中，学生所占的比例最多，达到 20.1%；其次是生产、运输设备操作及有关人员，所占比例为 11.7%；排在第三位的是专业技术人员，所占比例为 11.0%；无业人员占 9.7%；国家机关、党群组织工作人员与商业、服务业人员皆占 9.4%；教师占 9.1%；企事业单位管理人员占 8.9%；其他职业的用户所占比例较少（如图 23.310 所示）。

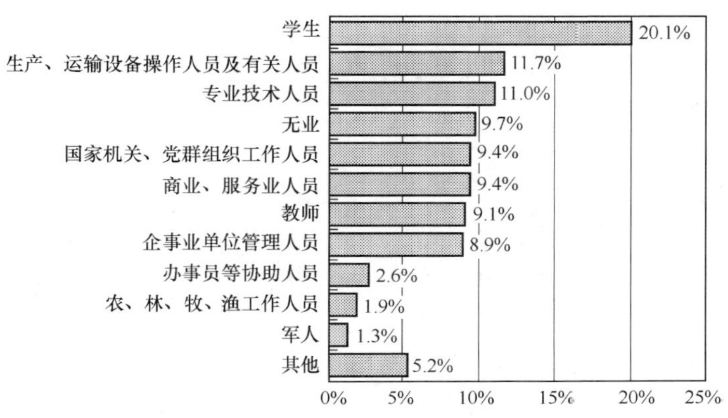

图 23.310　河南省上网用户的职业分布

（7）用户的个人月收入

河南省上网用户中，个人月收入为501～1000元的最多，达到33.8%；其次是500元以下的用户，所占比例为27.7%；排在第三位的是个人月收入为1 001～1 500元的用户，所占比例为18.9%；个人月收入为1501～2000元和无收入的用户所占比例皆为6.1%；个人月收入超过2000元的用户所占比例为7.4%（如图23.311所示）。

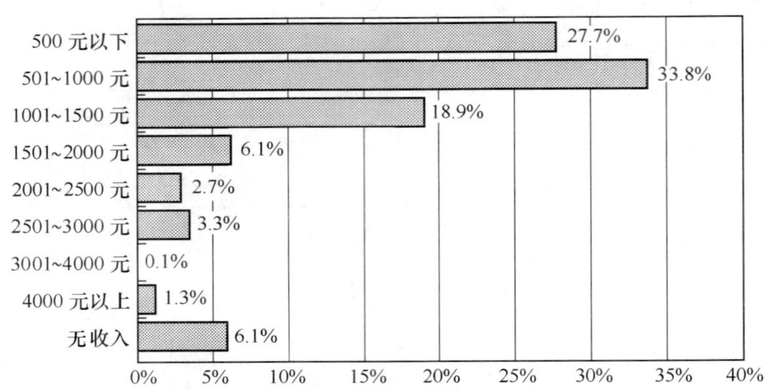

图23.311　河南省上网用户的个人月均收入分布

2．用户对互联网的使用情况

（1）用户每月实际花费的上网费用

河南省上网用户中，每月实际花费的上网费用（仅限于上网费及上网电话费，不包括使用网络服务的费用）以低于50元的最多，占47.8%；其次是每月实际花费的上网费用为51～100元的用户，所占比例为40.3%；每月实际花费的上网费用在101～200元的用户所占比例为10.0%；每月实际花费的上网费用超过200元的用户占1.9%（如图23.312所示）。河南省上网用户每月实际花费的上网费用集中在100元及以下。

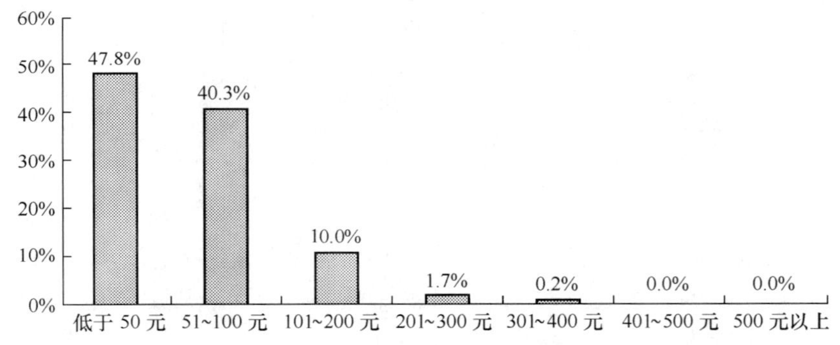

图23.312　河南省上网用户平均每月上网费用

（2）用户平均每周上网时间

河南省上网用户平均每周上网时间为12.8小时。

（3）用户平均每周上网天数

河南省上网用户平均每周上网天数为4.2天。

（4）用户通常上网时间

河南省上网用户的上网时间在一天中波动较大：凌晨1点至早上7点钟是用户最少上网的时间，从早上8点钟起上网的用户逐渐增加，到上午10点达到一天当中的第一个高峰，有34.8%的用户在这一时间上网；11点有所回落，14点开始回升，到15点达到一天当中的第二个高峰，有38.7%的用户在这一时间上网，此后上网用户开始减少；从晚上19点开始上网用户迅速增加，到晚上20点的时候达到一天中的顶峰，有54.2%的用户在这一时间上网，21点上网的用户有所减少，之后上网人数开始急剧减少（如图23.313所示）。日常生活的作息时间在一定程度上影响着人们使用互联网的时间，河南省上网用户使用互联网的高峰时间在晚上。

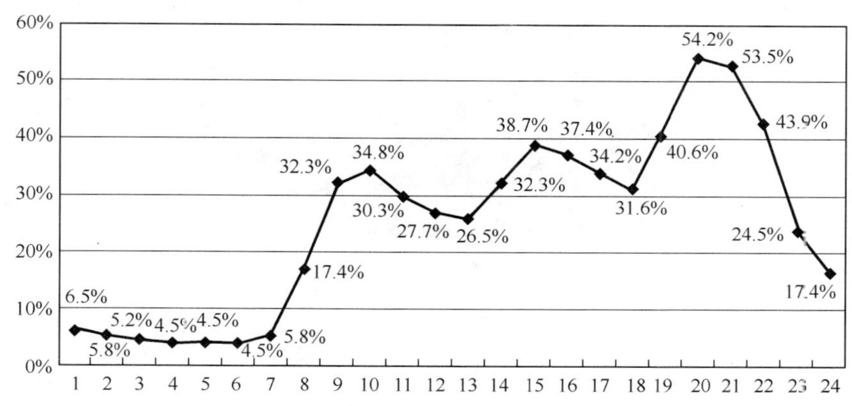

图 23.313　河南省上网用户的上网时间分布

（5）用户拥有的 E-mail 账号平均值

河南省上网用户拥有 E-mail 账号平均值为 1.2，其中免费 E-mail 账号平均值为 1.1。

（6）用户平均每周收发的电子邮件数

河南省上网用户平均每周收到电子邮件数（不包括垃圾邮件）为 3.2 封，收到垃圾邮件数 8.0 封，发出电子邮件数 2.7 封。

（7）用户上网最主要的目的

河南省上网用户上网的主要目的以获取信息最多，达到 38.1%；其次是休闲娱乐，所占比例为 36.8%；排在第 3 位的是学习，有 9.7%的用户选择此项；选择交友的用户占 8.4%；选择其他上网目的的用户相对较少（如图 23.314 所示）。

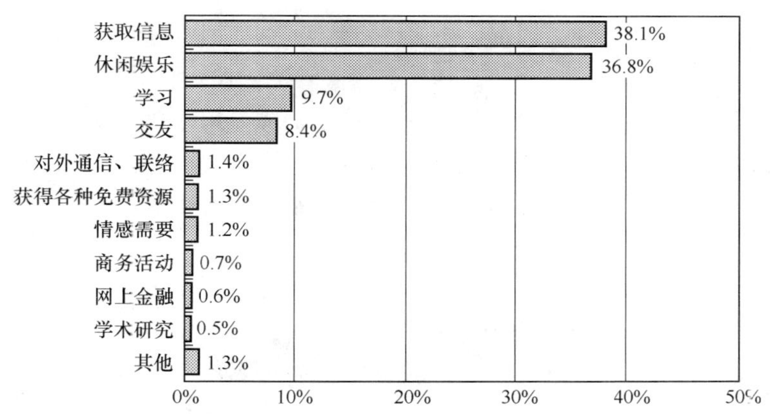

图 23.314　河南省上网用户上网的最主要目的

3．用户对互联网的观点

（1）关于“使用互联网可以提高工作/学习和生活的效率”

关于“使用互联网可以提高工作/学习和生活的效率”的观点，河南省上网用户表示比较赞成的最多，达到 60.6%；其次是表示非常赞成的，所占比例为 25.8%；表示一半赞成一半不赞成的用户所占比例为 11.0%；表示不太赞成的用户所占比例较小，只有 2.6%（如图 23.315 所示）。河南省上网用户对“使用互联网可以提高工作/学习和生活的效率”的观点表示赞成的占多数。

（2）关于“在单位/学校/邻里中，会上网的人好像高人一等”

关于“在单位/学校/邻里中，会上网的人好像高人一等”的观点，河南省上网用户表示不太赞成的最多，达到 43.2%；其次是表示很不赞成的，所占比例为 29.7%；表示比较赞成的用户所占比例为 15.5%；

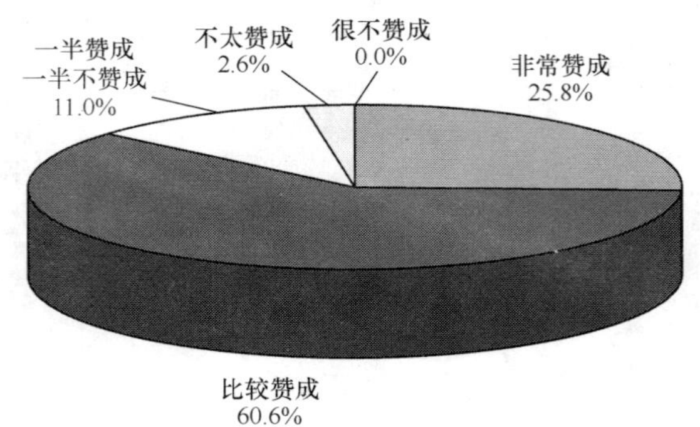

图 23.315　河南省上网用户对“使用互联网可以提高工作/学习和生活的效率”观点的看法

表示一半赞成一半不赞成的用户所占比例为 7.1%；表示非常赞成的用户所占比例为 4.5%（如图 23.316 所示）。河南省上网用户对“在单位/学校/邻里中，会上网的人好像高人一等”的观点表示不赞成的占多数。

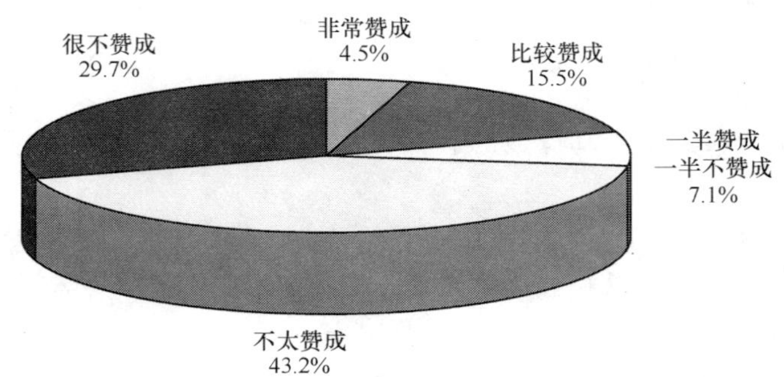

图 23.316　河南省上网用户对“在单位/学校/邻里中，会上网的人好像高人一等”观点的看法

（3）关于“使用互联网容易结交不好的朋友”

关于“使用互联网容易结交不好的朋友”的观点，河南省上网用户表示不太赞成的最多，达到 44.5%；其次是表示比较赞成的用户，所占比例为 20.0%；表示很不赞成的用户所占比例为 17.4%；表示一半赞成一半不赞成的用户所占比例为 14.8%；表示非常赞成的用户最少，只有 3.2%（如图 23.317 所示）。河南省上网用户对“使用互联网容易结交不好的朋友”的观点表示不赞成的居多。

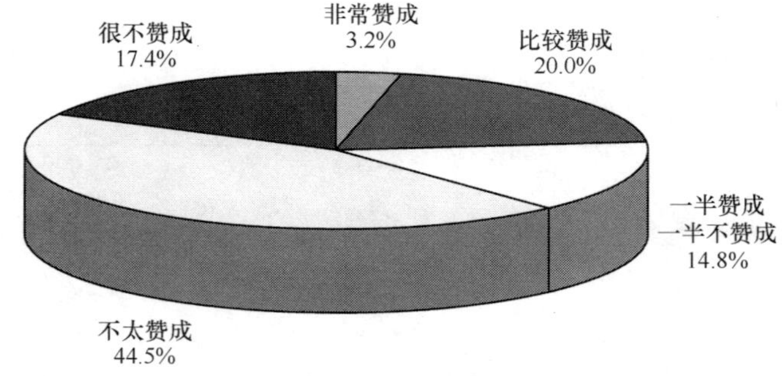

图 23.317　河南省上网用户对“使用互联网容易结交不好的朋友”观点的看法

（4）关于“使用互联网容易暴露隐私”

关于“使用互联网容易暴露隐私”的观点，河南省上网用户表示不太赞成的最多，达到 54.9%；其次是表示比较赞成的用户，所占比例为 17.6%；表示很不赞成的用户所占比例为 15.0%；表示一半赞成一半不赞成的用户所占比例为 8.5%；表示非常赞成的用户占 3.9%（如图 23.318 所示）。河南省上网用户对“使用互联网容易暴露隐私”的观点表示不赞成的居多。

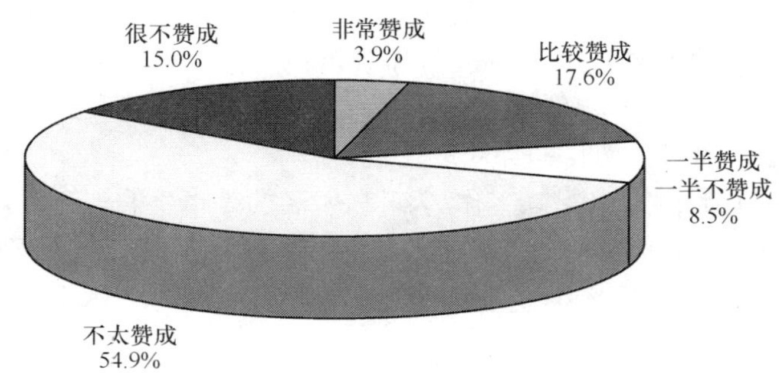

图 23.318　河南省上网用户对“使用互联网容易暴露隐私”观点的看法

（5）关于“使用互联网容易受不良信息影响”

关于“使用互联网容易受不良信息影响”的观点，河南省上网用户表示不太赞成的最多，达到 42.2%；其次是表示比较赞成的用户，所占比例为 23.4%；表示很不赞成的用户所占比例为 14.9%；表示一半赞成一半不赞成的用户所占比例为 12.3%；表示非常赞成的用户所占比例为 7.1%（如图 23.319 所示）。河南省上网用户对“使用互联网容易受不良信息影响”的观点表示不赞成的用户占多数。

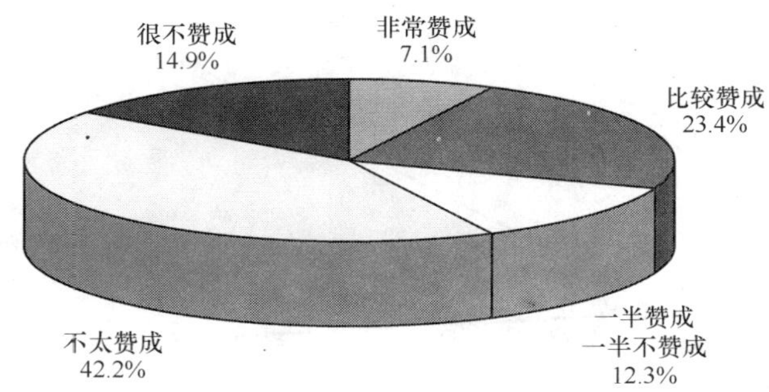

图 23.319　河南省上网用户对“使用互联网容易受不良信息影响”观点的看法

（6）对互联网的信任程度

河南省上网用户对互联网表示比较信任的最多，所占比例为 49.7%；其次是对互联网表示半信半疑的，所占比例为 40.6%；对互联网表示不太信任的用户有 5.2%；对互联网表示完全信任的用户有 3.9%；对互联网表示完全不信的用户有 0.6%（如图 23.320 所示）。河南省上网用户对互联网表示信任的占多数。

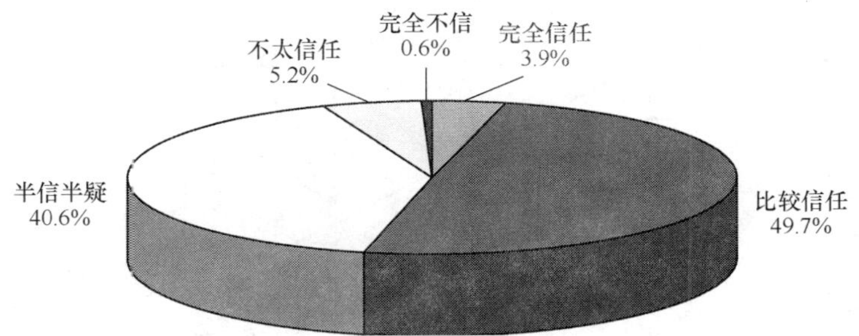

图 23.320　河南省上网用户对互联网的信任程度

综上所述，河南省上网用户数为 305 万人，上网计算机数为 143 万台，CN 下注册域名数量为 7 852 个，WWW 站点数为 13 150 个。

其中住宅电话覆盖的上网用户（不包括住校大学生）中男性、未婚者占多数，年龄在 18～24 岁的所占比例最高，受教育程度为高中（中专）的最多，职业上学生所占的比例最多，行业上从事教育业的用户最多，个人月收入在 501～1 000 元的最多。

用户每月实际花费的上网费用集中在 100 元及以下，平均每周上网时间为 12.8 小时，平均每周上网天数为 4.2 天，使用互联网的高峰时间在晚上。用户拥有 E-mail 账号数目的平均值为 1.2，其中免费 E-mail 账号的平均值为 1.1，平均每周收到电子邮件数（不包括垃圾邮件）为 3.2 封，收到垃圾邮件数 8.0 封，发出电子邮件数 2.7 封。用户上网的最主要目的为获取信息。

河南省上网用户对“使用互联网可以提高工作/学习和生活的效率”的观点表示赞成的占多数，对“在单位/学校/邻里中，会上网的人好像高人一等”观点、“使用互联网容易结交不好的朋友”观点、“使用互联网容易暴露隐私”观点、“使用互联网容易受不良信息影响”观点均为表示不赞成的用户占多数。对互联网表示信任的占多数。

23.1.17 湖北省互联网络发展状况

一、宏观概况

1．上网用户人数

湖北省上网用户人数为 429 万，占全国上网用户总人数的比例为 4.6%，是湖北省总人口的 7.1%。与第 13 次调查结果相比，湖北省上网用户人数增加 48.1 万，增长率为 12.6%，占全国上网总人数的比例减少 0.2%，占湖北省总人口比例增加 0.7%（如图 23.321 所示）。

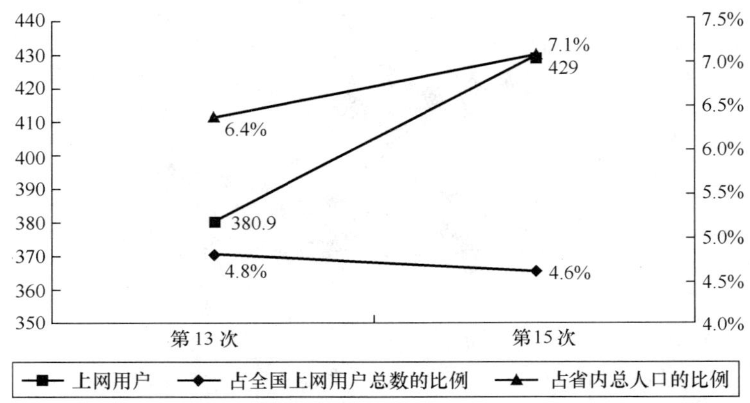

图 23.321　湖北省历次调查上网用户人数

2．上网计算机数

湖北省上网计算机数为 178 万台，占全国上网计算机总数的比例为 4.3%。与第 13 次调查结果相比，湖北省上网计算机数增加 31 万台，增长率为 21.1%，占全国上网计算机总数比例减少 0.5%（如图 23.322 所示）。

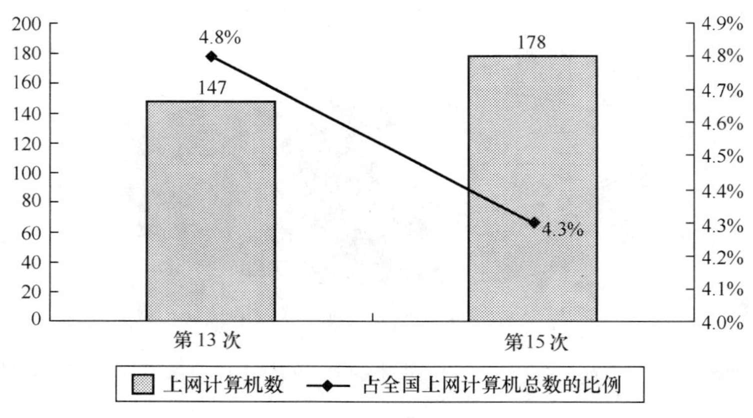

图 23.322　湖北省历次调查上网计算机数

3．CN 下注册域名数（不含 EDU）

湖北省 CN 下注册域名数量为 8 770 个，占全国 CN 下注册域名总数的比例为 2.0%。与第 13 次调查结果相比，湖北省 CN 下注册域名数增加 2 639 个，增长率为 43.0%，占全国 CN 下注册域名总数比例增加 0.2%（如图 23.323 所示）。

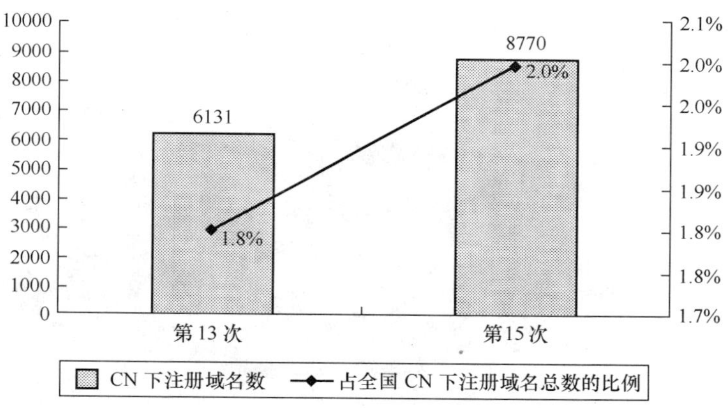

图 23.323　湖北省历次调查 CN 下注册域名数（不含 EDU）

4．WWW 站点数（包括.CN、.COM、.NET、.ORG 下的网站）

湖北省 WWW 站点数为 15 681 个，占全国 WWW 站点数的比例为 2.3%。同第 13 次调查结果相比，湖北省 WWW 站点数增加 2 236 个，增长率为 16.6%，占全国 WWW 站点数比例保持不变（如图 23.324 所示）。

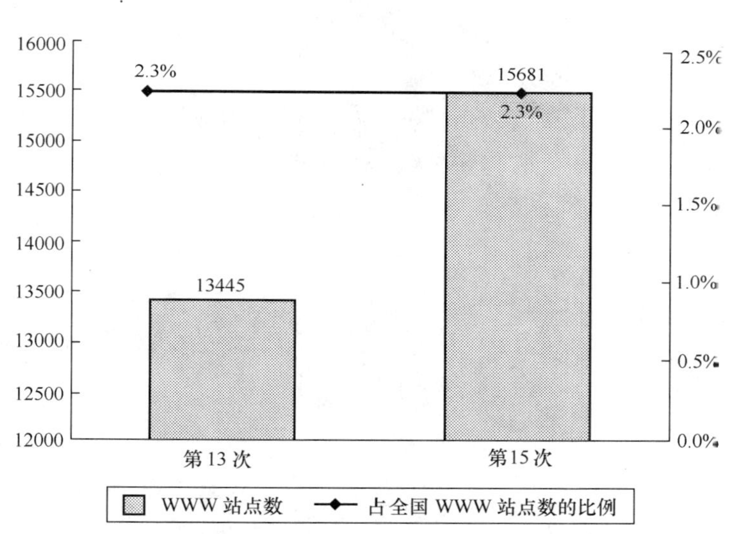

图 23.324　湖北省历次调查 WWW 站点数

二、互联网用户行为意识调查结果

1．用户个人信息

（1）用户的性别

湖北省上网用户中，男性占 63.0%，女性占 37.0%（如图 23.325 所示）。男性为上网用户主体。

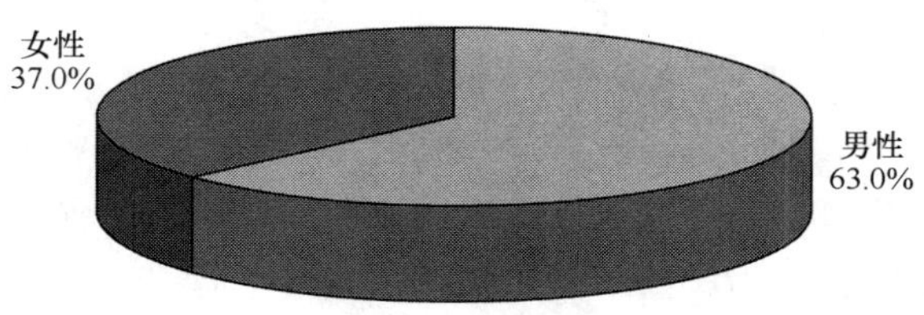

图 23.325　湖北省上网用户的性别分布

（2）用户的年龄分布

湖北省上网用户中，18～24 岁的用户所占比例最高，达到 25.3%；其次是 18 岁以下的用户，所占比例为 20.9%；25～30 岁的用户占 19.2%；31～35 岁的用户占 13.0%；36～40 岁的用户占 8.4%；41 岁以上的用户占 13.1%（如图 23.326 所示）。

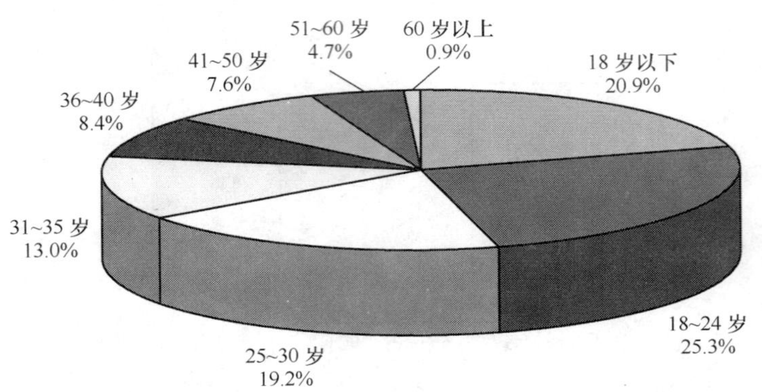

图 23.326　湖北省上网用户的年龄分布

（3）用户的婚姻状况

湖北省上网用户中，已婚者占 48.1%，未婚者占 51.9%（如图 23.327 所示）。上网用户中未婚者略占多数。

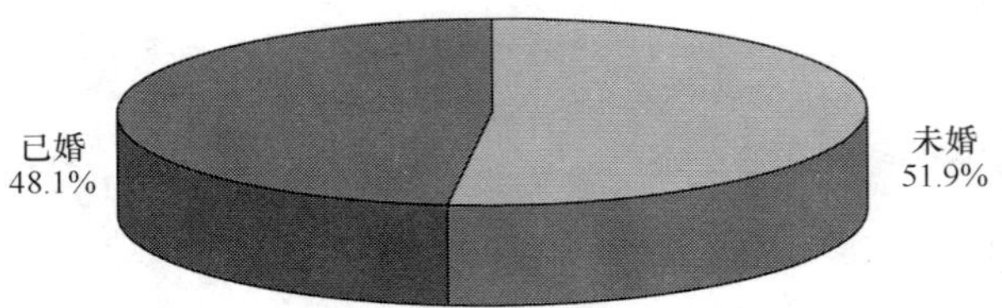

图 23.327　湖北省上网用户的婚姻状况分布

（4）用户的受教育程度

湖北省上网用户中，受教育程度为高中（中专）的用户最多，达到 31.9%；其次是受教育程度为本科的用户，所占比例为 26.1%；受教育程度为大专的用户所占比例为 23.6%；高中（中专）以下受教育程度的用户占 15.3%；硕士以上的用户占 3.1%（如图 23.328 所示）。

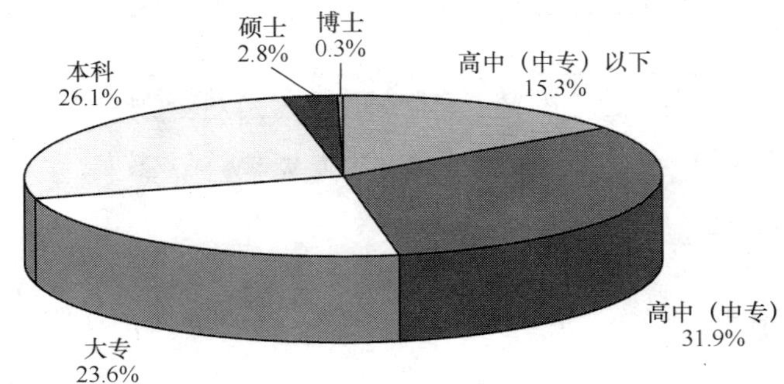

图 23.328　湖北省上网用户的受教育程度分布

（5）用户的行业分布（不包括军人、学生和无业人员）

湖北省上网用户中，从事教育业的用户最多，所占比例为 19.8%；其次是从事制造业的用户，所占比例为 15.3%；排在第三位的是从事公共管理和社会组织的用户，所占比例为 7.7%；从事批发和零售业的用户所占比例为 7.2%；从事其他行业的用户所占比例为 6.3%；从事电力、燃气及水的生产和供应业的用户所占比例与从事 IT 业的用户所占比例相同为 5.0%；从事建筑业和卫生、社会保障和社会福利业的用户所占比例皆为4.5%；从事金融业和交通运输、仓储业的用户所占比例皆为4.1%；从事其他行业的上网用户相对较少（如图23.329所示）。

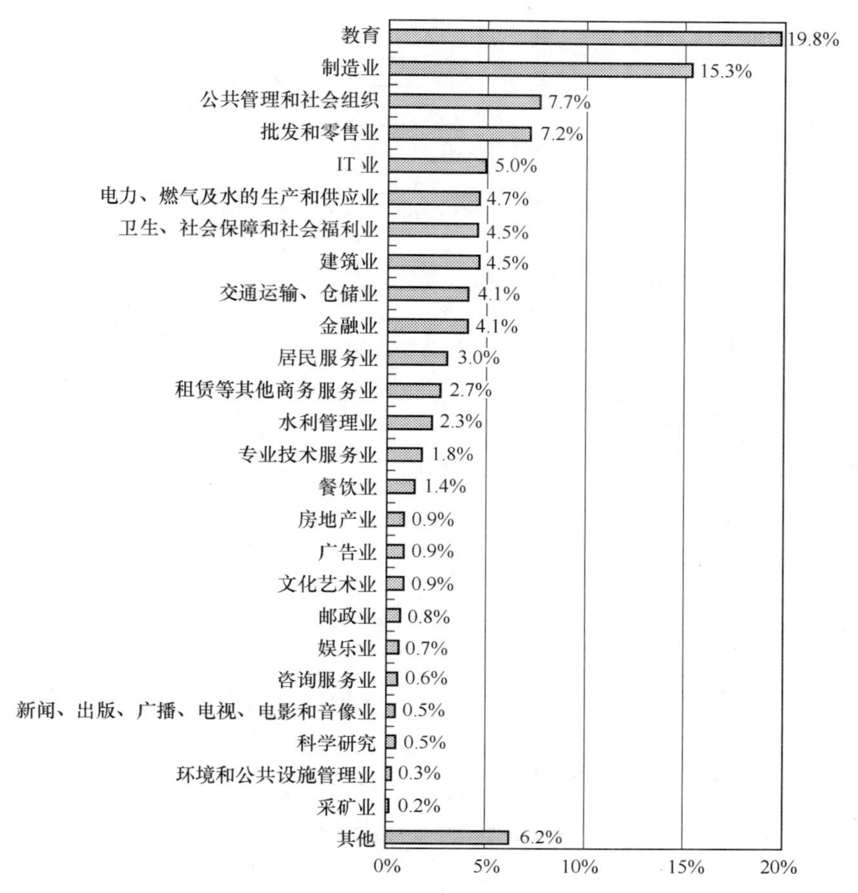

图23.329 湖北省上网用户的行业分布

（6）用户的职业分布

湖北省上网用户中，学生所占的比例最多，达到25.1%；其次是无业人员和专业技术人员，所占比例皆为13.0%；教师所占比例为10.8%；商业、服务业人员占10.2%；企事业单位管理人员占7.7%；生产、运输设备操作人员及有关人员占6.1%；国家机关/党群组织工作人员分别占5.2%；其他职业的用户所占比例较少（如图23.330所示）。

（7）用户的个人月收入

湖北省上网用户中，个人月收入为500元以下的最多，达到25.9%；其次是501～1000元的用户，所占比例为21.3%；排在第三位的是1001～1500元的用户，所占比例为17.6%；1501～2000元的用户所占比例为15.3%；个人月收入为2001～2500元的用户所占比例为5.2%；个人月收入为2501～3000元的用户和无收入用户所占比例为4.6%；个人月收入为3 001～4 000元的用户所占比例为3.5%；个人月收入超过4000元的用户所占比例为2.0%（如图23.331所示）。

2．用户对互联网的使用情况

（1）用户每月实际花费的上网费用

湖北省上网用户中，每月实际花费的上网费用（仅限于上网费及上网电话费，不包括使用网络服务的费用）以低于50元的最多，占41.0%；其次是每月实际花费的上网费用为101～200元的用户，所占比例为28.6%；每月实际花费的上网费用在51～100元的用户所占比例为24.5%；每月实际花费的上网费用在200元以上的用户所占比例为5.9%（如图23.332所示）。湖北省上网用户每月实际花费的上网费用集中在200元及以下。

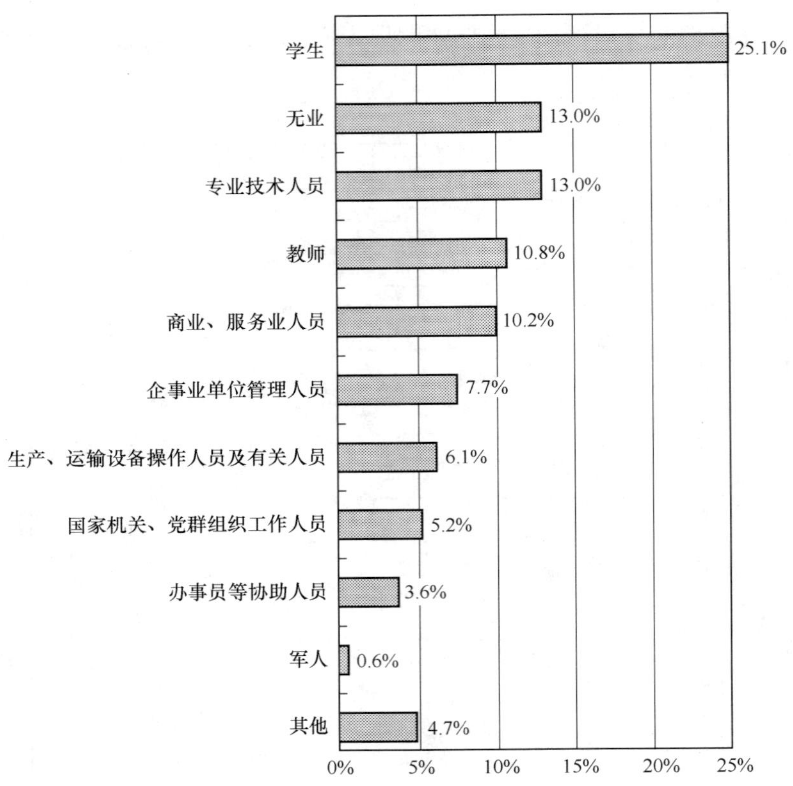

图 23.330　湖北省上网用户的职业分布

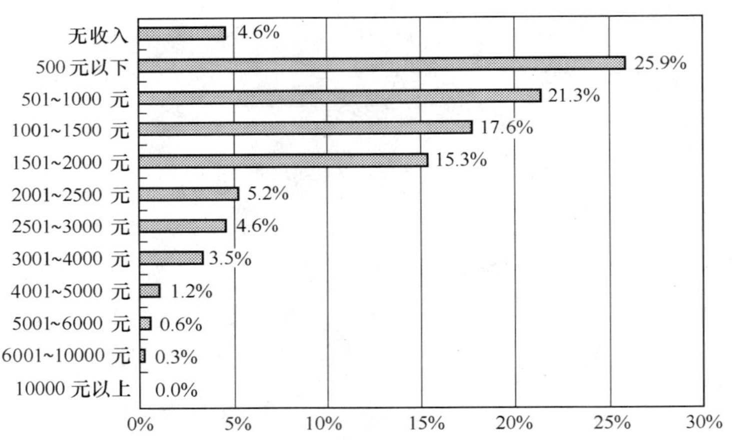

图 23.331　湖北省上网用户的个人月均收入分布

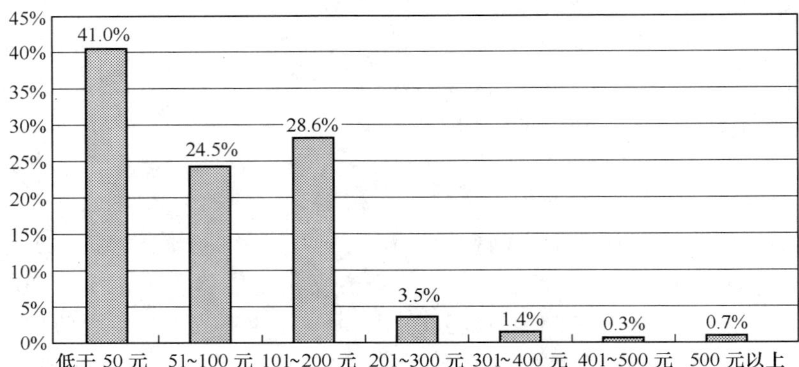

图 23.332　湖北省上网用户平均每月上网费用

（2）用户平均每周上网时间

湖北省上网用户平均每周上网时间为 13.7 小时。

（3）用户平均每周上网天数

湖北省上网用户平均每周上网天数为 4.1 天。

（4）用户通常上网时间

湖北省上网用户的上网时间在一天中波动较大：凌晨 1 点至早上 7 点钟是用户最少上网的时间，从早上 8 点钟起上网的人逐渐增加，到上午 10 点达到一天当中的第一个高峰，有 25.6%的用户在这一时间上网；11 点有所回落，12 点开始回升，到 16 点达到一天当中的第二个高峰，有 38.8%的用户在这一时间上网，此后上网人数开始下降；从晚上 18 点开始上网人数激增，到晚上 20 点的时候达到一天中的顶峰，有 57.0%的用户在这一时间上网，这之后上网人数又急剧减少（如图 23.333 所示）。日常生活的作息时间在一定程度上影响着人们使用互联网的时间，湖北省上网用户使用互联网的高峰时间在晚上。

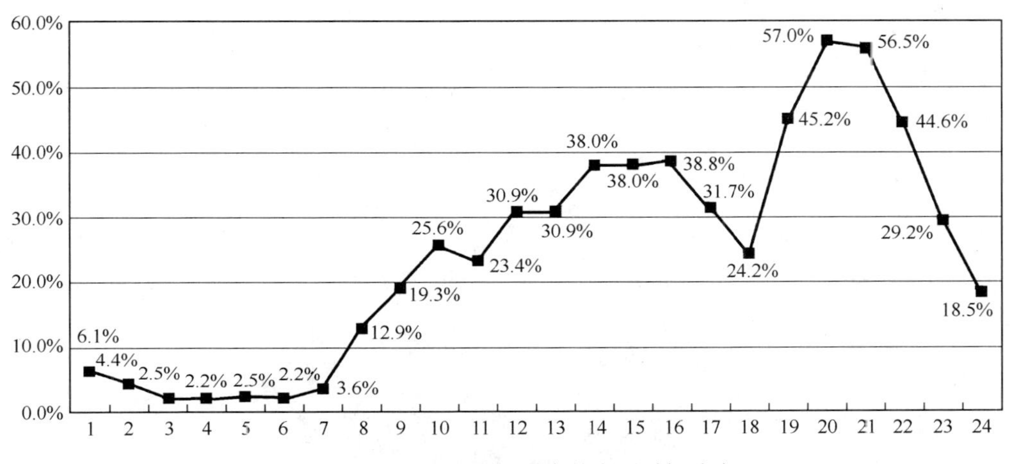

图 23.333　湖北省上网用户的上网时间分布

（5）用户拥有的 E-mail 账号平均值

湖北省上网用户拥有 E-mail 账号数目的平均值为 1.3，其中免费 E-mail 账号平均值为 1.2。

（6）用户平均每周收发的电子邮件数

湖北省上网用户平均每周收到电子邮件数（不包括垃圾邮件）为 3.3 封，收到垃圾邮件数 8.9 封，发出电子邮件数 3.4 封。

（7）用户上网最主要的目的

湖北省上网用户上网的主要目的以休闲娱乐最多，达到 39.9%；其次是获取信息，所占比例为 30.7%；排在第三位的是学习，有 9.7%的用户选择此项；选择交友的用户占 7.8%；选择其他上网目的的用户则很少（如图 23.334 所示）。

3．用户对互联网的观点

（1）关于“使用互联网可以提高工作/学习和生活的效率”

关于“使用互联网可以提高工作/学习和生活的效率”的观点，湖北省上网用户表示比较赞成的最多，达到 57.2%；其次是表示非常赞成的，所占比例为 34.3%；表示一半赞成一半不赞成的用户所占比例为 6.0%；表示不太赞成的用户所占比例为 2.5%；表示很不赞成的用户所占比例为 0（如图 23.335 所示）。湖北省上网用户对“使用互联网可以提高工作/学习和生活的效率”的观点表示赞成的占多数。

（2）关于“在单位/学校/邻里中，会上网的人好像高人一等”

关于“在单位/学校/邻里中，会上网的人好像高人一等”的观点，湖北省上网用户表示不太赞成的最多，达到 49.3%；其次是表示很不赞成的，所占比例为 22.4%；表示比较赞成的用户所占比例为 15.0%；表示一半赞成一半不赞成的用户所占比例为 8.3%；表示非常赞成的用户所占比例为 5.0%（如图 23.336 所示）。湖北省上网用户对“在单位/学校/邻里中，会上网的人好像高人一等”的观点表示不赞成的占多数。

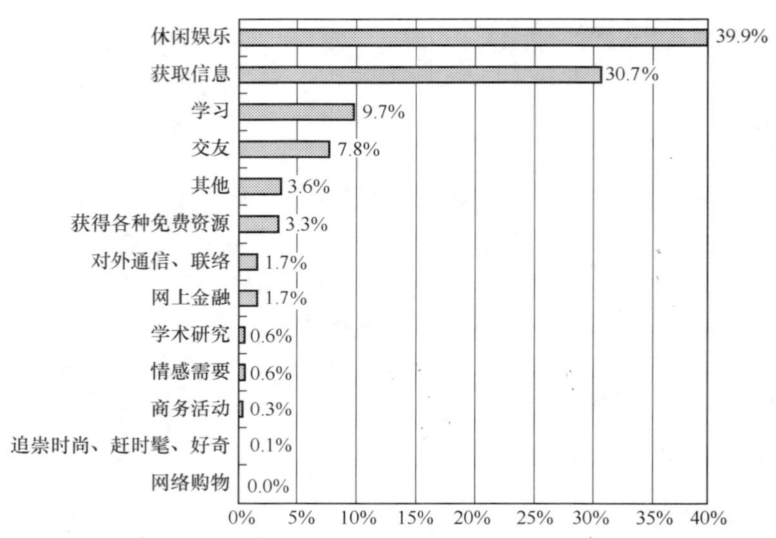

图 23.334　湖北省上网用户上网最主要的目的

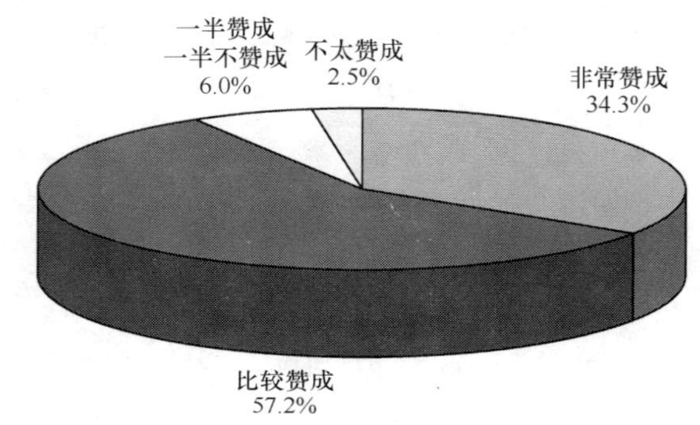

图 23.335　湖北省上网用户对“使用互联网可以提高工作/学习和生活的效率”观点的看法

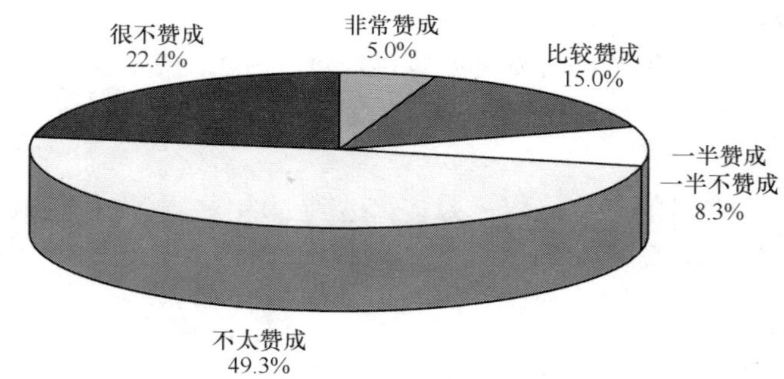

图 23.336　湖北省上网用户对“在单位/学校/邻里中，会上网的人好像高人一等”观点的看法

（3）关于“使用互联网容易结交不好的朋友”

关于“使用互联网容易结交不好的朋友”的观点，湖北省上网用户表示不太赞成的最多，达到 48.3%；其次是表示比较赞成的用户，所占比例为 22.3%；表示一半赞成一半不赞成的用户所占比例为 12.9%；表示很不赞成的用户所占比例为 11.2%；表示非常赞成的用户最少，只有 5.3%（如图 23.337 所示）。湖北省上网用户对“使用互联网容易结交不好的朋友”的观点表示不赞成的居多。

（4）关于“使用互联网容易暴露隐私”

关于“使用互联网容易暴露隐私”的观点，湖北省上网用户表示不太赞成的最多，达到 49.9%；其次是表示比较赞成的用户，所占比例为 24.6%；表示一半赞成一半不赞成的用户所占比例为 11.2%；表示很

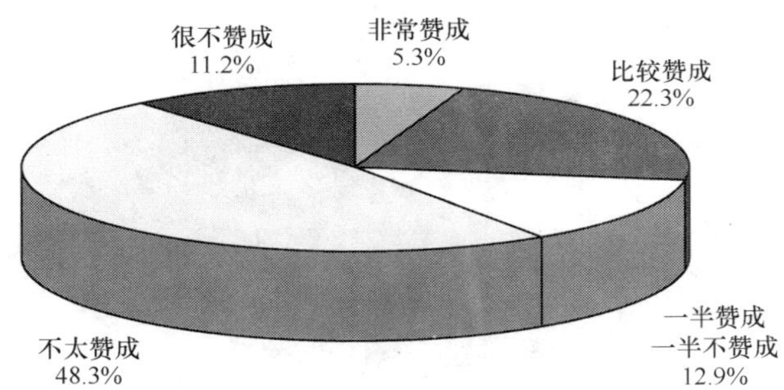

图 23.337 湖北省上网用户对“使用互联网容易结交不好的朋友”观点的看法

不赞成的用户所占比例为 10.1%；表示非常赞成的用户最少，占 4.2%（如图 23.338 所示）。湖北省上网用户对“使用互联网容易暴露隐私”的观点表示不赞成的居多。

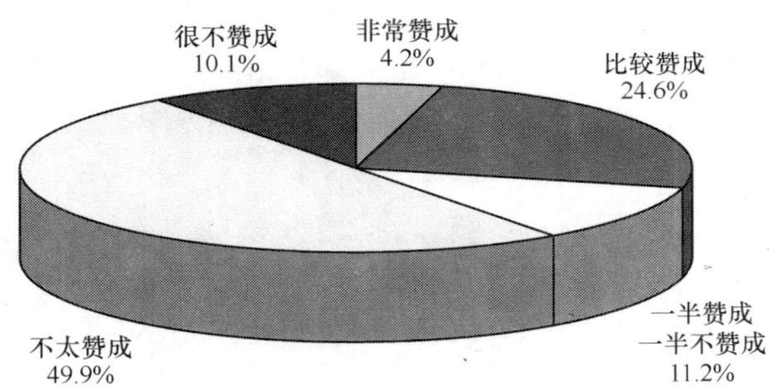

图 23.338 湖北省上网用户对“使用互联网容易暴露隐私”观点的看法

（5）关于“使用互联网容易受不良信息影响”

关于“使用互联网容易受不良信息影响”的观点，湖北省上网用户表示比较赞成的最多，达到 36.6%；其次是表示不太赞成的用户，所占比例为 34.3%；表示一半赞成一半不赞成的用户所占比例为 11.1%；表示非常赞成的用户所占比例为 9.1%；表示很不赞成的用户所占比例为 8.9%（如图 23.339 所示）。湖北省上网用户对“使用互联网容易受不良信息影响”的观点表示赞成的略多于表示不赞成的。

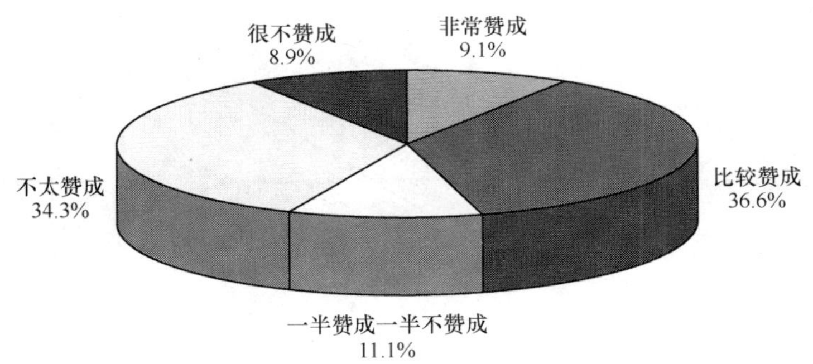

图 23.339 湖北省上网用户对“使用互联网容易受不良信息影响”观点的看法

（6）对互联网的信任程度

湖北省上网用户对互联网表示比较信任的最多，所占比例为 50.7%；其次是对互联网表示半信半疑的，所占比例为 38.2%；对互联网表示不太信任的用户有 5.5%；对互联网表示完全信任的用户有 5.0%；对互联网表示完全不信的有 0.6%（如图 23.340 所示）。湖北省上网用户对互联网表示信任的占多数。

综上所述，湖北省上网用户数为 429 万人，上网计算机数为 178 万台，CN 下注册域名数量为 8770 个，WWW 站点数为 15681 个。

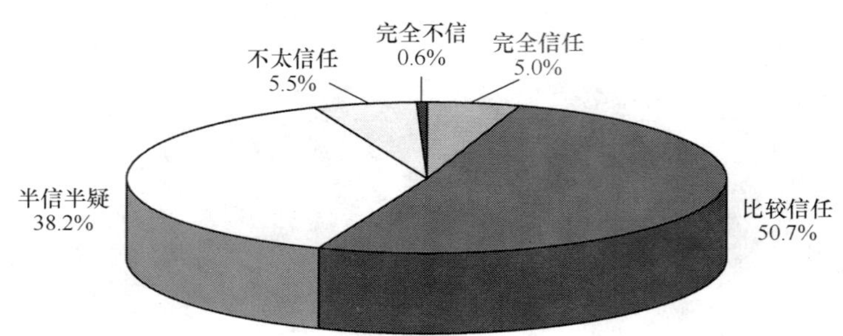

图 23.340　湖北省上网用户对互联网的信任程度

其中住宅电话覆盖的上网用户（不包括住校大学生）中以男性占主体，未婚者略占多数，年龄在 18～24 岁的所占比例最高，受教育程度为高中（中专）的最多，职业上学生所占的比例最多，行业上从事教育业的人最多，个人月收入在 500 元以下的最多。

用户每月实际花费的上网费用集中在 200 元及以下，平均每周上网时间为 13.7 小时，平均每周上网天数为 4.1 天，使用互联网的高峰时间在晚上。用户拥有 E-mail 账号平均值为 1.3，其中免费 E-mail 账号平均值为 1.2，平均每周收到电子邮件数（不包括垃圾邮件）为 3.3 封，收到垃圾邮件数 8.9 封，发出电子邮件数 3.4 封。用户上网的最主要目的为休闲娱乐。

湖北省上网用户对“使用互联网可以提高工作/学习和生活的效率”的观点表示赞成的占多数，对“在单位/学校/邻里中，会上网的人好像高人一等”的观点表示不赞成的占多数，对“使用互联网容易结交不好的朋友”的观点表示不赞成的居多，对“使用互联网容易暴露隐私”的观点表示不赞成的居多，对“使用互联网容易受不良信息影响”的观点表示赞成的略多于表示赞成的。对互联网表示信任的占多数。

23.1.18　湖南省互联网络发展状况

一、宏观概况

1．上网用户人数

湖南省上网用户人数为 312 万，占全国上网用户总人数的比例为 3.3%，是湖南省总人口的 4.7%。与第 13 次调查结果相比，湖南省上网用户人数增加 46.6 万，增长率为 17.6%，占全国上网总人数的比例保持不变，占湖南省总人口比例增加 0.7%（如图 23.341 所示）。

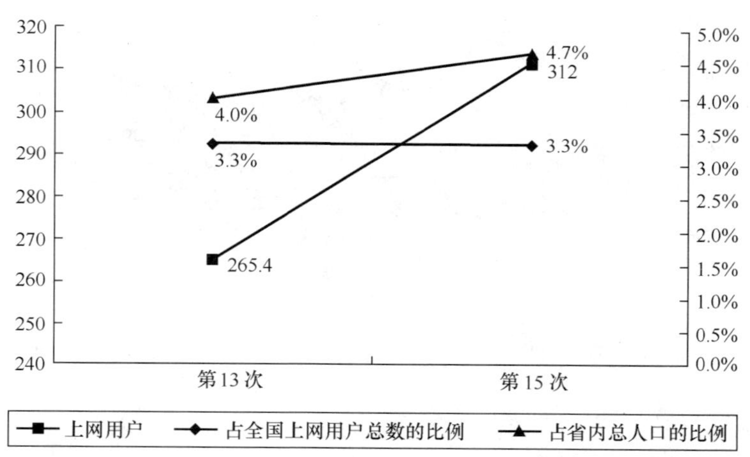

图 23.341　湖南省历次调查上网用户人数

2．上网计算机数

湖南省上网计算机数为 97 万台，占全国上网计算机总数的比例为 2.3%。与第 13 次调查结果相比，湖南省上网计算机数增加 26 万台，增长率为 36.6%，占全国上网计算机总数比例保持不变（如图 23.342 所示）。

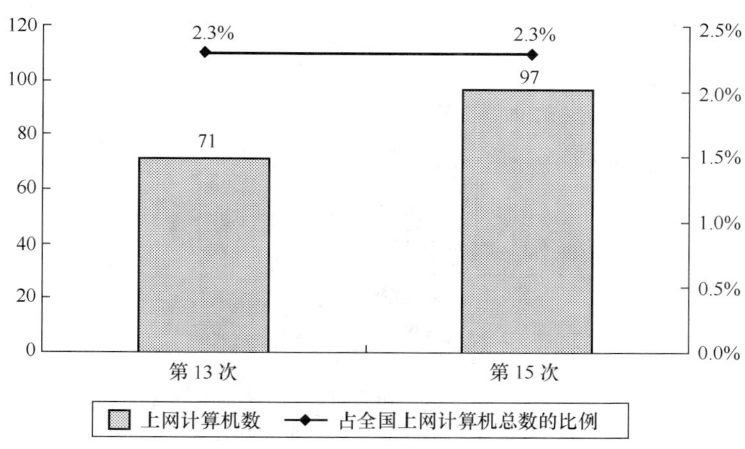

图 23.342　湖南省历次调查上网计算机数

3．CN 下注册域名数（不含 EDU）

湖南省 CN 下注册域名数量为 5 088 个，占全国 CN 下注册域名总数的比例为 1.2%。与第 13 次调查结果相比，湖南省 CN 下注册域名数增加 1 874 个，增长率为 58.3%，占全国 CN 下注册域名总数比例增加 0.3%（如图 23.343 所示）。

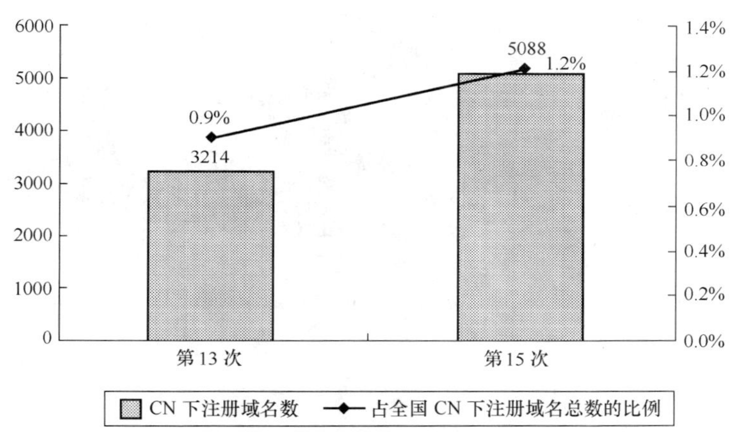

图 23.343　湖南省历次调查 CN 下注册域名数（不含 EDU）

4．WWW 站点数（包括.CN、.COM、.NET、.ORG 下的网站）

湖南省 WWW 站点数为 8 084 个，占全国 WWW 站点数的比例为 1.2%。与第 13 次调查结果相比，湖南省 WWW 站点数增加 1 023 个，增长率为 14.5%，占全国 WWW 站点数的比例保持不变（如图 23.344 所示）。

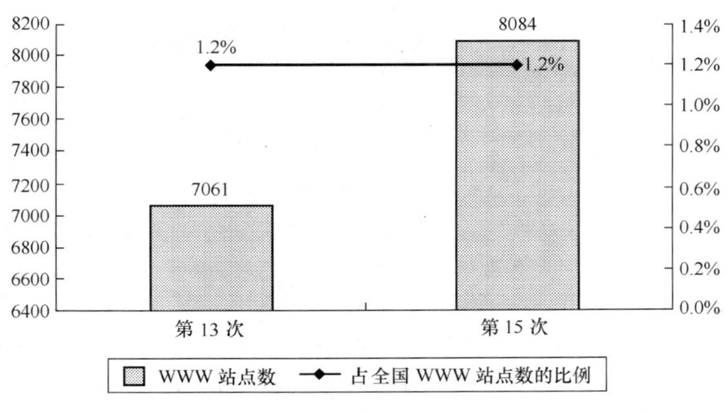

图 23.344　湖南省历次调查 WWW 站点数

二、互联网用户行为意识调查结果

1．用户个人信息

（1）用户的性别

湖南省上网用户中，男性占 62.5%，女性占 37.5%（如图 23.345 所示）。男性为上网用户主体。

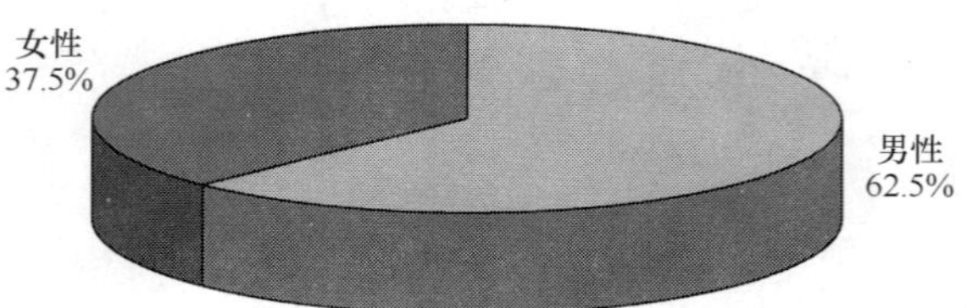

图 23.345　湖南省上网用户的性别分布

（2）用户的年龄分布

湖南省上网用户中，18 岁以下的用户所占比例最高，达到 27.8%；其次是 18～24 岁的用户，所占比例为 24.9%；25～30 岁的用户占 19.4%；31～35 岁的用户占 11.4%；36～40 岁的用户和 41～50 岁的用户所占比例相同皆为 6.5%；50 岁以上的用户所占比例为 3.5%（如图 23.346 所示）。

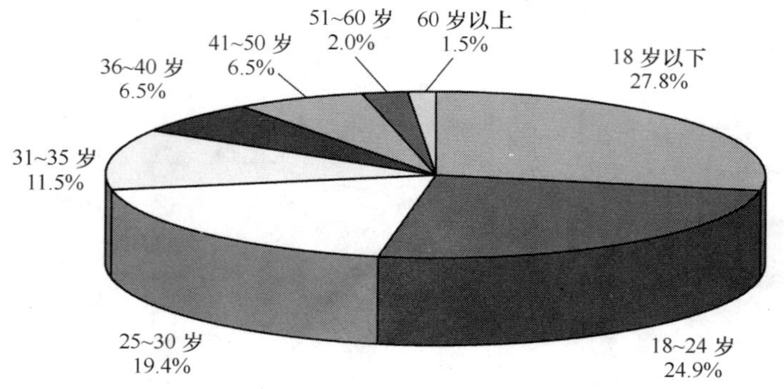

图 23.346　湖南省上网用户的年龄分布

（3）用户的婚姻状况

湖南省上网用户中，已婚者占 44.8%，未婚者占 55.2%（如图 23.347 所示）。未婚者占据上网用户主体。

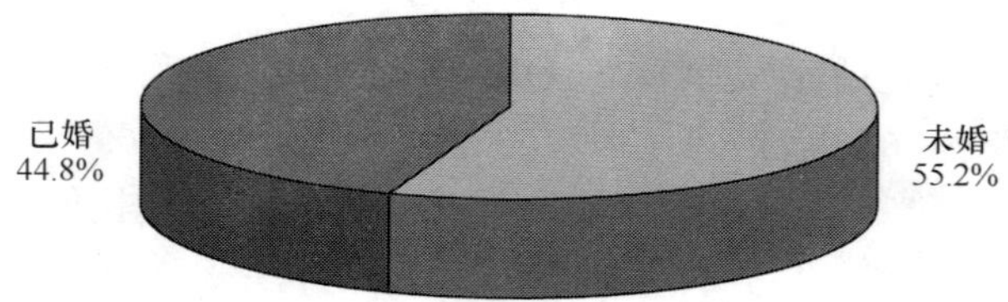

图 23.347　湖南省上网用户的婚姻状况分布

（4）用户的受教育程度

湖南省上网用户中，受教育程度为高中（中专）的用户最多，达到 33.7%；其次是受教育程度为大专的用户，所占比例为 25.5%；受教育程度为高中（中专）以下的用户所占比例与受教育程度为大专的用户所占比例非常接近，为 25.0%；受教育程度为本科的用户占 14.4%；硕士及以上教育程度的上网用户只占 1.4%（如图 23.348 所示）。

（5）用户的行业分布（不包括军人、学生和无业人员）

湖南省上网用户中，从事教育业的用户最多，占 14.3%；其次是从事制造业的用户，所占比例为 13.4%；排在第三位的是从事公共管理和社会管理业的用户，所占比例为 12.6%；从事批发和零售业用户占 10.1%；从事 IT 业和卫生、社会保障和社会福利业的用户所占比例相同皆为 5.0%；从事金融业

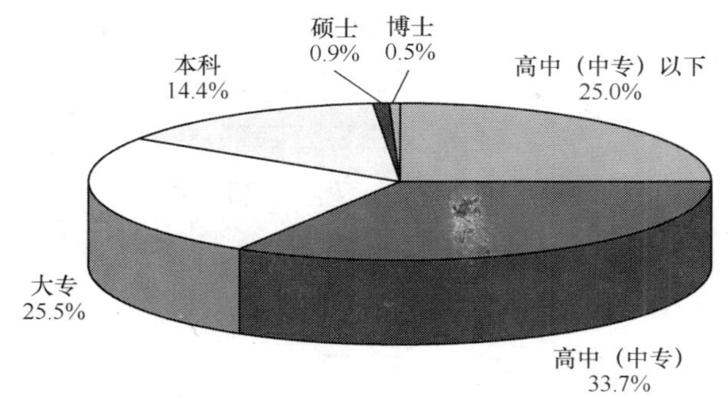

图 23.348　湖南省上网用户的受教育程度分布

的用户所占比例为 4.4%；居民服务业的用户所占比例为 4.3%、建筑业用户所占比例为 4.2%；从事其他行业的上网用户则较少（如图 23.349 所示）。

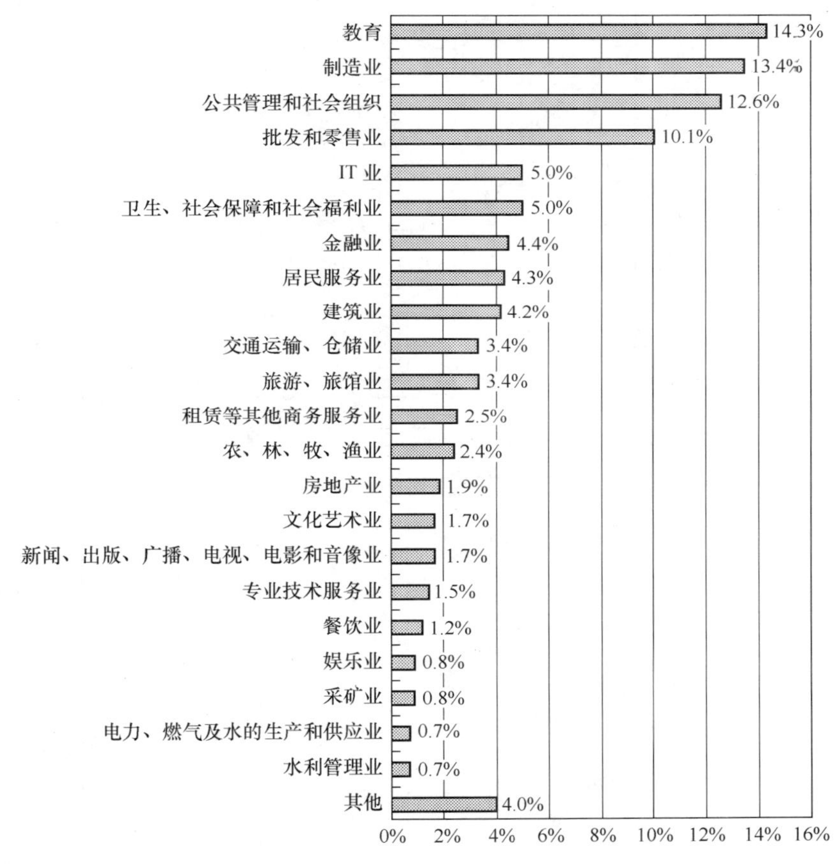

图 23.349　湖南省上网用户的行业分布

（6）用户的职业分布

湖南省上网用户中，学生所占的比例最多，达到 26.9%；其次是无业人员，所占比例为 14.4%；排在第三位的是专业技术人员，所占比例为 13.0%；商业、服务业人员占 12.5%；教师占 7.7%；国家机关、党群组织工作人员和企事业单位管理人员皆为 5.8%；生产、运输设备操作人员及有关人员占 4.8%；其他职业的用户所占比例较少（如图 23.350 所示）。

（7）用户的个人月收入

湖南省上网用户中，个人月收入在 500 元以下的用户所占比例最高，为 30.7%；居第二位的是月收入在 501～1 000 元的用户，所占比例为 20.3%；排在第三位的是 1 001～1 500 元的用户，所占比例为 15.3%；

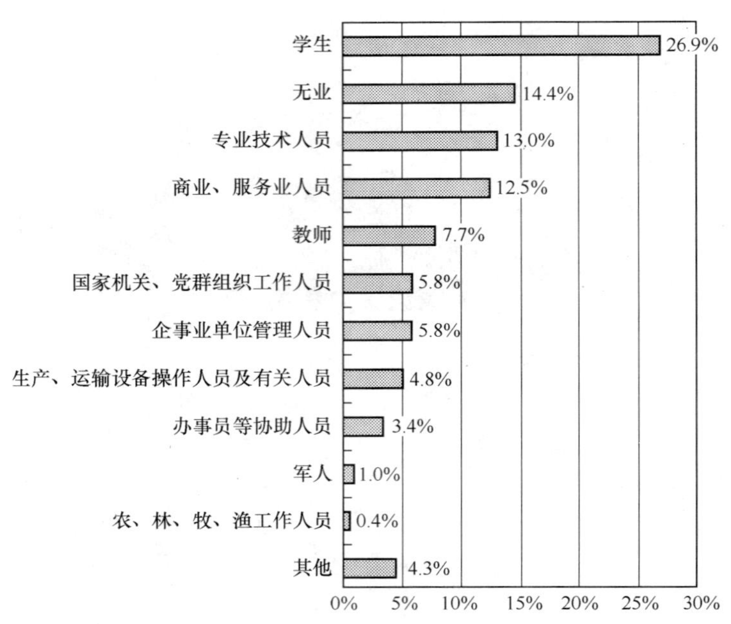

图 23.350　湖南省上网用户的职业分布

个人月收入在 1501～2000 元的用户所占比例为 10.4%；无收入的用户，所占比例为 5.9%；个人月收入为 2001～2500 元的用户所占比例为 4.9%；个人月收入在 2501～3000 元和 3001～4000 元的用户所占比例皆为 3.5%；个人月收入在 4000 元以上的用户所占比例为 5.5%（如图 23.351 所示）。

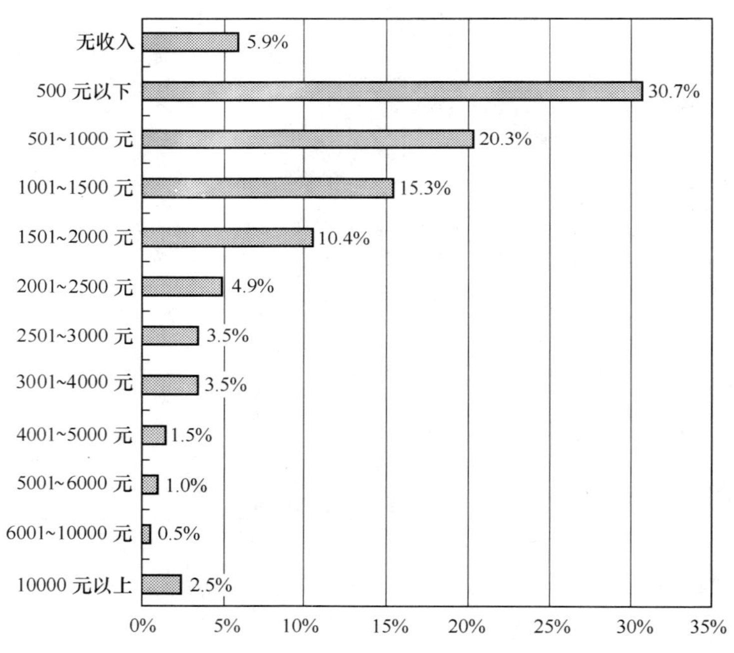

图 23.351　湖南省上网用户的个人月均收入分布

2．用户对互联网的使用情况

（1）用户每月实际花费的上网费用

湖南省上网用户中，每月实际花费的上网费用（仅限于上网费及上网电话费，不包括使用网络服务的费用）以低于 50 元的最多，占 43.3%；其次是每月实际花费的上网费在 51～100 元的用户，所占比例为 37.8%；每月实际花费的上网费用在 101～200 元的用户所占比例为 14.5%；每月实际花费的上网费用在 201～300 元的用户所占比例为 2.2%；每月实际花费的上网费用在 500 元以上的用户只占 2.2%（如图 23.352

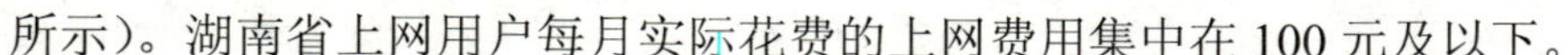

所示)。湖南省上网用户每月实际花费的上网费用集中在 100 元及以下。

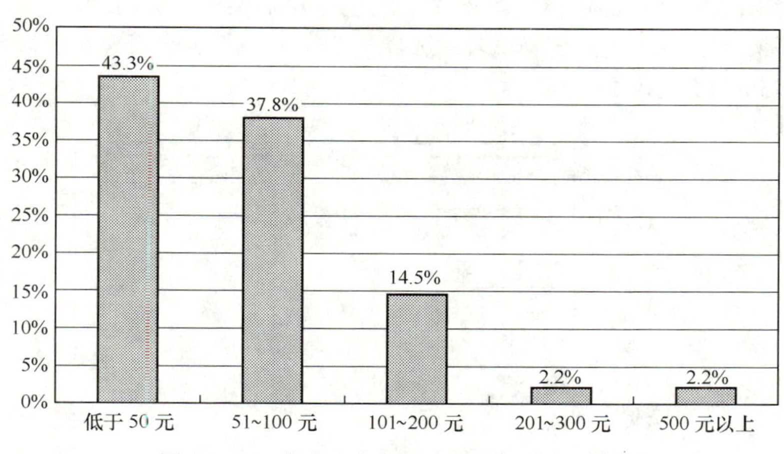

图 23.352　湖南省上网用户平均每月上网费用

(2)用户平均每周上网时间

湖南省上网用户平均每周上网时间为 12.5 小时。

(3)用户平均每周上网天数

湖南省上网用户平均每周上网天数为 4.0 天。

(4)用户通常上网时间

湖南省上网用户的上网时间在一天中波动较大:凌晨 1 点至早上 7 点钟是用户最少上网的时间,从早上 8 点钟起上网的人逐渐增加,到上午 10 点达到一天当中的第一个高峰,有 26.8%的用户在这一时间上网;11 点有所回落,13 点开始回升,到 15 点达到一天当中的第二个高峰,有 48.3%的用户在这一时间上网;随后上网的人数开始下降,从 19 点开始上网开始迅速增加,到晚上 20 点的时候达到一天中的顶峰,有 59.8%的用户在这一时间上网,这之后上网人数又急剧减少(如图 23.353 所示)。日常生活的作息时间在一定程度上影响着人们使用互联网的时间,湖南省上网用户使用互联网的高峰时间在晚上。

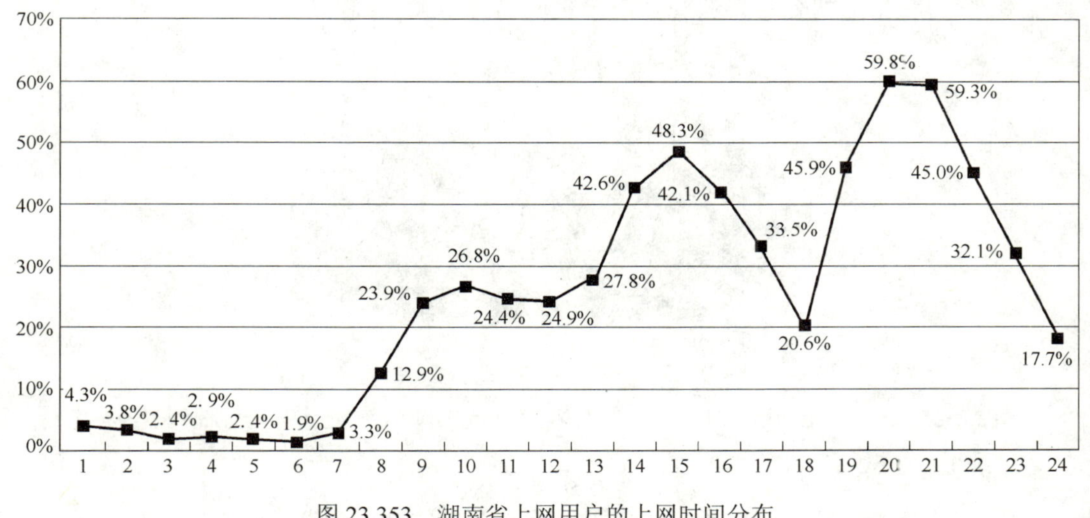

图 23.353　湖南省上网用户的上网时间分布

(5)用户拥有的 E-mail 账号平均值

湖南省上网用户拥有 E-mail 账号数目的平均值为 1.0,其中免费 E-mail 账号平均值为 1.0。

(6)用户平均每周收发的电子邮件数

湖南省上网用户平均每周收到电子邮件数(不包括垃圾邮件)为 3.9 封,收到垃圾邮件数 8.4 封,发出电子邮件数 3.0 封。

（7）用户上网最主要的目的

湖南省上网用户上网的主要目的以休闲娱乐最多，达到 48.1%；其次是获取信息，所占比例为 23.1%；排在第三位的是交友，有 13.0%的用户选择此项；选择学习的用户所占比例为 6.3%；而选择其他上网目的的用户则很少（如图 23.354 所示）。

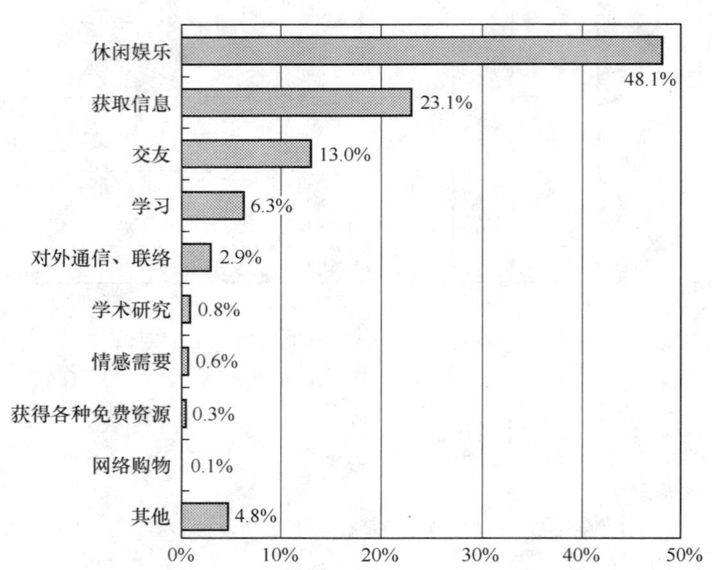

图 23.354　湖南省上网用户上网最主要的目的

3．用户对互联网的观点

（1）关于“使用互联网可以提高工作/学习和生活的效率”

关于“使用互联网可以提高工作/学习和生活的效率”的观点，湖南省上网用户表示比较赞成的最多，达到 54.3%；其次是表示非常赞成的，所占比例为 34.6%；表示一半赞成一半不赞成的用户所占比例为 6.7%；表示不赞成的用户所占比例较小，只有 4.4%（如图 23.355 所示）。湖南省上网用户对“使用互联网可以提高工作/学习和生活的效率”的观点表示赞成的占绝大多数。

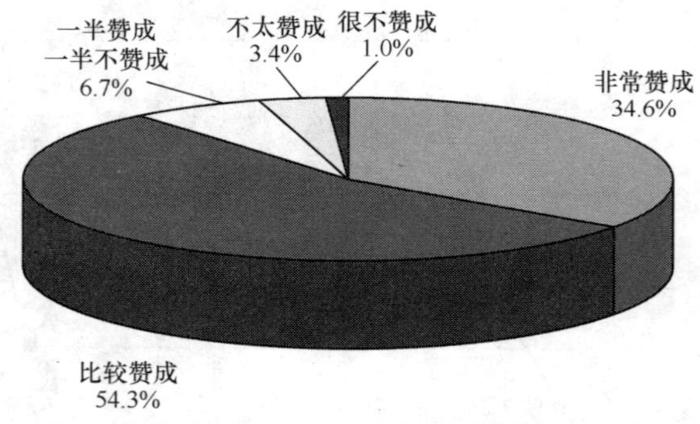

图 23.355　湖南省上网用户对“使用互联网可以提高工作/学习和生活的效率”观点的看法

（2）关于“在单位/学校/邻里中，会上网的人好像高人一等”

关于“在单位/学校/邻里中，会上网的人好像高人一等”的观点，湖南省上网用户表示不太赞成的最多，达到 46.4%；其次是表示很不赞成的，所占比例为 27.5%；表示比较赞成的用户所占比例为 13.5%；表示非常赞成的用户所占比例为 6.8%；表示一半赞成一半不赞成的用户所占比例为 5.8%（如图 23.356 所示）。湖南省上网用户对“在单位/学校/邻里中，会上网的人好像高人一等”的观点表示不赞成的占多数。

（3）关于“使用互联网容易结交不好的朋友”

关于“使用互联网容易结交不好的朋友”的观点，湖南省上网用户表示不太赞成的最多，达到 44.7%；

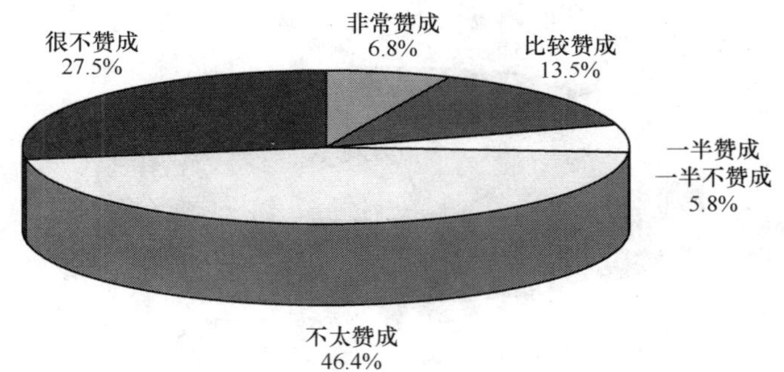

图 23.356　湖南省上网用户对“在单位/学校/邻里中，会上网的人好像高人一等”观点的看法

其次是表示比较赞成的用户，所占比例为 21.4%；表示很不赞成的用户所占比例为 14.5%；表示一半赞成一半不赞成的用户所占比例为 14.1%；表示非常赞成的用户最少，只有 5.3%（如图 23.357 所示）。湖南省上网用户对“使用互联网容易结交不好的朋友”的观点表示不赞成的居多。

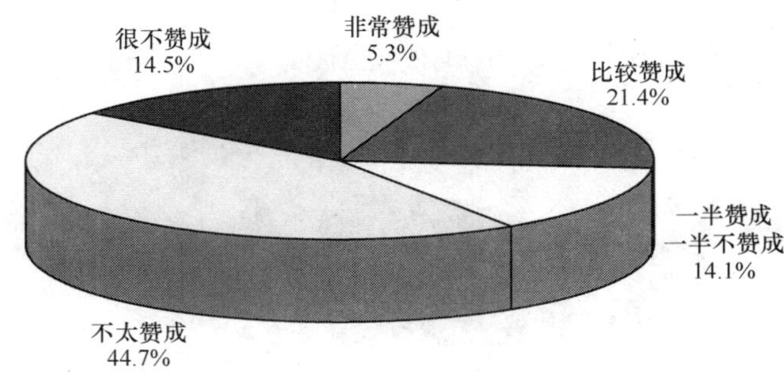

图 23.357　湖南省上网用户对“使用互联网容易结交不好的朋友”观点的看法

（4）关于“使用互联网容易暴露隐私”

关于“使用互联网容易暴露隐私”的观点，湖南省上网用户表示很不赞成的最多，达到 50.0%；其次是表示一半赞成一半不赞成的用户，所占比例为 23.8%；表示非常赞成的用户所占比例为 13.6%；表示不太赞成的用户所占比例为 8.7%；表示比较赞成的用户最少，占 3.9%（如图 23.358 所示）。湖南省上网用户对“使用互联网容易暴露隐私”的观点表示不赞成的居多。

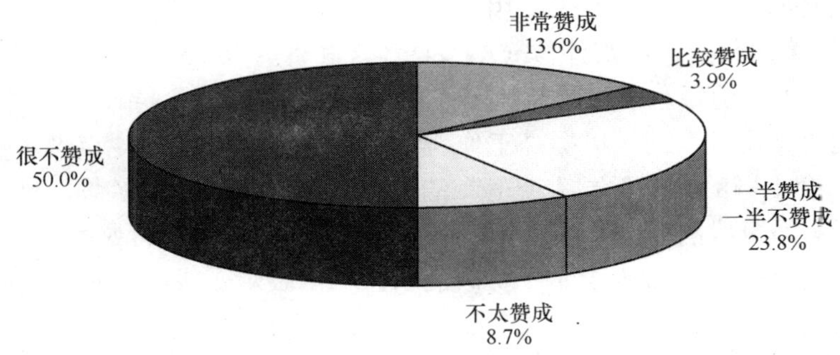

图 23.358　湖南省上网用户对“使用互联网容易受不良信息影响”观点的看法

（5）关于“使用互联网容易受不良信息影响”

关于“使用互联网容易受不良信息影响”的观点，湖南省上网用户表示不太赞成的最多，达到 36.5%；其次是表示比较赞成的用户，所占比例为 32.7%；表示很不赞成的用户所和一半赞成一半不赞成的用户所占比例相同，皆为 12.0%；表示非常赞成的用户所占比例为 6.8%（如图 23.359 所示）。湖南省上网用户对“使用互联网容易受不良信息影响”的观点表示不赞成的略微多于表示赞成的。

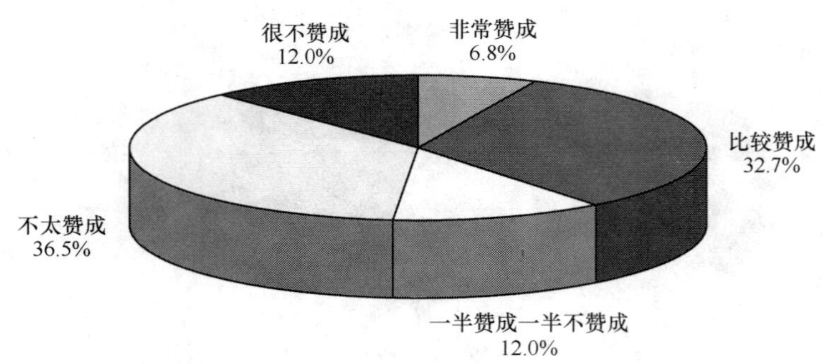

图 23.359　湖南省上网用户对“使用互联网容易受不良信息影响”观点的看法

（6）对互联网的信任程度

湖南省上网用户对互联网表示比较信任的最多，所占比例为 57.7%；其次是对互联网表示半信半疑的，所占比例为 33.2%；对互联网表示完全信任和不太信任的用户各占 4.3%；对互联网表示完全不信的用户最少，只有 0.5%（如图 23.360 所示）。湖南省上网用户对互联网表示信任的多于表示不信任的。

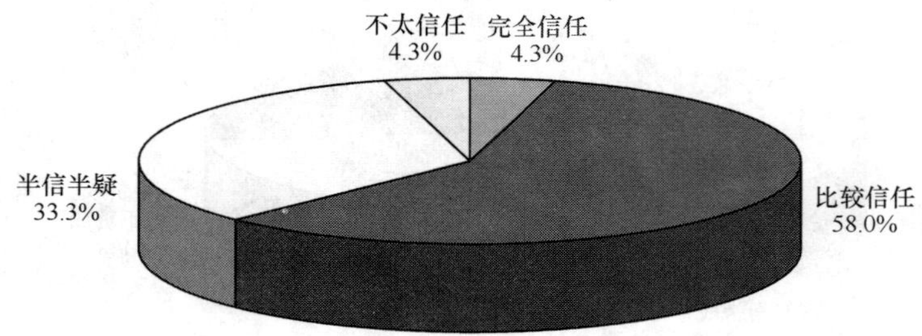

图 23.360　湖南省上网用户对互联网的信任程度

综上所述，湖南省上网用户数为 312 万人，上网计算机数为 97 万台，CN 下注册域名数量为 5 088 个，WWW 站点数为 8 084 个。

其中住宅电话覆盖的上网用户（不包括住校大学生）中以男性、未婚者占主体，年龄在 18 岁以下的所占比例最高，受教育程度为高中（中专）的最多，职业方面学生所占的比例最多，行业上从事教育业的人最多，个人月收入在 500 元以下的最多。

用户每月实际花费的上网费用集中在 100 元及以下，平均每周上网时间为 12.5 小时，平均每周上网天数为 4.0 天，使用互联网的高峰时间在晚上。用户拥有 E-mail 账号数目的平均值为 1.0，其中免费 E-mail 账号平均值为 1.0，平均每周收到电子邮件数（不包括垃圾邮件）为 3.9 封，收到垃圾邮件数 8.4 封，发出电子邮件数 3.0 封。用户上网的最主要目的为休闲娱乐。

湖南省上网用户对“使用互联网可以提高工作/学习和生活的效率”的观点表示赞成的占绝大多数，对“在单位/学校/邻里中，会上网的人好像高人一等”的观点表示不赞成的占多数，对“使用互联网容易结交不好的朋友”的观点表示不赞成的居多，对“使用互联网容易暴露隐私”的观点表示不赞成的居多，对“使用互联网容易受不良信息影响”的观点表示不赞成的略微多于表示赞成的。对互联网表示信任的多于表示不信任的。

23.1.19　广东省互联网络发展状况

一、宏观概况

1．上网用户人数

广东省上网用户人数为 1 188 万，占全国上网用户总人数的比例为 12.6%，是广东省总人口的 14.9%。与第 13 次调查结果相比，广东省上网用户人数增加 237.8 万人，增长率为 25.0%，占全国上网用户总人数的比例增加 0.6%，占广东省总人口比例增加 2.8%（如图 23.361 所示）。

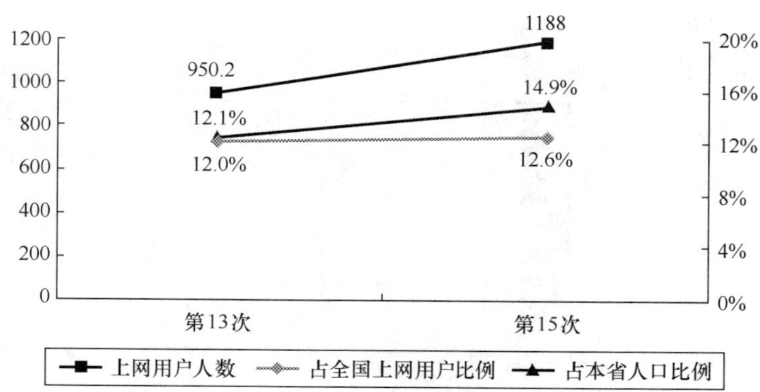

图 23.361 、广东省历次调查上网用户人数

2．上网计算机数

广东省上网计算机数为 643 万台，占全国上网计算机总数的比例为 15.5%。与第 13 次调查结果相比，广东省上网计算机数增加 205 万台，增长率为 46.8%，占全国上网计算机总数的比例增加 1.4%（如图 23.362 所示）。

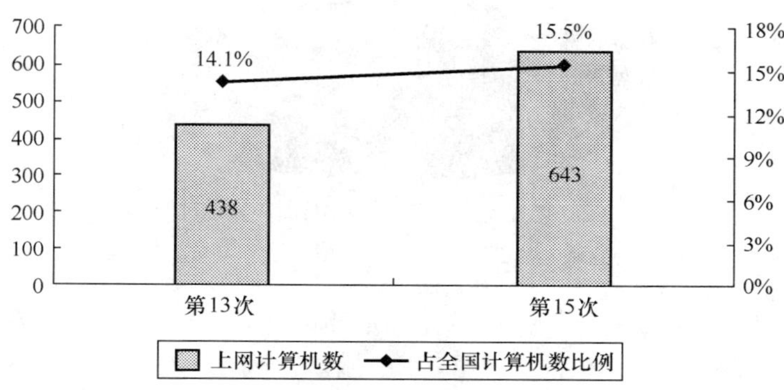

图 23.362　广东省历次调查上网计算机数

3．CN 下注册域名数（不含 EDU）

广东省 CN 下注册域名数为 63 289 个，占全国 CN 下注册域名总数的比例为 14.7%。与第 13 次调查结果相比，广东省 CN 下注册域名数增加 15 967 个，增长率为 33.7%，占全国 CN 下注册域名总数的比例增加 0.7%（如图 23.363 所示）。

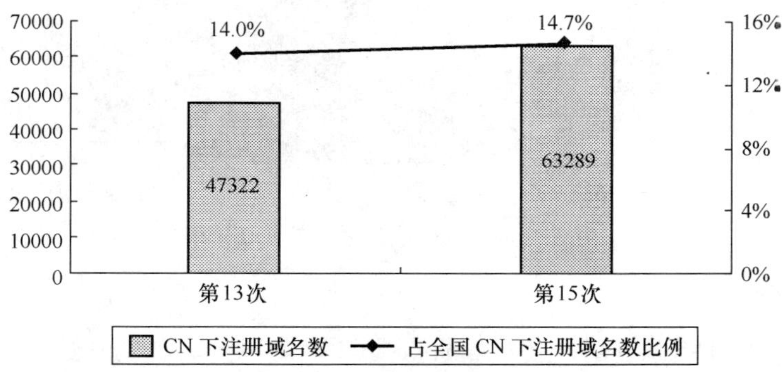

图 23.363　广东省历次调查 CN 下注册域名数（不含 EDU）

4．WWW 站点数（包括.CN、.COM、.NET、.ORG 下的网站）

广东省 WWW 站点数为 121 917 个，占全国 WWW 站点数的比例为 18.2%。与第 13 次调查结果相比，广东省 WWW 站点数增加 17 272 个，增长率为 16.5%，占全国 WWW 站点数的比例增加 0.6%（如图 23.364 所示）。

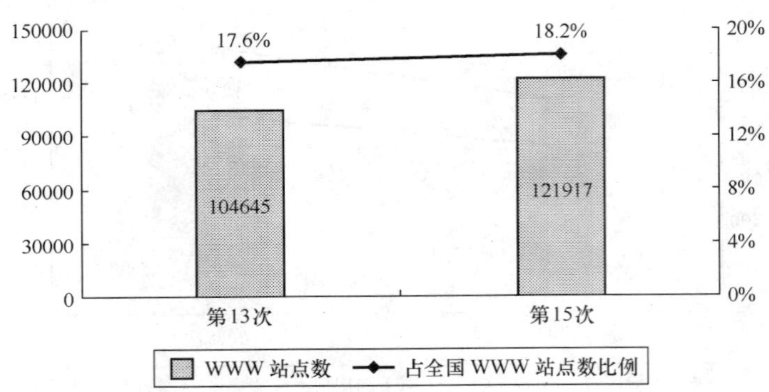

图 23.364 广东省历次调查 WWW 站点数

二、互联网用户行为意识调查结果

1．用户个人信息

（1）用户的性别

广东省上网用户中，男性占 61.8%，女性占 38.2%（如图 23.365 所示）。男性为上网用户主体。

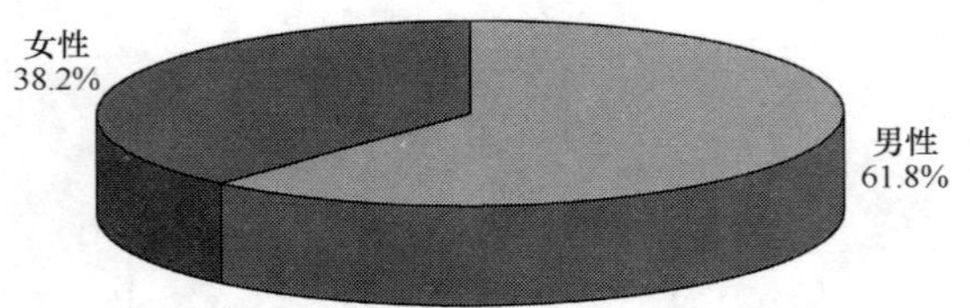

图 23.365 广东省上网用户性别分布

（2）用户的年龄分布

广东省上网用户中，18～24 岁的年轻人所占比例最高，达到 29.0%；其次是 25～30 岁的用户，所占比例为 20.2%；18 岁以下的用户占 20.0%；31～35 岁的用户占到 13.6%；36～40 岁的用户占到 8.2%；41～50 岁的用户为 6.2%；50 岁以上的用户占 2.8%（如图 23.366 所示）。广东省上网用户在结构上呈现低龄化，35 岁以下的用户占多数。

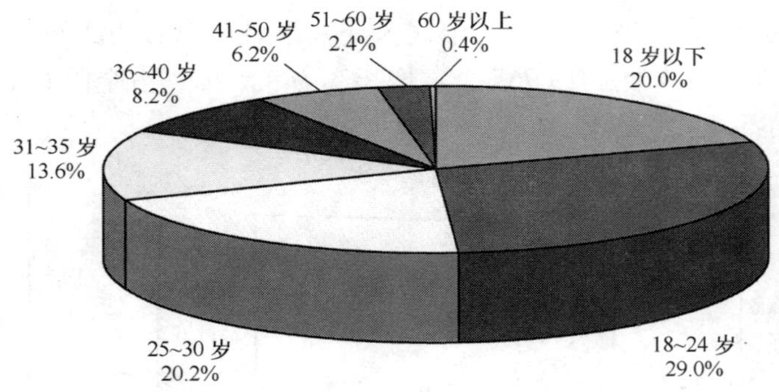

图 23.366 广东省上网用户年龄分布

（3）用户的婚姻状况

广东省上网用户中，已婚者占 41.8%，未婚者占 58.2%（如图 23.367 所示）。未婚者为上网用户主体。

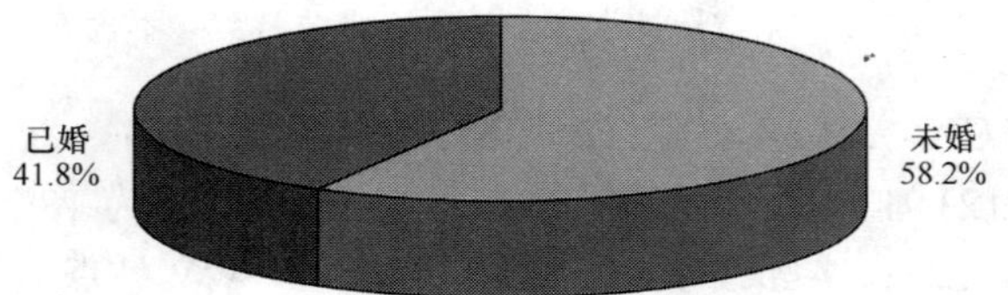

图 23.367 广东省上网用户婚姻状况分布

（4）用户的受教育程度

广东省上网用户中，受教育程度为高中（中专）的比例最高，占到 34.8%；其次是大专用户，占 26.5%；高中（中专）以下的用户占 21.3%；本科用户占 14.7%；还有 2.7%的用户受教育程度在硕士及以上（如图 23.368 所示）。

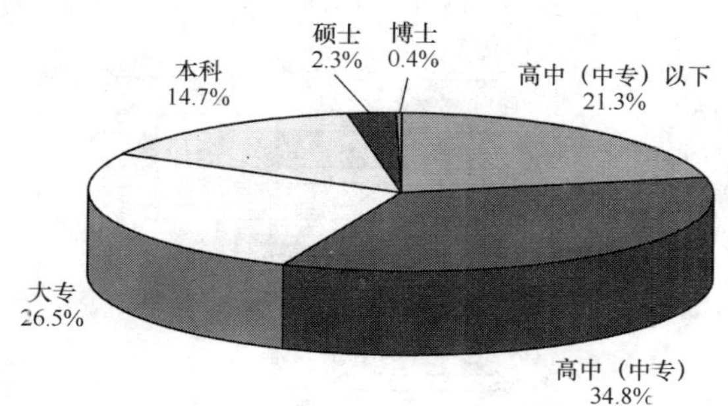

图 23.368　广东省上网用户受教育程度分布

（5）用户的行业分布（不包括军人、学生和无业人员）

广东省上网用户中，从事制造业的用户最多，所占比例为 18.6%；其次是从事公共管理和社会组织的用户，占 10.8%；从事教育业的用户占 10.5%；从事批发和零售业的用户占 7.4%；从事 IT 业的用户占 6.2%；从事交通运输、仓储业的用户占 5.9%；从事卫生、社会保障和社会福利业的用户占 4.6%；从事建筑业的用户占 4.3%；从事居民服务业的用户占 4.0%；从事金融业的用户占 3.9%；从事租赁等其他商务服务业的用户占 3.7%；从事其他行业的用户相对较少（如图 23.369 所示）。

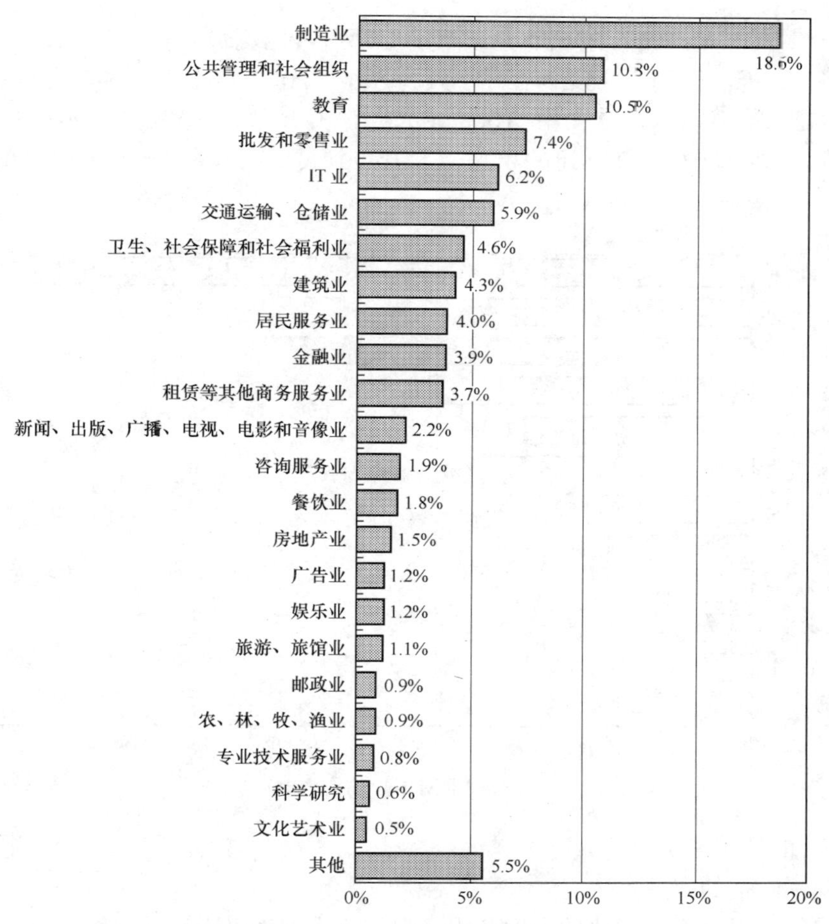

图 23.369　广东省上网用户的行业分布

（6）用户的职业分布

广东省上网用户中，学生所占比例最多，达到 25.6%；其次是商业、服务业人员，占 13.2%；企事业单位管理人员所占比例为 11.8%；专业技术人员所占比例为 11.6%；国家机关、党群组织工作人员所占比例为 8.7%；无业人员所占比例为 7.4%；教师所占比例为 6.8%；生产、运输设备操作人员及有关人员所占比例为 5.0%；办事员等协助人员所占比例为 4.8%；其他职业用户所占比例相对较少（如图 23.370 所示）。

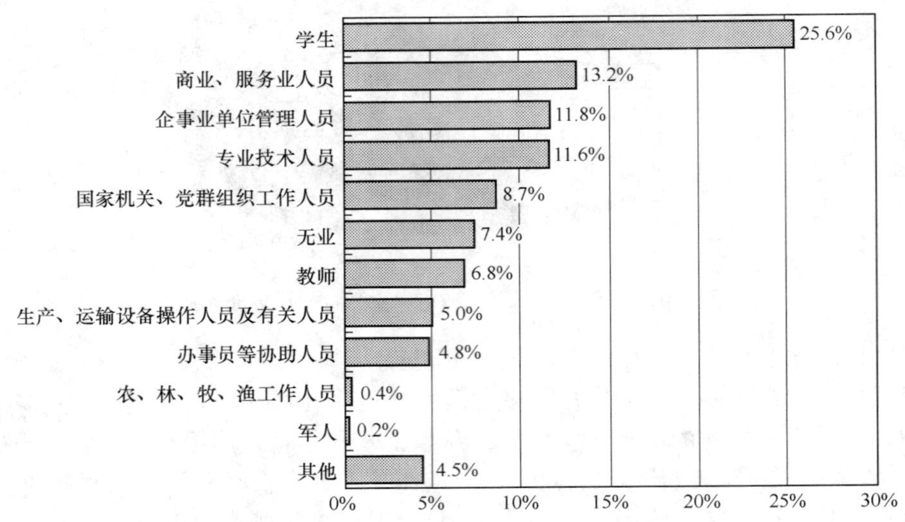

图 23.370　广东省上网用户的职业分布

（7）用户的个人月收入

广东省上网用户中，个人月收入在 500 元以下的用户所占比例最高，达到 22.9%；其次是月收入为 1 001～1 500 元的用户，所占比例为 16.2%；月收入为 501～1 000 元的用户占 15.3%；月收入在 1 501～2 000 元的用户占 10.3%；月收入在 2 501～3 000 元的用户占 8.5%；个人月收入在 2 001～2 500 元的用户占 7.2%；个人月收入在 3 001～4 000 元的用户占 5.2%；个人月收入在 4 000 元以上的用户占 11.1%（如图 23.371 所示）。

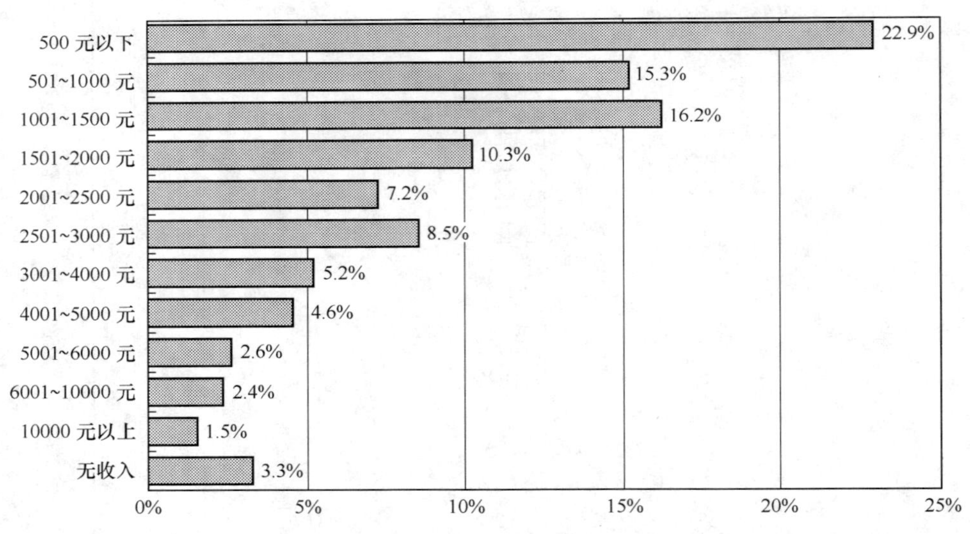

图 23.371　广东省上网用户的个人月收入分布

2．用户对互联网的使用情况

（1）用户每月实际花费的上网费用

广东省上网用户中，每月实际花费的上网费用（仅限于上网费及上网电话费，不包括使用网络服务的费用）以 51～100 元的用户最多，为 37.2%；其次是花费在 101～200 元的用户，占 28.1%；低于 50 元的用户占 26.1%；每月花费超过 200 元的用户所占比例为 8.6%（如图 23.372 所示）。广东省上网用户每月实际花费的上网费用主要集中在 200 元及以下。

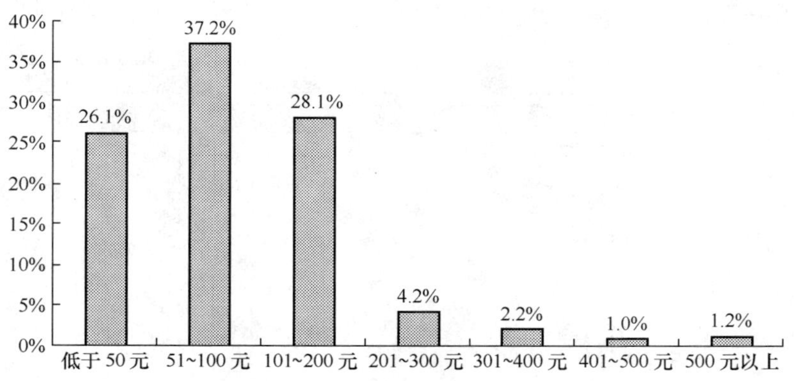

图 23.372　广东省上网用户每月实际花费的上网费用分布

（2）用户通常上网时间

广东省上网用户一天中使用互联网的时间波动非常大：凌晨 1 点至早上 7 点钟是用户最少上网的时间，从早上 8 点钟起上网的人逐渐增加；上午 10 点时上网用户比例达到一天中的第一个高峰，有 27.2%的用户上网，11 点有所回落，随后逐渐增加，在 14 点达到一天的第二个上网高峰，39.3%的用户在此时上网，此后上网用户开始减少，从晚上 19 点开始上网人数回升，到晚上 21 点的时候达到一天中的顶峰，有 62.1%的用户在这一时间上网，这之后上网人数开始回落（如图 23.373 所示）。可以看出，人们日常生活的作息时间在一定程度上影响着人们使用互联网的时间，广东省上网用户使用互联网的高峰时间在晚上。

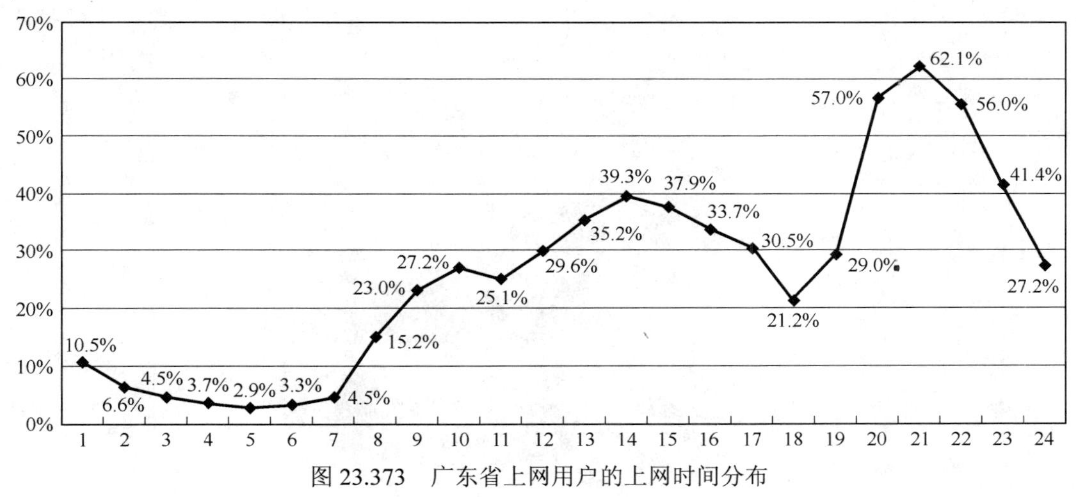

图 23.373　广东省上网用户的上网时间分布

（3）用户平均每周上网时间

广东省上网用户平均每周上网时间为 12.8 小时。

（4）用户平均每周上网天数

广东省上网用户平均每周上网天数为 4.3 天。

（5）用户拥有 E-mail 账号数

广东省上网用户人均拥有 1.5 个 E-mail 账号，其中免费的 E-mail 账号为 1.3 个。

（6）用户平均每周收发的电子邮件数

广东省上网用户平均每周收到 5.0 封电子邮件（不包括垃圾邮件），收到垃圾邮件 8.2 封，每周发出电子邮件 4.1 封。

（7）用户上网最主要的目的

广东省上网用户中，将获取信息作为上网最主要目的的用户所占比例最多，达到40.5%；其次是休闲娱乐，有34.7%的用户选择；选择学习的用户占8.7%；选择交友的用户占6.2%；选择其他上网目的的用户所占比例很小（如图23.374所示）。获取信息是广东省上网用户上网的最主要目的。

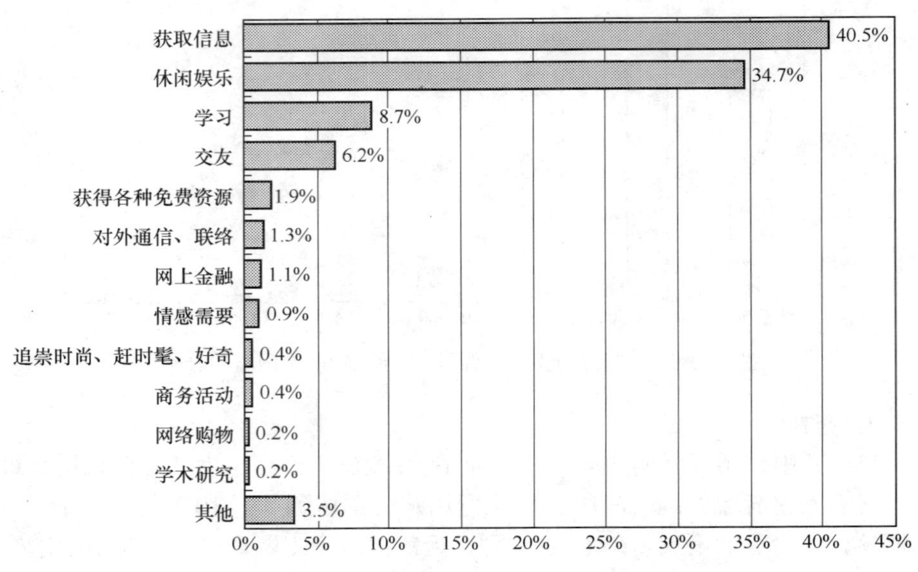

图23.374　广东省上网用户上网最主要的目的

3．用户对互联网的看法

（1）关于“使用互联网可以提高工作/学习和生活的效率”

关于“使用互联网可以提高工作/学习和生活的效率”观点，广东省上网用户中表示比较赞成的用户最多，达到60.5%；其次是表示非常赞成的用户，占26.4%；表示一半赞成一半不赞成的用户，占9.3%；表示不太赞成的用户占3.7%；表示很不赞成的用户占0.1%（如图23.375所示）。广东省上网用户对“使用互联网可以提高工作/学习和生活的效率”观点表示赞成的占多数。

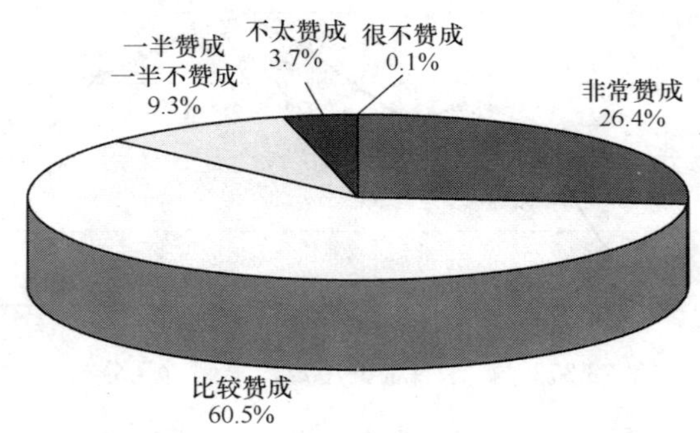

图23.375　广东省上网用户对“使用互联网可以提高工作/学习和生活的效率”观点的看法

（2）关于“在单位/学校/邻里中，会上网的人好像高人一等”

关于“在单位/学校/邻里中，会上网的人好像高人一等”观点，广东省上网用户中表示不太赞成的用户最多，达到49.4%；其次是表示很不赞成的用户，占24.2%；表示比较赞成的用户占13.0%；表示一半赞成一半不赞成的用户占9.1%；表示非常赞成的用户占4.3%（如图23.376所示）。广东省上网用户对“在单位/学校/邻里中，会上网的人好像高人一等”观点表示不赞成的占多数。

（3）关于“使用互联网容易结交不好的朋友”

关于“使用互联网容易结交不好的朋友”观点，广东省上网用户中表示不太赞成的用户最多，达到

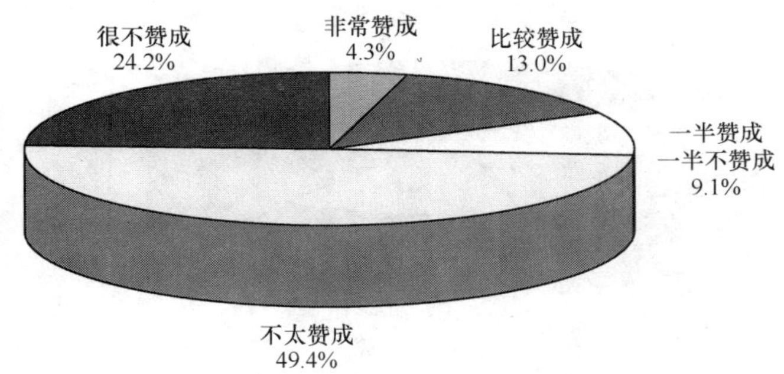

图 23.376 广东省上网用户对“在单位/学校/邻里中，会上网的人好像高人一等”观点的看法

50.8%；其次是表示比较赞成的用户，占 17.0%；表示很不赞成的用户占 13.7%；表示一半赞成一半不赞成的用户占 12.9%；表示非常赞成的用户占 5.6%（如图 23.377 所示）。广东省上网用户对“使用互联网容易结交不好的朋友”观点表示不赞成的占多数。

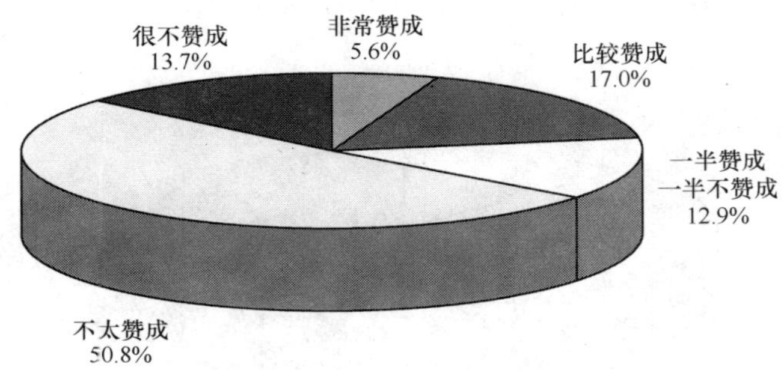

图 23.377 广东省上网用户对“使用互联网容易结交不好的朋友”观点的看法

（4）关于“使用互联网容易暴露隐私”

关于“使用互联网容易暴露隐私”观点，广东省上网用户中表示不太赞成的用户最多，达到 44.1%；其次是表示比较赞成的用户，占 27.0%；表示很不赞成的用户占 13.5%；表示一半赞成一半不赞成的用户占 11.4%；表示非常赞成的用户只占 4.0%（如图 23.378 所示）。广东省上网用户对“使用互联网容易暴露隐私”观点表示不赞成的占多数。

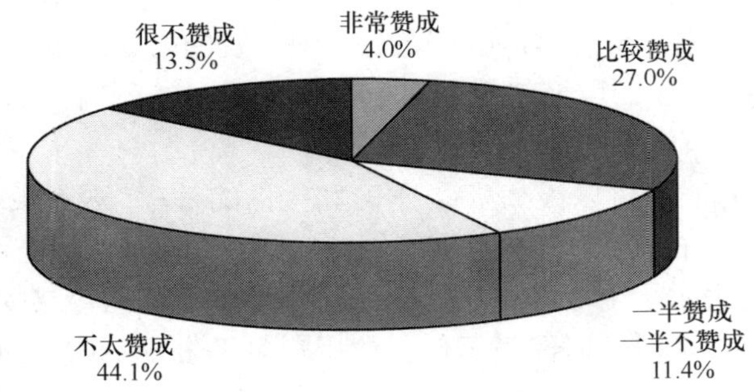

图 23.378 广东省上网用户对“使用互联网容易暴露隐私”观点的看法

（5）关于“使用互联网容易受不良信息影响”

关于“使用互联网容易受不良信息影响”观点，广东省上网用户中表示比较赞成的用户最多，达到 33.1%；其次是表示不太赞成的用户，占 32.1%；表示很不赞成的用户占 14.3%；表示一半赞成一半不赞成的用户占 13.0%；表示非常赞成的用户占 7.5%（如图 23.379 所示）。对“使用互联网容易受不良信息影响”观点表示不赞成的用户多于表示赞成的用户。

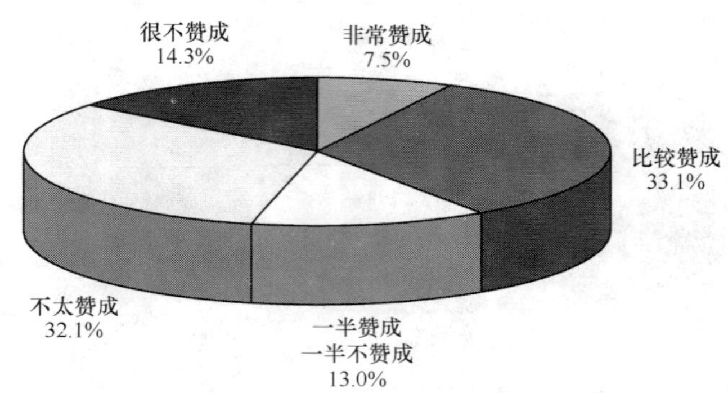

图 23.379　广东省上网用户对“使用互联网容易受不良信息影响”观点的看法

（6）对互联网的信任程度

广东省上网用户中对互联网表示比较信任的用户最多，达到 42.8%；其次是表示半信半疑的用户，占 41.9%；表示不太信任的用户占 11.8%；表示完全信任的用户占 3.1%；表示完全不信的用户占 0.4%（如图 23.380 所示）。广东省上网用户中对互联网表示信任的用户多于表示不信任的用户。

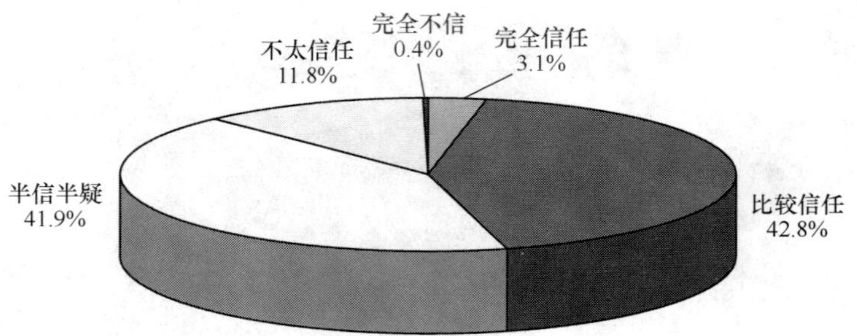

图 23.380　广东省上网用户对互联网的信任程度

综上所述，广东省上网用户数为 1188 万，上网计算机数为 643 万台，CN 下注册域名数为 63289 个，WWW 站点数为 121917 个。

其中住宅电话覆盖的上网用户（不包括住校大学生）中以男性、未婚者、35 岁以下的年轻人为主体，受教育程度为高中（中专）的比例最高，个人月收入在 500 元以下的用户最多。在职业上以学生为最多，在行业上制造业用户所占比例最高。

用户每月花费的上网费用主要集中在 200 元及以下，平均每周上网 4.3 天，12.8 个小时，使用互联网的高峰时间在晚上。用户人均拥有 1.5 个 E-mail 账号，其中免费的 E-mail 账号为 1.3 个，平均每周收到 5.0 封电子邮件（不包括垃圾邮件），收到垃圾邮件 8.2 封，每周发出电子邮件 4.1 封。用户上网最主要的目的是获取信息。

广东省上网用户对“使用互联网可以提高工作/学习和生活的效率”观点表示赞成的用户占多数，对“在单位/学校/邻里中，会上网的人好像高人一等”观点、“使用互联网容易结交不好的朋友”观点、“使用互联网容易暴露隐私”观点均为表示不赞成的用户居多，对“使用互联网容易受不良信息影响”观点表示不赞成的用户多于表示赞成的用户，对互联网表示信任的用户多于表示不信任的用户。

23.1.20　广西壮族自治区互联网络发展状况

一、宏观概况

1．上网用户人数

广西壮族自治区上网用户人数为 285 万，占全国上网用户总人数的比例为 3.0%，是广西壮族自治区总人口的 5.9%。与第 13 次调查结果相比，广西壮族自治区上网用户人数增加 56.4 万，增长率为 24.7%，占全国上网用户总人数的比例增加 0.1%，占广西壮族自治区总人口比例增加 1.2%（如图 23.381 所示）。

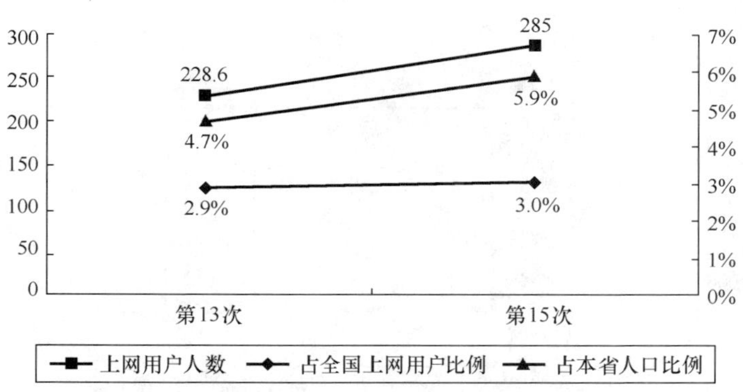

图 23.381　广西壮族自治区历次调查上网用户人数

2．上网计算机数

广西壮族自治区上网计算机数为 88 万台，占全国上网计算机总数的比例为 2.1%。与第 13 次调查结果相比，广西壮族自治区上网计算机数增加 29 万台，增长率为 49.2%，占全国上网计算机总数的比例增加 0.2%（如图 23.382 所示）。

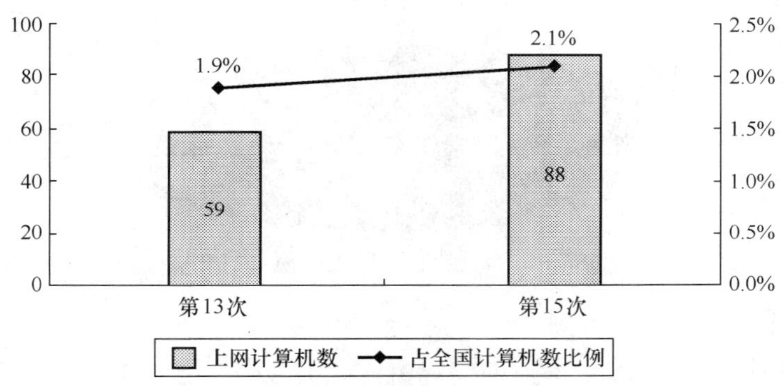

图 23.382　广西壮族自治区历次调查上网计算机数

3．CN 下注册域名数（不含 EDU）

广西壮族自治区 CN 下注册域名数量为 3 613 个，占全国 CN 下注册域名总数的比例为 0.8%。与第 13 次调查结果相比，广西壮族自治区 CN 下注册域名数增加 862 个，增长率为 31.3%，占全国 CN 下注册域名总数的比例保持不变（如图 23.383 所示）。

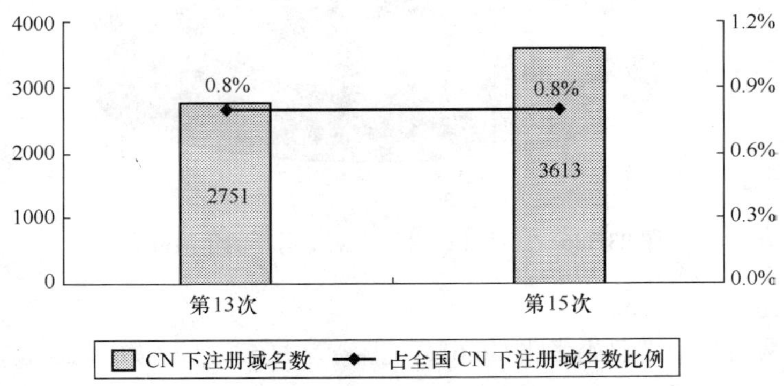

图 23.383　广西壮族自治区历次调查 CN 下注册域名数（不含 EDU）

4．WWW 站点数（包括.CN、.COM、.NET、.ORG 下的网站）

广西壮族自治区 WWW 站点数为 7 921 个，占全国 WWW 站点数的比例为 1.2%。与第 13 次调查结果相比，广西壮族自治区 WWW 站点数增加 501 个，增长率为 6.8%，占全国 WWW 站点数的比例保持不变

（如图 23.384 所示）。

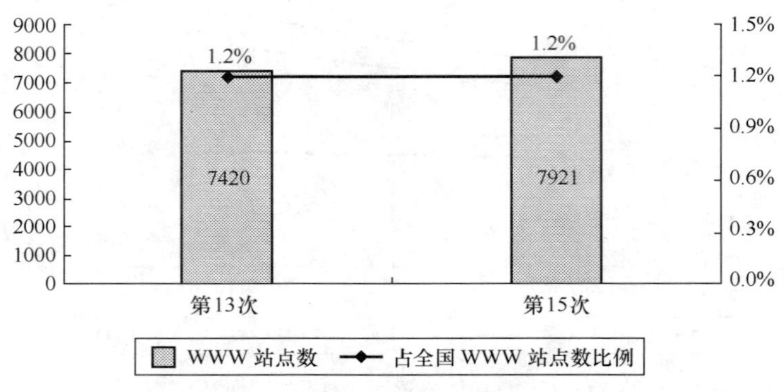

图 23.384　广西壮族自治区历次调查 WWW 站点数

二、互联网用户行为意识调查结果

1．用户个人信息

（1）用户的性别

广西壮族自治区上网用户中，男性占 57.5%，女性占 42.5%（如图 23.385 所示）。男性为上网用户主体。

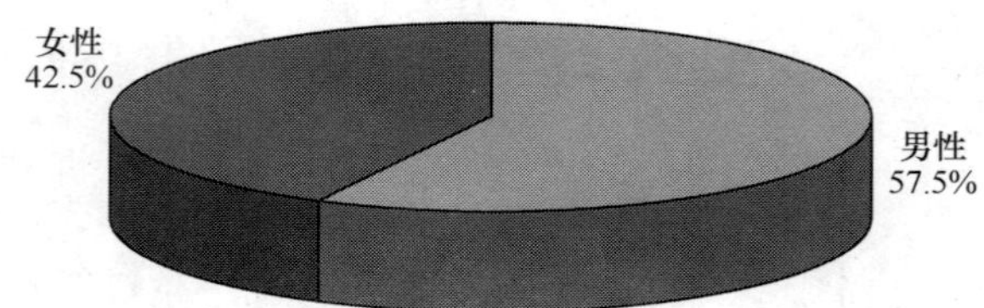

图 23.385　广西壮族自治区上网用户的性别分布

（2）用户的年龄分布

广西壮族自治区上网用户中，18～24 岁的用户所占比例最高，达到 25.0%；其次是 25～30 岁的用户，所占比例为 23.2%；18 岁以下的用户占 17.1%；31～35 岁和 41～50 岁的用户皆占 10.3%；36～40 岁的用户占 8.8%；50 岁以上用户所占比例为 5.3%（如图 23.386 所示）。

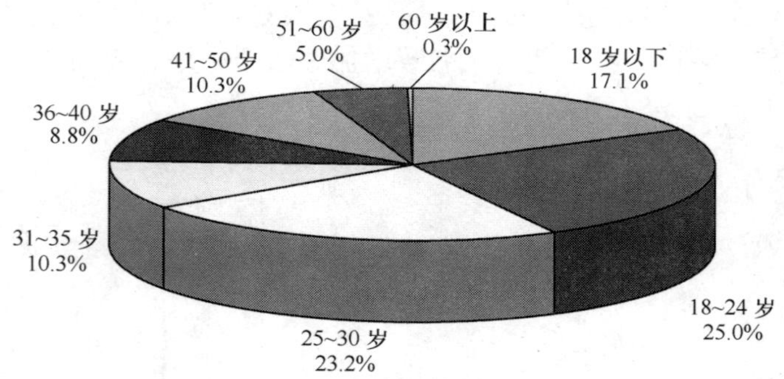

图 23.386　广西壮族自治区上网用户的年龄分布

（3）用户的婚姻状况

广西壮族自治区上网用户中，已婚者占 46.6%，未婚者占 53.4%（如图 23.387 所示）。未婚者占上网用户的多数。

（4）用户的受教育程度

广西壮族自治区上网用户中，受教育程度为高中（中专）的用户最多，达到 33.9%；其次是受教育程度为大专的用户，所占比例为 29.3%；受教育程度为本科的用户占 19.4%；高中（中专）以下受教育程度的用户占 15.1%；受教育程度为硕士及博士的用户占 2.3%（如图 23.388 所示）。

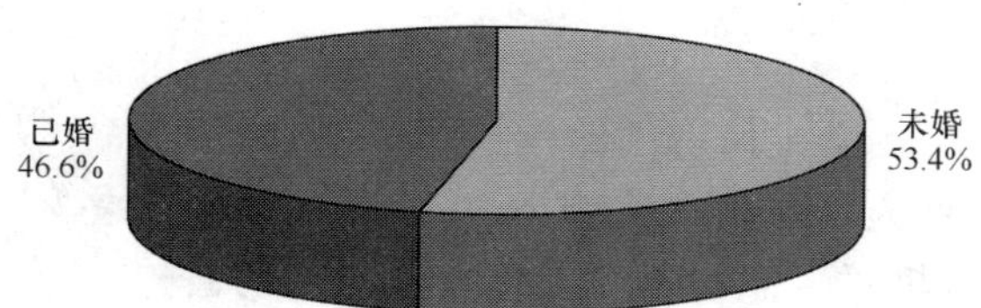

图 23.387　广西壮族自治区上网用户的婚姻状况分布

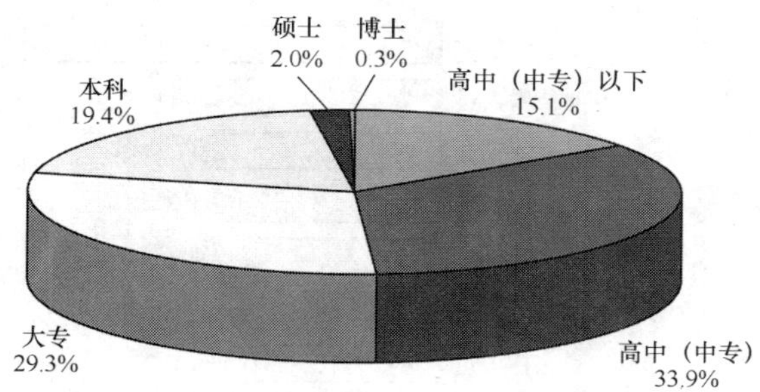

图 23.388　广西壮族自治区上网用户的受教育程度分布

（5）用户的行业分布（不包括军人、学生和无业人员）

广西壮族自治区上网用户中，从事教育业的用户最多，所占比例为 14.9%；其次是从事制造业的用户，所占比例为 12.0%；排在第三位的是从事公共管理和社会组织的用户，所占比例为 11.2%；从事批发和零售业的用户所占比例为 8.7%；从事金融业的用户所占比例为 7.9%；从事卫生、社会保障和社会福利业的用户所占比例为 5.8%；从事居民服务业的用户所占比例为 5.4%；从事 IT 业的用户所占比例为 4.5%；从事交通运输、仓储业的用户所占比例为 4.1%；从事建筑业的用户所占比例为 3.7%；从事租赁等其他商务服务业的用户所占比例为 2.9%；从事农、林、牧、渔业的用户所占比例为 2.5%；从事文化艺术业的用户所占比例为 2.1%；从事其他行业的上网用户则相对较少（如图 23.389 所示）。

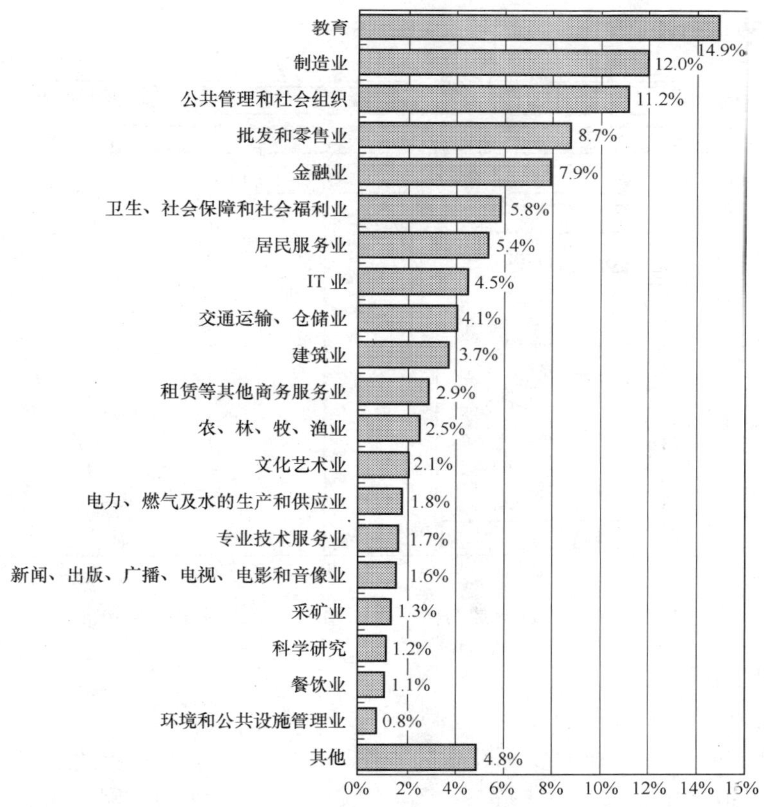

图 23.389　广西壮族自治区上网用户的行业分布

（6）用户的职业分布

广西壮族自治区上网用户中，学生所占的比例最多，达到 20.1%；其次是专业技术人员，所占比例为 12.8%；排在第 3 位的是无业人员，所占比例为 11.3%；教师占 9.6%；商业服务业人员占 9.4；企事业单位管理人员占 9.3%；国家机关、党群组织工作人员占 8.8%；生产、运输设备操作人员及有关人员占 6.8%；办事员等协助人员占 5.1%；其他职业的用户所占比例相对较少（如图 23.390 所示）。

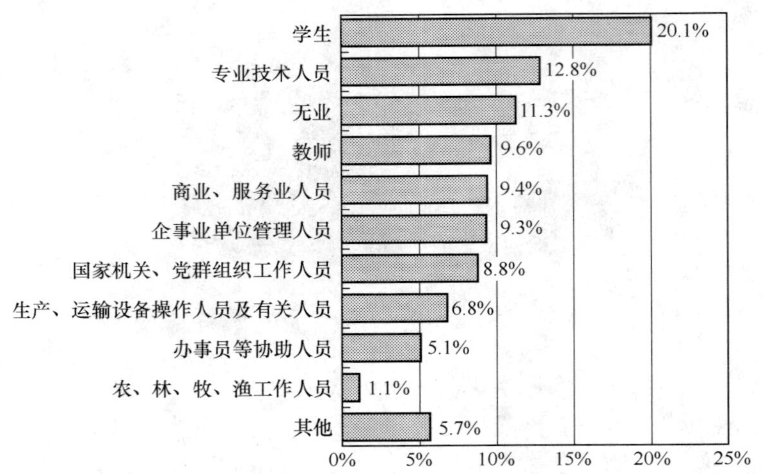

图 23.390　广西壮族自治区上网用户的职业分布

（7）用户的个人月收入

广西壮族自治区上网用户中，个人月收入为 500 元以下的最多，达到 25.3%；其次是 501～1000 元的用户，所占比例为 24.4%；排在第三位的是 1001～1500 元的用户，所占比例为 18.0%；个人月收入为 1501～2000 元的用户所占比例为 12.2%；无收入的用户所占比例为 9.8%；个人月收入超过 2000 元的用户所占比例为 10.3%（如图 23.391 所示）。

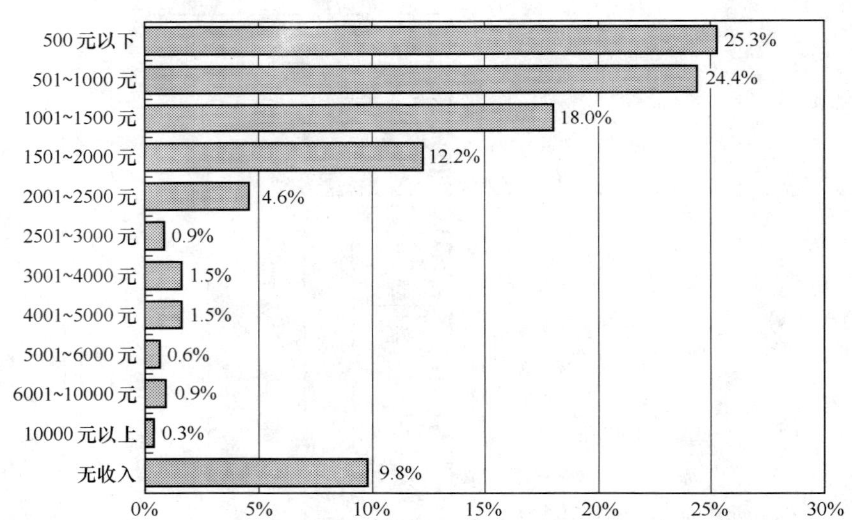

图 23.391　广西壮族自治区上网用户的个人月均收入分布

2．用户对互联网的使用情况

（1）用户每月实际花费的上网费用

广西壮族自治区上网用户中，每月实际花费的上网费用（仅限于上网费及上网电话费，不包括使用网络服务的费用）以低于 50 元的最多，占 53.6%；其次是每月实际花费的上网费用为 51～100 元的用户，所占比例为 25.4%；每月实际花费的上网费用在 101～200 元的用户所占比例为 15.6%；每月实际花费的上网费用超过 200 元的用户占 5.4%（如图 23.392 所示）。广西壮族自治区上网用户每月实际花费的上网费用集中在 100 元及以下。

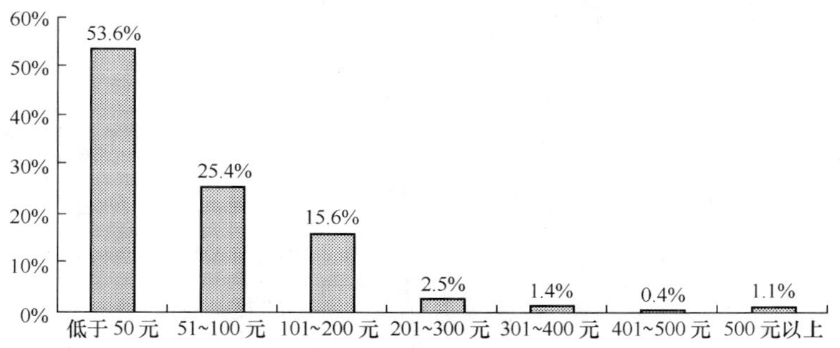

图 23.392 广西壮族自治区上网用户平均每月上网费用

（2）用户平均每周上网时间

广西壮族自治区上网用户平均每周上网时间为 13.3 小时。

（3）用户平均每周上网天数

广西壮族自治区上网用户平均每周上网天数为 4.4 天。

（4）用户通常上网时间

广西壮族自治区上网用户的上网时间在一天中波动较大：凌晨 1 点至早上 7 点钟是上网用户最少上网的时间，从早上 8 点钟起上网的用户逐渐增加，到中午 12 点、13 点达到一天当中的第一个高峰，皆有 34.8%的用户上网；14 点开始回落，直到晚上 21 点的时候达到一天中的顶峰，有 60.1%的用户在这一时间上网，这之后上网用户数又急剧减少（如图 23.393 所示）。日常生活的作息时间在一定程度上影响着人们使用互联网的时间，广西壮族自治区上网用户使用互联网的高峰时间在晚上。

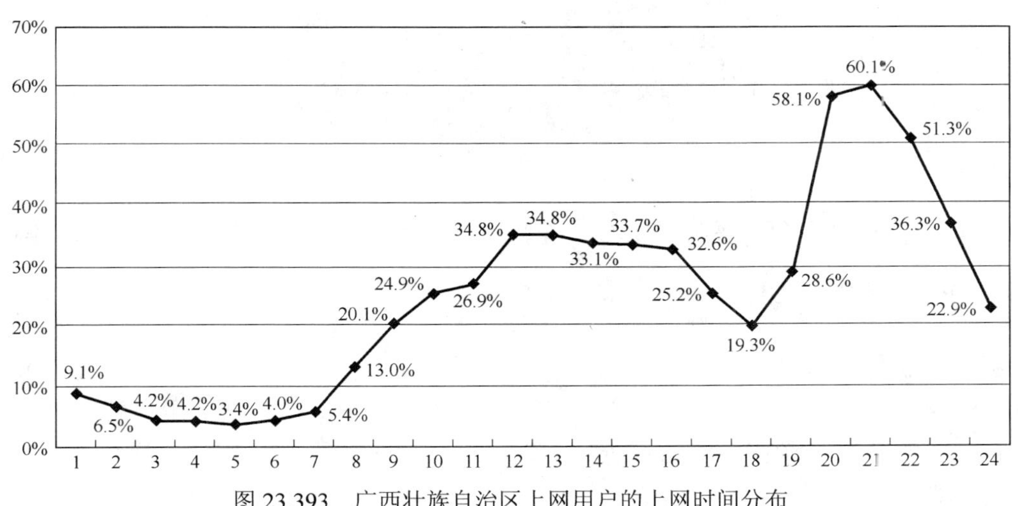

图 23.393 广西壮族自治区上网用户的上网时间分布

（5）用户拥有的 E-mail 账号平均值

广西壮族自治区上网用户拥有 E-mail 账号数目的平均值为 1.3，其中免费 E-mail 账号平均值为 1.2。

（6）用户平均每周收发的电子邮件数

广西壮族自治区上网用户平均每周收到电子邮件数（不包括垃圾邮件）为 3.6 封，收到垃圾邮件数 9.2 封，发出电子邮件数 3.0 封。

（7）用户上网最主要的目的

广西壮族自治区上网用户上网的主要目的以休闲娱乐最多，选择的用户达到 38.4%；其次是获取信息，所占比例为 36.4%；排在第三位的是交友，有 7.4%的用户选择此项；选择学习的用户占 6.0%；选择获得各种免费资源的用户占 4.0%；选择其他上网目的的用户相对较少（如图 23.394 所示）。

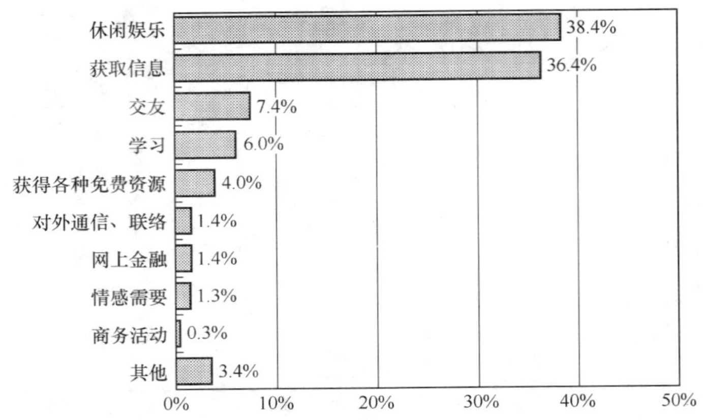

图 23.394　广西壮族自治区上网用户上网最主要的目的

3．用户对互联网的观点

（1）关于“使用互联网可以提高工作/学习和生活的效率”

关于“使用互联网可以提高工作/学习和生活的效率”的观点，广西壮族自治区上网用户表示比较赞成的最多，达到 64.6%；其次是表示非常赞成的，所占比例为 24.8%；表示一半赞成一半不赞成的用户所占比例为 8.6%；表示不太赞成的用户所占比例为 1.7%；表示很不赞成的用户所占比例最少，只有 0.3%（如图 23.395 所示）。广西壮族自治区上网用户对“使用互联网可以提高工作/学习和生活的效率”的观点表示赞成的占多数。

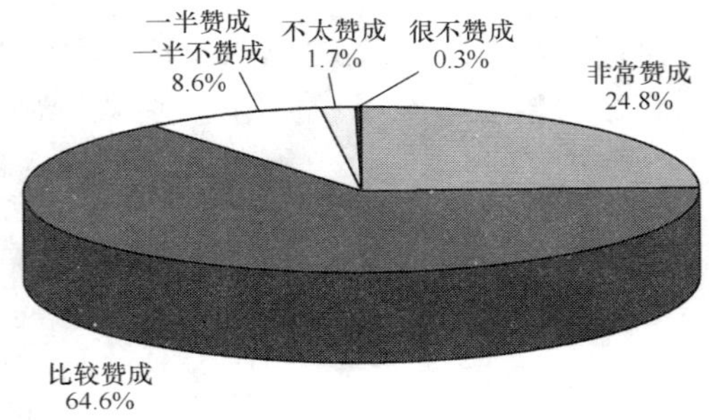

图 23.395　广西壮族自治区上网用户对“使用互联网可以提高工作/学习和生活的效率”观点的看法

（2）关于“在单位/学校/邻里中，会上网的人好像高人一等”

关于“在单位/学校/邻里中，会上网的人好像高人一等”的观点，广西壮族自治区上网用户表示不太赞成的最多，达到 44.7%；其次是表示很不赞成的，所占比例为 26.8%；表示比较赞成的用户所占比例为 12.8%；表示一半赞成一半不赞成的用户所占比例为 11.4%；表示非常赞成的用户所占比例为 4.3%（如图 23.396 所示）。广西壮族自治区上网用户对“在单位/学校/邻里中，会上网的人好像高人一等”的观点表示不赞成的占多数。

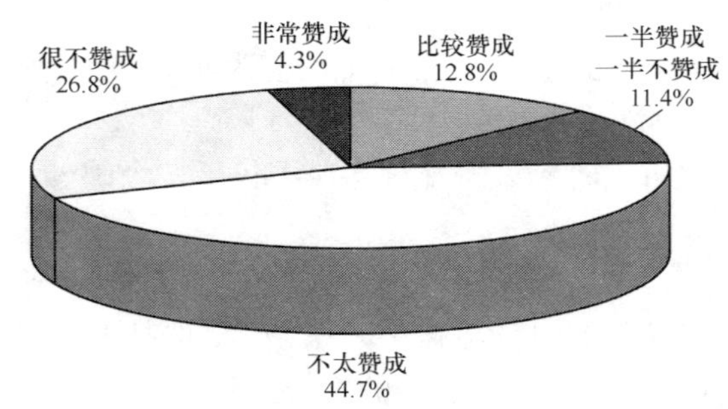

图 23.396　广西壮族自治区上网用户对“在单位/学校/邻里中，会上网的人好像高人一等”观点的看法

（3）关于“使用互联网容易结交不好的朋友”

关于“使用互联网容易结交不好的朋友”的观点，广西壮族自治区上网用户表示不太赞成的最多，达到 46.4%；其次是表示比较赞成的用户，所占比例为 17.4%；表示一半赞成一半不赞成的用户所占比例为 15.6%；表示很不赞成的用户所占比例为 15.1%；表示非常赞成的用户最少，只有 5.5%（如图 23.397 所示）。广西壮族自治区上网用户对“使用互联网容易结交不好的朋友”的观点表示不赞成的居多。

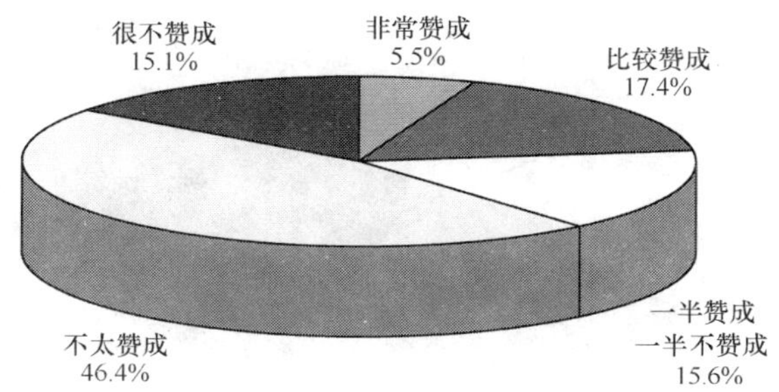

图 23.397　广西壮族自治区上网用户对“使用互联网容易结交不好的朋友”观点的看法

（4）关于“使用互联网容易暴露隐私”

关于“使用互联网容易暴露隐私”的观点，广西壮族自治区上网用户表示不太赞成的最多，达到 45.4%；其次是表示比较赞成的用户，所占比例为 20.4%；表示一半赞成一半不赞成的用户所占比例为 18.4%；表示很不赞成的用户，所占比例为 13.5%；表示非常赞成的用户最少，只占 2.3%（如图 23.398 所示）。广西壮族自治区上网用户对“使用互联网容易暴露隐私”的观点表示不赞成的居多。

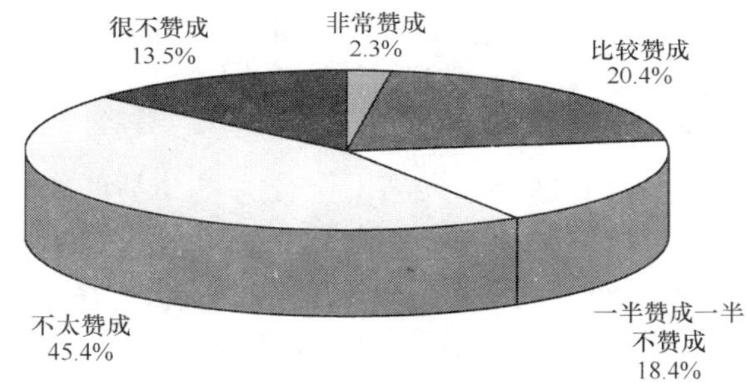

图 23.398　广西壮族自治区上网用户对“使用互联网容易暴露隐私”观点的看法

（5）关于“使用互联网容易受不良信息影响”

关于“使用互联网容易受不良信息影响”的观点，广西壮族自治区上网用户表示不太赞成的最多，达到 33.4%；其次是表示比较赞成的用户，所占比例为 31.4%；表示一半赞成一半不赞成的用户所占比例为 14.0%；表示很不赞成的用户所占比例为 13.2%；表示非常赞成的用户所占比例为 8.0%（如图 23.399 所示）。广西壮族自治区上网用户对“使用互联网容易受不良信息影响”的观点表示不赞成的用户多于表示赞成的用户。

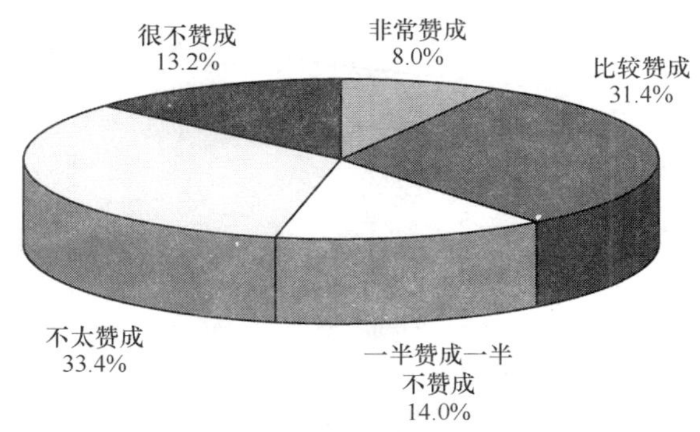

图 23.399　广西壮族自治区上网用户对“使用互联网容易受不良信息影响”观点的看法

（6）对互联网的信任程度

广西壮族自治区上网用户对互联网表示半信半疑的最多，所占比例为44.0%；其次是对互联网表示比较信任的，所占比例为43.5%；对互联网表示不太信任的用户有8.5%；对互联网表示完全信任的用户有3.4%；对互联网表示完全不信的用户有0.6%（如图23.400所示）。广西壮族自治区上网用户对互联网表示信任的用户多于表示不信任的用户。

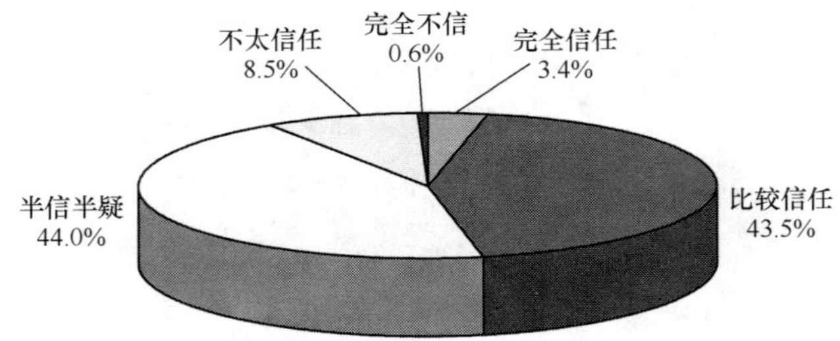

图23.400　广西壮族自治区上网用户对互联网的信任程度

综上所述，广西壮族自治区上网用户数为285万人，上网计算机数为88万台，CN下注册域名数量为3613个，WWW站点数为7921个。

其中住宅电话覆盖的上网用户（不包括住校大学生）中以男性、未婚占多数，年龄在18～24岁的所占比例最高，受教育程度为高中（中专）的最多，职业上学生所占的比例最多，行业上从事教育业的用户最多，个人月收入在500元以下的最多。

用户每月实际花费的上网费用集中在100元及以下，平均每周上网时间为13.3小时，平均每周上网天数为4.4天，使用互联网的高峰时间在晚上。用户拥有E-mail账号平均值为1.3，其中免费E-mail账号平均值为1.2，平均每周收到电子邮件数（不包括垃圾邮件）为3.6封，收到垃圾邮件数9.2封，发出电子邮件数3.0封。用户上网的最主要目的为休闲娱乐。

广西壮族自治区上网用户对“使用互联网可以提高工作/学习和生活的效率”的观点表示赞成的占多数，对“在单位/学校/邻里中，会上网的人好像高人一等”观点、“使用互联网容易结交不好的朋友”观点、“使用互联网容易暴露隐私”观点均为表示不赞成的居多，对“使用互联网容易受不良信息影响”的观点表示不赞成的用户多于表示赞成的用户，对互联网表示信任的用户多于表示不信任的用户。

23.1.21　海南省互联网络发展状况

一、宏观概况

1．上网用户人数

海南省上网用户人数为47万，占全国上网用户总人数的比例为0.5%，是海南省总人口的5.8%。与第13次调查结果相比，海南省上网用户人数增加7.3万，增长率为18.4%，占全国上网用户总人数的比例保持不变，占海南省总人口比例增加0.9%（如图23.401所示）。

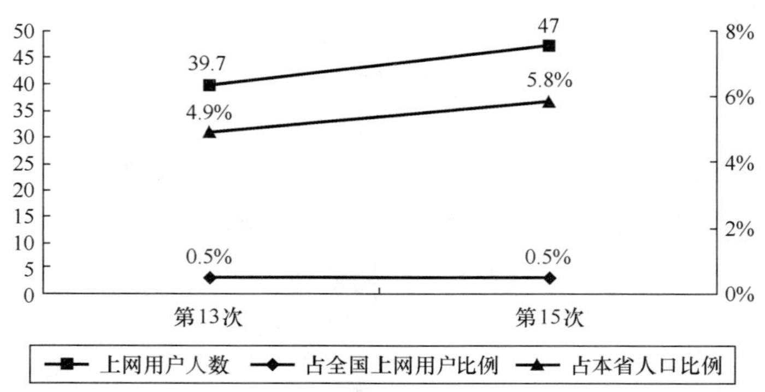

图23.401　海南省历次调查上网用户人数

2．上网计算机数

海南省上网计算机数为 24 万台，占全国上网计算机总数的比例为 0.6%。与第 13 次调查结果相比，海南省上网计算机数增加 7 万台，增长率为 41.2%，占全国上网计算机总数的比例保持不变（如图 23.402 所示）。

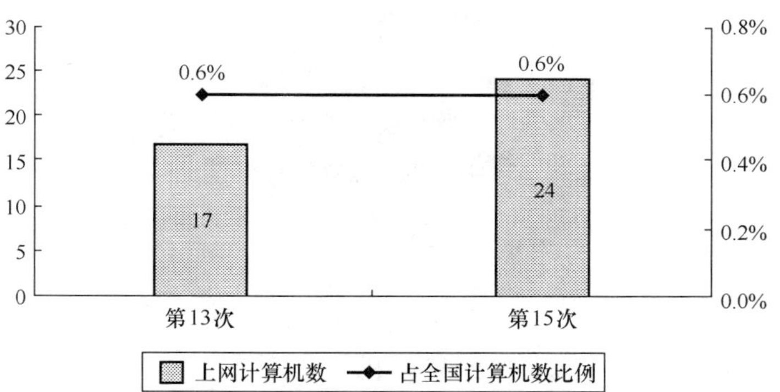

图 23.402　海南省历次调查上网计算机数

3．CN 下注册域名数（不含 EDU）

海南省 CN 下注册域名数量为 1379 个，占全国 CN 下注册域名总数的比例为 0.3%。与第 13 次调查结果相比，海南省 CN 下注册域名数增加 229 个，增长率为 19.9%，占全国 CN 下注册域名总数的比例保持不变（如图 23.403 所示）。

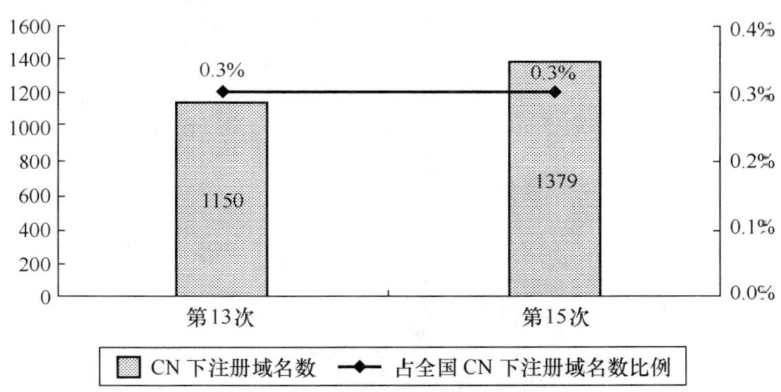

图 23.403　海南省历次调查 CN 下注册域名数（不含 EDU）

4．WWW 站点数（包括.CN、.COM、.NET、.ORG 下的网站）

海南省 WWW 站点数为 2803 个，占全国 WWW 站点数的比例为 0.4%。与第 13 次调查结果相比，海南省 WWW 站点数增加 216 个，增长率为 8.3%，占全国 WWW 站点数的比例保持不变（如图 23.404 所示）。

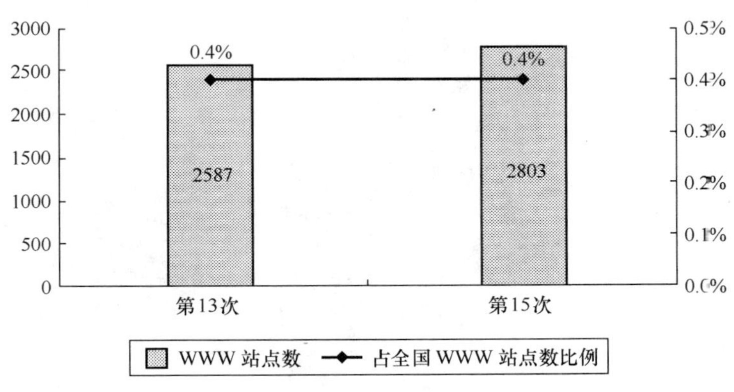

图 23.404　海南省历次调查 WWW 站点数

二、互联网用户行为意识调查结果

1．用户个人信息

（1）用户的性别

海南省上网用户中，男性占66.1%，女性占33.9%（如图23.405所示）。男性为上网用户主体。

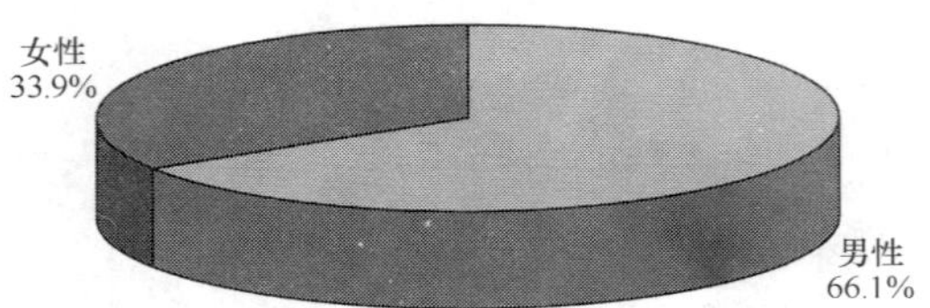

图23.405 海南省上网用户的性别分布

（2）用户的年龄分布

海南省上网用户中，18岁以下的用户所占比例最高，达到32.2%；其次是18～24岁的用户，所占比例为31.0%；25～30岁的用户占14.0%；31～35岁的用户所占比例为7.9%；36～40岁的用户占7.0%；41～50岁的用户所占比例为6.2%；50岁以上的用户所占比例为1.6%（如图23.406所示）。

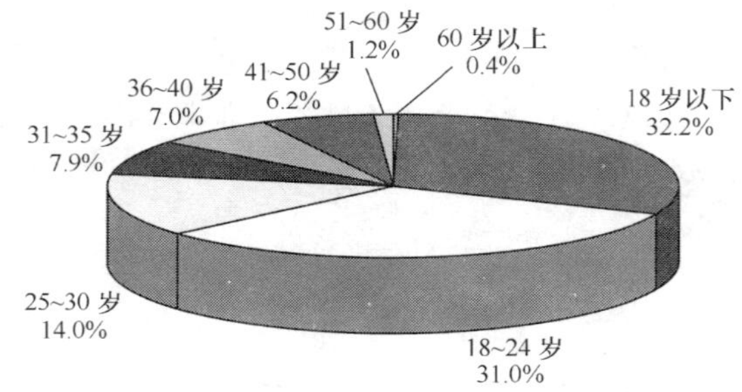

图23.406 海南省上网用户的年龄分布

（3）用户的婚姻状况

海南省上网用户中，已婚者占27.8%，未婚者占72.2%（如图23.407所示）。未婚者为上网用户主体。

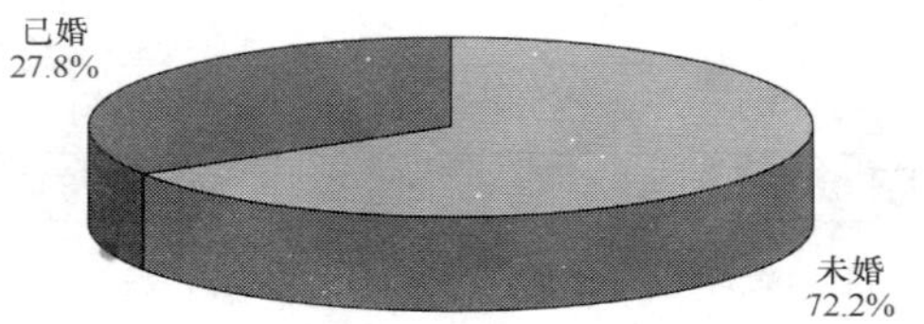

图23.407 海南省上网用户的婚姻状况分布

（4）用户的受教育程度

海南省上网用户中，受教育程度为高中（中专）的用户最多，达到37.4%；其次是受教育程度为高中（中专）以下的用户，所占比例为33.3%；受教育程度为本科的用户所占比例为14.2%；受教育程度为大专的用户占13.8%；硕士只占1.2%（如图23.408所示）。

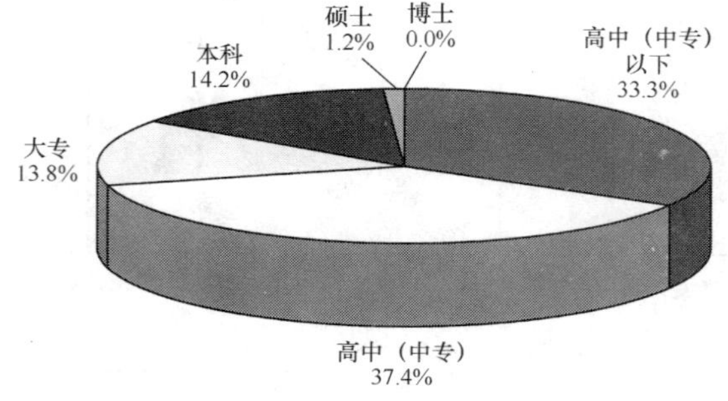

图23.408 海南省上网用户的受教育程度分布

（5）用户的行业分布（不包括军人、学生和无业人员）

海南省上网用户中，从事教育业的用户最多，所占比例为 23.7%；其次是从事公共管理和社会组织的用户，所占比例为 14.9%；排在第三位的是从事制造业的用户，所占比例为 9.6%；从事农、林、牧、渔业的用户占 7.9%；从事居民服务业的用户占 5.3%；从事 IT 业的用户占 4.6%；从事金融业、批发和零售业的用户皆占 4.4%；从事卫生、社会保障和社会福利业的用户占 4.2%；从事交通运输、仓储业的用户占 2.6%；从事其他行业的上网用户则相对较少（如图 23.409 所示）。

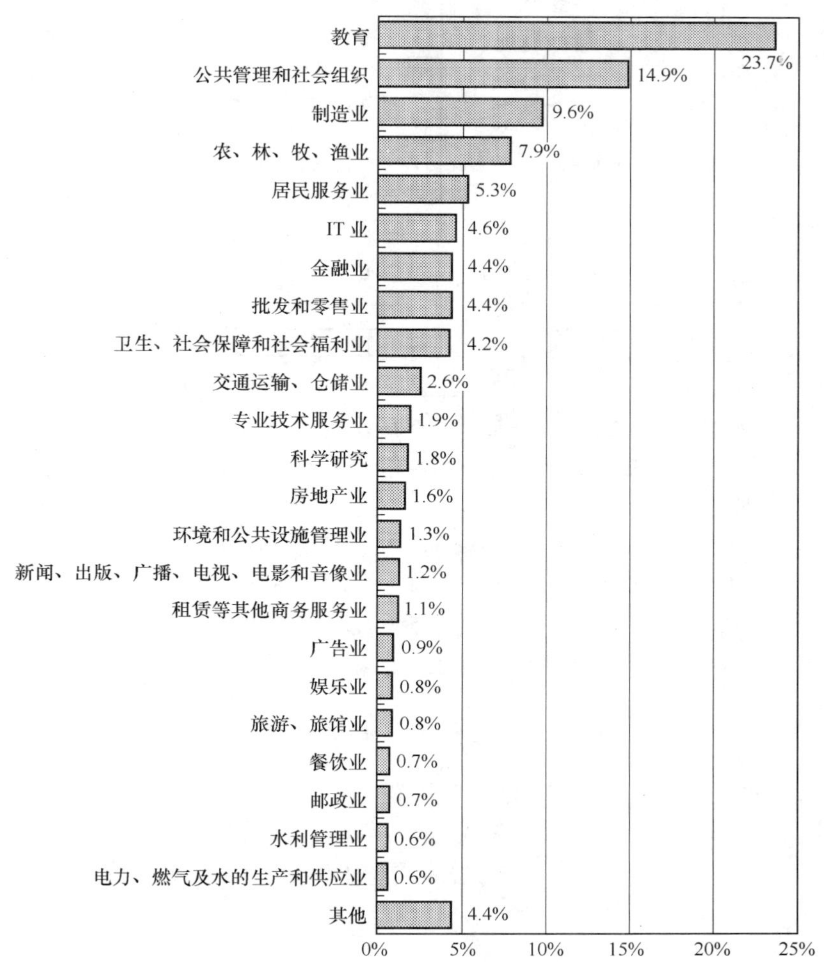

图 23.409　海南省上网用户的行业分布

（6）用户的职业分布

海南省上网用户中，学生所占的比例最多，达到 37.5%；其次是无业人员，所占比例为 15.7%；排在第三位的是教师，所占比例为 10.1%；商业、服务业人员占 8.2%；专业技术人员占 8.0%；国家机关、党群组织工作人员 7.7%；办事员等协助人员占 4.1%；企事业单位管理人员占 3.9%；其他职业的用户所占比例较少（如图 23.410 所示）。

（7）用户的个人月收入

海南省上网用户中，个人月收入为 500 元以下的最多，达到 42.3%；其次是 501～1000 元的用户，所占比例为 22.2%；排在第三位的是 1001～1500 元的用户，所占比例为 14.6%；个人月收入为 1501～2000 元的用户占 7.5%；个人月收入超过 2000 元的用户所占比例为 8.0%（如图 23.411 所示）。

2．用户对互联网的使用情况

（1）用户每月实际花费的上网费用

海南省上网用户中，每月实际花费的上网费用（仅限于上网费及上网电话费，不包括使用网络服务的

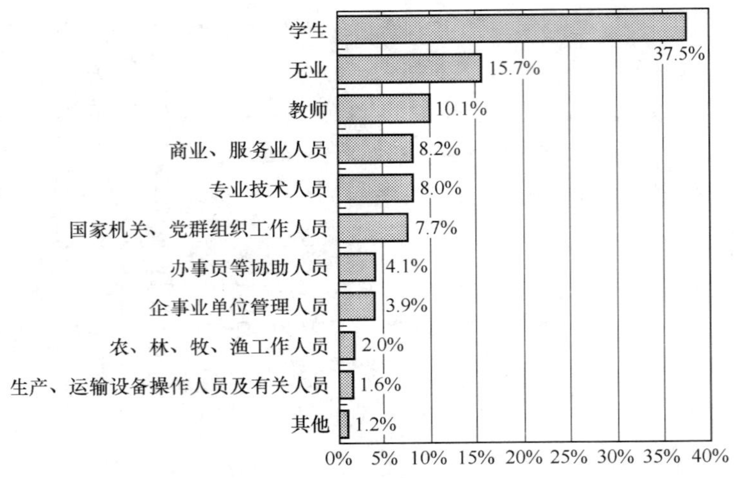

图 23.410　海南省上网用户的职业分布

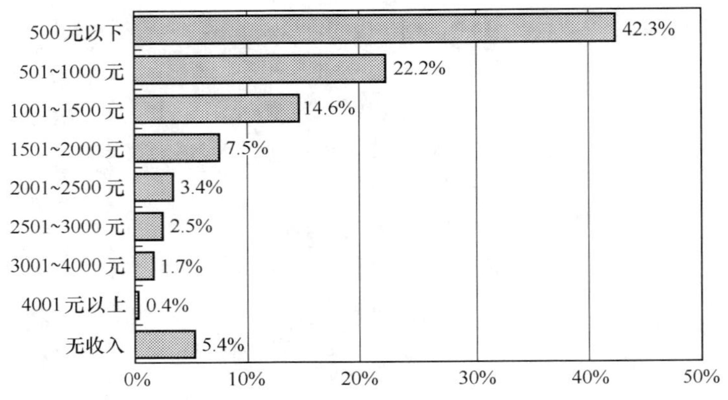

图 23.411　海南省上网用户的个人月均收入分布

费用）以低于 50 元的最多，占 53.5%；其次是每月实际花费的上网费用为 51～100 元的用户，所占比例为 23.8%；每月实际花费的上网费用在 101～200 元的用户所占比例为 15.3%；每月实际花费的上网费用超过 200 元的用户占 7.4%（如图 23.412 所示）。海南省上网用户每月实际花费的上网费用集中在 100 元及以下。

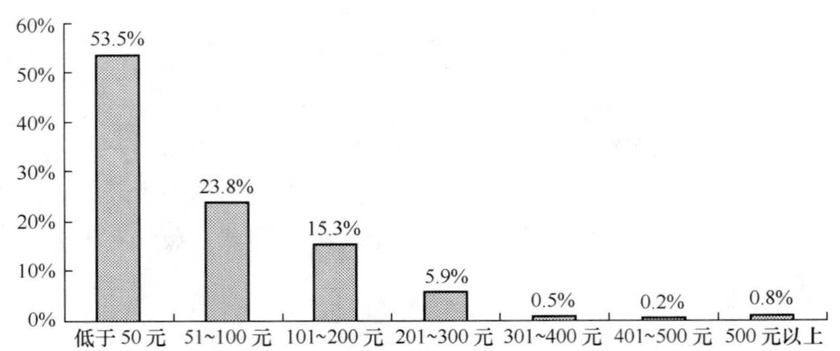

图 23.412　海南省上网用户平均每月上网费用

（2）用户平均每周上网时间

海南省上网用户平均每周上网时间为 9.7 小时。

（3）用户平均每周上网天数

海南省上网用户平均每周上网天数为 3.3 天。

（4）用户通常上网时间

海南省上网用户的上网时间在一天中波动较大：凌晨 1 点至早上 7 点钟是用户最少上网的时间，从早上 8 点钟起上网的人逐渐增加，到上午 10 点达到一天当中的第一个高峰，有 29.8%的用户在这一时间上网，11 点有所回落，到 12 点达到一天当中的第二个高峰，有 31.5%的用户在这一时间上网，此后上网用户数开始下降；从晚上 19 点开始上网用户激增，到晚上 21 点时达到一天中的顶峰，有 55.2%的用户在这一时间上网，这之后上网人数又急剧减少（如图 23.413 所示）。日常生活的作息时间在一定程度上影响着人们使用互联网的时间，海南省上网用户使用互联网的高峰时间在晚上。

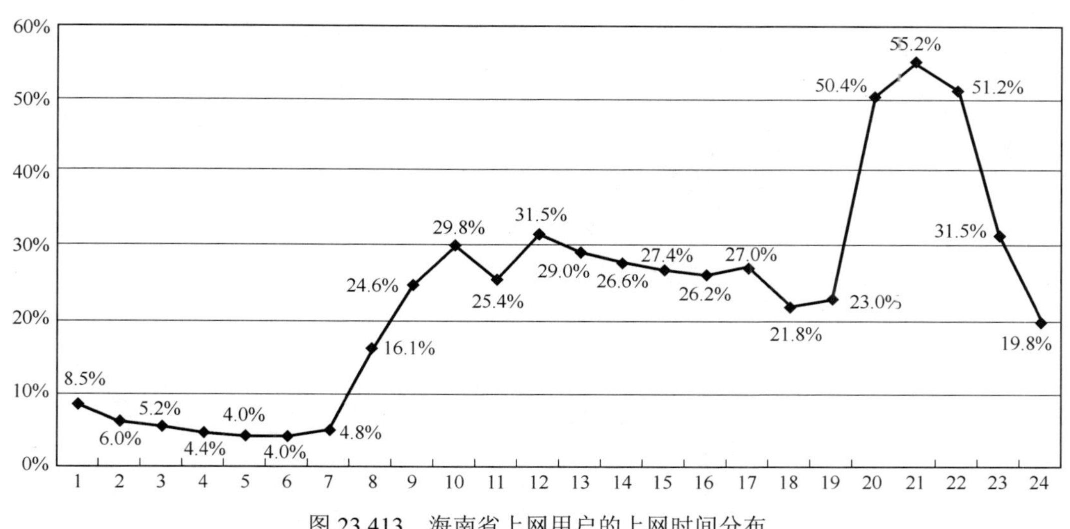

图 23.413　海南省上网用户的上网时间分布

（5）用户拥有的 E-mail 账号平均值

海南省上网用户拥有 E-mail 账号平均值为 1.1，其中免费 E-mail 账号平均值为 1.0。

（6）用户平均每周收发的电子邮件数

海南省上网用户平均每周收到电子邮件数（不包括垃圾邮件）为 3.1 封，收到垃圾邮件数 5.1 封，发出电子邮件数 3.2 封。

（7）用户上网最主要的目的

海南省上网用户上网的主要目的以休闲娱乐最多，达到 35.5%；其次是获取信息，所占比例为 28.2%；排在第三位的是交友，有 17.3%的用户选择此项；选择学习的用户占 10.5%；选择其他上网目的的用户相对很少（如图 23.414 所示）。

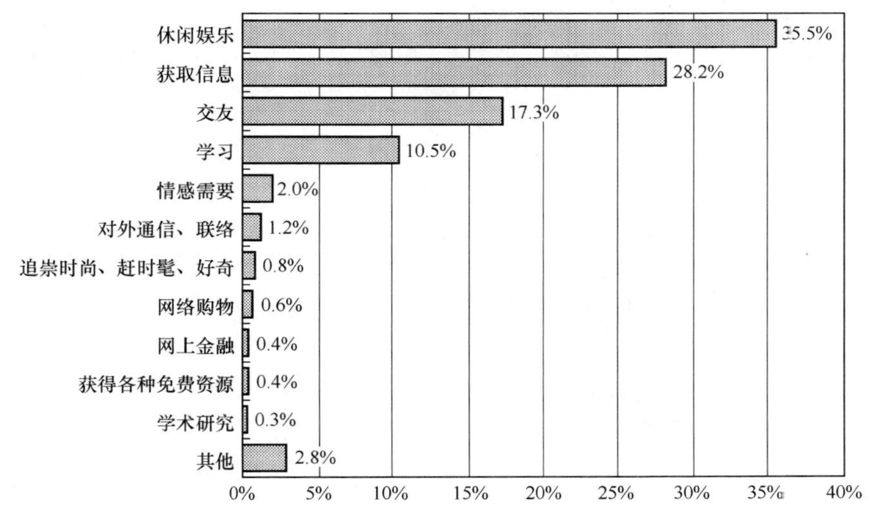

图 23.414　海南省上网用户上网最主要的目的

3．用户对互联网的观点

（1）关于“使用互联网可以提高工作/学习和生活的效率”

关于“使用互联网可以提高工作/学习和生活的效率”的观点，海南省上网用户表示比较赞成的最多，达到54.8%；其次是表示非常赞成的，所占比例为32.3%；表示一半赞成一半不赞成的用户所占比例为8.9%；表示不太赞成的用户所占比例为3.2%；表示很不赞成的用户所占比例较小，只有0.8%（如图23.415所示）。海南省上网用户对“使用互联网可以提高工作/学习和生活的效率”的观点表示赞成的占多数。

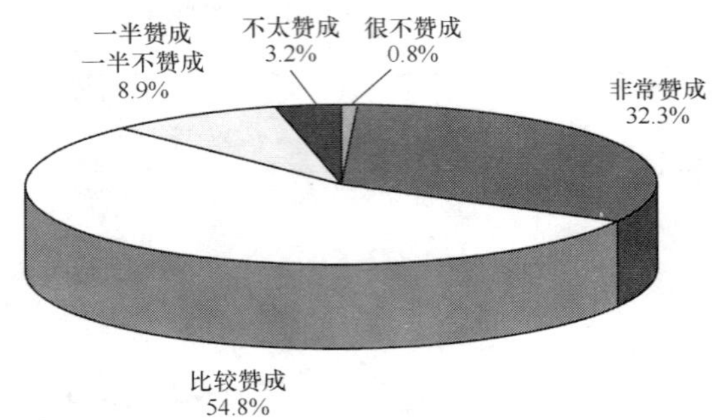

图23.415 海南省上网用户对“使用互联网可以提高工作/学习和生活的效率”观点的看法

（2）关于“在单位/学校/邻里中，会上网的人好像高人一等”

关于“在单位/学校/邻里中，会上网的人好像高人一等”的观点，海南省上网用户表示不太赞成的最多，达到35.1%；其次是表示很不赞成的，所占比例为22.6%；表示比较赞成的用户所占比例为21.4%；表示一半赞成一半不赞成的用户所占比例为12.5%；表示非常赞成的用户所占比例为8.4%（如图23.416所示）。海南省上网用户对“在单位/学校/邻里中，会上网的人好像高人一等”的观点表示不赞成的占多数。

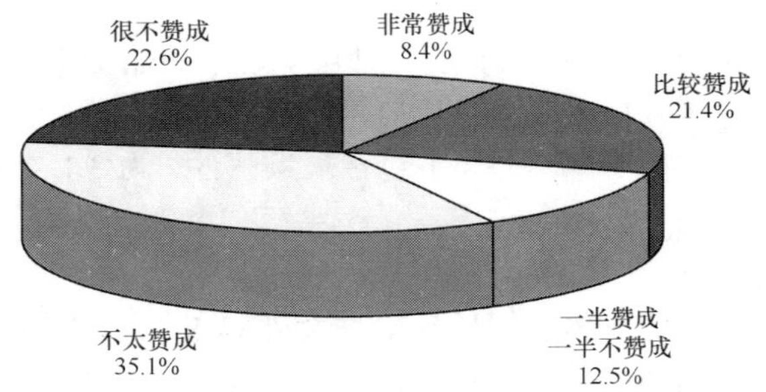

图23.416 海南省上网用户对“在单位/学校/邻里中，会上网的人好像高人一等”观点的看法

（3）关于“使用互联网容易结交不好的朋友”

关于“使用互联网容易结交不好的朋友”的观点，海南省上网用户表示不太赞成的最多，达到36.8%；其次是表示很不赞成的用户，所占比例为22.3%；表示比较赞成的用户所占比例为21.1%；表示一半赞成一半不赞成的用户所占比例为12.1%；表示非常赞成的用户最少，只有7.7%（如图23.417所示）。海南省上网用户对“使用互联网容易结交不好的朋友”的观点表示不赞成的居多。

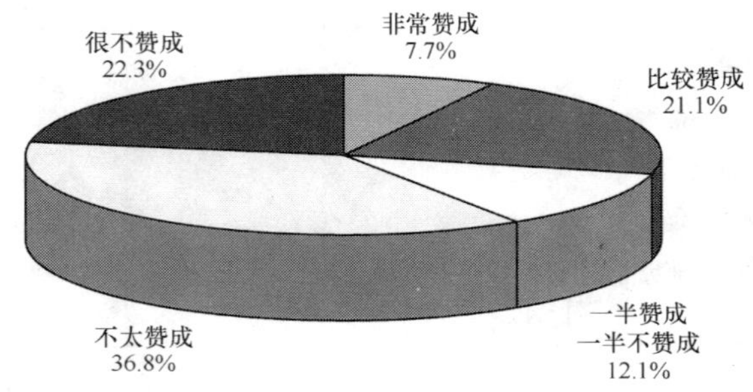

图23.417 海南省上网用户对“使用互联网容易结交不好的朋友”观点的看法

（4）关于“使用互联网容易暴露隐私”

关于“使用互联网容易暴露隐私”的观点，海南省上网用户表示不太赞成的最多，达到 45.8%；其次是表示很不赞成的用户，所占比例为 21.1%；表示比较赞成的用户所占比例为 19.4%；表示一半赞成一半不赞成的用户所占比例为 9.7%；表示非常赞成的用户最少，占 4.0%（如图 23.418 所示）。海南省上网用户对“使用互联网容易暴露隐私”的观点表示不赞成的居多。

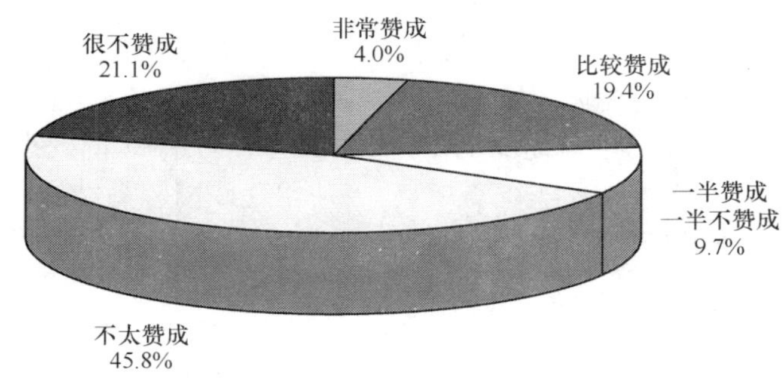

图 23.418　海南省上网用户对“使用互联网容易暴露隐私”观点的看法

（5）关于“使用互联网容易受不良信息影响”

关于“使用互联网容易受不良信息影响”的观点，海南省上网用户表示不太赞成的最多，达到 29.8%；其次是表示比较赞成的用户，所占比例为 23.8%；表示很不赞成的用户所占比例为 23.0%；表示一半赞成一半不赞成和非常赞成的用户所占比例皆为 11.7%（如图 23.419 所示）。海南省上网用户对“使用互联网容易受不良信息影响”的观点表示不赞成的居多。

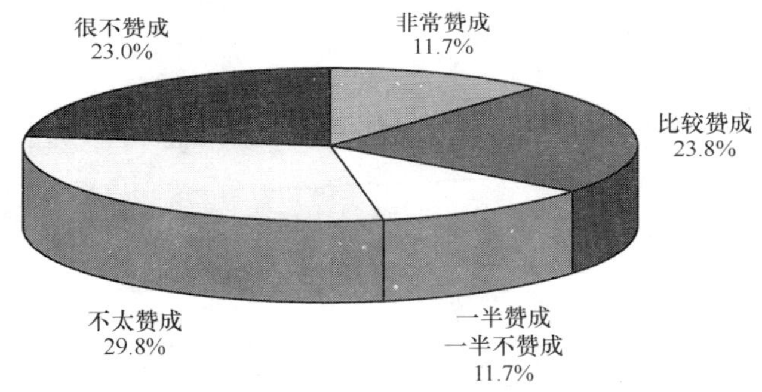

图 23.419　海南省上网用户对“使用互联网容易受不良信息影响”观点的看法

（6）对互联网的信任程度

海南省上网用户对互联网表示半信半疑的最多，所占比例为 45.5%；其次是对互联网表示比较信任的，所占比例为 35.4%；对互联网表示完全信任的用户有 9.4%；对互联网表示不太信任的用户有 7.3%；对互联网表示完全不信的用户占 2.4%（如图 23.420 所示）。海南省上网用户对互联网表示信任多于表示不信任的。

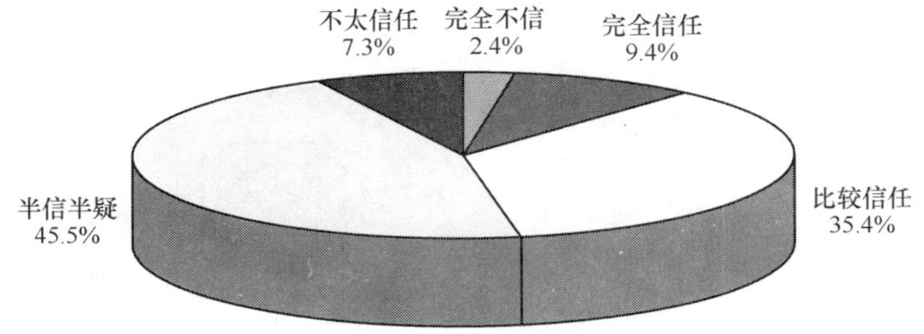

图 23.420　海南省上网用户对互联网的信任程度

综上所述，海南省上网用户数为 47 万人，上网计算机数为 24 万台，CN 下注册域名数量为 1379 个，

WWW 站点数为 2803 个。

其中住宅电话覆盖的上网用户（不包括住校大学生）中以男性、未婚占主体，年龄在 18 岁以下的所占比例最高，受教育程度为高中（中专）的最多，职业上学生所占的比例最多，行业上从事教育业的人最多，个人月收入在 500 元以下的最多。

用户每月实际花费的上网费用集中在 100 元及以下，平均每周上网时间为 9.7 小时，平均每周上网天数为 3.3 天，使用互联网的高峰时间在晚上。用户拥有 E-mail 账号平均值为 1.1，其中免费 E-mail 账号平均值为 1.0，平均每周收到电子邮件数（不包括垃圾邮件）为 3.1 封，收到垃圾邮件数 5.1 封，发出电子邮件数 3.2 封。用户上网的最主要目的为休闲娱乐。

海南省上网用户对“使用互联网可以提高工作/学习和生活的效率”的观点表示赞成的占多数，对“在单位/学校/邻里中，会上网的人好像高人一等”观点、“使用互联网容易结交不好的朋友”观点、“使用互联网容易暴露隐私”观点、“使用互联网容易受不良信息影响”观点皆为表示不赞成的居多，对互联网表示信任的多于表示不信任的。

23.1.22　重庆市互联网络发展状况

一、宏观概况

1．上网用户人数

重庆市上网用户人数为 181 万，占全国上网用户总人数的比例为 1.9%，是重庆市总人口的 5.8%。与第 13 次调查结果相比，重庆市上网用户人数增加 4.4 万，增长率为 2.5%，占全国上网用户总人数的比例减少 0.3%，占重庆市总人口比例增加 0.1%（如图 23.421 所示）。

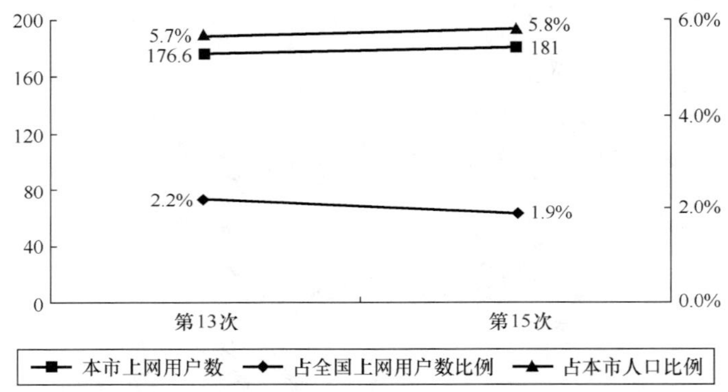

图 23.421　重庆市历次调查上网用户数

2．上网计算机数

重庆市上网计算机数为 74 万台，占全国上网计算机总数的比例为 1.8%。与第 13 次调查结果相比，重庆市上网计算机数增加 5 万台，增长率为 7.2%，占全国上网计算机总数的比例减少 0.6%（如图 23.422 所示）。

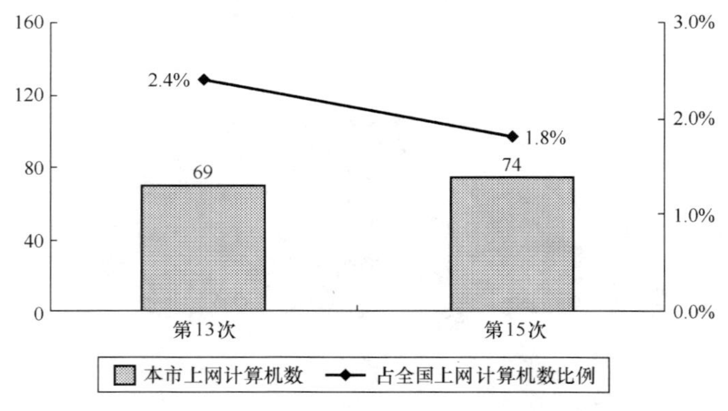

图 23.422　重庆市历次调查上网计算机数

3．CN 下注册域名数（不含 EDU）

重庆市 CN 下注册域名数量为 4 600 个，占全国 CN 下注册域名总数的比例为 1.1%。与第 13 次调查结果相比，重庆市 CN 下注册域名数量增加 949 个，增长率为 26.0%，占全国 CN 下注册域名总数的比例保持不变（如图 23.423 所示）。

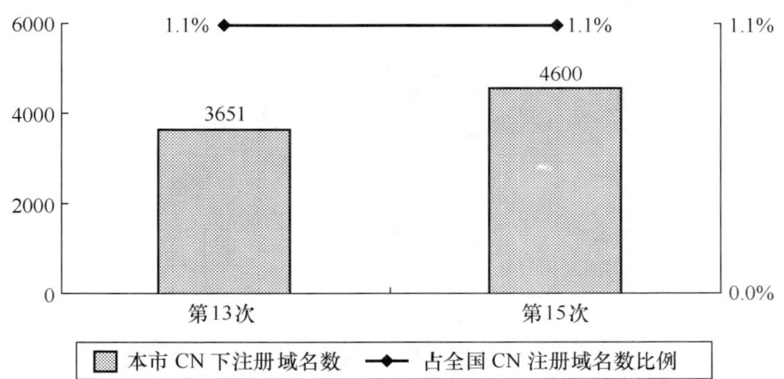

图 23.423　重庆市历次调查 CN 下注册域名数（不含 EDU）

4．WWW 站点数（包括.CN、.COM、.NET、.ORG 下的网站）

重庆市 WWW 站点数为 8 125 个，占全国 WWW 站点数的比例为 1.2%。与第 13 次调查结果相比，重庆市 WWW 站点数增加 667 个，增长率为 8.9%，占全国 WWW 站点总数的比例减少 0.1（如图 23.424 所示）。

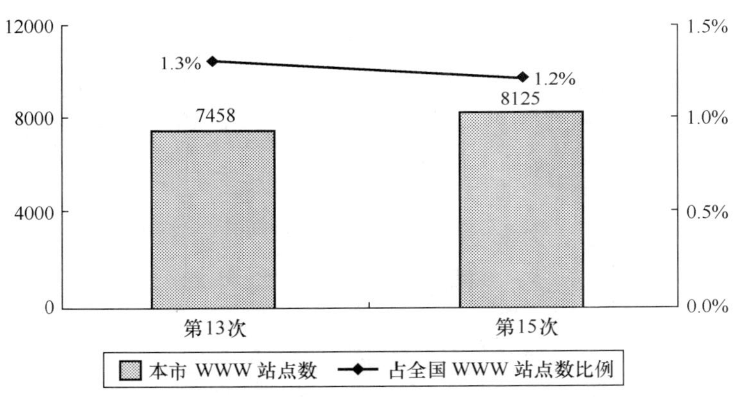

图 23.424　重庆市历次调查 WWW 站点数

二、互联网用户行为意识调查结果

1．用户个人信息

（1）用户的性别

重庆市上网用户中，男性占 61.7%，女性占 38.3%（如图 23.425 所示）。男性为上网用户主体。

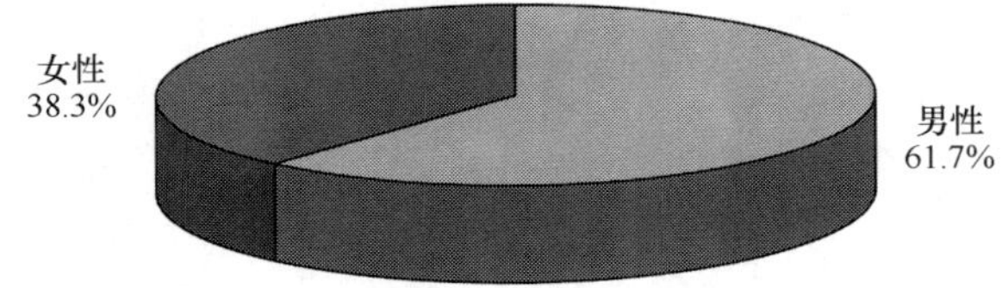

图 23.425　重庆市上网用户性别分布

（2）用户的年龄分布

重庆市上网用户中，18～24 岁的用户所占比例最高 24.2%；其次是 25～30 岁和 18 岁以下的用户，所占比例分别为 22.6%和 17.2%；31～35 岁的用户占 12.7%；35 岁以上用户所占比例为 23.3%（如图 23.426 所示）。

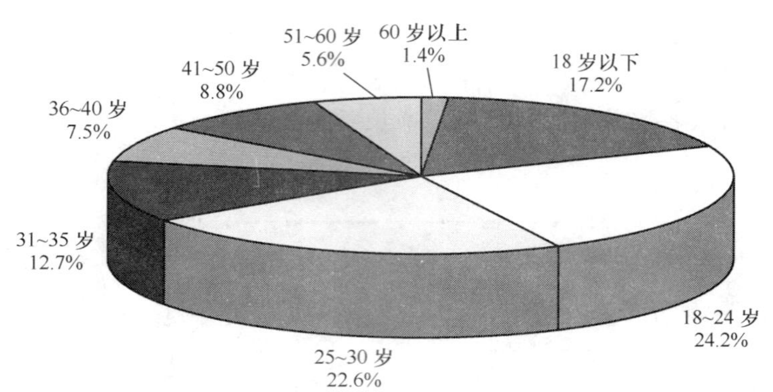

图 23.426　重庆市上网用户年龄分布

（3）用户的婚姻状况

重庆市上网用户中，已婚者占 57.2%，未婚者占 42.8%（如图 23.427 所示）。已婚者为上网用户主体。

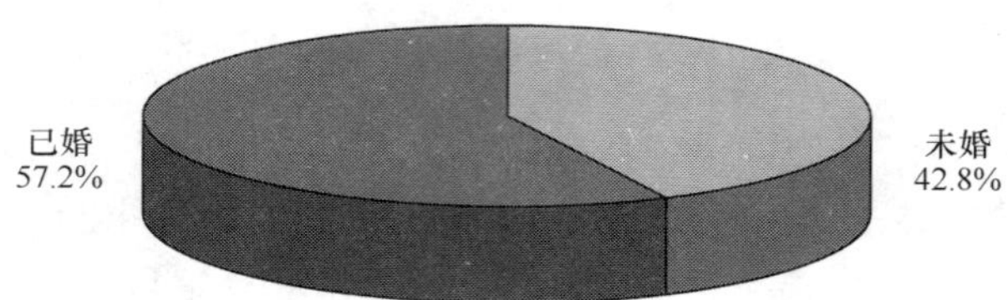

图 23.427　重庆市上网用户婚姻状况分布

（4）用户的受教育程度

重庆市上网用户中，受教育程度为大专的最多，达到 31.4%；其次是受教育程度为高中（中专）和本科的用户，所占比例分别为 27.9%和 27.0%；高中以下受教育程度的用户所占比例为 11.9%（如图 23.428 所示）。

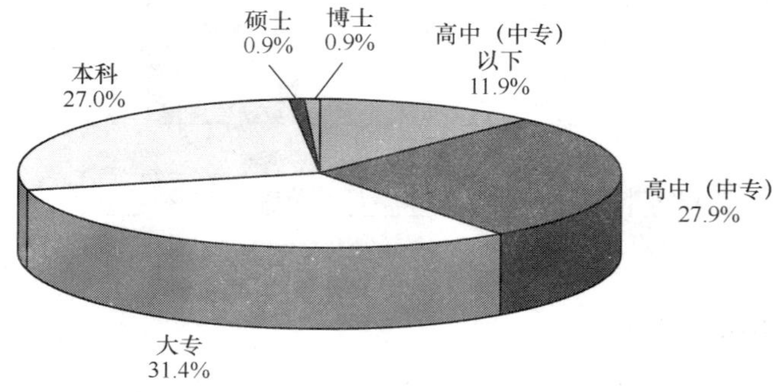

图 23.428　重庆市上网用户受教育程度分布

（5）用户的行业分布

重庆市上网用户中，从事教育业的人最多，占 16.1%；其次是从事制造业的用户，所占比例为 12.9%；排在第 3 位的是公共管理和社会组织业，所占比例为 9.7%；从事批发和零售业的用户所占比例为 9.1%；从事 IT 业的用户所占比例为 9.0%；从事其他行业的上网用户则较少（如图 23.429 所示）。

（6）用户的职业分布

重庆市上网用户中，学生所占的比例最多，达到 20.9%；其次是专业技术人员，所占比例为 16.5%；排在第三位的是商业、服务业人员，其所占比例为 10.9%；企事业单位管理人员所占比例为 10.0%；教师所占比例为 9.6%；无业人员所占比例为 9.1%；办事员等协助人员所占比例为 6.1%；生产、运输设备操作人员及有关人员所占比例为 5.2%；国家机关、党群组织工作人员所占比例为 4.3%；农、林、牧、渔工作人员所占比例为 0.9%；其他职业用户所占比例较少（如图 23.430 所示）。

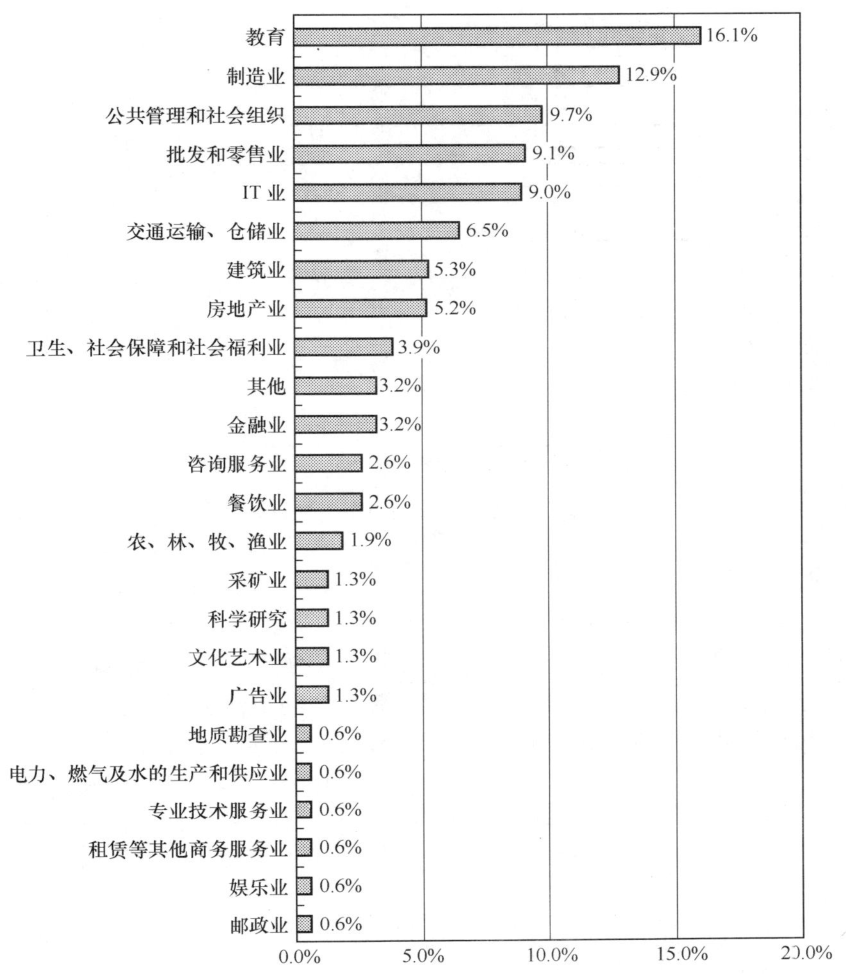

图 23.429　重庆市上网用户行业分布

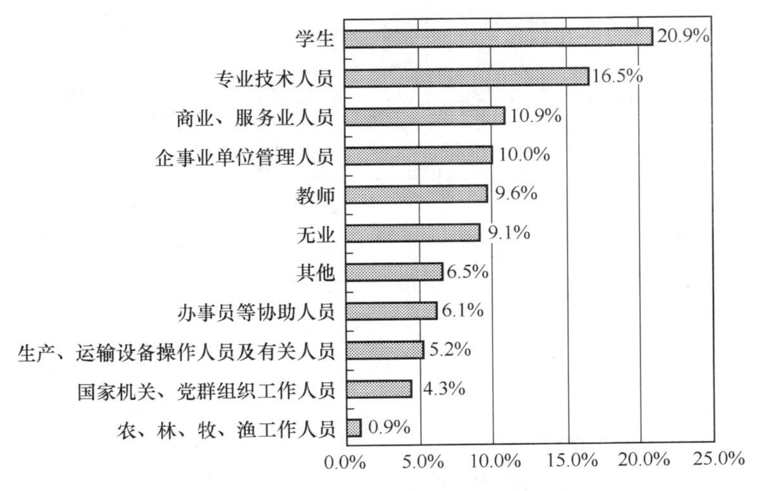

图 23.430　重庆市上网用户职业分布

（7）用户的个人月收入

重庆市上网用户中，个人月收入以 501～1 000 元的最多，达到 20.3%；其次是 1 001～1 500 元的用户，所占比例为 19.7%；排在第三位的是 500 元以下的用户，所占比例为 16.4%；收入在 1 501～2 000 的用户所占比例为 13.1%；个人月收入在 2 000 元以上的用户所占比例为 21.8%（如图 23.431 所示）。

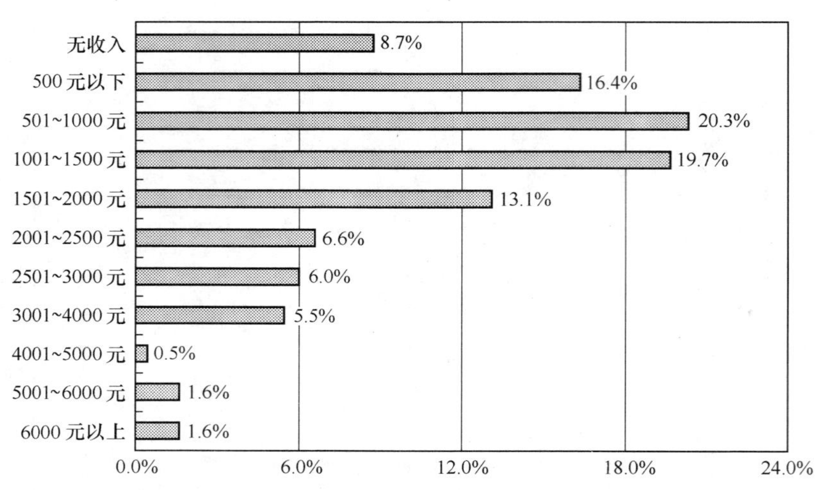

图 23.431　重庆市上网用户个人月收入分布

2．用户对互联网的使用情况

（1）用户每月实际花费的上网费用

重庆市上网用户中，每月实际花费的上网费用（仅限于上网费及上网电话费，不包括使用网络服务的费用）以 51～100 元的最多，占 39.7%；其次是每月实际花费的上网费用低于 50 元的用户，所占比例为 32.1%；每月实际花费的上网费用在 200 以上的用户很少，只占 4.2%（如图 23.432 所示）。

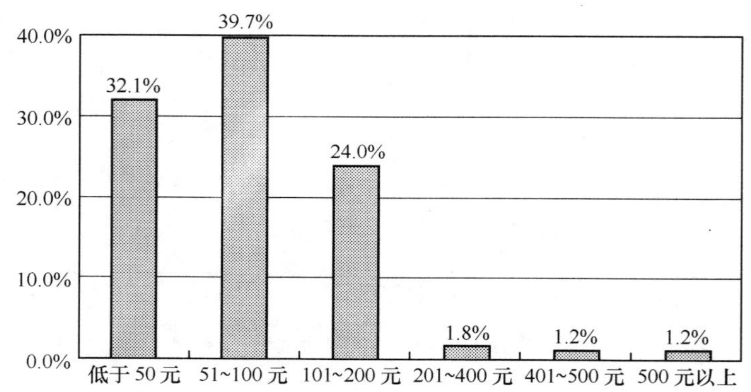

图 23.432　重庆市上网用户的上网费用分布

（2）用户平均每周上网时间

重庆市上网用户平均每周上网时间为 14.8 小时。

（3）用户平均每周上网天数

重庆市上网用户平均每周上网天数为 4.5 天。

（4）用户通常上网时间

重庆市上网用户上网时间在一天中波动较大：凌晨 1 点至早上 7 点是用户最少上网的时间，从早上 8 点起上网的人逐渐增加，到 10 点达到一天当中的第一个高峰，有 27.6%的用户在这一时间上网，此后上网人数开始下降；中午 12 点以后上网人数开始增多，到下午 15 点达到一天中的第二个高峰,有 34.9%的用户在这一时间上网，此后上网人数又有所下降；从晚上 19 点开始上网人数激增，到晚上 20 点和 21 点时达到一天中的顶峰，各有 50.0%的用户在这一时间上网，这之后上网人数又急剧减少（如图 23.433 所示）。日常生活的作息时间在一定程度上影响着人们使用互联网的时间，重庆市上网用户使用互联网的高峰时间在晚上。

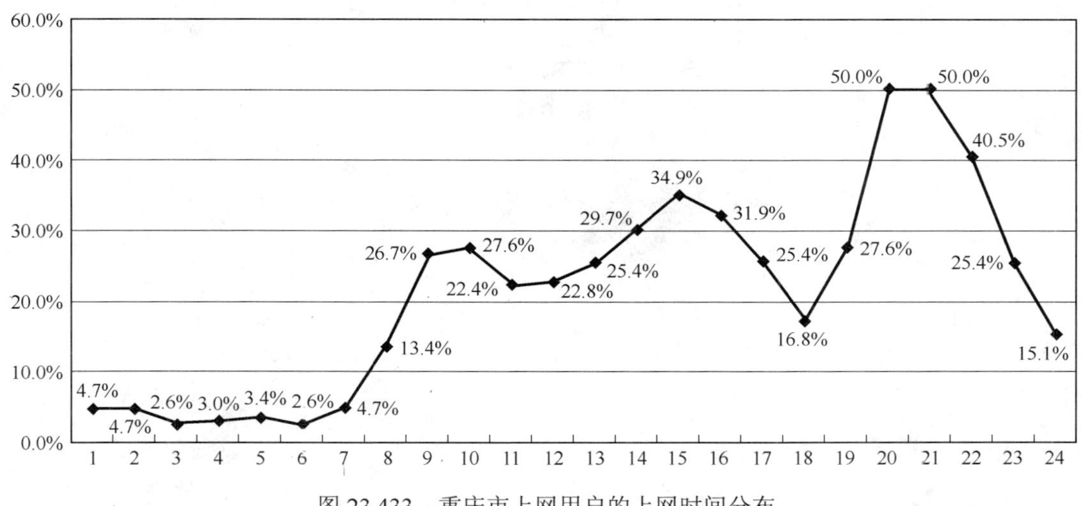

图 23.433　重庆市上网用户的上网时间分布

（5）用户拥有 E-mail 账号数

重庆市上网用户拥有 E-mail 账号数目的平均值为 1.3，其中免费 E-mail 账号平均值为 1.2。

（6）用户每周收发的电子邮件数

重庆市上网用户平均每周收到电子邮件数（不包括垃圾邮件）为 4.3 封，收到垃圾邮件数为 7.9 封，发出电子邮件数为 4.1 封。

（7）用户上网最主要的目的

重庆市上网用户上网的最主要目的以获取信息最多，达到 42.7%；其次是休闲娱乐，所占比例为 36.2%；排在第三位的是学习，有 7.8%的用户选择；还有 4.3%的用户选择交友；而选择其他上网目的的用户则很少（如图 23.434 所示）。

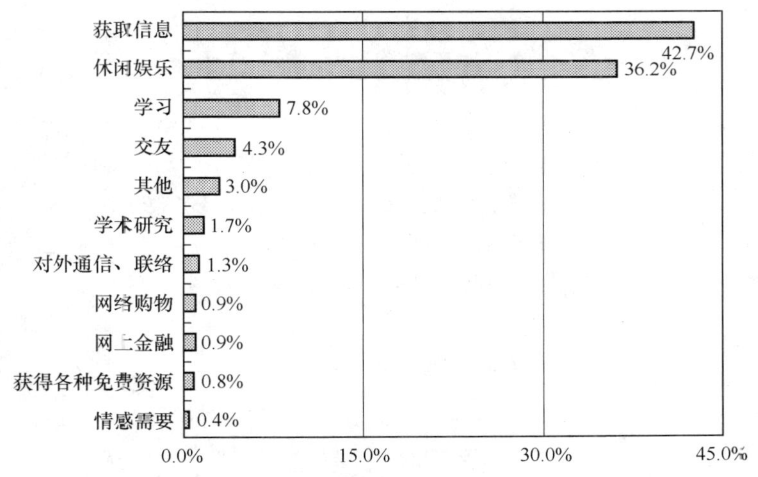

图 23.434　重庆市上网用户上网最主要的目的

3．用户对互联网的看法

（1）关于“使用互联网可以提高工作/学习和生活的效率”

关于“使用互联网可以提高工作/学习和生活的效率”的观点，重庆市上网用户表示比较赞成的最多，达到 60.2%；其次是表示非常赞成的，所占比例为 27.9%；表示一半赞成一半不赞成的用户所占比例为 9.7%；表示不赞成的用户所占比例非常小，只有 2.2%（如图 23.435 所示）。重庆市上网用户对“使用互联网可以提高工作/学习和生活的效率”的观点表示赞成的占绝大多数。

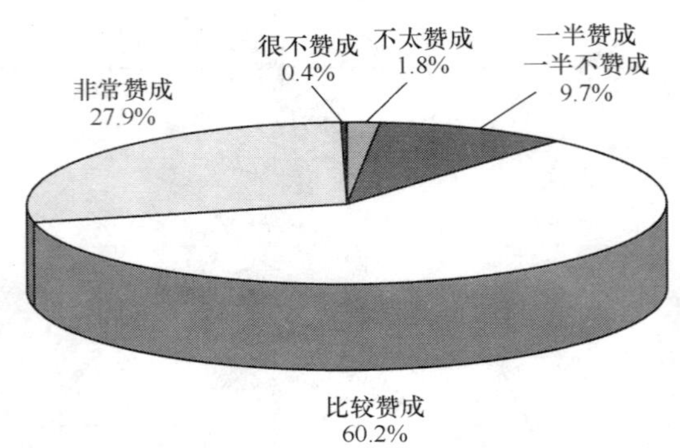

图 23.435 重庆市上网用户对“使用互联网可以提高工作/学习和生活的效率”观点的看法

（2）关于“在单位/学校/邻里中，会上网的人好像高人一等”

关于“在单位/学校/邻里中，会上网的人好像高人一等”的观点，重庆市上网用户表示不太赞成的最多，达到 55.4%；其次是表示很不赞成的，所占比例为 23.2%；表示一半赞成一半不赞成的用户所占比例为 11.2%；表示比较赞成的用户所占比例为 6.2%；表示非常赞成的用户所占比例为 4.0%（如图 23.436 所示）。重庆市上网用户对“在单位/学校/邻里中，会上网的人好像高人一等”的观点表示不赞成的占绝大多数。

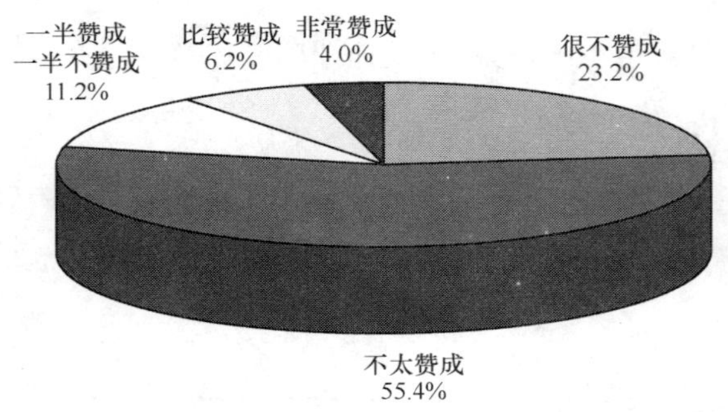

图 23.436 重庆市上网用户对“在单位/学校/邻里中，会上网的人好像高人一等”观点的看法

（3）关于“使用互联网容易结交不好的朋友”

关于“使用互联网容易结交不好的朋友”的观点，重庆市上网用户表示不太赞成的最多，达到 44.0%；其次是表示一半赞成一半不赞成的，所占比例为 23.9%；表示比较赞成的用户所占比例为 20.2%；表示很不赞成的用户所占比例为 11.0%；表示非常赞成的用户所占比例为 0.9%（如图 23.437 所示）。重庆市上网用户对“使用互联网容易结交不好的朋友”的观点表示不赞成的居多。

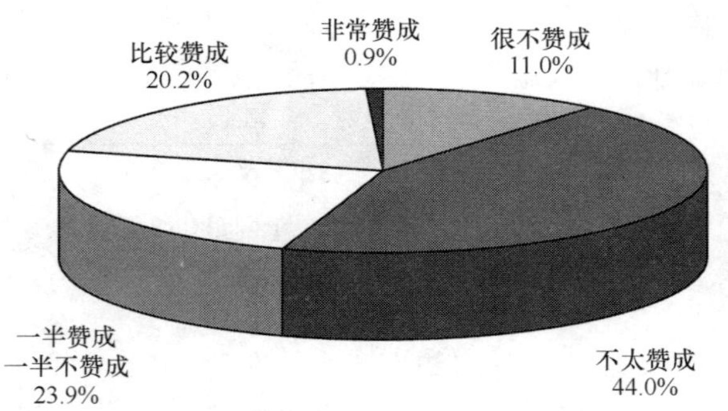

图 23.437 重庆市上网用户对“使用互联网容易结交不好的朋友”观点看法

（4）关于“使用互联网容易暴露隐私”

关于“使用互联网容易暴露隐私”的观点，重庆市上网用户表示不太赞成的最多，达到 38.5%；其次

是表示比较赞成的，所占比例为 25.8%；表示一半赞成一半不赞成的用户所占比例为 24.4%；表示很不赞成的用户所占比例为 8.1%；表示非常赞成的用户所占比例为 3.2%（如图 23.438 所示）。重庆市上网用户对“使用互联网容易暴露隐私”的观点表示不赞成的多于表示赞成的。

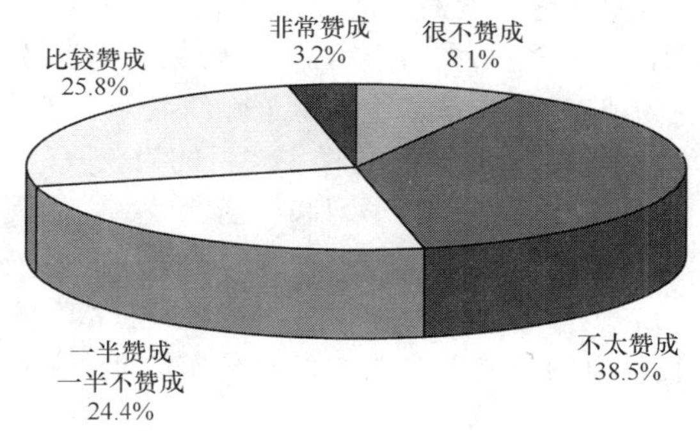

图 23.438　重庆市上网用户对“使用互联网容易暴露隐私”观点看法

（5）关于“使用互联网容易受不良信息的影响”

关于“使用互联网容易受不良信息的影响”的观点，重庆市上网用户表示不太赞成的最多，达到 37.3%；其次是表示比较赞成的，所占比例为 28.0%；表示一半赞成一半不赞成的用户所占比例为 24.9%；表示很不赞成的用户所占比例为 6.2%；表示非常赞成的用户所占比例为 3.6%（如图 23.439 所示）。重庆市上网用户对“使用互联网容易受不良信息的影响”的观点表示不赞成的多于表示赞成的。

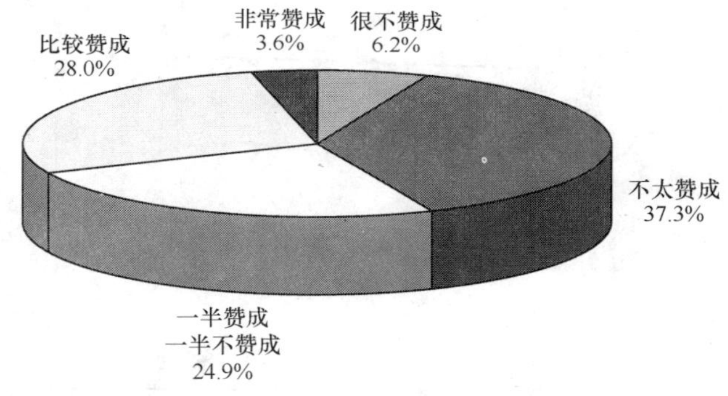

图 23.439　重庆市上网用户对“使用互联网容易受不良信息的影响”观点的看法

（6）对互联网的信任程度

重庆市上网用户表示比较信任的最多，所占比例为 47.4%；其次是对互联网表示半信半疑的，所占比例为 42.9%；对互联网表示完全信任的用户所占比例为 4.9%；对互联网表示不太信任的用户所占比例为 4.4%（如图 23.440 所示）。重庆市上网用户对互联网表示信任的占多数。

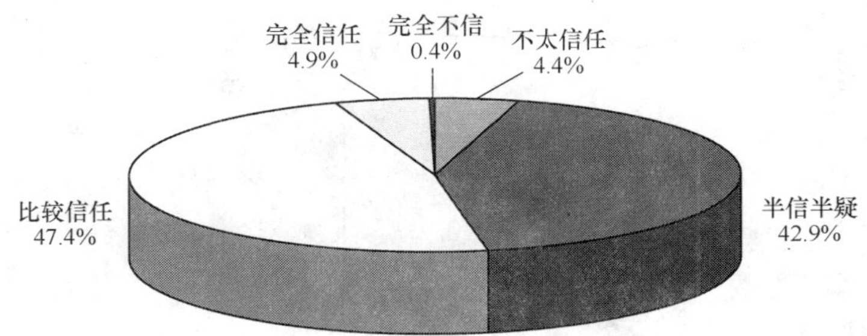

图 23.440　重庆市上网用户对互联网的信任程度

综上所述，重庆市上网用户数为 181 万人，上网计算机数为 74 万台，CN 下注册域名数量为 4600 个，

WWW 站点数为 8 125 个。

其中住宅电话覆盖的上网用户（不包括住校大学生）中以男性、已婚者为主，年龄在 18～24 岁的所占比例最高，受教育程度为大专的最多，职业以学生所占比例最多，从事的行业以教育业的人最多，个人月收入在 501～1 000 元的最多。用户每月实际花费的上网费用集中在 200 元及以下，平均每周上网时间为 14.8 小时，平均每周上网天数为 4.5 天，使用互联网的高峰时间在晚上。用户拥有 E-mail 账号数目的平均值为 1.3，其中免费 E-mail 账号平均值为 1.2，平均每周收到电子邮件数（不包括垃圾邮件）为 4.3 封，收到垃圾邮件数 7.9 封，发出电子邮件数 4.1 封。用户上网的最主要目的为获取信息。

重庆市上网用户对“使用互联网可以提高工作/学习和生活的效率”的观点表示赞成的占绝大多数，对“在单位/学校/邻里中，会上网的人好像高人一等”的观点表示不赞成的占多数，对“使用互联网容易结交不好的朋友”的观点表示不赞成的居多，对“使用互联网容易暴露隐私”的观点表示不赞成的多于表示赞成的，对“使用互联网容易受不良信息的影响”的观点表示不赞成的多于表示赞成的。重庆市上网用户对互联网表示信任的占多数。

23.1.23　四川省互联网络发展状况

一、宏观概况

1．上网用户人数

四川省上网用户人数为 523 万，占全国上网用户总人数的比例为 5.6%，是四川省总人口的 6.0%。与第 13 次调查结果相比，四川省上网用户人数增加 98.7 万，增长率为 23.3%，占全国上网用户总人数的比例增加 0.3%，占四川省总人口比例增加 1.1%（如图 23.441 所示）。

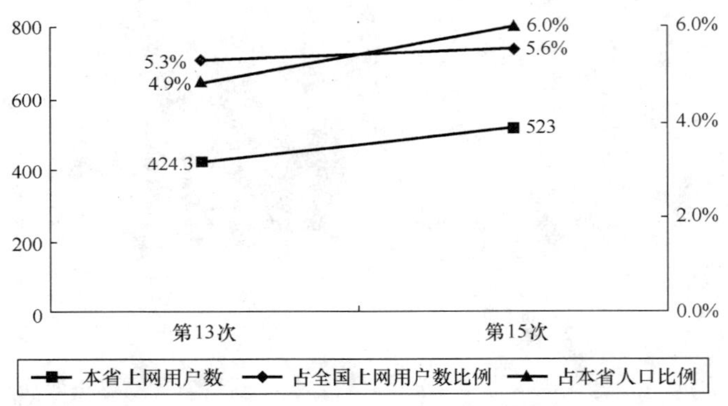

图 23.441　四川省历次调查上网用户数

2．上网计算机数

四川省上网计算机数为 243 万台，占全国上网计算机总数的比例为 5.8%。与第 13 次调查结果相比，四川省上网计算机数增加 71 万台，增长率为 41.3%，占全国上网计算机总数的比例增加 0.2%（如图 23.442 所示）。

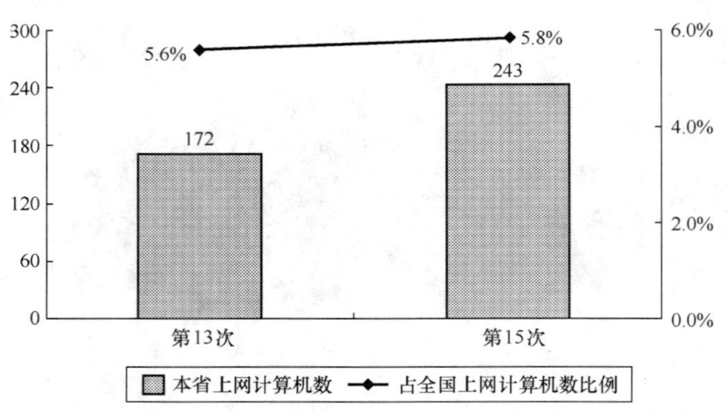

图 23.442　四川省历次调查上网计算机数

3．CN 下注册域名数（不含 EDU）

四川省 CN 下注册域名数量为 8 665 个，占全国 CN 下注册域名总数的比例为 2.0%。与第 13 次调查结果相比，四川省 CN 下注册域名数量增加 1285 个，增长率为 17.4%，占全国 CN 下注册域名总数的比例减少 0.2%（如图 23.443 所示）。

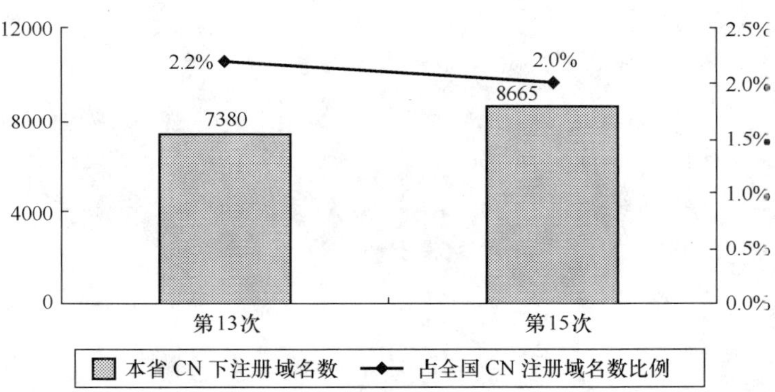

图 23.443　四川省历次调查 CN 下注册域名数（不含 EDU）

4．WWW 站点数（包括.CN、.COM、.NET、.ORG 下的网站）

四川省 WWW 站点数为 12 892 个，占全国 WWW 站点数的比例为 1.9%。与第 13 次调查结果相比，四川省 WWW 站点数减少 805 个，同比下降 5.9%，占全国 WWW 站点总数的比例减少 0.4%（如图 23.444 所示）。

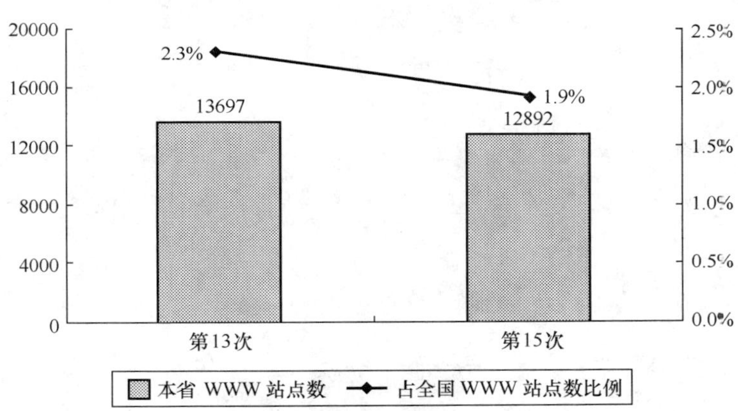

图 23.444　四川省历次调查 WWW 站点数

二、互联网用户行为意识调查结果

1．用户个人信息

（1）用户的性别

四川省上网用户中，男性占 57.8%，女性占 42.2%（如图 23.445 所示）。男性为上网用户主体。

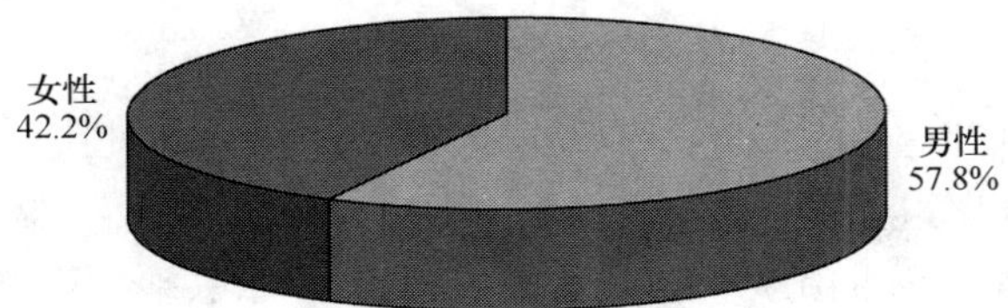

图 23.445　四川省上网用户性别分布

（2）用户的年龄分布

四川省上网用户中，18～24 岁的用户所占比例最高 26.1%；其次是 18 岁以下和 25～30 岁的用户，所占比例分别为 19.5%和 19.2%；31～35 岁的用户占 12.9%；35 岁以上用户所占比例为 22.3%（如图 23.446 所示）。

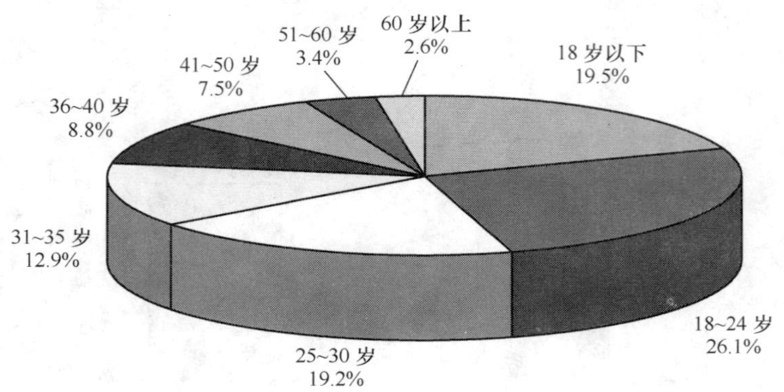

图 23.446　四川省上网用户年龄分布

（3）用户的婚姻状况

四川省上网用户中，已婚者占 51.9%，未婚者占 48.1%（如图 23.447 所示）。已婚者为上网用户主体。

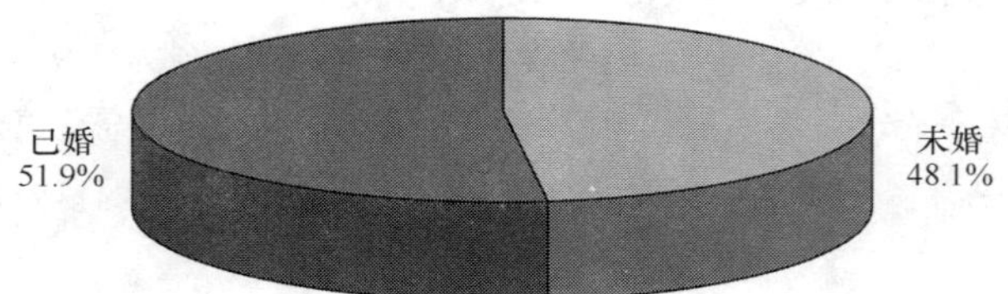

图 23.447　四川省上网用户婚姻状况分布

（4）用户的受教育程度

四川省上网用户中，受教育程度为高中（中专）的最多，达到 29.2%；其次是受教育程度为本科和大专的用户，所占比例分别为 29.0%和 27.3%；高中以下受教育程度的用户所占比例为 11.8%（如图 23.448 所示）。

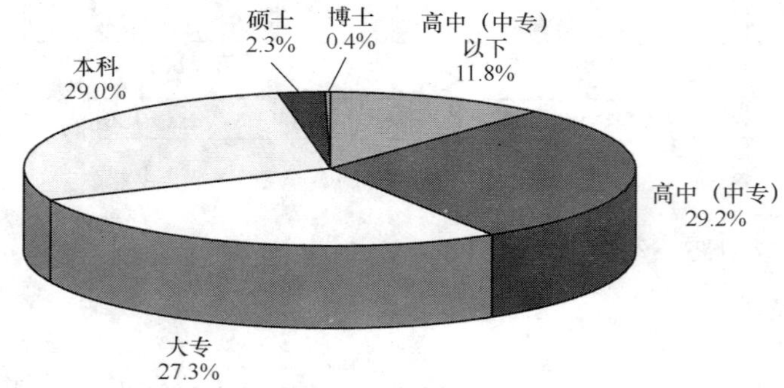

图 23.448　四川省上网用户受教育程度分布

（5）用户的行业分布

四川省上网用户中，从事教育业的人最多，占 12.2%；其次是从事制造业的用户，所占比例为 10.3%；从事 IT 业及公共管理和社会组织业的用户所占比例均为 9.3%；从事卫生、社会保障和社会福利业的用户所占比例为 8.4%；从事批发和零售业的用户所占比例为 6.8%；从事其他行业的上网用户则较少（如图 23.449 所示）。

（6）用户的职业分布

四川省上网用户中，学生所占的比例最多，达到 27.3%；其次是专业技术人员，所占比例为 17.7%；排在第三位的是企事业单位管理人员，所占比例为 11.3%；商业、服务业人员所占比例为 10.9%；国家机

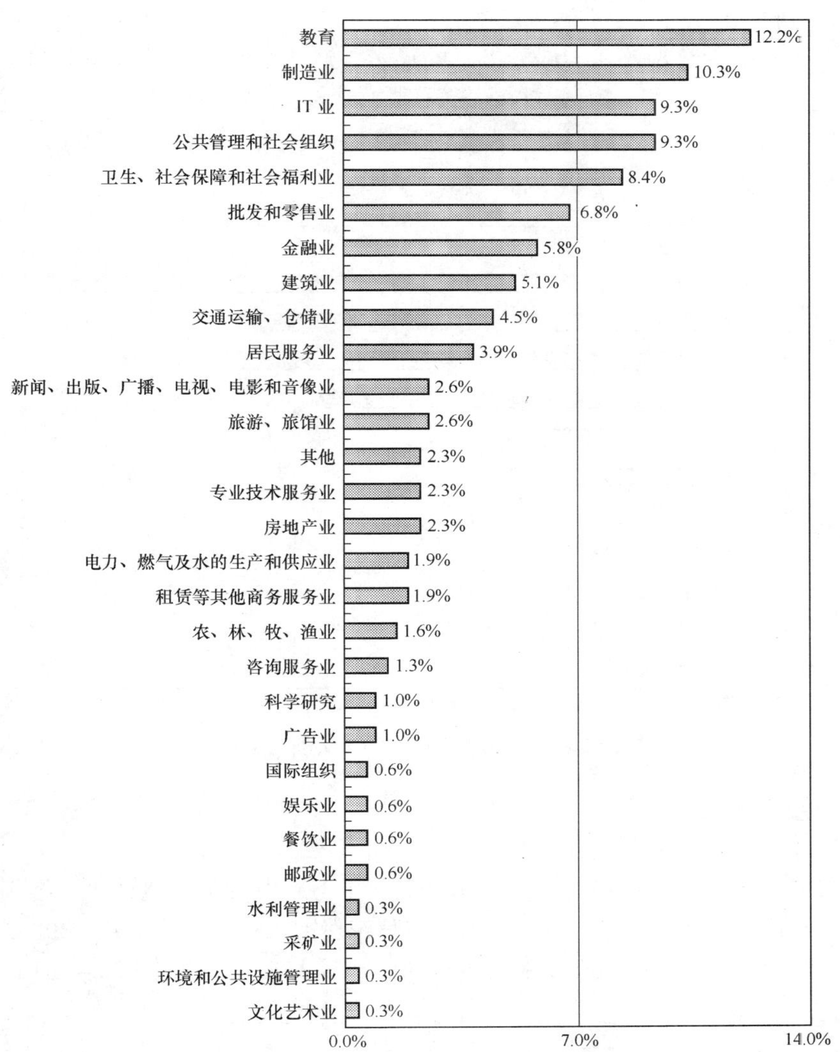

图 23.449 四川省上网用户行业分布

关、党群组织工作人员所占比例为 8.8%；教师所占比例为 7.6%；无业人员所占比例为 6.5%；生产、运输设备操作人员及有关人员所占比例为 3.8%；办事员等协助人员所占比例为 3.2%；其他职业用户所占比例较少（如图 23.450 所示）。

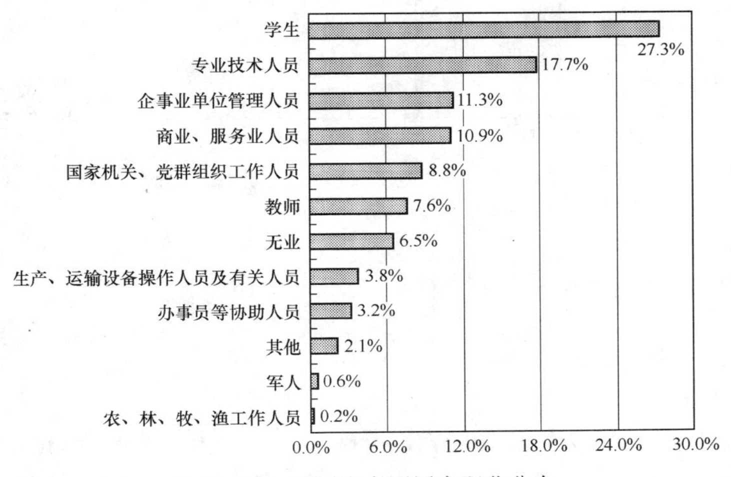

图 23.450 四川省上网用户职业分布

（7）用户的个人月收入

四川省上网用户中，个人月收入在 500 元以下的最多，达到 24.3%；其次是 1 001～1 500 元的用户，所占比例为 20.6%；排在第三位的是 501～1 000 元的用户，所占比例为 16.2%；个人月收入为 1 501～2 000 元的用户所占比例为 14.0%；无收入的用户所占比例为 2.2%；个人月收入在 2 000 元以上的用户所占比例为 22.7%（如图 23.451 所示）。

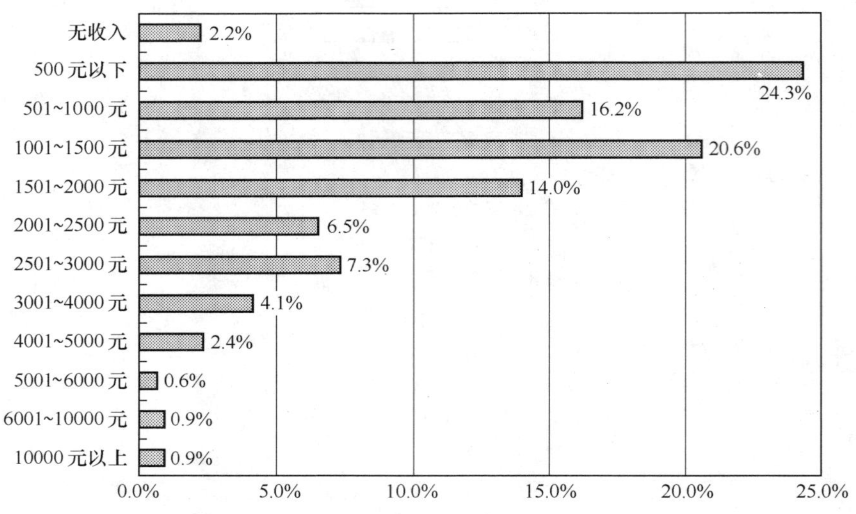

图 23.451　四川省上网用户个人月收入分布

2．用户对互联网的使用情况

（1）用户每月实际花费的上网费用

四川省上网用户中，每月实际花费的上网费用（仅限于上网费及上网电话费，不包括使用网络服务的费用）以 51～100 元的最多，占 41.8%；其次是每月实际花费的上网费用在 101～200 的用户，所占比例为 26.9%；每月实际花费的上网费用在 200 以上的用户很少，只占 4.9%（如图 23.452 所示）。

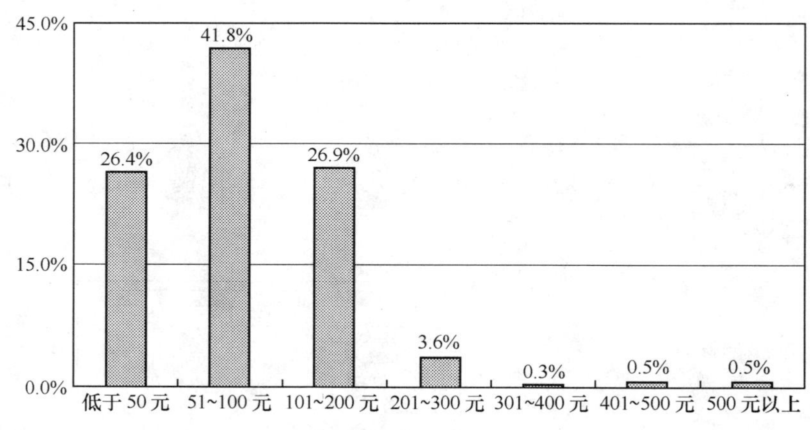

图 23.452　四川省上网用户的上网费用分布

（2）用户平均每周上网时间

四川省上网用户平均每周上网时间为 14.8 小时。

（3）用户平均每周上网天数

四川省上网用户平均每周上网天数为 4.2 天。

（4）用户通常上网时间

四川省上网用户上网时间在一天中波动较大：凌晨 1 点至早上 7 点是用户最少上网的时间，从早上 8 点起上网的人逐渐增加，到上午 10 点达到一天当中的第一个高峰，有 28.5%的用户在这一时间上网；11

点略有回落，12 点开始回升，到 14 点达到一天当中的第二个高峰，有 44.4%的用户在这一时间上网，此后上网人数开始下降；从晚上 19 点开始上网人数激增，到晚上 21 点时达到一天中的顶峰，有 63.8%的用户在这一时间上网，这之后上网人数又急剧减少（如图 23.453 所示）。日常生活的作息时间在一定程度上影响着人们使用互联网的时间，四川省上网用户使用互联网的高峰时间在晚上。

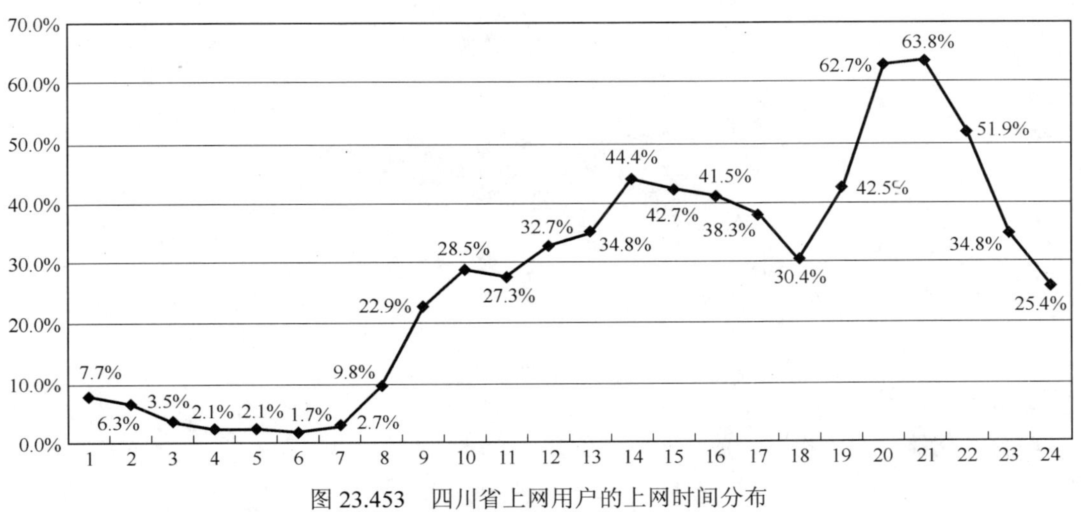

图 23.453　四川省上网用户的上网时间分布

（5）用户拥有 E-mail 账号数

四川省上网用户拥有 E-mail 账号数目的平均值为 1.5，其中免费 E-mail 账号平均值为 1.4。

（6）用户每周收发的电子邮件数

四川省上网用户平均每周收到电子邮件数（不包括垃圾邮件）为 4.4 封，收到垃圾邮件数为 8.8 封，发出电子邮件数为 3.5 封。

（7）用户上网最主要的目的

四川省上网用户上网的最主要目的以获取信息最多，达到 38.6%；其次是休闲娱乐，所占比例为 37.5%；排在第三位的是学习，有 9.7%的用户选择；还有 5.2%的用户选择交友；而选择其他上网目的的用户则很少（如图 23.454 所示）。

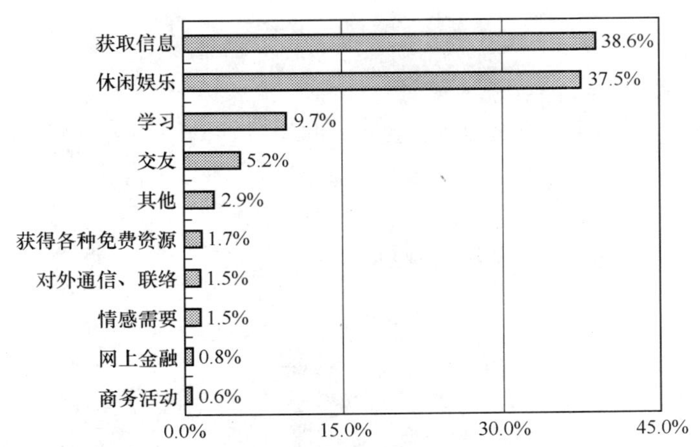

图 23.454　四川省上网用户上网最主要的目的

3．用户对互联网的看法

（1）关于“使用互联网可以提高工作/学习和生活的效率”

关于“使用互联网可以提高工作/学习和生活的效率”的观点，四川省上网用户表示比较赞成的最多，达到 62.8%；其次是表示非常赞成的，所占比例为 27.2%；表示一半赞成一半不赞成的用户所占比例为

6.7%；表示不赞成的用户所占比例非常小，只有 3.3%（如图 23.455 所示）。四川省上网用户对“使用互联网可以提高工作/学习和生活的效率”的观点表示赞成的占绝大多数。

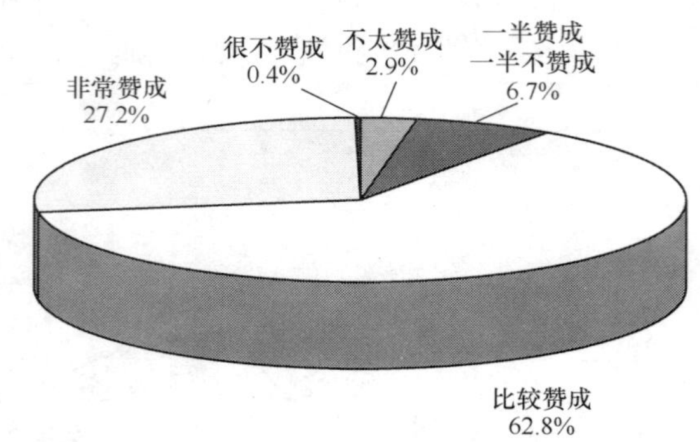

图 23.455　四川省上网用户对“使用互联网可以提高工作/学习和生活的效率”观点的看法

（2）关于“在单位/学校/邻里中，会上网的人好像高人一等”

关于“在单位/学校/邻里中，会上网的人好像高人一等”的观点，四川省上网用户表示不太赞成的最多，达到 54.1%；其次是表示很不赞成的，所占比例为 29.5%；表示比较赞成的用户所占比例为 9.9%；表示一半赞成一半不赞成的用户所占比例为 4.4%；表示非常赞成的用户所占比例为 2.1%（如图 23.456 所示）。四川省上网用户对“在单位/学校/邻里中，会上网的人好像高人一等”的观点表示不赞成的占绝大多数。

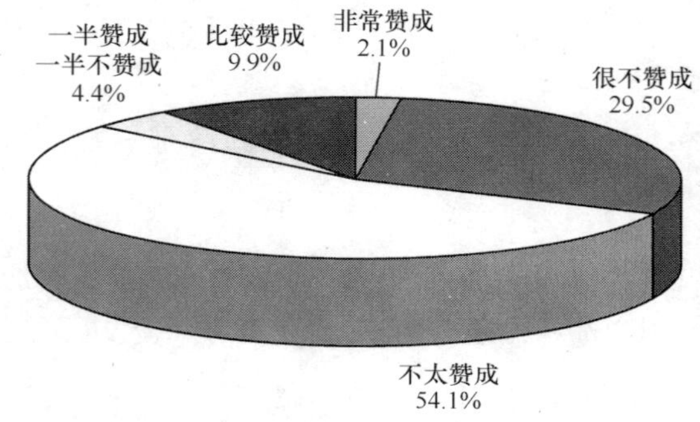

图 23.456　四川省上网用户对“在单位/学校/邻里中，会上网的人好像高人一等”观点的看法

（3）关于“使用互联网容易结交不好的朋友”

关于“使用互联网容易结交不好的朋友”的观点，四川省上网用户表示不太赞成的最多，达到 48.0%；其次是表示比较赞成的，所占比例为 23.7%；表示很不赞成的用户所占比例为 14.6%；表示一半赞成一半不赞成的用户所占比例为 9.0%；表示非常赞成的用户所占比例为 4.7%（如图 23.457 所示）。四川省上网用户对“使用互联网容易结交不好的朋友”的观点表示不赞成的居多。

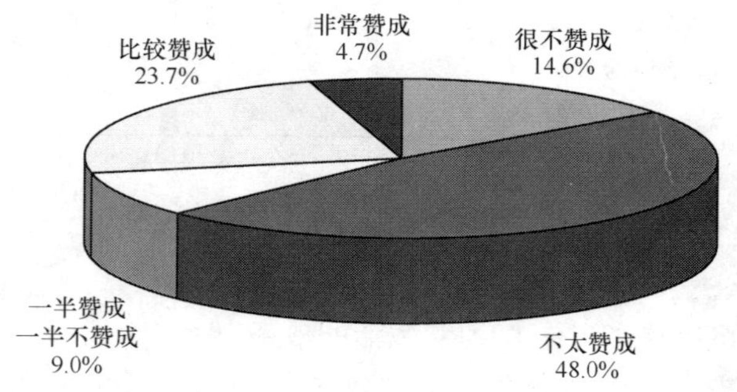

图 23.457　四川省上网用户对“使用互联网容易结交不好的朋友”观点的看法

（4）关于“使用互联网容易暴露隐私”

关于“使用互联网容易暴露隐私”的观点，四川省上网用户表示不太赞成的最多，达到 51.0%；其次是表示比较赞成的，所占比例为 21.4%；表示一半赞成一半不赞成的用户所占比例为 11.3%；表示很不赞成的用户所占比例为 10.6%；表示非常赞成的用户所占比例为 5.7%（如图 23.458 所示）。四川省上网用户对“使用互联网容易暴露隐私”的观点表示不赞成的占绝大多数。

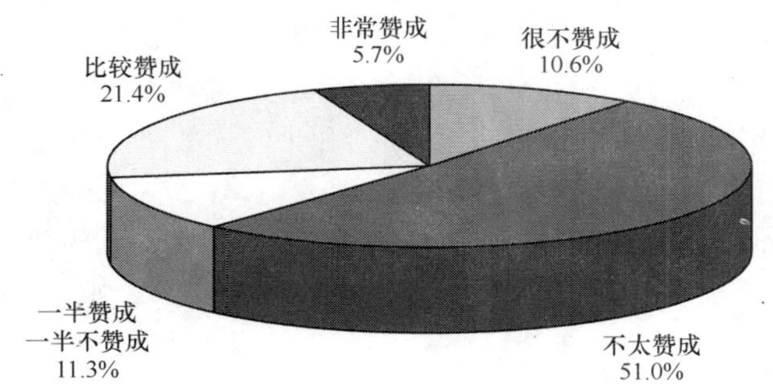

图 23.458　四川省上网用户对“使用互联网容易暴露隐私”观点看法

（5）关于“使用互联网容易受不良信息的影响”

关于“使用互联网容易受不良信息的影响”的观点，四川省上网用户表示不太赞成的最多，达到 42.8%；其次是表示比较赞成的，所占比例为 31.2%；表示一半赞成一半不赞成的用户所占比例为 9.9%；表示很不赞成的用户所占比例为 8.5%；表示非常赞成的用户所占比例为 7.6%（如图 23.459 所示）。四川省上网用户对“使用互联网容易受不良信息的影响”的观点表示不赞成的居多。

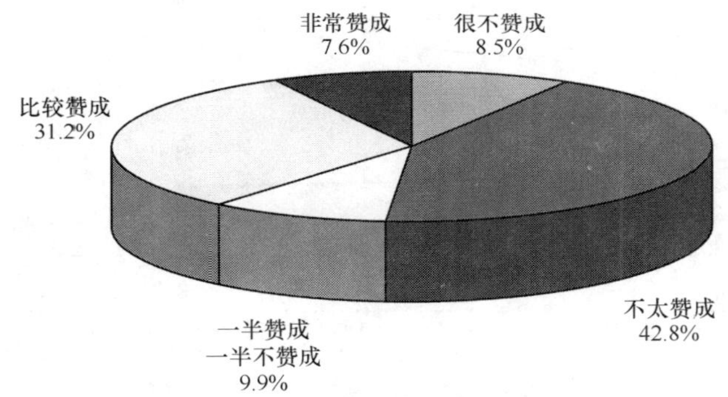

图 23.459　四川省上网用户对“使用互联网容易受不良信息的影响”观点的看法

（6）对互联网的信任程度

四川省上网用户表示比较信任的最多，所占比例为 52.7%；其次是对互联网表示半信半疑的，所占比例为 36.8%；对互联网表示不太信任的用户所占比例为 5.5%；对互联网表示完全信任的用户所占比例为 4.8%；对互联网表示完全不信的用户所占比例为 0.2%（如图 23.460 所示）。四川省上网用户对互联网表示信任的占多数。

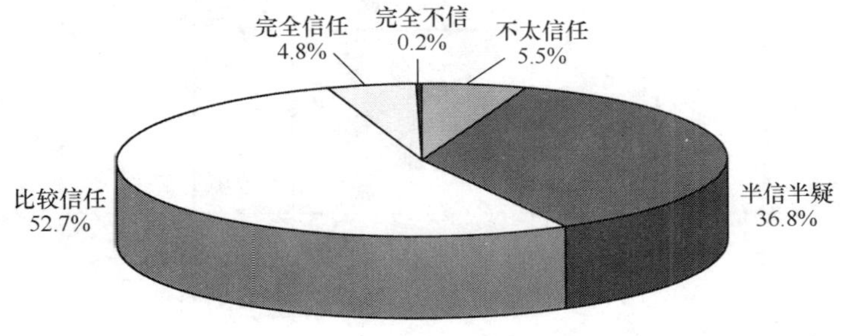

图 23.460　四川省上网用户对互联网的信任程度

综上所述，四川省上网用户数为523万人，上网计算机数为243万台，CN下注册域名数量为8665个，WWW站点数为12892个。

其中住宅电话覆盖的上网用户（不包括住校大学生）中以男性、已婚者为主，年龄在18～24岁的所占比例最高，受教育程度为高中（中专）的最多，职业以学生所占比例最多，从事的行业以教育业的人最多，个人月收入在500元以下的最多。用户每月实际花费的上网费用集中在200元及以下，平均每周上网时间为14.8小时，平均每周上网天数为4.2天，使用互联网的高峰时间在晚上。用户拥有E-mail账号数目的平均值为1.5，其中免费E-mail账号平均值为1.4，平均每周收到电子邮件数（不包括垃圾邮件）为4.4封，收到垃圾邮件数8.8封，发出电子邮件数3.5封。用户上网的最主要目的为获取信息。

四川省上网用户对“使用互联网可以提高工作/学习和生活的效率”的观点表示赞成的占绝大多数，对“在单位/学校/邻里中，会上网的人好像高人一等”的观点表示不赞成的占多数，对“使用互联网容易结交不好的朋友”的观点表示不赞成的居多，对“使用互联网容易暴露隐私”的观点表示不赞成的居多，对“使用互联网容易受不良信息的影响”的观点表示不赞成的略多。四川省上网用户对互联网表示信任的占多数。

23.1.24 贵州省互联网络发展状况

一、宏观概况

1．上网用户人数

贵州省上网用户人数为98万，占全国上网用户总人数的比例为1.0%，是贵州省总人口的2.5%。与第13次调查结果相比，贵州省上网用户人数增加14.9万人，增长率为17.9%，占全国上网用户总人数的比例减少0.1%，占贵州省总人口比例增加0.3%（如图23.461所示）。

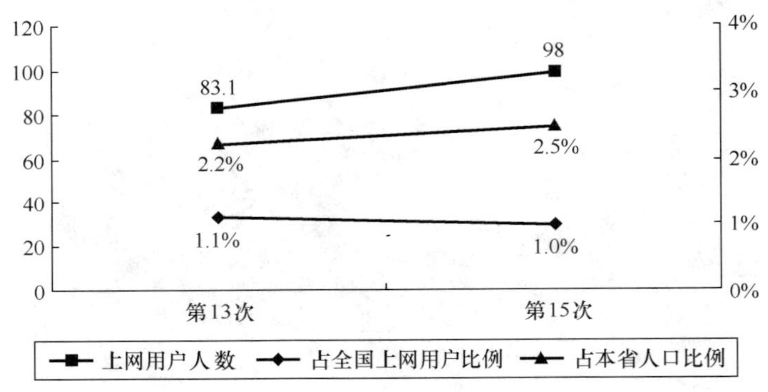

图23.461　贵州省历次调查上网用户人数

2．上网计算机数

贵州省上网计算机数为46万台，占全国上网计算机总数的比例为1.1%。与第13次调查结果相比，贵州省上网计算机数增加12万台，增长率为35.3%，占全国上网计算机总数的比例保持不变（如图23.462所示）。

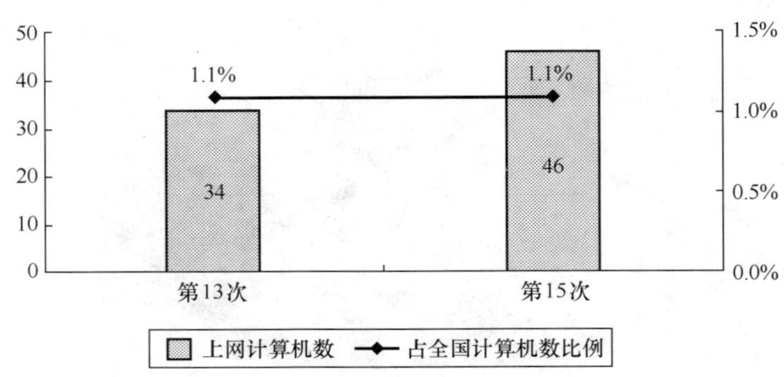

图23.462　贵州省历次调查上网计算机数

3．CN 下注册域名数（不含 EDU）

贵州省 CN 下注册域名数为 1 902 个，占全国 CN 下注册域名总数的比例为 0.4%。与第 13 次调查结果相比，贵州省 CN 下注册域名数增加 633 个，增长率为 49.9%，占全国 CN 下注册域名总数的比例保持不变（如图 23.463 所示）。

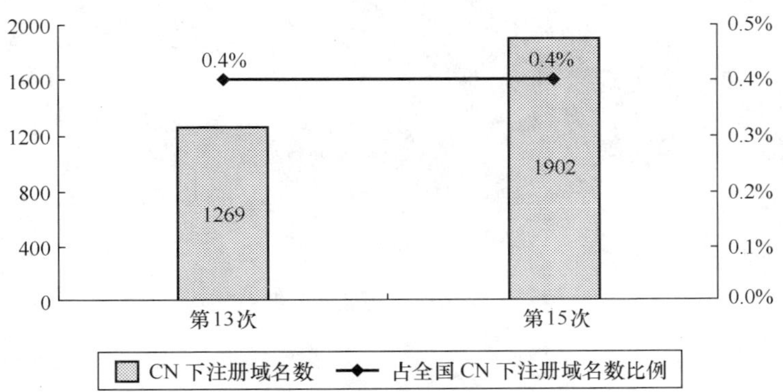

图 23.463　贵州省历次调查 CN 下注册域名数（不含 EDU）

4．WWW 站点数（包括.CN、.COM、.NET、.ORG 下的网站）

贵州省 WWW 站点数为 2 712 个，占全国 WWW 站点数的比例为 0.4%。与第 13 次调查结果相比，贵州省 WWW 站点数增加 392 个，增长率为 16.9%，占全国 WWW 站点数的比例保持不变（如图 23.464 所示）。

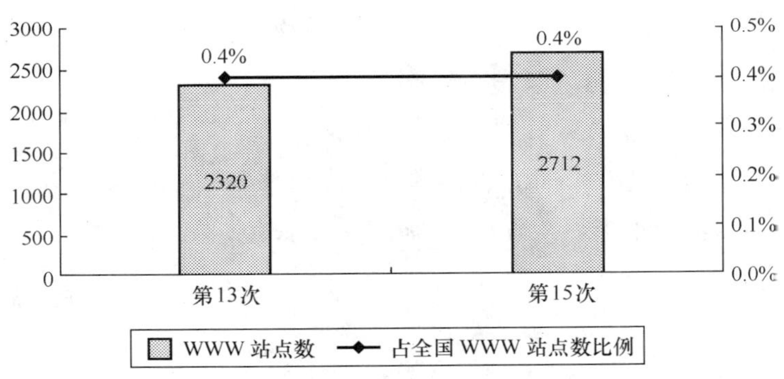

图 23.464　贵州省历次调查 WWW 站点数

二、互联网用户行为意识调查结果

1．用户个人信息

（1）用户的性别

贵州省上网用户中，男性占 59.3%，女性占 40.7%（如图 23.465 所示）。男性为上网用户主体。

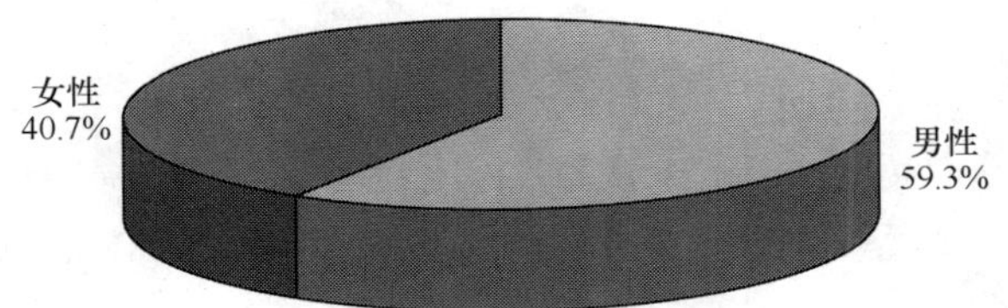

图 23.465　贵州省上网用户性别分布

（2）用户的年龄分布

贵州省上网用户中 18 岁以下的用户最多，达到 23.2%；其次是 18～24 岁的月户，所占比例为 20.7%；31～35 岁的用户占 17.2%；25～30 岁的用户所占比例为 15.7%；41～50 岁的用户占 8.1%；36～40 岁与

51～60 岁的用户皆占 7.1%；60 岁以上的用户只占 0.9%（如图 23.466 所示）。

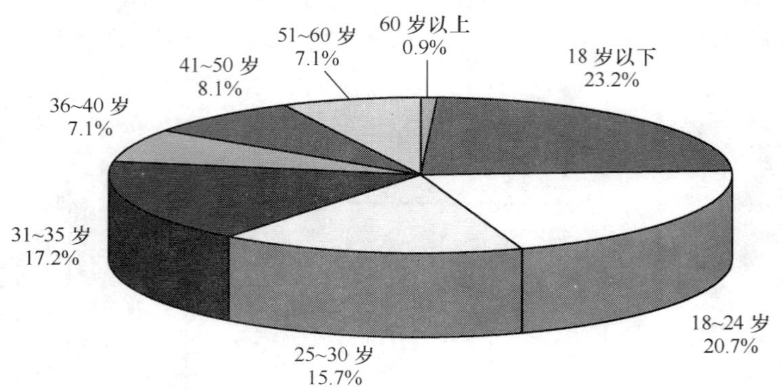

图 23.466　贵州省上网用户年龄分布

（3）用户的婚姻状况

贵州省上网用户中，未婚者占 51.9%，已婚者占 48.1%（如图 23.467 所示）。未婚者比已婚者略多。

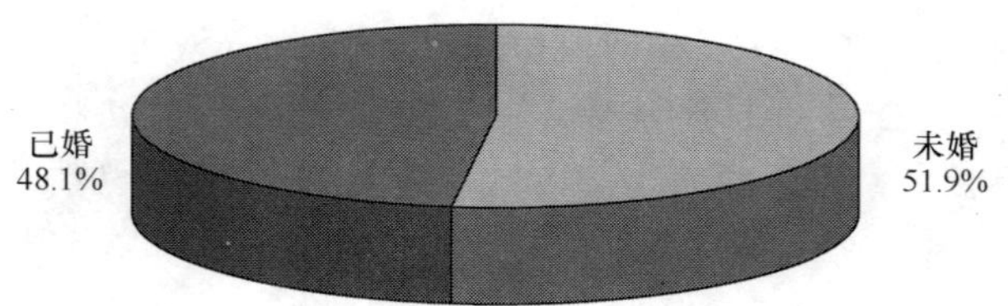

图 23.467　贵州省上网用户婚姻状况分布

（4）用户的受教育程度

贵州省上网用户中，受教育程度以高中（中专）的用户最多，达到 37.4%；其次是大专用户，所占比例为 32.5%；受教育程度为本科的用户占 16.5%；受教育程度为高中（中专）以下的用户占 12.6%；受教育程度为硕士的用户占 0.9%；博士用户占 0.1%（如图 23.468 所示）。

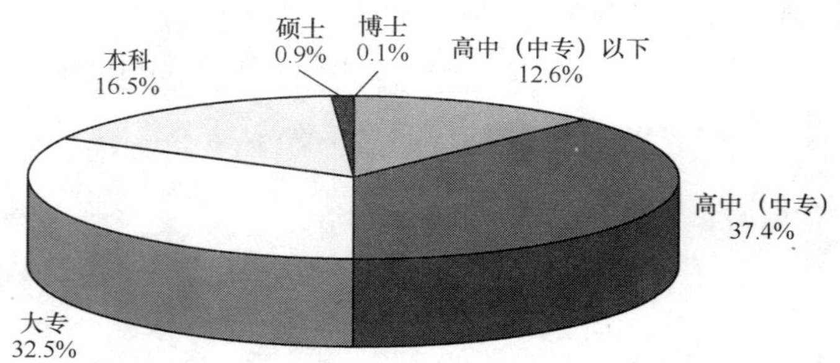

图 23.468　贵州省上网用户受教育程度分布

（5）用户的行业分布（不包括军人、学生和无业人员）

贵州省上网用户中，从事教育业的用户最多，所占比例为 15.7%；其次是从事公共管理和社会组织的用户，所占比例为 11.8%；从事制造业的用户占 9.4%；从事 IT 业的用户占 8.7%；从事交通运输、仓储业的用户占 7.9%；从事批发和零售业的用户占 7.1%；从事卫生、社会保障和社会福利业的用户占 6.3%；从事金融业的用户占 3.9%；从事电力、燃气及水的生产和供应业的用户占 3.3%；从事居民服务业的用户占 2.9%；从事水利管理业的用户占 2.7%；从事文化艺术业、咨询服务业的用户皆占 2.4%；从事房地产业的用户占 2.3%；从事餐饮业的用户占 2.2%；从事其他行业的用户相对较少（如图 23.469 所示）。

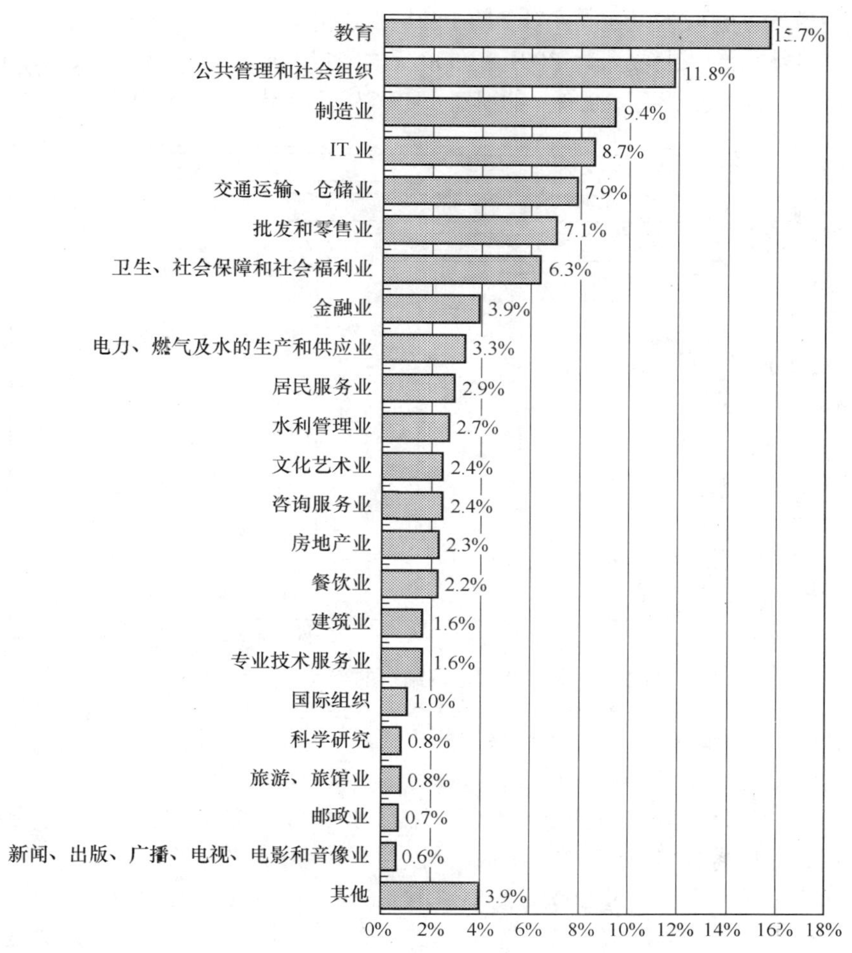

图 23.469　贵州省上网用户的行业分布

（6）用户的职业分布

贵州省上网用户中，学生所占比例最多，达到 28.2%；其次是专业技术人员，所占比例为 14.4%；无业人员所占比例为 10.0%；教师所占比例为 9.6%；企事业单位管理人员所占比例为 9.1%；商业、服务业人员所占比例为 8.6%；国家机关、党群组织工作人员所占比例为 6.8%；办事员等办助人员占 6.6%；生产、运输设备操作人员及有关人员占 2.9%；其他职业的用户则相对较少（如图 23.470 所示）。

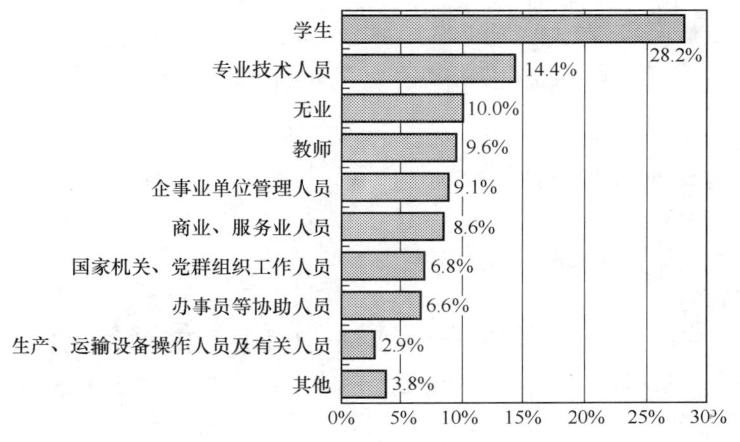

图 23.470　贵州省上网用户的职业分布

（7）用户的个人月收入

贵州省上网用户中，个人月收入以 500 元以下的用户所占比例最多，达到 31.7%；其次是 501～1000 元以下的用户，所占比例为 21.5%；个人月收入为 1 001～1 500 元的用户占 17.7%；个人月收入为 1 501～2 000 元的用户所占比例为 12.4%；个人月收入超过 2000 元的用户占 13.5%（如图 23.471 所示）。

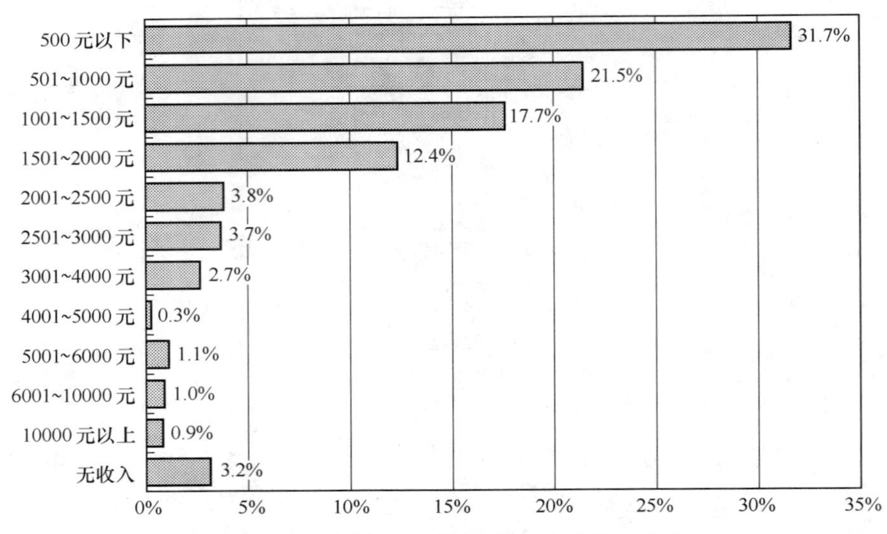

图 23.471 贵州省上网用户的个人月收入分布

2．用户对互联网的使用情况

（1）用户每月实际花费的上网费用

贵州省上网用户中，每月实际花费的上网费用（仅限于上网费及上网电话费，不包括使用网络服务的费用）以 51～100 元的用户为最多，达到 39.6%；其次是低于 50 元的用户，占 33.6%；每月花费在 101～200 元的用户占 22.0%；每月花费超过 200 元的用户占 4.8%（如图 23.472 所示）。贵州省上网用户每月实际花费的上网费用主要集中在 100 元及以下。

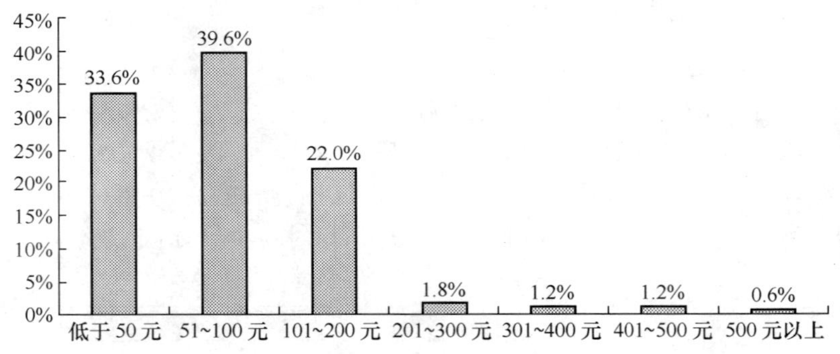

图 23.472 贵州省上网用户每月实际花费的上网费用分布

（2）用户平均每周上网时间

贵州省上网用户平均每周上网时间为 13.8 小时。

（3）用户平均每周上网天数

贵州省上网用户平均每周上网天数为 4.2 天。

（4）用户通常上网时间

受人们日常生活作息时间的影响，贵州省上网用户一天中使用互联网的时间波动非常大：凌晨 1 点至早上 7 点钟是用户最少上网的时间，从早上 8 点起上网的人逐渐增加，在 10 点、12 点、14 点形成一天中 3 个上网高峰点，分别有 26.3%、32.5%、36.4%的用户上网；从晚上 19 点开始上网人数激增，晚上 21 点达到一天当中的顶峰，有 55.0%的用户在这一时间上网，这之后上网人数又迅速减少（如图 23.473 所示）。

日常生活的作息时间在一定程度上影响着人们使用互联网的时间，贵州省上网用户使用互联网的高峰时间在晚上。

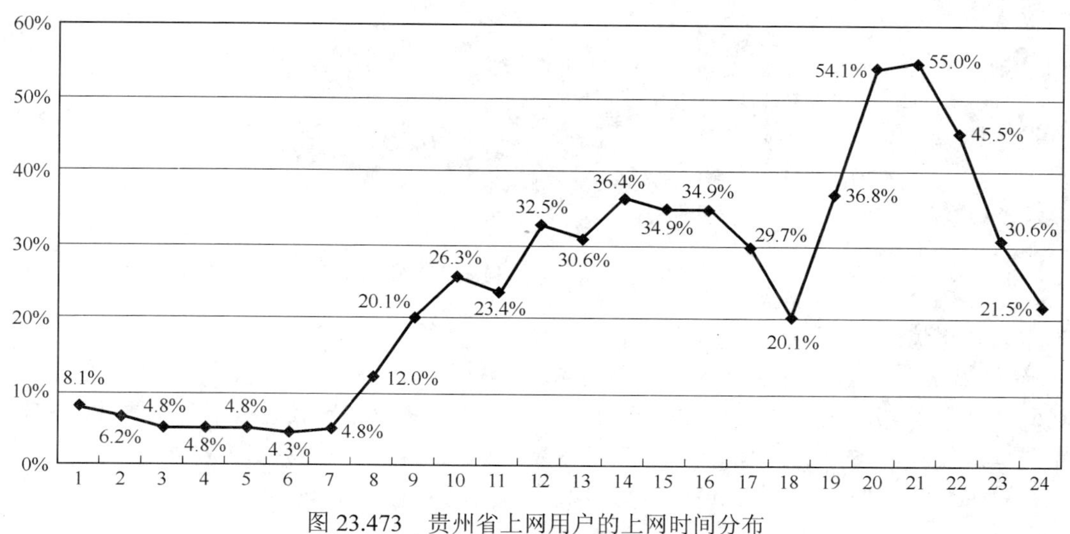

图 23.473　贵州省上网用户的上网时间分布

（5）用户拥有 E-mail 账号数

贵州省上网用户人均拥有 1.2 个 E-mail 账号，其中免费的 E-mail 账号为 1.1 个。

（6）用户平均每周收发的电子邮件数

贵州省上网用户平均每周收到 4.5 封电子邮件（不包括垃圾邮件），收到垃圾邮件 10.1 封，每周发出电子邮件 3.6 封。

（7）用户上网最主要的目的

贵州省上网用户上网最主要的目的以休闲娱乐最多，达到 37.0%；其次是获取信息，选择的用户占 36.5%；排第三位的是学习，10.6%的用户选择；以交友为上网最主要目的的用户占 6.3%；选择其他上网目的的用户所占比例较小（如图 23.474 所示）。

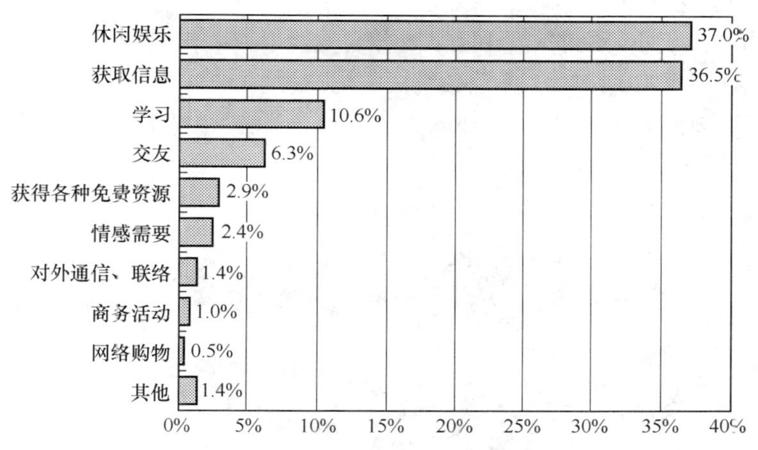

图 23.474　贵州省上网用户上网最主要的目的

3．用户对互联网的看法

（1）关于“使用互联网可以提高工作/学习和生活的效率”

关于“使用互联网可以提高工作/学习和生活的效率”观点，贵州省上网用户中表示比较赞成的用户最多，达到 66.2%；其次是表示非常赞成的用户，所占比例为 22.2%；表示一半赞成一半不赞成的用户占 7.7%；表示不太赞成的用户占 3.9%（如图 23.475 所示）。贵州省上网用户中对“使用互联网可以提高工作/学习和生活的效率”的观点表示赞成的占多数。

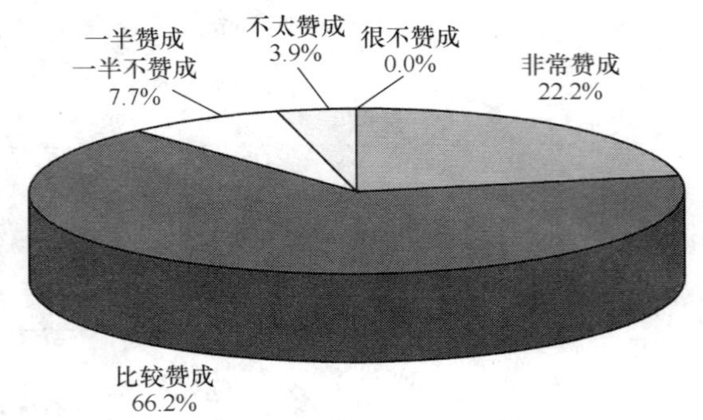

图 23.475　贵州省上网用户对“使用互联网可以提高工作/学习和生活的效率”观点的看法

（2）关于“在单位/学校/邻里中，会上网的人好像高人一等”

关于“在单位/学校/邻里中，会上网的人好像高人一等”观点，贵州省上网用户中表示不太赞成的用户最多，达到 42.9%；其次是表示很不赞成的用户，占 31.2%；表示比较赞成的用户占 11.2%；表示一半赞成一半不赞成的用户所占比例为 9.3%；表示非常赞成的用户占 5.4%（如图 23.476 所示）。贵州省上网用户中对“在单位/学校/邻里中，会上网的人好像高人一等”观点表示不赞成的占多数。

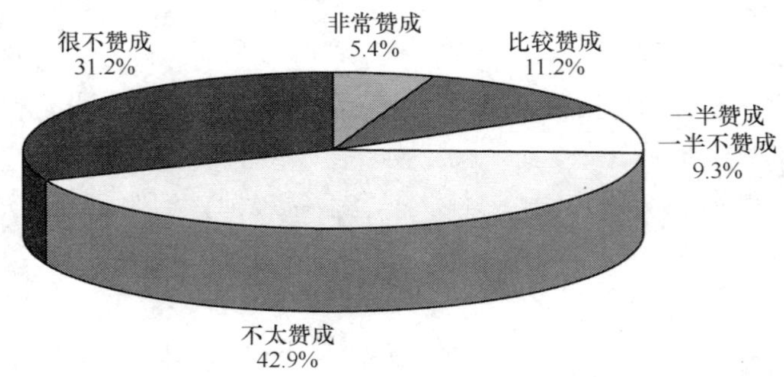

图 23.476　贵州省上网用户对“在单位/学校/邻里中，会上网的人好像高人一等”观点的看法

（3）关于“使用互联网容易结交不好的朋友”

关于“使用互联网容易结交不好的朋友”观点，贵州省上网用户中表示不太赞成的用户最多，达到 41.0%；其次是表示很不赞成的用户，占 20.0%；表示比较赞成的用户占 19.5%；表示一半赞成一半不赞成的用户所占比例为 16.6%；表示非常赞成的用户占 2.9%（如图 23.477 所示）。贵州省上网用户中对“使用互联网容易结交不好的朋友”观点表示不赞成的占多数。

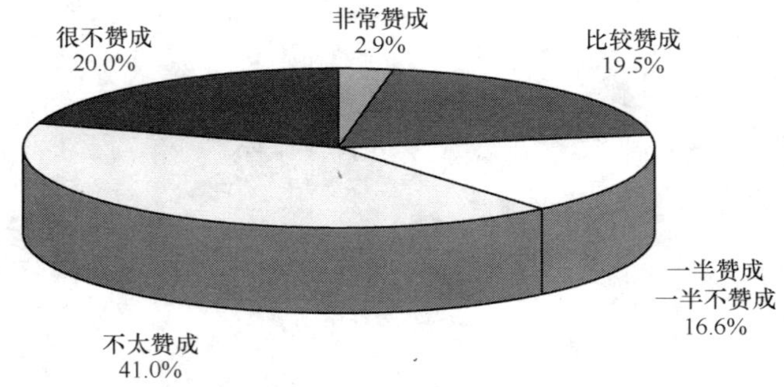

图 23.477　贵州省上网用户对“使用互联网容易结交不好的朋友”观点的看法

（4）关于“使用互联网容易暴露隐私”

关于“使用互联网容易暴露隐私”观点，贵州省上网用户中表示不太赞成的用户最多，达到 41.0%；其次是表示比较赞成的用户，占 21.5%；表示一半赞成一半不赞成的用户所占比例为 18.5%；表示很不赞成的用户占 15.0%；表示非常赞成的用户占 4.0%（如图 23.478 所示）。贵州省上网用户中对“使用互联网

容易暴露隐私”观点表示不赞成的占多数。

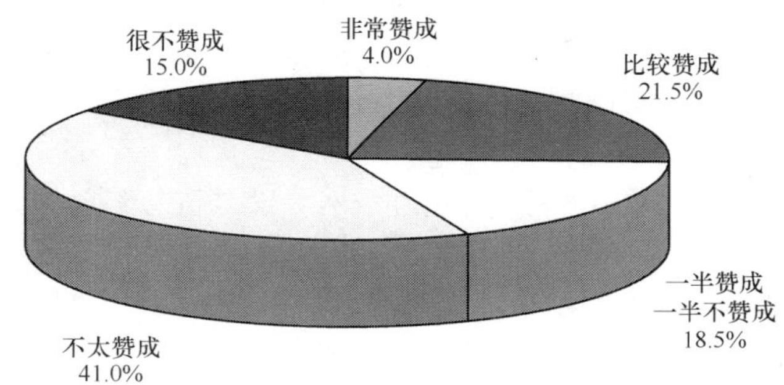

图 23.478 贵州省上网用户对“使用互联网容易暴露隐私”观点的看法

（5）关于“使用互联网容易受不良信息影响”

关于“使用互联网容易受不良信息影响”观点，贵州省上网用户中表示不太赞成的用户最多，达到 36.4%；其次是表示比较赞成的用户，占 32.0%；表示一半赞成一半不赞成的用户所占比例为 14.6%；表示很不赞成的用户占 10.7%；表示非常赞成的用户占 6.3%（如图 23.479 所示）。贵州省上网用户中对“使用互联网容易受不良信息影响”观点表示不赞成的用户多于表示赞成的用户。

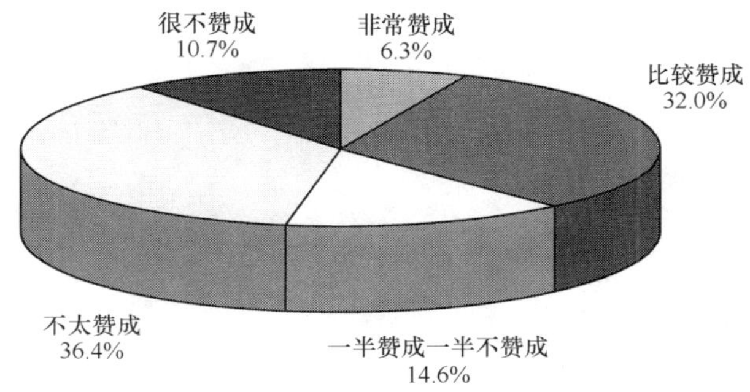

图 23.479 贵州省上网用户对“使用互联网容易受不良信息影响”观点的看法

（6）对互联网的信任程度

贵州省上网用户中，对互联网表示比较信任的用户最多，达到 47.8%；其次是表示半信半疑的用户，所占比例为 36.6%；表示不太信任的用户占 9.3%；表示完全信任的用户占 5.3%；表示完全不信的用户占 1.0%（如图 23.480 所示）。超过一半的贵州省上网用户对互联网持信任态度。

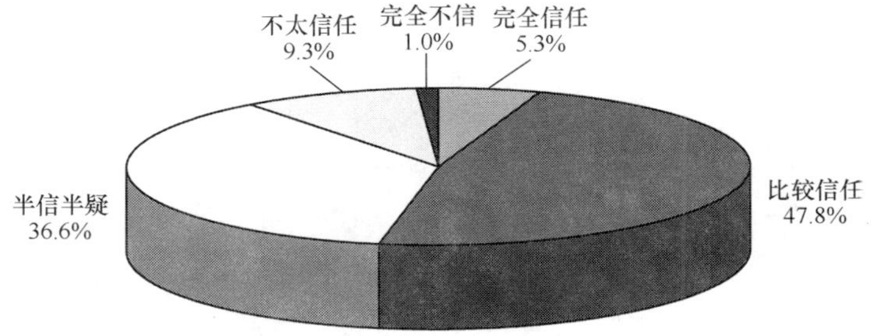

图 23.480 贵州省上网用户对互联网的信任程度

综上所述，贵州省上网用户数为 98 万人，上网计算机 46 万台，CN 下注册域名数为 1 902 个，WWW 站点数为 2 712 个。

其中住宅电话覆盖的上网用户（不包括住校大学生）中以男性为主体，未婚者略多，18 岁以下的用户所占比例最多，受教育程度为高中（中专）的最多，个人月收入主以 500 元以下的用户所占比例最多，职业上以学生为最多，在行业上，从事教育业的用户最多。

用户每月实际花费的上网费用主要集中在 100 元及以下，平均每周上网 4.2 天，13.8 个小时，用户使用互联网的高峰时间在晚上，人均拥有 1.2 个 E-mail 账号，其中免费的 E-mail 账号为 1.1 个，平均每周收到 4.5 封电子邮件（不包括垃圾邮件），收到垃圾邮件 10.1 封，每周发出电子邮件 3.6 封。休闲娱乐是用户上网的最主要目的。

在对互联网的看法上，贵州省上网用户对“使用互联网可以提高工作/学习和生活的效率”表示赞成的居多，对“在单位/学校/邻里中，会上网的人好像高人一等”观点、“使用互联网容易结交不好的朋友”观点、“使用互联网容易暴露隐私”观点，表示不赞成的用户居多，对“使用互联网容易受不良信息影响”观点表示不赞成的用户多于表示赞成的用户，超过一半的贵州省上网用户对互联网持信任态度。

23.1.25　云南省互联网络发展状况

一、宏观概况

1．上网用户人数

云南省上网用户人数为 206 万，占全国上网用户总人数的比例为 2.2%，是云南省总人口的 4.7%。与第 13 次调查结果相比，云南省上网用户人数增加 39.6 万，增长率为 23.8%，占全国上网用户总人数的比例增加 0.1%，占云南省总人口比例增加 0.9%（如图 23.481 所示）。

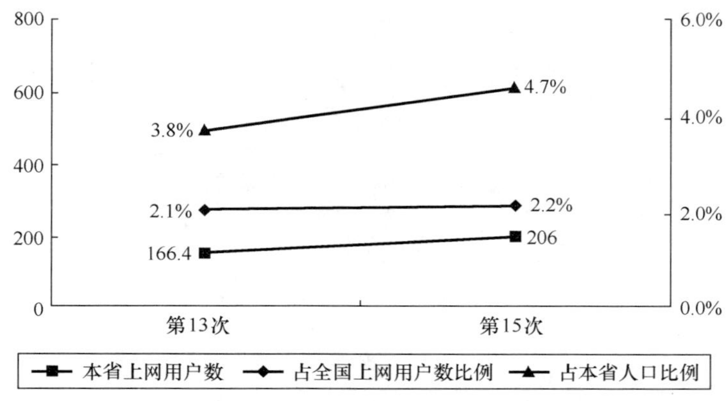

图 23.481　云南省历次调查上网用户数

2．上网计算机数

云南省上网计算机数为 71 万台，占全国上网计算机总数的比例为 1.7%。与第 13 次调查结果相比，云南省上网计算机数增加 24 万台，增长率为 51.1%，占全国上网计算机总数的比例增加 0.2%（如图 23.482 所示）。

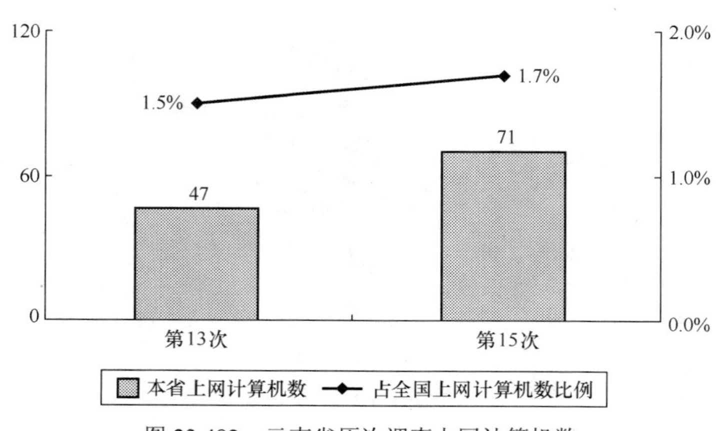

图 23.482　云南省历次调查上网计算机数

3．CN 下注册域名数（不含 EDU）

云南省 CN 下注册域名数量为 4568 个，占全国 CN 下注册域名总数的比例为 1.1%。与第 13 次调查结果相比，云南省 CN 下注册域名数量增加 1029 个，增长率为 29.1%，占全国 CN 下注册域名总数的比例增加 0.1%（如图 23.483 所示）。

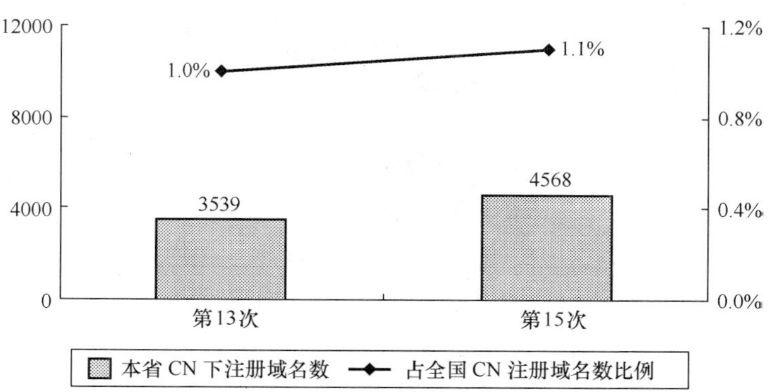

图 23.483　云南省历次调查 CN 下注册域名数（不含 EDU）

4．WWW 站点数（包括.CN、.COM、.NET、.ORG 下的网站）

云南省 WWW 站点数为 4490 个，占全国 WWW 站点数的比例为 0.7%。与第 13 次调查结果相比，云南省 WWW 站点数减少 675 个，同比下降 13.1%，占全国 WWW 站点总数的比例减少 0.2%（如图 23.484 所示）。

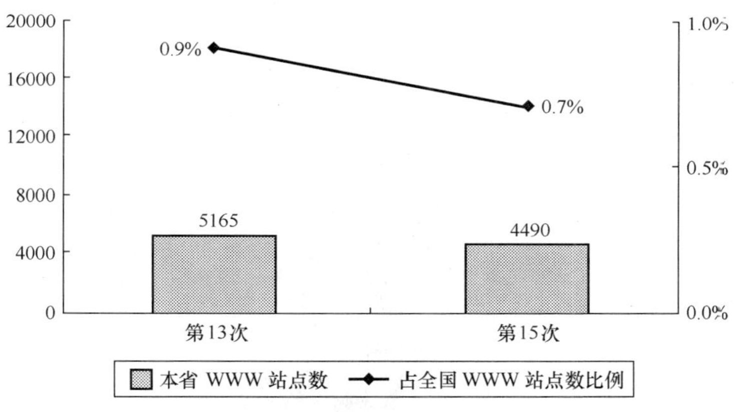

图 23.484　云南省历次调查 WWW 站点数

二、互联网用户行为意识调查结果

1．用户个人信息

（1）用户的性别

云南省上网用户中，男性占 54.2%，女性占 45.8%（如图 23.485 所示）。男性为上网用户主体。

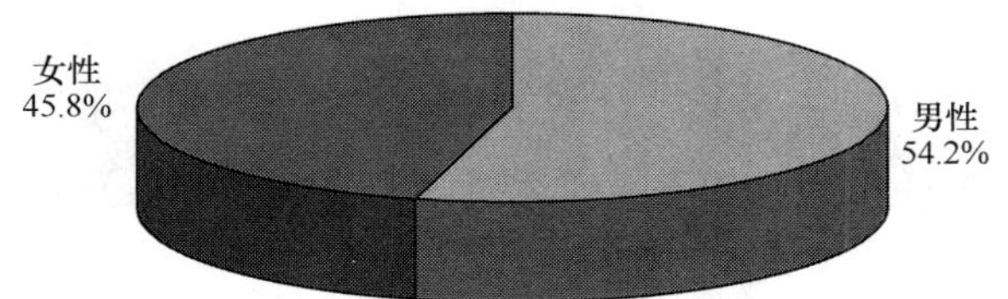

图 23.485　云南省上网用户性别分布

（2）用户的年龄分布

云南省上网用户中，18～24 岁的用户所占比例最高，达到 24.7%；其次是 18 岁以下和 23～30 岁的用户，所占比例分别为24.4%和18.9%；31～35岁的用户占13.1%；35岁以上用户所占比例为18.9%（如图23.486所示）。

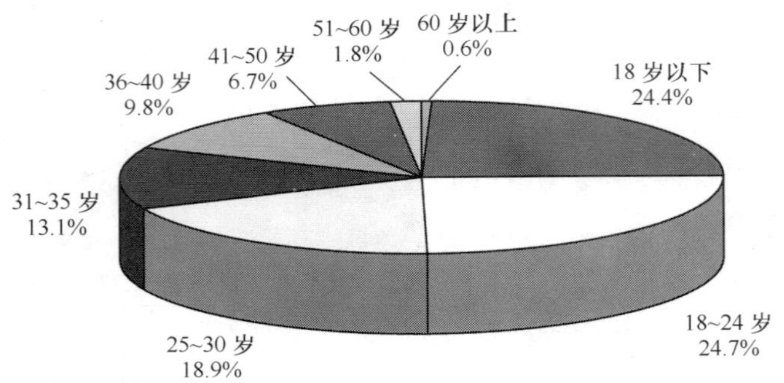

图23.486 云南省上网用户年龄分布

（3）用户的婚姻状况

云南省上网用户中，已婚者占43.5%，未婚者占56.5%（如图23.487所示）。未婚者占上网用户主体。

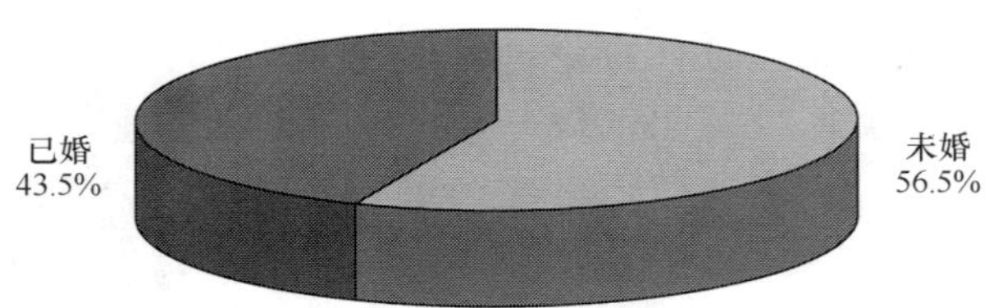

图23.487 云南省上网用户婚姻状况分布

（4）用户的受教育程度

云南省上网用户中，受教育程度为高中（中专）的最多，达到33.3%；其次是受教育程度为大专和本科的用户，所占比例分别为28.0%和19.9%；高中以下受教育程度的用户所占比例为16.4%（如图23.488所示）。

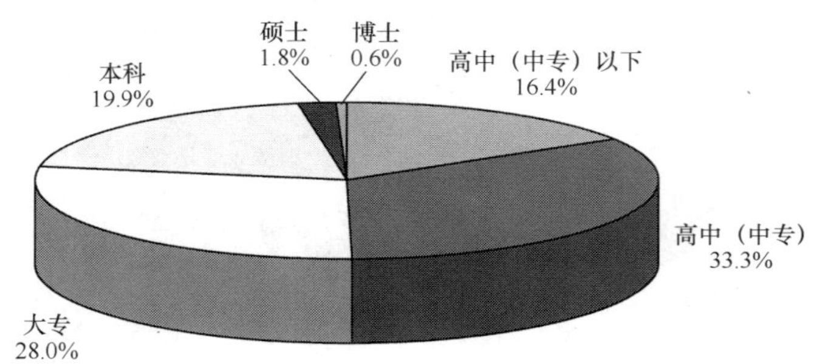

图23.488 云南省上网用户受教育程度分布

（5）用户的行业分布

云南省上网用户中，从事教育业的人最多，占15.6%；其次是从事制造业的用户，所占比例为13.1%；排在第3位的是公共管理和社会组织业，所占比例为12.6%；从事批发和零售业的用户所占比例为8.0%；从事IT业的用户所占比例为7.0%；从事其他行业的上网用户则较少（如图23.489所示）。

（6）用户的职业分布

云南省上网用户中，学生所占的比例最多，达到31.5%；其次是商业、服务业人员，所占比例为12.9%；排在第3位的是专业技术人员，所占比例为12.5%；无业人员所占比例为8.9%；教师所占比例为8.6%；企事业单位管理人员所占比例为7.4%；国家机关、党群组织工作人员所占比例为6.5%；生产、运输设备操作人员及有关人员所占比例为4.5%；办事员等协助人员所占比例为3.9%；农、林、牧、渔工作人员所占比

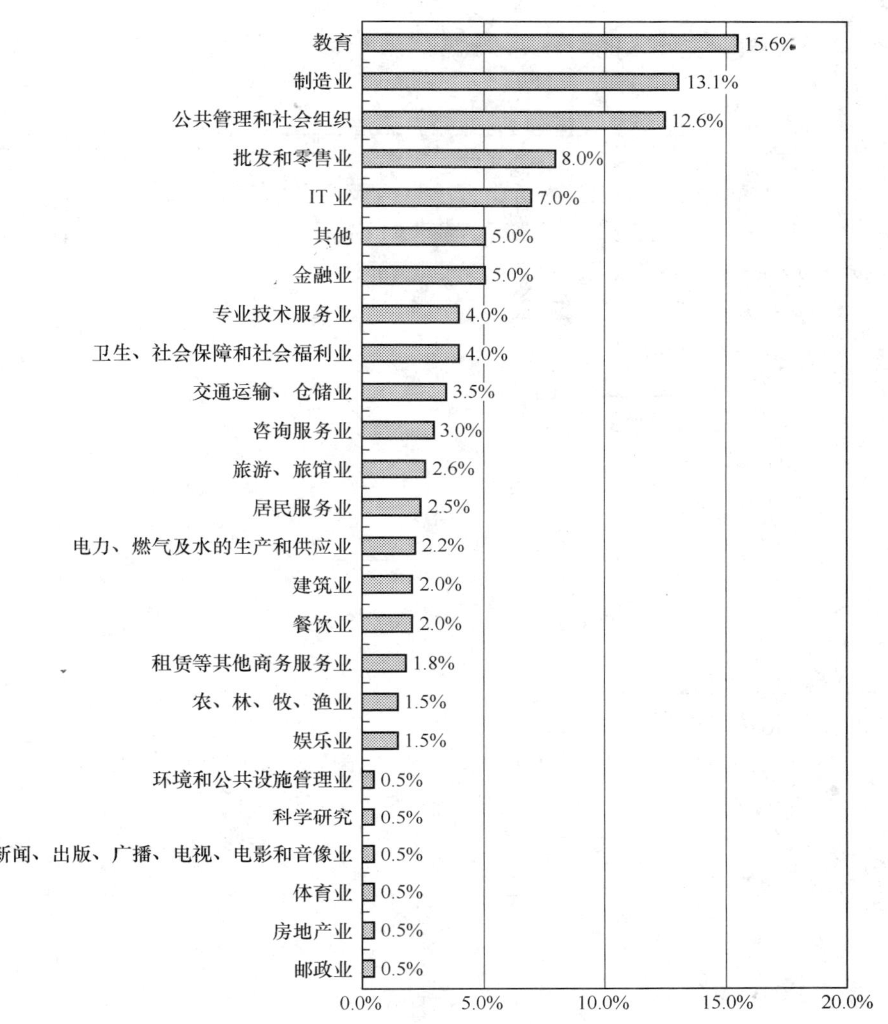

图 23.489　云南省上网用户行业分布

例为 0.6%；其他职业用户所占比例较少（如图 23.490 所示）。

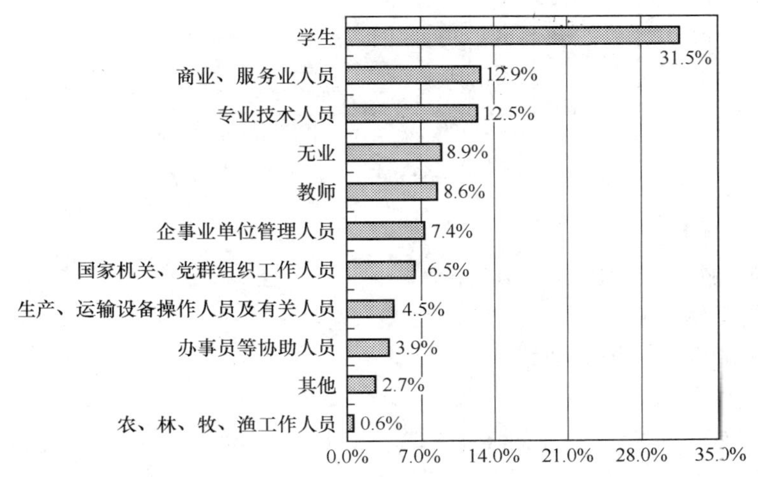

图 23.490　云南省上网用户职业分布

（7）用户的个人月收入

云南省上网用户中，个人月收入在 500 元以下的最多，达到 31.1%；其次是 1 001～1 500 元的用户，所占比例为 18.5%；排在第三位的是 501～1000 元的用户，所占比例为 16.3%；个人月收入为 1501～2000 元的用户所占比例为 15.4%；无收入的用户所占比例为 4.0%；个人月收入在 2000 元以上的用户所占比例为 10.7%（如图 23.491 所示）。

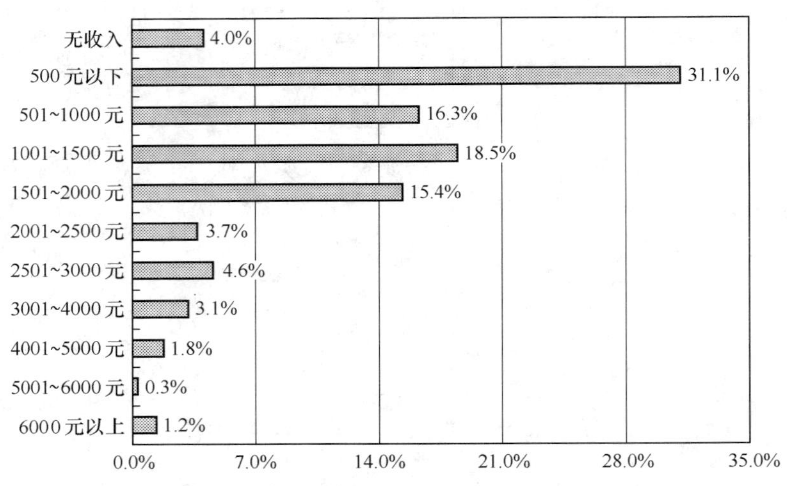

图 23.491 云南省上网用户个人月收入分布

2．用户对互联网的使用情况

（1）用户每月实际花费的上网费用

云南省上网用户中，每月实际花费的上网费用（仅限于上网费及上网电话费，不包括使用网络服务的费用）以 51～100 元的最多，占 40.5%；其次是每月实际花费的上网费用低于 50 元的用户，所占比例为 29.4%；每月实际花费的上网费用在 200 以上的用户很少，只占 6.7%（如图 23.492 所示）。

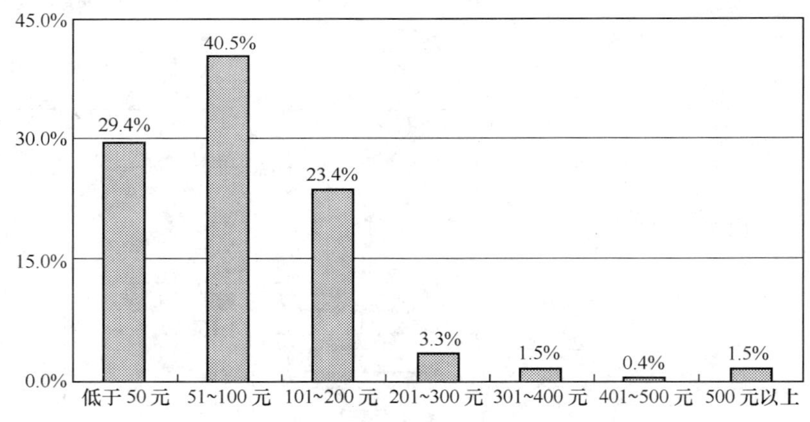

图 23.492 云南省上网用户的上网费用分布

（2）用户平均每周上网时间

云南省上网用户平均每周上网时间为 13.3 小时。

（3）用户平均每周上网天数

云南省上网用户平均每周上网天数为 4.1 天。

（4）用户通常上网时间

云南省上网用户上网时间在一天中波动较大：凌晨 1 点至早上 7 点是用户最少上网的时间，从早上 8 点起上网的人逐渐增加，到 14 点达到一天当中的第一个高峰，有 45.2%的用户在这一时间上网，此后上网人数开始下降；从晚上 19 点开始上网人数激增，到晚上 20 点和 21 点时达到一天中的顶峰，有 58.9%的用户在这一时间上网，这之后上网人数又急剧减少（如图 23.493 所示）。日常生活的作息时间在一定程度上影响着人们使用互联网的时间，云南省上网用户使用互联网的高峰时间在晚上。

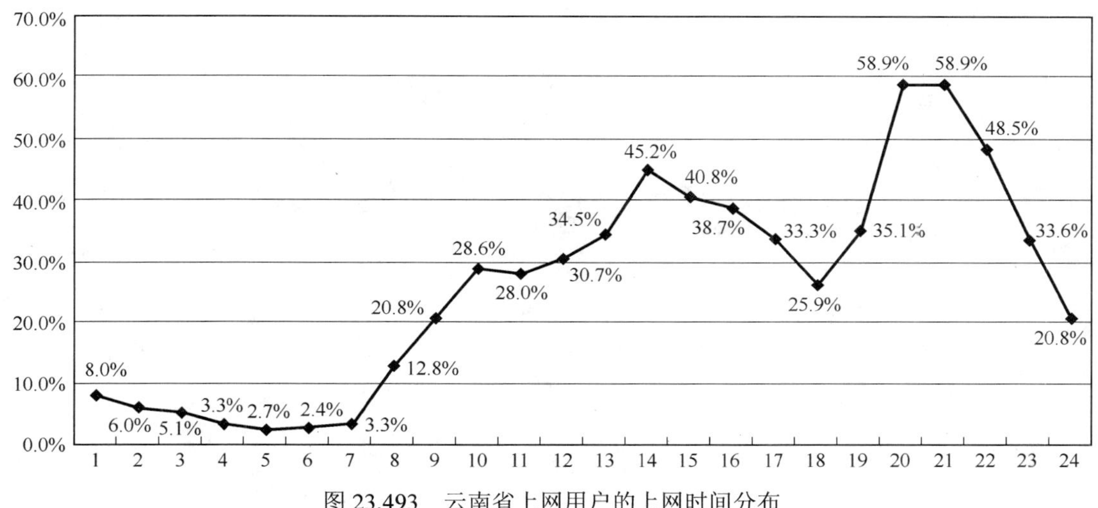

图 23.493　云南省上网用户的上网时间分布

（5）用户拥有 E-mail 账号数

云南省上网用户拥有 E-mail 账号平均值为 1.4，其中免费 E-mail 账号平均值为 1.3。

（6）用户每周收发的电子邮件数

云南省上网用户平均每周收到电子邮件数（不包括垃圾邮件）为 3.5 封，收到垃圾邮件数为 8.5 封，发出电子邮件数为 3.1 封。

（7）用户上网最主要的目的

云南省上网用户上网的最主要目的以休闲娱乐最多，达到 40.8%；其次是获取信息，所占比例为 36.9%；排在第三位的是学习，有 10.4%的用户选择；还有 4.5%的用户选择交友；而选择其他上网目的的用户则很少（如图 23.494 所示）。

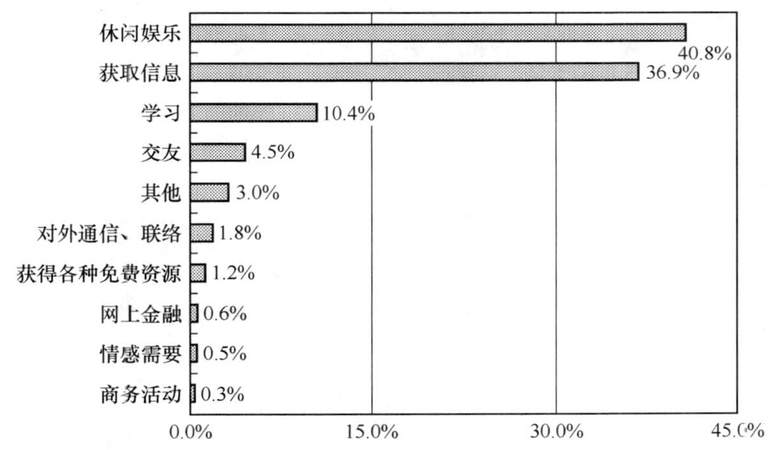

图 23.494　云南省上网用户上网最主要的目的

3．用户对互联网的看法

（1）关于“使用互联网可以提高工作/学习和生活的效率”

关于“使用互联网可以提高工作/学习和生活的效率”的观点，云南省上网用户表示比较赞成的最多，达到 58.9%；其次是表示非常赞成的，所占比例为 24.7%；表示一半赞成一半不赞成的用户所占比例为 12.2%；表示不赞成的用户所占比例非常小，只有 4.2%（如图 23.494 所示）。云南省上网用户对“使用互联网可以提高工作/学习和生活的效率”的观点表示赞成的占绝大多数。

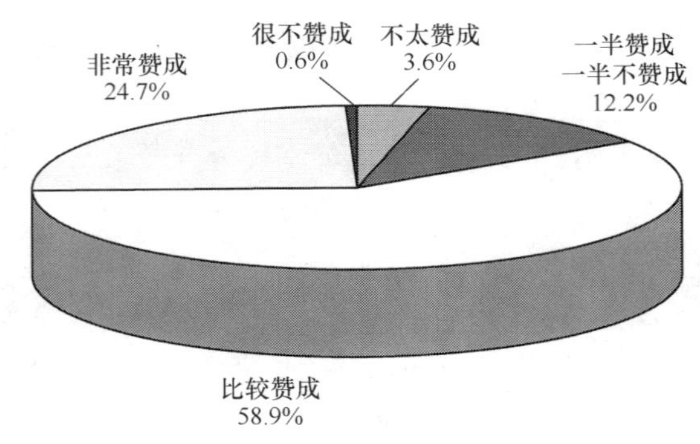

图 23.495 云南省上网用户对“使用互联网可以提高工作/学习和生活的效率”观点的看法

（2）关于“在单位/学校/邻里中，会上网的人好像高人一等”

关于“在单位/学校/邻里中，会上网的人好像高人一等”的观点，云南省上网用户表示不太赞成的最多，达到 48.5%；其次是表示很不赞成的，所占比例为 28.0%；表示比较赞成的用户所占比例为 12.8%；表示一半赞成一半不赞成的用户所占比例为 6.8%；表示非常赞成的用户所占比例为 3.9%（如图 23.496 所示）。云南省上网用户对“在单位/学校/邻里中，会上网的人好像高人一等”的观点表示不赞成的占绝大多数。

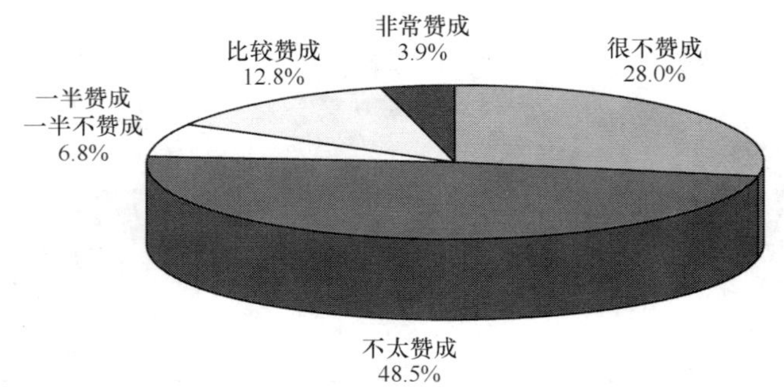

图 23.496 云南省上网用户对“在单位/学校/邻里中，会上网的人好像高人一等”观点的看法

（3）关于“使用互联网容易结交不好的朋友”

关于“使用互联网容易结交不好的朋友”的观点，云南省上网用户表示不太赞成的最多，达到 43.8%；其次是表示很不赞成的，所占比例为 19.8%；表示比较赞成的用户所占比例为 17.0%；表示一半赞成一半不赞成的用户所占比例为 13.4%；表示非常赞成的用户所占比例为 6.0%（如图 23.497 所示）。云南省上网用户对“使用互联网容易结交不好的朋友”的观点表示不赞成的居多。

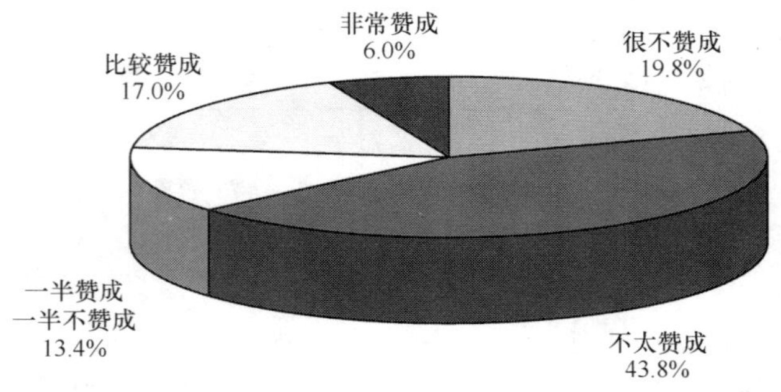

图 23.497 云南省上网用户对“使用互联网容易结交不好的朋友”观点看法

（4）关于“使用互联网容易暴露隐私”

关于“使用互联网容易暴露隐私”的观点，云南省上网用户表示不太赞成的最多，达到 47.8%；其次

是表示比较赞成的，所占比例为 18.5%；表示很不赞成的用户所占比例为 17.0%；表示一半赞成一半不赞成的用户所占比例为 13.7%；表示非常赞成的用户所占比例为 3.0%（如图 23.498 所示）。云南省上网用户对"使用互联网容易暴露隐私"的观点表示不赞成的占绝大多数。

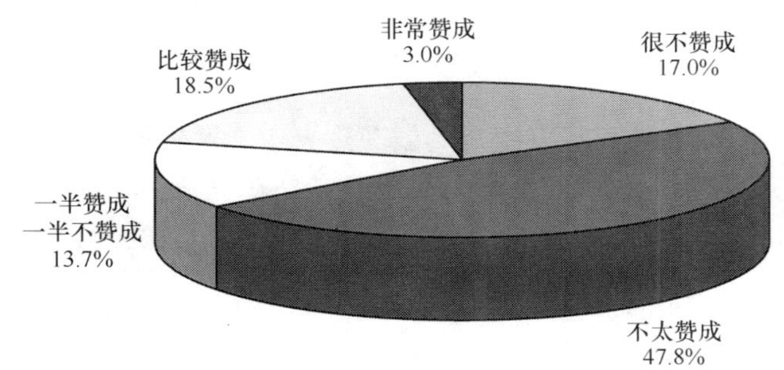

图 23.498　云南省上网用户对"使用互联网容易暴露隐私"观点看法

（5）关于"使用互联网容易受不良信息的影响"

关于"使用互联网容易受不良信息的影响"的观点，云南省上网用户表示不太赞成的最多，达到 34.5%；其次是表示比较赞成的，所占比例为 28.6%；表示很不赞成的用户所占比例为 13.4%；表示一半赞成一半不赞成的用户所占比例为 13.4%；表示非常赞成的用户所占比例为 10.1%（如图 23.499 所示）。云南省上网用户对"使用互联网容易受不良信息的影响"的观点表示不赞成的多于表示赞成的。

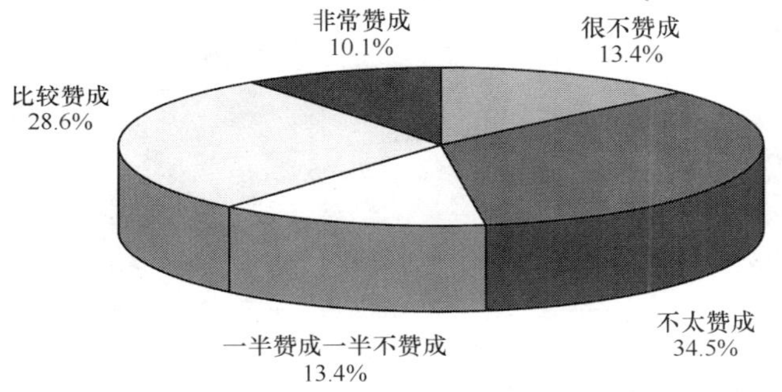

图 23.499　云南省上网用户对"使用互联网容易受不良信息的影响"观点的看法

（6）对互联网的信任程度

云南省上网用户表示半信半疑的最多，所占比例为 43.9%；其次是对互联网表示比较信任的，所占比例为 41.2%；对互联网表示不太信任的用户所占比例为 11.3%；对互联网表示完全信任的用户所占比例为 3.0%（如图 23.500 所示）。云南省上网用户对互联网表示信任的多于表示不信任的。

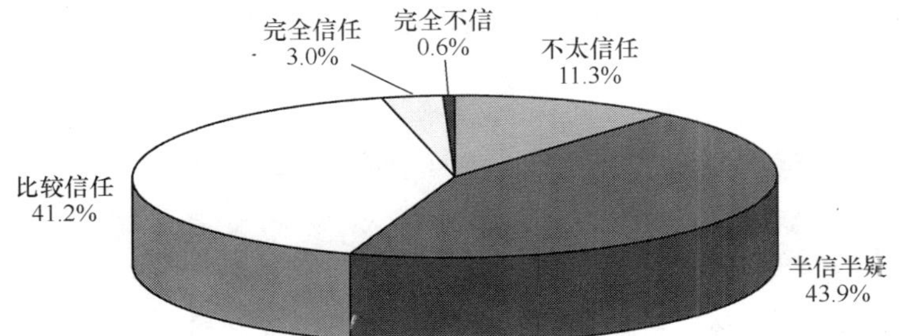

图 23.500　云南省上网用户对互联网的信任程度

综上所述，云南省上网用户数为 206 万人，上网计算机数为 71 万台，CN 下注册域名数量为 4568 个，WWW 站点数为 4490 个。

其中住宅电话覆盖的上网用户（不包括住校大学生）中以男性、未婚者为主，年龄在 18～24 岁的所占比例最高，受教育程度为高中（中专）的最多，职业以学生所占比例最多，从事的行业以教育业的人最多，个人月收入在 500 元以下的最多。用户每月实际花费的上网费用集中在 200 元及以下，平均每周上网时间为 13.3 小时，平均每周上网天数为 4.1 天，使用互联网的高峰时间在晚上。用户拥有 E-mail 账号平均值为 1.4，其中免费 E-mail 账号平均值为 1.3，平均每周收到电子邮件数（不包括垃圾邮件）为 3.5 封，收到垃圾邮件数 8.5 封，发出电子邮件数 3.1 封。用户上网的最主要目的为休闲娱乐。

云南省上网用户对“使用互联网可以提高工作/学习和生活的效率”的观点表示赞成的占绝大多数，对“在单位/学校/邻里中，会上网的人好像高人一等”的观点表示不赞成的占多数，对“使用互联网容易结交不好的朋友”的观点表示不赞成的居多，对“使用互联网容易暴露隐私”的观点表示不赞成的居多，对“使用互联网容易受不良信息的影响”的观点表示不赞成的多于表示赞成的。云南省上网用户对互联网表示信任的多于表示不信任的。

23.1.26　西藏藏族自治区互联网络发展状况

一、宏观概况

1．上网用户人数

西藏藏族自治区上网用户人数为 7 万，占全国上网用户总人数的比例为 0.1%，是西藏藏族自治区总人口的 2.6%。与第 13 次调查结果相比，西藏藏族自治区上网用户人数减少 1.6 万，同比下降 18.6%，占全国上网用户总人数的比例保持不变，占本自治区总人口比例减少 0.6%（如图 23.501 所示）。

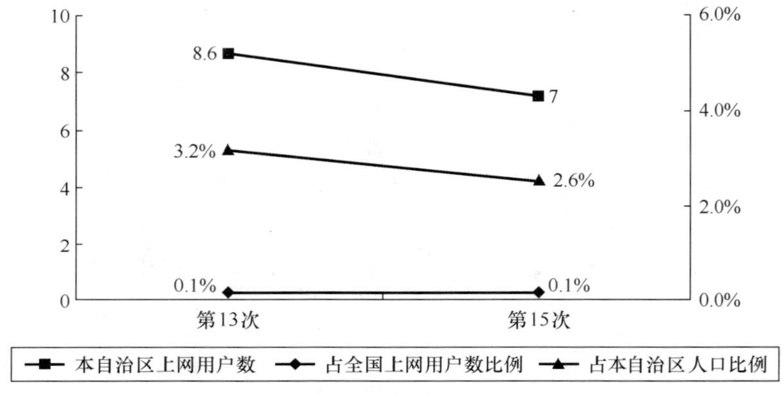

图 23.501　西藏藏族自治区历次调查上网用户数

2．上网计算机数

西藏藏族自治区上网计算机数为 3 万台，占全国上网计算机总数的比例为 0.1%。与第 13 次调查结果相比，西藏藏族自治区上网计算机数，占全国上网计算机总数的比例都保持不变（如图 23.502 所示）。

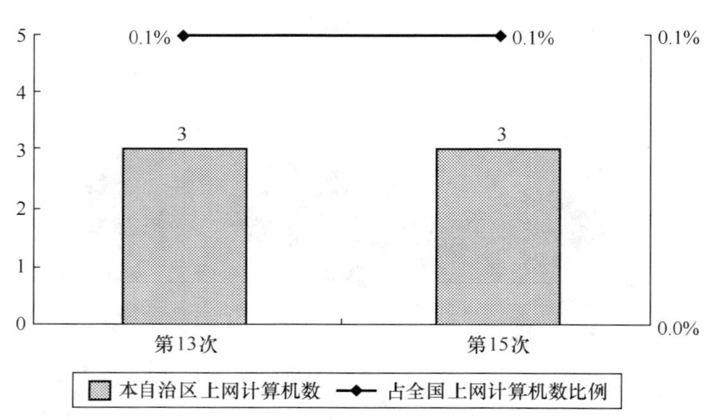

图 23.502　西藏藏族自治区历次调查上网计算机数

3．CN 下注册域名数（不含 EDU）

西藏藏族自治区 CN 下注册域名数量为 748 个，占全国 CN 下注册域名总数的比例为 2.0%。与第 13 次调查结果相比，西藏藏族自治区 CN 下注册域名数量增加 124 个，增长率为 19.9%，占全国 CN 下注册域名总数的比例保持不变（如图 23.503 所示）。

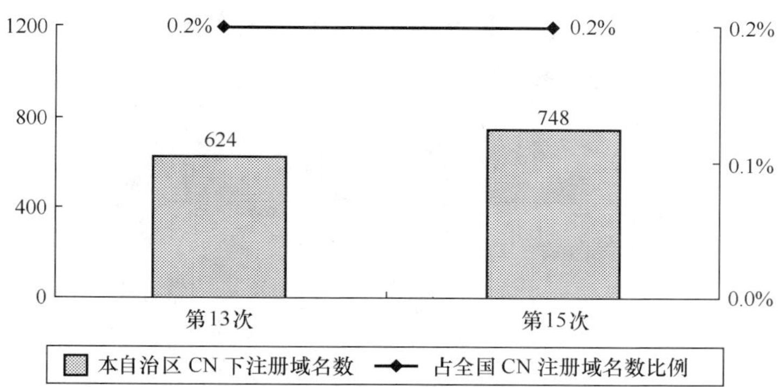

图 23.503　西藏藏族自治区历次调查 CN 下注册域名数（不含 EDU）

4．WWW 站点数（包括.CN、.COM、.NET、.ORG 下的网站）

西藏藏族自治区 WWW 站点数为 2 153 个，占全国 WWW 站点数的比例为 0.3%。与第 13 次调查结果相比，西藏藏族自治区 WWW 站点数增加 476 个，增长率为 28.4%，占全国 WWW 站点总数的比例保持不变（如图 23.504 所示）。

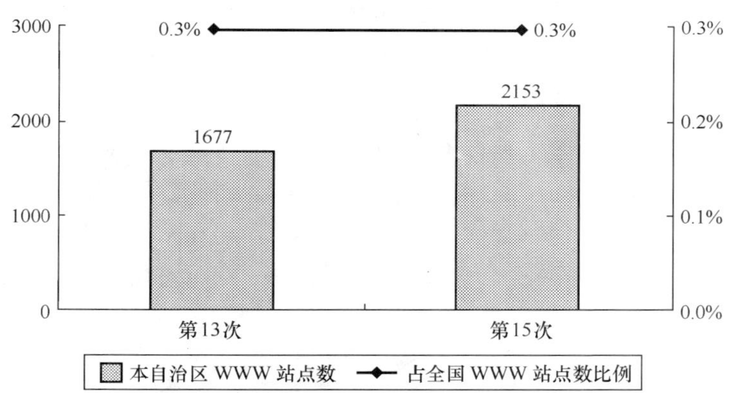

图 23.504　西藏藏族自治区历次调查 WWW 站点数

二、互联网用户行为意识调查结果

1．用户个人信息

（1）用户的性别

西藏藏族自治区上网用户中，男性占 65.4%，女性占 34.6%（如图 23.505 所示）。男性为上网用户主体。

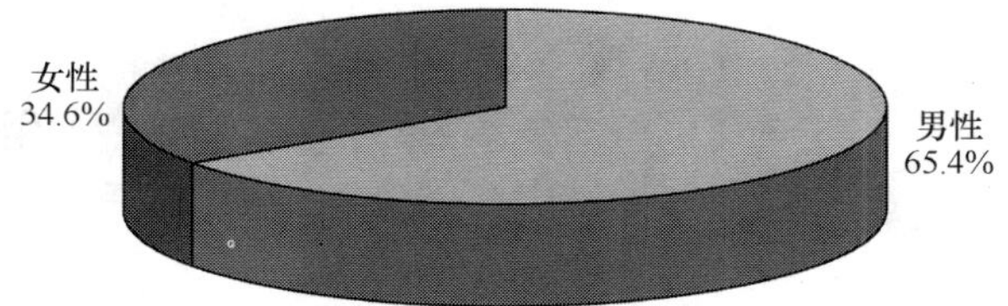

图 23.505　西藏藏族自治区上网用户性别分布

（2）用户的年龄分布

西藏藏族自治区上网用户中，18～24 岁的用户所占比例最高 33.6%；其次是 23～30 岁和 18 岁以下的用户，所占比例分别为26.3%和11.1%；31～35岁的用户占10.4%；35岁以上用户所占比例为18.6%（如图23.506所示）。

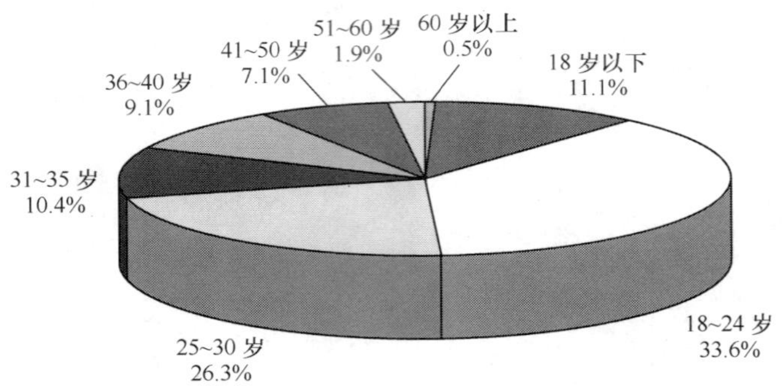

图 23.506　西藏藏族自治区上网用户年龄分布

（3）用户的婚姻状况

西藏藏族自治区上网用户中，已婚者占50.9%，未婚者占49.1%（如图23.507所示）。已婚者和未婚者所占比例基本持平。

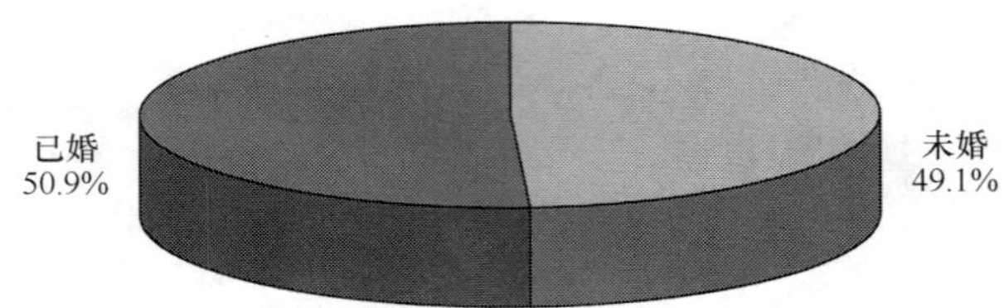

图 23.507　西藏藏族自治区上网用户婚姻状况分布

（4）用户的受教育程度

西藏藏族自治区上网用户中，受教育程度为高中（中专）的最多，达到35.2%；其次是受教育程度为大专和本科的用户，所占比例分别为30.1%和24.1%；高中以下受教育程度的用户所占比例为8.3%（如图23.508所示）。

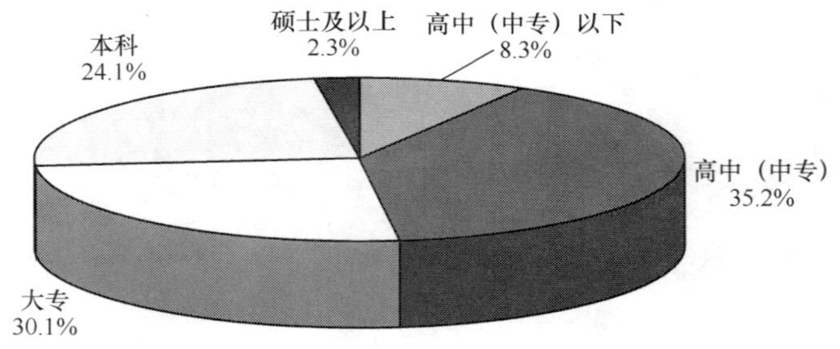

图 23.508　西藏藏族自治区上网用户受教育程度分布

（5）用户的行业分布

西藏藏族自治区上网用户中，从事公共管理和社会组织业的人最多，占21.4%；其次是从事教育业的用户，所占比例为16.9%；从事制造业的用户所站比例为7.2%；从事批发和零售业的用户所占比例为7.0%；从事IT业的用户所占比例为5.8%；从事其他行业的上网用户则较少（如图23.509所示）。

（6）用户的职业分布

西藏藏族自治区上网用户中，学生所占的比例最多，达到24.4%；其次是国家机关、党群组织工作人员，所占比例为16.6%；排在第3位的是专业技术人员，所占比例为12.0%；教师所占比例为10.6%；商业、服务业人员所占比例为9.2%；企事业单位管理人员所占比例为8.8%；无业人员所占比例为4.6%；生产、运输设备操作人员及有关人员所占比例为4.6%；办事员等协助人员所占比例为4.1%；其他职业用户

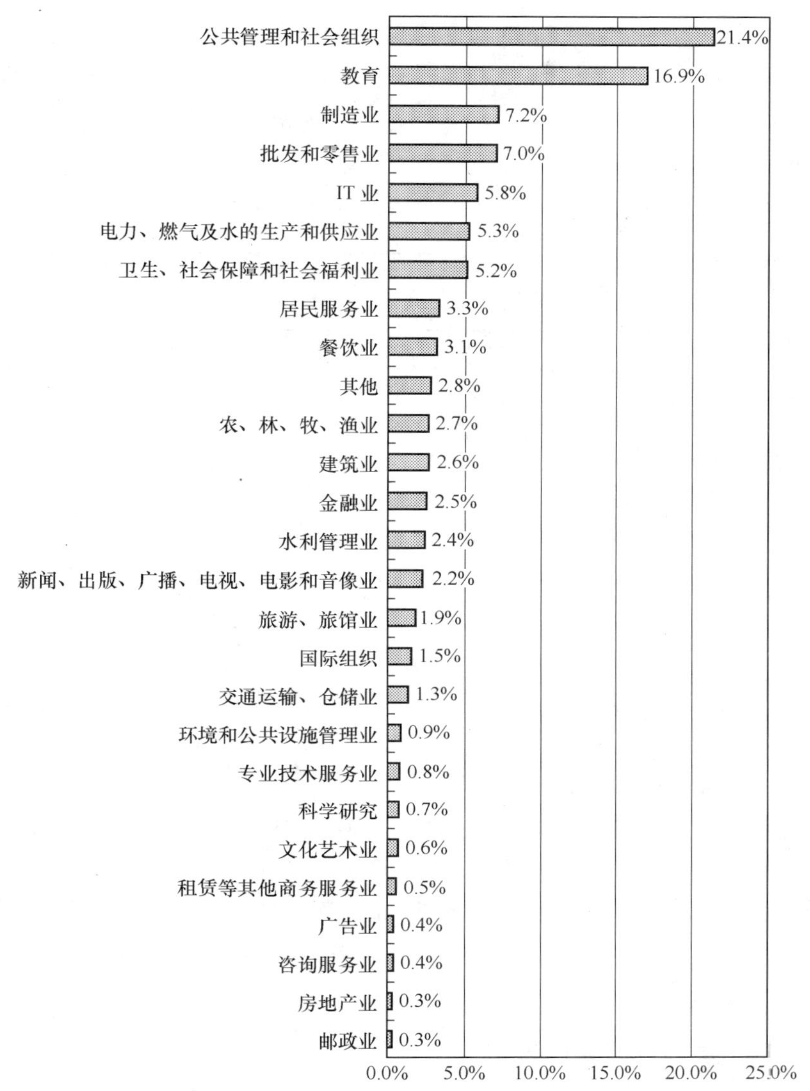

图 23.509　西藏藏族自治区上网用户行业分布

所占比例较少（如图 23.510 所示）。

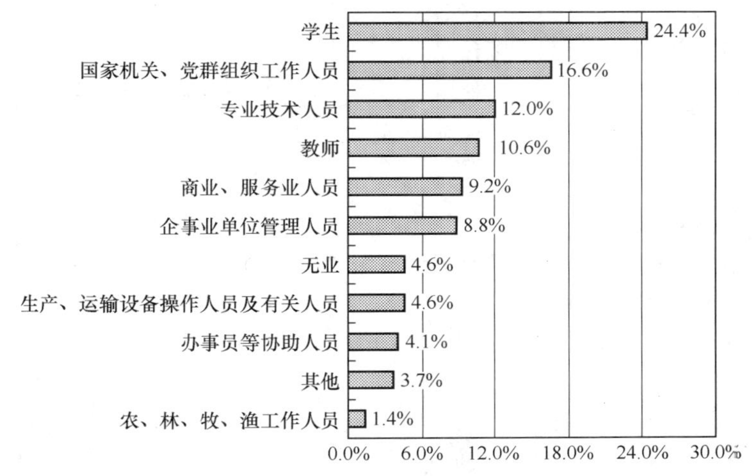

图 23.510　西藏藏族自治区上网用户职业分布

（7）用户的个人月收入

西藏藏族自治区上网用户中，个人月收入在500元以下的最多，达到23.0%；其次是1 001～1 500元的用户，所占比例为18.8%；排在第三位的是1501～2000元的用户，所占比例为16.9%；个人月收入为2001～2500元的用户所占比例为12.7%；无收入的用户所占比例为2.3%；个人月收入在2 000元以上的用户所占比例为26.8%（如图23.511所示）。

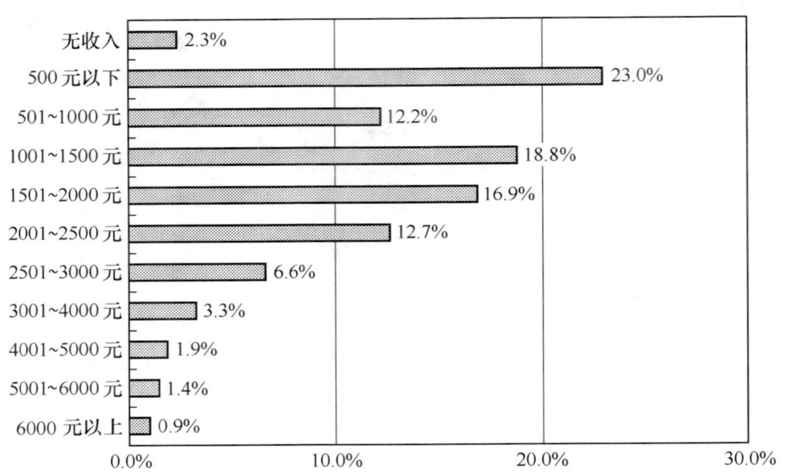

图23.511 西藏藏族自治区上网用户个人月收入分布

2．用户对互联网的使用情况

（1）用户每月实际花费的上网费用

西藏藏族自治区上网用户中，每月实际花费的上网费用（仅限于上网费及上网电话费，不包括使用网络服务的费用）以51～100元的最多，占31.5%；其次是每月实际花费的上网费用在101～200的用户，所占比例为26.3%；每月实际花费的上网费用在200以上的用户较少，只占16.9%（如图23.512所示）。

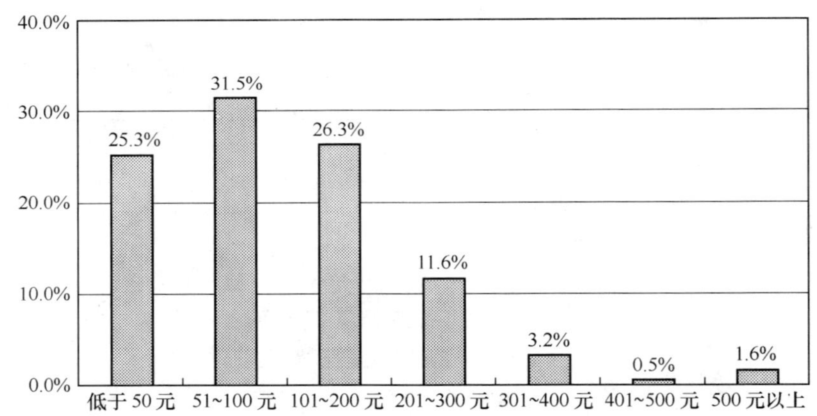

图23.512 西藏藏族自治区上网用户的上网费用分布

（2）用户平均每周上网时间

西藏藏族自治区上网用户平均每周上网时间为12.7小时。

（3）用户平均每周上网天数

西藏藏族自治区上网用户平均每周上网天数为4.1天。

（4）用户通常上网时间

西藏藏族自治区上网用户上网时间在一天中波动较大：凌晨1点至早上7点是用户最少上网的时间，从早上8点起上网的人逐渐增加，到15点达到一天当中的第一个高峰，有43.3%的用户在这一时间上网，此后上网人数开始下降；从晚上19点开始上网人数激增，到晚上21点时达到一天中的顶峰，有61.8%的用户在这一时间上网，这之后上网人数又急剧减少（如图 23.513 所示）。日常生活的作息时间在一定程度上影响着人们使用互联网的时间，西藏藏族自治区上网用户使用互联网的高峰时间在晚上。

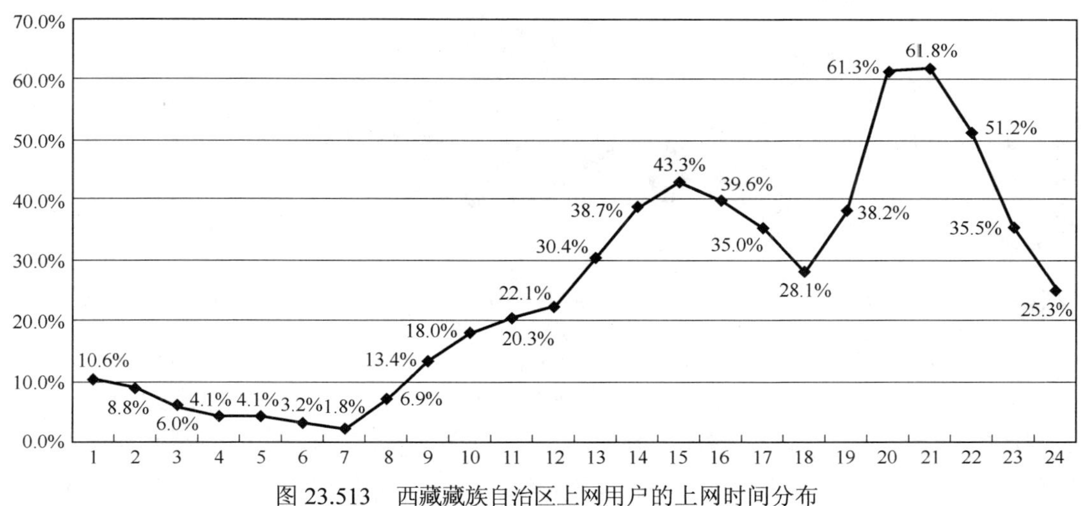

图 23.513　西藏藏族自治区上网用户的上网时间分布

（5）用户拥有 E-mail 账号数

西藏藏族自治区上网用户拥有 E-mail 账号数目的平均值为 1.4，其中免费 E-mail 账号平均值为 1.3。

（6）用户每周收发的电子邮件数

西藏藏族自治区上网用户平均每周收到电子邮件数（不包括垃圾邮件）为 4.6 封，收到垃圾邮件数为 8.7 封，发出电子邮件数为 3.6 封。

（7）用户上网最主要的目的

西藏藏族自治区上网用户上网的最主要目的以获取信息最多，达到 41.0%；其次是休闲娱乐，所占比例为 35.0%；排在第三位的是学习，有 7.4%的用户选择；还有 6.5%的用户选择交友；而选择其他上网目的的用户则很少（如图 23.514 所示）。

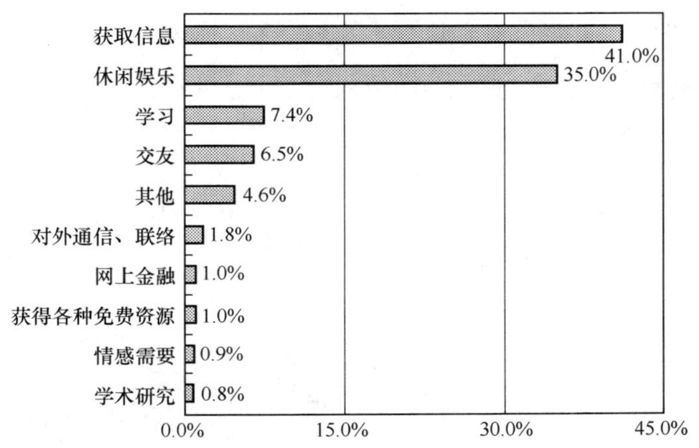

图 23.514　西藏藏族自治区上网用户上网最主要的目的

3．用户对互联网的看法

（1）关于“使用互联网可以提高工作/学习和生活的效率”

关于“使用互联网可以提高工作/学习和生活的效率”的观点，西藏藏族自治区上网用户表示比较赞成的最多，达到 65.3%；其次是表示非常赞成的，所占比例为 25.9%；表示一半赞成一半不赞成的用户所占比例为 6.0%；表示不赞成的用户所占比例非常小，只有 2.8%（如图 23.515 所示）。西藏藏族自治区上网用户对“使用互联网可以提高工作/学习和生活的效率”的观点表示赞成的占绝大多数。

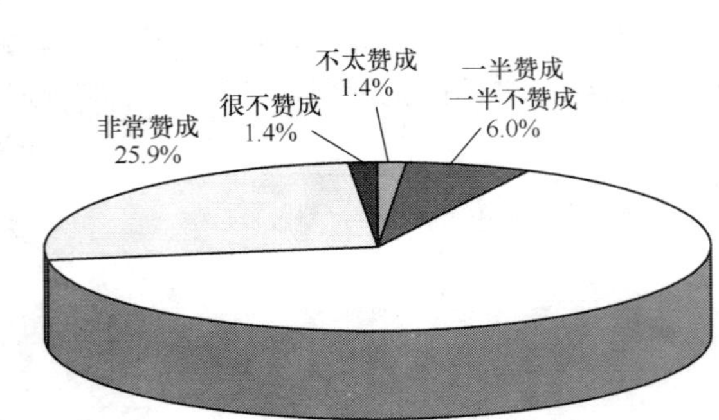

图 23.515　西藏藏族自治区上网用户对“使用互联网可以提高工作/学习和生活的效率”观点的看法

（2）关于“在单位/学校/邻里中，会上网的人好像高人一等”

关于“在单位/学校/邻里中，会上网的人好像高人一等”的观点，西藏藏族自治区上网用户表示不太赞成的最多，达到 46.5%；其次是表示很不赞成的，所占比例为 24.9%；表示比较赞成的用户所占比例为 16.6%；表示非常赞成的用户所占比例为 7.4%；表示一半赞成一半不赞成的用户所占比例为 4.6%（如图 23.516 所示）。西藏藏族自治区上网用户对“在单位/学校/邻里中，会上网的人好像高人一等”的观点表示不赞成的占绝大多数。

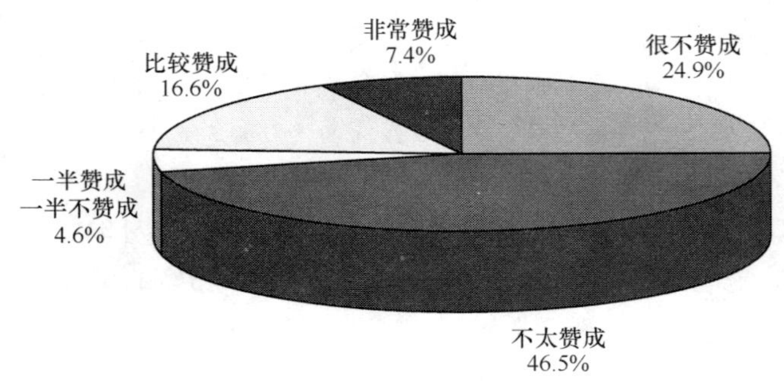

图 23.516　西藏藏族自治区上网用户对“在单位/学校/邻里中，会上网的人好像高人一等”观点的看法

（3）关于“使用互联网容易结交不好的朋友”

关于“使用互联网容易结交不好的朋友”的观点，西藏藏族自治区上网用户表示不太赞成的最多，达到 46.1%；其次是表示比较赞成的，所占比例为 21.7%；表示很不赞成的用户所占比例为 18.9%；表示一半赞成一半不赞成的用户所占比例为 7.8%；表示非常赞成的用户所占比例为 5.5%（如图 23.517 所示）。西藏藏族自治区上网用户对“使用互联网容易结交不好的朋友”的观点表示不赞成的居多。

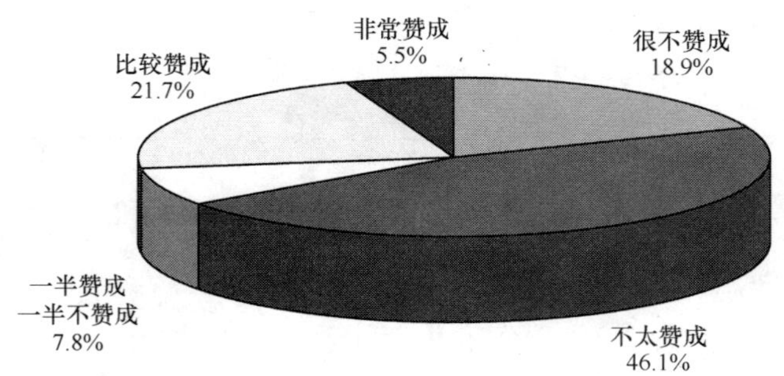

图 23.517　西藏藏族自治区上网用户对“使用互联网容易结交不好的朋友”观点的看法

（4）关于“使用互联网容易暴露隐私”

关于“使用互联网容易暴露隐私”的观点，西藏藏族自治区上网用户表示不太赞成的最多，达到 46.8%；

其次是表示比较赞成的，所占比例为 25.0%；表示很不赞成的用户所占比例为 13.4%；表示一半赞成一半不赞成的用户所占比例为 9.2%；表示非常赞成的用户所占比例为 5.6%（如图 23.518 所示）。西藏藏族自治区上网用户对“使用互联网容易暴露隐私”的观点表示不赞成的占绝大多数。

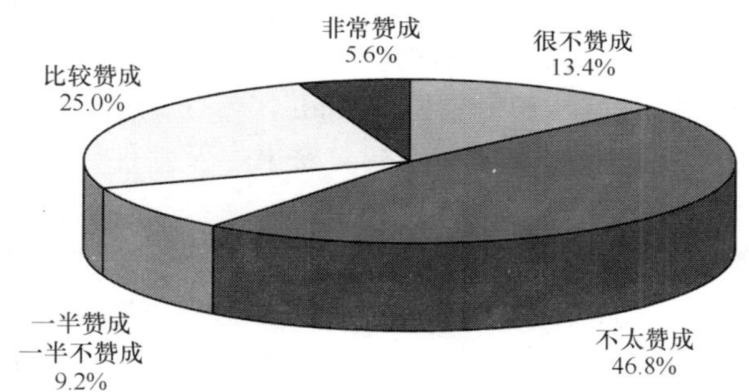

图 23.518　西藏藏族自治区上网用户对“使用互联网容易暴露隐私”观点的看法

（5）关于“使用互联网容易受不良信息的影响”

关于“使用互联网容易受不良信息的影响”的观点，西藏藏族自治区上网用户表示不太赞成的最多，达到 39.6%；其次是表示比较赞成的，所占比例为 28.1%；表示很不赞成的用户所占比例为 15.7%；表示非常赞成的用户所占比例为 9.7%；表示一半赞成一半不赞成的用户所占比例为 6.9%（如图 23.519 所示）。西藏藏族自治区上网用户对“使用互联网容易受不良信息的影响”的观点表示不赞成的居多。

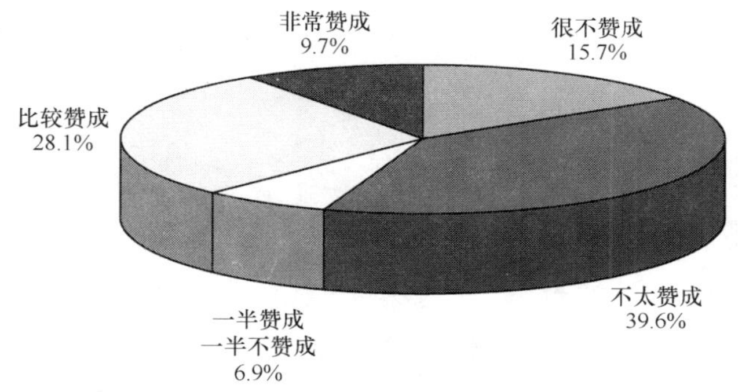

图 23.519　西藏藏族自治区上网用户对“使用互联网容易受不良信息的影响”观点的看法

（6）对互联网的信任程度

西藏藏族自治区上网用户表示比较信任的最多，所占比例为 52.5%；其次是对互联网表示半信半疑的，所占比例为 32.2%；对互联网表示不太信任的用户所占比例为 7.4%；对互联网表示完全信任的用户所占比例为 7.4%；对互联网表示完全不信的用户所占比例为 0.5%（如图 23.520 所示）。西藏藏族自治区上网用户对互联网表示信任的占多数。

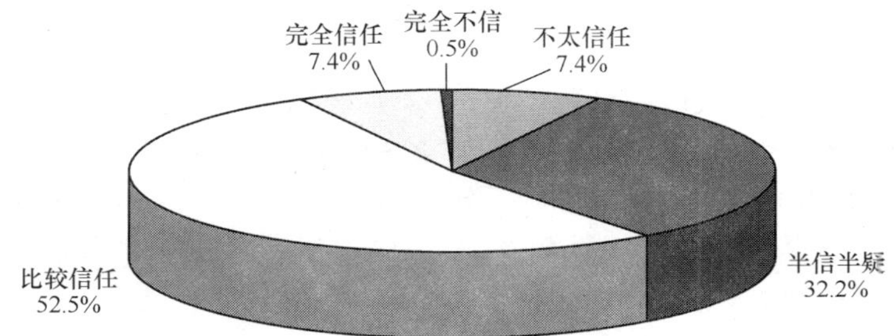

图 23.520　西藏藏族自治区上网用户对互联网的信任程度

综上所述，西藏藏族自治区上网用户数为 7 万人，上网计算机数为 3 万台，CN 下注册域名数量为 748

个，WWW 站点数为 2153 个。

其中住宅电话覆盖的上网用户（不包括住校大学生）中以男性、已婚者为主，年龄在 18～24 岁的所占比例最高，受教育程度为高中（中专）的最多，职业以学生所占比例最多，从事的行业以公共管理和社会组织业的人最多，个人月收入在 500 元以下的最多。用户每月实际花费的上网费用集中在 200 元及以下，平均每周上网时间为 12.7 小时，平均每周上网天数为 4.1 天，使用互联网的高峰时间在晚上。用户拥有 E-mail 账号平均值为 1.4，其中免费 E-mail 账号平均值为 1.3，平均每周收到电子邮件数（不包括垃圾邮件）为 4.6 封，收到垃圾邮件数 8.7 封，发出电子邮件数 3.6 封。用户上网的最主要目的为获取信息。

西藏藏族自治区上网用户对“使用互联网可以提高工作/学习和生活的效率”的观点表示赞成的占绝大多数，对“在单位/学校/邻里中，会上网的人好像高人一等”的观点表示不赞成的占多数，对“使用互联网容易结交不好的朋友”的观点表示不赞成的居多，对“使用互联网容易暴露隐私”的观点表示不赞成的居多，对“使用互联网容易受不良信息的影响”的观点表示不赞成的略多。西藏藏族自治区上网用户对互联网表示信任的占多数。

23.1.27 陕西省互联网络发展状况

一、宏观概况

1．上网用户人数

陕西省上网用户人数为 258 万，占全国上网用户总人数的比例为 2.7%，是陕西省总人口的 7.0%。与第 13 次调查结果相比，陕西省上网用户人数增加 61.3 万，增长率为 31.2%，占全国上网用户总人数的比例增加 0.3%，占陕西省总人口比例增加 1.6%（如图 23.521 所示）。

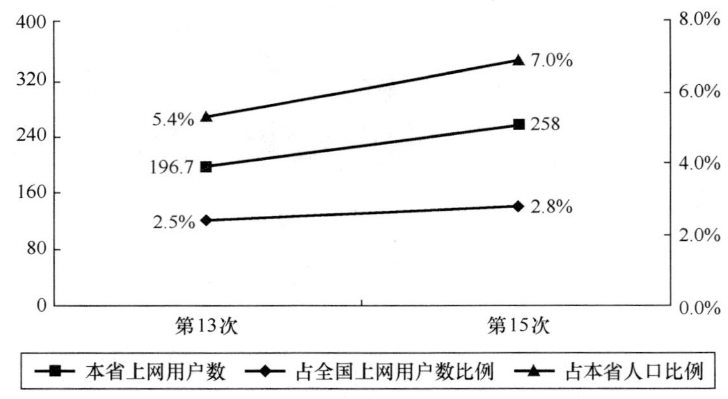

图 23.521　陕西省历次调查上网用户数

2．上网计算机数

陕西省上网计算机数为 101 万台，占全国上网计算机总数的比例为 2.4%。与第 13 次调查结果相比，陕西省上网计算机数增加 43 万台，增长率为 74.1%，占全国上网计算机总数的比例增加 0.5%（如图 23.522 所示）。

3．CN 下注册域名数（不含 EDU）

陕西省 CN 下注册域名数量为 5348 个，占全国 CN 下注册域名总数的比例为 1.2%。与第 13 次调查结果相比，陕西省 CN 下注册域名数量增加 1318 个，增长率为 32.7%，占全国 CN 下注册域名总数的比例保持不变（如图 23.523 所示）。

4．WWW 站点数（包括.CN、.COM、.NET、.ORG 下的网站）

陕西省 WWW 站点数为 5575 个，占全国 WWW 站点数的比例为 0.8%。与第 13 次调查结果相比，陕西省 WWW 站点数减少 129 个，同比下降 2.3%，占全国 WWW 站点总数的比例减少 0.2%（如图 23.524 所示）。

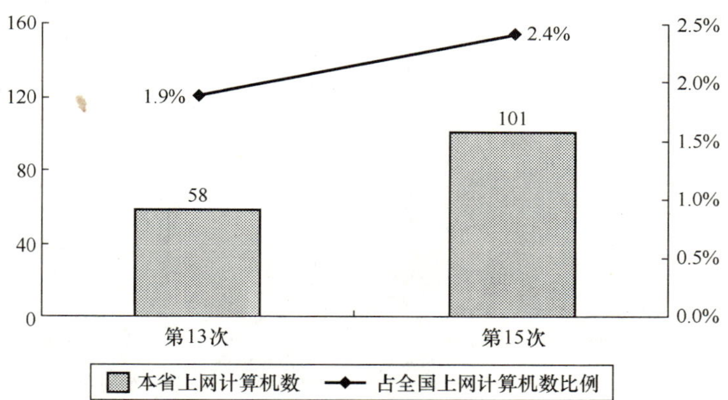

图 23.522　陕西省历次调查上网计算机数

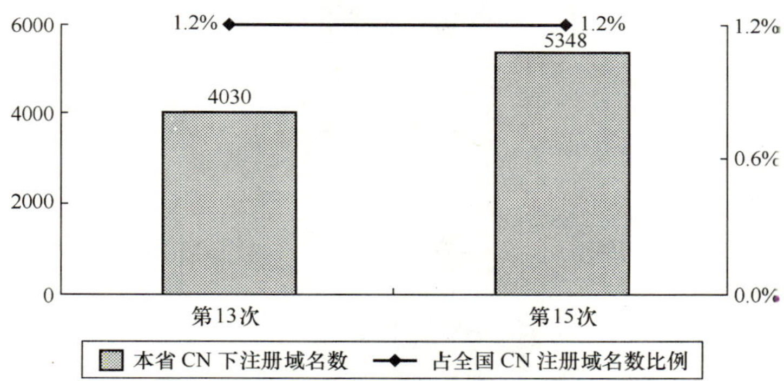

图 23.523　陕西省历次调查 CN 下注册域名数（不含 EDU）

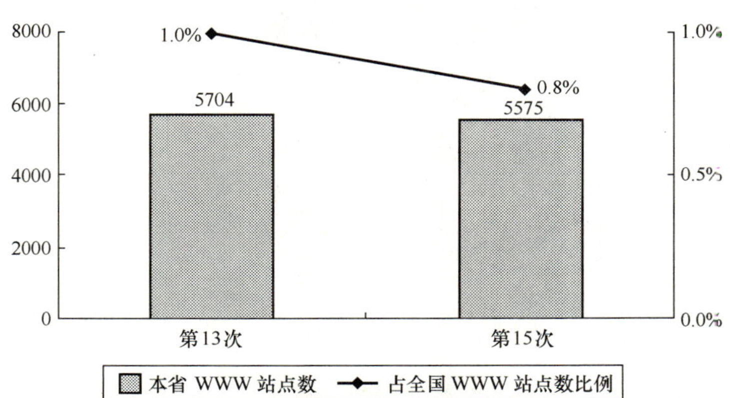

图 23.524　陕西省历次调查 WWW 站点数

二、互联网用户行为意识调查结果

1．用户个人信息

（1）用户的性别

陕西省上网用户中，男性占 62.8%，女性占 37.2%（如图 23.525 所示）。男性为上网用户主体。

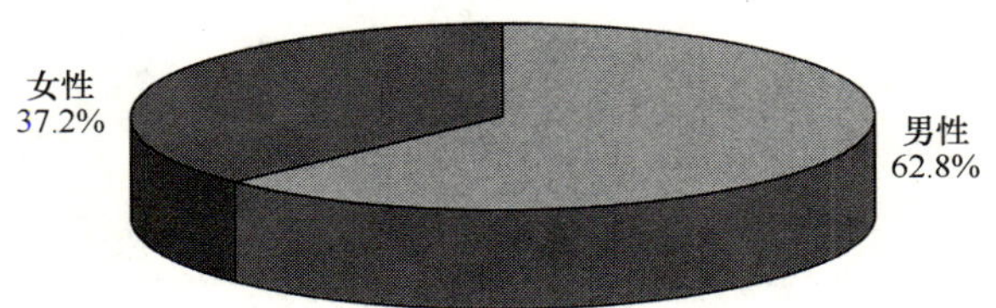

图 23.525　陕西省上网用户性别分布

（2）用户的年龄分布

陕西省上网用户中，18～24 岁的用户所占比例最高 21.0%；其次是 18 岁以下和 23～30 岁的用户，所占比例分别为 19.5%和 19.1%；31～35 岁的用户占 14.2%；35 岁以上用户所占比例为 26.2%（如图 23.526 所示）。

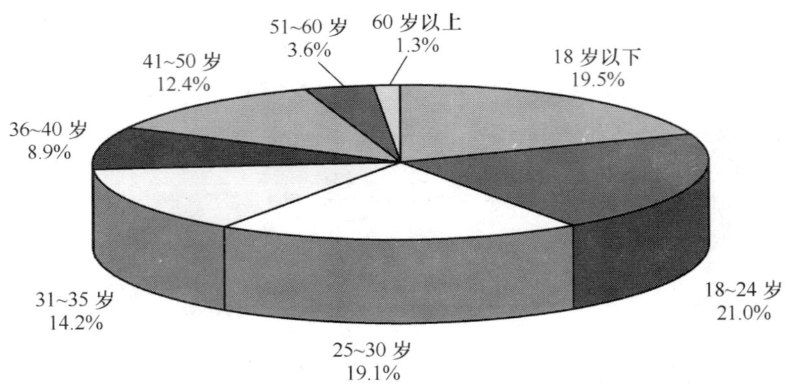

图 23.526　陕西省上网用户年龄分布

（3）用户的婚姻状况

陕西省上网用户中，已婚者占 59.5%，未婚者占 40.5%（如图 23.527 所示）。已婚者为上网用户主体。

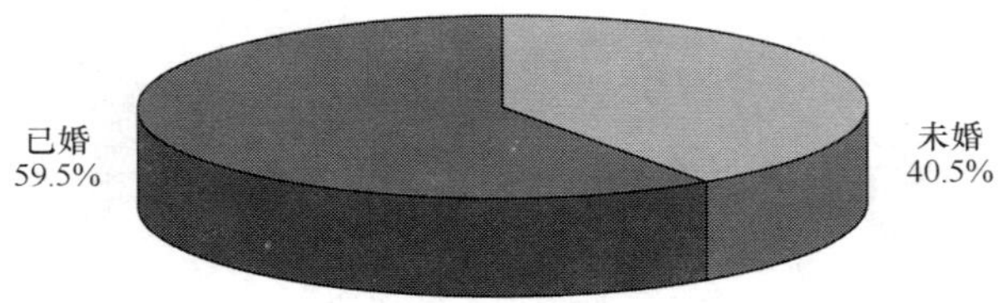

图 23.527　陕西省上网用户婚姻状况分布

（4）用户的受教育程度

陕西省上网用户中，受教育程度为高中（中专）的最多，达到 35.2%；其次是受教育程度为大专和本科的月户，所占比例分别为 27.5%和 20.3%；高中以下受教育程度的用户所占比例为 13.1%（如图 23.528 所示）。

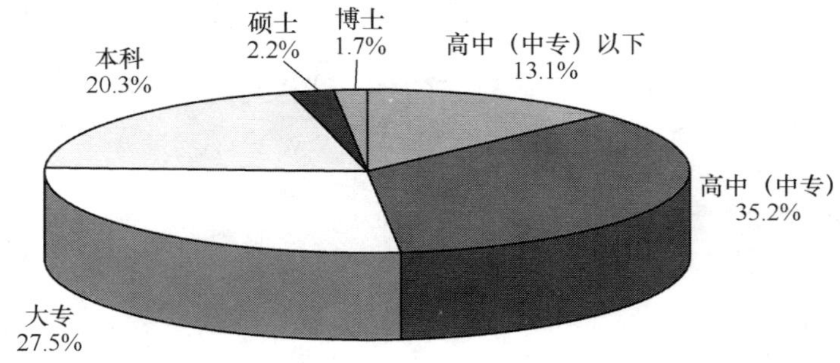

图 23.528　陕西省上网用户受教育程度分布

（5）用户的行业分布

陕西省上网用户中，从事制造业的人最多，占 19.5%；其次是从事教育业的用户，所占比例为 9.9%；排在第 3 位的是公共管理和社会组织业，所占比例为 9.2%；从事卫生、社会保障和社会福利业的用户所占比例为 7.9%；从事批发和零售业的用户所占比例为 6.7%；从事其他行业的上网用户则较少（如图 23.529 所示）。

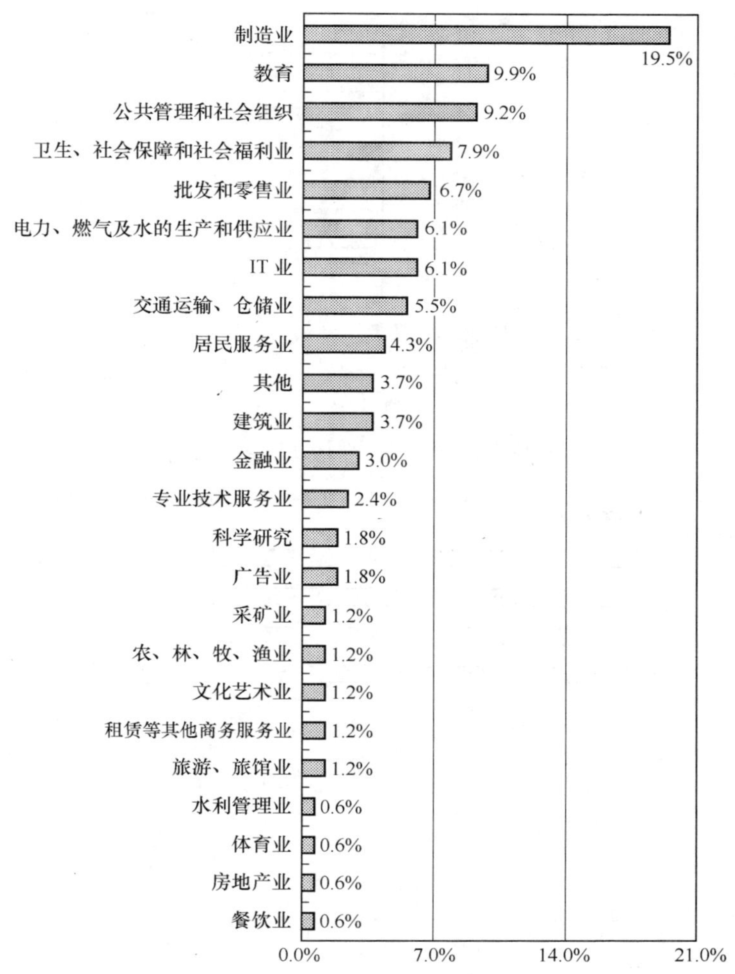

图 23.529　陕西省上网用户行业分布

（6）用户的职业分布

陕西省上网用户中，专业技术人员所占的比例最多，达到 21.8%；其次是学生，所占比例为 21.3%；排在第 3 位的是企事业单位管理人员，所占比例为 10.5%；无业人员所占比例为 10.0%；商业、服务业人员所占比例为 8.4%；生产、运输设备操作人员及有关人员和国家机关、党群组织工作人员所占比例皆为 7.5%；教师所占比例为 6.3%；办事员等协助人员所占比例为 2.5%；农、林、牧、渔工作人员所占比例为 0.4%；其他职业用户所占比例较少（如图 23.530 所示）。

（7）用户的个人月收入

陕西省上网用户中，个人月收入在 501～1000 元的最多，达到 27.8%；其次是 500 元以下的用户，所占比例为 25.6%；排在第三位的是 1001～1500 元的用户，所占比例为 17.6%；个人月收入为 1501～2000 元的用户所占比例为 15.9%；无收入的用户所占比例为 2.6%；个人月收入在 2000 元以上的用户所占比例为 10.5%（如图 23.531 所示）。

2．用户对互联网的使用情况

（1）用户每月实际花费的上网费用

陕西省上网用户中，每月实际花费的上网费用（仅限于上网费及上网电话费，不包括使用网络服务的费用）以低于 50 元的最多，占 49.3%；其次是每月实际花费的上网费用在 51～100 元的用户，所占比例为 39.2%；每月实际花费的上网费用在 100 以上的用户很少，只占 11.5%（如图 23.532 所示）。

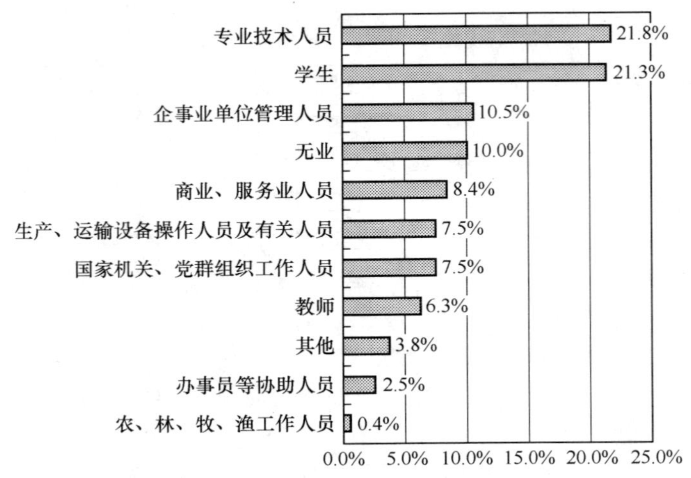

图 23.530　陕西省上网用户职业分布

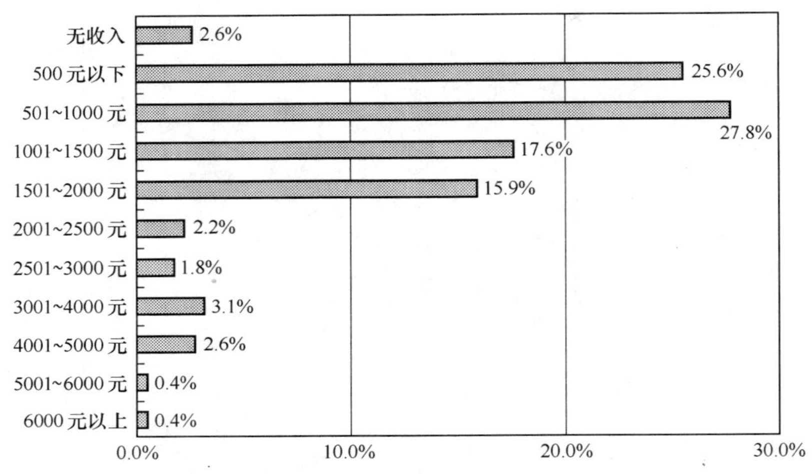

图 23.531　陕西省上网用户个人月收入分布

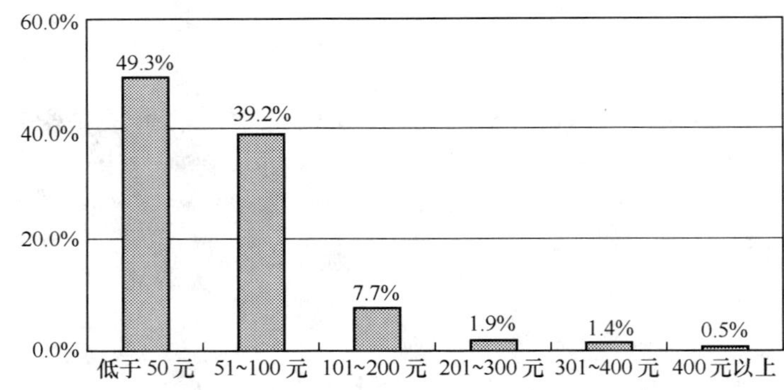

图 23.532　陕西省上网用户的上网费用分布

（2）用户平均每周上网时间

陕西省上网用户平均每周上网时间为 12.7 小时。

（3）用户平均每周上网天数

陕西省上网用户平均每周上网天数为 4.0 天。

（4）用户通常上网时间

陕西省上网用户上网时间在一天中波动较大：凌晨 1 点至早上 7 点是用户最少上网的时间，从早上 8 点起上网的人逐渐增加，到上午 10 点达到一天当中的第一个高峰，有 23.5%的用户在这一时间上网；11

点略有回落，12 点开始回升，到 16 点达到一天当中的第二个高峰，有 38.3%的用户在这一时间上网，此后上网人数开始下降；从晚上 19 点开始上网人数激增，到晚上 20 点时达到一天中的顶峰，有 60.1%的用户在这一时间上网，这之后上网人数又急剧减少（如图 23.533 所示）。日常生活的作息时间在一定程度上影响着人们使用互联网的时间，陕西省上网用户使用互联网的高峰时间在晚上。

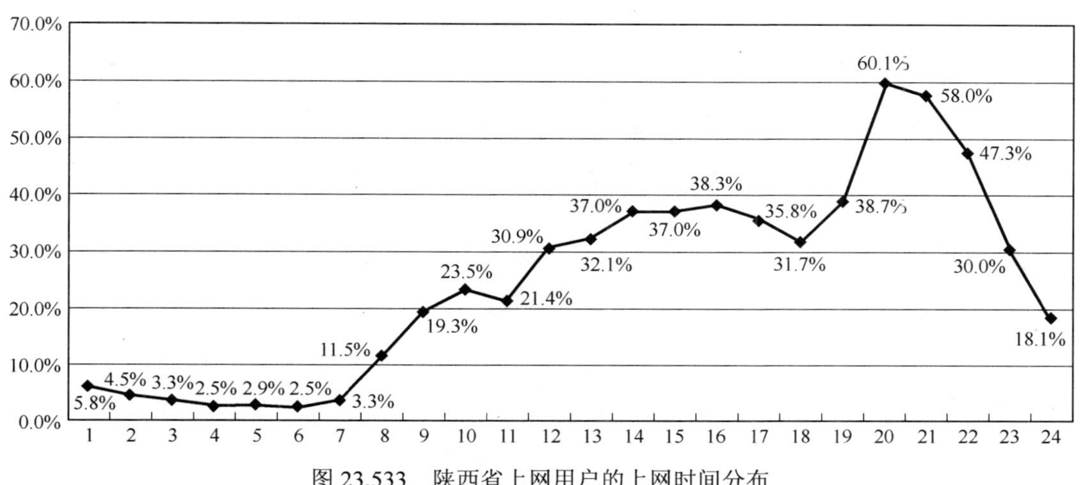

图 23.533 陕西省上网用户的上网时间分布

（5）用户拥有 E-mail 账号数

陕西省上网用户拥有 E-mail 账号平均值为 1.2，其中免费 E-mail 账号平均值为 1.1。

（6）用户每周收发的电子邮件数

陕西省上网用户平均每周收到电子邮件数（不包括垃圾邮件）为 4.0 封，收到垃圾邮件数为 8.5 封，发出电子邮件数为 3.3 封。

（7）用户上网最主要的目的

陕西省上网用户上网的最主要目的以休闲娱乐最多，达到 35.1%；其次是获取信息，所占比例为 34.7%；排在第三位的是学习，有 13.6%的用户选择；还有 5.0%的用户选择交友；而选择其他上网目的的用户则很少（如图 23.534 所示）。

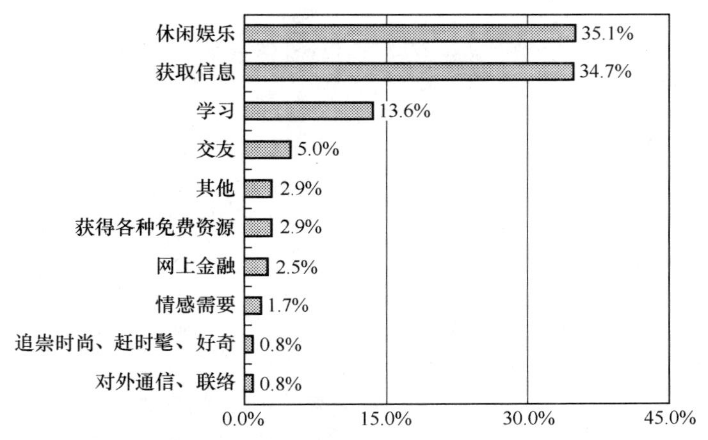

图 23.534 陕西省上网用户上网最主要的目的

3．用户对互联网的看法

（1）关于“使用互联网可以提高工作/学习和生活的效率”

关于“使用互联网可以提高工作/学习和生活的效率”的观点，陕西省上网用户表示比较赞成的最多，达到 63.2%；其次是表示非常赞成的，所占比例为 25.1%；表示一半赞成一半不赞成的用户所占比例为 7.9%；表示不太赞成的用户所占比例非常小，只有3.8%（如图23.534所示）。陕西省上网用户对“使用互联网可以提高工作/学习和生活的效率”的观点表示赞成的占绝大多数。

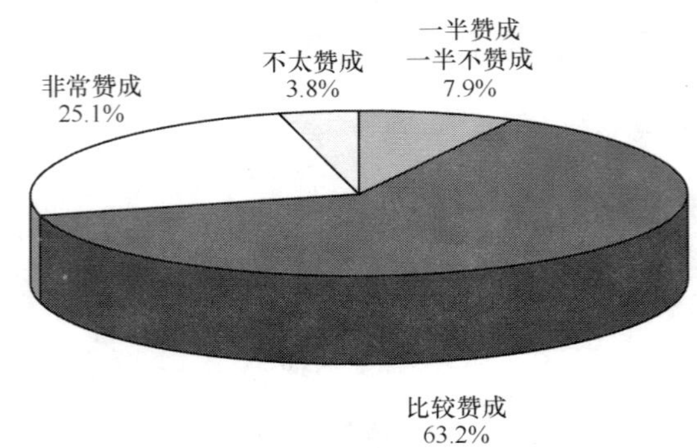

图23.535　陕西省上网用户对“使用互联网可以提高工作/学习和生活的效率”观点的看法

（2）关于“在单位/学校/邻里中，会上网的人好像高人一等”

关于“在单位/学校/邻里中，会上网的人好像高人一等”的观点，陕西省上网用户表示不太赞成的最多，达到50.6%；其次是表示很不赞成的，所占比例为24.9%；表示比较赞成的用户所占比例为12.7%；表示非常赞成的用户所占比例为5.9%；表示一半赞成一半不赞成的用户所占比例为5.9%（如图23.536所示）。陕西省上网用户对“在单位/学校/邻里中，会上网的人好像高人一等”的观点表示不赞成的占绝大多数。

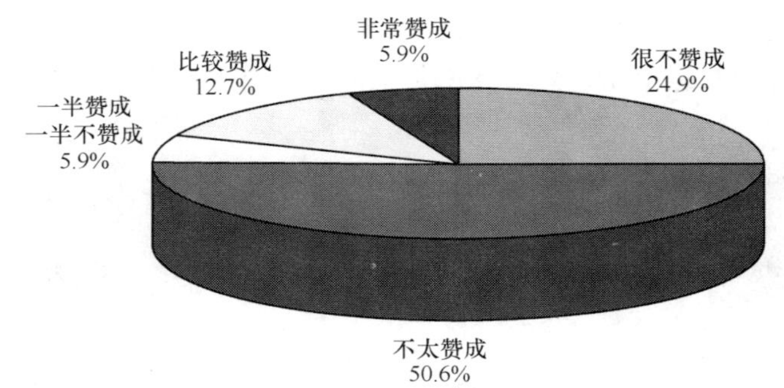

图23.536　陕西省上网用户对“在单位/学校/邻里中，会上网的人好像高人一等”观点的看法

（3）关于“使用互联网容易结交不好的朋友”

关于“使用互联网容易结交不好的朋友”的观点，陕西省上网用户表示不太赞成的最多，达到45.8%；其次是表示比较赞成的，所占比例为17.3%；表示一半赞成一半不赞成的用户所占比例为15.2%；表示很不赞成的用户所占比例为12.7%；表示非常赞成的用户所占比例为6.3%（如图23.537所示）。陕西省上网用户对“使用互联网容易结交不好的朋友”的观点表示不赞成的居多。

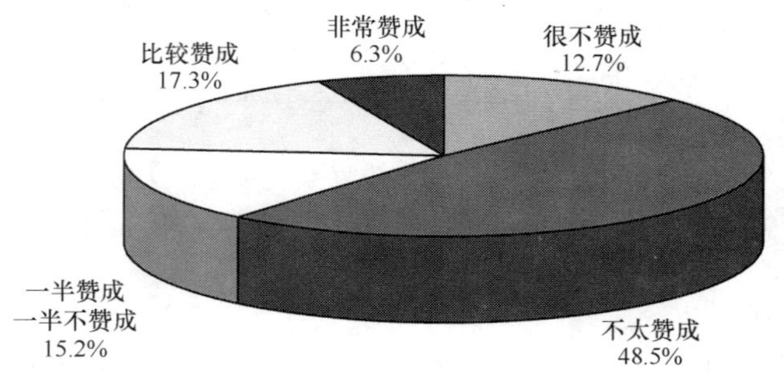

图23.537　陕西省上网用户对“使用互联网容易结交不好的朋友”观点的看法

（4）关于“使用互联网容易暴露隐私”

关于“使用互联网容易暴露隐私”的观点，陕西省上网用户表示不太赞成的最多，达到 51.5%；其次是表示比较赞成的，所占比例为 19.6%；表示很不赞成的用户所占比例为 15.3%；表示一半赞成一半不赞成的用户所占比例为 10.2%；表示非常赞成的用户所占比例为 3.4%（如图 23.538 所示）。陕西省上网用户对“使用互联网容易暴露隐私”的观点表示不赞成的占绝大多数。

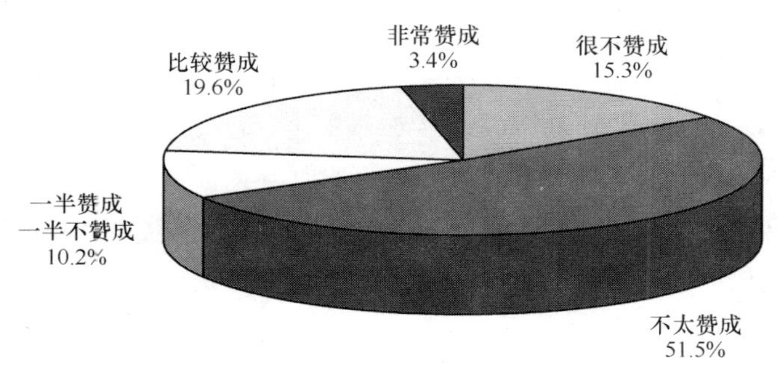

图 23.538　陕西省上网用户对“使用互联网容易暴露隐私”观点的看法

（5）关于“使用互联网容易受不良信息的影响”

关于“使用互联网容易受不良信息的影响”的观点，陕西省上网用户表示不太赞成的最多，达到 42.3%；其次是表示比较赞成的，所占比例为 28.9%；表示一半赞成一半不赞成的用户所占比例为 11.2%；表示非常赞成的用户所占比例为 10.5%；表示很不赞成的用户所占比例为 7.1%（如图 23.539 所示）。陕西省上网用户对“使用互联网容易受不良信息的影响”的观点表示不赞成的多于表示赞成的。

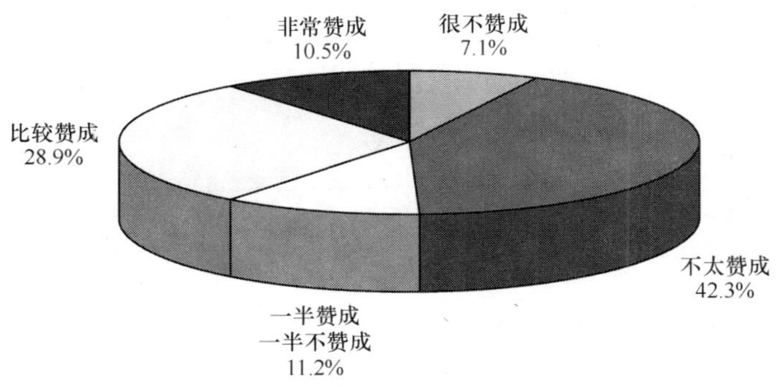

图 23.539　陕西省上网用户对“使用互联网容易受不良信息的影响”观点的看法

（6）对互联网的信任程度

陕西省上网用户表示比较信任的最多，所占比例为 50.6%；其次是对互联网表示半信半疑的，所占比例为 37.7%；对互联网表示不太信任的用户所占比例为 8.8%；对互联网表示完全信任的用户所占比例为 2.9%（如图 23.540 所示）。陕西省上网用户对互联网表示信任的占多数。

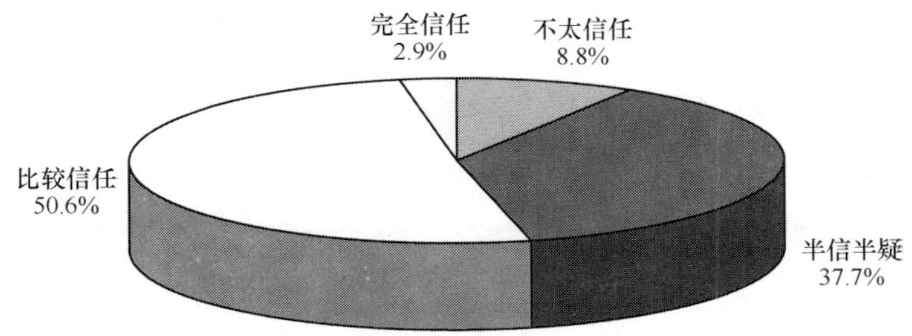

图 23.540　陕西省上网用户对互联网的信任程度

综上所述，陕西省上网用户数为 258 万人，上网计算机数为 101 万台，CN 下注册域名数量为 5 348 个，WWW 站点数为 5 575 个。

其中住宅电话覆盖的上网用户（不包括住校大学生）中以男性、已婚者为主，年龄在 18～24 岁的所占比例最高，受教育程度为高中（中专）的最多，职业以专业技术人员所占比例最多，从事的行业以制造业的人最多，个人月收入在 501～1 000 元的最多。用户每月实际花费的上网费用集中在 100 元及以下，平均每周上网时间为 10.3 小时，平均每周上网天数为 3.3 天，使用互联网的高峰时间在晚上。用户拥有 E-mail 账号数目的平均值为 1.2，其中免费 E-mail 账号平均值为 1.1，平均每周收到电子邮件数（不包括垃圾邮件）为 4.0 封，收到垃圾邮件数 8.5 封，发出电子邮件数 3.3 封。用户上网的最主要目的为休闲娱乐。

陕西省上网用户对“使用互联网可以提高工作/学习和生活的效率”的观点表示赞成的占绝大多数，对“在单位/学校/邻里中，会上网的人好像高人一等”的观点表示不赞成的占多数，对“使用互联网容易结交不好的朋友”的观点表示不赞成的居多，对“使用互联网容易暴露隐私”的观点表示不赞成的居多，对“使用互联网容易受不良信息的影响”的观点表示不赞成的多于表示赞成的。陕西省上网用户对互联网表示信任的占多数。

23.1.28 甘肃省互联网络发展状况

一、宏观概况

1．上网用户人数

甘肃省上网用户人数为 120 万，占全国上网用户总人数的比例为 1.3%，是甘肃省总人口的 4.6%。与第 13 次调查结果相比，甘肃省上网用户人数减少 2.4 万人，同比下降 2.0%，占全国上网用户总人数的比例减少 0.2%，占甘肃省总人口比例减少 0.1%（如图 23.541 所示）。

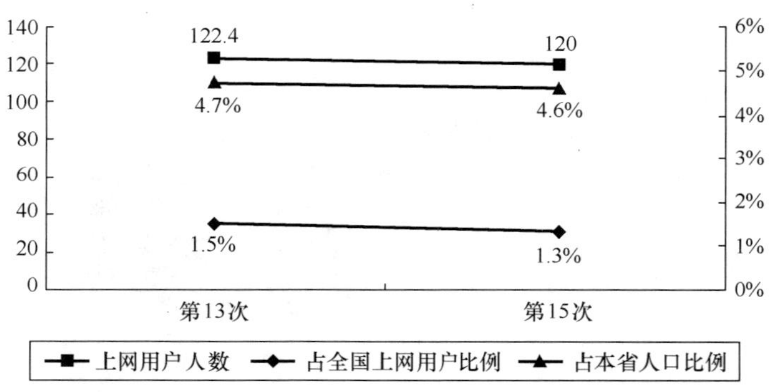

图 23.541 甘肃省历次调查上网用户人数

2．上网计算机数

甘肃省上网计算机数为 44 万台，占全国上网计算机总数的比例为 1.1%。与第 13 次调查结果相比，甘肃省上网计算机数增加 6 万台，增长率为 15.8%，占全国上网计算机总数的比例减少 0.1%（如图 23.542 所示）。

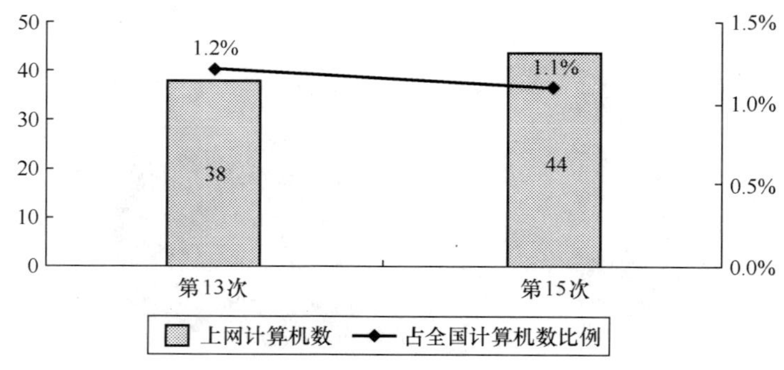

图 23.542 甘肃省历次调查上网计算机数

3．CN 下注册域名数（不含 EDU）

甘肃省 CN 下注册域名数为 1592 个，占全国 CN 下注册域名总数的比例为 0.4%。与第 13 次调查结果相比，甘肃省 CN 下注册域名数增加 318 个，增长率为 25.0%，占全国 CN 下注册域名总数的比例保持不变（如图 23.543 所示）。

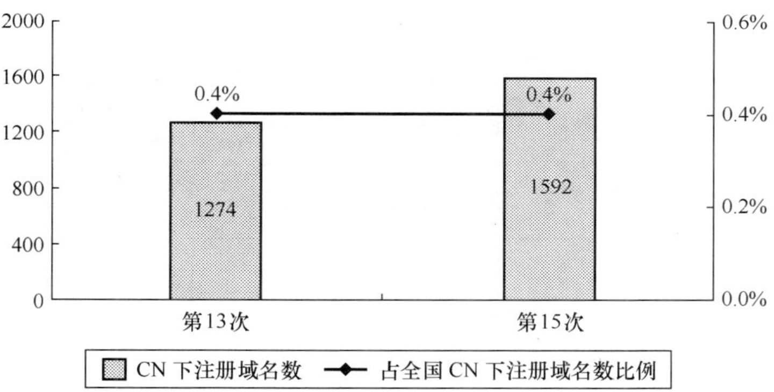

图 23.543　甘肃省历次调查 CN 下注册域名数（不含 EDU）

4．WWW 站点数（包括.CN、.COM、.NET、.ORG 下的网站）

甘肃省 WWW 站点数为 2566 个，占全国 WWW 站点数的比例为 0.4%。与第 13 次调查结果相比，甘肃省 WWW 站点数减少 803 个，同比下降 23.8%，占全国 WWW 站点数的比例减少 0.2%（如图 23.544 所示）。

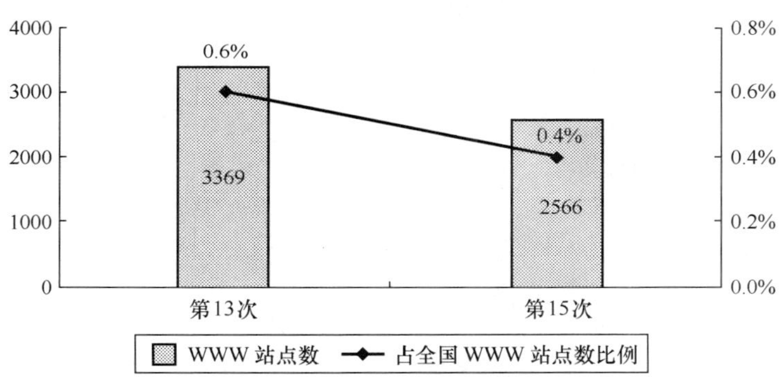

图 23.544　甘肃省历次调查 WWW 站点数

二、互联网用户行为意识调查结果

1．用户个人信息

（1）用户的性别

甘肃省上网用户中，男性占 61.5%，女性占 38.5%（如图 23.545 所示）。男性为上网用户主体。

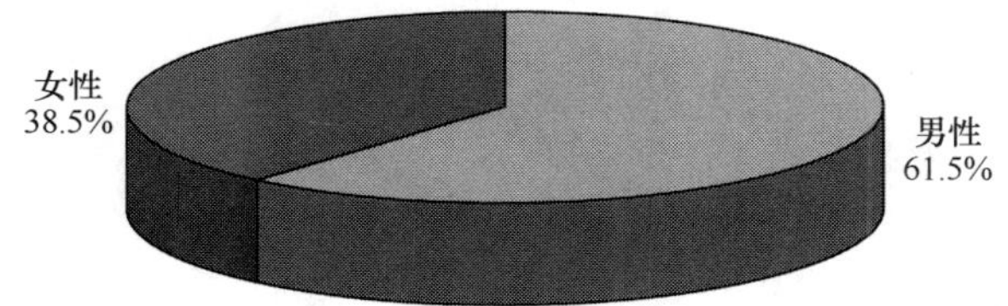

图 23.545　甘肃省上网用户性别分布

（2）用户的年龄分布

甘肃省上网用户中，年龄为 18～24 岁的用户所占比例最多，达到 24.8%；其次是 23～30 岁的用户，所占比例为 18.9%；18 岁以下的用户占 16.6%；36～40 岁的用户占 14.2%；31～35 岁的用户占 10.6%；

41～50 岁的用户占 10.1%；年龄在 50 岁以上的用户占 4.8%（如图 23.546 所示）。

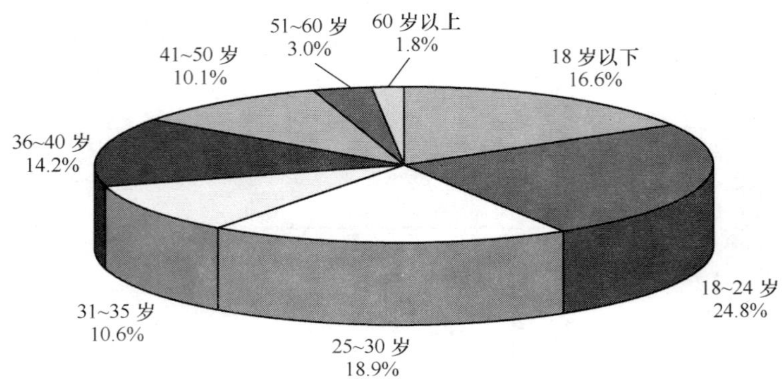

图 23.546 甘肃省上网用户年龄分布

（3）用户的婚姻状况

甘肃省上网用户中，未婚者占 44.1%，已婚者占 55.9%（如图 23.547 所示）。已婚者占据上网用户主体。

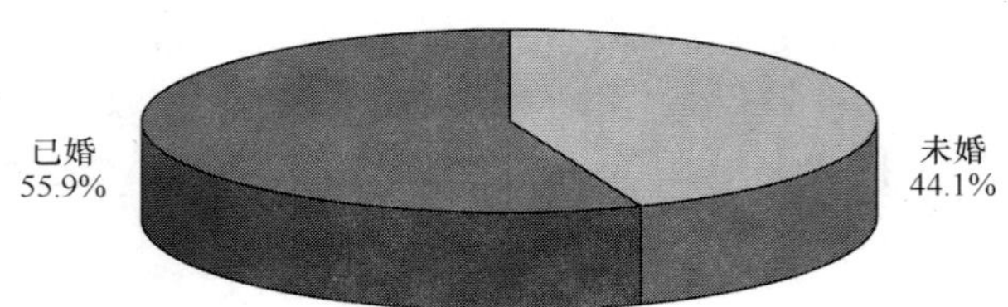

图 23.547 甘肃省上网用户婚姻状况分布

（4）用户的受教育程度

甘肃省上网用户中，受教育程度在高中（中专）的用户所占比例最多，为 34.9%；其次是大专，占 31.9%；受教育程度为本科的用户占 20.9%；受教育程度为高中（中专）以下的用户占 9.3%；受教育程度为硕士和博士的用户占 3.0%（如图 23.548 所示）。

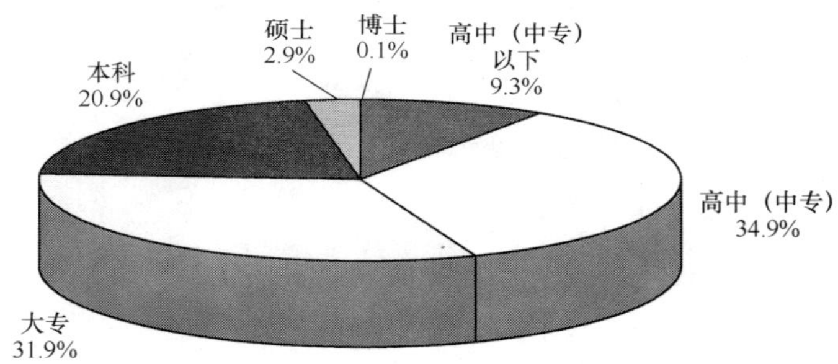

图 23.548 甘肃省上网用户受教育程度分布

（5）用户的行业分布（不包括军人、学生和无业人员）

甘肃省上网用户中，从事教育业的用户所占比例最多，达到 13.2%；其次是 IT 业，所占比例为 12.7%；从事公共管理和社会组织的用户占 10.1%；从事电力、燃气及水的生产和供应业的用户占 9.8%；从事制造业的用户占 8.3%；从事批发和零售业的用户占 6.6%；从事交通运输、仓储业的用户占 6.4%；从事卫生、社会保障和社会福利业的用户占 4.6%；从事建筑业的用户占 3.0%；从事科学研究的用户占 2.8%；从事租赁等其他商务服务业的用户占 2.7%；从事其他行业的用户相对较少（如图 23.549 所示）。

（6）用户的职业分布

甘肃省上网用户中，学生所占比例最多，达到 26.2%；其次是专业技术人员，所占比例为 17.9%；无业人员所占比例为 10.1%；企事业单位管理人员占 8.4%；商业服务业人员占 7.3%；教师占 6.7%；生产、

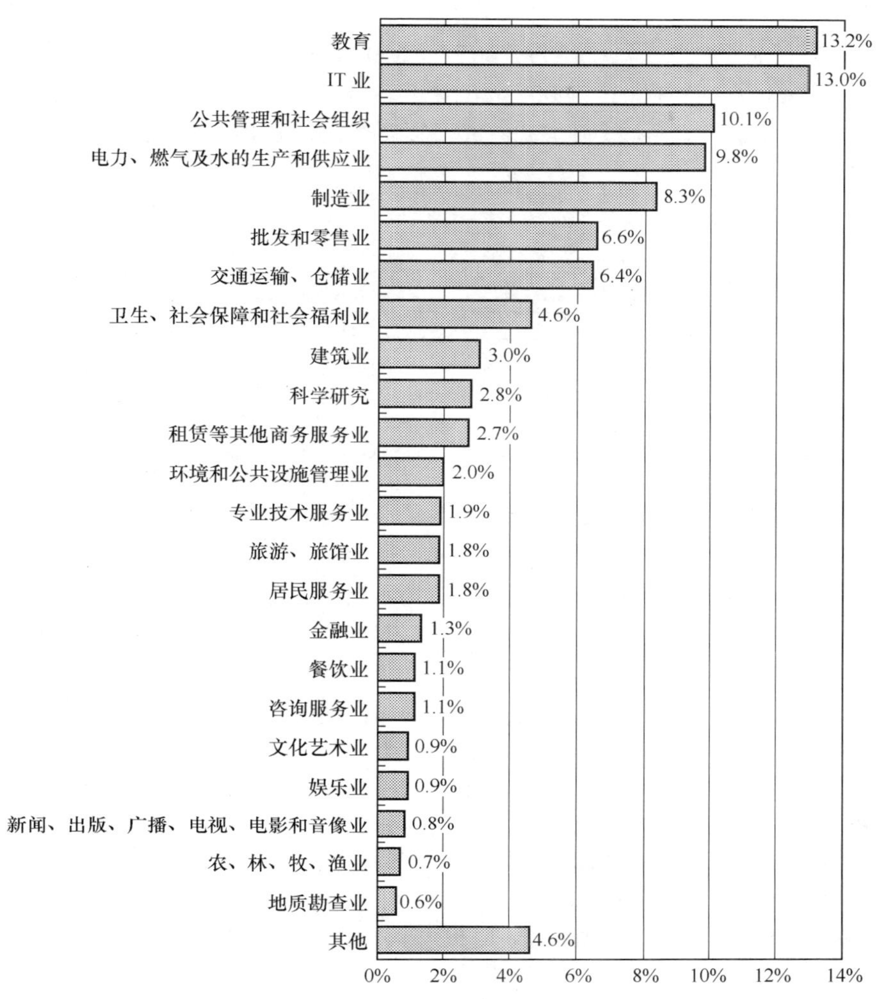

图 23.549　甘肃省上网用户的行业分布

运输设备操作及有关人员占 6.1%；国家机关、党群组织工作人员占 5.7%；办事员等协助人员占 5.5%；其他职业的用户所占比例相对较少（如图 23.550 所示）。

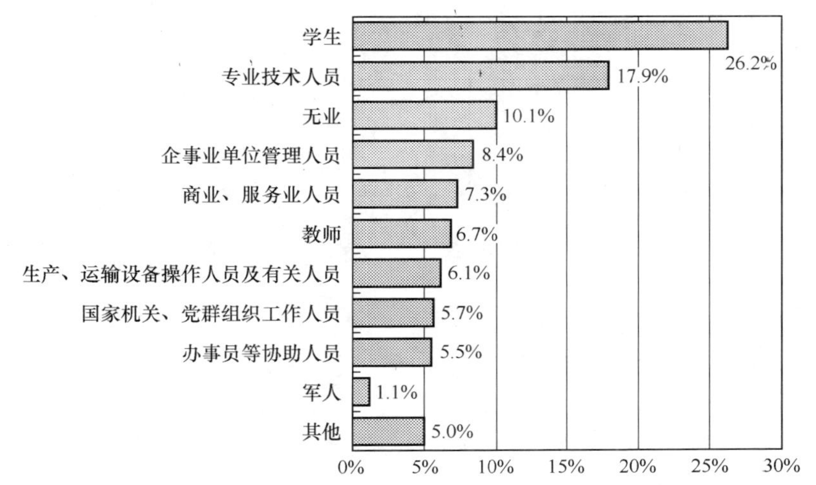

图 23.550　甘肃省上网用户的职业分布

（7）用户的个人月收入

甘肃省上网用户中，个人月收入在 500 元以下和 1 001～1 500 元的用户所占比例最多，皆为 20.1%；

其次是无收入的用户，所占比例为13.9%；个人月收入为1 501～2 000元的用户占13.2%；个人月收入为501～1 000元的用户占11.8%；个人月收入为2 001～2 500元的用户占7.0%；个人月收入为2 501～3 000元的用户占6.8%；个人月收入为3 001～4 000元的用户占4.2%；个人月收入在其他范围内的用户所占比例相对较少（如图23.551所示）。月收入在2 000元及以下的用户占据主体。

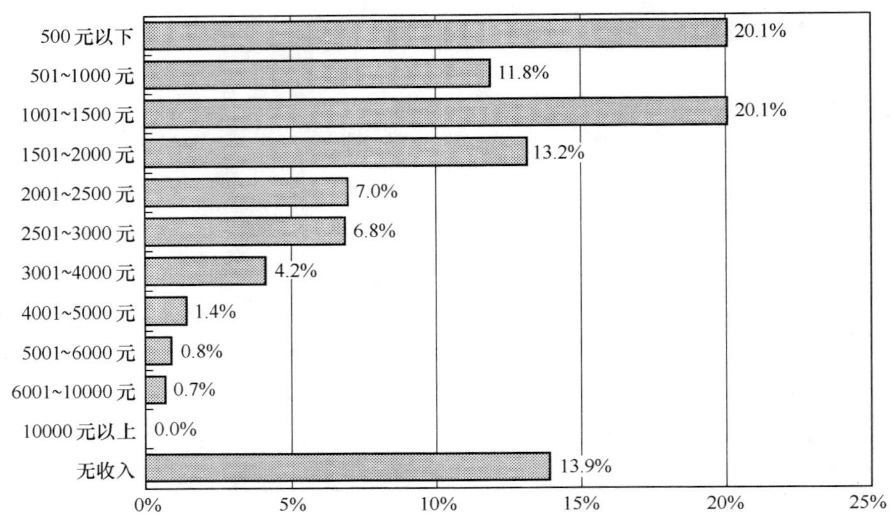

图23.551　甘肃省上网用户的个人月收入分布

2．用户对互联网的使用情况

（1）用户每月实际花费的上网费用

甘肃省上网用户中，每月实际花费的上网费用（仅限于上网费及上网电话费，不包括使用网络服务的费用）以51～100元的用户为最多，达到40.4%；其次是低于50元的用户，占35.5%；每月花费在101～200元的用户占19.9%；每月花费超过200元的用户占4.2%（如图23.552所示）。甘肃省上网用户每月实际花费的上网费用主要集中在100元及以下。

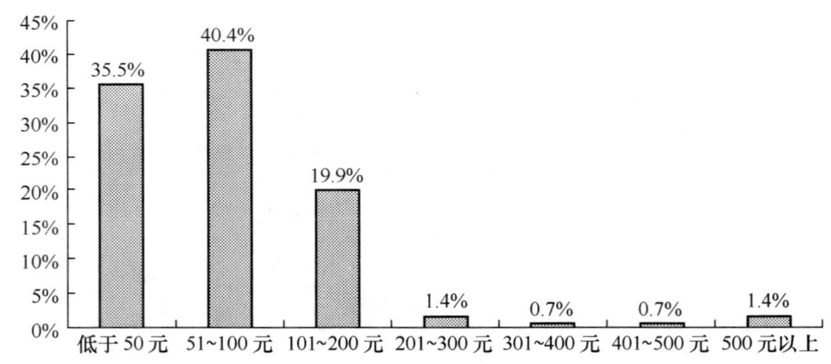

图23.552　甘肃省上网用户每月实际花费的上网费用分布

（2）用户平均每周上网时间

甘肃省上网用户平均每周上网时间为11.4小时。

（3）用户平均每周上网天数

甘肃省上网用户平均每周上网天数为4.0天。

（4）用户通常上网时间

受人们日常生活作息时间的影响，甘肃省上网用户一天中使用互联网的时间波动非常大：凌晨1点至早上7点钟是上网用户最少上网的时间；从早上8点钟起上网的人逐渐增加，到中午10点达到一天当中的第一个高峰，有24.4%的用户在这一时间上网；11点上网用户开始减少，14点开始上网人数开始增加，到下午 15 点达到一天当中的第二个高峰，有 30.0%的用户在这一时间上网，这之后上网人数开始下降，直至傍晚 18 点；从晚上 19 点开始上网人数激增，晚上 20 点达到一天当中的顶峰，有 57.8%的用户在这一时间上网，这之后上网人数又迅速减少（如图 23.553 所示）。日常生活的作息时间在一定程度上影响着人们使用互联网的时间，甘肃省上网用户使用互联网的高峰时间在晚上。

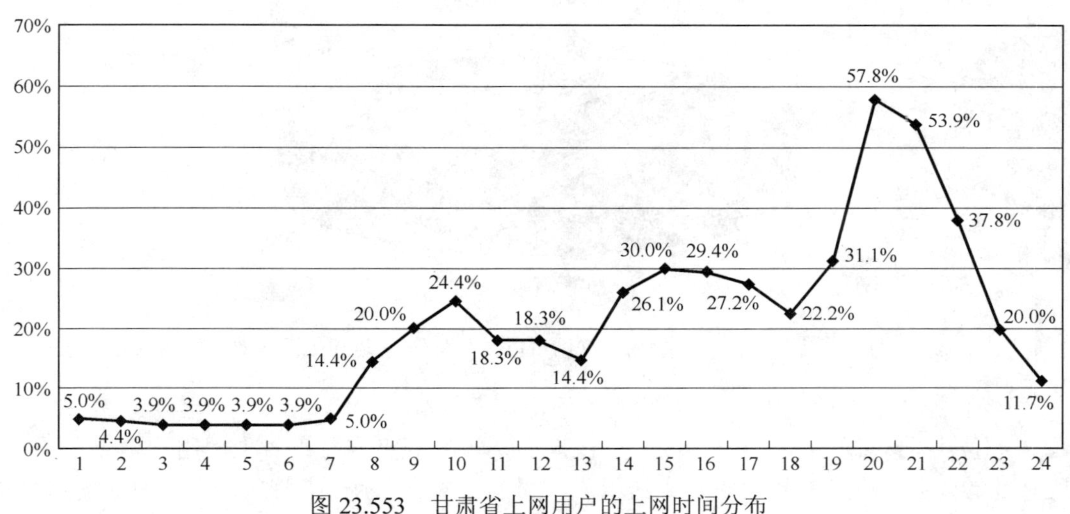

图 23.553　甘肃省上网用户的上网时间分布

（5）用户拥有 E-mail 账号数

甘肃省上网用户人均拥有 1.3 个 E-mail 账号，其中免费的 E-mail 账号为 1.3 个。

（6）用户平均每周收发的电子邮件数

甘肃省上网用户平均每周收到 5.2 封电子邮件（不包括垃圾邮件），收到垃圾邮件 9.7 封，每周发出电子邮件 4.2 封。

（7）用户上网最主要的目的

甘肃省上网用户中，以获取信息作为上网最主要目的的用户所占比例最多，达到 40.8%；其次是休闲娱乐，选择的用户所占比例为 38.0%；选择学习的用户占 5.0%；选择对外通信、联络的用户占 3.9%；选择获得各种免费资源和交友的用户皆占 2.8%；选择其他上网目的的用户所占比例则很小（如图 23.554 所示）。

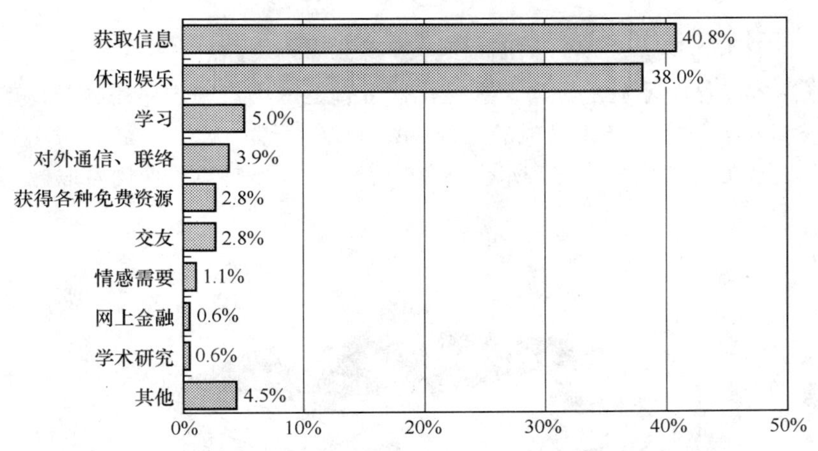

图 23.554　甘肃省上网用户上网最主要的目的

3．用户对互联网的看法

（1）关于"使用互联网可以提高工作/学习和生活的效率"

关于"使用互联网可以提高工作/学习和生活的效率"观点，甘肃省上网用户中表示比较赞成的用户最多，达到 63.5%；其次是表示非常赞成的用户，占 27.0%；表示一半赞成一半不赞成的用户占 9.0%；表示不太赞成的用户占 0.5%（如图 23.555 所示）。甘肃省上网用户中对“使用互联网可以提高工作/学习和生活的效率”观点表示赞成的占绝大多数。

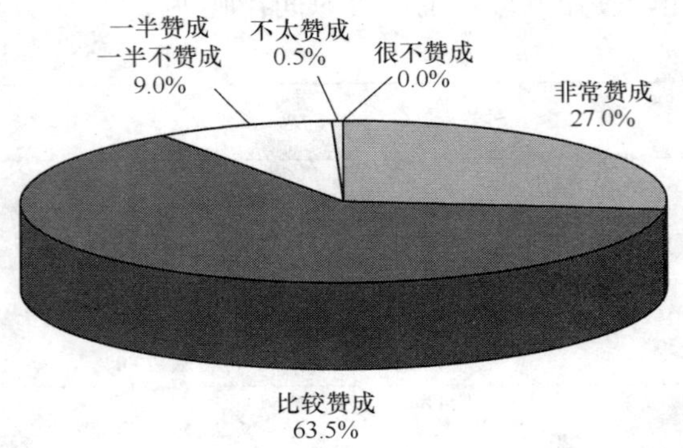

图 23.555　甘肃省上网用户对“使用互联网可以提高工作/学习和生活的效率”观点的看法

（2）关于“在单位/学校/邻里中，会上网的人好像高人一等”

关于“在单位/学校/邻里中，会上网的人好像高人一等”观点，甘肃省上网用户中表示不太赞成的用户最多，达到 54.9%；其次是表示很不赞成的用户，占 20.0%；表示一半赞成一半不赞成的用户占 12.6%；表示比较赞成的用户占 9.1%；表示非常赞成的用户占 3.4%（如图 23.556 所示）。甘肃省上网用户中对“在单位/学校/邻里中，会上网的人好像高人一等”观点表示不赞成的居多。

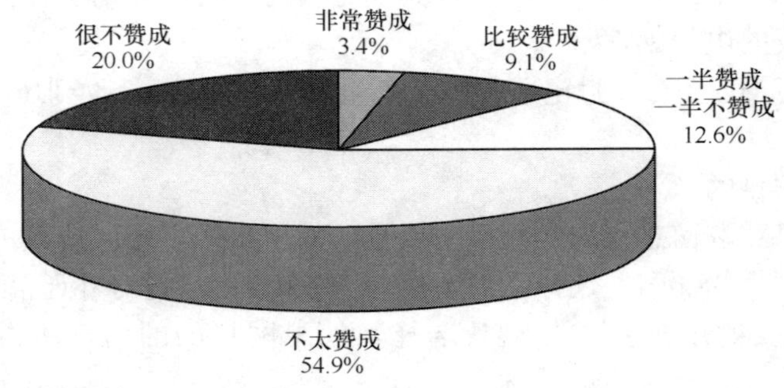

图 23.556　甘肃省上网用户对“在单位/学校/邻里中，会上网的人好像高人一等”观点的看法

（3）关于“使用互联网容易结交不好的朋友”

关于“使用互联网容易结交不好的朋友”观点，甘肃省上网用户中表示不太赞成的最多，达到 46.2%；其次是表示比较赞成和一半赞成一半不赞成的用户，所占比例皆为 19.5%；表示很不赞成的用户占 11.8%；表示非常赞成的用户占 3.0%（如图 23.557 所示）。甘肃省上网用户中对“使用互联网容易结交不好的朋友”观点表示不赞成的居多。

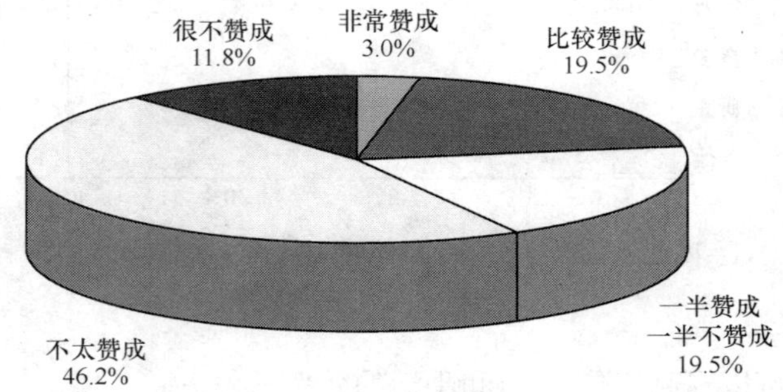

图 23.557　甘肃省上网用户对“使用互联网容易结交不好的朋友”观点的看法

（4）关于“使用互联网容易暴露隐私”

关于“使用互联网容易暴露隐私”观点，甘肃省上网用户中表示不太赞成的用户最多，达到 45.8%；其次是表示一半赞成一半不赞成的用户，占 21.7%；表示比较赞成的用户占 16.9%；表示很不赞成的用户占 13.8%；表示非常赞成的用户占 1.8%（如图 23.558 所示）。甘肃省上网用户中对“使用互联网容易暴露隐私”观点表示不赞成的居多。

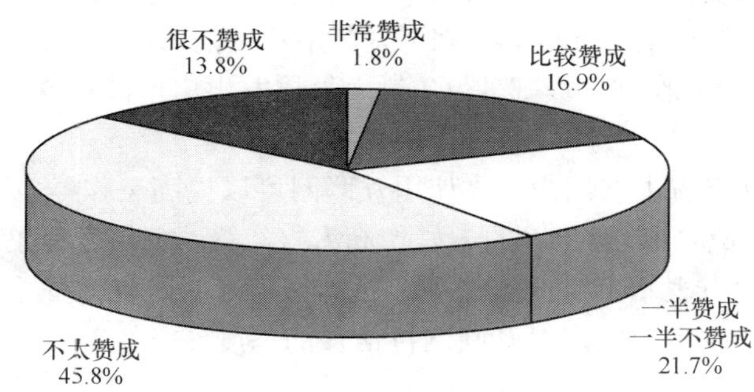

图 23.558　甘肃省上网用户对“使用互联网容易暴露隐私”观点的看法

（5）关于“使用互联网容易受不良信息影响”

关于“使用互联网容易受不良信息影响”观点，甘肃省上网用户中表示不太赞成的用户最多，达到 38.6%；其次是表示比较赞成的用户，占 29.2%；表示一半赞成一半不赞成的用户占 18.7%；表示很不赞成的用户占 9.4%；表示非常赞成的用户占 4.1%（如图 23.559 所示）。甘肃省上网用户中对“使用互联网容易受不良信息影响”观点表示不赞成的用户多于表示赞成的用户。

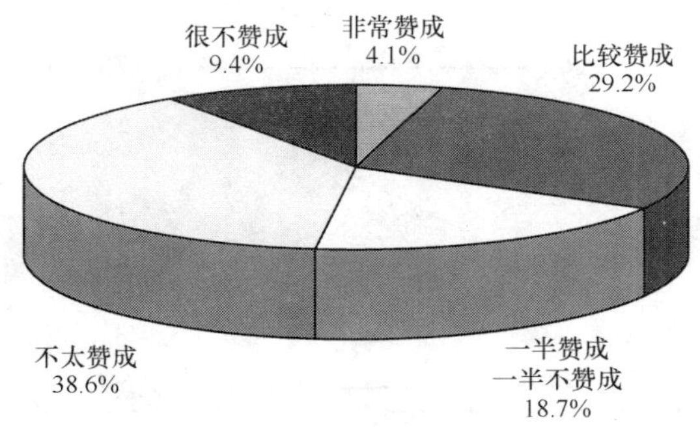

图 23.559　甘肃省上网用户对“使用互联网容易受不良信息影响”观点的看法

（6）对互联网的信任程度

甘肃省上网用户中，对互联网表示比较信任的用户最多，达到 52.3%；其次是表示半信半疑的用户，占 38.1%；表示完全信任的用户占 6.2%；表示不太信任的用户占 2.8%；表示完全不信的用户占 0.6%（如图 23.560 所示）。甘肃省上网用户中对互联网表示信任的用户居多。

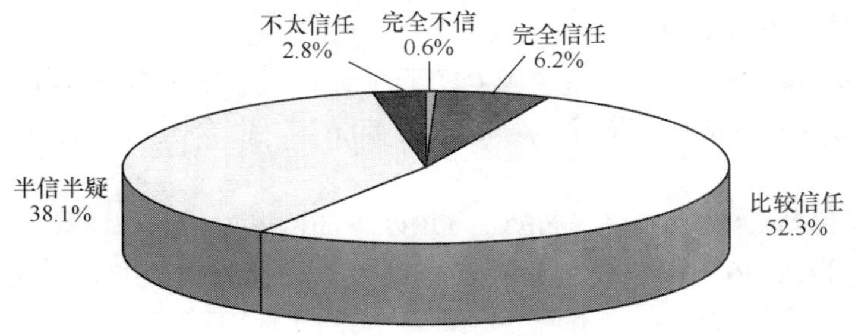

图 23.560　甘肃省上网用户对互联网的信任程度

综上所述，甘肃省上网用户数为 120 万，上网计算机 44 万台，CN 下注册域名数为 1 592 个，WWW 站点数为 2 566 个。

其中住宅电话覆盖的上网用户（不包括住校大学生）中以男性、已婚者为主体，18～24 岁的用户所占比例最多，受教育程度为高中（中专）的用户最多，个人月收入以 500 元以下和在 1 001～1 500 元的用户为最多。职业分布上以学生为最多，其次是专业技术人员；行业上从事教育业的用户最多。

用户每月实际花费的上网费用主要集中在 100 元及以下，平均每周上网 4.0 天，11.4 个小时，使用互联网的高峰时间在晚上。人均拥有 1.3 个 E-mail 账号，其中免费的 E-mail 账号为 1.3 个，平均每周收到 5.2 封电子邮件（不包括垃圾邮件），收到垃圾邮件 9.7 封，每周发出电子邮件 4.2 封。获取信息是用户上网的最主要目的。

在对互联网的看法上，甘肃省上网用户对“使用互联网可以提高工作/学习和生活的效率”观点表示赞成的居多，对“在单位/学校/邻里中，会上网的人好像高人一等”、“使用互联网容易结交不好的朋友”、“使用互联网容易暴露隐私”等观点表示不赞成的居多，对“使用互联网容易受不良信息影响”观点表示不赞成的用户多于表示赞成的用户。多数用户对互联网持信任的态度。

23.1.29 青海省互联网络发展状况

一、宏观概况

1．上网用户人数

青海省上网用户人数为 20 万，占全国上网用户总人数的比例为 0.2%，是青海省总人口的 3.7%。与第 13 次调查结果相比，青海省上网用户人数增加 0.5 万，增长率为 2.6%，占全国上网总人数的比例减少 0.1%，占青海省总人口比例保持不变（如图 23.561 所示）。

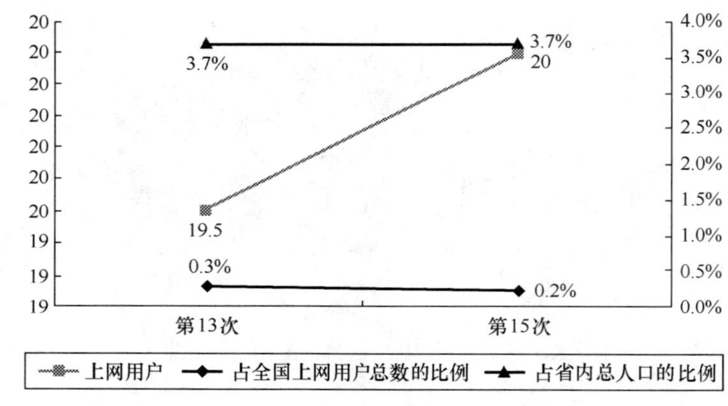

图 23.561　青海省历次调查上网用户人数

2．上网计算机数

青海省上网计算机数为 8 万台，占全国上网计算机总数的比例为 0.3%。与第 13 次调查结果相比，青海省上网计算机数保持不变，占全国上网计算机总数亦保持不变（如图 23.562 所示）。

3．CN 下注册域名数（不含 EDU）

青海省 CN 下注册域名数为 524 个，占全国 CN 下注册域名总数的比例为 0.1%。与第 13 次调查结果相比，青海省 CN 下注册域名数增加 176 个，增长率为 50.6%，占全国 CN 下注册域名总数比例保持不变（如图 23.563 所示）。

4．WWW 站点数（包括.CN、.COM、.NET、.ORG 下的网站）

青海省 WWW 站点数为 463 个，占全国 WWW 站点数的比例为 0.1%。同第 13 次调查结果相比，青海省 WWW 站点数减少 247 个，同比下降 34.8%，占全国 WWW 站点数比例保持不变（如图 23.564 所示）。

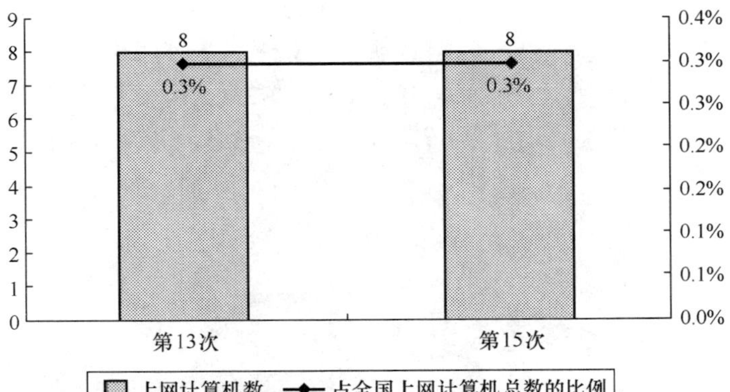

图 23.562　青海省历次调查上网计算机数

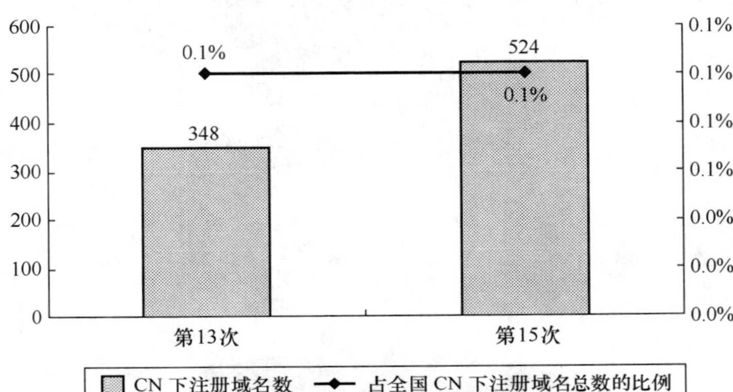

图 23.563　青海省历次调查 CN 下注册域名数（不含 EDU）

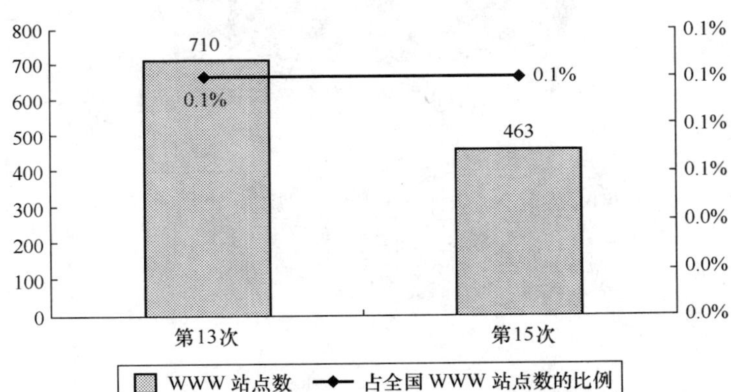

图 23.564　青海省历次调查 WWW 站点数

二、互联网用户行为意识调查结果

1．用户个人信息

（1）用户的性别

青海省上网用户中，男性占 66.2%，女性占 33.8%（如图 23.565 所示）。男性为上网用户主体。

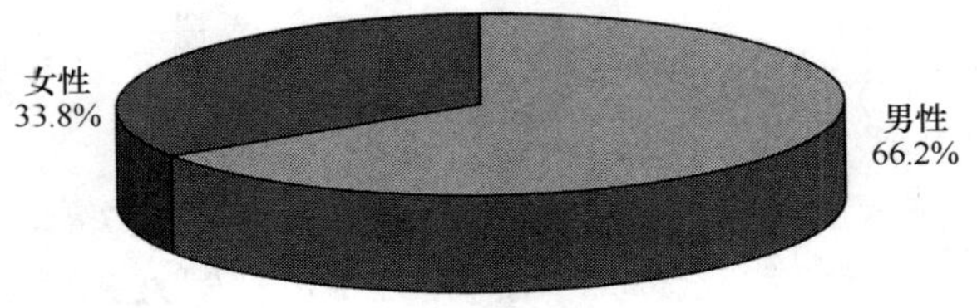

图 23.565　青海省上网用户性别分布

（2）用户的年龄分布

青海省上网用户中，年龄在18岁以下的用户所占比例最多，为28.1%；其次是18～24岁的用户，占21.9%；年龄在25～30岁的用户占16.3%；年龄在31～35岁的用户所占比例为15.3%；41～50岁的用户所占比例为9.2%；36～40岁的用户为7.7%；年龄在50岁以上的用户只占1.5%（如图23.566所示）。

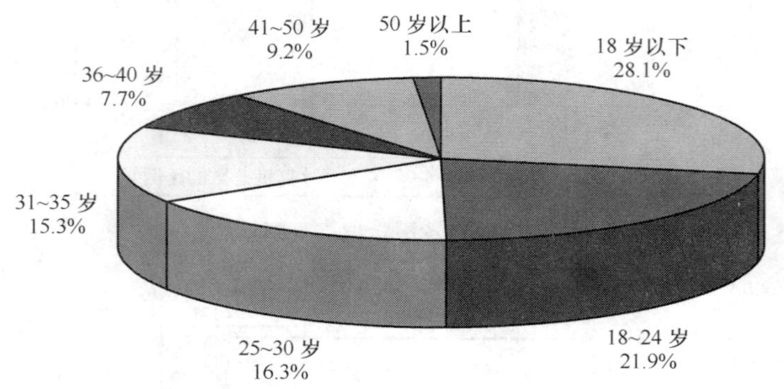

图23.566　青海省上网用户年龄分布

（3）用户的婚姻状况

青海省上网用户中，未婚者占56.2%，已婚者占43.8%（如图23.567所示）。未婚者为上网用户的主体。

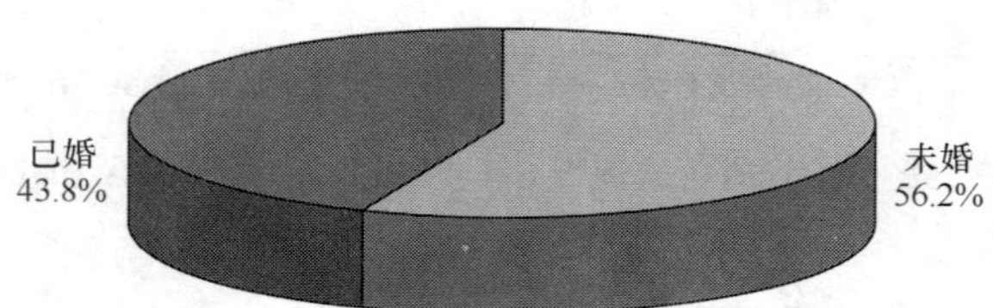

图23.567　青海省上网用户婚姻状况分布

（4）用户的受教育程度

青海省上网用户中，受教育程度在高中（中专）的用户所占比例最多，为33.8%；其次是受教育程度为大专的用户，占27.9%；本科用户占24.9%；高中（中专）以下用户占11.9%；受教育程度在硕士及以上的用户只占1.5%（如图23.568所示）。

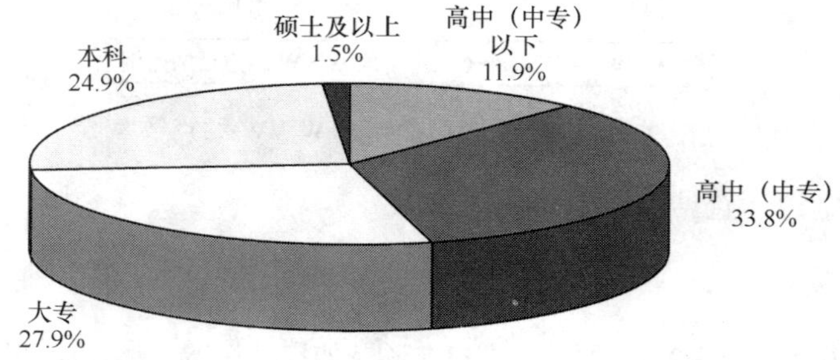

图23.568　青海省上网用户受教育程度分布

（5）用户行业分布（不包括军人、学生和无业人员）

青海省上网用户中，从事公共管理和社会组织的用户所占比例最多，为16.5%；其次是教育业的用户，占12.4%；从事制造业的用户所占比例为11.6%；从事IT业的用户为7.4%；从事批发和零售业的用户所占比例为5.8%；从事卫生、社会保障和社会福利业的用户所占比例为5.0%；从事金融业和采矿业的用户所占比例相同，各为4.1%；从事其他行业的用户相对较少（如图23.569所示）。

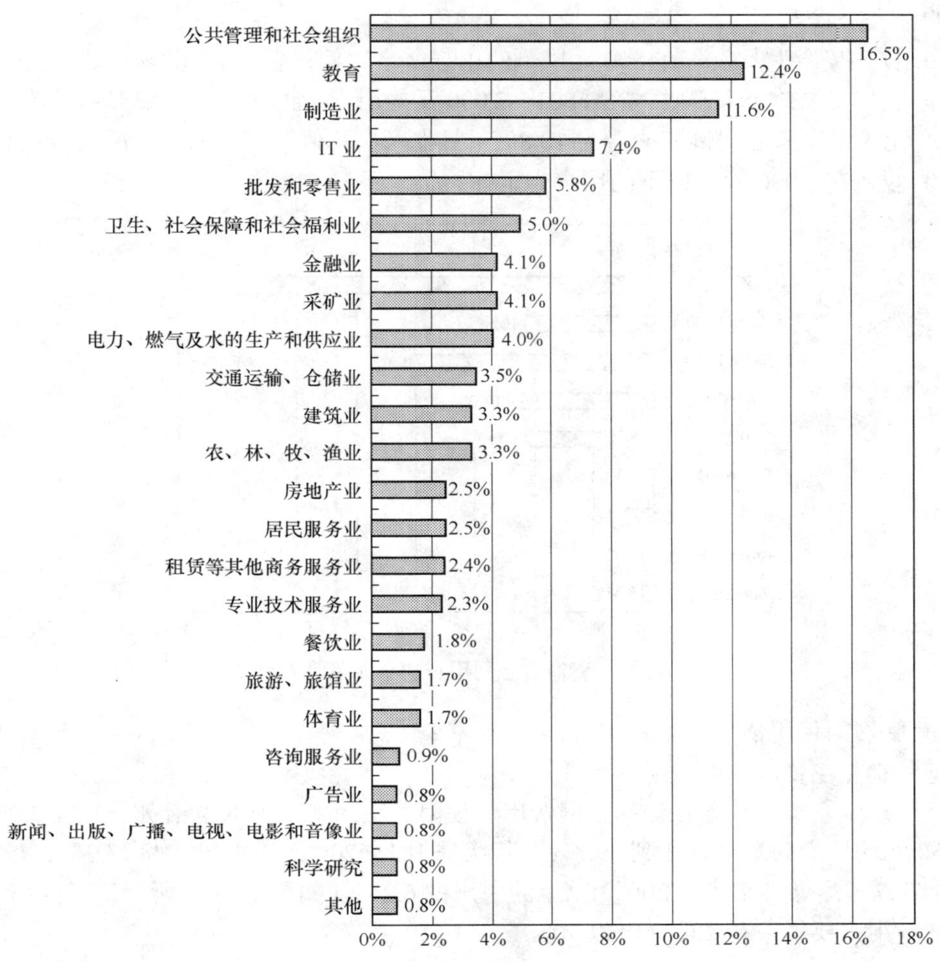

图 23.569　青海省上网用户的行业分布

（6）用户的职业分布

青海省上网用户中，学生所占比例最多，达到 34.8%；其次是国家机关、党群组织工作人员，占 10.9%；位居第 3 的是专业技术人员，占 10.4%；教师所占比例为 8.5%；商业、服务业人员所占比例为 7.5%；企事业单位管理人员和生产、运输设备操作人员及有关人员所占比例相同皆为 7.0%；其他职业的用户所占比例相对较少（如图 23.570 所示）。

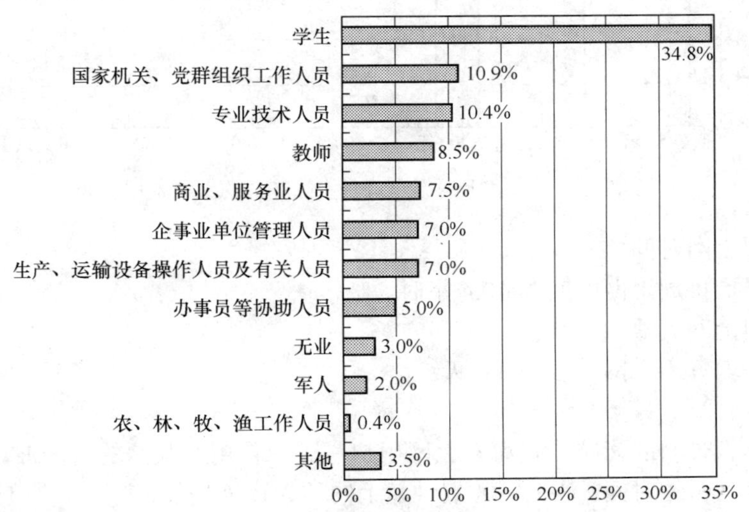

图 23.570　青海省上网用户的职业分布

（7）用户的个人月收入

青海省上网用户中，个人月收入在500元以下的用户所占比例最多，为36.9%；其次是月收入在1001～1500元的用户，为21.0%；个人月收入在1501～2000元的用户所占比例为12.3%；月收入在501～1000元、2001～2500元的用户所占比例相同皆为10.8%；月收入在其他范围内的用户所占比例相对较少（如图23.571所示）。月收入在1000元及以下的用户为主体。

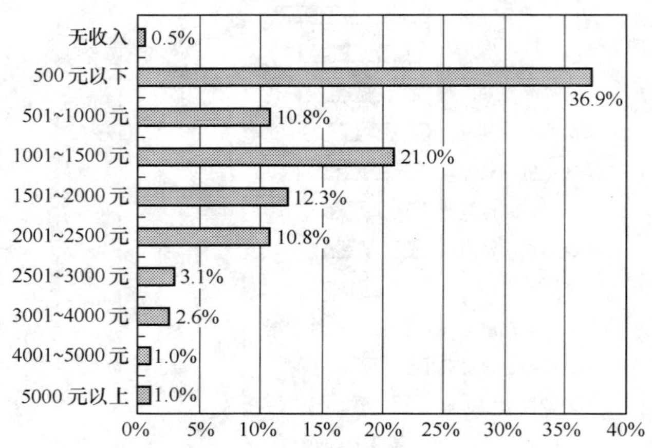

图23.571　青海省上网用户的个人月收入分布

2．用户对互联网的使用情况

（1）用户每月实际花费的上网费用

青海省上网用户中，每月实际花费的上网费用（仅限于上网费及上网电话费，不包括使用网络服务的费用）以低于50元的用户为最多，达到39.8%；其次是101～200元的用户，占27.3%；每月花费在51～100元的用户占26.7%；每月花费在200元以上的用户占6.2%（如图23.572所示）。青海省上网用户每月实际花费的上网费用主要集中在200元及以下。

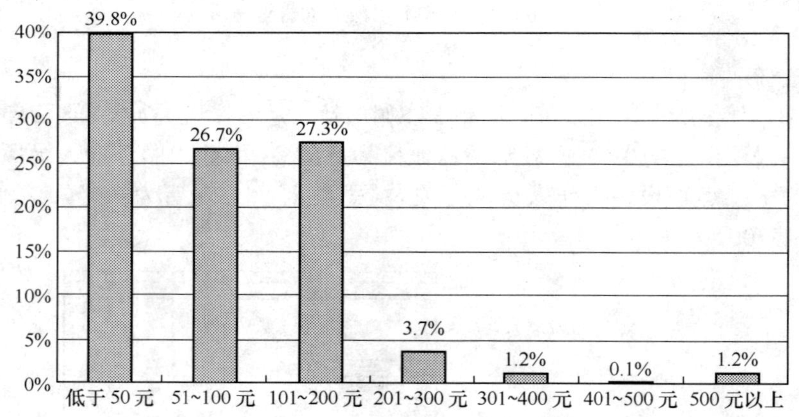

图23.572　青海省上网用户每月实际花费的上网费用分布

（2）用户平均每周上网时间

青海省上网用户平均每周上网时间为10.4小时。

（3）用户平均每周上网天数

青海省上网用户平均每周上网天数为3.6天。

（4）用户通常上网时间

受人们日常生活作息时间的影响，青海省上网用户一天中使用互联网的时间波动非常大：凌晨2点至早上7点钟是用户最少上网的时间；从上午8点钟起上网的人逐渐增加，直至下午15点达到一天当中的第一个高峰，有46.8%的用户在这一时间上网；这之后上网人数开始下降，直至傍晚19点；从晚上20点开始上网人数激增，晚上 21 点达到一天当中的顶峰，有 49.3%的用户在这一时间上网，这之后上网人数又迅速减少（如图 23.573 所示）。青海用户使用互联网的高峰时间在晚上。

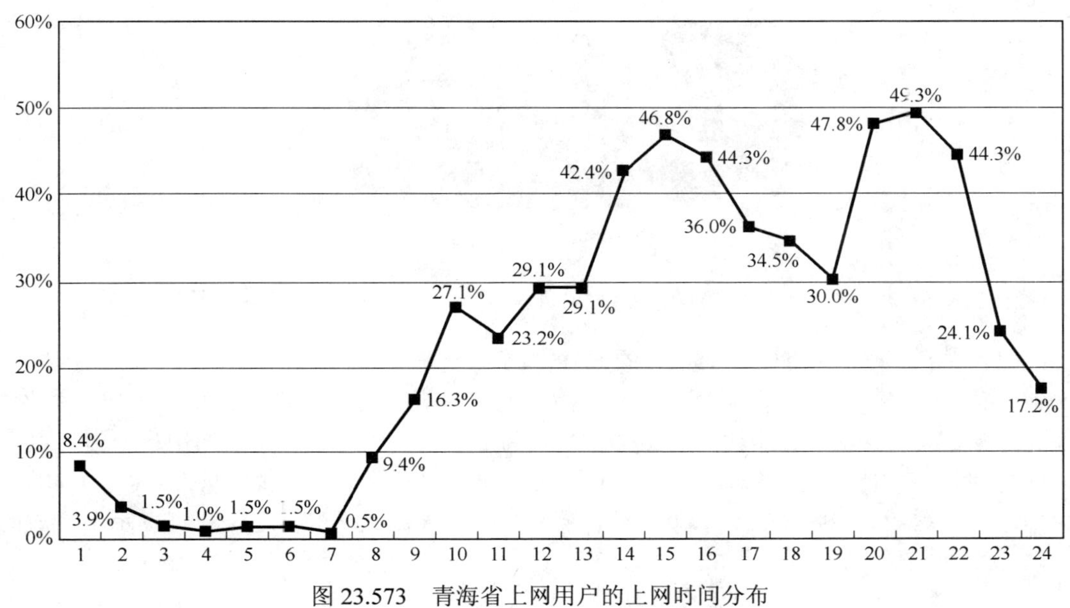

图 23.573　青海省上网用户的上网时间分布

（5）用户拥有 E-mail 账号数

青海省上网用户人均拥有 1.2 个 E-mail 账号，其中免费的 E-mail 账号为 1.0 个。

（6）用户平均每周收发的电子邮件数

青海省上网用户平均每周收到 3.8 封电子邮件（不包括垃圾邮件），收到垃圾邮件 6.0 封，每周发出电子邮件 3.7 封。

（7）用户上网最主要的目的

青海省上网用户的主要目的以获取信息最多，所占比例为 36.0%；其次是休闲娱乐，占 28.6%；选择学习的用户所占比例为 15.8%；选择交友的用户为 6.9%；选择其他上网目的的用户所占比例则很小（如图 23.574 所示）。

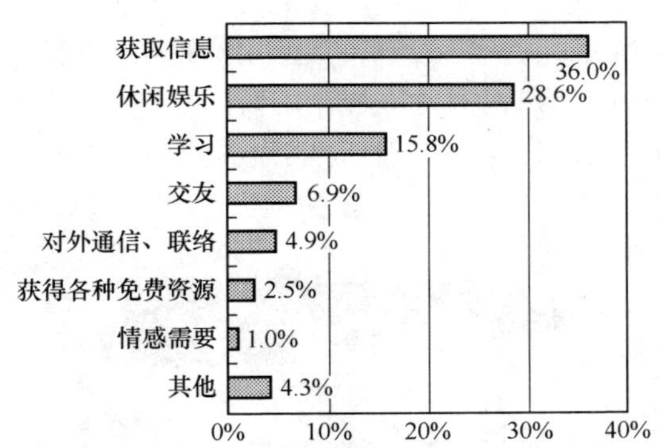

图 23.574　青海省上网用户上网最主要的目的

3．用户对互联网的看法

（1）关于“使用互联网可以提高工作/学习和生活的效率”

关于“使用互联网可以提高工作/学习和生活的效率”观点，青海省的上网用户中表示比较赞成的最多，达到 63.2%；其次是表示非常赞成的用户，所占比例为 27.3%；表示一半赞成一半不赞成的用户占 6.5%；表示不太赞成的用户最少，只占 3.0%（如图 23.575 所示）。青海省上网用户对“使用互联网可以提高工作/学习和生活的效率”的观点表示赞成的占多数。

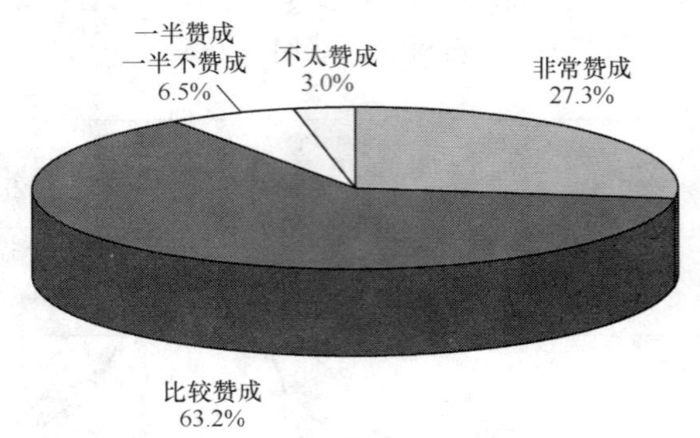

图 23.575　青海省上网用户对“使用互联网可以提高工作/学习和生活的效率”观点的看法

（2）关于“在单位/学校/邻里中，会上网的人好像高人一等”

关于“在单位/学校/邻里中，会上网的人好像高人一等”观点，青海省上网用户中表示不太赞成的最多，所占比例为 47.5%；其次是表示比较赞成的用户，为 20.5%；表示很不赞成的用户所占比例为 17.5%；表示非常赞成的用户所占比例为 8.5%；表示一半赞成一半不赞成的用户最少，只占 6.0%（如图 23.576 所示）。青海省上网用户对“在单位/学校/邻里中，会上网的人好像高人一等”这一观点表示不赞成的占多数。

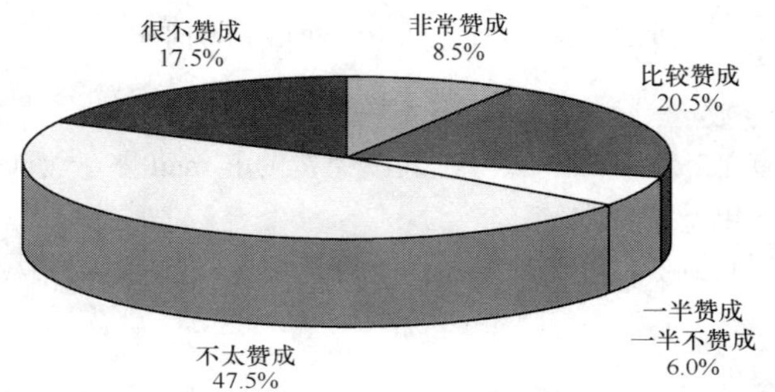

图 23.576　青海省上网用户对“在单位/学校/邻里中，会上网的人好像高人一等”观点的看法

（3）关于“使用互联网容易结交不好的朋友”

关于“使用互联网容易结交不好的朋友”观点，青海省上网用户表示不太赞成的最多，达到 49.8%；其次是表示比较赞成的用户，为 23.9%；表示很不赞成的用户所占比例为 13.9%；表示一半赞成一半不赞成的用户为 10.4%；表示非常赞成的用户所占比例最少，只占 2.0%（如图 23.577 所示）。青海省上网用户对“使用互联网容易结交不好的朋友”这一观点表示不赞成的居多。

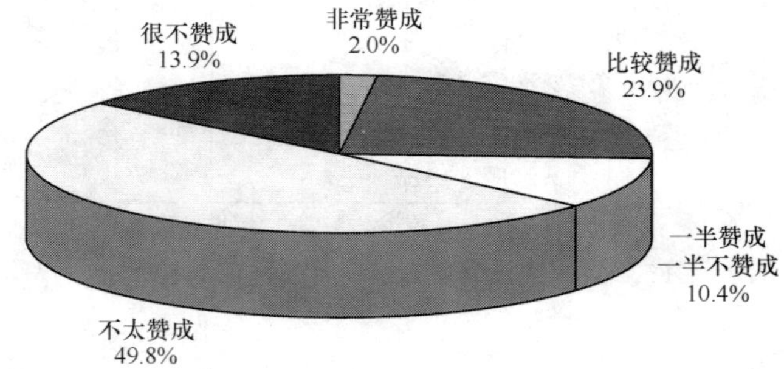

图 23.577　青海省上网用户对“使用互联网容易结交不好的朋友”观点的看法

（4）关于“使用互联网容易暴露隐私”

关于“使用互联网容易暴露隐私”观点，青海省上网用户表示不太赞成的最多，达到 54.6%；其次是表示比较赞成的用户，所占比例为 19.4%；表示一半赞成一半不赞成的用户为 11.7%；表示很不赞成的用

户所占比例为 10.7%；表示非常赞成的用户所占比例最少，只占 3.6%（如图 23.578 所示）。青海省上网用户对“使用互联网容易暴露隐私”的观点表示不赞成的居多。

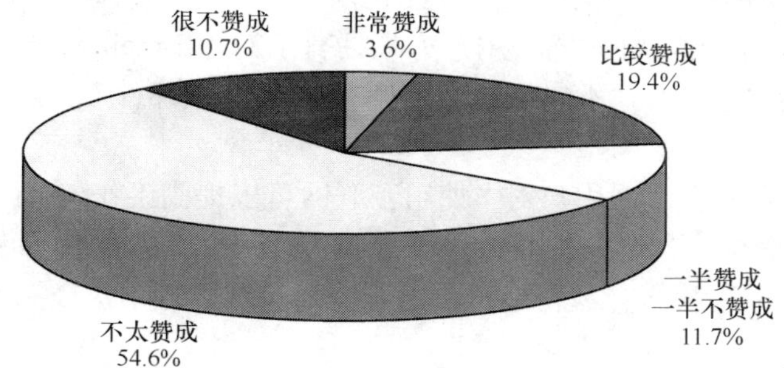

图 23.578　青海省上网用户对“使用互联网容易暴露隐私”观点的看法

（5）关于“使用互联网容易受不良信息影响”

关于“使用互联网容易受不良信息影响”观点，青海省上网用户表示不太赞成的最多，达到 39.2%；其次是表示比较赞成的用户，所占比例为 32.7%；表示很不赞成的用户为 13.1%；表示一半赞成一半不赞成的用户为 8.5%；表示非常赞成的用户最少，为 6.5%（如图 23.579 所示）。青海省上网用户对“使用互联网容易受不良信息影响”的观点表示不太赞成的略多于表示赞成的。

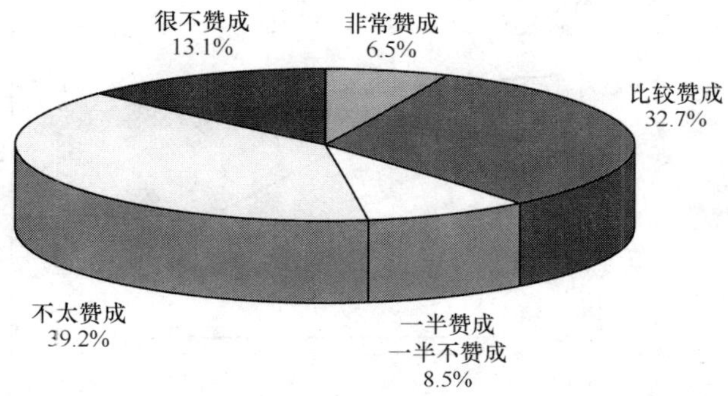

图 23.579　青海省上网用户对“使用互联网容易受不良信息影响”观点的看法

（6）对互联网的信任程度

青海省上网用户对互联网表示比较信任的最多，所占比例为 57.7%；其次是对互联网表示半信半疑的，所占比例为 31.3%；对互联网表示完全信任的用户为 7.5%；对互联网表示不太信任的用户所占比例为 2.5%；对互联网表示完全不信的用户最少，只占 1.0%。青海省上网用户对互联网表示比较信任（如图 23.580 所示）。

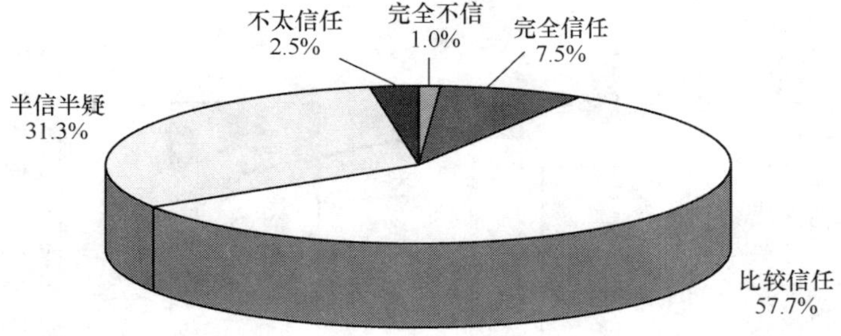

图 23.580　青海省上网用户对互联网的信任程度

综上所述，青海省上网用户数为 20 万，上网计算机 8 万台，CN 下注册域名数为 524 个，WWW 站点数为 463 个。

其中住宅电话覆盖的上网用户（不包括住校大学生）中以男性、未婚者为主体，年龄在 18 岁以下的用户所占比例最多，受教育程度为高中（中专）的用户最多，个人月收入以500元以下的用户为最多。职业分布上以学生最多，从行业分布来看，公共管理和社会组织是用户相对比较集中的行业。

用户每月实际花费的上网费用主要集中在200元及以下，用户平均每周上网10.4个小时，平均每周上网3.6天。晚上9点是用户上网的高峰时间。用户人均拥有1.2个E-mail账号，其中免费的E-mail账号为1.0个，平均每周收到3.8封电子邮件（不包括垃圾邮件），收到垃圾邮件6.0封，每周发出电子邮件3.7封。获取信息是用户上网的最主要目的。

在对互联网的看法上，青海省上网用户对“使用互联网可以提高工作/学习和生活的效率”观点持赞成态度，对“在单位/学校/邻里中，会上网的人好像高人一等”、“使用互联网容易结交不好的朋友”、“使用互联网容易暴露隐私”、“使用互联网容易受不良信息影响”等观点持不赞成态度。总的来讲，青海省上网用户对互联网比较信任。

23.1.30　宁夏回族自治区互联网络发展状况

一、宏观概况

1．上网用户人数

宁夏回族自治区上网用户人数为31万，占全国上网用户总人数的比例为0.3%，是宁夏回族自治区总人口的5.3%。与第13次调查结果相比，宁夏回族自治区上网用户人数减少2.3万，同比下降6.9%，占全国上网总人数的比例减少0.1%，占宁夏回族自治区总人口比例减少0.5%（如图23.581所示）。

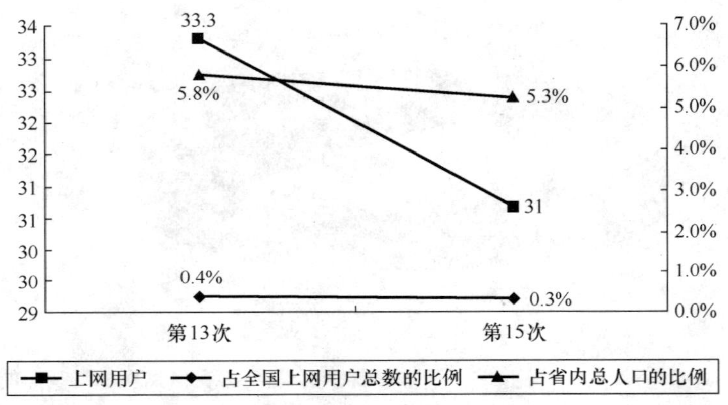

图23.581　宁夏回族自治区历次调查上网用户人数

2．上网计算机数

宁夏回族自治区上网计算机数为14万台，占全国上网计算机总数的比例为0.3%。与第13次调查结果相比，宁夏回族自治区上网计算机数增加3万台，增长率为27.3%，占全国上网计算机总数比例减少0.1%（如图23.582所示）。

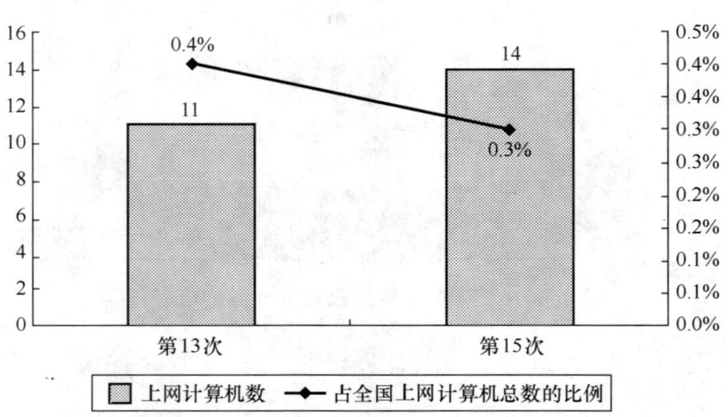

图23.582　宁夏回族自治区历次调查上网计算机数

3．CN 下注册域名数（不含 EDU）

宁夏回族自治区 CN 下注册域名数为 1 394 个，占全国 CN 下注册域名总数的比例为 0.3%。与第 13 次调查结果相比，宁夏回族自治区 CN 下注册域名数增加 372 个，增长率为 36.4%；占全国 CN 下注册域名总数比例保持不变（如图 23.583 所示）。

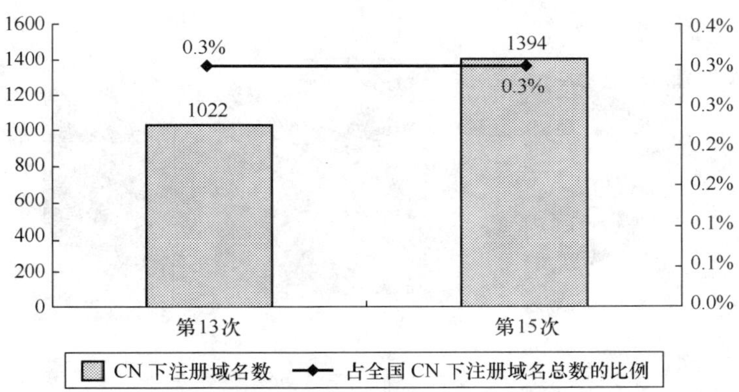

图 23.583　宁夏回族自治区历次调查 CN 下注册域名数（不含 EDU）

4．WWW 站点数（包括.CN、.COM、.NET、.ORG 下的网站）

宁夏回族自治区 WWW 站点数为 1 212 个，占全国 WWW 站点数的比例为 0.2%。同第 13 次调查结果相比，宁夏回族自治区 WWW 站点数减少 157 个，同比下降 11.5%，占全国 WWW 站点数比例保持不变（如图 23.584 所示）。

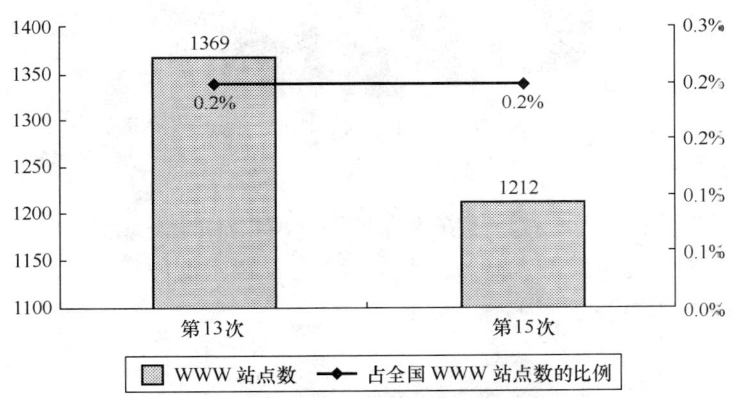

图 23.584　宁夏回族自治区历次调查 WWW 站点数

二、互联网用户行为意识调查结果

1．用户个人信息

（1）用户的性别

宁夏回族自治区上网用户中，男性占 61.5%，女性占 38.5%（如图 23.585 所示）。男性为上网用户主体。

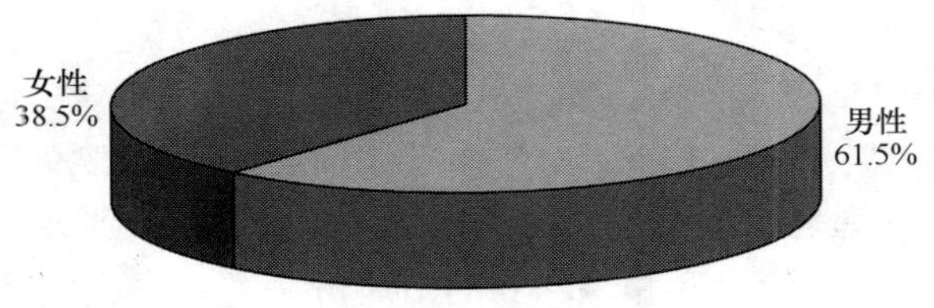

图 23.585　宁夏回族自治区上网用户性别分布

（2）用户的年龄分布

宁夏回族自治区上网用户中，年龄在 18～24 岁的用户所占比例最多，为 29.8%；其次是 25～30 岁的用户，占 23.7%；18 岁以下的用户占 11.4%；年龄在 31～35 岁和 41～50 岁的用户各占 10.5%；36～40 岁的用户占 9.7%；年龄在 50 岁以上的用户有 4.4%（如图 23.586 所示）。

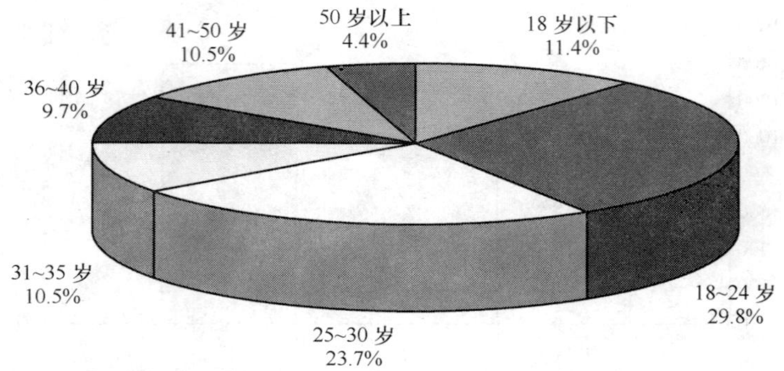

图 23.586　宁夏回族自治区上网用户年龄分布

（3）用户的婚姻状况

宁夏回族自治区上网用户中，未婚者占 44.6%，已婚者占 55.4%（如图 23.587 所示）。已婚者为上网用户的主体。

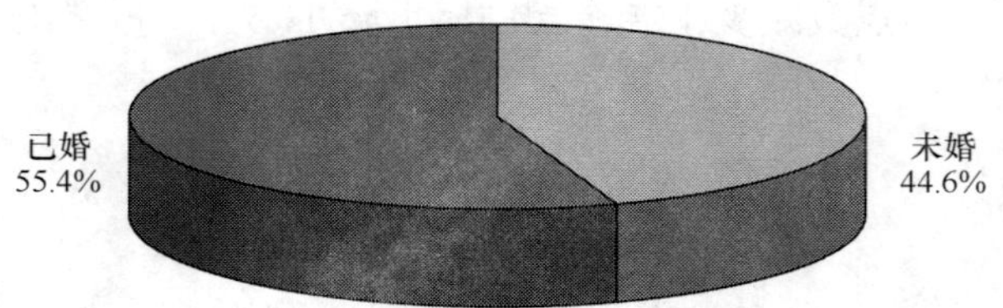

图 23.587　宁夏回族自治区上网用户婚姻状况分布

（4）用户的受教育程度

宁夏回族自治区上网用户中，受教育程度在大专的用户所占比例最多，为 43.3%；其次是高中（中专），占 29.2%；受教育程度为本科的用户占 17.5%；高中（中专）以下的用户占 8.3%；只有 1.7%的用户受教育程度在硕士及以上（如图 23.588 所示）。

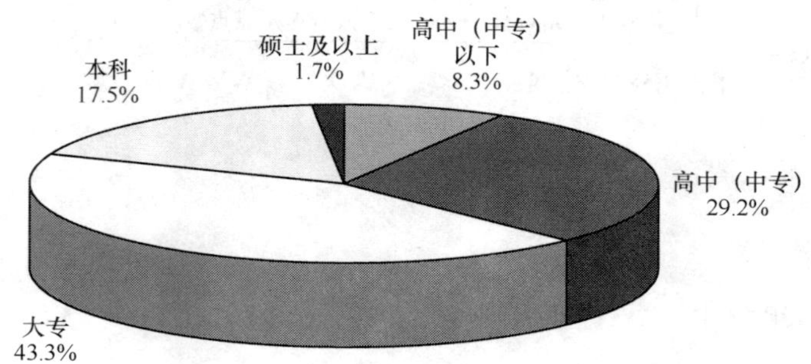

图 23.588　宁夏回族自治区上网用户受教育程度分布

（5）用户的行业分布（不包括军人、学生和无业人员）

宁夏回族自治区上网用户中，从事 IT 业的用户所占比例最多，为 17.9%；其次是制造业，占 10.7%；从事公共管理和社会组织业、交通运输、仓储业的用户所占比例相同，各为 8.3%；从事教育业的用户所占比例为 8.2%；从事电力、燃气及水的生产和供应业的用户占 7.1%；从事其他行业的用户相对较少（如图 23.589 所示）。

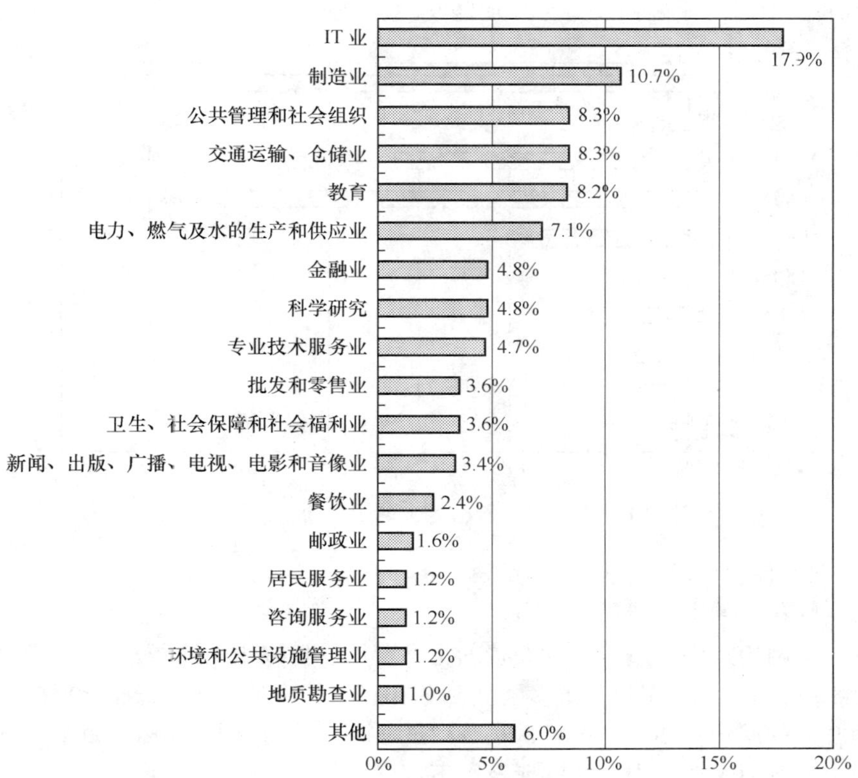

图 23.589　宁夏回族自治区上网用户的行业分布

（6）用户的职业分布

宁夏回族自治区上网用户中，学生所占比例最多，达到 20.5%；其次是专业技术人员，占 18.9%；企事业单位管理人员和生产、运输设备操作人员及有关人员所占比例相同，各为 10.7%；无业人员占 9.8%；教师和商业、服务业人员各占 7.4%；办事员等协助人员占 6.6%；其他职业的用户所占比例相对较少（如图 23.590 所示）。

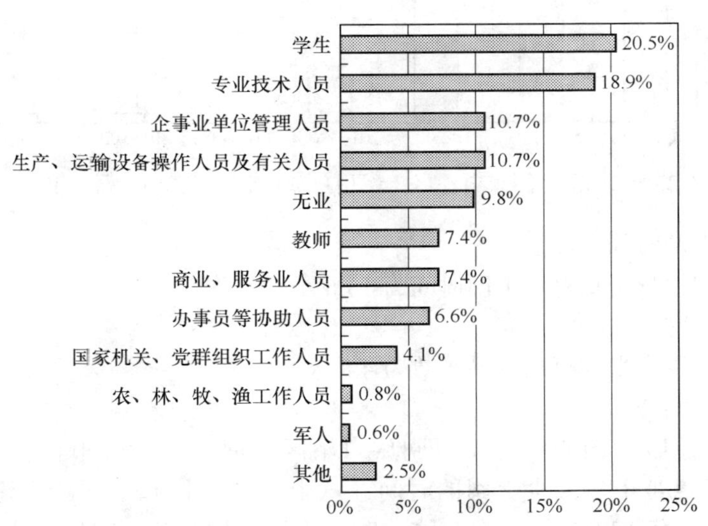

图 23.590　宁夏回族自治区上网用户的职业分布

（7）用户的个人月收入

宁夏回族自治区上网用户中，无收入的用户所占比例最多为 31.5%；其次是月收入在 1 001～1 500 元的用户，为 26.0%；个人月收入在 501～1 000 元所占比例为 16.4%；月收入在 1 501～2 000 元的用户占

8.2%；其他范围内的用户所占比例相对较少（如图 23.591 所示）。

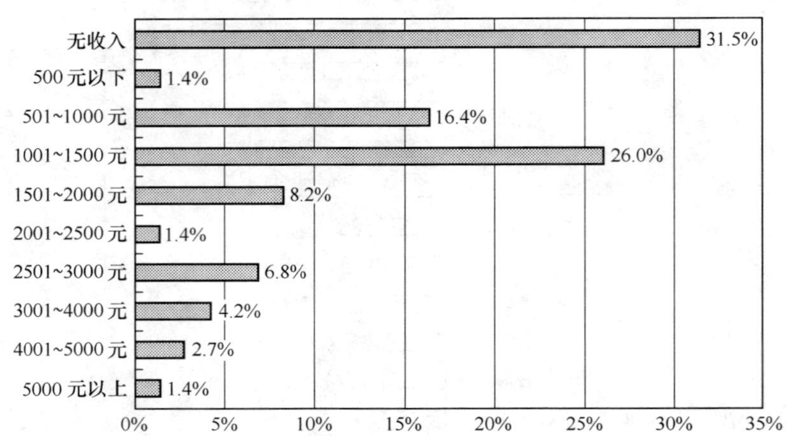

图 23.591　宁夏回族自治区上网用户的个人月收入分布

2．用户对互联网的使用情况

（1）用户每月实际花费的上网费用

宁夏回族自治区上网用户中，每月实际花费的上网费用（仅限于上网费及上网电话费，不包括使用网络服务的费用）以 101～200 元的用户为最多，达到 38.0%；其次是月花费低于 50 元的用户，占 29.0%；每月花费在 51～100 元的用户占 26.0%；每月花费超过 200 元的用户占 7.0%（如图 23.592 所示）。宁夏用户每月实际花费的上网费用主要集中在 200 元及以下。

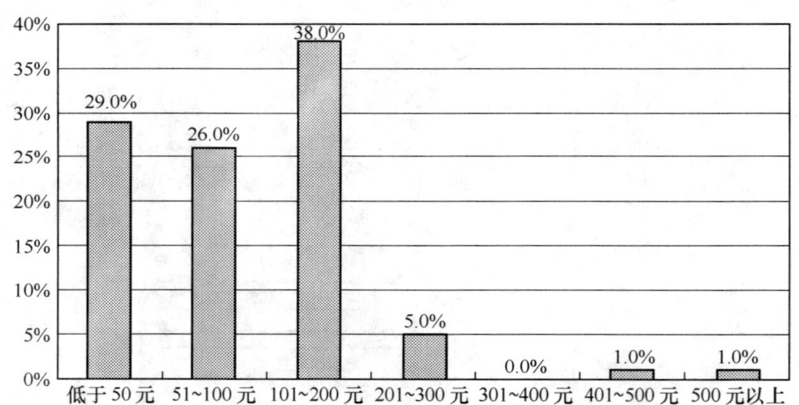

图 23.592　宁夏回族自治区上网用户每月实际花费的上网费用分布

（2）用户平均每周上网时间

宁夏回族自治区上网用户平均每周上网时间为 13.6 小时。

（3）用户平均每周上网天数

宁夏回族自治区上网用户平均每周上网天数为 4.8 天。

（4）用户通常上网时间

受人们日常生活作息时间的影响，宁夏回族自治区上网用户一天中使用互联网的时间波动非常大：凌晨 1 点至早上 7 点是用户最少上网的时间；从上午 8 点钟起上网的人逐渐增加，到 10 点达到一天当中的第一个高峰，有 13.9%的用户在这一时间上网；中午 11 点略有回落，13 点开始上网人数增加，直至下午 14 点达到一天当中的第二个高峰，有 13.1%的用户在这一时间上网；这之后上网人数开始下降，直至 16 点；从晚上 19 点开始上网人数激增，晚上 20 点达到一天当中的顶峰，有 55.7%的用户在这一时间上网，这之后上网人数又迅速减少（如图 23.593 所示）。宁夏用户使用互联网的高峰时间在晚上。

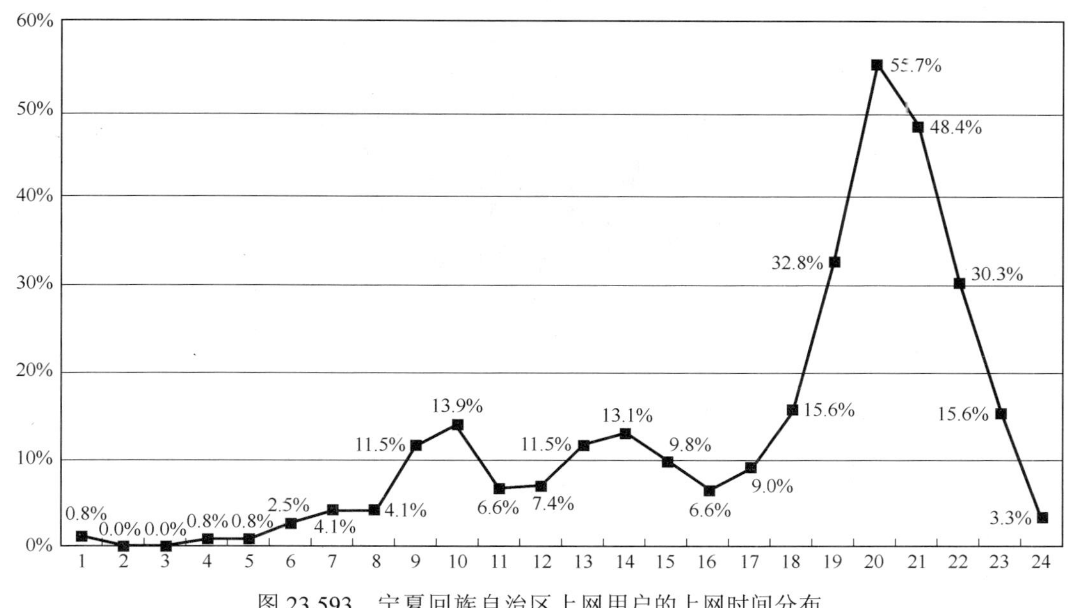

图 23.593　宁夏回族自治区上网用户的上网时间分布

（5）用户拥有 E-mail 账号数

宁夏回族自治区上网用户人均拥有 1.5 个 E-mail 账号，其中免费的 E-mail 账号为 1.5 个。

（6）用户平均每周收发的电子邮件数

宁夏回族自治区上网用户平均每周收到 3.7 封电子邮件（不包括垃圾邮件），收到垃圾邮件 8.8 封，每周发出电子邮件 3.0 封。

（7）用户上网最主要的目的

宁夏回族自治区上网用户中，将获取信息作为上网最主要目的的用户所占比例最多，为 43.4%；其次是休闲娱乐，占 36.1%；选择交友的用户占 6.6%；选择获得各种免费资源的用户所占比例为 6.5%；选择其他上网目的的用户所占比例则很小（如图 23.594 所示）。

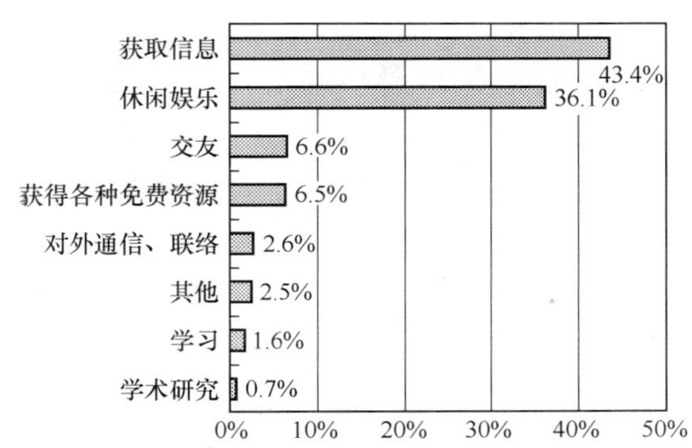

图 23.594　宁夏回族自治区上网用户上网最主要的目的

3．用户对互联网的看法

（1）关于“使用互联网可以提高工作/学习和生活的效率”

宁夏回族自治区上网用户中，关于“使用互联网可以提高工作/学习和生活的效率”观点，有 62.2%的用户比较赞成；19.3%的用户非常赞成；表示一半赞成一半不赞成的用户占 16.0%；另有 2.5%的用户表示不太赞成（如图 23.595 所示）。宁夏上网用户对“使用互联网可以提高工作/学习和生活的效率”这一观点表示赞成的占大多数。

（2）关于“在单位/学校/邻里中，会上网的人好像高人一等”

关于“在单位/学校/邻里中，会上网的人好像高人一等”的观点，宁夏回族自治区上网用户表示不太

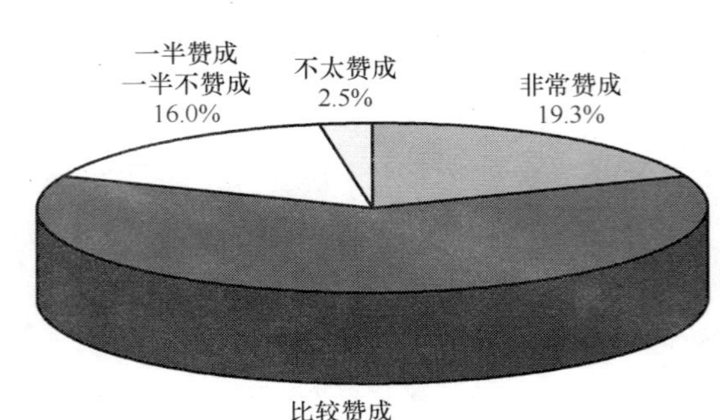

图 23.595　宁夏回族自治区上网用户对“使用互联网可以提高工作/学习和生活的效率”观点的看法

赞成的最多，达到 57.3%；其次是表示很不赞成的用户，所占比例为 18.8%；表示一半赞成一半不赞成的用户所占比例为 17.1%；表示比较赞成的用户所占比例为 4.3%；表示非常赞成的用户占 2.5%（如图 23.596 所示）。宁夏回族自治区上网用户对“在单位/学校/邻里中，会上网的人好像高人一等”的观点表示不赞成的占多数。

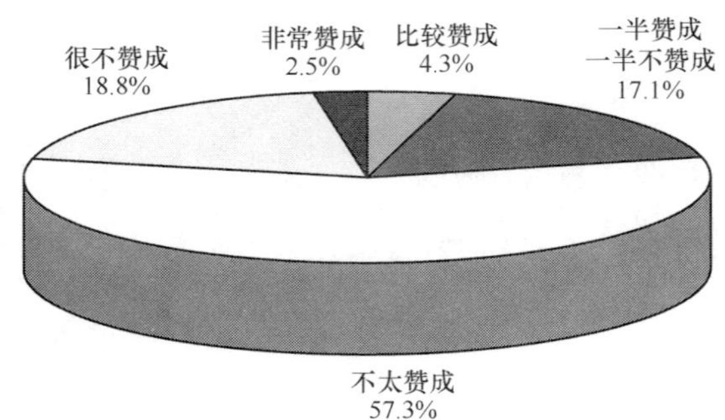

图 23.596　宁夏回族自治区上网用户对“在单位/学校/邻里中，会上网的人好像高人一等”观点的看法

（3）关于“使用互联网容易结交不好的朋友”

关于“使用互联网容易结交不好的朋友”的观点，宁夏回族自治区上网用户表示不太赞成的最多，达到 44.3%；表示一半赞成一半不赞成的用户占 23.5%；表示比较赞成的用户所占比例为 20.9%；表示很不赞成的用户为 10.4%；表示非常赞成的用户非常少，只占 0.9%（如图 23.597 所示）。宁夏回族自治区上网用户对“使用互联网容易结交不好的朋友”的观点表示不赞成的居多。

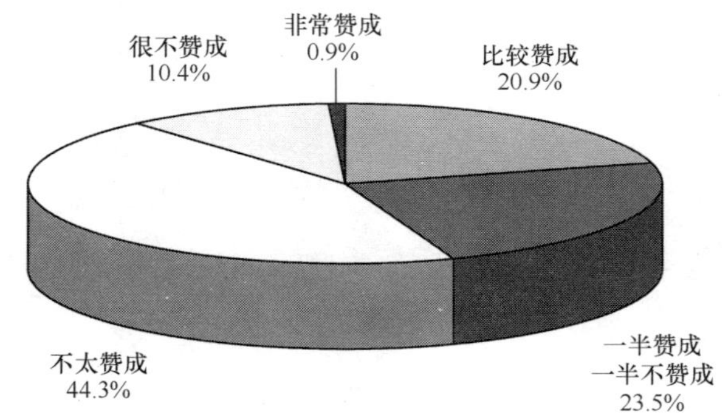

图 23.597　宁夏回族自治区上网用户对“使用互联网容易结交不好的朋友”观点的看法

（4）关于“使用互联网容易暴露隐私”

关于“使用互联网容易暴露隐私”的观点，宁夏回族自治区上网用户表示一半赞成一半不赞成的最多，达到 41.6%；其次是表示不太赞成的用户，所占比例为 31.8%；表示比较赞成的用户所占比例为 19.5%；表示很不赞成的用户为 4.4%；表示非常赞成的用户最少，只占 2.7%（如图 23.598 所示）。宁夏回族自治

区上网用户对“使用互联网容易暴露隐私”的观点表示不赞成的居多。

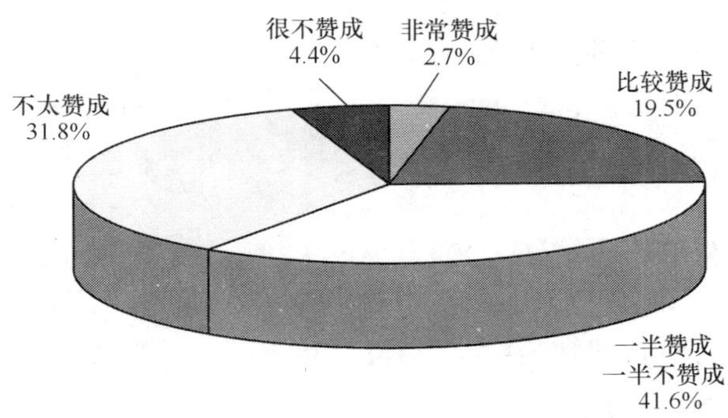

图 23.598　宁夏回族自治区上网用户对“使用互联网容易暴露隐私”观点的看法

（5）关于“使用互联网容易受不良信息影响”

关于“使用互联网容易受不良信息影响”的观点，宁夏回族自治区上网用户表示不太赞成的最多，达到 36.3%；其次是表示一半赞成一半不赞成的用户，所占比例为 32.8%；表示比较赞成的用户为 23.0%；表示很不赞成的用户所占比例为 4.4%；表示非常赞成的用户所占比例最少，只占 3.5%（如图 23.599 所示）。宁夏回族自治区上网用户对“使用互联网容易受不良信息影响”的观点表示不赞成的居多。

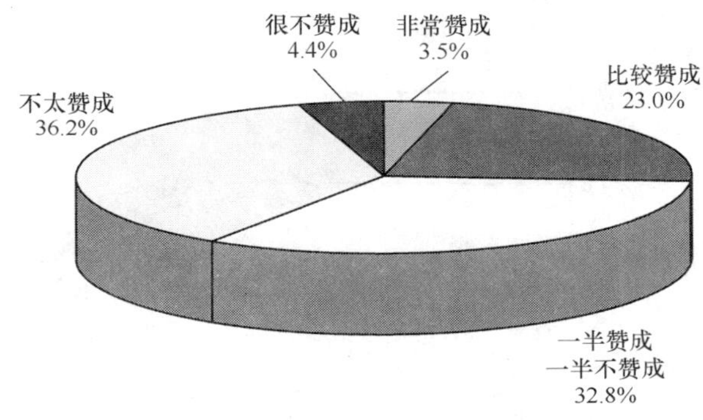

图 23.599　宁夏回族自治区上网用户对“使用互联网容易受不良信息影响”观点的看法

（6）对互联网的信任程度

宁夏回族自治区上网用户中，对互联网表示比较信任和半信半疑的人各占 44.8%；表示不太信任的用户所占比例为 6.0%；表示完全信任的用户占 3.5%；表示完全不信的用户只占 0.9%（如图 23.600 所示）。宁夏回族自治区上网用户对互联网表示信任的居多。

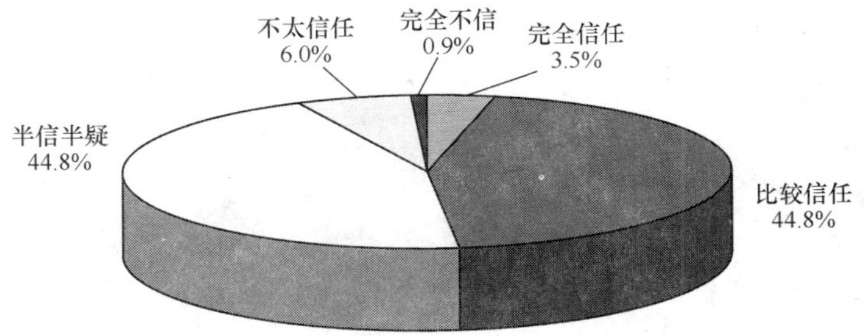

图 23.600　宁夏回族自治区上网用户对互联网的信任程度

综上所述，宁夏回族自治区上网用户数为 31 万，上网计算机 14 万台，CN 下注册域名数为 1394 个，WWW 站点数为 1212 个。

其中住宅电话覆盖的上网用户（不包括住校大学生）中以男性、已婚者占主体，年龄在 18～24 岁的用户所占比例最多，受教育程度为大专的用户最多，个人月收入主要集中在 1 001～1 500 元，职业分布上以学生为最多，从行业分布来看，IT 业用户所占比例最多。

用户每月实际花费的上网费用主要集中在 200 元及以下，平均每周上网 13.6 小时，4.8 天，晚上 8 点是用户上网的高峰时间。人均拥有 1.5 个 E-mail 账号，其中免费的 E-mail 账号为 1.5 个，平均每周收到 3.7 封电子邮件（不包括垃圾邮件），收到垃圾邮件 8.8 封，每周发出电子邮件 3.0 封。获取信息是用户上网的最主要目的。

在对互联网的看法上，宁夏回族自治区上网用户对“使用互联网可以提高工作/学习和生活的效率”观点持赞成态度，对“在单位/学校/邻里中，会上网的人好像高人一等”、“使用互联网容易结交不好的朋友”、“使用互联网容易暴露隐私”、“使用互联网容易受不良信息影响”等观点持不赞成态度。总的来讲，宁夏回族自治区上网用户对互联网比较信任。

23.1.31 新疆维吾尔自治区互联网络发展状况

一、宏观概况

1．上网用户人数

新疆维吾尔自治区上网用户人数为 119 万，占全国上网用户总人数的 1.3%，占新疆维吾尔自治区总人口的 6.2%。与第 13 次调查结果相比，新疆维吾尔自治区上网用户人数增加 1.2 万，增长率为 1.0%，占全国上网用户总人数的比例减少 0.2%，占本自治区总人口的比例保持不变（如图 23.601 所示）。

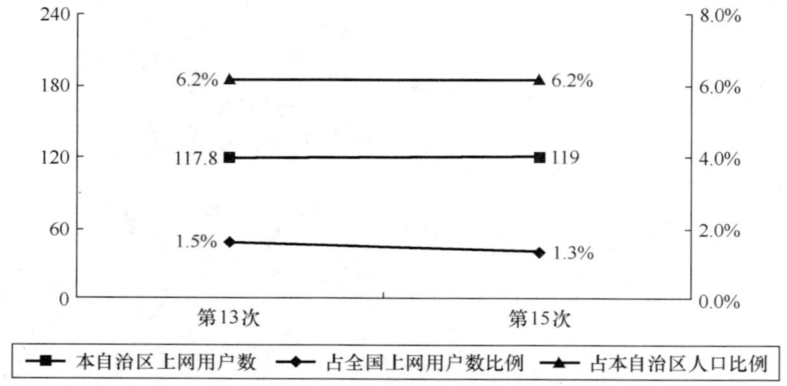

图 23.601 新疆维吾尔自治区历次调查上网用户数

2．上网计算机数

新疆维吾尔自治区上网计算机数为 50 万台，占全国上网计算机总数的 1.2%。与第 13 次调查结果相比，新疆维吾尔自治区上网计算机数增加 5 万台，增长率为 11.1%，占全国上网计算机总数的比例减少 0.2%（如图 23.602 所示）。

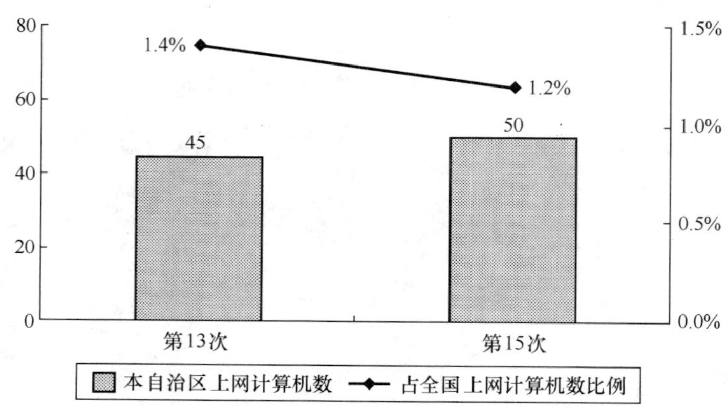

图 23.602 新疆维吾尔自治区历次调查上网计算机数

3．CN 下注册域名数（不含 EDU）

新疆维吾尔自治区 CN 下注册域名数量为 2206 个，占全国 CN 下注册域名总数的 0.5%。与第 13 次调查结果相比，新疆维吾尔自治区 CN 下注册域名数量减少 373 个，同比下降 14.5%，占全国 CN 下注册域名总数的比例减少 0.3%（如图 23.603 所示）。

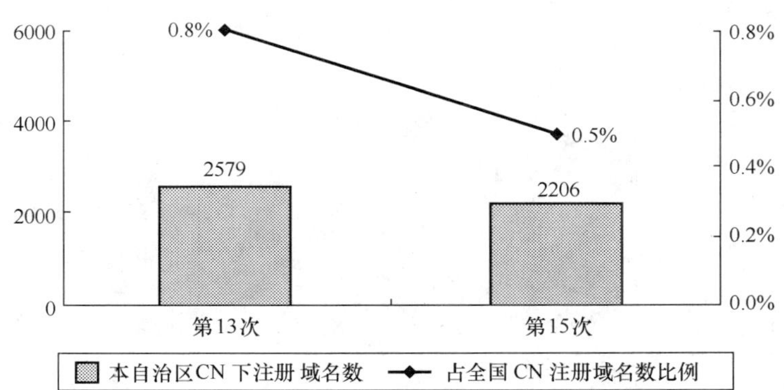

图 23.603　新疆维吾尔自治区历次调查 CN 下注册域名数（不含 EDU）

4．WWW 站点数（包括.CN、.COM、.NET、.ORG 下的网站）

新疆维吾尔自治区 WWW 站点数为 2272 个，占全国 WWW 站点数的 0.3%。与第 13 次调查结果相比，新疆维吾尔自治区 WWW 站点数减少 784 个，同比下降 25.7%，占全国 WWW 站点总数的比例减少 0.2%（如图 23.604 所示）。

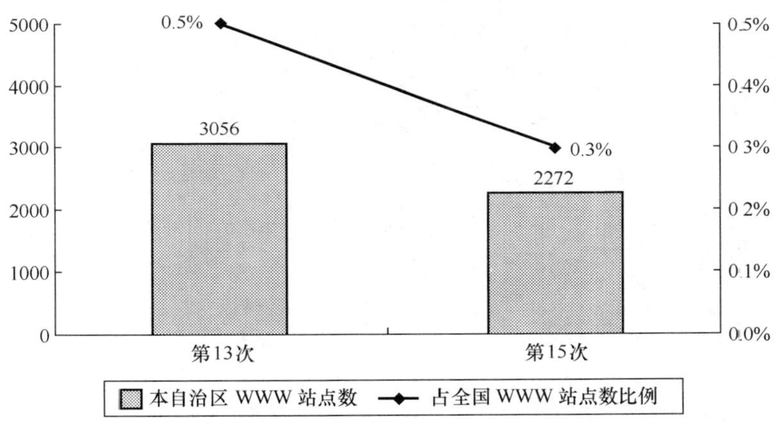

图 23.604　新疆维吾尔自治区历次调查 WWW 站点数

二、互联网用户行为意识调查结果

1．用户个人信息

（1）用户的性别

新疆维吾尔自治区上网用户中，男性占 59.7%，女性占 40.3%（如图 23.605 所示）。男性是上网用户的主体。

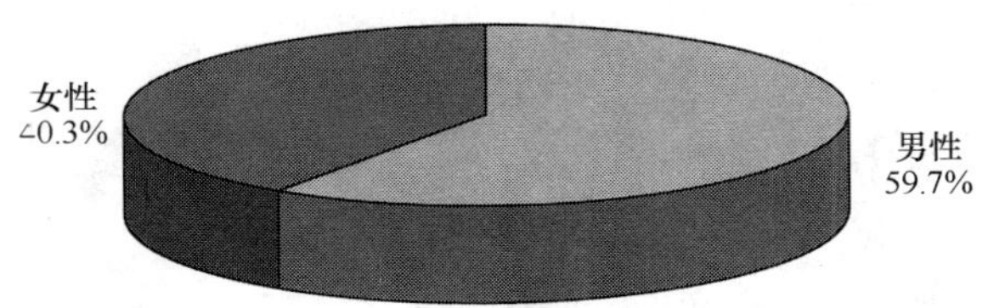

图 23.605　新疆维吾尔自治区上网用户性别分布

（2）用户的年龄分布

新疆维吾尔自治区上网用户中，18～24岁的用户所占比例最高，为32.4%；其次是25～30岁和18岁以下的用户，所占比例分别为16.5%和13.7%；31～35岁的用户所占比例为11.5%；35岁以上用户所占比例为25.9%（如图23.606所示）。

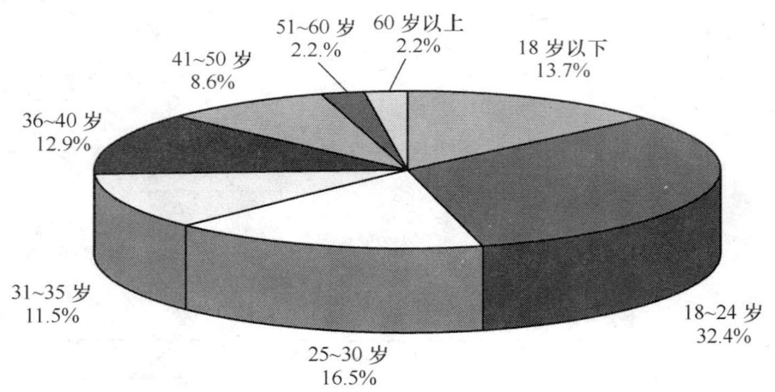

图 23.606　新疆维吾尔自治区上网用户年龄分布

（3）用户的婚姻状况

新疆维吾尔自治区上网用户中，已婚者占50.7%，未婚者占49.3%（如图23.607所示）。已婚者和未婚者所占比例基本持平。

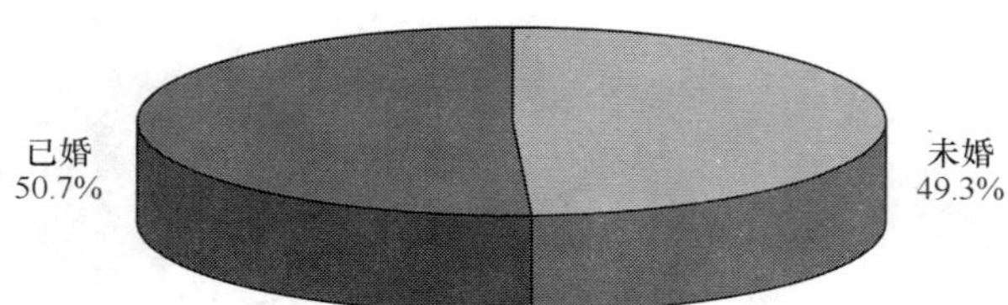

图 23.607　新疆维吾尔自治区上网用户婚姻状况分布

（4）用户的受教育程度

新疆维吾尔自治区上网用户中，受教育程度为大专的用户最多，所占比例已达到39.0%；其次是受教育程度为高中（中专）的用户，所占比例为26.2%；本科及本科以上受教育程度的用户所占比例为20.6%（如图23.608所示）。

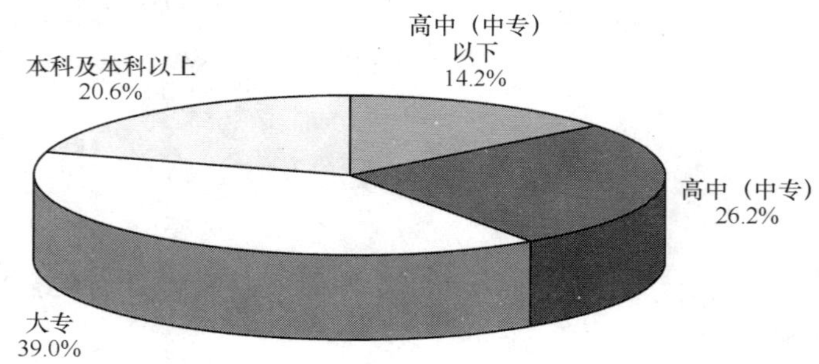

图 23.608　新疆维吾尔自治区上网用户受教育程度分布

（5）用户的行业分布

新疆维吾尔自治区上网用户中，制造业的用户最多，所占比例为12.3%；其次是教育行业的用户，所占比例为12.1；从事公共管理和社会组织业的用户所占比例居第三，为12.0%；从事批发和零售业的用户，所占比例为9.9%；从事IT业的用户所占比例为9.7%；从事其他行业的上网用户则较少（如图23.609所示）。

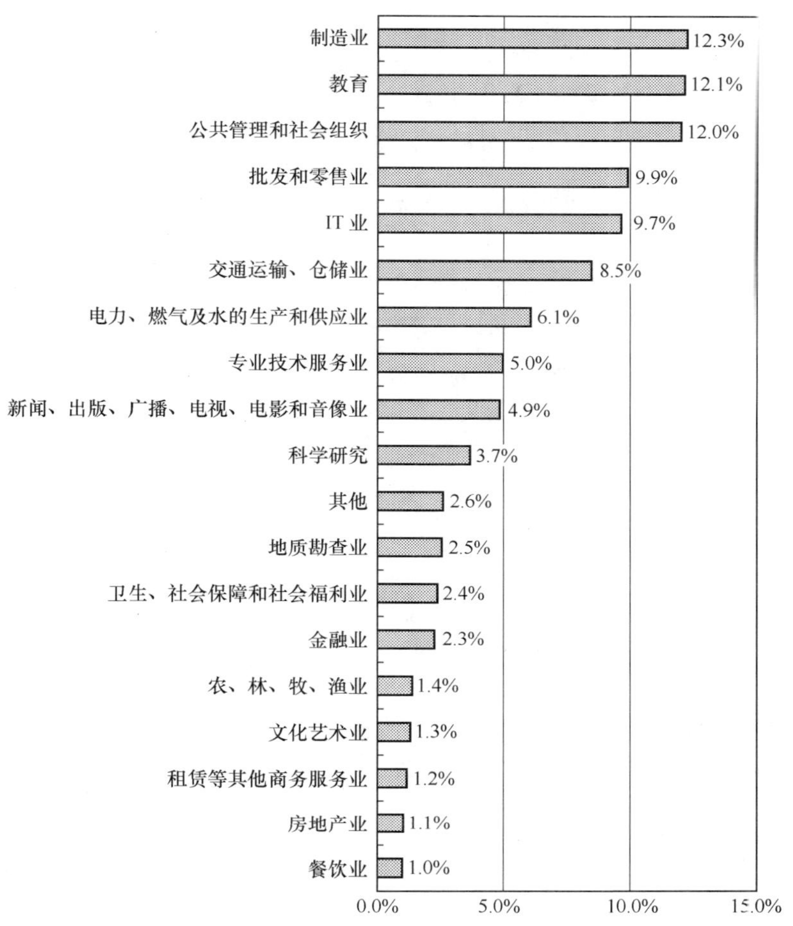

图 23.609　新疆维吾尔自治区上网用户行业分布

（6）用户的职业分布

新疆维吾尔自治区上网用户中，学生所占的比例最多，达到 27.8%；其次是企事业单位管理人员，所占比例为 10.4%；排在第三位的是无业人员，所占比例为 9.7%；生产、运输设备操作人员及有关人员所占比例为 8.3%；教师所占比例为 7.6%；专业技术人员所占比例为 7.5%；办事员等协助人员所占比例为 6.9%；商业、服务业人员所占比例为 6.3%；国家机关、党群组织工作人员所占比例为 4.2%；其他职业用户所占比例为 7.7%（如图 23.610 所示）。

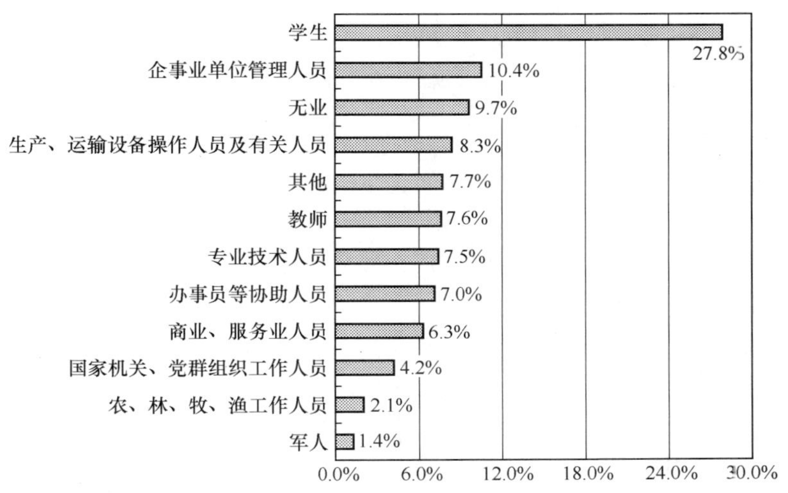

图 23.610　新疆维吾尔自治区上网用户职业分布

（7）用户的个人月收入

新疆维吾尔自治区上网用户中，个人月收入为无收入的最多，达到37.0%；其次是1 001～1 500元的用户，所占比例为18.6%；排在第三位的是501～1 000元的用户，所占比例为16.8%；个人月收入在2 000元以上的用户所占比例为19.6%（如图23.611所示）。

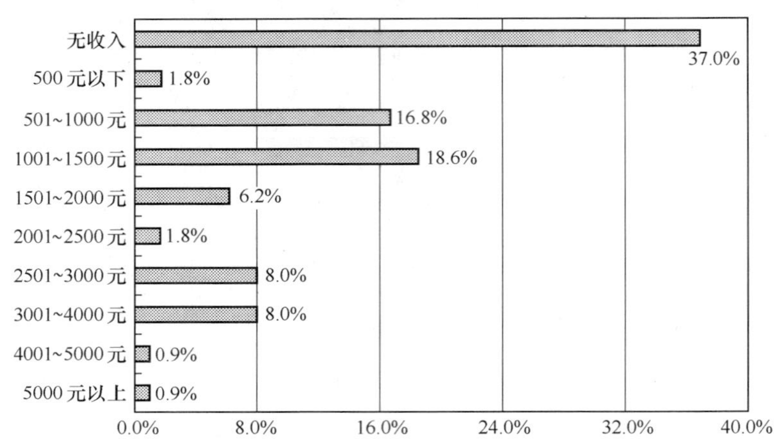

图23.611　新疆维吾尔自治区上网用户个人月收入分布

2．用户对互联网的使用情况

（1）用户每月实际花费的上网费用

新疆维吾尔自治区上网用户中，每月实际花费的上网费用（仅限于上网费及上网电话费，不包括使用网络服务的费用）以101～200元的最多，占33.6%；其次是每月实际花费的上网费用低于50元的用户，所占比例为30.9%；每月实际花费的上网费用在200以上的用户较少，只占11.0%（如图23.612所示）。

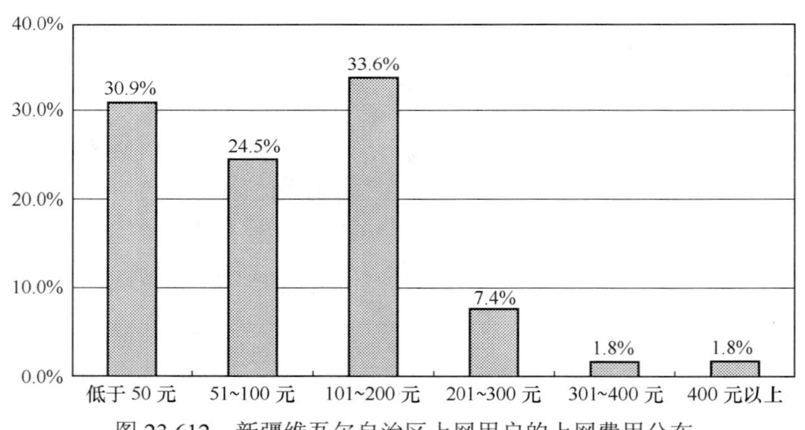

图23.612　新疆维吾尔自治区上网用户的上网费用分布

（2）用户平均每周上网时间

新疆维吾尔自治区上网用户平均每周上网时间为12.3小时。

（3）用户平均每周上网天数

新疆维吾尔自治区上网用户平均每周上网天数为4.1天。

（4）用户通常上网时间

新疆维吾尔自治区上网用户上网时间在一天中波动较大：凌晨1点至早上7点是用户上网的最少时间，从早上8点起上网的人数逐渐增加，到10点达到一天当中的第1个高峰，有14.6%的用户在这一时间上网，此后上网人数略有下降；中午12点以后上网人数开始上升，到下午13点达到一天当中的第2个高峰,有18.1%的用户在这一时间上网，此后上网人数开始下降；从晚上18点开始上网人数激增，到晚上20点时达到一天中的顶峰，有54.2%的用户在这一时间上网，从这之后上网人数又急剧减少（如图23.613所示）。日常生活的作息时间在一定

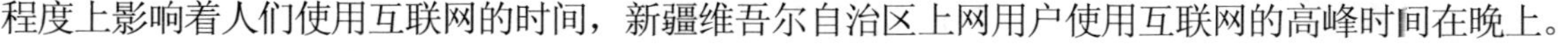

程度上影响着人们使用互联网的时间，新疆维吾尔自治区上网用户使用互联网的高峰时间在晚上。

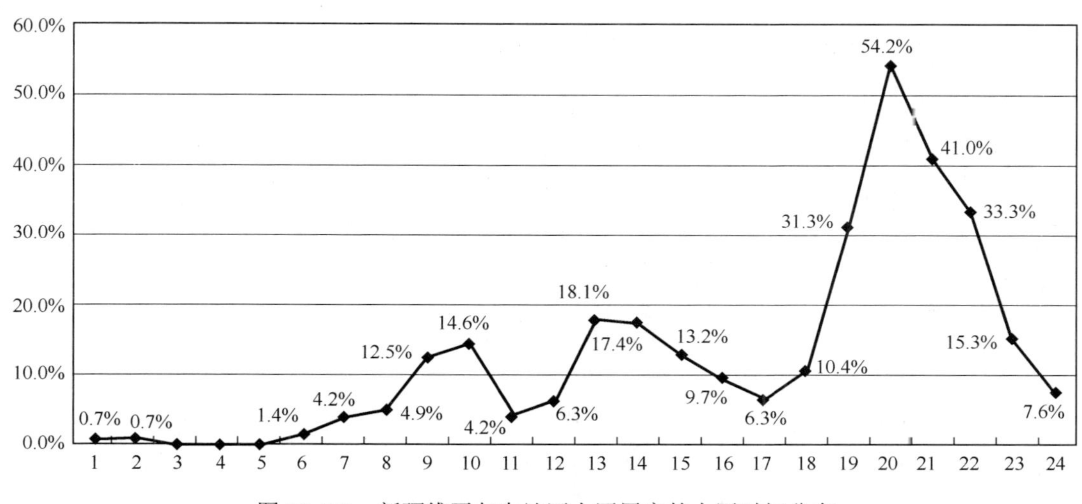

图 23.613　新疆维吾尔自治区上网用户的上网时间分布

（5）用户拥有 E-mail 账号数

新疆维吾尔自治区上网用户拥有 E-mail 账号平均值为 1.3 个，其中免费 E-mail 账号平均值为 1.2 个。

（6）用户每周收发的电子邮件数

新疆维吾尔自治区上网用户平均每周收到电子邮件数（不包括垃圾邮件）为 4.0 封，收到垃圾邮件数平均为 6.7 封，发出电子邮件数平均为 2.5 封。

（7）用户上网最主要的目的

新疆维吾尔自治区上网用户上网的最主要目的为获取信息的最多，达到 40.3%；其次是休闲娱乐，所占比例为 36.1%；排在第三位的是获得各种免费资源，有 10.4%的用户选择；还有 7.6%的用户选择交友；而选择其他上网目的的用户则很少（如图 23.614 所示）。

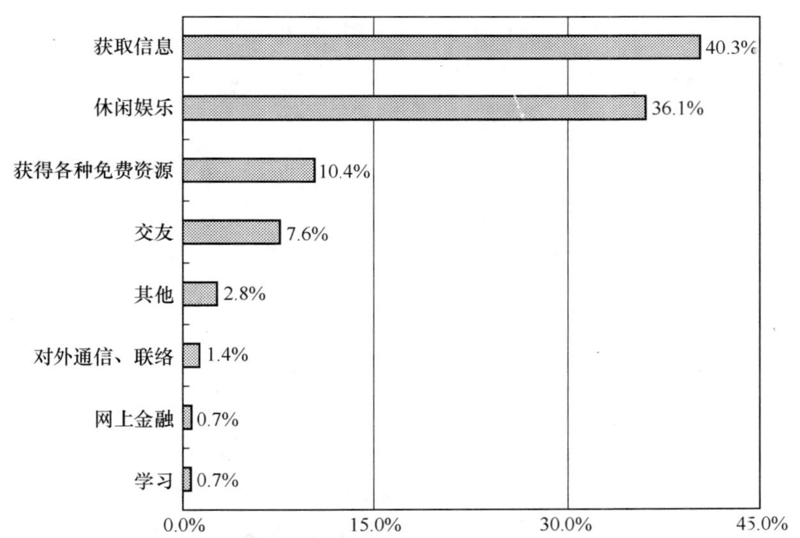

图 23.614　新疆维吾尔自治区上网用户上网最主要的目的

3．用户对互联网的看法

（1）关于“使用互联网可以提高工作/学习和生活的效率”

关于“使用互联网可以提高工作/学习和生活的效率”的观点，新疆维吾尔自治区上网用户表示比较赞成的最多，达到 65.0%；其次是表示非常赞成的，所占比例为 18.9%；表示一半赞成一半不赞成的用户所占比例为 9.8%；表示不赞成的用户所占比例非常小，只有 6.3%（如图 23.615 所示）。新疆维吾尔自治区上网用户对“使用互联网可以提高工作/学习和生活的效率”的观点表示赞成的占绝大多数。

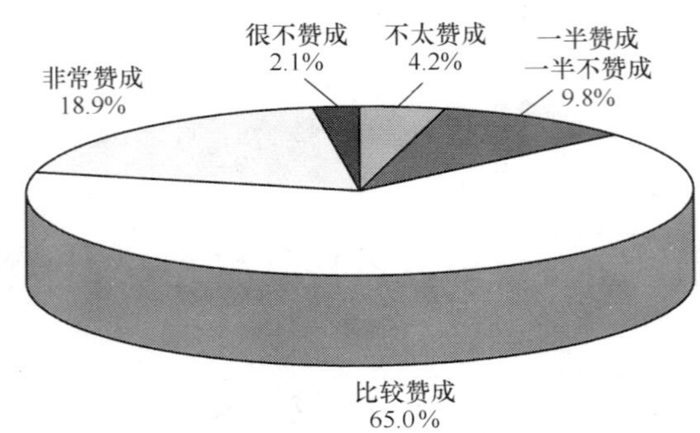

图 23.615　新疆维吾尔自治区上网用户对“使用互联网可以提高工作/学习和生活的效率”观点的看法

（2）关于“在单位/学校/邻里中，会上网的人好像高人一等”

关于“在单位/学校/邻里中，会上网的人好像高人一等”的观点，新疆维吾尔自治区上网用户表示不太赞成的最多，达到 53.6%；其次是表示很不赞成的，所占比例为 20.7%；表示一半赞成一半不赞成的用户所占比例为 17.9%；表示比较赞成的用户所占比例为 5.7%；表示非常赞成的用户所占比例为 2.1%（如图 23.616 所示）。新疆维吾尔自治区上网用户对“在单位/学校/邻里中，会上网的人好像高人一等”的观点表示不赞成的占绝大多数。

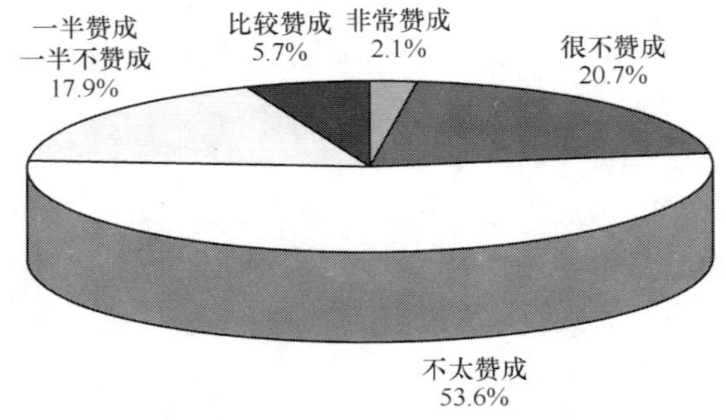

图 23.616　新疆维吾尔自治区上网用户对“在单位/学校/邻里中，会上网的人好像高人一等”观点的看法

（3）关于“使用互联网容易结交不好的朋友”

关于“使用互联网容易结交不好的朋友”的观点，新疆维吾尔自治区上网用户表示不太赞成的最多，达到 39.4%；其次是表示一半赞成一半不赞成的，所占比例为 30.7%；表示比较赞成的用户所占比例为 16.5%；表示很不不赞成的用户所占比例为 11.8%；表示非常赞成的用户所占比例为 1.6%（如图 23.617 所示）。新疆维吾尔自治区上网用户对“使用互联网容易结交不好的朋友”的观点表示不赞成的居多。

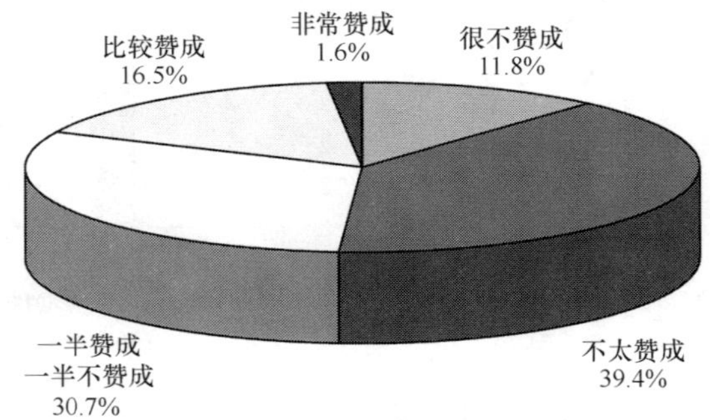

图 23.617　新疆维吾尔自治区上网用户对“使用互联网容易结交不好的朋友”观点的看法

（4）关于“使用互联网容易暴露隐私”

关于“使用互联网容易暴露隐私”的观点，新疆维吾尔自治区上网用户表示一半赞成一半不赞成的最

多，达到 41.6%；其次是表示不太赞成的用户，所占比例为 35.6%；表示比较赞成的用户所占比例为 16.7%；表示很不赞成的用户所占比例为 5.3%；表示非常赞成的用户所占比例为 0.8%（如图 23.618 所示）。新疆维吾尔自治区上网用户对“使用互联网容易暴露隐私”的观点表示不赞成的多于表示赞成的。

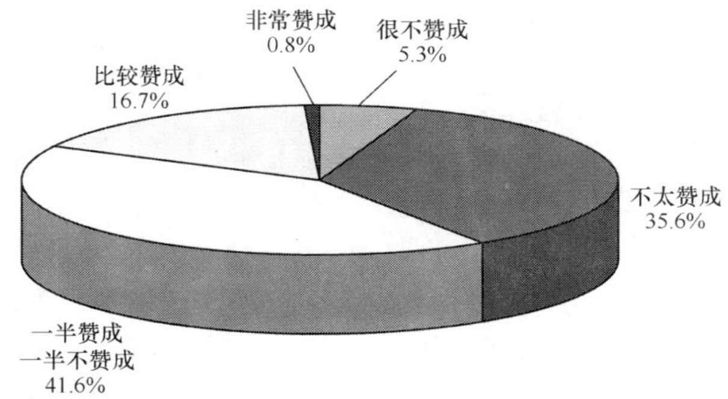

图 23.618　新疆维吾尔自治区上网用户对“使用互联网容易暴露隐私”观点的看法

（5）关于“使用互联网容易受不良信息的影响”

关于“使用互联网容易受不良信息的影响”的观点，新疆维吾尔自治区上网用户表示一半赞成一半不赞成的最多，达到 37.6%；其次是表示不太赞成的用户，所占比例为 33.8%；表示比较赞成的用户所占比例为 23.3%；表示很不赞成的用户所占比例为 4.5%；表示非常赞成的用户所占比例为 0.8%（如图 23.619 所示）。新疆维吾尔自治区上网用户对“使用互联网容易受不良信息的影响”的观点表示不赞成的多于表示赞成的。

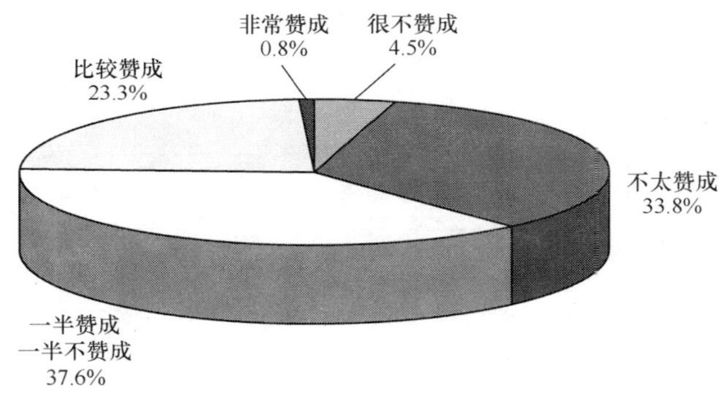

图 23.619　新疆维吾尔自治区上网用户对“使用互联网容易受不良信息的影响”观点的看法

（6）对互联网的信任程度

新疆维吾尔自治区上网用户表示比较信任和半信半疑的最多，所占比例皆为 45.0%；其次是对互联网表示不太信任的，所占比例为 5.0%；对互联网表示完全信任的用户所占比例为 3.6%；对互联网表示完全不信的用户所占比例为 1.4%（如图 23.620 所示）。新疆维吾尔自治区上网用户对互联网表示信任的多于表示不信任的。

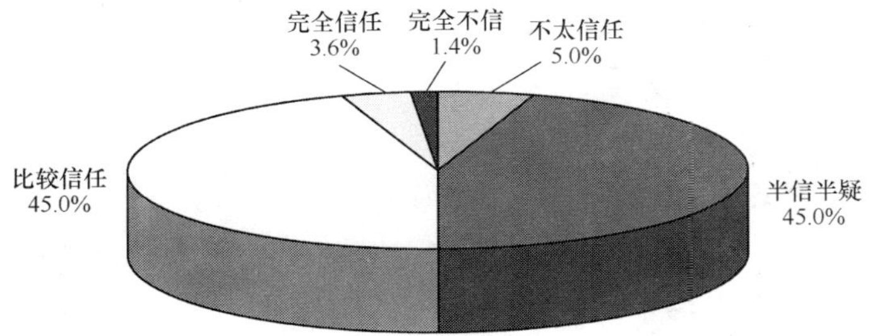

图 23.620　新疆维吾尔自治区上网用户对互联网的信任程度

综上所述，新疆维吾尔自治区上网用户数为 119 万人，上网计算机数为 50 万台，CN 下注册域名数量为 2206 个，WWW 站点数为 2272 个。

其中住宅电话覆盖的上网用户（不包括住校大学生）中以男性、已婚者为主，年龄在 18～24 岁的所占比例最高，受教育程度为大专的用户最多，职业以学生所占比例最多，从事的行业以制造业、公共管理和社会组织及教育业的人最多，个人月收入在500元以下的最多。

用户每月实际花费的上网费用集中在200元及以下，平均每周上网时间为12.3小时，平均每周上网天数为4.1天，使用互联网的高峰时间在晚上。用户拥有E-mail账号平均值为1.3个，其中免费E-mail账号平均值为1.2个，平均每周收到电子邮件数（不包括垃圾邮件）为4.0封，收到垃圾邮件数6.7封，发出电子邮件数2.5封。用户上网的最主要目的为获取信息。

新疆维吾尔自治区上网用户对“使用互联网可以提高工作/学习和生活的效率”的观点表示赞成的占绝大多数，对“在单位/学校/邻里中，会上网的人好像高人一等”的观点表示不赞成的占绝大多数，对“使用互联网容易结交不好的朋友”的观点表示不赞成的居多，对“使用互联网容易暴露隐私”的观点表示不赞成的多于表示赞成的，对“使用互联网容易受不良信息的影响”的观点表示不赞成的多于表示赞成的。新疆维吾尔自治区上网用户对互联网表示信任的多。

23.2 中国区域互联网络发展状况比较研究

23.2.1 各地区宏观概况比较

1．上网用户普及率

截至2004年12月31日，我国上网用户总数的普及率为7.2%。

各地区上网用户普及率以北京最高，达到27.6%；其次是上海，为25.8%；排在第三位的是天津，上网用户普及率为19.1%；比全国上网用户普及率7.2%高的还有广东（14.9%）、浙江（11.4%）、福建（9.3%）、山东（9.3%）、江苏（8.9%）、辽宁（7.6%）、黑龙江（7.3%）；其他地区的上网用户普及率均低于全国平均水平，其中贵州的上网用户普及率最低，只有2.5%（如图23.621所示）。

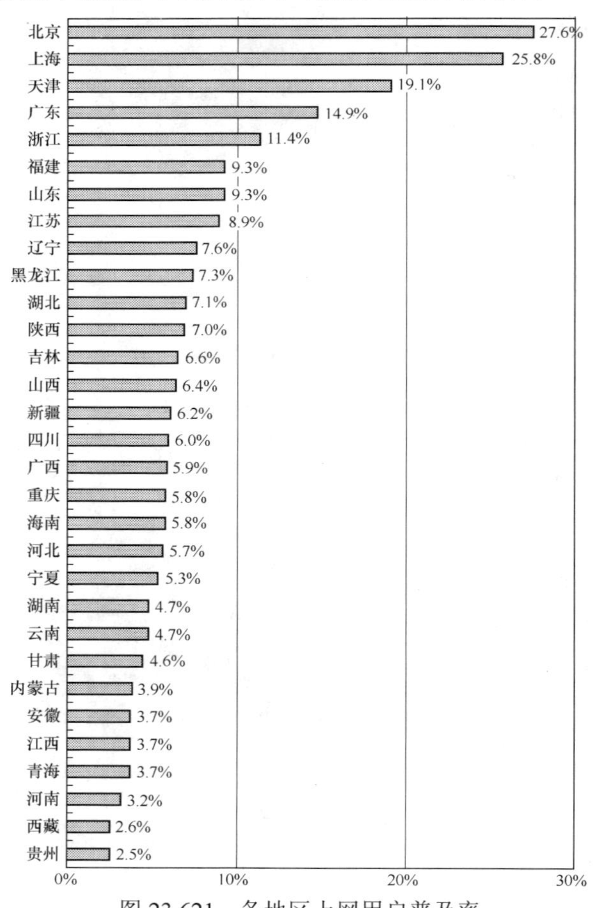

图23.621 各地区上网用户普及率

2．上网计算机数

截至 2004 年 12 月 31 日，我国的上网计算机总数达到了 4160 万台。

各地区上网计算机数广东最多，占全国上网计算机总数的 15.5%；其次是山东，占 8.6%；排在第三位的是江苏，占 6.7%；上网计算机数最少的是西藏，只占全国上网计算机总数的 0.1%（如图 23.622 所示）。

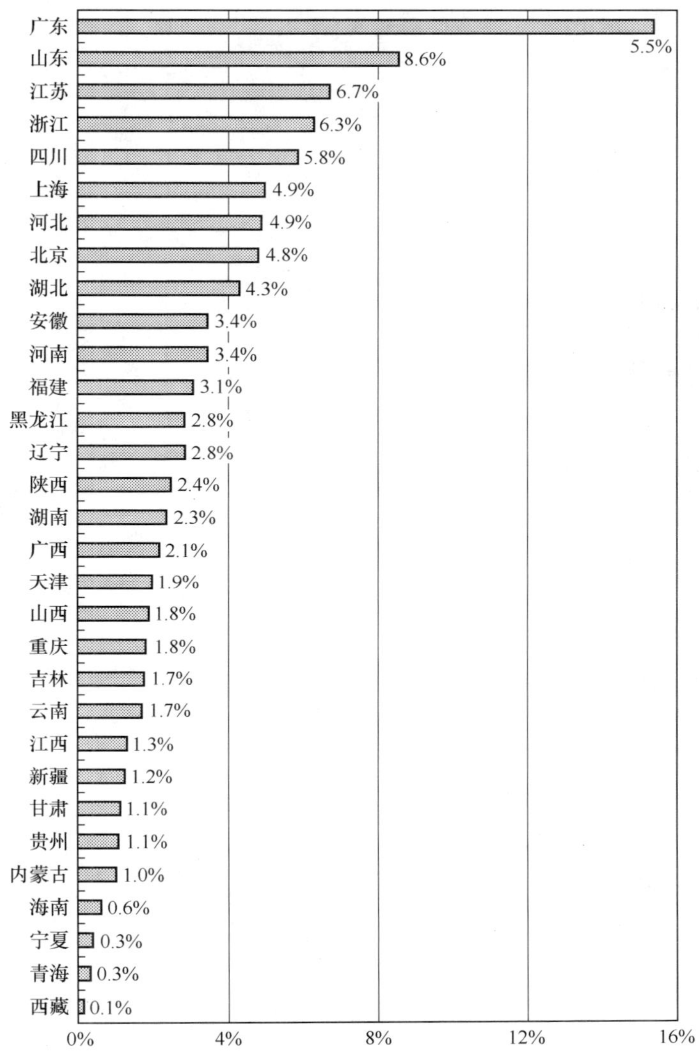

图 23.622　各地区上网计算机数占全国上网计算机总数的比例

3．CN 下注册域名数

截至 2004 年 12 月 31 日，我国 CN 下注册的域名数为 432077 个。

CN 下注册域名数最多的是北京，占全国 CN 下注册域名总数的比例为 20.3%；其次是广东，所占比例为 14.7%；排在第三位的是上海，所占比例为 10.3%；CN 下注册域名数最少的是青海，只占全国 CN 下注册域名总数的 0.1%（如图 23.623 所示）。

4．WWW 站点数

截至 2004 年 12 月 31 日，我国 WWW 站点数为 668900 个。

各地区 WWW 站点数占全国 WWW 站点总数的比例以北京最多，为 18.7%；其次是广东，所占比例为 18.2%；排在第三位的是浙江，所占比例为 11.5%；WWW 站点数最少的是青海，只占全国 WWW 站点总数的 0.1%（如图 23.624 所示）。

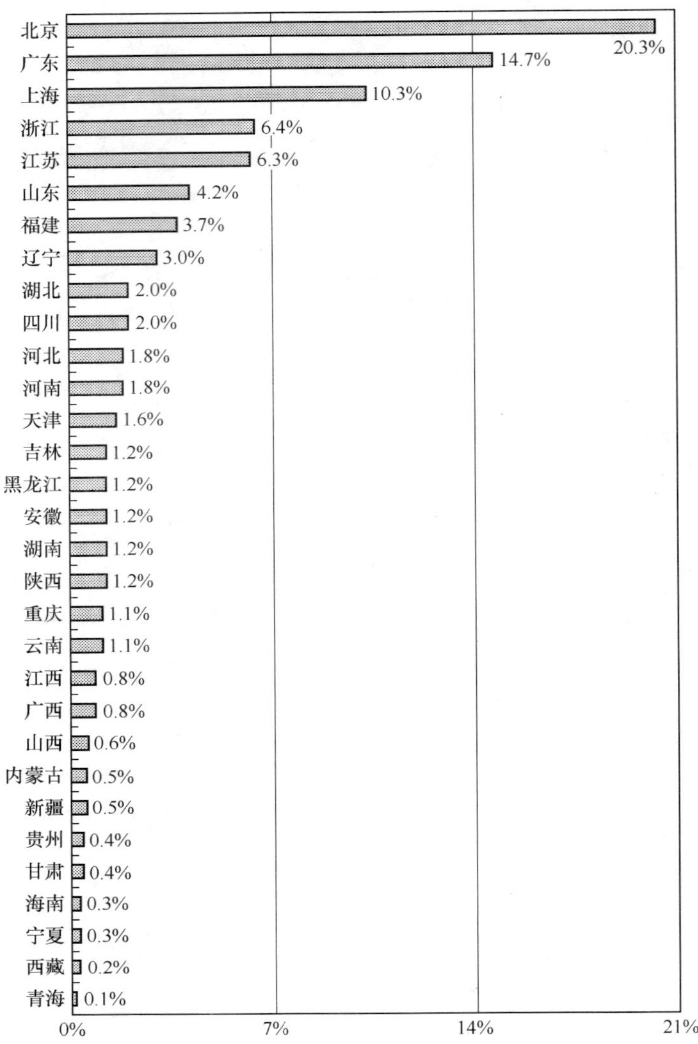

图 23.623　各地区 CN 下注册域名数占全国 CN 下注册域名总数的比例（不含 EDU.CN）

23.2.2　各地区互联网络用户特征结构比较

1．用户的性别

截至 2004 年 12 月 31 日，全国上网用户中，男性网民占 60.6%，女性网民占 39.4%，男性网民占据上网用户主体。

各地区上网用户中，男性都占据主体。其中北京、天津、浙江、广西、四川、云南等地区男性与女性所占比例差距相对较小；安徽、福建、江西、河南、海南、西藏、青海等地区男性与女性所占比例差距相对较大（如图 23.625 所示）。

2．用户的年龄

截至 2004 年 12 月 31 日，全国上网用户中，35 岁及以下的用户占 80.8%，35 岁以上的用户占 19.2%，上网用户在结构上仍然呈现低龄化的态势。

各地区上网用户中，35 岁及以下用户都占据主体。其中内蒙古、辽宁、安徽、河南、湖南、广东、海南等地区 35 岁及以下用户所占比例比其他地区略高；河北、山西、江苏、江西、山东、陕西、甘肃、新疆等地区 35 岁以上用户所占比例比其他地区略高（如图 23.626 所示）。就各地区上网用户在各个年龄段的分布来讲，安徽、贵州、内蒙古、湖南、青海等地区 18 岁以下用户在本地区用户中所占的比例最高；江苏地区 25～30 岁的用户在本地区用户中所占比例最高；山东地区 31～35 岁用户在本地区用户中所占的比例最高；其他地区都是 18～24 岁用户在本地区用户中所占比例最高。

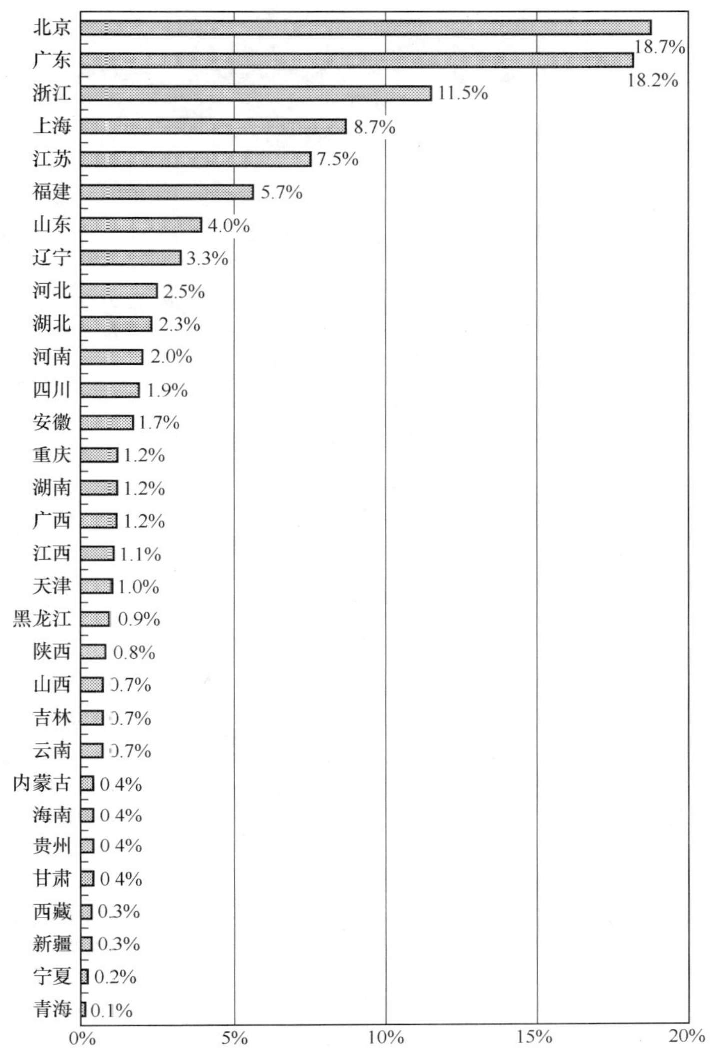

图 23.624　各地区 WWW 站点数占全国 WWW 站点总数的比例

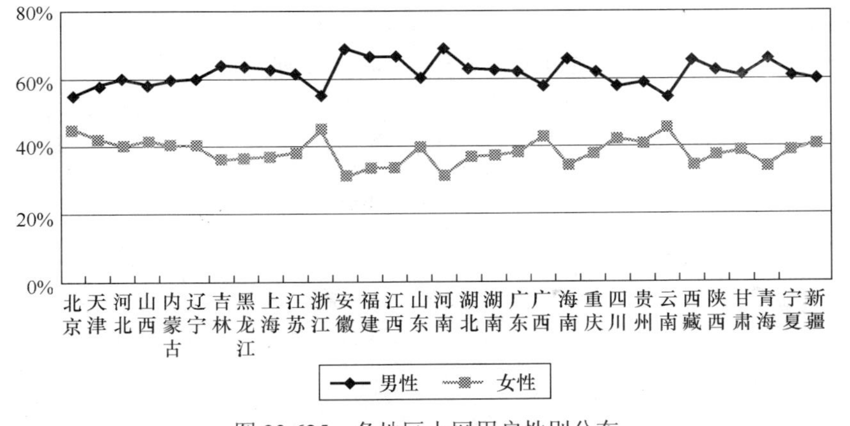

图 23.625　各地区上网用户性别分布

3．用户的婚姻状况

截至 2004 年 12 月 31 日，全国上网用户中，未婚网民占 57.2%，已婚网民占 42.8%，未婚者目前仍然是我国上网用户的主体。

北京、天津、内蒙古、上海、安徽、福建、湖南、广东、海南、云南、青海等地区未婚者占据主体；

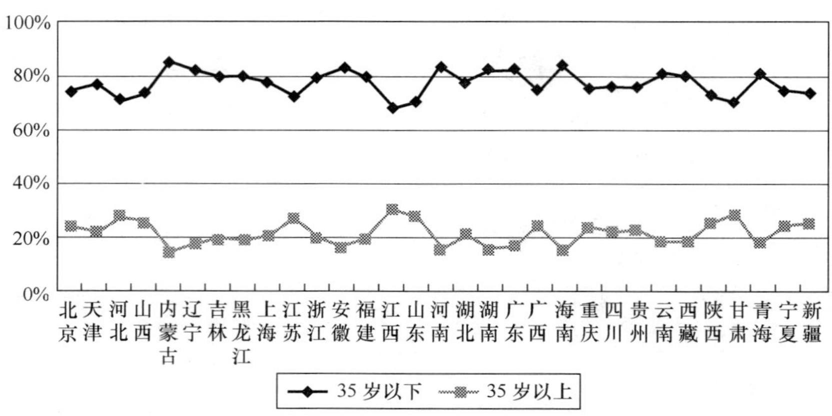

图 23.626　各地区上网用户年龄分布

河北、山西、江苏、江西、山东、重庆、陕西、甘肃、宁夏等地区已婚者占据主体；辽宁、吉林、黑龙江、浙江、河南、湖北、四川、贵州、西藏、新疆等地区未婚者与已婚者所占比例大致相当（如图 23.627 所示）。

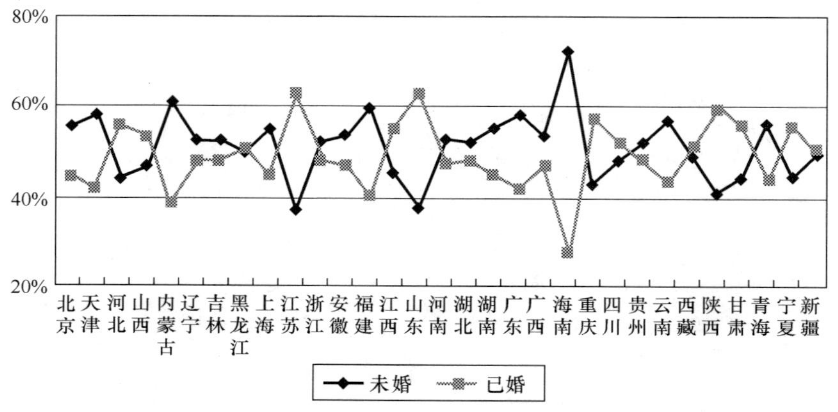

图 23.627　各地区上网用户婚姻状况分布

4．用户的受教育程度

截至 2004 年 12 月 31 日，全国上网用户中，本科及以上受教育程度的用户比例为 30.7%，本科以下受教育程度的用户比例达到了 69.3%。本科以下受教育程度的用户占据大多数。

各地区上网用户中，本科以下受教育程度的用户都占据主体（如图 23.628 所示）。其中安徽、福建、甘肃、广东、广西、贵州、海南、河南、黑龙江、湖北、湖南、吉林、江苏、内蒙古、青海、山西、陕西、

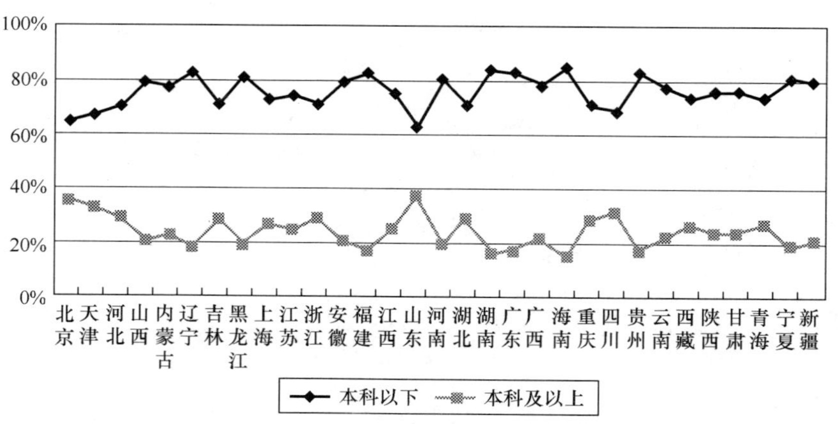

图 23.628　各地区上网用户受教育程度分布

四川、天津、西藏、云南等地区受教育程度为高中（中专）的用户在本地区用户中所占的比例最高；江西、辽宁、宁夏、上海、新疆、浙江、重庆等地区受教育程度为大专的用户在本地区用户中所占的比例最高；北京、河北、山东等地区受教育程度为本科及以上的用户在本地区用户中所占的比例最高。

5．用户的行业（不包括军人、学生和无业人员）

截至 2004 年 12 月 31 日，全国上网用户中从事制造业的人最多，占到 14.6%，其次是教育业（13.0%）和公共管理和社会组织（11.9%），IT 业所占比例也较多，达到 9.3%。

北京、宁夏、上海、浙江等地区上网用户中从事 IT 业的用户所占比例最高；福建、广东、吉林、江苏、辽宁、陕西、山西、天津等地区上网用户中从事制造业的用户所占比例最高；安徽、内蒙古、青海、山东、西藏等地区上网用户中从事公共管理和社会组织的用户所占比例最高；甘肃、广西、贵州、海南、河北、河南、黑龙江、湖北、湖南、江西、四川、新疆、云南、重庆等地区上网用户中从事教育业的用户所占比例最高。

6．用户的职业

截至 2004 年 12 月 31 日，全国上网用户中学生所占比例最高，达到了 32.4%。

全国绝大部分地区上网用户中同样是学生所占比例最高；只有江苏、陕西两地区上网用户中专业技术人员所占比例最高。

7．用户的个人月收入

截至 2004 年 12 月 31 日，全国上网用户中个人月收入在 2000 元以下（包括无收入）的用户所占比例为 80.6%，个人月收入在 2000 元以上的用户为 19.4%。低收入用户仍然占据主体。

全国大部分地区都是 2000 元及以下用户占据主体。其中北京、浙江、西藏、广东等地区 2000 元以上用户所占比例比其他地区略高（如图 23.629 所示）。

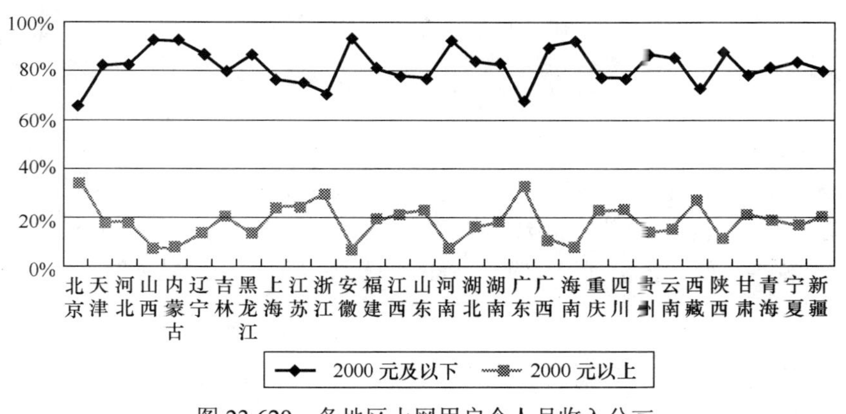

图 23.629　各地区上网用户个人月收入分布

23.2.3　各地区互联网络用户上网行为比较

1．用户每月实际花费的上网费用

截至 2004 年 12 月 31 日，全国上网用户中，25.5%的用户每月花费的上网费用在 101～200 元；每月花费超过 200 元的用户则很少，只有 6.1%。用户每月实际花费的上网费用主要集中在 100 元及以下。

北京、浙江、宁夏、西藏、新疆等地区上网用户中每月实际花费的上网费用在 100 元及以下与 100 元以上的用户所占比例大致相当；其他地区上网用户中每月实际花费的上网费用在 100 元及以下的用户占据主体（如图 23.630 所示）。

2．用户平均每周上网时间

截至 2004 年 12 月 31 日，全国上网用户平均每周上网 13.2 小时。

北京、天津、辽宁、黑龙江、四川、重庆等地区上网用户每周上网时间相对较多；内蒙古、安徽、海南、青海等地区上网用户每周上网时间相对较少（如图 23.631 所示）。

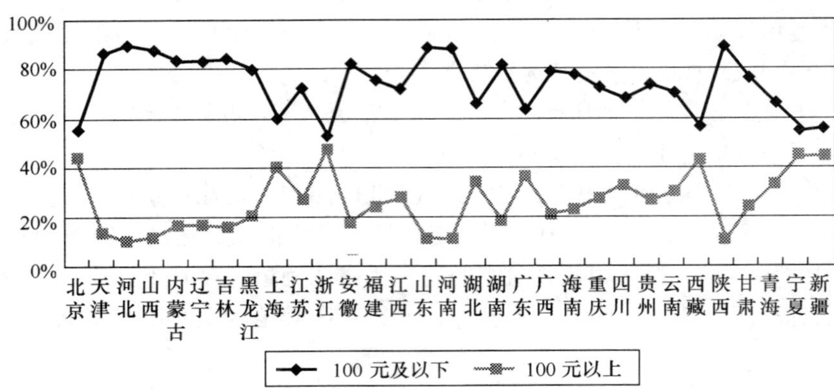

图 23.630 各地区上网用户每月实际花费的上网费用分布

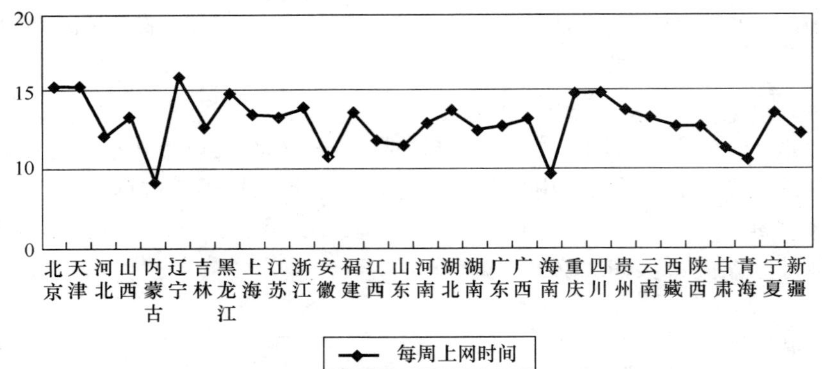

图 23.631 各地区上网用户平均每周上网时间（小时）

3．用户平均每周上网天数

截至 2004 年 12 月 31 日，全国上网用户平均每周上网 4.1 天。

北京、天津、辽宁、上海、江苏、浙江、江西、山东、广东、广西、重庆、宁夏等地区上网用户每周上网天数相对较多；山西、内蒙古、安徽、海南、青海等地区每周上网天数相对较少（如图 23.632 所示）。

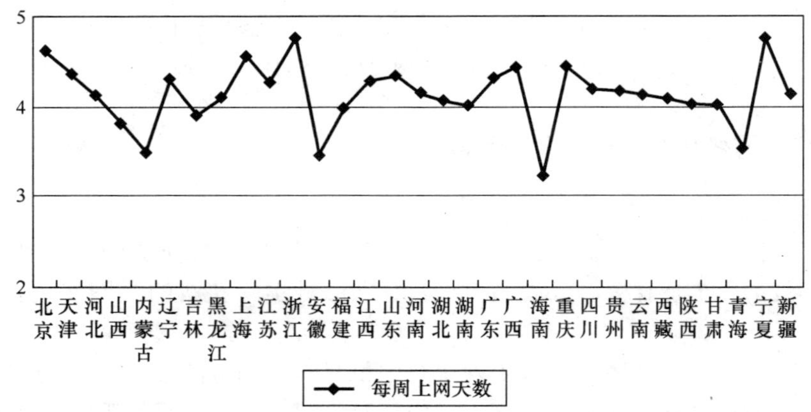

图 23.632 各地区上网用户平均每周上网天数（天）

4．用户通常上网时间

截至 2004 年 12 月 31 日，全国上网用户使用互联网的高峰时间仍然在晚上，到晚上 20 点的时候达到一天中的顶峰，有 51.8%的用户在这一时间上网。

各地区上网用户使用互联网的时间都集中在晚上。其中海南地区上网用户使用互联网的高峰在晚上的 9、10 点钟；其他地区使用互联网的高峰在晚上 8、9 点钟。这与各地区人们的日常生活作息时间有一定关系。

5．用户拥有 E-mail 账号数

截至 2004 年 12 月 31 日，全国上网用户中人均拥有 1.5 个 E-mail 账号，其中免费的 E-mail 账号为 1.4 个。

北京、天津、辽宁、上海、广东、四川、宁夏等地区上网用户拥有的 E-mail 账号相对较多；内蒙古、黑龙江、山东、湖南、海南等地区上网用户拥有的 E-mail 账号相对较少（如图 23.633 所示）。

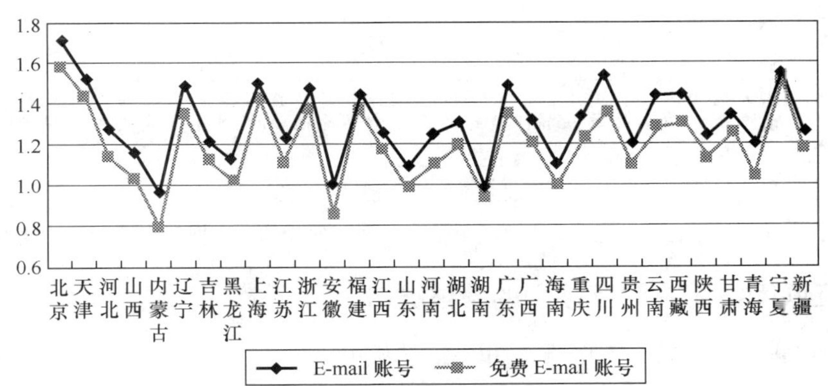

图 23.633　各地区上网用户拥有 E-mail 账号及免费 E-mail 账号的平均值（个）

6．用户平均每周收发的电子邮件数

截至 2004 年 12 月 31 日，全国上网用户平均每周收到 4.4 封电子邮件（不包括垃圾邮件），每周发出电子邮件 3.6 封。

北京、浙江、福建、广东、西藏、甘肃等地区上网用户每周收发的电子邮件相对较多；内蒙古、河南、湖北、海南等地区上网用户每周收发的电子邮件相对较少（如图 23.634 所示）。

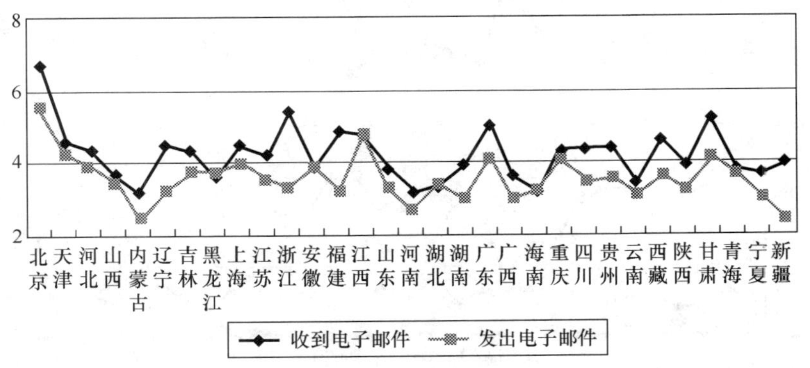

图 23.634　各地区上网用户每周收到和发出的电子邮件数（封）

7．用户上网最主要的目的

截至 2004 年 12 月 31 日，全国上网用户将获取信息作为上网最主要目的的所占比例最高，达到 39.1%；其次是休闲娱乐，有 35.7%的上网用户选择此目的。

各地区上网用户上网最主要的目的主要集中在获取信息和休闲娱乐两方面。其中黑龙江、安徽、湖南、云南等地区上网用户中更多的人将休闲娱乐作为上网最主要目的；内蒙古、江西、河南、广西、四川、贵州、陕西、甘肃等地区上网用户中将获取信息和休闲娱乐作为上网最主要目的的用户所占比例大致相当；其他地区上网用户中更多的人将获取信息作为上网最主要目的（如图 23.635 所示）。

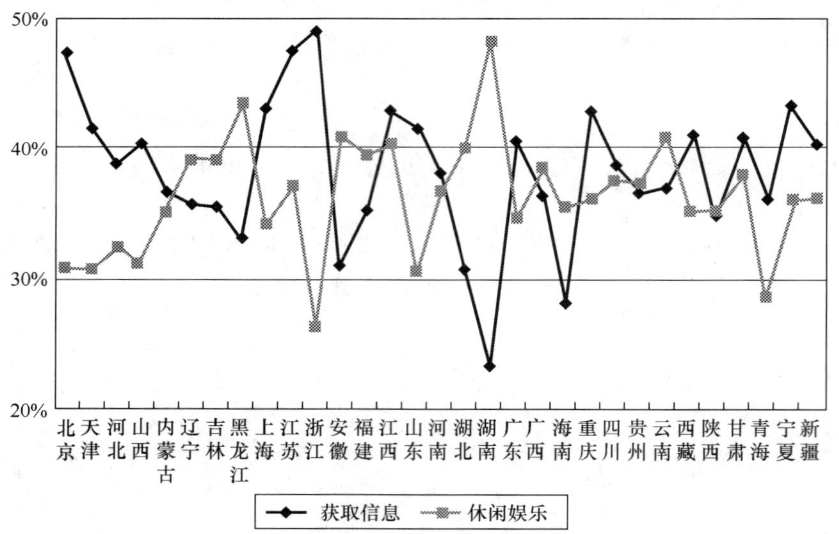

图 23.635　各地区上网用户中将获取信息和休闲娱乐作为上网最主要目的的比例

23.2.4　各地区互联网络用户对互联网的看法比较

1．关于“使用互联网可以提高工作/学习和生活的效率”

截至 2004 年 12 月 31 日，关于“使用互联网可以提高工作/学习和生活的效率”观点，在全国上网用户中，61.5%的用户比较赞成，26.8%的用户非常赞成，8.7%的用户一半赞成一半反对，2.8%的用户不太赞成，0.2%的用户很不赞成。

各地区用户表示“比较赞成”的比例都占第一位，且比例都在 60%左右；表示“非常赞成”的用户比例都占第二位，比例为 30%左右；表示“一半赞成一半不赞成”的用户比例，排第三位；而表示不赞成的用户比例，各地都很少（如图 23.636 所示）。对“使用互联网可以提高工作/学习和生活的效率”观点，全国各地区普遍是表示赞成的用户居多。

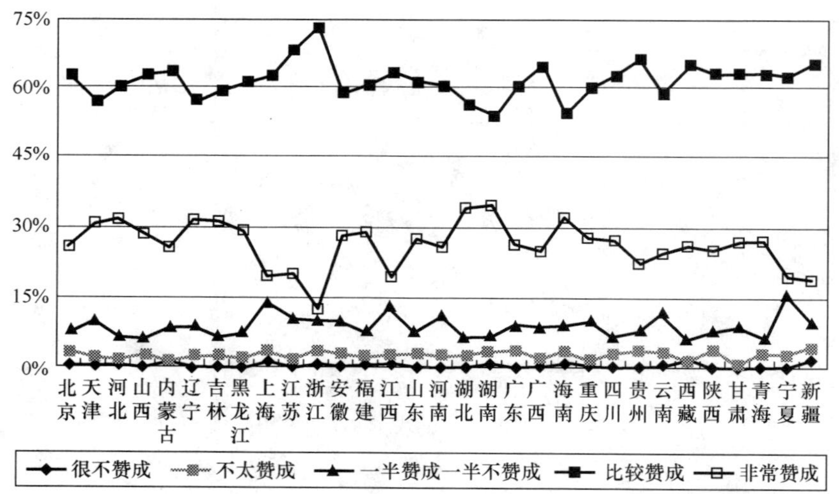

图 23.636　各地区用户对“使用互联网可以提高工作/学习和生活的效率”的看法

2．关于“在单位/学校/邻里中，会上网的人好像高人一等”

截至 2004 年 12 月 31 日，关于“在单位/学校/邻里中，会上网的人好像高人一等”观点，在全国上网用户中，50.2%的用户不太赞成，24.2%的用户很不赞成，13.0%的用户比较赞成，9.0%的用户一半赞成一半不赞成，3.6%的用户非常赞成。

各地区表示“不太赞成”的用户比例都占第一位；表示“很不赞成”的用户比例除浙江外其他地区都

占第二位；表示“比较赞成”和“非常赞成”的用户比例，各地都很少（如图 23.637 所示）。对“在单位/学校/邻里中，会上网的人好像高人一等”观点，全国各地区普遍是表示不赞成的居多。

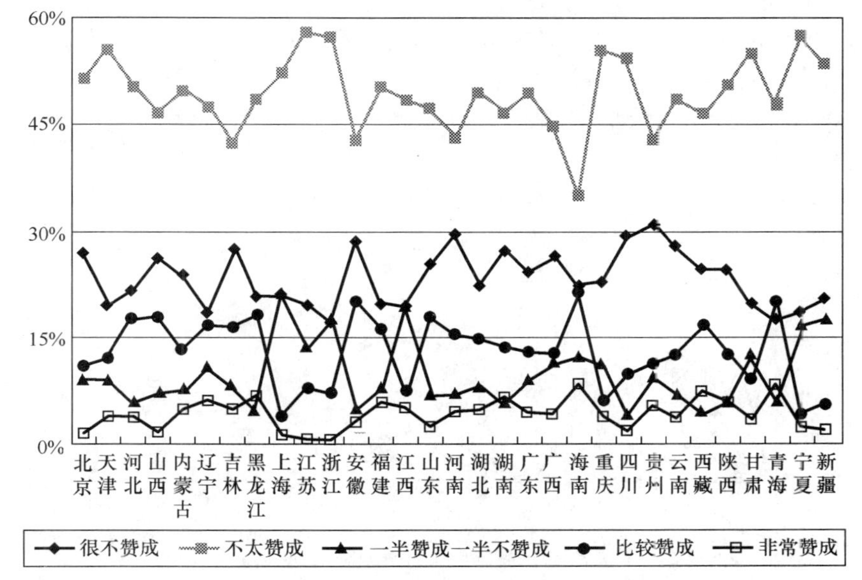

图 23.637　各地区用户对“在单位/学校/邻里中，会上网的人好像高人一等”的看法

3．关于“使用互联网容易结交不好的朋友”

截至 2004 年 12 月 31 日，关于“使用互联网容易结交不好的朋友”观点，在全国上网用户中，46.3%的用户不太赞成，19.4%的用户比较赞成，15.2%的用户一半赞成一半不赞成，14.6%的用户很不赞成，4.5%的用户非常赞成。

各地区表示“不太赞成”的用户比例都是第一位；表示“非常赞成”的用户比例，各地区都是最少；表示“很不赞成”、“比较赞成”、“一半赞成一半不赞成”的用户比例，各地区略有差异（如图 23.638 所示）。对“使用互联网容易结交不好的朋友”观点，全国各地区普遍是表示不太赞成的居多。

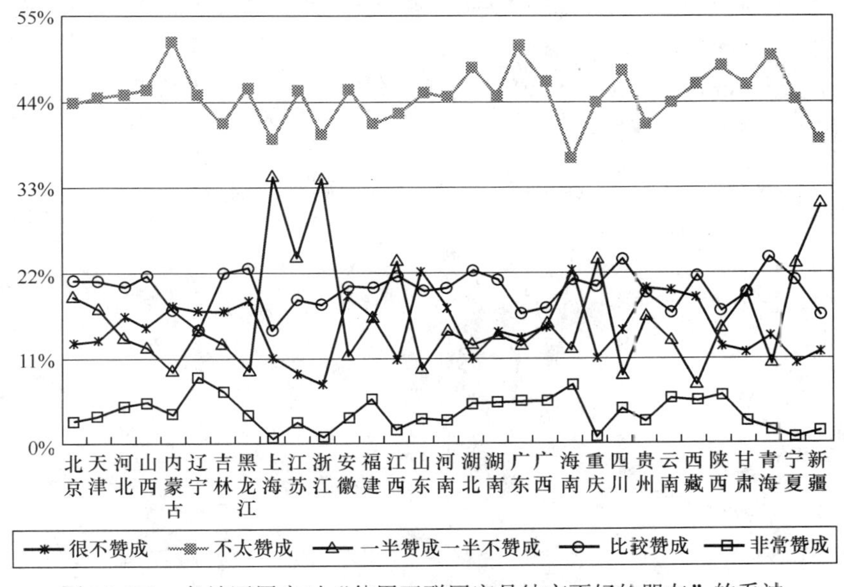

图 23.638　各地区用户对“使用互联网容易结交不好的朋友”的看法

4．关于“使用互联网容易暴露隐私”

截至 2004 年 12 月 31 日，关于“使用互联网容易暴露隐私”观点，在全国上网用户中，45.4%的用户不太赞成，23.2%的用户比较赞成，15.2%的用户一半赞成一半不赞成，12.5%的用户很不赞成，3.7%的用

户非常赞成。

各地区表示“不太赞成”的用户比例除宁夏、上海、新疆、浙江外其他都是第一位；表示“非常赞成”的用户比例，各地区都是最少；表示“很不赞成”、“比较赞成”、“一半赞成一半不赞成”的用户比例，各地区略有差异（如图23.639所示）。对“使用互联网容易暴露隐私”的观点，全国各地区普遍是表示不太赞成的居多。

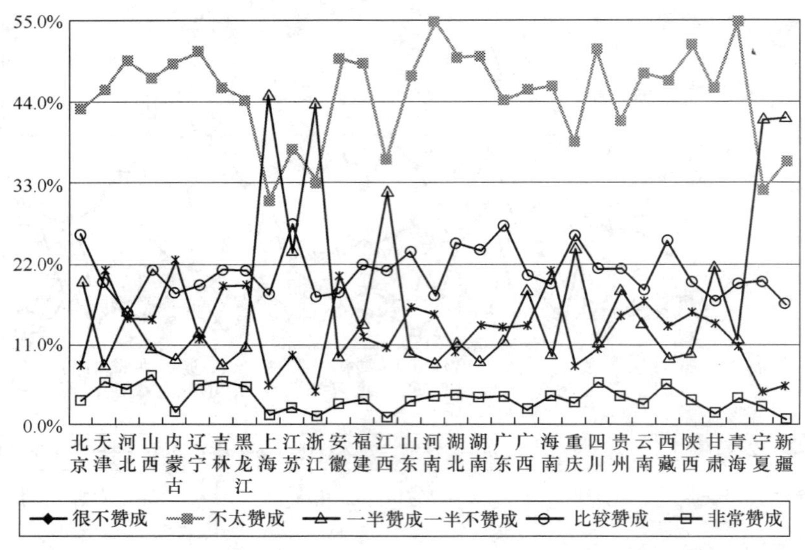

图23.639　各地区用户对“使用互联网容易暴露隐私”的看法

5．关于“使用互联网容易受不良信息影响”

截至2004年12月31日，关于“使用互联网容易受不良信息影响”观点，在全国上网用户中，35.7%的用户不太赞成，31.4%的用户比较赞成，14.9%的用户一半赞成一半不赞成，11.0%的用户很不赞成，7.0%的用户非常赞成。

各地区中除湖北、天津外其他地区表示“很不赞成”和“不太赞成”的用户比例均高于表示“非常赞成”和“比较赞成”的用户比例；表示“很不赞成”和“不太赞成”的用户比例等于表示“非常赞成”和“比较赞成”的用户比例的省份是福建；表示“一半赞成一半不赞成”的用户比例最高的是上海，其次是新疆，浙江排第三（如图23.640所示）。对“使用互联网容易受不良信息影响”观点，全国各地区略有差异，大部分地区是表示不赞成的多于表示赞成的。

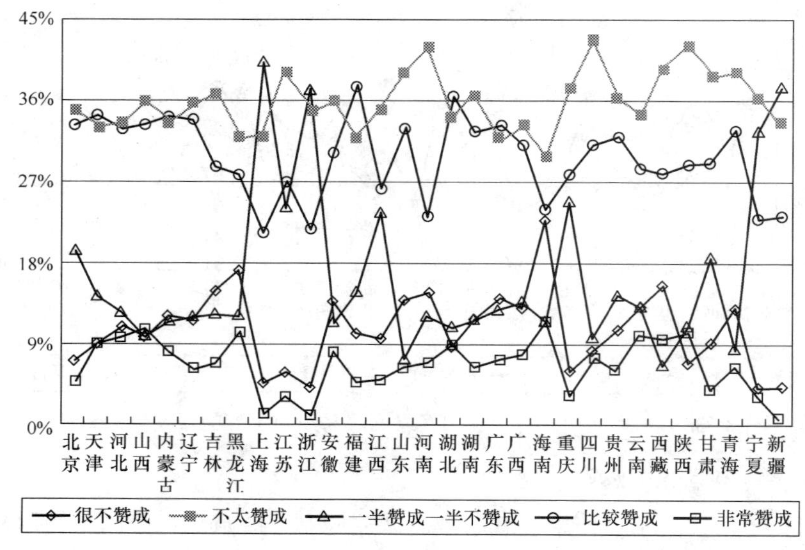

图23.640　各地区用户对“使用互联网容易受不良信息影响”的看法

6．对互联网的信任程度

截至 2004 年 12 月 31 日，对互联网的信任程度，在全国上网用户中，48.3%的用户比较信任，39.3%的用户半信半疑，7.9%的用户不太信任，3.9%的用户完全信任，0.6%的用户完全不信。

全国除上海、福建、江西、海南、广西、云南外，其他地区表示“比较信任”的用户比例均是最多，其次是表示“半信半疑”的，表示“不太信任”、“完全信任”“完全不信”的用户比例各地区都很少（如图 23.641 所示）。除个别省份外，全国其他各地区用户对互联网表示“比较信任”的占多数。

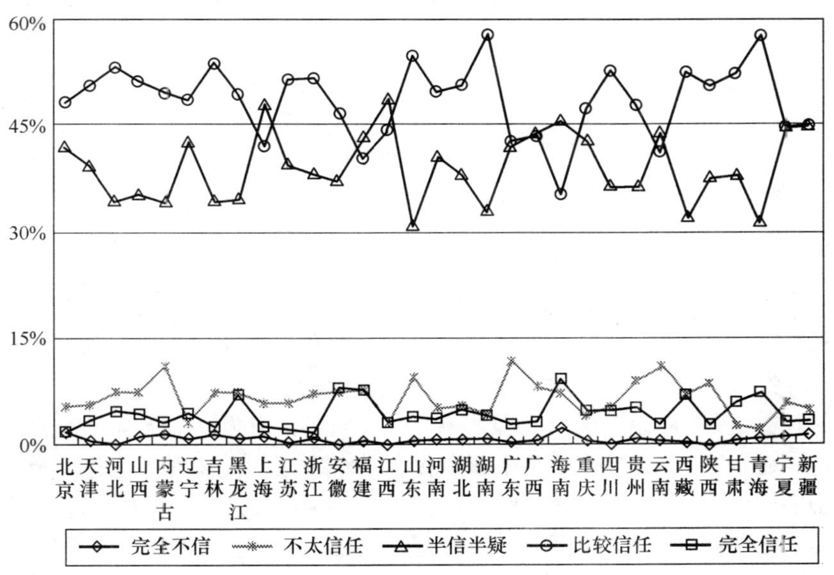

图 23.641　各地区用户对互联网的信任程度

（中国互联网络信息中心（CNNIC））

第 24 章　2004 年中国互联网络信息资源数量调查报告

24.1　前言

2004 年 10 月 27 日召开的国家信息化领导小组第四次会议审议通过了《关于加强信息资源开发利用工作的若干意见》（以下简称《若干意见》），把对信息资源开发利用工作提高到了前所未有的高度。在《若干意见》中，将“信息资源”定义为有使用价值或者潜在使用价值的各种信息的总称。信息资源与自然资源、人力资源共同构成支撑现代经济社会发展的资源体系。信息资源的开发利用不是几个部门、几个行业、几个地区的事情，而是涉及政治、经济、文化、军事和全社会各个领域，覆盖现代化建设全局的重大战略。

随着全球信息化进程的发展，人们越来越深刻地认识到，信息是与材料和能源同等重要的战略资源，是重要的财富和资产，是最活跃的生产要素。信息资源对经济社会发展的作用日益突出，已成为新的开放环境下政治、经济、文化和军事等国际竞争的焦点。近年来，信息技术的快速发展为深度开发和广泛利用信息资源创造了前所未有的条件。互联网就是实现信息共享与开发的新型平台。

互联网络信息资源作为信息资源的重要组成部分，为了深入并广泛开发和利用我国互联网络信息资源，首先需要对我国的互联网络信息资源有一个全面、深入的了解和掌握，这包括我国互联网络信息资源的总量、地区和行业分类特征等。目前，我国政府已经决定对我国各行业、各地区互联网络信息资源情况进行全面调查，为制定有关互联网络信息资源发展政策和措施提供重要的参考依据，促进我国互联网络信息资源的充分开发、利用，并在此基础上研究建立我国信息资源衡量指标体系，建立国家互联网络重大动态信息资源数据库，逐步实现国家信息资源自动登记备案制度和信息资源服务用户评价机制。受国务院信息化工作办公室、信息产业部信息化推进司的委托，中国互联网络信息中心（CNNIC）、信息产业部电子信息产业发展研究院（CCID）等单位在 2001 年、2002 年、2003 年分别对我国互联网络信息资源进行了 3 次数量调查，对我国互联网络信息资源的数量及其分布状况做了探索性的摸底工作。

本次调查是我国互联网络信息资源的第 4 次调查，由中国互联网络信息中心（CNNIC）实施完成，在与以前调查保持一定连续性的基础上，在调查内容、调查方法、结果分析等方面有所创新。相信此次调查结果将为国务院信息化工作办公室和有关部门研究制定一系列关于信息资源开发利用的法律、法规和政策文件工作提供数据参考，并有助于探索我国互联网络信息资源存在的问题以及将来的发展趋势，为我国政府建立信息资源质量指标体系和进一步正确引导信息资源的开发利用提供重要参考，从而促进我国信息化建设，包括电子政务的顺利健康发展。

24.2　调查说明

24.2.1　调查对象

中国内地（不包括香港、澳门、台湾地区）所有已注册域名的网站，包括.COM、.NET、.ORG 和所有.CN 域名下的所有网站。

24.2.2　调查内容

中国互联网络信息资源调查指标体系如表 24.1 所示。

表 24.1　　中国互联网络信息资源调查指标体系

指标			数据来源	备注
域名数量			CNNIC 数据+注册商上报	
网站数量			CNNIC 数据＋注册商上报	
网页数量			计算机自动搜索	
在线数据库数量			问卷调查	
域名	各地区域名分布状况		CNNIC 数据＋注册商上报	按照省级行政区域划分
	各地区网站分布状况			
	各种性质的网站分布状况			按照网站的域名特征划分
网站	主要类型网站提供的服务		问卷调查	政府、企业、商业、教育科研、个人等
	各行业网站分布状况			按照标准行业分类法
	网站相关特征	每天页面浏览量		
		服务器拥有情况		
		网站的链接数		
		网站的员工数		
		网站成立时间		
		操作系统		Windows、UNIX、Linux 等
		IDC 业务		
		网络广告		
	网站的利用效果指标	信息发布		可用性度量
		业务结合		
网页	网页按内容形式分类比例		计算机搜索	包括图像、音频和视频
	网页按性质分类比例			政府、企业、商业、教育科研、个人等
	网页按地域分布比例			按省级行政区域划分
	网页长度			以字节数计算
	网页的更新周期			
	网页编码状况			简、繁体中文、英文等
在线数据库	按性质分类比例		问卷调查	政府、企业、商业、教育科研、个人等
	按内容分类比例			产品、科技信息数据库等
	按服务方式分类比例			收费情况
	在线数据库更新状况			
	数据库记录数			记录条数
	是否同时具有其他载体			否、是（光盘、纸质等）

一、调查时间

调查实施时间：2004 年 12 月～2005 年 1 月。数据截止日期：2004 年 12 月 31 日。

二、限制说明

（1）中国互联网络信息资源定义为“中国互联网络上公开发布的网页和在线数据库的总和”。

（2）中国互联网络是指所有域名注册单位属于中国内地的网站总和。

（3）在线数据库是指以 Web 为界面，提供公共检索的收费或免费的数据库。

（4）网站是指有独立域名的 Web 站点，其中包括.CN 和通用顶级域名（gTLD）下的 Web 站点。此处的独立域名是指每个域名最多只对应一个网站“WWW+域名”。比如对域名 cnnic.cn 来说，它只有一个网站 www.cnnic.cn，它不可对应 whois.cnnic.cn、mail.cnnic.cn……等多个网站，它们只被视为网站 www.cnnic.cn 的不同频道。

（5）商业网站是指对公众提供互联网信息服务，以网上虚拟业务为主的网站；企业网站是指通过网站对自己的产品进行宣传，而业务主要是在网下进行的以实体业务为主的网站；其他公益性网站主要指除教育科研外的医疗、图书馆、博物馆等提供公益性服务的网站。

（6）网页搜索是指对抽取的网站从其首页（WWW+域名）开始搜索，通过网页上的层层链接，抓取所有属于该网页的特征及其文本内容。

（7）静态网页是指 URL 中不含“？”和输入参数的网页，包括*.htm、*.html、*.shtml、*.txt 和*.xml 等。

（8）动态网页是指 URL 中含“？”或输入参数的网页，包括 ASP、PHP、Perl 和 CGI 等在服务器方进行处理的网页。

（9）网页的编码形式是分析网页本身的信息通过分析得到的，不是通过一篇网页在 HTML 中的声明来判断的。因为大量国内的英文网页在其 HTML 声明中都是简体中文。

（10）网页的内容形式是通过文件后缀获得的。关于图像、音频、视频的文件后缀定义标准请参考 MIME 标准。

（11）网页的更新时间是指网页的最后更新日期与当前时间之间的时间差。

（12）考虑到抽样调查的可操作性，本次调查暂不包括香港、澳门及中国台湾地区的互联网络信息资源状况及海外中文网络信息资源状况。

24.3 调查结果

24.3.1 域名、网站数及地区分布

一、域名数

1．全国域名数为 1 852 300 个

注：包括 CN 域名和通用顶级域名（gTLD），不含中文域名。

2．分类域名状况

分类域名状况如表 24.2 和图 24.1 所示。

表 24.2 分类域名数量分布

	COM（COM.CN）	NET（NET.CN）	ORG（ORG.CN）	GOV.CN	EDU.CN	AC.CN	行政区域.CN	二级域名（.CN）	总计
域名总数	1 326 842	231 299	65 291	16 326	2 226	682	15 765	193 869	1 852 300
比例	71.6%	12.5%	3.5%	0.9%	0.1%	0.0%	0.9%	10.5%	100.0%

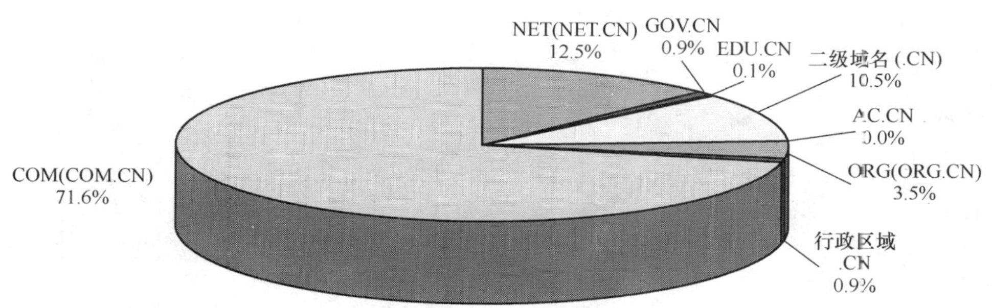

图 24.1　分类域名数量分布

3．分地区域名数比例

域名地域分布如表 24.3 和图 24.2 所示。

表 24.3　　域名地域分布

北　京	天　津	上　海	重　庆	安　徽
12.9%	1.4%	10.5%	1.0%	2.0%
福　建	甘　肃	广　东	广　西	贵　州
11.2%	0.3%	16.3%	0.8%	0.3%
海　南	河　北	河　南	黑龙江	湖　北
0.4%	1.7%	2.1%	1.2%	1.9%
湖　南	吉　林	江　苏	江　西	辽　宁
1.5%	0.8%	8.3%	0.7%	3.1%
内　蒙	宁　夏	青　海	山　东	山　西
0.4%	0.2%	0.1%	4.6%	0.6%
陕　西	四　川	西　藏	新　疆	云　南
1.3%	4.5%	0.1%	0.5%	0.8%
浙　江				
8.5%				

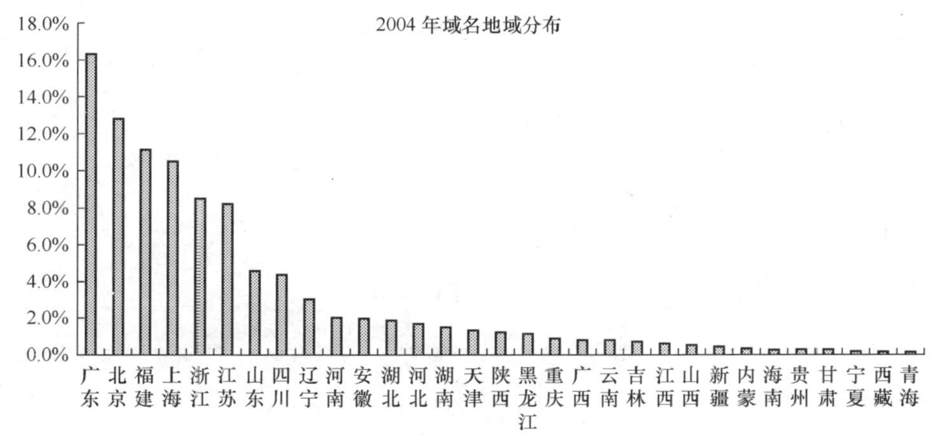

图 24.2　域名地域分布

二、网站数

1．全国网站数（包括.CN、.COM、.NET和.ORG下的网站）约有668900个[1]

2．网站分类状况

网站性质分类如表24.4和图24.3所示。

表 24.4 网站性质分类

	COM（COM.CN）	NET（NET.CN）	ORG（ORG.CN）	GOV .CN	EDU .CN	AC .CN	行政区域.CN	.CN	总　计
比例	71.3%	11.9%	3.3%	1.5%	略	0.1%	0.4%	11.5%	100.0%

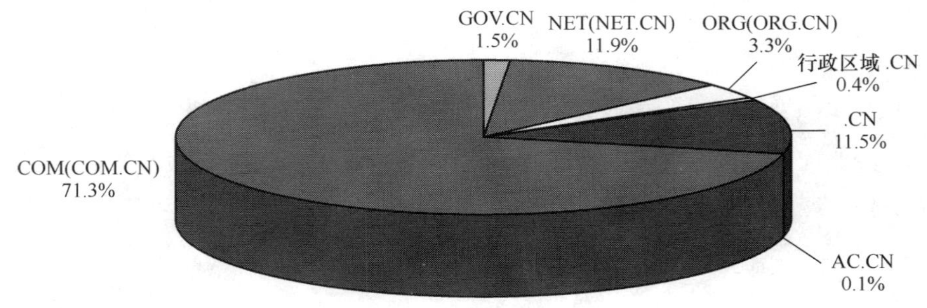

图 24.3　网站性质分类

3．分地区网站比例

地区网站数量分布如表24.5和图24.4所示。

表 24.5 地区网站数量分布

北　京	天　津	上　海	重　庆	河　北	山　西	内蒙古
18.7%	1.0%	8.7%	1.2%	2.5%	0.7%	0.4%
辽　宁	吉　林	黑龙江	江　苏	浙　江	安　徽	福　建
3.3%	0.7%	0.9%	7.5%	11.5%	1.7%	5.7%
江　西	山　东	河　南	湖　北	湖　南	广　东	广　西
1.1%	4.0%	2.0%	2.3%	1.2%	18.2%	1.2%
海　南	四　川	贵　州	云　南	西　藏	陕　西	甘　肃
0.4%	1.9%	0.4%	0.7%	0.3%	0.8%	0.4%
青　海	宁　夏	新　疆				
0.1%	0.2%	0.3%				

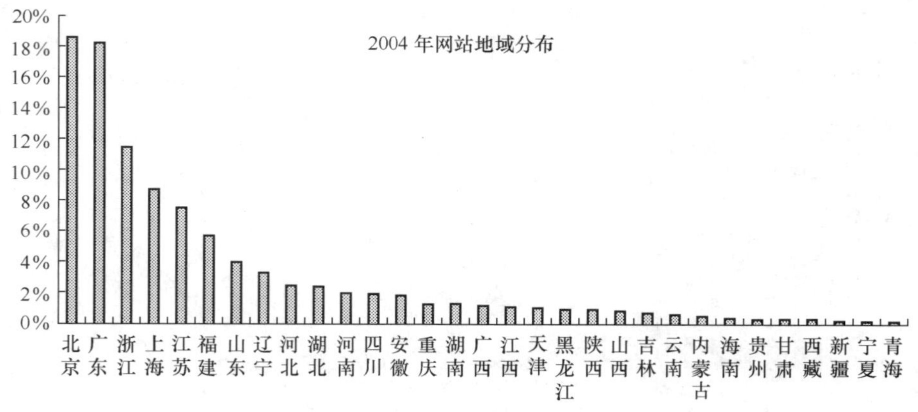

图 24.4　网站地域分布

[1] 由于此次对网站的定义是指“WWW.+域名”有Web服务，而有的网站的主机名并不是“WWW”，则这类网站虽然存在，却不在我们的统计之列。

24.3.2　网站性质及服务内容

一、网站按性质分类

将网站按照主体性质不同分为政府网站、企业网站、商业网站、教育科研网站、个人网站、其他公益性网站以及其他网站等。

本次调查结果显示，企业网站所占比例最大，占网站总体的 60.7%，其次为个人网站，占 13.5%，第三是商业网站，占 11.4%，随后依次为其他公益性网站占 4.6%，教育科研网站占 4.6%，政府网站占 3.6%，其他网站占 1.6%。如图 24.5 所示。

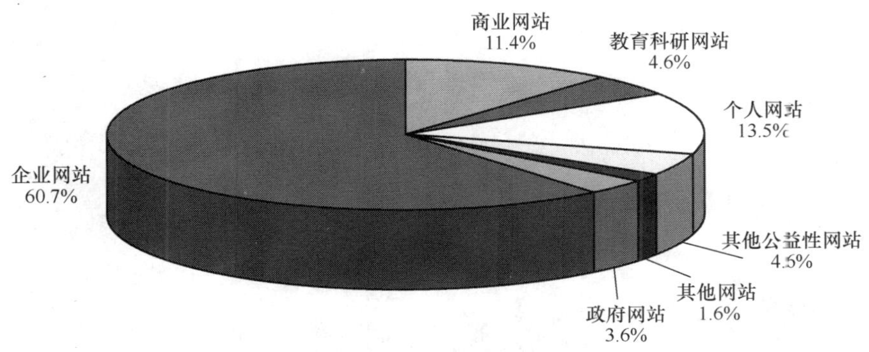

图 24.5　不同性质类型网站分布图

二、网站的基本情况

1．网站每天的页面访问数

各类网站每天页面访问情况如表 24.6 所示。

表 24.6　　各类网站每天页面访问情况

Pageview ＼ %	政府网站	企业网站	商业网站	教育科研网站	个人网站	其他公益性网站	其他网站	总　体
50 以下	33.3	45.8	33.7	26.8	45.5	22.7	11.1	40.3
51～200	30.3	26.9	17.9	31.7	23.5	27.3	44.4	25.7
201～1 000	21.2	17.1	25.3	24.5	19.6	18.2	33.4	19.7
1 001～5 000	15.2	7.1	14.7	14.6	6.1	22.7	11.1	9.9
5 000 以上	–	3.1	8.4	2.4	5.3	9.1	–	4.4

企业网站每天页面访问情况如表 24.7 所示。

表 24.7　　企业网站每天页面访问情况

Pageview ＼ %	50 以下	51～200	201～1 000	1 001～5 000	5 000 以上
IT：电信等信息传输服务业	41.7	33.3	8.4	8.3	8.3
IT：软件业	46.2	15.4	30.8	7.7	–
IT：电脑、通信设备等 IT 产品制造业	57.1	21.4	14.4	–	7.1
IT：IT 服务业	45.8	20.8	23.0	8.3	2.1
IT：其他	15.4	23.1	30.7	23.1	7.7
批发和零售业	42.9	42.9	14.2	–	–
餐饮业	25.0	25.0	25.0	–	25.0
咨询服务业	30.0	50.0	10.0	10.0	–

续表

Pageview \ %	50 以下	51～200	201～1 000	1 001～5 000	5 000 以上
制造业：机械及工业制品	55.2	31.0	13.8	–	–
制造业：电子元器件/家用电器	16.7	50.0	–	33.3	–
制造业：服装/纺织	16.7	33.3	16.7	33.3	–
制造业：食品、饮料	50.0	–	–	–	50.0
制造业：其他	53.8	23.1	23.1	–	–
其他	48.6	24.3	16.3	8.1	2.7

2．网站的链接数[2]

各类型的网站链接情况如图 24.6 和图 24.7 所示。

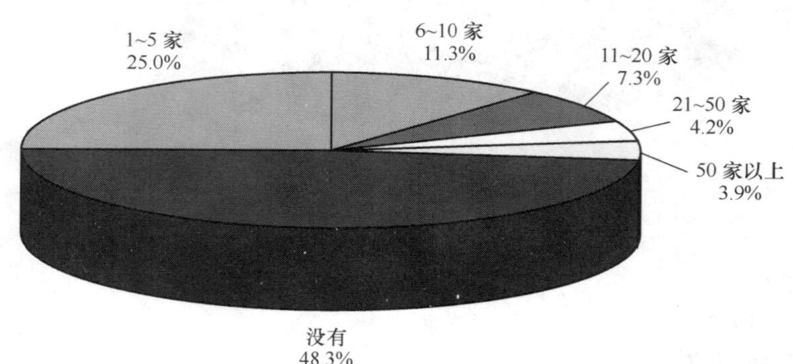

图 24.6　各网站链接数的比例

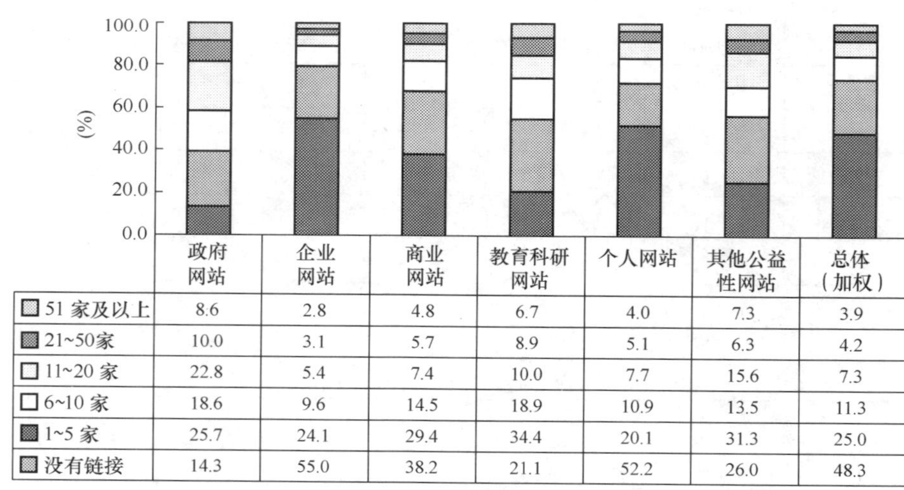

	政府网站	企业网站	商业网站	教育科研网站	个人网站	其他公益性网站	总体（加权）
51 家及以上	8.6	2.8	4.8	6.7	4.0	7.3	3.9
21~50家	10.0	3.1	5.7	8.9	5.1	6.3	4.2
11~20 家	22.8	5.4	7.4	10.0	7.7	15.6	7.3
6~10 家	18.6	9.6	14.5	18.9	10.9	13.5	11.3
1~5 家	25.7	24.1	29.4	34.4	20.1	31.3	25.0
没有链接	14.3	55.0	38.2	21.1	52.2	26.0	48.3

图 24.7　各类网站的网站链接情况

注：网站总体情况为各类网站加权平均所得，“权数”为各类网站占总网站的比例

3．网站信息的主要来源

各类网站的信息主要来源如图 24.8 所示。

4．网站提供的语种/文字内容情况

网站提供的语种/文字内容情况如图 24.9 所示。

[2] 链接数是指该网站在自己网站上提供与其他网站的链接数量。

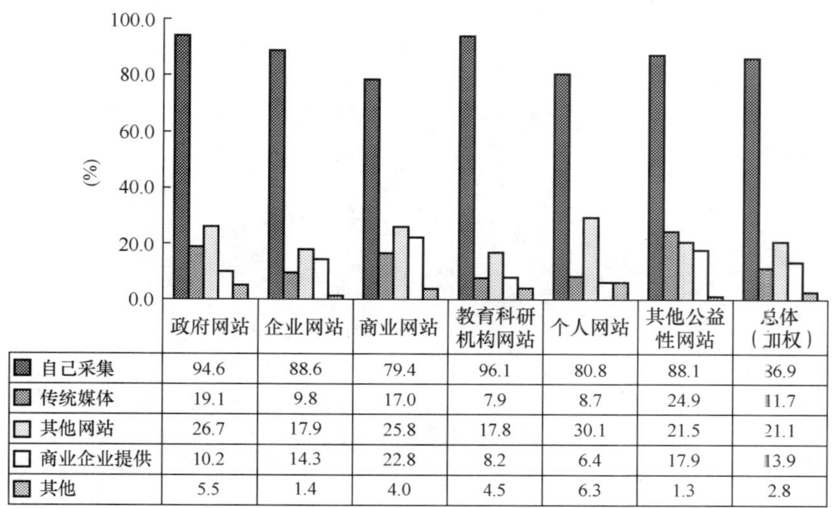

	政府网站	企业网站	商业网站	教育科研机构网站	个人网站	其他公益性网站	总体（加权）
自己采集	94.6	88.6	79.4	96.1	80.8	88.1	36.9
传统媒体	19.1	9.8	17.0	7.9	8.7	24.9	11.7
其他网站	26.7	17.9	25.8	17.8	30.1	21.5	21.1
商业企业提供	10.2	14.3	22.8	8.2	6.4	17.9	13.9
其他	5.5	1.4	4.0	4.5	6.3	1.3	2.8

图 24.8　各类网站的信息主要来源情况

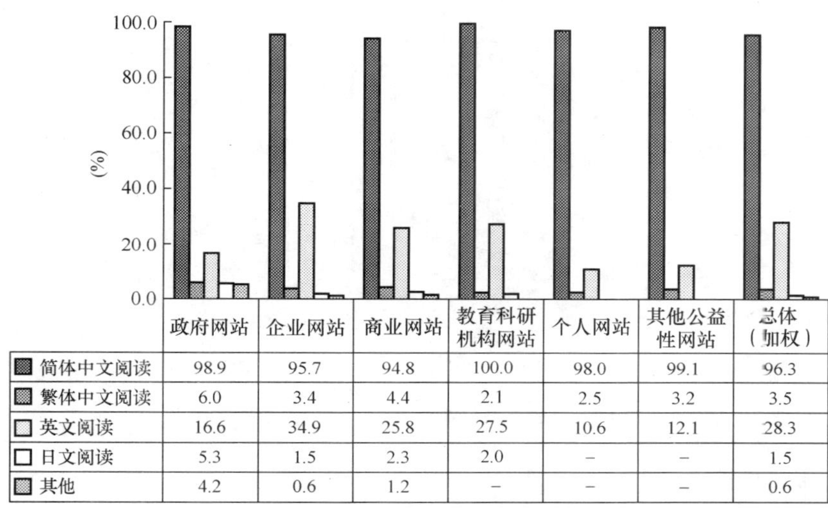

	政府网站	企业网站	商业网站	教育科研机构网站	个人网站	其他公益性网站	总体（加权）
简体中文阅读	98.9	95.7	94.8	100.0	98.0	99.1	96.3
繁体中文阅读	6.0	3.4	4.4	2.1	2.5	3.2	3.5
英文阅读	16.6	34.9	25.8	27.5	10.6	12.1	28.3
日文阅读	5.3	1.5	2.3	2.0	–	–	1.5
其他	4.2	0.6	1.2	–	–	–	0.6

图 24.9　各类网站的语种/文字内容情况

5．网站提供全站信息搜索的情况

网站提供全站信息搜索的情况如图 24.10 所示。

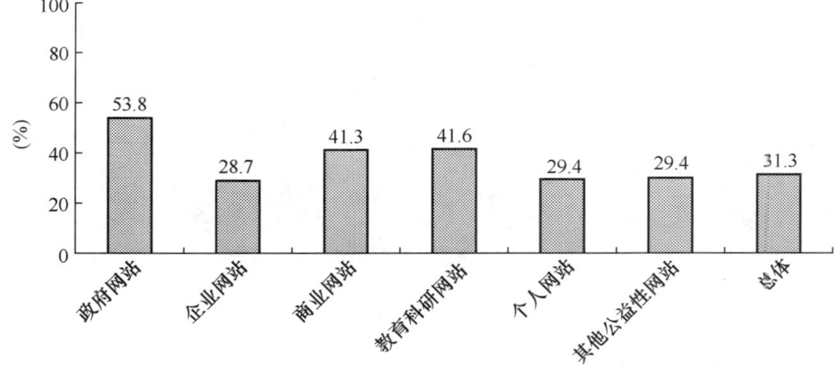

图 24.10　各类网站提供全站信息搜索的情况

6．网站的网页上提供网站地图的情况

各类网站提供网站地图的比例如图 24.11 所示。

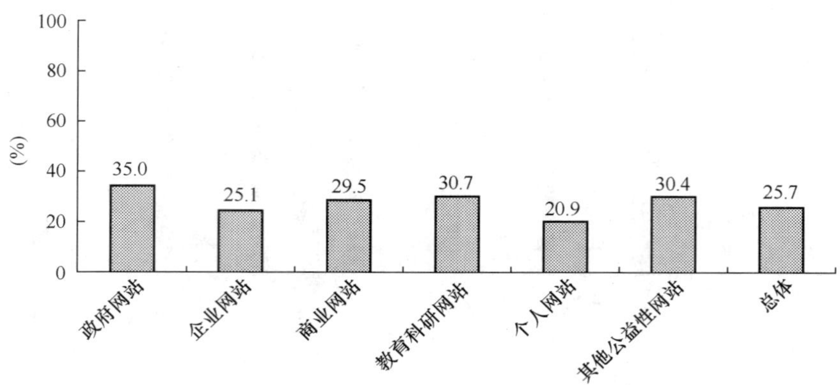

图 24.11　各类网站的网页上提供网站地图的情况

7．网站的网页上提供联系方式的情况

各类网站提供联系方式的比例如图 24.12 所示。

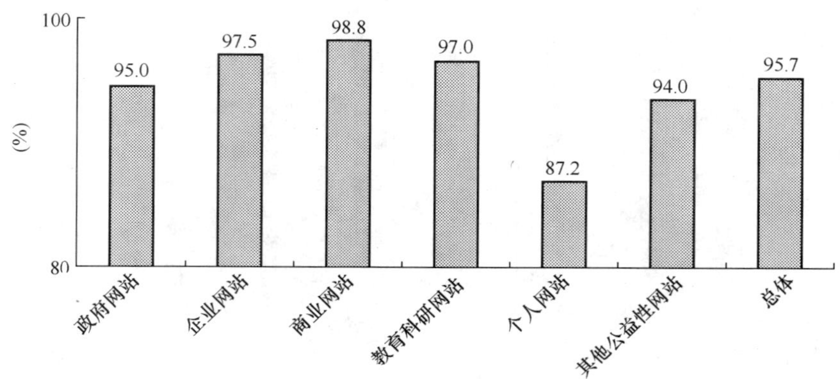

图 24.12　各类网站的网页上提供联系方式的情况

8．网站的服务器拥有情况

各类网站拥有服务器的比例如图 24.13 所示。

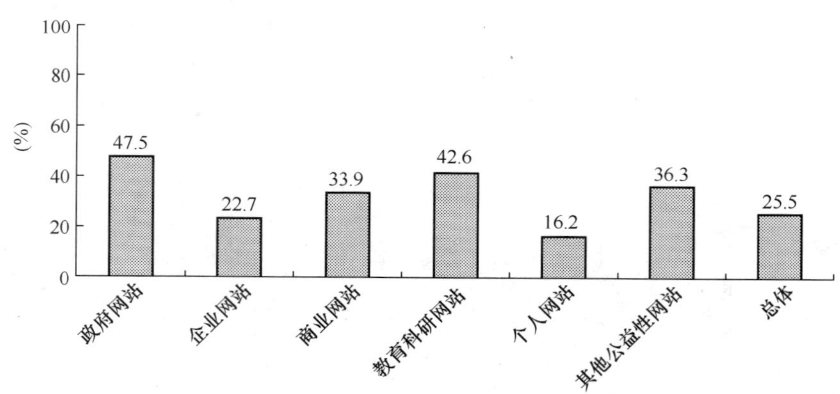

图 24.13　各类网站服务器总体拥有情况

拥有不同服务器数量的网站比例如图 24.14 所示。

各类网站拥有不同服务器数量情况如图 24.15 所示。

9．拥有服务器的网站所采用的操作系统情况

拥有服务器的各类网站采用操作系统情况如图 24.16 所示。

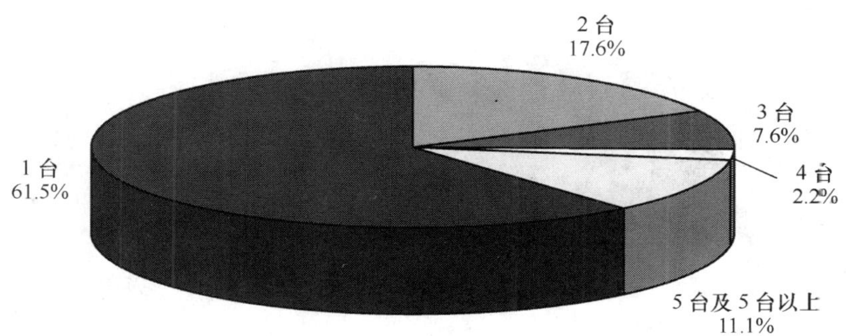

图 24.14　拥有不同服务器数量的网站情况

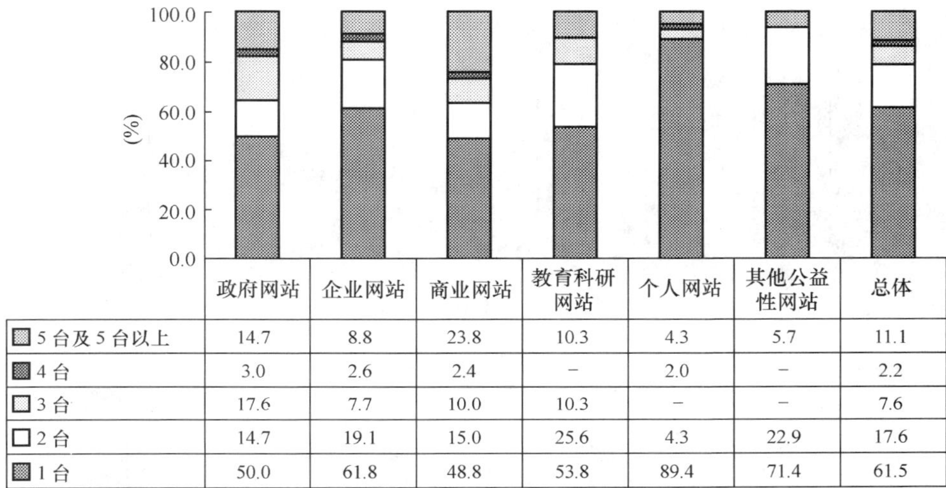

	政府网站	企业网站	商业网站	教育科研网站	个人网站	其他公益性网站	总体
5 台及 5 台以上	14.7	8.8	23.8	10.3	4.3	5.7	11.1
4 台	3.0	2.6	2.4	–	2.0	–	2.2
3 台	17.6	7.7	10.0	10.3	–	–	7.6
2 台	14.7	19.1	15.0	25.6	4.3	22.9	17.6
1 台	50.0	61.8	48.8	53.8	89.4	71.4	61.5

图 24.15　各类网站拥有不同服务器数量情况

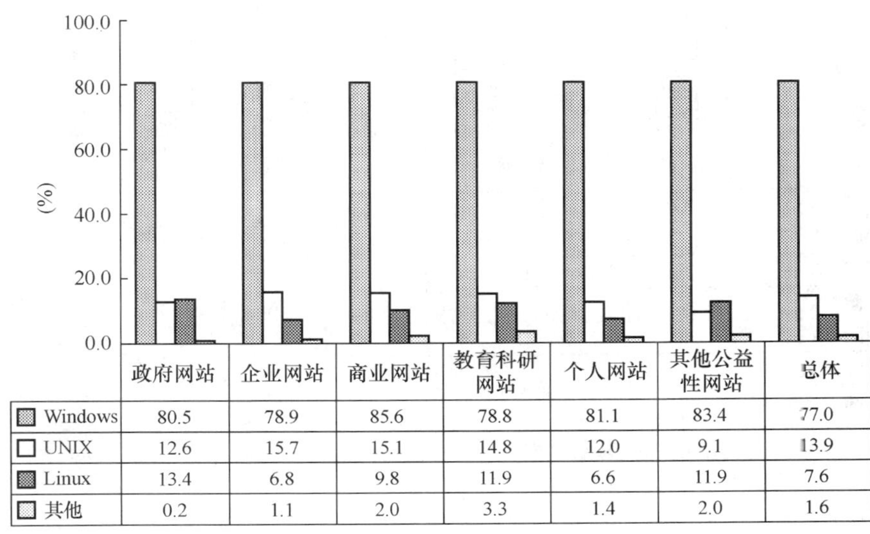

	政府网站	企业网站	商业网站	教育科研网站	个人网站	其他公益性网站	总体
Windows	80.5	78.9	85.6	78.8	81.1	83.4	77.0
UNIX	12.6	15.7	15.1	14.8	12.0	9.1	13.9
Linux	13.4	6.8	9.8	11.9	6.6	11.9	7.6
其他	0.2	1.1	2.0	3.3	1.4	2.0	1.6

图 24.16　拥有服务器的各类网站所采用的操作系统情况

10．负责网站运营的全职员工人数

负责网站运营的全职员工数情况如图 24.17 所示。

各类网站负责运营的平均全职员工人数如图 24.18 所示。

各类网站负责运营的全体员工人数拥有情况如图 24.19 所示。

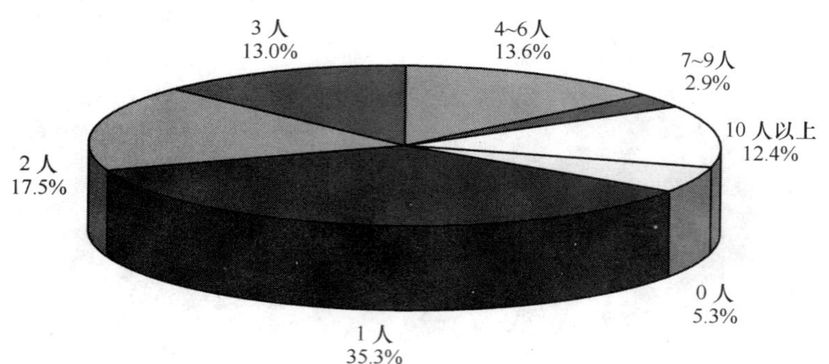

图 24.17　负责网站运营的全职员工人数情况

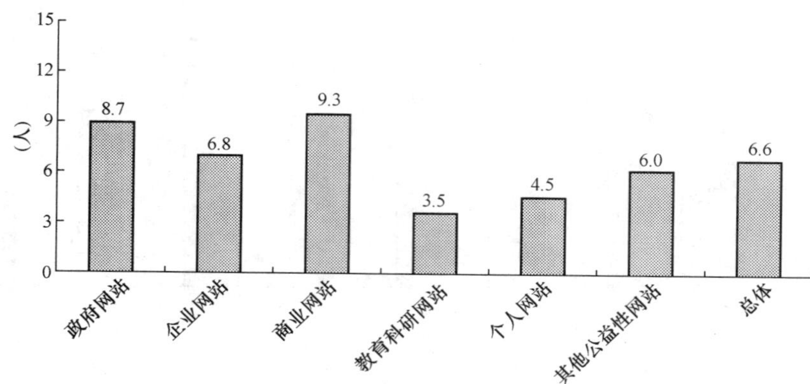

图 24.18　负责各类网站运营的平均全职员工人数

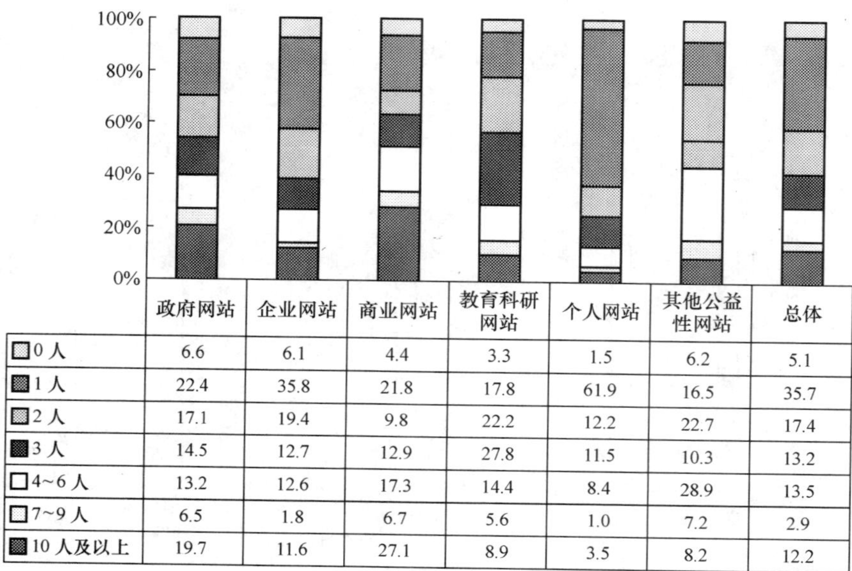

	政府网站	企业网站	商业网站	教育科研网站	个人网站	其他公益性网站	总体
0 人	6.6	6.1	4.4	3.3	1.5	6.2	5.1
1 人	22.4	35.8	21.8	17.8	61.9	16.5	35.7
2 人	17.1	19.4	9.8	22.2	12.2	22.7	17.4
3 人	14.5	12.7	12.9	27.8	11.5	10.3	13.2
4~6 人	13.2	12.6	17.3	14.4	8.4	28.9	13.5
7~9 人	6.5	1.8	6.7	5.6	1.0	7.2	2.9
10 人及以上	19.7	11.6	27.1	8.9	3.5	8.2	12.2

图 24.19　各类网站负责运营的全职员工人数拥有情况

11．网站成立时间

网站成立时间如图 24.20 所示。

三、各类型网站信息服务内容及信息更新状况

1．政府网站

（1）政府网站信息内容提供情况

政府网站所提供的主要信息服务包括：政府新闻、政府职能/业务介绍、统计数据/资料查询、法律法规/政策文件、办事指南/说明、办公/业务咨询、通知/公告、办事进程状态查询、企业/行业经济信息、便民

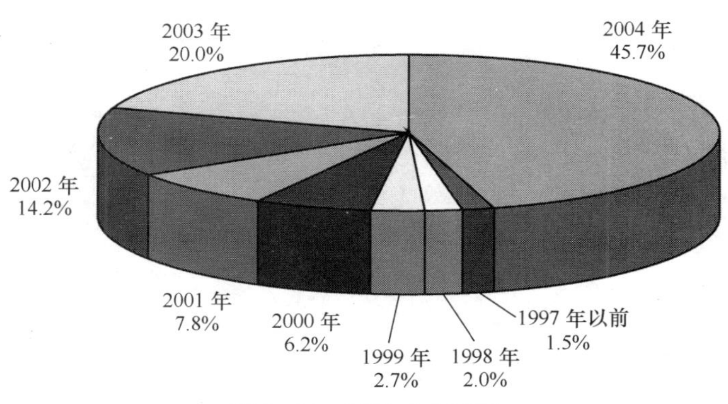

图 24.20　网站成立时间

生活/住行信息等。调查结果显示：在信息服务提供方面，大多数的政府网站提供“部门介绍（66.3%）”、“政府职能/业务介绍（61.2%）”、“法律法规/政策/文件（60.4%）”、“政府新闻（59.4%）”，政府网站提供比例较高的还有“办事指南/说明（49.0%）”、“友情链接（44.5%）”和“政府通知/公告（44.1%）”等。具体结果如图 24.21 所示。

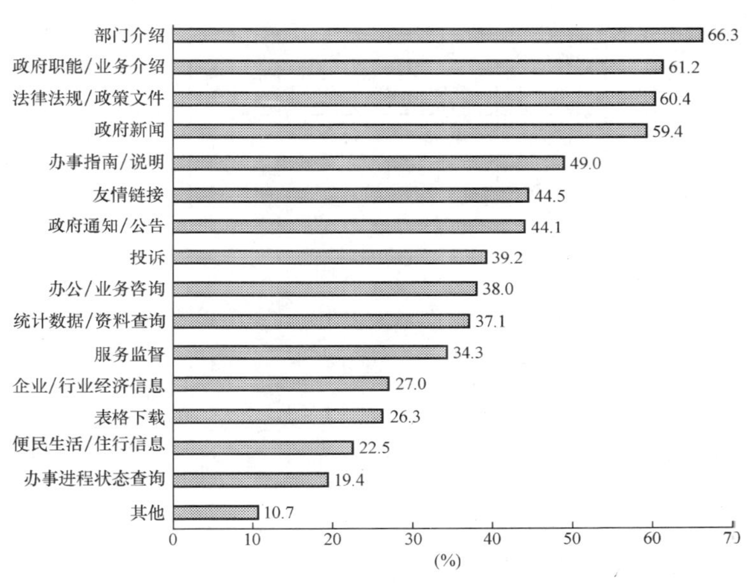

图 24.21　政府网站提供各类信息服务的比例

（2）政府网站交互性服务提供情况

本次调查对政府网站提供的交互性服务（包括简单的单向交互）进行了调查，调查结果如图 24.22 所

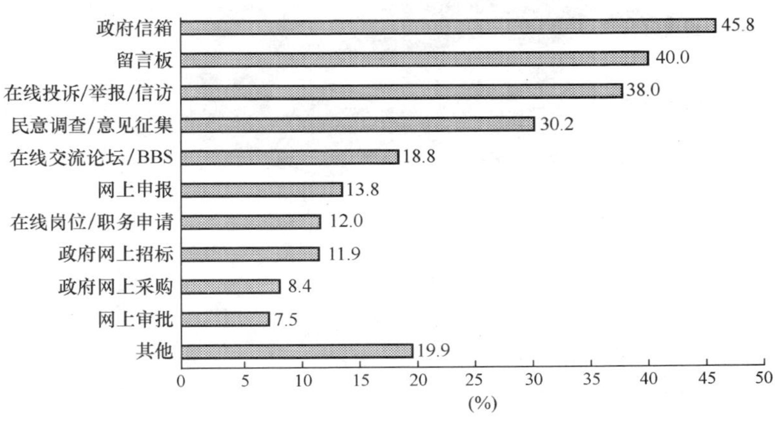

图 24.22　政府网站前几类交互性服务

示，“政府信箱”、“留言板”、“在线投诉/举报/信访”、“民意调查/意见征集”为政府网站提供最多的交互性服务，比例分别为45.8%、40.0%、38.0%和30.2%。

（3）政府网站信息更新状况

根据表24.8所示，政府新闻和统计数据/资料查询的更新频率最高，每周（含每周）以内更新的政府网站比例分别为62.6%和42.0%；更新频率在六个月以上所占比例较高的有“友情链接”、“办事指南/说明”、“表格下载”等。

表24.8　　政府网站各类信息更新比例

（%）	每日	每三日	每周	每两周	每月	每三月	每六月	六月以上	不固定
政府新闻	50.0	2.4	10.2	4.2	7.1	0.6	0.6	1.5	23.5
部门介绍	15.0	0.7	12.7	1.6	5.0	6.5	5.0	17.1	36.3
政府职能/业务介绍	14.0	-	15.1	2.1	4.9	6.6	1.9	20.8	34.7
统计数据/资料查询	28.4	3.4	10.2	1.9	11.8	3.0	2.9	3.4	35.1
法律法规/政策/文件	17.1	2.4	-	4.4	5.0	8.8	5.5	19.1	37.7
办事指南/说明	11.5	-	3.8	0.7	5.4	2.2	6.4	28.6	41.5
办公/业务咨询	18.9	-	2.2	4.8	10.6	6.6	1.3	16.5	39.2
政府通知/公告	17.5	2.4	2.8	0.7	14.6	0.4	1.1	8.7	51.7
办事进程状态查询	21.9	3.0	4.2	0.8	9.4	0.8	-	12.9	46.9
企业/行业经济信息	22.8	4.9	3.7	7.4	11.3	6.8	0.6	13.2	29.4
便民生活/住行信息	24.1	1.5	2.9	2.6	5.4	0.7	0.7	22.4	39.7
表格下载	4.6	-	5.6	0.6	5.2	1.3	11.6	23.2	47.9
服务监督	24.2	1.9	5.3	7.1	9.9	1.0	-	16.6	34.1
投诉	22.6	5.0	4.3	0.4	6.0	0.4	-	20.1	41.2
友情链接	3.7	-	4.3	0.4	3.1	8.9	0.7	33.2	45.7
其他	30.3	-	7.7	-	29.3	1.5	-	14.4	16.8

（4）政府网站的利用效果

政府公告、新闻、政策等信息通过网站发布情况如图24.23所示。一半及以上（包括全部）的信息通过网站进行了发布的政府网站比例为51.0%；几乎没有信息通过网站发布的政府网站比例为16.7%。

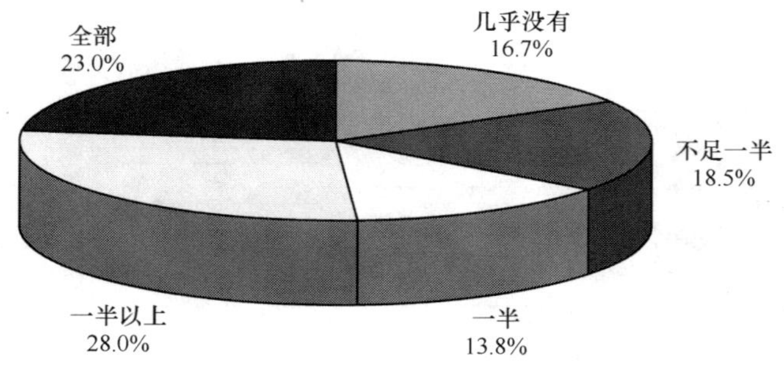

图24.23　政府公告、新闻、政策等信息通过网站发布情况

政府日常办公事务与网站相关服务的结合程度如图24.24所示。政府日常办公事务与网站相关服务结合比较紧密和非常紧密的政府网站比例为47.6%；政府日常办公事务与网站相关服务结合不太紧密的政府网站比例为11.1%；政府日常办公事务与网站相关服务基本没有结合的政府网站比例为4.2%。

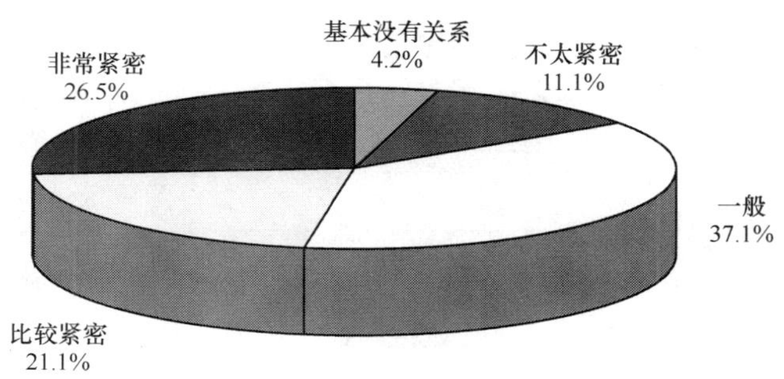

图 24.24　政府日常办公事务与网站相关服务的结合程度

2．企业网站

（1）企业网站信息内容提供情况

企业网站所提供的主要信息服务包括：企业介绍、产品/服务介绍、服务信箱、产品查询、企业动态/新闻、售后服务/技术支持、行业新闻、招聘信息、友情链接、行业解决方案、网上交易、企业会员服务、定制免费产品、行业报告、定购收费产品、电子期刊等。

绝大部分企业网站提供“企业介绍（85.3%）”和“产品/服务介绍（81.9%）”，其次提供比例较高的有“服务信箱（40.0%）”和“产品查询（36.1%）”等。具体如图 24.25 所示。

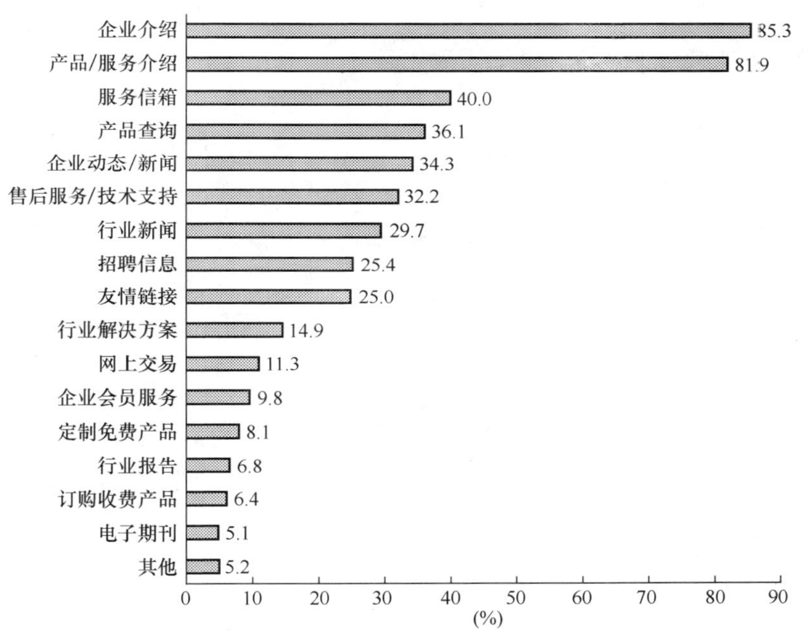

图 24.25　企业网站提供信息内容的情况

（2）企业网站交互性服务提供情况

企业网站所提供的主要交互性服务包括：民意调查/在线征集、在线咨询/投诉、网上采购招标、针对最终用户的网上销售、针对代理商、经销商的网上销售、虚拟社区/BBS 论坛等。

调查结果（如图 24.26 所示）显示，18.6%的企业网站提供“在线咨询/投诉”；12.7%的企业网站提供“虚拟社区/BBS”；11.0%的企业网站“提供针对最终用户的网上销售”；10.7%的企业网站提供“针对代理商、经销商的网上销售”；8.6%的企业网站提供“民意调查/在线征集”；6.1%的企业网站提供“网上采购招标”。

（3）企业网站信息更新状况

如表 24.9 所示，“电子期刊”、“行业新闻”和“企业动态/新闻”更新频率较高，更新周期在一周（含一周）以下的企业网站分别占了 28.5%、28.4%和 27.3%。

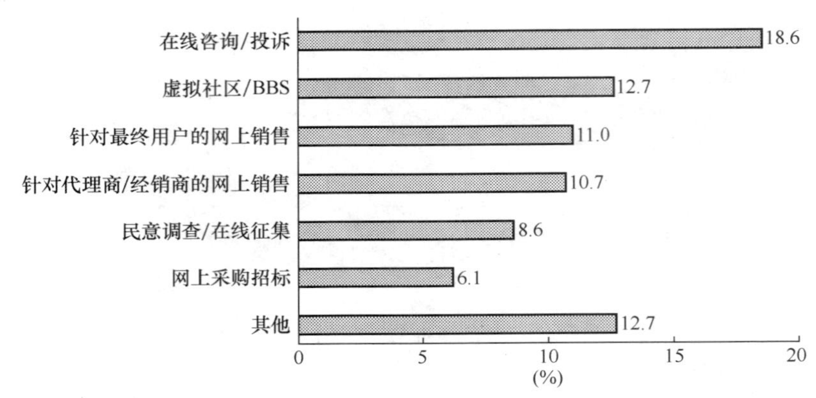

图 24.26　企业网站提供交互性服务的比例

表 24.9　　企业网站各类信息更新比例

（%）	每日	每三日	每周	每两周	每月	每三月	每六月	六月以上	不固定
企业介绍	5.3	0.8	5.5	2.8	10.2	9.0	9.4	30.4	26.6
产品/服务介绍	5.2	1.4	5.1	2.8	12.0	10.7	6.7	24.2	31.9
行业新闻	11.1	4.3	13.0	4.1	15.1	8.6	4.7	9.6	29.5
企业动态/新闻	9.0	4.2	14.1	3.6	16.7	7.0	3.7	13.1	28.6
售后服务/技术支持	5.6	0.8	6.9	2.0	13.3	9.4	7.0	26.6	28.4
行业解决方案	4.5	-	6.2	1.2	13.0	9.8	11.5	21.3	32.5
行业报告	9.3	2.1	4.8	2.1	17.4	9.2	15.1	21.2	18.8
电子期刊	8.3	3.4	16.8	1.2	11.6	14.8	8.4	13.1	22.4
招聘信息	5.1	0.7	5.5	1.3	12.2	11.8	7.9	21.8	33.8
服务信箱	12.6	2.8	3.1	1.5	5.8	3.1	2.5	39.8	28.7
产品查询	8.0	1.2	7.1	2.9	12.8	9.2	6.2	23.3	29.3
网上交易	13.5	1.3	11.3	2.8	7.2	5.8	3.2	20.3	34.6
企业会员服务	14.8	3.3	4.8	3.4	14.0	7.9	3.9	18.6	29.3
友情链接	4.1	0.9	4.8	1.3	9.0	6.3	4.3	40.4	28.9
定制免费产品	11.5	1.5	7.4	5.4	14.5	6.0	4.0	13.3	36.4
订购收费产品	16.5	3.0	6.4	2.7	13.8	9.5	5.0	21.9	21.2
其他	13.8	3.3	10.2	4.5	5.0	9.2	3.6	20.9	29.5

（4）企业网站的行业分布情况

如图 24.27 所示，企业网站的行业分布中，制造业比例最高，为 32.0%；其次是 IT 业，占 24.0%；其他行业所占比例相对较小。

在制造业中，机械及工业制品所占比例最高，为 29.8%；其次是服装、纺织，占 10.7%；第三是电子元器件/家用电器，占 9.9%，如图 24.28 所示。

在 IT 业中，IT 服务业所占比例最高，为 47.9%；其次是软件业，占 15.0%；第三是电脑、通信设备等 IT 产品制造业，占 14.4%，具体如图 24.29 所示。

（5）企业网站的利用效果

企业产品、服务、企业新闻等信息通过网站发布情况如图 24.30 所示，一半及以上（包括全部）的信息通过网站进行了发布的企业网站比例为 41.4%；几乎没有信息通过网站发布的企业网站比例为 18.7%。

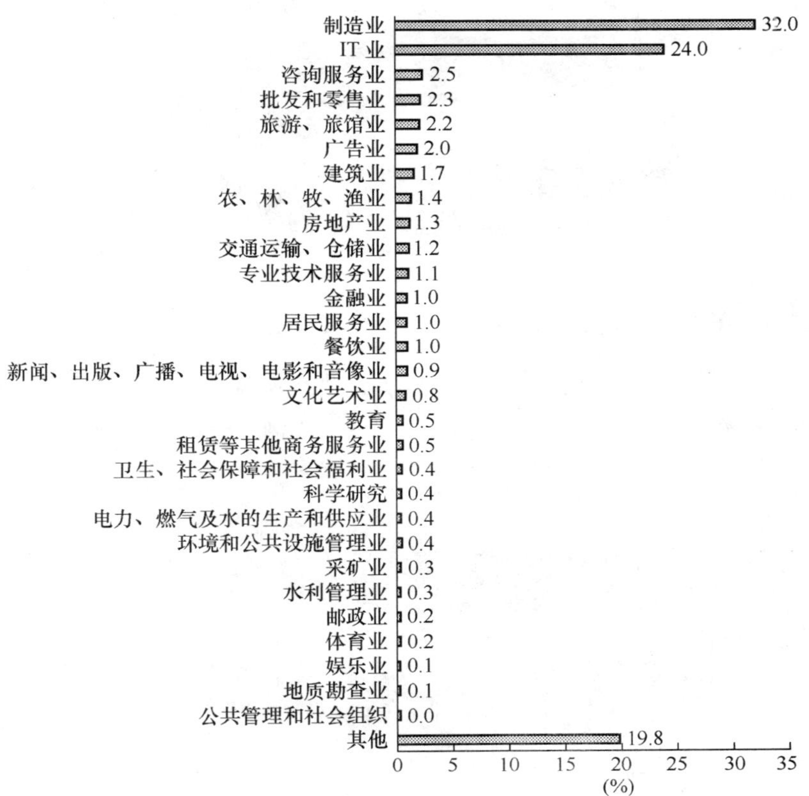

图 24.27　企业网站的行业分布

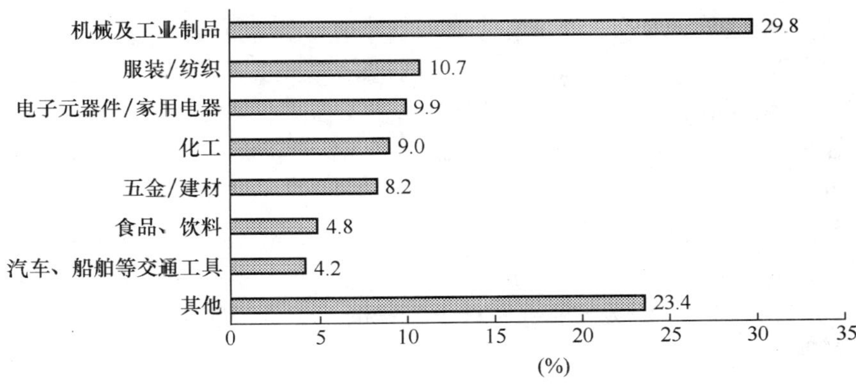

图 24.28　制造业中各类网站的分布

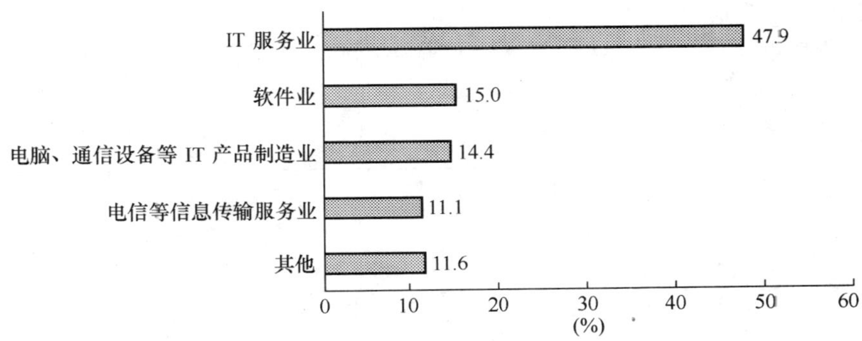

图 24.29　IT 业中各类网站的分布

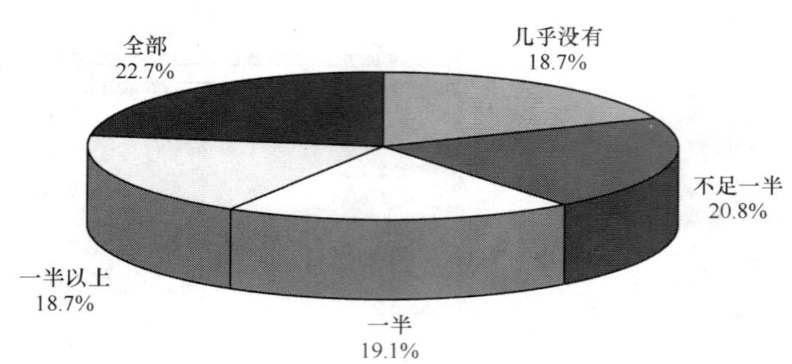

图 24.30　企业产品、服务、企业新闻等信息通过网站发布情况

企业业务与网站的结合程度情况如图 24.31 所示，企业业务与网站结合比较紧密和非常紧密的企业网站比例为 37.6%；企业业务与网站结合不太紧密的企业网站比例为 16.6%；企业业务与网站基本没有结合的企业网站比例为 6.0%。

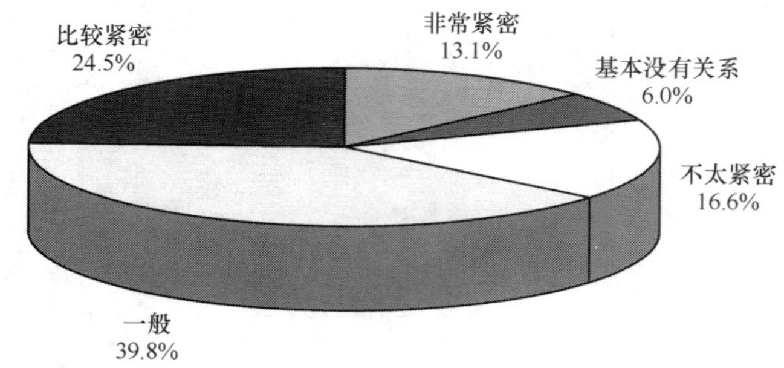

图 24.31　企业业务与网站的结合程度

3．商业网站

（1）商业网站信息服务提供情况

商业网站提供的主要信息服务包括：网站短信、网站/网页浏览、新闻、在线数据库服务、网上社区、网上购物（B2C/C2C）、免费电子信箱、搜索引擎、收费电子信箱、免费主页空间、软件下载、收费主页空间、网上教育、B2B 电子商务、在线聊天室、在线游戏、邮件订阅、网上酒店预定、网上股票交易、网上订票、拍卖/集体议价等。

如图 24.32 所示，提供各类服务的商业网站中，提供“网站短信”的比例最高，占到了 46.6%，其次是“网站/网页浏览”，占 41.7%。

如图 24.33 所示，在各种信息服务的商业网站中，提供“产品信息”的网站比例最高，为 87.5%；其次是提供“企业信息”的网站，占 72.1%；第三是提供“商贸信息”的网站，占 45.3%。

商业网站提供的各种信息的收费情况如图 24.34 所示，其中收费比例最高的有“旅游交通信息（45.2%）”、“汽车信息（40.6%）”和“交友征婚信息（38.3%）”。

（2）商业网站信息更新状况

商业网站信息更新频率如表 24.10 和表 24.11 所示，可以看出收费信息的更新频率高于免费信息更新频率。

表 24.10　　收费信息的更新状况

（%）	每日	每三日	每周	每月	每三月	六月以上	不固定
新闻	74.1	-	25.9	-	-	-	-
产品信息	34.3	8.1	4.9	21.5	16.2	5.3	9.7
商贸信息	40.1	-	14.3	22.8	7.6	2.4	12.8
企业信息	22.5	-	8.3	27.6	-	13.8	27.8

续表

（%）	每日	每三日	每周	每月	每三月	六月以上	不固定
科技信息	21.5	-	22.5	42.0	-	-	14.0
教育信息	32.6	-	10.7	18.9	-	18.9	18.9
求职招聘信息	52.5	-	5.9	10.4	-	10.4	20.8
金融财经信息	69.8	-	-	-	-	-	30.2
房地产信息	41.0	-	38.6	-	-	-	20.4
汽车信息	26.2	-	31.2	19.9	-	-	22.7
休闲娱乐信息	80.3	-	19.7	-	-	-	-
生活服务信息	45.7	-	19.8	25.3	-	-	9.2
体育信息	69.8	-	30.2		-	-	-
医疗保健信息	31.3	7.5	13.6	23.8	-	-	23.8
文学艺术信息	13.6	-	43.2		-	-	43.2
旅游交通信息	42.0	-	21.7	18.1	-	-	18.2
交友征婚信息	42.9	-	39.0	-	-	-	18.1

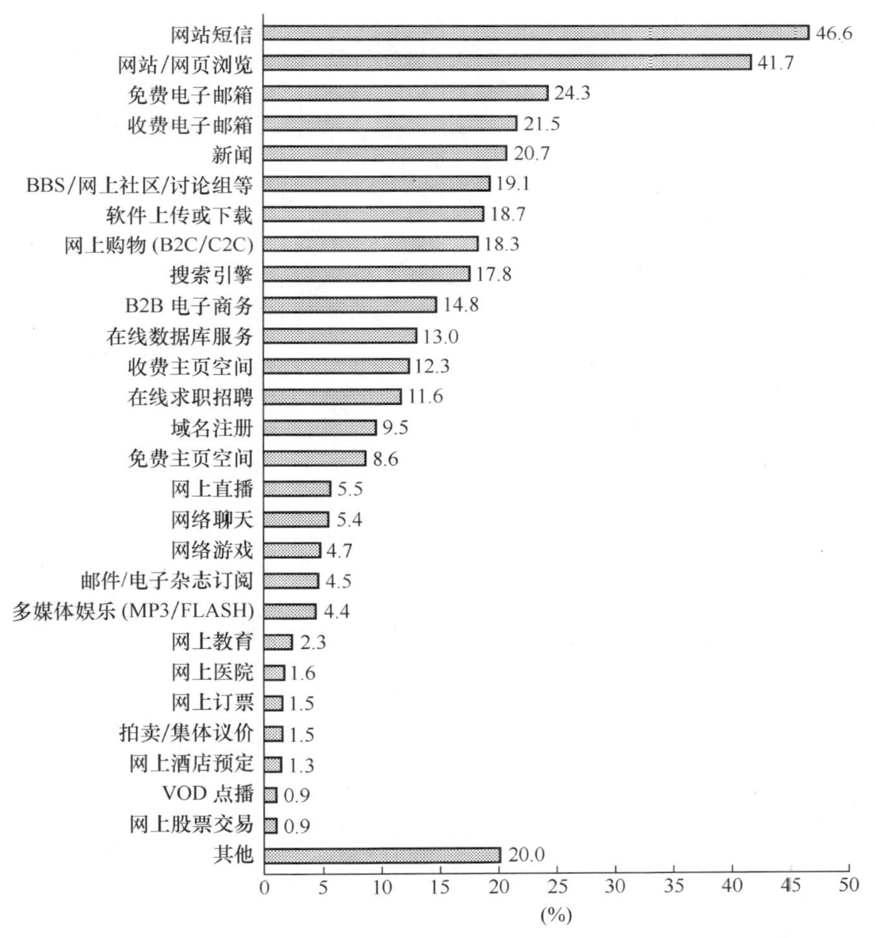

图 24.32　商业网站提供各类服务的比例

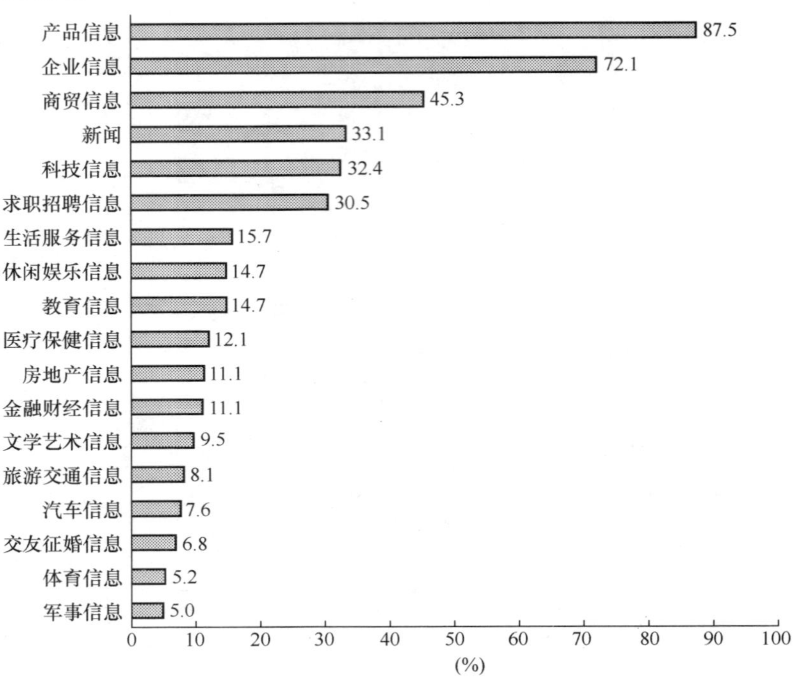

图 24.33 商业网站提供各类信息的比例

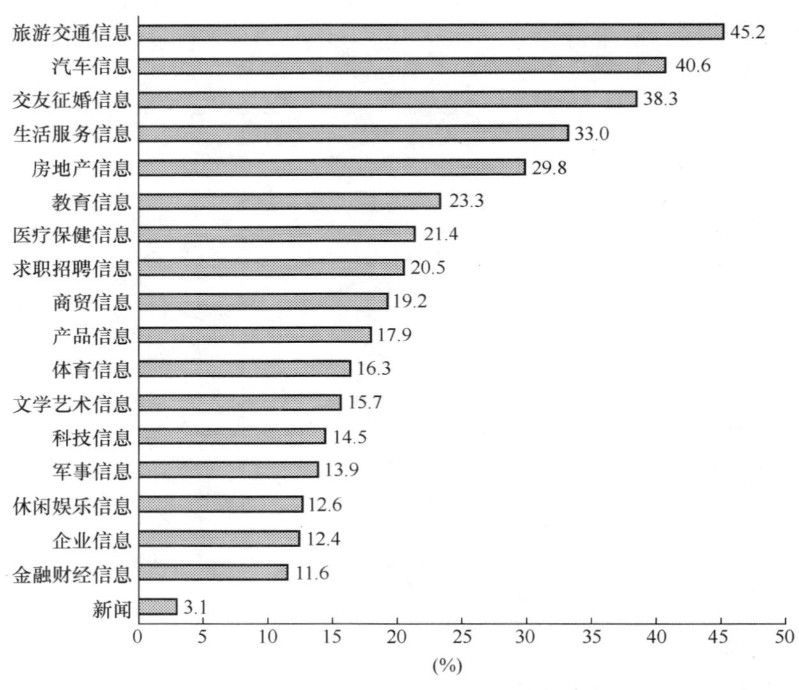

图 24.34 商业网站提供的各类信息收费的比例

表 24.11 **免费信息的更新状况**

（%）	每日	每三日	每周	每两周	每月	每三月	每六月	六月以上	不固定
新闻	36.3	7.0	13.6	5.7	9.6	4.2	1.1	3.1	19.4
产品信息	8.8	2.5	10.5	3.9	12.6	5.2	3.6	15.7	37.2
商贸信息	14.6	10.1	14.0	7.4	8.5	3.9	-	7.8	33.7
企业信息	10.9	1.8	4.9	3.6	14.5	8.4	2.1	18.0	35.8
科技信息	16.9	3.1	11.8	6.4	7.7	4.7	3.8	10.1	35.5

续表

（%）	每日	每三日	每周	每两周	每月	每三月	每六月	六月以上	不固定
教育信息	15.1	-	13.6	7.3	18.4	-	-	1.8	43.6
军事信息	25.4	-	-	-	16.2	-	-	9.2	49.2
求职招聘信息	15.6	2.6	3.8	4.1	14.7	1.5	5.3	6.8	45.6
金融财经信息	27.0	16.1	7.0	-	11.0	-	-	7.0	31.9
房地产信息	19.0	-	32.0	4.7	-	-	-	8.3	36.0
汽车信息	19.8	-	43.7	-	12.7	-	-	-	23.8
休闲娱乐信息	28.8	11.3	5.6	-	9.8	1.5	1.5	4.9	36.6
生活服务信息	13.2	-	12.9	9.4	12.0	-	-	13.9	38.6
体育信息	27.8	-	8.4	-	29.6	-	-	-	34.2
医疗保健信息	14.5	-	20.9	3.6	6.3	4.6	-	17.3	32.8
文学艺术信息	22.1	16.0	12.9	-	12.6	2.5	-	8.0	25.9
旅游交通信息	17.8	-	7.8	-	13.8	-	-	12.2	48.4
交友征婚信息	12.6	-	20.6	-	14.2	-	-	-	52.6

4．教育科研网站

（1）教育科研信息内容提供情况

教育科研网站提供的各类信息中，“学校/结构介绍（64.2%）”的提供比例最高，其次为“院系介绍（49.4%）”。具体结果如图 24.35 所示。

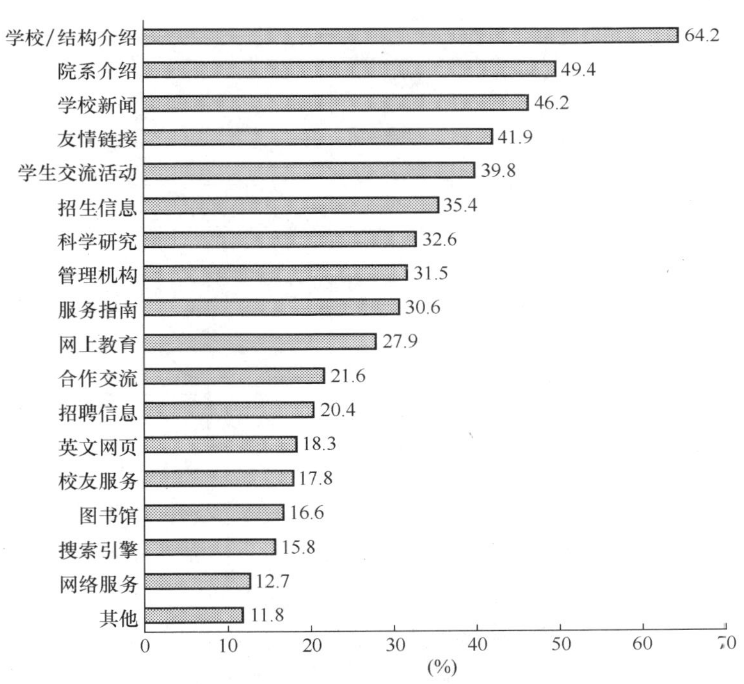

图 24.35　教育科研网站提供各类信息服务的比例

（2）教育科研网站交互性服务提供情况

教育科研网站提供的交互性服务（包括简单的单向交互）情况如图 24.36 所示，提供比例较高的有“查询信箱（45.6%）”、“意见信箱（45.4%）”和“虚拟社区/BBS（35.0%）”。

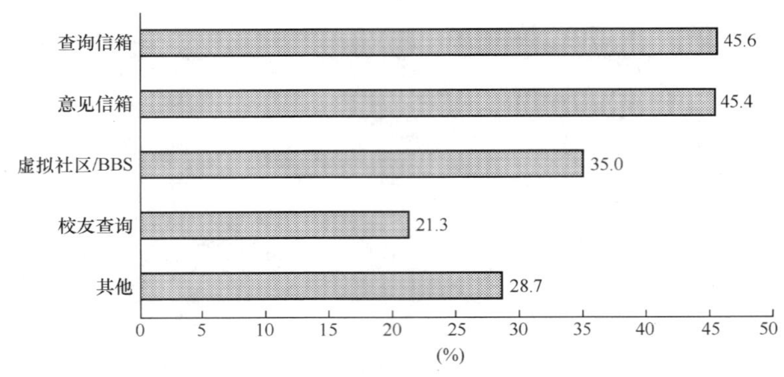

图 24.36　教育科研网站前几类交互性服务

（3）教育科研网站信息更新状况

教育科研网站信息更新情况如表 24.12 所示。

表 24.12　　教育科研网站信息更新情况

（%）	每日	每三日	每周	每两周	每月	每三月	每六月	六月以上	不固定
学校/结构介绍	11.5	-	4.9	1.7	4.2	11.0	12.0	22.5	32.2
院系介绍	3.4	-	8.6	3.1	6.9	9.3	11.2	25.5	32.0
服务指南	7.5	-	-	1.5	9.0	10.4	15.4	23.4	32.8
管理机构	9.2	-	2.6	1.5	8.6	10.9	13.5	29.7	24.0
科学研究	19.6	2.5	9.2	4.6	7.4	1.4	5.6	10.4	39.3
学生交流活动	27.5	-	14.4	1.3	2.7	4.9	11.1	4.2	33.9
招生信息	10.6	-	5.6	4.1	8.5	2.7	26.8	19.7	22.0
招聘信息	10.3	-	2.2	11.5	-	5.2	9.4	25.7	35.7
图书馆	38.8	-	-	-	16.8	11.5	6.4	5.8	20.7
合作交流	21.1	-	7.0	10.1	-	2.1	16.8	13.0	29.9
英文网页	23.0	-	4.6	0.7	-	8.0	13.8	33.4	16.5
网上教育	24.7	-	18.0	-	3.4	8.3	8.3	0.5	36.8
学校新闻	37.7	5.4	9.1	3.1	4.9	3.2	10.5	2.8	23.3
友情链接	13.0	-	3.1	3.6	7.0	8.5	7.1	37.2	20.5
搜索引擎	10.5	-	-	2.9	15.9	5.2	9.2	22.9	33.4
校友服务	21.0	-	21.3	2.6	14.1	-	4.7	19.2	17.1
网络服务	32.8	-	18.4	3.6	11.4	-	1.0	3.6	29.2
其他	35.5	12.3	8.9	8.9	-	-	-	19.9	14.5

（4）教育科研网站的利用效果

教育科研单位新闻、服务等信息通过网站发布情况如图 24.37 所示。一半及以上（包括全部）的信息通过网站进行了发布的教育科研网站比例为 47.1%；几乎没有信息通过网站发布的教育科研网站比例为 10.1%。

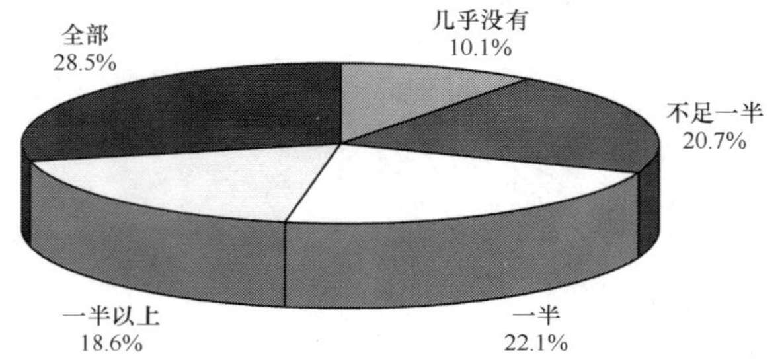

图 24.37　新闻、服务等信息通过网站发布情况

教育科研单位日常办公事务与网站相关服务的结合程度如图 24.38 所示。教育科研单位日常办公事务与网站相关服务结合比较紧密和非常紧密的教育科研网站比例为 54.4%；教育科研单位日常办公事务与网站相关服务结合不太紧密的教育科研网站比例为 14.6%；教育科研单位日常办公事务与网站相关服务基本没有关系的教育科研网站比例为 2.7%。

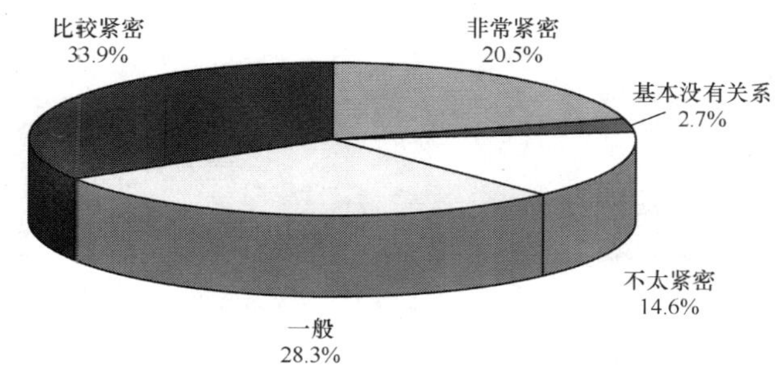

图 24.38　教育科研单位日常办公事务与网站相关服务的结合程度

5．个人网站

（1）个人网站信息内容提供情况

个人网站所提供的主要信息有“BBS/网上社区等（27.6%）”、“娱乐（23.9%）”和“讨论组（20.9%）”等，具体如图 24.39 所示。

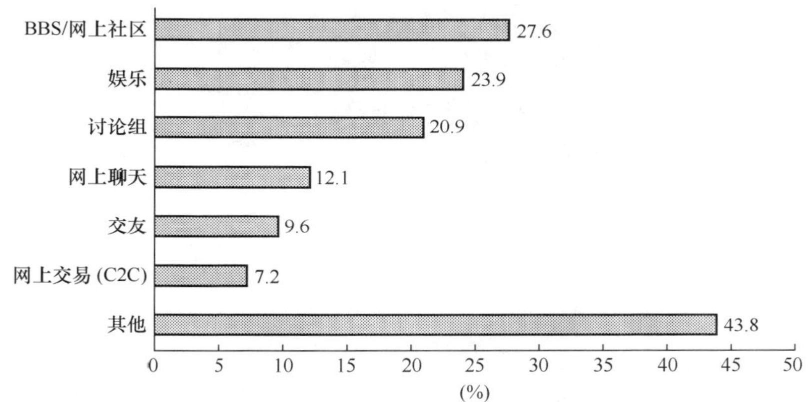

图 24.39　个人网站提供各类信息服务的比例

（2）建立个人网站目的分布

建立个人网站的目的主要有“出于兴趣（55.7%）”、“和外界交流（31.1%）”和“创业基础（22.1%）”等，具体如图 24.40 所示。

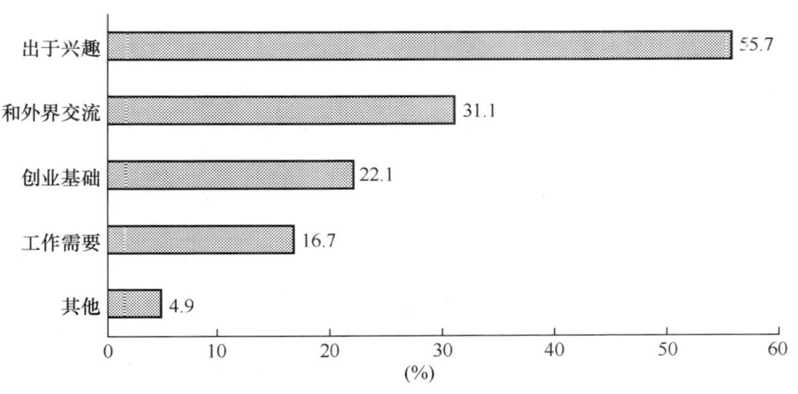

图 24.40　建立个人网站的目的

24.3.3 网页数量及性质特征

一、全国网站的网页情况

1．网页数及网页字节数

网页数及网页字节数情况如表 24.13 所示。

表 24.13　　网页数及网页字节数情况

网页数	全国网页总数	867 576 400 个[3] 去掉重复后为：650 682 300 个
	其中：静态网页数	466 220 800 个
	动态网页数	400 747 600 个[4]
	静态、动态网页数比例（%）	1.16:1
	平均每个网站的网页数	1 297 个
网页字节数（KB）	全国网页总字节数	20 537 214 718KB
	每个网页平均字节数	23.68KB
	平均每个网站的网页字节数	30 700KB

全国网站的静态、动态网页数比例如图 24.41 所示。

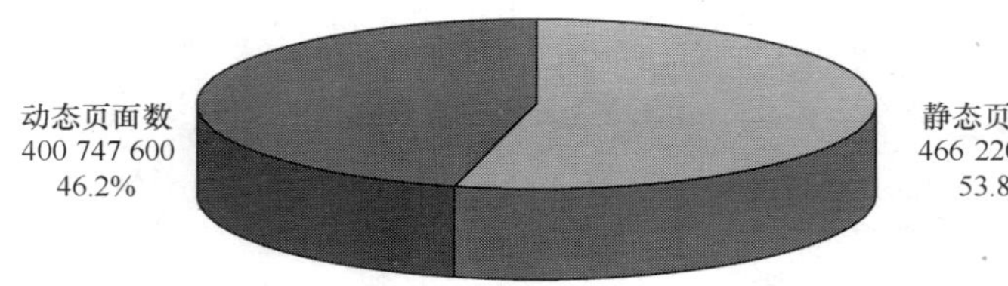

图 24.41　静态、动态网页比例

2．网页的编码分类

网页的编码情况如表 24.14 所示。

表 24.14　　网页的编码情况

简体比例（GB）	繁体比例（BIG5）	英文比例	其他比例
88.29%	11.44%	0.27%	0.00%

3．网页的内容分类情况（按多媒体形式）

网页的内容分类情况（按多媒体形式）如表 24.15 所示。

表 24.15　　网页的内容分类情况（按多媒体形式）

图　像	98.91%
音　频	0.75%
视　频	0.34%

4．网页形式分类（比例）

网页形式分类（比例）如表 24.16 所示。

[3] 本次统计在先行剔除了网站与网站之间的完全重复等大量重复后网页总数为 867 576 400 个，再去掉网页与网页的重复后的网页总数为 650 682 300 个。

[4] 该比例中动态网页数与实际情况相比是偏小的，这是由于网上包含大量的动态网页，搜集到的网页只是网上动态网页的一部分。动态网页按照访问的方式可以分为两种：（1）通过点击超链，无需额外输入即可访问的网页；（2）必须通过输入内容才可以访问的网页。搜集到的动态网页不是全部，因为（1）搜索引擎一般只搜集上述第一种动态网页。（2）各包含动态网页的站点上一般会有大量的动态网页，且动态网页的内容质量相对静态网页低得多，因此搜索引擎一般只搜集有限的动态网页以保证其数据的质量。

表 24.16 网页形式分类（比例）

HTM	26.51%
HTML	16.56%
SHTML	5.03%
/	2.34%
ASP	28.13%
PHP	9.50%
TXT	0.13%
NSF	0.28%
XML	0.12%
JSP	1.47%
CGI	0.07%
PL	0.06%
其他（SHTM、PHTML、WML、torrent、bbsqry、bbscon、js……）	9.3%

5．网页的更新周期

网页的更新周期如表 24.17 所示。

表 24.17 网页的更新周期情况

一周以内	10.36%
一周至一月	26.77%
一月至三月	29.95%
三月至六月	13.27%
六个月至一年	9.43%
一年以上	10.22%

二、分省的网页情况

1．网页数及网页字节数

分省网页数情况如表 24.18 所示。

表 24.18 分省网页数情况

	网页数（个）				
	全国网页总数	静态网页数	动态网页数	静、动态网页数比例	平均每个网站的网页数
总　计	867 000 000	466 000 000	401 000 000	1.16:1	1 297.0
北　京	307 000 000	189 000 000	117 000 000	1.62:1	2 447.2
上　海	120 000 000	59 700 000	60 300 000	0.99:1	2 049.8
浙　江	59 000 000	27 900 000	31 100 000	0.89:1	764.8
广　东	51 600 000	25 200 000	26 400 000	0.95:1	423.0
四　川	37 000 000	18 800 000	18 200 000	1.04:1	2 868.8
江　苏	33 900 000	16 300 000	17 700 000	0.92:1	673.4
河　南	29 700 000	14 700 000	15 100 000	0.97:1	2 259.9
福　建	27 500 000	15 000 000	12 600 000	1.19:1	717.9
山　东	27 000 000	14 300 000	12 700 000	1.13:1	1 015.5
安　徽	21 600 000	9 140 000	12 500 000	0.73:1	1 912.8

续表

	网页数（个）				
	全国网页总数	静态网页数	动态网页数	静、动态网页数比例	平均每个网站的网页数
湖　北	18 600 000	7 790 000	10 800 000	0.72:1	1 184.1
辽　宁	18 200 000	8 760 000	9 460 000	0.93:1	823.4
湖　南	15 000 000	8 310 000	6 740 000	1.23:1	1 861.7
重　庆	13 000 000	7 020 000	6 010 000	1.17:1	1 604.3
甘　肃	12 800 000	6 850 000	5 940 000	1.15:1	4 987.1
黑龙江	12 400 000	6 240 000	6 160 000	1.01:1	2 079.4
河　北	12 100 000	5 960 000	6 130 000	0.97:1	729.6
海　南	6 970 000	3 180 000	3 790 000	0.84:1	2 487.9
广　西	6 960 000	3 260 000	3 700 000	0.88:1	879.2
江　西	6 590 000	3 410 000	3 180 000	1.07:1	924.1
云　南	5 810 000	3 390 000	2 420 000	1.40:1	1 294.4
陕　西	5 340 000	2 470 000	2 870 000	0.86:1	958.0
天　津	5 110 000	3 200 000	1 910 000	1.68:1	776.0
山　西	4 810 000	2 010 000	2 800 000	0.72:1	1 105.3
吉　林	3 530 000	1 610 000	1 920 000	0.84:1	897.5
贵　州	2 630 000	1 610 000	1 010 000	1.59:1	968.1
新　疆	1 770 000	484 000	1 280 000	0.38:1	777.7
宁　夏	1 100 000	392 000	705 000	0.56:1	904.8
内　蒙	263 000	102 000	161 000	0.63:1	101.7
青　海	255 000	104 000	152 000	0.68:1	551.7
西　藏	38 400	28 800	9 600	3.00:1	17.8

分省网页字节数情况如表 24.19 所示。

表 24.19　　　　分省网页字节数情况

	网页总字节数（KB）	每个网页平均字节数（KB）	平均每个网站的网页字节数（KB）
总　计	20 537 214 718	23.7	30 700
北　京	7 953 000 000	25.9	63 500
上　海	2 698 000 000	22.5	46 100
广　东	1 302 000 000	25.2	10 700
浙　江	1 267 000 000	21.5	16 400
四　川	829 700 000	22.4	64 400
江　苏	737 100 000	21.7	14 600
河　南	660 100 000	22.2	50 200
安　徽	616 300 000	28.5	54 500
福　建	597 400 000	21.7	15 600
山　东	580 400 000	21.5	21 800
湖　北	458 600 000	24.7	29 200
辽　宁	409 500 000	22.5	18 500

续表

	网页总字节数（KB）	每个网页平均字节数（KB）	平均每个网站的网页字节数（KB）
湖　南	362 000 000	24.1	44 800
重　庆	319 500 000	24.5	39 300
河　北	246 700 000	20.4	14 900
甘　肃	246 600 000	19.3	96 100
黑龙江	242 500 000	19.6	40 700
广　西	155 600 000	22.3	19 600
天　津	120 600 000	23.6	18 300
江　西	120 600 000	18.3	16 900
云　南	117 300 000	20.2	26 100
海　南	109 700 000	15.7	39 100
陕　西	104 600 000	19.6	18 800
山　西	99 720 000	20.7	22 900
吉　林	71 560 000	20.3	18 200
贵　州	48 520 000	18.5	17 900
新　疆	31 590 000	17.9	13 900
宁　夏	19 740 000	18.0	16 300
内　蒙	5 764 000	21.9	2 230
青　海	5 132 000	20.1	11 100
西　藏	388 718	10.1	181

2．网页的编码分类

分省网页的编码情况如表 24.20 所示。

表 24.20　　分省网页的编码情况

	简体比例（GB）	繁体比例（BIG5）	英文比例
总　计	88.3%	11.4%	0.3%
浙　江	98.6%	1.4%	0.0%
江　苏	98.3%	1.7%	0.0%
北　京	98.9%	1.1%	0.0%
广　东	97.8%	2.1%	0.1%
上　海	97.1%	2.9%	0.0%
山　东	95.8%	4.2%	0.0%
陕　西	94.7%	5.3%	0.0%
河　南	98.6%	1.5%	0.0%
黑龙江	99.9%	0.1%	0.0%
吉　林	99.9%	0.1%	0.0%
福　建	95.9%	4.1%	0.0%
辽　宁	98.8%	1.2%	0.0%
四　川	97.7%	2.3%	0.0%
湖　北	97.9%	2.1%	0.0%

续表

	简体比例（GB）	繁体比例（BIG5）	英文比例
云　南	99.9%	0.1%	0.0%
山　西	98.7%	1.3%	0.0%
甘　肃	96.9%	3.1%	0.0%
湖　南	99.9%	0.1%	0.0%
天　津	93.6%	6.4%	0.0%
江　西	99.5%	0.6%	0.0%
新　疆	98.8%	1.2%	0.0%
重　庆	99.9%	0.0%	0.0%
安　徽	96.3%	3.7%	0.0%
河　北	99.7%	0.3%	0.0%
广　西	98.7%	1.2%	0.0%
宁　夏	100.0%	0.0%	0.0%
海　南	99.9%	0.1%	0.0%
贵　州	100.0%	0.0%	0.0%
内　蒙	100.0%	0.0%	0.0%
青　海	100.0%	0.0%	0.0%
西　藏	100.0%	0.0%	0.0%
其他（含港澳台）	78.3%	21.2%	0.5%

3．各省网页的更新周期

各省网页的更新周期如表 24.21 所示。

表 24.21　　**各省网页的更新周期**

	一周以内	一周至一月	一月至三月	三月至六月	六个月至一年	一年以上
总　计	10.4%	26.8%	30.0%	13.3%	9.4%	10.2%
浙　江	9.5%	24.5%	30.9%	14.1%	10.0%	10.9%
江　苏	9.7%	26.5%	30.4%	15.0%	10.0%	8.3%
北　京	9.9%	25.9%	29.8%	13.4%	10.7%	10.4%
广　东	10.5%	27.1%	32.7%	14.3%	7.1%	8.3%
上　海	10.2%	27.9%	32.4%	12.4%	7.8%	9.2%
山　东	8.6%	23.2%	25.8%	12.3%	10.5%	19.6%
陕　西	7.3%	22.2%	28.0%	18.1%	12.1%	12.3%
河　南	8.8%	25.7%	30.1%	17.1%	9.0%	9.4%
黑龙江	7.5%	20.3%	24.0%	14.1%	10.0%	24.2%
吉　林	6.6%	20.8%	26.0%	16.9%	12.2%	17.5%
福　建	8.2%	23.8%	29.6%	16.4%	7.5%	14.5%
辽　宁	9.9%	24.5%	31.5%	12.6%	10.2%	11.3%
四　川	9.7%	22.6%	27.4%	13.3%	9.8%	17.2%
湖　北	11.2%	25.5%	34.5%	9.7%	9.1%	10.0%
云　南	14.0%	23.8%	33.7%	15.6%	6.7%	6.2%

续表

	一周以内	一周至一月	一月至三月	三月至六月	六个月至一年	一年以上
山　西	9.7%	26.4%	36.8%	11.0%	7.5%	8.6%
甘　肃	10.9%	25.1%	27.4%	10.8%	7.5%	18.4%
湖　南	8.1%	24.3%	33.8%	12.1%	11.3%	10.5%
天　津	6.2%	14.3%	20.0%	18.3%	32.0%	9.2%
江　西	7.4%	18.9%	28.6%	14.7%	11.3%	19.2%
新　疆	8.6%	22.4%	35.4%	13.8%	8.7%	11.1%
重　庆	8.9%	27.6%	34.4%	18.1%	6.1%	5.0%
安　徽	9.8%	29.7%	36.5%	11.2%	4.7%	8.2%
河　北	8.7%	24.2%	29.3%	13.6%	8.3%	16.0%
广　西	9.6%	23.1%	25.3%	11.7%	10.9%	19.5%
宁　夏	9.3%	27.5%	25.0%	12.8%	14.9%	10.5%
海　南	23.6%	39.7%	25.4%	6.2%	4.3%	0.7%
贵　州	5.1%	12.2%	23.7%	17.0%	17.1%	24.8%
内　蒙	6.6%	26.3%	19.7%	18.3%	18.3%	11.0%
青　海	15.0%	16.5%	33.1%	18.8%	8.3%	8.3%
西　藏	0.0%	5.0%	25.0%	5.0%	5.0%	60.0%

三、分类网站的网页情况

1．分类网页数

分类网页数情况如表 24.22 所示。

表 24.22　　**分类网页数情况**

	网页数（个）				
	全国网页总数	静态网页数	动态网页数	静态、动态网页数比例	平均每个网站的网页数
.COM	443 000 000	231 000 000	211 000 000	1.09:1	1 136.5
.NET	117 000 000	49 700 000	67 700 000	0.73:1	1 629.0
.ORG	19 800 000	8 600 000	11 200 000	0.77:1	1 094.0
.CN	219 000 000	126 000 000	92 900 000	1.35:1	2 852.1
GOV.CN	29 700 000	11 100 000	18 700 000	0.59:1	2 894.7
EDU.CN	11 400 000	5 640 000	5 790 000	0.97:1	
COM.CN	105 000 000	74 100 000	31 300 000	2.36:1	1 208.2
NET.CN	8 390 000	3 760 000	4 630 000	0.81:1	1 061.9
ORG.CN	5 100 000	2 270 000	2 840 000	0.8:1	1 242.1
AC.CN	1 050 000	564 000	482 000	1.17:1	2 876.7
行政区域.CN	6 820 000	4 020 000	2 800 000	1.43:1	2 369.7

2．分类网站网页字节数

分类网页字节数情况如表 24.23 所示。

[5] 由于没有 EDU.CN 的网站数量，该部分数值缺失。

表 24.23　　分类网页字节数情况

	网页总字节数（KB）	每个网页平均字节数（KB）	平均每个网站的网页字节数（KB）
.COM	10 900 000 000	24.7	27 964.7
.NET	2 930 000 000	24.9	40 794.2
.ORG	512 000 000	25.9	28 290.4
.CN	4 710 000 000	21.6	61 339.3
GOV.CN	493 000 000	16.6	48 050.7
EDU.CN	217 000 000	19.0	-
COM.CN	2 420 000 000	23.0	27 846.5
NET.CN	175 000 000	20.9	22 149.1
ORG.CN	94 800 000	18.6	23 088.2
AC.CN	17 900 000	17.1	49 041.1
行政区域.CN	136 000 000	19.9	47 255

3．分类网站更新时间

分类网站更新情况如表 24.24 所示。

表 24.24　　分类网站的网页更新情况

	一周以内	一周至一月	一月至三月	三月至六月	六个月至一年	一年以上
.COM	11.4%	29.3%	31.4%	13.3%	8.1%	6.6%
.NET	10.7%	29.4%	33.0%	11.6%	8.7%	6.6%
.ORG	11.2%	28.4%	30.0%	13.6%	8.4%	8.4%
.CN	8.7%	21.9%	26.0%	14.8%	12.1%	16.6%
GOV.CN	7.9%	19.4%	27.3%	23.3%	12.4%	10.1%
EDU.CN	8.3%	17.1%	26.7%	15.9%	13.8%	18.5%
COM.CN	7.8%	18.9%	22.9%	12.7%	14.3%	23.5%
NET.CN	8.8%	26.0%	27.5%	15.3%	10.5%	13.6%
ORG.CN	6.7%	18.2%	30.2%	20.2%	16.1%	8.8%
AC.CN	4.9%	15.9%	28.4%	20.4%	10.2%	20.9%
行政区域.CN	9.3%	22.9%	22.7%	15.7%	10.5%	21.0%

24.3.4　网站业务使用情况

一、IDC 业务使用情况

1．提供 IDC 业务的网站比例

网站提供 IDC 服务的比例如图 24.42 所示。

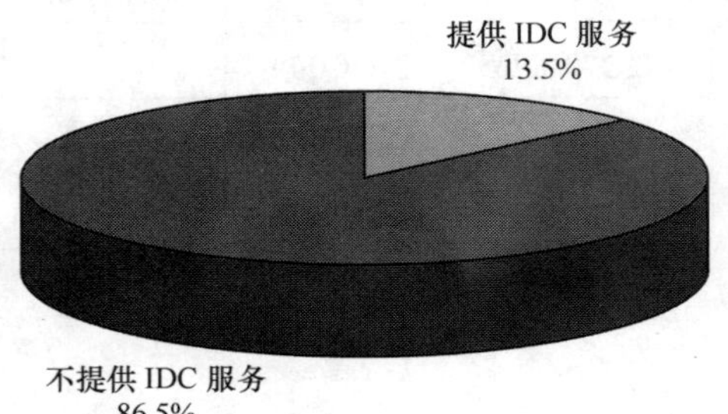

图 24.42　网站提供 IDC 服务的比例

各类网站提供 IDC 服务的情况如表 24.25 和图 24.43 所示。

表 24.25　　各类网站提供 IDC 服务情况

（%）	政府网站	企业网站	商业网站	教育科研网站	个人网站	其他公益性网站	总体（加权）
是	13.8	13.7	21.5	10.9	6.4	12.7	13.5
否	86.2	86.3	78.5	89.1	93.6	87.3	86.5

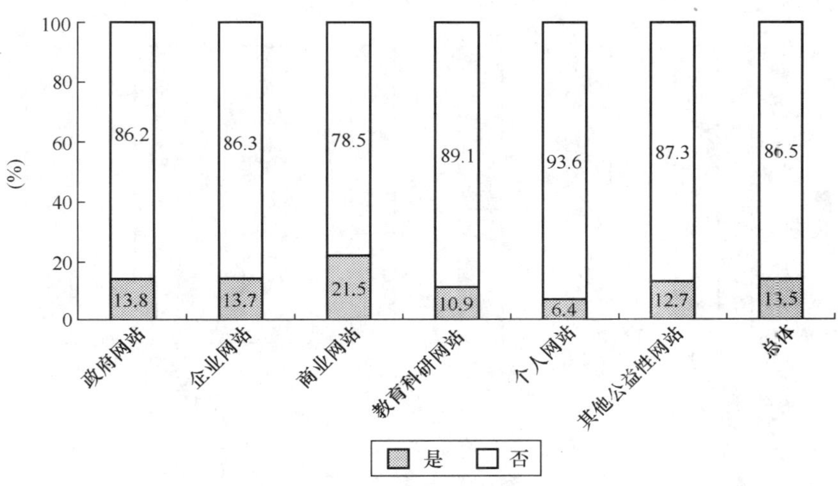

图 24.43　各类网站提供 IDC 服务的比例

2．提供 IDC 业务内容

如图 24.44 所示，网站提供的 IDC 服务中，比例最高的为“虚拟主机”业务，占到 70.1%，其次为“网站建设”，占到 67.7%。

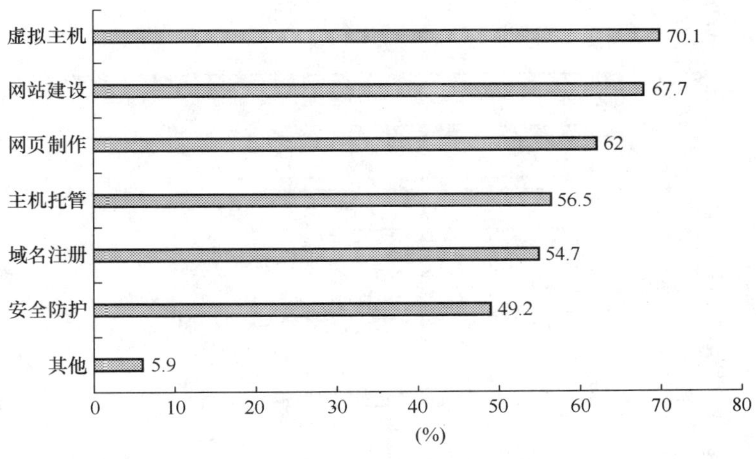

图 24.44　网站提供 IDC 服务内容的比例

3．使用 IDC 服务的网站

网站使用 IDC 服务的比例如图 24.45 所示。

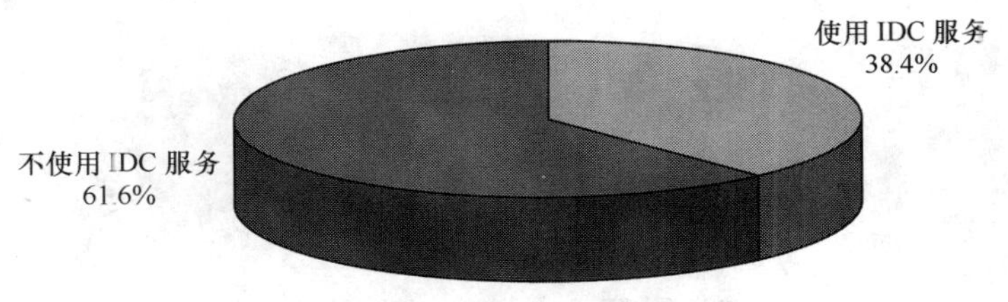

图 24.45　网站使用 IDC 服务的比例

各类网站使用 IDC 服务情况如表 24.26 和图 24.46 所示。

表 24.26　各类网站使用 IDC 服务情况

（%）	政府网站	企业网站	商业网站	教育科研网站	个人网站	其他公益性网站	总体（加权）
是	33.8	39.4	46.0	37.6	29.4	34.3	38.4
否	66.2	60.6	54.0	62.4	70.6	65.7	61.6

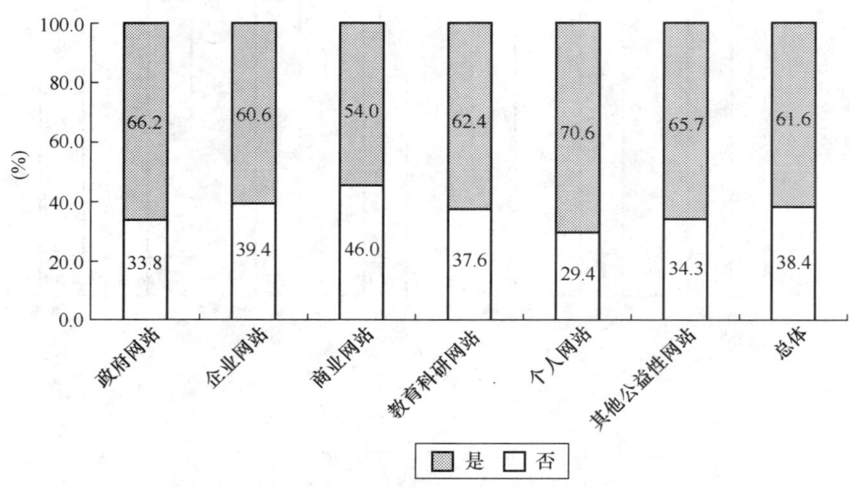

图 24.46　各类网站使用 IDC 服务情况

4．使用 IDC 服务内容的比例

如图 24.47 所示，在被调查网站中，使用的主要 IDC 业务为“虚拟主机”服务，占到 73.7%，其次为“主机托管”服务，占到 48.1%。

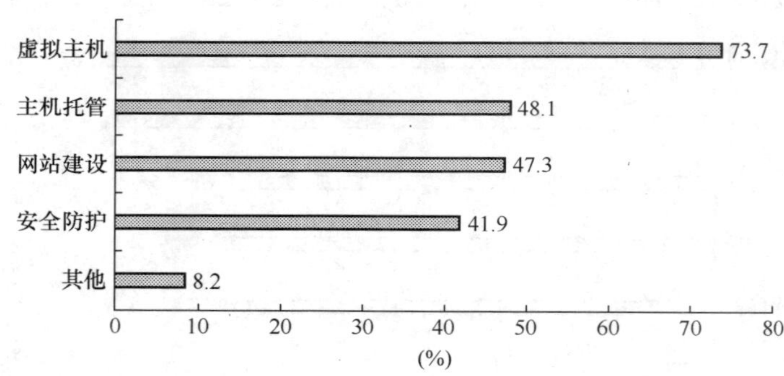

图 24.47　网站使用 IDC 服务内容

二、网络广告

1．有网络广告的网站

有网络广告的网站比例如图 24.48 所示。

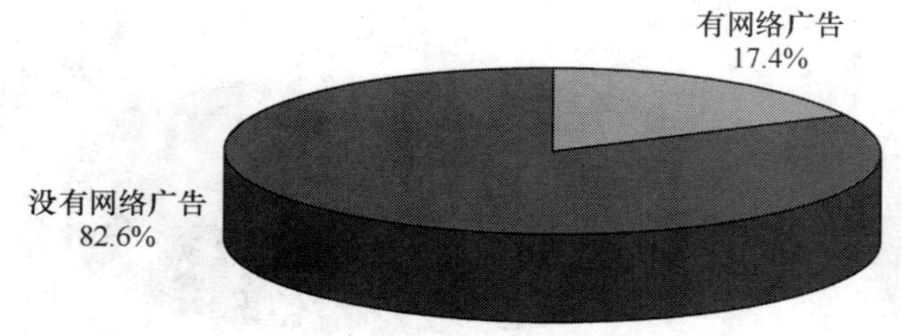

图 24.48　有网络广告的网站情况

表 24.27 各类网站有网络广告的情况

（%）	政府网站	企业网站	商业网站	教育科研网站	个人网站	其他公益性网站	总体（加权）
是	16.2	15.7	30.7	10.9	17.2	16.7	17.4
否	83.8	84.3	69.3	89.1	82.8	83.3	82.6

各类网站网络广告情况如图 24.49 所示。

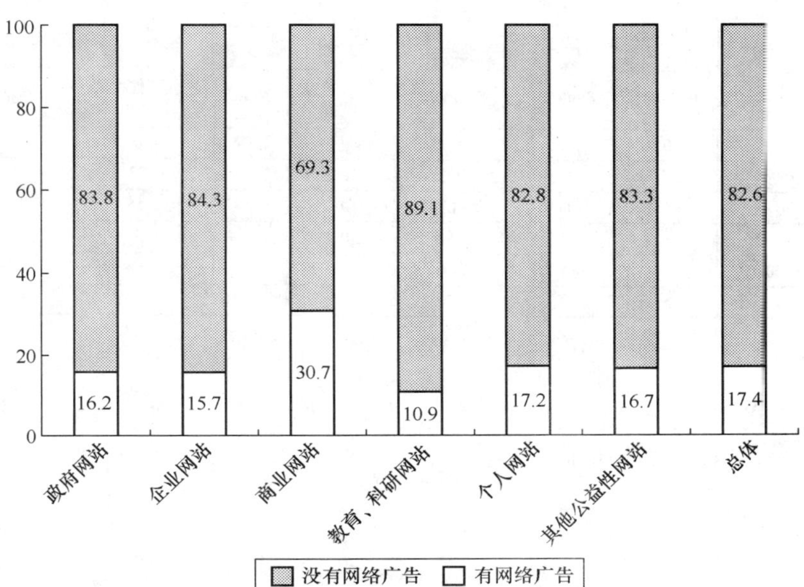

图 24.49 各类网站网络广告情况

2．网站的网络广告主要来源

网站的网络广告主要来源如图 24.50 所示。

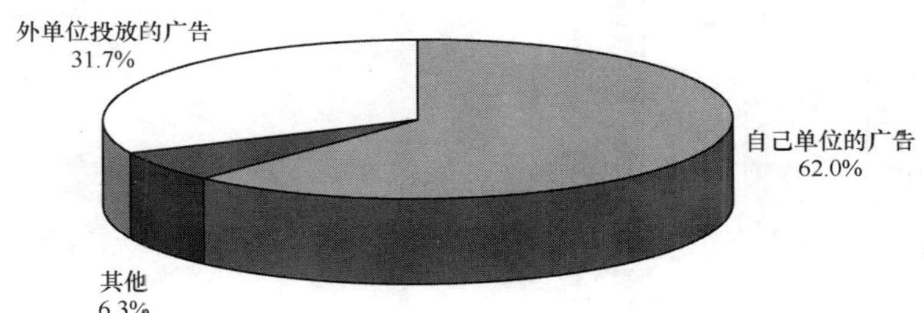

图 24.50 网站的网络广告主要来源

3．网站的网络广告数量

网站的网络广告数量如图 24.51 所示。

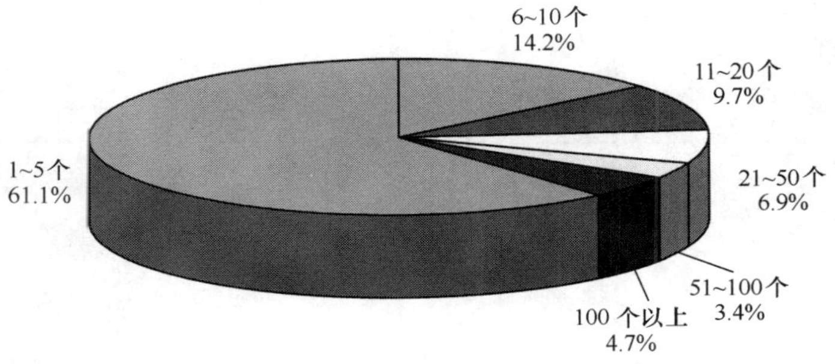

图 24.51 网站的网络广告数量

各类网站网络广告数量如图 24.52 所示。

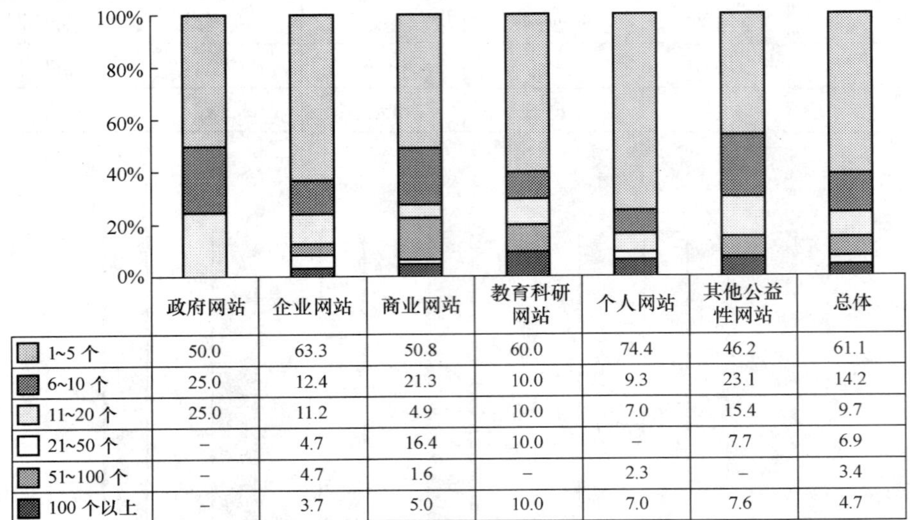

	政府网站	企业网站	商业网站	教育科研网站	个人网站	其他公益性网站	总体
1~5 个	50.0	63.3	50.8	60.0	74.4	46.2	61.1
6~10 个	25.0	12.4	21.3	10.0	9.3	23.1	14.2
11~20 个	25.0	11.2	4.9	10.0	7.0	15.4	9.7
21~50 个	–	4.7	16.4	10.0	–	7.7	6.9
51~100 个	–	4.7	1.6	–	2.3	–	3.4
100 个以上	–	3.7	5.0	10.0	7.0	7.6	4.7

图 24.52　各类网站网络广告数量

4．网站上网络广告的形式

网站上网络广告形式如图 24.53 所示。

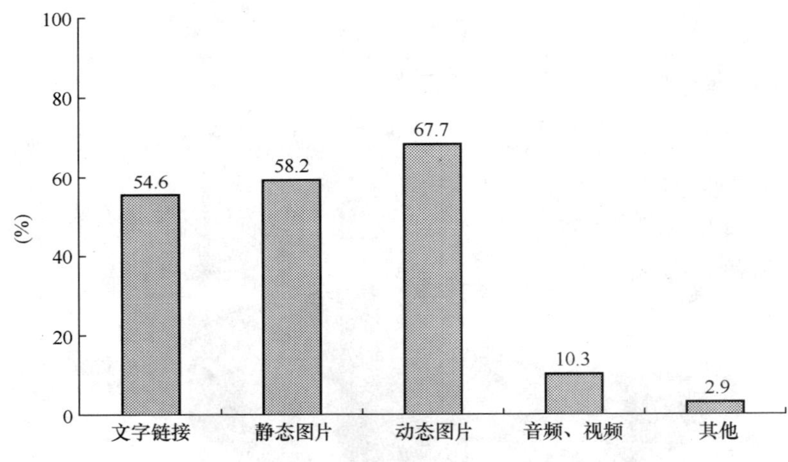

图 24.53　网站的网络广告形式

5．网络广告内容

网站的网络广告内容如图 24.54 所示。

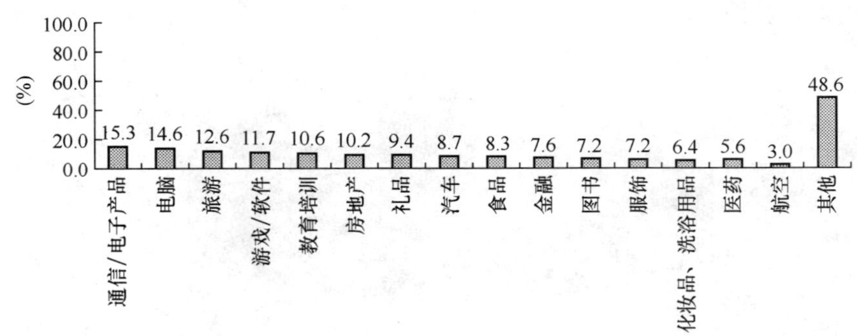

图 24.54　网站的网络广告内容

24.3.5　在线数据库数量及性质

一、在线数据库数量及各类网站拥有在线数据库情况

1．全国在线数据库数量

全国在线数据库的总量为 30.6 万个。其中企业网站拥有的在线数据库数量最多，占全部在线数据库的 50.9%；其次是商业网站拥有的在线数据库，占全部在线数据库的 16.9%；个人网站拥有的在线数据库排第三位，占全部在线数据库的 11.6%；教育科研网站的在线数据库占 7.5%；其他公益性网站的在线数据库占 7.2%；政府网站拥有的在线数据库占 5.3%；其他类型网站的在线数据库占 0.5%。具体如表 24.28 和图 24.55 所示。

表 24.28　在线数据库数量及分布情况

网站类型	总　　体	政府网站	企业网站	商业网站	教育科研网站	个人网站	其他公益性网站	其他类型网站
在线数据库数量（个）	306000	16300	155686	51839	23003	35387	22184	1601
占在线数据库总体比例	100%	5.3%	50.9%	16.9%	7.5%	11.6%	7.3%	0.5%

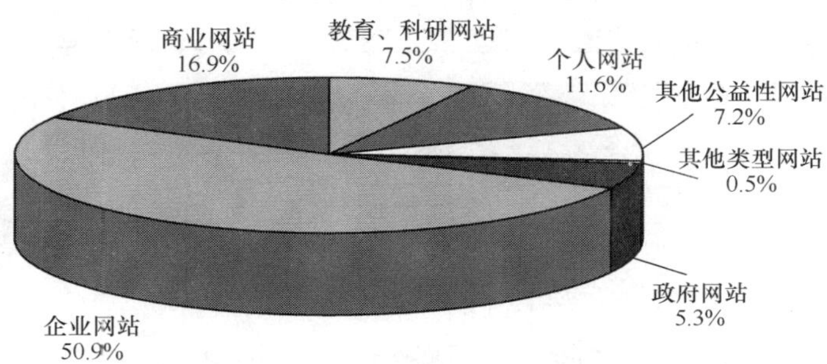

图 24.55　各类网站拥有的在线数据库占全部在线数据库的比例

2．拥有在线数据库的网站数量

全国网站中拥有在线数据库的网站数为 16.1 万个，约占全部网站的 24.1%。

从拥有在线数据库的各类网站比例来看，政府网站中拥有在线数据库的网站比例最高，达到 37.5%；其次为商业网站，比例为 35.7%；排第三位的是教育科研网站，比例为 35.6%；其他公益性网站为 30.4%；个人网站为 23.3%；企业网站为 10.2%。具体如表 24.29 和图 24.56 所示。

表 24.29　各类网站拥有在线数据库情况

网站类型	总　　体	政府网站	企业网站	商业网站	教育科研网站	个人网站	其他公益性网站	其他类型网站
拥有在线数据库的网站数（个）	161000	9096	81864	27288	10915	20921	9400	1516
占各类网站总数的比例	24.1%	37.5%	20.2%	35.7%	35.6%	23.3%	30.4%	14.3%

3．各类网站平均每个网站拥有在线数据库数量情况

（1）如图 24.57 所示，以拥有在线数据库的网站为基数，全国平均每个网站拥有 1.9 个数据库。

（2）如图 24.58 所示，以所有网站为基数，全国平均每个网站拥有 0.46 个在线数据库。

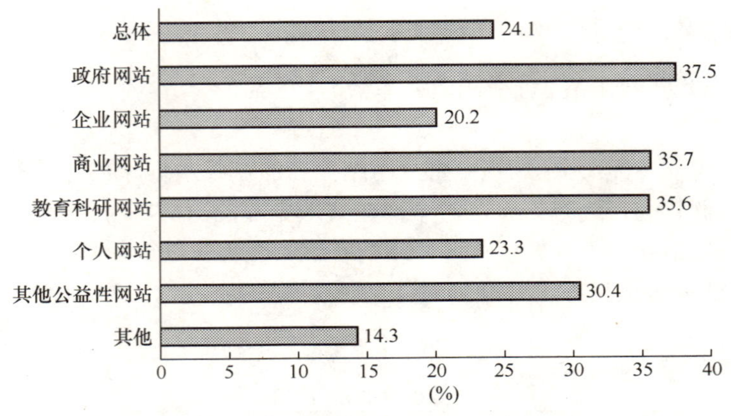

图 24.56　各类网站拥有在线数据库的比例

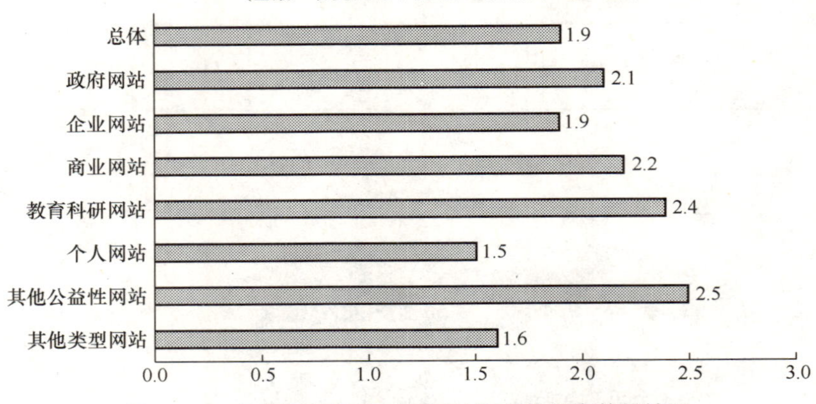

图 24.57　各类网站平均每个网站拥有数据库数量情况

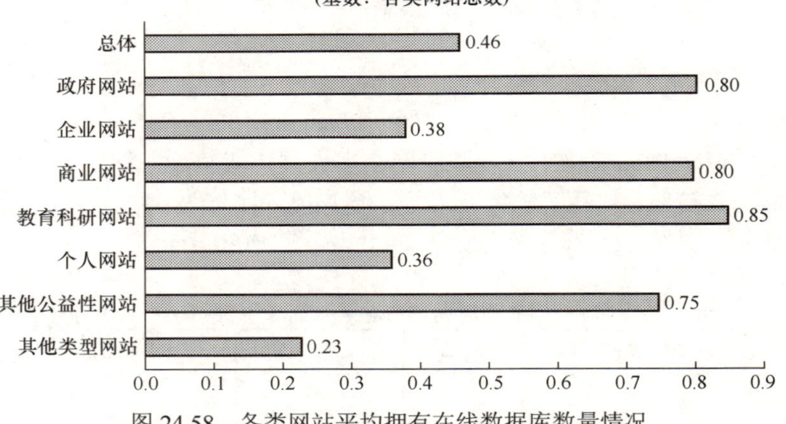

图 24.58　各类网站平均拥有在线数据库数量情况

4．网站拥有不同数量在线数据库的情况（基数为拥有在线数据库的网站）

如图 24.59 所示，在拥有在线数据库的网站中，60.5％的网站只拥有一个在线数据库；19.8％的网站拥有 2 个在线数据库；19.7％的网站拥有 3 个及以上的在线数据库。

二、在线数据库按内容和记录数分类情况

1．拥有各类在线数据库的网站比例

在拥有在线数据库的网站中，拥有“产品信息数据库”的网站最多，占到 45.9％；其次是拥有“图片数据库”的网站占到 11.5％；之后依次为拥有“企业名录数据库”的网站为 11.1％；拥有“报刊新闻数据

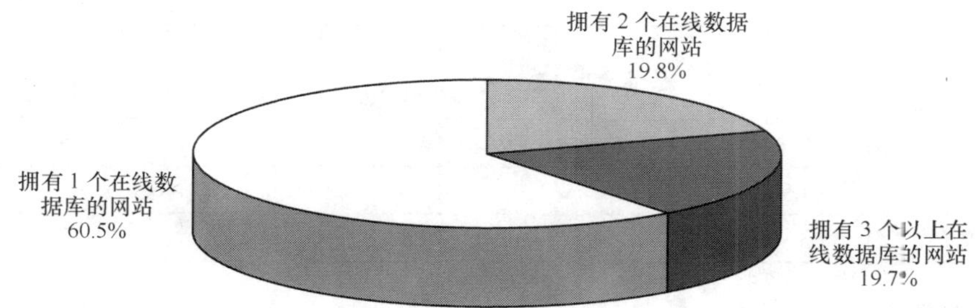

图 24.59　拥有不同数量的线数据库数的网站比例

库”的网站为 10.8%，拥有“科技信息数据库”的网站为 7.7%。具体如表 24.30 和图 24.60 所示

表 24.30　拥有各类在线数据库的网站比例情况

政策法规数据库	金融股票信息数据库	报刊新闻数据库	科技信息数据库	产品数据库	企业名录数据库
6.8%	1.5%	10.8%	7.7%	45.9%	11.1%
人物数据库	图片数据库	期刊、论文数据库	音频/视频数据库	其他	-
6.8%	11.5%	7.3%	2.7%	32.1%	-

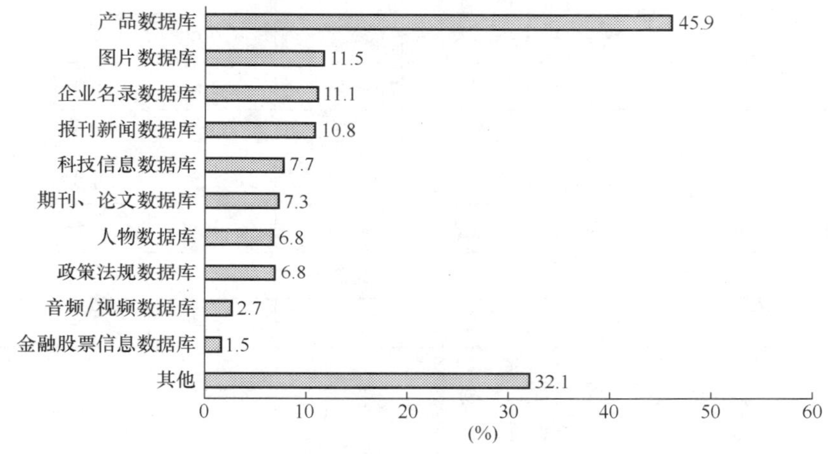

图 24.60　拥有各类在线数据库的网站比例情况

2．各类在线数据库拥有的记录数

各类在线数据库拥有的记录情况如表 24.31 所示。就总体而言，记录数在 1 000 条以上的数据库占全部数据库的 37.6%。

表 24.31　各类在线数据库拥有的记录数分布

%	50 条及以下	51～100 条	101～500 条	501～1000 条	1001～5000 条	5001～10000 条	10000 条以上
总体	22.7	8.1	18.0	13.6	14.3	13.0	10.3
政策法规	44.0	6.1	14.5	21.0	5.3	8.7	0.4
报刊新闻	20.8	9.5	17.1	15.2	6.5	12.8	18.1
科技信息	9.8	4.6	6.6	-	29.9	34.8	14.3
产品信息	19.5	11.7	23.5	12.3	16.0	11.3	5.7
企业名录	30.9	9.8	25.0	10.7	11.5	4.3	7.8
人物	36.0	-	16.6	-	25.4	19.5	2.5
图片	32.4	5.5	10.4	10.3	9.9	24.3	7.2

续表

%	50 条及以下	51～100 条	101～500 条	501～1 000 条	1 001～5 000 条	5 001～10 000 条	10 000 条以上
期刊/论文	35.5	5.7	6.4	14.2	13.5	8.9	15.8
音频/视频	23.0	14.9	12.2	14.9	10.9	4.7	19.4
其他	9.7	3.3	12.1	27.9	12.8	12.1	22.1

3．各类在线数据库的更新周期

各类在线数据库的更新情况如表 24.32 所示。其中报刊新闻数据库、期刊/论文数据库和科技信息数据库的更新情况较好。

表 24.32　各类在线数据库的更新周期情况

%	每日	每 3 日	每周	每两周	每月	每 3 月	每 6 月	6 月以上	不固定
政策法规	22.8	5.7	6.0	7.4	12.0	4.6	8.2	16.6	16.7
金融股票	30.3	-	-	7.0	22.3	22.3	-	-	18.1
报刊新闻	41.3	6.5	8.1	7.0	6.2	5.7	2.5	3.3	19.4
科技信息	34.9	1.2	13.3	3.2	12.4	5.1	6.9	1.5	21.5
产品信息	25.0	0.6	9.6	4.8	12.8	7.0	7.4	12.3	20.5
企业名录	35.3	3.2	17.7	7.1	4.7	3.6	6.9	11.7	9.8
人物	22.8	6.1	10.3	-	24.1	8.0	6.9	8.9	12.9
图片	24.0	2.5	14.2	2.6	17.3	2.5	9.8	4.5	22.6
期刊/论文	35.8	10.3	10.3	3.7	5.7	5.4	7.5	-	21.3
音频/视频	21.4	7.9	4.5	-	38.2	4.9	-	-	23.1
其他	35.8	5.1	10.3	3.7	5.7	5.4	7.5	-	26.5

4．各类在线数据库每次更新的记录所占比例

各类在线数据库的更新比例如表 24.33 所示。

表 24.33　在线数据库的每次更新记录比例情况

%	≤1%	1%～5%（含 5%）	5%～10%（含 10%）	10%～20%（含 20%）	>20%
政策法规	28.3	2.4	21.6	38.9	8.8
金融股票	21.4	-	3.4	-	75.2
报刊新闻	13.2	9.1	30.7	17.3	29.7
科技信息	24.2	16.9	29.3	0.7	28.9
产品信息	17.8	16.4	27.5	17.0	21.3
企业名录	33.6	32.3	15.4	2.9	15.8
人物	23.2	6.1	23.3	5.9	41.5
图片	19.6	34.8	15.0	10.7	19.9
期刊/论文	34.4	16.5	24.7	16.5	7.9
音频/视频	28.8	17.2	20.3	-	33.7
其他	28.1	21.2	27.5	5.6	17.6

5．在线数据库同时具有其他载体情况

在拥有在线数据库的网站中，14.3%的网站拥有在线数据库的其他载体。其中，24.1%政府网站拥有在

线数据库的其他载体，13.7%的企业网站拥有在线数据库的其他载体，20.0%的商业网站拥有在线数据库的其他载体，16.7%的教育科研网站拥有在线数据库的其他载体等。具体如表 24.34 所示。

表 24.34　在线数据库的载体情况

网站类型	政府网站	企业网站	商业网站	教育科研网站	个人网站	其他公益性网站	总　体
在线数据库拥有其他载体的网站比例	24.1%	13.7%	20.0%	16.7%	5.8%	12.9%	14.3%

各类网站在线数据库的具体载体形式分布情况如表 24.35 所示。

表 24.35　各类网站在线数据库具体载体形式

载体形式	总　体	政府网站	企业网站	商业网站	教育科研网站
光盘	58.8%	65.5%	55.8%	80.9%	38.2%
纸质	39.0%	51.7%	38.9%	33.8%	64.7%
其他	22.5%	14.6%	27.7%	10.8%	3.3%

6．在线数据库收费情况

在拥有在线数据库的网站中，有 12.3%的数据库收费，其中收费比例较高的为金融股票数据库。具体如图 24.61 所示。

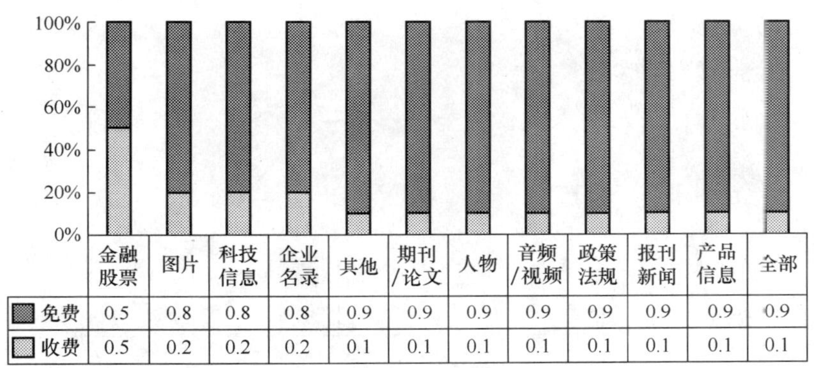

	金融股票	图片	科技信息	企业名录	其他	期刊/论文	人物	音频/视频	政策法规	报刊新闻	产品信息	全部
免费	0.5	0.8	0.8	0.8	0.9	0.9	0.9	0.9	0.9	0.9	0.9	0.9
收费	0.5	0.2	0.2	0.2	0.1	0.1	0.1	0.1	0.1	0.1	0.1	0.1

图 24.61　在线数据库收费情况

7．在线数据库面向对象情况

从在线数据库的面向对象情况来看，面向商业机构的在线数据库比例最高，占 50%；其次是社会公众的在线数据库，比例为 40.8%；第三是面向学生的在线数据库，所占比例为 18.2%。具体如图 24.62 所示。

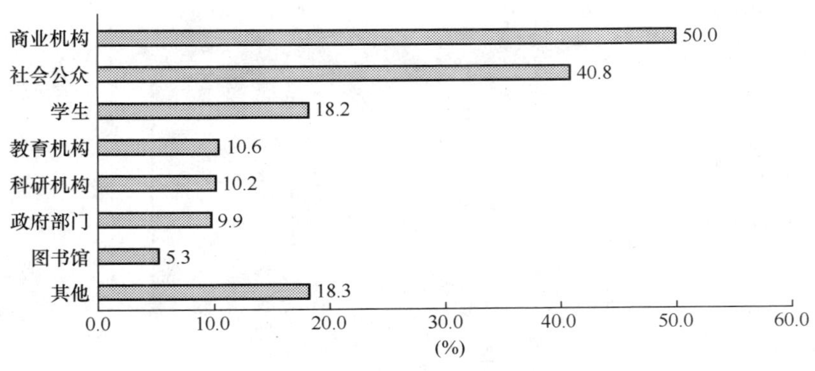

图 24.62　在线数据库面向对象情况分布

24.3.6 总结

1．域名数

截至 2004 年 12 月 31 日，全国域名总数为 1852300 个。

历年域名总数及发展情况如图 24.63 所示。

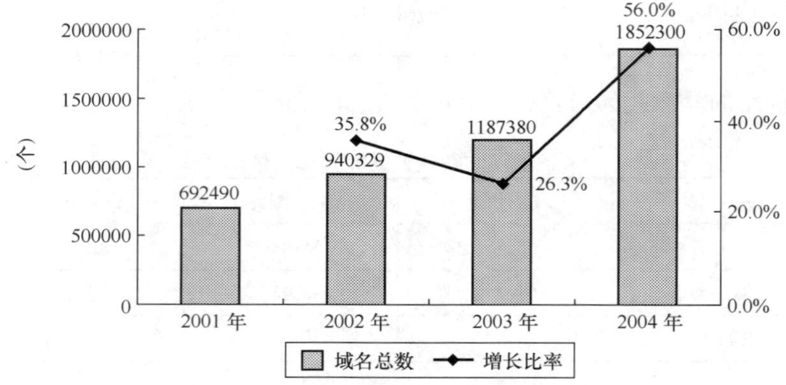

图 24.63 历年域名数及发展情况

2．网站数

截至 2004 年 12 月 31 日，全国网站总数约为 668900 个。

历年网站总数及发展情况如图 24.64 所示。

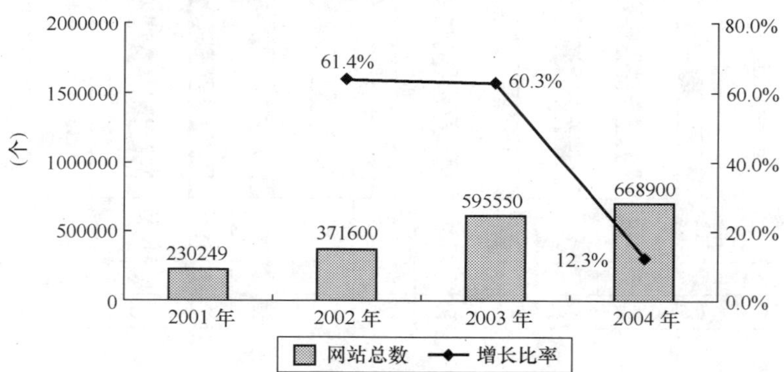

图 24.64 历年网站数及发展情况

3．网页数

截至 2004 年 12 月 31 日，全国网页总数约为 650682300 个。

历年网页总数及增长情况如图 24.65 所示。

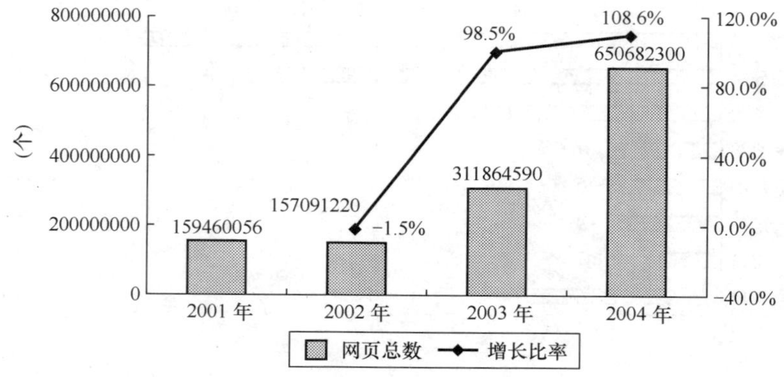

图 24.65 历年网页数及发展情况

4．网页字节总数

截至 2004 年 12 月 31 日，全国网页字节总数约为 20537214718KB。

历年网页字节数及发展情况如图 24.66 所示。

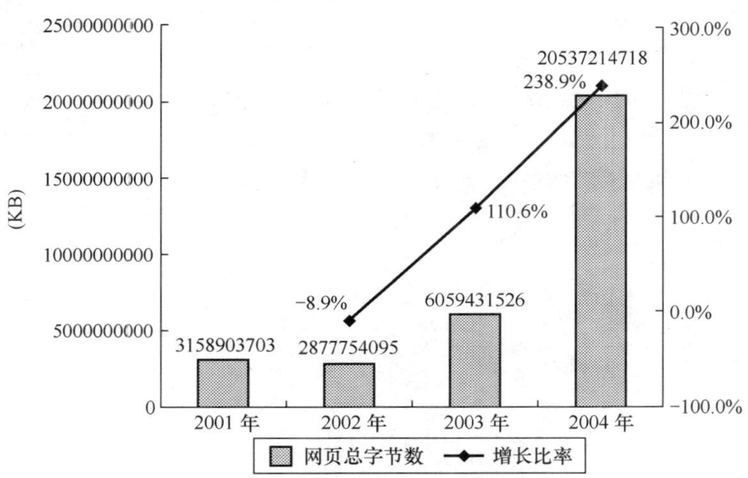

图 24.66　历年网页字节数及发展情况

5．在线数据库数

截至 2004 年 12 月，全国在线数据库的总量为 306000 个。

历年在线数据库数及发展情况如图 24.67 所示。

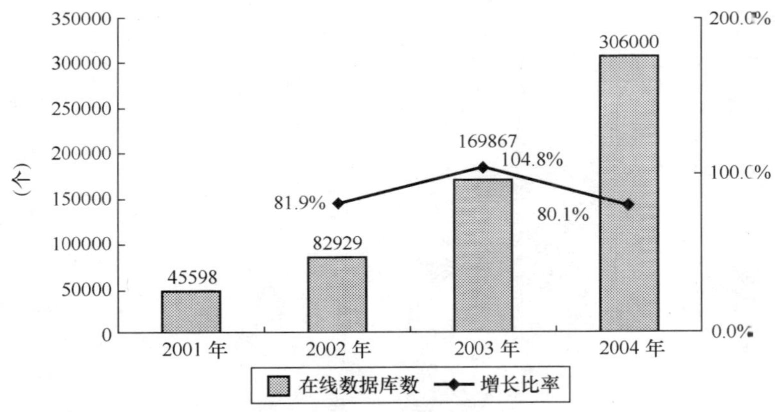

图 24.67　历年在线数据库数及发展情况

6．调查小结

此次调查数据显示我国网站数量稳中有升，域名、网页、在线数据库、网站信息提供等方面显示出了强劲的增长势头。可以说，2004 年在政府对信息资源开发的重视下，我国网络信息资源在数量、质量和服务上取得了较大进步，促进了我国信息化的发展。我国互联网呈现出良性互动、健康发展的态势。

总体来说，2004 年我国互联网信息资源发展有以下几个特点。

（1）我国互联网信息资源总量继续保持快速增长。与上一年相比，域名总数增长 56%，网页总数增长 108.6%，网页总字节数增长最快，达到了 238%，网站总数也增长了 12%。这说明一方面，平均每个网站上的信息量在上一年里迅速增多；另一方面，大量域名被注册，其中 36%的域名建立了网站，表明域名价值越来越被人们关注和认可，域名开发利用越来越多样化。

（2）在线数据库总体数量年增长近 13 万个，增长率达到 80%。这表明在线数据库对信息资源的整合与共享优势得到认可，其市场需求快速增长，人们越来越多地使用在线数据库来进行信息检索与挖掘，使之服务于自己的工作和生活，从而提高了网上资源的开发利用率。

（3）政府网站更加注重网站信息建设和为公众提供服务的交互功能。不但加大了网站信息自己采集的比例，还增强了网上信息检索和网站导航服务；从网站互动性来看，日常办公事务与网站交互功能联系越来越密切，政府网站提供的交互性服务最多的是政府信箱、留言板和在线投诉/举报，这就为政府增加了采集舆情，集思广益的渠道，同时也为民众提供了向政府建言、监督政务的平台。

（4）企业网站和商业网站注重并增强了信息服务的内容。企业网站除了主要提供企业介绍和产品/服务介绍外，在网站上扩充或增设了服务信箱和产品查询功能，用以提高服务质量；商业网站则加大了新闻、教育、房地产等信息的提供力度，借以吸引更多的点击率。

（5）教育科研网站除主要提供学校介绍、院系介绍和学校新闻等信息外，虚拟社区/BBS的交互性服务也比较活跃。

（国务院信息化工作办公室　中国互联网络信息中心（CNNIC））

第 25 章　中国互联网络热点调查报告

25.1　前言

中国互联网正在快速发展中，每年都会有新的互联网热点出现，这些热点对我国互联网的发展起着重要作用。为了及时了解这些新热点问题的发展现状，中国互联网络信息中心（CNNIC）作为国家级的互联网信息中心，将不定期地进行不同主题的互联网热点调查，全面深入地对热点的发展规模、存在问题、趋势等进行探讨，以期在第一时间内为政府和相关企业提供有关热点问题的参考数据，促进相关互联网产业更健康、快速的发展。

2003 年 11 月，CNNIC 推出了第一次热点调查报告，内容是网站短信息和宽带。报告发布后，得到了社会的广泛关注和普遍认可。2004 年中国互联网的发展热点很多，CNNIC 在征求业界专家的意见后，选取电子邮箱和网络购物作为新一期的调查内容，并通过召开专家研讨会，确定了调查方案。

2004 年 4 月，著名的搜索引擎公司 Google 宣布免费提供邮件系统 Gmail，容量为 1GB；不久，雅虎、网易和新浪分别对各自的免费邮箱进行了扩容。这一系列举措无疑对中国的收费邮件服务提供商带来一定的影响。我国的电子邮箱服务市场现状如何？免费邮箱与收费邮箱到底哪个更具生命力？我国的电子邮箱服务将何去何从？

我国的电子商务已经走过了 5 年的发展历程，但发展情况却不尽如人意。2003 年的"非典"疫情猛然激发了网络购物的发展活力，凭借这股东风，我国一些 B2B、B2C、C2C 厂商开始复苏，甚至宣布盈利。2003 年 6 月，全球最大的在线交易网站 eBay 收购易趣网，2004 年 8 月，美国著名电子商务网站亚马逊收购卓越网。这一系列消息对中国的网络购物行业来说意味着什么？中国网络购物真的迎来了盈利时代了吗？中国网络购物的发展前景又如何？

这一系列问题使我国的电子邮箱和网络购物成为 2004 年互联网行业关注的焦点。CNNIC 力图通过此次调查来解答这些问题，从深度和广度来拓展 CNNIC 的互联网调查，从而与 CNNIC 每半年一次的中国互联网络发展状况调查形成互补之势，提高 CNNIC 的互联网信息服务水平和范围。

值得一提的是，为了从网络购物经营者的角度对中国目前网络购物的现状和发展方向进行了深度剖析，CNNIC 还对北京珠穆朗玛网络技术有限公司、e 国（中国）有限公司、北京八佰拜电子商务技术有限公司等的高层管理人员进行了深度访问，在此，谨向他们对本次调查的支持表示感谢。

25.2　调查方法简介

一、调查总体

家庭居民（不包括在校大学生）加上在校大学生。

二、调查方法

1．抽样原则

（1）家庭居民

本次热点调查对象是网民，采用分层与 PPS 抽样相结合的方式抽取样本。对样本通过电话访问进行。

第 1 阶段为对省的选取，根据各省网民占全国网民的比例（采用 CNNIC 第 13 次中国互联网发展状况统计报告的结果）大小，将排在前 15 位的省分别作为 1 个层，将其余所有省份看成 1 个层，根据各层网民比例分配样本。对最后一层采用 PPS 抽样原则选取 5 个省份。本次调查共抽取了 20 个省市。

第 2 阶段是对电话局号的选取，采用简单随机抽样方法选取电话局号，电话局号的数量根据入选样本的数量确定，将样本量除以 10 后四舍五入取整作为电话局号的数量。样本数在电话局号间平均分配。

第 3 阶段为对样本的选取，采用等距抽样和简单随机抽样相结合的方法。入选地区的电话局号是固定的，后面 3～4 位号码先产生一个随机数，然后依次加上或者减去一个间距（与样本量有关）确定电话号码，家庭内成员选择第一个接电话的网民。

（2）学生

由于在整体上学生内部在受教育程度、收入、消费习惯等方面差异较小，而与家庭居民有较大差异，因此单独对学生总体进行抽样。受条件限制，且根据学生内部差异不大的特点，对学生的抽样不采用完全随机抽样方式进行。首先，根据院校类型，选取 5 所有代表性的大学。然后，根据所在学校的电话局号，对学生宿舍采用与居民抽样一样的等距抽样的方法进行选取（排除教职工）。

2．样本量

本次调查在 95%置信度下，取最大允许误差为 3%，考虑设计效应，总样本量 2 627 个，其中，居民 2 327 个，在校大学生 300 个。

在电子邮箱部分的调查中，针对免费邮箱问题的有效样本为 2 282 个，针对收费邮箱问题的有效样本为 202 个。在网络购物部分的调查中，有浏览购物网站经历的有效样本为 1 591 个，进行过网络购物的有效样本为 471 个。

三、调查实施与质量控制

采用结构式问卷进行访问。问卷以封闭式题目为主，辅以个别开放式问题。在正式调查之前对问卷进行了试访。调查从 2004 年 9 月 9 日开始，至 2004 年 9 月 30 日结束。由专业的市场调查公司采用 CATI（Computer-Assisted Telephone Interviewing）系统进行访问。所有访问员均受过正规专业训练并参加过项目培训。在实施过程中配备专职督导和质检人员，对每份问卷进行 100%的审核，以保证调查结果的真实性和可靠性，最大限度减少人为因素造成的误差。调查问卷回收后，抽取了一定比例的问卷进行电话复核，以检验调查结果，并将不合格的问卷全部废除。

四、数据处理与分析

在数据处理之前，对数据中变量的取值、变量之间的逻辑关系、配额等进行检查，对其中的不合格样本进行了核对、删除和补充，并对部分变量进行了事后编码。对不同总体样本进行了事后加权。

在 SPSS 中，利用频数分析、分组、交叉分析、多应答分析、相关分析等统计手段进行了数据处理与分析。

五、相关说明

（1）本次调查中电子邮箱用户指拥有由电子邮箱服务提供商提供的免费邮箱或收费邮箱账号的用户，但不包括拥有公司或学校等提供的单位电子邮箱账号的用户。

（2）本次调查中的网络购物仅指网民通过 B2C，C2C 的方式在网上购买商品的行为。

（3）客单价指一个用户一张订单的购物金额。

（4）数据报告中，如果不做声明，则调查题目均为单选题。

（5）本报告统计截止日期为 2004 年 9 月 30 日。

25.3 中国电子邮箱调查报告

25.3.1 数据报告

一、电子邮箱用户的基本特征

（1）用户性别分布如图 25.1 所示，其中男性占 62.6%，女性占 37.4%。

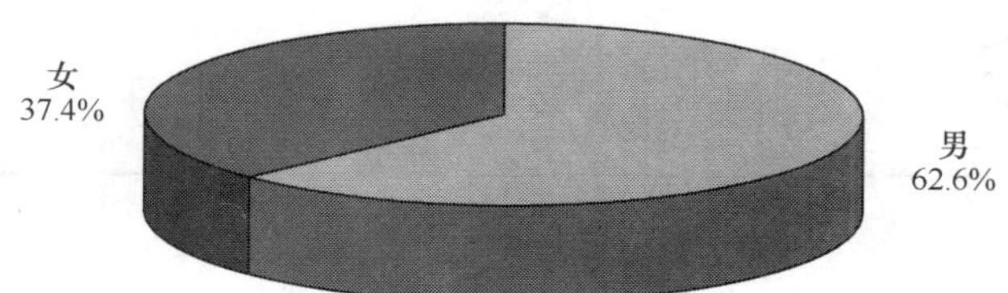

图 25.1　用户性别分布

（2）用户年龄分布如表 25.1 和图 25.2 所示。

表 25.1　　用户年龄分布

18 岁以下	18～24 岁	25～30 岁	31～35 岁	36～40 岁	41～50 岁	51～60 岁	60 岁以上
9.0%	43.6%	26.1%	9.0%	5.3%	5.0%	1.2%	0.8%

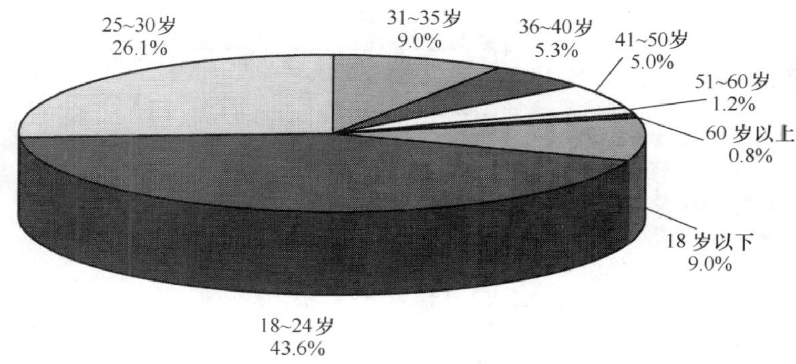

图 25.2　用户年龄分布

（3）用户婚姻状况分布，未婚占 63.6%，已婚（包括再婚）占 36.4%，如图 25.3 所示。

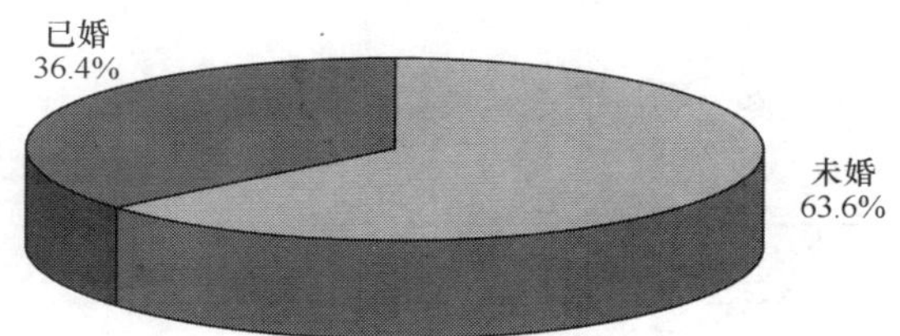

图 25.3　用户婚姻状况分布

（4）用户受教育程度，如表 25.2 和图 25.4 所示。

表 25.2　　用户受教育程度

初中及以下	高中/中专/技校	大　　专	大学本科	硕士研究生	博士研究生
5.0%	21.8%	27.4%	36.9%	7.7%	1.2%

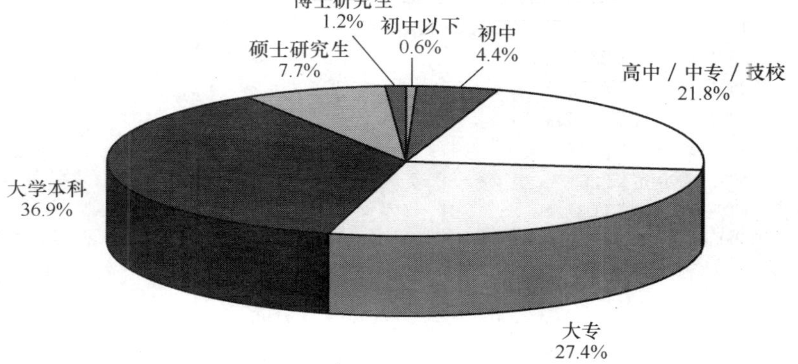

图 25.4　用户受教育程度分布

（5）用户职业分布如表 25.3 和图 25.5 所示。

表 25.3　　用户职业分布

国家机关、党群组织工作人员	企事业单位管理人员	专业技术人员	生产、运输设备操作人员及有关人员（工人等）
6.1%	9.0%	11.6%	3.3%
办事员等协助人员	商业、服务业人员	农、林、牧、渔工作人员	教师
2.0%	7.1%	0.3%	11.4%
军人	学生	无业	其他
0.4%	35.2%	5.3%	8.3%

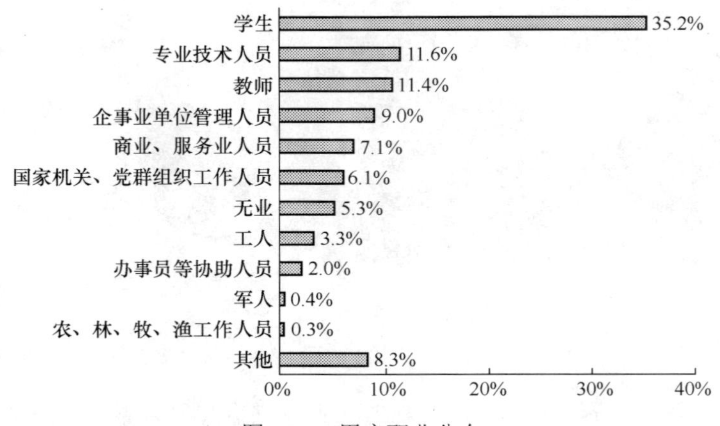

图 25.5　用户职业分布

（6）用户个人月收入如表 25.4 和图 25.6 所示。

表 25.4　　用户个人月收入

500 元以下	501～1 000 元	1 001～1 500 元	1 501～2 000 元	2 001～2 500 元	2 501～3 000 元
5.4%	13.3%	17.5%	12.2%	6.8%	5.5%
3 001～4 000 元	4 001～5 000 元	5 001～6 000 元	6 001～10 000 元	10 000 元以上	无收入
4.6%	2.0%	1.2%	1.3%	0.5%	29.6%

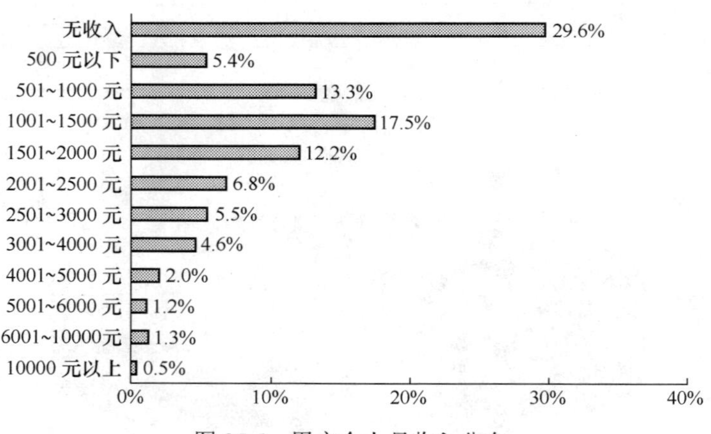

图 25.6　用户个人月收入分布

（7）用户家庭月收入如表 25.5 和图 25.7 所示。

表 25.5　　用户家庭月收入

500 元以下	501～1 000 元	1 001～1 500 元	1 501～2 000 元	2 001～2 500 元	2 501～3 000 元
1.3%	4.1%	9.2%	11.0%	13.2%	12.1%
3 001～4 000 元	4 001～5 000 元	5 001～6 000 元	6 001～10 000 元	10 000 元以上	其他
14.7%	11.4%	8.5%	6.9%	6.6%	0.9%

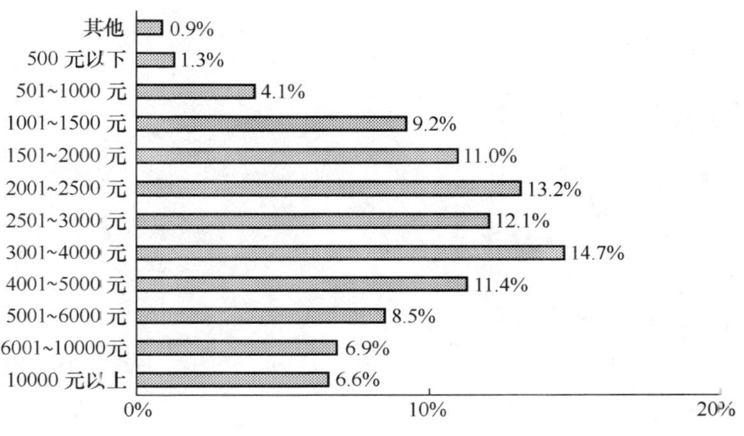

图 25.7　用户家庭月收入分布

二、电子邮箱使用情况

1．过去三个月内是否申请新的 E-mail 账号

- 申请　33.8%
- 没申请　66.2%

2．新申请的电子邮箱是收费的还是免费的

- 收费邮箱　2.6%
- 免费邮箱　97.4%

3．申请新的 E-mail 账号的主要原因（多选题）

- 使用方便　34.1%
- 容量增大　25.2%
- 以前没有任何电子邮箱账户　4.5%
- 更加安全可靠　4.5%
- 服务更好　4.1%
- 访问速度快　3.7%
- 垃圾邮件更少　2.6%
- 可收发的邮件附件变大　2.4%
- 附加功能强大　2.4%
- 可以更方便的收发国际邮件　2.3%
- 其他　12.2%

4．用户拥有 E-mail 账号的类型（多选题）

- 免费邮箱　96.5%
- 收费邮箱　8.0%
- 单位提供的电子邮箱　7.5%
- 学校提供的电子邮箱　7.2%

- 不清楚 0.2%
- 其他 0.1%

5．用户最常用的电子邮箱

- 免费邮箱 88.2%
- 收费邮箱 4.6%
- 单位提供的电子邮箱 3.9%
- 学校提供的电子邮箱 3.2%
- 不清楚 0.2%

6．用户最常使用的电子邮箱容量

- 10MB 以下 15.6%
- 10～49MB 25.1%
- 50～99MB 6.4%
- 100～999MB 16.0%
- 1GB 及以上 6.3%
- 不知道 30.6%

7．用户使用电子邮箱的目的（多选题）

- 和朋友联系 79.9%
- 工作需要 29.1%
- 存储信息 11.3%
- 传送大容量文件 15.3%
- 注册服务使用 9.8%
- 其他 12.2%

8．用户收到垃圾邮件比例

- 10%以下 28.6%
- 10%～20% 14.4%
- 21～50% 23.8%
- 51～80% 22.1%
- 大于 80% 11.1%

9．用户最常使用收发邮件的方式

- 直接登录服务网站（即 Web 方式） 83.9%
- 使用 Outlook、Outlook Express 9.0%
- 使用其他邮件收发软件 6.0%
- 其他 1.1%

10．用户是否有最常登录网站提供的 E-mail 账号

- 有 62.2%
- 没有 37.8%

三、收费邮箱部分

11．用户收费邮箱申请时间

- 最近 3 个月 7.3%
- 3 个月～半年 11.7%
- 半年～1 年 17.6%
- 1 年～2 年 30.6%
- 2 年以上 32.7%

12．相对于免费邮箱，用户认为收费邮箱的优点（多选题）

- 垃圾邮件少　38.8%
- 安全稳定　36.4%
- 电子邮箱空间大　33.0%
- 访问速度快　17.6%
- 较多的附加功能　8.4%
- 可以查杀病毒　5.8%
- 收发邮件方便　5.6%
- 不知道　5.5%
- 可收发的附件较大　4.5%
- 没有　4.5%
- 比较正式　4.1%
- 能更好的收发国际邮件　0.5%
- 其他　10.1%

13．用户对收费邮箱各项服务满意度评分（1 分为非常不满意，5 分为十分满意），如表 25.6 所示。

表 25.6　用户对收费邮箱各项服务满意度评分

	评价平均值	评分结果比例				
		1 分	2 分	3 分	4 分	5 分
价格	3.6	2.1%	7.9%	39.6%	29.0%	21.4%
访问速度	3.8	3.1%	7.0%	24.4%	36.0%	29.5%
安全稳定	4	2.0%	7.1%	18.0%	37.7%	35.2%
邮箱空间	3.8	3.3%	8.3%	21.8%	40.0%	26.5%
附件大小	3.4	7.8%	14.8%	29.6%	30.5%	17.4%
防病毒	3.8	3.3%	8.7%	29.0%	26.9%	32.0%
过滤垃圾邮件	3.4	11.6%	12.4%	26.6%	26.8%	22.6%
附加功能	3.5	3.8%	7.3%	39.8%	31.1%	18.0%
多种接受方式	3.7	4.8%	6.5%	26.6%	41.2%	21.0%

14．用户使用电子邮箱的附加功能（多选题）

- Flash 贺卡　36.9%
- 垃圾邮件过滤　36.0%
- 邮件提醒　28.7%
- 不用/很少使用　23.6%
- 邮件查毒　22.1%
- 信息定制　20.7%
- 相册功能　17.6%
- 下载手机铃声　17.6%
- 发送视/音频邮件　17.2%
- 批量相片上传　13.7%
- 其他　10.8%

15．用户是否会继续使用收费邮箱

- 会　92.6%
- 不会　7.4%

16．上题中用户不继续使用收费邮箱的原因

- 价格高　6.7%
- 免费邮箱能满足需要，没必要　46.7%
- 免费邮箱改进较大　13.3%
- 邮件地址不用了　13.3%
- 优惠政策较少　6.0%
- 其他　14.0%

17．用户认为目前收费邮箱需要改进的方面（多选题）

- 可以有效过滤垃圾邮件　30.7%
- 容量更大　30.6%
- 安全稳定（防病毒等）　25.4%
- 访问速度　19.4%
- 不要改进/没意见　16.0%
- 价格更有吸引力　14.0%
- 增加更多的附加功能　11.5%
- 邮件及时收发　3.1%
- 减少本邮件系统自己发送的广告邮件　1.5%
- 操作更简单化　1.5%
- 其他　14.0%

四、免费邮箱部分

18．用户最常使用的免费邮箱申请的时间

- 最近 3 个月　14.0%
- 3 个月～半年　7.7%
- 半年～1 年　11.6%
- 1 年～2 年　19.5%
- 2 年～3 年　17.5%
- 3 年以上　29.7%

19．用户选择免费邮箱时考虑的因素（多选题）

- 免费　26.2%
- 电子邮箱空间大　18.1%
- 安全稳定　13.5%
- 访问速度快　12.7%
- 没有考虑　11.6%
- 方便　8.0%
- 邮件地址容易记住　6.4%
- 垃圾邮件少　5.9%
- 朋友介绍/同学介绍/老师介绍　5.1%
- 网站知名　3.3%
- 可收发的附件较大　2.4%
- 可以查杀病毒　2.4%
- 较多的附加功能　2.3%
- 能更好的收发国际邮件　1.3%
- 多种收发方式（如 POP3、手机等）　1.0%
- 其他　17.5%

20．用户对免费邮箱的评价（1 分为非常不满意，5 分为十分满意），如表 25.7 所示。

表 25.7　用户对免费邮箱的评价

	评价平均值	评分结果比例				
		1 分	2 分	3 分	4 分	5 分
访问速度	3.6	2.3%	6.5%	38.5%	34.8%	18.0%
安全稳定	3.7	3.0%	9.4%	30.0%	34.5%	23.2%
邮箱空间	3.7	3.0%	11.7%	26.9%	30.5%	27.9%
附件大小	3.3	6.4%	17.4%	35.3%	26.7%	14.1%
防病毒	3.4	8.0%	13.8%	28.8%	28.5%	20.9%
过滤垃圾邮件	2.7	22.7%	24.3%	24.7%	17.3%	10.9%
多种接受方式	3.3	5.5%	14.2%	41.1%	27.4%	11.8%
附加功能	3.3	4.2%	14.6%	40.1%	28.3%	12.8%

21．用户以前是否使用过收费邮箱

- 使用过　13.7%
- 没使用过　86.3%

22．曾经使用收费邮箱的用户不继续使用收费邮箱的原因

- 免费邮箱能满足需要，没必要　47.0%
- 价格高　23.8%
- 服务不尽如人意　5.7%
- 付费不方便　4.0%
- 不安全　3.0%
- 公司提供　3.0%
- 忘记付费　2.3%
- 不常用　2.3%
- 其他　8.9%

23．用户认为免费邮箱需要改进的方面（多选题）

- 可以有效过滤垃圾邮件　45.8%
- 容量更大　32.7%
- 安全稳定（防病毒等）　27.8%
- 访问速度　21.5%
- 增加更多的附加功能　10.1%
- 减少本邮件系统自己发送的广告邮件　4.8%
- 附件容量　4.8%
- 邮件及时收发　4.2%
- 操作更简单化　3.7%
- 不需要/没有考虑　11.8%
- 其他　11.4%

25.3.2　分析报告

一、电子邮箱的新申请状况

1．是否申请了新的 E-mail 账号

在问到最近三个月内是否申请了新的 E-mail 账号时，有 66.2%的被访者没有申请，申请了的占 33.8%，如图 25.8 所示。在新申请的电子邮箱中，免费邮箱以 97.4%占绝对优势。

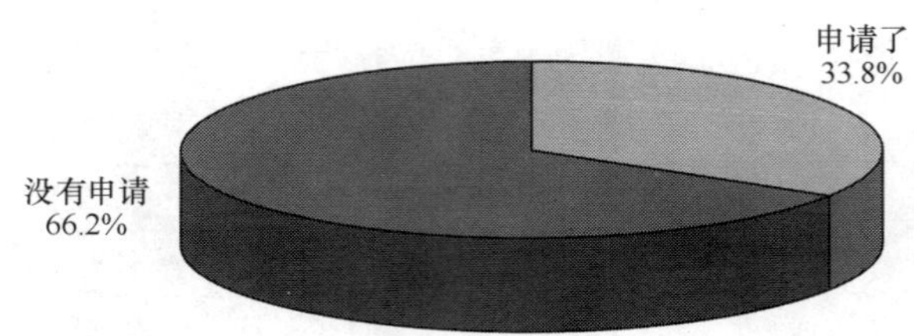

图 25.8　最近三个月是否申请了新的 E-mail 账号

在新申请 E-mail 账号的被访者中，男性（64.8%）多于女性，年龄绝大多数在 35 岁以下（88.4%），其中 18～24 岁的占 40.6%，受教育程度多为高中到大学本科之间（84.4%），职业以学生、教师和专业技术人员为最多。由此可见，新申请邮箱网民的结构与我国网民的整体结构很相似。

2．新申请 E-mail 账号的原因

被访者申请新的 E-mail 账号的原因如图 25.9 所示。可以看出，为了使用方便和容量增大是网民申请新账号的主要原因，分别占到了 34%和 25%，其他像以前没有 E-mail 账号、安全可靠和服务也是吸引用户申请新的 E-mail 账号的原因。值得注意的是，因为原先没有电子信箱而新申请的比例很小，只占 4.5%。这说明绝大部分用户新申请 E-mail 账号是在已有邮箱的基础上又启用功能更强大的新账号。引起这种转变的原因应当引起邮件提供商的高度重视。

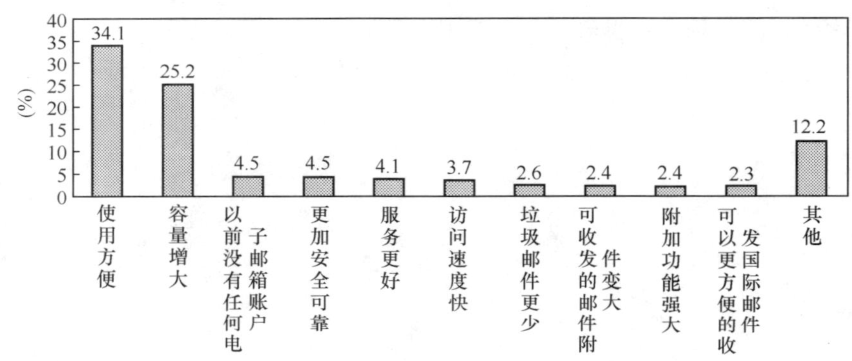

图 25.9　新申请 E-mail 账号的原因

二、电子邮箱使用特征

1．E-mail 账号拥有状况

在被访者中，E-mail 账号数多为 1～3 个，占全体的大约 83%，这说明目前大多数网民对待 E-mail 账号较为理智，抢注 E-mail 账号的现象已经很少了，如图 25.10 所示。。

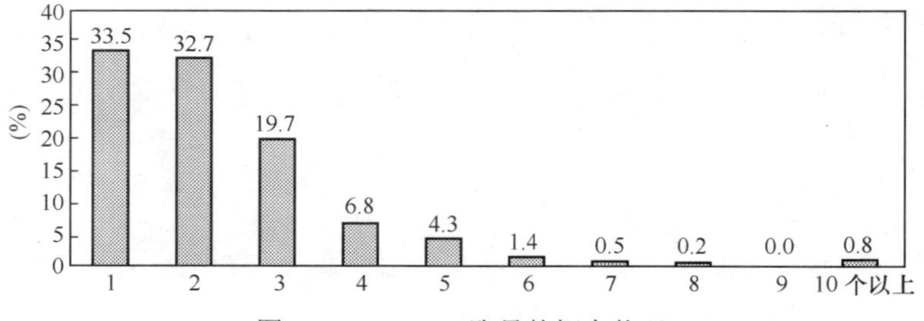

图 25.10　E-mail 账号的拥有状况

通过比较可以发现，拥有 E-mail 账号的网民结构与我国全体网民的结构整体上是一致的，不过在受教育程度更高，大本及以上的比例高出约 15%，如图 25.11 所示。

2．拥有 E-mail 账号的类型

几乎所有被访者都拥有免费邮箱的账号，8%的被访者拥有收费邮箱账号，还分别有超过 7%的被访者拥有单位提供和学校提供的电子邮箱账号，如图 25.12 所示。

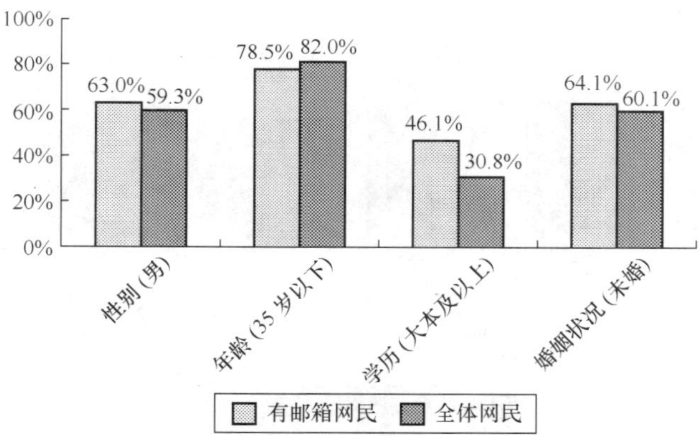

图 25.11　拥有 E-mail 的网民特征

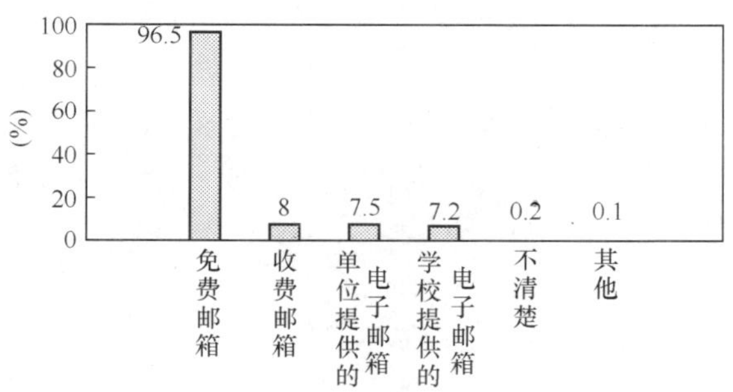

图 25.12　拥有 E-mail 账号的类型

数据显示，拥有单位提供邮箱的网民比例较低。但从分地区的结果来看，可以清楚的看出北京和上海网民的单位邮箱账号的拥有比例远远高于其他省区，其他地区的拥有比例较低（如图 25.13 所示），从而降低了全国的平均水平。另外，从图 25.13 中可以看出，各省市拥有单位提供邮箱的比例与该地区网络发展水平有较为密切的关系。

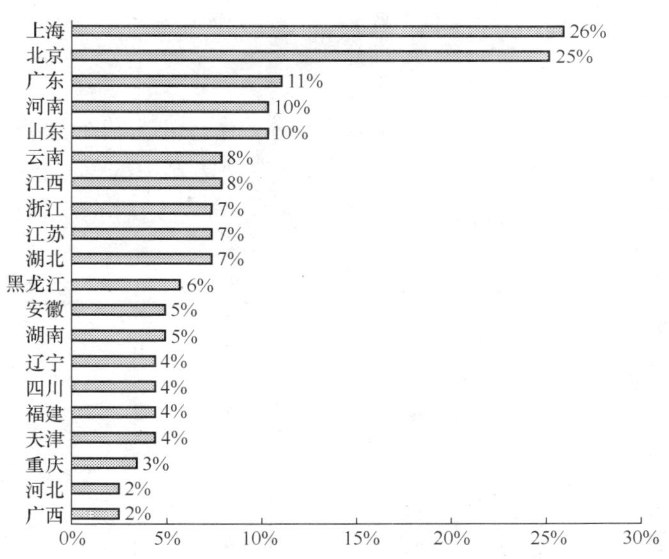

图 25.13　各省市拥有单位邮箱账号的网民比例

在拥有收费邮箱账号的被访者中，男性（77.1%）多于女性，男性所占比例远高于我国网民中男性的比例（59.3%）；年龄绝大多数在 18～30 岁的占到了 70.9%，受教育程度大学本科为最多（37.1%），大专及以上的占到了 78.7%，职业分布以学生、专业技术人员以及办事员等协助人员为最多。与全体网民的结构相比，男性比例更高，受教育程度也更高，大本及以上的比例超过了一半，如图 25.14 所示。

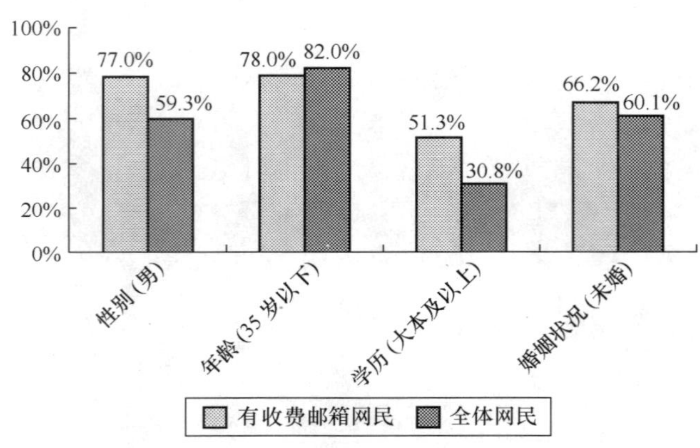

图 25.14　拥有收费邮箱账号的网民特征

3．电子邮箱使用特征

（1）使用频率

被访者的电子邮箱使用频率比较高，每周不低于 1 次的有 83%，每天都使用的比例也达到了 28%。电子邮箱较高的使用频率说明其已经成为网民最经常的活动组成部分和较为重要的应用工具，电子邮箱仍然是当前互联网的使用最多的功能，如图 25.15 所示。

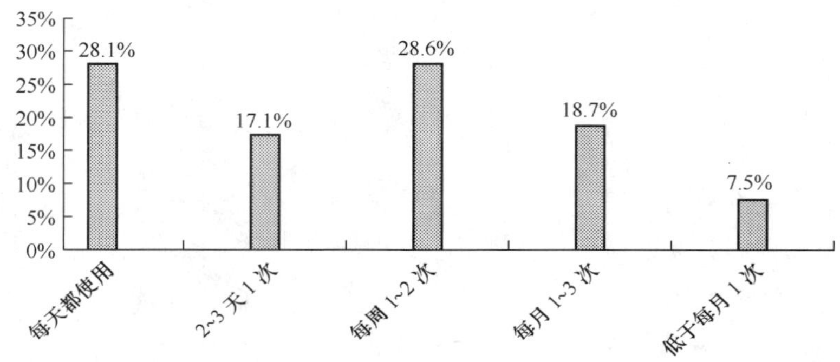

图 25.15　电子邮箱使用频率分布

（2）使用电子邮箱的目的

被访者使用电子邮箱的最主要目的是和朋友等联系与工作需要，另外像传送大容量文件（15.3%）和存储信息（11.4%）也是较多使用的功能。由于存储在邮件服务器中的信息的安全性较高，不易丢失，所以部分用户把电子邮箱当作不需随身携带的移动磁盘，在不同地点随时查阅和使用，达到移动办公的效果，如图 25.16 所示。

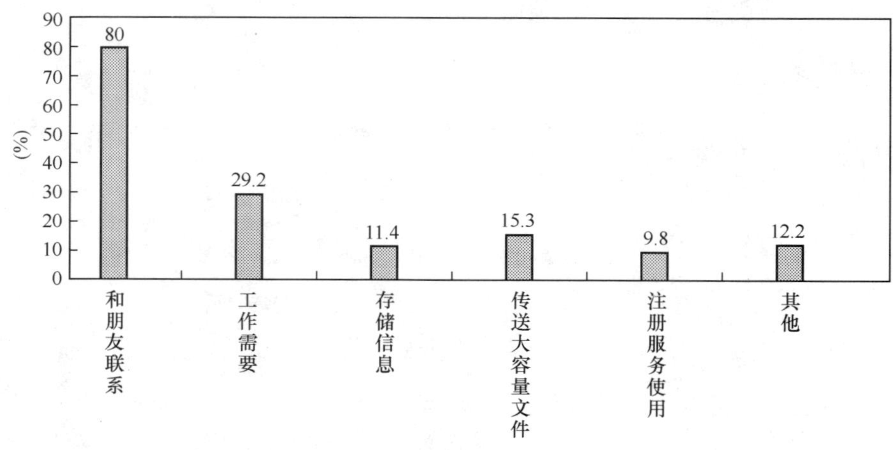

图 25.16　使用电子邮箱目的分布

（3）收发邮件方式

被访者最常用的收发邮件方式如图 25.17 所示。通过直接登录服务提供网站（即 Web 登录的方式）的比例达到了 84%，使用 Outlook/Outlook Express 的比例有 9%，采用其他邮件收发软件（如 Foxmail、IncrediMail 等）有 6%，此外还有 1%的被访者通过手机等其他设备来收发电子邮件。Web 登录是收发电子邮件的最主要方式，可能与邮箱大部分为免费账号，而且这部分用户的网络操作水平相对较低，配置邮件收发软件（如 OutLook Express 和 Foxmail 等）有可能会遇到困难有关。此外，邮箱的使用目的也影响着邮件的收发方式。由于 Web 邮箱在用户阅读了信件后，邮件仍保留在邮件服务器中（除非用户故意删除），因此具有很好的网络存储功能，用户就可以把大量有用信息收藏到信箱。另外，目前大部分邮箱都提供了完善的邮件排序/检索功能，这样只要能上网，就可以随时随地、方便的调用这些信息了。

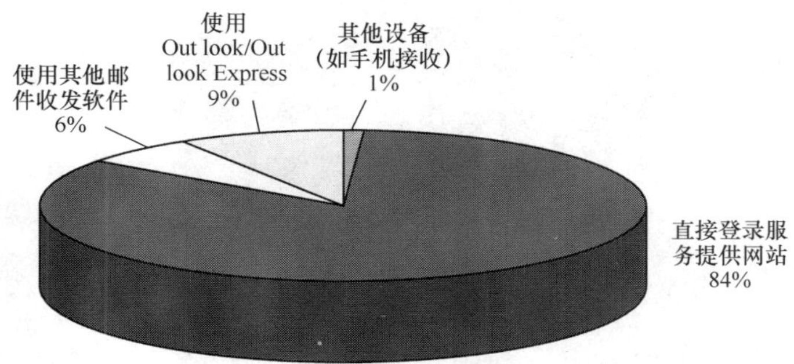

图 25.17 收发邮件方式分布

（4）垃圾邮件比例

在被访者接收的邮件中垃圾邮件占了较大比例，垃圾邮件比例超过 20%的有 57%，垃圾邮件比例超过 50%的有近 1/3，如图 25.18 所示。

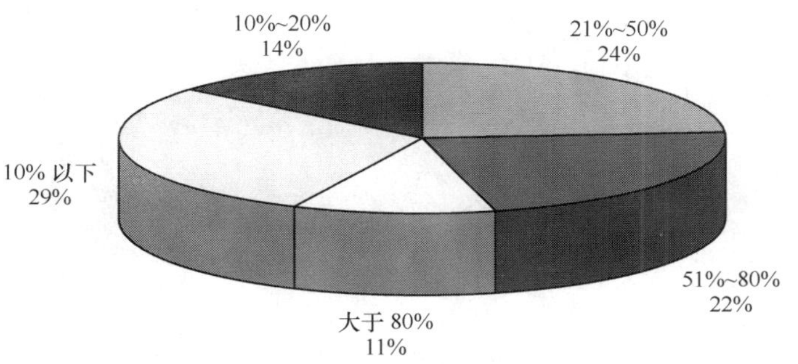

图 25.18 垃圾邮件比例分布

最常用邮箱分别为收费邮箱和免费邮箱的被访者回答收到垃圾邮件的比例分布如图 25.19 所示。可以看出使用收费邮箱的被访者其垃圾邮件的比例要低于免费邮箱，但仍有近一半的使用收费邮箱的被访者收到的垃圾邮件比例超过 20%。垃圾邮件问题已经成为电子邮箱服务面临的一大难题，不论是国内还是国外，不论是免费邮箱还是收费邮箱。它不仅给使用者带来很大困扰，而且也会损害服务提供商的利益；不仅浪

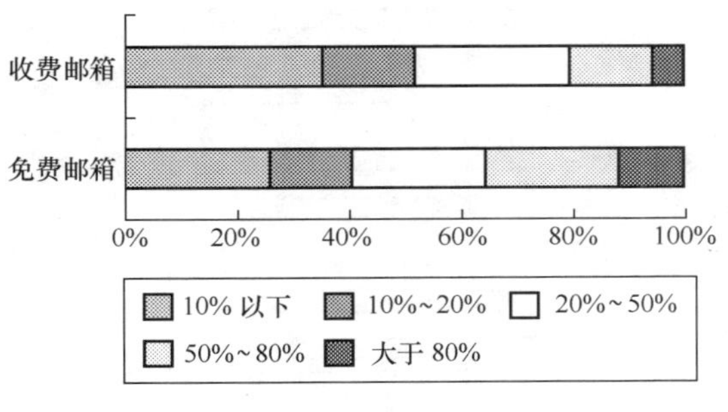

图 25.19 垃圾邮件比例分布

费了使用者的大量时间和精力，也给使用者带来了严重不安全因素；不仅浪费了传输垃圾邮件的网络信道资源，也浪费了用户和邮箱提供者的物理存储空间。因此，垃圾邮件害处极大，需要业界乃至全社会共同积极面对、积极抵制。

（5）是否拥有最常登录网站提供的 E-mail 账号

在被问及是否拥有最常登录网站提供的 E-mail 账号时，有 62%的被访者选择了“有”。这说明如果用户最常登录网站提供电子邮箱服务，大部分登录用户将愿意拥有其提供的 E-mail 账号，也就是说用户选择邮件服务提供商时，也与用户对邮件服务商网站的熟悉程度有关。从服务提供商的角度来看，通过为用户提供电子邮箱，就可增加该用户登陆录网站的可能性，从而增加用户使用该网站提供的其他增值服务（如网上短消息、在线游戏等）的可能性，这也是各个网站竞相推出大容量免费邮箱的目的之一，如图 25.20 所示。

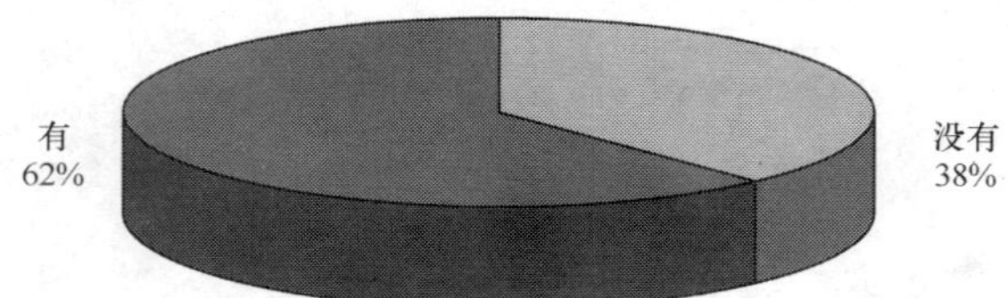

图 25.20　是否拥有最常登录网站提供的 E-mail 账号

三、收费邮箱的使用状况

1．收费邮箱的优点

相对于免费邮箱，被访者认为收费邮箱主要优点表现为垃圾邮件少、安全稳定、电子邮箱容量大，它们的比例均超过了 30%，其他比较多的选项有访问速度快、附加功能多等。这些方面是收费邮箱与免费邮箱的区别，也是其存在的原因和价值所在，因此收费邮箱只有在这些方面做得更好，在功能和服务质量上大大优于免费邮箱，才能在邮箱市场上占据更多的份额，如图 25.21 所示。

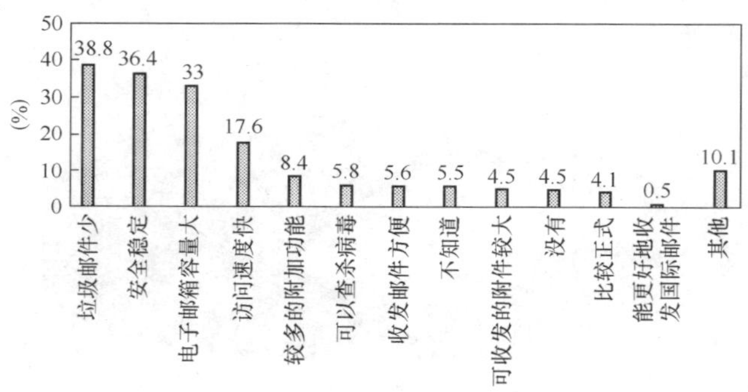

图 25.21　用户眼中的收费邮箱的优点

2．各个方面满意度评价

在对收费邮箱各个方面的满意程度进行评价时，1 分表示非常不满意，5 分表示非常满意，分值越高表示满意程度越高。所有方面的评价大多数都以 3～5 分为主，选择 1～2 分的比例较少。从评价平均值来看，安全稳定和访问速度的评价较高，附件容量和过滤垃圾邮件的平均值较低，如图 25.22 所示。

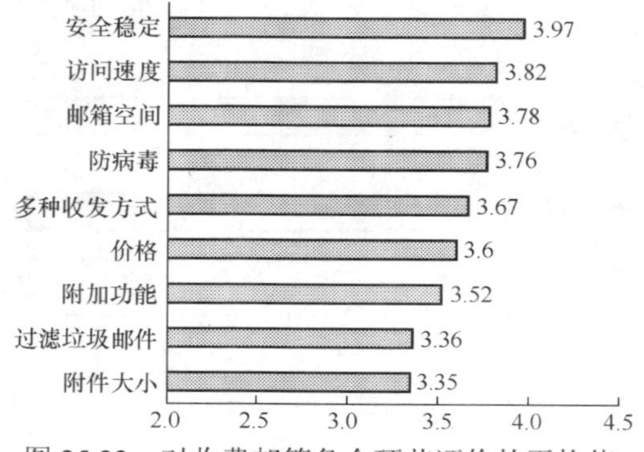

图 25.22　对收费邮箱各个环节评价的平均值

3．未来使用期望

（1）是否继续使用

在问及收费邮箱用户是否会继续使用收费邮箱时，有 93%的被访者表达了继续使用的意愿，如图 25.23 所示。这说明虽然受到免费邮箱扩容的冲击，收费邮箱能够以其优于免费信箱的服务特色维持现有的绝大多数用户，但其想要得到进一步的发展，需要在服务以及特色方面做更大的努力。

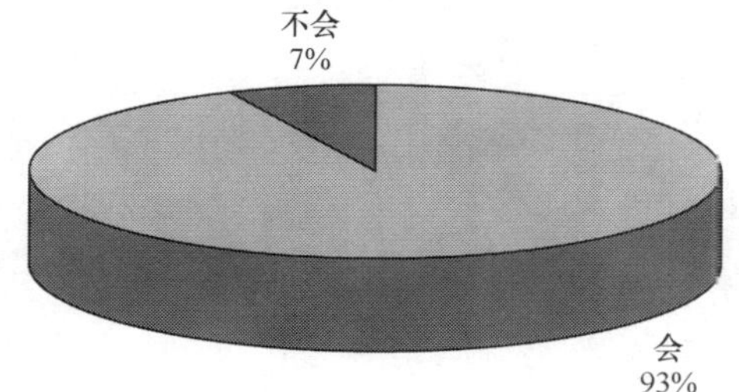

图 25.23　是否会继续使用收费邮箱

（2）不使用收费邮箱的主要原因

目前正在使用但将来不打算继续使用收费邮箱的主要原因为免费邮箱的冲击，免费邮箱能满足需要和免费邮箱改进较大占到了 60%，如图 25.24 所示。

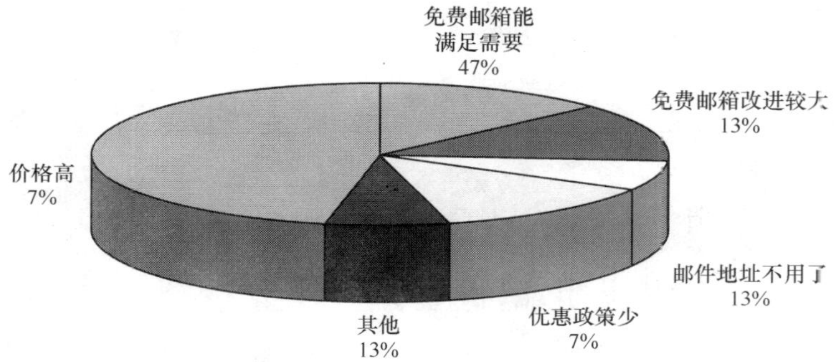

图 25.24　不继续使用收费邮箱的原因

4．建议与改进因素分析

（1）用户意见

用户认为收费邮箱应该改进的方面分布如图 25.25 所示。过滤垃圾邮件、邮箱容量、安全稳定和访问速度是被最多提到的几个方面，其次像价格和附加功能也被较多提及。

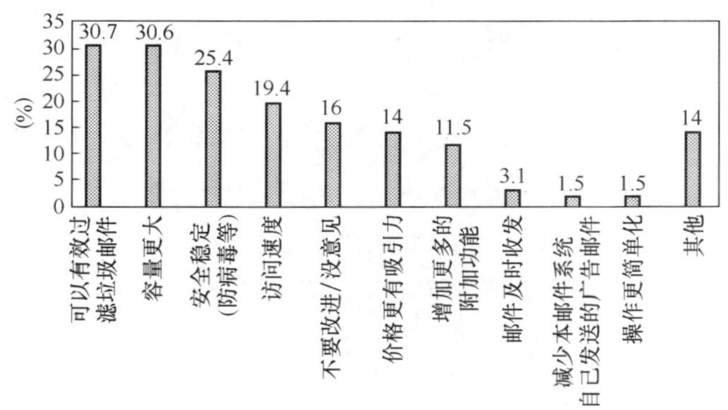

图 25.25　应该改进方面分布

（2）环节改进因素分析

根据对各个环节的满意度评价以及选择因素分析，建立满意度－重要性矩阵，其中亟待改进环节为重要性较高而满意度评价较低。由图 25.26 可以看出，过滤垃圾邮件是最急需改进的方面。

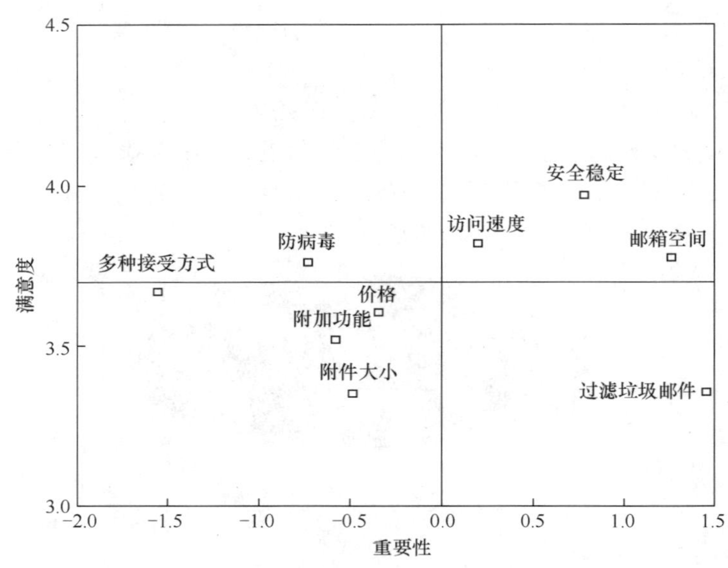

图 25.26　满意度—重要性矩阵

四、免费邮箱的使用状况

1．选择免费邮箱时考虑因素

用户选择免费邮箱考虑因素主要是不缴费，其他选择比例较高的有邮箱容量，安全稳定和访问速度等，如图 25.27 所示。

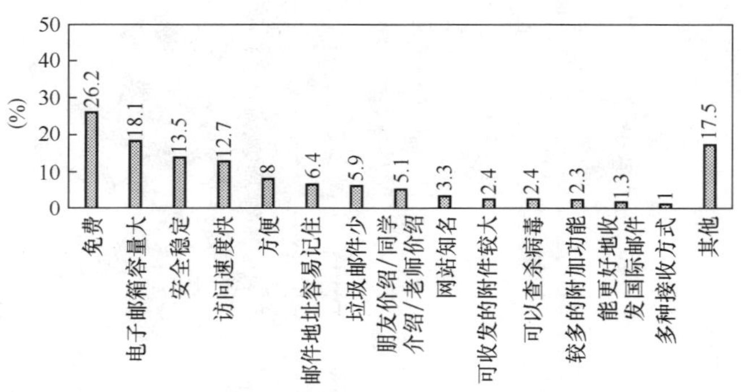

图 25.27　选择免费邮箱考虑因素分布

2．各个方面满意度评价

在对免费邮箱各个方面的满意程度进行评价时，1 分表示非常不满意，5 分表示非常满意，分值越高表示满意程度越高。除了过滤垃圾邮件，对其他方面评价大多数都以 3～5 分为主，选择 1～2 分的比例较少。从评价平均值来看，安全稳定和邮箱容量的评价较高，过滤垃圾邮件的平均值较低。与收费邮箱相比，评价均比较低，其中在过滤垃圾邮件方面更是远低于收费邮箱，如图 25.28 和图 25.29 所示。

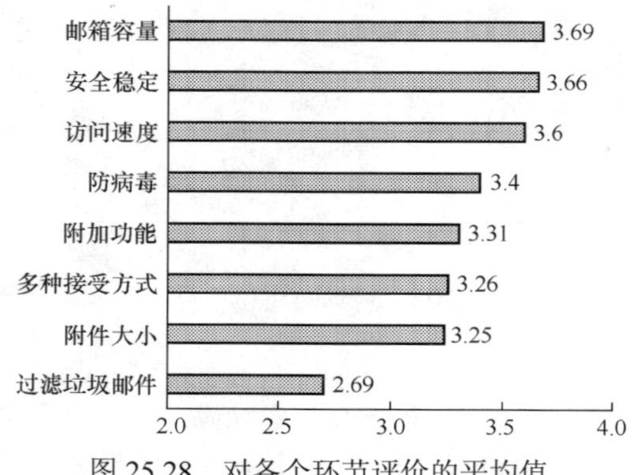

图 25.28　对各个环节评价的平均值

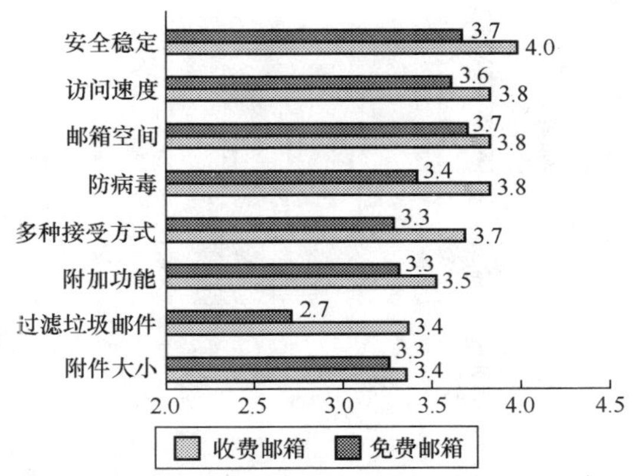

图 25.29　对收费邮箱和免费邮箱评价平均值的比较

3．以前收费邮箱使用状况

（1）以前是否使用过收费邮箱

在问及以前是否使用过收费邮箱时，有 14%的被访者回答曾经使用过，如图 25.30 所示。

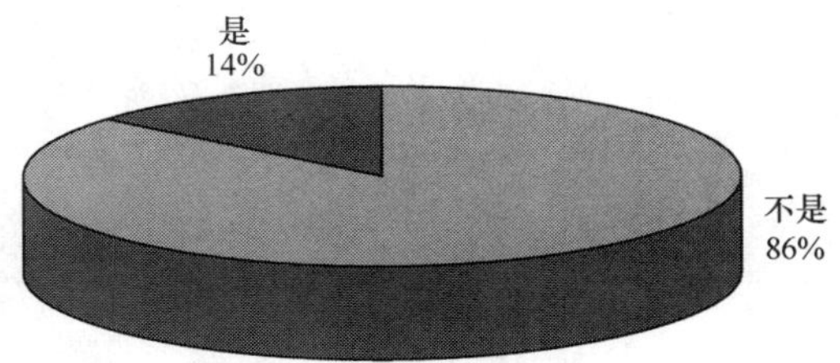

图 25.30　以前是否使用过收费邮箱

（2）不继续使用收费邮箱的主要原因

曾经使用过但现在已经不再使用收费邮箱的主要原因中，免费邮箱能满足需要及改进造成的有 47%，价格和服务原因造成的占 30%，如图 25.31 所示。

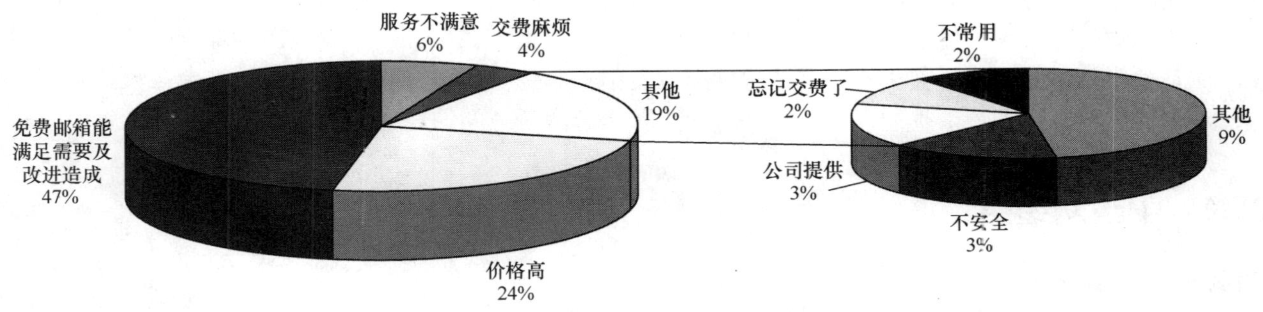

图 25.31　不继续使用收费邮箱的原因分布

4．建议与改进因素分析

（1）用户意见

用户认为免费邮箱应该改进的方面分布如图 25.32 所示。过滤垃圾邮件、邮箱容量、安全稳定和访问速度是被最多提到的几个方面，这与收费邮箱需要改进的方面基本一致，说明收费邮箱与免费邮箱具有很强的同质性。

（2）环节改进因素分析

根据对各个环节的满意度评价以及选择因素分析，建立满意度－重要性矩阵，其中亟待改进环节为重要性较高而满意度评价较低。由图 25.33 可以看出，过滤垃圾邮件方面是最急需改进的方面。

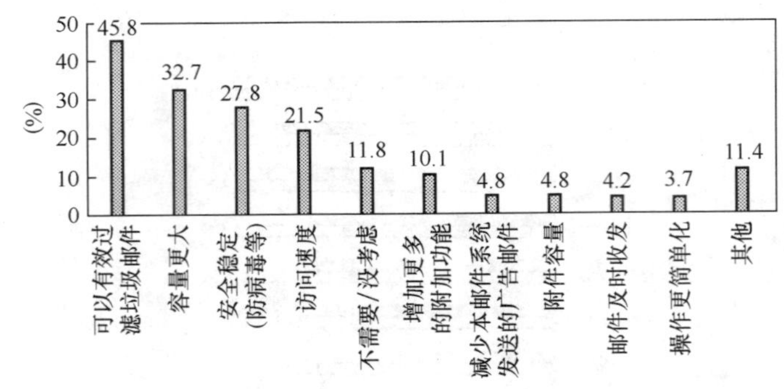

图 25.32 用户认为应该改进方面分布

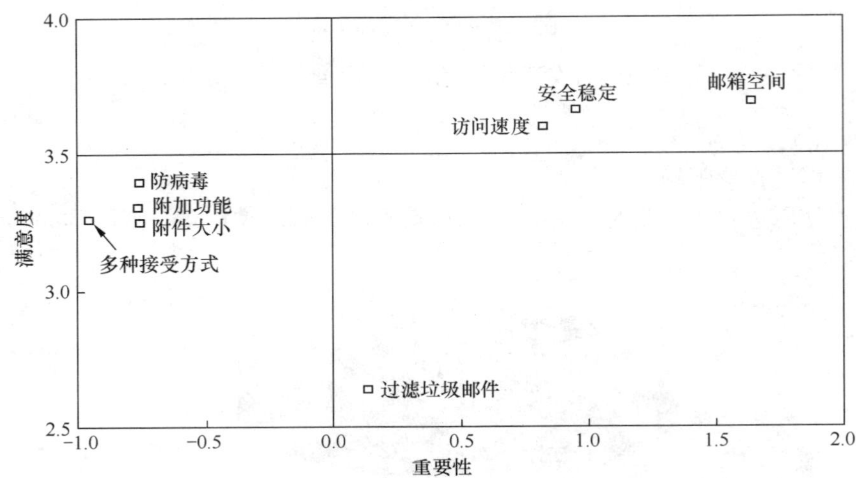

图 25.33 满意度－重要性矩阵

通过收费邮箱和免费邮箱的满意度-重要性矩阵（图 25.26 和图 25.33）的比较看出，矩阵中各项指标所在区域基本一致。不论是收费邮箱还是免费邮箱，垃圾邮件问题都是最迫切需要解决的问题，只是对收费邮箱过滤垃圾邮件的满意度要略高于免费邮箱。而在近期邮件服务商相继扩大邮箱空间后，使用者对邮箱空间的满意度明显高于其他服务。另外，人们还希望邮件的附加功能和防病毒功能可以进一步提高。这说明，我国的邮件服务市场，不论是收费邮箱，还是免费邮箱，在服务、容量和功能等方面都有很大的进步，而且收费邮箱的优势更突出一些。这也使得收费邮箱和免费邮箱将同时存在，而且会在较长时间内共存，不可能出现其中之一消失的现象。另一方面，预示着两者之间的竞争将更加激烈。

25.4 中国网络购物调查报告

25.4.1 数据报告

一、用户基本特征

注：本部分的用户指浏览过购物网站或进行过网络购物的网民。

（1）用户的性别，男性占 60.6%，女性占 39.4%，如图 25.34 所示。

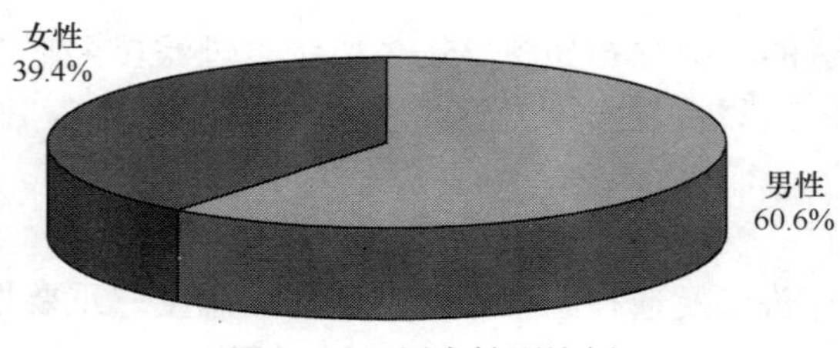

图 25.34 用户性别比例

（2）用户的年龄分布如表 25.8 和图 25.35 所示。

表 25.8　　用户年龄比例

18 岁以下	18～24 岁	25～30 岁	31～35 岁	36～40 岁	41～50 岁	51～60 岁	60 岁以上
12.3%	41.9%	26.0%	9.7%	4.1%	3.9%	1.7%	0.4%

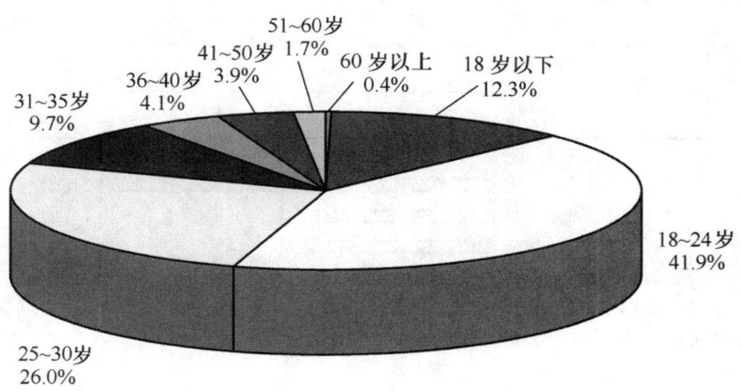

图 25.35　用户年龄比例

（3）用户受教育程度如表 25.9 和图 25.36 所示。

表 25.9　　用户受教育程度

初中及以下	高中/中专/技校	大　　专	大学本科	硕士研究生	博士研究生
3.9%	21.1%	29.0%	38.0%	7.2%	0.8%

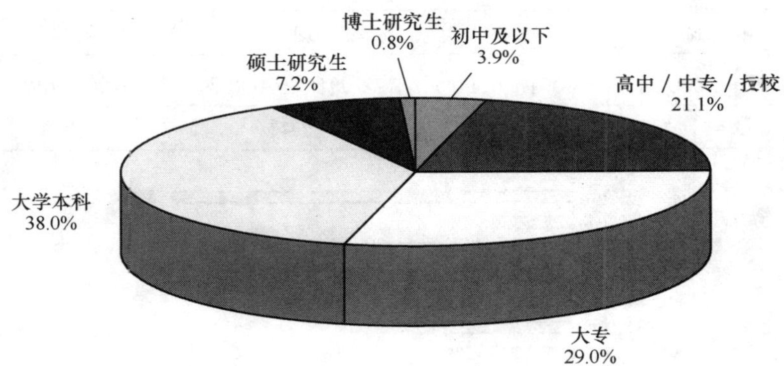

图 25.36　用户受教育程度

（4）用户的婚姻状况，未婚占 61.8%，已婚占 38.2%，如图 25.37 所示。

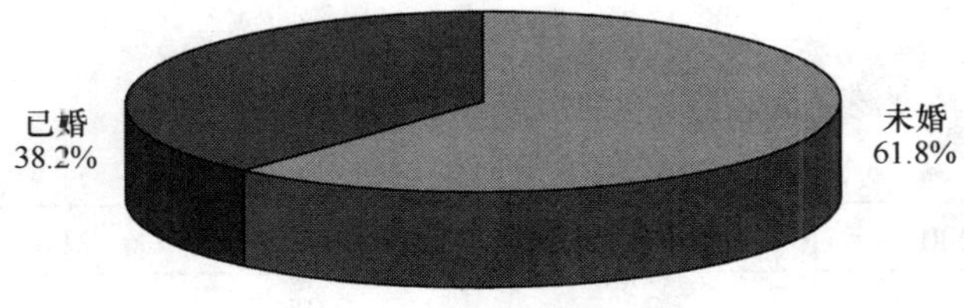

图 25.37　用户婚姻状况

（5）用户职业分布，如表 25.10 和图 25.38 所示。

表 25.10　　用户职业分布

国家机关、党群组织工作人员	企事业单位管理人员	专业技术人员	生产、运输设备操作人员及有关人员（工人等）
6.0%	11.0%	14.1%	3.3%
办事员等协助人员	商业、服务业人员	农、林、牧、渔工作人员	教师
3.1%	9.5%	0.3%	12.3%
军人	学生	无业	其他
0.4%	31.7%	4.9%	3.4%

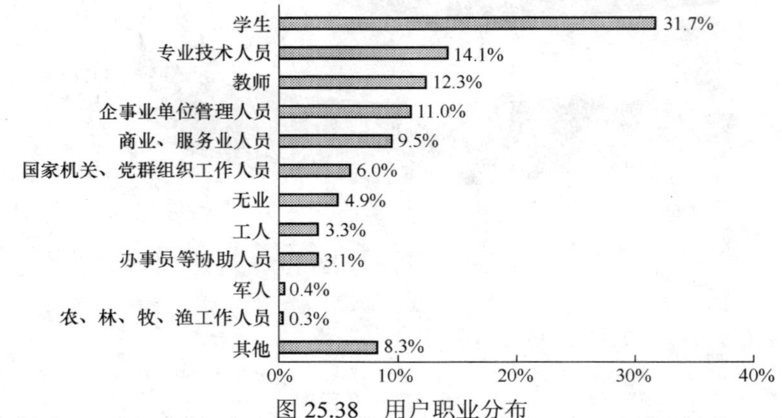

图 25.38　用户职业分布

（6）用户个人月平均收入，如表 25.11 和图 25.39 所示。

表 25.11　　用户个人月平均收入

500 元以下	501～1 000 元	1 001～1 500 元	1 501～2 000 元	2 001～2 500 元	2 501～3 000 元
5.0%	13.2%	19.2%	12.5%	8.2%	5.2%
3 001～4 000 元	4 001～5 000 元	5 001～6 000 元	6 001～10 000 元	10 000 元以上	无收入
5.4%	2.4%	1.3%	1.4%	0.7%	25.3%

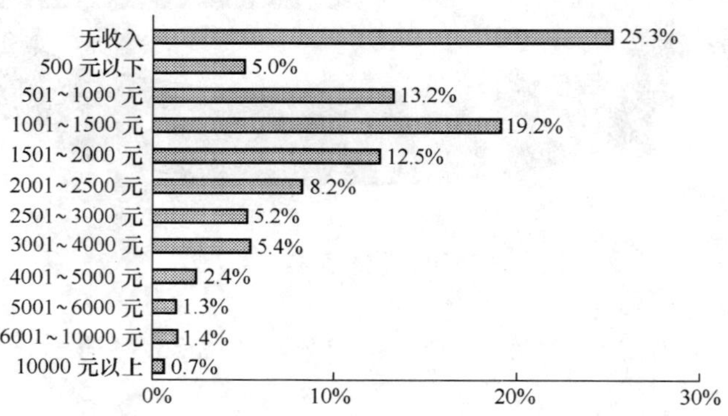

图 25.39　用户个人月平均收入

（7）用户家庭平均月收入如表 25.12 和图 25.40 所示。

表 25.12　　用户家庭平均月收入

500 元以下	501～1 000 元	1 001～1 500 元	1 501～2 000 元	2 001～2 500 元	2 501～3 000 元
0.7%	3.6%	8.2%	9.9%	13.0%	12.3%
3 001～4 000 元	4 001～5 000 元	5 001～6 000 元	6 001～10 000 元	10 000 元以上	其他
14.9%	13.0%	8.8%	7.3%	7.3%	0.9%

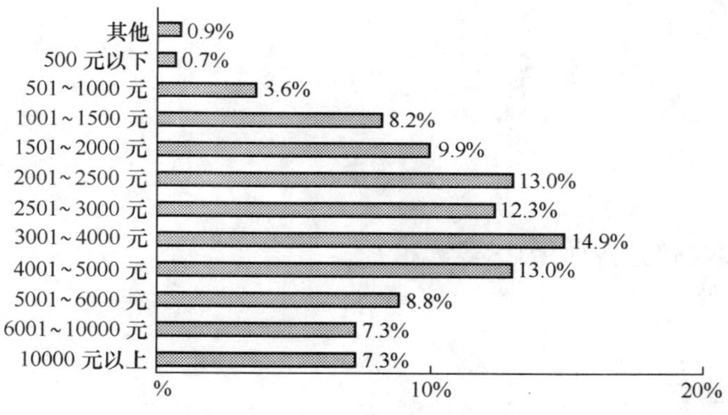

图 25.40 用户家庭月平均收入

二、购物网站浏览情况

1．用户最近半年是否浏览过购物网站

● 有	60.6%
● 没有	39.4%

2．用户浏览购物网站的频度

● 每天一次以上	4.1%
● 每天一次	3.7%
● 每周一次以上	16.5%
● 每周一次	18.3%
● 每月一次以上	14.9%
● 每月一次	20.6%
● 每月不足一次	21.8%

3．用户获知购物网站的途径（多选题）

● 网站广告	42.4%
● 网上搜索	33.3%
● 朋友介绍	29.0%
● 网站链接	16.1%
● 电视/报纸/杂志广告	15.4%
● 邮件广告	6.7%
● 户外广告	2.6%
● 媒体广告/产品广告/宣传单	0.9%
● 短信广告	0.8%
● 其他	3.1%

4．用户浏览购物网站的原因（多选题）

● 寻找特定商品	48.0%
● 查询特定商品的价格	45.8%
● 商品种类齐全	32.4%
● 商品查询方便	32.2%
● 商品价格低廉	31.5%
● 商品信息量大	29.6%
● 页面设计新颖	13.6%
● 好奇/好玩/随便看看/随意	6.9%

- 其他 11.3%

三、用户网络购物行为特征

1．用户最近半年是否进行过网络购物

- 有 29.6%
- 没有 70.4%

没有购物经验的用户（2～3 题）

2．用户没有尝试网络购物的主要原因（多选题）

- 不信任网站，怕受骗 62.4%
- 担心商品质量问题 47.4%
- 质疑网络购物的安全性 42.3%
- 担心售后服务 36.8%
- 程序繁琐，麻烦 30.5%
- 担心付款环节 30.0%
- 担心商品配送有问题 26.7%
- 不熟悉，不了解，不知如何购买 26.1%
- 商品信息不够详细 17.8%
- 价格不够低 15.3%
- 商品不够丰富 9.4%
- 不想买/不需要/没必要 6.0%
- 无合适产品 1.1%
- 其他 3.7%

3．用户今后是否会尝试网络购物

- 会 63.7%
- 不会 9.5%
- 不确定 26.8%

有网络购物经验的网民（4～15 题）

4．用户选择网络购物的原因（多选题）

- 送货上门，比较方便 53.9%
- 价格便宜 50.1%
- 购买到本地没有的商品 44.8%
- 节省体力和时间 35.7%
- 商品品种较多 31.9%
- 感觉好奇，尝试一下 24.9%
- 比传统购物的效率高 20.9%
- 其他 6.8%

5．用户进行购物时，是否会在多个网站间进行商品比较

- 会 57.8%
- 不会 42.2%

6．用户选择某一购物网站主要看中的因素（多选题）

- 商品丰富 51.4%
- 知名度高 46.1%
- 价格比其他网站低 34.5%
- 以往购物经验良好 30.4%
- 商品分类清晰 28.4%

- 朋友推荐　25.8%
- 商品送货快　24.1%
- 方便　3.2%
- 信用、信誉良好　2.5%
- 其他　16.1%

7．用户在网上购买的商品或服务（多选题）

- 书刊　47.8%
- 音像制品　25.5%
- 服装　18.1%
- 礼品　17.9%
- 家电产品　15.0%
- 通信产品（手机等）　9.0%
- 音像器材　8.9%
- 网上游戏服务　7.1%
- 照相器材　6.7%
- 票务服务　1.8%
- 教育服务　1.3%
- 其他　40.0%

8．用户进行网络购物时，选择的网站类型（多选题）

- C2C 网站　66.7%
- 专业网站　61.3%
- 网站商城　41.7%
- 其他　33.0%

9．用户在网上进行购物的频率

- 每周大于一次　2.6%
- 每周一次　5.2%
- 每月一次以上　10.5%
- 每月一次　30.3%
- 三个月一次　19.4%
- 半年一次　14.9%
- 一年一次　10.7%
- 一年以上一次　6.7%

10．用户平均每次购物的金额

- 50 元以下　15.3%
- 50～100 元　32.9%
- 101～500 元　39.0%
- 501～1000 元　7.6%
- 1001～2000 元　1.5%
- 2001～5000 元　2.3%
- 5000 元以上　1.3%

11．用户在网络购物的付款方式（多选题）

- 汇款　43.2%
- 网上支付（信用卡或储蓄卡）　41.8%
- 货到付款　34.7%

- 手机短信支付　1.7%
- 其他　1.5%

12．用户对网上购物各环节的评价（1 分为非常不满意，5 分为非常满意），如表 25.13 所示。

表 25.13　用户对网上购物各环节的评价

	评价平均值	评分结果比例				
		1 分	2 分	3 分	4 分	5 分
订单准确性	4.1	0.8%	5.1%	17.6%	41.4%	35.0%
付款安全性	4	2.2%	6.0%	17.8%	36.6%	37.5%
商品种类	4	0.2%	4.0%	25.7%	40.8%	29.2%
查询方便性	3.9	0.8%	3.4%	24.0%	46.8%	24.9%
信息反馈及时性	3.9	1.1%	9.1%	22.4%	38.4%	29.1%
界面/页面设计	3.8	0.4%	2.4%	34.0%	47.2%	16.0%
配送及时性	3.7	2.2%	9.2%	27.8%	40.5%	20.4%
商品质量	3.7	3.6%	5.3%	27.0%	44.3%	19.8%
价格	3.7	0.8%	5.9%	34.5%	43.4%	15.4%
售后服务	3.3	7.7%	14.0%	30.8%	32.4%	15.1%

13．用户是否会继续进行网络购物

- 会　90.3%
- 不会　1.7%
- 不确定　8.0%

14．用户认为，同种商品，网上价格比商场价格低多少会选择网上购买

- 低于 50%　8.6%
- 50%～10%　16.8%
- 11%～20%　25.0%
- 21%～30%　20.6%
- 31%～50%　12.3%
- 50%以上　8.5%
- 不考虑价格因素　8.3%

15．用户认为在网络购物环节中，哪些方面需要进行改善（多选题）

- 商品质量　31.1%
- 商品配送时间　21.6%
- 商品信息描述　18.4%
- 商品支付手段　18.2%
- 诚信、信誉　16.9%
- 简化购物过程　12.2%
- 安全/安全方面/安全性/保护客户资料　11.8%
- 售后服务/服务　9.7%
- 产品种类/商品种类/更新/产品信息　5.0%
- 价格/费用　4.0%
- 配送范围/送货方式　2.3%
- 广告方面/宣传　2.0%
- 其他　3.5%

25.4.2　分析报告

一、购物网站浏览情况

1．是否浏览过购物网站

在问到最近半年是否浏览过购物网站时，有 60.6%的被访者曾经浏览过购物网站，如图 25.41 所示。

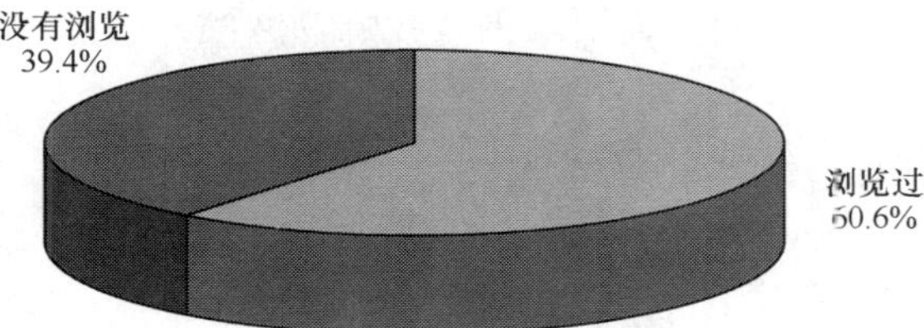

图 25.41　最近半年购物网站浏览状况

在浏览过购物网站的被访者中，男性（60.6%）多于女性，年龄绝大多数在 35 岁以下（89.2%），受教育程度多为大专及以上（75.0%），未婚（包括离异/丧偶等）占到 61.9%，学生约占 30%。从另外一个方面看，有浏览购物网站经历的女性占所有女性网民的比例要高于男性。年龄为 18～35 岁年龄段的被访者浏览过购物网站的比例高于其他年龄段；受教育程度为大专/大本的浏览过购物网站的比例较高，而为初中及以下/博士的比例却较低；未婚和已婚的浏览过购物网站的比例差不多，但其中鳏/寡/分居/离婚的比例却高达 90%；学生中浏览过购物网站的比例不高，最高的为企事业管理人员；调查结果显示，收入越高浏览过购物网站的比例也较高，其中个人月收入为 3 000～6 000 元，家庭收入为 4 000～7 000 元的比例最高。

与全体网民的结构相比较，浏览过购物网站的网民在性别和年龄结构上具有较强的一致性，但大本及以上的比例要远高于全体网民，未婚所占的比例也高于全体网民，如图 25.42 所示。

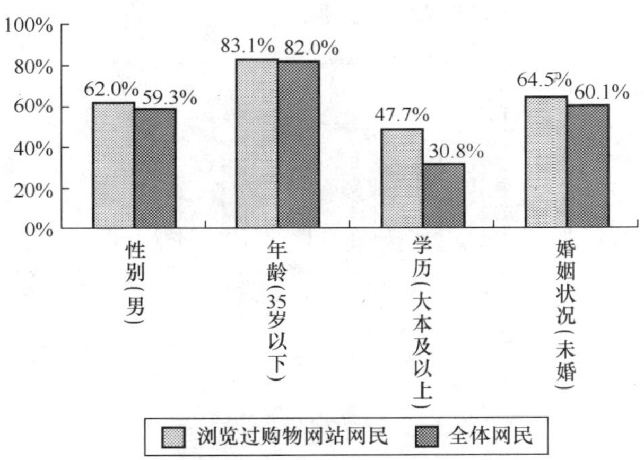

图 25.42　网民浏览购物网站频率分布

2．浏览频率

被访者对购物网站的浏览频率如图 25.43 所示。可以看出绝大多数为每周一次到每月一次，达到了 53.8%。频率高于每周一次的也有大约 1/4。浏览频率较高的被访者占了相当大的比例，说明浏览很容易成为一种

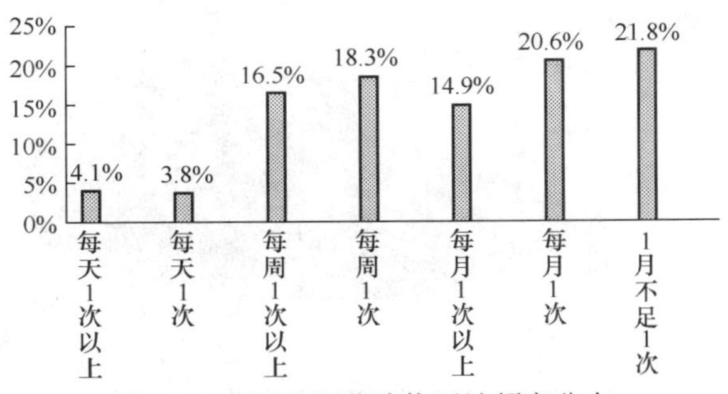

图 25.43　网民浏览购物网站频率分布

惯性行为，他们很自然地将浏览购物网站作为重要的信息来源。浏览次数多的人极有可能转成网络购物的体验者。

3．购物网站的认知渠道

被访者对购物网站的认知途径主要有下面3种方式：广告、网上搜索和朋友等介绍，如图25.44所示。广告以网站广告和网站链接的方式最多，此外还有传统媒体广告等方式；网上搜索已经成为网民认知购物网站的重要工具，有1/3的用户曾经使用搜索引擎来查找购物网站；朋友等熟人的推荐、介绍也是被访者认知购物网站的重要途径。

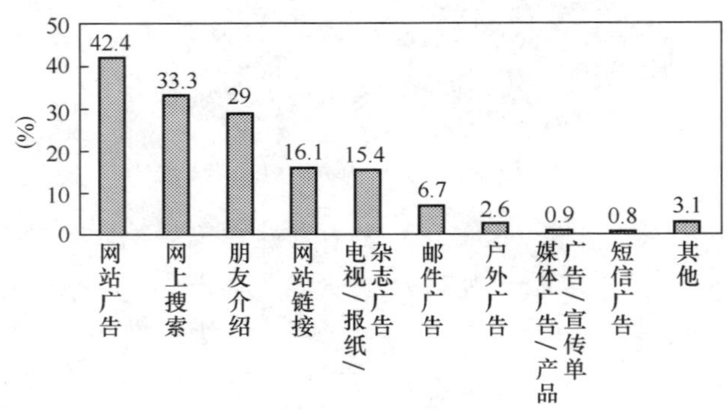

图25.44　对购物网站的认知渠道分布

4．浏览购物网站的原因

被访者浏览购物网站的主要目的有寻找特定的商品和查询价格，网站吸引用户登录的因素有商品种类齐全、查询方便、商品价格低以及商品信息量大等。因此购物网站欲增加其吸引力，可以从增加特色商品的种类等方面来入手。此外，网站设计的艺术性也是吸引用户浏览的因素之一，如图25.45所示。

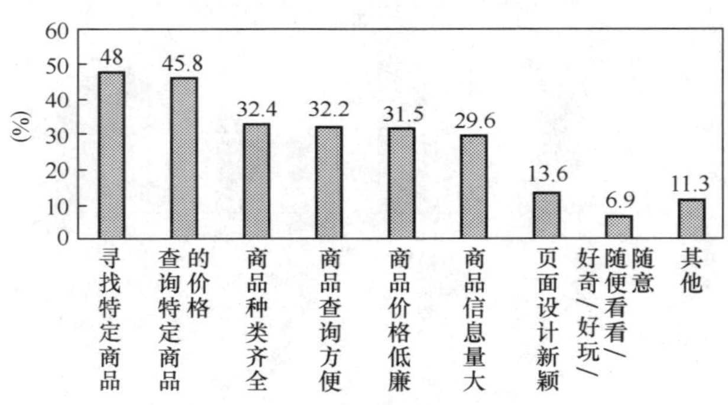

图25.45　浏览购物网站的原因分布

二、网络购物特征

1．是否有过网络购物经历

在所有被访者中，在最近半年内有过网络购物经历的比例为17.9%，约占浏览过购物网站的30%，如图25.46所示。

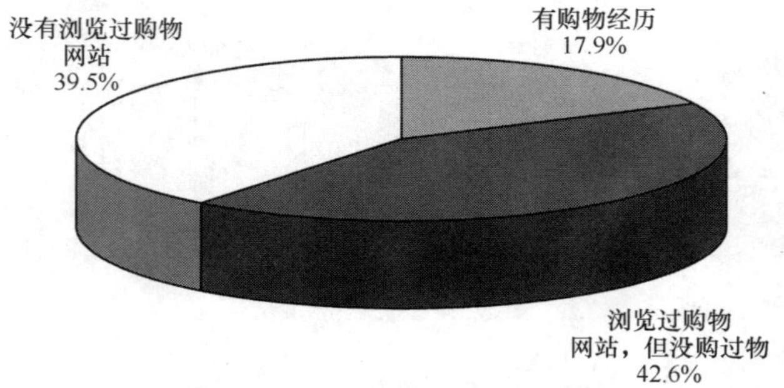

图25.46　是否进行过网络购物

在有过网络购物经历的被访者中，男性（62.8%）多于女性，年龄绝大多数在 30 岁以下（83.0%），其中年龄为 18～24 岁的占到了 46.6%，受教育程度以大本为最多（40.8%），高中（包含同等学历）/大专/大本加在一起占到了 85.8%，未婚（包括离异/丧偶等）占到 2/3，学生约占 1/3，其次较多的有专业技术人员和企事业管理人员。从另外一个方面看，有网络购物经历的女性占所有女性网民的比例大于男性；年龄为 18～24 岁的被访者有过网络购物经历的比例高于其他年龄段，总体上年龄越高，有过网络购物经历的比例就越低；受教育程度越高有过网络购物经历的比例越高；未婚有过网络购物经历的比例高于已婚人群；一般来说，收入越高有过网络购物经历的比例也较高，其中个人月收入为 4 000～5 000 元，家庭收入为 5000～6000 元的比例最高。

与全体网民的结构相比较，高学历的特征最为明显，大本及以上所占比例 52.4%远高于全体网民的 30.8%，未婚的比例也高于全体网民。这说明不论是浏览购物网站，还是进行网络购物，目前大部分还是具有较高学历人群的常用服务，网络购物并没有普及到每个普通网民。因此，网络购物的发展不仅仅依赖于网民数量的增加，而网民中间特定人群更深度的开发同样具有较大潜力，如图 25.47 所示。

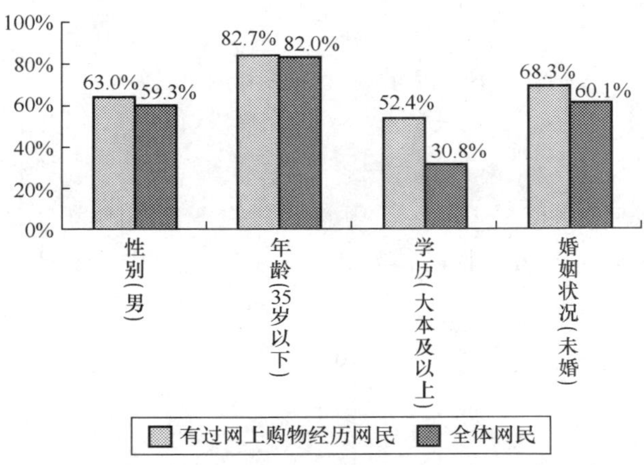

图 25.47 有过网络购物经历的网民结构

2．选择网络购物的原因

有过网络购物经历的被访者选择网络购物的原因主要有方便、价格低以及商品多样性，如图 25.48 所示。价格虽然很重要，但已经不是最重要的因素，方便、省时省力是更多人的选择理由，如何更进一步发挥网络购物这方面的优势，是吸引和维持网民进行网络购物必须要做的一个重要工作。

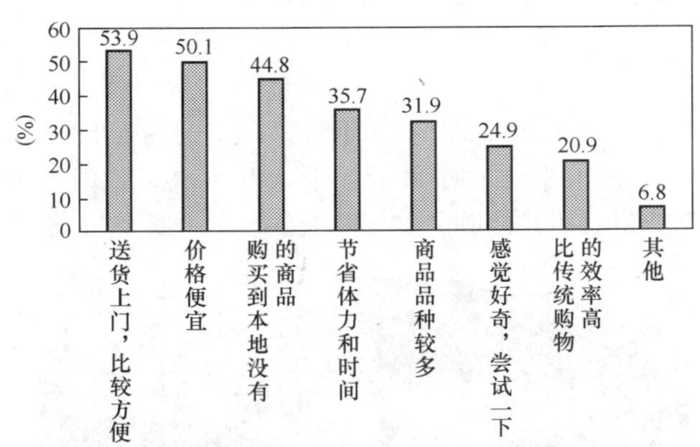

图 25.48 网民选择网络购物的原因分布

3．不选择网络购物的原因

在没有购买经历的网民中，没有尝试网络购物的原因主要有对网站不信任/怕受骗，担心商品质量问题和售后服务，质疑其安全性，程序繁琐麻烦，担心付款和配送等，如图 25.49 所示。另外，一部分网民已经准备通过购物网站进行购物，但在结算过程中，由于网上结算步骤太繁琐或者被要求填写的个人信息太多而中途放弃了。实际上这部分网民是网络购物最可能的潜在用户，也是最值得争取的一部分。因此一套完整的诚信机制，完善的配套服务，更安全的网络环境，更简洁的购物流程，更友好的购物界面，更深的宣传和推广，对推动我国网络购物的进一步发展是必需的。

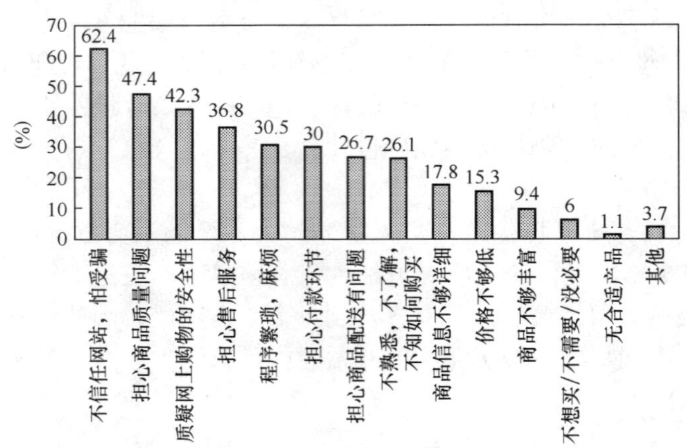

图 25.49　没有尝试网络购物的原因分布

4．网络购物行为特征

（1）购买频率

被访者网络购物的购买频率如图 25.50 所示。不低于每月一次的约为 50%，说明有购买经验的网民其购买频率相当高。因为当网民有了网络购物的体验之后，会不自觉地演变成一种习惯，而养成网络购物习惯正是购物网站所期望的。

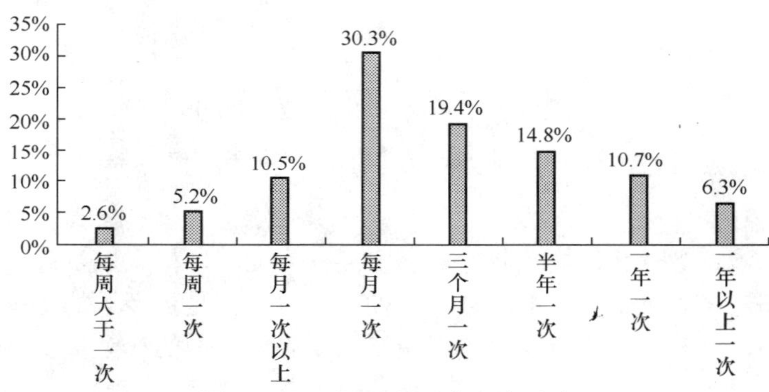

图 25.50　网民网络购物频率分布

（2）客单价

目前有购买经验的网民其购买频率相当高，不低于每月一次的约为 50%。这些购物者每次网络购物平均客单价的分布如图 25.51 所示。客单价多在 500 元以下，占到 88%，但在 101～500 元之间的有 40%。这与网民购买的商品种类主要是图书和音像制品是相吻合的。

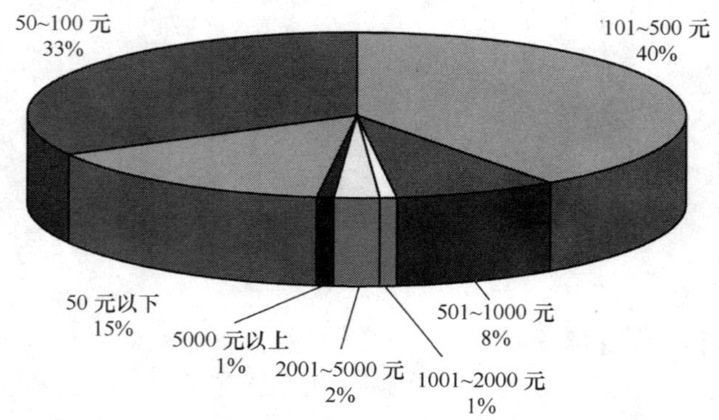

图 25.51　网民平均每次购买金额分布

从不同购买频率的被访者其客单价分布来看，无明显差异，购买频率较高的被访者其客单价在 101～500 元间比例要稍高。这说明目前无论是经常性的网上购物网民还是偶尔性的网上购物者在购买物品种类上具有相近性，如图 25.52 所示。

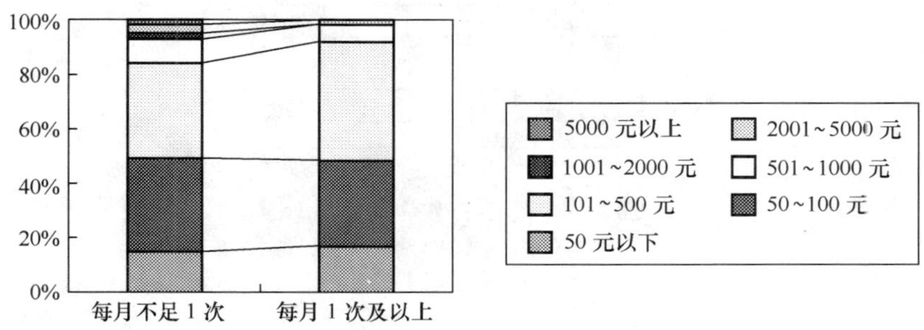

图 25.52　不同频率的网络购物客单价分布

（3）付款方式

在被访者中超过 40%选择过汇款或者网上支付的方式进行付款，此外比较多的选择为货到付款。这与 CNNIC 最新的调查报告中的调查数据是极其一致的，网上支付比例升高说明我国的电子支付状况得到较大改善，如图 25.53 所示。

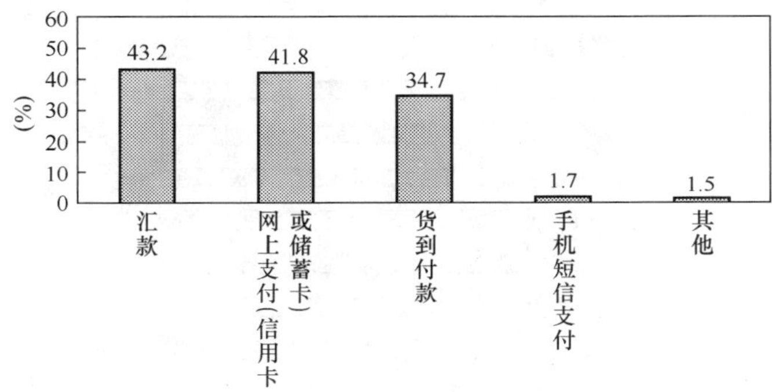

图 25.53　网络购物的付款方式分布

（4）未来购物意愿

在被问及未来是否会网络购物时，有过网络购物经历的被访者选择会的比例超过了 90%，而没有网络购物经验的网民也有超过 60%的人打算尝试，明确表示不会的比例均低于 10%，如图 25.54 所示。有购物经历的网民未来购买意愿要强于无购买经历的网民，说明尝试过网上购物的网民对网上购物的优点具有更强的认同感，会更习惯网上购物的消费方式，这往往容易让购物网民形成网上购物的习惯。因此，如何让网民迈出尝试网络购物的第一步很重要，这势必会产生跟进购物效果。这也正是目前购物网站需要解决的首要问题之一，毕竟没有购物经历的网民占大多数，他们具有巨大的市场潜力。

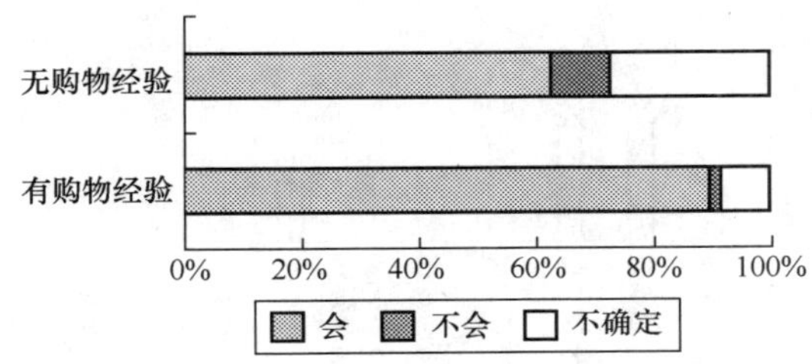

图 25.54　网民未来是否会进行网络购物

（5）价格期望

在问及“当网上商品价格比商城价格低多少会选择网络购物”时，绝大多数的选择均在 30%以下，其中无购物经验的网民选择不考虑价格因素的比例要高于有购物经验的网民，对有些网民来说价格并不是影响其是否进行网络购物的关键因素，如图 25.55 所示。

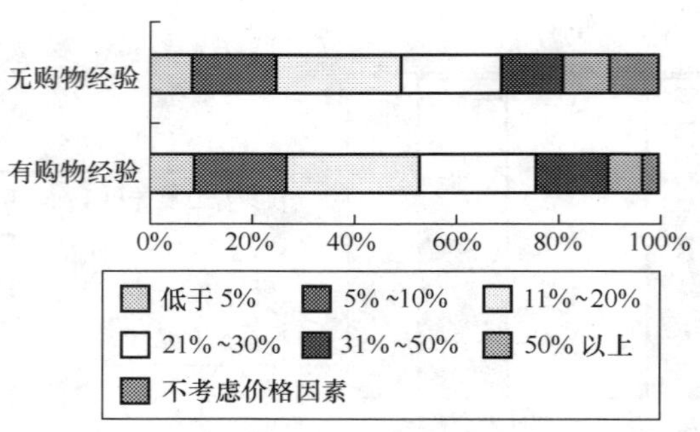

图 25.55　期望网络购物商品价格

5．网络购物各环节满意程度

在对各个环节的满意程度进行评价时，1 分表示非常不满意，5 分表示非常满意，分值越高表示满意程度越高。所有环节的评价大多数都以 3～5 分为主，选择 1～2 分的比例较少。从评价平均值来看，订单准确性、付款安全性以及商品种类的评价较高，售后服务、价格和商品质量的平均值较低，如图 25.56 所示。

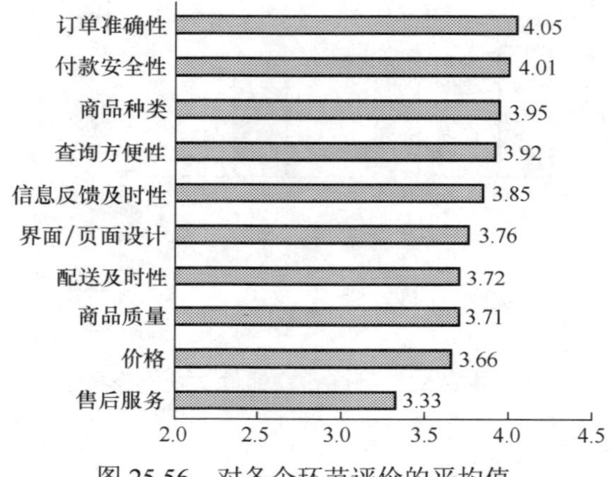

图 25.56　对各个环节评价的平均值

6．建议与改进因素分析

（1）用户意见

用户认为网络购物应该改进的方面分布如图 25.57 所示。商品质量、配送及时性、信息描述、支付手段、诚信是被最多提到的几个方面，其次像简化购物过程、安全性以及售后服务也被较多提及。

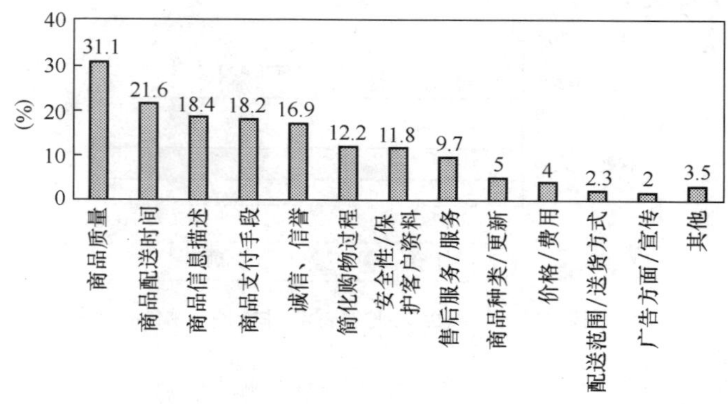

图 25.57　应该改进方面分布

（2）环节改进因素分析

根据对各个环节的满意度评价以及选择因素分析，建立满意度－重要性矩阵，如图 25.58 所示，其中亟待改进环节为重要性较高而满意度评价较低的商品质量和配送及时性问题；而从购买者认为重要性较高同时比较满意的商品种类上看，网上购物在商品的种类上比传统购物方式具有一定的优势；而订单准确、查询方便、信息反馈及时等方面，购买者满意度指数比较高，说明在经历了多年的购物发展后，网上商家的技术和服务水平也得到了不断的提高；在购买者眼中，页面设计、价格和售后服务也是网络商家需要注意和改进的地方。

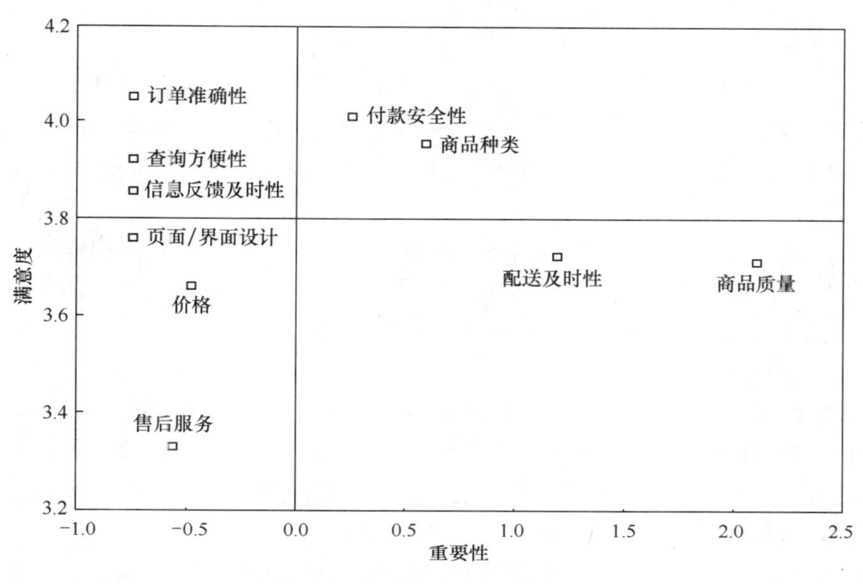

图 25.58　满意度-重要性矩阵

25.4.3　专家深度访谈报告

一、网络购物背景资料

世界上第一笔网络交易在 1994 年完成[1]，而中国在 1998 年才迎来了第一笔网络交易，迄今电子商务在中国已经走过了 5 年多的风雨历程。在这 5 年的时间里，中国的电子商务发展经历了 3 个发展阶段：① 圈钱、烧钱，只重视销售额不考虑盈利的不健康、非理性经营方式；② 一些投资者被淘汰出局，留下的投资者在不断思索如何盈利的问题中慢慢趋于理性；③ 电子商务经营者不仅重视自身的发展，更重视整个行业的发展。这 3 个发展阶段充分说明我国电子商务从不成熟到逐渐成熟的发展过程。

在电子商务初期，网络购物几乎就是电子商务的全部，但随着网络的快速发展，电子商务的日渐完善，网络购物只是电子商务的一部分。与此同时，网络交易也拥有了适合自身发展的商业模式。目前国内很多网络购物的商家都是从传统企业转型过来，有些则是通过风险投资的方式进入到互联网行业，经过几年的考验后，有些被淘汰出局，有些勉强活着，有些却越做越好，究其根本还是各自在经营模式、经营理念上的差别。而在网络购物日渐规范的今天，很多做得很成功的购物网站又开始注重网络与传统的结合。

根据中国互联网络信息中心（CNNIC）的统计，截至 2004 年 6 月，中国网民数量已经达到 8 700 万，约占全国人口的 6%。巨大的网民规模也为网络购物提供了广阔的发展空间。但网络购物的客户群体只能是网民，而网民占我国人口比例还比较低，相对传统购物群体来说，有一定的局限性。为了解决这个问题，很多网络购物的商家在通过网络进行商品买卖的同时，也会通过传统方式，比如电话订购、邮购等方式进行销售活动。从另一角度来看，网络购物也成为一个让更多消费者了解企业及产品的窗口，传统商业模式

[1] 资料来源：http://www.people.com.cn/GB/it/1065/2722711.html

成为网络购物的一个有效的补充，两者相辅相成，共同促进。从传统到网络，再从网络到网络与传统相结合的演变将会是网络购物发展的一个必经之路。

网络购物发展至今，网上商品越来越丰富，从最初的家庭日用品、图书、音像制品，到现在的通讯产品，电子产品。业内专家认为，由于网络的特殊性，规格、标准统一的商品更适宜作为网络商品进行销售。比如，国外的名牌服装在世界各地的尺码都是统一的，只要购买者知道商品尺码，在哪里购买、通过什么方式购买都是一样的。另外，就名牌商品而言，因为网络购物的进货渠道与传统形式的进货渠道是一样的，名牌商品对于商家和购买者都是一种保障，同时也可以减少用户的投诉。

二、网络购物与传统购物相比的优势与劣势

1．网络购物和网络商店的优势

网络购物作为一种新兴的商业模式，与传统购物模式有很大差别。而每一种新的商业模式，在其出现和发展过程中，都需要具备相应的环境，网络购物也不例外。近年来随着网络的快速发展，人们对网络更多的需求都为网络购物提供了发展的环境和空间。网络购物和传统商业模式的差别也十分明显，二者各有自己的优缺点。

第一，网络商店中的商品种类多，没有商店营业面积限制。它可以包含国内外的各种产品，充分体现了网络无地域的优势。在传统商店中，无论其店铺空间有多大，它所能容纳的商品都是有限的，而网络是商品的展示平台，是一种虚拟的空间，只要有商品，就可以通过网络平台进行展示，可以把世界的各类知名品牌全部放在上面，展示在上面。

第二，网络购物没有任何时间限制。作为网络商店，它可以 24 小时对客户开放，只要用户在需要的时间登录网站，就可以挑选自己需要的商品。而在传统商店中，消费者大多都要受到营业时间的限制。

第三，购物成本低。对于网络商品购买者，他们挑选、对比各家的商品，只需要登录不同的网站，或是选择不同的频道就可以在很短时间内完成，而且可以直接由商家负责送达，免去了传统购物中舟车劳顿的辛苦，时间和费用成本大幅降低。而对于传统购物来讲，这一点是无法达到的。

第四，网上商品价格相对较低。网上的商品与传统商场相比相对便宜，因为网络可以省去很多传统商场无法省去的相关费用，所以商品的附加费用很低，商品的价格也就低了。而对 C2C 购物网站来说，用户通过竞价的方式，很有可能买到更便宜的商品。另外，在传统商场，一般利润率要达到 20%以上，商场才可能盈利，而对于网络店铺，它的利润率在 10%就可以盈利了。当然网络商品价格的优势，也有它的局限性，它的价格优势更多的是和较大规模的商场比较，和超市的商品价格是不能进行比较的。

第五，网络商店库存小，资金积压少。网络商店中很多商品一般是在客户下订单后再进行商品调配，不需要很多库存，从而减少资金的积压。因为网络购物中，商家可以通过消费者下订单和配送商品的时间差，进行商品的调配，而传统商店就需要在顾客选购商品的同时提供商品。当然，不同的商品，具有不同的库存需求，比如对于价格、样式、功能等方面变化不大的商品，可以有适量的库存。而市场需求的、价格变化大的商品，一般都是在接到订单后，再进行商品调配。这样，一方面可以减少不必要的损失，另一方面也会减少资金的积压。

第六，商品信息更新快，而且容易。只要将新商品的图片、介绍资料上传到网上，或者对商品信息、价格进行修改，购买者就可以看到最新的商品信息了，而且立刻在全球范围内统一更新。而在传统商业中，购买者要看到新的商品，就要等到商家拿到商品，放置到货架后才能够看到。在修改商品信息或调整价格，特别是要在较大地域范围内统一修改时，在时效性上传统商店就更处下风了。

第七，商品容易查找。网络商店中基本都具有店内商品的分类、搜索功能，通过搜索，购买者可以很方便的找到需要的商品。而在传统商店中，购买者寻找商品就需要用更多的时间和精力。

第八，网络商店服务的范围广。网络的无地域、无国界的特点，使网络商店的服务范围不仅仅限定在某个固定的区域内。购买者可以通过网络商店买到世界各地的商品。

第九，网络商店成本相对较低。目前专门有公司为企业提供搭建网络购物平台的服务，他们的目标是使企业以最快的速度、最低的成本、最少的技术投入帮助企业开展网上交易。因此，企业启动网络购物服务的成本很低，有的甚至为零。这对于传统商业是无论如何也无法想象和达到的。

提起网络购物与传统购物相比的优势，很自然让人想到最主要的优势是价格，但是有些业内专家认为，价格虽然是一个重要的因素，但不是最主要的因素，或者说随着网络购物的发展，价格因素将不再会成为人们选择网络购物的首要原因，而便利这一因素将会成为更主要的原因。网络购物主要有两种情况：一种是自己购买，直接送到购货者手中，在这部分用户中，有些希望可以得到送货上门的服务，有些希望得到本地没有的商品，网络购物在一定程度上解决了这个问题；另一种是为他人购买礼品，需要送到第三方手中，那么便利对于购买者来说就很重要，如果自己购买后，再包装、送达，需要一个十分繁琐的过程，但是如果通过网络购物网站的一站式服务直接送到朋友手上，就十分方便了。另外，网络产品的丰富性也是一个比较重要的因素，现在更多的用户可以通过网络商店找到自己想要购买而传统商店中不容易找到的产品，从而起到补充传统商店地域不同或产品短缺的弱点。

2．网络购物相对传统购物模式的劣势

与传统购物相比，网络购物具有很多优势，但是，这种新兴的商业模式，同样也存在不容忽视的不足之处。

第一，信誉度问题。信誉度问题是网络购物中最突出的问题。无论是买家还是卖家，信誉度都被看成是交易过程中最大的问题。作为买家，商家提供的商品信息、商品质量保证、商品售后服务是否和传统商场一样，购买商品后，是否能够如期拿到商品等，都是购买者所担忧的问题。

第二，银行卡网上支付问题。我国网上支付服务目前已得到较大改善，并为网络购物提供了极大便利。但业内专家认为，目前银行卡支付仍在一定程度上制约着网络购物的发展。这主要体现在商家和网上支付者两个方面。一方面，通过网络进行购物的网民中，很多人看中它的便利，愿意选择银行卡支付的方式。但由于提供银行卡支付的商家要向银行支付一定的费用，所以对于利润很低的商品，商家就有可能无利可图，而目前网络购物已经不再是以前无利也经营的状态。因此，商家就不愿意或者禁止让客户在网上通过银行卡支付方式来购买这些商品。另一方面，网上消费者在初次开通网上支付业务时，有些银行必须要求本人亲自到银行营业场所凭相关证件开通这项业务，这在无行中就增加了一道网上交易的手续。这在一定程度上阻碍了网络购物的进一步发展。但是，随着网络购物的发展和银行在服务体系上的竞争，银行卡网上支付必将进一步改进、完善，以适应网络经济的发展。

第三，网络安全问题。从网络进入人们的生活开始，网络安全问题就一直存在。在网络购物中，网民对网络安全也有很大担忧，诸如用户的个人信息、交易过程中银行账户密码、转账过程中资金的安全等问题。这些顾虑无疑给网络购物蒙上了一层阴影。

第四，商品信息虽然发布快，但商品不能及时到位。互联网信息是无国界的，但是很多商品信息上网后，购买者能够看到，却无法立刻购买到，主要是因为信息在网上发布，而供货商仍然是传统企业。传统企业的商品配送无法和互联网信息同步，所以会产生信息快于商品的现象。

第五，配送问题。传统购物一般是在选好后，就可以直接付费拿走，而网络购物就需要一个订货后的等待过程。目前出现了很多物流公司，他们在为网络购物者送货上起到了很大的作用。在目前的商品配送上，就同城配送而言，最快的一般需要 1 个小时，最长的则需要 2 天时间。如果购买者需要的东西很急，网络购物一般就不适合。

第六，商品信息描述不清。由于购买者对网络上的商品的了解只能通过图片和文字描述来完成，而有些商品的描述语言模棱两可，容易使人对商品的认识产生歧义。当购买者根据自己的理解完成网络购物交易，拿到商品后，会投诉商品与自己定购的不一致。通常商家的做法是收回所卖商品。相对于传统购物，网络购物退还商品是一件相对麻烦和有成本风险的事情。因此，网络购物的商家进行商品描述时，应尽量做到描述语言准确，减少购买者对商品的误解，但是，这还是很难避免双方理解差异的产生。这也就是为什么规格、标准统一的商品更适宜作为网络商品进行销售的另一个重要原因。

第七，网络购物者的数量远远低于传统购买者数量。对于网络购物来说，他主要的客户是上网的网民，而网民仅仅占到中国人口总数的 6%，从数量上明显会少于传统商店的购物客户。目前网络购物占整个购物的比例很低，只有1%左右。因此网络购物的发展还依赖于网民的发展与普及。

第八，网上商店比传统商店数量少。虽然网络购物的消费者比传统购物的群体少，但是相比之下，在数量上网络商店与传统商店的差距更大。这将减少人们购物时比较和选择的余地，网络购物需要更多的网络商店来丰富商品的种类。

第九，网络购物者缺少直接购物体验。从商品交换开始，人们就一直体验着交易完成后获得商品后的满足感。但是在网络购物上，购买者却不能体验到在网络交易完成后，立刻拿到商品的满足感，这种满足感的到来往往要滞后1～2天。在某种程度上，网络购物在方便的同时，也减少了购物带来的快乐。

三、我国网络购物存在问题及解决对策

1．信息不对称导致信誉度问题

造成信誉度问题的一个重要原因就是信息不对称，它有两方面的含义，一方面是商家不发布虚假商品、销售信息，即商家的信誉度；另一方面是网络购物者提交订单后不无故取消，即买家的忠诚度。目前网上诈骗可以说是商家信誉度的杀手。明明是没有商品，却引诱网民去购买、汇款，使汇款者两手空空，这种网上诈骗事件虽然少有发生，但其在购物网民中产生的负面影响却较深刻、长久。商家的信誉度问题需要有一个规则来解决。但是这个规则由谁来制定，确实一个很难解决的问题。业内专家认为，首先应该是行业自律；其次是各个商家联合起来组成行业协会，这样会对网络购物的发展具有积极的促进作用。如果有一个权威机构定期发布网上商家信誉度程度情况，就好像酒店的星级评比，有一个统一的标准，这样就在很大程度上，减少了购买者对商家信誉度的担忧。当然，随着网络购物在国内的发展，这些问题正在逐步解决。初次进行网络购物的顾客的客单价一般都相对较低，随着购买者购物次数的增加，购买者对网络购物的信任度逐步增加，同时客单价也会增加。这是解决购买者对商家信誉度的一种方式——通过尝试来增进对网络购物的信任度。而对于商家，购买者的忠诚度同样也被看中。如何确定购买者在网上下单后会如期付款、接受商品，这是值得研究的问题。目前商家的解决方法一般会通过先付款，或是预付订金的方式尽量避免由于坏定单带来的损失。但是这种方式一般是以降低交易成功率为代价的。

2．银行竞争促进银行支付卡问题解决

现金流是网络购物的一个重要环节。CNNIC的历次调查数据显示，我国网络购物付款的支付方式中，采取银行卡网上支付的比例逐年增高，从2001年底的15.6%到2004年6月的37.9%，如图25.59所示。但由于商家与银行的利润问题，银行支付卡问题还并未得到根本解决，因此现金流仍是网络购物当前存在的问题之一。

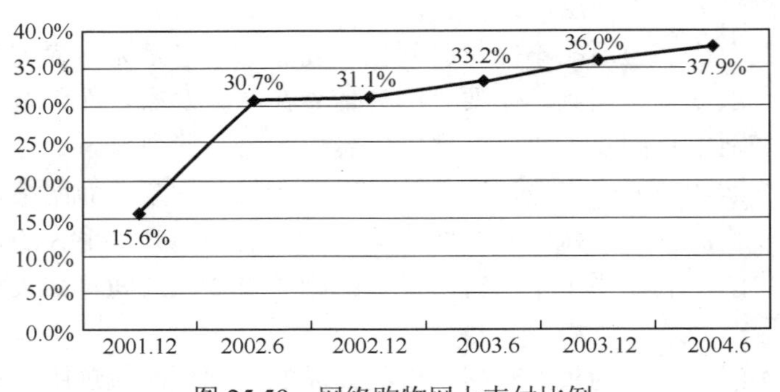

图25.59　网络购物网上支付比例

行业的良性竞争是促进行业发展、进步的根本。银行业的竞争使得银行客户得到了更好的服务。在网络购物中，商家会选择服务更好、成本更低的银行作为客户选择的支付银行账户。一旦该问题得到根本解决，则网络购物的交易额和交易量将会大幅增长，从而促进网络购物的规模发展。

3．搜索功能解决信息流问题

互联网为网络购物的信息流提供了很好的平台。目前，网络商店在网上有自己商品的分类、图片展示、资料介绍、用户评论等信息，还提供商品搜索功能。相对于网络购物的初期阶段，这已经有很大的进步了，但这不能满足网络购物日益发展的需要。对于网络商店而言，更多的问题就集中在商品的供应上，缺货往往是目前购买者提出的主要问题。这就需要网络商家根据客户对商品的搜索，分析出购买者的商品需求信息。目前国内有些商家已经可以通过网络商店的搜索功能了解每件商品的查询次数，购买者查询但是店内没有的商品等信息。根据这些信息，网络购物网站的工作人员再进行商品的采购、补充。通过这种方式，达到供求双方的信息通畅，大大提高交易的成功率。

4．形成地域化发展解决物流问题

目前很多网络商店都集中在经济相对发达的大、中型城市，主要也是考虑到配送问题。我国的商品配送问题虽然得到改善，但主要集中在大、中型城市，一些小城市还采用比较落后的运输方式，比如自行车，这样会使配送的最末端环节变得相对较慢。为解决这一问题，网络购物应该向本地化、地域化方向发展，比如有些网络商店通过与本地传统购物商家合作或自己开便利店的方式，解决配送问题，实现优势互补。

5．引导人们接受网络购物，培养人们的网络购物习惯

网络购物毕竟是一个新生事物，对于习惯了传统购物的人们来说，接受这种方式还需要较长时间，也需要媒体的宣传和引导，培养人们进行网络购物的习惯。最初的购物行动需要用户亲自体验，需要购物网站将网络购物操作流程简单化、傻瓜化，减少客户网络购物的难度和心理障碍。当网民有了网络购物的习惯后，就不容易再改变。目前很多购物网站最忠诚的用户都是具有网络购物习惯的网民，他们不但自身为购物网站带来交易额，同时会把生活中的很多传统购物方式转换成网络购物方式。

6．降低网络商店门槛，让更多传统企业开展网络购物服务

对于中国的网络购物来说，真正要发展壮大，必须要让传统企业都进入到电子商务行列中。但这首先要为此创造网络环境，降低商家进入网络的门槛，使更多的企业了解网络商店带给他们的便利和效益，让更多的企业进入到网络店铺，从而提供更多的网络购物场所，使互联网上的商品更丰富，用户有更多的选择。如果没有足够的购物场所，购物网民的单方面增加会造成网络商品在比较、选择上的单一、匮乏。只有供求双方共同发展，才能创造出良好的网络购物环境，推动中国网络购物的发展。

7．网络购物缺少相应的政策法规、行业规范

目前，国内没有针对网络购物的政策和法规，比如税务问题，网络购物行业规则、规范等。在这种情况下，很多网上商业活动要遵循传统商业的政策，对模式不同的网络购物发展造成了一定程度的阻碍。因此，网络购物呼唤相关政策、法规的出台来保障自身的健康发展。

四、中国网络购物的发展趋势

网络购物的经营者在多年的经营之后，已经比较理性，知道在我国网络购物的发展中应该去做什么和如何做。没有人怀疑我国网络购物会成为互联网应用的一个重要方面，也没有人怀疑网络购物的巨大市场规模和美好发展前景。网络购物的繁荣需要时间，需要业界的投入，需要网络的发展。业内专家希望并相信中国的电子商务在一段时间后会达到国际化、标准化水平。

随着网络购物的发展，网络购物会进行一些资源整合，各家网络购物经营者应该依靠自身优势商品进行发展，逐渐形成市场细分。中国地域广阔的特性，决定了网络中的任何一个产业都不可能是被一家垄断，都会有几家进行竞争，通过市场细分和良性竞争实现不断完善和发展。

当人们生活水平的不断提高，网络购物的不断成熟时，网络购物会出现两种不同的发展趋势：一种是走低价格路线，像超市一样，销售物美价廉的商品；另一种是销售高档消费商品。网络购物将会向两个不同的方向发展，拥有各自的客户群体，并且都可能会做得很好。

虽然目前已经有网络商家开始盈利，但是真正达到规模盈利，还需要一段时间。从经营模式上来说，网络购物会出现两种形式：一种是从传统经营模式加入到网络经营模式中来，通过网络的力量不断扩大自己品牌的知名度，给更多的人提供产品信息服务并销售产品，获取利润；另一种则是网络商家通过网络商店做出自己的品牌后，通过一些传统方式进行网下交易，从而弥补目前国内网民有限，顾客群体相对较小的缺陷。无论哪种形式，中国的网络购物都会发展成为从传统到网络，或是从网络到传统，最终统一于网络与传统相结合的发展模式。发展到最后，网络购物将不会是在商品品种和价格上的竞争，而应该是在服务上。优质的服务和良好的客户关系管理将是网络购物商家取胜的法宝。

一支独秀不是春，随着我国网络环境的不断改善和网民的不断增加，会有越来越多的传统企业开展网

络购物服务，中国的网络购物市场会越来越大，其潜在的经济效益也无疑是巨大的。作为电子商务的一部分，它的春天已经随着互联网的快速发展而到来，并呈现了良好的发展势头。当然，网络购物的发展与繁荣需要整个社会的力量来推动，需要大家的参与。

（中国互联网络信息中心（CNNIC））

第 26 章　香港特区互联网使用现状报告

26.1　概念说明

1．网民

本调查采用了两种“网民”的定义。其一是从 2000 年香港调查开始一直采用的“全球互联网研究计划”的定义（“你现在是否使用互联网”，简称 WIP 定义）。以下部分内容将沿用此定义，以便与我们 2000、2001、2002 和 2003 年度调查结果做比较。其二是从 2002 年度起采用的 CNNIC 定义（平均每周使用互联网至少 1 小时），以便与 CNNIC 的调查结果做比较。两种定义的统计结果略有不同，敬请读者引用时予以注明。

2．上网计算机

指家庭内连入互联网络的桌面电脑和手提电脑，但不计入可以上网的掌上电脑或带 PDA 功能的手机电话。

说明：本调查由香港城市大学（7001506）所资助。本报告内容，并不代表香港城市大学。本次调查统计数据截止日期为 2004 年 12 月 31 日。

26.2　调查结果

26.2.1　香港特区互联网络发展的宏观概况

一、家庭上网计算机数

香港居民家庭上网计算机数如表 26.1 所示。

表 26.1　　家庭上网计算机数

家 庭 总 数	上网计算机总数	拨号上网家庭数	宽带上网家庭数*
223 万	157 万	14 万	143 万
占家庭总数的比例	70%	6%	64%
占上网家庭的比例	100%	9%	91%

香港居民家庭电脑上网情况如图 26.1 所示。

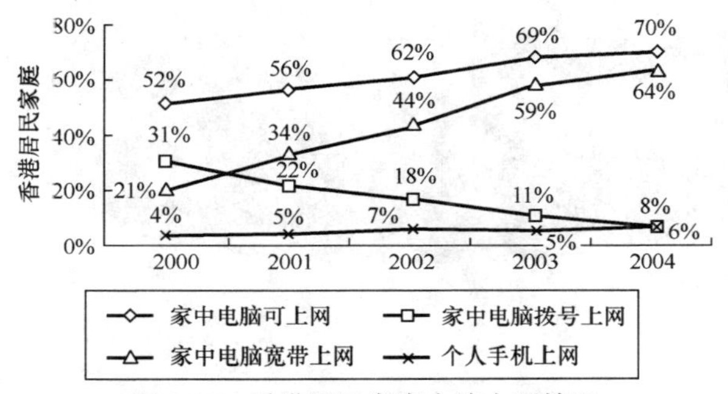

图 26.1　香港居民家庭电脑上网情况

注：宽带上网包括 ADSL 和 Cable Modem 方式，但不包括 ISDN（计入拨号上网）和手机上网。

二、网民人数

（1）按 CNNIC 定义计，在年龄为 6～84 岁之间的香港常住居民中，有 330 万为网民（即占对应总体 644 万中的 51%），如考虑到抽样误差，实际网民可能在 321 万～339 万之间。

（2）按 WIP 定义计，在年龄为 18～74 岁之间的香港常住居民中，有 282 万为网民（即占对应总体 520 万中的 54%），如考虑到抽样误差， 实际网民可能在 274 万～290 万之间，如图 26.2 所示。

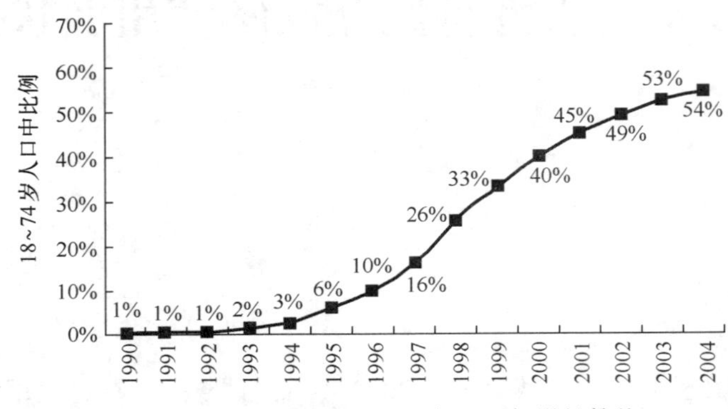

图 26.2 香港网民（WIP 定义）逐年增长趋势

26.2.2 网民行为意识调查结果

注：本部分的“网民”，如不注明为“WIP 定义”，即按 CNNIC 定义统计。

一、网民个人信息

*1．网民的性别：男性占 50%，女性占 50%，如图 26.3 所示。

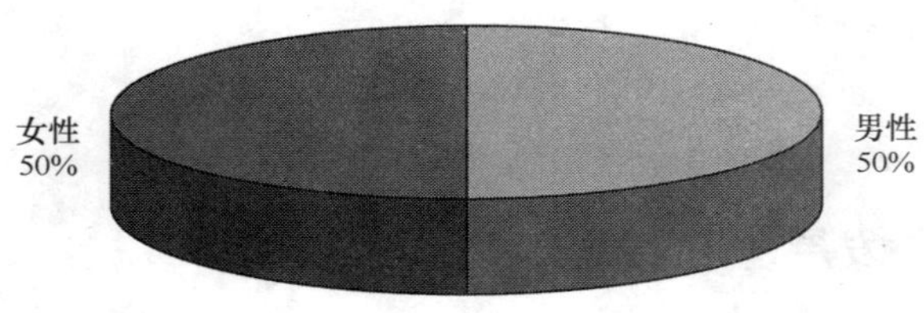

图 26.3 网民性别

*2．网民的年龄分布如表 26.2 和图 26.4 所示。

表 26.2 网民的年龄分布

18 岁以下	18～24 岁	25～30 岁	31～35 岁	36～40 岁	41～50 岁	51～60 岁	60 岁以上
22%	17%	18%	9%	15%	15%	3%	1%

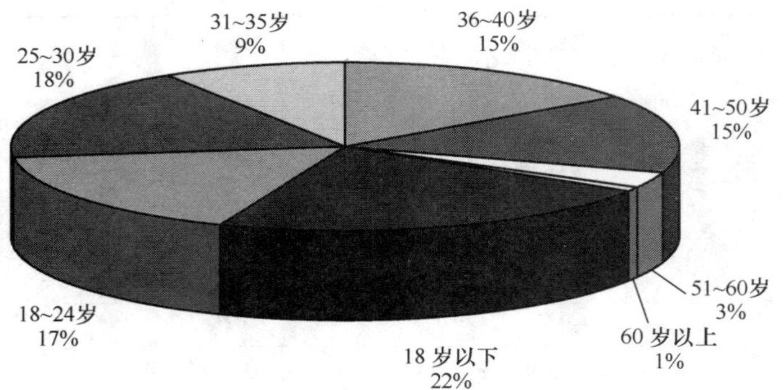

图 26.4 网民的年龄分布

*3．网民的婚姻状况：未婚占 61%，已婚占 39%，如图 26.5 所示。

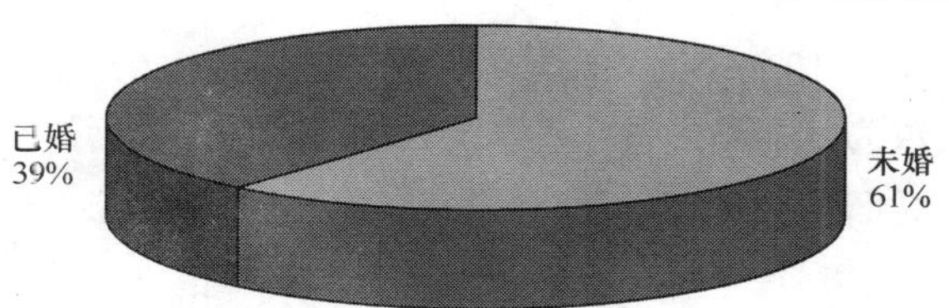

图 26.5　网民的婚姻状况

*4．网民的文化程度如表 26.3 和图 26.6 所示。

表 26.3　　**网民的文化程度**

高中（中专）以下	高中（中专）	大　专	本　科	硕士、博士
57%	9%	11%	20%	3%

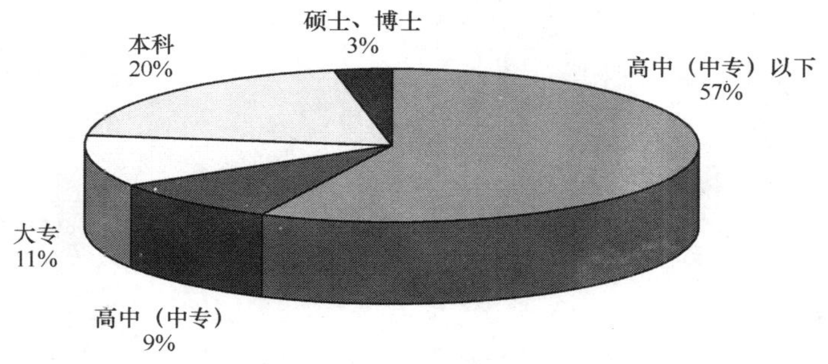

图 26.6　网民的文化程度

*5．网民的职业分布如表 26.4 所示。

表 26.4　　**网民的职业分布**

公务员、军警	管理、科教文卫、公司职员	工人、商业/服务业人员	个体或私营劳动者	学　生	退休、无业	其　他
2%	18%	30%	3%	32%	15%	0%

*6．网民的家庭月收入如表 26.5 所示。

表 26.5　　**网民的家庭月收入**

1 万港元以下	1 万～2 万港元	2 万～3 万港元	3 万～4 万港元	4 万港元以上
16%	29%	23%	14%	18%

二、网民使用互联网情况和上网习惯

*1．网民上网的主要地点（多选题）如表 26.6 和图 26.7 所示。

表 26.6　　**网民上网的主要地点**

家　中	单　位	学　校	网吧、图书馆等公共场所
90%	53%	52%	10%

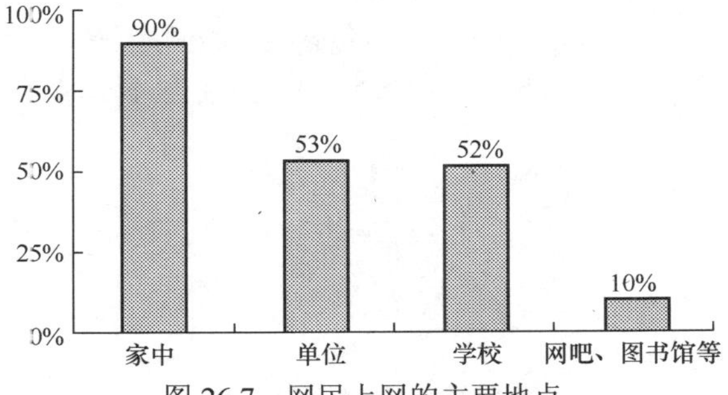

图 26.7　网民上网的主要地点

*2．网民平均每周上网时间为 12.3 小时。

*3．网民平均每周上网天数为 5.3 天。

*4．网民每月用于连接互联网的费用（平均 157 港元、或 20 美元），如表 26.7 和图 26.8 所示。

表 26.7　网民每月用于连接互联网费用

低于 50 元	51～100 元	101～200 元	201～300 元	301～400 元	401～500 元	500 元以上
7%	18%	59%	14%	4%	0.3%	1%

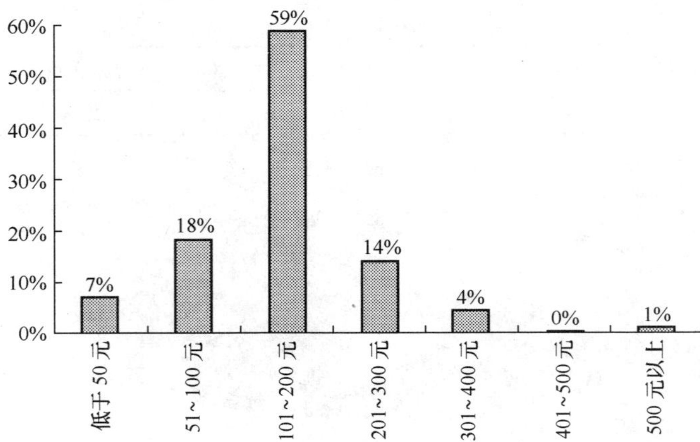

图 26.8　网民每月用于连接互联网费用

*5．网民连接互联网的方法（可多选）如下所述。

- 电话拨号　9%
- 宽带　90%
- 有线电视　2%
- 无线（包括 WLAN、GPRS、WAP、EDGE、3G）　1%
- 不知道　3%

*6．网民通常在什么时间上网（多选题），如表 26.8 和图 26.9 所示。

表 26.8　网民上网时间

1 点	2 点	3 点	4 点	5 点	6 点
13%	11%	6%	5%	4%	3%
7 点	8 点	9 点	10 点	11 点	12 点
5%	6%	21%	24%	23%	25%
13 点	14 点	15 点	16 点	17 点	18 点
27%	28%	27%	30%	31%	30%
19 点	20 点	21 点	22 点	23 点	24 点
29%	38%	47%	47%	36%	28%

*7．网民拥有 E-mail 账号平均值为 2.3 个，其中免费 E-mail 账号平均值为 1.9 个。

*8．网民平均每周收到电子邮件数（不包括垃圾邮件）为 32.8 封，收到垃圾邮件数为 45.7 封，发出电子邮件数为 19.8 封。

*9．网民上网最主要的目的如下所述。

- 获取信息　53.6%
- 学习　7.5%
- 休闲娱乐　22.0%
- 与人联络（如收发邮件、IM、SMS、聊天等）　13.9%

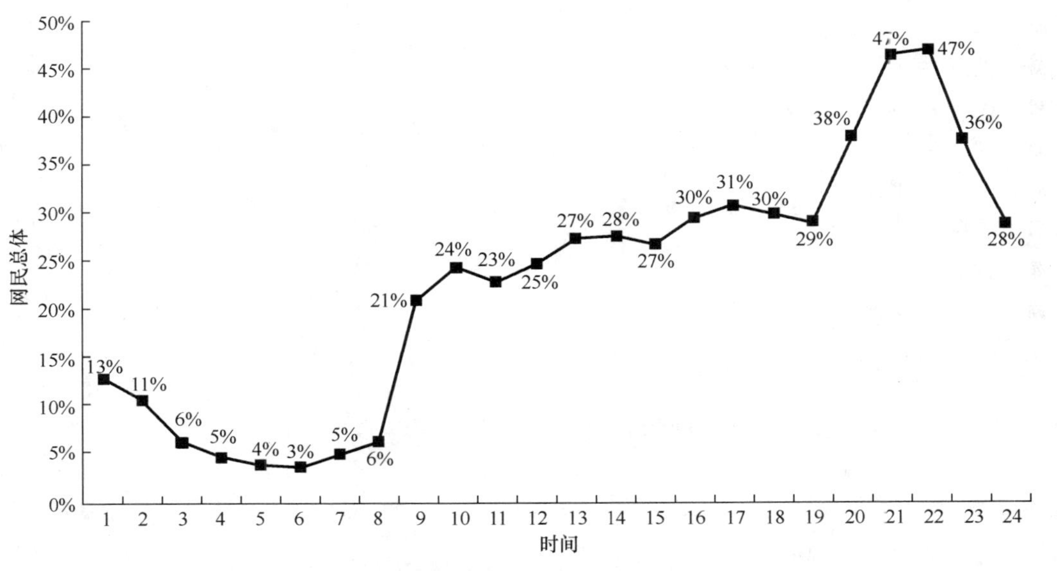

图 26.9　香港网民每天 24 小时内上网时间分布图

- 交友　0.3%
- 网上购物　0.1%
- 网上银行、买股票、付账等　1.3%
- 获得各种免费资源（如免费邮箱、个人主页空间、各种免费资源下载等）　0%
- 其他　1.3%

*10．网民经常使用的网络服务（多选题）如下所述。

- 电子邮箱　27%
- 新闻组　21%
- 搜索引擎　41%
- 软件上传或下载服务　3%
- 浏览网页　22%
- 多媒体娱乐（如电影、音乐、广播、Flash 等）　13%
- BBS 论坛、社区、讨论组　4%
- 网上聊天（如 MSN、ICQ、Yahoo Messenger、chat room 等）　17%
- 校友会网页　1%
- 网上游戏　18%
- 网上购物或商务活动　3%
- 网上教育　7%
- 网上银行　3%
- 网上招聘　1%
- 短信服务　1%
- 视像（视频）会议　0%
- 网络电话　0%
- 票务、旅店预订　1%
- 其他　5%

*11．网民在过去一年中是否通过购物网站购买过商品或服务选择如下所述。

- 是　12%
- 否　88%

*12．网上购物网民在过去一年中在网上实际购买过哪些产品或服务（多选题）如下所述。

- 书籍 11%
- 旅游（飞机、火车、饭店） 2%
- 休闲娱乐（如电影票、球票） 8%
- 食品 0%
- 纺织、服装 3%
- 家电 6%
- 计算机 5%
- 家居、工艺品 3%
- 医疗、保健 1%
- 其他 2%

13．网民每周用于网上 6 种主要活动的时间如下所述。

- 看网上新闻 1.5 小时
- 收发电子邮件 2.8 小时
- 参加网上聊天、讨论 1.1 小时
- 搜寻与工作/学习有关的信息 3.1 小时
- 搜寻与个人生活有关的信息 2.3 小时
- 参加网上的游戏、娱乐 1.5 小时

香港 18～74 岁网民（WIP 定义）上网时间分配如图 26.10 所示。

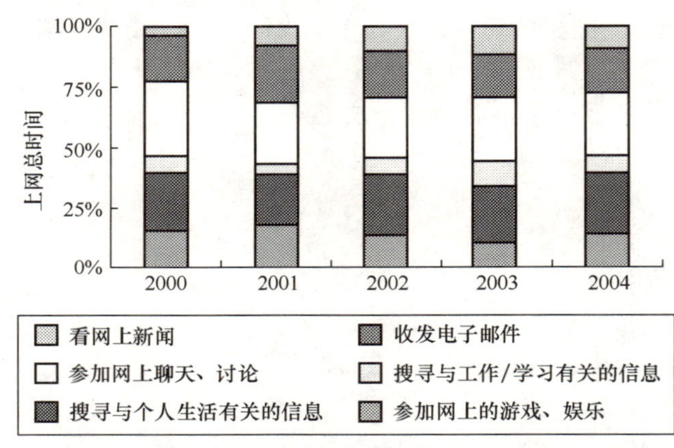

图 26.10 香港 18～74 岁网民（WIP 定义）上网时间分配

14．网民用于各种语言网站的时间占所有上网时间的比例为：

香港本地中文网站 57%

香港本地非中文网站 9%

海外中文网站 18%

海外非中文网站 16%

网民用于各种语言网站的时间情况如图 26.11 所示。

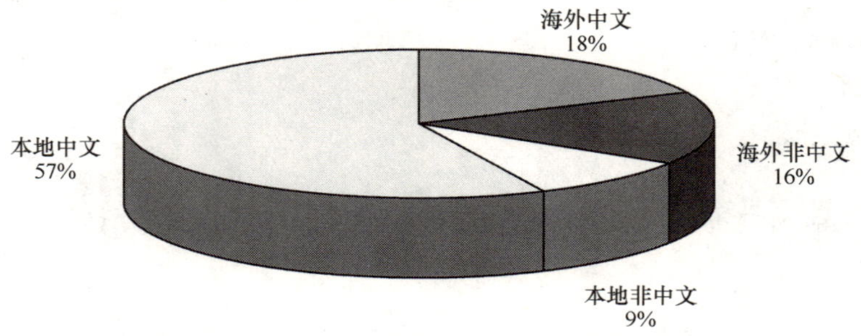

图 26.11 网民用于各种语言网站的时间

*15．是否经常浏览/点击网络广告，调查结果如图 26.12 所示。

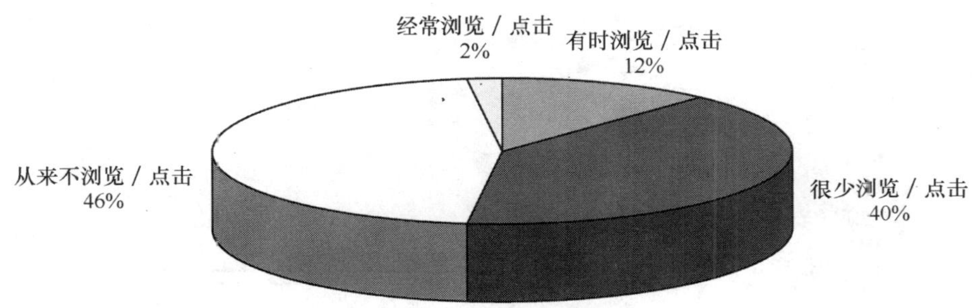

图 26.12　是否经常浏览/点击网络广告

26.2.3　香港非网民概况

*1．非网民不上网的原因

- 无兴趣　16%
- 觉得上网没用/不需要　9%
- 不会用/对上网技术感到恐惧和困惑　48%
- 无计算机/无电话/电脑不能上网/电脑不够好　19%
- 工作太忙，无上网　11%
- 上网费用太贵　7%
- 经常断线、网络繁忙，不容易登入　1%
- 传输速度太慢　1%
- 语言问题/不懂英文　8%
- 担心孩子受到不好影响　1%
- 年龄太老/小、健康问题　8%
- 感兴趣的网站或信息太少　0%
- 担心泄露私隐　0%
- 担心网上安全　0%
- 病毒太多　0%
- 无困难　9%

*2．非网民预期上网时间

- 1 个月内　2%
- 1～3 个月内　3%
- 3～6 个月内　2%
- 6～12 个月内　5%
- 1 年以后　4%
- 不知道/无法预计　5%
- 根本不打算上网　77%

香港非网民预期上网时间如图 26.13 所示。

3．按 WIP 定义计，香港 18～74 岁成年人中的网民比例从 2000 年的 40%增加到 2001 年的 45%、2002 年的 49%、2003 年的 53%和 2004 年的 54%，平均年增长率为 8%；与此同时，非网民的比例从 2000 年的 60%下降到 2001 年的 55%、2002 年的 51%、2003 年的 47%和 2004 年的 46%，平均年减少率为 6%。

香港 18～74 岁居民中的网民、非网民之比（按 WIP 定义计）如图 26.14 所示。

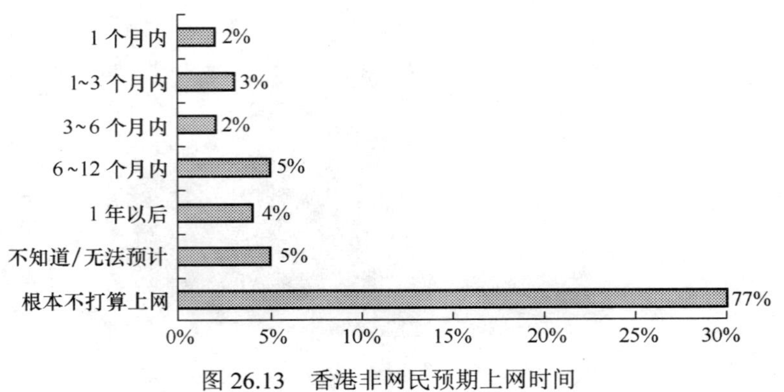

图 26.13　香港非网民预期上网时间

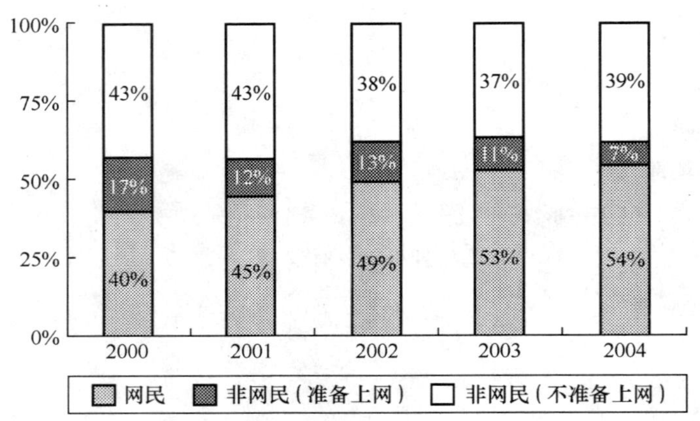

图 26.14

*4．非网民因不上网而遇到的经历

	从不（%）	很少（%）	有时（%）	经常（%）
（1）因为不使用互联网而有过感到难堪的经历	80	7	9	5
（2）因为不使用互联网而有过有人鼓励您使用互联网的经历	64	10	18	8
（3）因为不使用互联网而有过被排斥在朋友的交流沟通圈之外的经历	91	5	3	1
（4）因为不使用互联网而有过在升学/就业/本单位内升职涨薪时处于不利地位的经历	86	4	7	3
（5）因为不使用互联网而有过别人说难以与您联络的经历	94	4	2	1

26.2.4　网民与非网民对互联网的看法

*1．您是否信任互联网？

	网民（%）	非网民（%）	总计（%）
■ 完全不信	1	7	4
■ 不太信任	6	12	9
■ 半信半疑	58	53	56
■ 比较信任	33	18	26
■ 完全信任	1	5	3
■ 不知道/说不准	0	5	3

香港居民对互联网的信任度如图 26.15 所示。

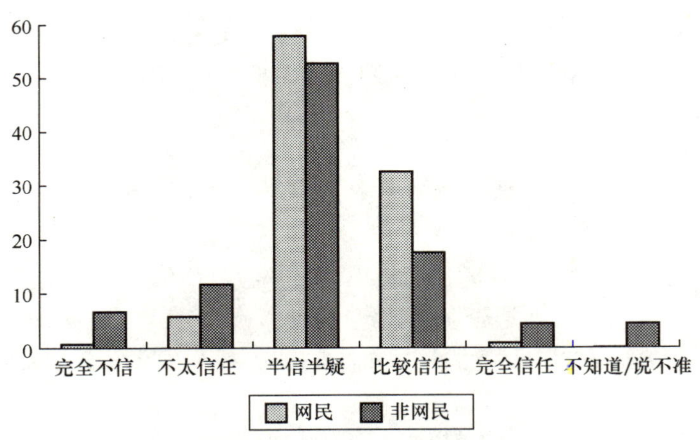

图 26.15　香港居民对互联网的信任度

2．网上信息是否需要管理和控制？

	网民（%）	非网民（%）	总计（%）
■ 非常需要	4	4	4
■ 比较需要	6	4	5
■ 不太需要	33	30	31
■ 完全不需要	40	38	39
■ 说不准	18	24	20

*3．对互联网的作用和影响的看法

	很不赞成（%）	不太赞成（%）	又赞成，又不赞成（%）	比较赞成（%）	非常赞成（%）	不知道/说不准（%）
（1）使用互联网可以提高工作/学习和生活的效率	2	4	21	44	28	1
（2）在单位/学校/邻里中，会上网的人好像高人一等	27	40	21	7	4	1
（3）使用互联网容易结交不好的朋友	11	17	35	21	14	2
（4）使用互联网容易暴露隐私	10	19	33	21	14	2
（5）使用互联网容易受不良信息影响	10	15	30	24	18	2

4．互联网在您的生活、工作/学习中有多重要？

	网民（%）	非网民（%）	总计（%）
■ 非常重要	18	6	13
■ 比较重要	37	10	25
■ 无所谓	37	54	44
■ 不太重要	6	15	10
■ 完全不重要	1	12	6
■ 不知道/难讲	0	3	1

（以上结果中加注*者为 CNNIC 网下抽样调查问题，不带*者为香港抽样调查问题。）

26.3　调查方法

一、调查总体

本调查的目标总体有两个，一是全香港有住宅电话的 6～84 岁常住居民并说中文者（包括广东话、普通话及其他方言，即与 CNNIC 的总体定义相同)；另一个总体是在上述总体中 18～74 岁的成年人（与我们 2000～2003 年间调查参照的 WIP 总体定义相同)。前者用于与 CNNIC 调查结果相比较、后者则与我们 2000～2003 年间调查结果相比较。

二、抽样方法

样本量：为与 CNNIC 分省样本量相仿，本调查最后成功调查了 1 376 人，在 95%的置信度下，该样本的抽样误差 2.6%。

抽样方法：本调查沿用前 4 次所采用的“随机电话号码拨号”（RDD）的抽样方法。首先通过电脑程序产生出 10 000 余个随机电话号码，拨通查明为住宅电话后，要求在本户 6～84 岁的常住并说中文的成员中访问一名生日最近者。如被抽中的电话无人接、抽中的被访者不在家或不便接受访问，访问员在不同的日期与不同的时段先后 5 次回拨。

调查成功率：按美国舆论研究协会（AAPOR）的成功率公式 3（RR3）计算（详见 AAPOR 网址：http://www.aapor.org/default.asp?page=survey_methods/standards_and_best_practices/standard_definitions#response)，本调查的成功率为 41%，比我们 2000～2003 年度调查的结果（分别为 38%、35%、36%、33%）有所提高。

加权方法：在统计分析之前，我们以香港 2004 年 6 月人口统计资料中性别与年龄的交叉分布为基数、对样本作了加权处理，使得样本与对应总体的性别与年龄的结构相同。

数据预处理：我们在上述报告中使用了一系列平均数，如人均上网时间、电子邮箱账号数、收发电子邮件数等。众所周知，一组数据中如出现个别极大或极小的异常值，会明显影响该组数据平均数的取值。我们按惯例在计算上述平均数前，先剔除了原始数据中的异常值(定义为大于或小于平均数的 3 个标准差)。如此修正过的平均数，比原始数据的平均数减小 10%～50%不等，但更接近总体的实际情况。

（香港城市大学　祝建华）

第 27 章　澳门特区互联网使用现状报告

27.1　概念说明

1．网民：本调查采用了两种“网民”的定义。其一是从 2001 年澳门调查开始一直采用的“全球互联网研究计划”的定义（“你现在是否使用互联网”，简称 WIP 定义），以下部分内容将沿用此定义。其二是采用 CNNIC 的定义（“平均每周使用互联网至少 1 小时”），以便与 CNNIC 的调查结果做比较。两种定义的统计结果略有不同，敬请注意。

2．上网计算机：指家庭内连上入互联网的桌面电脑和手提电脑，但掌上电脑或带 PDA 功能的手机电话不在此列。

3．说明：本报告内容是“澳门互联网研究计划”调查结果的一部分，该计划由澳门大学（编号：RG070/03-04S/WH/FSH）及澳门基金会资助部分经费。本报告内容，并不代表资助机构的立场。本次调查统计数据截止日期为 2004 年 12 月 21 日。

27.2　调查结果

27.2.1　澳门特区互联网络发展的宏观概况

一、家庭上网计算机数

澳门特区家庭上网计算机数如表 27.1 所示。

表 27.1　　家庭上网计算机数

家 庭 总 数	上网计算机总数	拨号上网计算机数*	宽带上网计算机数*
14.9 万	8.8 万	3.4 万	5.3 万
占家庭总数的比例	59%	23%	35%
占上网家庭的比例	100%	39%	60%

注：不包括租用专线、无线和手机上网。

澳门计算机联网方式如图 27.1 所示。

二、网民人数

（1）以 CNNIC 定义计，在年龄为 6～84 岁之间的澳门常住居民中，有 20.1 万为网民（即占对应总体 43.5 万中的 46%），如考虑到抽样误差（2.5%），实际网民可能在 19.0 万～21.2 万之间。

（2）以 WIP 定义计，在年龄为 18～74 岁之间的澳门常住居民中，有 14.1 万为网民（即占对应总体 33 万中的 43%），如考虑到抽样误差（2.9%），实际网民可能在 13.1 万～15.0 万之间。

澳门居民上网增长情况如图 27.2 所示。

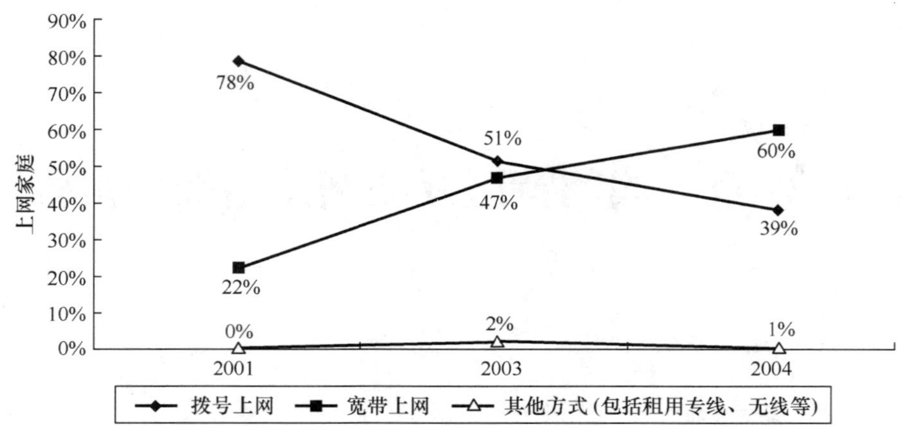

图 27.1　澳门家庭计算机联网方式

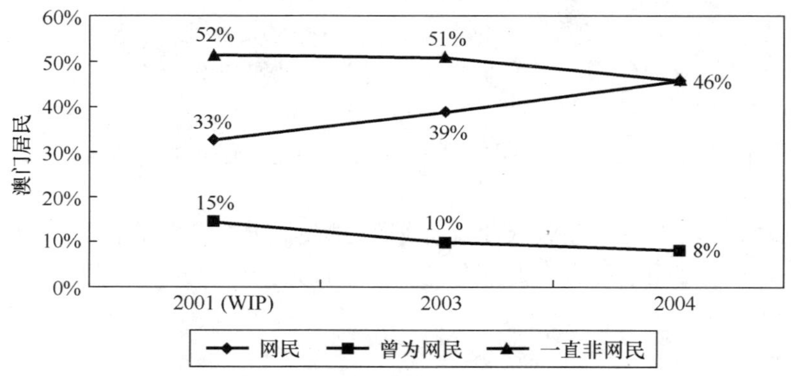

图 27.2　澳门居民上网增长情况

注：以下部分的“网民”，如不注明为“WIP 定义”，即按 CNNIC 定义统计。在编号中加注*者为 CNNIC 网下抽样调查问题，不带*者为澳门抽样调查问题。

27.2.2　网民行为意识调查结果

一、网民个人信息

*1．网民的性别：男性占 51%，女性占 49%，如图 27.3 所示。

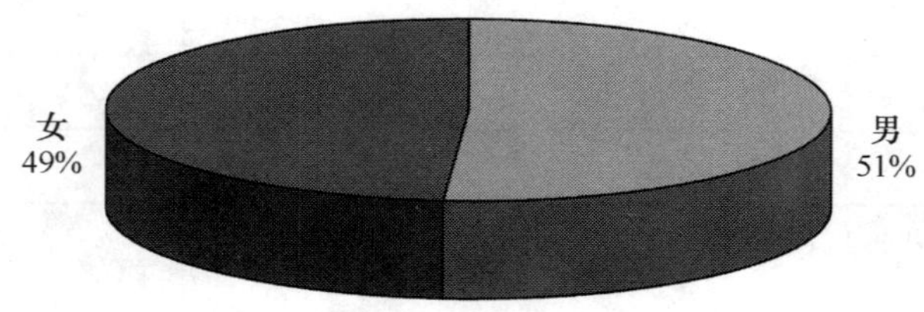

图 27.3　网民性别

*2．网民的年龄分布如表 27.2 和图 27.4 所示。

表 27.2　　**网民的年龄分布**

18 岁以下	18～24 岁	25～30 岁	31～35 岁	36～40 岁	41～50 岁	51～60 岁	60 岁以上
30%	21%	18%	9%	11%	10%	2%	0.2%

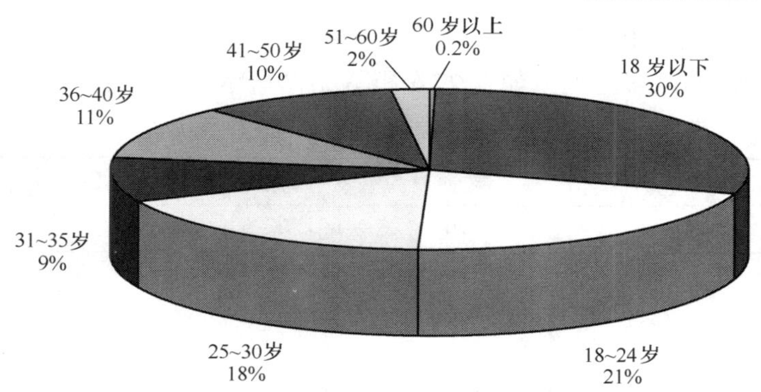

图 27.4　网民年龄分布

*3．网民的婚姻状况：未婚占 69%，已婚占 31%，如图 27.5 所示。

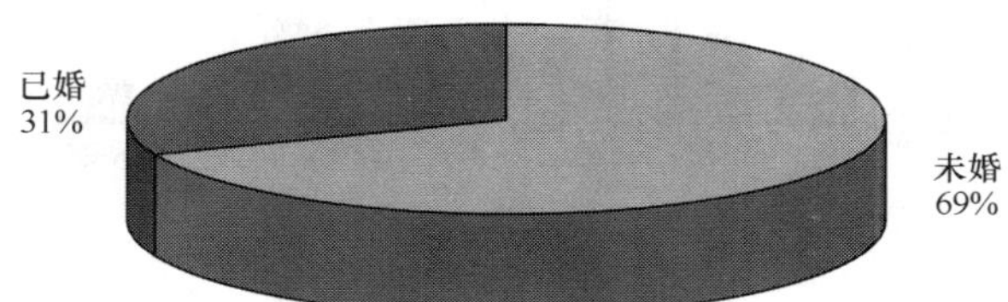

图 27.5　网民的婚姻状况

*4．网民的文化程度如表 27.3 和图 27.6 所示。

表 27.3　　网民的文化程度

高中以下	高中	大专文凭/副学士	大学本科	硕士，博士
33%	36%	11%	17%	3%

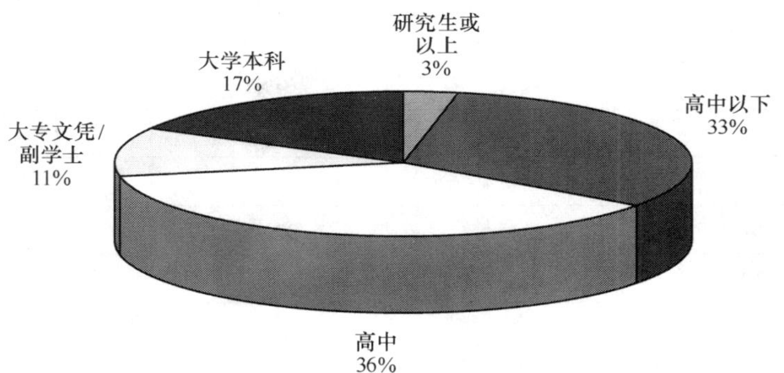

图 27.6　网民的文化程度

*5．网民的职业分布如表 27.4 所示。

表 27.4　　网民的职业分布

公务员、警察	管理阶层、专业人士、白领、文职人员	蓝领、劳动工人、服务员	自雇人士	学生	退休、无业、家庭主妇	其他
5%	31%	13%	1%	43%	5%	0.1%

*6．网民的家庭月收入（澳门元）如表 27.5 所示。

表 27.5　　网民的家庭月收入

6 千元以下	6 千～1.2 万元	1.2 万～1.8 万元	1.8 万～2.4 万元	2.4 万元以上
11%	30%	19%	18%	23%

二、网民使用互联网情况和上网习惯

*1．网民上网的主要地点（多选题）如表 27.6 和图 27.7 所示。

表 27.6　　网民上网的主要地点

家　　中	单位/公司	学　　校	网吧、图书馆等公共场所	不 能 确 定
87%	24%	19%	13%	1%

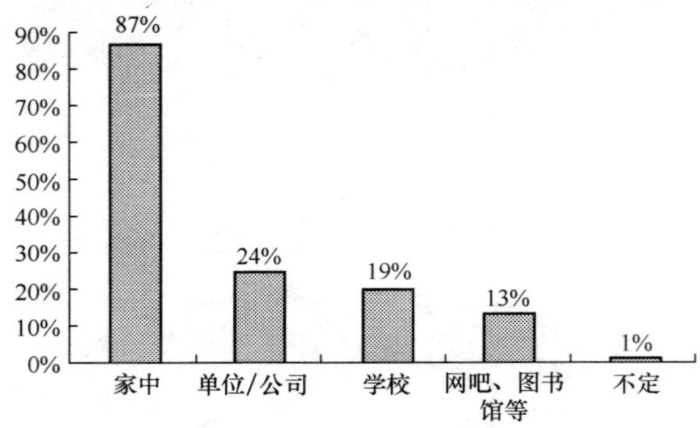

图 27.7　网民上网的主要地点

*2．网民平均每周上网时间为 13.2 小时。

3．网民平均每周上网天数为 3.8 天（6～17 岁组）。

*4．网民通常的上网时间（多选题），如表 27.7 所示。

表 27.7　　网民上网时间分布

1 点	2 点	3 点	4 点	5 点	6 点
9%	6%	2%	1%	1%	1%
7 点	8 点	9 点	10 点	11 点	12 点
2%	3%	8%	9%	7%	7%
13 点	14 点	15 点	16 点	17 点	18 点
7%	9%	10%	14%	20%	20%
19 点	20 点	21 点	22 点	23 点	24 点
24%	39%	52%	53%	37%	26%

澳门网民每天 24 小时上网时间分布如图 27.8 所示。

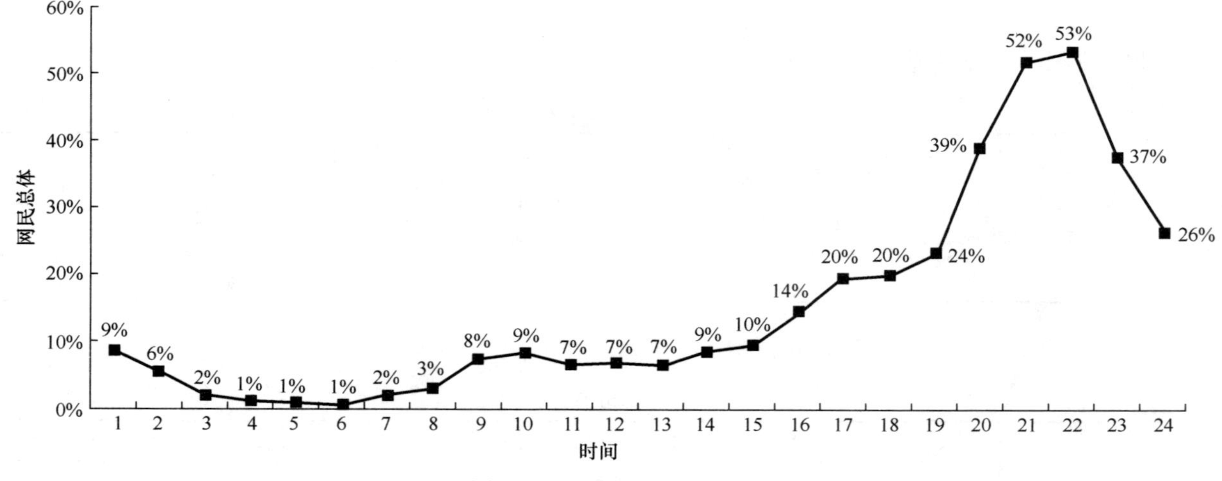

图 27.8　网民上网时间分布

*5．E-mail 账号：

■ 网民拥有 E-mail 账号平均值	2.5
■ 其中免费 E-mail 账号平均值	2.1

*6．网民平均每周收发电子邮件数

■ 收到电子邮件数（不包括垃圾邮件）	26.9
■ 收到垃圾邮件数	28.8
■ 发出电子邮件数	12.4

*7．网民上网最主要的目的

■ 获取资讯	59%
■ 与人沟通	18%
■ 娱乐	16%
■ 学习	2%
■ 取得免费网上资源	1%
■ 网上理财	1%
■ 工作需要	1%
■ 结识朋友	0.3%
■ 网上博彩	0.3%
■ 其他	1%

*8．网民经常使用的网络服务（多选题）

■ 电子邮箱	50%
■ 搜索引擎	48%
■ 看新闻	38%
■ 网上聊天（QQ、MSN、ICQ 等）	31%
■ 浏览网页	29%
■ 软件上传或下载服务（软件、影音档）	26%
■ 网上游戏	19%
■ 多媒体娱乐（电影、音乐、FLASH 等）	12%
■ BBS 论坛、社区、讨论组	7%
■ 网上银行财务	4%
■ 网上教育	4%
■ 网上购物	3%
■ 短信	3%
■ 票务、旅店预订	2%
■ 网上博彩（如足球、篮球）	2%
■ 电子政府	1%
■ 网络电话	1%
■ 视频会议	1%
■ 同学会记录	1%
■ 电子招聘	1%
■ 网上拍卖	1%
■ 博客	0.2%
■ 网上相簿（照片）	0.1%
■ 其他	1%

*9．网民在过去一年中是否通过购物网站购买过商品或服务

- ■ 是 17%
- ■ 否 83%

*10．网民过去一年中在网上实际购买过哪些产品或服务（多选题）

- ■ 书籍 41%
- ■ 电子科技产品 16%
- ■ 旅游（飞机、火车、饭店） 10%
- ■ 订阅网上信息/成为会员 9%
- ■ 网上游戏 7%
- ■ 纺织、服装 6%
- ■ 休闲娱乐（如电影票、门票） 5%
- ■ 影视音像产品 4%
- ■ 股票买卖投资 3%
- ■ 钟表 2%
- ■ 网上博彩（如足球、篮球等） 1%
- ■ 家居、工艺品 1%
- ■ 汽车零件 1%
- ■ 医疗、保健 1%
- ■ 运动产品 1%
- ■ 其他 13%

11．网民每周用于网上 6 种主要活动的时间

- ■ 搜寻信息 4.3 小时
- ■ 收发电子邮件 2.7 小时
- ■ 看网上新闻 2.5 小时
- ■ 网上即时交谈（ICQ 或 MSN 等） 1.9 小时
- ■ 玩网上的游戏 1.1 小时
- ■ 参加网上聊天、讨论 0.5 小时

12．平时主要浏览的网站（多选题）

- ■ 中国澳门网站 40%
- ■ 中国香港网站 78%
- ■ 中国内地网站 17%
- ■ 中国台湾地区网站 25%
- ■ 外国/海外网站 13%
- ■ 其他 1%

27.2.3 澳门非网民概况

*1．非网民不上网的原因（多选题）

- ■ 不懂上网/没有所需技能 33%
- ■ 没有时间 25%
- ■ 没有需要/没用途 17%
- ■ 没有计算机/相关设备 14%
- ■ 不感兴趣 11%
- ■ 上网费用太贵 5%
- ■ 担心孩子受到不良影响 5%
- ■ 不清楚/没有原因 4%

- 父母不批准　3%
- 计算机不够先进　1%
- 中文信息太少/不懂英文　1%
- 担心网上安全　0.3%
- 感兴趣的网站或信息太少　0.2%
- 经常断线/不容易连线　0.1%
- 其他　9%

*2. 非网民预期上网时间

- 1 个月内　2%
- 1～3 个月内　3%
- 3～6 个月内　2%
- 6～12 个月内　1%
- 1 年以后　3%
- 不知道/无法预计　13%
- 根本不打算上网　77%

*3. 非网民因不上网而遇到的经历如表 27.8 所示。

表 27.8　非网民因不上网而遇到的经历

	从　不	很　少	有　时	经　常
1. 因为不上网而有过觉得难堪的经历	61%	9%	22%	8%
2. 因为不上网而有过有人鼓励您使用互联网的经历	76%	5%	13%	6%
3. 因为不上网而有过被朋友排斥的经历	97%	1%	2%	1%
4. 因为不上网而有过对升学/工作不顺利的经历	87%	5%	7%	2%
5. 因为不上网而有过别人说很难与您联络的经历	96%	2%	2%	1%

27.2.4 网民与非网民对互联网的看法

*1. 您是否信任互联网，此项调查的结果如表 27.9 所示。

表 27.9　信任互联网调查结果

	网　民	非 网 民	总　计
■ 完全不信	4%	3%	4%
■ 不太信任	18%	9%	13%
■ 半信半疑	57%	33%	44%
■ 比较信任	17%	14%	15%
■ 完全信任	3%	3%	3%
■ 不知道/说不准	2%	38%	22%

2. 网上信息是否需要管理和控制，此项调查的结果如表 27.10 所示。

表 27.10　网上信息是否需要管理和控制的调查结果

	网　民	非 网 民	总　计
■ 完全不需要	4%	3%	3%
■ 不太需要	14%	11%	13%
■ 比较需要	45%	36%	40%
■ 非常需要	33%	32%	33%
■ 说不准	4%	18%	11%

*3．对互联网的作用和影响的看法，此项调查的结果如表 27.11 所示。

表 27.11　　对互联网的作用和影响的看法

	很不赞成	不太赞成	又赞成，又不赞成	比较赞成	非常赞成	不知道/说不准
1．使用互联网可以提高工作/学习和生活的效率	3%	10%	11%	53%	16%	8%
2．在单位/学校/邻里中，会上网的人好像高人一等	20%	50%	6%	13%	5%	6%
3．使用互联网容易结交不好的朋友	7%	23%	13%	35%	10%	13%
4．使用互联网容易暴露隐私	6%	37%	11%	27%	5%	13%
5．使用互联网容易受不良信息影响	5%	26%	12%	38%	9%	10%

27.3　调查方法

一、调查总体

本调查于 2004 年 11 月及 12 月期间，通过计算机辅助电话访问系统（CATI），向全澳门有住宅电话的 6～84 岁常住居民并说中文者（包括广东话、普通话及其他中国方言）进行访问。在本调查中，有两个目标总体，其一是上述 6～84 岁的澳门居民，其二是上述总体中 18～74 岁的成年人。前者适用于 CNNIC 的定义作统计分析，后者则用作以 WIP 为定义的统计分析。

二、抽样方法

样本量：本调查初定目标样本为 1 500 人，最后成功调查了 1 511 人。在 95%的置信度下，该总样本的抽样误差为±2.5%。

抽样方法：本调查采用全澳门所有住宅电话号码库为抽样框架，先以计算机随机抽出 5 901 个电话号码，再以辅助电话访问系统随机抽出号码，经调查员拨通查明为住宅电话后，要求在本户 6～84 岁的常住并说中文的成员中访问一名生日最近者。如被抽中的电话无人接、抽中的被访者不在家或不便接受访问，访问员在不同的日期与不同的时段先后回拨 6 次，最终使用了 4 930 个随机号码。

调查成功率：按美国民意研究协会（AAPOR）的成功率公式三（RR3）计算（详见 AAPOR 网址：http://www.aapor.org/default.asp?page=survey_methods/standards_and_best_practices/standard_definitions#response），本调查的成功率为 45.3%。

（1）加权方法

在统计分析之前，以最新之澳门人口统计资料中性别与年龄的交叉分布为基数，对样本作了加权处理，使得样本与对应总体的性别与年龄的结构相同。

（2）数据预处理

为了减少数据中如出现个别极大或极小的异常值对该组数据平均数取值的影响，按惯例在计算上述平均数前，以大于或小于平均数的 3 个标准差来取代原始资料中的异常值。经修正后，上述报告中的平均数，例如上网时间、电子邮件账号数、收发电子邮件数等，比原始数据的平均数减少 8%～39%不等，然而更接近总体的实际情况。

（澳门大学　张荣显　王　旭）

第 28 章　中国台湾地区互联网使用状况

28.1　调查相关说明

28.1.1　调查范围与对象

1．调查范围

本调查以中国台湾地区为调查区域，包括其所属的 23 个县市（基隆市、台北市、台北县、桃园县、新竹市、新竹县、苗栗县、台中市、台中县、彰化县、南投县、云林县、嘉义市、嘉义县、台南市、台南县、高雄市、高雄县、屏东县、宜兰县、花莲县、台东县、澎湖县）。

2．调查对象

本调查的调查对象以居住在中国台湾地区，年满 12 周岁以上（1992 年 12 月 1 日之前出生）的民众为调查对象。

28.1.2　调查执行时间

本调查执行时间为 2004 年 12 月 1 日～2005 年 1 月 10 日。电话调查的起止时间为 2003 年 12 月 15 日～2004 年 12 月 25 日。

28.1.3　调查方法

本调查采用 CATI（计算机辅助电话调查系统）进行电话访问。

28.1.4　限制性说明

（1）宽带上网包含 ADSL（非对称数字用户线路）、有线电视电缆线（Cabel Modem）、固接专线（Leased Line）、局域网络（LAN）、小区网络（光纤到大楼＋局域网络；FTTB+LAN）、公共无线局域网络上网（Public Wireless Lan，WLAN）。

（2）无线上网是指通过无线网卡，连接到无线局域网络。

（3）移动上网是指例如 WAP、GPRS、PHS 等使用移动电话上网。

28.2　个人与家庭网络及宽带使用人数与户数调查

28.2.1　中国台湾地区民众网络及宽带使用人数调查

一、网络使用人数部分

本调查依据受访者居住地区别与家中人数二维分层统计推算台湾地区 12 岁以下之上网人口数，共计有 1 501 217 人曾上网；以居住地区别、性别与年龄层三维加权统计推算台湾地区 12 岁以上之上网人口数，共计有 12 300 650 人曾上网；全体民众共计有 13 801 867 人曾上网。

以年龄层来分，台湾地区 12 岁以上民众其上网比例以“16～20 岁”最高，各为 95.68%；其次为“21～25 岁”，约为 94.90%；其中，“56 岁以上”之上网比例最低，为 15.19%，如表 28.1 所示。

表 28.1 台湾地区 **12** 岁以上网络使用人数调查——依年龄层分

单位：人；%

年龄层＼项目	总体人数	个人曾上网				增长率
		2004 年 12 月		2004 年 7 月		
		人　数	百分比	人　数	百分比	
总计	19177033	12300650	64.14	11688455	61.17	5.24
12 岁～15 岁	1285866	1205767	93.77	1201956	92.93	0.32
16 岁～20 岁	1639712	1568835	95.68	1613599	96.64	−2.77
21 岁～25 岁	1976467	1875695	94.90	1832182	92.54	2.37
26 岁～35 岁	3705857	3155979	85.16	3051446	82.33	3.43
36 岁～45 岁	3794449	2608335	68.74	2324043	61.29	12.23
46 岁～55 岁	3156247	1336364	42.34	1225951	39.33	9.01
56 岁以上	3618435	549676	15.19	439277	12.37	25.13

注：增长率是和 2004 年 7 月的调查结果做一比较。

依性别来分，台湾地区 12 岁以上民众上网的比例以男性高于女性，约为 67.55%，如表 28.2 所示。

表 28.2 台湾地区 **12** 岁以上网络使用人数调查结果——依性别分

单位：人；%

性别＼项目	总体人数	个人曾上网				增长率
		2004 年 12 月		2004 年 7 月		
		人数	百分比	人数	百分比	
总计	19177033	12300650	64.14	11688455	61.17	5.24
男	9713410	6561578	67.55	6128200	63.24	7.07
女	9463623	5739073	60.64	5560254	59.04	3.22

以教育程度来分，台湾地区 12 岁以上民众其上网比例以“大学”最高，各为 94.11%，其次为“专科”，约为 82.82%，如表 28.3 所示。

表 28.3 台湾地区 **12** 岁以上网络使用人数调查——依教育程度分

单位：人；%

教育程度＼项目	总体人数	个人曾上网				增长率
		2004 年 12 月		2004 年 7 月		
		人数	百分比	人数	百分比	
总计	19177033	12300650	64.14	11688455	61.17	5.24
未受教育	1136634	4892	0.43	25415	3.21	−80.75
小学	2549063	383710	15.05	279927	12.60	37.08
国中	2389386	1275783	53.39	1458003	47.09	−12.50
高中	5819797	4125717	70.89	3135138	60.35	31.60
专科	2847388	2358082	82.82	2285534	79.92	3.17
大学	3660715	3445016	94.11	3758727	94.13	−8.35
研究生及以上	650369	650369	100.00	673886	99.09	−3.49
拒答	123681	57080	46.15	71825	26.49	−20.53

依平均月收入来分，台湾地区 12 岁以上民众上网的比例以“70001～80000 元”最高，为 90.43%，其次为“80001～90000 元”，约为 89.50%。整体看来，个人平均月收入较高者，其上网的比例皆较高，在个人平均月收入高于 40001 元者，有八成以上者曾上网，如表 28.4 所示。

表 28.4　　台湾地区 12 岁以上网络使用人数调查——依平均月收入分

单位：人；%

项目 / 平均月收入	总体人数	个人曾上网				增长率
		2004 年 12 月		2004 年 7 月		
		人数	百分比	人数	百分比	
总计	19177033	12300650	64.14	11688455	61.17	5.24
没有收入	6784813	3989839	58.81	4281115	54.30	−6.80
10000 元以下	1319783	378700	28.69	398547	66.50	−4.98
10001～20000 元	1156508	524012	45.31	491803	52.39	6.55
20001～30000 元	1974152	1345634	68.16	953910	69.56	41.07
30001～40000 元	2341298	1847204	78.90	1480944	79.88	24.73
40001～50000 元	1482790	1224317	82.57	921465	83.45	32.87
50001～60000 元	930353	828833	89.09	665129	80.10	24.61
60001～70000 元	369833	320881	86.76	431307	84.08	−25.60
70001～80000 元	311813	281978	90.43	200394	86.94	40.71
80001～90000 元	84497	75622	89.50	80615	79.93	−6.19
90001～100000 元	137015	116111	84.74	39585	55.79	193.32
100001 元以上	406090	333719	82.18	254337	85.91	31.21
收入不稳定，不一定	908036	339190	37.35	281316	22.83	20.57
不知道	227307	82264	36.19	100934	32.57	−18.50
拒答	742747	612345	82.44	1107054	62.46	−44.69

二、个人上网方式部分（以台湾地区 12 岁以上民众为总体）

以年龄层来分，台湾地区 12 岁以上民众其宽带使用比例以“21～25 岁”最高，为 87.88%；其次为“16～20 岁”，为 83.50%；而“56 岁以上”之上网比例最低，仅 11.12%，如表 28.5 所示。

表 28.5　　台湾地区 12 岁以上宽带使用人数调查——依年龄层分

单位：人；%

项目 / 年龄层	总体人数	个人使用宽带上网				增长率
		2004 年 12 月		2004 年 7 月		
		人数	百分比	人数	百分比	
总计	19177033	10312842	53.78	9361477	48.99	10.16
12 岁～15 岁	1285866	864671	67.24	813674	62.91	6.27
16 岁～20 岁	1639712	1369197	83.50	1301231	77.93	5.22
21 岁～25 岁	1976467	1736870	87.88	1595102	80.56	8.89
26 岁～35 岁	3705857	2600887	70.18	2631555	71.00	−1.17
36 岁～45 岁	3794449	2189271	57.70	1838593	48.49	19.07
46 岁～55 岁	3156247	1149447	36.42	916682	29.41	25.39
56 岁以上	3618435	402499	11.12	264639	7.45	52.09

依性别来分，台湾地区 12 岁以上民众宽带使用的比例男性约为 57.95%，高于女性，如表 28.6 所示。

表 28.6　　台湾地区 **12** 岁以上宽带使用人数调查——依性别分

单位：人；%

项目 / 性别	总体人数	个人使用宽带上网				增长率
		2004 年 12 月		2004 年 7 月		
		人数	百分比	人数	百分比	
总计	19177033	10312842	53.78	9361477	48.99	10.16
男	9713410	5629390	57.95	5050865	52.12	11.45
女	9463623	4683452	49.49	4310612	45.77	8.65

以教育程度来分，台湾地区 12 岁以上民众宽带使用比例以“研究生及以上”最高，各为 89.65%；其次为“大学”，约为 82.35%，如表 28.7 所示。

表 28.7　　台湾地区 **12** 岁以上宽带使用人数调查——依教育程度分

单位：人；%

项目 / 教育程度	总体人数	个人使用宽带上网				增长率
		2004 年 12 月		2004 年 7 月		
		人　数	百分比	人　数	百分比	
总计	19177033	10312842	53.78	9361477	48.99	10.16
未受教育	1136634	4892	0.43	8786	1.11	−44.32
小学	2549063	209641	8.22	157769	7.10	32.88
国中	2389386	987243	41.32	1013371	32.73	−2.58
高中	5819797	3493013	60.02	2446654	47.10	42.77
专科	2847388	1971078	69.22	1873793	65.52	5.19
大学	3660715	3014623	82.35	3208565	80.35	−6.04
研究生及以上	650369	583080	89.65	582043	85.59	0.18
拒答	123681	49273	39.84	70496	26.00	−30.11

依平均月收入来分，台湾地区 12 岁以上民众宽带使用的比例以“70001～80000 元”最高，为 86.50%，其次为“90001～100000 元”，约为 82.33%，如表 28.8 所示。整体看来，个人平均月收入较高者，其宽带使用的比例皆较高，在个人平均月收入高于 40001 元者，有七成以上者曾使用宽带。

表 28.8　　台湾地区 **12** 岁以上宽带使用人数调查——依平均月收入分

单位：人；%

项目 / 平均月收入	总体人数	个人使用宽带上网				增长率
		2004 年 12 月		2004 年 7 月		
		人　数	百分比	人　数	百分比	
总计	19177033	10312842	53.78	9361477	48.99	10.16
没有收入	6784813	3124419	46.05	3245447	41.16	−3.73
10000 元以下	1319783	359981	27.28	333259	55.61	8.02
10001～20000 元	1156508	456315	39.46	414683	44.18	10.04
20001～30000 元	1974152	1123947	56.93	785975	57.31	43.00
30001～40000 元	2341298	1561694	66.70	1224821	66.06	27.50
40001～50000 元	1482790	1053959	71.08	759792	68.81	38.72
50001～60000 元	930353	711323	76.46	547030	65.88	30.03
60001～70000 元	369833	292913	79.20	284836	55.53	2.84

续表

项目 平均月收入	总体人数	个人使用宽带上网				增长率
		2004 年 12 月		2004 年 7 月		
		人　数	百分比	人　数	百分比	
70 001～80 000 元	311 813	269 709	86.50	165 827	71.95	62.64
80 001～90 000 元	84 497	62 803	74.33	64 427	63.88	−2.52
90 001～100 000 元	137 015	112 806	82.33	39 585	55.79	184.97
100 001 元以上	406 090	309 862	76.30	208 277	70.35	48.77
收入不稳定，不一定	908 036	283 709	31.24	266 007	21.59	6.65
不知道	227 307	50 797	22.35	79 493	25.65	−36.10
拒答	742 747	538 604	72.52	942 019	53.15	−42.82

三、个人无线上网使用行为部分（以台湾地区 12 岁以上民众为总体）

以年龄层来分，台湾地区 12 岁以上民众使用无线上网比例以“21 岁～25 岁”最高，为 21.25%；其次为“26 岁～35 岁”及“16 岁～20 岁”，各为 20.11%、15.72%，再其次为“36 岁～45 岁”，为 14.14%；而“56 岁以上”之比例最低，仅有 2.69%，如表 28.9 所示。

表 28.9　　台湾地区 12 岁以上无线上网使用人数调查——依年龄层分

单位：人；%

项目 年龄层	总体人数	个人使用无线上网				增长率
		2004 年 12 月		2004 年 7 月		
		人　数	百分比	人　数	百分比	
总计	19 177 033	2 384 709	12.44	2 381 283	12.46	0.14
12 岁～15 岁	1 285 866	167 643	13.04	221 899	17.16	−24.45
16 岁～20 岁	1 639 712	257 714	15.72	311 327	18.65	−17.22
21 岁～25 岁	1 976 467	419 910	21.25	387 559	19.57	8.35
26 岁～35 岁	3 705 857	745 373	20.11	757 610	20.44	−1.62
36 岁～45 岁	3 794 449	536 612	14.14	492 801	13.00	8.89
46 岁～55 岁	3 156 247	159 967	5.07	190 876	6.12	−16.19
56 岁以上	3 618 435	97 490	2.69	19 211	0.54	407.46

以性别来分，台湾地区 12 岁以上民众使用无线上网男生比例略大于女生，分别为 15.31%、9.48%，如表 28.10 所示。

表 28.10　　台湾地区 12 岁以上无线上网使用人数调查——依性别分

单位：人；%

项目 性别	总体人数	个人使用无线上网				增长率
		2004 年 12 月		2004 年 7 月		
		人　数	百分比	人　数	百分比	
总计	19 177 033	2 384 709	12.44	2 381 283	12.46	0.14
男	9 713 410	1 487 458	15.31	1 334 765	13.77	11.44
女	9 463 623	897 251	9.48	1 046 518	11.11	−14.26

以教育程度来分，台湾地区 12 岁以上民众使用无线上网比例以“研究生及以上”最高，各为 40.27%；其次为“大学”，约为 26.39%，如表 28.11 所示。

表 28.11　　台湾地区 12 岁以上无线上网使用人数调查——依教育程度分

单位：人；%

项目 教育程度	总体人数	个人使用无线上网				增长率
		2004 年 12 月		2004 年 7 月		
		人　数	百分比	人　数	百分比	
总计	19177033	2384709	12.44	2381283	12.46	0.14
未受教育	1136634	0	0.00	0	0.00	0.00
小学	2549063	63222	2.48	37609	1.69	68.10
国中	2389386	181744	7.61	254436	8.22	−28.57
高中	5819797	542545	9.32	502538	9.67	7.96
专科	2847388	355210	12.47	401551	14.04	−11.54
大学	3660715	966056	26.39	920661	23.06	4.93
研究生及以上	650369	261915	40.27	254281	37.39	3.00
拒答	123681	14018	11.33	10207	3.76	37.33

依平均月收入来分，台湾地区 12 岁以上民众使用无线上网的比例以“100001 元以上”最高，为 34.67%，其次为“70001～80000 元”，约为 29.16%，如表 28.12 所示。

表 28.12　　台湾地区 12 岁以上无线上网使用人数调查——依平均月收入分

单位：人；%

项目 平均月收入	总体人数	个人使用无线上网				增长率
		2004 年 12 月		2004 年 7 月		
		人　数	百分比	人　数	百分比	
总计	19177033	2384709	12.44	2381283	12.46	0.14
没有收入	6784813	578930	8.53	738371	9.36	−21.59
10000 元以下	1319783	105199	7.97	85786	14.31	22.63
10001～20000 元	1156508	105483	9.12	91580	9.76	15.18
20001～30000 元	1974152	90639	4.59	130968	9.55	−30.79
30001～40000 元	2341298	346006	14.78	258208	13.93	34.00
40001～50000 元	1482790	317092	21.38	264600	23.96	19.84
50001～60000 元	930353	166294	17.87	197619	23.80	−15.85
60001～70000 元	369833	99853	27.00	80413	15.68	24.17
70001～80000 元	311813	90915	29.16	48314	20.96	88.18
80001～90000 元	84497	23965	28.36	11185	11.09	114.25
90001～100000 元	137015	28018	20.45	17863	25.17	56.85
100001 元以上	406090	140776	34.67	71880	24.28	95.85
收入不稳定，不一定	908036	33692	3.71	64240	5.21	−47.55
不知道	227307	24571	10.81	24080	7.77	2.04
拒答	742747	233276	31.41	296177	16.71	−21.24

四、个人移动上网使用行为部分（以台湾地区 12 岁以上民众为总体）

以年龄层来分，台湾地区 12 岁以上民众使用移动上网比例以“16 岁～20 岁”、“21 岁～25 岁”最高，各为 16.97%、16.09%；其次为“12 岁～15 岁”，约为 10.01%，如表 28.13 所示。

表 28.13　　台湾地区 12 岁以上移动上网使用人数调查——依年龄层分

单位：人；%

项目 / 年龄层	总体人数	个人使用移动上网				增长率
		2004 年 12 月		2004 年 7 月		
		人　数	百分比	人　数	百分比	
总计	19 177 033	1 277 516	6.66	1 086 411	5.69	17.59
12 岁～15 岁	1 285 866	128 777	10.01	92 921	7.18	38.59
16 岁～20 岁	1 639 712	278 340	16.97	168 433	10.09	65.25
21 岁～25 岁	1 976 467	318 011	16.09	286 889	14.49	10.85
26 岁～35 岁	3 705 857	313 723	8.47	324 185	8.75	−3.23
36 岁～45 岁	3 794 449	193 714	5.11	151 590	4.00	27.79
46 岁～55 岁	3 156 247	26 875	0.85	51 787	1.66	−48.11
56 岁以上	3 618 435	18 076	0.50	10 606	0.30	70.44

以性别来分，台湾地区 12 岁以上民众使用移动上网比例以男性高于女性，分别为 7.78%、5.52%，如表 28.14 所示。

表 28.14　　台湾地区 12 岁以上移动上网使用人数调查——依性别分

单位：人；%

项目 / 性别	总体人数	个人使用移动上网				增长率
		2004 年 12 月		2004 年 7 月		
		人　数	百分比	人　数	百分比	
总计	19 177 033	1 277 516	6.66	1 086 411	5.69	17.59
男	9 713 410	755 242	7.78	645 487	6.66	17.00
女	9 463 623	522 275	5.52	440 924	4.68	18.45

以教育程度来分，台湾地区 12 岁以上民众使用移动上网比例以“大学”最高，各为 10.50%；其次为“研究生及以上”，约为 9.76%，如表 28.15 所示。

表 28.15　　台湾地区 12 岁以上移动上网使用人数调查——依教育程度分

单位：人；%

项目 / 教育程度	总体人数	个人使用移动上网				增长率
		2004 年 12 月		2004 年 7 月		
		人　数	百分比	人　数	百分比	
总计	19 177 033	1 277 516	6.66	1 086 411	5.69	17.59
未受教育	1 136 634	0	0.00	0	0.00	0.00
小学	2 549 063	30 197	1.18	26 583	1.20	13.60
国中	2 389 386	134 606	5.63	122 328	3.95	10.04
高中	5 819 797	491 923	8.45	195 667	3.77	151.41
专科	2 847 388	173 045	6.08	275 681	9.64	−37.23
大学	3 660 715	384 253	10.50	395 493	9.90	−2.84
研究生及以上	650 369	63 492	9.76	61 781	9.08	2.77
拒答	123 681	0	0.00	8 878	3.27	−100.00

依平均月收入来分，台湾地区 12 岁以上民众使用移动上网的比例以“60 001～70 000 元”最高，为

13.21%，其次为“30001～40000 元”，约为 9.35%，如表 28.16 所示。

表 28.16　　台湾地区 12 岁以上移动上网使用人数调查——依平均月收入分

单位：人；%

项目 / 平均月收入	总体人数	个人使用移动上网				增长率
		2004 年 12 月		2004 年 7 月		
		人　数	百分比	人　数	百分比	
总计	19177033	1277516	6.66	1086411	5.69	17.59
没有收入	6784813	427815	6.31	350857	4.45	21.93
10000 元以下	1319783	63396	4.80	48594	8.11	30.46
10001～20000 元	1156508	49697	4.30	68260	7.27	−27.19
20001～30000 元	1974152	157020	7.95	123524	9.01	27.12
30001～40000 元	2341298	219013	9.35	152255	8.21	43.85
40001～50000 元	1482790	97625	6.58	82897	7.51	17.77
50001～60000 元	930353	63955	6.87	52145	6.28	22.65
60001～70000 元	369833	48848	13.21	60759	11.84	−19.60
70001～80000 元	311813	7372	2.36	5546	2.41	32.91
80001～90000 元	84497	0	0.00	7119	7.06	−100.00
90001～100000 元	137015	0	0.00	0	0.00	0.00
100001 元以上	406090	20314	5.00	6037	2.04	236.51
收入不稳定，不一定	908036	41411	4.56	18360	1.49	125.54
不知道	227307	0	0.00	8222	2.65	−100.00
拒答	742747	81051	10.91	101837	5.75	−20.41

28.2.2　家庭网络及宽带使用户数调查

一、家庭网络使用户数

台湾地区家庭可上网比例为 65.02%。

依家庭户长的教育程度来看，台湾地区家中上网以研究生以上及大学比例最高，约为 87.02%、86.56%；其次为专科、高中，约为 77.01%、70.27%，如表 28.17 所示。

表 28.17　　台湾地区家庭是否上网户数比例调查——依教育程度分

单位：户；%

项目 / 家庭户长教育程度	总体户数	家中可上网				增长率
		2004 年 12 月		2004 年 7 月		
		户　数	百分比	户　数	百分比	
总计	7134270	4638724	65.02	4407927	62.32	5.24
未受教育	390745	19534	5.00	36457	11.80	−46.42
小学	982678	326573	33.23	232184	24.75	40.65
国中	736006	407506	55.37	410896	47.26	−0.82
高中	1960391	1377580	70.27	1157334	67.82	19.03
专科	1104319	850477	77.01	680015	76.11	25.07
大学	1383885	1197942	86.56	1204559	90.02	−0.55
研究生及以上	406676	353898	87.02	292180	84.53	21.12
拒答	169571	105212	62.05	394303	58.62	−73.32

依家庭平均月收入来看，台湾地区家中可上网以“150001～200000元”与“80001～100000元”比例最高，分别为90.90%、89.61%；其次为“60001～80000元”、“100001～150000元”，分别为85.41%、79.35%，如表28.18所示。

表28.18　　台湾地区家庭是否上网户数比例调查——依家庭平均月收入分

单位：户；%

项目 / 家庭平均月收入	总体户数	家中可上网				增长率
		2004年12月		2004年7月		
		户　数	百分比	户　数	百分比	
总计	7134270	4638724	65.02	4407927	62.32	5.24
没有收入	466246	85996	18.44	55368	8.28	55.32
20000元以下	665333	62850	9.45	101772	24.40	−38.24
20001～40000元	1009148	583699	57.84	403677	57.85	44.60
40001～60000元	1049150	790839	75.38	535025	76.22	47.81
60001～80000元	694768	593428	85.41	365436	81.83	62.39
80001～100000元	511951	458768	89.61	195260	89.82	134.95
100001～150000元	542831	430759	79.35	356197	92.95	20.93
150001～200000元	134881	122613	90.90	56773	94.66	115.97
200001以上	148408	113841	76.71	71466	88.42	59.30
收入不稳定	398650	207163	51.97	264439	42.10	−21.66
不知道	1060730	805172	75.91	1301174	75.93	−38.12
拒答	452174	383596	84.83	701342	66.33	−45.31

二、家庭宽带使用户数——以台湾地区家庭为总体

台湾地区家庭宽带使用比例为53.62%。

以家庭的户长的教育程度来分，台湾地区家庭宽带使用比例以大学及研究生以上最高，分别为73.01%、71.44%；其次为专科，为62.72%，再其次为高中，为59.41%，如表28.19所示。

表28.19　　台湾地区家庭宽带使用户数比例调查——依教育程度分

单位：人；%

项目 / 家庭户长教育程度	总体户数	家中宽带上网				增长率
		2004年12月		2004年7月		
		户　数	百分比	户　数	百分比	
总计	7134270	3825456	53.62	3499010	49.47	9.33
未受教育	390745	15369	3.93	12680	4.11	21.21
小学	982678	241103	24.54	166738	17.77	44.60
国中	736006	329117	44.72	311048	35.78	5.81
高中	1960391	1164588	59.41	932686	54.65	24.86
专科	1104319	692663	62.72	551113	61.68	25.68
大学	1383885	1010427	73.01	985002	73.61	2.58
研究生及以上	406676	290539	71.44	218892	63.33	32.73
不知道	169571	81651	48.15	320852	47.70	−74.55
拒答	7134270	3825456	53.62	3499010	49.47	9.33

依家庭平均月收入来看，台湾地区家庭宽带使用比例以“150001～200000元”比例最高，约为86.49%；

其次为“80 001～100 000 元”与“100 001～150 000 元”，分别为 79.01%、70.05%。整体看来，平均月收入较高的家庭，其家中使用宽带的比例皆较高，在月收入高于 60 000 元的家庭中，有六成以上者家中已有宽带，如表 28.20 所示。

表 28.20　　台湾地区家庭宽带使用户数比例调查——依家庭平均月收入分

单位：人；%

项目 家庭平均月收入	总体户数	家中宽带上网				增长率
		2004 年 12 月		2004 年 7 月		
		户　数	百分比	户　数	百分比	
总计	7 134 270	3 825 456	53.62	3 499 010	49.47	9.33
没有收入	466 246	73 313	15.72	13 954	2.09	425.38
20 000 元以下	665 333	34 534	5.19	57 644	13.82	−40.09
20 001～40 000 元	1 009 148	473 624	46.93	303 638	43.51	55.98
40 001～60 000 元	1 049 150	593 887	56.61	431 897	61.52	37.51
60 001～80 000 元	694 768	460 715	66.31	306 810	68.71	50.16
80 001～100 000 元	511 951	404 505	79.01	167 326	76.97	141.75
100 001～150 000 元	542 831	380 265	70.05	280 539	73.20	35.55
150 001～200 000 元	134 881	116 653	86.49	52 651	87.79	121.56
200 001 元以上	148 408	113 251	76.31	62 674	77.54	80.70
收入不稳定/不一定	398 650	171 178	42.94	196 907	31.35	−13.07
不知道	1 060 730	672 176	63.37	1 046 768	61.09	−35.79
拒答	452 174	331 354	73.28	578 199	54.68	−42.69

三、非使用宽带连接网络之家庭其未来使用意愿户数（以台湾地区非使用宽带连结网络之家庭为总体）

台湾地区非宽带方式上网之家庭，其未来宽带使用意愿比例为 20.04%。

以家庭的户长的教育程度来分，台湾地区家庭非使用宽带连接网络方式上网，其未来宽带使用意愿比例以大学为最高，为 33.80%；其次为研究生及以上、专科，分别为 32.79%、28.55%，如表 28.21 所示。

表 28.21　台湾地区家庭非使用宽带连结网络其未来使用宽带意愿户数比例调查——依经济户长教育程度分

单位：户；%

项目 经济户长教育程度	总体户数	未来半年内会使用宽带上网				增长率
		2004 年 12 月		2004 年 7 月		
		户　数	百分比	户　数	百分比	
总计	3 308 814	580 031	17.53	716 364	20.04	−19.03
未受教育	375 376	0	0.00	4 136	1.40	−100.00
小学	741 576	38 977	5.26	43 245	5.61	−9.87
国中	406 888	64 603	15.88	154 423	27.66	−58.17
高中	795 802	173 584	21.81	208 365	26.92	−16.69
专科	411 656	117 519	28.55	70 524	20.60	66.64
大学	373 458	126 235	33.80	112 238	31.79	12.47
研究生及以上	116 137	38 080	32.79	69 407	54.76	−45.14
拒答	87 920	21 033	23.92	54 025	15.36	−61.07

依家庭平均月收入来看，台湾地区非使用宽带连接网络方式上网其未来宽带使用意愿比例以“100 001～150 000 元”比例最高，分别为 39.68%；其次为“150 001～200 000 元”，约为 38.58%，如表 28.22 所示。

表 28.22　台湾地区家庭非使用宽带连接网络其未来使用宽带意愿户数比例调查——依家庭平均月收入分

单位：户；%

项目 家庭 平均月收入	总体户数	未来半年内会使用宽带上网				增长率
		2004 年 12 月		2004 年 7 月		
		户　数	百分比	户　数	百分比	
总计	3 308 814	580 031	17.53	716 364	20.04	−19.03
没有收入	392 933	7 713	1.96	48 291	7.37	−84.03
20 000 元以下	630 800	17 883	2.83	33 001	9.18	−45.81
20 001～40 000 元	535 525	97 767	18.26	98 418	24.97	−0.66
40 001～60 000 元	455 262	124 305	27.30	72 769	26.94	70.82
60 001～80 000 元	234 053	91 853	39.24	51 290	36.70	79.09
80 001～100 000 元	107 446	28 921	26.92	2 885	5.76	902.39
100 001～150 000 元	162 566	64 506	39.68	50 491	49.17	27.76
150 001～200 000 元	18 228	7 032	38.58	1 295	17.69	442.88
200 001 元以上	35 157	6 031	17.15	4 042	22.26	49.21
收入不稳定/不一定	227 472	16 688	7.34	66 376	15.39	−74.86
不知道	388 554	88 038	22.66	171 447	25.71	−48.65
拒答	120 820	29 295	24.25	116 059	24.22	−74.76

28.3　上网人口分析

28.3.1　台湾地区 12 岁以上民众整体上网比例

台湾地区 12 岁以上民众，曾经有上网的民众为 64.14%，没有上网的民众为 35.86%，如表 28.23 所示。

表 28.23　台湾地区 12 岁以上民众整体上网比例

2004 年 12 月　　单位：%

项　　目	百　分　比
总计	100.00
是	64.14
否	35.86

台湾地区 12 岁以上且曾经有上网的民众，以接触网络时间为 8 年以上为最多，占 19.60%；其次为 3 年以上～未满 4 年，占 13.33%，如表 28.24 所示。

表 28.24　台湾地区 12 岁以上民众整体接触网络时间

2004 年 12 月　　单位：%

项　　目	百　分　北
总计	100.00
未满半年	2.64
半年以上～未满 1 年	4.06
1 年以上～未满 2 年	8.29
2 年以上～未满 3 年	10.98
3 年以上～未满 4 年	13.33
4 年以上～未满 5 年	12.21

续表

项　　目	百　分　比
5 年以上～未满 6 年	12.52
6 年以上～未满 7 年	7.85
7 年以上～未满 8 年	6.74
8 年以上	19.60
不知道	1.79

28.3.2　台湾地区 12 岁以上民众宽带上网使用情形

台湾地区 12 岁以上民众的上网方式以 ADSL 为最多，占 77.40%，其次为付费电话拨接，占 8.17%。另外，本调查所谓宽带是指使用 ADSL、有线电视频道的电缆线连接（Cable Modem）、固定专线连接、小区网络（光纤到户+局域网络）、无线局域网络上网（WLAN）及移动电话的方式连接上网。就曾使用过因特网的受访者中，如表 28.25 所示，有 83.84%的民众使用宽带，有 16.16%的民众非使用宽带。

表 28.25　　**台湾地区 12 岁以上民众上网方式**

2004 年 12 月　　单位：%

项　　目	百　分　比
总计	100.00
免付费电话拨接	1.52
付费电话拨接	8.17
ADSL	77.40
Cable Modem	3.90
固定专线	1.22
小区网络	1.14
无线局域网络上网	0.18
移动电话上网	0.00
非在家中上网，所以不清楚	4.21
因某些原因，目前无上网	2.13
其他	0.13

使用宽带上网的受访者中，有拨接上网经验的受访者为 73.93%，没有拨接上网经验的受访者为 26.07%，如表 28.26 所示。

表 28.26　　**台湾地区 12 岁以上民众拨接上网经验之比例**

2004 年 12 月　　单位：%

项　　目	百　分　比
总计	100.00
有	73.93
没有	26.07

曾使用过因特网的受访者中，台湾地区 12 岁以上民众一天使用宽带时数，以“1 小时以上，未满 2 小时”为最多，占 20.68%；其次为“2 小时以上，未满 3 小时”（16.06%），再其次为“半小时以上–未满 1 小时”（12.99%），合计一天使用宽带时数为“半小时以上，未满 4 小时”间之比例，达 60.60%，如表 28.27 所示。

表 28.27　　台湾地区 12 岁以上民众一天使用宽带时数

2004 年 12 月　　单位：%

项　　目	百　分　比
总计	100.00
未满半小时	6.47
半小时以上，未满 1 小时	12.99
1 小时以上，未满 2 小时	20.68
2 小时以上，未满 3 小时	16.06
3 小时以上，未满 4 小时	10.87
4 小时以上，未满 5 小时	6.69
5 小时以上，未满 6 小时	5.32
6 小时以上，未满 7 小时	1.79
7 小时以上，未满 8 小时	1.63
8 小时以上，未满 9 小时	2.91
9 小时以上，未满 10 小时	0.75
10 小时以上，未满 11 小时	1.68
11 小时以上，未满 12 小时	0.17
12 小时以上，未满 13 小时	1.63
13 小时以上，未满 14 小时	0.07
14 小时以上，未满 15 小时	0.14
15 小时以上，未满 16 小时	0.26
16 小时以上	1.60
不一定	8.29

使用宽带上网的受访者中，最常使用宽带上网的时段以“晚上 8 点～晚上 9 点以前”为最多；其次为“晚上 9 点～晚上 10 点以前”，再次为“晚上 10 点～晚上 11 点以前”，如表 28.28 所示。

表 28.28　　台湾地区 12 岁以上民众最常使用宽带时段

2004 年 12 月　　单位：相对次数

项　　目	相 对 次 数
6:00～6:59	1.04
7:00～7:59	1.51
8:00～8:59	7.07
9:00～9:59	12.15
10:00～10:59	13.09
11:00～11:59	10.72
12:00～12:59	10.18
13:00～13:59	10.75
14:00～14:59	11.51
15:00～15:59	11.00
16:00～16:59	9.71
17:00～17:59	10.74
18:00～18:59	14.04

续表

项　目	相对次数
19:00～19:59	21.96
20:00～20:59	33.82
21:00～21:59	32.19
22:00～22:59	24.08
23:00～23:59	15.64
0:00～0:59	6.92
1:00～1:59	3.99
2:00～2:59	2.71
3:00～3:59	1.86
4:00～4:59	1.05
5:00～5:59	0.69
不一定	16.86

注：本题为多选题。

使用宽带上网的受访者中，最常使用宽带上网之地点以“家中”为最多；其次为“工作场所”，再次为“学校”及“网吧”，如表 28.29 所示。

表 28.29　　台湾地区 **12** 岁以上民众最常使用宽带上网的地点

2004 年 12 月　　单位：相对次数

项　目	相对次数
家中	92.11
工作场所	35.50
学校	23.40
网吧	16.54
朋友及同学家	5.44
图书馆	3.75
咖啡厅、餐厅、快餐店	1.14
其他场所	0.71

注：本题为多选题。

使用宽带上网的受访者中，常使用宽带上网的功能以“浏览信息、网页”为最多；其次为“电子邮件”，再次为“搜寻信息”，如表 28.30 所示。

表 28.30　　台湾地区 **12** 岁以上民众常使用的宽带上网功能

2004 年 12 月　　单位：相对次数

项　目	相对次数
浏览信息、网页	67.51
电子邮件	48.65
搜寻信息	19.63
网络游戏	18.41
网络实时传呼或聊天室	16.64
下载软件数据	6.80

续表

项　　目	相 对 次 数
下载影音文件	5.27
网络购物	4.73
网络金融服务	2.84
收听网络电台、音乐	2.29
上传资料	1.52
网络论坛	1.23
在线观赏影片	0.85
电子档案传送	0.72
电子布告栏（BBS）	0.51
远距教学与在线学习	0.47
收看网络电视节目	0.34
网络电话	0.32
网站（页）维护	0.23
视频会议	0.19
其他	0.61
不知道	0.67

注：本题为多选题。

本调查中，有 85.79%的民众有 E-mail 账号，而 14.21%的民众没有 E-mail 账号，如表 28.31 所示。

表 28.31　　**是否拥有电子邮件（E-mail）账号**

2004 年 12 月　　单位：%

项　　目	百　分　比
总计	100.00
是	85.79
否	14.21

有 E-mail 账号的受访者中，以拥有“1 个”的比例为最高，为 42.98%；其次为“2 个”，为 33.42%，如表 28.32 所示。

表 28.32　　**拥有几个电子邮件账号**

2004 年 12 月　　单位：%

项　　目	百　分　比
总计	100.00
1 个	42.98
2 个	33.42
3 个	14.25
4 个	5.18
5 个	1.90
6 个	1.09
7 个	0.33
8 个	0.23

续表

项　　目	百　分　比
9 个	0.00
10 个	0.00
11 个以上	0.64

使用宽带上网的受访者中，常使用宽带上网的网站类型以“门户网站类”为最多；其次为“搜寻引擎”，再其次为“游戏网站”及“新闻媒体”，如表 28.33 所示。

表 28.33　　**台湾地区 12 岁以上民众使用宽带上网的网站类型**

2004 年 12 月　　单位：相对次数

项　　目	相 对 次 数
门户网站（如雅虎、蕃薯藤）	67.64
搜寻引擎（如 Google、Openfind）	15.89
游戏网站	14.20
新闻媒体（如中时、联合报网站）	12.13
银行金融	9.04
生活休闲旅游	9.02
购物网站	7.82
校园学术	6.41
政府机关	5.87
教育学习	5.82
音乐广播	4.88
影视娱乐	4.61
文化艺术	3.94
聊天交友	3.71
医疗保健	3.37
个人网站	3.22
软件下载	1.88
计算机信息	1.39
星座血型算命	0.94
求职求才	0.75
社会团体	0.67
亲子儿童	0.66
成人娱乐	0.65
美容养生	0.59
不一定	4.81
其他	1.78

注：本题为多选题。

使用宽带上网的受访者中，使用宽带付费的行为以“在线游戏”与“网络音乐”较高。不过，其个别意愿只有约三成左右，如表 28.34 所示。

表 28.34　　台湾地区 12 岁以上民众使用宽带付费情况

2004 年 12 月　　单位：%

项　　目	百　分　比	
	是	否
网络金融	11.72	88.28
在线学习与远距离教学	10.08	89.92
网络电视电影	9.95	90.05
网络音乐	30.71	69.29
在线游戏	28.51	71.49
网络电话	13.12	86.88

注：本题为宽带使用者使用情形。

尚未使用宽带提供的付费服务者中，其未来愿意付费使用的意愿仍然低于三成。至于愿意付费的项目则以“网络电话”、“在线学习与远距教学”及“网络电视电影”的意愿较高。

表 28.35　　台湾地区 12 岁以上民众未使用宽带付费其未来使用意愿

2004 年 12 月　　单位：%

项　　目	百　分　比		
	愿意	不愿意	没意见
网络金融	17.21	70.45	12.33
在线学习与远距离教学	29.10	52.82	18.08
网络电视电影	27.48	60.08	12.44
网络音乐	24.51	64.95	10.54
在线游戏	11.57	80.68	7.75
网络电话	31.50	56.53	11.97

注：本题为宽带使用者使用情形。

28.3.3　台湾地区 12 岁以上民众无线上网使用情况

本调查所谓无线上网是以计算机通过区域空间的无线网卡，结合存取路由器进行区域无线网络连接。由表 28.36 所示得知有 87.56%的民众没有使用过无线上网，而有使用过无线上网的民众仅为 12.44%。

表 28.36　　台湾地区 12 岁以上民众是否使用无线上网

2004 年 12 月　　单位：%

项　　目	百　分　比
总计	100.00
是	12.44
否	87.56

使用无线上网的受访者中，曾使用无线上网的地点以“家中”为最多；其次为“办公室”，再次为“学校”，如表 28.37 所示。

表 28.37　　台湾地区 12 岁以上民众曾使用无线上网地点

2004 年 12 月　　单位：相对次数

项　　目	相 对 次 数
家中	44.59
办公室	32.75

续表

项　　目	相对次数
学校	18.94
咖啡厅	11.89
朋友同学及亲戚家	8.28
快餐店	8.21
图书馆	4.27
旅馆饭店	3.53
飞机上	1.50
机场	1.42
餐厅	1.33
会议场所	0.95
百货公司、大卖场、游乐场	0.71
客运上	0.08
其他	3.92

注：本题为多选题。

在台湾地区12岁以上使用无线上网的民众中，个人每月无线上网费用以“免费”为最多，占26.58%；其次为“不清楚，公司付费”（12.19%）与“不清楚，为家人付费”（12.45%），如表28.38所示。

表28.38　　台湾地区12岁以上民众每月无线上网费用

2004年12月　　单位：%

项　　目	百　分　比
总计	100.00
免费	26.58
1～250元	8.78
251～500元	6.10
501～750元	3.78
751～1000元	8.83
1001～1250元	9.47
1251～1500元	2.56
1501～1750元	0.08
1751～2000元	0.35
2001元以上	2.32
不清楚，公司付费	12.19
不清楚，学校付费	2.24
不清楚由谁付费	4.10
不清楚，为家人付费	12.45
其他	0.18

28.3.4　台湾地区12岁以上民众移动上网使用情况

本调查所谓移动上网是指以WAP、GPRS、PHS等手机上网。有6.66%的民众没有使用过移动上网，而有移动上网的民众仅为93.34%，如表28.39所示。

表 28.39　　台湾地区 12 岁以上民众是否使用移动上网

2004 年 12 月　　单位：%

项　　目	百　分　比
总计	100.00
是	6.66
否	93.34

使用移动上网的受访者中，其曾使用移动上网的方式以“GPRS”为最多；其次为“WAP”及“PHS”，如表 28.40 所示。

表 28.40　　台湾地区 12 岁以上民众使用移动上网之方式

2004 年 12 月　　单位：相对次数

项　　目	相 对 次 数
GPRS	58.75
WAP	17.64
PHS	13.95
3G	2.31
其他	1.42
不知道	15.73

注：本题为多选题。

有使用移动上网的受访者中，在个人最常使用移动上网的服务项目，以“下载铃声”的比例为最高，为 39.65%；其次为“浏览信息”，为 20.46%，如表 28.41 所示。

表 28.41　　台湾地区 12 岁以上民众使用移动上网服务项目

2004 年 12 月　　单位：%

项　　目	百　分　比
总计	100.00
浏览信息	20.46
收发电子邮件	5.74
购物	1.44
金融交易	7.25
下载图案	8.44
下载游戏	4.45
下载应用程序	0.78
下载铃声	39.65
上传信息	3.54
寻找信息	3.95
看气象新闻	1.12
星座算命	0.00
其他	3.18

在使用移动上网的受访者中，其个人每月移动上网费用，以“1～250 元”的比例为最高，为 49.28%；其次为“不清楚，为家人付费”（12.48%），如表 28.42 所示。

表 28.42　　台湾地区 12 岁以上民众每月移动上网费用

2004 年 12 月　　单位：%

项　　目	百　分　比
总计	100.00
免费	7.48
1～250 元	49.28
251～500 元	16.41
501～750 元	3.48
751～1 000 元	6.45
1 001～1 250 元	1.91
1 251～1 500 元	0.70
1 751～2 000 元	0.76
2 001 元以上	0.60
不清楚，为家人付费	12.48
其他	0.45
不知道	0.00

28.3.5　12 岁以上民众网络相关专有名词熟悉度

台湾地区 12 岁以上民众，知道“网址/ IP Adress”名词的民众为 59.84%；知道“域名/Domain Name”名词的民众为 17.85%，如表 28.43 所示。

表 28.43　　台湾地区 12 岁以上民众网络相关专有名词熟悉度

2004 年 12 月　　单位：%

项　　目	百　分　比	
	是	否
网址/ IP Adress	59.84	40.16
网名/ Domain Name	17.85	82.15

28.4　家庭上网分析

28.4.1　家庭使用宽带网络状况

一、家庭上网设备

家中主要上网设备以台式计算机为最多；其次为笔记本，再其次为移动电话与 PDA，如表 28.44 所示。

表 28.44　　台湾地区家中上网设备

2004 年 12 月　　单位：相对次数

项　　目	相 对 次 数
台式计算机	67.33
笔记本	23.94
移动电话（WAP、GPRS、PHS 手机）	14.56
PDA（个人数字助理或掌上型计算机）	5.99
其他	0.06
不知道	0.21

注：本题为多选题。

在家庭中有台式计算机，以拥有 1 台计算机为最多，为 64.39%；其次有 24.82%的家庭拥有 2 台计算机，如表 28.45 所示。

表 28.45　　台湾地区家中台式计算机数

2004 年 12 月　　单位：%

项　　目	百　分　比
总计	100.00
1 台	64.39
2 台	24.82
3 台	6.78
4 台	2.28
5 台以上	1.73

在家庭中有笔记本者，以拥有 1 台笔记本为最多，为 78.28%；其次有 16.27%的家庭有 2 台笔记本，如表 28.46 所示。

表 28.46　　台湾地区家中笔记本数

2004 年 12 月　　单位：%

项　　目	百　分　比
总计	100.00
1 台	78.28
2 台	16.27
3 台	3.03
4 台	0.71
5 台以上	1.70

二、家中可上网

家中可上网的为 65.02%，而目前家中不可上网的为 34.98%，如表 28.47 所示。

表 28.47　　台湾地区家庭目前是否可以上网

2004 年 12 月　　单位：%

项　　目	百　分　比
总计	100.00
是	65.02
否	34.98

三、家庭联网方式

家庭中以 ADSL 连接上网的家庭比例最高，为 76.16%，其次是付费电话连接方式（10.54%）。以有线电视电缆线连接电缆调制解调器（Cable Modem）连接者只有 4.60%。由调查结果可知，大约有 82.47%的家庭使用宽带上网（此处宽带上网系包括 ADSL、有线电视电缆线连接电缆调制解调器（Cable Modem）、固定专线及小区网络），如表 28.48 所示。

表 28.48　　台湾地区家中联网方式

2004 年 12 月　　单位：%

项　　目	百　分　比
总计	100.00
免付费电话连接方式	1 86

续表

项　　目	百　分　比
付费电话连接方式	10.54
ADSL	76.16
Cable Modem	4.60
固定专线连接方式	0.45
小区网络	1.26
其他	0.10
不知道、不清楚	5.02

四、家庭宽带连网下载速度

以 ADSL 连接上网的家庭中其下载/上行速度以 512kbit/s / 64kbit/s 为主，约为 12.43%，如表 28.49 所示。

表 28.49　　台湾地区家中 **ADSL** 下载速度

2004 年 12 月　　单位：%

项　　目	百　分　比
总计	100.00
256kbit/s / 64kbit/s	10.39
512kbit/s / 64kbit/s	12.43
1.5Mbit/s / 64kbit/s	6.34
2Mbit/s / 64kbit/s	6.47
3Mbit/s / 64kbit/s	0.07
512kbit/s / 512kbit/s	1.98
1.5Mbit/s / 128kbit/s	1.60
1.5Mbit/s / 384kbit/s	0.19
2Mbit/s / 128kbit/s	2.45
2Mbit/s / 384kbit/s	1.73
3Mbit/s / 128kbit/s	0.18
3Mbit/s / 384kbit/s	0.14
其他	2.13
不知道	53.89

以电缆调制解调器（Cable Modem）连接上网的家庭中其下载速度以 1.5Mbit/s 为主，约为 12.91%，如表 28.50 所示。

表 28.50　　台湾地区家中 **Cable Modem** 下载速度

2004 年 12 月　　单位：%

项　　目	百　分　比
总计	100.00
256kbit/s	9.52
512kbit/s	4.98
768kbit/s	3.61
1.5Mbit/s	12.91

续表

项　目	百　分　比
3Mbit/s	2.83
其他	2.71
不知道	63.44

五、家庭宽带 IP 使用形式

在使用宽带上网的家庭中，有 40.68%的家庭采用固定 IP、29.17%的家庭采月移动 IP，不知道者有将近三成（其中有不少是移动 IP），如表 28.51 所示。

表 28.51　　**台湾地区家中 IP 使用形式**

2004 年 12 月　　单位：%

项　目	百　分　比
总计	100.00
固定 IP	40.68
移动 IP	29.17
不知道	30.15

六、有否申请网址

在使用宽带上网的家庭中，申请网址的仅为 3.88%，没有申请网址为 79.45%，不知道者为 16.67%，如表 28.52 所示。

表 28.52　　**是否申请网址**

2004 年 12 月　　单位：%

项　目	百　分　比
总计	100.00
是	3.88
否	79.45
不知道	16.67

在使用宽带上网的家庭中，申请网址以 tw 结尾的为 65.72%；不以 tw 结尾为 16.12%，其他为 1.55%，不知道者为 16.61%，如表 28.53 所示。

表 28.53　　**申请网址是否以 tw 结尾**

2004 年 12 月　　单位：%

项　目	百　分　比
总计	100.00
是	65.72
否	16.12
其他	1.55
不知道	16.61

七、家庭选择宽带因特网服务供应商考虑因素

使用宽带上网的家庭中，选择宽带因特网服务供应商考虑因素以“速度快”为最多；其次为“业者形象佳”，如表 28.54 所示。

表 28.54　　台湾地区家中选择 **ISP** 之考虑因素

2004 年 12 月　　单位：相对次数

项　　目	相 对 次 数
速度快	17.24
业者形象佳	16.81
安全稳定	15.89
费用低	15.35
亲友推荐	13.12
别无选择，只有一家业者	11.46
优惠方案	5.94
随便订的	3.27
增值服务多	2.62
方便	2.45
集体选择	1.37
有线电视套装组合	1.26
受到消费者满意度调查报告影响	1.21
提供专属频宽	0.66
想尝试新的业者	0.64
提供固定 IP	0.15
其他	2.80
不知道	15.96

注：本题为多选题。

八、家庭每月宽带上网费用

使用宽带上网的家庭中，每月上网费用以“751～1 000 元”较多，为 36.22%，“1 001～1 250 元”为 16.74%，如表 28.55 所示。

表 28.55　　台湾地区家中每月上网费用

2004 年 12 月　　单位：%

项　　目	百　分　比
总计	100.00
免费	0.56
1～250 元	1.42
251～500 元	5.83
501～750 元	13.48
751～1 000 元	36.22
1 001～1 250 元	16.74
1 251～1 500 元	4.50
1 501～1 750 元	1.07
1 751～2 000 元	1.38
2 001 元以上	1.88
其他	0.16
不知道	16.74

九、认为每月宽带上网费用是否合理

使用宽带上网的家庭中，认为每月宽带上网费用合理的为 48.33%；认为不合理的为 51.52%，不知道者 0.15%，如表 28.56 所示。

表 28.56 认为每月宽带上网费用是否合理

2004 年 12 月 单位：%

项 目	百 分 比
总计	100.00
是	48.33
否	51.52
无从比较	0.00
不知道	0.15

十、宽带将以下载速率 2Mbit/s 为主，认为合理的上网费用

在有使用宽带上网的家庭中其认为 2Mbit/s 每月合理之上网费用以“501～750 元”较多，为 18.16%，其次为“251～500 元”及“751～1 000 元”为主，各为 18.01%及 12.31%，如表 28.57 所示。

表 28.57 台湾地区认为合理每月上网费用

2004 年 12 月 单位：%

项 目	百 分 比
总计	100.00
免费	3.08
1～250 元	6.78
251～500 元	18.01
501～750 元	18.16
751～1 000 元	12.31
1 001～1 250 元	3.43
1 251～1 500 元	1.31
1 501～1 750 元	0.56
1 751～2 000 元	0.49
2 001 元以上	0.37
其他	0.27
不知道	35.24

十一、家庭宽带上网常遇到的困扰

使用宽带上网的家庭中，有 61.60%的家庭宽带上网者认为“有困扰”；有 38.40%的家庭宽带上网者认为“没有困扰”；在认为有困扰的家庭中，大部分的家庭认为“下载速度太慢”，其次则是“线路不稳定、联机质量不佳”、“尖峰时刻容易塞车”等，如表 28.58 所示。

表 28.58 台湾地区家中宽带上网最常遇到的困扰

2004 年 12 月 单位：相对次数

项 目	相 对 次 数
没有困扰	38.40
有困扰	61.60
下载速度太慢	25.72

续表

项　　目	相 对 次 数
线路不稳定、联机质量不佳	19.33
尖峰时刻容易塞车	14.87
上传速度太慢	13.46
怕中毒	7.53
垃圾信息太多	5.61
网络安全问题	1.84
计算机设定或拨接方式不便	1.49
连接国外网站速度太慢	1.47
网络内容不够丰富	1.14
业者技术支持不足	0.66
费用上觉得划不来	0.64
多人共享设定不易	0.49
家人限制	0.17
其他	2.87

注：本题为多选题

十二、家庭对宽带网络服务供应商的满意度

使用宽带上网的家庭中，其对宽带网络服务供应商感到满意者有53.01%；而约有一成感到不满意，如表28.59所示。

表 28.59　　台湾地区家中 **ISP** 满意度

2004年12月　　单位：%

项　　目	百　分　比
总计	100.00
非常不满意	1.93
不满意	11.24
很难说（普通）	28.88
满意	50.04
非常满意	2.97
不知道	4.95

28.4.2　未来使用宽带网络家庭状况

一、家庭未使用宽带上网的原因

使用因特网但未使用宽带上网的家庭中，未使用宽带上网的主要原因为“没设备”，其次为“无兴趣或不需要”，再其次为“无时间使用”，如表28.60所示。

表 28.60　　台湾地区家中未使用宽带的原因

2004年12月　　单位：相对次数

项　　目	相 对 次 数
没设备	40.83
无兴趣或不需要	35.84

续表

项　目	相对次数
无时间使用	9.40
花费太多	6.76
可在其他地方使用宽带	5.85
有设备但不会用	4.43
家人限制/怕小孩沉迷	4.26
对计算机恐惧或怕语言不通	1.29
位处偏远架设不方便	1.03
不可忍受窄频的速度	0.32
其他	2.65
不知道	7.37

注：本题为多选题

二、家庭目前未使用宽带上网但未来计划使用宽带上网

使用因特网但未使用宽带上网的家庭及目前未使用因特网的家庭中，有 17.53%的家庭计划未来半年内使用宽带上网，而有 82.47%的家庭不计划在未来半年内改用宽带上网，如表 28.61 所示。

表 28.61　　台湾地区家中未来半年内是否使用宽带

2004 年 12 月　　单位：%

项　目	百　分　比
总计	100.00
是	17.53
否	82.47

三、家庭计划未来使用宽带上网的方式

在计划未来半年内使用宽带的家庭中，大部分的家庭会采用 ADSL 宽带上网（45.40%），其次有 5.58%的家庭计划采用小区网络宽带上网，如表 28.62 所示。

表 28.62　　台湾地区家中未来半年内使用宽带方式

2004 年 12 月　　单位：户，%

项　目	次　数	百　分　比
总计	244	100.00
ADSL	111	45.40
Cable Modem	7	3.03
固定专线	3	1.42
小区网络	14	5.58
其他	5	1.88
不知道	104	42.70

四、家庭选择宽带因特网服务供应商考虑因素

使用宽带上网的家庭中，其选择宽带因特网服务供应商考虑因素以“费用低”为最多；其次为“速度快”、“业者形象佳”、“亲友推荐”等，如表 28.63 所示。

表 28.63　　台湾地区家中选择 ISP 的考虑因素

2004 年 12 月　　单位：相对次数

项　　目	相 对 次 数
费用低	24.21
速度快	17.40
业者形象佳	12.87
亲友推荐	11.30
方便	8.49
安全稳定	6.90
别无选择，只有一家业者	4.06
优惠方案	2.74
受到消费者满意度调查报告影响	2.67
增值服务多	1.44
集体选择	1.09
提供专属频宽	0.83
想尝试新的业者	0.79
随便订的	0.20
提供固定 IP	0.00
其他	2.22
不知道	29.91

注：本题为多选题。

（我国台湾地区网络资讯中心）

第六篇

附录篇

附录A　2004年度中国互联网发展大事记

1. 2004年1月15日，中国互联网络信息中心（CNNIC）在北京发布了《第13次中国互联网络发展状况统计报告》。截至2003年12月31日，中国共有上网计算机约3089万台，上网用户数约7950万人，CN下注册的域名340040个，WWW站点约595550个，国际出口带宽27216Mbit/s。

2. 2004年2月3日至18日，新浪、搜狐和网易先后公布了2003年度的业绩报告，分别实现了1.14亿美元、8900万美元和8000万美元的全年度营业收入，以及3100万美元、3900万美元和2600万美元的全年度净利润，首次迎来了全年度盈利。

3. 2004年3月4日，手机服务供应商掌上灵通在美国纳斯达克首次公开上市，成为首家完成IPO的中国专业SP（服务提供商）。此后，TOM互联网集团、盛大网络、腾讯公司、空中网、前程无忧网、金融界、e龙、华友世纪和第九城市等网络公司在海外纷纷上市。中国互联网公司开始了自2000年以来的第二轮境外上市热潮。

4. 2004年4月1日，国务院信息化工作办公室发布《2003年中国互联网络信息资源数量调查报告》。报告显示，截至2003年12月31日，全国域名数为1187380个，网页总数为311864590个，在线数据库数为169867个。

5. 2004年4月14日，由中国互联网络信息中心（CNNIC）联合TWNIC、JPNIC、KRNIC提交的《中日韩多语种域名注册与管理规范》被国际工程任务组（IETF）通过为RFC3743。这是由中国人参与制定的第二个RFC文件。RFC3743主要解决多语种域名中的汉字简繁体等效问题。

6. 2004年6月10日，由中国互联网协会互联网新闻信息服务工作委员会主办的“违法和不良信息举报中心”网站（net.china.cn）开通，其宗旨是“举报违法信息，维护公共利益”。这标志着我国互联网在加强行业自律和公众监督方面又迈出了实质性一步。

7. 2004年7月16日，全国打击淫秽色情网站专项行动电视电话会议召开，标志着全国打击淫秽色情网站专项行动的开始。次日，中央宣传部、公安部、中央对外宣传办公室、最高人民法院、最高人民检察院和信息产业部等14个部门联合发布《关于依法开展打击淫秽色情网站专项行动有关工作的通知》。

8. 2004年7月21日，由国家发展改革委员会等八部委领导的中国下一代互联网示范工程（CNGI）项目专家委员会正式成立。

9. 2004年8月28日，十届全国人大常委会第十一次会议表决通过《中华人民共和国电子签名法》，并决定于2005年4月1日开始实行。此法标志着我国的信息化立法迈出重要步伐，将对我国的电子政务、电子商务等信息化建设有非常积极的促进和保障作用。

10. 2004年9月6日，最高人民法院和最高人民检察院出台的《关于办理利用互联网、移动通信终端、声讯台制作、复制、出版、贩卖、传播淫秽电子信息刑事案件具体应用法律若干问题的解释》开始施行。

11. 2004年11月5日，信息产业部发布第30号部令，公布新的《中国互联网络域名管理办法》。新办法自2004年12月20日起施行。

12. 2004年11月29日，新浪、搜狐、网易公布中国无线互联网行业“诚信自律同盟”的自律细则，该同盟的网站（www.ctws.org.cn）同时开通。该同盟的成立标志着我国无线信息服务行业的自律工作的深入开展。

13．2004年12月23日，我国国家顶级域名.CN服务器的IPv6地址成功登录到全球域名根服务器，标志着CN域名服务器接入IPv6网络，支持IPv6网络用户的CN域名解析，这表明我国国家域名系统进入下一代互联网。

14．2004年12月25日，中国第一个下一代互联网示范工程（CNGI）核心网之一CERNET2主干网正式开通。

15．2004年12月29日，“中国联通多业务统一网络平台（China Uninet）”荣获2004年度“中国通信学会科学技术奖”一等奖。该平台是率先实现了在一个统一的承载平台上同时提供语音、数据、视频、互联网、视讯会议、可视电话、CDMA 1X移动数据等业务的网络。

附录B　2004年互联网政策法规

一、关于办理利用互联网等制作、复制、出版、贩卖、传播淫秽电子信息应用法律若干问题的解释

【发布单位】最高人民法院、最高人民检察院

【发布文号】法释〔2004〕11号

【发布日期】2004-09-03

【生效日期】2004-09-06

【失效日期】----------

【所属类别】国家法律法规

最高人民法院、最高人民检察院关于办理利用互联网、移动通讯终端、声讯台制作、复制、出版、贩卖、传播淫秽电子信息刑事案件具体应用法律若干问题的解释

（2004年9月1日最高人民法院审判委员会第1323次会议、2004年9月2日最高人民检察院第十届检察委员会第26次会议通过）
（法释〔2004〕11号）

中华人民共和国最高人民法院公告

《最高人民法院、最高人民检察院关于办理利用互联网、移动通讯终端、声讯台制作、复制、出版、贩卖、传播淫秽电子信息刑事案件具体应用法律若干问题的解释》已于2004年9月1日由最高人民法院审判委员会第1323次会议、2004年9月2日由最高人民检察院第十届检察委员会第26次会议通过，现予公布，自2004年9月6日起施行。

二○○四年九月三日

为依法惩治利用互联网、移动通讯终端制作、复制、出版、贩卖、传播淫秽电子信息、通过声讯台传播淫秽语音信息等犯罪活动，维护公共网络、通讯的正常秩序，保障公众的合法权益，根据《中华人民共和国刑法》、《全国人民代表大会常务委员会关于维护互联网安全的决定》的规定，现对办理该类刑事案件

具体应用法律的若干问题解释如下：

第一条 以牟利为目的，利用互联网、移动通讯终端制作、复制、出版、贩卖、传播淫秽电子信息，具有下列情形之一的，依照刑法第三百六十三条第一款的规定，以制作、复制、出版、贩卖、传播淫秽物品牟利罪定罪处罚：

（一）制作、复制、出版、贩卖、传播淫秽电影、表演、动画等视频文件二十个以上的；

（二）制作、复制、出版、贩卖、传播淫秽音频文件一百个以上的；

（三）制作、复制、出版、贩卖、传播淫秽电子刊物、图片、文章、短信息等二百件以上的；

（四）制作、复制、出版、贩卖、传播的淫秽电子信息，实际被点击数达到一万次以上的；

（五）以会员制方式出版、贩卖、传播淫秽电子信息，注册会员达二百人以上的；

（六）利用淫秽电子信息收取广告费、会员注册费或者其他费用，违法所得一万元以上的；

（七）数量或者数额虽未达到第（一）项至第（六）项规定标准，但分别达到其中两项以上标准一半以上的；

（八）造成严重后果的。

利用聊天室、论坛、即时通信软件、电子邮件等方式，实施第一款规定行为的，依照刑法第三百六十三条第一款的规定，以制作、复制、出版、贩卖、传播淫秽物品牟利罪定罪处罚。

第二条 实施第一条规定的行为，数量或者数额达到第一条第一款第（一）项至第（六）项规定标准五倍以上的，应当认定为刑法第三百六十三条第一款规定的“情节严重”；达到规定标准二十五倍以上的，应当认定为“情节特别严重”。

第三条 不以牟利为目的，利用互联网或者移动通讯终端传播淫秽电子信息，具有下列情形之一的，依照刑法第三百六十四条第一款的规定，以传播淫秽物品罪定罪处罚：

（一）数量达到第一条第一款第（一）项至第（五）项规定标准二倍以上的；

（二）数量分别达到第一条第一款第（一）项至第（五）项两项以上标准的；

（三）造成严重后果的。

利用聊天室、论坛、即时通信软件、电子邮件等方式，实施第一款规定行为的，依照刑法第三百六十四条第一款的规定，以传播淫秽物品罪定罪处罚。

第四条 明知是淫秽电子信息而在自己所有、管理或者使用的网站或者网页上提供直接链接的，其数量标准根据所链接的淫秽电子信息的种类计算。

第五条 以牟利为目的，通过声讯台传播淫秽语音信息，具有下列情形之一的，依照刑法第三百六十三条第一款的规定，对直接负责的主管人员和其他直接责任人员以传播淫秽物品牟利罪定罪处罚：

（一）向一百人次以上传播的；

（二）违法所得一万元以上的；

（三）造成严重后果的。

实施前款规定行为，数量或者数额达到前款第（一）项至第（二）项规定标准五倍以上的，应当认定为刑法第三百六十三条第一款规定的“情节严重”；达到规定标准二十五倍以上的，应当认定为“情节特别严重”。

第六条 实施本解释前五条规定的犯罪，具有下列情形之一的，依照刑法第三百六十三条第一款、第三百六十四条第一款的规定从重处罚：

（一）制作、复制、出版、贩卖、传播具体描绘不满十八周岁未成年人性行为的淫秽电子信息的；

（二）明知是具体描绘不满十八周岁的未成年人性行为的淫秽电子信息而在自己所有、管理或者使用的网站或者网页上提供直接链接的；

（三）向不满十八周岁的未成年人贩卖、传播淫秽电子信息和语音信息的；

（四）通过使用破坏性程序、恶意代码修改用户计算机设置等方法，强制用户访问、下载淫秽电子信息的。

第七条 明知他人实施制作、复制、出版、贩卖、传播淫秽电子信息犯罪，为其提供互联网接入、服务器托管、网络存储空间、通讯传输通道、费用结算等帮助的，对直接负责的主管人员和其他直接责任人员，以共同犯罪论处。

第八条 利用互联网、移动通讯终端、声讯台贩卖、传播淫秽书刊、影片、录像带、录音带等以实物为载体的淫秽物品的，依照《最高人民法院关于审理非法出版物刑事案件具体应用法律若干问题的解释》的有关规定定罪处罚。

第九条 刑法第三百六十七条第一款规定的“其他淫秽物品”，包括具体描绘性行为或者露骨宣扬色情的淫秽性的视频文件、音频文件、电子刊物、图片、文章、短信息等互联网、移动通讯终端电子信息和声讯台语音信息。

有关人体生理、医学知识的电子信息和声讯台语音信息不是淫秽物品。包含色情内容的有艺术价值的电子文学、艺术作品不视为淫秽物品。

二、《互联网等信息网络传播视听节目管理办法》

经2004年6月15日局务会议通过，现予发布，自2004年10月11日起施行。

局长：徐光春

二〇〇四年七月六日

互联网等信息网络传播视听节目管理办法

第一章 总 则

第一条 为规范互联网等信息网络传播视听节目秩序，加强监督管理，促进社会主义精神文明建设，制定本办法。

第二条 本办法适用于以互联网协议（IP）作为主要技术形态，以计算机、电视机、手机等各类电子设备为接收终端，通过移动通信网、固定通信网、微波通信网、有线电视网、卫星或其他城域网、广域网、局域网等信息网络，从事开办、播放（含点播、转播、直播）、集成、传输、下载视听节目服务等活动。

本办法所称视听节目（包括影视类音像制品），是指利用摄影机、摄像机、录音机和其他视音频摄制设备拍摄、录制的，由可连续运动的图像或可连续收听的声音组成的视音频节目。

第三条 国家广播电影电视总局（以下简称广电总局）负责全国互联网等信息网络传播视听节目（以下简称信息网络传播视听节目）的管理工作。

县级以上地方广播电视行政部门负责本辖区内互联网等信息网络传播视听节目的管理工作。

第四条 国家对从事信息网络传播视听节目业务实行许可制度。

第五条 国家鼓励地（市）级以上广播电台、电视台通过国际互联网传播视听节目。

第二章 业 务 许 可

第六条 从事信息网络传播视听节目业务，应取得《信息网络传播视听节目许可证》。

《信息网络传播视听节目许可证》由广电总局按照信息网络传播视听节目的业务类别、接收终端、传输网络等项目分类核发。

业务类别分为播放自办节目、转播节目和提供节目集成运营服务等。

接收终端分为计算机、电视机、手机及其他各类电子设备。

传输网络分为移动通信网、固定通信网、微波通信网、有线电视网、卫星或其他城域网、广域网、局域网等。

第七条 外商独资、中外合资、中外合作机构，不得从事信息网络传播视听节目业务。

经广电总局批准设立的广播电台、电视台或依法享有互联网新闻发布资格的网站可以申请开办信息网络传播新闻类视听节目业务，其他机构和个人不得开办信息网络传播新闻类视听节目业务。

经广电总局批准设立的省、自治区、直辖市及省会市、计划单列市级以上广播电台、电视台、广播影视集团（总台），可以申请自行或设立机构从事以电视机作为接收终端的信息网络传播视听节目集成运营服务。其他机构和个人不得开办此类业务。

第八条 申请《信息网络传播视听节目许可证》，应当具备下列条件：

（一）符合广电总局确定的信息网络传播视听节目的总体规划和布局；

（二）符合国家规定的行业规范和技术标准；

（三）有与业务规模相适应的自有资金、设备、场所及必要的专业人员；

（四）拥有与业务规模相适应并符合国家规定的视听节目资源；

（五）拥有与业务规模相适应的服务信誉、技术能力和网络资源；

（六）有健全的节目内容审查制度、播出管理制度；

（七）有可行的节目监控方案；

（八）其他法律、行政法规规定的条件。

第九条 申请《信息网络传播视听节目许可证》，须提交以下材料：

（一）申请报告，内容应包括：业务类别（自办节目、转播、集成等）、播出标识（从事信息网络传播视听节目业务的专用标识）、传播方式（频道播出、点播、下载定制、轮播、数据广播等）、传输网络、传播载体、传播范围、接收终端、节目类别、集成内容等；

（二）《信息网络传播视听节目许可证》申请表；

（三）从事信息网络传播视听节目业务的内容规划、技术方案、运营方案、管理制度；

（四）向政府监管部门提供监控信号的监控方案；

（五）人员、设备、场所的证明资料；

（六）申办机构的基本情况及与开展业务有关的证明（网站注册文件、广播电台、电视台许可证、广播电视节目制作经营许可证、从事登载新闻业务许可文件等）；

（七）公司章程、营业执照、验资证明（申请人为企业的）。

第十条 申请《信息网络传播视听节目许可证》的机构，应向所在地县级以上广播电视行政部门提出申请，并提交符合第九条规定的书面材料，经逐级审核同意后，报广电总局审批。

中央所属企事业单位，可直接向广电总局提出申请。

符合条件的，广电总局予以颁发《信息网络传播视听节目许可证》。

第十一条 负责受理的广播电视行政部门应按照行政许可法规定的期限和权限，履行受理、审核职责。申请人的申请符合法定标准的，有权作出决定的广播电视行政部门应作出准予行政许可的书面决定。依法作出不予行政许可决定的，应当书面通知申请人并说明理由。

第十二条 《信息网络传播视听节目许可证》有效期为二年。有效期届满，需继续从事信息网络传播视听节目业务的，应于期满六个月前按本办法规定的审批程序办理续办手续。

第十三条 获得《信息网络传播视听节目许可证》的机构（以下简称持证机构）应当按照《信息网络传播视听节目许可证》载明的开办主体、业务类别、标识、传播方式、传输网络、传播载体、传播范围、接收终端、节目类别和集成内容等事项从事信息网络传播视听节目业务。

第十四条 持证机构变更注册资本、股东和持股比例及许可证载明的开办主体、业务类别、标识、传播方式、传播载体、传播范围、接收终端、节目类别和集成内容等事项的，应提前六十日报广电总局批准并办理许可证登载事项变更手续。

持证机构地址、网址、网站名、法定代表人等事项发生变更的，应当在变更后三十日内向广电总局备案并办理许可证登载事项变更手续。

第十五条 持证机构应当在领取《信息网络传播视听节目许可证》九十日内开通业务。如因特殊理由不能如期开通，应经发证机关同意，否则按终止业务处理。

第十六条 持有《信息网络传播视听节目许可证》的机构需终止业务的，应提前六十日向原发证机关申报，其《信息网络传播视听节目许可证》由原发证机关予以公告注销。

第三章　业 务 监 管

第十七条　用于通过信息网络向公众传播的新闻类视听节目，限于境内广播电台、电视台、广播电视台以及经批准的新闻网站制作、播放的节目。

用于通过信息网络向公众传播的影视剧类视听节目，必须取得《电视剧发行许可证》、《电影公映许可证》。

第十八条　通过信息网络传播视听节目，应符合《著作权法》的规定。

第十九条　禁止通过信息网络传播有以下内容的视听节目：

（一）反对宪法确定的基本原则的；

（二）危害国家统一、主权和领土完整的；

（三）泄露国家秘密、危害国家安全或者损害国家荣誉和利益的；

（四）煽动民族仇恨、民族歧视，破坏民族团结，或者侵害民族风俗、习惯的；

（五）宣扬邪教、迷信的；

（六）扰乱社会秩序，破坏社会稳定的；

（七）宣扬淫秽、赌博、暴力或者教唆犯罪的；

（八）侮辱或者诽谤他人，侵害他人合法权益的；

（九）危害社会公德或者民族优秀文化传统的；

（十）有法律、行政法规和国家规定禁止的其他内容的。

第二十条　持证机构应建立健全节目审查、安全播出的管理制度，实行节目总编负责制，配备节目审查员，对其播放的节目内容进行审查。

第二十一条　信息网络的经营机构不得向未持有《信息网络传播视听节目许可证》的机构提供与传播视听节目业务有关的服务。

第二十二条　传播视听节目的名称、内容概要、播出时间、时长、来源等信息，持证机构应当至少保留三十日。

第二十三条　利用信息网络转播视听节目，只能转播广播电台、电视台播出的广播电视节目，不得转播非法开办的广播电视节目，不得转播境外广播电视节目。

利用信息网络链接或集成视听节目，只能链接或集成取得《信息网络传播视听节目许可证》机构开办的视听节目，不得链接或集成境外互联网站的视听节目。

第二十四条　省级以上广播电视行政部门应设立视听节目监控系统、建立公众监督举报制度，加强对信息网络传播视听节目的监督管理。

持证机构应当为视听节目监控系统提供必要的信号接入条件。

第四章　罚　　则

第二十五条　违反本办法规定，未经批准，擅自从事信息网络传播视听节目业务的，由县级以上广播电视行政部门予以取缔，可以并处一万元以上三万元以下的罚款；构成犯罪的，依法追究刑事责任。

第二十六条　违反本办法规定，有下列行为之一的，由县级以上广播电视行政部门责令停止违法活动、给予警告、限期整改，可以并处三万元以下的罚款：构成犯罪的，依法追究刑事责任。

（一）未按《信息网络传播视听节目许可证》载明的事项从事信息网络传播视听节目业务的；

（二）未经批准，擅自变更许可证载明事项、持证机构注册资本、股东和持股比例；

（三）违反本办法第十六条、第十八条规定的；

（四）传播本办法第十九条规定禁止传播的视听节目的；

（五）向未持有《信息网络传播视听节目许可证》的机构提供与传播视听节目业务有关服务的；

（六）未按规定保留视听节目播放记录的；

（七）利用信息网络转播境外广播电视节目，转播非法开办的广播电视节目的；

（八）非法链接、集成境外广播电视节目以及非法链接、集成境外网站传播的视听节目的。

第二十七条 违反本办法规定，开办机构的法定代表人、节目总编或节目审查员未履行应尽职责，出现三次以上违规内容的，省级以上广播电视行政部门对开办机构予以警告，可以并处一千元以下罚款。

第五章 附 则

第二十八条 本办法实施前已领取《网上传播视听节目许可证》的机构，应在本办法实施之日起六个月内按照本办法规定申换许可证。

第二十九条 本办法自2004年10月11日起施行。广电总局《互联网等信息网络传播视听节目管理办法》（广电总局令第15号）同时废止。

三、中国互联网络域名管理办法

中华人民共和国信息产业部令 第30号

《中国互联网络域名管理办法》已经2004年9月28日信息产业部第8次部务会议审议通过，现予公布，自2004年12月20日起施行。

部长：王旭东

二〇〇四年十一月五日

中国互联网络域名管理办法

第一章 总 则

第一条 为促进中国互联网络的健康发展，保障中国互联网络域名系统安全、可靠地运行，规范中国互联网络域名系统管理和域名注册服务，根据国家有关规定，参照国际上互联网络域名管理准则，制定本办法。

第二条 在中华人民共和国境内从事域名注册服务及相关活动，应当遵守本办法。

第三条 本办法下列用语的含义是：

（一）域名：是互联网络上识别和定位计算机的层次结构式的字符标识，与该计算机的互联网协议（IP）地址相对应。

（二）中文域名：是指含有中文文字的域名。

（三）域名根服务器：是指承担域名体系中根节点功能的服务器。

（四）域名根服务器运行机构：是指承担运行、维护和管理域名根服务器的机构。

（五）顶级域名：是指域名体系中根节点下的第一级域的名称。

（六）域名注册管理机构：是指承担顶级域名系统的运行、维护和管理工作的机构。

（七）域名注册服务机构：是指受理域名注册申请，直接完成域名在国内顶级域名数据库中注册、直接或间接完成域名在国外顶级域名数据库中注册的机构。

第四条 信息产业部负责中国互联网络域名的管理工作，主要职责是：

（一）制定互联网络域名管理的规章及政策；

（二）制定国家（或地区）顶级域名CN和中文域名体系；

（三）管理在中华人民共和国境内设置并运行域名根服务器（含镜像服务器）的域名根服务器运行机构；

（四）管理在中华人民共和国境内设立的域名注册管理机构和域名注册服务机构；

（五）监督管理域名注册活动；

（六）负责与域名有关的国际协调。

第五条 任何组织或者个人不得采取任何手段妨碍中华人民共和国境内互联网域名系统的正常运行。

第二章 域名管理

第六条 我国互联网的域名体系由信息产业部以公告形式予以公布。根据域名发展的实际情况，信息产业部可以对互联网的域名体系进行调整，并发布更新公告。

第七条 中文域名是我国域名体系的重要组成部分。信息产业部鼓励和支持中文域名系统的技术研究和逐步推广应用。

第八条 在中华人民共和国境内设置域名根服务器及设立域名根服务器运行机构，应当经信息产业部批准。

第九条 申请设置互联网域名根服务器及设立域名根服务器运行机构，应当具备以下条件：

（一）具有相应的资金和专门人员；

（二）具有保障域名根服务器安全可靠运行的环境条件和技术能力；

（三）具有健全的网络与信息安全保障措施；

（四）符合互联网络发展以及域名系统稳定运行的需要；

（五）符合国家其他有关规定。

第十条 申请设置域名根服务器及设立域名根服务器运行机构，应向信息产业部提交以下书面申请材料：

（一）申请单位的基本情况；

（二）拟运行维护的域名根服务器情况；

（三）网络技术方案；

（四）网络与信息安全技术保障措施的证明。

第十一条 在中华人民共和国境内设立域名注册管理机构和域名注册服务机构，应当经信息产业部批准。

第十二条 申请成为域名注册管理机构，应当具备以下条件：

（一）在中华人民共和国境内设置顶级域名服务器（不含镜像服务器），且相应的顶级域名符合国际互联网域名体系和我国互联网域名体系；

（二）有与从事域名注册有关活动相适应的资金和专业人员；

（三）有从事互联网域名等相关服务的良好业绩和运营经验；

（四）有为用户提供长期服务的信誉或者能力；

（五）有业务发展计划和相关技术方案；

（六）有健全的域名注册服务监督机制和网络与信息安全保障措施；

（七）符合国家其他有关规定。

第十三条 申请成为域名注册管理机构的，应当向信息产业部提交下列材料：

（一）有关资金和人员的说明材料；

（二）对境内的顶级域名服务器实施有效管理的证明材料；

（三）证明申请人信誉的材料；

（四）业务发展计划及相关技术方案；

（五）域名注册服务监督机制和网络与信息安全技术保障措施；

（六）拟与域名注册服务机构签署的协议范本；

（七）法定代表人签署的遵守国家有关法律、政策和我国域名体系的承诺书。

第十四条 从事域名注册服务活动，应当具备下列条件：

（一）是依法设立的企业法人或事业法人；

（二）注册资金不得少于人民币100万元，在中华人民共和国境内设置有域名注册服务系统，且有专门从事域名注册服务的技术人员和客户服务人员；

（三）有为用户提供长期服务的信誉或者能力；

（四）有业务发展计划及相关技术方案；

（五）有健全的网络与信息安全保障措施；

（六）有健全的域名注册服务退出机制；

（七）符合国家其他有关规定。

第十五条 申请成为域名注册服务机构，应当向信息产业部提交以下书面材料：

（一）法人资格证明；

（二）拟提供注册服务的域名项目及技术人员、客户服务人员的情况说明；

（三）与相关域名注册管理机构或境外的域名注册服务机构签订的合作意向书或协议；

（四）用户服务协议范本；

（五）业务发展计划及相关技术方案；

（六）网络与信息安全技术保障措施的证明；

（七）证明申请人信誉的有关材料；

（八）法定代表人签署的遵守国家有关法律、政策的承诺书。

第十六条 对申请材料齐全、符合法定形式的，信息产业部应当向申请人发出受理申请通知书；对申请材料不齐全或者不符合法定形式的，应当当场或在五日内一次性书面告知申请人需要补齐的全部内容；对不予受理的，应当向申请人出具不予受理通知书，并说明理由。

第十七条 信息产业部应当自发出受理申请通知书之日起二十个工作日内完成审查工作，作出批准或者不予批准的决定。二十个工作日内不能作出决定的，经信息产业部负责人批准，可以延长十个工作日，并将延长期限的理由告知申请人。

予以批准的，出具批准意见书；不予以批准的，书面通知申请人并说明理由。

第十八条 域名注册管理机构应当自觉遵守国家相关的法律、行政法规和规章，保证域名系统安全、可靠地运行，公平、合理地为域名注册服务机构提供安全、方便的域名服务。

无正当理由，域名注册管理机构不得擅自中断域名注册服务机构的域名注册服务。

第十九条 域名注册服务机构应当自觉遵守国家相关法律、行政法规和规章，公平、合理地为用户提供域名注册服务。

域名注册服务机构不得采用欺诈、胁迫等不正当的手段要求用户注册域名。

第二十条 域名注册服务机构的名称、地址、法定代表人等登记信息发生变更或者域名注册服务机构与其域名注册管理机构的合作关系发生变更或终止时，域名注册服务机构应当在变更或终止后三十日内报信息产业部备案。

第二十一条 域名注册管理机构应当配置必要的网络和通信应急设备，制定切实有效的网络通信保障应急预案，健全网络与信息安全应急制度。

因国家安全和处置紧急事件的需要，域名注册管理机构和域名注册服务机构应当服从信息产业部的统一指挥与协调，遵守并执行信息产业部的管理要求。

第二十二条 信息产业部应当加强对域名注册管理机构和域名注册服务机构的监督检查，纠正监督检查过程中发现的违法行为。

第三章 域 名 注 册

第二十三条 域名注册管理机构应当根据本办法制定相应的域名注册实施细则，报信息产业部备案后施行。

第二十四条 域名注册服务遵循“先申请先注册”原则。

第二十五条 为维护国家利益和社会公众利益，域名注册管理机构可以对部分保留字进行必要保护，报信息产业部备案后施行。

除前款规定外，域名注册管理机构和注册服务机构不得预留或变相预留域名。域名注册管理机构和注册服务机构在提供域名注册服务过程中不得代表任何实际或潜在的域名持有者。

第二十六条 域名注册管理机构和域名注册服务机构应当公布域名注册服务的内容、时限、费用，提供域名注册信息的公共查询服务，保证域名注册服务的质量，并有义务向信息产业部提供域名注册信息。

未经用户同意，域名注册管理机构和域名注册服务机构不得将域名注册信息用于前款规定以外的其他用途，但国家法律、行政法规另有规定的除外。

第二十七条 任何组织或个人注册和使用的域名，不得含有下列内容：

（一）反对宪法所确定的基本原则的；

（二）危害国家安全，泄露国家秘密，颠覆国家政权，破坏国家统一的；

（三）损害国家荣誉和利益的；

（四）煽动民族仇恨、民族歧视，破坏民族团结的；

（五）破坏国家宗教政策，宣扬邪教和封建迷信的；

（六）散布谣言，扰乱社会秩序，破坏社会稳定的；

（七）散布淫秽、色情、赌博、暴力、凶杀、恐怖或者教唆犯罪的；

（八）侮辱或者诽谤他人，侵害他人合法权益的；

（九）含有法律、行政法规禁止的其他内容的。

第二十八条 域名注册申请者应当提交真实、准确、完整的域名注册信息，并与域名注册服务机构签订用户注册协议。

域名注册完成后，域名注册申请者即成为其注册域名的持有者。

第二十九条 域名持有者应当遵守国家有关互联网络的法律、行政法规和规章。

因持有或使用域名而侵害他人合法权益的责任，由域名持有者承担。

第三十条 注册域名应当按期缴纳域名运行费用。域名注册管理机构应当制定具体的域名运行费用收费办法，并报信息产业部备案。

第三十一条 域名注册信息发生变更的，域名持有者应当在变更后三十日内向域名注册服务机构申请变更注册信息。

第三十二条 域名持有者可以选择和变更域名注册服务机构。域名持有者变更域名注册服务机构的，原域名注册服务机构应当承担转移域名持有者注册信息的义务。

无正当理由，域名注册服务机构不得阻止域名持有者变更域名注册服务机构。

第三十三条 域名注册管理机构应当设立用户投诉受理热线或采取其他必要措施，及时处理用户对域名注册服务机构提出的意见；难以及时处理的，必须向用户说明理由和相关处理时限。

对于向域名注册管理机构投诉没有处理结果或对处理结果不满意，或者对域名注册管理机构的服务不满意的，用户或域名注册服务机构可以向信息产业部提出申诉。

第三十四条 已注册的域名出现下外情形之一时，原域名注册服务机构应当予以注销，并以书面形式通知域名持有者：

（一）域名持有者或其代理人申请注销域名的；

（二）域名持有者提交的域名注册信息不真实、不准确、不完整的；

（三）域名持有者未按照规定缴纳相应费用的；

（四）依据人民法院、仲裁机构或域名争议解决机构作出的裁判，应当注销的；

（五）违反相关法律、行政法规及本办法规定的。

第三十五条 域名注册管理机构和域名注册服务机构有义务配合国家主管部门开展网站检查工作，必要时按要求暂停或停止相关的域名解析服务。

第四章 域 名 争 议

第三十六条 域名注册管理机构可以指定中立的域名争议解决机构解决域名争议。

第三十七条 任何人就已经注册或使用的域名向域名争议解决机构提出投诉，并且符合域名争议解决办法规定的条件的，域名持有者应当参与域名争议解决程序。

第三十八条 域名争议解决机构作出的裁决只涉及争议域名持有者信息的变更。

域名争议解决机构作出的裁决与人民法院或者仲裁机构已经发生法律效力的裁判不一致的，域名争议解决机构的裁决服从于人民法院或者仲裁机构发生法律效力的裁判。

第三十九条 域名争议在人民法院、仲裁机构或域名争议解决机构处理期间，域名持有者不得转让有争议的域名，但域名受让方以书面形式同意接受人民法院裁判、仲裁裁决或争议解决机构裁决约束的除外。

第五章 罚 则

第四十条 违反本办法第八条、第十一条的规定，未经行政许可擅自设置域名根服务器或者设立域名根服务器运行机构、擅自设立域名注册管理机构和域名注册服务机构的，信息产业部应当根据《中华人民共和国行政许可法》第八十一条的规定，采取措施制止其开展业务或者提供服务，并视情节轻重，予以警告或处三万元以下罚款。

第四十一条 域名注册服务机构超出批准的项目范围提供域名注册服务的，由信息产业部责令限期改正；逾期不改正的，信息产业部应当根据《中华人民共和国行政许可法》第八十一条的规定，采取措施制止其提供超范围的服务，并视情节轻重，予以警告或处三万元以下罚款。

第四十二条 违反本办法第五条、第十八条、第十九条、第二十条、第二十五条、第二十六条、第三十二条、第三十五条规定的，由信息产业部责令限期改正，并视情节轻重，予以警告或处三万元以下罚款。

第四十三条 违反本办法第二十七条的规定，构成犯罪的，依法追究刑事责任；尚不构成犯罪的，由国家有关机关依照有关法律、行政法规的规定予以处罚。

第六章 附 则

第四十四条 在本办法施行前已经开展互联网域名注册服务的域名注册管理机构和域名注册服务机构，应当自本办法施行之日起六十日内，到信息产业部办理登记手续。

第四十五条 本办法自2004年12月20日起施行。2002年8月1日公布的《中国互联网络域名管理办法》（信息产业部令第24号）同时废止。

四、互联网药品信息服务管理办法

国家食品药品监督管理局令第9号

《互联网药品信息服务管理办法》于2004年5月28日经国家食品药品监督管理局局务会议审议通过，现予公布。本规定自公布之日起施行。

局长：郑筱萸

二〇〇四年七月八日

互联网药品信息服务管理办法

第一条 为加强药品监督管理，规范互联网药品信息服务活动，保证互联网药品信息的真实、准确，根据《中华人民共和国药品管理法》、《互联网信息服务管理办法》，制定本办法。

第二条 在中华人民共和国境内提供互联网药品信息服务活动，适用本办法。

本办法所称互联网药品信息服务，是指通过互联网向上网用户提供药品（含医疗器械）信息的服务活动。

第三条 互联网药品信息服务分为经营性和非经营性两类。

经营性互联网药品信息服务是指通过互联网向上网用户有偿提供药品信息等服务的活动。

非经营性互联网药品信息服务是指通过互联网向上网用户无偿提供公开的、共享性药品信息等服务的活动。

第四条　国家食品药品监督管理局对全国提供互联网药品信息服务活动的网站实施监督管理。

省、自治区、直辖市（食品）药品监督管理局对本行政区域内提供互联网药品信息服务活动的网站实施监督管理。

第五条　拟提供互联网药品信息服务的网站，应当在向国务院信息产业主管部门或者省级电信管理机构申请办理经营许可证或者办理备案手续之前，按照属地监督管理的原则，向该网站主办单位所在地省、自治区、直辖市（食品）药品监督管理部门提出申请，经审核同意后取得提供互联网药品信息服务的资格。

第六条　各省、自治区、直辖市（食品）药品监督管理局对本辖区内申请提供互联网药品信息服务的互联网站进行审核，符合条件的核发《互联网药品信息服务资格证书》。

第七条　《互联网药品信息服务资格证书》的格式由国家食品药品监督管理局统一制定。

第八条　提供互联网药品信息服务的网站，应当在其网站主页显著位置标注《互联网药品信息服务资格证书》的证书编号。

第九条　提供互联网药品信息服务网站所登载的药品信息必须科学、准确，必须符合国家的法律、法规和国家有关药品、医疗器械管理的相关规定。

提供互联网药品信息服务的网站不得发布麻醉药品、精神药品、医疗用毒性药品、放射性药品、戒毒药品和医疗机构制剂的产品信息。

第十条　提供互联网药品信息服务的网站发布的药品（含医疗器械）广告，必须经过（食品）药品监督管理部门审查批准。

提供互联网药品信息服务的网站发布的药品（含医疗器械）广告要注明广告审查批准文号。

第十一条　申请提供互联网药品信息服务，除应当符合《互联网信息服务管理办法》规定的要求外，还应当具备下列条件：

（一）互联网药品信息服务的提供者应当为依法设立的企事业单位或者其他组织；

（二）具有与开展互联网药品信息服务活动相适应的专业人员、设施及相关制度；

（三）有两名以上熟悉药品、医疗器械管理法律、法规和药品、医疗器械专业知识，或者依法经资格认定的药学、医疗器械技术人员。

第十二条　提供互联网药品信息服务的申请应当以一个网站为基本单元。

第十三条　申请提供互联网药品信息服务，应当填写国家食品药品监督管理局统一制发的《互联网药品信息服务申请表》，向网站主办单位所在地省、自治区、直辖市（食品）药品监督管理部门提出申请，同时提交以下材料：

（一）企业营业执照复印件（新办企业提供工商行政管理部门出具的名称预核准通知书及相关材料）；

（二）网站域名注册的相关证书或者证明文件。从事互联网药品信息服务网站的中文名称，除与主办单位名称相同的以外，不得以“中国”、“中华”、“全国”等冠名；除取得药品招标代理机构资格证书的单位开办的互联网站外，其他提供互联网药品信息服务的网站名称中不得出现“电子商务”、“药品招商”、“药品招标”等内容；

（三）网站栏目设置说明（申请经营性互联网药品信息服务的网站需提供收费栏目及收费方式的说明）；

（四）网站对历史发布信息进行备份和查阅的相关管理制度及执行情况说明；

（五）（食品）药品监督管理部门在线浏览网站上所有栏目、内容的方法及操作说明；

（六）药品及医疗器械相关专业技术人员学历证明或者其专业技术资格证书复印件、网站负责人身份证复印件及简历；

（七）健全的网络与信息安全保障措施，包括网站安全保障措施、信息安全保密管理制度、用户信息安全管理制度；

（八）保证药品信息来源合法、真实、安全的管理措施、情况说明及相关证明。

第十四条　省、自治区、直辖市（食品）药品监督管理部门在收到申请材料之日起5日内做出受理与否的决定，受理的，发给受理通知书；不受理的，书面通知申请人并说明理由，同时告知申请人享有依法申请行政复议或者提起行政诉讼的权利。

第十五条 对于申请材料不规范、不完整的，省、自治区、直辖市（食品）药品监督管理部门自申请之日起5日内一次告知申请人需要补正的全部内容；逾期不告知的，自收到材料之日起即为受理。

第十六条 省、自治区、直辖市（食品）药品监督管理部门自受理之日起20日内对申请提供互联网药品信息服务的材料进行审核，并作出同意或者不同意的决定。同意的，由省、自治区、直辖市（食品）药品监督管理部门核发《互联网药品信息服务资格证书》，同时报国家食品药品监督管理局备案并发布公告；不同意的，应当书面通知申请人并说明理由，同时告知申请人享有依法申请行政复议或者提起行政诉讼的权利。

国家食品药品监督管理局对各省、自治区、直辖市（食品）药品监督管理部门的审核工作进行监督。

第十七条 《互联网药品信息服务资格证书》有效期为5年。有效期届满，需要继续提供互联网药品信息服务的，持证单位应当在有效期届满前6个月内，向原发证机关申请换发《互联网药品信息服务资格证书》。原发证机关进行审核后，认为符合条件的，予以换发新证；认为不符合条件的，发给不予换发新证的通知并说明理由，原《互联网药品信息服务资格证书》由原发证机关收回并公告注销。

省、自治区、直辖市（食品）药品监督管理部门根据申请人的申请，应当在《互联网药品信息服务资格证书》有效期届满前作出是否准予其换证的决定。逾期未作出决定的，视为准予换证。

第十八条 《互联网药品信息服务资格证书》可以根据互联网药品信息服务提供者的书面申请，由原发证机关收回，原发证机关应当报国家食品药品监督管理局备案并发布公告。被收回《互联网药品信息服务资格证书》的网站不得继续从事互联网药品信息服务。

第十九条 互联网药品信息服务提供者变更下列事项之一的，应当向原发证机关申请办理变更手续，填写《互联网药品信息服务项目变更申请表》，同时提供下列相关证明文件：

（一）《互联网药品信息服务资格证书》中审核批准的项目（互联网药品信息服务提供者单位名称、网站名称、IP地址等）；

（二）互联网药品信息服务提供者的基本项目（地址、法定代表人、企业负责人等）；

（三）网站提供互联网药品信息服务的基本情况（服务方式、服务项目等）。

第二十条 省、自治区、直辖市（食品）药品监督管理部门自受理变更申请之日起20个工作日内作出是否同意变更的审核决定。同意变更的，将变更结果予以公告并报国家食品药品监督管理局备案；不同意变更的，以书面形式通知申请人并说明理由。

第二十一条 省、自治区、直辖市（食品）药品监督管理部门对申请人的申请进行审查时，应当公示审批过程和审批结果。申请人和利害关系人可以对直接关系其重大利益的事项提交书面意见进行陈述和申辩。依法应当听证的，按照法定程序举行听证。

第二十二条 未取得或者超出有效期使用《互联网药品信息服务资格证书》从事互联网药品信息服务的，由国家食品药品监督管理局或者省、自治区、直辖市（食品）药品监督管理部门给予警告，并责令其停止从事互联网药品信息服务；情节严重的，移送相关部门，依照有关法律、法规给予处罚。

第二十三条 提供互联网药品信息服务的网站不在其网站主页的显著位置标注《互联网药品信息服务资格证书》的证书编号的，国家食品药品监督管理局或者省、自治区、直辖市（食品）药品监督管理部门给予警告，责令限期改正；在限定期限内拒不改正的，对提供非经营性互联网药品信息服务的网站处以500元以下罚款，对提供经营性互联网药品信息服务的网站处以5000元以上1万元以下罚款。

第二十四条 互联网药品信息服务提供者违反本办法，有下列情形之一的，由国家食品药品监督管理局或者省、自治区、直辖市（食品）药品监督管理部门给予警告，责令限期改正；情节严重的，对提供非经营性互联网药品信息服务的网站处以1000元以下罚款，对提供经营性互联网药品信息服务的网站处以1万元以上3万元以下罚款；构成犯罪的，移送司法部门追究刑事责任：

（一）已经获得《互联网药品信息服务资格证书》，但提供的药品信息直接撮合药品网上交易的；

（二）已经获得《互联网药品信息服务资格证书》，但超出审核同意的范围提供互联网药品信息服务的；

（三）提供不真实互联网药品信息服务并造成不良社会影响的；

（四）擅自变更互联网药品信息服务项目的。

第二十五条　互联网药品信息服务提供者在其业务活动中，违法使用《互联网药品信息服务资格证书》的，由国家食品药品监督管理局或者省、自治区、直辖市（食品）药品监督管理部门依照有关法律、法规的规定处罚。

第二十六条　省、自治区、直辖市（食品）药品监督管理部门违法对互联网药品信息服务申请作出审核批准的，原发证机关应当撤销原批准的《互联网药品信息服务资格证书》，由此给申请人的合法权益造成损害的，由原发证机关依照国家赔偿法的规定给予赔偿；对直接负责的主管人员和其他直接责任人员，由其所在单位或者上级机关依法给予行政处分。

第二十七条　省、自治区、直辖市（食品）药品监督管理部门应当对提供互联网药品信息服务的网站进行监督检查，并将检查情况向社会公告。

第二十八条　本办法由国家食品药品监督管理局负责解释。

第二十九条　本办法自公布之日起施行。国家药品监督管理局令第26号《互联网药品信息服务管理暂行规定》同时废止。

五、互联网文化管理暂行规定

互联网文化管理暂行规定

（文化部令第32号修订）

第一条　为了加强对互联网文化的管理，保障互联网文化单位的合法权益，促进我国互联网文化健康、有序地发展，根据《互联网信息服务管理办法》以及国家有关规定，制定本规定。

第二条　本规定所称互联网文化产品是指通过互联网生产、传播和流通的文化产品，主要包括：

（一）专门为互联网传播而生产的网络音像（含VOD、DV等）、网络游戏、网络演出剧（节）目、网络艺术品、网络动漫画（含FLASH等）等互联网文化产品；

（二）将音像制品、游戏产品、演出剧（节）目、艺术品和动漫画等文化产品以一定的技术手段制作、复制到互联网上传播的互联网文化产品。

第三条　本规定所称互联网文化活动是指提供互联网文化产品及其服务的活动，主要包括：

（一）互联网文化产品的制作、复制、进口、批发、零售、出租、播放等活动；

（二）将文化产品登载在互联网上，或者通过互联网发送到计算机、固定电话机、移动电话机、收音机、电视机、游戏机等用户端，供上网用户浏览、阅读、欣赏、点播、使用或者下载的传播行为；

（三）互联网文化产品的展览、比赛等活动。

互联网文化活动分为经营性和非经营性两类。经营性互联网文化活动是指以营利为目的，通过向上网用户收费或者电子商务、广告、赞助等方式获取利益，提供互联网文化产品及其服务的活动。非经营性互联网文化活动是指不以营利为目的向上网用户提供互联网文化产品及其服务的活动。

第四条　本规定所称互联网文化单位，是指经文化行政部门和电信管理机构批准，从事互联网文化活动的互联网信息服务提供者。

在中华人民共和国境内从事互联网文化活动，适用本规定。

第五条　从事互联网文化活动应当遵守宪法和有关法律、法规，坚持为人民服务、为社会主义服务的方向，弘扬民族优秀文化，传播有益于提高民族文化素质、推动经济发展、促进社会进步的思想道德、科学技术和文化知识，丰富人民的精神生活。

第六条　文化部负责制定互联网文化发展与管理的方针、政策和规划，监督管理全国互联网文化活动；依据有关法律、法规和规章，对经营性互联网文化单位实行许可制度，对非经营性互联网文化单位实行备案制度；对互联网文化内容实施监管，对违反国家有关法规的行为实施处罚。

省、自治区、直辖市人民政府文化行政部门负责本行政区域内互联网文化活动的日常管理工作，对申请从事经营性互联网文化活动的单位进行初审，对从事非经营性互联网文化活动的单位进行备案，对从事互联网文化活动违反国家有关法规的行为实施处罚。

第七条 设立经营性互联网文化单位，应当符合《互联网信息服务管理办法》的有关规定，并具备以下条件：

（一）有单位的名称、住所、组织机构和章程；

（二）有确定的互联网文化活动范围；

（三）有适应互联网文化活动需要并取得相应从业资格的 8 名以上业务管理人员和专业技术人员；

（四）有 100 万元以上的资金、适应互联网文化活动需要的设备、工作场所以及相应的经营管理技术措施；

（五）法律、法规规定的其他条件。

审批设立经营性互联网文化单位，除依照前款所列条件外，还应当符合互联网文化单位总量、结构和布局的规划。

第八条 申请设立经营性互联网文化单位，应当向所在地省、自治区、直辖市人民政府文化行政部门提出申请，由省、自治区、直辖市人民政府文化行政部门初审后，报文化部审批。

第九条 申请设立经营性互联网文化单位，应当采用企业的组织形式，并提交下列文件：

（一）申请书；

（二）企业名称预先核准通知书或者营业执照和章程；

（三）资金来源、数额及其信用证明文件；

（四）法定代表人或者主要负责人及主要经营管理人员、专业技术人员的资格证明和身份证明文件；

（五）工作场所使用权证明文件；

（六）业务发展报告；

（七）依法需要提交的其他文件。

对申请设立经营性互联网文化单位的，省、自治区、直辖市人民政府文化行政部门应当自受理申请之日起 20 个工作日内提出初审意见上报文化部，文化部自收到初审意见之日起 20 个工作日内做出批准或者不批准的决定，批准的，发给《网络文化经营许可证》；不批准的，应当说明理由。

第十条 非经营性互联网文化单位，应当在设立以后 60 日内向所在地省、自治区、直辖市人民政府文化行政部门备案，备案材料包括以下内容：

（一）备案报告书；

（二）章程；

（三）资金来源、数额及其信用证明文件；

（四）法定代表人或者主要负责人及主要业务管理人员、专业技术人员的资格证明和身份证明文件；

（五）工作场所使用权证明文件；

（六）需要提交的其他文件。

第十一条 申请设立经营性互联网文化单位经批准后，应当持《网络文化经营许可证》，按照《互联网信息服务管理办法》的有关规定，到所在地电信管理机构或者国务院信息产业主管部门办理相关手续。

第十二条 互联网文化单位应当在其网站主页的显著位置标明文化行政部门颁发的《网络文化经营许可证》编号或者备案编号，标明国务院信息产业主管部门或者省、自治区、直辖市电信管理机构颁发的经营许可证编号或者备案编号。

第十三条 经营性互联网文化单位改变名称、业务范围，合并或者分立，应当依据本规定办理变更手续，并持文化行政部门核发的《网络文化经营许可证》到当地电信管理机构办理相应的手续。

非经营性互联网文化单位改变名称、业务范围，合并或者分立，应当在变更后 60 日内重新办理备案手续。

第十四条 互联网文化单位变更地址、法定代表人或者主要负责人，或者终止互联网文化活动的，应当在30日内到所在地省、自治区、直辖市人民政府文化行政部门办理变更或者注销手续，并到相关省、自治区、直辖市电信管理机构办理互联网信息服务业务经营许可证的变更或注销手续。经营性互联网文化单位办理变更或者注销手续须报文化部备案。

第十五条 经营性互联网文化单位自取得《网络文化经营许可证》并依法办理企业登记之日起满180日未开展互联网文化活动的，由文化部或者由原审核的省、自治区、直辖市人民政府文化行政部门提请文化部注销《网络文化经营许可证》，同时通知相关省、自治区、直辖市电信管理机构。

非经营性互联网文化单位停止互联网文化活动的，由原备案的省、自治区、直辖市人民政府文化行政部门注销备案，同时通知相关省、自治区、直辖市电信管理机构。

第十六条 互联网文化产品进口活动由取得文化部核发的《网络文化经营许可证》的经营性互联网文化单位实施，并报文化部进行内容审查。

文化部应当自收到内容审查申请书之日起20个工作日内（不包括专家评审所需时间）作出批准或者不批准的决定，批准的，发给批准文件；不批准的，应当说明理由。

经批准的进口互联网文化产品应当在其显著位置标明文化部的批准文号，不得擅自变更节目名称或者增删节目内容。自批准之日起一年内未在国内运营的，进口单位应当报文化部备案并说明原因；决定终止进口的，文化部撤销其批准文号。

互联网文化单位运营的国产互联网文化产品依照有关规定需要备案的，应当在正式运营以后60日内报文化部备案，并在其显著位置标明文化部备案编号。

第十七条 互联网文化单位不得提供载有以下内容的文化产品：

（一）反对宪法确定的基本原则的；

（二）危害国家统一、主权和领土完整的；

（三）泄露国家秘密、危害国家安全或者损害国家荣誉和利益的；

（四）煽动民族仇恨、民族歧视，破坏民族团结，或者侵害民族风俗、习惯的；

（五）宣扬邪教、迷信的；

（六）散布谣言，扰乱社会秩序，破坏社会稳定的；

（七）宣扬淫秽、赌博、暴力或者教唆犯罪的；

（八）侮辱或者诽谤他人，侵害他人合法权益的；

（九）危害社会公德或者民族优秀文化传统的；

（十）有法律、行政法规和国家规定禁止的其他内容的。

第十八条 互联网文化单位提供的文化产品，使公民、法人或者其他组织的合法利益受到侵害的，互联网文化单位应当依法承担民事责任。

第十九条 互联网文化单位应当实行审查制度，有专门的审查人员对互联网文化产品进行审查，保障互联网文化产品的合法性。其审查人员应当接受上岗前的培训，取得相应的从业资格。

第二十条 互联网文化单位发现所提供的互联网文化产品含有本规定第十七条所列内容之一的，应当立即停止提供，保存有关记录，向所在地省、自治区、直辖市人民政府文化行政部门报告并抄报文化部。

第二十一条 互联网文化单位应当记录备份所提供的文化产品内容及其时间、互联网地址或者域名，记录备份应当保存60日，并在国家有关部门依法查询时，予以提供。

第二十二条 未经批准，擅自从事经营性互联网文化活动的，由省级以上人民政府文化行政部门依据《无照经营查处取缔办法》第十七条的规定予以查处。

非经营性互联网文化单位逾期未办理备案手续的，由省级以上人民政府文化行政部门责令限期改正；拒不改正的，责令停止互联网文化活动，并处1000元以下罚款。

第二十三条 从事经营性互联网文化活动，违反本规定第十二条、第十三条、第十四条、第十九条、第二十条的，由省级以上人民政府文化行政部门予以警告，责令限期改正，并处5000元以下罚款。

从事非经营性互联网文化活动，违反本规定第十二条、第十三条、第十四条、第十九条、第二十条的，由省级以上人民政府文化行政部门予以警告，责令限期改正，并处500元以下罚款。

第二十四条 经营性互联网文化单位提供含有本规定第十七条禁止内容的互联网文化产品，或者提供未经文化部批准进口的互联网文化产品的，由省级以上人民政府文化行政部门责令停止提供，没收违法所得的，并处10000元以上30000元以下罚款；情节严重的，责令停业整顿直至吊销《网络文化经营许可证》。构成犯罪的，依法追究刑事责任。

非经营性互联网文化单位，提供含有本规定第十七条禁止内容的互联网文化产品，或者提供未经文化部批准进口的互联网文化产品的，由省级以上人民政府文化行政部门责令停止提供，处1000元以下罚款。构成犯罪的，依法追究刑事责任。

第二十五条 违反本规定第二十一条的，由省、自治区、直辖市电信管理机构责令改正；情节严重的，由省、自治区、直辖市电信管理机构责令停业整顿或者责令暂时关闭网站。

第二十六条 经营性互联网文化单位运营进口互联网文化产品未在其显著位置标明文化部批准文号、擅自变更节目名称或者增删节目内容的，运营国产互联网文化产品逾期未报文化部备案或者未在其显著位置标明文化部备案编号的，由省级以上人民政府文化行政部门责令限期改正，并处5000元以下罚款。

非经营性互联网文化单位运营进口互联网文化产品未在其显著位置标明文化部批准文号、擅自变更节目名称或者增删节目内容的，运营国产互联网文化产品逾期未报文化部备案或者未在其显著位置标明文化部备案编号的，由省级以上人民政府文化行政部门责令限期改正，并处500元以下罚款。

第二十七条 本规定自2003年7月1日起施行。

六、关于落实国务院归口审批电子和互联网游戏出版物决定的通知

各省（自治区、直辖市）新闻出版局、版权局，各电子出版单位、互联网游戏出版机构、光盘复制单位：

为贯彻实施《行政许可法》，全面推进依法行政，建设法治政府，国务院于2004年6月29日颁布了《国务院对确需保留的行政审批项目设定行政许可的决定》（国务院令第412号），明确规定新闻出版总署负责实施“出版境外著作权人授权的电子出版物（含互联网游戏作品）审批”项目，进一步确定了新闻出版总署是国务院惟一归口管理电子游戏出版物和互联网游戏出版物的行政部门，并依法对出版引进版电子游戏出版物和互联网游戏出版物进行审批。

为落实国务院的决定，推进依法行政，切实加强对引进版电子游戏出版物和互联网游戏出版物的管理，保护未成年人身心健康，维护电子游戏出版和互联网游戏出版的正常秩序以及电子游戏出版物和互联网游戏出版物出版单位的合法权益，现将有关事项通知如下：

一、引进版电子游戏出版物或互联网游戏出版物是指由境外著作权人开发的电子游戏或互联网游戏软件作品，通过版权贸易方式，授权给中国的电子出版单位或互联网游戏出版机构在中国境内出版发行的电子游戏出版物或互联网游戏出版物。

二、电子游戏出版物是电子出版物种类之一，指通过计算机应用程序，将图文声像等游戏内容编辑加工后，以数字代码方式存储在磁、光、电介质上，通过计算机、掌上阅读器、手机或者具有类似功能的交互设备读取使用，并可复制发行的电子游戏软件作品。载体形态包括只读光盘（CD-ROM）、高密度只读光盘（DVD-ROM）、集成电路卡（IC Card）、软磁盘（FD）、交互式光盘（CD-I）、照片光盘（Photo-CD）和新闻出版总署认定的其他类似载体形态。

互联网游戏出版物是指通过计算机应用程序，将图文声像等游戏内容经过选择、编辑和数字化制作加工，以互联网（含局域网、专网）为传播载体，发送至电脑、电视、手机等用户终端，供多人同时在线浏览、阅读、使用或者下载的互联网游戏软件作品。

三、电子出版单位出版引进版电子游戏出版物，互联网游戏出版机构出版引进版互联网游戏出版物，均应向所在地省、自治区、直辖市出版行政部门提出引进出版申请，省、自治区、直辖市出版行政部门自受理申请之日起20日内，对申报的引进版电子游戏出版物或引进版互联网游戏出版物内容提出审核意见。符合出版条件的，报新闻出版总署审批；不符合出版条件的，应当说明理由并书面通知申请人。

新闻出版总署根据有关法律法规，对申报的引进版电子游戏出版物或引进版互联网游戏出版物内容进行审查，并按照国家对电子游戏出版物、互联网游戏出版物总量、结构、布局的规划，做出批准或者不批准的决定。不批准的，书面说明理由。

申请出版引进版电子游戏出版物应提交以下材料：

（一）电子出版单位的申请报告。内容包括电子游戏出版物的中外文名称、著作权人情况（中外文名称、所在国家或地区、经营情况等）、引进前的出版经营情况、详细的作品内容介绍、责任编辑审读意见、预计的出版时间等。

（二）所在地区省级新闻出版局或主管单位审核同意文件。

（三）著作权合同备案机构出具的《著作权合同备案证书》。

（四）送审的电子游戏出版物样盘和中文脚本全文。

（五）电子游戏出版物中主要人物和主要场景彩色图片。

（六）代理公司营业执照及电子出版物发行许可证复印件。

申请出版引进版互联网游戏出版物应提交以下材料：

（一）互联网游戏出版机构的申请报告。内容包括互联网游戏出版物的中外文名称、著作权人情况（中外文名称、所在国家或地区、经营情况等）、引进前的出版经营情况、详细的作品内容介绍、责任编辑审读意见、预计的出版（公测）时间等。

（二）互联网游戏出版机构所在地省级新闻出版局的审核同意文件。

（三）著作权合同备案机构出具的《著作权合同备案证书》。

（四）互联网游戏出版物中文脚本全文。

（五）彩色打印图片和演示光盘。表现互联网游戏出版物中的主要人物、场景、道具、情节等，能反映互联网游戏出版物的基本面貌。

四、出版引进版电子游戏出版物或引进版互联网游戏出版物应遵守《著作权法》及有关规定，出版前应按照著作权法的有关规定，取得合法授权，签订出版合同，并履行著作权合同备案手续。经新闻出版总署批准设立的电子出版单位可以办理引进版电子游戏出版物著作权合同备案手续；经新闻出版总署批准设立的互联网游戏出版机构可以办理引进版互联网游戏出版物著作权合同备案手续。电子出版单位持引进版电子游戏出版物著作权合同或互联网游戏出版机构持引进版互联网游戏出版物著作权合同，向著作权行政管理部门的著作权合同备案机构办理合同备案手续。符合规定的，由著作权合同备案机构出具《著作权合同备案证书》。

五、电子出版单位凭新闻出版总署批准引进的文件和《电子出版物复制委托书》，委托光盘复制单位或集成电路卡加工企业复制加工引进版电子游戏出版物只读光盘或集成电路卡。

互联网游戏出版机构可以出版本版引进版互联网游戏出版物的客户端程序只读光盘。互联网游戏出版机构应到所在地省、自治区、直辖市出版行政部门申领电子出版物书号和《电子出版物复制委托书》，凭新闻出版总署批准引进的文件和《电子出版物复制委托书》，委托光盘复制单位复制引进版互联网游戏出版物客户端程序只读光盘。

六、各光盘复制单位或集成电路卡加工企业应严格遵守国家有关电子出版物复制的法规，在承接引进版电子游戏出版物只读光盘或引进版互联网游戏出版物客户端程序只读光盘时，应按照本通知第五条规定认真审验有关手续，对不符合规定的，一律不得复制、加工。

七、电子出版单位可以发行本版电子游戏出版物，互联网游戏出版机构可以发行本版互联网游戏出版物的客户端程序只读光盘、游戏计费卡。经出版行政部门批准设立的电子出版物发行单位可以发行电子游戏出版物、互联网游戏出版物的客户端程序只读光盘、游戏计费卡。凡未取得出版行政部门颁发的电子出版物发行许可证的单位、机构或个人（包括各类电子产品市场、软件销售店、网吧等）一律不得从事电子游戏出版物、互联网游戏出版物的客户端程序只读光盘、游戏计费卡的发行业务。

八、互联网游戏出版是互联网出版的重要形式，从事互联网游戏出版活动必须遵守《出版管理条例》、《互联网信息服务管理办法》等规定。根据国务院《互联网信息服务管理办法》规定，从事互联网出版信息服务，在向电信管理机构申请办理互联网信息服务增值电信业务经营许可前，必须先取得国家出版行政主管部门的审批许可。互联网接入服务提供者在为从事互联网游戏出版活动的机构提供互联网接入服务前，应审验申请人的资格，申请人必须是新闻出版总署批准设立的有互联网游戏出版业务范围的互联网出版机构，并提供互联网出版许可证复印件。同时，其出版运营的引进版互联网游戏出版物必须是经新闻出版总署审查批准的，并提供审批文件复印件。

九、凡 1995 年以来，经新闻出版总署审查批准出版的引进版电子游戏出版物和互联网游戏出版物，并办理了著作权登记手续，属于合法出版物。《出版管理条例》第二十四条规定：“合法出版物受法律保护，任何组织和个人不得非法干扰、阻止、破坏出版物的出版。”第五十三条进一步规定：“对非法干扰、阻止和破坏出版物出版、印刷或者复制、进口、发行的行为，县级以上各级人民政府出版行政部门及其他有关部门，应当及时采取措施，予以制止。”

十、违反上述规定的，由出版行政部门和版权行政部门依法追究其法律责任。

新闻出版总署 国家版权局

二〇〇四年七月二十七日

七、中华人民共和国电子签名法

（2004 年 8 月 28 日第十届全国人民代表大会常务委员会第十一次会议通过）

第一章 总 则

第一条 为了规范电子签名行为，确立电子签名的法律效力，维护有关各方的合法权益，制定本法。

第二条 本法所称电子签名，是指数据电文中以电子形式所含、所附用于识别签名人身份并表明签名人认可其中内容的数据。

本法所称数据电文，是指以电子、光学、磁或者类似手段生成、发送、接收或者储存的信息。

第三条 民事活动中的合同或者其他文件、单证等文书，当事人可以约定使用或者不使用电子签名、数据电文。

当事人约定使用电子签名、数据电文的文书，不得仅因为其采用电子签名、数据电文的形式而否定其法律效力。

前款规定不适用下列文书：

（一）涉及婚姻、收养、继承等人身关系的；

（二）涉及土地、房屋等不动产权益转让的；

（三）涉及停止供水、供热、供气、供电等公用事业服务的；

（四）法律、行政法规规定的不适用电子文书的其他情形。

第二章 数 据 电 文

第四条 能够有形地表现所载内容，并可以随时调取查用的数据电文，视为符合法律、法规要求的书面形式。

第五条 符合下列条件的数据电文，视为满足法律、法规规定的原件形式要求：

（一）能够有效地表现所载内容并可供随时调取查用；

（二）能够可靠地保证自最终形成时起，内容保持完整、未被更改。但是，在数据电文上增加背书以及数据交换、储存和显示过程中发生的形式变化不影响数据电文的完整性。

第六条 符合下列条件的数据电文，视为满足法律、法规规定的文件保存要求：

（一）能够有效地表现所载内容并可供随时调取查用；

（二）数据电文的格式与其生成、发送或者接收时的格式相同，或者格式不相同但是能够准确表现原来生成、发送或者接收的内容；

（三）能够识别数据电文的发件人、收件人以及发送、接收的时间。

第七条　数据电文不得仅因为其是以电子、光学、磁或者类似手段生成、发送、接收或者储存的而被拒绝作为证据使用。

第八条　审查数据电文作为证据的真实性，应当考虑以下因素：

（一）生成、储存或者传递数据电文方法的可靠性；

（二）保持内容完整性方法的可靠性；

（三）用以鉴别发件人方法的可靠性；

（四）其他相关因素。

第九条　数据电文有下列情形之一的，视为发件人发送：

（一）经发件人授权发送的；

（二）发件人的信息系统自动发送的；

（三）收件人按照发件人认可的方法对数据电文进行验证后结果相符的。

当事人对前款规定的事项另有约定的，从其约定。

第十条　法律、行政法规规定或者当事人约定数据电文需要确认收讫的，应当确认收讫。发件人收到收件人的收讫确认时，数据电文视为已经收到。

第十一条　数据电文进入发件人控制之外的某个信息系统的时间，视为该数据电文的发送时间。

收件人指定特定系统接收数据电文的，数据电文进入该特定系统的时间，视为该数据电文的接收时间；未指定特定系统的，数据电文进入收件人的任何系统的首次时间，视为该数据电文的接收时间。

当事人对数据电文的发送时间、接收时间另有约定的，从其约定。

第十二条　发件人的主营业地为数据电文的发送地点，收件人的主营业地为数据电文的接收地点。没有主营业地的，其经常居住地为发送或者接收地点。

当事人对数据电文的发送地点、接收地点另有约定的，从其约定。

第三章　电子签名与认证

第十三条　电子签名同时符合下列条件的，视为可靠的电子签名：

（一）电子签名制作数据用于电子签名时，属于电子签名人专有；

（二）签署时电子签名制作数据仅由电子签名人控制；

（三）签署后对电子签名的任何改动能够被发现；

（四）签署后对数据电文内容和形式的任何改动能够被发现。

当事人也可以选择使用符合其约定的可靠条件的电子签名。

第十四条　可靠的电子签名与手写签名或者盖章具有同等的法律效力。

第十五条　电子签名人应当妥善保管电子签名制作数据。电子签名人知悉电子签名制作数据已经失密或者可能已经失密时，应当及时告知有关各方，并终止使用该电子签名制作数据。

第十六条　电子签名需要第三方认证的，由依法设立的电子认证服务提供者提供认证服务。

第十七条　提供电子认证服务，应当具备下列条件：

（一）具有与提供电子认证服务相适应的专业技术人员和管理人员；

（二）具有与提供电子认证服务相适应的资金和经营场所；

（三）具有符合国家安全标准的技术和设备；

（四）具有国家密码管理机构同意使用密码的证明文件；

（五）法律、行政法规规定的其他条件。

第十八条　从事电子认证服务，应当向国务院信息产业主管部门提出申请，并提交符合本法第十七条规定条件的相关材料。国务院信息产业主管部门接到申请后经依法审查，征求国务院商务主管部门等有关部门的意见后，自接到申请之日起四十五日内作出许可或者不予许可的决定。予以许可的，颁发电子认证许可证书；不予许可的，应当书面通知申请人并告知理由。

申请人应当持电子认证许可证书依法向工商行政管理部门办理企业登记手续。

取得认证资格的电子认证服务提供者，应当按照国务院信息产业主管部门的规定在互联网上公布其名称、许可证号等信息。

第十九条 电子认证服务提供者应当制定、公布符合国家有关规定的电子认证业务规则，并向国务院信息产业主管部门备案。

电子认证业务规则应当包括责任范围、作业操作规范、信息安全保障措施等事项。

第二十条 电子签名人向电子认证服务提供者申请电子签名认证证书，应当提供真实、完整和准确的信息。

电子认证服务提供者收到电子签名认证证书申请后，应当对申请人的身份进行查验，并对有关材料进行审查。

第二十一条 电子认证服务提供者签发的电子签名认证证书应当准确无误，并应当载明下列内容：

（一）电子认证服务提供者名称；

（二）证书持有人名称；

（三）证书序列号；

（四）证书有效期；

（五）证书持有人的电子签名验证数据；

（六）电子认证服务提供者的电子签名；

（七）国务院信息产业主管部门规定的其他内容。

第二十二条 电子认证服务提供者应当保证电子签名认证证书内容在有效期内完整、准确，并保证电子签名依赖方能够证实或者了解电子签名认证证书所载内容及其他有关事项。

第二十三条 电子认证服务提供者拟暂停或者终止电子认证服务的，应当在暂停或者终止服务九十日前，就业务承接及其他有关事项通知有关各方。

电子认证服务提供者拟暂停或者终止电子认证服务的，应当在暂停或者终止服务六十日前向国务院信息产业主管部门报告，并与其他电子认证服务提供者就业务承接进行协商，作出妥善安排。

电子认证服务提供者未能就业务承接事项与其他电子认证服务提供者达成协议的，应当申请国务院信息产业主管部门安排其他电子认证服务提供者承接其业务。

电子认证服务提供者被依法吊销电子认证许可证书的，其业务承接事项的处理按照国务院信息产业主管部门的规定执行。

第二十四条 电子认证服务提供者应当妥善保存与认证相关的信息，信息保存期限至少为电子签名认证证书失效后五年。

第二十五条 国务院信息产业主管部门依照本法制定电子认证服务业的具体管理办法，对电子认证服务提供者依法实施监督管理。

第二十六条 经国务院信息产业主管部门根据有关协议或者对等原则核准后，中华人民共和国境外的电子认证服务提供者在境外签发的电子签名认证证书与依照本法设立的电子认证服务提供者签发的电子签名认证证书具有同等的法律效力。

第四章　法 律 责 任

第二十七条 电子签名人知悉电子签名制作数据已经失密或者可能已经失密未及时告知有关各方、并终止使用电子签名制作数据，未向电子认证服务提供者提供真实、完整和准确的信息，或者有其他过错，给电子签名依赖方、电子认证服务提供者造成损失的，承担赔偿责任。

第二十八条 电子签名人或者电子签名依赖方因依据电子认证服务提供者提供的电子签名认证服务从事民事活动遭受损失，电子认证服务提供者不能证明自己无过错的，承担赔偿责任。

第二十九条 未经许可提供电子认证服务的，由国务院信息产业主管部门责令停止违法行为；有违法所得的，没收违法所得；违法所得三十万元以上的，处违法所得一倍以上三倍以下的罚款；没有违法所得或者违法所得不足三十万元的，处十万元以上三十万元以下的罚款。

第三十条　电子认证服务提供者暂停或者终止电子认证服务，未在暂停或者终止服务六十日前向国务院信息产业主管部门报告的，由国务院信息产业主管部门对其直接负责的主管人员处一万元以上五万元以下的罚款。

第三十一条　电子认证服务提供者不遵守认证业务规则、未妥善保存与认证相关的信息，或者有其他违法行为的，由国务院信息产业主管部门责令限期改正；逾期未改正的，吊销电子认证许可证书，其直接负责的主管人员和其他直接责任人员十年内不得从事电子认证服务。吊销电子认证许可证书的，应当予以公告并通知工商行政管理部门。

第三十二条　伪造、冒用、盗用他人的电子签名，构成犯罪的，依法追究刑事责任；给他人造成损失的，依法承担民事责任。

第三十三条　依照本法负责电子认证服务业监督管理工作的部门的工作人员，不依法履行行政许可、监督管理职责的，依法给予行政处分；构成犯罪的，依法追究刑事责任。

第五章　附　　则

第三十四条　本法中下列用语的含义：

（一）电子签名人，是指持有电子签名制作数据并以本人身份或者以其所代表的人的名义实施电子签名的人；

（二）电子签名依赖方，是指基于对电子签名认证证书或者电子签名的信赖从事有关活动的人；

（三）电子签名认证证书，是指可证实电子签名人与电子签名制作数据有联系的数据电文或者其他电子记录；

（四）电子签名制作数据，是指在电子签名过程中使用的，将电子签名与电子签名人可靠地联系起来的字符、编码等数据；

（五）电子签名验证数据，是指用于验证电子签名的数据，包括代码、口令、算法或者公钥等。

第三十五条　国务院或者国务院规定的部门可以依据本法制定政务活动和其他社会活动中使用电子签名、数据电文的具体办法。

第三十六条　本法自 2005 年 4 月 1 日起施行。

附录 C 通信行业发展状况综述及主要指标

一、2004 年中国电信业发展回顾

2004 年中国电信业树立和坚持全面、协调、可持续的科学发展观，适应全面建设小康社会及信息化建设的需要，启动实施电信强国战略，保持了整体健康快速发展的势头，为经济发展和社会进步做出了积极贡献。

2004 年，全国电信业务总量完成 9148.0 亿元，同比增长 41.2%；实现电信业务收入 5275.1 亿元，同比增长 14.7%；电信固定资产投资完成 2199.1 亿元，同比下降 0.8%。

全国新增电话用户 1.1 亿户，电话用户总数达到 6.5 亿户，用户规模仍居世界首位。其中，固定电话用户新增 4901.0 万户，达到 31175.6 万户；移动电话用户新增 6487.1 万户，达到 33482.4 万户；固定和移动电话普及率分别达到 24.1 部/百人和 25.9 部/百人。互联网接入用户新增 841.2 万户，达到 7616.2 万户；互联网使用人数新增约 1450 万，总数达到 9400 万，居世界第二位。

全国光缆线路长度新增 78.4 万公里，达到 351.9 万公里。长途电话交换机容量新增 201.9 万路端，达到 1263.0 万路端；局用交换机容量新增 7264.4 万门，达到 42346.9 万门；移动电话交换机容量新增 5985.8 万户，达到 39684.3 万户。互联网接入端口新增 180.8 万个，达到 403.5 万个。国际互联网出口带宽增至 74429MB。

电信业的发展主要呈现以下几个特点。

（1）业务总量高速增长，业务收入平稳增长，量收增长不平衡加剧。

（2）本地电话移动化、互联网接入宽带化的趋势更加明显，长途电话的 IP 化有所减缓。

（3）增值业务发展迅速，信息服务价值链不断延伸，但对收入的贡献仍然有限。

（4）通信网开始向下一代演进，现有网络的稳定扩容和升级换代同时并举。

（5）融资渠道日趋多元化，四大基础运营商全部实现上市融资。

（6）投资趋于稳定和理性，新业务开发和管理支撑系统投资显著增加。

（7）竞争格局相对稳定，主要基础运营商的市场地位未发生实质性变化，经营重点由规模增长逐步转向效益优先。

（8）电信发展的地域差异仍然明显，东中西部差距在逐步缩小。

（一）电信业对国民经济的贡献

作为国民经济的基础产业和先导产业，我国电信业多年来一直以高于同期 GDP 的增长速度快速发展，在拉动整体经济增长和提高人民生活水平方面起到了巨大作用。2004 年电信业在国民经济贡献上呈现出一些新的特点，主要表现在以下 3 个方面。

1．电信增加值/业务收入与 GDP 比值

2004 年，我国电信业累计完成增加值 3498.9 亿元，同比增长 11.5%，占同期 GDP 的比重为 2.6%，比上年减少了 0.1 个百分点。电信业务收入与 GDP 之比也微降了 0.06 个百分点，为 3.86%。

电信业务收入、电信增加值与 GDP 之比的双双下滑从一个侧面反映出我国电信业已由高速成长期进入

增长较为平缓的成熟发展期，未来行业总体效益将呈现缓步提高的态势。长期以来，我国电信业务收入与GDP的比值一直高于众多发达国家，这一方面说明与这些国家相比，中国电信业对国民经济的拉动作用更大，在国民经济中的地位更突出；另一方面也说明我国电信业的发展超前于国民经济整体发展，电信业的后续发展空间将受到国民经济整体水平的限制，不可能长期维持高速增长。2004年电信增加值和业务收入占GDP比例的回落就是一个很好的证明。

2．电信投资占全社会固定资产投资比重

2004年我国电信固定资产投资为2 199.1亿元，同比下降0.8%，而同期全社会固定资产投资增长高达26.1%，导致电信业占全社会固定资产投资的比重进一步下降至3.1%。

由于正处在3G、NGN等下一代通信技术的投资前期，现有通信网络已从大规模能力建设转入稳定扩容阶段，自2002年以来，电信固定资产投资总额一直维持在每年2 100～2 200亿元的水平，较2001年高峰期2 553.2亿元的投资规模明显减少，这是与全行业从规模增长向效益增长、从粗放式发展向集约式经营的转变相适应的，也符合国家控制投资过热、倡导理性投资的宏观经济调控目标。

3．电信业对社会就业的贡献

2004年我国电信运营市场进一步开放，市场主体日趋多元化。特别是在增值电信领域，民营资本的大量涌入使市场呈现出勃勃生机。截至2004年底，全国增值电信业务经营企业总数达到12 665家，比上年末增加5 000多家。其中，信息服务（包括因特网信息服务ICP、移动信息服务及电话信息服务）提供商11 803家，互联网接入服务（ISP）提供商844家，呼叫中心443家。在693家跨地区增值电信业务经营企业中，民营企业583家，占84.1%；国有企业108家，占15.6%；外商投资企业2家，占0.3%。

各种新兴的电信业务领域萌生出许多新的工作形态，提供了更多的社会就业机会。2004年初由信息产业部组织的一次调查显示，6家基础运营商拥有65.9万名员工，8 000家增值电信企业拥有64.2万名员工，共为社会贡献130万个就业岗位。而截至2004年底，全国增值电信业务经营企业总数达到12 665家，按相同比例计算，一年内又增加近40万就业岗位，电信业对社会就业的贡献愈加显著。

（二）电信业务发展情况

2004年我国电信业务总量高速增长，但各项业务发展速度仍然有明显差异。传统的固定电话业务已进入成熟期，增长趋缓；移动通信业务从全国范围来看仍处于成长期，但部分地区的移动话音业务也已进入成熟期；宽带接入和移动数据业务开始进入成长期；基础数据业务中的分组交换和DDN业务则走向衰退。

1．话音业务发展

（1）本地话音业务

① 本地固定电话用户数增长情况

在无线市话业务的带动下，2004年我国固定电话用户数继续较快增长。全年累计新增用户约4 900万户，全国固定电话用户总数达到31 175.6万户，延续了2003年以来月均新增用户数超过400万户的发展势头。固定电话普及率达到24.1部/百人。

虽然固定电话用户总规模持续增长，但新增固定电话用户中无线市话用户的份额进一步扩大，无线市话新增用户数首次超过传统固定电话，达到2 758.3万户。截至2004年底，我国无线市话用户规模已达到6 487.4万户，占固定电话用户总数的份额达20.8%。

与无线市话的迅猛发展相比，2004年传统固定电话用户的增长量明显下降，月均新增用户数不足200万户，增长率继2002年大幅降低之后更首次跌破10%。传统固定电话受移动电话和无线市话的双重替代，后续增长乏力。

② 移动电话用户数增长情况

2004年，我国移动电话用户数保持了稳定快速增长的态势。全年移动电话用户累计新增6 487.1万户，月均新增用户数连续第4年超过500万户，与固定电话之间的差距进一步拉大。到2004年底，全国移动电话用户总数达到33 482.4万户，移动电话普及率达25.9部/百人。

然而，经过数年的高速增长之后，移动电话用户增长率也开始趋缓。值得注意的是，移动电话新增用户中智能网预付费用户所占份额在连续两年下挫后，2004 年回升至 21.6%，同比增长近 5 个百分点。随着移动通信市场的逐步成熟，低端用户在新增移动电话用户中的比例开始呈现上升势头。

（2）长途话音业务

2004 年，传统固定、移动和 IP 长途业务量均呈现明显增长态势。IP 长途通话时长同比增长达 37.7%，高于同期传统固定和移动长途的增长幅度，占长途业务总时长的比重进一步上升至 46.0%，比 2003 年增长了两个百分点。传统固定长途通话时长首次突破 700 亿分钟，同比增长 26.2%，在长途业务总时长中的比重稳定在 30%左右。另外，移动长途通话时长增长率虽达到 28.7%，但在长途业务总时长中占比仍有所下降。资费差异是长途电话 IP 化的直接原因。移动长途因资费较高，近两年也受到了 IP 长途分流的影响。

2．数据业务发展分析

（1）基础数据业务

在基础数据业务领域，2004 年除帧中继及 ATM 用户规模仍保持了 16.3%的增速以外，分组交换、DDN 用户数均大幅减少。从 2001 年开始，分组交换、DDN 业务依次进入衰退期，目前已从用户增长率的相对减少进入用户数的绝对减少阶段，未来将逐步淡出市场。

（2）互联网业务

互联网接入用户继续稳定增长。截至 2004 年底，五家基础电信运营商的互联网接入用户总数达到 7616.2 万户，同比增长 12.4%。其中，宽带接入用户进入大规模增长期，共计新增 1372.4 万户，新增用户数超过了 2003 年的宽带接入用户总数，宽带接入在全部互联网接入用户中的比重上升至 32.7%。ADSL 是宽带接入的主流方式，宽带接入用户中近 70%为 ADSL 用户。

在宽带接入迅速发展的同时，以拨号方式为代表的窄带接入用户数开始大幅减少，2004 年互联网拨号用户数同比减少近 10%。另外，互联网专线接入因受到 ADSL、LAN 等宽带接入方式的替代，2004 年用户数也有所下降。随着宽带接入的继续发展，对其他接入方式的替代效应将不断增强，预计未来窄带接入和专线接入用户数将继续减少。

由于宽带接入用户的快速增长，2004 年互联网业务趋于繁荣。在线游戏、音乐下载、在线影视点播等宽带增值娱乐业务发展迅速，远程教育、远程医疗、电子政务和电子商务等新型服务也在积极启动之中。国内主要宽带业务运营商中国电信和中国网通关注的重点已从单纯的争夺用户接入转向宽带应用提供，正致力于打造宽带娱乐增值业务价值链，并分别推出了“互联星空”和“天天在线”两大品牌，积极探索新的宽带增值业务赢利模式。

（3）移动数据业务

移动数据业务的迅速崛起成为 2004 年电信业务市场的一大亮点。经过政府的有效监管和运营商对增值服务商的规范管理，移动数据业务逐渐步入了健康发展的轨道。彩铃业务异军突起，满足了用户个性化的需求，业务量增长迅猛。WAP 浏览、图铃下载和手机游戏等诸多非话业务的市场潜力也随着网络的升级和增值业务价值链的基本形成被逐步开发出来。但从发展规模和基础来看，2004 年短信业务依然占据移动数据业务的主流，移动短信业务量同比增长 56.6%，达 2170.5 亿条，增量与 2003 年基本持平。

目前，移动数据业务收入占移动通信总收入的比例已超过 10%，虽然贡献有限，但增长势头强劲，有望成为未来拉动移动通信 ARPU 值的有生力量。

（三）电信网络规模

2004 年我国电信网络建设进入了一个新的时期。中国电信第二张 IP 网 CN2 项目正式启动，中国网通在江苏建成亚太地区最大的 NGN 本地网并开通放号，中国移动建成全球最大的软交换汇接网，中国联通 CDMA 三期工程也全面完成。固定通信 NGN 网络建设积极推进，移动通信网优化和升级引人注目，宽带接入网容量迅速提高，本地传输和接入光纤化进程加快。通信网络的扩容改造和综合通信能力的迅速提高为未来技术演进打下良好基础。

1．固定及移动电话网规模

2004 年固定及移动电话网规模进一步扩大。截至年底，全国局用交换机（含接入网设备）容量同比增长 20.7%，达到 42 346.9 万门，超过了移动交换机容量的增长速度，尤其是接入网设备容量加速增长，新增容量连续两年超过5000万门。移动电话交换机容量同比增长17.8%，达到39684.3万门。其中GSM网络容量达到35401.1万户，同比增长17.6%；CDMA网络容量同比增长18.8%，达到4283.2万户。

固定电话网络的扩容速度上升主要是因为市场新进入者（中国铁通、中国电信在北方10省、中国网通在南方21省）新建固话网络及无线市话网进一步扩展的影响。但值得注意的是，由于网络规模的增长速度超过了用户增速，2004年固定电话网资源利用率有所下滑，实装率由2003年的74.9%下降为73.6%。

2．数据通信网规模

随着光纤的广泛应用和各种宽带组网技术的日益成熟和完善，2004年我国数据通信网宽带化进程日趋明显。各主要运营商纷纷加大宽带网建设投入，形成了以xDSL为主、LAN、WLAN等其他手段为辅的宽带接入网络能力。宽带接入端口达到3578.1万个，比2003年翻了一番，端口实装率也由2003年的61.8%上升到69.5%，国际互联网出口带宽猛增至74429MB，同比增长173.5%。与此同时，窄带接入网容量增长明显趋缓，2004年互联网拨号服务器端口数达441.3万个，与上年基本持平。此外，移动数据网建设也掀起了高潮，截至年底，移动分组数据网容量达到3981.4万户，比上年增长185.7%。

传统基础数据网络与业务发展趋势一致，除帧中继及ATM端口数同比增长5.9%以外，分组交换、DDN节点机端口数均出现了负增长。但传统基础数据网络依然是租线业务的主要承载网。

3．传输网规模

作为承载电信业务的基础网络，传输网仍然是运营商2004年网络建设的重点之一。各大运营商在基本完成全国骨干光缆网建设的基础上，为适应宽带数据网和移动通信基站建设的需求，将重点转向了本地传输网和接入网的铺设。2004年全国新建光缆线路78.4万公里，总长度达到351.9万公里，其中本地中继和接入光缆线路长度增幅明显，总长度达到282.4万公里，为未来宽带城域网的发展打下了良好基础。

（信息产业部综合规划司、电信研究院规划设计研究所）

二、统计2004年中国通信行业主要指标

（一）2004年通信行业主要业务量完成情况

2004年通信行业主要业务量完成情况如表C.1所示。

表C.1　　2004年通信行业主要业务量完成情况

指标名称	单位	本年累计达到	比上年同期（±%）	比上年末新增或减少
通信业务收入	亿元	5725.5	11.5	
电信业务收入	亿元	5187.6	12.6	
邮政业务收入	亿元	537.9	2.1	
通信固定资产投资完成额	亿元	2173.4	−3.3	
电信投资完成额	亿元	2136.5	−3.6	
邮政投资完成额	亿元	36.9	18.3	
固定电话用户合计	万户	31244.3		4969.6
城市电话用户	万户	21084.8		3975.1
住宅电话用户	万户	15304.4		2770.5
农村电话用户	万户	10159.5		994.5
住宅电话用户	万户	9246.3		856.6
移动电话用户合计	万户	33482.4		6487.1
无线寻呼用户	万户	298.7		−758.8
互联网拨号用户	万户	4777.9		−875.3
互联网专线用户	万户	8.3		1.5

续表

指 标 名 称	单 位	本年累计达到	比上年同期（±%）	比上年末新增或减少
宽带接入用户	万户	2385.1		1270.4
本地网内区间电话通话量	亿次	766.9	27.9	
本地网内区内电话通话量	亿次	5890.6	11.2	
本地网内拨号上网通话量	亿次	556.8	−49.6	
长途电话通话时长合计	万分钟	7438202.7	26.3	
国内长途电话通话时长	万分钟	7334069.8	26.6	
国际电话去话通话时长	万分钟	50021.0	12.3	
港澳台电话去话通话时长	万分钟	54111.8	−2.3	
移动电话通话时长合计（本地）	万分钟	94303281.7	49.2	
移动电话国内长途通话时长	万分钟	6029517.0	11.5	
移动电话国际电话通话时长	万分钟	29940.9	0.7	
移动电话港澳台电话通话时长	万分钟	33073.3	13.8	
移动短信业务量	亿条	2177.6	58.8	
IP 电话通话时长合计	万分钟	11512606.0	39.0	
IP 电话国内长途通话时长	万分钟	11297942.8	39.8	
IP 电话国际电话通话时长	万分钟	102820.0	15.7	
IP 电话港澳台电话通话时长	万分钟	111843.2	−1.3	
固定电话普及率	部/百人	24.9		
城市固定电话普及率	部/百人	37.6		
移动电话普及率	部/百人	25.9		
已通固定电话的行政村比重	%	89.9		

注：部分电信运营企业在 2004 年 12 月集中清理用户，故年底固定电话用户数比 11 月有所减少。

（二）2004 年电话用户分省情况

2004 年电话用户分省情况如表 C.2 所示。

表 C.2　　2004 年电话用户分省情况

（单位：万户）

	固 定 电 话			移 动 电 话
	合　计	城 市 电 话	农 村 电 话	
全　国	31244.3	21084.8	10159.5	33482.4
东　部	15041.0	10348.2	4692.8	17411.7
北　京	847.4	759.7	87.7	1340.7
天　津	407.2	405.9	1.3	423.6
辽　宁	1472.3	1060.9	411.5	1194.4
上　海	867.5	858.5	9.0	1311.3
江　苏	2582.4	1641.9	940.5	2232.9
浙　江	1974.8	1188.2	786.6	2322.5
福　建	1265.8	840.6	425.2	1138.1
山　东	2464.1	1265.8	1198.2	1909.4
广　东	2962.3	2186.2	776.2	5373.9
海　南	197.3	140.6	56.6	165.0

续表

	固定电话			移动电话
	合　计	城市电话	农村电话	
中　部	9745.7	6074.1	3671.6	9150.7
河　北	1554.9	883.1	671.8	1512.9
山　西	770.9	521.9	248.9	753.8
吉　林	655.6	461.5	194.1	763.8
黑龙江	1082.6	833.0	249.6	1017.1
安　徽	1191.6	591.9	599.7	873.4
江　西	747.4	461.2	286.1	671.3
河　南	1583.8	927.2	656.7	1392.3
湖　北	1073.6	777.8	295.8	1129.8
湖　南	1085.3	616.5	468.8	1036.4
西　部	6267.5	4491.8	1775.6	6920.0
内蒙古	490.7	388.4	102.3	594.6
广　西	812.3	545.7	266.6	874.5
重　庆	642.4	425.5	216.9	811.6
四　川	1369.9	989.2	380.7	1514.6
贵　州	388.6	282.0	106.6	440.0
云　南	547.4	414.8	132.6	732.4
西　藏	37.7	35.7	2.0	39.7
陕　西	792.0	527.2	264.8	788.7
甘　肃	477.3	344.6	132.7	358.0
青　海	94.4	77.7	16.7	117.7
宁　夏	119.6	84.4	35.2	158.6
新　疆	495.2	376.7	118.6	489.7
总部及直属	190.1	170.6	19.5	

（三）2004年度通信水平分省情况

2004年度通信水平分省情况如表C.3所示。

表C.3　　2004年度通信水平分省情况

单位	固定电话普及率（部/百人）	城市电话普及率（部/百人）	住宅电话普及率（部/百人）	移动电话普及率（部/百人）	邮政储蓄市场占有率（%）
全　国	24.9	37.6	19.0	25.9	8.7
东　部	37.3	41.8	27.5	41.6	
北　京	67.3	87.7	44.3	92.1	5.3
天　津	41.4	54.7	32.0	41.9	6.5
辽　宁	36.2	37.9	29.8	28.4	7.3
上　海	57.5	76.2	36.0	76.6	6.2
江　苏	35.6	37.1	27.3	30.2	10.5
浙　江	42.7	39.7	29.5	49.6	5.4
福　建	36.7	50.7	27.2	32.6	10.8
山　东	27.6	25.5	23.7	20.9	12.2

续表

单位	固定电话普及率（部/百人）	城市电话普及率（部/百人）	住宅电话普及率（部/百人）	移动电话普及率（部/百人）	邮政储蓄市场占有率（%）
广　东	38.5	44.2	25.5	67.6	3.6
海　南	25.7	31.3	16.8	20.3	11.8
中　部	20.1	30.9	16.4	18.4	
河　北	23.5	37.3	19.3	22.4	8.4
山　西	23.8	42.7	19.8	22.7	11.2
吉　林	25.3	27.6	20.7	28.2	9.5
黑龙江	28.9	39.5	24.9	26.7	15.1
安　徽	18.7	30.1	16.1	13.6	12.3
江　西	17.8	33.2	14.3	15.8	15.7
河　南	16.7	30.1	13.7	14.4	11.0
湖　北	18.8	21.5	13.8	18.8	11.3
湖　南	16.6	28.5	13.3	15.6	12.7
西　部	17.3	38.4	13.0	18.7	
内蒙古	21.2	48.7	16.8	25.0	11.9
广　西	16.9	34.7	12.9	18.0	8.5
重　庆	20.8	29.4	16.4	25.9	8.0
四　川	16.1	32.6	11.8	17.4	7.0
贵　州	10.2	30.5	7.7	11.4	9.7
云　南	12.8	46.6	9.1	16.7	6.4
西　藏	14.7	153.4	9.4	14.7	14.5
陕　西	21.8	43.0	16.5	21.4	11.4
甘　肃	18.7	45.9	13.5	13.8	9.1
青　海	17.8	81.7	13.5	22.0	9.3
宁　夏	22.3	39.1	15.7	27.3	12.0
新　疆	25.7	52.6	19.3	25.3	9.0

（四）2004 年通信行业主要通信能力（截至 2004 年第 3 季度）

2004 年通信行业主要通信能力如表 C.4 所示。

表 C.4　　2004 年通信行业主要通信能力

指 标 名 称	单　　位	本月末到达数	比上年年底新增或减少
长途电话业务电路	2M	504164	209766
光缆线路长度	公里	3384259	649452
长途光缆线路长度	公里	645662	51360
长途电话交换机容量	万路端	981	111
局用交换机容量	万门	42102	7020
其中：接入网设备容量	万门	17096	5401
用户交换机容量	万门	1415	121
移动电话交换机容量	万户	39747	6049
宽带接入端口	万个	3636	1833

（资料来源：信息产业部网站。www.mii.gov.cn）

附录D　2004年中国电子信息产业发展状况综述

2004 年我国经济发展受到了国内国外的普遍关注，在 2003 年宏观紧缩经济政策的作用下，我国国民经济进行了一次大范围的“软着陆”尝试。正是由于政府采取及时、果断、有力地宏观调控措施，在深化改革和加强经济结构调整的同时，使经济运行中的一些不健康不稳定因素在 2003 年得到了遏制，从而保证了 2004 年经济的平稳较快增长，使我国经济进入了十几年来发展的最好时期。

一、基本情况

2004 年，全国电子信息产业完成产品销售收入 26 550 亿元，同比增长 41.7%；工业增加值为 5 650 亿元，同比增长 410 实现利润 112 亿元，同比增长 49.3%：上缴国家税金 380 亿元，同比增长 31.9%：全行业完成进出口总额 3 884 亿美元，同比增长 41.6%，其中出口 2 075 亿美元，增长 46.0%。

二、经济运行主要特点

1．电子信息产业仍是全国第二产业增长的主要动力。2004 年，电子信息产业完成工业增加值 5 650 亿元，同比增长 41%，电子信息产业仍高出全国工业增长速度 24.3 个百分点，对全国工业增长的贡献率为 20.9%，在全国工业增长速度的 16.7 个百分点中拉动了 3.5 个百分点。

2．经济运行质量稳步提高，全行业经济效益综合指数显著攀升。从整个产业来看，全年电子信息产业经济效益快速发展，完成产品销售收入 26 550 亿元，同比增长 41.7%；实现利税 1 500 亿元，同比增长 44.6%；其中制造业完成销售收入 24 126 亿元，同比增长 40.3%；软件产业完成销售收入 2 424 亿元，同比增长 48.4%。

（1）从经济类划分来看，外商与港、澳、台投资企业整体规模继续高出全行业总体水平。三资企业在我国信息产业完成本年累计投资 823.1 亿元，本年新开工项目共计 577 个，本年投产项目个数为 326 个。全年完成工业增加值 3 865.8 亿元，同比增长 58.7%，高于全行业 12.2 个百分点，占全行业总体的 74.4%。

（2）从行业结构来看，通信设制造业实现利税 383.2 亿元，同比增长 60.3%，其中完成利润 311.4 亿元；电子元件制造业实现利税 225.9 亿元，同比增长 37.6%；雷达制造业比去年同期增长了 40.0%；电子器件制造业完成利税总额 191.9 亿元，同比增长 64.6%。以上 4 个行业利税增长均高于全国平均增长情况。

3．软件产业通过逐步调整产业结构，市场竞争实力显著提高。2004 年，随着我国软件产业政策的陆续出台和市场环境的不断改善，软件产业的规模显著扩大，保持高速的发展态势。软件和信息技术在国民经济和社会各领域得到广泛应用，进一步推动了产业结构调整，极大地推进了我国信息化建设进程。2004 年，电子信息产业软件市场完成销售额 2 424 亿元，比去年同期增长 48.4%，其中软件产品销售收入为 1 490 亿元，占软件产业销售收入总量的 61.5%；系统集成销售收入为 934 亿元，同比增长 75.73%。

4．我国电子信息产品继续高出全国出口增速 10.6 个百分点。第 4 季度开始，电子信息产品出口增长迅速，全年累计进出日额达到 3 884.3 亿美元，同比增长 41.6%，其中完成出口额 2 075 亿美元，同比增长 46.0%，比全国外贸出口平均增速的 35.4%高出了 10.6 个百分点，占全国出口总额的 35.0%，对全国外贸出口增长的贡献率为42.2%，在全国外贸出口增长35.4个百分点中拉动了14.9个百分点。

5．消费结构的升级有力推动了产业结构的进一步升级。2000 年以来，我国居民消费水平逐步由温饱型向小康型过渡，提升生活质量已经成为当前的消费重点，汽车、住房、电子通讯器材和数码等新兴消费持续升温，增长迅速。从中长期来看，新兴消费品的市场需求将保持较长时间的持续增长，特别是汽车、电信产品和住宅等。

从我部重点检测的产品来看，大部分电子产品生产形势良好，其中移动通信手机产品市场发展更为强劲，各大企业为了进一步扩大市场份额，不断提升新型产品的研发能力，使该领域的经济效益继续保持快速增长，全年累计生产23345万部，同比增长28.1%，其产销率为98.7%。微型电子计算机累计生产4512万部，同比增长40.3%，比上个月增长了两个百分点；由于年底春节临近，彩电市场更加活跃，全年累计生产彩色电视机7329万台，同比增长12.0%。

三、存在的问题

1. 资源紧缺和生态保护对工业发展的约束作用日益显著，走循环经济之路是我国经济可持续发展道路的惟一选择。一直以来，中国经济增长是以高速度、高资源消耗和高污染排放为基本特征的。推进循环经济主要是为了解决经济增长、资源短缺和生态环境之间的矛盾，从而使我国经济保持持续高速增长。

2. 信息产业技术创新能力和意识有待进一步提高。信息技术及产业的发展水平是衡量一个国家经济综合实力、现代化程度的重要标志。信息产业的竞争力关键在于核心技术。

（1）技术创新已成为现代制造业发展的重要基础和动力。就制造业而言，技术创新包括两个层面：一是指含有高新技术的新兴制造业；二是指利用新技术对传统制造业进行提升，增加其技术附加值，提高其竞争力。

（2）软件产业自主创新能力不足，知识产权意识有待加强。随着信息化程度在传统产业的加深，要实现我国软件产业跨越式发展，就必须抓住软件技术发展的龙头。目前，我国尚未形成自主知识产权的技术体系，多数行业的关键核心技术与装备基本依赖国外，核心硬件、系统软件大量依赖进口。这样的情况，不仅导致国内资源包括外汇大量流失，还将导致我国在经济支柱产业上受制于人，危及国民经济安全与发展。基于此，我国应当加大对民族软件产业的扶持力度，尽快掌握具有自主知识产权的关键产业核心技术。

（资料来源：信息产业部网站　www.mii.gov.cn）

附录E 国外互联网行业发展概况

一、全球信息通信技术发展与应用状况指标分析

【说明：该部分内容中的数据是到目前（编写本报告时）为止能够收集到的最新的数据，特此说明。】

截至2003年底，将近6.76亿人（11.8%的世界人口）上过网。与2002年底相比，上网人数增长了4950万，涨幅为7.8%。2002～2003年度世界网民（Internet users）数量及变化比例如表E.1所示，这是根据国际电信联盟（2004年）的数据进行分析得出的结果。发展中国家的网民数量占全世界网民数量的比例超过了36%，并且发展中国家的网民数在2000～2003年间在世界所占份额的涨幅接近了50%。然而，在发展中国家，网民都集中在少数国家中，中国、韩国、印度、巴西和墨西哥的网民数占到了61.52%。在网民的增量中，有75%是在发展中国家。尽管发展中国家的网民普及率在飞速上升，但这一数字还是比发达国家的数字低了10倍。

在2003年1月～2004年1月间，世界上的互联网主机数量增加了35.8%，超过了2.23亿个，比2002年的增长幅度翻了一番。截至到2004年6月，世界上的网站数量超过了51 635 284个，比上年增加了26.13%。使用能够保证安全的SSL的网站数量在2003年4月至2004年4月间增长了56.7%，达到了300000。

表E.1　　2002～2003年度世界网民数量及变化比例

	2003年	2002年	2001年	2000年
网民数量（单位：千人）	675678	626579	495886	387532
与上一年度相比的变化比例（%）	7.84	26.36	27.96	…

2002～2003年度世界各区域的网民（Internet users）数量（单位：千人）及与上一年相比的变化比例如表E.2所示。

表E.2　　2002～2003年度世界各区域的网民数量及与上一年相比的变化比例

	2003年	涨幅（%）	2002年	涨幅（%）	2001年	涨幅（%）	2000年
非洲	12123	21.38	9988	63	6119	34	4559
亚洲	243406	15.25	211202	40	150535	38	109257
欧洲	188997	7.24	176232	23	143584	30	110824
拉美和加勒比地区	44217	4.19	42439	45	29224	65	17673
北美（2002年）	175110	0.00	175110	12	156823	14	136971
大洋洲	11825	1.88	11607	21	9601	16	8248
发达国家	396754	2.06	388746	15	396754	2.06	388746
发展中国家	246290	17.53	209556	50	246290	17.53	209556
其他	32634	15.41	28277	65	32634	15.41	28277
合计	675678	7.84	626579	26.36	675678	7.84	626579

2000 年度和 2003 年度世界各区域的网民比例如图 E.1 所示。

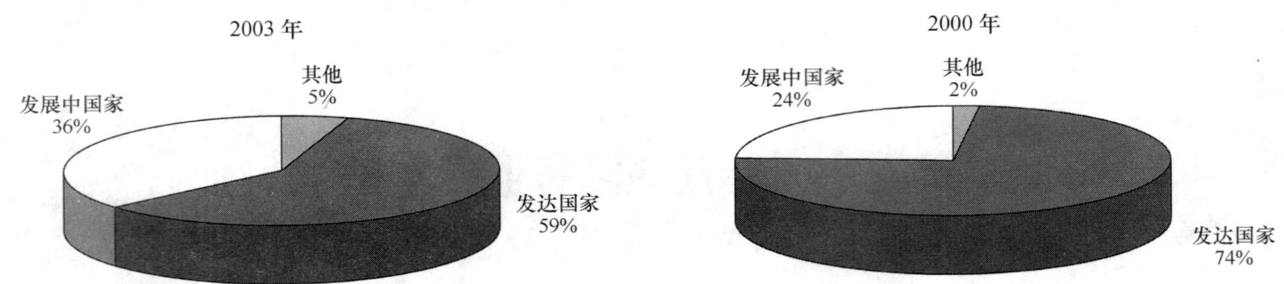

图 E.1　2000 年度和 2003 年度世界各区域的网民比例

表 E.2 和图 E.1 的数据是根据国际电信联盟（2004 年）数据和“联合国贸易与发展会议的数据进行分析得出的结果。

2002～2003 年度世界各区域每万人中的网民（Internet users）数量及与上一年相比的变化比例如表 E.3 所示。这个数据是根据国际电信联盟（2004 年）数据和“联合国贸易与发展会议的数据进行分析得出的结果。

表 E.3　　2002～2003 年度世界各区域每万人中的网民数量及与上一年相比的变化比例

	2003 年	2002 年	涨幅（%）
非洲	148	124	19.62
亚洲	674	584	15.40
欧洲	2 373	2 212	7.29
拉美和加勒比地区	832	808	2.97
北美（2002 年）	5 476	5 476	…
大洋洲	3 764	3 705	1.60
发达国家	4 495	4 474	0.48
发展中国家	501	429	16.78
其他	1 000	837	19.50
合计	1 108	1 028	7.77

2003 年度每万人中的网民（Internet users）数量如图 E.2 所示。这个数据是根据国际电信联盟（2004 年）数据和“联合国贸易与发展会议的数据进行分析得出的结果。

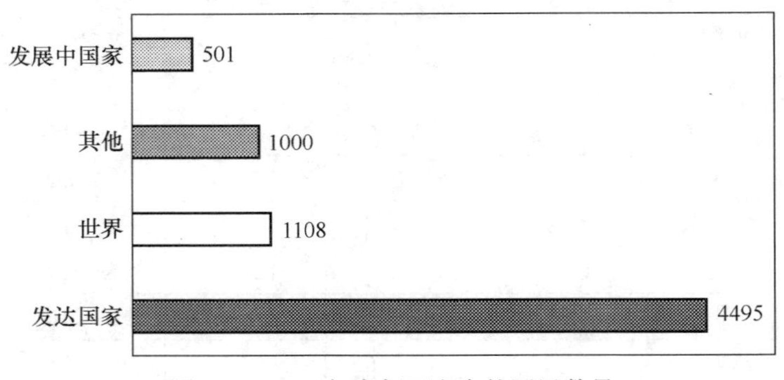

图 E.2　2003 年度每万人中的网民数量

2002 年宽带普及率（每 100 人中）前 15 位的国家/地区如表 E.4 所示。这个数据是根据国际电信联盟（2004 年）数据进行分析得出的结果。

表 E.4　　2003 年宽带普及率前 15 位的国家/地区

		宽带用户（Broadband subscribers）					宽带上网家庭（Broadband households）		
	国家/地区	总数（单位：千）	2002～2001 变化	普及率（每 100 人中）	占各种网络接入方式用户的比例（%）		占各种网络接入方式家庭的比例（%）	占所有家庭的比例（%）	
1	韩国	10128	24%	21.3	94%		83%	43%	
2	中国香港	989	38%	14.6	42%		68%	36%	
3	加拿大	3600	27%	11.5	50%	～	41%	20%	～
4	中国台湾	2100	86%	9.4	28%		59%	31%	
5	冰岛	25	138%	8.6	21%	～	12%	9%	～
6	丹麦	462	107%	8.6	19%		24%	16%	
7	比利时	869	90%	8.4	51%		41%	17%	
8	瑞典	693	48%	7.7	23%		20%	13%	
9	奥地利	540	123%	6.6	22%	～	28%	14%	
10	荷兰	1060	127%	6.5	10%	～	29%	19%	
11	美国	18700	46%	6.5	18%	～	19%	10%	～
12	瑞士	455	308%	6.3	5%	～	9%	4%	
13	日本	7806	176%	6.1	27%		18%	5%	～
14	新加坡	230	73%	5.5	26%		35%	20%	
15	芬兰	274	426%	5.3	5%	～	15%	8%	

注：带～的数据为 2001 年数据

2002～2004 年度世界主机（Internet hosts）数量变化趋势如图 E.3 所示。这个数据是根据 Internet Systems Consortium（2004 年）的数据进行分析得出的结果。

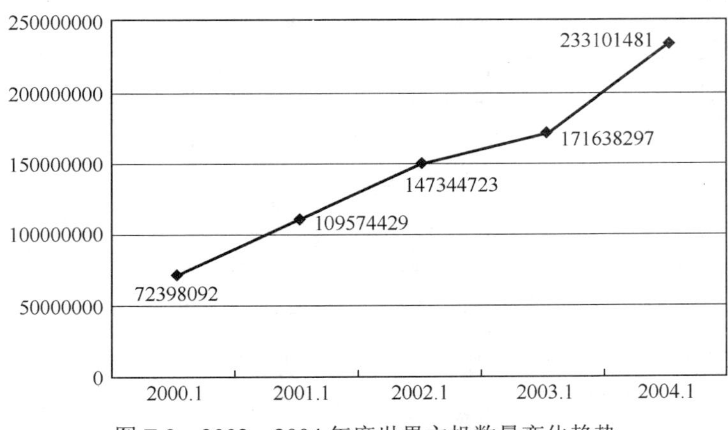

图 E.3　2002～2004 年度世界主机数量变化趋势

2002～2003 年度世界各区域的主机数量（Internet hosts）及与上一年相比的变化比例如表 E.5 所示。这个数据是根据国际电信联盟（2004 年）数据和“联合国贸易与发展会议”的数据进行分析得出的结果。

表 E.5　**2002～2003 年度世界各区域的主机数量及与上一年相比的变化比例**

	2003 年	涨幅（%）	2002 年	涨幅（%）	2001 年
非洲	348 699	43.40	243 171	−11.20	273 836
亚洲	18 211 053	36.00	13 390 474	23.88	10 809 244
欧洲	22 338 832	21.68	18 358 407	19.87	15 315 888
拉美和加勒比地区	5 897 866	38.79	4 249 420	24.92	3 401 580
北美	4 967 745	–95.80	118 305 940	8.45	109 083 612
大洋洲	3 360 659	10.75	3 034 390	11.10	2 731 107
发达国家	41 022 171	–72.08	146 943 541	10.79	132 631 004
发展中国家	11 457 617	32.19	8 667 836	17.71	7 363 438
其他	2 645 066	34.24	1 970 425	21.57	1 620 825
合计	55 124 854	–65.02	157 581 802	11.27	141 615 267

全球网络应用指数排名如表 E.6 所示。这个数据来源于世界经济论坛《2004 年世界信息技术竞争力报告》。

表 E.6　**全球网络应用指数排名**

名　次	国　别	评　分	名　次	国　别	评　分
1	新加坡	1.73	53	罗马尼亚	−0.15
2	冰岛	1.66	54	摩洛哥	−0.17
3	芬兰	1.62	55	纳米比亚	−0.21
4	丹麦	1.60	56	拉托维亚	−0.23
5	美国	1.58	57	埃及	−0.24
6	瑞典	1.53	58	克罗地亚	−0.25
7	中国香港	1.39	59	特立尼达和多巴哥	−0.28
8	日本	1.35	60	墨西哥	−0.28
9	瑞士	1.30	61	哥斯达黎加	−0.29
10	加拿大	1.27	62	俄罗斯联邦	−0.36
11	澳大利亚	1.23	63	巴基斯坦	−0.38
12	英国	1.21	64	乌拉圭	−0.39
13	挪威	1.19	65	加纳	−0.41
14	德国	1.16	66	哥伦比亚	−0.42
15	中国台湾	1.12	67	菲律宾	−0.43
16	荷兰	1.08	68	越南	−0.46
17	卢森堡	1.04	69	巴拿马	−0.47
18	以色列	1.02	70	萨尔瓦多	−0.49
19	奥地利	1.01	71	斯里兰卡	−0.49
20	法国	0.96	72	波兰	−0.50
21	新西兰	0.95	73	保加利亚	−0.51
22	爱尔兰	0.89	74	冈比亚	−0.52
23	阿拉伯联合酋长国	0.84	75	肯尼亚	−0.62
24	韩国	0.81	76	阿根廷	−0.62
25	爱沙尼亚	0.80	77	乌干达	−0.63
26	比利时	0.74	78	多米尼加共和国	−0.65

续表

名　次	国　别	评　分	名　次	国　别	评　分
27	马来西亚	0.69	79	塞尔维亚	−0.65
28	马耳他	0.50	80	阿尔及利亚	−0.66
29	西班牙	0.43	81	赞比亚	−0.68
30	葡萄牙	0.39	82	乌克兰	−0.68
31	突尼斯	0.39	83	坦桑尼亚	−0.71
32	斯洛文尼亚	0.37	84	委内瑞拉	−0.72
33	巴林	0.37	85	马其顿	−0.73
34	南非	0.33	86	尼日利亚	−0.73
35	智利	0.29	87	马达加斯加	−0.77
36	泰国	0.27	88	危地马拉	−0.78
37	塞浦路斯	0.25	89	波黑	−0.86
38	匈牙利	0.24	90	秘鲁	−0.91
39	印度	0.23	91	格鲁吉亚	−0.94
40	捷克	0.21	92	马里	−0.96
41	中国内地	0.17	93	马拉维	−0.98
42	希腊	0.17	94	津巴布韦	−1.02
43	立陶宛	0.13	95	厄瓜多尔	−1.08
44	约旦	0.10	96	莫桑比克	−1.11
45	意大利	0.10	97	洪都拉斯	−1.19
46	巴西	0.08	98	巴拉圭	−1.20
47	毛里求斯	0.08	99	玻利维亚	−1.25
48	斯洛伐克	0.03	100	孟加拉国	−1.30
49	牙买加	−0.03	101	安哥拉	−1.36
50	博茨瓦纳	−0.10	102	埃塞俄比亚	−1.52
51	印度尼西亚	−0.13	103	尼加拉瓜	−1.61
52	土耳其	−0.14	104	乍得	−1.69

2003～2004 年世界主要国家/地区网络应用排名变化如表 E.7 所示。这个数据是根据“世界经济论坛《2004 年世界信息技术竞争力报告》”（2003 年、2004 年）的数据进行分析得出的结果。

表 E.7　2003～2004 年世界主要国家/地区网络应用排名变化

	2004 年名次	2003 年名次	名次变化
中国内地	41	51	↑↑10
中国香港	7	18	↑↑9
中国台湾	15	17	↑2
韩国	24	20	↓4
日本	8	12	↑4
新加坡	1	2	↑1
美国	5	1	↓4
英国	12	15	↑3
德国	14	11	↓3
法国	20	19	↓1
冰岛	2	10	↑↑8

世界主要国家基本指数如表 E.8 所示。这个数据是根据“世界电信联盟（ITU）”（2005 年）的数据进行分析得出的结果。

表 E.8　　世界主要国家基本指数

	人　口　数		GDP		固定电话用户数	
	总数（单位：百万）2003	人口密度（每平方公里 ）2003	总额1（单位：十亿美元）2002	人均 2002（单位：美元）	总数（单位：千）2003	每 100 人中的用户数量 2003
世界	6130.42	47	32824.8	5393	2537280.3	41.42
非洲	825.45	28	532.9	663	71156.5	8.66
埃及	1260	14533.2	68.65	84.8	69	16
摩洛哥	1218	8579.1	30.12	36.1	46	33
尼日利亚	123.31	133	49.2	409	4002.5	3.25
南非	46.37	39	104.2	2293	18546.0[02]	40.80
突尼斯	9.89	60	21.0	2152	3111.6	31.46
美洲	852.48	21	13196.0	15666	586500.2	68.86
阿根廷	36.98	13	409.2	11180	14509.4[02]	39.64
巴西	175.96	21	452.6	2603	85595.3	48.65
加拿大	31.72	3	735.6	23417	33955.0	107.04
智利	14.71	20	66.4	4413	10771.1	73.24
哥伦比亚	43.78	38	81.1	1874	14035.9	32.06
墨西哥	102.12	52	636.9	6328	46408.8	45.44
美国	290.81	31	10445.6	36273	340125.2	116.96
亚洲	3625.14	122	8411.3	2329	1054984.9	29.11
中国内地	1256.95	131	1236.7	963	532700.0	42.38
中国香港	6.81	6413	159.9	23566	11155.6	163.81
中国澳门	0.45	18845	6.7	15249	538.7	120.10
中国台湾	22.60	628	280.4	12453	39154.9	173.22
日本	127.62	338	3991.8	31324	146873.5	115.09
韩国	47.93	487	546.9	11481	59392.1	123.93
新加坡	4.20	6147	87.0	20894	5467.0	130.28
马来西亚	25.17	76	94.9	3870	15695.7	62.36
印度	1056.89	334	508.0	488	75071.4	7.10
欧洲	795.43	33	10215.6	12829	794433.2	99.76
比利时	10.37	339	245.2	23681	13297.0	128.20
法国	59.90	110	1434.7	24057	75588.5	126.19
德国	82.53	231	1990.9	24122	119050.0	144.25
冰岛	0.29	3	7.6[01]	26617	469.8	162.56
意大利	54.95	182	1187.1	21024	82514.0	150.16
荷兰	16.29	396	418.9	25866	22504.0	138.19
挪威	4.58	14	191.9	42149	7431.4	162.24
波兰	38.59	123	189.3	4902	29700.0	76.96
俄罗斯	146.41	9	347.4	2370	73493.0	50.20

续表

	人口数		GDP		固定电话用户数	
	总数（单位：百万）2003	人口密度（每平方公里）2003	总额1（单位：十亿美元）2002	人均 2002（单位：美元）	总数（单位：千）2003	每100人中的用户数量 2003
西班牙	40.94	81	654.6	16091	55074.2	134.53
瑞典	8.98	20	240.2	26864	14528.2[02]	162.45
瑞士	7.32	177	267.5	36738	11495.5	157.09
英国	58.12	237	1558.1	26369	84575.0[02]	143.13
大洋洲	31.91	4	469.1	15146	30205.6	95.18
澳大利亚	19.94	3	397.8	20230	25162.0	126.18
新西兰	4.01	15	58.4	14832	4397.0	109.67

电话线数统计信息如表 E.9 所示。这个数据是根据“世界电信联盟（ITU）”（2005 年）的数据进行分析得出的结果。

表 E.9　　电话线数统计信息

	固定电话主线			每100人中固定电话主线线数		
	1998年（单位：千根）	2003年（单位：千根）	1998～2003年之间的增长比例	1998年（单位：%）	2003年（单位：%）	1998～2003年之间的增长比例
世界	838848.8	1143084.1	6.4	14.46	18.66	5.2
非洲	16442.3	24624.6	8.4	2.26	3.00	5.8
埃及	3971.5	8735.7	17.1	6.47	12.73	14.5
摩洛哥	1393.4	1219.2	−2.6	5.03	4.05	−4.3
尼日利亚	438.6	853.1	14.2	0.41	0.69	10.9
南非	5075.4	4844.0[02]	−1.2	12.05	10.66[02]	−3.0
突尼斯	752.2	1163.8	9.1	8.06	11.77	7.9
美洲	257388.1	291642.1	215	32.14	34.24	1.3
阿根廷	7323.1	8009.4[02]	2.3	20.86	21.88[02]	1.2
巴西	19986.6	39222.0	14.4	12.05	22.29	13.1
加拿大	19293.7	20664.0	1.4	65.84	65.14	−0.2
智利	3046.7	3250.9	1.3	20.56	22.10	1.5
哥伦比亚	6366.9	7849.7	4.3	15.59	17.93	2.8
墨西哥	9926.9	16311.1	10.4	10.36	15.97	9.0
美国	179822.1	181403.3	0.2	65.50	62.38	−1.0
亚洲	2556112.3	485904.5	13.7	7.41	13.41	12.6
中国内地	87420.9	262747.0	24.6	6.96	20.9	24.6
中国香港	3729.2	3806.4	0.4	56.98	55.89	−0.4
中国澳门	173.9	174.6	0.1	40.39	38.93	−0.7
中国台湾	11500.4	13355.0	3.0	52.44	59.08	2.4
日本	62413.3	60218.5	−0.7	49.39	47.19	−0.9
韩国	20088.5	25800.3	5.1	44.24	53.83	4.0
新加坡	1777.9	1889.5	1.2	45.33	45.03	−0.1

续表

	固定电话主线			每100人中固定电话主线线数		
	1998年（单位：千根）	2003年（单位：千根）	1998～2003年之间的增长比例	1998年（单位：%）	2003年（单位：%）	1998～2003年之间的增长比例
马来西亚	4384.1	4571.6	0.8	20.16	18.16	−2.1
印度	21593.7	48917.0	17.8	2.20	4.63	16.1
欧洲	297787.1	327988.7	2.0	37.62	41.19	1.8
比利时	5056.4	5074.1	0.1	49.51	48.92	−0.2
法国	34098.8	33905.4	−0.1	58.39	56.60	−0.6
德国	46530.0	54250.0	3.1	56.72	65.73	3.0
冰岛	178.4	190.7	1.3	64.82	65.99	0.4
意大利	25986.1	26596.0	0.5	45.31	48.40	1.3
荷兰	9337.0	10004.0	1.4	59.24	61.43	0.7
挪威	2934.5	3268.1	2.2	66.01	71.35	1.6
波兰	8812.3	12300.0	6.9	22.76	31.87	7.0
俄罗斯	29246.0	36993.0	4.8	19.86	25.27	4.9
西班牙	16288.6	17567.5	1.5	41.37	42.91	0.7
瑞典	6389.0	6579.2[02]	0.7	72.16	73.57[02]	0.5
瑞士	4884.0	5323.5	1.7	68.40	72.75	1.2
英国	32829.0	34898.0	1.5	55.42	59.06[02]	1.6
大洋洲	11619.0	12924.2	2.2	39.39	40.72	0.7
澳大利亚	9540.0	10815.0	2.5	50.93	54.23	1.3
新西兰	1809.0	1798.0	−0.1	47.42	44.85	−1.1

信息技术数据如表E.10所示。这个数据是根据“世界电信联盟（ITU）”（2005年）的数据进行分析得出的结果。

表E.10　信息技术数据

	互　联　网			PC机		
	2003年主机数量	2003年每10000人中的主机数	2003年网民数量	2003年每10000人中的网民数量	2003年PC数量	2003年每100人中拥有的PC数量
世界	219145554	357.68	693424.4	1133.79	602712	10.13
非洲	348699	4.22	12804.7	156.18	10835	1.44
埃及	3338	0.49	3000.0	437.01	2000	2.91
摩洛哥	3561	1.18	1000.0	331.96	600	1.99
尼日利亚	1094	0.09	750.0	60.82	860	0.70
南非	288633	62.25	3100.0[02]	682.01	3300[02]	7.26
突尼斯	271	0.27	630.0	637.01	400	4.05
美洲	171316940	2009.62	224477.8	2644.17	239787	29.02
阿根廷	742358	200.75	4100.0[02]	1120.22	3000[02]	8.20
巴西	3163349	179.78	14300.0[02]	822.41	13000[02]	7.48
加拿大	3210081	1011.99	15200.0[02]	4838.61	15300[02]	48.70
智利	202429	137.64	4000.0	2719.85	1796[02]	11.93

续表

	互　联　网			PC 机		
	2003 年主机数量	2003 年每 10 000 人中的主机数	2003 年网民数量	2003 年每 10 000 人中的网民数量	2003 年 PC 数量	2003 年每 100 人中拥有的 PC 数量
哥伦比亚	115 158	26.30	2 300.2	525.37	2 133[02]	4.93
墨西哥	1 333 406	130.57	12 250.3	1 199.57	8 353[02]	8.30
美国	162 208 993	5 577.84	161 632.4	5 558.01	190 000[02]	65.98
亚洲	21 780 424	60.14	249 932.3	690.70	162 953	4.58
中国内地	160421	1.28	79 500.0	632.48	35 500[02]	2.76
中国香港	591 993	869.29	3 212.8	4 717.70	2 864[02]	42.20
中国澳门	89	1.98	120.0	2 675.59	117	26.09
中国台湾	2 777 085	1 228.55	8 830.0	3 906.29	10 655	47.14
日本	12 962 065	1 015.68	61 600.0	4 826.87	48 700[02]	38.22
韩国	3 822 613	797.62	29 220.0	6 096.99	26 741	55.80
新加坡	484 825	1 155.31	2 135.0	5 087.65	2 590[02]	62.20
马来西亚	107.971	42.90	8 661.0	3 440.95	4 200	16.69
印度	86 871	0.82	18 481.0	174.86	7 500[02]	0.72
欧洲	22 338 832	280.84	192 556.3	2 416.53	175 046	22.43
比利时	210.168	202.62	4 000.0	3 856.36	3 300	31.81
法国	2 403 459	401.24	21 900.0	3 656.08	20.700[02]	34.71
德国	2 603 007	315.39	39 000.0	4 725.46	40 000	48.47
冰岛	109 521	3 789.65	195.0	6 747.40	130[02]	45.14
意大利	626 536	114.02	18 500.0	3 366.60	13 025[02]	23.07
荷兰	3 521 932	2 162.66	8 500.0	5 219.46	7 557[02]	46.66
挪威	570 710	1 245.93	1 583.3	3 456.53	2 405[02]	52.83
波兰	786 522	203.82	8 970.0	2 324.50	5 480	14.20
俄罗斯	617 730	42.19	6 000.0[02]	409.32	13 000[02]	8.87
西班牙	910 677	222.44	9 789.0	2 391.08	7 972[02]	19.60
瑞典	943 139	1 050.72	5 125.0[02]	5 730.79	5 556[02]	62.13
瑞士	548 044	748.93	2 916.0	3 984.87	5 160[02]	70.87
英国	3 169 318	545.33	25 000.0[02]	4 230.98	23 972[02]	40.57
大洋洲	3 360 659	1 053.02	13 653.3	4 301.93	14 090	44.88
澳大利亚	2 847.763	1 428.07	11 300.0	5 666.63	12 000	60.18
新西兰	474 395	1 183.27	2 110.0	5 262.90	1 630[02]	41.38

手机数据统计如表 E.11 所示。这个数据是根据“世界电信联盟（ITU）”（2005 年）的数据进行分析得出的结果。

表 E.11　手机数据统计

	移动电话用户				占所有电话用户的比例 2003 年
	用户数量（单位：千）		1998～2003 年之间的增长比例	每 100 人中的用户数量 2003 年	
	1998 年	2003 年			
世界					
非洲	4 156.9	51 024.5	65.1	6.18	67.5

续表

	移动电话用户				占所有电话用户的比例2003年
	用户数量（单位：千）		1998～2003年之间的增长比例	每100人中的用户数量2003年	
	1998年	2003年			
埃及	90.8	5797.5	129.6	8.45	39.9
摩洛哥	116.6	7359.9	129.6	2.28	83.7
尼日利亚	20.0	3149.5	175.1	2.55	78.7
南非	3337.0	16860.0	38.3	36.36	77.7
突尼斯	39.0	1947.8	118.7	19.69	62.6
美洲	95066.8	295416.2	25.5	34.68	50.3
阿根廷	2530.0	6500.0[02]	26.6	17.76	44.8
巴西	7368.2	46373.3	44.5	26.36	54.2
加拿大	5365.5	13291.0	19.9	41.90	39.1
智利	964.2	7520.3	50.8	51.14	69.8
哥伦比亚	1800.2	6186.2	28.0	14.13	44.1
墨西哥	3349.5	30097.7	55.1	29.47	64.9
美国	69209.3	158722.0	18.1	54.58	46.7
亚洲	108320.6	570304.4	39.4	15.73	54.0
中国	23863.0	269953.0	62.4	21.48	50.7
中国香港	3174.4	7349.2	18.3	107.92	65.9
中国澳门	82.1	364.0	34.7	81.17	67.6
中国台湾	4727.0	25799.8	40.4	114.14	65.9
日本	47307.6	86655.0	12.9	67.90	59.0
韩国	14018.6	33591.8	19.1	70.09	56.6
新加坡	1094.7	3577.5	26.7	85.25	65.4
马来西亚	2200.0	11124.1	38.3	44.20	70.9
印度	1195.4	26154.4	85.4	2.47	34.8
欧洲	104382.0	470817.5	35.2	59.19	58.9
比利时	1756.3	8222.9	36.9	79.28	61.8
法国	11210.1	41683.1	30.0	69.59	55.1
德国	13913.0	64800.0	36.0	78.52	54.4
冰岛	104.3	279.1	21.8	96.56	59.4
意大利	20489.0	55918.0	22.2	101.76	67.8
荷兰	3351.0	12500.0	30.1	76.76	55.5
挪威	2106.4	4163.4	14.6	90.89	56.0
波兰	1928.0	17401.0	55.3	45.09	58.6
俄罗斯	747.2	36500.0	1117.7	24.93	49.7
西班牙	6437.4	37506.7	42.3	91.61	68.1
瑞典	4109.0	8801.0	16.5	98.05	57.2
瑞士	1698.6	6172.0	29.4	84.34	53.7
英国	14878.0	52984.0	28.9	91.17	60.3
大洋洲	104382.0	470817.5	35.2	59.19	58.9
澳大利亚	4918.0	14347.0	23.9	71.95	57.0
新西兰	790.0	2599.0	26.9	64.83	59.1

二、全球互联网基础资源分配情况

（一）IPv4 地址

截至 2004 年 11 月，全球 IPv4 地址分配数量前 10 名分别为美国（1281952256）、日本（119730688）、加拿大（64327168）、英国（63289048）、中国内地（55659008）、德国（46598096）、韩国（34081024）、法国（32565504）、澳大利亚（25140736）和中国台湾地区（14674432）。从分布上看，发达国家在 IPv4 的分配上占主导，亚太地区在地址分配上比较令人满意，前 10 名中有 5 名是来自亚太地区的国家或地区。世界主要国家或地区得到的地址量占已分配地址量的百分比如图 E.4 所示。

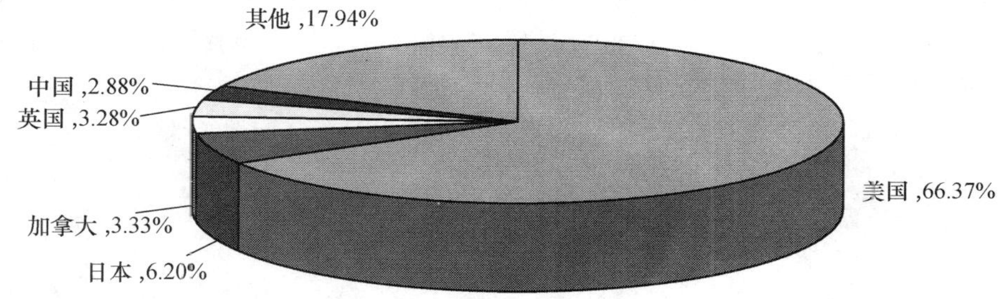

图 E.4　世界主要国家或地区得到的地址量占已分配地址量的百分比

以上是根据 TWNIC 的数据进行分析得出的结果。

IPv4 地址分配数量前 25 位国家/地区如表 E.12 所示。

表 E.12　　IPv4 地址分配数量前 25 位国家/地区列表（数据截至 2005 年 3 月）

排　名	国家或地区	国 家 代 码	IPv4 数量
1	美国	US	1281952256
2	日本	JP	119730688
3	英国	GB	63289048
4	加拿大	CA	64327168
5	中国内地	CN	55659008
6	德国	DE	46598096
7	韩国	KR	32565504
8	法国	FR	34081024
9	澳大利亚	AU	25140736
10	中国台湾地区	TW	13956640
11	荷兰	NL	14674432
12	意大利	IT	13835744
13	西班牙	ES	13396768
14	巴西	BR	12979200
15	瑞典	SE	11294368
16	俄罗斯联邦	RU	8656320
17	墨西哥	MX	6836224
18	波兰	PL	6644100
19	瑞士	CH	6161282
20	芬兰	FI	6864000
21	香港	HK	5888256

续表

排 名	国家或地区	国 家 代 码	IPv4 数量
22	奥地利	AT	5308320
23	丹麦	DK	5049504
24	印度	IN	5011200
25	挪威	NO	4122528

以上是根据 TWNIC 的数据进行分析得出的结果。

（二）IPv6 地址

截至 2004 年 11 月，全球 IPv6 地址分配数量前 10 名分别为美国（99）、日本（73）、德国（72）、荷兰（43）、英国（41）、韩国（31）、意大利（25）、法国（24）、奥地利（19）和瑞典（19）。可以看出，目前 IPv6 的分配主要集中在发达国家手中。从地域上，亚太地区的日本和韩国在 IPv6 的分配上比较有优势。中国目前排名 16，分得了 14 块地址。世界主要国家或地区得到的地址块数量占已分配地址块数量的百分比如图 E.5 所示。

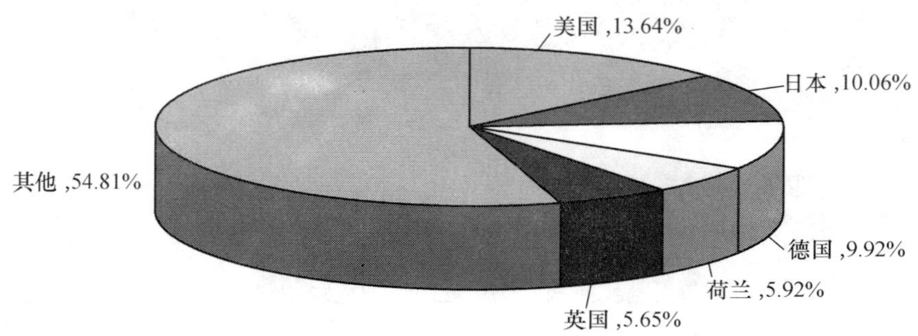

图 E.5　世界主要国家或地区得到的地址块数量占已分配地址块数量的百分比

（三）AS 号码

截至 2004 年 11 月，全球 AS 号码分配数量前 10 名分别为美国（16690）、加拿大（1015）、德国（973）、俄罗斯联邦（915）、英国（905）、日本（632）、韩国（600）、澳大利亚（595）、乌克兰（510）和意大利（391）。目前 AS 号码的分配也主要集中在发达国家或地区。中国目前排名第 21。世界主要国家或地区得到的 AS 号码数量占已分配 AS 号码数量的百分比如图 E.6 所示。

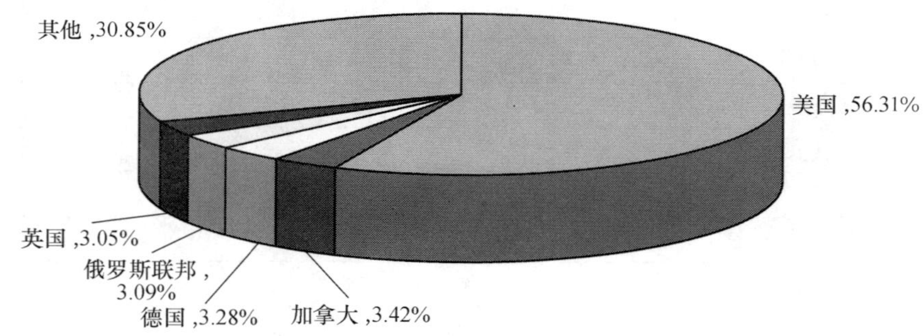

图 E.6　世界主要国家或地区得到的 AS 号码数量占已分配 AS 号码数量的百分比

全球主要域名注册量统计如表 E.13 所示，数据截至 2004 年 12 月 31 日。

表 E.13　　全球主要域名注册量统计

通用顶级域名（gTLDs）		国家与地区顶级域名（ccTLDs）	
.COM	32960783	All ccTLDs	25637056
.NET	5268659	.DE（德国）	8266466
.ORG	3275504	.UK（英国）	3802885

续表

通用顶级域名（gTLDs）		国家与地区顶级域名（ccTLDs）	
.INFO	2 974 225	.NL（荷兰）	1 302 164（2004 年 11 月）
.BIZ	1 069 110	.IT（意大利）	992 434（2004 年 11 月）
		.US（美国）	约 875 000（10 月）
		.BR（巴西）	693 309（11 月 17 日）
		.CH（瑞士）	650 941（10 月 1 日）
		.JP（日本）	581 873
		.DK（丹麦）	554 376（11 月 17 日）
		.KR（韩国）	534 021
		.CA（加拿大）	470 046（11 月 17 日）
		.AR（阿根廷）	463 571（2002 年 10 月）
		.CN（中国）	462 450（2005 年 1 月）
		.BE（比利时）	376 658（11 月 17 日）
		.FR（法国）	320 787

以上是根据威瑞信公司（VeriSign）（2004 年）数据和各国网络中心或相关机构的数据进行分析得出的结果。

（四）电子商务

收发电子邮件、上网（因特网）查找信息或进行交易、建立公司网站是大多数网民作为商用目的使用互联网的主要形式。网站是实现 B2B 和 B2C 交易的主要通道。因此，世界上的 WWW 服务器的数量成了衡量电子商务发展状况的重要指标。据数据显示，截至 2004 年 6 月，全世界的网站数量为 51 635 000 个。这一数字比 2003 年同月增长了 26.13%。全球的网站数量从 3 000 万个增加到 4 000 万个用掉了 21 个月的时间，在过去仅仅一年中就增加了 1 070 万个新网站，这是个惊人的速度。活动网站数量的增长速度还要更快一些，在截至 2004 年 6 月之前的 12 个月中，增长了 26.39%。

另一个衡量因特网作为商业用途的发展状况的指标是使用了安全套接字层技术（SSL）的网站数量。安全套接字层技术能够保证安全的网上交易。根据调查显示，在 2003 年 4 月至 2004 年 4 月的 12 月中，全球使用了安全套接字层技术的网站的数量增长了 56.7%，达到了 30 万个。使用了安全套接字层技术的服务器大多用于电子商务、电子付款、电子银行交易和其他对所交换的信息有安全要求的在线交易系统上。2003 年～2004 年世界因特网发展状况如表 E.14 所示。

表 E.14　　2003 年～2004 年世界因特网发展状况

	2003	2004
主机名（host names）个数（6 月到 6 月）	40 936 076	51 635 284
活动网站（active sites）个数（6 月到 6 月）	17 284 461	21 846 167
使用了安全套接字层技术的服务器（SSL servers）（6 月到 6 月）	191 449	300 000

以上是根据“联合国贸易与发展会议的《电子商务与发展报告》”（2004 年 12 月）的数据进行分析得出的结果。

三、美国互联网发展状况

宽带技术的巨变推动了美国互联网的使用，具体体现在以下几个方面：

美国家庭中接入宽带的比例由 2001 年 9 月份的 9.1%翻了两倍，成为 2003 年 10 月份的 19.9%；

在 2001 年时，三分之二的宽带网家庭采用 Cable Modem 服务（比例为 66.4%）截至 2003 年，使用 Cable Modem 接入宽带的家庭已降至 56.4%，而余下的 43.6%的宽带上网家庭采用其他方式接入宽带；

同时，使用拨号上网方式接入互联网的家庭的比例从40.7%下降到34.3%；

另外，调查还发现宽带用户比以前更愿意使用互联网，愿意更多地使用互联网，并更广泛地应用互联网；

在所有上网者中，在家中使用宽带上网的网民比使用拨号上网的网民更容易成为每天都上网的用户，比例各为66.1%和51.1%；

在家中使用宽带网的网民在网上相对进行更多的活动，尤其在娱乐、网上银行、网上购物及其相关服务和网上获取信息方面。

除此之外，农村中宽带的使用水平比城市要低。

农村家庭中有宽带网连接的家庭的比例（24.7%）要比城市的比例（40.4%）低；

在选择为什么不使用更快的网络连接上网的时候，农村中使用拨号上网连接的家庭比城市中采用相同连接的家庭明显的更容易选择“根本无法连接到高速网”。

2001年9月与2003年10月，美国网民发展状况调查如表E.15所示。

表E.15　美国网民发展状况调查（2001年9月与2003年10月）

	网民（所占百分比）		家中可接入宽带（所占比例）
	2001年9月	2003年10月	2003年10月
总人口	55.1	58.7	22.8
性别			
男性	55.2	58.2	23.9
女性	55.0	59.2	21.8
就业状况			
在职	66.6	70.7	26.0
失业/非劳动力	38.0	42.8	16.1
家庭收入			
低于$15 000	25.9	31.2	7.5
$15 000～$24 999	34.4	38.0	9.3
$25 000～$34 999	45.3	48.9	13.4
$35 000～$49 999	58.3	62.1	19.0
$50 000～$74 999	68.9	71.8	27.9
$75 000以上	80.4	82.9	45.4
$75 000～$99 999 [f]	n/a	79.8	36.8
$100 000～$149 999 [f]	n/a	85.1	49.3
$150 000 & above [f]	n/a	86.1	57.7
受教育程度			
低于高中	13.7	15.5	5.9
高中/中专/职高	41.1	44.5	14.5
大专	63.5	68.6	23.7
本科	82.2	84.9	34.9
本科以上	85.0	88.0	38.0
年龄			
3～4岁	17.6	19.9	22.0
5～9岁	41.0	42.0	24.1
10～13岁	66.7	67.3	25.8
14～17岁	76.4	78.8	28.3

续表

	网民（所占百分比）		家中可接入宽带（所占比例）
	2001 年 9 月	2003 年 10 月	2003 年 10 月
18～24 岁	66.6	70.6	25.5
在校生	85.4	86.7	33.8
非在校生	54.0	58.2	19.0
25～49 岁	65.0	68.0	25.9
劳动力	68.4	71.7	26.8
非劳动力	47.1	49.7	21.1
50 岁或以上	38.3	44.8	15.9
劳动力	58.0	64.4	22.6
非劳动力	22.2	27.6	10.1
家庭所在地			
乡村	54.1	57.2	
城镇	55.5	59.2	
城镇但非中心城市	58.8	62.5	
城镇且为中心城市	50.3	54.0	
网民所在家庭类别			
有 18 岁以下子女的双亲家庭	63.5	65.3	29.3
有 18 岁以下子女的男性单亲家庭	46.8	50.3	19.4
有 18 岁以下子女的女性单亲家庭	46.6	51.4	14.8
没有子女的家庭	51.8	56.7	20.7
未婚家庭	48.3	53.1	17.3
上网地点			
只在家中	19.0	19.0	
只在外面	11.8	11.6	

以上是根据“美国商务部（U.S. Department of Commerce）《国家在线：进入宽带时代》（A Nation Online: Entering the Broadband Age）”（2004 年 11 月）的数据进行分析得出的结果。

家庭中上网连接方式的数量和比例如表 E.16 所示。这个数据是根据美国商务部《美国国家在线》（2004 年）的数据进行分析得出的结果。

表 E.16　家庭中的上网连接方式

	所有上网家庭	拨号连接		CableModem		DSL		移动电话、PDA、呼机		卫星		固定无线上网（MMDS）		其他上网方式	
		数量	%	数量	%	数量	%	数量	%	数量	%	数量	%	数量	%
	61 481	38 593	62.8	12 638	20.6	9 335	15.2	138	0.2	195	0.3	252	0.4	329	0.5
家庭收入（美元）															
低于 15 000	3 681	2 555	69.4	584	15.9	477	13.0	9	0.2	10	0.3	12	0.3	32	0.9
15 000～24 999	3 839	2 786	72.6	600	15.6	418	10.9	1	0.0	10	0.3	9	0.2	15	0.4
25 000～34 999	5 855	4 137	70.7	921	15.7	694	11.9	21	0.4	11	0.2	27	0.5	43	0.7
35 000～49 999	8 867	6 213	70.1	1 391	15.7	1 138	12.8	25	0.3	25	0.3	38	0.4	37	0.4
50 000～74 999	12 429	7 918	63.7	2 531	20.4	1 814	14.6	24	0.2	33	0.3	43	0.3	65	0.5

续表

	所有上网家庭	拨号连接		CableModem		DSL		移动电话、PDA、呼机		卫星		固定无线上网（MMDS）		其他上网方式	
		数量	%	数量	%	数量	%	数量	%	数量	%	数量	%	数量	%
	61481	38593	62.8	12638	20.6	9335	15.2	138	0.2	195	0.3	252	0.4	329	0.5
75 000～99 999	7774	4440	57.1	1919	24.7	1321	17.0	7	0.1	26	0.3	28	0.4	33	0.4
100 000～149 999	5811	2726	46.9	1771	30.5	1207	20.8	16	0.3	43	0.7	28	0.5	21	0.4
150 000 以上	3753	1482	39.5	1242	33.1	961	25.6	14	0.4	22	0.6	18	0.5	15	0.4
未知	9472	6335	66.9	1680	17.7	1305	13.8	21	0.2	14	0.1	47	0.5	70	0.7
家庭类别															
有18岁以下子女的双亲家庭	19934	11914	59.8	4574	22.9	3205	16.1	25	0.1	67	0.3	82	0.4	67	0.3
有18岁以下子女的男性单亲家庭	1229	751	61.1	258	21.0	204	16.6	1	0.1	5	0.4	3	0.3	7	0.6
有18岁以下子女的女性单亲家庭	4181	2833	67.8	702	16.8	606	14.5	12	0.3	9	0.2	7	0.2	12	0.3
没有子女的家庭	21852	14323	65.5	4152	19.0	3023	13.8	57	0.3	83	0.4	97	0.4	119	0.5
未婚家庭	14284	8772	61.4	2952	20.7	2297	16.1	43	0.3	32	0.2	63	0.4	125	0.9
家庭所在地区															
东北部	12113	7065	58.3	3339	27.6	1565	12.9	27	0.2	25	0.2	24	0.2	68	0.6
中西部	13953	9168	65.7	2752	19.7	1790	12.8	31	0.2	27	0.2	70	0.5	116	0.8
南部	20927	13782	65.9	3820	18.3	3013	14.4	33	0.2	74	0.4	99	0.5	106	0.5
西部	14487	8578	59.2	2727	18.8	2966	20.5	48	0.3	70	0.5	59	0.4	40	0.3

美国各季度零售总额和电子商务零售额分布如图 E.7 所示，数据从 1999 年第 4 季度至 2003 年第 4 季度（单位：十亿美元），是根据美国商务部电子商务零售额季度报告（2004 年）的数据进行分析得出的结果。

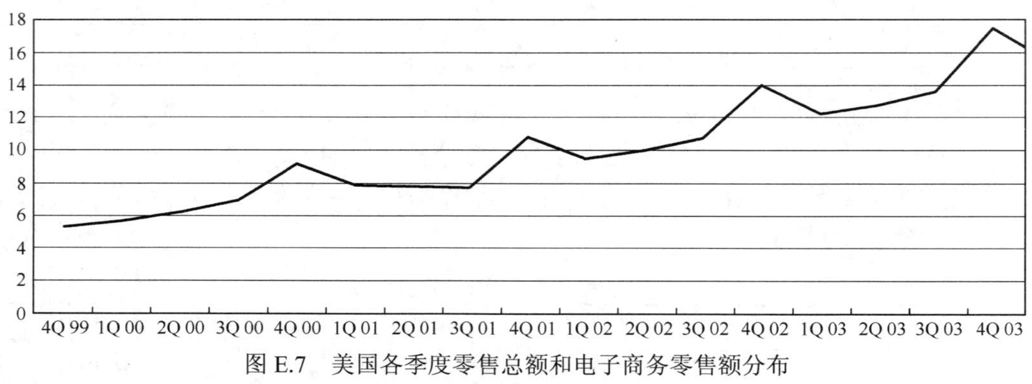

图 E.7　美国各季度零售总额和电子商务零售额分布

美国各季度零售总额和电子商务零售额分布如表 E.17 所示，数据从 1999 年第 4 季度至 2003 年第 4 季度，是根据美国商务部电子商务零售额季度报告（2004 年）的数据进行分析得出的结果。

表 E.17

时间段		零售额（单位：百万美元）		电子商务销售额所占比例（%）	零售额相对上一季度的增长幅度（%）		零售额相对上一年度相同季度的增长幅度（%）	
		总计	电子商务		零售总额	电子商务零售总额	零售总额	电子商务零售总额
1999	第 4 季度	787212	5335	0.7	8.1		9.1	

续表

时间段		零售额（单位：百万美元）		电子商务销售额所占比例（%）	零售额相对上一季度的增长幅度（%）		零售额相对上一年度相同季度的增长幅度（%）	
		总计	电子商务		零售总额	电子商务零售总额	零售总额	电子商务零售总额
2000年	第1季度	714561	5663	0.8	−9.2	6.1	11.2	
	第2季度	774677	6185	0.8	8.4	9.2	7.4	
	第3季度	768139	7009	0.9	−0.8	13.3	5.5	
	第4季度	812809	9143	1.1	5.8	30.4	3.3	71.4
2001年	第1季度	724731	7893	1.1	−10.8	−13.7	1.4	39.4
	第2季度	802662	7794	1.0	10.8	−1.3	3.6	26.0
	第3季度	779096	7821	1.0	−2.9	0.3	1.4	11.6
	第4季度	850265	10755	1.3	9.1	37.5	4.6	17.6
2002年	第1季度	738185	9549	1.3	−13.2	−11.2	1.9	21.0
	第2季度	814626	10005	1.2	10.4	4.8	1.5	28.4
	第3季度	818061	10734	1.3	0.4	7.3	5.0	37.2
	第4季度	859250	13999	1.6	5.0	30.4	1.1	30.2
2003年	第1季度	767433	12115	1.6	−10.7	−13.5	4.0	26.9
	第2季度	852760	12718	1.5	11.1	5.0	4.7	27.1
	第3季度	867242	13651	1.6	1.7	7.3	6.0	27.2
	第4季度	912109	17512	1.9	5.2	28.3	6.2	25.1

（收集整理：中国互联网络信息中心（CNNIC）张浩生）

附录F　国外信息技术外包服务发展状况综述

一、信息技术外包服务及其发展的必然性

随着经济全球化发展趋势加快和市场竞争的加剧，如何专注自己的核心业务已经成为企业最重要的生存法则之一。20世纪90年代，美国著名的管理学者杜洛克曾预言："在未来10年至15年之内，任何企业中仅做后台支持而不创造营业额的工作都应该外包出去。"

IT外包服务在2000年后已经成为一个持续快速成长的行业，2003年年底，已经有60%的美国企业借助专业的IT外包服务迅速扩展自身的业务。在2004年全球软件外包服务市场的竞争格局中，印度软件外包市场规模达到114.3亿美元，占总体市场的34.8%，排名第一；居第二位的是爱尔兰，其市场规模为97.5亿美元，占整个市场的29.7%。

由于外包市场的快速发展和巨大增长潜力，不断有新的IT服务厂商加入进来，如以印度的Infosys和Wipro为代表的第三世界国家的公司已经进入这一市场。根据Grartner的调查，到2004年，超过80%的美国公司开始考虑采用海外IT服务。Forrester Research公司认为，一些公司正在把IT、办公后台管理、客户服务以及销售营销转移到海外，把其成本降低50%以上。据美国麦肯锡全球研究估计，同质同量的服务，外包可以平均节省费用65%～70%。

全球服务外包的持续发展，是科学技术推动作用的结果，是市场竞争使然，也与发展中国家国内条件改善有关。

首先，信息技术、宽带网络的广泛应用不仅能使外包服务便宜和便利，还使原来非贸易服务变成服务贸易项目。1999年以来，国际电信费用下降80%，廉价快速的数据网将西方企业与其海外办公室的距离拉近，许多业务流程可以在世界任何地方进行。通过电话线和网络传送比实物运输更便利。过去因为不能传输而不参与国际交换的服务成为国际贸易的新内容。

其次，为了应对日益激烈的国际竞争和过去几年经济的不景气，美国等国家的企业通过外包服务在全球寻找最低成本，以增强竞争力，追求最大利益。

再次，发展中国家为吸引服务外包提供多种有利条件，如大量低工资、受过高等教育或专业培训、熟悉国外客户语言和文化的熟练的劳动力，建立可靠快速的信息网络基础设施、有较为健全的法律，特别是保护知识产权的法制体系，政府给予减税等优惠。

此外，政治稳定及地理位置也是重要原因。例如，2003年美国公司把从某些亚洲国家等"远岸"（Farshore Locales）转向墨西哥等"近岸"（Nearshore Locales）以避免政治动荡，分散危机。

对于一个企业来说，IT业务外包之所以成为一种不可逆转的趋势。还有3个方面的可能原因：第一，信息技术的专业性、复杂性决定了不可能也不必要每个企业都配备技术很全面的专业人员从事企业自身的IT工作；第二，企业自身网络功能的单一性难以留住一流的IT技术人才，造成实际运维人员专业化程度不够；第三，企业对自身IT人员的专业管理很难做到专业IT服务机构对其技术工程师的严格、系统的管理。但是，如果企业没有专业的IT服务，就不能实现对核心业务的有力支援和保障，并且会导致企业网络系统故障频率高、企业网络与信息安全，以及系统利用率低等一系列问题。

二、信息技术外包服务的主要特点

外包服务（包括ITS和BPO）的主要特点表现在5个方面。

第一，规模大、增速快。据联合国贸发会议等机构估计，2004年全球业务外包服务市场为3 000亿美元，未来几年将以30%～40%速度递增，到2005～2007年将增至5 850亿美元～1.2万亿美元。

第二，外包服务范畴不断扩大。20世纪90年代，外包服务主要以IT服务为主，现在已扩大到各种业务流程，如呼叫中心、财会、保险、房地产、资产管理、顾客服务、法律、医疗咨询、证券分析和研发等。

第三，发展承接BPO服务，一般从低端服务向高端服务逐步升级。从后方办公室业务（Back Office），如数据输入、文件管理，到顾客服务，如呼叫中心、在线客服和远程营销等，到普遍公司业务，如金融、会计、人力资源、采购和IT服务等，到知识服务和决策分析，如咨询服务、顾客分析、证券分析、保险理赔和财会管理等，再到研发，如工程设计、新产品新工艺设计等。服务层次越高，所需要的技能和知识水平就越高，附加值也就越高。

第四，发达国家外包服务客户队伍不断扩大。美国是首发地和最大的客户，目前占有全球ITS（信息技术服务）和BPO服务大约70%的比重，欧洲和日本也有不同程度的服务外包。西方大公司多为外包主力，如美国《财富》所列500强企业一半实行离岸外包，不少中小型企业也开始考虑外包部分服务。

第五，承接和提供外包服务的发展中国家增多。印度是领头羊和主要供应国。一些不发达国家也参与进来，如柬埔寨一些公司为美国哈佛大学等提供服务。

三、信息技术外包服务的优越性

全球信息技术服务外包对世界贸易发展都利弊兼有，利用好则利大于弊。一方面，新的商务模式有利于全球资源的合理配置，深化国际分工和合作，扩大国际贸易和投资，提高劳动生产率，并在一定程度上缩小南北经济差距，对加强教育和职业培训、提高劳动力素质也有促进作用；另一方面，服务外包使发达国家失业率增加，加上美国大选政治，有可能导致贸易保护主义抬头。美国曾就服务外包展开大辩论，主流经济家指出，服务外包最终会为美国创造更多新的就业岗位。一些政治家则认为，白领阶层的外包服务导致更多的失业，未来创造的新的就业机会也是“远水解不了近渴”，服务贸易会更加不平衡了，贫困的国家被边缘化了，贫富差距进一步扩大。

发达国家向海外转移服务得益于5个方面。第一，降低成本，增加利润，提高生产率。据估计，美国公司外包服务每支出1美元，可以获得1.12美元的收入。低成本加上其他收益，利润可以提高50%。第二，通过BPO，西方公司可以集中精力和资源用于开发具有“战略意义”的项目，强化其核心业务。第三，促进服务贸易的扩大，对西方消费者有利。第四，发展中国家的经济发展，劳动力收入增加，对西方公司产品的购买力提高，有利于出口贸易的发展。第五，西方公司将节省的资金全部用于开发新项目，提高劳动力技能，有助于产业转型，创造出新的高薪就业机会。

发展中国家也获益不少，尤其是印度，表现在几个方面。第一，增加就业机会。2000年印度软件开发产值增长30%，雇员100万；BPO年增长60%，雇员24.5万。据联合国贸发会议估计，到2008年，印度IT和BPO的雇员人数将达到400万。第二，扩大出口。1995年以来，印度服务贸易出口年增长21%，2002年达到250亿美元。据估计，2008年可能达到570亿美元。第三，推动服务贸易发展和经济结构调整。印度软件产业带动服务业的发展，使服务业的增长高于GDP。服务业从20世纪90年代占GDP的41%提高到2003年的51%，增幅10%。1951～1990年，印度服务业占GDP比重只增长了13个百分点。第四，有助于服务出口。随着印度一些BPO公司业务能力和水平的提高，已经从供应商转为客户，扩展海外市场。此外，BPO启动资金数量少，推动电信网络基础建设和培养大批低成本、合格的劳动力，有助于中小企业的发展。

四、国外信息技术外包服务发展趋势

以国际项目外包市场为例，从1998年起步，2000年扩大到了1万亿美元，2001年达到4万亿美元，2003年已达到5.1万亿美元，到2010年将达到20万亿美元。全球IT服务项目外包是服务业国际转移的热点，仅软件项目外包每年就有1300亿美元的规模，到2007年，美国整个IT行业23%的就业将设在海外，远高于2003年的5%。发达国家金融服务业目前的1300万个工作岗位，在今后5年里将有200万个转移到新兴市场国家。世界最大的100家金融服务公司向外转移的业务金额将达约3600亿美元。

信息技术的广泛应用成为跨国公司实现从制造公司向服务型公司转型的直接动力。IBM公司适应新兴的IT服务需求和行业企业的发展趋势，开始实施企业经营业务的战略转型，提供从商业咨询到网络技术整合以及战略外包的一系列服务，公司2003年销售收入合计891亿美元，其中全球软件和服务收入占63.8%、硬件销售收入占31.6%。2003年，全球IT服务市场达到5690亿美元，IBM占据全球IT服务市场的7.9%的份额，成为全球第一大IT服务商。2002年IBM公司36万员工中有一半从事各种服务。[1]思科系统公司为强化网络设备的研究开发这一核心业务，充分利用业务外包成为向无工厂经营目标迈进的典型，思科公司将大多数生产外包给37家生产承包商，供应商不仅能够制造所有的组件和完成90%的局部装配工作，还承担了55%的产品总装任务，并负责把产品送到客户手中，所有这些都是通过信息网络的高效率运转来完成的。目前摩托罗拉公司所需的50%的芯片由外部承包商制造。邓百氏公司在对全世界年收入在5000万美元以上的公司业务外包进行的调查表明，信息技术应用服务支出占所有业务外包开支的比重最大为28%，其业务涉及电子商务、网站设计与管理、软件服务和主机管理等多方面。

跨国公司利用外包战略一方面可以将有限的资源集中于核心业务，构筑公司所在的行业垄断地位，从而确保公司能够长期获得高额利润；另一方面，可以精简公司的组织，使企业保持灵活性和创造力。跨国公司外包战略的实施给广大中小企业带来了商机，许多中小企业通过成为大公司供应链的一个组成部分而不断发展壮大起来，这一点对于中国企业有直接的启发意义。美国商业周刊列出的世界信息技术行业公司的20强中有3家被人们称为隐形制造公司，它们是名列第3位的索莱克特龙公司、名列第14位的中国台湾宽达公司和名列第17位的弗莱克斯特罗尼克斯公司。所谓隐形公司是指它们不生产自己品牌的商品，而专门为世界著名公司生产主要的零部件和成品，例如索莱克特龙公司制造计算机、打印机、移动电话，以及其他高科技产品和设备，但市场上买不到索莱克特龙品牌的产品。在世界信息技术行业100强中，类似的隐形公司大约有20多家，它们共同的特点是企业迅速发展，在20世纪90年代初期还都属于中小企业，而在90年代后期一跃成为行业中的强者。

进入21世纪，一些跨国企业尤其是IT界公司开始实施"东移"计划。

惠普公司2003年12月宣布，计划将其大部分IT服务工作转移至印度。HP公司在印度已经有数千个服务员工。全球第二大电脑服务公司EDS于2003年11月宣布了"最佳海岸"计划，计划将遍布全球的低成本应用服务中心的人力和资源增加40%。EDS共有16个业务中心，从新西兰、印度、埃及、波兰、巴西到加拿大都有。IBM在印度、墨西哥、阿根廷、巴西、委内瑞拉、加拿大和中国等低成本国家广设服务中心。Siebel Systems在2004年7月中旬宣布，将裁减9%的员工，计划将部分营运单位移往海外。

微软公司发言人不久前表示："我们的核心工作将留在美国国内，但员工和服务将更加全球化"，微软已经抢在竞争对手之前，在上海等地建立了自己的研发机构。最近在印度的班加罗尔开设了服务支持中心。

五、美国信息技术服务外包发展状况综述[2]

近年来，美国的IT外包发展迅猛，包括IMB、HP和JP Morgan在内的许多大公司纷纷将软件编程、

1 资料来源：国际数据公司（IDC）的调查报告（2004）。
2 作者：孙石康，原载《全球科技经济瞭望》2004.8 中国科学技术信息研究所。

客户服务中心和金融分析中心等业务转移到印度、中国等发展中国家。

美国是较早出现IT外包的西方发达国家，20世纪90年代以后，美国IT业发展很快，为美国技术人才创造了大量的工作机会，同时也吸引了众多的海外人才来美国创业。高效益和高工资成为IT业的标志。克林顿执政时期，美国计算机与网络技术带动经济全面增长，失业率低于4%，被人们称为新经济的奇迹。

然而在“9·11”事件以后，美国经济出现衰退，新经济泡沫开始缩水，许多公司难以负担高成本的IT雇员以及IT系统更新和维护成本，使得他们不得不重新考虑IT对企业的意义。他们发现，将数据中心、软件设计、IT系统等外包给专业公司，不但可以大幅度降低运营成本，而且使企业整体效率大为提高。IT外包成为美国企业对IT系统的聪明选择。由于许多公司从外包中受益，从而带动了更多的公司加入外包的行列。

美国电子协会（AEA）2004年3月公布的最新研究报告《在世界竞争加剧和变化加快情况下的海外外包——高技术视点》认为，外包已经成为一种世界潮流。在过去10年中，美国公司将电脑编程和客户服务中心的部分岗位转移到印度、菲律宾、墨西哥和加拿大等国家。现在，包括会计、电子工程、医疗卫生和保险等其他众多行业的从业人员开始发现，他们的工作岗位也未能幸免于这次外包浪潮。

印度全国软件和服务公司协会估计，自2000年以来印度新增30多万个服务于海外客户的白领职位，其中美国公司的职位占据了很大一席。软件企业发展的方向就是外包，这已经成为世界软件产业发展的一种趋势。据美国《商业周刊》的统计，美国的软件产值中，1/3需要通过外包来完成。

近年来出现的“外包”潮流，不光是制造业这样传统的蓝领工作机会，还有越来越多的如计算机网络维护方面的白领工作，正流向印度和中国等劳动力成本较低的亚洲国家。据福雷斯特研究公司最近公布的报告，在外国设有分公司的美国高科技企业雇佣的外国工作人员将从目前的40万人增加到2015年的330万人。而在未来的10年中，美国的高科技公司将把300多万个工作（占全美工作机会的2%）迁移到其他国家去，其中包括中国、印度和菲律宾。

根据美国商务部2004年3月份公布的统计数字，2003年美国公司外包的一些通讯中心及数据输入工作的总价是773.8亿美元，比2002年增加了将近800万美元。与此同时，包括法律咨询、计算机程序设计、电信、银行、工程及业务咨询等从外国输入美国的服务项目在2003年增加到1310亿美元。也就是说，在业务外包方面，美国实际上享有536.4亿美元的顺差。由此可见，外包可给美国带来巨大的商业利益，外包是市场经济规律驱动下众多美国企业的必然选择，也是符合美国国家利益的。

美国本土高科技公司的内部管理层大多仍然是坚定不移地支持公司将软件项目外包到劳动成本廉价的国家。Gartner对美国本土1 000家公司进行了调查，结果80%的公司都说他们的外包计划不受任何影响。2004年1月，IBM宣布的1.5万名全球雇员扩编计划中，其中有4 500个工作机会将会留在美国本土，而把更多的软件职位移到劳工成本低廉的印度和中国等地。IBM的管理人员称，他们的外包活动不仅在劳动力低廉的国家创造了较多的工作机会，而且也增加了高科技行业的竞争力，将美国的商业触角向全世界扩展。

美国信息产业协会主席哈里斯·米勒说，如果美国IT企业不实施外包战略，那么它们就无法保持产品价格的竞争优势，最终会失去产业地位的控制权。但是美国劳工组织普遍反对外包，西雅图技术工人联合会要求政府部门将工作外包给美国人承担，因为这是纳税人的钱，必须用于发展本国经济。美国通讯工人协会则要求立法者采取措施阻止企业外包。众多失业者和劳工组织的呼声受到美国社会普遍的关注。

目前，在美国的拿H1B的移民中，有58%是印度人，其次是中国人。而这些移民中，59%是电脑程序员。对于外国的技术移民来讲，H1B工作签证是他们在美国生活和工作的敲门砖，因为没有H1B，他就失去了在美国合法居留的权利。通过在美国的这一工作身份，他们就能继而申请绿卡（永久居留权）和美国的公民身份。据了解，在克林顿时期，美国国会在2001～2003年间每年发放19.5万个H1B签证。但是，由于美国经济不景气，各大公司裁员较多，H1B签证申请日益困难。国会在2004财年将H1B签证的发放数量减少到6.5万个。2004年1月23日，布什总统签发一项新法令，严防政府部门的IT项目流落到“IT

外包”企业的手中。布什要求美国政府部门紧守 IT 项目招标关，防止那些大肆进行“IT 项目外包”的企业再次谋利。通常情况下，这些企业会把从政府手中承揽的业务，转交给发展中国家，例如印度、菲利宾和俄罗斯等，从中谋取劳动力差价。

实际上，自由经济理论强力支持 IT 外包。美联储主席格林斯潘 2004 年 6 月在波士顿大学的财经研讨会上说：“任何政府如果企图阻止离岸外包都会损害美国经济，而不会对失业工人有任何帮助。时间和历史告示我们，如果仅仅希望保护现有舒适的生活，而不是达到新的繁荣，只会导致经济停滞。”

六、2004 年英国 IT 服务和业务流程外包综述

2005 年，英国 HI Europe 公司发布《英国 IT 和业务流程外包报告》，这是该报告系列的第十四次报告（资料来源：www.hieurope.com），该报告是在对英国外包服务市场连续 13 年的跟踪和分析的基础上形成的。《报告》提供的信息包括详细的市场占有情况、各领域主导公司的排名及服务提供商市场占有的程度、涵盖 900 个现有主要外包服务合同以及 600 多个业已完成的主要外包服务合同的数据库。《报告》所包含的大量详细、可靠和可用信息可以帮助公司进行有效的战略规划，确定公司外包服务目标。《报告》主要关注重要的 IT 数据中心（如客户大型机、服务器等运行管理）和业务流程外包服务（包括客户 IT 相关业务功能的管理）等。

《报告》的研究范围涵盖了英国 90%以上现有主要外包提供商，通过分析外包合同，使读者能够清楚外包提供商的主导者和他们不断扩大的市场占有份额。在全部 IT 外包及业务流程外包服务市场结构中，服务业外包占 69%，制造业外包占 9%，公共部门外包占 22%。2003 年英国 IT 与业务流程外包各主要领域所占比重如图 F.1 所示。

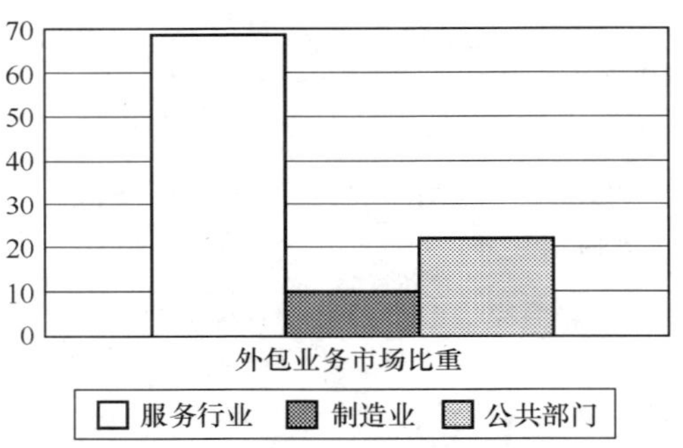

图 F.1 2003 年英国 IT 与业务流程外包各主要领域所占比重

在服务行业，IT 及业务流程外包主要集中在金融业，占整个外包市场的 62%，批发及零售行业占 14%，保险行业占 11%，交通运输与旅行服务业占 8%，其他服务业占 5%，如图 F.2 所示。

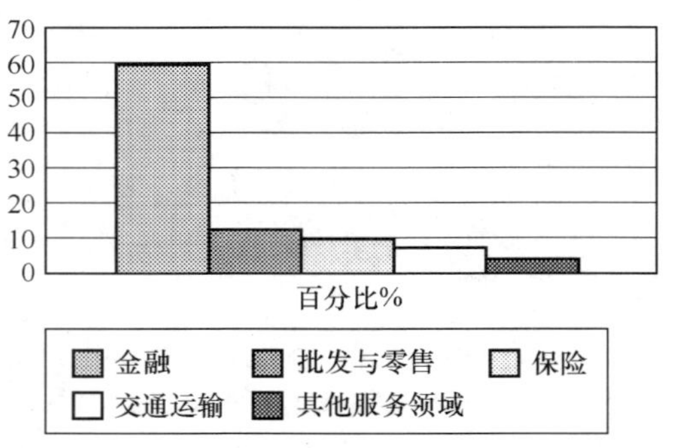

图 F.2 2003 年英国服务行业 IT 外包与业务流程外包市场结构

在不断更新的基础上，《报告》编撰机构通过 14 年的积累，已经建立起 900 多个 IT 数据库及业务流程外包合同数据库。从而构成了极为广泛的和完整的有关 IT 和业务流程外包合同信息资源库。这些信息资源

将有助于相关企业跟踪外包合同来源，并评估合同的价值。另外，已经跟踪调查过去已经完成的外包合同情况，形成并拥有600多个外包合同的数据库，使人们能够了解过去曾经从事过外包业务的公司的情况，从而有助于外包业务承接商确定业务目标和重点业务领域。

（中国互联网协会　杨君佐　编译）

附录G　国外宽带应用与产业价值链发展状况综述

一、概述

本部分的内容包括：快速发展的高速宽带及其创新应用，固定和移动平台的容量和潜在应用，正在进行的数字内容所有权及其分发和应用业务模式的探索，关于数字内容的核心概念。

非商业性的P2P（pear to pear）网络经历了快速的起步阶段，开始形成简易的深度共享和定购模式为基础的商业数字内容分发服务和业务模式，并受到市场追捧，音乐产业正在经历第一轮商业化的在线音乐发展历程，而在线游戏产业在商业模式探索方面已经获得成功。

网络服务提供商（包括固定网络和移动网络服务）、技术服务提供商（如手机行业）与内容服务提供商之间的关系都在发生变化，新的复杂市场结构和业务关系正在转变。通常情况下的挑战是如何推动数字内容产业从以广告为基础的业务模式向以付费订购和付费内容为基础的业务模式的转变。日益增长的数字内容服务订购用户推动了在线内容服务的快速发展，这一趋势又反过来吸引了更多的付费用户，这样，就逐步形成了积极的投入产出良性循环机制。宽带数字内容产业虽然连续经历了几年的泡沫期，但是，第一个有效的业务模式正在形成，并产生了实质性的收益。宽带视频服务和ISP提供的“三媒体”（语音、宽带、标准或点播视频服务）将获得进一步的增长。IT产业的企业家们正在探索和试验新的业务合作模式。

二、宽带数字内容应用主要表现

来自IDATE公司的分析，2003年底，OECD国家付费宽带用户达到1亿个，高速互联网将继续强劲增长，而且，随着服务价格的不断下降，其发展步伐将越来越快。例如，从2002年～2003年，法国、德国、意大利、荷兰、西班牙、瑞典和英国的付费宽带用户数量增长了1倍多。

1．P2P　目前，宽带应用正在经历宽带内容的创新和应用推广，并激发了一系列新技术的开发，诸如便携式视听播放器等电子设备。由于P2P技术使人们能够在不同的多媒体终端设备之间相互共享和传递文件，这一文件共享技术成为促进付费宽带应用增长的一个重要因素。宽带内容消费的两个主要方式是：一是按节目流量付费（streaming），即按照每次在线点播的节目付费；二是按每次下载、租用或全销付费（downloading），用户可以多次播放下载或租用的节目内容。宽带内容的核心概念是灵活性和可共享性。如果能够建立一个用户易于寻找并订购简便的商业内容分发服务和业务模式，对这种新的服务的需求将会更加稳定，文件共享服务将有可能变为数字内容服务的一个核心业务。

2．音乐　音乐产业在文件共享方面经历了一段困难时期，但网络音乐业务模式现在正在取得新的进展，全球10大音乐服务商已经能够提供在线音乐服务。到2003年底，OECD国家已经有45万用户登记成为在线音乐用户，其中27.5万人经常进行在线下载音乐消费，每月平均下载音乐节目30万次以上。尽管由于许可使用的谈判等方面的困难导致发展步伐不够快，但经常性用户的数量还是在增长。

3．在线计算机和视频游戏　大规模多媒体视频游戏已经显示出付费消费模式的有效发展。与音乐行业相比，在线计算机游戏和视频游戏行业在引导游戏研发出版方面已经开始找到有效的业务模式，并取得较快进展。在韩国，有许多成功的在线计算机游戏研发出版合资企业范例。不过，游戏服务提供商也常常向付费用户提供免费在线竞技游戏服务，以便最大限度的扩大广告浏览量，而不是销售网络游戏产品。通常情况下，挑战来自于如何实现从免费的广告模式到付费订购模式的转变。获得庞大的市场和转向赢利业务模式对在线游戏行业来说，仍然是一个主要的挑战。

4．宽带视频　作为商业业务创新的新的增长点，宽带视频服务将是宽带内容服务的一个重大业务项目。在过去两年的试验和探索过程中，已经产生41个宽带视频服务提供商，其中8个在北美，22个在欧洲，11个在亚洲。这些企业要么是实行基于即时消费的视频流服务，要么是基于下载和点播的服务。其业务模式也各不相同，包括免费服务，付费服务，或者按消费频次付费。其业务模式如表G.1所示。

表G.1　　宽带视频服务

视频类型	业务模式	服务提供商
单一电视频道	免费，付费	LCI Live
电视套餐	免费，按频道付费，付费	TV Noosnet
视频点播	按点播节目单付费	Movielink
订户视频点播	付费	RealOneSuperPass

资料来源：IDATE。

视听点播服务有可能成为一个重要的新的经济增长领域，尤其是网络或电信服务提供商倾向于提供“三维”服务，即语音服务、宽带服务，以及标准或点播视听服务，如法国的免费服务。

现在，网络服务提供商们正在进行各种选择，以便投资和开发下一代电信技术和服务。消费需求方对信息通信技术的选择将会导致企业用户新的内部组织结构变化，并且有可能带来新型外包模式的变化。在服务供应方，新的信息通信技术将会导致电信和信息服务公司的市场结构变化。最重要的是，所有的企业将经历一场新的洗牌，包括企业市场地位和新业务模式的变化。

在这个变化多端的环境中，网络运营商不知道如何获得利润来支持其在下一代网络浪潮中的投资，不知道如何弥补新技术带来的传统业务的损失，尤其是有线语音传输业务领域。另外一个关键问题是：什么样的应用和内容能够将数字内容传输速度从100bit/s迅速提高到3Mbit/s。

内容服务提供商意识到，他们过去的内容传输方法已经难于满足内容产业发展的需求，必须找到新的业务模式。网络服务提供商的地位也开始发生变化，为吸引用户，他们开始从抓自己的网络信息转向抓内容采集。这就导致了公司之间关系的变化，导致了供应链和合同的复杂关系。新的价值链包括下面一些基本角色所各自扮演的不同价值链：权利获得和管理、内容保护、内容生产制作、广告销售、内容打包和传输、出版商的市场营销、正在出现的出版服务的管理、节目单管理、付费管理、客户关系管理、内容安全与控制管理、用户使用管理等活动。没有多少公司能够独立完成这些管理角色，包括内容服务商的联合行动、网络运营商和渠道商等。

例如AOL已经逐步与其他有关公司建立合作关系，如与亚马逊合作开展电子商务应用，与微软合作开展网络浏览应用，与CNN合作开展新闻服务，与Google合作开展搜索服务，与其他合作伙伴合作开展内容与广告服务。英国电信（BT）和Yahoo已经联合组织专门队伍率先开展在线游戏的出版业务。BT的ADSL的接入用户已经可以兼容PS2或Xbos游戏以及索尼和微软提供的游戏节目。Yahoo UK（雅虎英国）开始向BT Yahoo提供互联网内容和其他服务。BT Yahoo也已经成为宽带付费用户。普通互联网用户已经可以下载多玩家同时在线游戏，语音通信和新的游戏。一句话，新业务的高风险促成不同业务的企业必须进行密切合作。

总之，信息市场的特点是：快速变化的新技术需要信息资源开发的投入和公司结构的调整，还包括信息资源的多方共享协议问题。

3G服务与数字内容开发应用。在日本，网络技术每10年都将发生一次剧变，网络技术的变化导致了移动市场和相关移动内容应用的快速发展。FOMA是第三代移动技术，并证明人们能够在移动技术应用领域实现无缝演进。到2004年3月，FOMA的用户已经超过了300万，预计到2005年3月，将达到1 060

万户。

3G的成功有3个方面的主要因素：一是网络，二是手机和新的应用，三是内容服务。从网络角度来讲，日本的移动运营商一直在连续进行室内和室外覆盖功能的改进，新的手机提供了先进的基本功能（包括大容量内容、可视邮件、2兆像素的照相机、指纹传感器、2兆的文件内存等），同时，还保持手机的体积、重量和待机时间良好的随身电池，用户可以在手机上进行视频对话。由于手机可以提供地图、旅店、飞机航班和付费等模块信息链接服务，3G技术的市场机遇将会大大增长。其他的手机信息服务主要集中于在线游戏、彩铃、音乐下载和其他可以下载存储到手机电话地址簿上的数字内容。

当日益增长的用户数量促进在线服务快速发展时，反过来又会吸引更多的用户，这样就能够形成收益上的良性循环回报机制。商业模式通常建立在网络运营商与内容提供商的合作机制上，网络运营商同时提供网络服务、用户确认与收费服务。运营商和内容服务提供商分享用户缴纳的收益。

三、商业模式变化及其障碍

1．科学、技术和医疗电子出版领域

近30年来，电子出版业已经对传统出版业构成一个重大挑战。今天，多数科技信息已经通过电子手段进行传递，导致了作者、出版商、中间商（如图书馆、销售机构等）以及终端用户的角色变化和互动。现在暴露出来的问题主要包括：持续的内容数字化和数字内容的发送，大小出版商的角色、小运营商在日趋复杂的价值网络中的高昂交易成本，用户开放式的消费，开放式文档及其在图书馆地位没有发生转换条件下的继续状态。定价和付费模式正在发生演变，并将对这一领域的经济组织继续构成挑战。还有一个重要因素：就是如何确立和实施数字内容标准（如专门科技领域的数字科目标识符和原数据标准等）。

电子出版有限公司主席戴维·沃尔洛克在一份题为《日益变化的科技医疗（STM）出版市场商业模式》报告中指出：2002年，科技医疗出版市场规模大约是70亿美元，主要包括杂志、数据库和图书。科技医疗信息服务提供商在某些领域的竞争十分激烈，但在特殊营利领域却占有支配地位。仅Elsevier、WK Health、Thomson SHC和 New Springer等4个公司的总和就占了整个市场49%的份额。

大多数科学技术与医疗数字内容信息被用于进行科学研究，但是公司、政府和医疗保健从业人员也是一个大的用户群，占科学技术信息用户的40%和医疗信息的50%。科学技术和医疗信息用户可分为两大类：一类是就科学技术和医疗研究工作的发展提供研究报告的人群；一类是为开展科学研究而获取相应信息的人群。

科技医疗出版业于1976年首次采用数字技术，到2004年，多数科学技术资料是通过电子方式传递，2002年，科学技术信息的61%、医疗信息的42%是通过电子方式传递。而且电子出版与电子传递的比重还在高速增长。在科学技术和医疗出版的价值链网络方面，互联网正在改变信息打包和传递的方式。

2．在线音乐

宽带的发展为音乐的商业化传递既创造了机遇，也带来威胁。非商业化的P2P网络不能为作者带来利益，从而破坏了现存的音乐产品商业模式，用户根本无须付费就可以相互共享音乐节目。这使音乐行业难以采用低成本的数字传递技术向用户提供音乐节目，并获得相应的收益来回报作者，也难以保护已有作品的知识产权。目前，音乐界正在采取特许方式，向新的在线音乐合资企业提供数字音乐产品，同时对未经许可和授权的侵权行为采取法律措施，并努力增强消费者的法律意识，抵制盗版数字音乐产品。音乐行业正在考虑采取文件共享或类似共享的商业模式安排，独立的运营商也正在试验新的商业模式，尽管存在这些潜在的广阔机遇，但是迄今为止还没有形成主流的营利模式。人们认识到，互联网也许能够使音乐家们直接将自己的产品传递给消费者，音乐家完全可以采用独家销售的方式直接向用户销售自己的作品。

现在的问题是：免费复制音乐作品的比重与在线销售的比重已经基本持平。知识产权问题可能需要更长时间才能得到满意的解决。互联网服务提供商在向P2P网络提供音乐作品时将面临尴尬的境地，同时他们同内容提供商之间的关系也是一个难题。除P2P网络之外，在线音乐销售的困难还在于缺乏标准，难以获得内容服务许可证，缺乏商业模式和明确的法律制度框架。同时，版权和竞争法律制度的矛盾也时有发生。

3．在线电脑和视频游戏

在线游戏是一个正在快速崛起的产业，而且随着互联网和宽带技术的发展，在线游戏已经成为一个完全新型的朝阳产业，这个产业无须涉及现有法律制度结构，其成功发展在建立新的经济增长点的同时，也促进了知识产权的保护。

在许多 OECD 国家，视频游戏正在创造比电影院门票收入高得多的回报，由于在线游戏是研发密集型产业，在线游戏的发展促进了个人电脑游戏研发的发展，包括图像处理技术、运算处理速度和极强的交互性，游戏软件和游戏艺术在非游戏产业也得到了广泛应用，如教育、政府公共服务、市场营销、建筑设计等行业。

现在与在线游戏有关的问题是：当在线游戏发展逐步成熟时，其未来的发展走向；在线游戏的发展对视频服务以及其他内容产业的影响程度；在线游戏的发展和应用的主要障碍是小公司的研发、生产和运行成本，玩家的游戏技巧，国内不均衡的带宽普及率以及宽带链接反应速度，不发达的企业和个人在线游戏支付体系等问题。

未来的游戏将是大规模的同时在线游戏。电脑游戏和在线视频游戏的闪光点主要表现在：全球在线游戏的收入每年将超过 250 亿欧元，全球最大的游戏出版商“电子艺术（Electronic Arts）”公司的年收入估计将超过 100 亿欧元，年收益率将会达到其投资的 42%，而且将成为仅次于 Microsoft、Oracle、SAP 之后的世界第四大软件公司；在美国，视频游戏收入将超过电影院的门票收入；100%的美国大学生已经成为在线视频游戏的玩家，他们当中的 70%经常在线玩视频游戏。

在线游戏行业是发展最快的行业，其年增长率为 50%～100%，由 SONY 在线娱乐公司推出的 Everquest 是西方国家最大规模的在线游戏，已经拥有 45 万个玩家，年收入达到 1 亿欧元。纯在线出版商 Ncsoft 年收入达到 1.2 亿欧元，年利润达到 6 000 万欧元。建立在销售价格适中和按月收费基础上的商业模式，吸引了接连不断的用户，每款电脑游戏软件的销售价格为 20～25 美元，而每月的在线游戏收费为 15 美元。

在线游戏意味着它既是一种娱乐，也是一种社会活动。在线游戏世界有竞争的氛围和等级概念。游戏玩家的平均年龄为 27 岁，85%是男性，15%是女性，在 750 个在线游戏公司的账户上有 300 万个玩家的名单。

在线游戏发展的主要推动因素包括宽带的性能、用户接入水平、稳定的硬件表现以及日益增加的全球互联网用户数量等。发展的制约因素：第一是高昂的研发成本和经营成本，加拿大和韩国已经着手从税收优惠上解决研发成本问题，研发成本的 60%可以享受税收减免；第二是高昂的营销成本，每年的花费在高端游戏经营上的费用为 5 000 万美元，50 多个研发机构要花费 3 年的时间来推销其产品；第三是缺乏对娱乐业的投资，国内不均衡的宽带普及率，缓慢的游戏内容更新速度等。在线游戏是惟一不存在盗版问题的游戏类型。因为三分之二的必要程序要由服务商来完成，而且在线游戏需要多个玩家同时在线才能进行。

在线游戏是一个依赖性非常强的产业，尤其是依赖电信市场家庭宽带接入的发展，依赖高速互联网和游戏控制中心。由于高质量的网络传输能力已经成为引导游戏产业发展的重要组成部分，在线游戏的发展推动了宽带应用的发展，而宽带的发展还带动了游戏以外的其他产业应用的发展。在线游戏的发展导致四个重要的结论：第一，网络化的游戏控制中心需要服务环节的竞争和宽带的支撑，允许多方网络社区并存；第二，网络化的娱乐改变了在线游戏产业的价值链，使游戏开发商与零售顾客之间的中间环节更短、更灵活；第三，网络服务成为在线游戏的组成部分，网络出版能力将影响传统软盘出版业，传统收益主要来自软盘出版业。随着在线用户的发展，服务能力和服务费用同样成为商业模式的组成部分。网络服务的各种功能都需要身份认证、游戏管理、游戏集成、市场营销和运输、审慎的经营策略、计费与付费、客服等相互配套。同样，随着新的经营者不断进入该领域，竞争将变得越来越激烈，SONY 娱乐公司业已同互联网服务提供商签订了 70 多个合同。

韩国在线计算机和视频游戏的普及和应用方面取得了很大的成功，在线游戏包括寓教于乐的游戏比在线超市更受欢迎。首先，随着宽带网吧的发展，韩国游戏普及也取得很大发展。由于 OECD 国家宽带的高速普及，许多用户可以在自己家里上网进行网络游戏。韩国有 63%的互联网用户参与宽带游戏，而且在线宽带游戏占了游戏市场55%的份额（有45%是女性用户，比欧美国家要高得多）。在过去几年，韩国游戏产业的年增长率超过12%，其中在线游戏产业的年增长速度更快，达到200%，预计到2007年，在线游戏产业的规模将达到130亿美元。手机游戏虽然规模不大，但预计到2007年也会有很大的增长。现在，韩国大约有300多家游戏开发公司，有23000名雇员，其中50%从事在线游戏研发，中国被认为是未来韩国游戏的主要进口市场。经营在线游戏服务业务的韩国电信服务商也正在打造韩国游戏产业价值链。

韩国游戏已经遍及亚洲、欧洲、美洲的12个国家，韩国政府一直推动2005年以前协助其在线游戏公司建立国际通用标准。

在英国，游戏产业每年的附加值达到20亿英镑，年增长率达到8～10%，并且提供了2万个就业机会，多数是高技术岗位。由于游戏产业的高附加值及其快速增长率，引起了英国政府的高度重视。英国贸工部正在采取措施，积极推进游戏产业由作坊式经营向全球化方向转变。

OECD提出，要采取一系列措施，推动游戏产业的发展：第一，对产业进行调查分析，检讨相关政策，并提出相关政策性建议；第二，采取积极措施，对已经建立和正在开发的游戏市场的盗版风险损失进行评估，并及时通报给市场；第三，开展基础性的统计分析；第四，普及和推广最佳业务信息。

四、各国政府强化政策措施，扶持宽带应用与信息内容产业发展

1．日本

日本制定一系列政策法律框架，保护知识产权，促进数字内容产业的发展。主要包括：2002年2月，日本首相发表支持数字内容产业发展的讲话；2002年3月，成立知识产权战略理事会；2002年7月，颁布《知识产权政策纲要》；2002年11月颁布《知识产权基本法》；2003年3月，成立了知识产权战略领导小组；2003年7月，颁布《知识产权战略规划》；2004年4月，发布《数字内容业务促进政策》。

2002年，日本数字内容产业创造了高达993亿美元的收入，而同期日本的汽车产业收入为1896亿美元，钢铁产业收入为469亿美元。这993亿美元的收入中，广告产业占33%，报纸业占22%，出版业占21%，电影业占5%，游戏软件占4%。增长最快的是游戏软件和电影业，出版行业稳中有降，音乐行业一直处于下降趋势，并且分化为几个不同领域，包括手机彩铃等，2002年日本手机彩铃的收入为9亿美元，是该项业务1999年开始时的6000倍。电子出版业虽然发展很快（年均增长率为40%～50%），但规模不大，仅占整个出版业的0.04%，市场销售的电子出版物约为4万种，每月增长1000种左右。

为促进信息内容产业的发展，日本政府采取了10项改革措施：

第一，巩固内容产业基础，推动信息内容产业的现代化和合理化；

第二，融资渠道的多元化；

第三，为内容的生产提供多种营利机遇；

第四，重视人力资源的开发；

第五，促进内容产业研发和成果转化；

第六，建立创新人才资源库和人才奖励机制；

第七，重视教育和职业技术教育；

第八，鼓励和支持企业进入海外市场，采取强有力的措施，打击盗版行为；

第九，普及宽带应用，促进内容产业规模化扩张；

第十，开发和推广内容产业的数字化。

2．美国

宽带服务的发展刺激了美国信息内容市场的发展，宽带市场的发展又受到宽带服务提供商相互竞争程度的影响，受宽带服务潜在市场规模以及宽带服务质量的影响。近几年来，美国高速宽带服务商的数量从1999年的105家增加到2003年的378家，增长3倍。宽带应用扶持计划在美国某些领域发挥了重要作用。国家对学校和图书馆等实施的普遍服务项目规定，对为这些机构提供互联网服务（包括宽带互联网服务）的服务商给予补贴。农业部还对为2万人口以下的农村社区提供宽带服务的服务商给予补贴。美国总统

布什不久前发布的一次讲话指出："到2007年，我们应当拥有广覆盖、低成本、可接入的宽带技术，然后，尽快保障消费者在使用宽带服务方面有充分的选择机会"。

美国新一轮的创新计划包括：第一，对提供宽带接入服务业务免税，以便降低消费成本；第二，推广新技术，包括建立更多的频率以便使用无线宽带技术；第三，简化和规范宽带建设中发生的联邦土地管理和使用程序。

3．韩国

韩国政府将数字内容产业作为新的经济增长引擎，并在促进宽带应用的基础上制定了一系列促进数字内容产业发展的特殊政策。

第一，宽带发展战略。韩国宽带IT促进战略旨在使韩国在2012年成为全球IT领域的领头羊。1990年～2002年期间，韩国的高速互联网已经得到快速发展，到2012年，其宽带速度预计将达到50～100Mbit/s。韩国政府前不久还制定了"839"战略，即8个服务项目，3项基础设施项目和9个经济增长引擎，数字内容产业被列为韩国九大增长引擎之一。3个基础设施项目包括：统一宽带网络，U传感器网络和IPv6；8个关键服务项目包括便携式无线互联网，陆地和卫星数字电视，以及家庭网络服务等。该战略的目标在于更大规模的促进韩国IT业的发展，规划到2007年，IT业的就业规模达到150万人，IT相关产业出口达到1100亿美元。

第二，数字内容产业促进政策。韩国数字内容的定义已经不再仅仅是数字娱乐业。从方便的角度，包括互动式远程学习，远程监控，远程医疗；从娱乐的角度，包括互动式数字电视，网络游戏，广播式网络；从特定任务的角度，分为互动式家庭购物，家庭银行，家庭能源管理；从安全的角度，包括信息管理安全等。这些不同的信息内容定义无不涉及网络化家庭和网络化企业。到2010年，动画、移动信息内容服务、电子化学习、数字电视内容、数字出版、数字音乐和游戏等将成为韩国最强劲的经济增长点。这一政策序列包括5个方面：多平台同时在线游戏、数字动画、移动信息内容（旨在推动具有可互操作性内容的无线互联网平台）、数字电视内容（包括互动式电视内容和商务，以及有助于推动统一电视播放和电信服务的改革政策）和电子化教育（包括促进政府部门间的合作、建立电子化学习图书馆、制定电子化学习标准）。这五项政策的目标是：第一，强化产业基础，包括创立多样化数字内容产业基础，提高业务收益，保护投资者和消费者权益；第二，支持风险投资，包括建立与IT工业园交互发展的数字内容产业园区，建立地区数字内容产业基地，营造促进数字内容产业发展的投资环境以及系统的信息化政策法律条款；第三，技术和标准，组建数字内容技术开发指导机构，开发核心数字内容技术，促进数字内容标准化建设；第四，人力资源开发，包括通过学校培养高技术劳动力，资助和奖励跨国市场化人才，女性职业培训与青年就业培训；第五，推动海外市场营销，促进出口数字产品的当地化，建立海外数字内容产业基地，建立世界级数字内容贸易模式。

（中国互联网协会 杨君佐编写）

附录 H　近年来中国参与的国际互联网交流与合作

一、中国与全球互联网组织

1．互联网名字与编号分配机构（ICANN）

互联网名字与编号分配机构（Internet Corporation for Assigned Names and Numbers，简称 ICANN）创立于 1998 年 10 月，总部设在美国洛杉矶，是一个采用国际化组织形式的非盈利性机构，负责全球互联网域名系统、根服务器系统、IP 地址资源及协议参数的协调、管理与分配，并协调与互联网有关的技术和政策性事务。

（1）ICANN 的组成

ICANN 的核心机构是理事会，14 名常任理事是由 14 位来自不同国家的业界专家组成，行使 ICANN 的最终决策职能。ICANN 设总裁兼首席执行官一名，负责在 ICANN 理事会的指导下协调各部门，同时也作为第 15 名理事参与理事会事务。ICANN 下设若干平行的支持组织和咨询委员会，它们分工明晰，只有政府咨询委员会（GAC）地位较为特殊，向 ICANN 提供的咨询范围要宽泛得多。ICANN 的组成结构如图 H.1 所示。

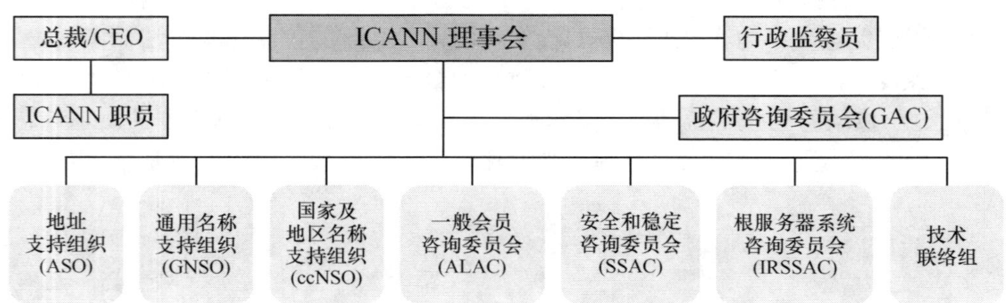

图 H.1　ICANN 的组成结构

在 ICANN 的章程中，“自下而上，公开透明”被奉为 ICANN 处理一切事务的首要原则。任何单位或个人都可以通过任何形式（主要是电子邮件和大会发言）向 ICANN 提议，ICANN 会将问题归类提请公众讨论，并最终做出决议。最重要的是：ICANN 要尽可能通过其网站（www.icann.org）公开处理的全部过程。

（2）中国参与 ICANN 事务

① 参与 ICANN 事务讨论

ICANN 每年召开 3 至 4 次会议，并轮流在世界五大地区（亚太地区、非洲、欧洲、北美洲、拉丁美洲）选择办会地点。与会代表多为各个国际和地区的互联网技术专家、企业代表、域名注册机构代表和其他技术协调组织的代表。会议议题通常围绕域名、IP 地址、协议参数、根服务器等等这些关系到互联网稳定运行的基础架构要素的技术、管理和政策问题展开讨论。

由于它涉及许多重要的互联网基础参数的协调管理政策的讨论和制定，因此中国的域名注册管理机构、各大域名注册服务机构以及 ISP 等业内公司和个人都十分关注每次大会的进展，通过访问 ICANN 网站获取信息，甚至派代表直接参会，现场表述维护自身利益的观点。

中国互联网络信息中心（CNNIC）于 2000 年 7 月首次派员赴日本横滨参加了 ICANN 会议，迈出了中国直接参与 ICANN 事务的第一步。他们域名根服务器、IP 地址分配等关系国家利益的重大问题提出了改进方案。这第一步迈得并不轻松，因为他们看到，当时国内的互联网行业刚刚起步，与世界发达国家无论在硬件设施还是人的观念上都存在着不小的差距；但这第一步迈得极其正确，因为他们意识到，参与 ICANN 事务是大势所趋，作为中国互联网基础设施的建设者和运营者的 CNNIC，将 ICANN 引入中国是责无旁贷的。

在 CNNIC 的带领下，关注 ICANN 的国内从业机构在此后的数年间明显增多，并就 ICANN 一般会员理事选举、ICANN 改革、通用顶级域（gTLD）种类的增加以及国际化域名（IDN）的推行等议题积极发表建设性意见，这使得中国在国际互联网业界的地位日益提升。

② 承办 ICANN 会议

2002 年 10 月 26 日至 31 日，中国互联网络信息中心（CNNIC）和中国互联网协会在上海成功承办了 ICANN 会议。共有 70 多个国家和地区的约 550 名专家代表参加了此次全球互联网业界的大聚会，这是 ICANN 大会首次在中国举行，也是其规模最大的一次，它反映了中国互联网的高速发展对全球互联网业界的巨大吸引力。

在国家信息产业部和外交部的大力支持下，中国互联网络信息中心（CNNIC）于 2001 年 6 月向 ICANN 提出申办 2002 年秋季会议的意向，并在同年 11 月和中国互联网协会联合向 ICANN 正式提交了承办 2002 年度 ICANN 秋季会议的申请报告。经过审慎的对比评估，ICANN 理事会于 2002 年 4 月全票通过了由中国承办此次 ICANN 会议的决议。

筹备工作始于 2002 年 2 月，历时 9 个月。以 CNNIC 工作委员会主任委员、中国互联网协会理事长胡启恒院士为主任，信息产业部、上海市政府、上海通信管理局等单位代表为成员的筹委会对大会的召开进行了周密的安排。

大会的筹备工作也得到了来自中国网通、中国万网、中国移动、长城宽带、中国惠普公司等商家的大力支持。

此次大会加深了国际社会对中国互联网的发展状况的了解，为我国申请更多的互联网地址资源拓宽了道路。亚太 IP 地址分配机构亚太互联网络信息中心（APNIC）亲眼目睹了中国互联网的惊人发展态势，对中国提出的大量 IP 地址需求给予了积极的支持。

众多海外公司看到中国互联网发展的巨大潜力，增强了对中国市场的信心，从而加大对中国的投资，也改变了一些人对中国互联网业界的片面看法。

ICANN 上海会议极大的促进了国内互联网业界与国际同行的交流。据统计，此次中国大陆的现场参会人数猛增至 58 人，仅次于美国的 116 人，这是任何一次在国外召开的 ICANN 会议所无法企及的。

前 ICANN 总裁 Stuart Lynn 在会后表示："中国在互联网方面的发展令世人瞩目。如此一个拥有 13 亿人口的大国蕴涵着无限潜力，必将成为世界上网民人口最多的国家，特别在我看到无线互联网在本次大会的应用后，更坚定了我的信念。"

ICANN 上海会议为中国互联网社区更多展现自己提供了机会，也为中国在互联网领域争取更大利益提供了可能。此次会议对促进中国与世界互联网社区的相互交流与了解，推动中国在国际互联网技术、管理体制中发挥作用，提升中国互联网业界在国际舞台上的影响力和知名度具有重要的意义。

③ 竞选 ICANN 理事

2003 年以前，ICANN 的理事职位一直由欧美日等互联网发达国家的代表担任，这与网民人口世界第二的互联网大国——中国的地位很不相称。为了改善这种局面，我国互联网组织多年来一直致力于提高中国在国际互联网业界中的地位，为中国网民乃至全世界华人网民争取更多的利益。

2003 年 4 月，中国互联网络信息中心（CNNIC）推举计算机网络与数据通信专家钱华林研究员参加 ICANN 理事会理事竞选。凭借对竞选规则的充分了解和丰富的学识与经验，钱华林研究员对 ICANN 提名委员会发来的数轮设计缜密的参选问卷用英文逐一认真作答，赢得了提名委员会成员的一致认可。

与此同时，作为推举人的 CNNIC 还根据规则要求，积极争取亚太地区的互联网大国支持。由于和韩国及日本等国家和地区相关单位一向保持着友好合作关系，各方很快就支持中国代表竞选 ICANN 理事统一了意见。

同年 6 月，ICANN 在加拿大蒙特利尔召开的大会上公布了最终结果，钱华林不负众望的成功当选 ICANN 理事，任期三年。这是中国专家第一次进入全球互联网地址资源最高决策机构的管理层。钱华林研究员的成功当选标志着中国在全球互联网业界中的地位显著提升。

在 2004 年 7 月的 ICANN 吉隆坡会议上，钱华林研究员又被 ICANN 任命为其理事会中的执行委员会、利益冲突委员会和会议委员会的委员。他的再次当选一方面反映了近几年我国在国际互联网领域的影响日益扩大，另一方面也说明了我国专家在相关国际组织中的威望得到了充分认可。

2．互联网工程任务组（IETF）

互联网工程任务组（The Internet Engineering Task Force，简称 IETF）成立于 1985 年底，最初是由为互联网技术工程及发展做出贡献的几位专家自发参与和管理的国际民间机构，主要负责互联网相关技术标准的研发和制定。目前，它已发展成为全球互联网业界最具权威的大型技术研究组织。

IETF 大量的技术性工作都是由其内部的各类工作组协作完成。各组内部的日常交流主要通过专项设立的邮件组进行传达，集中见面讨论一般只有在 IETF 大会上进行。IETF 每年召开三次技术大会，规模均在千人以上。技术专家们除就现有技术问题集中讨论解决方案外，还对业已成熟的方案颁布技术标准，同时根据新的课题组建专门的工作小组。这就是 IETF 的独特工作方式。

总体来说，我国参与 IETF 事务的人员很少，特别是企业的参与力度不够。但作为互联网事业起步较晚的中国，近年来在 IETF 中的影响还是可圈可点的。

1996 年 3 月，清华大学研究人员在胡道元教授指导下，向 IETF 提交的《适应不同国家和地区中文编码的汉字统一传输标准》（Chinese Character Encoding for Internet Messages）被 IETF 通过为 RFC1922，成为中国第一个被认可为 RFC 文件的提交协议。

IETF 在 1999 年就成立了有关国际化域名（IDN）技术的 BOF，并于 2000 年组建了 IDN 工作组，负责 IDN 国际标准的制定工作。中国互联网络信息中心（CNNIC）先后向 IETF 提交了《中文繁简字符转换》（2001 年 6 月）和《国际化域名和独特标识/名称》等 6 篇有关 IDN 的互联网技术草案，并经 IETF 公布在其网站上共参与者广泛讨论。CNNIC 也是我国惟一向 IETF 提交草案的机构。

IETF 对于关键词寻址技术（Keywords）这一新兴的互联网访问技术也曾予以关注。2002 年 3 月的 IETF 会议上曾成立了专项 BOF，CNNIC 和北京因特国风公司的代表参加了此次会议。CNNIC 的技术人员作为 Keywords BOF 会议的纲领性文档《Keywords 系统的定义和需求》的作者之一，在文档中阐述了 Keywords 服务中解决中文繁简等效的必要性和可行途径。然而，在参与者的商讨过程中出现了较大分歧，故此该 BOF 的工作未能达成共识。

2002 年 7 月中旬，John Klensin 博士随众多 IETF 高层技术人员再度来访中国，与 CNNIC 等国内机构的技术人员进一步探讨 Keyword 的实际应用问题。

2004 年 2 月，中国互联网络信息中心（CNNIC）联合 JPNIC、KRNIC、TWNIC 制定的《中日韩多语种域名注册和管理规范》被 IETF 发布为 RFC3743，这是中国历史上第二个 IETF 国际标准。

二、中国与亚太地区互联网组织

1．亚太互联网络信息中心（APNIC）

亚太互联网络信息中心（Asia Pacific Network Information Center，简称 APNIC），于 1993 年开始试运行，并在 1996 年 4 月 30 日正式注册成立。总部原设在日本东京，后迁至澳大利亚的布里斯班。它是世界五家区域互联网注册管理机构（RIR）之一，负责亚太地区公众互联网地址空间和自治系统号（AS 号）的分配，并通过协调、制定和推行相关政策来管理这些资源。

APNIC 是一个非营利的会员制组织，它每年召开两次成员大会，并定期在亚太各地免费为当地 IP 地址和 AS 号分配工程人员开展技术及政策培训，为互联网地址资源在亚太地区合理有效的分配做出了巨大贡献。

中国互联网络信息中心（CNNIC）于 1997 年 1 月以中国惟一的国家级互联网注册管理机构（NIR）的身份成为 APNIC 的联盟会员，并发起成立了国内的 IP 地址分配联盟。中国国内的 ISP 运营商获取 IP 地址和 AS 号码最有效的方法就是申请加入 CNNIC 分配联盟，由该联盟代其向 APNIC 申请 IP 地址和 AS 号码。

CNNIC 一直致力扶植国内优秀 Host Master 的培养工作，曾先后数次在北京和上海承办 APNIC 的技术培训，并派员亲赴 APNIC 总部接受培训。

执行委员会是 APNIC 的最高决策层，共设七名成员，每名委员仨期两年。争取到较多的 APNIC 执委委员席位无疑能更好的确保我国在该组织中地位和利益。1995 年 3 月，清华大学的李星教授首次当选亚太网络信息中心（APNIC）执行委员会委员。2001 年 3 月 2 日，李星教授再次当选 APNIC 执委，一同当选的还有钱华林研究员，香港的郑志豪和台湾地区的吴国维，令中国代表在 APNIC 执委中的席位首次突破半数。2003 年 2 月，北京邮电大学的马严教授接替李星教授当选 APNIC 执委委员。

2005 年 2 月，钱华林、马严、郑志豪和吴国维等 4 人在选举中成功连任，使得 APNIC 执委会中的中国代表继续占据多数席位。

2．亚太顶级域论坛组织（APTLD）

亚太顶级域论坛组织（Asia Pacific Top Level Domains，简称 APTLD）成立于 1998 年 7 月，是一个主要由亚太地区内的 10 余个国家和地区顶级域（ccTLD）注册管理机构和相关技术、政策机构联合组建的会员组织，其秘书处目前设在新西兰的惠灵顿。APTLD 的职责是协调亚太地区各国家和地区的顶级域名注册管理政策和技术方案；提高亚太地区在国际互联网业界，特别是在 ICANN 中的影响；为亚太地区互联网社群争取更多利益，从而促进本地区互联网络的健康发展。

中国是 APTLD 的超大型会员国。作为中国国家顶级域.CN 的行政和技术联络官，中国科学院计算机网络信息中心的钱华林研究员自 APTLD 成立之日起便积极的支持和参与 APTLD 的各项活动，赢得了所有 APTLD 成员的尊敬。2000 年 7 月，APTLD 理事会联合推举钱华林研究员为理事会主席。后因当选 ICANN 理事后事务繁忙，钱华林研究员于 2004 年离开 APTLD 主席职位。

3．亚太互联网研究联盟（APIRA）

亚太互联网研究联盟（Asia Pacific Internet Research Alliance，简称 APIRA）成立于 2003 年 9 月 27 日，是一个自发的、非营利的、区域性学术性组织，它不隶属于任何其他组织。APIRA 的宗旨是加强亚太地区互联网信息的交流与比较，深入研究互联网信息统计技术，促进亚太地区各国各地区的互联网信息调查研究项目合作以及促进亚太地区互联网研究的共同发展。亚太地区内任何从事互联网研究的单位均可自愿申请加入 APIRA。

APIRA 的成员单位会在每年年底，按照具有可比性的调查方法、调查问卷，在相同的时间内共同开展一次本地区的互联网发展状况统计调查。并且每年由成员单位轮流主办一次 APIRA 成员年会，并在会上汇报各成员的最新研究成果，讨论各成员所在国家或地区的互联网新技术、新现象，研究互联网信息统计技术，并对 APIRA 下一年度的工作进行规划，对申请加入 APIRA 的组织进行表决。

APIRA 将在自己的网站上及时的公布各成员单位，以及世界各国的互联网统计与研究报告，各成员单位自动享有各成员单位研究报告的使用权。

另外，APIRA 在每年年底在所有联盟常规成员中进行联合互联网统计调查，以便于各成员间进行互联网发展方面的对比和研究。

2004 年 8 月 19 日至 20 日，由澳门大学和香港城市大学联合承办的首届亚太地区互联网研究联盟（APIRA）会议——“国际互联网信息统计方法、分析和应用研讨会”先后在澳门和香港举行。会议选举中国互联网络信息中心（CNNIC）代表王恩海为 APIRA 秘书长， CNNIC 为 APIRA 的秘书处。

目前加入 APIRA 的成员单位有：

- 中国互联网络信息中心（CNNIC）

- 韩国互联网络发展处（NIDA，原韩国互联网络中心 KRNIC）
- 日本 AMI 公司（AMI）
- 香港城市大学（CityU）
- 澳门大学（UM）
- 台湾网路资讯中心（TWNIC）
- 北京华通现代市场信息咨询有限公司（ACSR）

4．亚太区域互联网操作技术大会（APRICOT）

亚太地区互联网大会（Asia Pacific Regional Internet Conference on Operational Technologies，简称 APRICOT）是亚太互联网信息中心（APNIC）、亚太地区互联网协会、亚太地区互联网技术特别工作组、亚太地区互联网政策与法律论坛和亚太地区高层域名论坛自 1996 年起联合主办，每年定期举行的大型互联网技术峰会，目的在于推动业界的知识交流。除亚太地区的互联网工程人员外，APRICOT 还吸引了大量来自全球各地的技术同行和业界精英，每次盛会的规模都在 600 人以上。

针对亚太地区互联网行业发展不均衡，发展中国家经济实力薄弱的特点，APRICOT 组委会每年会播专款资助如柬埔寨、缅甸等发展中国家的技术人员或学生前来参会，为缩小本地区各国间的数字鸿沟做出了贡献。

中国自 APRICOT 筹备之初便对其给予了关注。步入 2000 年后，以中国电信、中国移动、中国联通和 CNNIC 为代表的中国军团逐年增大参与力度，并以此契机广结朋友，在网络技术沟通共享方面形成了良性循环。

（中国互联网络信息中心（CNNIC）俞阳）